Langenscheidts
Fachwörterbücher

Langenscheidt's Dictionary of Building and Civil Engineering

German-English

Reprint of the first edition

By Dr.-Ing. Uli Gelbrich
and Dr. phil. Georg Reinwaldt

Langenscheidt
Berlin · München · Wien · Zürich · New York

Langenscheidts Fachwörterbuch Bauwesen

Deutsch-Englisch

Nachdruck der ersten Auflage

Von Dr. Uli Gelbrich
und Dr. phil. Georg Reinwaldt

Langenscheidt
Berlin · München · Wien · Zürich · New York

Die Deutsche Bibliothek - CIP-Einheitsaufnahme

Gelbrich, Uli:
Langenscheidts Fachwörterbuch Bauwesen / von Uli Gelbrich und Georg Reinwaldt. - Berlin ; München ; Wien ; Zürich ; New York : Langenscheidt
1. Aufl. u. d. T.: Gelbrich, Uli: Fachwörterbuch Bauwesen
Parallelsacht.: Langenscheidt's dictionary of building and civil engineering

Deutsch-englisch. - Nachdr. der 1. Aufl. - 2001
ISBN 3-86117-066-3

ISBN 3-86117-066-3

Nachdruck der 1. Auflage, 2001

Printed in Germany
Gesamtherstellung: Druckhaus „Thomas Müntzer“ GmbH, Bad Langensalza/Thüringen
Lektoren: *Helga Kautz, Gitta Koven*

Vorwort

Die Kommunikation über Fachwissen erfordert Wörterbücher auf allen Wissensgebieten. Bauwesen und Architektur – zugleich Ingenieurwissenschaft und Kunst – haben einen Fachwortschatz, der einerseits sehr speziell ist und andererseits in viele andere Wissens- und Ingenieurgebiete, aber auch traditionelle Handwerke, hineinreicht. Der Gesamtwortschatz für Architektur, Bauwesen und Baustoffe liegt bei weit über 300 000 Termini. Selbst bei Aufnahme aller dieser Begriffe in ein Fachwörterbuch würde es schwierig sein, eine endgültige Abgrenzung des Gesamtwortschatzes zu finden. Die erwünschte praxisnahe Übersichtlichkeit wäre damit keinesfalls erreichbar.

Das vorliegende Wörterbuch basiert auf dem 1990 erschienenen Band in englisch-deutscher Sprachrichtung. Das Ziel der Autoren bestand vorrangig darin, ein praxisnahes, handliches und übersichtliches Wörterbuch vorzulegen, das das gesamte Sachgebiet abdeckt, ohne den Benutzer zu sehr zu strapazieren. Dazu haben die Autoren den in der internationalen Baupraxis zusammengetragenen Wortbestand des englisch-deutschen Bandes in mehrjähriger Arbeit auf fachliche und sprachliche Zuverlässigkeit überprüft, aktualisiert um zahlreiche Begriffe erweitert. Dabei wurden vor allem aktuelle Quellen des gesamten Fachgebietes ausgewertet.

Mit jetzt etwa 35 000 Wortstellen enthält dieses Wörterbuch weitestgehend alle Grund- und Stammformen von Termini mit wichtigen Kombinationen und Spezialbegriffen, die in Fachtexten, Projekten, Zeichnungen und wissenschaftlichen Arbeiten vorkommen. Es enthält Begriffe von Architektur, Hoch- und Tiefbau usw. über Ausbaugewerke, Baustoffe, bis hin zu Begriffen tangierender Fachgebiete wie Baumaschinenwesen, Vermessung und Vertragswesen. Zusätzlich wurden wichtige auf Baustellen verwendete umgangssprachliche Spezialausdrücke erfaßt. Von zusammengesetzten Begriffen wurden vorrangig die in das Wörterbuch aufgenommen, deren Sinn durch die Übersetzung der Teilwörter nicht sofort erkennbar ist, wohingegen weitere, nicht enthaltene Wortkombinationen an Hand des vorhandenen Grundwortschatzes durch den Benutzer leicht selbst zu erschließen sind.

Es bleibt zu hoffen, daß auch mit diesem Fachwörterbuch zur Erschließung des internationalen Fachwissens und zur internationalen Kommunikation beigetragen und eine Hilfe in der täglichen Baupraxis auf internationalen Baustellen gegeben werden kann.

Die Autoren danken dem Verlag für die Herausgabe des Titels und den Lektoren für die vorzügliche Zusammenarbeit.

Vorschläge zur Verbesserung des Wörterbuchs nehmen wir gerne entgegen. Bitte richten Sie diese an die Langenscheidt Fachverlag GmbH, Postfach 401120, D-80711 München.

Die Autoren

Preface

International communication between specialists calls for dictionaries in all fields. Building and architecture – just like engineering science and art – employ a terminology which is in part specific to them, while it also touches on many other fields, such as the different branches of engineering, and also traditional crafts. There are well over 300,000 different terms relating to architecture, building and building materials. It would be a daunting task to include all of them in a dictionary, because it is not possible to establish for certain where these fields end and others begin. And the result would certainly not provide the clarity that practitioners require.

The present dictionary is based on the English-German companion volume published in 1990. The authors have set out to produce a dictionary which is practical, handy and easy to use, one which covers the entire field without imposing undue strain on the user. Over a number of years they have checked the building terms in the English-German volume for technical and linguistic reliability, updated them and added many more. Their work has been based mainly on a review of contemporary sources across the range. The dictionary now extends to some 35,000 terms and includes all key words and roots together with frequent combinations and specialist vocabulary encountered in technical writing, projects, drawings and academic treatises. It includes terms used in architecture, building and civil engineering, finishing trades and building materials as well as related areas, such as building machinery, surveying and contracts. The dictionary has been extended to include spoken references used in the building trades. Composite terms have been included mainly where the meaning is not immediately clear from the translation of their constituents, while the user will have little difficulty in understanding combinations which have been omitted by consulting the key words on which they are based.

It is hoped that the present volume will help to make the worldwide stock of knowledge in the field more accessible as well as contributing to international communication and providing practical assistance where people from different nations come together on building sites.

The authors would like to thank the publisher for issuing the present volume, and the publisher's readers for their first-rate collaboration.

We would be grateful for any suggestions for improvements, which should be sent to Langenscheidt Fachverlag GmbH, Postfach 401120, D-80711 München.

The Authors

Benutzungshinweise • Directions for Use

1. Beispiele für die alphabetische Ordnung • Examples of Alphabetization

Diele ..... • Dielen legen
dielen
Dielenbelag
Dielendecke
Dielenfußboden
Dielenklammer
Dieselstraßenwalze
Differentialflaschenzug
Differenzverfahren
Diffusionswiderstand
Dilatanzmodul
dimensionieren
Dimensionsholz
Dinasstein
DIN-F-Träger
Diorit
Dipteraltempel
Direktheizung
dispergieren
Dispersionsfarbe

lagerichtig
Lagerichtung
lagern
~ auf
~/drehbar
~/in feuchter Luft
Lagerstuhl
Lamellenparkett
Landasphalt
Landvermessung
Langband
Länge
~/bewehrte
~ des Übergangsbogens
Längenzunahme
Langhaus
länglich
Langlochhohlziegel
Längsabsteifung
langsamabbindend

2. Zeichen • Signs

/ Dachbalkenlage/überzogene = überzogene Dachbalkenlage

( ) dünnwandiges (prismatisches) Faltwerk = dünnwandiges Faltwerk *oder* prismatisches Faltwerk
free bearing (supporting) = free bearing *or* free supporting

[ ] Hartzuschlag[stoff] = Hartzuschlagstoff *oder* Hartzuschlag
[tapered] haunch = tapered haunch *or* haunch

( ) Diese Klammern enthalten Erklärungen
These brackets contain explanations

Abkürzungen • Abbreviations

Am	amerikanisches Englisch / American English
Arch	historische Architektur und Architekturelemente / historic architecture and architectural elements
bes.	besonders / especially
Bod	Bodenmechanik und Erdstoffe / soil mechanics and soils
El	Elektroinstallation / electrical installation
Erdb	Erdbau und Grundbau / foundation and underground engineering
f	Femininum / feminine noun
Hb	Holzbau / timber engineering
HLK	Heizung, Lüftung, Klimatechnik / heating, ventilation, air conditioning
Konst	Bauentwurf und -konstruktion / structural design and engineering
m	Maskulinum / masculine noun
n	Neutrum / neuter noun
pl	Plural / plural
s.	siehe / see
s.a.	siehe auch / see also
San	Sanitärtechnik und Klempnerarbeiten / sanitary engineering and plumbing
sl	Slang / slang
Stat	Baustatik / structural analysis
Tun	Tunnelbau / tunnel engineering
v. Chr.	vor Christus / before Christ
Verk	Verkehrsbau, Straßen- und Eisenbahnbau / traffic engineering, road and railway construction
Verm	Vermessungswesen / surveying
Wsb	Wasserbau / hydraulic engineering
z.B.	zum Beispiel / for example

A

Aaronsstab *m (Arch)* Aaron's rod *(Ornament)*
Abaka *m* abaca, Manila hemp (fibre)
Abakahanf *m* abaca, Manila hemp (fibre)
Abakus *m (Arch)* abacus *(Kapitellplatte bei dorischen Säulen)*
Abaton *n (Arch)* adytum *(inneres Heiligtum bei antiken Tempeln)*
Abazissus *m* colarin
Abbau *m* disassembly
~/hydraulischer hydraulicking *(Sand, Kies)*
~ von Steinen und Erden quarrying
abbaubar/biologisch biodegradable
abbauen 1. to absorb *(Kraft, Spannung)*; 2. to disassemble; to take to pieces, to demount *(von einem Rahmen abbauen)*; 3. to strike, to strip down *(Schalung)*; to detach *(etwas lösen und entfernen)*; 4. to quarry *(Gestein)*
~/Kräfte to decompose forces
Abbauhammer *m* concrete breaker
Abbauschild *m* shield
Abbauwand *f* breast *(Steinbruch)*
abbeizen to scour, to strip *(Anstrich)*; to pickle
Abbeizen *n* acid washing *(Betonwerkstein)*
Abbeizer *m* remover, stripper
Abbeizmittel *n* corrosive [agent]; paint remover *(Farbanstrich)*; varnish remover *(Lacküberzug)*; pickling agent
abbiegen to hook, to bend down, to bend up *(Betonstahl)*
Abbiegespur *f* turning lane *(Straße)*
Abbiegung *f* bend, bent-up, bending-up *(Bewehrung)*
Abbildung *f* illustration
~/flächentreue equal-area projection
abbimsen to pumice, to rub down the paint
Abbindebeginn *m* initial set
Abbindebeschleuniger *m* cementing (setting) accelerator, accelerating additive, hardening compound, rapid-cementing agent *(Beton)*; catalyst, catalyzer, promoter
Abbindebeschleunigung *f* hardening acceleration, acceleration of hardening
Abbindedauer *f* setting time
Abbindeeigenschaft *f* setting quality; cutting power *(Verschnittbitumen)*
Abbindeende *n* final set
Abbindefähigkeit *f* setting quality (power), curing power
Abbindegeschwindigkeit *f* rate of setting, curing rate
Abbindemindesttemperatur *f* setting temperature *(Plastebindemittel)*
Abbindemittel *n* curing (setting) agent
abbinden 1. to set *(Beton)*; to cure *(Kleber)*; to harden *(Bindemittel)*; to cement, to hydrate *(Zement)*; 2. *(Hb)* to join *(Zimmermannsarbeiten in einem Gebäude)*; 3. to break *(Bitumenemulsion)*; 4. to condition *(eine konditionierte Oberfläche)*
Abbinden *n* **/ falsches** false set, plaster (rubber) set
~ unter atmosphärischen Bedingungen air-set
~/vorzeitiges false set, rubber (plaster) set; grab set *(Zement)*
~/zu schnelles quick set
abbindend/hydraulisch castable *(Feuerfestbindebaustoffe)*
~/langsam slow-setting
~/mittelschnell medium-setting *(Beton)*
Abbindeprozeß *m* process of setting, curing process
Abbindeschrumpfmaß *n* setting shrinkage
Abbindestörung *f* disturbance of the setting process
Abbindetemperatur *f* setting temperature *(Kunststoffbindemittel)*
Abbindeverhalten *n* setting behaviour
Abbindeverlauf *m* process of setting; curing process, process of curing *(Verschnittbitumen)*
Abbindevermögen *n* curing power *(Verschnittbitumen)*
Abbindeverzögerer *m* setting retarder, retarder, retarding agent (admixture) *(für Zement oder zementartige Stoffe)*; dope *(Zement)*
~/organischer keratin
Abbindevorgang *m* process of setting; process of curing *(Verschnittbitumen)*
Abbindewärme *f* 1. setting heat, heat of setting *(Beton)*; 2. hydration heat, heat of hydration
Abbindezeit *f* [final] setting time
Abbindung *f* setting
Abbindungsschrumpfung *f* setting shrinkage
Abblasventil *n* purge valve
abblättern to scale, to flake; to peel *(Anstrich)*; to spall *(Gestein)*; to chip *(Emaillack)*; to exfoliate *(Schiefer)*
Abblättern *n* flaking; scaling *(Mörtel, Beton)*; peeling *(Anstrich, Putz)*; spalling *(Gestein)*; shelling, shivering *(Keramik)*; exfoliation *(einer Oberfläche)*
abböschen to slant, to slope
~/steil to scarp
Abböschen *n* bank sloping
abbrechen to demolish, to pull down, to wreck; to raze *(Gebäude)*; to terminate *(Bauarbeiten)*
abbrennen to burn off
Abbrennen *n* burning-off *(alter Anstriche)*
Abbrennschweißen *n* flash welding
Abbrennstumpfschweißen *n* flash butt welding
abbröckeln to crumble; to scale
Abbruch *m* demolition, pulling-down, wrecking *(eines Gebäudes)*; clearance *(z. B. verwahrloster Wohnviertel)*; taking down; termination *(Bauarbeiten)*
Abbrucharbeit *f* demolition work, wrecking
Abbrucharbeiter *m* mattock man, demolisher
Abbruchgebiet *n* clearance area (site)

Abbruchgenehmigung *f* demolition permission
Abbruchholz *n* demolition (old) timber
abbruchreif condemned, demolishable, fit for demolition
Abbruchstelle *f* wrecking (demolition) site
Abbruchziegel *m* secondhand brick
Abbund *m* joining, trimming *(von Holzarbeiten)*
Abbundhalle *f* joining shop
Abbundplatz *m (Hb)* joining yard
Abbürsten *n* scrubbing *(Waschbeton)*
Abbürstputz *m* scratch-brushed finish *(mit mechanischer Drahtbürste)*
Abdachung *f* escarpment *(von steilen Böschungen)*
abdämmen 1. to block off, to dam up (off); to embank; 2. to insulate
Abdeckblech *n* flashing
Abdeckblechhaltebohle *f* flashing board *(z. B. an Schornsteinen)*
Abdeckblende *f* mask
Abdeckblockstein *m* coping (capping) block
Abdeckbrett *n* covering board
abdecken to cover, to blanket; to cope, to cap, to top; to revet *(Böschung, Fundament)*; to unroof *(ein Dach entfernen)*; to mask
~/geneigt (mit Gefälle) to flaunch *(einen Schornstein)*
~/mit Sand to sand
abdeckend tectorial *(eine Abdeckung bildend)*
Abdeckleiste *f* cover fillet (moulding); dutchman *(z. B. für schlechte Fugen, Fehlstellen)*
Abdeckmatte *f* curing blanket (mat), concrete curing blanket *(für Beton)*
Abdeckplane *f* tarpaulin *(wasserdichte Plane)*
Abdeckplatte *f* cover, stone slate
Abdeckschicht *f* barge (verge) course *(Mauerwerk)*
Abdeckstein *m* coping stone, coperstone; capstone, cover brick *(z. B. für Kabel)*
Abdeckung *f* 1. covering; 2. coping; 3. capping *(für einen wetterfesten Mauerabschluß)*; 4. decking *(für ein Flachdach)*; planking; 5. lining *(zur Auskleidung des Gebäudeinneren)*; 6. cover; 7. cope; 8. cap *(dekorativer Abschluß eines Austrittspostens einer Treppe)*
~ des Gewölbes coping of the vault
~/durchbrochene perforated facing *(Akustikdecke)*
~ eines Entlüftungsrohrs vent cap
~/entfernbare *(El)* knock-out *(Anschlußdose)*
~/flache parallel coping
~/gefederte wedge coping
Abdeckungsschicht *f* barge (verge) course *(Mauerwerk)*
Abdeckungsverkleidung *f* lining, inside trim
Abdeckziegel *m* coping brick, covering tile
abdichten 1. to seal; to waterproof, to proof; 2. to block off, to ca[u]lk *(Fugen abdichten)*; 3. to tighten, to make close; 4. to pack, to stuff; 5. to torch *(Dachziegel)*; 6. to puddle *(mit Lehm)*; 7. *(Erdb)* to coffer; 8. to fuller *(durch Verstemmen)*; 9. to clench *(durch Stauchpressung)*; 10. to stave *(mittels Daube oder Stab)*
~/neu to reproof
Abdichten *n* **mit Lehm** puddling
Abdichtleiste *f* window bar (guard), sealing fillet
Abdichtrand *m* caulking seam
Abdichtring *m* caulking ring
Abdichtung *f* 1. damp-proofing *(Feuchtigkeitsisolierung einer Wand)*; 2. proofing, waterproofing *(von Wänden und Decken)*; 3. seal, sealing, sealing-up; 4. ca[u]lking; 5. packing; 6. sealing joint; obturator
~/an Ort und Stelle geformte field-moulded sealant
Abdichtungsbahn *f* sealing sheet
Abdichtungsgraben *m* cut-off trench
Abdichtungslage *f* impervious layer, barrier membrane
Abdichtungsmittel *n* sealant
Abdichtungsschicht *f* seal[ing] coat, sealer
Abdichtungsschürze *f* impervious blanket
Abdichtungsteppich *m* impervious blanket
Abdruck *m* 1. cast; mould; 2. replica
Abdrücken *n* hydraulic test *(für Rohre und Kessel)*
Abdrückprüfungen *fpl* drain tests *(Abflußrohre)*
Abdunklungsmittel *n* darkening agent *(Anstrich)*
Abfahrtsstraße *f (Verk)* departure roadway
Abfahrtsweg *m (Verk)* departure roadway
Abfall *m* 1. waste, refuse, rubbish, *(Am)* garbage; sullage *(Spül- und Abwasser aus Küche und Bad)*; tailing, tailings *(industrieller Verarbeitung)*; 2. drop, descent, fall, lowering *(einer Fläche)*
Abfallaufbereitung *f* waste recovery
Abfallbehälter *m* dust bin, *(Am)* garbage can, *(Am)* trash can, waste receptacle (container)
Abfallbeseitigung *f* disposal of refuse, waste disposal
Abfallbeseitigungsanlage *f* waste disposal plant
Abfallbeseitigungsvorrichtung *f* waste-disposal unit *(Vorrichtung in der Küchenspüle zur Beseitigung von Speiseresten)*
Abfallcontainer *m* waste receptacle
abfallen 1. to fall, to drop; 2. to descent, to slope *(Fläche)*, to slope down; to dip, to sink *(Gelände)*
abfallend sloping, inclined
~/seitlich slanting
~/steil sharp
Abfallgrenze *f* critical limit
Abfallholz *n* offal timber, *(Am)* cull timber
Abfallkasten *m* waste box
Abfallröhre *n* waste pipe, charging chute
Abfallrutsche *f* charging chute
Abfallverbrennung *f* waste (refuse) incineration
Abfallverwertung *f* waste recovery
Abfallzerkleinerer *m* mechanical refuse grinder
abfangen 1. *(Erdb)* to underpin; 2. to deaden *(Kraft)*; 3. to hold *(Träger, Balken)*
Abfanggraben *m* intercepting ditch
Abfangträger *m* **/ temporärer** needling

abfärbebeständig chalk-resistant, chalk-proof
abfärben to chalk *(Kalkanstrich)*
Abfasebohrer *m* chamfer bit
Abfasehobel *m* chamfer plane
abfasen to chamfer *(meist mit 45°)*, to cant [off], to bevel
Abfasungsprofil *n* chamfer shape
Abfertigungsfläche *f* passenger and luggage handling level *(Flughafen)*
Abfertigungsvorfeld *n* service zone (area) *(Flughafen)*
Abfertigungszone *f* service zone (area) *(Flughafen)*
Abfilzen *n* **eines Anstrichs** felting-down
Abfindung *f* compensation
abflachen to flatten, to level off
Abflachung *f* flattening
~ einer Krümmung *(Verk)* easing of a bend
Abflammen *n* burning-off *(alle Anstriche)*
abfließen to drain off, to outflow, to flow off, to run off
Abfließen *n* drainage, flowing-off
Abfluß *m* 1. discharge, outlet, drain; 2. effluent, efflux *(Stoff)*; 3. *s.* Abfließen
~/durchlaufender continuous waste pipe *(aus zwei oder mehr Waschbecken zu einem Geruchverschluß)*
~/freier indirect waste (drain) pipe
~/individueller revent pipe
Abflußbecken *n* sink
Abflußeinlauf *m* outfall
Abflußgebiet *n* drainage area
Abflußgeschwindigkeit *f* velocity of flow
Abflußgraben *m* 1. drain, drainage, ditch, field drain, effluent channel; 2. *(Wsb)* tail race *(eines Kanals)*; *(Verk)* sough
Abflußhahn *m* drain cock
Abflußkanal *m* discharge conduit, effluent sewer, sewer; overflow channel
Abflußkapazität *f* capacity of discharge; *(San)* fixture unit *(einer Abflußsammelleitung)*
Abflußkoeffizient *m* discharge coefficient
Abflußleitung *f* discharge line (pipe); *(Wsb)* outfall
~/direkte revent pipe
~/offene indirect waste (drain) pipe
Abflußmenge *f* discharge [rate]; outflow [amount]
~/mittlere average discharge
Abflußmengenkurve *f* discharge hydrograph, [discharge] rating curve
Abflußöffnungsgitter *n* sink grid
Abflußrinne *f* discharge channel; drainage gutter; side channel
Abflußrohr *n* drain (waste) pipe, discharge conduit
Abflußrohrknie *n* loop vent
Abflußstandrohr *n* *(Am)* standing waste [pipe]
Abflußstopfen *m* waste plug
Abflußwasser *n* waste water *(z. B. bei Kühlsystemen)*
abförmig tapering
Abfrieren *n* frost-induced cracking *(von Mauerwerk)*
abführen to carry off *(Abwasser)*
Abfuhrrampe *f* exit ramp
Abführung *f* abstraction *(Wärme)*; sewage removal *(Abwasser)*
Abführungsvermögen *n* capacity of discharge
Abfüllen *n* **in Säcke** bagging
Abfüllpumpe *f* barrel pump
Abgang *m* 1. scabbing, fretting, *(Am)* raveling *(Schwarzdecke)*; 2. tailings *(Rückstände industrieller Verarbeitungsprozesse)*
Abgängigwerden *n* *(Am)* raveling *(Schwarzdecke)*
Abgasaustrittsschacht *m* exhaust shaft
Abgasrohr *n* vent connector *(Gasheizung)*
Abgassammel[filter]kammer *f* exhaust fume hood
Abgasvorwärmer *m* economizer
abgebaut struck *(Gerüst)*
abgebeizt pickled
abgebunden 1. hydrated *(Zement)*; set, cemented *(Beton)*; 2. joined *(Bauholz)*
abgedeckt covered
~/mit Zierleisten bead-jointed
~/nicht plain *(Baumatte)*
abgedichtet sealed, gasketed
~ gegen Windzug windproof, windtight
abgefast *(Hb)* bevelled, canted, chamfered
abgeflacht flattened
abgeglichen flush *(fluchtgerecht angeordnete Ziegel)*
abgekalkt chalked, chaulky
abgekantet chamfered, canted; folded *(Blech)*
abgekreidet chalked, chalky
abgekühlt quenched *(Metall, Glas)*
abgekürzt accelerated
abgelagert well-seasoned *(Holz)*, matured
abgelängt sawn log size
abgelegen remote
abgelöst detached
abgenommen werden/nicht to fail to pass *(den Anforderungen nicht genügen)*
abgenutzt worn[-out]; used up
abgepaßt made to fit, measured
abgeplattet flattened
abgerieben rubbed [off]
abgerundet rounded; radiused
abgesäuert etched *(Fassaden, Naturstein)*
abgeschirmt screened
abgeschlossen closed *(Raum)*; sealed
~/dicht hermetically sealed
abgeschottert grit-binded
abgeschrägt bevelled, chamfered, canted, battered; slanted *(Hang, Böschung)*
abgeschreckt quenched *(Metall, Glas)*
abgesetzt chamfered *(mit 45°)*
abgespannt guyed *(Seil, Kobel)*
abgestuft graded, close-graded, screened *(z. B. Zuschlagstoffe)*
abgetrennt divorced
abgewinkelt elbowed

Abglätten *n* surface smoothing
~ einer Werksteinoberfläche combing *(auf frischer Farbe)*
abgleichen to level, to level off, to even, to make level, to straighten *(planieren)*; to trim *(Bodenoberfläche)*; to strike off *(Deckenfertiger)*
Abgleichschicht *f* level course
Abgleichung *f* level course; levelling
Abgleitfeuerschutztür *f*/**automatische** sliding fire door
abgraben to dig off
abgraten to burr (off), to chip
abgrenzen to bound, to mark off, to delimit
Abhacken *n* back edging *(von Keramikrohren)*
Abhang *m* slope
abhängen 1. to hang; 2. to take down; 3. to suspend *(a ceiling)*
Abhängigkeit *f*/**lineare** linear relation
abhauen 1. to cut off (down); to slash *(Buschwerk)*; 2. to abate *(bei Steinmetzarbeiten)*
Abheben *n* lifting *(einer unteren alten Farbschicht)*
Abhebern *n* siphonage *(Wasserhahn)*
Abhilfe *f* remedial measure
Abhitze *f* waste heat
Abhitzeverwertung *f* utilization of waste heat
abhobeln 1. to plane off; 2. to jack down *(mit einem Schlichthobel)*; 3. to thickness
abholzen to clear, to deforest
abholzig tapering
Abhub *m (Erdb)* excavated (removed) earth
abisolieren to strip *(Draht)*
abkalkbeständig chalk-resistant, chalk-proof
Abkalken *n* chalking
abkanten 1. to bevel, to chamfer, to cut off the cant, to edge; 2. to edge-bend, to fold *(Bleche)*; to flange
~/nach unten to turn down
Abkanthobel *m* shooting plane
Abkantpresse *f* folding press
Abkantung *f* drip *(Dachrinne)*; fold *(Bleche)*
abkappen to nip off
abkeilen to wedge *(z. B. Gestein)*
Abkiesung *f* gravelling, gravel surfacing
abkippen to dump
Abkippplatz *m* dump site, dumping ground
abklemmen to squeeze off, to pinch off
abklingen to decay *(Spannungen)*
Abklingen *n* **der Abbindewärme** dissipation of the hydration heat
abklopfen to tap
Abklopfen *n* daubing, picking, stugging, dabbing *(Natursteinoberflächengestaltung)*
abkneifen to nip off
Abknicken *n* buckling
Abknickung *f* kink
abkragen to bevel, to cant, to splay, to slope
Abkragen *n* canting
Abkragung *f* bevel, cant, splay
abkratzen 1. to devil *(Putz)*; 2. to score *(Holz)*
Abkratzen *n* 1. devilling, regrating *(Putz)*; scraping off; 2. scoring *(Holz)*
Abkratzmesser *n* stripping knife
abkreidebeständig chalk-resistant, chalk-proof
abkreiden to chalk
abkühlen to quench *(Metall, Glas)*
abkürzen to cut off, to shorten
Abkürzen *n* cross-cutting
Abladeplatz *m* dumping ground
Ablagenische *f (Arch)* ambry *(in Kirchenbauten)*
ablagern to season *(Holz)*
Ablagerung *f* 1. seasoning *(Holz)*; 2. sediment, alluviation, alluvial deposit *(Geologie)*; 3. settling; 4. warehouse set *(Zement)*
~/alluviale alluvium, alluvion, alluvial deposit
~/diluviale diluvial deposit
~/kalkhaltige calcareous deposit
Ablagerungsfläche *f* bedding plane
ablängen to saw off, to length, to buck *(Holz)*; to cut [into sections]
Ablängen *n* bucking
Ablängrestholz *n* trim
Ablaß *m* drain, outlet; blow-off
Ablaßdüker *m* regulating siphon
ablassen to drain off, to drain away
Ablaßhahn *m* drain tap (cock), draw-off cock; bleeder
Ablaßpfropfen *m* drain plug
Ablaßrohr *n* delivery tube, blow-off pipe (tube)
Ablaßschieber *m* outlet valve
Ablaßschraube *f* drain screw
Ablaßschütz *n* bottom outlet
Ablaßventil *n* outlet valve, discharge valve; purge valve
Ablastbogen *m* relieving arch
Ablation *f* ablation
Ablauf *m* 1. outlet, drain; runoff, outflow; 2. *(Arch)* cavetto *(konkav kurvierte Vermittlung)*; 3. process
Ablaufberg *m* shunting slope, double incline
Ablaufdiagramm *n* graph of flow
Ablaufende *n* drip edge *(Metalldach)*
Ablaufgleis *n* falling track
Ablauframpe *f* gravity incline *(Eisenbahn)*
Ablaufrinne *f* gutter[ing], eaves (outlet) trough, [discharge] channel, drainage canal, bye-channel, bye-wash
Ablaufrohr *f* drain (waste) pipe
Ablaufschnauze *f* spout
Ablaufstutzen *m* overflow connection *(Geruchverschluß)*
Ablaugmittel *n* stripper
Ablegeholz *n* header
Ableimen *n* adhesive failure, unglueing
ableiten to carry off *(Wärme)*; to transfer, to divert
Ableiter *m* arrester; *(El)* conductor
Ableitung *f (San)* discharge pipe; off take; abstraction *(Wärme)*; conduction *(Blitzschutz)*; derivation
~ des Grundwassers tapping of the underground water

ablenken to deflect *(Spannbeton)*
Ablenker *m* deflector
Ablenkfläche *f* deflector *(Klimatechnik)*
Ablenkung *f* deflection
Ablenkverfahren *n* deflected-strand technique *(Spannbeton)*
Ablenkwinkel *m* deflection angle
Ablesevorrichtung *f* eyepiece, sight, reading device *(Optik)*
Ablesung *f (Verm)* sight
ablöschen to slake *(Kalk)*
Ablösen *n* separation *(eines Anstrichs)*, stripping *(Farbe)*; adhesive failure
abloten to plumb
Abluft *f* exhaust (outgoing) air; foul (vitiated) air
Abluftfilter *n* waste air filter
Abluftkanal *m* exhaust shaft
Abmagern *n (Am)* raveling *(Schwarzdecke)*
Abmarkung *f* demarcation
Abmaß *n* deviation
~/wirkliches actual allowance
Abmaßgrenze *f* tolerance limit
abmeißeln to chisel off
abmessen to gauge, to measure; to batch, to proportion *(Baustoffe)*; to scale *(Holz)*
Abmeßkasten *m* gauge (gauging) box *(Betonherstellung)*
Abmessung *f* dimension *(eines Gebäudes)*; size
~/gesamte overall dimensions
~/lichte clear dimension
~/modulare modular dimension
Abmessungen *fpl* **auf Modulgrundlage/zu bevorzugende** preferential dimensions on modular basis
abmontieren to strip *(Schalung)*; to take apart, to detach
abmontiert struck *(Gerüst)*
Abnahme *f* diminution, lowering, fall; abatement *(von Spannungen)*; acceptance *(eines Gebäudes)*
~ der Arbeit acceptance of work
~/vorläufige initial acceptance
Abnahmebedingungen *fpl* conditions of acceptance
Abnahmebescheinigung *f* acceptance certificate
Abnahmekommission *f* acceptance committee
Abnahmekontrolle *f* final inspection
Abnahmekriterien *npl* conditions of acceptance
Abnahmekriterium *n* **/ generelles** general acceptance criterion
Abnahmelehre *f* inspection gauge, master [gauge]
Abnahmemerkmal *n* **/ allgemeines** general acceptance criterion
Abnahmemessung *f* final measurement
Abnahmeprotokoll *m* acceptance certificate, certificate of acceptance; trial record
Abnahmeprüfung *f* acceptance test, final test, trial
Abnahmestelle *f* demand point *(Energie, Wasser)*
Abnahmeunterlagen *fpl* acceptance documents
Abnahmeverweigerung *f* rejection
Abnahmevorschriften *fpl* specifications for acceptance, quality specifications, specifications, specs
abnehmen to decay *(Spannungen)*, to decrease *(Kräfte, Spannungen, Schwingungen)*; to drop, to fall; to take off, to remove; to accept *(z. B. Bauwerk)*
Abnutzbarkeit *f* **durch Schleifen** abrasion resistance
abnutzen/sich to wear out
Abnutzung *f* wear; fading *(Kunstharze, Beschichtungsstoffe)*
~ des Betons wear of concrete
~ durch Reibung attrition
Abnutzungsmarkierschicht *f* guide coat
Abort *m* closet, toilet; privy *(außerhalb eines Gebäudes)*
~/französischer squatting W.C. pan
Abort... *s. a.*Toiletten...
Abortanlage *f* closet installation
Aborterker *m* **in Wehrmauern** latrine, *(Arch)* corbelled garderobe
Abortgrube *f* cesspit, cesspool, pervious cesspool, cloaca
abpflocken to peg out
Abpflockung *f* pegging out
abplatten to flatten
abplatzen to chip; to flake; to peel *(Anstrich)*; to spall *(Gestein)*
Abplatzen *n* flaking, peeling *(von Anstrich)*; degradation *(Farbanstrich)*; pop-out *(bei Beton durch Druckwirkung)*; spalling *(Ziegel bei Frosteinwirkung)*; turtleback *(Furnier)*; shivering *(Keramik)*
Abplatzoberfläche *f* plucked finish *(Stein)*
Abpudern *n* chalking
abputzen to plaster, to render *(Mauern)*; to scour *(eine Oberfläche glätten)*; to skin
~/Ziegel to hack
Abputzen *n* rendering, plastering; scouring
Abputzhammer *m* waller's hammer
Abrasion *f* scoring
abräumen to remove, to clear
Abraumkippe *f* spoil area
Abraumschicht *f* overburden, *(Am)* capping
abreibbar friable *(Zuschlagstoff)*
abreiben 1. to grind, to abrate; 2. to score, to rub, to rub down *(z. B. Putz)*; 3. to gum-up
~/mit der Kelle to trowel off
Abreiben *n* 1. abrasion, attrition *(Verschleiß)*; 2. crocking *(Farbanstrich)*; 3. scoring *(Putz)*
Abreibstein *m* rubbing stone *(Natursteinbearbeitung)*
Abreibversuch *m* abrasion test
Abreißbewehrung *f* upper reinforcement
abreißen to demolish, to wreck
Abreißen *n* cohesive failure *(einer Klebverbindung)*
Abrichte *f* dresser *(Holz)*
Abrichtemaschine *f* smooth planer
abrichten to dress, to surface
Abrichtplatte *f* surface plate

Abrieb *m* abrasion, attrition
abriebbeständig resistant to abrasion, abrasion-proof
Abriebbeständigkeit *f* resistance to abrasion (rubbing off)
abriebfest abrasion-proof, attrition-resistant, resistant to abrasion
Abriebfestigkeit *f* abrasion resistance, non-abrasiveness, surface abrasion resistance, wear[ing] resistance
Abriebprüfung *f* abrasion test
Abriebtest *m* attrition test
Abriebverlust *m* attrition loss
Abriebversuch *m* wear-out test
Abriß *m* demolition, wrecking; break *(Holz)*
Abrißerlaubnis *f* demolition permission
Abrißgebiet *n* clearance area (site)
abrißreif demolishable; condemned *(als ungeeignet für Wohnzwecke erklärt)*
Abrißstelle *f* wrecking site
Abrollen *n* crawling *(Trockenölschäden bei glänzenden Oberflächen)*
Abrollform *f* curtail *(Geländerlauf)*
Abrundeisen *n* arrissing tool
abrunden to round; to ease
~/nach oben to level up
Abrunden *n* easing, rounding-off
Abrundhobel *m* capping plane
Abrundung *f* rounding-off
~/vertikale easement *(des Handlaufs)*
abrüsten to take down the scaffolding
absacken to sink; to settle *(Gebäude)*, to founder *(soil)*
Absackhalle *f* bagging plant
Absackung *f* settlement *(Gebäude)*; subsidence *(einer größeren Fläche)*; bagging *(in Säcke füllen)*
absägen to cut up, to saw off
absanden to grit, to sand
Absanden *n* dusting *(von Beton)*; sand spreading
Absatz *m* 1. shoulder *(Bauelement)*; offset, set-off, set-in *(Mauerwerk)*; jog *(jede Unregelmäßigkeit in Richtung und Oberfläche eines Gebäudes)*; 2. *(Erdb)* terrace; berm, bench *(Vorsprung in einem Erdwall)*, ledge; 3. step *(in Stufen)*; banquette; 4. stage *(Bergbau)*; stop, laid-on stop; 5. section
Absatzkante *f* scarcement *(Mauerwerk)*
absäuern to etch *(Beton)*
Absäuern *n* acid washing *(Betonwerkstein)*
absaugen to draw off, to exhaust
Absaugen *n* siphonage *(Wasserhahn)*
Absaugkanal *m* fan drift
Absaugklosett *n* siphonic closet
Absaugung *f* exhaust; aspiration
abschaben to scrape [off]; to abrade
Abschaben *n* abrasion
Abschalbrett *n* soffit board
abschalen 1. to face; 2. to clean off, to chisel off
abschälen 1. to scale; 2. to strip, to peel, to bark *(Holz)*
~/sich to exfoliate *(von Stein unter Wettereinflüssen)*
Abschälen *n* flaking *(Entfernen von Ziegeln, Anstrich oder Putz)*; peeling *(Anstrich, Putz)*, separation *(Anstrich)*
Abschäler *m* scarifier [ripper] *(Straße)*
Abschattung *f* shading; screening
Abscheider *m (HLK)* collector; interceptor, separator, precipitator, settler
Abscherbolzen *m* shear pin
Abscherebene *f* plane of weakness
abscheren 1. to shear; 2. to cut off
Abscheren *n* shear[ing]
Abscherfestigkeit *f* shearing strength
Abscherprüfung *f* shearing test
abschiefern to scale off, to flake off *(Naturstein)*
Abschirmbeton *m* concrete for radiation shielding, [radiation] shielding concrete
abschirmen to screen [off], to shield, to blanket
Abschirmtür *f* radiation-shielding door *(gegen Strahlung)*
Abschirmung *f* shielding, screening; shield, blind
Abschirm[ungs]wand *f* shielding wall
abschlagen to scabble, to scapple *(Stein)*
~/Kanten to spall
Abschlagen *n* regrating *(Mauerwerk)*; wasting *(Steinkanten, Steinüberstand)*
Abschlagsplitter *m* spall
Abschlagssummenplan *m* schedule of value
Abschlagszahlung *f* partial payment
Abschlämmbares *n* ultra-fine material (< 0,02 mm), settleable solids
Abschlämmen *n* clearing, elutriation
abschleifen 1. to abrade; 2. to paper *(mit Sandpapier)*, to sandpaper *(Holz)*, to smooth
Abschleifgerät *n* **/ elektrisches** *(Am)* power sander
abschlichten to clean, to smooth
abschließen 1. to shut [off], to lock, to close; 2. to terminate *(beenden)*
Abschließen *n* top out *(der Schlußlage)*
Abschluß *m* closure, closing; surround *(Einfassung)*; termination
~/halbrunder half-round termination
~/luftdichter air-proof joint
~/regelnder regulating barrage
Abschlußdachziegel *m* barge (verge) course
Abschlußfigur *f* terminal figure, term, terminus
Abschlußfigurensockel *m* terminal pedestal
Abschlußkabel *n* termination cable
Abschlußleiste *f* banding
Abschlußmauer *f* diaphragm
Abschlußmörtel *m* seal mortar
Abschlußmuffe *f* terminal box; terminal sleeve
Abschlußstab *m* **/ diagonaler** *(Am)* batter brace (post) *(Fachwerk)*
Abschlußstatue *f* terminal figure, term, terminus
Abschlußstein *m* **/ längshalbierter** queen closer (closure)
Abschlußvorrichtung *f* seal

Abschlußzahlung *f* **der Bausumme** final payment
Abschlußziegel *m* **/ gewinkelter** mitred-closer
abschmieren to grease
Abschmiergrube *f* greasing pit
abschmirgeln to grind with emery
abschneiden to cut off (away), to crop, to shear
Abschnitt *m* stretch, section
~/oberster *(Am)* excelsior *(Turm)*
abschrägen to chamfer, to bevel, to cant, to cut off the cant, to splay; to weather *(Dach)*; to rake *(Hang)*, to slope
~/eine Kante to edge
Abschrägen *n* cut splay *(Ziegel)*
Abschrägung *f* bevel, cant, chamfer, scarfing; splay; haunch of a beam; taper
~ der Mauer splaying of wall
abschrauben to unbolt, to unscrew, to screw off; to loosen
abschrecken to quench *(Metall, Glas)*
Abschreckspannung *f* quenching stress
Abschreibung *f* depreciation
~/aufgelaufene accrued depreciation
Abschreibungssatz *m* depreciation factor
Abschreiten *n* pacing *(Entfernung)*
abschreiten/eine Entfernung to pace a distance
abschwächen to tone down *(Farbe)*
Abseite *f* aisle *(einer Kirche)*
abseits remote *(entfernt)*
absenken to sink *(Baugrube)*
Absenkung *f* sinking
~ des Grundwassers/künstliche artificial lowering of the ground-water level
Absenkungsbereich *m* area of depression
Absenkungsfläche *f* area of depression
Absenkungskurve *f* gradient curve
Absetzbecken *n* sedimentation basin (tank), precipitation tank, settler, settling tank (basin), sewage settling chamber, clarifying basin, settling pond, detritus chamber (tank), stillpot
absetzen to step *(Abstufung)*
~/sich to settle *(Farbe)*
Absetzen *n* settling *(von Farbe)*; settlement *(von Frischbeton)*
Absetzglas *n* Imhoff cone *(Abwasser)*; settling glass *(Baustoffprüfung)*
Absetzgrube *f* settling pit
Absetzkammer *f (HLK)* settling chamber
Absetzprobe *f* 1. sedimentation test; 2. silt content test, test for silt
Absetztank *m* settler
Absetzverfahren *n* sedimentation method *(Abwasser)*
Absetzwinkel *m* angle bracket
absichern to stop off *(Tür, Fenster)*
Absiebanlage *f* screening plant
absieben to riddle, to sieve, to sift, to scalp
Absiegelfarbe *f* sharp paint
Absiegellack *m* self-sealing paint
Absiegelungsmasse *f* [surface] sealer
Absiegelungsschicht *f* seal[ing] coat, [surface] sealer *(Straße)*
absinken to descent, to fall
Absolutdruck *m* absolute pressure
Absonderung *f* abstraction *(Lösungsmittel, Wasser)*
absorbieren to absorb *(Kraft, Spannung)*
absorbierend absorbent, absorbing *(Flüssigkeiten, Dämpfe, Gase)*; absorptive
Absorption *f* absorption
Absorptionsglas *n* actinic glass
Absorptionsgrad *m* absorptance *(des Lichts)*
Absorptionsmittel *n* absorbent
Absorptionsverhältnis *n* **/ volumetrisches** volumetric absorption
Absorptionsverlust *m* absorption loss
Absorptionsvermögen *n* absorbing capacity, absorbency
Abspaltung *f* splitting
Abspanndraht *m* stay (span) wire, steady span [wire]
abspannen to guy
Abspannmast *m* terminal pole
Abspannmaterial *n (Am)* stays and guys
Abspannpfahl *m* span pole
Abspannseil *n* guy [rope], guy cable, rigging line, span rope, *(Am)* rope guy
Abspannseilanker *m* guy anchor
Abspannstange *f* stay pole, terminal pole; house pole
Abspannstütze *f* terminal bracket (spindle)
Abspannung *f* 1. guying, rigging, staying; 2. guy
~ der Leitungen termination of wires on terminal poles
absperren to stop (block) off, to shut; to seal; to dam up
Absperrglied *n* cock, faucet
Absperrhahn *m* cut-off (shut-off) cock, stopcock, plug valve
Absperrlage *f* crossband *(Holz)*
Absperrschieber *m* gate valve, full-way valve, sluice valve
Absperrung *f* damming; hedge *(Zaun oder Mauer)*
~/kreuzweise crossbanding *(Holz)*
~/regelbare regulating barrage
~/waagerechte horizontal damp-proof course *(Feuchtigkeitssperre)*
Absperrventil *n* stop (shut-off, blocking gate, full-way) valve
~ mit Entleerungshahn stop-and-waste cock
Absperrverschluß *m* shut-off unit
Absperrvorrichtung *f* shut-off unit
abspitzen to drove *(Stein)*, to broach *(Werkstein)*
Abspitzen *n* dabbing, daubing, picking, stugging *(Natursteinoberflächengestaltung)*
absplitten to gravel, to grit, to blind *(Straße)*; to macadamize *(Straßenbau)*
Absplitten *n* spalling *(Ziegel bei Frosteinwirkung)*
abspreizen *s.* absteifen

Abspreizung *f* propping-up
Abspringen *n* pop-out *(bei Beton durch Druckwirkung)*
abspritzen to hose *(mit einem Schlauch)*
Abspritzen *n* spraying, cleansing
Abstand *m* space, range; spacing *(Bewehrung)*
~ **der Strebepfeilerachsen** buttress spacing
~**/freier** clearance
~**/geradliniger** slant range *(zwischen zwei Punkten verschiedener Höhe)*
~ **zwischen Mauerwerk und Verkleidungsoberfläche** setting space
abstandhaltend/selbst self-furring *(Putzgewebe)*
Abstandhalter *m* bar chair, cover block *(Stahlbeton)*; spacer [block], spacing stay; distance piece, separator
~ **von Schalldämmelementen zur Trägerplatte** pad support *(einer Decke)*
Abstandsdübel *m* space dowel
Abstandseisen *n* slab spacer *(für Plattenbewehrung)*
Abstandsgesetz *n* **/ quadratisches** inverse square law
abstandsgleich evenly spaced, equidistant
Abstandshölzer *npl* floor furring *(für Leitungszwischenraum)*
Abstandsmessung *f* distance (range) measurement
Abstandsring *m* collar
Abstandsstab *m (Verm)* stadia rod
Abstandsstück *n* space piece
Abstauben *n* dusting *(von Beton)*
abstecken *(Verm)* to stake [out] *(Meßpflöcke)*, *(Verm)* to peg out; to lay out; to picket, to set out *(Gelände)*, to mark out
~**/eine Trasse** *(Verm)* tomark out, to lay out
Absteckkette *f* surveyor's chain
Abstecknadel *f* surveyor's arrow
Absteckpfahl *m* stake, *(Verm)* surveyor's staff, *(Am)* pin, setting-out peg
~**/fester** *(Verm)* working spud
Absteckpflock *m* pin
Absteckplan *m* layout
Absteckung *f* pegging out; *(Verm)* setting-out, marking-out
~**/trigonometrische** trigonometrical laying out
Absteifbrett *n* poling board
absteifen to prop [up], to shore [up]; to needle *(mit Stützbalken)*
Absteifen *n* 1. dead shoring; 2. reinforcing
~ **der Baugrube** shoring of the foundation pit
~**/zeitweiliges** temporary shoring
Absteifung *f* shoring *(als Hilfsrüstung)*; sheeting *(als Spundwand)*; stiffening *(als Verstärkungsteil)*; strutting *(als Schalung, Lehrgerüst)*; strutting *(als Strebe, Druckreinformierung)*; propping *(beim Stollen-, Tunnelbau)*; reinforcing
~**/senkrechte** vertical reinforcing
~**/waagerechte** horizontal stiffening
Absteifungselemente *npl* sheeting
Absteifungswinkel *m* angle iron stiffener
Abstellbahnhof *m* sidings
abstellen 1. to put down; 2. to stop *(einen Motor)*; 3. to turn out
Abstellgleis *n* siding, side track, shunting siding
Abstellkammer *f* boxroom, *(Am)* closet
Abstellraum *m* lumber-room, store, storeroom
abstemmen to chisel off
Abstiegleiter *f* access ladder *(Schwimmbecken)*
abstimmen to coordinate *(Bauleistungen)*
Abstocken *n* bush hammering
abstoßen *(Hb)* to jack-up
Abstoßschutzband *n* face guard
abstrahlen 1. to emit, to radiate *(z. B. Wärme)*; 2. to sandblast
Abstrahlen *n* **mit Schleifmittel** abrasive blasting
abstreben to brace, to strut
Abstrebung *f* strutting
Abstreichbohle *f* levelling beam
Abstreichholz *n* strike
abstreifen to trim flat
Abstreifring *m* washer
Abstreuen *n* [road] gritting *(Straße)*
Abstreugranulat *n* granular cover material *(Dachpappe)*
Abstreumaterial *n* gritting material
Abstreumineralstoff *m* granular cover material *(Dachpappe)*
Abstreusplitt *m* blinding chippings *(Straße)*
~ **für Bedachungsmaterial** mineral granules
abstufen *(Erdb)* to bench; to graduate, to grade *(Körnungen)*; to shade, to tone *(Farbe)*
Abstufen *n (Erdb)* benching
Abstufung *f* grading, [particle] gradation
abstumpfen to flatten *(Anstrich)*; to make dull; to blunt, to take off the edge
Absturzschacht *m* sinking well *(Dränagesystem)*
Abstützbohle *f* raking (inclined) shore
abstützen to shore up, to prop [up], to strut, to support; to reinforce
~ **gegen** to bear against
~ **gegen/sich** to bear against
Abstützen *n* shoring up *(Bauwerk)*
Abstützkonstruktion *f* shoring system
Abstützträger *m* outrigger beam
Abstützung *f* shoring, propping
~**/horizontale** lateral support *(Versteifung)*
~**/vorübergehende** reshoring *(Montage)*
Abtei *f* abbey
abteilen to section *(in Abschnitte)*; to part, to partition *(einen Raum durch eine Wand)*
~**/durch Mittelpfosten** to mullion *(Fenster)*
Abteilung *f* section, division
Abteilungswand *f* partition [wall], partition panel
Abteufung *f* sinking
abtönen to tint, to shade *(Farbe)*
Abtönfarbe *f* tint, tinter

Abtönvermögen *n* tinting power (strength), staining power
Abtrag *m* 1. cut; 2. *(Erdb)* dug earth; cutting, excavation; 3. wrecking *(von Gebäuden)*
abtragen 1. to demolish, to wreck *(Gebäude)*; 2. to erode, to strip, to clear down *(Bauwerk, Erdstoff)*; 3. *(Bod)* to degrade, to skim; 4. to transfer *(Lasten)*
~/das Stützenmoment to subtract the moment of the supports
Abtragen *n* cutting
~ der Vegetationsschicht stripping *(Baustelle)*
~ und Einbauen *n* cut-and-fill
Abtragung *f* 1. excavation; 2. erosion; 3. ablation *(Geologie)*
abtrennen to detach; to separate; to partition *(Räume)*
Abtrennung *f* separation *(Anstrich)*
~ durch Trennwände partitioning
abtreppen *(Erdb)* to bench
Abtreppung *f* stepping, *(Erdb)* benching; racking back *(Mauerwerk)*
Abtreppungsgründung *f* stepped foundation
Abtretender *m* assignor
Abtretung *f* cession
Abtropfführung *f* drop apron
Abtropfgrenze *f* drip line
Abtropfkante *f*/ **gefalzte** welted drip
Abtropfleiste *f* chantlate
Abtropflinie *f* drip line
abtupfen to dab
abwägen to weigh; to level
abwalmen to hip
Abwandlung *f* remodel[l]ing
Abwärme *f* waste heat
Abwärmeverwertung *f* heat recovery
abwaschbar washable *(z. B. Putz, Tapete)*
Abwaschbecken *n* sink [basin]
Abwaschbeckenhahn *m* sink bib
abwaschen to strip *(Anstrich)*, to wash out (off)
Abwaschtisch *m* sink unit
Abwasser *n* sewage, waste (foul) water
~/abgestandenes stale sewage
~/unbehandeltes crude waste (sewage), raw sewage
Abwässer *npl* sanitary sewage, sewage, sullage *(Schmutzwasser aus Bad und Küche ohne WC)*
~/gewerbliche commercial sewage
~/häusliche domestic sewage (waste-water), sanitary sewage
~/vorgereinigte provisionally treated waste water
Abwasserabsetzanlage *f* sewage sedimentation plant
Abwasserabzweigstück *n* sanitary tee
Abwasserbau *m* sewage construction
Abwasserbauten *pl* waste-water facilities
Abwasserbehandlung *f* sewage disposal (treatment)
Abwasserbehandlungsanlagen *fpl* waste-water facilities, sewage clarification plant
Abwasserbehandlungswesen *n* sewage engineering
Abwasserbeseitigung *f* sewage (waste) disposal, sewerage, sewage disposal system
Abwasserbeseitigungsanlage *f* sewage disposal facility (plant)
Abwasserfallrohr *n* waste stack
Abwassergeruchverschluß *m* building trap *(eines Gebäudeabflußkanals)*
Abwasserkanal *m* building sanitary sewer *(nur für häusliche Abwässer)*, sewer, conduit sewer
Abwasserkanalgewölbestein *m* segmental sewer block
Abwasserkanalsohle *f* sewer bottom
Abwasserkanalzubehör *n* sewer appurtenances (accessories)
Abwasserkitt *m* sewer joint[ing] compound, water putty
Abwasserklärer *m* interceptor
Abwasserklärung *f* sewage purification, clarification of sewage, sewage treatment
Abwasserlast *f* pollution [load]
Abwasserleitung *f* sewer; building sewer *(außerhalb eines Gebäudes)*; foul water line
~/kombinierte building combined drain (sewer) *(Abwasser und Regenwasser)*
~/nichtöffentliche private sewer
~/senkrechte stack
Abwassermenge *f* volume of sewage
Abwässern *n* bleeding *(Frischbeton)*
Abwasserpumpsystem *n* subdrain, building subdrain
Abwasserreinigung *f* sewage purification
Abwasserrohr *n* drain pipe, sewer [pipe], waste pipe
~ mit Reinigungskappe capped pipe
Abwasserrohrende *n*/ **senkrechtes** stack (soil, waste) vent
Abwasserrohrentlüftung *f* stack venting
Abwasserrohrleitung *f* waste pipe
Abwassersammeltank *m* dosing tank
Abwassersammler *m* intercepting sewer
Abwasserschaum *m* scum
Abwasserschlamm *m* sewage sludge
Abwassersickerbrunnen *m* leaching basin
Abwassersickerschacht *m* leaching well (pit)
Abwassertechnik *f* sewage engineering
Abwasserverrieselung *f* sewage farming
Abwasserversickerbrunnen *m* leaching basin
Abwasserversickerungsanlage *f* subsurface sewage disposal system
Abwasserversickerungsgraben *m* absorption trench
Abwasserverwertung *f* utilization of sewage
Abwasserzuleitung *f* primary [waste water] branch *(im Gebäude)*
Abweichung *f* deviation, divergency; discordance

~/**mittlere quadratische** mean square deviation *(Qualitätskontrolle, Baustoffprüfung)*
~ **von der Lotrechten** plumb line deviation
~/**zulässige** allowance, allowable deviation, tolerance
Abweisblech *n* flashing
~ **über einer Tür- oder Fensteröffnung** head flashing
Abweismittel *n* repellent solution
Abweispfosten *m* guard post
Abweisschiene *f* bumper rail
Abweisstein *m* guardstone, spur stone
abwettern to weather away; to weather *(Werkstoffprüfung)*
Abwettern *n* bronzing *(Farbanstrich)*
Abwicklung *f* development
abwinkeln to stake, to peg out *(Grundrisse)*
Abwischlappen *m* tack rag *(Anstrich)*
Abwurfanlage *f* shaft
Abwurfschacht *m* chute, shaft
Abwurfschurre *f* discharge shoot (chute)
Abziehbilddekoration *f* decal
Abziehbohle *f* finishing screed, screed [board], screeding board (plate), smoothing beam (board), strike-off, bull float
Abziehbrett *n* derby float, wood screed patter, *(Am)* darby
abziehen 1. to draw, to take off, to pull off; 2. to finish-fair, to finish-smooth, to smooth, to level, 3. to screed *(Betonoberfläche)*; 4. to flog *(Fußboden)*; 5. to strike off *(Deckenfertiger)*; 6. to rub
Abziehen *n* 1. finishing, smoothing; 2. striking off; 3. screeding *(Putz)*; 4. stripping *(Farbe)*; 5. honing, polish grinding, final grinding; 6. sharpening
Abziehhülse *f* withdrawal sleeve
Abziehkelle *f* finishing tool
Abziehlatte *f* smoothing (levelling) board, strike-off, striker, derby, slicker
Abziehlehre *f* screed template
Abziehrohr *n* drain pipe
Abziehschiene *f* screed rail
Abziehsilo *n* live storage bin
Abziehstein *m* oilstone, hone, oil rubber; rub brick; rubbing stone *(Natursteinbearbeitung)*; sharpening stone, whetstone; snakestone *(Terrazzo, Putz)*
Abzug *m* 1. flue, vent; 2. conduit, outlet; 3. eduction; 4. duplicate *(einer Kopie)*
~/**luftseitiger** downstream batter
~/**senkrecht durchgehender** continuous vent *(als Verlängerung der Erdleitung)*
Abzugsgraben *m* catch pit gully
Abzugsgrube *f* sink hole (trap, well)
Abzugshaube *f* hood
Abzugskanal *m* 1. flue [pipe], conduit, offtake; 2. sewer
Abzugskanalrohr *n* culvert pipe
Abzugskanalschließer *m*/ **automatischer** fire damper *(bei Feuerausbruch)*
Abzugsrohr *n* 1. discharge pipe; drain pipe; 2. vent pipe; fume (smoke) pipe, eduction pipe; offtake
Abzugsschleuse *f* sink, sewer
Abzweig *m* branch pipe (tube), junction *(Rohrsystem); (Verk)* scissor junction
Abzweigbrunnen *m* conduit pit
Abzweigdose *f (El)* branch (joint, conduit, junction) box
abzweigen 1. to branch; 2. to turn out *(Schiene)*
Abzweigfalleitung *f* yoke vent *(Entwässerung)*
Abzweigfitting *n* branch (wye) fitting, Y-fitting
Abzweigkanal *m* branch canal
Abzweigleitung *f*/ **parallele** offset pipe
Abzweigleitungsrohr *n* branch pipe
Abzweigmuffe *f* Y-joint
Abzweigpunkt *m* tapping point
Abzweigrohr *n* branch [pipe], pipe branch
Abzweigrohrstück *n* bifurcated pipe
Abzweigstück *n* wye branch, Y-branch, lateral
Abzweigung *f* 1. branch[ing], bifurcation, embranchment; 2. *(El)* arm, tapping; 3. shunt, turnout *(Schiene)*; 4. intersection leg
~ **eines Kanals** branch of a canal
abzwicken to nip (pinch) off
Aceton *n* acetone *(Lösungsmittel)*
Acetylenbrenner *m* acetylene torch
Acetylen-Sauerstoff-Schweißen *n* oxyacetylene welding
Acetylenschweißen *n* acetylene welding
Achämenidenarchitektur *f* Achaemenid architecture *(persische Architektur)*
Achsabstand *m* centre-to-centre distance
Achsabsteckung *f* marking-out of axisline
Achse *f* 1. axis, centre line; 2. survey traverse
~/**neutrale** neutral axis (line)
achsenfluchtend centre-line aligned
Achsenkreuz *n* coordinate system
Achsenlinie *f* centre line
Achslastgrenze *f* axle weight limit
Achteck *n* octagon
Achtgewölbe *n (Arch)* octagonal vault
Achtkantstahl *m* octagonal bar steel
achtsäulig *(Arch)* octastyle
Ackerland *n* arable land
Ackermanndecke *f* Ackermann's ceiling, Ackermann ribbed floor
Adapter *m* adapter
Additiv *n* admixture *(feste Stoffe)*; dope; functional addition *(Zement)*
~/**brandhemmendes** fire-proofing [admixture]
Ader *f (El)* core, lead
~/**schwarze** black vein *(Geologie)*
Adernpaar *n (El)* pair of leads
Adhärenz *f* 1. adherence; 2. bond
Adhäsion *f* adhesion
Adhäsionsbeiwert *m* adhesion coefficient
Adhäsionsfestigkeit *f* adhesive strength
Adhäsionskraft *f* adhesive force

Adhäsionspapier *n* release paper
Adhäsionsspannung *f* adhesive stress (tension)
Adhäsionszahl *f* adhesion coefficient
adhäsiv adhesive
Adiabate *f* adiabatic curing line *(Betonnachbehandlung)*
Ädikula *f (Arch)* aedicula, edicule
Adobe *m* adobe *(ein luftgetrockneter Lehmziegel)*
Adobebauweise *f* adobe construction *(mit ungebrannten luftgetrockneten Ziegeln)*
Adsorbens *n* adsorbent
Adsorption *f* adsorption
Adsorptionsmittel *n* adsorbent
Adyton *m (Arch)* adytum, adyton *(das Allerheiligste des griechischen Tempels)*
aerodynamisch aerodynamic
Affinität *f* affinity; liking *(Bitumen, Wasser)*
affrontiert affronted
Agba-Holz *n* agba *(afrikanisches Edelholz)*
Agglomerat *n* 1. agglomerate; 2. bond; 3. sintered fuel ash *(Leichtzuschlag)*
Agglomeration *f* agglomeration
agglomerieren to agglomerate; to nodulize
Aggloporit *m* aggloporite *(ein Sinter-Leichtzuschlag)*; expanded shale (slate)
Aggregat *n* set
Aggressivbeständigkeit *f* resistance to disintegrating effects
Agora *f* agora *(Marktplatz im antiken Griechenland)*
ähnlich/geometrisch geometrically similar
Ahornholz *n* maple
Akanthusblatt *m* acanthus [leaf] *(Pflanzenmotivornament)*
Akazienholz *n* satinwood
aklinisch aclinic, aclinal
Akroterion *n (Arch)* acroter[ium] *(Giebelverzierung an Tempeln)*
Akrylbeton *m* acrylic concrete
Akrylharz *n* acrylic (acrylate) resin
Akrylharzbeton *m* acrylic concrete
Aktivator *m* activator
aktivieren to activate *(Bindemittel)*
Aktivität *f* activity *(Netzwerkplanung)*
Aktivitätsindex *m* activity index *(Zement)*
Aktivitätsmarkierung *f* arrow diagram *(Netzwerkplanung)*
Aktivkohle *f* activated carbon (charcoal)
Aktivkohlefilter *n* [activated-]carbon filter
Akustik *f* acoustics *(Raumeigenschaft)*
Akustikplatte *f* acoustic[al] board
akustisch acoustic[al]
akzeptieren/das Angebot to accept the tender
Alabaster *m***/durchscheinender** fengite *(historisch)*; alabaster glass
Alabastergips *m* gypseus, alabaster
Alarmgerät *n***/akustisches** audible alarm unit
Alarmglocke *f* alarm (call) bell
Alaun *m* alum
Alaunschiefer *m* alum shale
Alit *m* alite *(Zementmineral)*
Alkalibasalt *m* alkali basalt
alkalibeständig resistant to alkali[s]; fast to-alkali *(Beton)*; lye-proof
Alkalibeständigkeit *f* resistance to alkali, alkali resistance
alkalifest resistant to alkalis; fast to-alkali *(Beton)*
Alkalifestigkeit *f* resistance to alkali
Alkali-Kieselsäure-Reaktion *f* alkali-aggregate reaction
alkalisch basic
Alkohol *m***/vergällter** methylated spirit
Alkoholfirnis *m* spirit varnish
Alkohollösungsmittel *n* methylated spirit (solvent) *(Farbe)*
Alkoven *m* 1. alcove, recess; 2. bay *(aus Pflanzen, Büschen und Bäumen)*
Alkyd *n s.* Alkydharz
Alkydharz *n* alkyd [resin]
~/fettes long-oil alkyd [resin]
~/ölarmes short-oil alkyd [resin] *(< 40%)*
~/ölreiches long-oil alkyd [resin]
Alkydharzfarbe *f* alkyd-resin paint
Allee *f* alley, allée; avenue; boulevard
Alleeweg *m* xyst, xystus
Allegorie *f* allegory
Allgemeinbeleuchtung *f* common lighting
Allgemeinklinik *f* general hospital
Alligatordübel *m* alligator connector
Alligatorhaut *f* alligator hide *(eines Anstrichs)*
Alligatorzahnringdübel *m* alligator connector
Alltagsarchitektur *f* everyday architecture
Alluvium *n* alluvium, alluvion
Allzwecktür *f* all-purpose door
Alphaeisen *n* alpha iron
Alphagips *m* alpha gypsum
Altan *m (Arch)* gallery
Altar *m* altar
~/römischer sacellum
Altar-Antependium *n* antependium, altar front
Altaraufsatz *m* retabel, reredos
Altarhof *m***/römischer** sacellum
Altarkreuz *n* rood
Altarnische *f* tribune
Altarraum *m***/erhobener** bema
Altarschrein *m* shrine
Altarsteinplatte *f* mensa
Alteisen *n* scrap iron
altern to age; to mature *(Bitumen, Anstrich)*; to season *(Metall)*; to weather *(Werkstoffprüfung)*
~/künstlich to age artifically
Altern *n***/beschleunigtes** accelerated ageing
Alternativangebot *n* alternate bid; additive alternate *(zusätzlich zum Angebot)*
Altersheim *n* old peoples' home, home for the aged
Alterung *f* 1. ageing; 2. maturing *(Bitumen, Anstrich)*; 3. seasoning *(Metall)*

~/beschleunigte accelerated weathering
~/künstliche artificial ageing
~/vollständige full ageing
alterungsbeständig age-resisting, non-ageing
Alterungsriß *m* season crack
Altmaterial *n* used (salvaged) material, arisings
Altziegel *m* secondhand brick
Alufarbe *f s.* Aluminiumfarbe
aluminieren to aluminize
Aluminium *n* aluminium, *(Am)* aluminum
Aluminiumbronze *f* aluminium bronze, albronze
Aluminiumdachplatte *f* aluminium roofing sheet
Aluminiumfarbe *f* aluminium paint
Aluminiumfenster *n* aluminium window
Aluminiumfensterhaltestrebe *f* fin
Aluminiumfolie *f* aluminium foil
Aluminiumlegierung *f* aluminium (light) alloy
Aluminiumrohr *n* aluminium tube
Aluminiumsand *m* aluminous sand
Aluminiumschallschluckdecke *f* aluminium absorbent ceiling
Aluminiumüberzug *m* alclad
Aluminiumwellplatte *f* corrugated aluminium [panel]
Aluminiumzement *m* aluminous (aluminium) cement, calcium aluminate cement, fire cement
Amarillstein *m* emery
Amberglas *n* amber glass
Ambo *m (Arch)* ambo *(in frühchristlichen Kirchen erhöhtes Pult für die Lesung)*
Amboßbahn *f* anvil plate
Amboßstock *m* anvil stand
Ambursen-Wehr *n* Ambursen dam
Aminokunststoff *m* aminoplastic
Ammoniumchlorid *n* ammonium chloride
amorph amorphous, structureless
Amphibolit *m* amphibolite *(metamorphes Gestein)*
Amphitheater *n* amphitheatre
Amylacetat *n* amyl acetate
Analyse *f*/ **petrographische** petrographic analysis
~/statistische statistical analysis
anätzen to etch *(Glas)*
Anätzen *n* aciding *(mit Säuren)*
Anbacken *n* adherence
Anbau *m* addition, annex[e], extension [building], penthouse
~/kleiner lean-to; appentice, levecel
anbauen [an] 1. to extend *(ein Gebäude)*, to build on, to annex, to add; 2. to attach, to mount, to fit [to]
Anbaugarage *f* attached garage
anbieten to tender
Anbietender *m* bidder
anblatten to scarf by the square, *(Hb)* to halve
Anblick *m*/ **halbschräger** three-quarter view
anbohren to start a hole, to tap
Anbohrung *f* tapping, dimple
anböschen to batter
anbringen 1. to fasten, to fix, to fit; to attach, to mount; to install; to place, to site; 2. to apply *(Kräfte)*
~/falsch to misplace
~/Putzträgerkonstruktionen *(Am)* to brander
~/vorher to preplace
Anbringen *n* fitting; placing; installing; mounting
Anbringung *f* attachment, mounting
Anbruch *m* fracture, crack
Anbruchsicherheit *f* safety against cracking
Änderung *f* modification, change, alteration
~ der Bauunterlagen/offizielle change
Änderungen *fpl* remodelling *(Rekonstruktion)*
Änderungsanweisung *f* **während der Bauausführung** field order
Änderungsmeldung *f* change order *(offizielle Mitteilung an den Bauauftragnehmer über Bauausführungsänderungen)*
andrehen to turn on *(Hahn)*
andrücken to contact, to press [against]
aneinanderfügen to join
~/stumpf to butt
aneinandergrenzend adjacent, adjoining
aneinanderliegend contiguous
aneinanderstoßend abutting
anfahren to start; to convey *(z. B. Erde)*; to heat up *(eine Heizung)*
Anfahrschiene *f* protecting iron
Anfahrschutzpfosten *m* batter post
Anfallgebinde *n (Hb)* hip rafters *(Dachrahmen)*
Anfallgespärre *n (Hb)* hip rafters *(Dachrahmen)*
Anfallmaterial *n* quarry run *(unsortiert)*
Anfallpunkt *m* hip ridge, apex *(Dach)*
Anfänger *m* impost *(Gewölbe)*; starter tile *(Firstziegel)*
Anfangsbelastung *f* initial loading
Anfangsdruck *m* initial pressure
Anfangserhärtung *f* initial hardening
Anfangsfestigkeit *f* initial (primary) strength
Anfangskriechen *m* initial (primary) creep
Anfangslage *f* starter strip, starting course (strip)
Anfangsporenziffer *f (Bod)* initial void ratio
Anfangspunkt *m* origin
Anfangsschwinden *n* initial drying shrinkage *(Beton)*
Anfangssetzung *f (Erdb)* initial settlement
Anfangstermin *m*/ **frühester** early start time *(Netzplantechnik)*
Anfangsverbund *m* initial bond *(Spannbeton)*
Anfangsvorspannung *f* 1. initial stress (prestress); 2. *(Bod)* initial compaction
anfertigen to make, to produce, to manufacture
anfeuchten 1. to moisten, to wet, to damp[en], to humidify; 2. to temper *(Sand)*
Anfeuchter *m* humidifier
Anfeuchtung *f* humidification, damping
anflanschen to flange-connect, to flange-mount
Anflanschen *n* flange-mounting

Anforderung *f* requirement, demand
anfressen to corrode, to eat
anfügen to adjoin
Angebot *n* offer *(Bauvertrag)*
~/billigstes low-bid *(Ausschreibung, Tender)*
~/unverbindliches offer without engagement
Angebotsauswahlphase *f* bidding phase
Angebotsbaupreis *m* base bid
Angebotsbedingungen *fpl* bidding requirements
Angebotseröffnung *f* bid letting (opening), letting of bid, opening of bids
Angebotsformblatt *n* tendering form
Angebotsformular *n* bid form, proposal form
Angebotsleistungsverzeichnis *n* base bid specifications
Angebotsobligation *f* bid bond
Angebotsphase *f* negotiation phase
Angebotspreis *m* base bid
Angebotssicherheit *f* bid guarantee (security)
Angebotssumme *f* contract price
Angebotstermin *m* bid date (time), tendering date
Angebotszeichnung *f* proposal drawing
Angebotszeitraum *m* bidding period
angefärbt/schwach feebly coloured
angefertigt/speziell custom-built
angeflanscht flanged, flange-connected, flange-mounted
Angel *f* pin, pivot, hinge; fang *(einer Feile)*
angelaufen struck *(Glas)*
Angelpfosten *m* hinge jamb *(Tür)*
Angelzapfen *m* pivot
angeordnet/dachziegelartig imbricated
~/diagonal diagonally placed
~/gegenüber affronted
~/in [einer] Linie lined-up
~/in Reihe seriate
~/räumlich falsch mislocated
~/symmetrisch symmetrically placed
angestrahlt flood-lit
angetrieben/durch Motor power-driven
anglasiert semivitreous *(Fliesen, Kacheln)*
angreifen to act [on] *(Kraft)*; to bite *(Metalle, Kunststoffe)*; to attack *(durch chemische Einflüsse)*; to eat, to corrode *(Metalle)*
Angreifen *n* **einer Kraft** application of a force
angrenzen to border; to adjoin
~ an to adjoin
Angrenzen *n* adjacence
angrenzend adjacent; contiguous
Angriff *m (Stat)* application; corrosion *(von Metallen)*
~/chemischer chemical attack
Angriffspunkt *m* application point, working point, point of application
Angstloch *n (Arch)* oubliette opening *(Deckenöffnung)*
anhaften to adhere; to stick, to cling
Anhaften *n* adherence; clagging, sticking to
anhaftend adhesive
Anhaftung *f* grip on the ground
Anhaftungslänge *f* grip length
Anhaftungsvermögen *n* adhesion force
anhaken to hook [on]
Anhängeerdhobel *m* pull grader
Anhängeetikett *n* tag
anhängen to affix, to append, to hang on
Anhänger *m* trailer *(ein Kraftfahrzeug)*
Anhängestraßenhobel *m* towed[-type] grader
Anhäufung *f* agglomeration
anheben 1. to lift; to elevate; to raise; to hoist; to jack; to deflect *(Spannbeton)*
Anheben *n* **von Bodenschichten** uplift
Anhebung *f* elevation
anheften to attach, to enclose; to affix
Anhydrit *m* anhydrite
Anilinharz *n* aniline resin
Anker *m* anchor; fish tail
Ankerbalkenstütze *f* teagle post
Ankerband *n* hoop iron
Ankerbesen *m* strand grip
Ankerblock *m* head block
Ankerbolzen *m* anchor (foundation, tie-[down], hold-down) bolt; lag bolt (screw) *(mit quadratischem Kopf)*
~/gesenkgeformter swage bolt
~/konusfreier *(Am)* she bolt *(Betonelemente)*
Ankereisen *n* 1. bat, clutch anchor; 2. tie bar *(Straßenbetondecke)*
Ankerkeil *m* wedge anchor
Ankerklotz *m* anchor log, deadman
Ankerloch *n* foundation bolt hole, anchor hole
Ankerpfahl *m* anchor pile
Ankerpfeiler *m* anchorage *(Brückenbau)*
Ankerplatte *f* anchor (tie) plate
Ankerplatz *m* berth *(Schiff)*
Ankerscheibe *f* anchor plate
Ankerschraube *f* anchor (foundation, tie[-down], hold-down, fish-tail) bolt; lag bolt (screw)
Ankerseil *n* guy [rope]
Ankersplint *m* tie cotter
Ankerstab *m* anchor (tie) bar, tie (stay) rod
Ankerstange *f* holding-down rod
Ankerstern *m* star of tie beams
Ankervorrichtung *f* anchorage
Ankerwand *f* anchor wall
~/durchlaufende anchor wall
Ankerwinde *f* windlass
anklammern to clip, to cramp
ankleben to glue
~/Tapete to hang wallpaper
anklebend adherent
anklemmen 1. to clamp [to]; 2. *(El)* to connect [with]
ankohlen to char
~/einen Pfahl to char a pole
ankörnen to mark, to punch
Ankörnung *f* 1. mark, punch; 2. marking, punching

Anlage *f* 1. layout *(Skizze)*; siting *(Lageplan)*; 2. plant; installation; facility; complex; rig *(Prüfanlage)*
~/bauliche construction
~/elektrische electrical equipment *(installation)*
~/raumlufttechnische ventilation and air-conditioning system
~/stationäre permanent plant
Anlagekosten *pl* first (initial) cost; purchasing cost
Anlagen *fpl* **/ bauliche** works
Anlagenbau *m* plant construction
Anlagenetage *f* equipment floor
Anlagengeschoß *n* equipment floor
Anlagenmischgut *n* plant mix *(bituminöse Baustoffe)*
Anlagensilo *n* batching silo
Anlagerung *f* adsorption
Anlagerungsfähigkeit *f* adsorption power (capacity)
anlassen to temper *(Metall)*
Anlauf *m* 1. batter, battice *(einer Mauer)*; 2. inverted cavetto *(konkav kurvierte Vermittlung zwischen einem vorspringenden unteren und einem zurücktretenden oberen Bauelement)*; 3. tapered collar
~ des Schornsteins taper of the chimney
Anlaufbrücke *f (Wsb)* landing stage, boarding bridge
anlaufen to get musty, to tarnish *(Metalloberflächen)*
~ lassen to batter, to slope
Anlaufen *n* 1. chilling *(Fleckenbildung auf trocknenden Farbanstrichen durch kalten Luftzug)*; 2. escape *(einer Säule)*
Anlaufschiene *f* facing rail
Anlaufwand *f* talus wall
Anlegebrücke *f* landing pier
Anlegekante *f* work (face, working) edge
anlegen 1. to build *(gründen)*; 2. to plant *(errichten)*
~/das Gesims to cope
~/Flechtwerk to trellis
~/Grünflächen to lay out green spaces
~/Kaskaden to cascade
~/Randstreifen to margin
~/Terrassen to terrace
Anlegeöl *n* gold size
Anlegeponton *m* ferry bridge
Anlegestelle *f* berth
Anlehnung *f* contact *(Berührung)*
anleimen to glue
Anlieferung *f* delivery
Anlieferungstür *f* service door
Anlieger *m* [local] resident; *(Am)* frontager
Anliegergrundstück *n* marginal (adjacent) property
Anliegerstraße *f* service road
Anliegerverkehr *m* [local]residents' vehicles; *(Am)* frontager traffic
anmachen to temper, to mix *(Mörtel, Beton)*, to prepare *(Mörtel)*
Anmachen *n* **des Zements** mixing of cement
Anmachwasser *n* mixing water, batched water *(für eine Mischung)*
Anmachzeit *f* time of haul *(Beton)*
anmelden/Besitzanspruch to make one's claim [to property]
annageln to nail
~/vorübergehend to nail temporary
Annageln *n* nailing
~ einer Brettverkleidung boarding-in
~ von Latten lathing
annähern to approximate
Annäherung *f* approximation
Annäherungswert *m* approximate value
Annahme *f* 1. delivery, reception; 2. hypothesis
~/hypothetische arbitary assumption
~/willkürliche arbitary assumption
Annahmerampe *f* delivery ramp
annässen to wet *(z. B. Untergrund)*, to moisten
~/das Ziegelmauerwerk to moisten the brickwork
annehmen to take [up] *(Farbe)*
annieten to rivet, to fasten with a rivet
Anode *f* anode *(Korrosionsschutzsystem)*
Anodengalvanisierung *f* anodic coating
Anodenplatte *f* anode plate *(Korrosionsschutzsystem)*
anordnen to place, to site, to locate; to set out; to dispose
~/in Gruppen to group
~/in Reihe to seriate
~/kaskadenförmig to cascade
~/mit Abstand to space
~/mit Zwischenraum to space
~/mittig to centralize
~/versetzt to alternate, to stagger
Anordnung *f* 1. arrangement, setting, placement; 2. constitution, configuration; 3. scheme; 4. rule *(Regelung)*; 5. set-up *(von Einrichtungsgegenständen)*
~/gruppenweise grouping
~ in Reihe seriation
~/räumliche configuration, spatial arrangement
~/versetzte stagger [arrangement]
~ von Pfeilern accouplement
~/zentrale centralized grouping
Anpassung *f* adaption; remodelling *(eines Gebäudes)*
Anpassungsfähigkeit *f* **/ bauliche** construction flexibility
anpflanzen to plant
Anpflanzung *f* plantation
anpinseln to brush
anrechnen/Kosten to charge
anregen to activate *(Bindemittel)*
Anreger *m* activator; exciter *(Bindemittel)*
Anregerstoff *m* activator
anreichern to enrich, to concentrate, to strengthen
anreißen to mark, to delineate, to set out; to score *(Frischbeton)*

~/eine Linie to snap the line
Anreißen *n* spiling, *(Am)* laying out; scoring *(Frischbeton)*; lining out *(Holz)*
Anreißkörner *m* centre punch, *(Am)* layout punch
Anreißleine *f* snapping line
Anreißnadel *f* aligning punch
Anreißschablone *f* tracing pattern
Anreißstift *m* aligning punch, scriber
Anrichte *f* dresser, sideboard; counter
Anrichteraum *m* scullery, pantry
Anrichtküche *f* scullery
Anriß *m* 1. incipient crack *(Baustahl)*, initial cracking; 2. mark[ing]
Anrißlinie *f* scribed line
anrühren to mix
~/Brei to pulp
Anrühren *n* mixing, tempering *(of mortar)*
ansammeln to accumulate, to heap up
Ansammlungsplatz *m* place of assembly
Ansammlungsraum *m* place of assembly, assembly room
Ansatz *m* 1. attachment, lug; 2. shoulder *(Bauelement)*; 3. nose, nozzle
Ansatzrohr *n* nozzle, additional pipe
~/kurzes short pipe
ansäuern to acidify
Ansaugdruck *m* induction pressure
ansaugen to take in, to draw off
Ansaugen *n* intake, suction
Ansaugkorb *m* suction strainer
Ansaugrohr *n (HLK)* induction pipe; suction pipe
Ansaugschlauch *m* air hose
Ansaugstutzen *m* air intake
Ansaugung *f* induction
anschärfen to sharpen, to point, to whet
Anschlag *m* 1 stop, laid-on stop, retainer; rebate, rabbet, *(Am)* flenning *(einer Fenstersohlbank)*; 2. [cost] estimate
~ der Baukosten/genauer detailed estimate of construction cost
~/doppelter double rabbet
~/eingefügter rabbeted stop
~/entfernbarer removable stop
Anschlagbrett *n***/ lösbares** removable stop
anschlagen to fasten, to fix, to nail [to]
Anschlagholz *n***/ eingesetztes** planted stop *(Tür, Fenster)*
Anschlagholzwinkel *m* carpenter's (framing) square
Anschlagleiste *f* overlapping (wraparound) astragal, rabbet ledge; stop bar; back lining (boxing, jamb) *(Fensterladen)*
~/angesetzte planted stop *(Tür, Fenster)*
Anschlagleistenschraube *f* stop screw
Anschlaglineal *n* T-square
Anschlagmittel *n* lifting tackle
Anschlagplatte *f* kickplate *(Tür)*
Anschlagschalter *m* limit switch
Anschlagschraube *f* stop screw
Anschlagschwelle *f* cut-off stop
Anschlagstahlwinkel *m* steel square
Anschlagstein *m* stop stone *(Tor)*
Anschlagtafel *f* bulletin board
Anschlagwinkel *m* back (engineer's, steel, try) square
Anschlagziegel *m* rebated walling brick
anschließen to connect, to attach; to join; to mount; to fasten with a lock; *(El)* to connect
~ an to fit to
Anschluß *m* 1. connection, attachment; joint; *(El)* connection; 2. *s.* Anschlußstück
~/beweglicher movable connection
~/biegesteifer rigid joint
~/geschweißter welded joint
~/nachgebender *(El)* flexible connector
~/verdeckter concealed flashing
Anschlußbeton *m* joint concrete
Anschlußbewehrungsstab *m* starter bar
Anschlußblech *n***/ abgetrepptes** stepped flashing
~/doppeltes double junction plate
~/durch die Wand geführtes through-wall flashing
Anschlußblechdachpappenstreifen *m* stripping felt
Anschlußblechfugenverguß *m* stripping
Anschlußblechstreifen *m* stripping felt
Anschlußdose *f (El)* connecting (joint, junction) box, wall socket
Anschlußdraht *m* terminal wire
Anschlußflügel *m* buttress wing
Anschlußfuge *f* connecting joint
Anschlußgegenfalte *f* tuck in *(Dachdeckung)*
Anschlußgleis *n* [railway] siding, [railway] spurtrack, yard track
Anschlußkachelleiste *f* tile fillet
Anschlußkasten *m* terminal box
Anschlußklemme *f (El)* connecting terminal, [clamp] terminal; connecting clamp
Anschlußleitung *f (El)* lead wire
~/elektrische electric supply line
Anschlußmaße *npl* installation dimensions
Anschlußmast *m (Am)* utility pole
Anschlußniet *m* connecting (jointing) rivet
Anschluß- oder Verteilerdose *f***/ eingebaute** flush wall box
Anschlußpreßklemme *f (El)* pressure connector
Anschlußpreßschraube *f (El)* wire nut
Anschlußrohr *n* connecting pipe
Anschlußsäule *f* terminal post
Anschlußschieber *m* curb cock *(auf der Straße)*
Anschlußstück *n* adapter; nipple; *(El)* terminal
Anschlußträgerbrett *n* flashing board
Anschlußverbinder *m* terminal
Anschlußwert *m (El)* connected load
Anschlußwinkel *m* connecting (joint) angle, angle bracket
anschmiegen an die Oberfläche/sich to conform to the surface
anschneiden 1. to cut (slope) steeply *(Straße)*; 2. to underream *(den Fuß eines Bohrpfahls erweitern)*

Anschnitt *m* 1. *(Erdb)* shelf; 2. *(Hb)* notch, jag
Anschnittstrosse *f* pioneer bench *(Steinbruch)*
anschrauben to bolt, to screw
anschütten to slope, to embank; to batter, to back-fill
Anschüttung *f* fill
anschweißen to weld on, to attach by welding
anschwellen to rise, to swell
Anschwemmung *f* 1. aggradation, alluvion, deposit; 2. silting
anseilen to rope
ansengen to singe
ansetzen/Kesselstein to fur, to scale
Ansetzen *n* **des Mauerwerks** planting
Ansicht *f* 1. elevation; 2. view; illustration
Ansichtsebene *f* plane of projection
Ansichtsfläche *f* **/ ausgearbeitete** sunk face *(Stein)*
Ansichtsfront *f* **/ neunsäulige** *(Arch)* enneastyle
Ansichtszeichnung *f* view drawing, profile
ansiedeln 1. to settle; 2. to establish *(Industrie in einem Gebiet)*
Anspritz[ungs]schicht *f* **/ bituminöse** asphalt tack coat *(zum Verkleben bituminöser Schichten)*
anstauchen to head *(Niet)*
anstauen to dam up water
ansteigen to rise
ansteigend 1. rising; 2. sloped *(Fläche)*
Anstieg *m* rise
Anstoß *m* abutment; abutting end *(Schwelle, Bauteil)*
anstoßen to abut
anstoßend abutting
Anstrahlbeleuchtung *f* accent lighting
Anstreicharbeiten *fpl* painting work
anstreichen to paint; to brush; to coat
Anstreichroller *m* paint roller
Anstrich *m* 1. paint [coat]; 2. surface coating
~/bituminöser bituminous paint
~/frischer wet paint
~/gemischtfarbiger polychromatic finish
~/geruchloser odourless paint
~/gespritzter spray coat[ing]
~/halbglänzender eggshell gloss
~/karbonatischer organic coating
~/lasierter glass coat
~/verformbarer plastic (textured, texture-finished) paint
~/wasserdichter waterproof paint
~/wasserfester water-resisting paint
~/wasserverdünnter water-carried paint
Anstrichabbindeverzögerer *m* paint inhibitor
Anstrichaufwölbung *f* fattening
Anstrichausbesserung *f* **/ fleckweiße** spotting-in, spot finishing
Anstrichbehandlung *f* brush treatment *(Korrosionsschutz)*
Anstrichbelag *m* **/ gespritzter** spray coat[ing]
Anstrichdicke *f* coat thickness
Anstricherneuerung *f* recoating
Anstrichfehler *m* coat defect
Anstrichfehlstelle *f* coat pit
Anstrichfilm *m* coat film
Anstrichgrund *m* substratum
~/aufgerauhter tooth
Anstrichlaufsträhne *f* tear, run
Anstrichmangel *m* coat defect
Anstrichmembran *f* coat film
Anstrichpore *f* pit
Anstrichschaden *m* painting defect
Anstrichschichtenfolge *f* paint[ing] system
Anstrichstoff *m* paint, coating [material]
~/wasserverdünnter cold-water paint
Anstrichstoffbasis *f* paint base
Anstrichsystem *n* paint[ing] system
Anstrichtechnik *f* paint practice
Anstrichträger *m* substratum
Anstrichvermischung *f* **durch Frisch-auf-Frisch-Streichen** picking up
anstücken to lengthen, to piece
Anta *f (Arch)* anta *(vorspringende Seitenwand des antiken Tempels)*
Antefixum *n (Arch)* antefix [tile] *(Stirnziegel am antiken Tempel)*
Anteil *m* portion, proportion, constituent [part]; content, percentage
~ der bebauten Fläche building coverage
Antenne *f* aerial, antenna
Antennenableitung *f* [aerial] down lead
Antennenanschluß *m* [aerial] plug-in point *(in der Wohnung)*
Antennenmast *m* aerial tower (mast)
Antenpfeiler *m (Arch)* anta
Antentempel *m (Arch)* temple in antis *(antiker griechischer Tempel)*
Antepagmentum *n* antepagement *(Türbogenverzierung)*
Antependium *n (Arch)* antependium *(Verkleidung des Altarunterbaus)*
Anthemion *n (Arch)* anthemion *(ein Ornament bestehend aus Blumenformen)*
Anthrazenöl *n* green oil
Antidröhnbehandlung *f* antidrumming treatment
Antidröhnmaterial *n* sound-deadening material
Antiklebemittel *n* parting agent
Antimonblei *n* antimonial (hard) lead
Antimonbleifuge *f* hard lead joint
Antimonbleirohr *n* antimonial lead pipe
Antimongelb *n* Naples yellow
Antimonoxid *n* antimony oxide
Antimonregulus *m* regulus metal
Antimonweiß *n* antimony white
Antischaummittel *n* antifoam[ing agent] *(z. B. bituminöse Bindemittel)*
Antistatikmittel *n* antistatic agent *(als Kunststoffzusatz)*
antragen to lay on, to apply *(Putz)*
antreiben to drive, to run, to force
Antriebsmaschine *f* motor

Antriebsmotor *m* prime mover
Antrittspfosten *m (Hb)* newel, newel post *(Treppe)*
~/geschlitzter slip newel
Antrittsstufe *f* bottom (starting) step
~/gebogene commode step
~/geschwungene curtail (scroll) step
~ mit gerundeten Wangen *s.* ~/ geschwungene
~/verzogene commode step
Antrockenzeit *f* tack-free time *(Farbe);* tack range *(Kleber)*
Anuli *mpl (Arch)* annulets *(schmale Ringe am dorischen Kapitell)*
anwärmen to heat up *(Bindemittel, Zuschlagstoffe)*
anwendbar sein to apply, to be applicable
Anwendbarkeit *f* applicability
anwenden to apply
Anwendung *f* application
Anwendungsbereich *m* range (field, scope) of application
Anwendungseigenschaft *f* use property
Anwendungsgebiet *n* field of application (uses)
Anwerfen *n* throwing on *(Putz)*
~ des Unterputzes rendering
Anzahl *f* number, quantity
anzapfen 1. *(El)* to tap; 2. to bleed *(Dampf, Flüssigkeit)*
Anzapfen *n* bleeding; *(El)* tapping
anzeichnen to mark [out] *(z. B. Fußbodenbelagverlegung)*
Anzeichnung *f* marking *(Straße)*
Anzeige *f* reading; notice; information
Anzeigenvorhang *m* advertisement curtain *(im Theater)*
Anzeigetafel *f* indicator panel
Anziehdauer *f* tack range *(Kleber)*
anziehen to set, to bind *(Beton)*; to tighten, to fasten *(eine Schraube)*; to pull *(Tür)*
Anziehen *n* piling *(des Anstrichs)*; initial hardening *(von Beton)*
Anzug *m* batter *(ein künstlicher steiler Hang)*
Anzugszeit *f* lap-time *(Anstrich)*
apfelförmig pomiform
Apfelsinenschalen[oberflächen]effekt *m* orange pelt [effect] *(Anstrich- oder Brennfehler)*
Apophyge *f (Arch)* apophyge, scape, congé *(Kehle am oberen Ende einer dorischen Säule)*
Appartement *n* [studio] apartment
Appartementgebäude *n s.* Appartementhaus
Appartementhaus *n (Am)* apartment block (house)
~ ohne Aufzug oder Rolltreppe *(Am)* walk-up
Appartementhotel *n* apartment hotel
Apsidialkapelle *f (Arch)* choir chapel
Apsidenchor *m (Arch)* apsidial choir
Apsis *f (Arch)* apse, apsis
Apsisbogen *m (Arch)* exedra arch
Apteraltempel *m (Arch)* apteral temple
Aquädukt *m (Arch)* aqueduct *(über Brücken geführte Wasserleitung im antiken Rom)*
Aquäduktabdeckung *f* specus
äquidistant equidistant
Ar *n(m)* are *(Flächenmaß)*
Arabeske *f* arabesque [ornament]
A-Rahmen *m* A-frame *(Dachbinder)*
aräostylos araeostyle *(mit einem Säulenabstand von etwa 4 Säulendurchmessern)*
Arbeit *f* 1. work; operations; 2. energy
~/durchbrochene pierced work *(Keramikelemente, Ornamentsteine)*
~/eingravierte entail
~/gepunzte punched work
~/gespitzte pointed work
~/getriebene chased work
~/punzierte punched work
~/zusätzliche addition[al] work
arbeiten to work, to operate *(z. B. Maschinen);* to warp, to be working *(z. B. Holz)*
~/auf Fertigmaß to size; to customize
~/mangelhaft to bungle
~/mit Sonnenenergie to run on solar energy
Arbeiten *n* working *(Holz)*
~ des Betons internal action of concrete
~ des Holzes movement
Arbeiten *fpl* **/ bauausführende** work
~/öffentliche public works *(z. B. Straßen, Brücken)*
Arbeiterwohnung *f* dwelling in a housing scheme, *(Am)* apartment in a housing project *(für Familien mit niedrigem Einkommen)*
Arbeitsablauf *m* operational sequence, work flow
Arbeitsaufwand *m* expanded energy
Arbeitsbohle *f* **/ temporäre** toehold *(Dachdeckung)*
Arbeitsbrücke *f* temporary gangway
Arbeitsbühne *f* erecting deck (platform) *(Montagebühne)*
Arbeitsdruck *m* operating pressure
Arbeitsebene *f* work (working) plane *(etwa 76 cm über Fußboden)*
Arbeitsfläche *f* 1. working area; 2. back counter, counter *(einer Küche)*
Arbeitsfuge *f* construction joint *(Betonbau)*; working joint *(von Beton)*
Arbeitsfugenbrett *n* form stop; footing stop *(in Betonierfuge)*
Arbeitsgangbreite *f* aisleway
Arbeitsgebiet *n* field of activity (work)
Arbeitsgemeinschaft *f* contracting combine
Arbeitsgerüst *n (Hb)* scaffold[ing]
Arbeitsgrube *f* trench
Arbeitshof *m* **/ kleiner** base-court *(eines Gebäudes)*
Arbeitshöhe *f* work plane *(etwa 76 cm über Fußboden)*
Arbeitskraft *f* manpower
Arbeitskräftezahl *f* labour force
Arbeitsort *m (Erdb)* forebreast
Arbeitspause *f* break, lunch break
Arbeitsplatz *m* work[ing] place
Arbeitsraum *m* 1. working room; 2. back counter *(eines Buffets)*

Arbeitsschacht *m* manhole chimney
Arbeitsschicht *f* shift, gang *(Arbeitskolonne)*
Arbeitsschutz *m* occupational safety
Arbeitsschutzanordnungen *fpl* labour-safety regulations
Arbeitsstunde *f* manhour
Arbeitstag *m* **einer Bauaktivität/erster planmäßiger** early start time
Arbeitstisch *m* work bench
Arbeitsvermögen *n* energy, output, power
Arbeitszeichnung *f* working drawing
Arbeitszeit *f* work[ing] hours
Arbeitszimmer *n* study
~/kleines den *(Bude)*
Architekt *m* architect
~/bauleitender architect-in-charge
~/[noch] nicht zugelassener intern architect
Architektenbüro *n* architect's office
Architektengebühr *f* architect's fee
Architektengemeinschaft *f* architect partnership
Architektenverband *m* architects' association (union)
~/britischer Royal Institute of British Architects, RIBA
Architektenwettbewerb *m* architectural competition, architects' competition
Architektonik *f* architectonic[s] *(Wissenschaft der Architektur)*
architektonisch architectonic
Architektur *f* architecture, civil architecture • **die ~ betreffend** architectural
~/angelsächsische [Anglo-]Saxon architecture (449–1066)
~/byzantinische Byzantine architecture
~ der Bronzezeit Minoan architecture *(auf Kreta)*
~ des Mittelalters Medieval architecture *(in Europa)*
~/deutsche Ottonian architecture *(10. Jahrhundert)*
~/einheimische vernacular architecture
~/frühromanische Early-Romanesque architecture, pre-Romanesque architecture *(in Europa außer dem Gebiet des Römischen Reichs)*
~/futuristische Futurist architecture
~/gotische Gothic architecture
~/griechische (hellenische) Greek (Grecian, Hellenic) architecture
~/islamische Islamic architecture *(entwickelt vom 7.–16. Jahrhundert in Vorderasien, Indien, Nordafrika und Spanien)*
~/klassische Classical architecture
~/landschaftsgebundene environmental architecture
~/maurisch-arabische Mozarabic architecture *(in Nordspanien im 9. Jahrhundert)*
~/mesopotamische Mesopotamian architecture
~/mittelalterliche Medieval architecture *(in Europa)*
~/normannische Norman architecture
~/parthische Parthian architecture
~/persische Sassanian architecture *(3.–7. Jahrhundert v. Chr.)*
~/rationelle rational architecture
~/römische Roman architecture
~/spätgotische, englische Perpendicular style
~/spätromanische Romanesque architecture *(11. und 12. Jahrhundert)*
~/viktorianische Victorian architecture *(England, 19. Jahrhundert)*
Architekturausbildung *f* architectural training (education)
Architekturelemente *npl* **/ gotische** pointed architecture
Architekturhochschule *f* college of architecture
Architekturmodell *n* architectural model
Architekturmodelleuchte *f* heliodon
Architekturzeichner *m* architectural draughtsman (assistant), *(Am)* architectural draftsman
Architekturzeichnerin *f* architectural draughtswoman
Architekturzeichnung *f* architectural drawing
Architrav *m (Arch)* architrave, epistyle, epistylium *(Steinbalken von einer Säulenachse zur anderen)*
Architravbau *m* trabeation
Architravgebäude *n* trabeated building
Arena *f* arena, theatre-in-the-round
Argillit *m* argillite
Arkade *f* arcade *(Teil eines Bogenganges)*
Arkaden *fpl* arcading, arcature, arcades *(Reliefdarstellungen als Wandverzierung)*
Arkadenbau *m* loggia
Arkadengang *m* arcade
Arkatur *f (Arch)* arcading, arcades, arcature
Arkose *f* arkose *(Sandstein)*
Armatur *f* fitting; accessory
~ mit Muffenanschluß socket fitting
~ mit Zapfenanschluß spike fitting
Armaturen *fpl (San)* fittings; mountings, trim
Armauflage *f* armrest elbow rail (board)
Armauflagebrett *n* elbow rail (board)
armieren to reinforce
armiert reinforced
Armierung *f* reinforcement, reinforcing, concrete reinforcement, embedded (masonry) reinforcement
Armierungsarbeiten *fpl* reinforcement work
Armierungseisen *npl* concrete reinforcing bar
Armierungsgeflecht *n* reinforcement framework
Armierungskasten *m* concrete reinforcing cage
Armierungsplan *m* bending (bar) schedule
Armkreissäge *f* slasher saw *(Baumstammablängsäge)*
Armozement *m* ferro-cement
Armozementbauweise *f* reinforced cement-mortar construction
Armstück *n* supporting arm
arretieren to block
Arretierleiste *f* stop bar
Arretierschraube *f* stop screw
Arretierung *f* 1. blocking; 2. retainer
Arsenal *n* armoury, *(Am)* armory, arsenal
Arsenblende *f* orpiment

Ärztewaschbecken *n* scrub sink
Art *f* type, style
Asbest *m* asbestos
Asbestanstrich *m* asbestos paint
Asbestbeton *m* asbestos cement (concrete), eternit, fibrous concrete
Asbestbetonplatte *f* asbestos-cement board (sheet), cement-asbestos board
~/gepreßte compressed asbestos-cement panel
Asbestbetonrohre *npl* asbestos-cement pipes
Asbestbetonverkleidung *f* asbestos-cement cladding
Asbestbetonwellplatte *f* asbestos lumber roofing, corrugated asbestos sheet, asbestos-cement material
Asbestbetonwellplattendach *n* [corrugated] asbestos roofing
Asbestdämmschicht *f* asbestos blanket
Asbestdachschindel *f* asbestos roof shingle
Asbestdecke *f* asbestos blanket
Asbestfaser *f* asbestos fibre
Asbestfaserwolle *f* mineral flax
Asbestfilz *m* asbestos felt
Asbestformstrick *m* asbestos [joint] runner *(zum Rohrmuffenverguß)*
Asbestgewebe *n* asbestos cloth, woven asbestos
Asbestisoliermaterial *m* asbestos plaster
Asbestmörtel *m* asbestos mortar
Asbestpappe *f* asbestos millboard
Asbestschiefer *m* asbestos slate
Asbestspritzmörtel *m* sprayed asbestos *(Feuerschutz)*
Asbestvorhang *m* asbestos curtain, [asbestos] fire curtain, [asbestos] fire-proof curtain, [asbestos] safety curtain
Asbestwandplatte *f* asbestos wallboard
Asbestwellplatte *f* corrugated asbestos
Asbestzement *m* asbestos cement, eternit
Asbestzementbrei *m* asbestos-cement pulp
Asbestzementschiefer *m* asbestos shingle
~/verbrochener diamond slate *(zur Diagonaldeckung)*
Asbestzementwelltafel *f* corrugated asbestos [sheet]
Asche *f* ash; breeze, cinders
Aschegehalt *m* ash content
Ascheloch *n* cinder pit
Aschenbahn *f* cinder path
Aschenbeton *m* breeze concrete *(in Beton aus Koksasche, Sand und Portlandzement)*
Aschenbunker *m* ash silo
Aschenfall *m* ash pit
Ascheraum *m* back (inner) hearth, cinder-pit
Asphalt *m* 1. [artificial] asphalt, [asphaltic] bitumen; 2. *s.* Naturasphalt
~/gereinigter refined natural asphalt
~/künstlicher artificial asphalt
~/minderwertiger land asphalt *(Trinidad)*
~ mit Destillationsbitumen hard asphalt
~/reiner glance pitch
Asphalt... *s. a.* Bitumen...
Asphaltabdeckung *f* asphalt covering, aspalting
Asphaltabsiegelung *f* asphalt fog seal *(ohne Mineralanteil)*
Asphaltasbestfilz *m* asbestos felt
Asphaltausgleichsschicht *f* asphalt levelling course
Asphaltbedachung *f*/ **kontinuierliche** membrane [roofing]
Asphaltbefestigung *f* 1. asphalt pavement structure, bitumen pavement *(Straßenbau)*; 2. asphalt paving, bitumen surfacing
Asphaltbelag *m* asphalt carpet *(Straße)*
Asphaltbeton *m* asphalt cement (concrete), blacktop, bitumen (bituminous) concrete, rolled asphalt
~/kalteinbaufähiger cold-laid asphalt concrete
Asphaltbetonbelag *m* bituminous surfacing
Asphaltbinder *m* asphalt binder course
Asphaltbinderschicht *f* asphalt binder (intermediate) course, binder (binding, intermediate) course
Asphaltbitumen *n* asphalt[ic] bitumen
Asphaltbrot *n* asphalt (mastic) block
Asphaltdachdeckung *f* **mit Kiesabdeckung** built-up roofing, composition (felt-and-gravel) roofing
Asphaltdecke *f* bituminous pavement, asphalt covering, bitumen wearing course *(Straßenbau)*
Asphaltdeckenmischgut *n* bitumen pavement mix[ture]
Asphaltdeckschicht *f* asphalt wearing course
Asphaltdichtung *f* asphalt sealing
Asphaltfeinbeton *m* fine asphalt; *(Am)* fine asphaltic concrete
~/gefüllerter stone-filled sheet asphalt
Asphaltfilzplatte *f* asphalt felt slab
Asphaltfirnis *m* asphalt varnish
Asphaltfräse *f* asphalt cutter
Asphaltfußboden *m* asphalt floor
Asphaltfußbodenbelag *m* mastic flooring
Asphaltgestein *n* rock asphalt
Asphaltgrobbeton *m* coarse asphalt, *(Am)* coarse-graded asphaltic concrete
asphalthaltig bitumen-based
Asphalthobel *m* asphalt cutter
asphaltieren to asphalt, to bituminize, to bituminate
Asphaltieren *n* asphalt paving, asphalting, bituminization, asphalt work
asphaltiert asphalted
~/dünn fog-sealed
Asphaltierung *f* bituminous surfacing, bituminizing
Asphaltierungsarbeiten *fpl* asphalt work
asphaltisch asphaltic
Asphaltisolierpappe *f* insulating asphalt felting
Asphaltisolierschicht *f* insulating layer of asphalt
Asphaltkaltbeton *m* fine cold asphalt
Asphaltkaltgemisch *n* cold mix
Asphaltkessel *m* tar boiler
Asphaltkies *m* gravel asphalt

Asphaltkitt *m* asphalt mastic, *(Am)* asphalt cement
Asphaltklebemasse *f* lap cement
Asphaltkocher *m* asphalt heater (oven)
Asphaltlack *m* asphalt varnish, black japan
Asphaltmakadam *m(n)* asphalt (bitumen) macadam
Asphaltmastix *m* asphalt mastic, [mastic] asphalt
Asphaltmastixdeckschicht *f* sheet asphalt
Asphaltmergel *m* bituminous marl
Asphaltmischanlage *f* asphalt (bituminous mixing) plant
~ **mit Einzeldoseuren** sectional type bituminous mixing plant
Asphaltmischgut *n* **/ gefülltes** mineral-filled asphalt
Asphaltofen *m* asphalt oven
Asphaltöl *n* oil asphalt
Asphaltpapier *n* asphaltic cardboard
Asphaltpappe *f* asphaltic cardboard
Asphaltpech *n* mineral tar
Asphaltplatte *f* asphalt tile (block), tile
Asphaltpulver *n* asphalt powder (meal), powdered asphalt
Asphaltschlämme *f (Am)* asphalt slurry
Asphaltstraße *f* asphalt road
Asphaltstraßenbau *m* asphalt road construction
Asphaltteer *m* bituminous (mineral) tar
Asphaltteerbeton *m* bituminous tar concrete
Asphaltteppichbelag *m* asphalt carpet *(Straße)*
Asphalttragschicht *f* asphaltic (bituminous) base course
Asphaltummantelung *f* asphalt coating
Asphaltverputz *m* asphalt coating
Asphaltverschleißschicht *f* asphalt overlay *(auf alter Deckschicht)*; asphalt surface course, asphalt (bitumen) wearing course
Asphaltwiederaufbereitungsanlage *f* asphalt recycling plant
Asphaltwiederverwendung *f* asphalt recycling
Ast *m* knot *(Holz)*
~/durchgehender passing knot
~/eingewachsener encassed knot
~/herausgefallener loose knot
Astbündel *n* knot-cluster *(Holz)*
astfrei knotless
Astknoten *m* pin knot, knag; large knot *(> 38 mm)*
~/fester (festsitzender) sound (tight) knot
~/kleiner pin knot
~/loser dead knot
~/verwachsener intergrown (live) knot
~/weicher unsound knot
Astloch *n* knothole; large knot *(> 38 mm)*
astlos knotless
Astragal *m (Arch)* astragal *(halbrunde Zierleiste; antikes Ornament)*
Astragalüberlappung *f* overlapping (wraparound) astragal
astrein clean *(Bauholz)*
Astsäge *f* duplex pruning saw
Astwerk *n (Arch)* astragal
asymmetrisch asymmetric[al]
Atelier *n* studio, workshop, atelier
Atemschutzgerät *n* respirator; breathing apparatus
Atemschutzmaske *f* respirator
Atlant *m (Arch)* atlante, atlas, atlantes *(pl)* *(Gebälkträger)*
Atmosphärendruck *m* atmospheric (air) pressure
Atmosphärenüberdruck *m* gauge pressure
Atmungsaktivität *f* breathability *(Mauerwerk)*
Atrium *n (Arch)* atrium *(der Mittelhof eines alten römischen Hauses)*
Attika *f (Arch)* attic *(Dachbrüstungsmauer an klassischen Gebäuden)*
~/fortlaufende continuous attic
~/runde round attic
ätzen to etch; to bite
Ätzkalk *m* caustic (anhydrous) lime, quicklime
Auditorium *n* lecture hall (theatre), auditorium
aufarbeiten to reservice
Aufbau *m* 1. building-up; construction, erection *(Stahlbau)*; assembly, mounting *(Zusammenbau)*; 2. configuration *(räumliche Anordnung)*; 3. composition, fabric *(Mischung)*; 4. appurtenant structure *(Teil eines Gebäudes)*; 5. rigging *(Anlagen, Einrichtungen)*, fitting
Aufbaubagger *m* fast-travel excavator
Aufbaubezirk *m* redevelopment area, use district
aufbauchen to belly
Aufbauchung *f* fattening
aufbauen to build up, to erect, to set up
Aufbaugebiet *n* construction zone, development area
aufbereiten to prepare *(Beton, Mörtel, bituminöses Mischgut)*; to treat, to purily *(Wasser)*
Aufbereiten *n* fabrication *(Mischen der Baustoffe)*
Aufbereitung *f* preparation *(Beton, Mörtel, bituminöses Mischgut)*; treatment *(Wasser)*
Aufbereitungsanlage *f* preparation (processing) plant treatment works *(Wasser)*
Aufbeton *m* screed, layer of concrete
aufbewahren to store
~/trocken to keep dry
aufbiegen to bend up *(Betonstahl)*
~/die Ränder rund to turn up the edges
Aufbiegung *f* bend *(Betonstahl)*, bending-up *(Bewehrung)*; bent-up
Aufblähen *n* 1. exfoliation; 2. expansion, bloating
aufbocken to jack-up
Aufbohrer *m* enlarging bit, *(Hb)* rose bit
aufbrechen to break open *(Straße)*; to crack
Aufbringbarkeit *f* applicability
aufbringen to apply *(Putz, Farbe)*, to distribute *(Farbe)*; to impose *(Kraft)*; to place on
~/den Unterputz to render
~/Dichtungsputz to parge
~/einen doppelschichtigen Putz to render and set
~/einen dreilagigen Putz to render, float, and set

~/Last to load
~/Splitt to blind *(Straße)*
~ und planieren *(Erdb)* to spread and to level
~/Vorspannung to prestress, to tension
~/Wasserabdichtung to waterproof
Aufbringen *n* **der Vorspannung** prestressing, tensioning, transfer of prestress *(Spannbeton)*
~ und Planieren *n* spreading and shaping
~ von Kammstreifenmustern combing *(auf frischer Farbe)*
Aufbruchhammer *m* [paving] breaker
~/pneumatischer pneumatic breaker, pneumatic pavement breaker, air pavement breaker *(Straßenbau)*
aufdämmen to embank, to bank
aufdornen to open out
Aufdornprobe *f* punching test
aufdrehen to turn on *(Hahn)*
Aufeinanderfolge *f* succession
Aufeinanderlegen *n/* **kreuzweise** criss-crossing
aufeinanderstehend/senkrecht mutually perpendicular
Aufenthaltshalle *f* lounge
Aufenthaltsraum *m* day room; recreation room; common room
auffahren to drive *(Tunnel)*
Auffahren *n* driving *(Tunnel)*
Auffahrt *f* approach [road], approach ramp; ramp lane, sweep; access ramp *(Autobahn, Brücke)*
Auffahrtrampe *f* ramp lane, approach (access) ramp *(Autobahn, Brücke)*
Auffahrtspur *f* ramp lane
Auffahrtstraße *f* ramp lane
Auffahrtsweg *m/* **geschwungener** sweep
Auffangbecken *n* catch basin (pit)
Aufforsten *n* forestation
Auffrischen *n* touching up *(Anstrich)*
auffüllen to deafen; *(Bod)* to refill
Auffüllen *n* priming *(Baugelände)*
Auffüllmaterial *n* borrow material
Auffüllung *f* blocking up
Auffüllungshöhe *f* heel of fill
Aufgabegut *n* head *(Siebgut)*
Aufgang *m* ascent
aufgebläht bloated, expanded
aufgehängt suspended
~/pendelnd pendulous
aufgehen to swell *(Kalk)*
aufgekratzt combed *(Oberflächen)*
aufgelagert supported
aufgeleimt glued-on
aufgelöst relieved *(Wandfläche)*
aufgemauert masonry-filled
aufgesattelt bracketed *(Treppe)*
aufgeschüttet *(Bod)* made up
aufgespalten cloven
aufgespritzt applied by spraying
aufgetragen/einseitig single-spread *(Kleber für Stöße)*
aufgetrennt *(Am)* res *(Holz)*; resawn
aufgetrieben/blasig bloated
Aufglasur *f* overglaze decoration
aufgraben/den Boden to trench
Aufgußmasse *f* engobe *(unterschiedlich gefärbte Tonmassen zur Farbgebung von Dachziegeln)*
aufhacken to pick, to hoe
Aufhängeelement *n/* **elastisches** resilient hanger
Aufhängegrader *n* towed grader *(Straßenbau)*
Aufhängehaken *m* suspension hook
Aufhängeklammer *f* hold-down clip
Aufhängeleiste *f* plate (plaque) rail *(an der Deckenkante)*
~ für Bilder picture rail
aufhängen to hang, to suspend
~/die Fahrbahn to suspend the roadway
~/gelenkig to hinge, to pivot
Aufhängepunkt *m* suspension point
Aufhänger *m/* **gefederter** resilient clip *(Schallschutzkonstruktion)*
Aufhängeseil *n* suspension rope
Aufhängung *f* hanging, suspension
~/umgekehrte inverted suspension
aufhäufen to heap up, to pile up
aufheben to take up
aufheizen to heat *(Bindemittel, Zuschlagstoffe)*
aufhellen to brighten, to clear, to tint
~/Farbe to relieve
Aufhellen *n* lightening *(Anstrich)*
Aufhellungsvermögen *n* tinting power (strength)
Aufhöhung *f* filling up, aggradation
aufkämmen *(Hb)* to cog
Aufkämmung *f (Hb)* cogging
aufkanten to set on edge; to fold upwards
Aufkantung *f* upstand, upturn
aufklauen *(Hb)* to birdsmouth
Aufklauung *f* birdsmouth joint, toe jointing
Aufkleben *n* 1. glueing-on; pasting and applying to wall; 2. *s.* ~/drückendes
~/drückendes broom[ing] *(einer Dachpappe in frisches Bitumen)*
aufkohlen to cement *(Stahl)*
Aufkohlen *n* cementation *(Stahl)*
aufkratzen to devil, to scratch *(Putz)*
aufladen to load, to saddle *(Last)*
Auflader *m/* **mit Gurtband** belt truck loader
Aufladung *f (El)* charge
Auflage *f* bearing edge *(Balken, Träger)*
~/durchgehende solid bearing
Auflagebalken *m* **auf einem zweiten Balken** tertiary beam
Auflagedruck *m* bearing pressure
Auflageelement *n* torsel
Auflagefläche *f* bearing area (surface); seat, seating [face]
Auflageflanschstab *m* bearing bar
Auflageholz *n* pole plate *(einer Dachkonstruktion)*
~/offenes false rafter

Auflagekitt *m* back putty
Auflageplatte *f* bearing plate
Auflagepunkt *m* point of support, supporting point; support, bearing
Auflager *n* bearing [surface], seating, [point of] support, end bearing, bed, saddle, stop • ~ **haben auf** to rest on
~/bewegliches expansion bearing
~ einer Brücke bearing of bridge
~/festes fixed bearing
~/frei drehbares simple support
~/freies free support
~/linkes left bearing
~/rechtes right bearing
~/sattes full bearing
~/steifes rigid bearing
Auflager *npl*/ **aufeinanderfolgende** consecutive bearings
Auflagerbank *f* bridge seat *(Brücke)*
Auflagerbedingungen *fpl* support conditions
Auflagerblock *m* bearing pad
Auflagerdruck *m* bearing pressure
Auflagergelenk *n* abutment hinge, rocker support
Auflagerkraft *f* supporting force, reaction at support
~/nach oben gerichtete upthrust
Auflagermittelpunktsabstand *m* effective span *(Stützweite)*
auflagern to rest
Auflagern *n*/ **starres** rigid bearing
Auflagernische *f* beam pocket
Auflagerplatte *f* bearing plate, bed-plate
Auflagerpunkt *m* point of support
Auflagerreaktion *f (Stat)* supporting reaction
Auflagerring *m* bearing ring
Auflagerschräge *f* [tapered] haunch
Auflagerspannung *f* bearing stress
Auflagerstein *m* padstone
Auflagerstuhl *m* bearing
Auflagerung *f* bearing surface
~/federnde elastic bearing
~/freie free bearing (suporting)
~/satte full bearing (support)
Auflagerverschiebung *f* displacement of support
Auflagerwand *f* bearing wall
Auflagerwinkel *m* angle
Auflagesims *m* **des Bogens** arch corner bead
Auflagestab *m* bearing bar
Auflagestein *m*/ **flacher** stepping stone
Auflagestelle *f* point of support
Auflagestütze *f* support
Auflageverbreiterung *f* end block *(eines tragenden Elements)*
Auflageverteilung *f* footing
Auflast *f* imposed load, superimposed load; applied load, live load[ing]; surcharge
auflegen to load; to place on
Auflegesprengung *f* mud-capping *(große Steine)*
aufleimen to glue on
Aufleimzeit *f* open time
Auflicht *n* incident light
aufliegen to rest, to be supported; to seat
~/voll to be fully supported
aufliegend/frei freely (simply) supported
~/nicht unsupported
~/nicht satt false-bearing
~/zentrisch false-bearing
auflisten/Leistung to bill for quantities
auflockern to agitate, to stir; to aerate
Auflockerung *f* thinning
Auflockerungsfaktor *m (Bod)* swell factor
Auflösung *f* 1. dissolution; 2. decomposition, disintegration; 3. breakdown *(Zerklüftung einer Fläche)*
aufmalen 1. to paint on; 2. to mend the painting
Aufmaß *n* admeasure, measurement, site measuring
~ und Abrechnung *f* measurement and payment
Aufmaßposition *f* measurement item
aufmauern to bring up, to add bricks, to raise a wall, to mason[up], to brick up; to cope *(Mauerkronen)*
aufmessen to bill for quantities; to measure
Aufmessen *n* measurement; measuring
aufnageln to nail on
~/ein Lattenstück to nail a lath on
Aufnageln *n* nailing, back-nailing *(von Dachpappe)*
Aufnahme *f* 1. measurement, survey[ing]; 2. absorption *(Kraft, Wärme)*; acceptance, deadening *(einer Kraft)*
~/akustische acoustic investigation
~/topographische topographic survey
Aufnahmemischer *m* travelling plant; road pug travel-mix plant
Aufnahmeraum *m* studio
aufnehmen 1. to take up; 2. *(Verm)* to map, to survey; 3. to accept, to deaden *(Kraft)*; 4. to house *(z. B. Geräte)*
~/Baukredite to obtain a loan; to bond
~/geologisch to geologize
~/Last 1. to carry, to accept; 2. to grab
aufpfropfen to graft up, to scarf
aufplatzen to blow up
Aufplatzen *n* 1. bursting, brooming *(von Pfählen beim Einrammen)*; 2. turtleback *(Furnier)*
aufprallen to bounce
Aufpreis *m* extra appreciation
aufpressen to force on
Aufputzinstallation *f (El)* surface wiring
Aufputzschalter *m (El)* surface [wiring] switch
Aufputzsteckdose *f (El)* surface socket
Aufputzverlegung *f (El)* open wiring
Aufquellen *n* swelling
aufrauhen to roughen, to rough [up]; to key *(Haftgrund)*; to score *(Putz)*; to kernel, to hack *(Stein)*, to incise; to stab, to scarify
Aufrauhhobel *m* toothing plane
Aufräumung *f* clearance
aufrecht upright

aufrechtstehend upright [standing]
Aufreibdorn *m* reaming iron *(Nieten)*
aufreiben to broach *(Werkstein)*
aufreißen to break open, to scarify *(Straße)*; to chink; to rift; to splinter
Aufreißen *n* ripping, splintering *(von harten Gesteinen)*
Aufreißer *m* rooter, scarifier [ripper] *(Straße)*
Aufreißkamm *m* scarifier [ripper] *(Straße)*
aufrichten to assemble, to mount; to set up, to put up, to rear, to erect *(Konstruktion, Bauwerk) (s. a. errichten)*; to right *(in senkrechte Lage zurückbringen)*
Aufrichten *n* **des Kranauslegers** jib assembly
Aufriß *m* elevation, front view
Aufrißmaterial *n* scarified material
aufsatteln to saddle *(Stufen)*
Aufsatz *m* attachment; cap; frame, timber framing; dolly *(ein Hartholzblock, der zum Schutz der Rammhaube verwendet wird)*
Aufsatzband *n* pin (window) hinge
Aufsatzbeton *m* concrete topping
Aufsatzkranz *m* curb *(Lichtkuppel)*
Aufsatzrohr *n* extension pipe
Aufsatzschloß *n* straight (rim) lock
Aufsatzstein *m* **/ eingesetzter** stepping stone
aufsaugen to soak up, to suck up
Aufsaugen *n* suction; absorption
aufsaugend absorbent, absorptive; absorbing *(Flüssigkeiten, Dämpfe, Gase)*
Aufsaugvermögen *n* absorbing capacity
aufschäumen to foam
aufschichten to arrange in layers, to bond *(Steine)*; to heap [up], to stack
~/Ziegel *(Am)* to hack
aufschieben to slip on
Aufschiebling *m* sprocket, chocking piece, cant board; foot[ing] piece *(Dach)*
Aufschiftung *f* birdsmouth attachment, toe-jointing
aufschlagen/die Kelle to strike
Aufschlämmung *f* wash
aufschmelzen to bake-on
aufschottern to ballast
Aufschraubschloß *n* surface latch, screwed-on lock
Aufschraubtürband *n* surface hinge
Aufschraubtürschloß *n* surface latch
Aufschraubzubehör *n* screwed fittings
Aufschubverbindung *f* slip joint
aufschütten to fill; to raise
~/Damm to dam up
Aufschüttung *f* 1. fill, filled (made-up) ground, raise; embankment *(Damm, Erdwall)*; 2. filling; heaping
Aufschweißbiegeversuch *m* bead bend test
aufschweißen to weld on; to deposit
Aufschweißmetall *n* filler metal
aufschwellen to belly
aufschwimmen to float
aufsetzen to attach
~/auf Holzkeile to chock
~/stufenweise to step
Aufsetzen *n* surface fixing *(Baubeschläge)*
Aufsetzvorrichtung *f* catch device
Aufsichtsbehörde *f* supervisory board (authority)
Aufsichtsplatz *m* control desk, desk of a clerk in charge *(z. B. einer Bücherei)*
aufsintern to bake on
Aufsitzfläche *f* valve seat
aufspachteln to trowel, to float
aufspalten to split, to incise *(Holz)*; to cleave, to shiver *(Keramik)*; to delaminate, to split *(in Schichten)*
Aufspaltung *f* splitting [up]; cleavage *(Keramik)*
aufspleißen to fan *(Besenverankerung)*
aufsplittern to splinter
aufspringen to rift *(aufreißen)*
Aufspülen *n* hydraulic filling
aufständern to splice *(Holzpfähle)*
Aufstandsfläche *f* contact area
Aufstandspfahl *m* end-bearing pile
Aufstandsplatte *f* column base plate
aufstapeln to pile up
aufstecken to slip on
Aufsteckflansch *m* slip-on flange
aufstellen to erect, to set up, to install, to mount; to rig [up] *(z. B. Anlagen)*; to fit, to pitch; to site
~/eine Schalwand to set up a sheeting
~/Kostenanschläge to establish cost estimates
Aufstellen *n* placing, mounting, pitching
~ des Mischungsverhältnisses mix design
Aufstellung *f* erection, assembly, setting; arrangement
Aufstellungsgerüst *n* erecting scaffold
aufstocken 1. to heighten, to raise, to add a storey; 2. to kernel *(Stein)*
Aufstoßtür *f* push-up door
Aufstreichmaschine *f* coater
Aufstreichmasse *f* engobe *(für Dachziegel)*
aufstreuen to sprinkle *(Terrazzo)*
Aufstreumenge *f* spreading rate
Aufstrich *m* spread
Aufstrichfläche *f* substratum
aufstufen to step
Auftaupunkt *m* thaw point
Auftausalz *n* ice-melting salt
aufteilen to divide; to subdivide *(in Untergruppen)*
Auftrag *m* coat *(Schicht)*; spread; *(Erdb)* fill, filled ground; embankment; daub *(Stein)*
Auftragebrett *n* hawk
auftragen to apply *(Putz, Farbe)*; to spread, to distribute *(Farbe)*; to daub; to deposit; to plot *(graphisch)*
~/dick to trowel
~/im Flammspritzverfahren to flame-deposit *(z. B. Isoliermasse)*
~ und einebnen to spread and to level
Auftragen *n* **mit Messer** knife application

Auftraggeber *m* client, customer, building owner
Auftraggeberbauleiter *m* resident engineer
Auftraggeberkontrolle *f* owner's inspection
Auftraggeberkontrolleur *m* resident inspector
Auftraggebervertreter *m* clerk of [the] works, project representative
Auftragnehmer *m* contractor, building contractor
Auftragnehmerbauleiter *m* contract manager
Auftragnehmerbauleitung *f* contractor site office
auftragschweißen to build up [by welding]
Auftragschweißen *n* surfacing (build-up) by welding, deposit welding, hard [sur]facing, surface welding
Auftragsdurchführung *f* execution of the order
Auftragserteilung *f* order (contract) letting, letting of contract, acceptance of tender
Auftragserteilungsschreiben *n* notice to proceed
Auftragshöhe *f (Erdb)* depth of packing
Auftragsmenge *f* spread *(Kleber, Binder)*
Auftragsmetall *n* added metal
Auftragsschreiben *n* notice of award
Auftragsüberwachung *f* inspection
Auftragswalze *f* spreader roll
auftreiben to expand *(Loch)*
auftrennen to resaw *(Holz)*
Auftrieb *m* [up]lift, heave; floating, buoyancy *(in einer Flüssigkeit)*
~/hydrostatischer hydrostatic drive (uplift)
Auftriebsbeiwert *m* lift coefficient
Auftriebsfundament *n* buoyant foundation
Auftriebskraft *f* lift force *(in Luft)*; buoyancy (buoyant) force *(in Wasser)*
Auftritt *m* stair tread (run) *(Treppe)*; tread width *(mit Überstand)*
~/schräger ramped step
Auftrittsbreite *f* run, foothold *(Treppe)*; tread run *(ohne Nase, ohne Überstand)*
Auftrittslänge *f* stair run
Auftrittsstufe *f***/ halbkreisförmige** circle end
aufwallen to bubble up
aufwärmen to heat *(Bindemittel, Zuschlagstoffe)*
aufweiten to widen, to expand *(Rohr, Bohrung)*; to bell, to flare *(konisch)*; to open out
Aufweitung *f* flare
aufwölben to swell
~/sich to hog
Aufwölben *n* turtleback *(Furnier)*
Aufwölbung *f* blow-up, hog, hogging
Aufwölbungsverformung *f* hog deformation
aufzeichnen to plot; to chart, to map; to outline *(Umrisse)*
Aufziehbrett *n* float, hawk
~ für Unterputz hand float
aufziehen/eine Straßendecke to finish
Aufzug *m* lift, *(Am)* elevator; gin *(ein Gerät zum Heben schwerer Gegenstände)*
~ mit Selbststeuerung self-service elevator
~/zahnstangengetriebener rack-and-pinion elevator
Aufzugsanzeige *f* position indicator [of an elevator]
Aufzugsendschalter *m* terminal stopping device
Aufzugsfußboden *m* lift platform, *(Am)* elevator car platform
Aufzugsgerüst *n* lift frame, hoist tower
Aufzugsgeschoßanzeige *f* [lift] car annunciator
Aufzugshöhenabgleichung *f* levelling device
Aufzugshubkabel *n* travelling cable
Aufzugskorb *m* lift car, *(Am)* elevator car, passenger elevator car; hoisting cage
~ mit Funktionselementen unter dem Rahmen [lift] subpost
Aufzugskübel *m* skip *(eines Mischers)*
Aufzugsmotor *m* driving machine
Aufzugsnenngeschwindigkeit *f* rated speed
Aufzugsschacht *m* lift shaft, *(Am)* elevator shaft (well), [elevator] hoistway
Aufzugsschachtgrube *f* elevator pit
Aufzugsschachthöhe *f***/ obere lichte** top car clearance
Aufzugsschachttür *f* hoistway door
Aufzugstragerahmen *m* [elevator] sling
Aufzugstransporthöhe *f* travel of a lift
Aufzugstür *f* lift door, *(Am)* elevator door; hoistway door
Aufzugsturm *m* **für Beton** concreting tower
Aufzugstüröffner *m* lift door operator
Aufzugswinde *f* teagle
Aufzugswindenträger *m* elevator machine beam
Auge *n* noose, eye, lug
Augengneis *m* eye gneiss
Aula *f* assembly hall; *(Arch)* aula, atrium
Auripigment *n* orpiment
ausarbeiten to work out, to elaborate; *(Hb)* to rout *(eine Kerbe ins Holz schneiden)*
~/als Relief to abate
Ausarbeiten *n* routing *(Holz)*
ausästen to head-up *(der unteren Äste)*
Ausästung *f* trimming, pruning *(Baum und Buschwerk)*
ausbaggern to excavate, to dig; to dredge *(in Wasser)*
Ausbaggerung *f* excavation, dredging *(in Wasser)*
Ausbaggerungsabsteckung *f* crowde
Ausbau *m* finish, finishing and completion (servicing), interior work; expansion, development *(Erweiterung)*; disassembly *(von Bauteilen)*; completion *(eines Gebäudes)*
ausbauchen to bulge, to jut, to swell [out], to belly out; to sag, to pull to one side; to flare *(von Glas)*
Ausbauchung *f* swell, bulging, outward bulging, lateral expansion (extension); flare *(von Glas)*
Ausbauelement *n* appurtenance *(Zubehör)*
ausbauen to complete, to finish; to remove, to demount *(Teile der Konstruktion)*; to crib *(aussteifen)*
~/in Kassetten to coffer *(Decke)*
ausbaufertig turn-key
Ausbaugeschwindigkeit *f* design speed *(Straße)*

Ausbaugewerke *npl* finishing trades
Ausbauholzwerk *n* trim
Ausbaumaterial *n* material for interior work
Ausbauteil *n* appurtenance *(Zubehör)*
ausbessern to repair, to mend, to make a repair; to adjust; to improve, to make good; to patch [up] *(schnell oder notdürftig reparieren)*
~/einen Lackschaden to tease
Ausbesserungsarbeiten *fpl* repair work
Ausbesserungsdock *n* repair[ing] dock
Ausbesserungshaken *m* roof hook
Ausbesserungsmasse *f* repair composition
Ausbesserungsmischgut *n* patch
Ausbesserungsmörtel *m* patch (repair) mortar
Ausbesserungsputz *m* patching plaster
Ausbesserungswerkstatt *f* repair shop
ausbetonieren to fill with concrete
ausbeulen to planish, to straighten, to beat out *(eine Beule entfernen)*
~/sich to buckle *(z. B. eine Strebe)*; to bulge *(z. B. eine Wand)*; to pull to one side
Ausbeulen *n* buckling *(einer Strebe)*; [outward] bulging *(einer Wand)*
Ausbeulung *f* 1. *s.* Ausbeulen; 2. bulge
ausbiegen to bulge
~/seitlich to deflect laterally
Ausbiegung *f*/ **größte** maximum deviation
~/seitliche lateral [tortional] buckling
Ausbilden *n* **eines Vorsprungs** underthroating
~ des Säulenkopfes/kapitellartiges providing of head of post with a coping
~/konstruktive structural design
ausblasen to purge
ausblatten *(Hb)* to notch, to jag
ausblühen to effloresce *(Mauerwerk, Beton)*; to bloom *(Ziegel)*
ausblühfähig efflorescent
Ausblühung *f* efflorescence *(Mauerwerk, Beton)*; bloom *(Ziegelmauerwerk)*; scum
Ausblühungsneigung *f* liability to efflorescence
ausbohren to bore out, to rebore
~/einen Kern to core
Ausbohren *n* boring-out, reboring
Ausbohrung *f* bore hole
ausbrechen to chip
ausbreiten to spread
~/Mörtel to lay mortar
Ausbreitmaß *n* slump *(Beton)*
Ausbreitmaßprüfung *f* slump test *(für Beton)*
Ausbreitprobe *f* flattening test *(Beton)*
Ausbreitprüfung *f* slump test *(für Beton)*
Ausbreitversuch *m* consistency test
Ausbuchtung *f* swell, bulge
ausdehnen to expand, to lengthen, to draw out
~/sich to expand
Ausdehngefäß *n* expansion tank *(Heizung)*
Ausdehnung *f* expansion, extension; extent, stretch; prolongation
~/räumliche volume expansion
~/thermische thermal strain
Ausdehnungsbogen *m* bellows expansion joint *(Rohrleitungen)*
Ausdehnungsfehlstelle *f* pitting *(Putz)*
Ausdehnungsfuge *f* expansion joint; pressure-relieving joint
Ausdehnungskoeffizient *m* coefficient of expansion
~/linearer linear expansion coefficient
Ausdehnungskraft *f* expansive force
Ausdehnungsstoß *m* expansion joint
Ausdehnungsverhältnis *n* ratio of expansion
Ausdehnungszahl *f* coefficient of expansion
Ausdehnungszunahme *f* increase in elongation
Ausdunstfeuchtigkeit *f* **von frischem Putz** sweat out
auseinanderklaffen to grin open
ausfachen to fill in, to shelve
Ausfachung *f* infilling [wall], partition infilling, filler wall; nogging *(Rahmenfelder, Fachwerk)*
Ausfachungsblock *m* infiller block
Ausfahrt *f* gateway; opening out
Ausfahrspur *f* turning out lane
Ausfahrtrampe *f* exit ramp
Ausfahrtsrinne *f* egress (exit) channel *(Hafen)*
Ausfall *m* failure, breakdown
Ausfallgang *m* sally port *(einer Festung)*
Ausfallgekörn *n* gap grading
Ausfallkörnung *f* gap-graded aggregate (material), omitted-size fraction
Ausfallkornverteilung *f* gap grading
ausfallsicher fail-safe
Ausfallstraße *f* exit road, main outgoing road, outward-bound road
Ausfallverkehr *m* outward-bound traffic
Ausfallzeit *f* downtime
~/bezahlte diverted time
ausfließen to flow out, to outflow, to escape, to leak
Ausfließen *n* leakage, effluence; run *(Farbe)*
ausfluchten to align, to line out
Ausfluß *m* 1. efflux, flowing-out, discharge of water *(Vorgang)*; 2. outflow, effluent *(Material)*; 3. [water] outlet, drain
Ausflußdüse *f* nozzle
Ausflußende *n* nozzle
Ausflußhahn *m* bibcock, stopcock, bib, bib valve (nozzle)
Ausflußkoeffizient *m* coefficient of discharge
Ausflußmesser *m* flow cone *(für Fließmörtel)*
Ausflußstutzen *m*/ **verengter** converging mouthpiece
Ausflußvermischer *m* aspirator
Ausflußviskosimeter *n* fow cone *(für Fließmörtel)*
ausformen to demould, to take out from the mould
ausfräsen to rout
ausfugen to groove-out; to joint, to point, to tuck *(Mörtelfugen)*
~/flach to joint flat *(Mauerwerk)*
Ausfugen *n* **der Mauerfugen** flat pointing

ausführen to carry out *(den Bau)*; to construct *(ein Gebäude errichten)*; to perform, to execute
~/Installationsarbeiten to plub, to carry out plumbing work
~/Putzarbeit to parget
Ausführung *f* execution *(Bauvertrag)*; design, model, type
~ eines Gewerks progressing
~/mangelhafte defective work, deficiencies in work, bad workmanship
~/robuste sturdy design
Ausführungsbestimmung *f* standard specification
Ausführungsgrad *m* reasonable care and skill, *(Am)* due care
Ausführungszeichnung *f* construction (final, workshop, working) drawing
ausfüllen to earth up, to fill up; to chink *(Risse)*; to deafen *(mit schallschluckendem Material)*
~/mit Steinchen to garnet
Ausfüllen *n* dubbing [out] *(von Löchern)*; hearting *(einer Mauer)*
~ der Fugen filling of joints
Ausfüllstück *n* filling piece
Ausfüllung *f* infilling
Ausfüllungssystem *n* synthetic diagonals
Ausfütterleiste *f* cabinet filler
ausfüttern to line [out]
Ausfütterung *f* lining
Ausgang *m* exit, way out
Ausgangsbeleuchtung *f* exit light
Ausgangsbitumen *n (Am)* base asphalt
Ausgangsebene *f* datum level
Ausgangsgestein *n (Bod)* parent material
Ausgangshöhe *f* exit discharge *(zwischen Austrittstür und Bodenhöhe)*
Ausgangskorridor *m* exit access
Ausgangsmaterial *n* base material
Ausgangspassage *f* exit passageway
Ausgangspunkt *m* origin, initial (starting) point
Ausgangstorweg *m* exit corridor
Ausgangsweg *m* exit access; means of egress *(Fluchtweg)*, means of escape *(von einem Gebäudepunkt nach außen)*
Ausgangszugang *m* exit access
ausgebildet/streifenartig banded
ausgefacht mit Mauerwerk masonry-filled
ausgefahren rutted *(Radspur)*
ausgehämmert enchased *(Metalloberfläche)*
ausgehärtet hard-dry *(Anstrich)*
~/nicht undercured *(Beton, Kunststoff)*
ausgekehlt channelled, hollow-backed
ausgekleidet/mit Ziegeln brick-lined
ausgekragt cantilevered
ausgemauert masonry-filled
~/nicht unlined
ausgemörtelt mortared *(Fuge)*
ausgerichtet aligned, lined-up
ausgerundet rounded
ausgesetzt/der Wettereinwirkung weathered, exposed to weather
~/Frosteinwirkungen subjected to frost attack
ausgespart notched, recessed
~/einseitig recessed on one side
Ausgestaltungsauftrag *m* suborder
ausgestattet mit fitted with
ausgesteift braced, stiffened
ausgetrocknet dried out
ausgewogen balanced
ausgießen to grout *(Beton)*
~/mit Mörtel to seal with mortar *(außen)*, to pour out with mortar *(innen)*
Ausgleich *m (Stat)* balance
Ausgleich... *s. a.* Ausgleichs...
Ausgleichbecken *n* balancing reservoir, surge tank
Ausgleichbehälter *m* compensator reservoir, make-up tank
Ausgleichbogen *m* expansion bend, [coiled] expansion loop *(Rohrleitungen)*
ausgleichen to earth up, to level, to even (average) out; *(Stat)* to balance; to trim (planieren); to skim *(Oberputz)*; to torch *(Ziegeldach verfügen)*
Ausgleichen *n* levelling; spreading and shaping
Ausgleicher *m* expansion pipe
Ausgleichgewicht *n* counterweight; take-up block
Ausgleichleitung *f* equalizing pipe, equalization line
Ausgleichmasse *f* levelling composition *(Fußboden)*
Ausgleichmethode *f* balance calculation (method)
Ausgleichrechnung *f* balance calculation (method)
Ausgleichrohrleitung *f* equalizing pipe
Ausgleichs... *s. a.* Ausgleich...
Ausgleichsarbeiten *fpl* levelling work
Ausgleichsbalken *m* balance beam (bar)
Ausgleichsbeton *m* blinding concrete
Ausgleichsbetonlage *f* binding concrete course (layer)
Ausgleichsestrich *m* levelling screed [material]
Ausgleichsfuge *f* clip joint
Ausgleichssschacht *m* balancing gate pit
Ausgleichsschicht *f* levelling course (layer, underlay), regulating course (underlay)
Ausgleichsspachtel *m* levelling composition *(Fußboden)*
Ausgleichsstein *m* offset block
Ausgleichstrebe *f* compensator jack
Ausgleichung *f* level course *(einer Oberfläche)*
~/dynamische dynamic balancing
Ausgleichverfahren *n* balance calculation (method)
ausglühen to anneal *(Stahl)*, to glow (burn) out
Ausglühen *n* annealing *(Stahl)*
Ausgucköffnung *f* watching loft
Ausguß *m* sink; sewer *(Abwasser)*
~/zerkratzter scratched sink
Ausgußbecken *n* sink basin
Ausgußbeton *m* Colcrete

aushalten to withstand
aushämmern 1. to beat out; 2. to pane, to peen
aushängen to unhinge *(Fenster, Tür)*
aushärten to cure *(Kunststoff)*; to set, to mature *(Beton, Mörtel)*
Aushärtung *f* cure *(Kunststoff)*; setting, full hardening, maturing *(Beton, Mörtel)*
aushauen to carve [out], to abate; to nibble
ausheben to excavate, to dig; to sink *(Baugrube)*; to unhinge *(Fenster, Tür)*
~/eine Baugrube to excavate a pit
~/einen Graben to ditch, to excavate a trench
~/Gräben to trench
Ausheben *n* **der Baugrube** foundation excavation
Aushebung *f* dig away
aushobeln to rout
aushöhlen to cave, to core out, to bore, to gouge; to hollow [out]
Aushöhlung *f* hollow; frog *(eine Vertiefung auf einem Ziegelstein)*
Aushub *m* dug out earth, excavated material, spoil; *(Bod)* sinking
~ mit Bodentrennung *f* selective digging
Aushubboden *m* spoil
~/gemischter muck
Aushubmarkierungslinie *f* neat (net) line
Aushubmasse *f***/ unberührte** dumpling *(im Zentrum der Aushubgrube)*
Aushubmassen *fpl* spoil
Aushubrest *m* dumpling *(im Zentrum der Aushubgrube)*
Aushubsprengung *f (Erdb)* excavation-blasting
Aushubstelle *f* excavating point
Aushubverschalung *f* planking and strutting
auskehlen 1. to chamfer, to channel, to fillet, to groove, to mould, to flute; 2. to hollow
Auskehlen *n* 1. recessing; *(Hb)* 2. chamfering, grooving
Auskehlfräser *m* moulding cutter
Auskehlung *f* 1. *(Hb)* chamfer, fluting, channelling, grooving, internal groove; 2. cannelure *(in einer Säule)*; 3. hollowing
auskitten to putty, to stuff, to butter with mastic
~/die Fugen to stop the joints
auskleiden to line; to surface
~/mit einem Gitterwerk to honeycomb
Auskleidung *f* 1. coating, lining; 2. liner
Auskleidungselement *n* facing (lining, surfacing) unit
Auskleidungsmaterial *n* lining material
Auskleidungsplatte *f* lining board
Auskleidungstafel *f* surfacing panel
ausklinken to cope *(Träger)*; *(Hb)* to notch
ausklopfen to beat out, to take out the dents
ausknicken to buckle, to fail by buckling
Ausknickung *f* buckling, blow-up; kickout *(einer Strebe)*
auskoffern to excavate *(z. B. im Straßenbau)*
auskolkbar *(Wsb)* liable to be undermined
auskolken *(Wsb)* to erode, to undermine, to crater, to leach, to scour; *(Erdb)* to eddy out; *(Hb)* to groove-out
Auskolkung *f* scour[ing], undermining, underwashing; *(Erdb)* cratering
auskragen to project; to cantilever *(Balken)*; to corbel *(Ziegel, Mauerwerk, Beton)*; to oversail *(Ziegel oder Stein)*
auskragend prominent, overhanging, projecting
Auskragung *f* projection, overhang; cantilever *(Balken)*; corbel[ling]; jut[ty]; *(Am)* ressaut, ressault *(gegenüber einem anderen Teil)*
~ aus einer Wand sail-over
~ der Schichten projection of courses
~ des Gesimses projection of cornice
Auskragungsabstützung *f***/ temporäre** outrigger shore
auskratzen to rake out *(Fuge)*
Auskratzen *n* **von Mörtelfugen** raking-out
auskreiden to chalk
ausladen to project *(ein Teil eines Gebäudes)*
Ausladen *n* cantilevering *(Balken)*
ausladend projecting, overhanging, cantilevered *(Balken)*
Ausladung *f* projection, overhang, hanging-over; nosing *(eine halbrunde ausladende Ecke zu einer Trittstufe)*; outreach, radius *(Kran)*
Auslagekasten *m* showcase, show box
Auslaß *m* outflow
Auslaßrohr *n* eduction pipe
Auslaßschieber *m* outlet slide
Auslaßventil *n (Am)* compression faucet
Auslauf *m* discharge opening
Auslaufbauwerk *n* outlet headworks (structure), outfall structure (works)
auslaufen to run *(Anstrich)*
Auslaufgestaltung *f* **einer Fase** chamfer stop
Auslaufholz *m* exercise yard
Auslaufkanal *m* outlet channel
Auslaufrinne *f* spout *(vom Dach)*
Auslaufrohr *n* spout
Auslaufstall *m* loose-housing shed
Auslaufversuch *m* braking test
Auslaufvertiefung *f* outlet bucket
Auslaugung *f (Bod)* lixiviation
auslegen to lay out *(Platten)*
~/mit Parkett to parquet, to inlay
Ausleger *m* jib, outrigger, boom, beam, arm *(Kran)*; bracket *(herausragender Stützbalken)*; cantilever *(Beton- oder Metallkragbalken)*
Auslegerarm *m* jib *(Kran)*
Auslegerbalken *m* cantilever beam (girder)
Auslegerbogenbrücken *f* cantilever arched bridge
Auslegerbrücke *f* cantilever bridge
Auslegerdachbinder *m* cantilevered roof truss
Auslegerdecke *f* cantilevered floor
Auslegergerüst *n* projecting (cantilever) scaffold[ing], fan guard
Auslegerkran *m* jib crane

~ **mit Laufkatze** saddle jib crane
Auslegerkranbrücke *f* cantilever bridge *(Kran)*
Auslegerkreissäge *f* radial-arm [circular] saw
Auslegerlänge *f* cantilevering length
Auslegerrüstung *f* fan guard, projecting scaffold
Auslegerträger *m* cantilever girder
Auslegerturmkran *m* **mit Laufkatze** saddle jib crane
Auslegerziegel *m* corbel brick
Auslegeware *f* [wall-to-wall] carpeting
~/textile [wall-to-wall] carpeting
ausleuchten to fill with light, to cover *(Licht)*
Ausleuchtung *f*/ **begrenzte** local lighting
auslochen to mortise *(Holz)*
auslösen to release, to disengage
~/den Riegel to release the bolt lock
Ausluchtfenster *n* bay window
Auslugerker *m* corner oriel
Ausmaß *n* extent; degree; dimension
Ausmauerfeld *n* field [for lining]
ausmauern to line; to turn *(Wölbungen)*
Ausmauern *n* nogging *(Rahmenfelder, Fachwerk)*
~ **von Öffnungen** bricking up
Ausmauerstein *m* lining brick
Ausmauerung *f* brick lining, bricking, lining; nogging *(Rahmenfelder, Fachwerk)*
~/feuerfeste refractory lining
ausmeißeln to carve [out] to chisel, to gouge *(Holz, Mauerwerk)*; to pool
ausmessen to measure, to gauge, *(Am)* to gage
ausmitten to centre, to centralize
ausmittig eccentric, eccentrical
ausmörteln to fill with mortar
Ausnahmegenehmigung *f*/ **amtliche** variance
Ausnutzungsfaktor *m* utilization factor *(Heizung)*
Ausnutzungsgrad *m* utilization factor, factor (coefficient) of utilization *(reziproker Wert des Sicherheitsbeiwerts)*
ausprägen to emboss *(Schmuckelemente)*
Auspreßarbeiten *fpl* grouting work
auspressen to grout up *(Spannbeton)*
Auspreßmörtel *m* grout
Auspreßpumpe *f* grouting machine
Auspreßspritze *f* grouting gun
Auspressung *f*/ **horizontale** advance slope grouting
Auspreßzement *m* grouting cement
auspumpen to pump out
Auspumpen *n* pumping
ausrappen to render *(Putz)*
ausräumen to remove, to clear away; to broach *(Werkstein)*
ausrechnen to calculate, to figure (cipher) out
ausreiben to countersink
Ausreiben *n* reaming out, countersinking
ausrichten to adjust; to align, to level up; to true *(korrekt einlassen, z. B. eine Tür)*; to peen *(mit dem Hammer)*
Ausrichten *n* alignment, trueing; straightening; adjustment *(Montage)*; peening
Ausrichtung *f* orientation *(eines Gebäudes)*
Ausriegelung *f* framed wall
ausrunden to ease *(Ecken)*; to fillet
Ausrundung *f* 1. filleting; 2. fillet; round corner
Ausrundungshalbmesser *m* radius of curvature
ausrüsten 1. to equip, to outfit, to fit in; to furnish; 2. to take down the scaffolding
~/neu to re-equip, to refit
Ausrüstung *f* equipment, fitting out; implementation; plant; rig *(für spezielle Zwecke)*
Ausrüstungsstockwerk *n* equipment floor
aussägen to abate
ausschachten to dig, to excavate, to trench
~/die Fundamentstreifen to excavate the trenches
Ausschachten *n* digging, excavating
Ausschachter *m* navvy
Ausschachtung *f* digging out, excavation
Ausschachtungsarbeiten *fpl* excavation work
Ausschachtungsbeginn *m* breaking ground *(Baugrube)*
ausschalen to strike [formwork], to release [formwork], to strip *(Beton)*
Ausschalen *n* form stripping, stripping, striking *(Beton)*; shuttering removal, removal of shuttering
Ausschalöl *n* release lube (oil)
Ausschalter *m (El)* circuit breaker
Ausschalung *f* removal of shuttering, form removal (dismantling), release [of formwork]
Ausschalungsfestigkeit *f* stripping strength
Ausschalungsfolge *f* stripping schedule
Ausschalungshilfe *f* release agent [for formwork]
Ausschalungshilfsmittel *n* shuttering agent
Ausschalungsmittel *n* dismantling product
Ausschauloch *n* watching loft
Ausschlag *m (Stat)* arm of eccentricity
Ausschlagbolzen *m* driftbolt
Ausschleifung *f* abrasion
ausschmieden to draw out, to thin, to beat out, to hammer
ausschmieren to puddle *(mit Lehmmörtel)*; to grease *(mit Fett)*
Ausschmückung *f* adornment, decoration
ausschneiden to cut out; to abate *(Holz)*; to nibble *(schmale Streifen)*
Ausschneiden *n* pruning *(Baum- und Buschwerk)*
ausschöpfen to bail
~/Wasser to bail
ausschrägen *(Hb)* to cant, to bevel
Ausschrägung *f* splay
ausschrauben to screw off
ausschreiben to tender out
Ausschreibung *f* calling for tenders, invitation to bid (tender), tenders; submission, inviting builders' estimates *(Kostenvoranschlag)*
~/begrenzte limited submission *(Architekturwettbewerb)*

~/offene open tendering (bidding), official (public) submission
~/veröffentlichte advertisement for bids
Ausschreibungsbedingungen *fpl* conditions of the bid
Ausschreibungseröffnung *f* bid letting (opening), letting (opening) of bids
Ausschreibungsunterlagen *fpl* bidding documents
Ausschreibungsverfahren *n* tendering procedure
Ausschreibungszeichnung *f* bidding drawing
Ausschuß *m* damaged goods, rejected goods; waste, refuse
Ausschußziegel *m* place (chuff) brick
ausschütten to empty, to dump
ausschwimmen to flood *(Farbe)*
Ausschwimmen *n* **der Pigmente** pigment floating *(Anstrich)*
ausschwitzen to exude
Ausschwitzung *f* exudation, sweating
Aussehen *n* finish *(einer Oberfläche)*, appearance
Außenabstand *m* exterior separation *(eines Gebäudes zum bezogenen Fluchtpunkt)*
Außenanlagen *fpl* outdoor facilities
Außenanlagenausstattung *f* site furnishings
Außenansicht *f* exterior [appearance]
Außenanstrich *m* exterior finish (paint), external coat, outside coating
Außenanstrichfarbe *f* exterior paint
Außenarbeiten *fpl* exterior work
Außenbeleuchtung *f* exterior (outdoor) lighting
Außenbeschichtung *f* outer (external) coating *(Schicht)*
Außenbeständigkeit *f* exterior durability
Außenbezirk *m* outskirts
Außendämmung *f* outer insulation
aussenden/Schall to emit sound
Außendurchmesser *m* outside diameter
Außenecke *f* outer angle
~/abgerundete bullnose
Außeneinglasung *f* outside glazing
Außenfläche *f* outside (exterior) surface, surface
Außenganghaus *n* balcony access block, gallery block, maisonette, *(Am)* gallery apartment house
Außengebäude *n* outbuilding
Außengerüst *n* outside scaffold[ing]
Außengewinde *n* male thread
Außenhaut *f*/ **glatte** smooth skin
Außenhautbeschichtung *f* incrustation *(eines Gebäudes)*
Außenhülle *f* outer casing
Außenkante *f* outside edge, verge
Außenkantenschutz *m* outside corner moulding
Außenkittstreifen *m* face (front) putty
Außenlack *m* spar varnish
Außenlinie *f* contour
Außenluftzuführung *f* outside-air intake, outdoor-air intake (supply), air input (intake)
Außenmantel *m* outer casing
Außenmaß *n* external dimension
Außenmauer *f* exterior (external) wall, periphery (outside) wall
Außenmaueraussparung *f* **für Lichtzutritt** light court
Außenputz *m* exterior (outside) finish, external plaster (rendering)
~/gemusterter parget[ing]
~/zweilagiger external two-coat plaster
Außenrahmen *m* outside casing (architrave, facing), outside (outer) lining
Außenrand *m* rim *(eines runden Gegenstands)*
Außenraum *m* outdoor (open exterior, open-air) space *(um das Gebäude herum)*
Außenrüttler *m* external vibrator
Außenrüttlung *f* external vibration
Außenrüstung *f* outside scaffold[ing]
Außenschalbrett *n* weather board
Außenschornstein *m* barge
Außenseite *f* outside; exterior; [exterior] surface
Außensprinkleranlage *f* drencher system
Außensturz *m* front lintel
Außenstütze *f* perimeter column
Außentor *n* streetdoor, anteport
Außentreppe *f* exterior stair, fliers
Außentür *f* outer (external, main) door
Außentürzarge *f* outer door case
Außenüberzug *m* external coating *(Schicht)*
Außenverbindung *f* outer connection
Außenverblendung *f* **des Rahmens** outside casing, outside architrave (facing, lining), outer lining
Außenverglasung *f* face glazing
~/von innen eingesetzte inside glazing
Außenverkleidung *f* exterior lining
Außenverschalung *f*/ **senkrechte** vertical siding
Außenwange *f* outer string *(einer Treppe)*
Außenwand *f* outer (exterior, external, periphery, enclosing) wall
~/nichttragende enclosure wall
Außenwandbeschichtung *f* outside finish
Außenelement *n* external wall member (component)
Außenwandelement *n* **mit Vorsatz** face [concrete] panel
~/vorgefertigtes precast concrete wall panel
Außenwandgestaltung *f* outside finish
Außenwandkonstruktion *f*/ **normale feuerschutzhemmende** *(Am)* ordinary [wall] construction
Außenwandplatte *f* exterior panel
~ zwischen Geschoßfenstern spandrel panel
Außenwandstützträger *m* spandrel beam *(meist die Außenwandelemente tragend)*
Außenwandtafel *f* cladding panel
Außenwandverblendglas *n* spandrel glass
Außenwandverkleidung *f* [wall] siding, lining
Außenwandverschalung *f* [wall] siding; weather boarding
~ mit Metallplatten metal siding

~/verzierte weather moulding
Außenwandversteifung *f* [exterior wall] skin
Außenwange *f* outer string
Außenwasserhahn *m* sill cock, hose bib (cock)
Außenwerk *n* outwork *(eine Befestigung)*
Außermittemaß *n* eccentricity
außermittig eccentric[al], off-centre, out-of-centre
Außermittigkeit *f* eccentricity, arm of eccentricity
aussetzen *(Verm)* to stake out *(Maßpflöcke)*
~/dem Wetter to weather *(Werkstoffprüfung)*
Aussetzen *n (Verm)* staking-out *(Maßpflöcke)*
Aussichtsetage *f* viewing floor
Aussichtsgeschoß *n* viewing floor
Aussichtspavillon *m* gazebo
Aussichtsplattform *f* viewing deck
Aussichtsraum *m* lock-out room
Aussichtsturm *m* lock-out tower, belvedere, gazebo
Aussichtsweg *m* esplanade
aussickern to ooze
aussondern to assort; to sortout
ausspachteln to level out, to smooth, to trowel off; to grout *(Fugen)*
Ausspachteln *n* smoothing; stopping
ausspalten/Schindeln to rive
Ausspalten *n* cleaving *(Fliese, Klinker)*
aussparen to block out *(Betonbau)*; to channel, to corbel out; to recess; *(Hb)* to notch
Aussparung *f* block-out *(Betonbau)*; recess, cut-out, pocket, sinking, cavity, gain; bonding pocket *(in einer Mauer)*; appurtenance *(Mauerwerk)*
~/bogenförmige arched hollow
~ durch einen halben Läufer outband
~/freigelassene outband
~ für Dachbalken opa
~/zylinderförmige cylindrical groove
Aussparungsnut *f* keyway *(Mauerwerk)*
Aussparungsöffnung *f* pocket
ausspülen to scour, to wash, to cleanse
Ausspülen *n* scouring, cleansing; elutriation
Ausspülung *f* scouring; scour
ausstatten to equip, to fit in, to outfit; to furnish
Ausstattung *f* 1. equipment, furnishings *(eines Hauses, Raumes)*; 2. outfit *(von Apparaturen, Anlagen für Gebäudeeinrichtungen)*; 3. accessories *(Zubehör)*; fittings *(Beschläge, Einbauteile)*
Ausstattungsgegenstände *mpl* furnishings
Ausstattungsprogramm *n* furnishing programme
ausstecken *(Verm)* to peg out, to stake
Aussteigluke *f* hatch
Aussteifbogen *m* transverse arch
Aussteifbrett *n* poling board
aussteifen to stiffen, to reinforce; to prop; *(Hb)* to crib, to timber
aussteifend reinforcing, buttressing
Aussteifschalung *f* wood piling
Aussteifschutzbrett *n* breast board
Aussteifsparren *m* auxiliary (cushion) rafter
Aussteifung *f* 1. reinforcing, stiffening, bracing, insertion of struts; 2. stiffener, web [stiffener]
~/radiale radial bracing
~/waagerechte horizontal bracing
Aussteifungsbohlen *fpl (Erdb)* pit boards, well curbing
Aussteifungspfosten *m*/ **senkrechter** vertical stiffener; *(Erdb)* soldier [pile]
Aussteifungsträger *m* diaphragm, diaphragm beam
Aussteifwand *f* buttressing (tie) wall
Ausstellfenster *n* awning window
Ausstellung *f* exhibition, exposition
Ausstellungsfläche *f*/ **überdachte** hall exhibition space, hall space
Ausstellungshalle *f* exhibition hall, pavilion, showroom
Ausstellungsraum *m* salon, showroom
ausstemmen to chisel out; to pool; to mortise *(Holz)*
Ausstemmen *n* cutting; mortising *(Holz)*
Ausstieg *m* hatchway
Ausstopfen *n* infilling, partition infilling
Ausstopfkeil *m* expletive
ausstrahlen to emit
ausstrecken/einen Stein to corbel out
ausstreichbar easy-to-spread *(Anstrich)*
ausstreichen to crop *(Erdschicht)*
Ausstreichendes *n* outcrop *(Geologie)*
Ausströmen *n* effluence
Ausströmgrill *m* ejector grille *(Klimaanlage)*
aussumpfen to bail *(Wasser aus der Baugrube)*
Austausch *m* replacement
austauschbar interchangeable
austauschen to replace
austiefen to deepen, to countersink
Austiefung *f* concavity
Austreibeisen *n* clearing iron
Austritt *m* 1. outlet *(Öffnung)*; 2. outflow, issue
Austrittsfenster *n* balconet, balconette
Austrittsgrill *m* ejector grille *(Klimaanlage)*
Austrittshöhe *f* exit discharge *(zwischen Austrittstür und Bodenhöhe)*
Austrittspfosten *m* newel, newel post *(einer Treppe)*
Austrittstufe *f* nose of the last step
austrocknen dry out *(Holz)*
Austrocknen *n (Erdb)* dry-out
Austrocknung *f* desiccation *(Holz)*
Auswalzen *n* finish rolling *(Straße)*
auswärtsgewölbt embowed
auswaschen to leach
Auswaschen *n* elutriation
Auswaschung *f* scouring, washing-out; scour
auswechselbar interchangeable
auswechseln 1. to replace; to renew; 2. to trim *(Balken)*
Auswechseln *n* framing *(Bauelemente)*

Auswechselung *f* 1. replacement; 2. trimming
~ eines Balkens trimming
Auswechselungsgrat *m* trimming rafter
Ausweiche *f* passing place, siding, shunting *(Eisenbahn)*
ausweichen to back away; to sag
~/seitlich to deflect laterally *(Festigkeit)*
Ausweichen *n* **/ seitliches** lateral deflection *(Träger)*, yielding
Ausweichgleis *n* passing track, shunting
Ausweichstelle *f* passing (shunting) place
Ausweitung *f* expansion
auswiegen to level
auswinkeln to stake; to peg out *(Grundrisse)*
Auswintern *n* wintering
Auswitterung *f* weathering; efflorescence
auswölben to vault
Auswölben *n* buckling
auszacken to indent
Auszahnung *f* indentation
ausziehen to trace, to draw out *(Zeichnung)*
~/mit Tusche to ink *(Zeichnung)*
Ausziehen *n* stretching, drawing, racking
Ausziehprüfung *f* pull-out test *(Stahlbeton)*
Ausziehtisch *m* pull-out table
Ausziehtüren *fpl* telescopic type doors
Ausziehvorrichtung *f* puller
auszwicken to clip, to choke
Autoabstellplatz *m* **/ überdachter** carport
Autobagger *m* truck-mounted [power] shovel
Autobahn *f* motorway, *(Am)* expressway, [express] highway, highroad, dual carriageway road, freeway, superhighway
~/gebührenpflichtige toll road, *(Am)* turnpike
Autobahnnetz *n* highway (motorway) network
Autodrehkran *m* truck crane
Autofriedhof *m* car dump
Autogenschneidbrenner *m* autogenous cutting torch, oxyacetylene torch
Autogenschneiden *n* gas (autogenous, oxyacetylene) cutting
autogenschweißen to gas-weld
Autogenschweißen *n* gas (autogenous, oxyacetylene) welding
Autoklav *m* autoclave
autoklavbehandelt autoclaved
Autoklavbehandlung *f* autoclaving
Autoklavbeton *m* autoclave concrete
Autoklavennachbehandlung *f* **/ einstufige** single-stage curing *(Beton)*
Autoklavhärtung *f* autoclave curing, high-pressure steam curing *(des Betons)*
Autokran *m* truck crane, mobile (runabout) crane
Automatenstahl *m* free-cutting steel
Autosilo *n* autosilo, autostacker
Autoverkehr *m* motor traffic
Autovorfahrt *f* drive *(spezielle Auffahrt für Autos)*
Aventurin *m* aventurine *(Quarz)*
Axialbeanspruchung *f* thrust load
Axialbelastung *f* end load
Axialdruck *m* axial (end) pressure
Axialkraft *f* axial force
Axiallager *n* [end-]thrust bearing
Axiallast *f* *(Stat)* axial (concentric) load
Axialschub *m* end (endlong) thrust
Axialventilator *m* vaneaxial fan *(Klimaanlage)*
Axt *f* axe, *(Am)* ax
Axtstiel *m* helve
Azet... *s.* Acet...
Azimut *n(m)* azimuth
Azimutdarstellung *f* azimuth display

B

Bachbrücke *f* brook bridge
Backenbrecher *m* jaw breaker (crusher)
Backenschmiege *f* *(Hb)* bevelling cut, oblique cut of a hip rafter
Backkorkstein *m* agglomerated cork block
Backofen *m* [backing] oven
Backstein *m* brick *(Zusammensetzungen s. unter Ziegel)*
Backsteinarchitektur *f* brick architecture
Backsteinbogen *m* **/ norddeutscher** hanse (haunch) arch
Backsteingewölbe *n* brick arch (vault)
Backsteingotik *f* backstein Gothic
Backsteinmauerwerk *n* brick masonry
Backsteinummantelung *f* brick-casing
Backsteinverband *m* brick bond
Bad *n* bathroom, bath
Badarmatur *f* bath accessory
Badausstattung *f* bathroom equipment
Badbatterie *f* mixing valve, blender
Badeanstalt *f* baths
Badebassin *n* [swimming] pool
Badehaus *n* bath, *(Am)* bathhouse
Badeofen *m* bath[room] stove, geyser
Baderaum *m* **/ türkischer** hammam
Bäderbauten *mpl* aquatic buildings
Badewanne *f* bathtub, bath
Badezimmer *n* bathroom, bath
Badezimmerarmatur *f* bathroom fittings
Badezimmereinrichtung *f* 1. bathroom equipment; 2. bathroom installation
Badezimmerfliese *f* bathroom tile
Badezimmerheizung *f* bathroom heating
Badezimmermontagezelle *f* bathroom building-block module
Badezimmerzelle *f* bathroom building-block module, pod
Badfliese *f* bathroom tile
Bagger *m* excavator, digger; [power] navvy *(Löffelbagger)*
~/hydraulischer hydraulic excavator
Baggerarbeitsspiel *n* digging cycle
Baggerausleger *m* shovel handle

Baggergreifer *m* excavator grab
Baggergut *n* excavated spoil *(Trockenbagger)*; dredging spoil, dredgings *(Naßbagger)*
Baggerkorb *m* grab
Baggerkran *m* excavator crane
baggerladen to shovel
Baggerlöffel *m* dipper bucket, shovel
baggern to dredge *(naß)*; to excavate *(trocken)*; to trench *(Gräben)*
Baggernennleistung *f* nominal handling rate of an excavator
Baggerplanum *n* excavator track level
Baggerponton *m* dredging pontoon
Baggerschaufel *f* bucket, shovel, drag
Bahn *f* course *(Ziegelschicht)*; sheet *(Dachpappe)*; line, railway
Bahnausrüstung *f* railway equipment
Bahnbau *m* railway construction
Bahnbetrieb *m* railway service
Bahndamm *m* railway embankment
Bahnenbelag *m* sheet covering *(von Dachpappe)*
Bahngleis *n* track, line, rails
Bahnhof *m* [railway] station, *(Am)* depot; terminal
Bahnhofsdach *n* station roof
Bahnhofsgebäude *n* station building
Bahnhofshalle *f* station hall
Bahnhofshotel *n* station hotel
Bahnkörper *m* railway (track) bed, track formation, subgrade
Bahnlinie *f* railway line
Bahnschranke *f* railway gate (barrier)
Bahnsteig *m* [railway] platform
Bahnsteigdach *n* railway platform roof
Bahnsteigunterführung *f* railway platform subway
Bahnübergang *m* / **höhengleicher** [railway] level crossing, *(Am)* grade crossing
~ **in getrennten Ebenen** grade separation
~/**niveaugleicher** [railway] level crossing
~/**schienengleicher** road (level) crossing
~/**unbeschrankter** unguarded level crossing
Bailey-Behelfsbrücke *f* Bailey bridge
Bajonett[lampen]fassung *f* *(El)* bayonet holder (socket)
Bajonettverbindung *f* bayonet joint
Bajonettverschluß *m* bayonet joint
Baldachin *m* canopy, baldaquin, *(Am)* baldachin; *(Arch)* ciborium *(Kirche)*; severy *(gotischer Bogen)*
Balken *m* 1. girder *(meist aus Stahl)*; 2. beam *(aus Holz, Stahl, Stahlbeton oder Spannbeton)*; [squared] timber, square-sawn timber; 4. balk, baulk; 5. summer [beam], summer tree; 6. joist *(Unterzug)*; 7. trabes *(meist als Sims)*
~/**auskragender** outrigger
~/**baumkantiger** dull-edged beam, rough-edged beam
~/**durchgehender** through beam
~/**eingebolzter** *(Hb)* kevel
~/**eingespannter** fixed beam
~/**elastisch-plastischer** elastoplastic beam
~/**hoher** deep beam
~/**L-förmiger** ell-beam
~ **mit Schwalbenschwanz/verdübelter** dovetailed beam
~ **mit seitlicher Laschenverstärkung** fished beam
~ **mit Wechsel** tail piece (girder, joist)
~/**polygonaler** polygonal bowstring
~/**prismatischer** prismatic beam
~/**schlanker** slender beam
~/**schräger** raker beam
~/**verdübelter** key beam, built beam with keys; *(Hb)* dowelled beam, flitch (flitched, sandwich) beam
~/**verzahnter** joggle beam
~/**zweiseitig eingespannter** fixed-end beam (girder)
Balken *mpl* / **holländische** Dutch timber
~ **ohne Herzholz** flitches
Balkenanker *m* beam tie
Balkenankerbügel *m* beam anchor
Balkenanordnung *f* arrangement of beams
Balkenauflage *f* joist bearing, corbel piece, template
Balkenauflageplatte *f* template
~ **auf einer Wand** wall (head) plate
Balkenauflager *n* bearing of joists, joist bearing, beam support
Balkenauflagerstein *m* torsel
Balkenauflagerung *f* bearing of beam
Balkenauflagestück *n* torsel
Balkenaussparung *f* wall frame (box)
Balkenaxt *f* broad axe
Balkenbelastung *f* beam loading
Balkenbemessung *f* beam design
Balkenberechnung *f* beam calculation
Balkenbewehrung *f* beam reinforcement
Balkenbindeeisen *n* *(Hb, Am)* dwang; connection plate; timber fastener
Balkenbrett *n* flitch
Balkenbrettauflage *f* rough floor
Balkenbrücke *f* girder bridge
~/**kontinuierliche** bridge with continuous beams
Balkendecke *f* joist ceiling (floor) *(Decke mit sichtbaren Balken)*
~/**offene** open floor
Balkendiagramm *n* bar chart
Balkendielung *f* rough floor
Balkendübel *m* *(Hb)* treenail, trenail
Balkendurchbiegung *f* beam deflection
Balkenende *n* beam (timber) end
Balkenfach *n* space between beams, case bay
Balkenfaser *f* filament
Balkenfeld *n* space between beams
Balkenhöhe *f* girder depth
Balkenholz *n* beam timber (wood)
~/**rechteckiges** squared timber; *(Am)* square-edged lumber
Balkenjoch *n* space between beams
Balkenkammer *f* beam aperture (pocket, box)

Balkenkapsel *f* protection to end of beam
Balkenkopf *m* beam end
Balkenkopfverstärkung *f (Hb)* end stiffener
Balkenkreuzwerk *n* beam grid (grillage)
Balkenlage *f* joists of a floor, frame (framing) of joists, decking
Balkenlagenkonstruktion *f* **/ einsinnige** one-way joist construction
balkenlos beamless
Balkennagel *m* carpenter's nail
~/quadratischer barge spike
Balkenpolster *n* template
Balkenprüfung *f* beam test
Balkenrahmen *m* platform (western) frame *(mit geschoßhohen Fachwerkstützen)*
Balkenrost *m* beam grid (grillage), grating of timbers
Balkenrostwerk *n* crib
Balkenrüttler *m* precast concrete joist shaker
Balkenschalung *f* beam formwork (shuttering)
Balkenschwingung *f* beam vibration
Balkenstamm *m* **/ geschnittener** flitch
Balkenstein *m* corbel
Balkenstoß *m* scarfed (bottom butt) joint
Balkentasche *f* beam aperture (box)
Balkenträger *m* **/ hoher** deep beam
Balkenträgerdurchbiegung *f* beam deflection
Balkenträgerkopf *m* beam end
Balkenträgerkreuzwerk *n* beam grid (grillage)
Balkenträgerrost *m* beam grid (grillage)
Balkenummantelung *f* beam casing (encasement)
Balkenunteransicht *f* beam bottom
Balkenunterkante *f* beam bottom
Balkenunterseite *f* soffit
Balkenverankerung *f* beam anchorage
Balkenwerk *n* beams and rafters, framework
Balkenwirkung *f* beam action
Balkenzuganker *m* haunched tenon
Balkon *m* balcony; [dress] circle *(Theater)*
~/erster *(Am)* mezzanine *(Theater)*
~ mit Brüstung über einem Eingangstor *(Arch)* meshrbiyeh, moucharaby *(in maurischer Architektur, auch Balkon mit Holzgitterwerk)*
Balkonbrüstung *f* balustrade of a balcony, balcony parapet
Balkonentwässerung *f* balcony drainage
Balkonfenster *n* balcony window
Balkongeländer *n* balustrade of a balcony
Balkongitter *n* balustrade of a balcony
Balkonträger *m* balcony beam (support)
Balkontrennwand *f* balcony partition wall
Balkontür *f* balcony door
Ballast *m* ballast
Ballblume *f (Arch)* ball-flower *(charakteristisches Ornament der englischen Gotik des 13. Jahrhunderts)*
Ballraum *m* ballroom
Ballspielhof *m* **/ römischer** *(Arch)* sphaeristerium
Ballung *f* agglomeration; centralization
Ballungsgebiet *n* agglomeration [area] *(Städtebau)*
Balsa[holz] *n* balsa [wood]
Baluster *m* newel, newel post *(bei einer Treppe)*; *(Hb)* baluster, banister *(bei einem Brückengeländer oder Treppenlauf)*
Balustrade *f* balustrade, parapet
Bananenhanf *m* abaca
Band *n* tape; strip *(zum Abdichten)*; *(Arch)* band *(Bauschmuck an Säulen und als Gesimsglied)*; *(Hb)* strap [anchor]; hinge *(Baubeschlag für Türen und Fenster)*; belt *(Ornament* im Mauerwerk und an Säulen); belt *(beim Förderband)*
~/gerades T-hinge, tee hinge *(Baubeschlag)*
~/rundes *(Arch)* torus, tore, cushion course *(einer Säule)*
~/schmales *(Arch)* orle[t] *(am Kapitell)*
Bandage *f* bandage; wrapping
Bandanlage *f* conveyor system
Bandbebauung *f* ribbon (string) development
Bandbrücke gallery *(mit Laufsteg)*
Banddosierung *f* batching by conveyor belt
Bandeisen *n* band (hoop) iron, hoops
Bandeisenaufhängung *f* pipe strap *(einer Rohrleitung)*
Bandelwerk *n* baroque strapwork *(barockes Ornament)*
Bänderton *m* leaf (ribbon, varved) clay
Bandfenster *n* window band
Bandförderer *m* belt conveyor
Bandgesims *m* cordon, ornament with a cordon, string, band course, strip
Bandhängeglied *n* strap hanger
Bandholzschleifmaschine *f* belt sander
Bandlader *m* belt [truck] loader
Bandleiste *f* ribbon
Bandmaß *n* [measuring] tape, tape measure, flexible rule
Bandmaßausgleich *m* tape correction
Bandornament *n* guilloche
Bandparkett *n* inlaid strip floor
Bandrippe *f (Arch)* band moulding *(Gewölberippe der Spätgotik)*
Bandsäge *f* band (belt) saw; endless (ribbon, mechanical, annular) saw
Bandscharnier *n* strap hinge
Bandstahl *m* band (hoop, strip, strap) steel
Bandstraße *f* conveyor system
Band- und Streifenornament *n* strapwork
Bandwerk *n* strapwork *(Ornament)*
Bandzumessung *f* batching by conveyor belt
Bank *f* bench; bench of ground *(Gründung)*
~ ohne Lehne form
Bankeisen *n* clamp iron, cramp; doorframe anchor
Bankett *n* strip footing (foundation) *(Gründung)*; road shoulder, margin, margin[al] strip, benching *(Straße)*; berm, bench, banquette *(Böschungs-, Deichabsatz)*
Bankettsaal *m* banquet hall; grand chamber
Bankgebäude *n* bank [building]

Bankhalle *f* banking hall
Bankhammer *m* bench [hammer]
Bankhobel *m* bench plane
Bankschleifmaschine *f* bench sander
Bankschneidemaschine *f* bench trimmer
Bansen *m* nay-loft; *(Am)* mow *(Lagerraum für Getreide und Viehfutter)*
Baptisterium *n (Arch)* baptistery
Bar *f* bar
Baracke *f* hut; barrack
Barackenlager *n* hut camp, hutments
Barackenzelt *n* tent barrack
Barbakane *f (Arch)* barbican
Barium-Gipsputz *m* barium plaster *(für Röntgenräume)*
Bariumsulfatpigment *n* blanc fixe
Barock *m(n)* Baroque
~/deutscher German Baroque
Barockstil *m/* **spanischer** Churrigueresque architecture
Barren *m* billet *(aus Eisen)*
Barytbeton *m* barytes concrete
Barytzement *m* barytes cement
Basalt *m* basalt
Basilika *f* basilica
basilikal basilican
Basis *f* base
~/attische *(Arch)* Attic base *(eines Säulenfußes)*
Basisausleger *m* basic boom
Basisbruch *m (Erdb)* toe failure
basisch basic
Basislatte *f (Verm)* subtense bar
Basismaterial *n* key material
Basrelief *n* bas (low) relief
Bassin *n* reservoir
Bastei *f* bastion, bulwark
Bastler *m* do-it-yourselfer
Batteriefertigung *f* vertical multimoulding *(Betonelemente)*
Batterieform *f* battery mould
Batterieverfahren *n* cassette method *(Betonfertigteilproduktion)*
Bau *m* 1. building, erection, construction *(das Bauen)*; 2. structure, building *(Bauwerk)*; 3. manufacture *(Erzeugnis)* • **im ~ [befindlich]** under construction
~/aufgehender superstructure
~/dreidimensionaler spatial structure
~/dünnwandiger thin-skinned building
~/erdbebensicherer antiseismic (aseismatic) construction
~/fliegender temporary building
~/fertiggestellter completed construction (structure), structure completed
~/isostatischer simple construction
~/offener open-air plant (building)
~/räumlicher spatial structure
~/schlechter (schludriger) easy-go-lightly building
~ von Telefonleitungen telegraph construction
~/vorspringender forebuilding
Bauablauf *m* sequence of construction
Bauablauferfüllungsdarstellung *f* progress schedule
Bauablaufplan *m* construction [time] schedule, construction programme; [construction] progress chart
Bauabmessung *f* building dimension
Bauabnahme *f* acceptance of work, final (building) inspection
Bauabschlagszahlung *f/* **turnusmäßige** progress payment
Bauabschnitt *m* construction stage
Bauabsteifen *n* temporary shoring
Bauabteilung *f* construction department
Bauakustik *f* architectural acoustics
Bauamt *n* planning department and building control office
Bauangebot *n* [contractor's] bid, [contractor's] proposal
Bauänderungsbestätigung *f* variation order
Bauarbeiten *fpl* building (construction) works; execution of works
Bauarbeiter *m* building labourer, construction worker (building)
Bauarbeitsauftrag *m* [construction] work order
Bauarbeitsplan *m* job plan
Bauart *f* construction type; style; design; make *(eines Erzeugnisses)*; build *(z. B. Typ des Gebäudes)*
~/gedrängte compact construction
~/geschlossene enclosed type construction
~/leichte light pattern [construction]
Bauartgenehmigung *f* design certificate (approval)
bauartgeprüft with qualification (design) certificate (approval)
Bauartzulassung *f* qualification (design) approval
Bauaufnahme *f* survey of a building (structure), planning survey *(von Bausubstanz zur Stadtplanung)*
Bauaufnahmezeichnung *f/* **maßstabgerechte** measured drawing
Bauaufsicht *f* 1. construction supervision (inspection); 2. *s.* Bauaufsichtsbehörde
Bauaufsichtsamt *n* construction supervising authority
Bauaufsichtsbeamter *m* [building] inspector, *(Am)* building official
Bauaufsichtsbeauftragter *m* building inspector
Bauaufsichtsbehörde *f* construction supervision (supervision)authority • **durch die ~ zugelassen** admitted for use by the supervising authority
Bauaufsichtskontrolle *f* [construction] inspection
Bauaufsichtswart *m* resident inspector
Bauauftraggeber *m* [building] owner, client, proprietor; *(Am)* purchaser
Bauaufsichtsdurchführung *f* execution of the order

Bauaufwand *m* construction expense
Bauaufzug *m* hoist, building elevator, mechanical platform
Bauausführender *m* contractor
Bauausführung *f* execution (construction) of a job, building construction, carrying-out of construction
~/nicht der Ausschreibung entsprechende non-conforming work
~/nicht normengerechte non-conforming work
Bauausführungsänderung *f* modification
~/unwesentliche minor change [to the construction work]
Bauausführungsänderungen *fpl* changes in the work
Bauausführungsbedingungen *fpl* conditions of contract
Bauausführungsbeschreibung *f* building specification
~/kurze streamlined specification *(mit allen technischen Informationen)*
Bauausführungsgenehmigung *f* work order
Bauausführungsverfahren *n* construction method
Bauausführungsvertrag *m* owner-contractor agreement
Bauausführungsvorschriftenwerk *n* code of practice *(in England)*
Bauausführungszeichnungen *fpl s.* Bauzeichnungen
Bauausführungszeit *f* time of completion
Bauausnahmegenehmigung *f* variance
Baubedingungen *fpl* specifications, *(Am)* specs
~/allgemeine general requirements
Baubeginnsaktivität *f* event *(Netzplantechnik)*
~/späteste latest start date *(um das Projekt vertragsgerecht abzuschließen)*
Baubeginntermin *m* date of commencement of the work
Baubehörde *f* building authorities, construction administration
Bauberater *m* [construction] consultant, professional adviser
Bauberatung *f* comprehensive advisory services, consulting
Bauberatungsphase *f* construction [advisory] phase *(während der Bauausführung)*
Bauberatungstätigkeit *f* professional construction advisory practice
Baubericht *m* job record
Bauberichts[form]blatt *n* [construction] record sheet
Baubeschläge *mpl* builder's hardware (fitting), finish hardware
Baubeschränkung *f* building restriction
Baubeschreibung *f* specifications
Baubestandskarte *f* official map
Baubestandszeichnung *f* work as executed drawing, as-completed drawing, as-built drawing, [building] record drawing
Baubestimmungen *fpl* building (construction) regulations
Baubetreuung *f* basic construction services *(durch den Entwurfsingenieur)*
Baubetrieb *m* [building] contractor, contracting company • **einem ~ die Arbeiten übertragen** to charge a contractor with the work
~/ausgewählter selected (successful) bidder
~/registrierter licensed contractor
Baubetriebsplan *m* [construction] programme
Baubevollmächtigter *m* power of attorney
Baubrigade *f* gang, party, shift *(Schicht)*
Baubude *f* site hut (barrak), cabin, shanty, shed, mason's lodge
Baubüro *n* site office, [temporary] building office, construction office
bauchen to bulge
bauchförmig bellied, bulgy
Baudämmstoff *m* building insulation material
Baudelot-Kühler *m* Baudelot cooler
Baudenkmal *n* architectural monument
Baudichte *f* building density
Baudirektion *f* building management
Baudurchführung *f***/komplette** comprehensive (construction) services *(durch das beauftragte Entwurfsbüro)*
Bauebene *f***/aufgestelzte** stilt [ground], stilt level
Baueimer *m* hand bucket
Baueinheit *f* module, building unit, prefabricated building component; assembly [part], subassembly [part]
Baueinrichtung *f* construction site installations, *(Am)* job-site installation
Baueinschränkung *f* building restriction
Baueisenwaren *fpl* builder's hardware; rough hardware *(die verdeckt werden)*
Bauelement *n* building component, module, member, construction unit, structural element
~/mehrschichtiges multiply construction component
~/standardisiertes standardized building block (component)
~/vorgefertigtes precast component, prefabricated building component, cast moulding
Bauelemente *npl* **mit einem Zoll Nominalstärke** inch stuff *(2,5 cm)*
bauen to build, to erect; to construct; to manufacture, to make, to practise, to engineer *(herstellen)*
~/Buhnen to groyne
~/Gerüst to scaffold
~/in eigener Regie to execute the work in economy
Bauen *n* construction, building, erection, framing
~/erdbebensicheres seismic construction
~/herkömmliches traditional form of building
~/industrielles building by industrialized methods, industrialized building, system building (construction)
~/ländliches rural construction
~ mit Fertigteilen prefabricated construction

~ mit Stahlbetonfertigteilen precast reinforced concrete construction
~/wildes hap-hazard building
~/unrationelles sporadic building
Bauentwurf *m* structural design
Bauerdstoff *m* tapia *(Ton)*
bäuerisch rustic
Bauerlaubnis *f s.* Baugenehmigung
Bauerngehöft *n* farmhouse
Bauernhaus *n* farmhouse, *(Am)* ranch house; grange
Bauernhof *m* farm[yard], grange *(Gutshof)*
Bauerschließungsgebiet *n* construction developing zone, developing area [for construction]
Bauerwartungsland *n* land set aside for building *(Baugesetz)*
Bauerweiterung *f* 1. expansion of building, development of [existing] structure *(Vergrößerung, Ausbau)*; 2. *s.* Erweiterungsbau
Baufach *n* building trade
Baufachmann *m* builder, construction expert, building professional
baufällig out of repair; ramshackle, in a bad [state of] repair, dilapidated *(Bauwerk)*
Baufälligkeit *f* disrepair, dilapidation
Baufertigstellungstermin *m* **/ spätester** latest finish date *(dem Projekt entsprechend)*
Baufeuchte *f* building (construction material) moisture
Baufinanzgarantie *f* bond *(Bankbürgschaft)*
Baufirma *f* contracting company (firm), construction firm, builder
~/federführende sponsor, main contractor
~/zugelassene licensed contractor
Baufirmen *fpl* **/ in Frage kommende** invited bidders, selected (restricted) list of bidders
Baufluchtlinie] *f* building line, alignment, frontage (property) line
Baufolge *f* sequence of construction
Bauform *f* **/ gedrungene** compact design
~/kompakte compact design
~/traditionelle traditional form of building
Bauforschung *f* building research
Baufortschrittsmeldung *f* progress report
Baufortschrittsstadium *n* building progress stage
Baufreiheit *f* ground clearance, access to field (site)
Baufrist *f* specified time for completion
Baufristenplan *m* [building] progress chart, programme and progress chart
Baufuge *f s.* 1. Arbeitsfuge; 2. Dehnungsfuge
Bauführer *m* 1. section engineer, site agent, contractors supervisor; 2. [general] foreman
Baugang *m* alley
Baugelände *n* [building] site, construction (building) ground
Baugeländefreiheit *f* terrain clearance
Baugenehmigung *f* [building] permit, consent to build, planning and building permission
Baugenossenschaft *f* building association, benefit building society
Baugeräte *npl* construction equipment, building tools, scaffold, gabbard scaffold *(regionale Bezeichnung, in Schottland)*
Baugerüst *n* **/ schweres** heavy-duty scaffold, builder's staging (stages), *(Am)* gantry
Baugerüstdübeltragsystem *n* load-transfer assembly
Baugerüstelement *n* footing piece
Baugesamtvertrag *m* prime contract
Baugeschäft *n* contractor, building firm
Baugeschehen *n* constructional (building) activities
Baugesellschaft *f* building association
Baugesetz *n (Am)* building code (regulations), building by-law
Baugesinnung *f* **/ klassische** classical theory of architecture
Baugestaltungsverordnung *f* aesthetic clause
Baugewerbe *n* building and construction trade, building industry; trowel trade
Baugewerk *n* [building] trade
Baugewerkshandwerker *mpl* building trades, related trades
Baugips *m* calcined gypsum
Baugipsplatte *f* gypsum building board
Bauglas *n* construction (structural, building) glass
Bauglasplatte *f* structural (building) glass
Bauglied *n* construction member (unit)
Baugrenze *f* 1. building restriction line; 2. contract limit *(Vertrag)*
Baugrenzlinie *f* building line
Baugröße *f* overall dimensions, size
Baugrube *f* foundation (building) pit, excavation [pit], pit
~/offene open cut
~/unausgesteifte open excavation
Baugrubenaussteifelemente *npl* **/ waagerechte** horizontal sheeting
Baugrubenaussteifung *f* planking and strutting
Baugrubenaussteifungswerk *n* **mit Stützen und Platten** grid sheet system
Baugrubensohle *f* [foundation] pit base, pit level
Baugrubenverkleidung *f* building pit lining (sheeting)
Baugrund *m* 1. subsoil, subgrade basement soil; site, building ground, estate *(Baugelände)*
~/senkungsgefährdeter subsiding ground
~/tragfähiger hard ground
Baugrundaufschluß *m* **/ schmaler** trial pit
Baugrundboden *m* foundation soil
Baugrunddichtung *f* subsoil sealing
Baugrunddränage *f* subsoil drain
Baugrunderkundungsbohrung *f* pilot boring [for a building ground]
Baugrundingenieurwesen *n* engineering geology
Baugrundkarte *f* subsoil map
Baugrundmechanik *f* soil mechanics

Baugrundschürfschacht *m* test pit [for a building ground]
Baugrundsondierbohrung *f* trial pit
Baugrundstück *n* building site
~/erschlossenes developed site
Baugrundtragfähigkeit *f* load-bearing capacity of the soil
Baugrunduntersuchung *f* 1. site investigation, investigation of foundation conditions; 2. soil (subsurface) investigation, soils survey
Baugrundverbesserung *f* soil solidification (stabilization), artificial cementation of soil
Baugutachten *n* structural survey
Bauhandwerk *n* building trade; trowel trade
Bauhandwinde *f* hand-power winch
Bauhauptauftragnehmer *m* main contractor, general (prime) contractor
Bauhauptauftragnehmervertrag *m* single contract
Bauhauptberater *m* prime professional [consultant]
Bauhauptgewerke *npl* main building trades
Bauhauptvertrag *m* prime (general) contract
Bauherr *m* [building] owner, proprietor, client, promoter; employer
Bauherrvertreter *m* contracting officer *(bei öffentlichem Auftraggeber)*; resident engineer (architect)
Bauhof *m* building (contractor's) yard, timber yard *(für Zimmerarbeiten)*; plant depot
Bauhöhe *f* overall (building, structural) height, depth [of the work]
Bauhöhenvorschrift *f* [building] height zoning
Bauholz *n* building (construction) timber, timber; structural timber *(mindestens 125 mm Seitenlänge)*; *(Am)* yard lumber *(bis 125 mm stark)*; *(Am)* structural lumber *(klassifiziert)*
~/altes old timber
~/astreines clean timber, *(Am)* clear lumber
~/besäumtes dressed (planed) timber, *(Am)* dressed (planed, wrought, wrot) lumber
~/feuerschutzimprägniertes fire-retardant wood
~/frisches *(Am)* green lumber
~ für Furnierschnitt *(Am)* lumber core
~/geringwertiges *(Am)* cull
~/grünes *(Am)* green lumber
~/kleines trim
~/kurzgeschnittenes short-length [timber] *(etwa 2 m)*
~/luftgetrocknetes *(Am)* air-dried lumber, air-seasoned lumber, *(Am)* natural-seasoned lumber
~ mit Stammkern boxed heart
~/rauchgasgetrocknetes *(Am)* smoke-dried lumber
~/rechteckiges square-sawn timber
~/starkes die-squared timber *(mindestens 100 × 100 mm)*
~/verleimtes structural glued-laminated timber
~/verstocktes foxy timber
~/vorgefertigtes *(Am)* shop (factory) lumber
Bauholzklammer *f* brob
Bauholzklassifikation *f* timber grading rules
Bauholzmengenbestimmung *f (Am)* board measure *(in board foot)*
Bauholzstück *n* **/ zusammengesetztes** pieced timber *(bei dem ein beschädigtes Stück ersetzt worden ist)*
Bauhülle *f* shell
Bauhütte *f* 1. site shed (hut), building workers' hut, barrack; 2. mason's lodge *(Gemeinschaft der Bauleute am mittelalterlichen Kirchenbau)*
Bauhygiene *f* architectural hygiene
Bauindustrie *f* building (construction) industry, building and construction industry
Bauingenieur *m* civil engineer
Bauingenieurrisikoversicherung *f* professional liability insurance
Bauingenieurwesen *n* civil engineering
Bauinspektor *m* building (resident) inspector, *(Am)* building official
Bauisoliermaterial *n* insulating construction material
Baukalk *m* construction (building, mason's) lime
Baukantine *f* site canteen
Baukastenkonstruktion *f* modular (unit) construction, unit composed system
Baukastenmöbel *n* modular furniture
Baukastenprinzip *n* building-block principle, unit [construction] principle
Baukastensystem *n* modular design (building) system, unit-assembly system, modular system
Baukeramik *f* structural (heavy) ceramics
Bauklammer *f* clamp [iron], cram [iron], dog [iron], timber dog, bitch *(dreidimensional)*, brob *(selten)*
Bauklebemasse *f* compound for building purposes
Baukleineisenwaren *fpl* finish [builder's] hardware
Bauklempner *m* [building] plumber
Baukolonne *f* [construction] gang, unit, team; shift *(Schicht)*
Baukolonnenführer *m* gang foreman
Baukomplettierung *f* final completion
Baukomplettierungsbericht *m* progress report
Baukonstruktion *f* building construction
~/nichtentflammbare non-combustible construction
Baukonstruktionsingenieur *m* structural engineer
Baukonstruktionslehre *f* structural theory
Baukontrolle *f* [building] supervision
Baukontrolleur *m* clerk of [the] works
Baukörper *m* structure, body shell
Baukosten *pl* building cost, cost of construction
~/genau ermittelte detailed estimate of construction cost
Baukostensumme *f* **/ garantierte maximale** guaranteed maximum cost
Baukostenvoranschlag *m* construction cost estimate, construction budget
Baukostenvoranschlagermittlung *f* **nach umbautem Raumvolumen** volume method [of construction cost estimate]
Baukostenzuschuß *m* building subsidy (grant)
Baukran *m s.* Montagekran

Baukunst *f* architecture *(s. a. unter* Architektur*)*
~/ottonische Ottonian architecture *(10. Jahrhundert)*
~/profane secular (profane) architecture
baukünstlerisch architectural
Baukupfer *n* builder's copper
Bauland *n* construction ground, developed sites
~/aufgeschlossenes improved land
~/erschlossenes developed area
Baulandaufteilung *f (Am)* site subdivision
Baulandbeschaffung *f* land purchase, purchase (acquisition) of land
Baulandinanspruchnahmne *f* **/ übermäßige** excess condemnation *(für gemeinnützige Zwecke)*
Baulandnutzungsbeschränkung *f* deed restriction *(durch ein Dokument)*
Baulandrechtsanspruch *m* title
Baulandteilungsbestimmungen *fpl (Am)* subdivision regulations
Baulänge *f* overall length, length of structure
Baulärm *m* site (construction) noise
Baulehm *m* tapia *(aus Adobelehm)*; construction loam
Bauleistung *f* **/ zusätzliche** extra quantities
Bauleistungsabnahmebescheinigung *f* certificate of acceptance
Bauleistungsabrechnung *f* **/ bestätigte** certificate for payment
Bauleistungsangabe *f* bill of quantities, performance bond
Bauleistungsberechnung *f* force account *(ohne vorher kalkuliertes Angebot)*
Bauleistungsbeschreibung *f* quantity survey, bill of quantities
Bauleistungseinzelpreis *m* unit price
Bauleistungsverpflichtung *f* performance bond
Bauleistungsvertrag *m* owner-contractor agreement
Bauleistungsverzeichnis *n* bill of quantities, schedule of prices
Bauleiter *m* project engineer (manager), projet representative, site engineer (superintendent)
~/staatlicher resident (field) engineer, building inspector
Bauleitung *f* construction (site) supervision, direction of works, construction management
baulich building, constructional, structural
Baulichkeiten *fpl* building on a site *(auf der Baustelle)*
~ mit Land premises
Baulinie *f* building line
Baulizenz *f* licence for the construction
Baulohn *m* construction pay (wages)
Baulore *f* cart
Baulos *n* [building] lot
~ zwischen zwei Parallelstraßen through lot
Baulosgröße *f* lot size
Baulosumfang *m* lot size
Baulücke *f* gap site
Baum *m* tree; beam *(Ausleger)*
Baumarkt *m* property market *(Immobilien)*
Baumaschinen *fpl* building machinery
Baumaschinenausrüstung *f* construction equipment
Baumaschinenpark *m* equipment fleet
Baumast *m* **/ U-förmiger** broach *(zum Befestigen* der Strohdachdeckung)
Baumaß *n* building size, [structural] dimension
Baumaßnahmen *fpl* construction work
Baumaterial *n* construction (building) material
~/chemisches chemical structural material
Baumatte *f* quilt, mat
~/versteppte sewn [building] quilt
Baumauswachsung *f* burl, burr
Baumechanik *f* structural mechanics
Baumeister *m* master builder
Baumgruppe *f* coppite clump (cluster) of trees; bosket, grouping of trees *(Gartenarchitekturelement)*
Baumkante *f* wane, rough edge *(Brett)*, bad bevel
baumkantig rough-edged, rough-hewn *(Nutzholz)*
Baumlaube *f* bower
Baumodul *m* modular coordination, dimensional framework
Baumontageverfahren *n* building erection system
Baumörtel *m* masonry (construction) mortar
Baumpfahl *m* prop
Baumrinde *f* tree bark
Baumsaft *m* sap
Baumschieber *m* tree-dozer
Baumschule *f* [tree] nursery, plant nursery
Baumschutz *m* **in einer Verkehrsflächenbefestigung** tree grate
Baumschützer *m* tree guard
Baumstamm *m* tree-trunk, trunk of a tree; bole *(industriell verwertbar)*; log *(gefällter Stamm)*
Baumstumpf *m* [tree] stump, stub
Baumtrümmer *fpl* slashes *(Holzschlag)*
Baumwollisolierung *f* cotton-covered insulation
Baumwolljute *f* canvas
Baumwollmatten *fpl* cotton mats
Baunagel *m* construction nail
Baunebengewerke *npl* related trades
Baunivellier *n* engineer's level
Baunorm *f* construction standard
Baunormabmessung *f* standardized figure for construction
Baunormmaß *n* standardized figure for construction
Baunormung *f* [construction] standardization
Bauobjekt *n* building (construction) object
Bauordnung *f* building regulations, *(Am)* building code
~/örtliche building by-law
bauordnungsgerecht/nicht non-conforming *(Gebäude)*
Bauorientierung *f* **/ klassische** classical theory of architecture

Bauornamentzierat *m* tracery
Bauortauswahl *f* selection of site
Baupapier *n* building (sheathing) paper; red rosin paper
~/schweres getränktes kraft paper (board)
Baupappe *f* [general-use] building paper, sheathing (felt, concreting) paper, felt
Baupassung *f* construction (dimensional) fit
Bauphysik *f* physics relating to construction
Bauplan *m* [building] plan, architect's plan
Baupläne *mpl* **/ eingereichte** deposited drawings
Bauplanung *f* construction planning
Bauplastik *f* sculpture
Bauplatte *f* building slab *(Beton)*; building board
Bauplatz *m* building (construction) site, site, *(Am)* job
Baupolizei *f* construction supervising authority, building control department
Baupreis *m* construction price
~/maximaler akzeptierter construction budget
Bauproduktion *f* building production; manufacture
Bauprojekt *n* [construction] project
Bauprojektfertigstellungsphase *f* construction documents phase *(durch den Entwurfsverfasser)*
Bauprojektmittel *npl* project budget
Baupumpe *f* building pump
Bauraster *m* structural module
Baurecht *n* planning and building laws and regulations
baureif 1. ready for construction *(Bauvorbereitungs-unterlagen)*; issued for construction *(Bauzeich-nungen)*; 2. fully developed, available for building *(Baugrundstück)*
Baureste *mpl* remains
Baurichtplatte *f* profile
Baurolle *f* gin block (wheel), sheave *(Seilrolle)*
Baureparatur *f* [building] repair, building making good
Baurundholz *n* round construction timber
Bausachverständiger *m* building (construction) expert, expert
Bausatzmöbel *n* modular furniture
Bauschäden *mpl* damages to structures
Bauschichtführer *m* shift boss
Bauschlosser *m* fitter in the building trade; iron monger
Bauschnittholz *n* sawn timber; *(Am)* construction lumber
Bauschraube *f* construction bolt *(nur zur Bauausführung)*
Bauschreiner *m* joiner
Bauschreinerei *f* joinery
Bauschutt *m* debris, rubble
Bauschuttrutsche *f* trash chute
Bausektor *m* construction branch
bausparen to save with a building society, *(Am)* to save with a building and loan association
Bausparer *m* saver with a building society, *(Am)* saver with a building and loan association
Bausparkasse *f* building society, *(Am)* building and loan association
Bausparvertrag *m* savings contract with a building society, *(Am)* savings contract with a building and loan association
Bauspekulant *m* jerry builder
Bauspezifikationssystem *n* **/ einheitliches** uniform system
Baustahl *m* structural (constructional) steel, mild steel *(0,15–0,25% C), ingot iron*
~/hochwertiger high-tensile steel
~/legierter structural alloy steel
Baustahlgewebe *n* steel fabric, welded[-wire] fabric
Baustahlmatte *f* **/ geschweißte** welded mesh reinforcement
Baustandardwerk *n* *(Am)* building code
Baustange *f* pole
Baustatik *f* structural analysis (statics), stress analysis
~/zeichnerische graphic[al] statics
Baustein *m* module, unit *(Einheit)*; building block (stone), cut stone
~/harter rag
~ mit Modulmaß masonry unit
Bausteinkeilstück *n* template, templet
Baustelle *f* building (construction) site, site, *(Am)* job [site]; project site, work site, building ground, field; roadworks *(Straßenbau)* • **auf der ~** on-site • **außerhalb der ~** off-site
~/baumbestandene wooded site
~/freie free site; delivered site
Baustellenanstrich *m* site (field) painting *(nach Montageabschluß)*
Baustellenanschlußtafel *f (El)* multioutlet assembly
Baustellenarbeit *f* site labour, field work
Baustellenbesetzung *f* labour force on the site
Baustellenbeton *m* job-mix[ed] concrete, field concrete
Baustellenbetriebstechnik *f* technology of the site
Baustellenbüro *n* site office
Baustelleneinrichtung *f* site facilities (installations), site plant *(Geräte)*; *(Am)* job-site installations; site preparation (arrangement), *(Am)* job-site mobilization *(Tätigkeit)*
Baustellenentwässerung *f* site drainage
Baustellenerschließung *f* site preparation
Baustellenfertigung *f* site manufacture (prefabrication)
Baustellenfläche *f* **/ effektive** net site area *(ohne Straßen)*
~/tatsächlich zur Verfügung stehende net site area *(ohne Straßen)*
Baustelleningenieur *m* site (field) engineer *(des Auftraggebers)*
Baustellenkontrolle *f* site (field) supervision
Baustellenkoordinator *m* site (job) superintendent
Baustellenlabor *n* on-site laboratory, on-job lab[oratory], field laboratory

Baustellenleiter *m* contractor supervisor
Baustellenmontage *f* site assembly (erection), field erection
Baustellenpersonal *n* site staff; site labour force
Baustellenplan *m* site plan
Baustellenprüfung *f* site (on-site) test, at-site (on-site) testing
Baustellenräumung *f* site clearance, clearing of site, site clean-up
Baustellenrodehobel *m* tree-dozer
Baustellensäuberung *f* land (site) clearing
Baustellenschweißen *n* field welding
Baustellensilo *n* site hopper (silo), storage bin
~/fahrbares portable hopper
Baustellenstraße *f* site (builder's) road
Baustellenüberwachung *f* site supervision
Baustellenunterkunft *f* site accommodation
Baustellenuntersuchung *f* site investigation
Baustellenvorfertigung *f* site prefabrication (precasting), in-situ precasing
Baustellenwahl *f* selection (choice) of site
Baustift *m* carpenter's nail
Baustil *m* architectural style, style of architecture
~/byzantinischer Byzantine architecture
~ der Renaissance Renaissance architecture
~/gotischer Gothic architecture
~/hellenistischer Hellenistic style (architecture)
~/klassischer Classical architecture
~/romanischer Romanesque architecture
~/römischer Roman architecture
Baustoff *m* building (construction, structural) material
~/feuerfester refractory
~/keramischer building ceramics, ceramic [building] material
~/künstlicher chemical structural material
~/porenhaltiger cellular material
~/porenreicher porous building material
~/schallabsorbierender acoustical material; acoustical sprayed-on material *(im Spritz- bzw. Sprayverfahren aufgetragen)*
~/viskoelastischer viscoelastic material
~/wärmeisolierender heat-insulating material
Baustoffbedarf *m* building (constructional) materials requirement
Baustoffe *mpl* building (construction) materials
• **~ nur [an]geliefert** building materials supplied only
Baustoffehler *m* building (construction) material failure (fault)
Baustoffgütevorschrift *f* material specification
Baustoffherstellung *f* building materials production
Baustoffindustrie *f* building materials industry
Baustoffingenieur *m* building (construction, structural) material engineer
Baustofflagerplatz *m* building materials store (yard), building materials depot, materials lock
Baustofflieferant *m* building materials supplier, supplier
Baustoffmangel *m* [building] material shortage
Baustoffprüflabor *n* material testing laboratory
Baustoffprüfung *f* building (structural) material testing, testing of materials
~/zertörungsfreie materiology, non-destructive building material testing
Baustoffprüf[verfahrens]vorschriften *fpl* material-test specification
Baustoffschaden *m* construction (building) material failure
Baustofftechnik *f* building materials engineering
Baustoffuntersuchung *f* examination (investigation) of building materials
Baustoffversorger *m* building materials supplier
Baustoffversorgung *f* building materials supply
Baustraße *f* construction way (road)
Baustrecke *f* field *(Leitungsbau)*
Baustufe *f* stage of construction (completion)
Bausubstanz *f* substance of building (structure)
~ in einer Bauzeichnung *f*/ **dargestellte** poché *(durch dunkle Flächen)*
Bausubstanzaufnahme *f* building survey
Bausubstanzbeurteilung f assessment of building, survey
Bausubstanzverbesserung *f* [building] improvement
Bausumme *f* construction (building) sum
~/anteilig zurückgehaltene retained sum, retainage
~/bereitgestellte allocated fund, construction budget
Bausummenbezahlung *f* satisfaction
Bausummenlimit *n* fixed limit of construction cost
Bausystem *n* construction (structural) system
~/maßeinheitlich modular building system
~/starres rigid construction (structural) system
Bautafel *f* lath *(als Putzträger)*; construction panel
Bautagebuch *n* builder's (construction) diary, job record
Bautakt *m* completion cycle
Bautätigkeit *f* construction activity
Bautechnik *f* construction engineering; civil engineering
Bautechniker *m* builder; building surveyor
bautechnisch architectonic; constructional
Bautechnologie *f* construction technique (method)
Bauteil *n* component, building unit, [compound] unit, structural element (component), member; subassembly
~/einschaliges homogeneous unit
~/feuerhemmendes fire stop, fire-retarding component
~/gebogenes curved member
~/gedrücktes compressed component, compression member
~/geschweißtes weldment
~/maßeinheitliches modular building unit
~/vorgefertigtes prefabricated unit (compound), compound unit

~/vorspringendes jetty
Bauteile *npl***/ ornamentale** ornamental parts
Bauteilnummer *f* piece mark
Bau-Teilvertrag *m* separate contract
Bauteilzeichen *n* piece mark
Bautempo *n* construction speed
Bauten *pl* structures
~/erdbebensichere earthquake-proof buildings
~/gesellschaftliche *s.* Gebäude/öffentliche
Bautenanstrichstoff *m* paint for construction purposes
Bautenfarbe *f* paint for construction purposes
Bautenlackfarbe *f* lacquer for building construction purposes
Bautenschutzfarbe *f* structure preservation coat, paint for preservation of structures
Bauterrakotta *f* architectural (structural) terra-cotta
Bautischler *m* [building] joiner
Bautischlerarbeit *f* joinery, joinery work
~ mit runden Formen compass work joinery
Bautischlerei *f* joinery, *(Am)* millwork plant
Bautischlereielement *n* joinery unit (component)
Bautischlerprodukte *npl* joinery units (components), *(Am)* millwork
Bautragemulde *f* hod
Bautrupp *m* gang, shift *(Schichtkolonne)*
Bautruppführer *m* gang foreman, ganger
Bauüberwachung *f* building control (supervision, inspection), observation of the construction work
Bauunterhaltungsberatung *f* post-completion services
Bauunterkunft *f* [site] accommodation, barracks
Bauunterkunftswagen *m* accommodation trailer
Bauunterlagen *fpl* construction documents
~/spezifizierte korrigierte addendum *(tatsächlich ausgeführte)*; adjusted building documents
Bauunternehmen *n* building contractor, contracting company (firm)
~/in Frage kommendes selected (successful) bidder
Bauunternehmer *m* builder, contractor
Bauunternehmung *f* construction firm (company), building enterprise
Bauveränderung *f* tenant's improvement *(durch den Mieter)*; structural alteration, building conversion
Bauverein *m* building association
Bauverfahren *n* construction (building) method
Bauvertrag *m* [owner-contractor] agreement, building contract
~/getrennter separate contract
~ mit Garantiehinterlegung lump-sum agreement *(Pauschalsumme der Leistung)*
Bauvertragsänderung *f* modification (alterations) to the contract
Bauvertragsbedingungen *fpl***/ allgemeine** general conditions of the contract
Bauvertragsbegriffsdefinition *f* index of key words
Bauvertragsgarantie *f* **durch eine dritte Person** indemnification
Bauvertragsgüteforderungen *fpl* specifications
Bauvertragssumme *f* contract sum
Bauvertragsunterlagen *fpl* contract documents, contract particulars
Bauverwaltung *f* construction administration
Bauvolumen *n* volume of construction *(Planungsziffer)*
Bauvorarbeiter *m* general foreman
Bauvorhaben *n* construction (building) project, project
~/öffentliches public works project
Bauvorhaben *npl***/ staatlich geförderte** public works, publicly funded projects
~/unterirdische underground works
Bauvorlagen *fpl* building documents, building particulars and drawings
Bauvorschrift *f* building regulation; specification
Bauvorschriften *fpl* building (construction) regulations, building specifications
Bauwart *m* resident inspector
Bauweise *f* [architectural] style, style of architecture; construction [method]; design
~/amtlich genehmigte construction approved by the government, construction approved by local authorities
~ aus engem Holzwerk mit Verputz needlework
~/auskragende cantilever fashion
~/erdbebensichere earthquake-resistant construction method, quake-proof construction method
~/herkömmliche conventional (classical) construction method
~/industrielle industrialized construction (building) method
~/landschaftsregionale vernacular architecture
~/lockerverbundene discontinuous construction method
~/monolithische monolithic construction method
~/nachgeahmte imitated construction
~/offene 1. open building method; 2. *(Tun)* open cut
~/schallunterbrochene discontinuous construction
~/unsolide jerry-building
Bauwerk *n* building [engineering] structure, construction
~/charakteristisches landmark
~/kinematisch unbestimmtes kinematically indeterminate structure
~/nutzloses folly [building] *(Landschaftsgestaltung)*
~/raumschließendes space-enclosing structure
~/störendes alien structure
Bauwerkebene *f* plane of a structure
Bauwerksabnahme *f* acceptance
Bauwerksabdichtung *f* waterproofing [of buildings]
Bauwerksliste *f* list of constructions (structures)
Bauwerksverhalten *n* structural material performance *(Baustoffverhalten)*
Bauwerksverzeichnis *n* list of constructions (structures)

Bauwerkzeuge *npl* [building] hardware
Bauwesen *n* construction engineering, building, building and construction industry
~/landwirtschaftliches agricultural building, farm-building construction
Bauwich *m* distance between buildings, space between two neighbouring buildings
Bauwinde *f* hand-power winch, builder's winch (hoist), windlass
Bauwirtschaft *f* construction (building) industry; building trade *(handwerkliche Bauwirtschaft)*
Bauzaun *m* hoarding *(Bretterzaun)*; paling *(Staketenzaun)*
Bauzeichnung *f* structural (construction) drawing
~/korrigierte revise (revised) drawing
Bauzeichnungen *fpl* [working] drawings
~/bestätigte approved drawings
~ mit allen eingetragenen Änderungen während des Bauens record drawings
~/vorgelegte deposited drawings
Bauzeit *f* construction period (time), time of completion (construction), specified time for completion; timbering time *(für Holzarbeiten)*
~/geforderte specified time for completion
~/tatsächliche actual construction time
~/vertragliche contract time
Bauzeitplan *m* time schedule
Bauzeitraum *m* time of completion
Bauzeitverlägerung *f* extension of given construction time
~ infolge Zusatzarbeit extra time allowance
Bauzentrum *n* building information centre
Bauziegel *m* building brick
~/geformter moulded brick
Bauzone *f* building zone
Bauzufahrt *f* construction way (road)
Bauzug *m* train for railway construction, service (work) train *(Eisenbahn)*
Bauzustand *m* structural condition
Bauzustimmung *f* architect's approval *(des Entwurfsverfassers)*
beanspruchen to stress; to strain, to load *(belasten)*
~/auf Verdrehung to twist
~/auf Zug to tension
~/dynamisch to submit to dynamic stress, to fatigue
beansprucht stressed
~/auf Torsion twisted
Beanspruchung *f* stress; strain; load
~ auf Zug tensioning
~/dynamische impulse loading
~/erlaubte allowable stress
~/höchstzulässige maximum permissible (safety) stress
~/klimatische climatic strain
~/statische static action
~/zulässige admissible (permissible) stress, safe strain (stress)
Beanspruchungsbereich *m* stress range
Beanspruchungsdiagramm *n* stress circle
Beanspruchungsgeschwindigkeit *f* rate of stress
bearbeitbar workable *(Stein)*
Bearbeitbarkeit *f* workability *(Stein)*
bearbeiten to treat, to work, to handle; to process; to machine *(maschinell)*, to hew, to dress *(Steine)*
~/Holz mit dem Beil to trim timber with the hatchet
~/maschinell to machine
~/nach Maß to square *(Stein)*
~/auf Sollmaß sizing
bearbeitet hewn *(Stein)*
Bearbeitung *f* handling, treatment, working
~ mit Stockhammer bush hammer finish
~/steinmetzmäßige tooling, batting
Bearbeitungsfolge *f* work flow
Bearbeitungsgrad *m* degree of roughing down
Bearbeitungshonorar *n* fee
Bearbeitungsskizze *f* working sketch
bebaubar available (suitable) for building
bebauen to build up, to develop
bebaut built-up *(Gelände)*
~/dicht densely built-up
Bebauung *f* development
~/heruntergekommene blighted area
~/offene open development
~/regellose haphazard building
~/wilde sporadic building
Bebauungsdichte *f* density of development, density
Bebauungsfläche *f* site
Bebauungsgesetz *n* zoning law
Bebauungsplan *m* master plan, zoning map; development plan (scheme)
Bebauungsstudie *f* feasibility study for development
Bebauungs- und Funktionsplan *m* **für Dienstleistungs- und Freizeiteinrichtungen** community-facilities plan
Bebauungsvorschriften *fpl* zoning regulations
Bebauungszone *f* zoning
Becherwerk *n* bucket elevator (conveyor)
Becken *n* basin, tank, pan *(flaches Becken)*
Beckenabfluß *m* **zur Hauptabflußleitung/indirekter** individual vent
Beckenablaß *m* reservoir outlet *(für Speicherbecken)*
Beckenauskleidung *f* reservoir lining
Beckenentleerung *f* reservoir drawdown *(für Speicherbecken)*
bedachen to roof
bedacht roofed
Bedachung *f* **in zeitlich getrennten Arbeitsgängen** phased application roofing
~ mit Bitumendachpappe asphalt[-prepared] roofing, roll[ed-strip] roofing, sanded-bitumen felt roofing
~ mit Blech sheet-metal roofing
~ mit Kaltkleber cold-process roofing

Bedachungsgrundlage *f* roofing groundwork
Bedachungskies *m* roof gravel
Bedachungsmaterial *n* roof cladding
Bedachungsmetal *n* roofing metal
Bedachungsschilf *n* sedge [straw]
bedampft steam-cured
Bedarf *m* demand
~/öffentlicher public demand
bedecken to cover, to coat, to top *(z. B. mit Farbe)*; to cap; to cope *(Mauer)*; to surmount *(etwas bekrönen)*
bedeckend tectorial *(eine dachartige Schilfbedeckung bilden)*
bedeckt covered; guarded
~/netzartig reticulated
bedienen to operate, to handle, to control, to attend
Bedienung *f* operation, handling, control, attendance
Bedienungsanleitung *f* operating instructions, directions
Bedienungsbühne *f* operation area
Bedienungshebel *m* operating lever
Bedienungspult *n* console
Bedienungsventil *n* service valve
Bedingung *f* condition
Bedingungen *fpl* **/ härteste** severe requirements
~/lokale seismische seismic environmental conditions
Bedürfnisanstalt *f* public convenience, lavatory; *(Am)* comfort station
Beeinflussung *f* **/ gegenseitige** interaction
beenden to complete; to terminate
Beendigung *f* completion, termination
beengt/räumlich close-quartered; cramped for spaced *(Wohnen)*
Befähigung *f* qualifications
Befähigungsnachweis *m* certificate of qualifications
befahrbar to be open to traffic, passable
Befall *m* attack
~/biologischer biologic attack
befestigen 1. to fasten, to tighten, to secure, to fix, to tie, to attack; to affix *(anbringen)*; to mount *(montieren)*; to tack, to pin; to nail *(mit Nägeln)*; to clip, to clamp, to cramp *(klammern)*, to dog *(mit einer Klammer)*; to truss *(Dachkonstruktion)*; to pave *(Weg)*; 2. to fortify *(militärisch)*
~/gelenkig to articulate
~/mit Hafteisen to cleat *(Metalldach)*
~/mit Kabel to cable
~/mit Scharnier to hinge
~/mit Seil to cable
befestigt/stabil firm
Befestigung *f* 1. fixing, fastening, fixation, fixture, attachment; mounting *(Montage)*; 2. fortification *(militärisch)*
~/starre rigid pavement *(Straße)*
Befestigungsaufbau *m* pavement structure *(Straße)*
Befestigungsbolzen *m* fastening bolt
Befestigungsflansch *m* fixing flange
Befestigungsgraben *m* foss[e], moat *(Festung)*
Befestigungskeil *m* assembly key
Befestigungsmauer *f* battlement wall *(Festung)*
Befestigungsmauerturm *m* wall tower
Befestigungsmittel *n* means of fastening
Befestigungsmittel *npl* fixing accesories (media)
Befestigungsplatte *f* paving unit *(Weg)*; floor plate *(Fußbodenverankerung)*; bracket plate
Befestigungsrahmen *m* fixing frame
Befestigungsriegel *m* fixing bolt
Befestigungsschelle *f* fixing clip
Befestigungsschraube *f* tightening screw, fastening screw, fixing bolt; holding[-down] bolt
Befestigungsstelle *f* fixing (fastening) point
Befestigungsteile *npl* mountings
Befestigungsumfriedung *f* bawn *(meist aus Stein um ein Gehöft)*
Befestigungsunterlage *f* backplate lamp holder *(für Lampen an dünnen Deckenkonstruktionen)*
Befestigungsvormauer *f* vamure *(vor der Hauptmauer, historischer Festungsbau)*
Befestigungsvorrichtung *f* fastening device
Befestigungswall *m* rampart
Befestigungsweise *f* fixing method (technique)
Befestigungswinkel *m* angle bracket
befeuchten to damp, to wet, to moisten, to humidify
Befeuchter *m* humidifier, moistener
Befeuchtung *f* damping, wetting, humidification
Befeuchtungsrinne *f* damping channel
befeuern to fuel; to light, to mark with lights *(Flugverkehr)*
Befeuerung *f* 1. firing; 2. lights, beacons *(Flugverkehr)*
Befeuerungsvorrichtung *f* stoker
befindlich/im Bau under construction
befördern to transport, to convey; to handle *(Post, Bahn)*
befristet restricted, limited
begehbar sein ascendable, to be accessible *(zugänglich)*; to be walked on
beginnen/den Bau to start construction; to found
Beglasen *n* glazing
Beglasung *f* glazed finish
begradigen to straighten; to true; to rectify *(Straße; Gewässer)*
Begradigung *f* straightening; rectification *(Straße; Gewässer)*
begrenzen to bound, to border; to separate; to limit *(beschränken)*; to picket *(mit einem Palisadenzaun)*; to fence in *(einzäunen)*
begrenzt/genau defined
Begrenzung *f* boundary; limitation; outline; clearance *(einer Durchfahrt)*
~ mit immergrünen Pflanzen herbaceous border
Begrenzungsfurche *f* balk, baulk
Begrenzungslinie *f* limit line; outline

Begrenzungsschalter *m* limit switch
Begrenzungsstein *m* border stone
Begrünung *f* planting
Behaglichkeit *f* human comfort
Behaglichkeitsbedingung *f* comfort condition
Behaglichkeitsgefühl *n* human thermal comfort, feeling of comfort
Behaglichkeitskurve *f* comfort curve *(Beleuchtung)*
Behaglichkeitstemperatur *f (HLK)* comfort temperature
Behaglichkeitszone *f (HLK)* comfort zone
Behaglichkeitszonenkarte *f (HLK)* comfort chart
Behälter *m* case, box, container, receptacle, vessel, tank; bulk container *(für Schüttgut)*; mortar carrier *(für Mörtel)*; trough *(Trog)*
~/unterirdischer underground tank
Behälterausrüstung *f* reservoir fittings *(für Wasser)*
Behälterinhalt *m* tank capacity
Behältersohle *f* basin floor
Behälterwickelmaschine *f* merry-go-round *(Spannbeton)*
Behälterzement *m* bulk cement
Behälterzubehör *n* reservoir fittings
behandeln to treat; to process; to handle; *(Am)* to nobble *(Steine)*
~/thermisch to bake
Behandeln *n* **/ mit einer Rotationsdrahtbürste** brush finish
Behandlung *f* handling; treatment; processing
~/geschliffene rubbed work
Behandlungsgebäude *n* treatment block, medical treatment building
Behandlungskammer *f* curing chamber *(Betonsteinherstellung)*
Behandlungsvorschrift *f* instructions, working instruction
Behandlungszimmer *n* treatment room
Beharrungsvermögen *n* inertia
Beharrungswirkung *f* inertia effect
behauen to hew, to chisel off, to adze *(Holz)*; to smooth *(mit dem Dechsel)*; to axe, to dress, to square, to mill *(Stein)*, to boast *(Rohstein)*
~/grob to scabble *(Stein)*
Behauen *n* tooling; hewing; dressing *(Stein)*; batting *(Naturstein)*
Behauhammer *m* scabb[l]ing hammer
Behausung *f* habitation, accommodation
beheben to repair, to put right, to eliminate *(Schaden)*; to rectify, to remedy *(Mängel)*
Behebung *f* remedial measure *(von Mängel)*, repairing
Beheizung *f* heating
~/unsichtbare concealed heating *(von Räumen)*
Beheizungsart *f* method of heating
Behelfsbau *m* temporary structure (building), provisional building
Behelfsbrücke *f* temporary (provisional) bridge
Behelfsunterkunft *f* temporary accommodation
Behelfswohnung *f* emergency dwelling
beherbergen to accommodate, to house, to give shelter
Beherbergung *f* accommodation, housing
Beherbergungshaus *n* lodging house
Behinderung *f* constraint
behobeln to plane, to trim
Behördengebäude *n* office (public) building, government house
beieinander/dicht closely spaced
Beigabe *f* admixture *(feste Stoffe)*; addition
beigeben to add
Beigeben *n* addition, adding
Beil *n* hatchet, axe, *(Am)* ax
Beilage *f* shim
Beilageblech *n* shim
Beilagescheibe *f* shim; washer
Beilhammer *m* caulking mallet
Beimengung *f* 1. admixture; 2. admixture *(Vorgang)*
~/schädliche impurity *(Zuschlagstoffe)*
Beimischung *f* s. Beimengung
Beinhaus *n* charnel house
Beinschwarz *n* bone black
Beischlag *m* perron
Beißzange *f* pincers, nippers
Beitel *m* [wood] chisel
Beiwerk *n* attachment
Beiwinkel *m* clip (lug, joint) angle
Beize *f* stain *(Holz)*
Beizeisen *n* boaster
beizen to pickle *(Metall)*; to mordant *(Farbe)*; to stain *(Holz)*; to boast *(Rohstein)*; to etch *(Glas)*
Beizmittel *n* corrosive [agent], pickling agent, pickle, remover *(Abbeizmittel)*; mordant, stripper *(für Farbe)*
Beiztauchung *f* caustic dip
Beizung *f* chemical staining
Beizzusatz *m* inhibitor
Bekanntmachung *f* **einer Ausschreibungsentgegennahme** notice to bidders
bekiesen to gravel, to surface with gravel, to grit
bekiest grit-binded, gravel-surfaced
Bekiesung *f* gravel surfacing
bekleiden to cover, to line; to face *(Mauerwerk)*
Bekleidung *f* lining; facing *(Mauerwerk)*
Bekrönung *f* crown of the arch *(eines Bogens)*
beladen to load; *(El)* to charge
Beladestelle *f* loading station
Beladung *f* load
Belag *m* covering, surfacing; coat[ing] *(Farbe; Schutzschicht)*; overlay, pavement *(Straße)*; flooring *(Fußboden)*
~/farbiger coloured surfacing
~/starrer rigid pavement *(Straße)*
Belagbildung *f* incrustation
Belageinbau *m* carriageway surfacing *(Straße)*
Belageisen *n* trough plate
Belagprobestück *n* swatch *(Belagmuster)*
Belastbarkeit *f* load bearing capacity; loadability; stressability *(mechanisch)*

belasten to load; to stress *(mechanisch)*; to weight *(mit Gewicht)*
~/mit to charge with
~/mit Hypotheken to mortgage
belastet loaded; [load-]bearing, load-carrying, weight-carrying
~/axial axially loaded
~/mittig centrally loaded, axially loaded
~/senkrecht zur Achse transversely loaded
~/stark heavily loaded
Belastung *f* 1. loading, load application; 2. load; stress; weighting; *(El)* load, burden, demand
~/äußere external loading
~/bewegliche mobile (traffic) load
~/dynamische alternate load[ing]; impulsive (impulse) loading; dynamic load (stress)
~/gleichmäßige uniform load
~/höchste *(Stat)* maximum demand
~ im elastischen Bereich yield load
~ in Richtung der Längsachse longitudinal load
~/kritische critical load, crushing point
~/lineare linear loading
~/maximal erlaubte allowable load
~/mittige centre (central) loading; centre load
~/parabolische parabolic load[ing]
~/ruhende static loading
~/scheinbare virtual loading
~/seismische earthquake load
~/seitliche lateral load
~/statische static loading
~/symmetrische 1. balanced load *(von Stahlbeton, Beton und Stahl erreichen gleichzeitig die Bruchgrenze);* 2. balanced load *(Drehstromquelle)*
~/variable imposed load
~/verschiebbare moving load
~/virtuelle virtual loading
~ während der Bauausführung construction loads
~/wechselnde changing load
~/zentrische centric (axial) load
~/zulässige permissible (safe) load, working load; working [unit] stress *(Festigkeit)*; rated load *(Aufzug)*
~/zusammengesetzte compound load
Belastungsanalyse *f* **unter dynamischer Beanspruchung** dynamic analysis
Belastungsannahme *f* estimate of loading; assumed load
Belastungsanordnung *f* loading arrangement
Belastungsebene *f* plane of loading
Belastungserhöhung *f* increase of loading
Belastungsfaktor *m* coefficient of utilization; load factor
Belastungsfall *m* loading case, case of loading; manner (style) of loading; condition of loading; load scheme
Belastungsfläche *f* load surface
Belastungsgeschwindigkeit *f (Bod)* rate of loading
Belastungsgrenze *f* load limit
Belastungslänge *f* loaded length
Belastungslinie *f* line of load
~/reduzierte reduced load line
Belastungsmaximum *n* peak load
Belastungsprüfung *f* load test
~/statische static load test
Belastungsschema *n* loading pattern
Belastungsspiel *n* loading cycle, repeated load application
Belastungsstufe *f* stage of loading
Belastungsübertragung *f* transfer of load
Belastungsverhältnisse *npl* loading conditions
Belastungsversuch *m* loading (bearing) test; load test
Belastungsverteilung *f* load distribution; repartition of load
Belastungswechsel *m* cyclic loading
Belastungszunahme *f* increase of loading
Belastungszustand *m* loading state
belatten to lath [a wall]
belegen to face, to surface; to tile *(mit Fliesen)*; to foliate *(mit Blattornament)*
~/mit Blattornament to foliate
~/mit Fußbodenfliesen to pave with tiles
~/mit Rasen to turf the slope *(z. B. Böschung)*
~/mit Steinplatten to flag
belegt/mit Fliesen tiled
~/mit Steinplatten flagged
Belegung *f* occupancy *(eines Gebäudes)*
Belegungsdichte *f* accommodation density *(Wohnung)*; occupancy rate *(Gebäude)*
Beletage *f* piano nobile *(in Renaissancepalästen)*
Belit *m* belite
Belitzement *m* belite cement
beleuchten to light, to illuminate *(auch festlich)*
beleuchtet/schlecht poorly lit
Beleuchtung *f* lighting, illumination
~/aufgehängte *(Am)* pendant luminaire
~ der Bühne/im Publikumsraum montierte front lighting
~/direkte direct lighting
~/ durch Blenden mangelhafte discomfort glare
~/eingebaute indirekte flanking window *(natürliche)*, margin light, side light
~/festliche illumination[s]
~/gerichtete directional lighting
~/gleichförmige (gleichmäßige) general diffuse lighting *(40–60% nach unten, der Rest nach oben)*
~/halbdirekte semidirect lighting
~ hinter einer Vorhangplatte valance lighting *(parallel zur Wand)*
~ hinter einer Gardinenblende pelmet lighting
~/horizontilluminierende horizon lighting
~ im Freien outdoor lighting
~/in die Decke versenkte *(Am)* recessed luminaire
~/indirekte indirect (concealed) lighting
~/künstliche artificial lighting
~/natürliche natural lighting; daylighting *(Tageslicht)*

~/örtliche local lighting
~/ringförmige natürliche *(Am)* ring louver, spill ring
~/überwiegend direkte semidirect lighting
~/versenkte *(Am)* recessed luminaire
Beleuchtungsanlage *f* lighting equipment (installation), lighting system
Beleuchtungsbrücke *f* light (fly) bridge *(Theater)*
Beleuchtungseinheit *f (Am)* luminaire
Beleuchtungseinrichtung *f* light fitting, lighting equipment (installation)
Beleuchtungselement *n* **/ konstruktives** structural lighting element
Beleuchtungskette *f* borderlight *(im Theater)*
Beleuchtungskontrollraum *m* dimmer room *(eines Theaters)*
Beleuchtungskörper *m* light fitting (fixture), lighting fitting (fixture); lighting unit *(meist transportabel)*
Beleuchtungsleiste *f* linear light source
Beleuchtungsmast *m* lamp post, lighting mast
Beleuchtungsmenge *f* quantity of illumination
Beleuchtungsmesser *m* illumination metre, *(Am)* illumination meter, illuminometer
Beleuchtungsquelle *f* **/ transportable** lighting instrument
Beleuchtungsregelung *f* illumination control
Beleuchtungsringe *mpl* **/ konzentrische** spill rings, *(Am)* ring louvers
Beleuchtungsschalttafel *f* lighting panel
Beleuchtungsstärke *f* illumination *(SI-Einheit: Lux)*; illuminance
Beleuchtungsstärkemesser *m (Am)* illumination meter
Beleuchtungssystem *n* lighting system
Beleuchtungstechnik *f* light[ing] (illumination) engineering
Beleuchtungs- und Belüftungseinheit *f* **/ kombinierte** air-light troffer, *(Am)* air-handling luminaire
belüften to air *(Räume auf natürliche Weise)*, to vent; to ventilate; to aerate *(Wasser oder Erde)*
Belüften *n* **von Beton** air entrainment *(Frischbeton)*
belüftet aerated *(Porenbeton)*
Belüftung *f* air input (intake, supply); airing; ventilation; venting; aeration *(von Porenbeton)*
~/regelbare controllable ventilation
Belüftungsanlage *f* **/ direkte** free delivery-type unit [ventilation] *(ohne Zuluftkanal)*
~/zentrale central air-handling unit
Belüftungsbecken *n* aeration tank
Belüftungsbett *n* aerofilter *(für die Abwasseroxydation)*
Belüftungsdüse *f* aerator fitting
Belüftungseinheit *f* air outlet *(einer Klimaanlage)*
Belüftungsflügel *m* **/ oberer** operable transom *(Tür)*
Belüftungsleitung *f* aeration pipe
Belüftungsöffnung *f* air inlet, ventilation opening
Belüftungsrohr *n* air inlet pipe; aeration pipe
Belvedere *n* belvedere, look-out tower
bemalen/marmorartig *(Am)* to marbleize
Bemaßung *f* dimensioning, indicating dimensions
Bemeißeln *n* chipping *(von Betonoberflächen)*
bemessen to dimension; to design *(rechnerisch ermitteln)*; to size; to proportion; to batch *(Baustoffaufbereitung)*; to rate
~/zu schwach underdesigned
~/zu stark overdesigned
Bemessung *f* dimensioning, design; proportioning; batching *(Betonmischung)*
~/n-freie load-factor method (design)
Bemessungsannahme *f* design hypothesis, structural design assumption
Bemessungsaufgabe *f* design task (problem)
Bemessungsfaktor *m* design factor
Bemessungsfehler *m* design error
Bemessungsgrundlage *f* basis of design
Bemessungsgrundsätze *mpl* design principles
Bemessungskriterium *n* design criterium
Bemessungskurve *f* rating curve
Bemessungslast *f* assumed load *(angenommene Last)*
Bemessungsproblem *n* design task (problem)
Bemessungsraumtemperatur *f* indoor design temperature
Bemessungsrichtlinien *fpl* design specifications
Bemessungsspannung *f* permissible (design) stress
Bemessungsstufe *f* design chart *(Stahlbeton)*
Bemessungssystem *n* design system
Bemessungstabelle *f* design table (chart) *(Stahlbeton)*
Bemessungstafel *f* design table
Bemessungsverfahren *n* design method
~/n-freies load-factor method
~ nach Grenzzuständen state method
benachbart adjacent; contiguous
Benässen *n* wetting
benetzen to wet, damp[en]; to coat and wrap *(Bindemittel)*
~/die Mischung to moisten the mixture
Benetzung *f* wetting
Benetzungsmittel *n* wetting agent
Benetzungsvermögen *n* coating power, wetting property (capacity)
Benetzungswinkel *m* coating angle
Benetzungswirkung *f* coating action
benötigend/ein Gerüst scaffold-high *(von einem Gebäude)*
Bentonit *m* bentonite
Bentonitschlämme *f* bentonite slurry
Benutzer *m* user, occupant, resident, dweller *(einer Wohnung)*
Benzinabscheider *m* petrol trap, fuel [oil] interceptor (separator)
benzinfest petrol-proof
benzinresistent petrol-proof
Beobachtungsbrunnen *m* observation well
Beobachtungsgang *m* observation gallery

Beobachtungsgeschoß *n* observation floor (storey)
Beobachtungsplattform *f* observation deck (platform)
Beobachtungsraum *m* observation room
Beobachtungsturm *m* observation tower
bepflanzen to plant
Bepflanzung *f* planting
beplanken to face, to coat
Beplankung *f* panelling; panel; boarding; veneering *(Sperrholz)*
berappen to rough-cast, to render; to plaster
Berappen *n* rough-casting, coarse plastering, rendering; parging; parget[ing], pargework, brooming; broom *(einer Mauer)*
berappt rough-cast, rendered
Berappungsmörtel *m* rendering mortar
beraten to advise, to give advice
Berater *m* consultant
~/künstlerischer artistic adviser
~/technischer consulting engineer
Beratungsarchitekt *m* professional adviser, consultant
Beratungsvertrag *m* owner-architect agreement; consultative contract
beräumen to clear
Beräumung *f* clearing; clearance
berechenbar computable, calculable
berechnen *(Stat)* to design; to compute, to calculate; to figure [out]
~ aus to calculate from
~/falsch to miscalculate
Berechnen *n* **nach der Elastizitätstheorie** elastic design
Berechnung *f* analysis, structural analysis *(statische)*; design; calculation
~/baustatische structural calculation
~/graphische graphic[al] calculation (determination)
~ nach dem Traglastverfahren plastic analysis
~/statische static (structural, design) calculation; structural analysis; statical analysis *(Untersuchung)*
Berechnungsannahmen *fpl* design assumptions
Berechnungsgang *m* calculating operation
Berechnungsgrundlage *f* calculation basis, basis of calculation
Berechnungsmethode *f* computing procedure
Berechnungsverfahren *n* design method; calculation method
~ nach der zulässigen Spannung working stress design
~/n-freies ultimate design [method], ultimate load design, ultimate strength design [theory]
Beregnungsanlage *f* sprinkler, sprinkling plant
Beregnungsversuch *m* rain test *(Materialprüfung)*
Bereich *m* zone; range, region
~ erhöhter Spannung *(Bod)* overstressed area
~/plastischer plastic range
Bereitschaft *f* stand-by
Bereitstellungsfläche *f* assembling area, alert platform
Bergasphalt *m* asphalt rock
Bergbahn *f* mountain railway
Bergbau *m* mining, working of a mine
Bergbausetzung *f* mining damage (subsidence)
Bergehalde *f* dirt heap
Bergfried *m* keep, dungeon, donjon *(Burg)*
Berggelb *n* yellow (iron) ochre
Bergkristall *m* rock crystal, quartz
Bergrüster *f* mountain elm, elm
Bergrutsch *m* landslip, landslide
Berg[setzungs]schaden *m* mining damage
Bergsturz *m* landslide; rock fall
Bergwachs *n* ozokerite
Bericht *m* **/ technischer** technical report
berichtigen to correct, to revise
Berichtigungsbeiwert *m* correction coefficient, coefficient of correction; auxiliary value
berieseln to irrigate, to water
Berieselung *f* [spray] irrigation
Berieselungsanlage *f* irrigation works
Berieselungsfelderbehandlung *f* soil absorption system *(Abwasser)*
Berieselungsgebiet *n* disposal field
Berieselungskühler *m* Baudelot cooler, irrigation cooler
Berieselungsmethode *f* irrigation method
Berieselungsverflüssiger *m* atmospheric condenser
Berme *f* *(Erdb)* terrace; berm, *(Verk)* bench; *(Wsb)* set-off; ledge
berohren to pipe *(Rohre verlegen)*; to [cover with] reed *(mit Schilfrohr decken)*
beroden to grub *(Baustelle)*
Berstbruch *m* bursting
Berstdruck *m* pressure strength
bersten to burst
Bersten *n* bursting, rupture
Berstfestigkeit *f* bursting (pressure) strength
beruhigen to quiet *(Stahl)*; to steady
Beruhigungsbecken *n* stilling basin (pool)
Beruhigungsbehälter *m* surge tank
berührend contiguous, contacting
Berührung *f* contact
Berührungsdruck *m* effective stress
Berührungsfläche *f* contact area, interface
Berührungsflächen *fpl* meeting faces
berührungsfrei clear
Berührungsfuge *f* open joint
Berührungsgefahr *f* *(El)* shock hazard
Berührungspunkt *m* point of contact
Berührungsschutz *m* protective device against accidental contacts
berührungs[schutz]sicher *(El)* shock-proof
berührungstrocken touch-dry, tack-free dry *(Anstrich)*
besanden to sand; to gravel
Besandung *f* sand surfacing

Besatz *m* stemming *(Bohrsprenglöcher)*
Besatzmaterial *n* stemming *(Bohrsprenglöcher)*
besäumen to trim, to square up, to edge, to dress *(Holz)*; to shear
Besäumkreissäge *f* table saw, saw for squaring
besäumt dressed, square-edged *(Holz)*
beschädigen to damage, to spoil, to ruin, to mar
Beschädigung *f* damage
Beschaffenheit *f* nature, quality, state; condition; constitution
~/kiesartige grittiness
~/körnige grittiness
beschichten to surface, to coat, to overcoat *(Oberfläche)*; to coat and wrap *(Rohre isolieren)*; to laminate
beschichtet coated, surfaced
~/dünn lightly coated
Beschichtung *f* surfacing, coating, spread coating; hard-facing
~/bituminöse bituminous coating
~ durch Tauchen dipcoat
Beschichtungsanlage *f* coater
Beschichtungsdicke *f* coat thickness
Beschichtungsharz *n* coating resin
Beschichtungsmasse *f* coating (surfacing) material seal; [surface] sealer
Beschichtungsmenge *f* **[/spezifische]** spreading rate
Beschichtungsriß *m* shivering
beschicken to charge, to feed, to load
Beschickungstrichter *m* charging (loading, feeding) hopper
beschildert signposted *(Straße)*
Beschläge *mpl* [metal] fittings, furniture, mountings; ironmongery, hardware
~/dekorative trim hardware
~/schablonengearbeitete template hardware
beschlagen to bloom *(Lackanstrich)*; to tarnish *(Glas)*
~/mit Feuchtigkeit to become covered with moisture, to grow damp
Beschlagen *n* batting *(Werkstein)*
Beschlagwerk *n* strapwork *(reliefartige Flächenornamente)*
beschleunigen to accelerate *(Abbinden hydraulischer Bindemittel)*; to advance *(Zementabbinden)*
Beschleuniger *m* accelerator, accelerating additive
Beschleunigung *f* acceleration *(z. B. des Abbindens)*
beschmieren to daub *(mit Mörtel, Farbe)*
beschneiden to trim, to cut, to clip, to edge, to crop
~/rechtwinklig to square up
Beschneiden *n* cutting, edging, trimming; squaring *(Holz)*
Beschneidmaschine *f* trimming machine
beschottern to ballast, to gravel; *(Verk)* to metal, to macadamize
Beschotterung *f* ballasting, gravelling; *(Verk)* metalling
Beschränkung *f* constraint, restriction, limitation
beschriften to inscribe, to letter a drawing
Beschriftung *f* legend, inscription
beschweren to weight, to load, to burden
Beschwerung *f* weighting
Beschwerungsmaterial *n* loading [material]
beseitigen to eliminate *(Fehler)*; to remove
~/Durchhang to take up slack
Beseitigung *f* **verwahrloster Wohnviertel** slum clearance
Besenabzug *m* broom finish *(Betonoberfläche)*
Besenschlagputz *m* broom finish
Besenschrank *m* broom cupboard
Besenstrich *m* broom finish *(Betonoberfläche)*
Besenverankerung *f* fan anchorage *(Spannbeton)*
besetzt/mit Kesselstein furred
besiedeln to populate
Besitz *m* possession, ownership; property *(Eigentum)*
Besitzanspruch *m* claim of ownership
• **~ anmelden** to make one's claim [to property]
Besitzer *m* owner, proprietor
Besitzerwechsel *m* change of ownership
Besitzheimfall *m* **an den Staat** *(Am)* escheat *(wenn keine Erben vorhanden)*
Besitzverhältnisse *npl* property situation (conditions)
Besplittung *f* chip surfacing
Besprechungsraum *m* conference room
besprengen to sprinkle, to irrigate
besprühen to spray
beständig persistent; fast *(Farben)*; lasting *(dauerhaft)*; proof • **~ sein** to persist
~/atmosphärisch air-resistant
Beständigkeit *f* durability; resistance, resistivity; fastness *Farben)*
~/chemische stability (resistance) to chemical attack
Bestandsaufnahme *f* stock-taking
Bestandsliste *f* stock-list
Bestandsplan *m* as-completed drawing, as-built drawing, work as executed drawing
Bestandszeichnung *f* as-completed drawing, as-built drawing
Bestandteil *m* constituent
Bestandteile *mpl* **/ ausglühbare** organic matter *(Zuschlagstoffe)*
Bestattungskammer *f* cubiculum *(in einer Wand)*
bestehend/aus einem Bauteil *(Arch)* monostyle
besteigbar ascendable, accessible
Bestellzeichnung *f* order drawing
Besteuerung *f* taxation
bestimmbar/statisch statically determinable
bestimmen to determine, to classify; to assign
Bestimmen *n* determining, determination
bestimmt/statisch statically determinate[d], determinate, perfect

~/kinematisch kinematically determinate
Bestimmung *f* **/ zeichnerische** graphic construction, graphic[al] method
bestreichen to daub *(mit Farbe, mit Putz)*; to spread; to back-mop *(Dachpappenunterseite beim Aufkleben)*
~/mit Kleister to paste
~/mit Teer to tar
Bestreichen *n* spreading, spread coating; daubing *(mit Putz)*
bestreuen/mit Sand to sand
~/mit Splitt to sprinkle chips
Bestreusplitt *m* granular cover material *(Dachpappe)*
Bestuhlung *f* seating *(eines Theaters)*
~/durch Gänge nicht unterbrochene continental seating *(eines Theaters)*
betätigt/hydraulisch hydraulically actuated
~/pneumatisch air-operated, air-powered
Beton *m* concrete, ordinary concrete • **~ anmachen** to temper concrete • **in ~ einlegen** to embed in concrete
~/abgezogener float finish
~/angebackener frozen concrete
~/armierter reinforced (ferrocement, steel) concrete
~/aufgespritzter bush-hammered concrete
~/baustellengemischter site concrete
~/bewehrter reinforced (ferrocement, steel) concrete
~/dichter dense concrete
~/entfeinter *(Am)* popcorn concrete
~/erdfeuchter semidry (harsh, dry-packed, low-slump) concrete
~/farbiger pigmented concrete
~/faserbewehrter fibre-reinforced concrete, fibrous concrete
~/fetter fat (good) concrete
~/flüssiger wet concrete
~/frühhochfester high-early-strength concrete, concrete with high early stability
~/gerissener cracked concrete
~/gestockter bush-hammered concrete
~/gießfähiger chuted concrete
~/haufwerkporiger hollow concrete
~/hitzebeständiger heat-resistant concrete, refractory concrete
~/hochfester high-strength concrete
~/hochplastischer mushy concrete
~ hoher Güteklasse high-strength concrete
~/industriemäßig gemischter plant mix, plant-mixed concrete
~/kolloidaler Colcrete
~/konstruktiver structural concrete
~/kreuzweise bewehrter doubly reinforced concrete
~/kreuzweise vorgespannter doubly prestressed concrete
~ mit Ausfallkörnung hollow concrete
~ mit Bor-Additiven/sehr dichter boron-loaded concrete
~ mit gerissener Zugzone cracked concrete
~ mit Leichtzuschlagstoffen insulating concrete
~ mit Quellzement self-stressing (self-stressed) concrete
~ mit Steineinlagen cyclopean concrete
~ mit zu geringem Sandanteil undersanded concrete
~ mit Zug- und Druckbewehrung doubly reinforced concrete
~/mittelplastischer quaking concrete
~/monolithischer monolithic (in-situ) concrete, poured-in-place concrete
~/nachgemischter shrink-mixed concrete *(im Fahrmischer)*
~/nagelbarer nailing concrete
~/nichtbindiger non-cohesive soil
~/normaler ordinary concrete
~ ohne Feinkorn no-fines concrete
~ ohne jede Zusätze plain (unreinforced) concrete *(ohne Bewehrung)*
~ ohne Luftporenbildner non-air-entrained concrete
~/plastifizierter plasticized concrete
~/plastischer plastic (high-slump) concrete
~/rißfester crash-resistant concrete
~/sandarmer undersanded concrete
~/sandreicher oversanded (fine, fat) concrete
~/säurebeständiger acid refractory concrete
~/scharrierter bush-hammered concrete
~/schwachplastischer *s.* ~/steifer
~/stationär gemischter central-mixed concrete
~/steifer stiff (semidry, low-slump, dry) concrete
~/tragender [load-]bearing concrete, load-carrying concrete
~/unbewehrter plain (unreinforced, mass, ordinary) concrete
~/vorgemischter shrink-mixed concrete *(für den Transportmischer)*
~/vorgespannter prestressed concrete
~/wasserarmer *s.* ~/erdfeuchter
~/wasserreicher wet concrete
~/weicher plastic[ized] concrete
~/zementreicher fat concrete
Betonabdeckung *f* flaunching *(am Schornstein)*
Betonabriß *m* form scabbing *(beim Ausschalen)*
Betonabschleifen *n* polish (final) grind [of concrete]
Betonabschliffschmant *m* concrete sludge (slop)
Betonabstandhalter *m* concrete spacer
Betonabstreicher *m* lute *(für plastischen Beton)*
Betonabstreichklinge *f* lute *(für plastischen Beton)*
Betonabwasserkanal *m* concrete sewer
Betonabziehleiste *f* darby, slicker
Betonadditiv *n* concrete additive
Betonanker *m* 1. concrete tie *(Ankereisen in Beton)*; 2. *s.* Betonankerklotz
Betonankerklotz *m* **[/eingegrabener]** concrete ankor[age], [concrete] deadman

Betonanlage *f* concrete preparing equipment (plant)
Betonarbeiten *fpl* concrete work
Betonarbeiter *m* concretor
Betonaufbau *m* concrete composition
Betonaufbereitung *f* concrete mixing
Betonaufbruchhammer *m* concrete breaker
Betonausbau *m* concrete lining
Betonausbesserung *f* concrete patching (repair)
Betonausgleichsschicht *f* binding concrete course (layer), concrete levelling layer
Betonauskleidung *f* concrete lining (surfacing)
Betonauspreßmaschine *f* concrete grouter
Betonbalken *m* concrete beam, reinforced T-beam
Betonbalkenfüllstein *m* soffit block
Betonbau *m* concrete construction; concrete engineering
Betonbaustelle *f* concreting site
Betonbauweise *f* concrete construction method
Betonbedeckung *f* benching *(für Böschungen)*
betonbelegt concrete-lined
Betonbemessungsgrundlagen *fpl* concrete design criteria
Betonbeschichtung *f* coat on concrete
Betonbestimmungen *fpl* concrete code
Betonbett *n* concrete bed
Betonbettung *f***/ seitliche** benching *(für Rohrleitungen)*
Betonblock *m* concrete (cement) block
~ **mit Öffnung** header block
~/verbreiterter slump block *(durch zu flüssigen Beton)*
Betonblockherstellung *f* block-making
Betonblockmaschine *f* block machine
Betonblockstein *m* concrete (cement) block; precast concrete block
~ **mit Aussparung** sash block *(für Fenster)*
~ **mit Öffnung** header block
~ **mit zwei Sichtflächen** double-corner block, pier (pilaster) block
Betonblocksteinmauerwerk *n* concrete masonry, blockwork
Betonbohle *f* concrete plank
Betonbordstein *m* concrete kerb
Betondachelement *n* concrete roofing slab
Betondachstein *m* concrete roofing tile
Betondecke *f* concrete floor (ceiling), cement floor; concrete paving *(Straße)*; concrete pavement *(Gehweg)*
~/einfallende drop panel *(z. B. um eine Säule herum)*
~/kreuzweise bewehrte flat slab
~/selbsttragende flat slab
~/trägergetragene flache floor arch
Betondeckenbalken *m* precast floor beam
~/vorgefertigter precast floor beam
Betondeckenfertiger *m* concrete finisher (finishing machine) *(Straßenbau)*
Betondeckenfertigteil *n* precast concrete floor member (element)
Betondeckenhohlkörper *m* concrete hollow filler [block]
Betondeckenhohlstein *m* concrete hollow filler [block]
Betondeckeninnenrüttler *m* paving vibrator
Betondeckenoberflächenhärter *m* concrete floor hardener
Betondeckenplatte *f* slab
Betondeckenstein *m* concrete hollow filler [block]
Betondeckensystem *n* concrete floor system
Betondeckenverstärkung *f***/ nach unten abfallende** drop panel
Betondeckschicht *f* concrete topping
~/verschleißfeste monolithic topping
Betondeckung *f* concrete cover (protection), cover [made of concrete]; concrete covering, coverage
Betondichte *f* concrete density
Betondichteprüfung *f* concrete density control
Betondichtungsstoff *m* concrete waterproofing compound
Betondistanzklötzchen *n* concrete spacer
Betondrahtgewebe *n* concrete lathing
Betondruckfestigkeitsprüfung *f* **an zylindrischen Prüfkörpern** cylinder test
Betoneigenwärme *f* inherent concrete heat
Betoneinbau *m* pouring of concrete
Betoneinbringanlage *f* placing plant
Betoneinbringung *f* pouring of concrete, concrete placement (placing), concreting
Betoneinbringungs[stoß]belastung *f* shock load
betoneingehüllt haunched
Betoneisen *n* reinforcing (reinforcement) bar
Betonemulsion *f* concrete emulsion
Betonerhärtung *f* maturing of concrete
Betonestrich *m* **mit Stahlschrottzuschlag** metallic-aggregate covering
~/schwimmender floating concrete layer (screed)
Betonfacharbeiter *m* concretor
Betonfahrbahn *f* **mit nachträglichem Verbund** post-tensioned highway slab, post-tensioned roadway
Betonfahrmischer *m* mixer conveyor, lorry mixer, (Am) mixer truck
Betonfallrohr *n* concrete drop chute
~/gelenkiges articulated [drop] chute
Betonfehlstelle *f* honeycomb
Betonfeld *n* concrete bay
Betonfertiger *m* concrete finisher (finishing machine) *(Straße)*
Betonfertigpfahl *m* precast pile, concrete precast (foundation) pile
Betonfertigteil *n* precast concrete unit (component), concrete unit (component), precast [reinforced concrete] unit
Betonfertigteilbrücke *f* precast concrete bridge
Betonfertigteile *npl* precast concrete units
Betonfertigteilwerk *n* precasting plant

~/offenes precasting yard
Betonfertigungsbahn *f* precasting lane
Betonfestigkeit *f* concrete strength
Betonfläche *f* **/ kreisförmig verriebene** swirl finish
Betonförderer *m* concrete placer
~/pneumatischer pneumatic [concrete] placer
Betonförderung *f* **/ pneumatische** pneumatic transmission of concrete
Betonform *f* mould for concrete setting
~ aus Hart[preß]pappe paper form
~/entlüftbare vent form
Betonformkasten *m* mould for concrete setting
Betonformleiste *f* rustication strip *(in die Betonschalung)*
Betonformöl *n* concrete mould oil
Betonformseitenteile *npl* cheek boards
Betonformstahl *m* deformed (grip, high-bond) bars
Betonformstein *m* concrete [moulding] block
Betonformteil *n* purpose-made concrete unit, special[-purpose] concrete product
Betonfugenschneidmaschine *f* pavement saw *(Straßenbau)*
Betonfüllstein *m* plum
~/großer plum
Betonfüllung *f* concrete filling
Betonfundament *n* concrete foundation
~ mit Verstärkung/durchgehendes continuous concrete footing with reinforcement
Betonfundamentplatte *f* concrete foundation slab, base slab, mat foundation
Betongefüge *n* concrete texture
Betongelenk *n* concrete hinge
Betongemenge *n* concrete mix
Betongewändestein *m* jamb (sash) block
Betongleitblech *n* flume
Betongleitfertiger *m* concrete extruding machine
Betongranit *m* granitic finish
Betongratstein *m* concrete hip tile *(Dach)*
Betongrobsand *m* coarse sand aggregate
Betongrundmasse *f* concrete matrix
Betongrundplatte *f* concrete mat, concrete base slab
Betongußfehlstelle *f* cold shut
Betongüte *f* quality (grade) of concrete, concrete grade
Betongüteklasse *f* concrete grade (class)
Betonhaarrisse *mpl* D-cracks *(Betonfahrbahn)*
Betonhandmischen *n* [mixing by] spading
Betonhandverteiler *m* come-along
Betonhärtemittel *n* surface hardener
Betonhärter *m* concrete hardener
Betonhärtungsmittel *n* concrete hardener, integra floor hardener *(für Fußböden)*
Betonhebewerk *n* concrete hoist
Betonheizofen *m* salamander *(zur Frischbetontemperaturhaltung)*
Betonhinterfüllung *f* concrete backfilling
Betonhohlbalken *m* hollow concrete beam
Betonhohldecke *f* hollow concrete floor
Betonhohlstein *m* A-block
~ für Bewehrungsaufnahme bond-beam block
~ mit Bewehrungsaussparung channel block
Betonhorizontalmischer *m* horizontal-axis mixer
Betonierarbeit *f s.* Betonieren
Betonierbarkeit *f* placeability
Betonierbett *n* casting bed
Betonierbrigade *f s.* Betonierkolonne
Betoniereinbautechnologie *f* concrete placing sequence
betonieren to place (pour) concrete, to cast [concrete], to concrete, to work concrete
Betonieren *n* placement of concrete, concrete placement (placing), concreting [work]; pouring (casting) of concrete; concrete paving *(von Straßen)*
~/direktes direct dumping of concrete *(ohne Betontransportmittel)*
~/horizontales advance slope method [of concreting]
~ im Winter winter concreting
~/pneumatisches pneumatic placement
Betonierer *m* concretor
Betonierfolge *f* concrete placing sequence
Betonierfuge *f* lift joint
Betonierhöhenmarkierungsleiste *f* grade strip *(beim Betonieren)*
Betonierkolonne *f* concreting gang
Betonierplatz *m* casting yard
Betonierrutsche *f* drop chute
Betonierschicht *f* lift *(Betonbau)*
Betonierschurre *f* **/ große** elephant trunk chute *(Betonrutsche)*
Betoniersohle *f* casting bed
betoniert/am Einbauort cast-in-situ, poured-in-place
~/einteilig integrally cast
~/monolithisch
~/vor Ort cast-in-situ
Betoniertechnologie *f* concrete placing sequence
Betonierung *f s.* Betonieren
Betonkantenformer *m* edger, edging trowel
Betonkern *m* concrete core
Betonkies *m* natural coarse aggregate
Betonkippkarre *f* hand concrete-cart
Betonklasse *f* concrete class (grade)
Betonkonsistenz *f* concrete consistency
~/verarbeitungsgerechte normal consistency
Betonkriechen *n* concrete creep
Betonlage *f* concrete paving *(Straße)*
Betonleichtzuschlag[stoff] *m* lightweight concrete aggregate
Betonmanschette *f* doughnut
Betonmantel *m* concrete lining; concrete envelope *(Kernreaktor)*
Betonmauer *f* **/ abgestufte** stepped concrete wall
Betonmauerwerk *n* concrete masonry
~/durchbrochenes cambogé *(Blendschutzwand, Sonnenschutzwand in Lateinamerika)*

Betonmauerwerkstein *m* **/ kleiner** concrete brick
Betonmischanlage *f* concrete batching plant, batch[ing] plant
~/funktionsgesteuerte automatic batcher
~/stationäre central mixing plant, stationary central mixing plant
Betonmischer *m* concrete (batch) mixer, mixer
~ auf Transportgestell concrete mixer on truck
~/fahrbarer movable transportable concrete mixer
~ mit horizontal rotierender Trommel horizontal-axis mixer
~ mit selbstschließenden Ventilen und Schiebern semiautomatic batcher
~/stationärer central [stationary] mixer
Betonmischmaschine *f s.* Betonmischer
Betonmischturm *m* batching tower
Betonmischung *f* concrete mix, mixture
~/fette fat concrete
~/steife harsh [concrete] mixture
~/trockene dry concrete mix
~/zementreiche rich concrete
Betonmischungsverhältnis *n* concrete proportion
~/spezifisches nominal mix
Betonmonolithbau *m* concrete monolithic construction
Betonmörtel *m* concrete mortar
Betonnachbehandlung *f* concrete curing
~/adiabatische adiabatic curing
~ mit Wasser wet curing
Betonnachbehandlungsmatten *fpl* cotton mats [for curing concrete]
Betonnachbehandlungsmittel *n* liquid-membrane curing compound, concrete curing compound, concrete curing wax agent, wax agent *(auf Wachsbasis)*
Betonnacherhärtung *f* maturing of concrete
Betonnase *f* [concrete] fin
Betonnest *n* cavity in the concrete, rock pocket, honeycomb, nest
Betonoberfläche *f* **/ abgeriebene** sack finish (rub)
Betonoberflächenabschluß *m* **/ trocken verriebener** sack finish (rub)
Betonoberflächenfehler *m* hungry spot
Betonoberflächengestaltung *f* concrete finish
Betonoberflächenhaarriß *m* D-crack *(Betonfahrbahn)*
Betonoberflächenräudigkeit *f* form scabbing
Betonoberflächenverdichter *m* **/ rotierender** rotary float, power float, rotary trowel
Betonpflasterstein *m* concrete [paving] sett
Betonpfropfen *m* concrete plug
Betonplastifizierungsmittel *n* air-entraining agent
Betonplatte *f* concrete slab, slab; cement floor tile *(Fußboden)*; concrete bay
~/ununterbrochene flat plate
~/zusammenhängende connected bed
Betonplattenrand *m* **/ kraftübertragender** protected corner
Betonplattenwerk *n* precasting (prefabrication) plant
Betonproduktionsanlage *f* concrete processing equipment
Betonprogramm *n* concreting programme
Betonprüflabor[atorium] *n* concrete testing laboratory (lab)
Betonprüfwürfel *m* concrete test cube
Betonprüfzylinder *m* [concrete] test cylinder
Betonprüfzylinder *mpl* **/ vor-Ort-gelagerte** field-cured test cylinders
Betonpumpe *f* concrete pump, pumpcrete machine
~ mit Preßluft concrete air pump
Betonqualität *f* quality of concrete
Betonreifeprozeß *m* maturing of concrete
Betonreißzone *f* cracked section of concrete
Betonreparatur *f* concrete patching
Betonrezept *n* concrete formulation
Betonring *m* concrete collar *(um eine Säule)*; doughnut
Betonrinne *f* concrete channel
Betonrinnstein *m* concrete channel
Betonrippendecke *f* concrete rib[bed] floor
Betonrippenplatte *f* **/ vorgefertigte** precast waffle slab
Betonrisse *mpl* **/ flache** check cracks, checking *(auf der Oberfläche)*
Betonrohr *n* concrete pipe
~ mit Falzverbindung interlocking concrete pipe
Betonrohrherstellung *f* **in Rohrgräben** pipe casting in trenches
Betonrostplatte *f* concrete grillage
Betonrundstahl *m* **/ gewalzter** rolled round bars
Betonrundstein *m* concrete kerb *(Bordsteinkante)*
Betonrutsche *f* pouring chute, tremie
Betonrüttelmaschine *f* concrete vibrating machine
Betonrüttelverdichtung *f* concrete vibration (agitation)
Betonrüttler *m* concrete vibrator
Betonsäge *f* concrete saw
Betonsand *m* concrete sand, natural fine aggregate
Betonsauberkeitsschicht *f* oversite concrete, mud slab
Betonschalendach *n* concrete shell roof
Betonschalung *f* concrete formwork (form), shuttering
Betonschalungsöffnungsleiste *f* wrecking strip
Betonschicht *f* layer of concrete
Betonschlaghammer *m* rebound tester, scleroscope
Betonschleifmaschine *f* concrete grinder
Betonschleudern *n* spinning of concrete
Betonschneckenverteiler *m* concrete screw spreader
Betonschurre *f* [concrete] drop chute
Betonschürze *f* concrete apron
Betonschütttrichter *m* tremie
Betonschüttung *f* concrete filling; concrete layer
Betonschutzschicht *f* concrete protection layer; fill

Betonschwelle *f* sill block *(Fenster)*; concrete sleeper *(Eisenbahn)*
Betonschwergewichtsmauer *f (Wsb)* concrete gravity dam
Betonschwinden *n* concrete shrinkage
Betonsetzmaß *n* [concrete] slump
Betonshed[dach]schale *f* concrete saw-tooth [roof] shell
Betonskelettkonstruktion *f* concrete skeleton construction
Betonsohle *f* concrete bed
Betonspannung *f* concrete stress
Betonsperrmauer *f (Wsb)* massive concrete dam
Betonspitze *f* **eines Rammpfahls** drive shoe
Betonsplitt *m* crushed gravel
Betonspritze *f* concrete gun
Betonspritzgerät *n* concrete gun
Betonspritzverfahren *n* [concrete] shooting
Betonstahl *m* reinforcing rod (bar), reinforcement rod (bar), reinforcing steel, mild steel *(0,15–0,25% C)*, ingot iron
~/geriffelter corrugated bars
~/legierter alloy reinforcing steel
Betonstahlbiegemaschine *f* reinforcement bending machine
Betonstahlgewebe *n* reinforcing mesh
Betonstahlüberlappungsverbindung *f* lap splice
Betonstampfen *n* puddling *(Stocherverdichtung)*
Betonstampfer *m* concrete tamper (rammer)
Betonstaumauer *f* concrete dam
Betonstegplatte *f* hollow concrete slab
Betonsteife *f* concrete consistency
Betonstein *m* precast concrete stone, cast stone, precast stone; precast concrete block; concrete walling unit *(Wand)*; artificial (patent, reconstituted, reconstructed, synthetic) stone
~/deformierter slump block *(durch zu flüssigen Beton)*
~/genormter solid concrete block
~/leichter partition block *(für nichttragende Wände)*
Betonsteinbohrer *m* concrete drill
Betonsteinmauerwerk *n***/ bewehrtes** reinforced concrete masonry, reinforced blockwork
Betonsteinpresse *f* block machine
Betonsteinschlag *m* coarse-crushed aggregate
Betonstraße *f* concrete road
Betonstraßenfertiger *m* concrete [road] paver, paver, concrete road finisher
Betonstraßenplatte *f* road panel
Betonstreifenfundamentmauer *f***/ bewehrte** grade-beam
Betonstruktur *f* concrete texture
Betonsturz *m* lintel block
Betontechnik *f* concrete engineering
Betonteil *n***/ gegossenes** cast moulding *(für spätere Montage)*
Betontransporter *m* mixer conveyor (truck)
Betontrichter *m* concrete-placement funnel, tremie
Betonüberdeckung *f* concrete protection, concrete cover[ing]
Betonüberzug *m* coat on concrete
Betonultraschallprüfung *f* ultrasonic concrete testing
betonummantelt concrete-encased, haunched
Betonummantelung *f* concrete casing, haunching
Betonunterbau *m* concrete foundation
Betonunterbettungsschicht *f* mud slab
Betonunterlage *f* concrete sub-base (sub-floor) concrete supporting medium (base)
Betonverankerung *f* concrete deadman
Betonverarbeitbarkeit *f* concrete workability
Betonverdichter *m* concrete compactor
Betonverdichtung *f* compaction of concrete
~ mit Spaten spading [of concrete]
Betonverfall *m***/ fortschreitender** progressive scaling
Betonverflüssiger *m* concrete workability agent, plasticizer, plasticizing (plastifying) agent
Betonvergüter *m* concrete improver
Betonvergütungsmittel *n* concrete improver
Betonverpressung *f* concrete injection
Betonverschalung *f* 1. concrete formwork (shuttering) *(Schalung)*; 2. concrete encasement (casing, haunching) *(Ummantelung eines Körpers)*; concrete lining (facing) *(Verkleidung einer Fläche)*
Betonverschleißschicht *f* concrete wearing layer
Betonversiegelung *f* concrete sealing
Betonverteiler *m* concrete spreader; concrete distributor
Betonverteilschwapper *m* come-along
Betonverteilungsanlage *f* concrete distributing plant
Betonvorfertigung *f* factory precasting
Betonvorschriftenwerk *n* concrete code
Betonwalmstein *m* concrete hip tile
Betonwalzverfahren *n* continuous rolling method
Betonwand *f***/ gegossene** wall cast in-situ
~ mit hervorstehenden Kieselsteinen/rauhe paretta *(Waschbetonwand)*
Betonwaren *fpl* [precast] concrete products
Betonwerk *n* precasting plant, concrete plant (factory), precast concrete manufacturing yard
~/fliegendes mobile concrete factory
~/offenes [pre]casting yard
Betonwerkstein *m* cast stone concrete ashlar; artificial stone, patent (reconstituted, reconstructed, synthetic) stone, simulated masonry
Betonwiederverwendung *f* concrete recycling
Betonwirkstoff *m* concrete admix[ture]
Betonwürfelprüfung *f* concrete cube test
Betonziehklinge *f* lute *(für plastischen Beton)*
Betonzierstein *m* decorative block
Betonzusammensetzung *f* composition of concrete
Betonzusatzmittel *n* concrete additive, concrete admix[ture]

Betonzuschlag[stoff] *m* concrete aggregate, concrete ballast *(Korngröße < 37 mm)*
~/alkaliempfindlicher reactive [concrete] aggregate
~/gemischter combined aggregate
Betonzuschlagstoffzusammensetzung *f* concrete aggregate composition
Betonzustand *m*/ **plastifizierender** water-reducing agent
Betonzwangsmischer *m* pan concrete mixer, horizontal pan-type mixer
Betonzwischenlagerbunker *m* stationary hopper
Beton-Zylinderdruckfestigkeit *f* concrete cylinder compressive strength
Betrag *m*/ **in Rechnung gestellter**
betragen to amount
~/durchschnittlich to average
betreiben to run, to operate
Betrieb *m* factory, works; shop • **außer** ~ out-of-action *(Geräte)* • **in** ~ **nehmen** to activate, to start, to operate, to put into operation
~/unterbrochener alternate working *(eines Prozesses)*
Betriebsanlage *f* plant
Betriebsbauleiter *m* contract manager
Betriebsbelastung *f* operable load
Betriebsdruck *m* service (operable) pressure
Betriebsfläche *f* service area
Betriebsgebäude *n* service building
Betriebsgefahr *f* operational hazard
Betriebsgemeinkosten *pl* general operating cost
Betriebsgeschoß *n* mechanical floor *(für die Technik)*
Betriebskantine *f* works canteen
Betriebskosten *pl* running cost, overhead expenses
Betriebslast *f* rolling load
Betriebsleitung *f* management
Betriebsschacht *f* service shaft, utility shaft *(für technische Einrichtungen)*
Betriebstemperatur *f* working temperature
betriebssicher safe to operate; fool-proof
Betriebssicherheit *f* occupational safety
Betriebsspannung *f* working unit stress, working stress *(Festigkeit)*
Bettengebäude *n*, **Bettenhaus** *n* ward block *(Krankenhaus)*; guest bedroom building *(Hotel)*
Bettenzimmer *n* ward patient's room *(Krankenhaus)*; guest bedroom *(Hotel)*
Bettenzimmergebäude *n s.* Bettengebäude
Bettfeder *f (Hb)* straight tongue
Bettnische *f* bed recess
Bettung *f* bedding, ballast
~/elastische elastic support
Bettungsmaterial *n* bedding material *(z. B. Kies)*
Bettungsmörtel *m* bed mortar
Bettungsmörtelschicht *f* bedding course
Bettungsschicht *f* bedding layer, underlay, cushion [piece]; footing; cushion (grade) course
Bettungszahl *f s.* Bettungsziffer
Bettungsziffer *f* modulus of subgrade reaction, modulus of the foundation
~/dynamische *(Erdb)* dynamic subgrade reaction
Bettzimmer *n* cubiculum *(historisch)*
betupfen to dab *(mit Farbe)*
beulen to buckle
Beulfestigkeit *f* buckling strength
Beullast *f* critical load
Beulsicherheit *f* safety against buckling
Beulspannung *f* critical stress
Beuluntersuchung *f* investigation into buckling
Be- und Entladerampe *f* loading bay
Be- und Entlüftungsleitung *f* air line, ventilation line
Be- und Entlüftungsstein *m* ventilating block (brick)
beurteilen to gauge *(technisch)*; to assess
Bevölkerungsstudie *f* demographic study
Bevölkerungszusammensetzung *f* population composition (survey)
Bevorratung *f* storage *(Baumaterial)*
bewaldet wooded, arboraceous *(Baugelände)*
bewässern to irrigate
Bewässerung *f* [water] irrigation
Bewässerungsanlage *f* irrigation plant (works)
Bewässerungsanlagen *fpl* irrigation structures *(Bauwerk)*
Bewässerungsanlagenberechnung *f* irrigation design
Bewässerungsgraben *m* irrigation ditch, catch feeder
Bewässerungskanal *m* irrigation canal [float], flume, drove
Bewässerungsschleuse *f* irrigation lock
Bewässerungsspeicherung *f* irrigation storage
Bewässerungssystem *n* irrigation system
Bewässerungstalsperre *f* irrigation dam
bewegen to move, to work, to drive; to agitate, to stir *(rühren)*
beweglich unstable; shifting, movable
~/frei free to move; floating
~/in Querrichtung laterally movable
Bewegung *f*/ **horizontale** sidesway *(Gebäude)*
~/resultierende resultant motion
~/ruckartige jerk motion *(Kinematik)*
~/ungleichförmige non-uniform movement
Bewegungsbegrenzer *m* check
Bewegungsfreiheit *f* freedom of movement
Bewegungsfuge *f* movement (contraction, pressure-relieving) joint
~/begrenzte semiflexible joint
~/bewehrte semiflexible joint
Bewegungsgröße *f* momentum
Bewegungshemmer *m* check
Bewegungskraft *f* motive power
Bewegungsraum *m*/ **öffentlicher** public area
Bewegungsspiel *n* play *(zwischen zwei Bauteilen)*
bewehren to reinforce, to armour
bewehrt reinforced, armoured

~/doppelt double-reinforced
~/einachsig simply reinforced
~/einfach [einachsig] singly reinforced
~/schlaff normally, (conventionally) reinforced
Bewehrung *f* 1. [concrete] reinforcement; embedded (masonry) reinforcement; 2. armouring • **die ~ übergreifen lassen** to let the ironwork overlap
~ aus Formstahl deformed reinforcement
~/doppelte kreuzweise four-way reinforcement
~/gebündelte bundled bars
~/geflochtene bound reinforcement
~ gegen negative Biegemoment negative reinforcement
~/geschweißte welded reinforcement
~ im Spannbeton/ungespannte non-prestressed reinforcement
~/kreuzweise two-way reinforcement
~ mit Drahtgeflecht mesh reinforcement
~/nichtabgestufte continuous rods
~/optimal dimensionierte balanced reinforcement
~/schlaffe non-prestressed (non-tensioned, untensioned, unstressed) reinforcement
~/steife rigid reinforcement
~/tatsächlich beanspruchte effective reinforcement
~/ungebogene plain reinforcement
Bewehrungsanteil *m* reinforcement ratio *(am Betonquerschnitt)*; percentage reinforcement *(in Prozent)*, percentage of reinforcement
Bewehrungsarbeiten *fpl* reinforcement work; steel fixing
Bewehrungsbiegemaschine *f* rod bender
Bewehrungsbiegevorrichtung *f* angle bender
Bewehrungsdraht *m* indented wire
~/grobmaschiger scrim
Bewehrungsdrahtbündel *n* reinforcement cable
Bewehrungseisen *n* reinforcement bar (rod), reinforcing rod
~ aus Schienenprofil rail steel reinforcement
~/handelsübliches merchant bar iron
Bewehrungseisenüberlappungsverbindung *f* contact splice
Bewehrungsflechtwerk *n* reinforcement framework
Bewehrungsgrenze *f* reinforcement limit
Bewehrungshaken *m*/ **normengerechter** standard hook
Bewehrungshalter *m* bar support, high chair; beam bolster *(für Stahlbetonträger)*; slab spacer *(für Plattenbewehrung)*; chair [for reinforcement]
Bewehrungskonstruktion *f*/ **einsinnige** one-way system [of reinforcement]
Bewehrungskorb *m* reinforcement cage, cage of reinforcement, concrete reinforcing cage
Bewehrungsknüpfer *m* steel bender
Bewehrungsknüpferkolonne *f* bar fixing gang
Bewehrungslängseisen *n* longitudinal rod (bar)
Bewehrungsmaschendraht *m* woven-wire fabric [for reinforcement]
~/geschweißter welded-wire fabric
Bewehrungsmatte *f* reinforcing mesh, reinforcement mat (mesh), fabric (wire-mesh) reinforcement, steel mesh fabric; bar mat, reinforcement mattress
~/gebundene woven-wire fabric reinforcement
~/geschweißte welded mesh reinforcement
~/punkgeschweißte welded-wire fabric reinforcement
Bewehrungsplan *m* bending schedule
Bewehrungsquerschnitt *m* area of reinforcement
~/effektiver effective area of reinforcement
Bewehrungsschlaufe *f* steel loop for reinforcement
Bewehrungsschneider *m* rod cutter
Bewehrungsstab *m* reinforcing bar (rod), reinforcement bar (rod)
~/abgebogener bent bar
~/aufgebogener bent bar
~ aus Achsenstahlmaterial axle-steel reinforcing bar
~ aus zwei Stäben/verdrillter twin-twisted bar reinforcement
~/durchlaufender continuity rod
~/gerippter rebar
~/glatter plain bar
~/vertikaler buckstay *(für Seitenwände eines Bogenmauerwerks)*
Bewehrungsstahl *m* reinforcing (reinforcement) steel, concrete steel, reinforcing (reinforcement) bar
~/glatter plain steel bar
Bewehrungssystem *n*/ **einachsiges** one-way [reinforcement] system
Bewehrungsüberlappung *f*/**verbundene** lap splice
Bewehrungsverschiebung *f* reinforcement displacement
Bewehrungsverteilung *f* reinforcement lacing
Bewehrungswinkelgerät *n* merry-go-round
Beweis *m* proof, evidence, demonstration; derivation *(Herleitung, Ableitung)*
~/rechnerischer *(Stat)* mathematical proof
bewerfen to daub *(mit Putz)*
Bewerfen *n* daubing *(Putz); rendering (Innenputz)*
Bewertung *f* appraisal *(von Land oder Einrichtungen)*, valuation, rating
bewettert 1. weathered; 2. ventilated *(Lüftung)*
Bewitterung *f*/ **künstliche** artificial (accelerated) weathering *(Alterungsprüfung)*
Bewitterungsprüfung *f* outdoor exposure testing
Bewitterungsversuch *m* weathering test; outdoor exposure test
bewohnbar habitable, fit to live in, inhabitable
Bewohnbarkeit *f* habitableness
Bewohner *m* occupant, inhabitant *(Haus)*, resident
Bewohner *mpl* **per Wohneinheit** occupancy rate
bewohnt lived in, occupied
Bewurf *m* render, rendering; daub
~/gespritzter pricked rendering *(Edelputz)*
Bezahlungsdokument *n* satisfaction piece
bezeichnen to specify

Bezeichnung *f* marking, indication; description
beziehbar ready for occupation, habitable
Beziehen *n* occupation *(Gebäude)*
Beziehung *f*/ **lineare** linear relation
Bezifferung *f* figuring, numbering
Bezirk *m* region, district
Bezirkskrankenhaus *n* general hospital for the district
Bezugsachse *f* reference axis
Bezugsebene *f* datum plane
Bezugseckpunkt *m* witness corner *(innerhalb des Grundstücks)*
bezugsfertig occupiable, ready for occupation
Bezugsfläche *f* datum plane, registering surface, work[ing] face
Bezugsgröße *f* datum, reference value
Bezugshöhe *f* datum [level], datum plane, relative (reference) level
Bezugskante *f* reference edge
Bezugslinie *f* reference (datum) line
Bezugsmaß *n* gauge
Bezugsmaterial *n* covered material
Bezugspegel *m* relative level
Bezugspfahl *m* reference stake
Bezugspunkt *m (Verm)* fiducial mark; reference point (mark), referring object; working point *(auf Zeichnungen)*
Bezugssystem *n* reference system
Bezugszeichnung *f* reference drawing
Biberschwanz *m* plane (flat, shingle, single-lap) tile
Bidet *n* bidet
biegbar flexible
Biegbarkeit *f* bending capacity, flexibility
Biegeachse *f* zero line
Biegeapparat *m* bender
Biegearm *m* bending arm
Biegebalken *m* bending arm; flexural beam
biegebeansprucht subjected to bending
Biegebeanspruchung *f* bending stress (action), bending (flexural) load
Biegebelastung *f* bending load (loading), load-producing bending moment
Biegebruch *m* bending failure
Biegebruchkurve *f* bending failure curve
Biegedauer *f* bending time
Biegedauerfestigkeit *f* bending fatigue strength
Biegedruck *m* compression with bending
Biegedruckzone *f* moment compression zone
Biegeebene *f* bending plane, plane of bending
Biegeeinrichtung *f* bending machine
Biegeelastizität *f* elasticity of bending, bending elasticity
Biegeermüdung *f* bending fatigue
Biegeermüdungsgrenze *f* flexural fatigue limit
Biegefall *m* case of bending
Biegefaltversuch *m* single-bend test *(Baustahl)*
biegefest resistant to bending
Biegefestigkeit *f* bending (transverse, flexural) strength
Biegeformänderung *f* bending deformation
Biegeformel *f* bending formula
Biegeglied *n* flexural member
Biegegröße *f* amount of bend[ing], bending amount
Biegekraft *f* bending force
Biegelänge *f* length subjected to bending
Biegelast *f* flexural (bending) load
Biegelinie *f* elastic curve, bending line, deflection curve
Biegemaschine *f* bending machine
Biegemaß *n* bending dimension *(Beton)*
Biegemodul *m* flexure modul
Biegemoment *n* bending moment, moment of bending, bending couple
~/inneres internal bending moment
~/negative negative bending moment
~/plastisches plastic bending moment
~/umgelagertes secondary bending moment
Biegemomentendiagramm *n* bending moment diagram
Biegemomentenlinie *f* bending moment diagram
biegen to bend, to flex; to crank *(ein Werkstück)*; to fold *(Blech)*; to camber *(Straßenoberflächenneigung)*; to hook, to crook, to bow, to curve, to inflect
~/Bewehrung to bend the reinforcement iron
~/Eisen to bend the iron, to pretie
~/sich to bend, to curve, to flex
Biegeprüfung *f* [transverse] bending test
Biegepunkt *m* bending point
Biegeriß *m* bending crack
Biegerißbildung *f* flexural cracking
Biegescharnier *n* plastic hinge
Biegespannung *f* bending (flexural, transverse) stress, bending strain
Biegestab *m* flexural member
Biegestarrheit *f* bending rigidity
biegesteif resistant to bending, stiff in bending, rigid, inflexible
Biegesteife *f* bending rigidity
Biegesteifheit *f* lateral rigidity
Biegesteifigkeit *f* bending rigidity, flexural rigidity (stiffness)
Biegetheorie *f* bending theory
~ für Stäbe flexure theory
~/lineare linear bending theory
Biegetisch *m* rod (angle) bender
Biegeversuch *m* bending test, bend (deflection) test
Biegeverformbarkeit *f* deformability due to bending
Biegeverformung *f* bending deformation
Biegeverteilung *f* bending distribution
Biegewechselfestigkeit *f* reverse (alternate) bending strength
Biegewiderstand *m* flexural rigidity (stiffness)
Biegezahl *n* bending coefficient
Biegezange *f* bending pliers (iron), bender
Biegezeichnung *f* bending schedule
Biegezug *m* bending tension

Biegezugbruch *m* flexural tensile failure
Biegezugfestigkeit *f* tensile bending strength
Biegezugprüfung *f* **am Balken** beam test
Biegezugspannung *f* bending (flexural) tensile stress
biegsam flexible, pliant, pliable; supple *(Material)*
Biegsamkeitszahl *f* flexibility number
Biegung *f* flexing, flexure, bend *(Straßenkurve)*; curve; inflection *(Kurve)*; wind *(Windung)*; twisting *(Holztrocknung)*
~ im elastischen Bereich elastic bending
~ mit Längskraft *(Stat)* combined bending and axial load, bending and axial load
~ mit Normalkraft compound bending
~ ohne Längskraft simple bending
~/positive positive bending
~/reine pure bending
Biegungsermüdung *f* bending fatigue
Biegungshalbmesser *m* radius of bend[ing]
Biegungslinie *f* bending line, deflection curve
Biegungsschwingung *f* vibration due to bending stress
Biegungswiderstandsmoment *n* section modulus of bending
Bietender *m* bidder
Bieter *m* bidder, tenderer
~ mit niedrigstem Angebot und voller fachlicher Kompetenz responsible bidder, lowest responsible bidder *(Bauvertragsausschreibung)*
Bild *n* image
Bildebene *f* picture (perspective) plane
bilden to shape *(Gestein, Ton)*; to mould *(formen)*
~/Blasen to bubble up, to blister
~/das Mittel to average
~/Risse to crack
~/Untergrund to back
~/Unterlage to back
Bildergalerie *f* picture gallery
Bilderleiste *f* picture rail
Bilderstuhl *m (Arch)* acroter[ium] *(historisch)*
Bildhauer *m* sculptor
Bildhauerarbeit *f* carving
Bildhauerei *f* sculpture
Bildhauergips *m* stucco
Bildhauerkunst *f* sculpture
Bildhauermarmor *m* statuary (statue) marble
Bildnis *n* image; portrait; effigy *(Skulpturarbeit)*
bildsam plastic, ductile
Bildsamkeit *f* plasticity
Bildsamkeitsnadel *f* plasticity needle
Bildunterschrift *f* caption, legend
Bildwerferraum *m* projection booth
Bildwerk *n* carving *(aus Holz)*; sculpture
Billetornament *n* billet
billig low-cost
Bims *m* pumice
Bimsbeton *m* pumice (breeze) concrete
Bimsbetondiele *f* pumice concrete panel
Bimsbetonstein *m* pumice concrete block
Bimsblähbeton *m* gas pumice concrete
Bimsstein *m* pumice [stone]
Bimssteinlava *f* lava pumice
Bimssteintuff *m* pomiceous tuff
Bindeblech *n* tie (cover) plate, boom (flange) plate
Bindedraht *m* annealed [iron] wire; binding wire *(Stahlbetonbewehrung)*; lashing (splicing) wire *(Bewehrung)*
Bindeglied *n* connecting link
Bindekraft *f* bonding strength, adhesion force (power)
Bindelatte *f* joined lath
Bindemittel *n* cementing agent (material), cement; binding material, binder, [binding] matrix; bonding agent (material); vehicle, binding agent *(eines Anstrichs)*; adhesive, agglutinant, agglomerant • **ohne ~** binderless
~/bituminöses bitumen binder
~/hydraulisches hydraulic binder (cement); cement matrix
~/latent hydraulisches latent hydraulic binder
Bindemittelanteil *m* binder portion (proportion)
Bindemittelbrei *m* [cement] slurry
bindemittelfrei binderless
Bindemittel-Füllergemisch *n* binder-filler mixture
Bindemittelgehalt *m* binder portion
Bindemittelgehaltsbestimmung *f* binder content determination
Bindemittellage *f* matrix
bindemittellos binderless
Bindemittellösung *f* medium *(Anstrich)*
Bindemittelpumpe *f* bitumen pump
Bindemittelschlämme *f* slurry
Bindemitteltechnologie *f* binder technology
Bindemittelverteiler *m* tar asphalt distributor
binden to bind, to tie *(Bewehrung)*
~/vertraglich to contract
Binder *m* 1. cementing material; matrix *(Farbe)*; 2. header [binder], jumper, binder *(Mauerwerk)*; binding stone, bonding brick *(Ziegel)*; truss *(Dach)*; girder *(Tragkonstruktion)*
~/flüssiger liquid binder
~/französischer Fink truss
~/zurückgesetzter clip header, pseudoheader, false header
Binderabstand *m* spacing between trusses
Binderbalken *m* binder, binding beam; roof beam, truss joint *(Dachkonstruktion)*
Binderdach *n* roof with principals
Bindergespärre *n* principal rafters, blades *(Dach)*
Binderlage *f* header (heading) course; subsurface course, binder *(Straße)* • **bis zur ersten ~ hoch** header-high
Binderscheibe *f* bulkhead; diaphragm
Binderschicht *f* course of headers *(Mauerwerk)*; subsurface course, binder, bond course, pavement base *(Straße)*
Bindersparren *m* truss (principal) rafter, blade *(Dach)*; common rafter *(zur Fußplatte mit Ausdehnung des Dachgrats)*

~/doppelter double header
Binderstein *m* binding stone, binder, header [binder] *(Mauerwerk)*; through stone *(in Wanddicke)*; perpend *(im Mauerwerk)*
~/gehackter blind header
~ mit gerundeten Kanten bull header
~ mit sichtbarer Seite bull header
~/zurückgesetzter clipped header, false header, pseudoheader
Bindertyp *m* truss type *(Dach)*
Binderverband *m* full (header, heading) bond *(Mauerwerk)*
Binderverteilung *f* arrangement of trusses *(Dach)*
Binderziegel *m* bonder, bondstone
~/geflammter flare header
bindig/stark *(Bod)* intensively cohesive
Bindigkeit *f (Bod)* cohesion
Bindung *f* binding *(des Zements)*
~/chemische chemical bond
~/keramische porcelain (ceramic) bond
~/mangelhafte incomplete fusion *(beim Schweißen)*
Bindungsanfang *m* initial set *(Beton)*
Bindungskraft *f* binding force
Binnenböschung *f* inner slope *(Deich)*
Binnenhafen *m* inland harbour, river port
Biofilter *n* trickling filter *(Klimaanlage)*
Biofilterung *f* biofiltration
birnenförmig pear-shaped, periform
Birke *f* birch
Birkenholz *n* birch [wood]
Bitte *f* **um Vorschlag** request for proposal *(auf Bauunterlagen)*
Bitumen *n* bitumen, asphaltic bitumen
~/flüssiges maltha
~/geblasenes blown asphalt (bitumen), air-blown (air-rectified) bitumen, oxidized asphalt, catalytically-blown asphalt *(mit Hilfe eines Katalysators)*
~/gefüllertes [mineral-]filled asphalt
~ mit Mineralmehl filled bitumen
~/weißes *(Am)* albino asphalt
Bitumen... *s. a.* Asphalt...
Bitumenagglomerat *m* bituminous aggregate
Bitumenanstrich *m* bituminous (bitumen) paint
Bitumenanstrichauftragung *f* mopping *(Dach)*
Bitumenanstrichmasse *f* bitumen paint
Bitumenaufstrich *m* flood coat
Bitumenbaupappe *f* general-use building paper
Bitumenbeschichtung *f* bituminous surfacing
Bitumenbeton *m* bituminous (bitumen, asphalt) concrete
Bitumenbetonmembran *f* bituminous facing
Bitumendachanstrich *m* **aus geblasenem Bitumen** high-melting-point asphalt
~/doppelter double pour
~/geschlossener solid mopping
Bitumendachanstrichmasse *f* roofing asphalt
Bitumendachdeckschicht *f* **/ glatte** glaze coat
Bitumendachfertigbahnen *fpl* prepared roofing
Bitumendachpappe *f* bituminous (tarred) felt, asphalt[-prepared] roofing, roll[ed strip] roofing, sanded bitumen felt, asphalt felt
Bitumendachschindeln *fpl* strip slates
Bitumendeckenmischgut *n* bitumen pavement mix[ture] *(Straße)*
Bitumendichtung *f* bitumen lining, bituminous seal
Bitumendichtungsbahn *f* bitumen sealing sheet, bitumen waterproofing membrane
Bitumenemulsion *f* bituminous (bitumen) emulsion, emulsified asphalt
~/unstabile quick-breaking [bituminous] emulsion
Bitumenemulsionsspritze *f* bituminous emulsion spreader
Bitumenerhitzer *m* bitumen heating tank
Bitumenfarbe *f* Brunswick black
Bitumenfeinbeton *m* stone-filled sheet asphalt *(< 2 mm Größtkorn)*
Bitumenfertigbahn *f* prefabricated bituminous surfacing
Bitumenfertigbahnen *fpl* prepared roofing *(s. a.* asphalt prepared roofing*)*
Bitumenfugenband *n* preformed asphalt joint filler
Bitumenfugenfüllstreifen *m* **/ vorgefertigter** preformed asphalt joint filler
Bitumenfugenkitt *m* asphalt joint filler
Bitumenfüllstoff *m* bitumen filler *(für bituminöse Stoffe)*
Bitumengemischfugenband *n* preformed asphalt joint filler
bitumengesiegelt bitumen fog-sealed
bitumengetränkt bitumen-impregnated
Bitumenglasvlies *n* asphalt[-prepared] roofing, roll[ed strip] roofing
Bitumenhaftanstrich *m* bitumen tack coat
bitumenhaltig bituminous; bituminiferous *(selten)*
Bitumenheizkessel *m* asphalt heater
Bitumenheiztank *m* bitumen heating tank
Bitumeninjektion *f* grouting with asphalt
Bitumenkies *m* bitumen-coated gravel, gravel asphalt
Bitumenkiesmischgut *n* gravel asphalt mix[ture]
Bitumenkitt *m* flashing cement, bitumen-based mastic sealer
Bitumenlage *f* bitumen layer
Bitumenmastix *m* asphalt cement (mastic)
Bitumenmineralmischgut *n* bitumen-aggregate mix[ture]
Bitumen-Mineral-Mischung *f* **/ natürliche** natural asphalt, native asphalt
Bitumenmischgut *n* bitumen-aggregate mix[ture]
Bitumenmörtel *m* bitumen mortar
Bitumenpapier *n* bitumen lining paper
Bitumenpappe *f* bituminous felt, insulating asphalt felting, bitumen board
~/besandete mineral-surfaced felt, mineral surface roofing paper
~/faserverstärkte reinforced bitumen felt
Bitumenpappenschicht *f* layer of bitumen felt

Bitumenschicht *f* bitumen layer
~/oberste bitumen pour coat
Bitumenschlämme *f* asphalt slurry, slurry, asphalt-emulsion slurry
Bitumenschlämmeabsiegelung *f* asphalt-emulsion slurry seal, slurry seal method *(Straße)*
Bitumenschutzanstrich *m* bitumen protective coating
Bitumenschweißbahn *f* welded bitumen sheet
Bitumensplitt *m* bituminzed chip[ping]s
Bitumenspritze *f* asphalt distributor
Bitumenspritzmaschine *f* bitumen spraying machine
Bitumensteinschlag *m* bituminous metalling
Bitumenteppich *m* bituminous carpet *(Straße)*
Bitumenunterpressung *f* bitumen subsealing
Bitumenverfestigung *f (Bod)* bitumen stabilization
Bitumenverteiler *m* asphalt distributor
Bitumenwellplatte *f* corrugated bituminous board
Bitumen-Zellulosefaserrohr *n* bituminized fibre pipe, pitch fibre pipe
Bitumenzementterrazzo *m* special matrix terrazzo
bituminieren to bituminize, to bituminate
Bituminieren *n* bituminization, bituminizing; [bitumen] mopping *(Dach)*
bituminiert asphalted, bitumen-impregnated
~/schwach bitumen fog-sealed
bituminös bituminous
Blähbeton *m* gas concrete
blähen to expand *(Beton)*
Blähen *n* expansion *(Beton)*
Blähglimmer *m* vermiculite
Blähschiefer *m* expanded shale (slate), bloated slate, *(Am)* haydite *(als Zuschlagstoff)*
Blähschieferton *m* expanded shale (slate)
Blähschieferzuschlagstoff *m s.* Blähschiefer
Blähton *m* expanded (bloated) clay, *(Am)* haydite; foamclay, lightweight expanded clay [aggregate]
~/mitteldichter light-expanded clay aggregate
Blähtonschiefer *m* expanded shale (slate)
Blähvermikulit *m* exfoliated vermiculite
Blaine-Gerät *n* Blaine apparatus
Blaine-Verfahren *n* Blaine test
Blaine-Wert *m* Blaine fineness *(Baustoffprüfung)*
blank bright, glossy
blankgeglüht bright-annealed
Blankglas *n* horticultural sheet glass
Bläschenbildung *f* blistering *(Anstrich)*
Blase *f* blister, bubble; blub *(im frischen Putz)*
Blasenbildung *f* bubbling *(in einem Farbanstrich)*
Blasenerhebung *f* steam blow *(gesperrtes Holz, Furnier)*
Blasenglas *n* bubble glass
Blasenmuster *n* quilted figure *(Furnier)*
Blasenschleier *m* dirt *(Glas)*
blasig cellular; blistered • **~ aufgetrieben** bloated • **~ werden** to blister
Blasigwerden *n* bubbling
Blasleitung *f* air blowpipe *(zur Reinigung)*
Blatt *n* 1. *(Hb)* half joint, half-lap joint, half splice, halving joint; leaf *(Tür)*; 2. *(Arch)* foil *(Ornament)*; 3. blade *(Säge)*
~/gerades *(Hb)* straight halved joint *(Verbindung)*, half joint, half-lap joint, half splice
~/gerades doppeltes *(Hb)* scarf and key
~ mit Grat/gerades *(Hb)* straight scarf with saddle-backed ends
~/schräg eingeschnittenes *(Hb)* scarf with oblique cut ends
~/schräges *(Hb)* oblique halved joint with butt ends
~/stilisiertes sticky leaf
Blättchen *n* foil *(Ornament)*; lamella
Blattdekoration *f* foliation
Blattende *n (Hb)* scarf
Blattfries *m* leafy (foliated) frieze
Blattkapitell *n* foliated capital
Blattgold *n* gold foil (leaf), gilding
~/unechtes gilding metal *(Legierung aus 95% Kupfer und 5% Zink)*
Blattmeißel *m* drag bit, leaf and square
Blattmetall *n* metal leaf
Blattmotiv *n***/ stilisiertes** stiffy leaf
Blattmuster *n* leaf pattern
Blattornament *n* leaf ornament
blättrig laminated, leafy, foliated
Blattstab *m* reed blade
Blattung *f (Hb)* half[-lap] joint, half splice, halving (halved) joint, halving
~/schräge splayed heading joint
Blattverbindung *f***/ gerade** *(Hb)* halved joint
blattverziert foliated
Blattverzierung *f* leaf ornament; bay leaf *(in der Kassette, Feld)*
Blattwelle *f***/ dorische** *(Arch)* cyma recta, Doric cyma
Blattwerk *n* foliage *(Ornament)*
Blattwerkkapitell *n* foliage capital
Blattzapfen *m (Hb)* scarf tenon
Blau *n***/ Berliner** Berlin (prussian) blue, iron blue *(Farbstoff)*
~/Pariser 1. Paris blue; 2. *s.* Blau/Berliner
Blaubranntklinker *m* blue brick
Bläuen *n* blueing *(einer weißen Farbe)*
Blaufarbenglas *n* smalt
Blaufäule *f* blue stain *(Holz)*
Blaufleck *m* blue stain *(im Holz)*
Blaukalk *m* blue lias lime
Blaupause *f* blue print
Blau[sand]stein *m* bluestone
Blauton *m* blue clay
Blech *n* sheet metal, [metal] sheet; [metal] plate
~/dünnes tagger
~/geriffeltes channelled plate
~/korrosionsgeschütztes protected metal sheeting
~/kunststoffplattiertes skin plate
~/poliertes planished sheet [metal]
~/versteiftes stiffened plate
~/verzinktes zinc-coated sheet, galvanized iron

Blechabdeckung *f* flush metal threshold, [metal] sheet covering
Blechanschluß *m* metal flashing *(Schornstein)*
Blecharbeiten *fpl* sheet metalwork
Blechauskleidung *f* sheet-iron lining
Blechbedachung *f* metal structural cladding, [metal] plate roofing
Blechbeplankung *f* metal sheeting
Blechbiegeeisen *n* setting-in stick
Blechbiegemaschine *f* bench brake
Blechbogen *m* plate arch
Blechdach *n* metal sheet roofing
Blecheinfassung *f*/**abgestufte** step[ped] flashing *(Dach und Schornstein)*
Blechfuge *f*/**hochgesteppte** saddle joint, saddle back [joint], water joint
Blechhaut *f* skin plate
Blechhüllrohr *n* metal sheeting
Blechkanal *m* plate duct
Blechkehlrinne *f* sheet-metal valley gutter
Blechlehre *f* feeler gauge
Blechner *m* plumber
Blechniet *m* plate rivet
Blechrinne *f* plate roof gutter *(Dach)*
Blechschablone *f* plate template
Blechschere *f* snips
Blechschiene *f* tag *(Dach)*
Blechschornstein *m* iron plate chimney
Blechschraube *f* sheet-metal screw, tapping screw *(selbstschneidende Gewindeschraube)*
Blechspannkanal *m* metal sheeting (sheathing) *(Spannbeton)*
Blechsteifigkeit *f* stiffness of a plate
Blechstufe *f* plate-type tread *(Treppe)*
Blechtafel *f* metal sheet panel
Blechträger *m* plate girder (beam)
Blechträgerbrücke *f* plate girder bridge
Blechtreibschraube *f* self-tapping screw
Blechumkleidung *f* batten seam *(für Holzelemente)*
Blechunebenheit *f* oil-canning
Blechverbindung *f*/**gelötete** plumb joint
Blechverfalzung *f* bead *(Dach)*
Blechverkleidung *f* sheet-metal covering, sheeting
Blechverwerfung *f*/**leichte** oil-canning
Blei *n* lead
bleiben/maßhaltig to hold size
Bleiblech *n* sheet lead
Bleiblechbieger *m* setting-in stick
bleichen to bleach
Bleidach *n* lead roof[ing], lead roof cladding
Bleidichtung *f* lead joint[ing] lead caulking
Bleidichtungswolle *f* lead wool
Bleidraht *m* lead wire
Bleidübel *m* lead plug *(Mauerwerk)*
Bleieinfassung *f* lead tray *(Schornsteineinfassung)*
Bleieinlage *f* lead filler, inside lead lining
Bleifarbe *f* lead paint
Bleifensterstab *m* saddle bar
Bleiflachdach *n* lead roof
Bleigelb *n* massicot
Bleigewichtsreiniger *m* mouse *(Rohrleitungen)*
Bleiglas *n* lead glass
Bleiglasfenster *n* leaded light, lead glass window
Bleiglasfensterhorizontalstab *m* saddle bar
Bleiglätte *f* litharge, lead monoxide
Bleihafter *m* lead tack
Bleikabel *n* lead sheathed cable
Bleikeil *m* lead wedge, lead bat *(Kehlblechhalterung)*
Bleiklopfer *m* plumber's tapper, bossing stick
Bleikopfnagel *m* lead head nail
Bleikristall *n* lead glass
Bleileitungsrohr *n* lead pipe
Bleilot *n* plumb bob, plumb, plummet
Bleilöten *n* lead soldering
Bleimanschettendichtung *f* lead sleeve (slate) *(Dach)*
Bleimantel *m* lead coating *(sheath)*
Bleimantelkabel *n* lead covered cable
Bleimennige *f* red lead, minium, lead primer
Bleimonoxid *n* lead monoxide
Bleimonoxidpigment *n*/**gelbes** litharge *(Farbe)*
Bleioxid *n* lead monoxide
Bleioxidrot *n*/**natürliches** minium
Bleiplatte *f* lead plate
Bleiraspel *f* plumber's rasp
bleirecht plumb
Bleirohr *n* lead pipe
Bleischirm *m* lead shield
Bleisikkativ *n* lead drier
Bleisparrohr *n* antimonial lead pipe
Bleistäbe *mpl*/**stahlverstärkte** reinforced cames
Bleitafel *f* lead sheet (flushing)
Bleitafeltür *f* lead-lined door, radiation-retarding door
Bleitraps *m* lead trap
Bleivergußmuffung *f* lead joint[ing]
Bleiweiß *n* white lead, French white, flake (silver) white
Bleiweißfarbe *f* lead paint
Bleiweißkitt *m* white lead cement (putty)
Bleiweißölfarbenanstrich *m* sharp coat
Bleiweißspachtelmasse *f* white lead cement (putty)
Blei-Zinn-Weichlot *n* wiping solder
Bleizwischenlage *f* lead filler
Blendarkade *f* blind (surface) arcade
Blendboden *m* timber sub-floor; *(Am)* rough floor
Blendbogen *m* blind (shallow) arch
Blende *f* blind; tormentor *(Blendvorhand auf der Theaterbühne)*
Blendfassade *f* faced facade
blendfrei glare-free, dezzle-free
Blendholz *n* facing board
Blendkachel *f* exposed finish tile
Blendlicht *m* direct glare, glare

Blendmauer *f* facing masonry work, screen wall; veneer wall *(ohne Verbund)*; vamure *(vor der Hauptmauer; historischer Festungsbau)*
Blendmauerwerk *n* veneering work
Blendnische *f* blind niche
Blendrahmen *m* window frame
~/verzierter window trim
Blendrahmenpfosten *m* window jamb
Blendschutzglas *n* glare-reducing glass, dazzle-free glass
Blendstein *m* facing block
Blendtriforium *n (Arch)* blind triforium
Blendtür *f* false (dead) door
Blendung *f* glare
blendungsfrei glare-free, dazzle-free
Blendwand *f* curtain wall *(Vorhangwand)*, front wall
Blendziegel *m* facing brick
~/braunmatter brindled brick
~/strukturierter structural clay facing tile
Blickfang *m* eye-catcher
~/funktionsloser folly *(Landschaftsgestaltung)*
Blicklinie *f* line of sight (collimation)
Blindboden *m* false (dead) floor
Blindfenster *n* blind window, blank (false) window; fenestral *(mit Folie oder Tuch verschlossenes Fenster)*
Blindflansch *m* blind flange
Blindfuge *f* false joint
Blindfußboden *m* counter floor
Blindmauer *f* **über dem Sims** roof comb
Blindpaneel *n* access panel
Blindschacht *m* winze *(Bergbau)*
Blindschloß *n* dummy lock
Blindstab *m* unstrained member
Blindstecker *m (El)* dummy plug
Blindtür *f* false (dead, blank, blind) door
Blindverankerung *f* blind anchorage
Blindvernagelung *f* blind nailing
Blindwerden *n* dulling *(Anstrich)*
Blitzableiter *m (El)* lightning rod (conductor)
Blitzableiterstange *f* air terminal
Blitzableiterverankerung *f* base flashing [for a lightning conductor]
Blitzriß *m* lightning shake *(im Holz)*
Blitzrohrzange *f* grip wrench
Blitzschutz *m* lightning protection; *(Am)* lightning arrester; arrester
Blitzschutzdachleitungen *fpl* air termination network
Blitzschutzhalterung *f* base flashing [for a lightning conductor]
Blitzschutzleitungen *fpl* air termination network
Blitzzement *m* quick[-setting] cement, extra-rapid-hardening cement, jet (flash) cement
Block *m* 1. [building] block, cube; 2. block *(Häuserblock)*
~/verleimter glue block
Blockbau *m* log construction, construction with logs
Blockbauweise *f* unit construction
Blockfundament *n* foundation pad, single footing (foundation)
Blockhaus *n (Am)* log cabin (house, hut); blockhouse
blockhausartig half-timbered
Blockhütte *f* log cabin (house, hut)
blockieren to block, to obstruct; to foul; to interlock *(gegenseitig sperren)*; to lock in position *(Raststellung)*
Blockmastix *m* mastic block
Blockrolle *f* pulley [sheave]
Blockschrift *f* block letters
Blockstein *m* building block, block; pudding stone *(als Großkornzuschlagstoff bei Massenbeton)*
Blocksteineinbindung *f* block bonding *(Eckenstoß)*
Blocksteinfertigungsfläche *f* blockyard
Blocksteinmauer *f* block masonry [work]
Blocksteinschale *f* leaf of blocks *(Hohlwand)*
Blocksteinträger *m***/ vorgespannter** block beam
Blocksteinverlegen *n* blocklaying
Blockstufe *f* solid rectangular step, sleeper of the stairs, massive tread *(Treppe)*
Blocktreppe *f* stair of solid rectangular steps
Blockverband *m* English bond, silver-lock (old English) bond
Blockwand *f* log wall
Blockzarge *f (Hb)* wooden door case
Blumenbanknische *f* tokonoma *(japanisch)*
Blumenfenster *n* flower window
Blumengehänge *n* garland *(Schmuckelement)*
Blumeninnenbeet *n* planter
Blumenkantenornament *n***/ schmales** fleuron
Blumenkasten *m* flower (planting) box
Blumenkronenkante *f* fleuron *(an Säulen)*
Blumenmuster/mit floreated, floriated
Blumenornament *n* floral ornament
~ in Deckenmitte centre flower
~/vierblättriges four-leaved flower
Blumenornamentmosaik *n* **mit schwarzem und weißem Marmor** Florentine mosaic
Blumenschale *f* flower bowl
Blumenschnur *f* festoon *(Ornament)*
blumenverziert floreated
Blumenverzierung *f* giglio *(italienisch)*
Bluten *n* bleeding *(Asphaltstraße)*; fatting[-up] *(Überschußbindemittel an Schwarzdecken)*; sweating *(Anstrich)*
Board-Fuß *m* board foot *(Volumeneinheit für Bauholz in den USA; 1 bd ft = 2,36 dm^3)*
Bobbahn *f* bob run
Bock *m* trestle; stool; gin *(Hebegerät)*; horse *(Stützgestell)*; pedestal *(Sockel)*
~/dreibeiniger tripod
Bockbrücke *f* trestle bridge
Bockgerüst *n* horse scaffold
Bockkran *m* gantry crane, gin
Bocklager *n* pedestal bearing
Bockleiter *f* trestles, double ladder
Bockpfette *f* lean-to roof purlin, purlin

Bocksäge *f* bucksaw
Bocksäule *f* lean-to roof [trussed] strut *(Dach)*
Bockstütze *f* lean-to roof [trussed] strut
Bockwinde *f* hand crab, crab
Boden *m* ground, soil, earth, land; bottom *(Behälter)*; loft, garret *(Dach, Speicher)*; floor *(Fußboden)*
~/abzutragender bank material
~/aufgefüllter made[-up] ground
~/ausgehobener spoil
~/auskolkbarer erodible material
~/beanspruchter remoulded soil
~/bindiger cohesive soil
~/durchlässiger permeable ground, pervious soil
~/fester firm ground
~/fetter rich soil
~/frostgefährdeter heaving soil
~/gestampfter rammed earth
~/gewachsener natural (unmade) ground
~/kiesiger flinty ground
~/lockerer loose ground
~ mit ausglühbaren Bestandteilen organic soil
~/mittelharter medium-hard ground
~/nichtbindiger granular soil, cohesionless soil
~/nichtzusammendrückbarer incompressible ground
~/plastischer plastic soil
~/rutschender running (lost) ground
~/salzhaltiger alkaline soil
~/saurer acid soil
~/schlammiger muddy soil
~/schwerer heavy (hard) soil
~/ständig gefrorener permafrost
~/unebener rough ground
~/vorverdichteter preconsolidated soil
~/wasserundurchlässiger impervious soil, impermeable ground
~/weicher soft ground, bad soil
~/zusammendrückbarer compressible ground
Bodenabdeckung *f* **aus geschnittenen Pflanzen** mulch
Bodenabdichtung *f* soil waterproofing
Bodenablauf *m* floor outlet (gulley)
Bodenabsiegelungsfilm *m* ground (soil) cover
Bodenabtrag *m* digging-out, excavation
Bodenauftrag *m* filled ground
Bodenaushub *m* excavation, digging-out
Bodenbalken *m* garret beam *(Dachboden)*
Bodenbalkenlage *f* garret (attic) floor
Bodenbedeckung *f* carpeting *(Teppichboden)*
Bodenbedeckungspflanzen *fpl* cover plants
Bodenbedeckungspflanzung *f* ground (soil) cover planting
Bodenbelag *m*/ **federnder** resilient flooring
~/rutschfester non-skid flooring
Bodenbelastbarkeit *f* floor-load allowance
~/zulässige floor-load allowance
Bodenbelastung *f*/ **höchste** maximum load-bearing capacity
~/zulässige allowable bearing capacity (value), allowable bearing, allowable soil pressure
Bodenbeschaffenheit *f* nature (condition) of the soil
Bodenbewegung *f* earth displacement (movement, moving)
Bodendepressionskegel *m* cone of depression
Bodendruck *m* liquid pressure *(durch Grundwasserüberstand)*; earth pressure *(horizontal)*; soil strain, ground pressure; foundation pressure *(der Gründung)*; bearing load *(Belastung)*
~/maximal erlaubter allowable bearing capacity (value), allowable bearing (soil pressure)
~/zulässiger safe load on ground
Bodeneinschnitt *m* soil cutting
Bodeneinschnittiefe *f*/ **maximale** critical height of soil cutting
Bodenentwässerung *f* drainage
Bodenerkundung *f* soil survey
Bodenerkundungsbohrung *f* preboring
Bodenerschütterung *f* tremor *(Erdbeben)*; ground oscillation
Bodenfenster *n* garret (attic) window
Bodenfestigkeit *f* soil strength
Bodenfestigung *f* consolidation
Bodenfeuchtigkeit *f* ground damp (moisture, humidity)
Bodenfläche *f* floor area
Bodenfliese *f* floor tile
Bodenfließen *n* boil, mud-flow, piping, solifluction
Bodenfließerscheinung *f* quick condition in soil
Bodenfräse *f* rotary hoe; road (rotary-type) mixer, soil stabilizer
~ mit einem [erforderlichen] Übergang single-pass stabilizer
Bodenfräser mixer for soil stabilization
Bodenfrost *m* ground frost, freezing
bodengleich on grade
Bodenhebung *f* [soil] uplift, heaving
Bodenhub *m* heave
Bodenkammer *f* attic (garret) room
Bodenkarte *f* soil map
Bodenkern *m* core of soil
Bodenklappe *f* trap door
Bodenklasse *f* excavation class *(Erdstoff)*
Bodenklasseneinteilung *f* soil class[ification]
Bodenklassifizierung *f* **der Public Roads Administration** P.R.A. classification
Bodenmassenlagerstätte *f* spoil area
Bodenmechanik *f* soil mechanics; soil engineering
Bodenmischer *m* rotary-type mixer
Bodenpartikeltransport *m* piping *(im Erdboden)*
Bodenplatte *f* bottom plate, bed-plate; foundation slab *(Fundament)*
Bodenpressung *f* ground pressure, pressure of the ground, soil (foundation) pressure; bearing pressure (load)
~/gleichmäßig verteilte uniformly distributed pressure on ground

~/maximale maximum load-bearing capacity
Bodenprobe *f* soil sample
~/gestörte remoulded soil sample
~/ungestörte undisturbed [soil] sample
Bodenprofil *n* soil profile, cross section of the ground
Bodenraum *m* attic, loft *(Dachboden)*
Bodenreibung *f* ground friction
Bodenrückstrahler *m* [road surface] cat's eye
Bodenschätze *mpl* mineral resources
Bodenschicht *f* layer of the earth; soil stratum *(Geologie)*; soil strain; *(Erdb)* soil horizon, horizon
~/harte hard soil layer, hardpan
~/obere surface soil
~ über der Gründung ground table, earth (grass) table
Bodenschluff *m (Am)* soil binder
Bodenschürfung *f* [soil] exploration
Bodenschwelle *f* ground beam (plate)
Bodensenkung *f* subsidence of soil *(einer größeren Fläche)*; ground settlement
Bodensetzung *f* ground consolidation (settlement)
Bodensicherungsdränage *f* superimposed drainage
Bodenspekulation *f* land speculation
Bodensperrschicht *f* damp-proof slab
Bodenstabilisierung *f* soil stabilization, cementation of the soil
~/mechanisch-chemische physico-chemical stabilization
~/mechanische mechanical [soil] stabilization
Bodenstabilisierungsbindemittel *n* soil stabilizer
Bodenstandfestigkeit *f* soil stability
Bodenstein *m* flagstone of the furnace *(Hüttenwesen)*
Bodenstelle *f* **nach Frosteinwirkung/weiche** frost boil
Bodenstreifen *m* ground strip
Bodenteilchen *n* soil particle
Bodentreppe *f* garret (attic) stairs
Bodentür *f* trap door
Bodenunebenheit *f* unevenness of the ground
Bodenuntersuchung *f* soil exploration, examination of [the] soil
bodenverankert tied to ground
Bodenverbesserung *f* amelioration
Bodenverblendmaschine *f* bottom-facing machine
Bodenverdichtung *f* soil compaction (consolidation, densification)
~ während der Auftauzeit thawing soil settlement
Bodenverfestigung *f* soil (earth) stabilization
~/chemische chemical soil stabilization
Bodenverfestigungsmischer *m* mixer for soil stabilization
Bodenverflüssigung *f* **[/thixotrope]** liquefaction [of the soil]
Bodenvermessung *f* ground survey
Bodenvermörtelung *f* soil stabilization, soil cementation
Bodenvermörtelungsgerät *n* rotary-type mixer
Bodenvermörtelungsmaschine *f* road mixer
Bodenwasser *n* **/ hygroskopisches** hygroscopic soil water
Bodenwasseranstieg *m* **durch Kapillarwirkung** elevation of ground water
Bodenwasserdruck *m* seepage force (pressure)
Bodenwassergehalt *m* [ground water] percent saturation *(in Prozent)*
Bodenwelle *f* bump, undulation of ground
Bogen *m* arch, vault; concameration; arc *(Geometrie)*; bow; elbow *(Rohrbogen)*
~/abgesetzter stepped (shouldered) arch
~/arabischer Arabic (Moorish) arch
~/aufgestelzter stilted arch
~/ausgeschrägter splayed arch; *(Am)* sluing arch *(selten)*
~/doppelt zentrierter two-centered arch
~/dreifach zentrierter three-centred arch
~ einer dicken Wand through arch
~/einfacher one-centred arch
~/eingesetzter recessed arch *(in einem größeren Bogen)*
~/eingespannter fixed-end arch, rigid arch
~/elastischer elastic arch *(entworfen nach der Elastizitätstheorie)*
~/gebrochener polygonal arch
~/gedrückter obtuse angle arch, depressed (surbased) arch
~/geknickter polygonal arch
~/gekreuzter groin arch
~/gelenkloser rigid arch
~/gemischter composite (compound) arch
~/geneigter rampant (raking) arch
~/gerader straight (direct) arch
~/gerippter ribbed arch
~/geschobener rampant (raking) arch
~/gestelzter surmounted arch
~/gevierter four-centered arch
~/gotischer pointed (peak) arch
~/imitierter false arch
~/innerer rear arch, rere-arch *(eines Gewölbes)*
~/maurischer Arabic arch
~/mehrfach zentrierter mixed (multicentred) arch
~ mit Kettenkurvenform catenary arch
~ mit Zugband bowstring arch
~/normannischer Norman arch
~/persischer keel arch *(zwiebelförmiger Bogen)*
~/römischer Roman (full-centred) arch
~/sächsischer triangular arch
~/scheitrechter gauge (flat, camber, floor, jack) arch
~/schiefwinkliger oblique (skew) arch
~/statisch bestimmter statically determined arch
~/statisch unbestimmter statically undetermined arch
~/steigender rising (rampant, raking) arch
~/symmetrischer symmetrical arch
~/überhöhter raised (surmounted) arch

~/unterbrochener broken arch
~/verdeckter back arch
~/verjüngter splayed (sluing) arch
~/verkürzter diminished (scheme) arch, skeen (skene) arch; imperfect arch
~/voller full-centred arch
~ weniger als ein Halbkreis scheme arch
~/zusammengesetzter mixed arch
~/zwiebelförmiger keel arch
Bogenanfang *m* springing
Bogenanfänger *m* haunch
Bogenanfangstein *m* tas-de-charge *(Keilstein)*; arch springer
bogenartig *(Arch)* arched, arcuated; arcual, arcuate *(Geometrie)*
Bogenaußenschicht *f* ring course
Bogenaussteifung *f* arch stiffening
Bogenbalken *m* arch beam, curved beam
Bogenbau *m* arched (arcuated) construction
Bogenbildung *f* bridging *(Schüttgüter)*
Bogenbinder *m* arch girder, arched truss
Bogenbinderdach *n (Hb)* bowstring roof
Bogenbohrer *m* fiddle drill
Bogenbrücke *f* arched bridge
~/eiserne iron-arch bridge
~ mit aufgeständerter Fahrbahn spandrel-braced arch bridge
~ mit Zugband tied-arch bridge
Bogendach *n* arched (cambered) roof
Bogendamm *m* arch (arched) dam
Bogendecke *f* vaulted ceiling
Bogendeckung *f* arched cover
Bogendurchgang *m* archway
Bogenebene *f* arch plane
Bogenfachwerk *n* arched truss, [tied] arch truss
Bogenfachwerkbrücke *f* arch truss bridge, spandrel braced bridge
Bogenfachwerkträger *m* arched (crescent) truss
Bogenfeld *n* arch bay; tympanum
Bogenfenster *n* arched (bay) window; compass window
Bogenfläche *f* closing panel of a vault
Bogenform *f* form of arch
bogenförmig vaulted, arched, arch-like, arcuate
Bogenfries *m* arched mouldings, corbel table *(Ornament)*
Bogengang *m* arcade, archway
~ mit durchdringenden Bögen intersecting arcade
~ mit überschnittenen Bögen interlacing (interlaced) arcade
Bogengerüste *npl* centring of arches, scaffolding of a centre vault
Bogengesims *n* arch corner bead
Bogengewichtsstaumauer *f* arch-gravity dam
Bogengewölbe *n* entire arch, vault in full centre
Bogengleis *n* curved track
Bogengurtung *f* arched boom
Bogenhobel *m* compass plane
Bogenkämpfer *m* arch impost
Bogenkeilstein *m* voussoir quoin
Bogenkrümmung *f* arch curvature
Bogenlager *n* arch bearing
Bogenlänge *f* arch length
Bogenlast *f* arch load
Bogenlehre *f* arch template, bow member, centring [of vault], camber (trimming, turning) piece
Bogenlehrenbrett *n* turning piece *(für kleine Bögen)*
Bogenlehrgerüst *m* arch centre (centring), *(Am)* groin centering
Bogenleibung *f* intrados
Bogenlinie *f* outline of arch; curvature
Bogenmaß *n* circular (radian) messure
Bogenmauer *f* arch (arched) dam
Bogennaturstein *m* arch stone
Bogenöffnung *f* included angle of vault, arch opening
Bogenornament *n***/ausgekragtes** corbel table
~/hängendes pendant
Bogenpfeiler *m* arched buttress, flying (pier) buttress, abutment pier, respond
Bogenradius *m* radius of curvature
Bogenrandstein *m* ring stone
Bogenrandziegel *m***/konischer** creeper
Bogenreihe *f* arcade
Bogenring *m* arch ring
Bogenrippe *f* arch (arched) rib, branch rib
Bogenrohr *n* bend, bent pipe
Bogenrücken *m* extrados
Bogenrundung *f* centring, centering, camber
Bogensäge *f* coping saw
Bogenschalung *f* arch (arched) falsework, arch (arched) centring
Bogenscheibenstreifen *m* arch band
Bogenscheitel *m* arch key (top), crown of an arch
Bogenschenkel *m* half-arch, haunch
Bogenschnittpunkt *m* cusp *(Ornament)*
Bogenschnittpunktfigur *f* cusp
Bogenschlagentfernung *f (Verm)* swing offset
Bogenschlußstein *m* keystone, sagitta, mensole
Bogenschlußsteinornamente *npl* headwork
Bogenschlußziegel[stein] *m* key brick
Bogenschub *m* thrust of arch, arch thrust
Bogenschutz *m* tainter gate, *(Wsb)* radial gate *(Wehr)*
Bogensehnenträger *m* [polygonal] bowstring girder, segmental bowstring girder
Bogensekunde *f (Verm)* second of arc
Bogensprengwerk *n* arched truss
Bogenstab *m* bar of arch
Bogenstaudamm *m* arch[ed] dam
Bogenstaumauer *f* arch[ed] dam
Bogenstein *m* arch stone; curved curb *(Bordstein)*
Bogenstellung *f* arcading, arcature
Bogenstich *m* pitch (camber) of an arch
Bogenstück *n* sector, segment; elbow *(Rohrleitung)*

~ **mit kleinstem Radius eines drei- und mehrfach zentrierten Bogens** hance
Bogensturz *m* arched lintel (head), circular head
Bogenstütze *f* respond
Bogenstützschalung *f (Am)* groin centering
Bogenstützweite *f* effective arch span
Bogensystem *m* arch system, arching
Bogentiefe *f* soffit width
bogentragend arcuated
Bogenträger *m* arch[ed] beam, arched girder
~/durchgehender continuous arched girder
~ **mit Durchzug** arched girder with intermediate tie
~ **mit gebrochenen Linien** arched girder with polygonal outline
~ **mit konstantem Horizontalschub** arched girder with invariable horizontal thrust
~ **mit vermindertem Horizontalschub** arched girder with diminished horizontal thrust
~ **mit Zugband** tied arch, bow-string girder
~/versteifter stiffened arched girder
Bogenträgerdach *n***/sternförmiges** radial arch roof
Bogentürkopfende *n* segment head *(Bogentür)*
Bogenverband *m* arch bond
Bogenwechsel *m* change of curvature
Bogenweite *f* clear arch span
Bogenwerk *n* arcading, arcature, arcades
Bogenwiderlager *n* arch abutment (bearing)
Bogenwirkung *f* arch action
Bogenwölbungen *fpl* ranges of arches
Bogenziegel[stein] *m* radial brick (stone), gauged (voussoir) brick
Bogenzirkel *m* bow compass
Bogenzwickel *m* spandrel *(Bogenreihe)*
bogig arched; arcual, arcuate *(Geometrie)*
Bohle *f* plank, board, deal board
Bohlenbelag *m* planking
Bohlendach *n* plank (batten) roof
Bohlendecke *f* plank floor
Bohlenfachwerk *n* plank frame
Bohlenfußboden *m* plank[-on-edge] floor
Bohlengang *m* boardwalk, strake, duckboard *(Laufsteg)*
Bohlenholz *n* plank timbers
Bohlenlehrgerüst *n* rib of planks
Bohlenrahmen *m* plank frame
Bohlenrost *m* plank foundation platform
Bohlenverlegen *n* plan king
Bohlenwand *f***/einfache** single plank wall
~/doppelte double plank wall
Bohlenweg *m* barrow run *(für Schubkarre)*; plank-ways
Bohlenzarge *f* plank frame
Bohlwerk *n* bulwark *(Hafenbau)*
bohnerbar 1. polishable; 2. buffable
bohnern 1. to polish, to rub with wax; 2. to buff
Bohrarbeit *f* boring
Bohrarbeiten *fpl* drilling work, boring operations
Bohrautomat *m* automatic drilling machine
Bohrbrunnen *m* bore (drilled) well
bohren to bore, to drill; to hole *(Schiefer)*
~/Gewinde to tap
Bohrer *m* drill; bit, drill bit *(Einsatz)*
~/archimedischer hand brace
Bohrerspitze *f* bit, drill bit
Bohrgerät *n* drill
Bohrgestänge *n* boring rods, drilling pipe
Bohrgut *n* cuttings
Bohrhammer *m* rock drill
~/leichter jackhammer
Bohrkern *m* [boring] core
Bohrkerne *mpl* cuttings
Bohrkernentnahme *f* core extraction
Bohrkernprüfung *f* core test
Bohrkopf *m* chuck
Bohrlehre *f* bit gauge (stop)
Bohrloch *n* drill-hole, bore-hole, bore, shot-hole; bored well, well *(Öl)*; blast hole *(Sprengung)*; boring *(zur Bodenentnahme)*
Bohrlochkopf *m* casing head
Bohrmaschine *f* drill
Bohrpfahl *m* bored pile; *(Erdb)* replacement type pile, auger pile *(Ortbetonpfahl)*; bored (drilled-in) caisson
~ **mit Mantelrohr** caisson pile
Bohrplan *m* boring plan
Bohrratsche *f* ratchet drill
Bohrrohr *n* driving pipe, bore-hole tube
Bohrschlamm *m* boring sludge
Bohrschmant *m* boring sludge
Bohrständer *m* [drill] upright
Bohrtechnik *f* drilling engineering, drilling
Bohrung *f* 1. drilling, boring; 2. drill-hole, bore; well *(Öl)*
~/thermische thermic drilling
Bohrverfahren *n* boring method
Bohrversuch *m* boring-test
Bohrwinde *f* brace, hand brace, carpenter's brace
Böigkeitsbeiwert *m* gust loading factor
Boiler *m* boiler
~ **mit Innenfeuerung** internally fired boiler
Boilerdruck *m* boiler pressure
Boilerheizschlange *f* immersion heater
Boilerisolierung *f* boiler jacket
Boilerverkleidung *f* boiler jacket
Boilerwasserzusatz *m* boiler compound
Bollwerk *n* bulwark *(Hafenbau)*
Bolzen *m* bolt, pin, screw; dowel *(Holz)*; stay bolt; pintle *(Drehbolzen)*; billet; prop
~ **mit Splint** cotter bolt
~/selbstsichernder self-locking bolt
~/überdrehter skinned bolt
~/versenkter countersunk bolt
Bolzenabstand *m (Hb)* row spacing
Bolzenanker *m* stud anchor, rag bolt
Bolzengelenk *n* pin hinge (joint), pivot joint *(Brücke)*
Bolzengewinde *n* male thread
Bolzenhalterung *f* pinning

Bolzenkipplager *n* free bearing
Bolzenloch *n* pinhole
Bolzenöffnung *f* pinhole
Bolzenschaft *m* shank
Bolzenscheibe *f* bolt washer
Bolzenschießen *n* bolt (stud) shooting
Bolzenschießgerät *n* stud gun, cartridge hammer, explosive-actuated gun, explosive-cartridge fastening tool, stud driver
Bolzenschlüssel *m* bolt spanner
Bolzenschneider *m* bolt (bar) cutter, alligator shears
Bolzenschneidmeißel *m* slogging chisel
Bolzenschwächung *f* bolt deduction
Bolzenstab *m* stud, partition stud
Bolzenstange *f* stud bolt
Bolzenstift *m* gudgeon
Bolzentreiber *m* stud driver
Bolzenverbindung *f* bolt connection, bolt screwing-connection, pinning
Bolzung *f* propping-up
Bombenschutzraum *m* bomb shelter
Bootshafen *m* boat basin
Bootshaus *n* boathouse
Bootslack *m* boat (spar) varnish
Bordeinfassung *f* kerb; *(Am)* curb
bördeln to border, to burr up; to edge
Bördelnaht *f* flange weld *(Schweißen)*
Bördelring *m* drag-ring
Bördelrohr *n* beaded tube
Bördelung *f* beading, beadwork
Bördelverbindung *f* flared point; standing seam *(Metallbedachung)*
~/gesattelte saddle joint (back), water [back] joint
Bordkante *f (Am)* kerb; curb
Bordpfahl *m* border-pile
Bordschwelle *f* curb fender, kerb; *(Am)* curb; marginal plank
Bordstein *m* kerbstone, kerb, *(Am)* curbstone, *(Am)* curb; border stone; cheek stone
~/gebogener curved curb
Borke *f* bark
Borstahl *m* boron steel
Borte *f* orle[t] *(Schmuckborte an einem Wappen)*
Böschung *f* slope, flank of a hill, embankment, escarpment, band, berm; acclivity; glacis *(speziell vor einer Befestigung)*
~/angesäte seeded slope
~/äußere counterscarp
~/gepflasterte stone pitching
~ im Abtrag slope of cutting
~/natürliche natural slope
~/steile steep slope, steep, acclivity, sharp slope
~/wasserseitige upstream talus
~/wellenbrechende wave-trap floor
Böschungsbefestigung *f* slope stabilisation
Böschungserdhobel *m* angledozer
Böschungsflügel *m* **/ gerader** straight retaining wing of a slope
Böschungsfuß *m* toe of the slope, toe
Böschungsgraben *m* ditch of a berm
Böschungshobel *m* backsloper
Böschungskante *f* crown of a slope, crest
Böschungskegel *m* cone of slope
Böschungsmauer *f* **/ äußere** counterscarp wall
~/kegelige conical retaining wall
Böschungsmulde *f* [slope] gutter
Böschungsneigung *f* slope
Böschungspflaster *n* slope paving
Böschungsplanierer *m* single slope trimmer
Böschungsprofil *n* profile of slope
Böschungsrutschen *n* soil creep
~/langsames soil creep
Böschungsrutschung *f* talus slide; slope failure
Böschungsschräge *f* bank sloping
Böschungsschüttung *f* talus material
Böschungsschutz *m* slope protection
Böschungssohle *f* toe of the slope
Böschungsstandfestigkeit *f* slope stability, stability of slope
Böschungsübergangskurve *f* vertical curve *(zweier Böschungsneigungen)*
Böschungsverdichtung *f* slope compaction
Böschungsverhältnis *n* gradient
Böschungsverkleidung *f* revetment
Böschungswinkel *m* slope angle, slope
~/maximaler critical slope
~/natürlicher natural slope; angle of repose (rest)
Böschungsziehen *n* bank sloping
Böschungszieher *m* slope trimmer
Boskett *n* bosket *(Buschwäldchen)*
Bosse *f s.* Bossenstein
bosseln to rough-hew *(Naturstein)*
Bossen *m s.* 1. Bossenstein; 2. Bossenmauerwerk
bossenartig pitch-faced
Bosseneckstein *m* rustic quoin
Bossenmauerwerk *n* rustic work, rusticated ashlar, rustication *(s. a.* Bossenwerk*)*
Bossenornament *n* boss
Bossenquader *m s.* Bossenstein
Bossenstein *m* rustic stone, boss
Bossenwerk *n* bossage, quoins *(s. a.* Bossenmauerwerk*)*
Bossenwerkbogen *m* rusticated ashlar arch, rustic (rubble) arch
Bossenwerkornament *n* gadroon *(von eiförmigen Bossen)*
Bossiereisen *n* chase wedge, boaster, paring chisel
bossieren to emboss; to rough-hew *(Naturstein)*
Bossieren *n* embossing, bossing *(Stein, Metall)*
~ des Steins bossage of the stone
Bossierhammer *m* embossing hammer, stone mason's hammer
bossiert bossed, rusticated, rough-hewn
Boulton-Verfahren *n* Boulton process *(Holzschutz mit Teeröl)*
Bowlingbahn *f* bowling alley

Bowlingrasen *m* bowling green
Boxenstall *m* stall barn
Brachland *n* fallow ground (soil)
Brand *m* fire
Brandabschnitt *m* fire compartment
Brandbelastung *f* fire load
Brandblende *f* fire barrier (stop)
Branddamm *m* fire dam
Branddecke *f* compartment floor
Branddetektor *m* fire detection device
brandfest fire-proof
Brandfluchttreppe *f* fire escape ladder
Brandgefahr *f* fire risk
Brandgesims *n* fire canopy
Brandgiebel *m* fire gable, gable end
Brandhohlmauer *f* hollow party wall
Brandklassenwert *m* fire rating
Brandlast *f* fire load
Brandmalerei *f* pyrography
Brandmauer *f* party (parting, common) wall, fire (division) wall, fire-division wall; fire partition *(zwei Stunden Feuerwiderstand)*; fire-proof wall, fire-resisting wall; spine wall, compartment wall
~/durchgehende compartment division masonry wall
Brandmauerabtrennung *f* distance separation *(gereihte Gebäude)*
Brandmauerkonsole *f* party corbel
Brandmauerzwischenraum *m* fire area
Brandmelder *m* fire warning device
Brandrisse *mpl* crazing *(Keramik)*
Brandruine *f* gutted (fire-gutted) structure
Brandschaden *m* fire loss
Brandschott *n* fire (division) wall
Brandschutz *m* fire protection
Brandschutzbestimmungen *fpl* fire regulations
Brandschutzklassifikation *f* fire-protection rating
Brandschutzmaßnahme *f* precaution against fire, fire protection measure
Brandschutzmauer *f* compartment wall
~/durchgehende compartment division masonry wall
Brandschutztür *f* fire-resistant door, *(Am)* draft stop
~/selbstschließende self-closing fire door
Brandschutzummantelung *f* fire protection encasement
Brandschutzvorkehrungen *fpl* fire protection
Brandsicherheit *f* fire safety
Brandtür *f* fire [check] door, emergency door
~/selbstschließende self-closing fire door
Brandtürklassifikation *f* fire-door rating, fire-rated door
Brandverhütung *f* fire prevention
Brandungsgürtel *m* surf bar, bar
Branntgips *m* calcined gypsum
Branntkalk *m* fired (caustic) lime, quicklime, burnt lime, auhydrous lime
~/gemahlener ground lime
~/unsortierter run of kiln lime
Brauchwasser *n* service (industrial) water
Braun *n***/ Kasseler** Vandyke brown
Braunbeizen *n* browning, bronzing
Braunglas *n* amber glass
Braun[sand]stein *m* brownstone
Brause *f* shower bath, shower, sprinkler
Brausebad *n* spray shower bath
Brausekopf *m* shower (sprayshower) head, sprinkler
Breccienkalkstein *m* entrochal limestone
Brechanlage *f* crushing (breaking) plant
~/fahrbare portable (mobile) crusher
Brecheisen *n* crowbar; *(Am)* pinch bar, claw bar, wrecking bar, ripping bar; mallet-headed chisel
brechen to break, to crush; to break *(Bitumenemulsion)*; to quarry *(Steine)*; to fracture *(zu Bruch gehen)*
Brechen *n* crushing, breaking, breakage; *(Hb)* bevelling; quarrying; breaking *(Steine)*; breakdown *(Bitumenemulsion)*
brechend/schnell quick-break[ing] *(Bitumenemulsion)*
Brecher *m* crusher, breaker
Brechergekörn *n* crusher-run aggregate
Brecherprodukt *n* crusher-run aggregate
Brechgut *n* crushed material
Brechkies *m* crushed gravel
Brechmehl *n* breaker dust
Brechprüfung *f* breaking test
Brechpunkt *m* shatter (brittle, breaking) point *(Bitumen)*; break *(Fläche)*
~ nach Fraas Fraas breaking point *(Bitumen)*
Brechsand *m* crushed rock fine aggregate, screenings, stone (quarry, manufactured) sand
Brechstange *f* crowbar; *(Am)* pinch (claw, ripping) bar, wrecking bar, pry[bar]
Brech- und Siebanlage *f* crushing and screening plant
Brechung *f* **des Schalls** refraction of sound
Brechwalzwerk *n* crushing mill
Brechwerk *n* crusher
Brei *m* paste, pulp
Breitaxt *f* broad axe
Breitbeil *n* chip ax[e], blocking ax[e], block bill
Breite *f* width
~/geographische geographical latitude
~/mittragende effective width *(Stahlbeton)*
Breite-Dicke-Verhältnis *n* width-thickness ratio
Breiteisen *n* broad tool, bolster, boaster *(Meißel, ca. 11 cm breit)*
Breiten *fpl***/ unsortierte** random widths
Breitenkrümmung *f* transverse warping *(Holz)*
Breitflachmeißel *m* butt chisel
Breitflansch *m* wide flange
Breitflanschprofil *n* H-section
Breitflanschscharnierband *n* H-hinge
Breitflanschschiene *f* flanged rail, flat-bottom[ed] rail

Breitflanschträger *m* H-beam, H-girder, broad-flange beam, wide-flange beam
Breitflügeltürscharnier *n* wide-throw hinge
Breitfußschiene *f* rail with wide base, flanged rail
Breithacke *f* mattock
Breithaue *f* mattock
Breitholz *n* half-round wood
Breitschlichtmeißel *m* wide-finishing tool
Breitschnittholz *n* broad timbers
Breitspur *f* wide gauge *(Schiene)*
Breitstahl *m* paring chisel
Breitstrahlbeleuchtung *f (Am)* high-bay lighting
Breitstrahler *m* wide-angle lighting fitting
Breitziegel *m* clay flap tile
Brekzie *f* breccia *(Brockenstein)*
Bremsberg *m* braking incline
Bremspfeiler *m* baffle block
Bremspuffer *m* bumper
Bremsung *f* braking, deceleration
Bremsweg *m* braking distance
brennbar combustible, inflammable
Brennbarkeit *f* combustibility, flammability
Brennbarkeitsklasse *f* combustibility grading period
Brennbarkeitsverzögerer *m* fire-retardant agent (chemical)
brennen to burn, to bake, to fire *(Keramik)*; to stove *(Anstriche einbrennen, aushärten)*
~/Kalk to burn lime
~/Ziegel to bake (fire) bricks
Brennen *n* burning; firing; baking *(Ziegel)*; stoving *(Aushärten von Anstrichen)*
brennend/langsam slow burning *(Baustoffe)*
Brennerfrischluft *f* primary air *(Heizung)*
Brenngeschwindigkeit *f* burning rate
Brennholz *n* firewood; *(Am)* cordwood
Brennofen *m* kiln *(für Keramik)*
brennschneiden to torch-cut
Brennschneiden *n* gas (torch) cutting; arc-cutting *(mit Lichtbogen)*; burning
Brennstoff *m* fuel
Brennstofftank *m* fuel tank; fuel bunker
Brennstofflager *n* fuel store
brennverzögert slow-burning *(Baustoffe)*
Brett *n* board, plank; deal
~/abgewinkeltes bevel board
~ eines Laschenbalkens fitch
~/gehobeltes planed board
~/gekehltes moulded board
~/gezinktes dovetailed board
~ mit keilförmiger Überlappungskante feather-edge board
~/randholzfreies heart-face board
~/verleimtes glued board
~/vierzölliges quarter stuff
~/waldkantiges outer board
Brettbinder *m* plank frame, sandwiched truss, nailed roof framing
Brett-Deckleisten-Verkleidung *f* board and batten
Bretter *npl* **/ gespundete** matched boards (lumber), tongue-and-groove boards, T and G boards
~/verleimte glued boarding
Bretterboden *m* boarded floor
Bretterschalung *f* board shuttering (formwork)
Bretterschneiden *n (Am)* flatting
Bretterstoß *m* stack of boards
Brettertür *f* ledged door
~ mit Quer- und Diagonalriegel ledged-and-braced door
Bretterung *f* boarding
Bretterverkleidung *f* **/ überlappte** weather-boarding
Bretterverschalung *f* wood siding, plank lining *(Außenwand)*; wood boards
Bretterverschlag *m* timber-lined shed, partition boards
Bretterwand *f* board partition [wall]
Bretterwandbeschlag *m* wood siding
Bretterzaun *m* board (close-boarded) fence, boarding; hoarding *(Bauzaun)*
Brettfläche *f* surface measure *(Maß)*
Brettfuß *m s.* Board-Fuß
Bretthängelot *n* plumb rod (rule)
Brettkanten *fpl* **/ nicht genau passende** *(Am)* mismatch lumber
Brettlot *n* plumb rod (rule)
Brettoberfläche *f* surface measure *(Maß)*
Brettschalform *f* board form[work]
Brettschalung *f* board form[work]
Brettverkleidung *f* boarding
Brettwand *f* boarded partition
Brettzarge *f* plank frame
Briefablage *f* pigeon hole *(Fach)*
Briefkasten *m* letter box
Briefschlitzklappe *f* letter[-box] plate *(an einer Tür)*
Brillengewölbe *n* Welsh arch (vault)
Brinellhärte *f* Brinell hardness
Brinellpresse *f* brale-press
Brinellversuch *f* Brinell test
bringen/auf bestimmte Dicke to thickness *(Holz)*
~/außer Flucht to misalign
~/in Lage to locate
~/in Position to locate
~/in Waage to level
~/ins Gleichgewicht to right
~/ins Lot to plumb
bröcklig crumbling, crumbly
Bronze *f* bronze
Bronze[bau]beschläge *mpl* bronze hardware
Bronzierung *f* bronzing
Bruch *m* fracture, rupture, brack[age]; failure • **zu ~ gehen** to rupture; to fail by buckling
~/beginnender incipient failure *(Stahl, Holz, Beton)*
~ durch Schwinden shrinkage cracking *(Beton)*
~/fortschreitender progressive failure
~/passiver passive failure
Bruchbeanspruchung *f* ultimate straining
Bruchbedingung *f* rupture condition, failure condition

Bruchbelastung *f* breaking load, failure loading, ultimate loading (stress), fracture load
Bruchbiegewinkel *m* ultimate bending angle
Bruchbildung *f* rupturing
Bruchbude *f* jerry-built house
Bruchdehnung *f* elongation [rupture], elongation at break (rupture); breaking elongation *(Baustoffe)*; ultimate elongation; failing (failure) strain, strain at failure, facture strain
Bruchdruckfestigkeit *f* ultimate compressive strength
Bruchebene *f (Bod)* plane of rupture
Brucheigenlinie *f* intrinsic rupture curve
bruchfest break-proof, resisting to fracture
Bruchfestigkeit *f* final (ultimate) strength; failure strength; crushing strength *(Statik)*
Bruchfläche failure surface, fracture [area], breaking (cleavage) plane
bruchfrisch quarry-faced *(Natursteinoberfläche)*
Bruchfuge *f* joint of rupture
Bruchgefüge *n* fracture appearance
Bruchgestein *n***/ anfallendes** quarry run *(unsortiert)*
Bruchgleichgewicht *n* ultimate equilibrium
Bruchgrenze *f* ultimate limit state, limit of the ultimate strength; fracture (failure, strength) limit; breaking point
Bruchgrenzenberechnung *f* limit design
Bruchhaufwerk *n* quarry run
Bruchhypothese *f* theory of failure
brüchig brittle, fragile; rotten; clastic *(Geologie)*
• ~ **machen** to tender
Brüchigkeit *f* fragility, brittleness; friability, rottenness *(Stahl)*; shortness *(Metalle)*
Brüchigwerden *n* embrittlement
Bruchkreis *m* cricle of sliding (failure); *(Bod)* slip circle
Bruchkurve *f* rupture curve
Bruchkurvenumhüllende *f (Bod)* rupture curve [line]
Bruchlager *n* natural bed *(Naturstein)*
Bruchlast *f* breaking (collapse, crushing, failing, failure, fracture, rupture, ultimate) load
Bruchlinie *f* rupture line, line of fracture; failure envelope
Bruchlinientheorie *f* yield line method (theory)
Bruchmodul *m* modulus of rupture, rupture modulus (strength)
Bruchmoment *n* ultimate moment
Bruchreibungswinkel *m* peak point friction angle
bruchrauh quarry-faced, natural cleft
Bruchrohstein *m* rough ashlar
Bruchsandstein *m* sandstone rubble
bruchsicher resistant to fracture, break-proof, fail-safe
Bruchsohle *f* quarry floor
Bruchspannung *f* crushing (breaking, failure, failing, rupture, fracture, ultimate) stress
Bruchsplittergestein *n* quarry waste
Bruchstein *m* broken rock (stone), rubble, quarry stone (block); shiver *(Dachschiefer)*; pudding stone *(als Großkornzuschlagstoff bei Massenbeton)*
~/behauener dressed (scabbled) stone
~/unbehauener rubble, rough ashlar
Bruchsteinbeton *m* rubble concrete
Bruchsteinbogen *m* rustic arch, rubble[-stone] arch
Bruchsteingewölbe *n* rubble (rustic) arch, rubble vault
Bruchsteinmauer *f* [rough] rubble wall
~ **mit Quaderverblendung** rubble ashlar wall
Bruchsteinmauern *n* snecking
Bruchsteinmauerwerk *n* rubble masonry, rubblework, scrabbled rubble (masonry), snecked rubble, hacking
~ **aus kleinen Steinen** rag rubble work
~/hammerrechtes random work, random ranged (tooled) ashlar
~ **mit Längs- und Querquadern an den Ecken** long-and-short work
~/mörtelloses dry rubble construction
~/regelloses random ashlar (bond), coursed squared rubble work
~/unregelmäßiges random rubble masonry
Bruchsteinplattenmauerwerk *n* rag work, ragstone masonry
Bruchsteinschüttung *f* random rubble fill, random rubble; *(Erdb)* large rubble
~/sortierte classified rubble filling
Bruchsteinsetzen *n* snecking
Bruchsteinsplitt *m* chippings
Bruchsteinstückwerk *n* rock rash
Bruchsteinverband *m* quarry stone bond
Bruchstück *n* fragment
Bruchtheorie *f* ultimate design [method]
Bruchverformung *f* strain at failure
Bruchversuch *m* breaking test
Bruchwand *f* quarry face *(Steinbruch)*
Bruchzone *f* failure zone, critical section
Bruchzugspannung *f* ultimate tensile strength
Brücke *f (Wsb)* bridge; boarding bridge; bond *(Eisenbahn)*
~/eingleisige single-line bridge
~/eiserne iron bridge
~/fliegende flying (ferry) bridge
~/gemauerte masonry bridge
~/gußeiserne cast-iron bridge
~ **mit festem Unterbau** bridge with fixed substructure
~ **mit mehreren Öffnungen** multiple-span bridge *(mit mehreren Spannbögen)*
~ **mit obenliegender Fahrbahn** deck bridge
~ **mit segmentförmigen Frontbogen** bridge with segmental face arch
~ **mit untenliegender Fahrbahn** trough bridge
~/offene trough bridge
~/schiefe skew (oblique) bridge
~/schiefwinklige skew (oblique) bridge

~/überflutbare submersible bridge
~/zweistöckige double-deck bridge
Brücken *fpl* **und Hochstraßen** *fpl* elevated road crossings
Brückenauflager *n* bearing of bridge
Brückenbau *m* bridge building (construction); bridge engineering
Brückenbelag *m* roadway bridge floor
Brückenbogen *m* arch (vault) of bridge
Brückenfahrbahn *f* bridge floor
Brückenfahrbahnbelag *m* roadway bridge floor
Brückenfeld *n* bay
Brückenflügel *m* leaf
Brückengeländer *n* bridge railing
Brückenhauptöffnung *f* main span of bridge
Brückenjoch *n* pier of bridge, bridge bent
Brückenkabel *n* bridge cable (rope)
Brückenkran *m* overhead (bridge) crane
Brückenlager *n* bridge bearing
Brückenlängsträger *m* stringer
Brückenlaufkran *m* overhead crane
Brückenmischer *m* mixer spreader
Brückenmodell *n* bridge model
Brückenöffnung *f* span, bridge opening
Brückenpfeiler *m* bridge pier (pillar), pier, pylon, column of a bridge
Brückenplatte *f* battle deck [bridge] floor
~/gehängte suspended bridge deck
Brückenrampe *f* bridge approach
Brückenrost *m* floor system [of framed bridge], stringer and traverse floor beam system
Brückentafel *f* battle deck [bridge] floor, decking
Brückenträger *m* bridge girder, crown bar, dog-stays
~/Nevillescher Neville bridge girder
~/verbundener compound bridge girder and arch
Brückentragwerk *n* bridge girder system
Brückenturm *m* supporting tower
Brückenüberbau *m* battle deck [bridge] floor
Brückenunterbau *m* bridge substructure
Brückenverstärkung *f* bridge reinforcement
Brückenvibration *f* bridge vibration
Brückenwaage *f* weighbridge, scale platform
Brückenwiderlager *n* bridge abutment
Brünieren *n* bronzing, browning
Brunnen *m* well, spring, fountain
~/artesischer artesian well
Brunnenabdeckung *f* well curb (cover)
Brunnenanlage *f* well system
Brunnenbau *m* well sinking
Brunnenbauarbeiten *fpl* well construction work
Brunnenbauer *m* well-digger, well-borer
Brunnenbauwerk *n* fountain [structure]
Brunnenergiebigkeit *f* yield of a well
Brunnengründung *f (Erdb)* [sunk] well foundation
Brunnenhaken *m* bucket-hook
Brunnenkranz *m* shell of well
Brunnenmantel *m* well lining
Brunnenrand *m* well curb
Brunnenschacht *m* well pit
Brust *f* **des Steinbruchs** quarry face
Brustbohrmaschine *f* breast drill
Brustgesims *n* band (blocking) course
Brustholz *n* soldier beam, *(Am)* waling
Brustleier *f* breast drill
Brustschwelle *f* girt, girth, raised girt
Brüstung *f* railing, parapet, balustrade; flash *(Dach)*; breastwork *(in Brusthöhe)*
Brüstungsfuß *m* base of balustrade
Brüstungsgitter *n* parapet grille
Brüstungshöhe *f* heel of parapet
Brüstungsmauer *f* parapet; parapet wall *(über dem Dach)*; enclosure wall
~/brusthohe breast wall
~/gezahnte battlement, embattlement *(Mauerzinnen)*
Brüstungsmauerlaufgang *m* vamure *(Befestigungsanlage)*
Brüstungsmauerwerk *n***/ offenes** openwork
Brüstungsstab *m* baluster, banister
Brüstungsträger *m* spandrel beam *(meist die Außenwandelemente tragend)*
Brüstungswand *f* parapet wall; balustrade
Brustzapfen *m* tusk tenon
Brustzapfenaufwölbung *f* tusk
Brutalismus *m (Arch)* brutalism
Bruttobelastungsfläche *f* gross load, area *(eines Mauerwerks)*
Bruttogeschoßfläche *f* gross floor area
Bruttogrundfläche *f* gross floor area
Bruttolast *f* gross load
Bruttoleistung *f* gross output *(Wasserboiler)*; certified output rating
Bruttomischervolumen *n* gross volume [of mixer]
Bruttoquerschnittsfläche *f* gross section[al area]
Bruttowärmeleistung *f* gross load *(Heizsystem)*
Buchbinder *m* **mit gekreuzten Kehlbalken** scissors truss
Buchenholz *n* beech [wood]
Bücherbrett *n* bookshelf
Bücherbrettwinkelstrebe *f* shelf bracket
Büchereiarbeitsplatz *m* carrel
Bücherregal *n* book-shelves
Bücherturm *m* book tower
Buchsbaumholz *n* boxwood
Buchse *f*, **Büchse** *f* bushing, liner
Bucht *f* bay; bight *(auch Flußbiegung)*
Buckel *m* hump *(Hügel)*
Buckelblech *n* buckled (dished) plate; embossed plate
Buckelblechdecke *f* metal floor decking
Buckelplatte *f* buckled plate, pressed steel plate; embossed plate
Bude *f* hut; shack, shanty
Büfett *n* service bar, dresser *(Anrichte)*
Bug *m*, **Büge** *mpl* angle brace (tie)
Bügel *m* link, binder, tie, hoop, stirrup *(zur Bewehrung)*; cramp, yoke; strap *(Holzbalken)*

Bügelabstand *m* pitch of links *(Stahlbeton)*
Bügelbewehrung *f* stirrup (hoop) reinforcement
Bügelbolzen *m* U-bolt
Bügeleisen *n* stirrup *(zur Bewehrung)*
Bügelsäge *f* hack (bow) saw
Bügelschraube *f* U-bolt, strap [stirrup] bolt
Buhne *f* groyne, bush weir, fascine; jetty
Bühne *f* stage, scene, *(Am)* acting level *(Theater)*; platform *(Arbeitsplattform)*
~/erhobene working stage *(Theater)*
~/halbumschlossene enclosed platform
Bühnenbalkon *m* fly floor (gallery) *(Theater)*
Buhnenbau *m* groyning
Bühnenbeleuchtung *f* stage lighting
Bühnenbeleuchtungsleiste *f* concert border
Bühnenbrandmauer *f* proscenium wall
Bühnenbrücke *f* bridge
Bühnenhaus *n* stage block *(Theater)*
Bühnenhöhe *f* stage level
Bühnenkammer *f (Wsb)* basin of groin
Bühnenteil *m* **/ vorderster** front stage *(Theater)*
Bühnentür *f* stage (pass) door *(Theater)*
Bühnenüberraum *m* fly loft *(Theater)*
Bukranienfries *m* bucrane (bucranium) frieze *(Ornament)*
Bulbeisen *n* bulb angle (iron)
Bulldogeisen *n* claw plate
Bulldozer *m* bulldozer
Bundaxt *f* carpenter's axe, mortise cleaner
Bundbalken *m* binder, binding beam, joining beam (balk), head rail
Bündel *n* batch, parcel *(Holz, Stahl)*; cluster
Bündelbewehrung *f* bundled bars
bündeln to bundle; to narrow
Bündelpfeiler *m* bundle pier, multiple rib pillar, clustered column
~ mit Kern[pfeiler] clustered pier
Bündelsäule *f* cluster of columns, clustered column
bündig flush, fair-faced, fair *(Mauerwerk)*; dead level
Bundsäule *f* banded column; [partition] stud
Bundseite *f* exterior face, flush side
Bundsparren *m* main rafter, principal [rafter], blade
Bundstahl *m* fag[g]ot steel
Bungalow *m* bungalow
~ mit teilweisem Dachgeschoß semibungalow
~/zweigeschossiger semibungalow
Bungalowsiedlung *f* bungalow estate (court)
Bunker *m* hopper, silo, bunker *(Zement)*
Bunkerdosierapparat *m* bin batcher
bunt variegated • **~ machen** to fret
Buntbartschloß *n* warded lock
Buntglas *n* tinted glass
Buntmarmor *m* coloured marble
Buntsandstein *m* variegated (mottled) sandstone
Buntzement *m* pigmented cement
Buntziegel *m* rustic brick
Burg *f* castle
burgartig castellated
Bürge *m* principal guarantor, guarantee *(Rechtswesen)*
Burgenbau *m* castellation, castle architecture (construction)
Bürgersteig *m* pavement; *(Am)* sidewalk; footroad, footway *(abseits jeder Straße)*
Burghof *m* bailey
Bürgschaft *f* **des Auftragnehmers zur Zahlung von Arbeitsleistungen und Baumaterial** labour and material payment bond
Bürgschaftsvereinbarung *f* surety bond
Burgwand *f* **/ äußere** bailey
Bürogebäude *n* office building (block)
Bürogroßraum *m* landscaped office room
Bürolandschaft *f* office landscape, open plan office
Bürste *f* brush
bürsten to brush
Bürstendrehstreifen *m* door sweep, sweep strip *(Drehtür)*
Bürstenputz *m* dinging
Bürstenwalze *f* brush-aerator
Bürstputz *m* scratch-brushed finish *(mit mechanischer Drahtbürste)*
Busch *m* shrub
Büschelsäule *f* compound pier *(mit Kern und ringsherum gruppierten kleinen Pfeilern)*
Buschholz *n* bush-wood
Butylkautschukmastix *m* butyl rubber mastic
Butylmastix *m* butyl stearate
Butylstearat *n* butyl stearate
Butzenglas *n* crown glass
Butzenscheibe *f* bull's eye glass
BV-Stoff *m* concrete workability agent *(Betonverflüssiger)*

C

Cadmiumgelb *n* cadmium yellow
Caisson *m* box caisson, caisson
Caissongründung *f* caisson foundation
Caissonkrankheit *f* caisson disease
Calcium... *s. a.* Kalzium...
Calciumcarbonat *n* calcium carbonate
Calciumhydroxid *n* calcium hydroxide
Caldarium *n (Arch)* caldarium, hot room *(Römisches Bad)*
Campanile *m (Arch)* campanile, free-standing bell tower
Candela *f* candela, cd *(SI-Einheit der Lichtstärke)*
~ je m² candela per square metre *(SI-Einheit der Leuchtdichte)*
Carbonat *n* carbonate
Carbolsäure *f* carbolic acid
Carraramarmor *m* Carrara marble
Cassagrande-Apparat *m (Erdb)* standard box
Cavetto *n* cavetto [moulding], gorge
CBR-Wert *m (Erdb)* California bearing ratio
Cella *f (Arch)* cella *(Hauptraum antiker Tempel)*

Celluloid *n* celluoid
Cellulose *f* cellulose
Celluloseacetat *n* cellulose acetate
Cellulosenitrat *n* cellulose nitrate, nitrocellulose
Cellulosenitratlack *m* cellulose nitrate lacquer, nitrocellulose lacquer
Charge *f* batch, charge load
Chargenbetonzwangsmischer *m* batch-type concrete pug-mill
Chargenmischanlage *f* intermittent mixing plant
chargenmischen to batch-mix
Chargenmischer *m* batch mixer
chargenweise in batches
Charta *f* **von Athen** Athens Charter *(Städtebau)*
Chaussee *f* high-road, highway, paved road
Chemiewerkstoff *m* chemical structural material
Chemikalienangriff *m* chemical attack
Chicago-Fenster *m* Chicago window
Chinesischblau *n* Chinese blue, Prussian blue
Chinesischweiß *n* Chinese white *(Zinkoxid)*
Chinoiserie *f* chinoiserie *(chinesische Architekturelemente in Europa im 18. Jahrhundert)*
Chlorkalk *m* chlorinated lime
Chlorkautschuk *m* chlorinated rubber
Chlorkautschukanstrich *m* chlorinated rubber coat (coating)
Chor *m (Arch)* choir
~/hoher *(Arch)* chancel *(Altarraum)*
Chorapsis *f (Arch)* chevet
Chorbühne *f* rood-loft
Chorempore *f (Arch)* choir gallery
Chorgang *m (Arch)* ambulatory
Chorgestühl *n (Arch)* choir stalls
Chorgitter *n (Arch)* jube, choir jube
Chorkapelle *f (Arch)* choir chapel
Chorquadrat *n (Arch)* transpect
Chorschluß *m* **/ eckiger** *(Arch)* polygonal [choir] termination
~/gerader *(Arch)* rectangular [choir] termination
~/runder *(Arch)* round [choir] termination
Chorschranken *fpl (Arch)* choir screen
Chorstuhl *m* choir stall
Chromerzstein *m* chrome brick
Chromgelb *n* chrome yellow, buttercup (Leipzig) yellow
Chromgrün *n* chrome green
Chromgrün-Eisenblau-Gemisch *n* Brunswick green
Chromitstein *m* chrome brick
Chrommörtel *m* chrome mortar
Chrom-Nickel-Stahl *m* chromium-nickel steel, stainless steel
Chromrot *n* chrome red
Chromstahl *m* chrome steel, chromium [stainless] steel
Churriguerismus *m* Churrigueresque architecture
Ciborium *n (Arch)* ciborium *(ein freistehender gewölbter Baldachin, getragen von 4 Säulen)*
Cocolithplatte *f* cocolite slab
Colcretebeton *m* Colcrete
Columbarium *n (Arch)* columbarium *(Gewölbe oder Nischen, Begräbnisstätten im antiken Rom)*
Columna *f* rostrada columna rostrado, rostral column
Containerumschlaganlage *f* container terminal facilities
Conurbationsgebiet *n* conurbation *(Städtebau)*
Cremona-Plan *m* Cremona's polygon of forces
Cross-Verfahren *n (Stat)* moment distribution method, method of moment distribution, [Hardy] Cross method
Culmann-Verfahren *n s.* Verfahren/Culmannsches

D

Dach *n* roof • **ein ~ decken** to roof
~/Ardrand'sches Ardrand type polygon roof
Dachablauf *m* roof outlet
Dachablaufeinfaßblech *n* roof outlet flashing
Dachabstreusand *m* roofing sand
Dachanhebung *f s.* Dachfensterflucht
Dachanschluß *m* flashing
Dachasphalt *m* roofing asphalt
Dachauflast *f* roof live load
Dachausbau *m* roof finishing and completion
Dachausmittelung *f* roof design
Dachausstieg *m s.* Dachluke
Dachbalken *m* roof beam
Dachbalkenlage *f* **/ überzogene** open cornice (eaves)
Dachbau *m* roof construction
Dachbelag *m* roof covering (cladding)
Dachbeplankung *f* roof panel
Dachbinder *m* roof truss
Dachblech *n* roofing sheet
Dachblendmauer *f* roof comb
Dachboden *m* loft, garret
Dachboden[wasser]tank *m* roof tank
Dachbrücke *f* roofed timber bridge
Dachdämmplatte *f* roof insulating slab
Dachdämmschüttung *f* insulating roof fill
Dachdämmstoff *m* insulating roof material
Dachdämmung *f* roof insulation
Dachdecker *m* roofer, slater-and-tiler; slater *(für Schieferdächer)*; thatcher *(für Schilfdächer)*; shingler *(für Schindeldächer)*
Dachdeckerarbeit *f* roofing work
Dachdeckung *f s.* Dachhaut
Dachdeckungspattern *n* ribbon course
Dachelement *n* **/ vorgefertigtes** roof decking
Dachentlüftung *f* roof vent
Dachentlüftungsrohr *n* roof terminal
Dachentwässerung *f* roof drainage
Dachentwässerungsrinne *f* roof drain
Dacherker *m* gabled [dormer] window
Dachfenster *f* roof window
Dachfensterflucht *f* monitor
Dachfirst *m* [roof] ridge

Dachfläche *f s.* Dachschräge
Dachform *f* roof style (profile)
Dachgarten *m* roof garden
Dachgaube *f*, **Dachgaupe** *f s.* Gaupe
Dachgebälk *n* roof beams
Dachgeschoß *n* attic
Dachgesims *n* eaves
Dachgratsparren *m* hip rafter
Dachhaus *n* penthouse
Dachhaut *f* roof cladding (covering, membrane)
Dachhautträgerlage *f* roof-deck
Dachholz *n* roof timbers
Dachisolierung *f s.* Dachdämmung
Dachkammer *f s.* Dachstube
Dachkehle *f* roof valley
Dachklempnerarbeiten *fpl* roof plumbing
Dachkonstruktion *f s.* Dachverband
Dachkuppel *f* roof dome
Dachlaterne *f* roof lantern
Dachlatte *f* roof batten (lath)
Dachlaufbohle *f* roof-platform
Dachleiter *f* roof (cat) ladder
Dachleiterhaken *m* ladder hook
Dachliegefenster *n* skylight, garret window
Dachlüfter *m* roof (attic) ventilator
Dachluke *f* roof hatch (opening)
Dachmanschette *f* **für Rohrdurchführungen** roof flange
Dachnagel *m* roofing (composition) nail
Dachneigung *f* roof pitch (slope)
Dachöffnungsreiter *m* louvre
Dachpappe *f* bituminous felt, roofing felt (paper), sheathing felt, *(Am)* rag felt, roll roofing
~/abgesandete mineral-surfaced felt, mineral surface roofing paper, asphalt-prepared roofing, rolled strip roofing
~/besandete cap sheet
~/bituminöse asphalt felt
~/bituminös getränkte saturated roofing felt, asphalt-prepared roofing
~/blechverstärkte metal-reinforced ready roofing
~/getränkte sheathing felt
~/getränkte und beschichtete *s.* ~/schwere
~ mit Blecheinlage metal-reinforced ready roofing
~/nackte building (sheathing) paper, concreting paper, smooth roofing paper
~/schwere self-finished roofing felt
~/unbesandete smooth roofing paper
Dachpappenbelag *m* parapet skirting *(von der Brüstungsmauer hochgezogen)*
Dachpappeneindeckung *f* **mit bituminösen Kaltbindemitteln** cold-process roofing
Dachpappenfalte *f* fish mouth *(auf einer Dacheindeckung)*
Dachpappenlage *f***/bitumenbestrichene** coated base sheat (felt)
~/ungeklebte underfelt
Dachpappennagel *m* clout (felt) nail, nail for tarred felt
Dachpappenrandstreifen *m* selvage
Dachpappenüberdeckungsstreifen *m* selvage joint
Dachpappenüberlagerung *f* **über die Mauerkrone** envelope
Dachpappenunterlage *f* underlining felt *(Dach)*
Dachpappenverbindungsstreifen *m* taping strip
Dachpfanne *f* pantile, bent tile
Dachpfannenaußenseite *f* tile shell
Dachpfette *f s.* Pfette
Dachplatte *f* roof[ing] slab, roof[-decking] panel
~/durchsichtige roof-light sheet
Dachplatten *fpl* roof decking
Dachqualitätsgarantie *f* roofing bond *(Vertragswesen)*
Dachrahmen *m* roof framing
Dachraum *m* attic, attic (roof) space
~/halbschräger mansard
Dachreiter *m* ridge turret, lantern light
Dachrinne *f* [eaves] rainwater gutter, eaves trough
~/aufgehängte hanging gutter
~/eingebaute secret (sunk) gutter *(in die Traufe)*, *(Am)* concealed gutter
~ hinter der Brüstungsmauer parapet gutter
~/rechteckige box (parallel) gutter
~/vorgehängte eaves gutter
Dachrinnenanbringung *f* **mit langen Nägeln und Blechmanschetten** spike-and-ferrule installation
Dachrinnenendstück *n* stop end
Dachrinnenhalter *m* gutter bearer *(steel hanger)*
Dachrinnenkessel *m* rainwater hopper, *(Am)* conductor head
Dachrinnenlage *f* storm sheet *(Bedachung)*
Dachrinnenleitblech *n* gutter bed
Dachrinnenstück *n***/gekröpftes** swan-neck
Dachrinnentragbrett *n* lear (in-layers) board
Dachrinnenunterstützungsträger *m* gutter plate
Dachrinnenverbindungsstück *n* union clip
Dachrohpappe *f* dry sheet
Dachsattelbrett *n***/gekerbtes** comb board
Dachsaumblech *n* **mit Teerkittabdichtung** pitch pocket
Dachsbeil *n s.* Dechsel
Dachschalbrett *n* roof board
Dachschale *f* roof shell
Dachschalenelemente *npl* roof decking
Dachschalung *f* roof boarding (sheathing)
~ mit lichten Fugen open boarding
Dachschiefer *m* roof (roofing) slate, healing stone
Dachschieferlatte *f* slate batten (lath)
Dachschieferplatte *f (Am)* countess
~/große rag *(60 × 90 cm)*
Dachschifter *m* hip (angle ridge, knee, crook) rafter
Dachschilfrohr *n* thatch
Dachschindel *f* [roofing] shingle
Dachschindelklammer *f* deck clip
Dachschindeln *fpl***/bituminöse** composition shingles, *(Am)* asphalt shingles
Dachschräge *f* pitch of the roof, roof pitch (slope)
Dachsparren *m* rafter, roof rib, roofing tree, spar *(s. a. unter* Sparren*)*

~/rechtwinkliger common rafter *(durchgehender Sparren vom Dachfuß zum Dachgrat)*
~/unterbrochener half principal
Dachsparren... *s. a.* Sparren...
Dachsparrenankereisen *n* heel strap
Dachsparrenlage *f* **über den Giebel gezogene** fly rafter
Dachspriegel *m* carline, roof bow (stick)
Dachstein *m* roof[ing] tile, tile
Dachstroh *n* thatch
Dachstube *f* attic room, garret
Dachstuhl *m* rooftruss, principal, roof structure
~/belgischer Belgian truss
~/einfach stehender king post
~/englischer English truss
~ mit Stichbalken hammer-beam roof
Dachstuhlarbeiten *fpl s.* Dachstuhlbau
Dachstuhlauflageplatte *f* roof plate
Dachstuhlbau *m* roof framing
Dachstuhlstichbalken *m* hammer beam
Dachstulpe *f* pitch
Dachtafel *f* roof[-decking] panel, roofing slab
Dachtagesbeleuchtung *f* roof-light[ing]
Dachterrassenwohnung *f s.* Dachhaus
Dachträger *m* roof girder
Dachtragwerk *n* roof structure
Dachtränk[e]masse *f* [roof] saturant
Dachtraufe *f* eaves
Dachtrauflage *f* dripping eaves
Dachüberstand *m* roof (eaves) overhang, water check
Dachübersteck *m s.* Dachüberstand
Dach- und Deckenverbundkonstruktion *f* composite construction method for roofs and floors
Dachunterlegpapier *n* **/ ungetränktes** slip sheet
Dachuntersatz *m* false attic
Dachventilator *m* roof (attic) ventilator
Dachverband *m* roof structure [system], principal
Dachverglasung *f* roof glazing
Dachverschalung *f* [roof] sheathing
~/gespundete matched roof boards
Dachwerk *n* **/ sichtbares** gable-ended roof
Dachwohnung *f* attic flat
Dachziegel *m* tile, roofing tile, healing stone
~/eineinhalbfacher tile-and-a-half tile
~/fast halbrunder hog's-back tile
~/flacher plain tile
~/geradlinig gehängter straight joint tile
~ mit halbkreisförmigem Querschnitt/gewölbter mission (Spanish) tile
~ mit Nase nibbed tile
~/senkrecht überlappter single-lap tile
~/S-förmiger pantile
~/U-förmiger Roman tile
Dachziegelankerdraht *m* tile tie
dachziegelartig imbricated
Dachziegeldeckung *f* tile roofing
Dachziegelende *n* tail
Dachziegelfirstlage *f* top-course tiles
Dachziegelhammer *m* tile hammer
Dachziegelnagel *m* tile pin
Dachziegelunterlegpappe *f* sarking [board], sarking felt
Dachziegelwandverkleidung *f* weather tiling
Dachziegelwerk *n* tilery, roofing tile factory
Dachzubehörteile *npl* roof accessories
Dachzwischenraum *m* roof space
Dalbe *f*, **Dalben** *m* fender pile, dolphin, pile cluster
Dalbenpfahl *m* dolphin pile
Damentoilette *f* the ladies, women's toilet
Damenumkleideraum *m* ladies (women's) changing room
Damm *m* 1. dam; 2. embankment *(Erddamm)*
~/künstlicher artificial dike
Dammanbelag *m* Damman [cold] asphaltic concrete
Dämmaterial *n* insulating material
Dämmatte *f* insulating mat (quilt), blanket
Dammbalkenverschluß *m* emergency gate
Dammböschung *f* slope of an embankment
Dammbruch *m* dam failure
Dämmeigenschaft *f* insulating property
Dämmeinlage *f* insulating insert
dämmen to insulate
Dammerhebung *f* heightening of a dam
Dämmfähigkeit *f s.* Dämmvermögen
Dammfuß *m* toe
Dämmgipsplatte *f* insulating plasterboard
Dammkanal *m* canal of embankment
Dammkern *m* core wall
Dammkörper *m* dam embankment
Dammkrone *f* dam crest
Dämmkunststoff *m* plastic insulating material
Dämmpapier *n* insulating paper
Dämmplatte *f* insulating board (slab), insulation board
Dammrutsch *m* slip of an embankment
Dämmschaumstoff *m* insulating foam
Dämmschicht *f* insulating course (layer)
Dämmstoff *m* insulating material, insulator
~/körniger granular insulating material
Dammstraße *f* causeway *(in flacher Landschaft)*
Dämmtafel *f* insulating panel
Dämmtür *f* insulating door
Dämmung *f* insulation
Dämmvermögen *n* insulating property
Dämmwandplatte *f* insulating wallboard
Dämmwert *m* insulation value
Dämmziegel *m* insulating brick
~/feuerfester insulating firebrick
Dampf *m* vapour; steam, water vapour
~/überhitzter superheated steam
Dampfaufsauggeriode *f* soaking period *(Betonautoklavbehandlung)*
Dampfbehandlungswartezeit *f* presteaming (holding)period
Dampfbehandlungszyklus *m* steam-curing cycle
Dampfblasenbildung *f* vapour lock *(in Rohrleitungen)*

Dampfbremse *f s.* Dampfsperre
dampfdicht vapour-tight; steam-proof, steam-tight
Dampfdruck *m* vapour pressure
~/gesättigter saturated vapour pressure
dampfdruckgehärtet autoclaved
Dampfdruckhärtekessel *m* autoclave
Dampfdruckhärtung *f* autoclaving, high-pressure steam-curing
dämpfen 1. to damp, to deaden, to muffle *(Schall)*; 2. to steam, to treat with steam; 3. to absorb, to cushion *(z. B. Stöße, Schläge)*
Dämpfer *m* damper *(Schall)*
Dampferhärtung *f* steam curing
dampfgehärtet steam-cured
Dampfhärtekessel *m* autoclave
Dampfheizungsanlage *f* steam heating system
Dampfkammer *f* steam (curing) chamber, steam-curing room, steam kiln (box) *(Betonbehandlung)*
Dampfkessel *m* steam boiler
Dampfkessel- und Druckelementschutzverkleidung *f* steam boiler and machinery insurance
Dampfleitungsrohr *n* steam pipe
Dampfnachbehandlung *f* steam curing, atmospheric[-pressure] steam curing *(von Betonwaren)*
Dampfnachbehandlungskammer *f s.* Dampfkammer
Dampfnachbehandlungszyklus *m* curing cycle
Dampframme *f* steam-driven pile hammer, steam pile-driving engine, pile driver
Dampfsammelrohr *n* dome steam pipe
Dampfsperre *f* vapour (moisture) barrier
Dampfsperrschicht *f s.* Dampfsperre
Dampfstrahlreinigen *n* steam cleaning
Dampfstromluftbefeuchter *m* steam humidifier
Dampftrockenheitsgrad *m* quality of steam *(Heizung)*
Dämpfung *f* 1. damping, deadening, cushioning; 2. absorption *(Stöße, dynamische Bewegungen)*
Dämpfungsfaktor *m* damping factor
Dämpfungslage *f* damping (course) layer
Dampfwalze *f* steam roller
Darre *f* hot floor
Darrofen *m* kiln
darstellen/graphisch to graph, to plot a graph
~/im Schnitt to section
~/schematisch to represent diagrammatically
~/zeichnerisch to represent diagrammatically, to figure
Darstellung *f*/ **auseinandergezogene** exploded view
~/bildliche image
~ der Axialkräfte/graphische axial force diagram
~ durch Freihandskizzieren freehand sketching
~/graphische 1. graphic representation, plotting; 2. graph, plot, chart
~/isometrische isometric projection (drawing)
~/schematische schematic diagram
1:1 Darstellung *f* épure
Darstellungsweise *f* representation
darüberliegend overlying
Datscha *f*, **Datsche** *f* summer (country) house, dacha
Daube *f* stave
Daubenschalbrett *n* stave
Dauerbeanspruchung *f* continuous stress (strain), operating load
Dauerbelastung *f* 1. continuous (constant) load; 2. fatigue loading
Dauerbelastungsversuch *m* test at constant load
Dauerbiegebeanspruchung *f* continuous bending stress (strain), *(Am)* repeated flexural strength
Dauerbiegefestigkeit *f* repeated flexural strength, bending fatigue strength, bending stress fatique limit, bending endurance, fatigue resistance
Dauerbiegemomentengebiet *n* region of constant bending moment
Dauerbiegeversuch *m* fatigue bending test
Dauerbruch *m* fatigue failure; endurance failure (fracture)
Dauerdränage *f* continuous drainage
Dauerfestigkeit *f* fatigue limit (resistance), endurance limit
Dauerfestigkeitskurve *f s.* Dauerfestigkeitsschaubild
Dauerfestigkeitsschaubild *n* stress-number curve
Dauerfrostboden *m* permafrost
dauerhaft lasting, durable
Dauerlast *f* constant load, continuous (permanent) load
Dauerschwingbeanspruchung *f* repeated alternating stress, cyclic loading, fatigue loading (stressing)
Dauerschwingfestigkeit *f* endurance (fatigue) limit, cyclic stress
Dauerschwingzugprüfung *f*, **Dauerschwingzugversuch** *m* sustained-load tension test
Dauerstandfestigkeit *f* fatigue strength, fatigue endurance *(dynamische Belastung)*
Dauerversuch *m* 1. endurance (fatigue) test, 2. long-term test
Dauerwechselbiegefestigkeit *f* alternate bending strength
Dauerzugfestigkeit *f* endurance tensile strength
Dauerzugversuch *m* repeated tensile test
Daumentürdrehöffner *m* thumb knob
Daumentürdrücker *m* thumb piece
Dechsel *m* adze
dechseln *(Hb)* to adze, to dub
Deckanstrich *m* covering (opaque) coat, finishing coat, final coat of paint
Deckbahn *f* cap sheet
Decke *f* 1. ceiling *(eines Raumes)*; 2. floor *(zwischen Geschossen)*; 3. cover *(zum Schutz)*; 4. *s.* Straßendecke • **eine ~ einziehen** to ceil
~/abgehängte *s.* ~/eingehängte
~ aus Streckmetall expanded metal ceiling
~/auskragende cantilevered floor

~/dachgeformte false roof
~/dekorative plafond
~/durchgehende continuous floor
~/durchscheinende translucent ceiling
~/eingehängte false ceiling, drop (counter, suspended, architectural) ceiling
~/eingeschalte shuttered floor
~/feuerhemmende fire-resisting floor *(für eine Stunde)*
~/freitragende suspended floor
~/getäfelte panelled [wood] ceiling
~/geteilte compartment ceiling *(mit Deckentafeln)*
~/gewölbte arched floor (ceiling)
~/Kleinesche Kleine's ceiling, Kleine floor
~/kontinuierliche continuous floor
~ mit lichtdurchlässiger Verblendung luminous ceiling
~ mit Querbalken ohne Träger bridging floor
~ mit sichtbaren Unterzügen open floor
~ mit voller Installierung/eingehängte suspended ceiling for services, [service] integrated ceiling *(Licht, Klimaanlage, Lautsprecher)*
~/nichtstarre non-rigid pavement *(Straße)*
~/schallabsorbierende acoustical ceiling
~/unmittelbar befestigte contact ceiling
~/untergehängte *s.* ~/eingehängte
~/vorgefertigte precast floor
Deckel *m* cover, cap, top
Deckeldole *f* slab culvert
decken to cover
~/ein Dach to roof
~ mit Dachziegeln to tile
~ mit Schiefer to slate
~ mit Schindeln to shingle
Deckenabfluß *m s.* Deckenablauf
Deckenablauf *m* floor drain
Deckenanker *m* crown bar, roof bold (rib), joist anchor
Deckenakustikplatte *f* **als Spanleichtplatte** wood particle (chip) acoustic ceiling board
Deckenauffüllung *f* floor filling
Deckenausbildung *f*/**verzierte** *s.* Decke/dekorative
Deckenaufbau m paving *(Straßendecke)*
Deckenauslaßöffnung *f*/**überstehende** step-down ceiling diffuser (register) *(Klimaanlage)*
Deckenbalken *m* floor beam (joist), common joist
Deckenbalkenlage *f* floor joists
~/eingelassene *(Am)* troffer
~/geschlossene solid floor
~/nicht unterstützte single floor
Deckenbau *m* 1. floor construction; 2. surfacing, paving *(Straßenbau)*
Deckenbekleidung *f* covering of the ceiling
Deckenbelastung *f* floor load
Deckenbeleuchtung *f* 1. ceiling lighting; ceiling area lighting *(der gesamten Decken)*; 2. ceiling light
Deckenbelüftungsöffnung *f* air diffuser
Deckenbinder *m* floor binder, irontie
Deckendämmfliese *f* ceiling board
Deckendeckleiste *f* ceiling strap
Deckendiffusor *m* ceiling diffuser (register)
Deckendose *f* ceiling outlet [box] *(elektrische Steckdose)*
Deckendurchsteigeöffnung *f* floor opening
Deckeneckenwinkellatte *f* Scotch bracketing *(als Stuckleistenbasis)*
Deckeneinbau *m s.* Deckenbau 1.
Deckeneinbauzug *m* paving train, spreading and finishing machines *(Straßenbau)*
Deckeneinlaß *m (HLK)* ceiling grill
~/regelbarer *m (HLK)* ceiling register
Deckenelementfeder *f* spline, feather slip tougue *(abgehängte Decke)*
Deckenerneuerung *f*/**bituminöse** 1. bitunimous surface dressing; 2. asphalt overlay *(Straße)*
Deckenfach *n s.* Deckenfeld
Deckenfeld *n* floorbay, severy, *(Am)* trave *(durch Querbalken geteilt)*
~/quergeteiltes travis
Deckenfertiger *m* finishing machine, [road] finisher, paver
Deckenflacheisen *n* rider strip
Deckenfläche *f s.* Geschoßfläche
Deckenfliese *f* ceiling board (tile)
Deckenfüllblockstein *m* concrete hollow filler [block]
Deckenfüllkörper *m* soffit block, ribbed slab filler
Deckenfüllstoff *m* floor filling material
Deckenfüllung *f* beam (rafter) filling, wind filling
Deckenfüllziegel *m* clay floor brick
Deckengewölbefeld *n s.* Deckenfeld
Deckengewölbeverzierung *f*/**dreidimensionale** muquarnas *(islamische Form)*
Deckenhebeverfahren *n* lift-slab construction (method)
Deckenhöhe *f* floor-to-floor height
Deckenhohlkörper *m* hollow structural floor unit
Deckenhohlplatte *f* hollow (core) floor slab
Deckenhohlziegel *m* hollow-expanded brick, hollow filler brick
Deckenhubverfahren *n s.* Deckenhebeverfahren
Deckenhülsenrohr *n* floor sleeve
Deckenkassettenplatte *f* coffered flooring slab
Deckenkehlleiste *f* plaster cove
Deckenkonstruktion *f* 1. ceiling construction; 2. floor structure, floor structural system
~/gewölbeförmige barrel ceiling
Deckenkonstruktionssystem *n*/**schallabsorbierendes** acoustical ceiling system
Deckenkühler *m* ceiling coil
Deckenkühlung *f* panel cooling
Deckenlatte *f* ceiling lath
Deckenleiste *f* ceiling strip
Deckenleuchte *f* ceiling light fitting, *(Am)* surface-mounted luminaire
~/eingebaute recessed fixture

Deckenlochplatte *f* perforated ceiling board
Deckenlufteinspeiser *m* ceiling diffuser
Deckenluke *f* hatch[way], scuttle
Deckenöffnung *f s.* Deckenluke
Deckenlatte *f* floor slab; ceiling board *(für einen Raum)*
Deckenplattenstein *m* tablet, tabling
Deckenputzkehle *f* plaster cove
Deckenrafter *m* ceiling joist
Deckenreflektor *m* pavement light, patent (vault) light *(für Straßendecken)*
Deckenrohr *n* ceiling reed *(Putzträger)*
Deckenrosette *f* wood ceiling blocks
Deckenschalung *f* ceiling shuttering, slab form-work *(Betonbau)*; ceiling boarding, decking
~/genutete grooved match ceiling boarding
~/gestülpte clincher-built ceiling boarding
~ mit profilierten Fugenleisten ceiling boarding with profilated joint borders
Deckenstein *m* hollow tile, structural floor unit
Deckenstrahlungsheizung *f* radiant ceiling heating
Deckenstützsystem *n* propping
Deckensystem *n* floor (structural)system, floor structure
Deckentafel *f* ceiling panel
~/geformte plaster ceiling panel
~/schallabsorbierende *(Am)* acoustical lay-in panel *(für eingehängte Decken)*
Deckentafelbefestigungsleiste *f* ceiling strap
Deckenträger *m* [common] joist, floor beam
~/oben abgeschrägter bevelled joist
Deckenträgerrandfeld *n* tail bay
Deckentragwerk *n* ceiling floor *(eine eingehängte Decke)*
Deckenteil *n***/ herausgehobenes** plaster ceiling panel
Deckenunterschicht *f* ceiling
Deckenunterseite *f* **mit sichtbaren Trägern** beam ceiling
Deckenunterzug *m* joist, longitudinal deck beam
Deckenventilator *m* propeller fan
Deckenverkleidung *f* ceiling lining
Deckenweite *f* floor span
Deckenziegel *m* clay floor brick
Deckenziegelstein *m* hollow tile
Deckenzwischenraum *m* floor void
Deckfähigkeit *f* hiding power, covering capacity, opacity *(einer Farbe)*
Deckfarbe *f* 1. opaque pigment (paint) *(Farbstoff)*; opaque colour; 2. *s.* Deckanstrich
Deckfenster *n* skylight
Deckflacheisen *n* top flange plate, narrow strap
Deckfliese *f* finish tile
Deckfurnier *n* face veneer, skin
Deckgebirge *n* burden, cap
Deckholz *n* capping piece
Deckkraft *f s.* Deckfähigkeit
Decklack *m* clear coat[ing]
Decklage *f* decking, face *(Holz)*
Decklasche *f* cover plate
Decklatte *f (Hb)* staff; splice piece (plate) *(für Fenster)*
Deckleiste *f* banding, cover fillet (moulding, strip); [angle] staff; backband *(bei Fenster und Türen)*
~ für Scheuerleisten *(Am)* base moulding
~ für Sperrholzverkleidungen/H-förmige deck clip
~/gebogene bead, bent shoe, *(Am)* base shoe *(Viertelstab)*
~/rechteckige *(Arch)* listel, tringle
Deckpigmentfarbe *f* masstone, mass colour
Deckplatte *f* butt plate, cover slab, crown plate; crown of a wall
~ aus Werkstein ashlar stone coping
Deckputzmasse *f* plaster stuff
Deckschicht *f* 1. overcoating, overcoat, finishing cover, top coat *(Farben)*; 2. *s.* Verschleißschicht
~/bituminöse asphalt surface course, bituminous surfacing (surface)
~ der Ummantelung finish casing
~/hohlraumreiche [bituminöse] macadam road *(nach dem Makadamprinzip als Tränk-, Einstreu- oder Mischmakadam)*
Deckschwelle *f* sill cover
Deckstein *m* coping (capping) stone, stone slate
~ mit Leiste lipped floor brick
Deckstreifen *m* splat *(für Wandbauplatten)*
Deckstufe *f* step cover
Decküberzug *m* cover coat *(s. a.* Deckschicht*)*
Deckung *f***/ einfache** single covering
Deckungskraft *f* spreading rate, body of paint
Deckvermögen *f s.* Deckfähigkeit
Deckwerk *n* pitching
Deckwerkstoff *m* covering material
Deckwinkelverlaschung *f* wrapper
Deckziegel *m* convex tile
Deformation *f* deformation
~/elastische elastic deformation
Deformationsmodul *m* modulus of deformation, static Young's modulus
deformieren to deform
~/sich to deform
Deformierung *f s.* Deformation
dehnbar 1. extensible, stretchable; 2. ductile; 3. elastic
Dehnbarkeit *f* 1. extensibility; 2. ductility; 3. elasticity
dehnen 1. to strain; 2. to stretch, 3. to expand
Dehnfuge *f s.* Dehnungsfuge
Dehngrenze *f* ductility limit, [percentage] proof stress
Dehnung *f* 1. strain, *(Am)* unit strain; 2. dilatation; 3. expansion
~/bleibende plastic (inelastic) strain, permanent strain (set)
~/elastische elastic strain
~/lineare linear dilatation
~/negative shortening
~/plastische *s.* ~/bleibende

Dehnungsfuge *f* 1. expansion joint; dilatation joint (interval); wall joint
Dehnungsfugenabdichtung *f* expansion joint sealing
Dehnungsfugenfüllstoff *m* expansion (insulating) strip
Dehnungsfugendeckband *n* expansion joint cover
Dehnungsfugenkitt *m* expansion joint mastic
Dehnungsgefäß *n s.* Ausdehngefäß
Dehnungsgesetz *n* law of elongation
Dehnungsgrenze *f* ductility limit; elongation limit
Dehnungsintensitätsfaktor *m* strain intensity factor
Dehnungskoeffizient *m* coefficient of elongation (linear extension)
Dehnungskluft *f (Erdb)* tension joint
Dehnungslinie *f* elongation line
Dehnungsmesser *m* extensometer
Dehnungsmeßstreifen *m* strain gauge
Dehnungsmessung *f* strain measurement
Dehnungsriß *m* expansion crack
Dehnungsrohr *n* expansion pipe
Dehnungsschlaufe *f* expansion loop (bend) *(Rohrleitungen)*
Dehnungsschleife *f s.* Dehnungsschlaufe
Dehnungsverteilung *f* strain distribution
Dehnungszahl *f*, **Dehnungsziffer** *f s.* Dehnungskoeffizient
Dehydratisieren *n* dehydration
Deich *m* dike, dyke, *(Am)* levee, embankment *(bes. bei Flüssen)*
Deichbruch *m* breaking of a dike
Deichfuß *m* toe of a dike
Dekagon *n* decagon
Dekastylon *n (Arch)* decastyle
Dekoration *f* ornamentation, decoration, decorative finish
~/plastische carved pattern
Dekorationsarbeit *f* decorative work
Dekorationsfliese *f* **/ handgefertigte** faïence tile
Dekorationsglied *n* ornament
Dekorationsleiste *f* applied trim, moulding
Dekorationsputz *m* **/ persischer** gatch
Dekorationsrahmen *m* surround
Dekorationssäule *f* **/ schmale** colonette, columella
Dekorationsstil *m* **/ geometrischer** Geometric style
Dekordecke *f* decorated ceiling
dekorieren to decorate
dekoriert/kettenförmig catenated
Dekorplatte *f* decorative board
Delfter Kacheln *fpl* delftware, delft pottery
Demontage *f* 1. dismantling, dismounting; 2. stripping *(Schalung)*
demontierbar dismountable, collapsible
demontieren 1. to dismantle, to dismount, to take to pieces; 2. to strip *(Schalung)*
Denkmal *n* monument; memorial
Denkmalpflege *f* preservation of monuments
Depot *n* depot, station
Derbholz *n* compact wood
Derbstangen *fpl* compact bars
Derrick *m s.* Derrickkran
Derrickhauptmast *m* derrick mast (pole), derrick kingpost
Derrickkran *m* derrick [crane]
~/abgespannter guy derrick
~/feststehender Scotch derrick, *(Am)* stiff-leg derrick
Derrickponton *m* derrick pontoon
Desaktivierung *f* deactivation *(z. B. Entzug von korrosionsfördernden Substanzen)*
Destillationsbitumen *n* straight-run bitumen, *(Am)* straight-run asphalt
Destillationsbitumenerhitzer *m* hot bitumen heater
Destruktionsfäule *f* brown rot
Detail *n* detail
Detailzeichnung *f* detail[ed] drawing
~ im wahren Maßstab épure
Dextrin *n* dextrin, starch gum
Dezibel *n* decibel, db
Dezimeterziegel *m* metric modular unit
Diabas *m* diabase, greenstone
Diabasbims *m* greenstone tuff
diagonal diagonal; arris-ways, arris-wise *(z. B. verlegte Ziegel)*
Diagonalaussteifung *f* **/ paarweise** *(Am)* cross bridging
Diagonalbewehrung *f* web reinforcement
Diagonalbewehrungsstab *m* web bar
Diagonalbogen *m* diagonal arch
Diagonaldruck *m* diagonal compression
Diagonaldruckspannung *f* diagonal compression stress
Diagonaldruckstab *m* diagonal stay (strut)
Diagonale *f* 1. diagonal; 2. *s.* Diagonalglied
Diagonalen *fpl* **der Vergitterung** lacing
Diagonalfachwerkstab *m* raker
Diagonalfliese *f* **/ quadratische** quadrel
Diagonalglied *n* diagonal bar (rod, member), lattice bar
Diagonalgurt *m* truss rod
Diagonalität *f* diagonality
Diagonalkassettendecke *f* diagonal cassette (waffle) ceiling, diagonal coffered soffit
Diagonalkernschicht *f* raking course
Diagonallage *f* **der Dachschieferplatten** diagonal slating
Diagonalrahmen *m* diagonal frame
Diagonalriegeltor *n* barred-and-braced gate
Diagonalrippe *f* 1. diagonal rib; 2. cross springer *(Gewölbe)*
Diagonalschicht *f* **mit herausstehenden Ziegelecken** dog-tooth course
Diagonalschieferdeckung *f* **mit gebrochener Schieferspitze** honeycomb slating
Diagonalschieferlegung *f* diagonal slating
Diagonalschnitt *m* diagonal (oblique) grain *(Holz)*

Diagonalstab *m s.* Diagonalglied
Diagonalstichbalken *m* dragon beam (piece)
Diagonalstrebe *f* diagonal [cross] brace, diagonal member (strut), cross stay
Diagonalverband *m* diagonal (raking) bond, herring-bone bond
~/horizontaler diagonal bridging
~ mit abgehackten Diagonalziegelecken clip bond
Diagonalverlegung *f* diagonal layer
Diagonalversteifung *f* **von Deckenträgern** herring-bone strutting, *(Am)* cross bridging
Diagonalzugspannung *f* diagonal tensile stress
Diagonalzugstab *m* diagonal tie
Diagramm *n* diagram, chart, graph, plot
Diakonikon *n (Arch)* diaconicon *(Sakristei)*
Diamantschnitt *m* diamond fret
Diamentierung *f (Arch)* diaper
Diamiktonmauer *f* diamicton *(Römische Architektur)*
Diastylos *m (Arch)* diastyle *(weitsäulige Anordnung)*
Diatomeenerde *f* diatomaceous earth, kieselguhr
Diatomit *m* diatomite
Diazoma *m (Arch)* diazoma
dicht 1. dense, compact *(Struktur)*; close-grained *(z. B. Holz)*; close-graded *(Material)*; 2. compacted *(z. B. Erdstoffe)*; 3. impervious, tight; sealed
Dichtbeton *m* damp-proof concrete
Dichte *f* density
~/relative relative density, specific gravity
Dichtebestimmungsgerät *n* densitometer *(z. B. für Erdstoffe)*
dichten 1. to seal, to stop, to make tight; 2. *(San)* to pack; to caulk, *(Am)* to calk, to lute *(Rohrverbindungen)*
Dichteprüfung *f* proofing
Dichtezahl *f* relative density
Dichtfläche *f* sealing face, (packing) surface
Dichtheit *f* impermeability, imperiousness, tightness
Dichtigkeit *f s.* Dichtheit
Dichtigkeitsprüfung *f* **mit Wasser** water test
Dichtlehm *m* puddle
Dichtmittelzusatz *m* damp-proofing addition (agent)
Dichtmörtel *m* seal mortar
Dichtnaht *f* seal weld
Dichtnietung *f* close riveting
dichtsäulig *(Arch)* pycnostyle
dichtschließend tight
dichtschweißen to seal-weld
Dichtschweißnaht *f* seal weld
Dichtstrick *m* pouring rope
Dichtung *f* 1. sealing; proofing; 2. seal; gasket; packing, *(Erzeugnis)*; 3. *s.* Dichtungsmittel
~/eingeschlossene integral waterproofing
~/positive cut-off
Dichtungsarbeiten *fpl* sealing work
Dichtungsbahn *f* sealing sheet
Dichtungsband *n* sealing (caulking) strip
Dichtungsfläche *f* sealing surface
Dichtungsfolie *f* sealing foil
Dichtungshaut *f* damp-proof membrane; waterproofing membrane
Dichtungsholz *n* timber seal
Dichtungskehle *f* caulking recess
Dichtungskern *m (Erdb)* core wall; watertight core
Dichtungskitt *m* sealing cement (putty)
Dichtungslage *f* impervious course, impermeable membrane, barrier
Dichtungsleder *n* leather sealing strip
Dichtungsleiste *f* backband, windstop *(für Fenster und Türen)*; seal rail; *(Arch)* sealing fillet
Dichtungsmasse *f* caulking (sealing) compound, sealer
Dichtungsmittel *n* 1. sealing (caulking) medium, sealant; cementing agent; 2. densifier, concrete waterproofing compound
Dichtungsnagel *m* lead head nail
Dichtungspapier *n/* **getränktes** lining paper; building paper
Dichtungsprofil *n* gasket
Dichtungsputz *m* parget[ing], pargework, parging
Dichtungsputzschicht *f* parge coat
Dichtungsring *m* ring gasket, sealing ring
~/aufblasbarer inflatable gasket
~/defekter blown gasket
~ für Rohrleitungen pipe gasket
Dichtungsscheibe *f* washer
Dichtungsschleier *m (Erdb)* grouted cut-off wall
Dichtungsschürze *f* blanket
~/wasserseitige upstream side curtain
Dichtungsschweißung *f* seal welding
Dichtungsstoff *m* sealing material, sealant, packing material
Dichtungsstreifen *m* sealing (caulking) strip
Dichtungsstreifenzerstörung *f* reversion [of sealants] *(durch chemische Reaktion)*
Dichtungsstrick *m* gaskin, sealing rope
Dichtungsventil *n* compression valve *(Wasserleitung)*
Dichtungswand *f* diaphragm wall
Dichtungswanne *f (Erdb)* tanking
Dickbettverfahren *n* thick-bed method *(Fliesenlegen)*
Dicke *f* 1. thickness; width; depth; 2. build *(eines Anstrichs)*
Dickeklasse *f (Hb)* diameter class
Dickenbearbeitung *(Hb)* thicknessing
Dickenlehre *f* feeler gauge
Dickenmesser *m* thickness gauge, calipers
Dickenmessung *f* thickness measurement
dickflüssig viscous; turbid
Dickmesser *m s.* Dickenmesser
Dicköl *n* bodied oil
Dickschichtanstrich *m* high-build coating
Dickte *f* ply, body *(Bauholz)*
dickwandig thick-walled, heavy-wall[ed]

Diele *f* 1. lobby, hall; 2. [floor]board, plank, *(Am)* deal • **Dielen legen** *s.* dielen
dielen to board, to plank; to floor, to lay a floor *(ein Raum)*
Dielenbalken *m* boarding joist, floor joist
Dielenbalken *mpl* naked flooring
Dielenbalkenlage *f* carcass flooring
Dielenbalkensystem *n* floor framing
Dielenbelag *m* batten floor[ing]
Dielenbrett floor board
Dielendecke *f* plank floor
Dielenfußboden *m* batten floor[ing], *(Am)* deal floor
Dielenklammer *f* floor clamp (dog)
Dielennagelung *f***/ verdeckte** edge nailing
Dielenrahmen *m* naked flooring
Dielung *f* floor boarding, batten (plank) floor[ing]
~ **aus geleimten Tafeln** glued slab flooring
~**/gefederte** tongued flooring
~**/gespundete** grooved and tongued flooring, tight sheathing
~**/halbgespundete** rebated floor (boarding)
Dienst *m (Arch)* respond, engaged pillar *(gotische Kirchen)*
Dienstbotentreppe *f* service stair
Dienstgebäude *n* service building
Dienstleistungs- und Freizeiteinrichtung *f***/ kommunale** community centre
Diensttreppe *f s.* Dienstbotentreppe
Dienstzimmer *n* office
Dieselramme *f* diesel hammer
Dieselnotstromaggregat *n* stand-by diesel generator
Dieselstraßenwalze *f* diesel roller
Dietrich *m* picklock, skeleton key
Differentialflaschenzug *m* differential tackle (pully block)
Differentialgleichung *f* differential equation
Differentialhöhenmessung *f* differential levelling
Differenzverfahren *n (Stat)* method of finite differences
Diffusionsdampfsperre *f* diffusion barrier
diffusionsdicht diffusion tight
Diffusionsfeuchtigkeit *f* diffusion humidity
Diffusionskonstante *f s.* Diffusionszahl
Diffusionsvorgang *m* diffusion process
Diffusionswiderstand *m* diffusion resistance
Diffusionszahl *f* diffusion coefficient
Diffusor *m* [air] diffusor, diffuser
Dilatanz *f* dilatancy
Dilatanzmodul *m* module of dilatancy
Dimension *f* dimension
dimensionieren to dimension, to size; to proportion; to design
dimensioniert proportioned, designed
Dimensionierung *f* 1. dimensioning, sizing; *(Stat)* calculation of safe dimensions; 2. *s.* Dosierung
Dimensionsholz *n* dimension timber, *(Am)* dimension lumber
Dimensionsnaturstein *m* dimension stone
Dimensionsstockholz *n* dimension stock
Dimensionsware *f s.* Dimensionsholz
Dinasstein *m* dinas (ganister) brick, *(Am)* ganister brick *(Feuerfestmaterial)*
~**/kalkgebundener** English dinas
DIN-F-Träger *m* reinforced T-beam
DIN-Normen *fpl* DIN (German) Standard
Diorama *n* diorama
Diorit *m* diorite
~**/hornblendereicher** hornblende diorite
Diplomingenieur *m* certificated (graduate) engineer
~**/lizensierter** professional (licensed) engineer
dipteral *(Arch)* dipteral
Dipteraltempel *m (Arch)* dipteros, dipteral temple
Direktheizung *f* direct heating
Direktionsgebäude *f* 1. board building; 2. director's block
Direktionskraft *f* directing force
dispergieren to disperse
Dispergier[ungs]mittel *n* dispersing agent
Dispersionseigenschaft *f* dispersion property
Dispersionsfarbe *f* water paint, water-base paint, water-carried paint
Dispersionsmittel *n* dispersing agent, dispersant
Distanzblock *m* seperator
Distanzhalter *m* slab spacer *(für Plattenbewehrung)*
Distanzkorrektur *f* **durch Neigungsberücksichtigung** slope correction
Distanzstück *n* spacer[block]
distyl *(Arch)* distyle
Ditriglyph *m (Arch)* ditriglyph
Dock *n* dock
Dodekastylos *m (Arch)* dodecastyle
Dogenpalast *m* Doges' (Ducal) Palace
Dole *f* drain, culvert, sewer
Doleneinlauf *m* surface water gully
Dolmen *m s.* Steinhügelgrab
Dolomit *m* dolomite
Dolomitkalk *m* dolomitic (magnesian) lime
Dolomitkalkstein *m* dolomitic limestone, dolomite, dolostone
Dolomitstein *m* dolomite
Dolomitzement *m* dolomitic cement
Dolomitziegel *m* dolomite brick
Dolle *f* dowel
Dom *m* cathedral, dome
~**/runder** *(Arch)* tholos, tholus *(runde Tempelform der griechisch-römischen Antike)*
Domhalbkuppel *f* semidome
Dominikalgewölbe *n (Arch)* cloister vault
Domkapitel *n (Arch)* chapterhouse
Domkuppel *f (Arch)* cathedral dome
Domkuppelöffnung *f (Arch)* oculus
Domunterbau *m***/ runder** tholobate *s.* Kuppelunterbau
Donjon *m (Arch)* donjon, dungeon, keep

Doppelanschlagrahmen *m* communicating frame *(für zwei Einzelschwingtüren)*

Doppelboden *m* double bottom

Doppelbogen *m* 1. *(Arch)* arch band; 2. return bend, twin elbow *(bei Rohrleitungen)*

Doppelbohlenfertiger *m* twin screed finisher

Doppelbrücke *f* twin bridge

Doppeldach *n* close-boarded battened roof

~ **am Schornsteindurchbruch** chimney cricket

Doppeldeckung *f* double roofing (coverage) *(Dach)*

Doppelfalz *m* double rabbet

~/liegender double-lock welt

Doppelfenster *n* double[-hung] window, twofold window, auxiliary sash

~/äußeres storm window (sash)

~/auswechselbares combination window

Doppelfußboden *m* double[-joisted] floor, double-framed floor

Doppelgestänge *n* coupled poles

Doppelgewölbe *n* double vault

Doppelgiebeldach *n* trough roof

Doppelhaus *n* double [dwelling] house, semi-detached house; *(Am)* duplex apartment

Doppelhobel *m* German jack plane

Doppelkastenträger *m* double-box (twin-box) girder

Doppelkehlnaht *f* double fillet weld *(Schweißen)*

Doppelkreuzverband *m* Flemish cross bond

Doppelkrümmer *m* return bend, S-bend, U-bend *(Rohrleitungen)*

Doppelkuppel *f* double dome

Doppellage *f* double [eaves] course, doubling course

Doppellager *n* double (duplex) bearing

doppellagig *s.* doppelschichtig

Doppellitze *f***/ verdrillte** twisted pair

Doppel-L-Schiene *f* double angle

doppeln to fold

Doppelnippel *m* shoulder nipple

Doppelnivellierung *f (Verm)* reciprocal levelling

Doppelnut *f* double-squirrel cage *(Dachklempnerarbeiten)*

Doppelplinthe *f (Arch)* scamillus

Doppelrahmwerk *n* double framing

Doppelsäule *f* coupled column, double (twin) column

Doppelschale *f* double shell

doppelschalig two-leaf *(Wand)*

Doppelschicht *f* double coat *(Farb- und Putzschicht)*

doppelschichtig double-layer, two-layer

Doppelschiebefenster *n* twin sliding window, double-hung sash window, sash and frame

Doppelschifter *m* double jack rafter

Doppelschmiege *f* T-bevel

Doppelschwelle *f* sleeper block

doppelseitig double-faced, double-sided

Doppelspannglied *n* divided tenon

Doppelsteckdose *(El)* twin socket, duplex outlet

Doppelstockbrücke *f* double-deck bridge

Doppelstrebenanordnung *f***/ verstärkte** reinforced double-strut assembly

Doppelstütze *f* twin (double) column

Doppelstützenpfeiler *m* battened column

doppelbewehrt over-reinforced, doubly reinforced

Doppel-T-Profil *n* I-section

Doppel-T-Querschnitt *m s.* Doppel-T-Profil *n*

Doppeltreppe *f* double (parallel) stairs

Doppel-T-Stahl *m* H-[section] steel, H-beam section, T-beam section

Doppel-T-Stoß *m* double-T joint *(Schweißen)*

Doppel-T-Träger *m* I-beam, I-girder, H-girder, H-beam; flanged girder, American standard beam, double-T-beam

Doppeltür *f* double door

doppeltürig double-doored

Doppelverglasung *f* double glazing

Doppelverzapfung *f* butterfly wedge

Doppel-V-Profil *n* double channel section

Doppelwand *f* double wall

doppelwandig double-walled

Doppelwandung *f* jacketed wall

Doppelwellenzwangsmischer *m* twin pug[mill], twin-shaft pug

Doppelwinkeleisen *n* double angle

Doppelwinkelprofil *n* zee, double angle section

Doppelzapfen *mpl* twin tenons

Doppelziegel *m* twin (double) brick

Doppelzimmer *n* double (twin) room

Döpper *m* rivet set (snap), reveting set (cup), setting punch, snap tool

Dorfanger *m* village green

Dörfchen *n* hamlet

Dorfgaststätte *f* village-inn, *(Am)* ordinary

Dorfhalle *f***/ große** choultry *(in Indien)*

Dorfplatz *m* village square

Dorfwiese *f* village green

dorisch Doric

Dorn *m* 1. bolt, cotter, plug *(Schloß)*; 2. pile core, mandrel *(Pfahlgründungen)*; 3. *(Hb)* pin, tongue

Dornführungsschloß *n* release bolt lock

Dosenlibelle *f* box level, circular spirit level, level indicator

Doseur *m s.* Dosierapparat

Dosieranlage *f* batch[ing] plant, dosing plant, weight-batching unit

Dosierapparat *m* batcher, batch feeder

Dosierbehälter *m* dosing tank *(Abwasser)*

Dosiereinrichtung *f s.* Dosiervorrichtung

dosieren to dose; to batch *(Beton)*, to meter *(Baumaterial)*; to gauge, *(Am)* to gage, to measure

~/Mischverhältnis to proportion

Dosieren *n* **nach Raumteilen** *s.* Dosierung/volumetrische

Dosierkasten *m* batch (gauge) box, measuring frame

Dosiersilo *n* batching silo

Dosierturm *m* batching tower
Dosierung *f* dosage, dosing; batching, metering; proportioning
~/gewichtsmäßige gravimetric batching
~ für das Betonmischen/volumetrische *s.* ~/volumetrische
~/volumetrische batching by volume, volumetric batching *(Beton)*
Dosiervorrichtung *f* batcher; gauging (dosing, proportioning) device
Dosierwaage *f* weight-batcher
Dosierwasser *n* gauging water
Dosierwassermenge *f* batched water
Dossierung *f* batter *(künstliche Neigung)*
dossiert/schräg battered *(Wand)*
Douglastanne *f* Douglas fir, yellow pine
Draht *m* wire
~/verseilter stranded (twisted) wire
Drahtbewehrung *f* wire reinforcing (armouring)
Drahtdurchmesser *m* 1. wire diameter; 2. wire gauge *(Lochgröße der Drahtlehre)*
Drahtgaze *f* wire cloth (gauze)
Drahtgeflecht *n* wire mesh, wire netting (meshing), wirework; woven wire
~/viereckiges four-mesh wire netting *(Bewehrung)*
Drahtgeflechtzaun *m* wire netting fence
Drahtgewebe *n* 1. wire cloth (gauze), woven wire fabric; 2. metal cloth (fabric)
Drahtgewebedeckenputz *m* Rabitz ceiling plaster
Drahtgitter *n* wire netting
Drahtgitterschutz *m* screen
Drahtglas *n* wired (wire) glass, armoured glass
~/gewelltes corrugated wire glass
~/starkes Georgian glass
Drahtklemme *f* wire cable clamp
Drahtkrampe *f* [wire] staple
Drahtlehre *f* wire gauge *(Gerät)*
Drahtmaschen[bewehrungs]matte *f* wire-mesh reinforcement
Drahtnagel *m* brad, wire (brad) nail
Drahtnetzgewebe *n* **mit Pappe** wire lath *(als Putzgrund, Putzträger)*
Drahtornamentglas *n* wired patterned glass, figured (ornamental) wire glass
Drahtputzträger *m* wire lathing
Drahtputzwand *f* wire lath and plaster wall
Drahtseil *n* wire rope (cable), steel rope; standard wire
Drahtseilbahn *f* cable railway, cableway, *(Am)* ropeway
Drahtseilbrücke *f* wire suspension bridge
Drahtseilschwebebahn *f* overhead-cable railway
Drahtspiegelglas *n* wired plate glass
Drahtspirale *f* wire helix *(Bewehrung)*
Drahtspiralseil *n* spiral-wound wire rope
Drahtstandardklassifikation *f* standard wire gauge
Drahtstärketabelle *f* wire gauge table
Drahtstift *m* wire nail, sprig
Drahtverbundglas *n* laminated wire glass
Drahtverglasung *f*/**feuerhemmende** fire-retarding glazing
Drahtverhau *m* wire entanglement
Drahtverspannung *f* incidence wire
Drahtzaun *m* wire fence
Drahtziegel *m* reinforced brick
Drain... *m s.* Drän...
Drän *m* drain
~/unangebundener blind drain
Dränage *f* drainage
Dränage... *s.* Drän...
Dränarbeiten *fpl* drainage work
Dränbrunnen *m* absorbing (waste) well
dränen to drain
Drängraben *m* drain trench, drainage ditch
Dränfilter *n* drainage filter
dränieren *s.* dränen
Dränierung *f s.* Dränung
Dränleitung *f* drain pipe, land drain
~/landwirtschaftliche agricultural drain pipe
~/U-förmige channel pipe
Drännebenleitung *f* soil branch
Dränrohr *n* drain pipe, field drain [pipe], drain tile
~/gelochtes perforated drain pipe
Dränrohrbogen *m* drain elbow
Dränrohrsystem *n* drain pipework
Dränsammelrohr *n* bleeder pipe
Dränschicht *f* drainage layer, pervious blanket
Dräntafel *f* drainage panel (board) *(Bauwerkshinterfüllung)*
Drän- und Sauberkeitsschicht *f* dry area
Dränung *f* 1. drainage; 2. *s.* Baugrunddränage
Draufsicht *f* top view, plan view
Drechselarbeit *f* 1. wood turning, turnery (process); 2. turned [wood] work, turnery *(Gegenstände)*
Drechselmaschine *f* wood-turning lathe, sticker machine
drechseln to turn wood, to turn on a lathe
Drechseln *n* [wood] turning
Drechselwerkzeuge *npl* turning tools
Drechsler *m* wood turner
Drechslerei *f* turnery
Drechslerrohr *n* turning gauge
Drehachse *f* pivot hinge *(bei Schwingflügelfenstern)*
drehbar rotating, revolving, turning
~ um Zapfen pivoting
Drehbiegung *f* torsion flexion
Drehbohren *n* rotary drilling
Drehbohrmeißel *m* rotary bit (drill)
Drehbolzen *m* turned bolt
Drehbrücke *f* swing bridge, turn (pivot) bridge
Drehbühne *f* revolving (rotating) stage
drehen/um einen Zapfen to pivot
Drehfaser *f s.* Drehwuchs
Drehfenster *n* casement window
~ mit Mitteldrehpunkt vertically pivoted window, reversible window
Drehfestigkeit *f* torsional strength

Drehflügel *m* casement, revolving leaf *(Fenster, Tür)*
Drehflügelfenster *n* casement window, side-hung window; swirl window, *(Am)* casement ventilator
~/einfaches simplex casement
Drehflügeltür *f* pivoted door, revolving (swing) door
Drehflügelviskositätsmessung *f (Erdb)* vane test
Drehgerüstramme *f* rotary-type pile-driving plant
Drehgestell *n* bogie
Drehgriff *m* twist handle
Drehkappe *f* cowl *(Schornstein)*
Drehkippfenster *n* **/ horizontales** centre-hung sash
Drehkippflügel *m* side/bottom hung sash
Drehkippflügelfenster *n* side/bottom hung sash window, tilt and turn window
Drehknauf *m*, **Drehknopf** *m* handle, knob *(z. B. an einer Tür)*
Drehkörper *m* moving member
Drehkraft *f* torsional (twisting) force
Drehkran *m* revolving (slewing, rotary) crane
~ mit Raupenfahrwerk tractor (caterpillar) crane
Drehkreuz *n* turnstile
Drehkuppel *f s.* Drehturm
Drehmoment *n* torque, twisting moment
Drehparaboloid *n* rotational paraboloid
Drehplatte *f* hinged plate
Drehpunkt *m* centre of rotation; fulcrum; pivot; moment centre
Drehregelventil *n* ground-key valve, plug cock
Drehrichtung *f* hand *(Treppe)*
Drehriegel *m* rotary (eccentric) bolt
Drehrohrofen *m* rotary kiln; cement kiln
Drehsäulenkran *m* slewing pillar crane
Drehschale *f* shell of rotational symmetry
Drehschalter *m* snap switch, turn branch switch
Drehschaufelsonde *f (Erdb)* vane
Drehschaufelsondierung *f (Erdb)* vane test
Drehscheibe *f* turntable
Drehschelle *f* swivelling saddle
Drehschranke *f* swing gate
Drehspannungselastizität *f* elasticity to the torsion stress
Drehsprenger *m* revolving sprinkler
Dreh[spül]bohren *n* rotary drilling
Drehstangenverschluß *m* espagnolette bolt
drehsteif torsionally stiff
Drehsteifigkeit *f* torsional stiffness
Drehstift *m* hinge pin
Drehstromgenerator *m* alternator, rotary current generator
drehsymmetrisch rotationally symmetric
Drehtisch *m s.* Drehscheibe
Drehtor *n* hinged gate
Drehtür *f* revolving door
Drehtürflügel *m* wing, revolving leaf
Drehtürgehäuse *n* tambour, circular vestibule *(Windfang)*
Drehturm *m* turret
Drehtürumkleidung *f* enclosure wall
Drehung *f* turn, rotation
Drehungskraft *f s.* Drehkraft
Drehwinkel *m* angle of rotation; angle of distortion
Drehwuchs *m* spiral grain *(Holz)*
Drehzapfen *m* pivot [pin], spigot
~/vertikaler pintle
drehzapfengelagert pivoted
Drehzentrum *n* centre of rotation
dreiachsig triaxial *(Spannungszustand)*
Dreiaxialprüfung *f* [standard] triaxial test, triaxial compression test; cylinder test
Dreiaxialscherprüfung *f* triaxial shear test
Dreibein *n s.* Dreifuß
Dreibeinkran *m s.* Dreifußkran
Dreibinder *m* ternary link
Dreiblatt *n (Arch)* trefoil *(Ornament)*
Dreibogenöffnung *f* triforium [arcade]
dreibogig triple-arched
dreidimensional three-dimensional, spatial, stereometric
Dreieckanker *m* triangular tie
Dreieckbinder *m s.* Dreiecksbinder
Dreieckbogen *m* triangular arch
Dreieckfachwerkbinder *m* Fink truss, Belgian (French) truss, triangular bracing
Dreieckgewölbe *n* tripartite vault
dreieckig triangular
Dreiecklast *f* triangular load
Dreiecksbinder *m* triangular (pitched) truss
Dreiecksrahmentragwerk *n* spandrel frame
Dreiecksprengwerk *n* triangular falsework, triangulated truss
Dreieckstufe *f* spandrel step
Dreiecksverband *m* triangulation [truss]
Dreiecksvermessung *f* triangulation
~/elektronische trilateration
Dreiecksvermessungsnetz *n* triangulation web
Dreieckträger *m* triangular girder
Dreieckverband *m* diagonal bracing (tieing) *(Mauerwerk)*
Dreieckversteifung *f* triangulation in a truss *(bei einem Dachbinder)*
Dreifachfenster *n* three-light window, three pane window
Dreifachglas *n* triplex glass
Dreifachschließschloß *n s.* Dreifachschloß
Dreifachschloß *n* three-point lock
Dreifachstecker *m* three-pin plug
Dreifachumschalter *m* three-way switch
Dreifachverbindungsknotenstück *n* three-way strap
Dreifachverglasung *f* triple-glazing
Dreifeldrahmen *m* three-bay frame
dreifeldrig three-bay, three-span
dreiflügelig three-winged
Dreifuß *m* tripod, gin shear legs
Dreifußkran *m* derrick crane, shear legs
Dreigelenkbogen *m* three-hinged arch, three-pinned arch, triple-articulation arch

Dreigelenkbogenscheibe *f* three-hinged arch slab
Dreigelenk-Fachwerkbogen *m* trussed arch with three hinges
Dreigelenkgewölbe *n* three-hinged arch, three-pinned arch
dreigelenkig triple-hinged, triple-pinned
Dreigelenkrahmen *m* three-hinged frame
Dreigespannfigur *f (Arch)* triga
Dreikantdeckleiste *f* arris fillet *(am Schornsteinschaft)*
Dreikanteisen *n* triangular bar
Dreikantholz *n* arris rail
dreikantig three-edge[d], triangular
Dreikantleiste *f* triangular fillet (strip), *(Am)* cant strip
Dreikantträger *m* triangular girder
Dreikonchenchor *m (Arch)* trefoiled apse
Dreilagenklebedachdeckung *f* three-ply built-up roof cladding
Dreilagerkuppel *f* tripod dome
dreilagig three-layered, three-ply, three-coat
Dreileiterkabel *n* three-conductor cable, triplex cable
Dreimomentengleichung *f (Stat)* theorem of three moments
Dreimomentensatz *m* three-moment equation (theorem)
Dreipaß *m (Arch)* trefoil, three-lobe tracery
Dreipaßbogen *m (Arch)* trefoil arch
Dreipunktaufhängung *f* three-point suspension
Dreipunktbefestigung *f* three-point fixing
Dreipunktbiegeprobe *f* three-point bending specimen
Dreipunktlagerung *f* three-point bearing (support)
Dreiradwalze *f* three-legged roller, three-roll-type machine, three-wheel[ed] roller
Dreischichtenspachteldeckung *f* three-ply built-up roof cladding
Dreischichtentafel *f* sandwich panel (plate), sandwich-type panel, three-layered slab
dreischiffig *(Arch)* three-span, three-bay
Dreischlitz *m (Arch)* triglyph
Dreistofflegierung *f* ternary (three-component) alloy
Dreistoffsystem *n* triangular classification chart *(Zement, Erdstoff)*
Dreitagefestigkeit *f* early strength *(Beton)*
Dreiviertelbinder[stein] *m* three-quarter header
Dreivierteldrehung *f* three-quarter-turn *(Treppe)*
Dreiviertelkreisbogen *m (Arch)* Arabic arch
Dreiviertelsäule *f* three-quarter column, bowtell, boltel, boultine
Dreiviertelstein *m* three-quarter block
Dreiviertelziegel *m* three-quarter brick, king closer, [bevelled] closer
Dreiwegehahn *m* three-way tap
Dreiwegemischer *m* three-way mixer
Drempel *m* jamb wall
Drempelaufmauerung *f* dwarf wall
Drempelerhöhung *f (Am)* bahut
Drempelmauer *f* dwarf wall
Drillbogen *m* bow (fiddle) drill
Drillbohrer *m* drill
Drillfestigkeit *f* torsional strength
Drillingsbogen *m (Arch)* tripartite arch
Drillingsfenster *n* three-light window, three-pane window
Drillmoment *n* torque, twisting moment
Drillungswiderstandsmoment *n* section modulus of torsion
Drillwulststahl *m* twisted bar (rod) *(Bewehrung)*
Drittel *n* **/ mittleres** middle third *(Holz)*
Drittelpunkt *m* **/ oberer** *(Stat)* highest point of the middle third
Dromos *m (Arch)* dromos, walled passage
Drosselklappe *f s.* Drosselvorrichtung
Drosselventil *n (Wsb)* butterfly valve (gates)
Drosselvorrichtung *f* damper *(Feuerstätte)*
Druck *m* 1. pressure *(physikalische Größe)*; 2. compression, compressive stress *(durch Längskräfte)*; thrust *(durch Horizontalkräfte)*
~/absoluter absolute pressure
~/äquivalenter equivalent pressure
~/artesischer artensian head
~/axialer axial pressure
~ der Wassersäule hydrostatic pressure
~/direkter direct compression
~/hydrostatischer hydrostatic pressure
~/mittiger axial pressure
~/osmotischer osmotic pressure
~/reiner direct compression
~/ruhender static pressure
~/statischer static pressure, static[al] compressive stress; static[al] thrust
Druckabfall *m* 1. pressure drop, loss of pressure; 2. head loss *(in Rohrleitungen)*
Druckabnahme *f* decrease in pressure
Druckangleichungsperiode *f* blowdown period
Druckaufbau *m* pressure build-up
Druckausgleichsrohr *n* surge column
Druckausgleichventil *n* balancing valve (plug cock)
druckbeansprucht subjected to compression
Druckbeanspruchung *f* **/ veränderliche** transient stress condition
Druckbelastung *f* pressure load
Druckbereich *m* blowback *(Sicherheitsventil)*
~/elastischer elastic compression
Druckbeschläge *mpl* push hardware *(Tür)*
druckbeständig compression-resistant
druckbetätigt pressure-operated
Druckbewehrung *f* compressive (compression) reinforcement; compression bars
Druckbild *n* decal *(Abziehbild)*
Druckbildübertragung *f* decalcomania *(auf Glas oder Porzellan)*
Druckbolzen *m* thrust bolt
Druckdiagonale *f* diagonal in compression

Druckelastizität *f* elasticity of compression
Druckelastizitätsgrenze *f* elastic limit for compression
Druckelement *n*/ **senkrechtes** pedestal *(nicht länger als der dreifache Durchmesser)*
druckempfindlich pressure-sensitive
drücken 1. to press; 2. to force *(durch Pressen)*; 3. to push *(durch Schubkraft)*; 4. to blow *(durch Rohrleitungen)*; 5. to bear *(Lasten)*
~ **auf** to bear on
~/**ein Muster in den Putz** to print
~ **gegen** to bear against
Drücker *m* latch *(Schloß)*
Drückerfalle *f* thumb latch
Druckerhöhungsanlage *f* booster installation
Drückerrosette *f* rose
Druckfaser *f* compression (compressive) fibre *(Festigkeitslehre)*
Druckfestigkeit *f (Stat)* compression (compressive) strength, strength in compression; resistance to compression, crushing strength
~/**durchschnittliche** *s.* ~/mittlere
~/**mittlere** mean compression strength
Druckfestigkeitsprüfung *f* crushing test
~ **mit unbehinderter Seitenausdehnung** *(Stat)* unconfined compressive strength test
Druckfläche *f* compression area
Druckflansch *m* compression boom *(Fachwerk)*
Druckformung *f* bag moulding *(plastischer Massen)*
Druckgefälle *n* hydraulic (pressure) gradient
Druckglied *n* compressed element (member, rod), compression member; strut
~/**nicht biegesteifes** unstiffened member
~/**verstärktes** stiffened compression element
Druckgurt *m* compression boom (chord), compressed (compression) flange *(Fachwerk)*
Druckgurtung *f s.* Druckgurt
Druckgußstück *n* die-cast[ing]
Druckheber *m* air lift
Druckhöhe *f* hydraulic head *(hydraulisch)*; pressure head *(hydrostatisch)*; delivery [discharge] head *(Bernoullische Gleichung)*; static head *(statischer Druck)*
~ **des Wassers** heel of water
~/**kritische** critical head
Druckholz *n* compression wood
Druckimprägnierung *f* **mit Kreosotöl** pressure creosoting *(Holz)*
Druckknopf *m* push button
Druckkomponente *f* compression component; pressure component
Druckkraft *f* 1. pressure [force]; 2. compressive force; 3. thrust
Drucklast *f* compressive load
Druckleiste *f* thrust strip
Druckleitung *f* pressure pipe; delivery conduit
Drucklinie *f* pressure line, funicular pressure line, centre of pressure; axis line of pressure
Druckluftaufbruchhammer *m* pneumatic [pavement] breaker *(Straßenbau)*
druckluftbetätigt air-operated, air-driven
Druckluftbetonzuführung *f* pneumatic feeding
Druckluftbohrer *m* pneumatic drill, [compressed-] air drill
Druckluftcaisson *m* compressed-air caisson
Druckluftgründung *f* pneumatic foundation
Drucklufthammer *m* pneumatic hammer (pick), [compressed-]air hammer
~/**kleiner** *s.* Druckluftmeißel
Druckluftheber *m* air-lift pump, mammoth pump
Drucklufthebezeug *n* air hoist, air-operated winch
Druckluftkammergründung *f* air caisson system
Druckluftkasten *m* pneumatic caisson
Druckluftleitung *f* [compressed-]air line
Druckluftmeißel *m* pneumatic chisel (chipping hammer)
Druckluftmeißelhammer *m* paving breaker
Druckluftniethammer *m* pneumatic riveter
Druckluftputzgerät *n* pneumatic plastering machine
Druckluftramme *f* air (pneumatic) rammer
Drucklufttrüttler *m* pneumatic vibrator
Druckluftsenkkasten *m* pneumatic caisson
Druckluftspatenhammer *m* pneumatic digger, air spade
Druckluftstampfer *m* air rammer, pneumatic tamper
Druckluftsteuerung *f* pneumatic control system
Drucklufttragehalle *f s.* Traglufthalle
Drucklüftung *f* plenum system ventilation *(zur Beheizung und Lüftung von Großräumen)*
Druckluftwinde *f* air host, air-operated winch
Druckmeßdose *f* load (pressure) cell
Druckmesser *m* pressure gauge; U-gauge
Druckminderer *m* [pressure-]reducing valve, air-pressure-reducing valve
Druckpfahl *m* bearing (strut) pile
Druckprüfung *f* compression (crushing) test; collapse test *(Leitungsrohre)*
~/**einfache** one-dimension compression test
~ **mit behinderter Querdehnung** *(Erdb)* confined compression test
~ **mit behinderter Seitenausdehnung** *(Erdb)* direct shear test
~ **mit Luft** air (pneumatic) test
Druckquerschnitt *m* compression area (cross-section)
Druckreduzierventil *n* pressure-reducing valve
Druckrohr *n* pressure pipe
Druckschale *f* pressure shell
Druckschlag *m* concussion
Druckschräge *f* diagonal stay (strut)
Druckspannung *f* compressive strength (stress)
Druckspannungsfeld *n* compressive stress field
Druckspartränkverfahren *n (Hb)* empty-cell process
Druckspeicher *m* pressure-type water heater
Drucksprühen *n* hydraulic spraying

Druckspüler *m* flush valve
Druckstab *m* compression bar, compressed element (member) *(Festigkeitslehre)*
~/nicht verstärkter unstiffened member
Drucksteife *f* compression rigidity
Druckstollen *m* gallery *(Bergbau)*; *(Wsb)* pentstock
Druckstoß *m* water hammer *(in Wasserleitungen)*
Druckstrahlbagger *m* giant [dredge], monitor
Druckstrebe *f* strut
Druckstütze *f* compression column
Drucktaste *f* push button
Druckträger *m* beam-column
Druckübertragung *f* pressure transmission
~/zentrische centre transmission of pressure
Druckübertragungsverbindung *f* compression bearing joint
Druckventil *n* discharge valve
Druckverlust *m s.* Druckabfall
Druckverringerung *f* pressure reducing *(bei Dampfheizungen)*
Druckverstärker *m* booster
Druckversuch *m s.* Druckprüfung
~/einaxialer one-dimensional compression test
Druckverteilung *f* pressure distribution
~/parabolische parabolic distribution of stress
Druckwasser *n* pressure (power) water, water under pressure
Druckwasserleitung *f* pressure water pipe[line], pressure water piping; power pipeline
druckwasserspülen to jet
Druckwasserstrahlpumpe *f* ejector
Druckwelle *f* compression wave
Druckwiderstandsfähigkeit *f* crush resistance
Druckzementierung *f* squeeze cementing
Druckzone *f* compression (compressed) zone; pressure zone (area)
Druckzuggebläse *n* forced-draught blower
Druckzwiebel *f (Erdb)* [pressure] bulb
Druse *f* druse, vug *(Hohlraum im Gestein)*
Dübel *m (Hb)* dowel, tre[e]nail, pin, plug, peg, connector; concrete insert; joggle *(für Ziegelverbindungen)*
Dübelankerschmiermittel *n* dowel lubricant
Dübelbalken *m* dowelled beam, flitch[ed] beam, sandwich beam, wood ground (slip)
Dübelbalkenelement *n* flitch
Dübelblock *(Am)* anchor block
Dübelbohren *n* plugging
Dübelbohrer *m* dowel bit
Dübeleinpresser *m* dowel driver
Dübeleinschießen *n* bolt shooting
Dübelholz *n s.* Dübelleiste
Dübelklötzer *mpl* first fixings
Dübelleiste *f* pallet, [fixing] slip, ground
Dübelloch *n (Hb)* dowel hole
Dübelmaschine *f* mechanical dowel and tie bar installer
dübeln to dowel, to peg, to tre(e)nail, to fasten with a peg
Dübelschmiermittel *n* dowel lubricant
Dübelstein *m* fixing block (brick)
Dübelverankerungseisen *fpl* dowel-bar reinforcement
Dübelverbindung *f (Hb)* 1. dowel joint; 2. key joint
Dübelziegel *m* breeze (pallet) brick
Dückdalbe mooring post *(Hafen)*
Düker *m* culvert [syphon], [inverted] siphon
Duktilität *f* ductility
Duktilometer *n* ductilometer
Dumper *m* dumper
Dünensand *m* dune sand
Düngererde *f* black mould
dunkel deep, dark *(Farbanstrich)*
dunkelfärben/sich to darken *(Farbanstrich)*
Dunkelkammer *f s.* Dunkelraum
Dunkelraum *m* darkroom
dünn 1. thin; fine; 2. thin, watery *(Lösungen)*
Dünnbettverfahren *n* thin-bed fixing technique, glue fixing method *(Fliesenlegen)*
Dünnblech *n* tagger
dünnflüssig thin; watery; thin-bodied *(Anstrich)*
Dünnputz *m* thin[-wall] plaster
dünnschalig thin-shell; thin-wall
dünnwandig thin-walled
Dunstabzug *m* ventilating pipe
Dunstabzughaube *f* cooker hood
Dunstrohr *n* ventilating pipe, vent stack (pipe), soil ventilation pipe
Duralumin[ium] *n* duralumin[ium], dural
Durchbiegefestigkeit *f* cross-breaking strength
durchbiegen to bend, to deflect; to flex
~/sich to sag
Durchbiegung *f* bending, deflection camber, hogging flexing, flexure; sag[ging]
~ bei Belastung bowing under load
~ durch eigene Schwerkraft natural sagging
~/elastische elastic bending (deflection), rebound deflection
~/maximale maximum deflection
~/statische static deflection
Durchbiegungsanzeiger *m* deflection indicator
Durchbiegungskurve *f* deformation (flexure, flexing) curve
Durchbiegungsmesser *m* deflectometer
Durchbildung *f***/bauliche** structural design
Durchblick *m* [cross-]vista, [through]view
durchbohren to pierce, to bore through; to puncture
Durchbohrung *f* bore hole
durchbrechen to breach; to break (make) an opening, to break through; to hole; to pierce
Durchbruch *m* 1. breach, opening; 2. breakthrough; hole; gap
~/vorgebohrter bored hole
durchdringen 1. to penetrate; 2. *(Verm)* to intersect
Durchdringung *f* 1. penetration; 2. *(Verm)* intersection
~/gegenseitige interpenetration
Durchdringungslinie *f* intersection

durchdrücken to force through
Durchdrücken *n* bleeding, bleed-through *(Farbanstrich)*
Durchfahrt *f* 1. passage, passageway; archway; 2. *s.* Durchgangsstraße
Durchfahrtsöffnung *f* fairway span *(Brücke)*
Durchfahrtshöhe *f* clearance [height]
Durchfahrtsprofil *n* clearance limit, maximum clearance of cars
Durchfallast *m* loose knot
durchfärben to dye thoroughly *(z. B. Beton)*
durchfeuchten to moisten completely; to soak through
Durchfeuchtung *f* penetration of dampness; rain penetration
durchfluchten to align
Durchfluchtungslinie *f* line of sight (collimation), collimation line
Durchfluß *m* 1. flow; 2. passing, passage
Durchflußgeschwindigkeit *f* speed of flow
Durchflußkoeffizient *m* flow coefficient, coefficient of discharge
Durchflußkontrollventil *n* balancing valve (plug cock)
Durchflußmenge *f* flow volume, rate of flow, discharge
Durchflußquerschnitt *m* clearance opening
Durchflußradius *m* hydraulic radius
Durchforstungsholz *n* thinnings
Durchführbarkeit *f***/ konstruktive** structural feasibility
Durchführbarkeitsstudie *f* feasibility study
durchführen 1. to lead (pass) through *(z. B. Kabel)*; 2. to thread, to carry out (through), to perform; to execute
Durchführung *f* 1. bushing *(z. B. elektrische Kabel)*; lead-through, feed-through; 2. performance; execution *(z. B. eines Programms, Vertrags)*
Durchführungshülse *f* [conduit] bushing; grommet, grummet
Durchführungsisolator *m* wall-tube insulator
Durchgang *m* 1. passage[way], alley, *(Am)* area way; 2. corridor
~/schmaler slip *(zwischen Gebäuden)*
~/überdachter pawn
Durchgangshöhe *f* clearance [height], headroom, headway
Durchgangsmuffe *f* straight joint
Durchgangsquerschnitt *m***/ lichter** free passage
Durchgangsstraße *f* through road (street), thoroughfare
Durchgangstür *f* pass door
Durchgangsverkehr *m* through traffic
durchgehend 1. straight; 2. continuous
~/nicht blind
Durchhang *m* sag; slack; dip *(von Leitungen)*
durchhängen to sag; to dip; to slack
Durchhängen *n* sagging, slackening, slackness
durchhängend sagging; slack
Durchhärtung *f* full hardening
Durchhieb *m* gain *(Holz)*
durchkonstruiert scientifically designed
~/mangelhaft ill-designed
Durchlaß *m* culvert [syphon]
~/abgetreppter cascade culvert *(in einer Straße)*
~/englischer English culvert
~/gemeinsamer combined drain
durchlassen to let through (pass); to pass
Durchlaßfähigkeit *f* capacity (of pipes) *(von Rohrleitungen)*
Durchlässigkeit *f* 1. permeability, perviousness *(z. B. für Wasser, Luft)*; 2. transmission, transparency *(für Licht)*; 3. porosity; 4. leakiness *(z. B. eines Daches)*
Durchlässigkeitsbeiwert *m* hydraulic conductivity
Durchlässigkeitsgrad *m* transmission coefficient factor, transmittance *(für Licht)*
Durchlässigkeitskoeffizient *m* coefficient of permeability
Durchlässigkeitsvermögen *n s.* Durchlässigkeitsgrad
Durchlässigkeitsversuch *m* 1. *(Erdb)* permeability test; 2. proofing *(von Materialien)*
Durchlässigkeitszahl *f* coefficient of permeability
Durchlaßrohr *n s.* Durchlaß
Durch[rohr]schleuse *f* culvert lock
Durchlaufbalken *m s.* Durchlaufträger
Durchlaufbetonmischer *m* continuous concrete mixer
Durchlaufbogen *m* continuous arch
Durchlaufdecke *f* continuous floor
Durchlauferhitzer *m* geyser, instantaneous (continuous-flow) water heater, flow-type water heater
Durchlaufhandlauf *m* continuous handrail
Durchlaufmischer *m* continuous mixer
Durchlaufpfette *f* continuous purlin
Durchlaufplatte *f* continuous slab
Durchlaufrahmen *m* continuous frame
Durchlaufstabbewehrung *f* continuous rod reinforcement
Durchlaufsturz *m* template, templet
Durchlaufträger *m* continuous beam (girder), running girder
Durchlaufwirkung *f (Stat)* effect of continuity
durchlochen to punch; to pierce
Durchlochung *f* punching; piercing
Durchmesser *m* diameter
~/lichter internal diameter, inside dimension; bore
durchmischen to intermix
Durchmischungsgrad *m* amount of mixing
durchörtern to drive a heading, to force (cut) through, to hole [through]
Durchörterung *f* heading-through, holing[-through], holing
durchpressen to press through, to force through
durchregnen to rain through
Durchreiche *f* [serving] hatch, *(Am)* pass-through

Durchreichefenster *n* hatch, pass window
Durchreicheöffnung *f* [serving]hatch opening
durchrühren to agigate, to stir
Durchsatz *m* through-put *(z. B. von Materialien)*, flow [rate] *(von Flüssigkeiten)*
Durchschallungsverfahren *n* transmission method *(Baustoffprüfung)*
Durchscheinbeleuchtung *f* transillumination
Durchscheinen *n* grinning[-through] *(z. B. von Mauerwerk durch Putzrisse)*
durchscheinend translucent
Durchschlageisen *n* drift (solid) punch
durchschlagen 1. to punch, to pierce; to knock through *(z. B. Nägel)*; 2. to bleed (strike) through *(Farbe)*; 3. *(El)* to break down; 4. to come through *(Feuchtigkeit, Wasser)*
Durchschläger *m s.* Durchschlageisen
Durchschlagnadel *f s.* Durchschlagstift
Durchschlagspannung *f* breakdown voltage
Durchschlagstift *m* driftpin
Durchschlagtür *f* double-acting door, double-swing door
Durchschnittsprobe *f* composite sample
Durchsenkung *f*/**statische** static deflection
durchsichtig transparent, clear
~/stellenweise hungry *(Farbanstrich)*
Durchsichtigkeit *f* transparency, clearness
Durchsichtmuster *n* telegraphing *(Dekoration und Wandgestaltung)*
Durchsichtsdarstellung *f* sciagraph
durchsickern 1. to trickle (seep, ooze) through, to percolate; 2. to leak
Durchsickern *n*, **Durchsickerung** *f* 1. seepage, percolation; 2. leak
durchsieben to sieve, to sift; to screen, to riddle
durchspülen to flush, to purge
durchstechen 1. to puncture, to pierce; 2. *(Erdb)* to cut [through], to dig through
durchstecken to thread
Durchsteckschraube *f* through bolt
Durchstich *m* cut[-off]
~ eines Tunnels tunnelling
durchstoßen 1. to push (break) through; to open; 2. *s.* durchbohren
Durchstrahlbeleuchtung *f* transillumination
Durchstrahlungsverfahren *n* 1. transmission method *(Baustoffprüfung)*; 2. radiographic testing
Durchströmungsprofil *n* profile of flow
durchtränken to imbibe, to soak
Durchtränkung *f* imbibition, soaking
durchtreiben to drive through *(z. B. einen Nagel)*; to punch
Durchtreiber *m* pin (solid) punch
durchtropfen to trip (trickle) through
Durchwerfen *n* riddling *(durch ein grobes Sieb)*
Durchwurfsieb *n* riddle
Durchzeichnung *f* show-through
Durchziehloch *n* eyelet
Duroplast *m* thermosetting plastic, thermoset[ting resin]
duroplastisch thermoset[ting]
Duschanlage *f* shower installation
Duschbad *n* shower bath
Duschbecken *n* shower receptor (tray, pan)
Duschbeckenabfluß *m* shower-bath drain
Dusche *f* shower[bath]
~ mit gelochten Rohrleitungen needle bath
Duschbeckenmetalldichtung *f (Am)* shower pan [metall packing] *(unter dem Fliesenbett)*
Duschecke *f* shower recess (stall, cubicle)
Duschfußbecken *n s.* Duschbecken
Duschkabine *f* shower cabinet (stall)
Duschkabinentür *f* shower stall door
Duschmischbatterie *f* shower mixer
Duschnische *f* shower recess (stall, cubide)
Duschnischentrennwand *f* shower partition *(Fertigteil)*
Duschnischentür *f* shower stall door
Duschraum *m* shower room (bath)
Duschtasse *f s.* Duschbecken
Duschwanne *f s.* Duschbecken
Duschzelle *f s.* Duschkabine
Dynamik *f* dynamics
dynamisch dynamic

E

Ebbe *f* ebb[-tide], low tide (water)
eben 1. even, level; plane, planar; flat; 2. two-dimensional
Ebene *f (Stat)* plane
~ des Kräftesystems plane of the force system
~/schiefe incline, inclined plane
~/vertikale *(Verm)* vertical plane
ebenerdig on grade, at ground level
Ebenflächigkeit *f* accuracy of level, evenness
Ebenheit *f* evenness, flatness, planeness; smoothness *(einer Fläche)*
Ebenheitsgrad *m* degree of flatness
Ebenholz *n* ebony
ebnen to even [up], to flat[ten], to level; to plane; to planish *(Metalle)*; to smooth *(glätten)*
~/die Schicht to level the layer
Ebonit *n* ebonite, hard rubber, vulcanite
Echinus *m (Arch)* echinus *(griechische dorische Ordnung)*
Echo *n* echo
echt fast *(Farbe)*
Echtheit *f* fastness *(Farbe)*
Eckakroterion *n (Arch)* end akroter (akroterion)
Eckanschluß *m* corner connection
Eckaussteifung *f* corner truss
Eckbadewanne *f* corner bath
Eckbeschlag *m* corner plate
Eckbewehrung *f* **zur Türrahmenhalterung** corner reinforcement, corner lath

Eckbinder[stein] *m* quoin (corner) header
Eckblatt *n (Arch)* angle spur *(Ornament in einer gotischen Säule)*
Eckblech *n* corner plate
Eckblockstein *m* corner return block, angle block *(mit einem offenen Ende)*
Eckbogen *m***/ innerer** squinch
Eckdeckleiste *f* corner board
Ecke *f* corner • **mit ausgerundeten Ecken** round-cornered
~/äußere external angle
~/ausspringende arris
~/einspringende reentrant corner
~/leicht abgerundete eased edge
~/vorspringende projecting corner, cant, *(Am)* pien[d]
Eckenformkelle *f (Am)* corner trowel
Eckenfülleiste *f* inside corner moulding
Eckenputzkelle *f* paddle
Eckenreibebrett *n* inside-angle tool (float)
Eckenrundstab *m* staff bead
Eckenrundung *f* corner radius
Eckenschutzschiene *f***/ runde** bullnose
Eckfliese *f* corner tile
Eckgerüst *n s.* Schnurgerüst
Eckhohlleiste *f* corner moulding (guard), corner bead
Eckkachel *f* corner tile
Eckkragbogen *m* squinch
Eckküchenraum *m* peninsula-base kitchen cabinet
Eckmauerstein *m***/ nichtrechteckiger** offset block
Ecknaht *f* corner weld *(Schweißen)*
Eckpfeiler *m (Arch)* anta, jambstone
Eckpfosten *m* principal (angle) post
Eckpunkt *m* corner [point]
Eckputzbewehrung *f* corner reinforcement (lath)
Ecksäule *f* corner (principal) post, angle shaft
Eckschrank *m* corner cupboard
Eckschutzleiste *f* edge protection guard, corner bead (guard, moulding), angle bead
Ecksel *n***/ ausgerundetes** cove, coving
Eckselfliese *f* congé
Ecksimswerk *n* corner bead (moulding)
Eckständer *m* corner pillar
Ecksteife *f* corner brace
Eckstein *m* corner stone, angle stone (block, quoin coin), head (quoin) stone
~ mit einer Abrundung bullnose block
Ecksteinausbildung *f* quoining
Ecksteineinbindung *f* quoin bonding
Ecksteinverband *m* quoin bonding
Eckstoß *m* corner joint
Eckstück *n* elbow piece *(eines Rohres)*
Eckstütze *f* end post
Ecküberblattung *f***/ hakenförmige** hook-like corner halving
~ mit Gehrung bevelled corner halving
~ mit geradem Schnitt square corner halving
Ecküberkragung *f* squinch
Eckverband *m* corner bond, quoin bonding
Eckverbindung *f (Hb)* corner joint
Eckverkämmung *f (Hb)* corner cogging
Eckversteifung *f* corner bracing (stiffening), sway bracing *(Brückenbau)*
Eckverstrebung *f* knee brace
Eckverzapfung *f* corner tenon jointing
Eckverzinkung *f* **mit sichtbarer Holzschnittfläche** common (through) dovetail
Eckwinkel *m* angle brick, corner angle
Eckziegel *m* angle closer, corner brick
Edelholz *n* luxury wood, high-grade timber
Edelputz *m* chemical plaster, patent (premixed) plaster, ready-mixed coloured rendering
Edelrost *m* patina[tion]
Edelstahl *m* stainless (high-grade) steel; special steel
Edelstahldecke *f* stainless steel ceiling
Edelstahldraht *m* stainless steel wire
Edelstahlfenster *n* stainless steel window
Edelstahlspültisch *m* stainless steel sink [unit]
Edelstahlverkleidung *f* stainless steel facing
Edelstahlvorhangwand *f* stainless steel curtain wall
Edeltanne *f* silver fir, white pine
Edeltannenholz *n* white pine wood
Effloreszenz *f s.* Ausblühung
egalisieren to level, to even
Ehrengrabmal *n* cenotaph
Ehrenhof *m* cour d'honneur *(monumentaler Vorhof für einen barocken Palast)*
Ehrentempel *m* pantheon
Eichbehälter *m* gauging basin
Eiche *f* oak
eichen to calibrate, to gauge
Eichen *n* gauging
Eichenfußboden *m* oak flooring
Eichenholz *n* [white] oak wood
~/amerikanisches red oak wood
~/angerauchtes fumed oak wood
~ mit Räuchereffekt fumed oak wood
~/weißes white oak wood
Eichenspaltpfosten *m* rent pale
Eichkurve *f* calibration curve
Eichmaß *n* gauge
Eichung *f* calibration
Eierquerschnitt *m* egg-shaped [cross] section
Eierschalenmattglanz *m* eggshell gloss
Eierstab *m* egg and dart, cyma reversa *(Ornament)*
Eierstabornament *n* egg (heart) and dart moulding; egg and tongue moulding
Eierwabenvorsatz *m* eggcrate diffuser *(in Leuchten)*
eiförmig egg-shaped, ovoid
Eigenfarbe *f* inherent (natural) colour
Eigenfestigkeit *f* inherent stability, natural strength
Eigenfeuchtigkeit *f* inherent moisture
Eigenfrequenz *f* resonant (natural) frequency
Eigenfüller *m* reclaimed filler

Eigengewicht *n s.* Eigenmasse
Eigenheim *n* home
~ mit Garten homestead
Eigenheimbau *m* **in Nachbarschaftshilfe** house raising
Eigenheimbedachungselement *n* home roofing slab
Eigenheimgrundstück *n (Am)* homestead, homestall
Eigenlast *f* dead load (weight); self weight; permanent load (weight)
~/errechnete service dead load
Eigenmasse *f* dead weight, self weight, fixed load, permanent weight, own weight
Eigenreibung *f* internal friction
Eigenschaft *f* property
~/mechanische mechanical property *(Baustoffe)*
Eigensetzung *f* inherent settlement
Eigenspannbeton *m* self-stressing (self-stressed) concrete
Eigenspannung *f* internal (inherent) tension, residual stress
Eigenstabilität *f* inherent stability (strength)
Eigentum *n* property
~/bewegliches chattel
~/unbewegliches [immovable] fixture
Eigentümerwohnung *f* owner-occupied flat
Eigentumsnachweis *m* title search *(Einsicht in Grundbuchnachweise)*
Eigentumsüberschreibung *f* conveyance [of ownership]
Eignungsmischung *f* trial mix *(Beton)*
Eignungsprüfung *f* preliminary test *(Baustoffe)*
Eimerkettenbagger *m* bucket excavator; elevator dredger, ladder dredg[er]
Eimerkettengrabenbagger *m* ladder trencher
Einarbeiten *n s.* Einfräsen
Einarmzapfverbindung *f***[/rechteckige]** *(Hb)* housed joint
einätzen to intaglio
Einbahnstraße *f* one-way road
Einbalkung *f* running beam
Einbau *m* 1. installation, mounting; fitting-in; 2. placing, placement *(von Beton)*
~ der Wandverkleidung fixing of cladding sheets
~ des Asphaltbetonbelags bituminous surfacing
~/mehrschichtiger stage construction *(z. B. im Straßen- oder Erdbau)*
~ von Hand hand fitting
Einbauabstand *m* mounting distance
Einbauausrüstung *f* standing finish *(ständige Innenausstattung)*
Einbaubedingungen *fpl* placement conditions *(für Mörtel, Beton)*
Einbaubett *n***/ kleines** bunk
Einbauchung *f* inward bulging
Einbaudeckenleuchtband *n (Am)* troffer
Einbaudose *f s.* Wandsteckdose
einbauen 1. to build in, to fit [in], to house; to install, to mount; 2. to place *(Mörtel und Beton)*; to tail *(Trägerenden)*
einbaufertig ready-to-fit, ready-to-mount, ready for installation
Einbaugegenstand *m* fitting
Einbauhöhe *f***/ lichte** daylight
Einbaukomplex *m* paving train *(Straßenbau)*
Einbauküche *f* fitted (built-in) kitchen, in-built kitchen
Einbaukühlschrank *m* built-in refrigerator
~/vorgefertigter reach-in refrigerator
Einbaulage *f s.* Einbauschicht
Einbaumöbel *npl* fitted (built-in) furniture
Einbauort *m* position of installation
Einbauplan *m* installation drawing
Einbauschalter *m (El)* flush[-type] switch
Einbauschicht *f* pour layer, lift *(Beton)*
Einbauschichtfuge *f* lift joint *(Beton)*
Einbauschrank *m* fitted (built-in) cupboard; built-in wardrobe *(für Kleidung)*
~/begehbarer walk-in closet
Einbauteile *npl* built-in units; fittings
Einbauten *s.* Einbauteile
Einbauwanne *f* built-in bathtub
Einbauwassergehalt *m* placement water content *(Beton)*
einbetonieren to concrete in, to embed in concrete; to let into concrete
einbetoniert embedded in concrete; buried in concrete
einbetten to embed; to let in *(Holz)*
~/in Beton to wet with concrete
Einbettmasse *f* flood coat *(für Dachkies)*
Einbettung *f* bedding
einbeulen to dent
Einbindelänge *f* bond (transmission, embedment) lenthg *(Bewehrung)*
einbinden *(Hb)* to fix in *(Mauerwerk)*; to feather; to tail *(Träger)*; to feather *(neue in alte Baustoffe)*
Einbinden *n* **des Fußbodens** dogging of a floor
Einbindeöffnung *f* bonding pocket
Einbindung *f* building-in
~/teilweise partial fixing
Einbindungsöffnung *f* indent *(Mauerwerk)*
Einblasrohr *n* aerator fitting *(Ventilation)*
einblatten *(Hb)* to adze; to join
einbrechen to blow out *(Befestigung, Damm)*
einbrennen to bake, to stove *(Farben, Lacke)*; to fire on *(keramische Werkstoffe)*
Einbrennfarbe *f* baked finish
Einbrennlack *m* baking (stoving) varnish
einbringen to introduce, to place *(z. B. Baumaterial)*
~/Beton to pour concrete, to concrete, to place
~/Bewehrung to place reinforcing bars
~/in einzelnen Lagen to place in separate layers
~/vorher to preplace

Einbringen *n* **der Bewehrung** steel fixing
~ **des Betons** placement (pouring) of concrete
Einbringung *f* placing, emplacement *(Beton)*
einbruchsicher burglar-proof
Einbruchstelle *f* breach *(Damm)*
Einbuchtung *f* waist
eindämmen to dam
eindecken to roof
~/mit Dachziegeln to tile
~/mit Schilf to thatch
~/mit Schindeln to shingle
~/neu to reroof
Eindeckungsmaterial *n* roofing material
eindeichen to dam in
Eindeichen *n* damming
eindicken to body [up], to thicken *(Anstrichstoffe)*; to fatten *(während der Lagerung dickflüssig werden)*
eindringen to penetrate
Eindringen *n* penetration
~ **des Anstrichs** sinking in *(in porösen Streichgrund)*
Eindringtiefe *f* depth of penetration
Eindringtiefenmesser *m* penetrometer
Eindringversuch *m (Erdb)* penetration test
Eindringwiderstand *m (Erdb)* penetration resistance
Eindruck *m* mark, impression
einebnen 1. to level [out], to plane; to spread and level; to bulldoze; 2. to flush *(z. B. Oberfläche bündig machen)*
~/die Schicht to level the layer
Eineinhalbziegelwand *f* brick-and-a-half wall *(340 mm oder 13¼ in dick)*
Einengung *f* striction, bottle-neck
Einfachfenster *n* single window
Einfachkehlnaht *f* single fillet weld *(Schweißen)*
Einfachkragschale *f* single-cantilever shell
Einfachsims *m(n)* simple cornice
Einfachverglasung *f* single glazing
Einfahrstand *m* reception stall *(Parkhaus)*
Einfahrt *f* access way
Einfahrtsöffnungsvorrichtung *f***/ selbsttätige** automatic entrance gate operator
Einfahrtsschleuse *f* entrance lock
Einfahrtstor *n* entrance gate
Einfahrtsweg *m* access road
einfallen 1. to fall down (in), to tumble *(Damm)*; to founder; 2. to dip, to incline *(von einer horizontalen Lage abweichen)*; 3. to hade *(Abhang)*
Einfallen *n* 1. dip *(Geologie)*; 2. rake *(Abweichung von der Lotrechten)*
einfallend hading *(Geologie)*
Einfallrichtung *f* direction of dip *(Bodenschichten)*
einfalzen *(Hb)* to fold in, to join by rabbets
Einfalzung *f* rabbet joint
Einfamilienhaus *n* single-family house, house
einfärben to dye *(Beton)*
Einfärben *n* dyeing
einfassen 1. to border *(mit einem Kantenschutz versehen)*; 2. to flash *(mit Abdeckblechen um einen Schornstein versehen)*; 3. to span
Einfassung *f* 1. framing; bordering; 2. jamb *(Tür, Fenster)*; 3. surround *(Ecke)*; 4. tray *(z. B. Schornstein, Leitungsrohre)*; 5. foil
~/schräge raking flashing
Einfassungsbrett *n* ligger *(um ein Strohdach)*
Einfegen *n* brooming, brushing
Einfeldbrücke *f* simple bridge
Einfelddecke *f* single floor
Einfeldrahmen *m* simple (single-span) frame
Einfeldträger *m* simple (single-span) beam
einfluchten 1. to align; to flush *(mit der Oberfläche bündig machen)*; 2. *(Verm)* to range out; 3. to run together *(Bauteile)*
Einflügelhubfenster *n* single-hung vertical window (sash)
Einflügelschiebefenster *n* single-hung slide window (sash)
Einflugschneise *f* approach (landing) path, approach lane *(Flugplatz)*
Einfluß *m* inflow, influx *(Zufluß)*
Einflußbereich *m* influence zone
Einflußfläche *f (Stat)* influence surface
Einflußfunktion *f* influence coefficient
Einflußgröße *f s.* Einflußwert
Einflußlinie *f (Stat)* influence line
Einflußwert *m* influence value
Einflußzone *f* influence zone
Einfräsung *f (Hb)* sinking
Einfräsverfahren *n* mixed-in-place construction *(Erdstoffstabilisierung)*
einfressen/sich to corrode, to eat into, to pit *(z. B. Säuren)*; to penetrate *(z. B. Staub)*
Einfriedung *f* enclosure, fence, defence
Einfriedungsmauer *f* defence (enclosing) wall, boundary wall
einfügen to embed; *(Hb)* to join, to rabbet
Einfügung *f* 1. *(Hb)* joining, rabbet joint; 2. situation (location) of a building
Einführungsleitung *f (El)* drop wire
Einführungsöffnung *f* inlet
Eingang *m* entrance
~/schmaler postern *(Nebeneingang)*
Eingangshalle *f* entrance hall; porch *(ein überdachter Eingang in ein Gebäude)*
Eingangsleistung *f (El)* input
Eingangspassage *f* entryway
Eingangsraum *m* entry
Eingangsterrasse *f***/ kleine** *(Am)* stoop
Eingangstür *f* gate
Eingangsüberdachung *f* marques *(über einer Tür)*
Eingangsvorraum *m* exonarthex *(Kirche)*
eingearbeitet sunk
eingeätzt 1. etched-down; 2. *s.* eingebrannt 2.

eingebaut 1. built-in, in-built, flush-mounted; incorporated; 2. encastre *(in Stützen eines Balkons)*; 3. housed *(in einem Gehäuse)*; 4. self-contained *(abgeschlossen, z. B. eine Wohnung)*
~/fest permanently fixed (installed)
~/heiß hot finished
~/maschinell machine-laid, mechanically laid
eingebettet embedded, interbedded
eingebogt engrailed
eingebrannt 1. stoved, baked; 2. encaustic *(Farbe in Enkaustik-Technik)*
eingebunden/fest engaged
eingefallen sunk
eingeglast glassed-in, glazed
eingehauen glyptic *(in Stein)*
eingehaust housed
eingelassen engaged, flush, flush-mounted; recessed *(z. B. ein eingebautes Regal)*
eingemauert walled
eingepaßt housed
eingerastet engaged
eingeschalt timbered
eingeschlagen glyptic *(Meißeln oder Gravieren)*
eingeschlossen guarded *(z. B. geschützte Grundstücke)*
~/halb engaged *(eine Säule)*
Eingeschosser *m* one-storey (single-storey) building (house), low-rise building
eingeschossig low-rise, one-storeyed, *(Am)* one-storied, single-storey, single-floor
eingeschnitten/in Stein glyptic
eingespannt 1. firmly secured; 2. *(Arch)* encastré; rigid, hingeless, end-fixed *(Balken)*; 3. *(Stat)* restrained
~/beid[er]seitig *(Stat)* fully restrained, restrained at both ends
~/starr rigidly restrained
~/teilweise 1. partially fixed; 2. *(Stat)* partially restrained
~/voll *(Stat)* fully restrained
eingesumpft soaked to a putty
eingeteilt/zeitlich timed
einglasen to glaze in, to glass in, to fit with glass
Einglasen *n* glazing
~/kittloses puttyless (patent) glazing
~ mit Kitt wet glazing
Einglasung *f* glazing
~ mit Dichtungsprofilen gasket glazing
Einglasungselement *n* glazing unit
Einglasungsglas *n* glazing glass
Einglasungsgröße *f* glazing size
Einglasungsmaß *n* glazing dimension
Einglasungspfette *f* glazing purlin
Einglasungsselbstdichtung *f* glazing gasket
eingleisig single-track[ed]
eingravieren to engrave; to intaglio
Eingravierung *f***/ geätzte** intaglio
Eingrenzung *f* sectionalization *(in Abschnitte)*
einhaken to clasp *(mit einer Klammer)*; to hitch; to hook *(mit einem Haken)*
einhalten 1. to hold, to meet *(Toleranz)*; 2. to keep *(Liefertermin)*; to follow, to observe *(Spezifikation)*
Einhandstein *m* one-hand block *(kleiner Ziegel)*
Einhängefeld *n* suspended span *(Brücke)*
einhängen 1. to hang in, to put in; to hang up; 2. to hinge
Einhäng[e]träger *m* suspended span *(Brücke)*; suspended (drop-in) beam
einhauen to inscribe *(eingravieren)*
einhausen to case, to house, to box, to can
Einhausung *f* casing
Einheit *f***/ gestalterische** unity of design
~/stilistische stylistic unity
einheitlich uniform
Einheitlichkeit *f* uniformity
Einheitsbauweise *f* unit construction; standard type construction
Einheitslast *f* unit load *(Last je Flächeneinheit)*
Einheitspreis *m* unit price
einhüllen to coat
~/in Beton to encase with concrete
Einkanalsystem *n* single-duct system
einkanten *(HLK)* to border in
einkapseln to enclose
Einkaufsauftrag *m* purchase order
Einkaufshalle *f s.* Supermarkt
Einkaufs- und Wohnkomplex *m* shopping and living complex, shopping and residential complex
Einkaufsviertel *n* shopping precinct (area)
Einkaufszentrum *n* shopping centre, *(Am)* shopping mall
Einkaufs- und Dienstleistungszentrum *n* commercial centre
Einkehlung *f* 1. flute; 2. [roof] valley
einkerben to jag, to indent, to nick, to score; *(Hb)* to latch
Einkerbung *f* indent *(Mauerwerk)*
Einklauung *f (Hb)* birdsmouth, *(Am)* foot cut
Einkneten *n* bag moulding, bag-moulding system *(einer plastischen Masse zwecks Formung)*
einknicken to buckle
Einkomponentensystem *n* one-pack system, one-part coating, one-component coating *(Anstrich)*
Einkornbeton *m* like-grained concrete, single-sized concrete, short-range aggregate concrete, no-fines concrete
Einkornkies *m* uniform gravel
Einkornmörtel *m* like-grained (single-sized) mortar
Einkornzuschlag[stoff] *m* single-sized aggregate
Einkratzahle *f* scratch awl
einkratzen to scratch; to score *(Linien)*
Einkriechen *n* **der Absiegelungsmasse** migration of sealant *(einer Dichtung)*
einkürzen to shorten
Einlage *f* 1. insert, filler, inlay; spacer; 2. fabric *(Dachpappe)*
einlagern to stockpile *(Schüttgut)*; to store

Einlagerung *f* 1. interstratified bed, interstratification *(Geologie)*; 2. storage *(von Baumaterial)*
einlagig single-coat *(Außenputz)*; single-layer
Einlaß *m* inlet, intake; induction
Einlaßdübel *m* lay-in connector
einlassen 1. to embed *(Mauerwerk)*; 2. to let in *(Zapfen)*
Einlassen *n (Hb)* sinking
Einlaßrohr *n (HLK)* induction pipe
Einlaßschacht *m* intake well
Einlaßturm *m* intake tower
Einlaßzapfen *m (Hb)* tenon
Einlauf *m* intake, inlet, gull[e]y
Einlaufbauwerk *n (Wsb)* intake construction (structure), inlet structure; intake (inlet) works
Einlaufbecken *n (Wsb)* inlet reservoir; forebay *(Kraftwerk)*
Einlaufkanal *m* inlet channel; race *(Mühlengraben)*
Einlauföffnung *f* intake, inlet port
Einlaufrinne *f* inlet channel
Einlaufrost *m* inlet (gully) grate
Einlaufschacht *m* inlet shaft, gully; shaft for decent
Einlauftrompete *f* bellmouth intake
Einlegearbeit *f* inlay, inlaying, inlaid work, inlay work; emblemata *(Mosaikornament im Fußboden)*; intarsia *(dekorative Einlage mit Holzstücken oder Elfenbein)*; marquetry *(dekorative Holz- oder Elfenbeineinlage in Möbeln usw.)*, entail
~/schachbrettartige tessellated work
Einlegeformleiste *f* rustication strip *(in die Betonschalung)*
Einlegeholz *n* patch *(zur Furnierreparatur)*
Einlegelatte *f s.* Einlegeformleiste
Einlegeleiste *f***/ kantenbrechende** *(Am)* cant strip
Einlegematerial *n* inlay *(Holz, Stein, Metal)*
einlegen to inlay, to insert; to introduce; to place *(z. B. Bewehrung)*
~/die Eisen to place the bars
~/in Beton to embed in concrete
Einlegornament *n***/ kleines** tringle *(meist mit rechtwinkligem Querschnitt)*
einleiten to pass into *(z. B. in einen Schacht)*
einloten to plumb
einlöten to solder in
einmanteln to box, to can
einmauern to brick in
einmessen to survey
Einmischverfahren *n* **an Ort und Stelle** mixed-in-place construction *(Bodenstabilisierung)*
einnehmen to cover *(ein Gebiet oder einen Raum)*
~/wenig Platz to take little floor space
einpacken to box *(in Kisten)*
einpassen to fit [in], to seat *(z. B. Montageteile)*
Einpassung *f* seat, adjustment *(z. B. von Montagefertigteilen)*
Einpendler *m* commuter *(Verkehrsplanung)*
Einpaßzapfen *m* spigot
Einpfählung *f* palisade, paling, fence of pales
Einplanieren *n* planing, blading *(Straßenbau)*
einprägen to impose *(Spannung)*
Einpreßarbeiten *fpl* grouting work
Einpreßbeton *m* inject (injection) concrete
Einpreßdruck *m* injection pressure
einpressen 1. to grout in *(Mörtel)*; to grout under pressure *(Zementierungsmittel)*; to inject *(Beton, Zement)*; 2. to drive in *(Buchsen)*
Einpressen *n* grouting *(von Zementmörtel)*
Einpreßmörtel *m* grout, intrusion grout (mortar)
~ mit Feinkies pea gravel grout
Einpreßmörtelsand *m* grouting sand *(Korngröße < 0,8 mm)*
Einpreßpumpe *f* injection pump *(Zement)*; grouting pump *(Mörtel)*
Einpreßspritzpistole *f* injection gun
Einpreßstollen *m* grouting gallery
Einpressung *f* injection
~ von Mörtel mortar intrusion, grouting of mortar
einrahmen to frame
Einrahmung *f* framing; casing *(Fenster, Tür)*
einrammen to ram, to pile-drive, to sink by driving, to drive in *(Pfähle)*; to tamp
Einrastbolzen *m* drop-in pin
einrasten to lock in position; to latch; to catch
~/in ein Loch to enter a hole
Einrastschloß *n* touch catch
Einrastvorrichtung *f* click-stop device
Einraumwohnung *f* bedsitter, bed-sitting room [flat]
Einreiber *m* casement fastener *(Fensterhalter)*
einreichen/ein Angebot to tender
einrichten 1. to equip, to install *(z. B. Gebäude)*; to fit [out], to furnish *(Räume)*; to decorate; 2. to found, to establish *(gründen)*; 3. to set[up] *(Maschinen)*
Einrichtung *f* 1. installation *(Einbau, z. B. von Versorgungsleitungen)*; furnishing *(einer Wohnung)*; 2. foundation, establishment *(Gründung)*; 3. facility *(speziell ausgerüstet, z. B. Räume)*; 4. equipment, facilities, installation *(Ausrüstung)*; device, apparatus *(Vorrichtung)*; attachment *(Zusatzeinrichtung)*; 5. furniture, furnishings *(Mobiliar)*
~/elektrische electrical equipment
~/sanitäre sanitary fixture
~/sanitäre sanitary facilitres (installations), sanitation
Einrichtungen *fpl***/ gesellschaftliche** social amenities
~/öffentliche public amenities
Einrichtungsgegenstände *mpl* fitments, fixtures, appointments, furnishings
Einrichtungsgut *n***/ bewegliches** furniture
Einriß *m* flaw *(Baustahl)*
einritzen to score, to scratch
Einrohrheizungssystem *n* one-pipe system *(Zentralheizung)*
einrosten to grow rusty, to rust in
einrücken to engage; to throw into gear

Einrückhebel *m* engaging lever
einrühren to stir, to mix
einrüsten to scaffold, to rig [up], to erect a scaffold; to shore
Einrüstkonstruktion *f* shoring system
Einrüststütze *f* shore column
Einrüstung *f* shoring, scaffolding
einsägen to give a cut with the saw, to saw into
Einsatz *m* 1. application, use; 2. insert *(von Holz, z. B. eine Furniereinlage)*
Einsatzbedingungen *fpl* **/ tatsächliche** on-site conditions
Einsatzrohr *n* receiving pipe *(für Dichtungen)*
Einsatzstück *n* 1. insert; 2. distance piece
einsaugen to absorb *(Flüssigkeiten, Dämpfe, Gase)*, to suck up, to imbibe
einsaugend absorbent, absorbing, absorptive
Einsaugfähigkeit *f* absorbing capacity
einschalen to erect formwork; to form, to timber, to shutter [up]; to set up a mould, to mould; to encase
~/einen Bogen to embow
einschalig single-shell, single-leaf *(Wand)*; non-ventilated *(Dach)*; homogeneous *(Bauteil)*
einschalten to turn on, to switch on
Einschalung *f* formwork, timbering, scaffolding
einschäumen to foam into place *(Isoliermasse)*
Einschichtbelag *m* homogeneous covering
einschichtig single-course, single-layer; single-coat *(Außenputz)*
Einschiebetreppe *f* folding stair
einschießen to shot-fire *(mit dem Bolzenschießgerät)*
einschlagen 1. to fell *(Holz)*, to cut down trees; 2. to hammer in, to knock in, to beat in *(z. B. Nägel)*; to drive in *(z. B. Pfähle)*
einschlämmen to flush
einschließen to enclose, to embed; to lock in
einschlitzen to mortise *(Holz)*
Einschluß *m* incasement *(Baustoff, Werkstoff)*; inclusion *(von Gasen oder Festkörpern in einem Material)*; segregation
~/exogener xenolith *(in Mineralien)*
einschnappen to snap
einschneiden to slot, to notch *(eine Kerbe in Holz)*; to score, to nick *(einen Einschnitt machen)*; to kerf *(einsägen in ein Stück Holz)*
~/eine Nut (Rinne) in eine Kragschicht von unten to undercut
~/Verzierungen *(Hb)* to thurm
Einschnitt *m* 1. *(Erdb)* cut[ting], excavation; 2. indent *(Mauerwerk)*; 3. *(Hb)* slit; 4. nick, notch, jag
einschnittig single-shear *(Niet- und Schraubverbindungen)*
einschnitzen to incise
einschnüren 1. to contract, to constrict; 2. to bottle *(Zugfestigkeitsprüfung)*
Einschnürung *f* 1. contraction, constriction; 2. necking; waist; 3. formation of a neck *(Bohrpfahlgründung)*; 4. reduction of area *(Zugprüfung)*
Einschraubsicherung *f* plug (socket) fuse
Einschubbauweise *f* plug-in construction
Einschubbrett *n* packing (sound) board
Einschubdecke *f* intermediate (false) ceiling, sound boarding
Einschubrohr *n* insert tube
einschwalben to dovetail
Einsenkschraubenbolzen *m* handrail bolt
Einsenkung *f* 1. sag[ging]; 2. dip *(Geologie)*
~/bleibende permanent set
einsetzen to insert, to seat; to introduce
Einsetzen *n* **eines Kragsteins** tailing-in
Einsetzöffnung *f* **/ lichte** rabbet size *(Fensterglas)*
Einsetzträger *m* drop-in beam
einsickern to seep [in], to infiltrate, *(Erdb)* to filter in; to penetrate
einsinken to yield
Einspannbedingung *f* fixed-end condition
einspannen 1. *(Stat)* to constrain, to fix, to restrain; 2. to clamp, to grip *(in ein Spannfutter)*
~/gelenklos to restrain
Einspannen *n* fixing; clamping
Einspänner *m* multi-storey block with one flat (apartment) per floor
Einspannmoment *n* *(Stat)* fixing (fixed-end) moment, moment at point of fixation, [restraining] end moment
Einspannpunkt *m* bearing edge *(fixierter Träger)*
Einspannstelle *f* point of fixation (rigid support)
Einspannung *f* *(Stat)* restraint, fixity, rigid fixing; constraint *(z. B. von Balken)*
~/biegesteife built-in mounting *(eines Balkens)*
~/feste immovable end fixity
~/vollständige complete restraint
Einspannungsbedingung *f* fixed condition, terminal end condition
Einspannungsgrad *m* fixing degree, fixed-end degree, fixation
Einspannungsmoment *n* *s.* Einspannmoment
Einspannzeit *f* clamping time *(bei Leimverbindungen)*
einspeisen to supply
Einspeiseöffnung *f* *(HLK)* terminal unit *(Klimaanlage)*
Einspeisungsentwässerungsleitung *f* lateral sewer
einspritzen to inject *(z. B. Zementmörtel)*
einspülen to jet; to flush
Einspülen *n* **der Pfähle** jetting of piles
einstampfen to compact *(z. B. Verfüllung)*; to ram *(Pfähle)*; to pulp *(Kalk)*
Einstau *m*, **Einstaumenge** *f* *(Wsb)* pondage *(Speicherkapazität)*
einstechen to recess
Einstechen *n* cutting-in; recessing
Einsteckbolzen *m* stop pin
Einsteckfeder *f* *(Hb)* loose tongue

Einsteckriegel *m* mortise knob latch
Einsteckschloß *n* mortise lock (latch), mortise knob [latch]
~/für die Außentür mortise lock for outside door
Einsteckstift *m (El)* male plug
einstegig single-web *(eines Trägers)*
Einsteigeleiter *f* access ladder *(Schwimmbecken)*
Einsteigschacht *m* manhole, manway, manhole (chimney) access shaft *(eines Abwasserkanals)*; conduit pit
Einsteigschachtdeckel *m* manhole cover for inspection shaft
einstellen to set; to adjust
Einstellung *f* 1. adjustment *(Montage)*; 2. *(Verm)* sight
Einstemmband *n* butt [hinge]
einstemmen to mortise *(Holz)*, *(Am)* to mortice
Einstemmen *n* mortising, flush fixing; letting-in flush *(Stemmband)*
~ der Schlitze und Öffnungen für Türbeschläge mortise preparation
Eintich *m* cutting-in
Einstieg *m* access; manhole, manway; inspection door
Einstiegsluke *f* entrance hatch
Einstiegsöffnung *f* manhole, manway; access panel
einstöckig *s.* eingeschossig
Einstreudecke *f* dry penetration surfacing
Einströmung *f* indraught *(Luft)*
Einsturz *m* collapse; cave-in, caving • **das Haus steht kurz vor dem ~** the house is about to collapse
einstürzen to collapse, to fall in *(z. B. ein Haus, eine Brücke)*; to tumble *(z. B. eine Wand)*; to cave in *(z. B. eine Straße)*
Einsturzgefahr *f* danger of collapse • **„Vorsicht ~“** „danger – building is unsafe“
Einsturzlast *f* collapse load
einsumpfen to soack, to wet, to pulp *(Kalk)*
Einsumpfen *n* soaking, souring
Einsumpfzeit *f* gauging (soaking) period
Eintauchrüttler *m* immersion vibrator
einteilen 1. to calibrate; 2. to classify
Einteilung *f* 1. calibration; 2. classification
Eintrag *m* input *(von Wärme beim Schweißen)*
eintragen to apply *(Kräfte)*
Eintragungsspannung *f* transfer stress *(Spannbeton)*
eintreiben to drive in, to pile *(Pfähle)*
Eintrittsöffnung *f* inlet port
eintrocknen to dry in (up)
ein- und zweigeschossig low rise
Einwaage *f* originally weighet-in quantity, original sample weight
Einwalzen *n* rolling
einwandfrei sound *(Güte, Qualität)*
Einwässern *n* watering
Einwegventil *n* check valve, one-way valve, back-pressure valve
einwickeln/mit Langstroh und Lehm to envelop (wrap-up) in straw and clay
einwirken to act [on]
Einwirkung *f* action
Einwohnerschaft *f* [resident] population
Einwohnerzahl *f* population, number of inhabitents
einwölben to arch, to vault [in], to concamerate
Einwölben *n* arching, [barrel] vaulting
Einzahnen *n* toothing-in *(Mauer)*
einzapfen to notch, to tenon into, to jag *(Holz)*
Einzapfung *f*/ **schiefwinklige** oblique notching
einzäunen to fence [in], to enclose
Einzäunung *f* fencing, enclosure
einzeichnen/überhöht to foreshorten
Einzelbauvertrag *m* single contract
Einzelbelastung *f* single loading
Einzeldarstellung *f* detail drawing
Einzelfaser *f* filament
Einzelfeld *n* single span
Einzelfertigung *f* single piece (individual) production
Einzelfundament *n* single footing, individual (separate) footing, single (isolated, independent) foundation; foundation block (pad)
Einzelgerät *n* plant item
Einzelgründung *f* single footing (foundation), independent foundation
Einzelhaus *n* detached house
~ einer Reihe ähnlicher Häuser *(Am)* row house
Einzelhausklärgrube *f* individual sewage-disposal system
Einzelheit *f* detail
~/bauliche constructional detail
Einzelheizung *f* individual (local) heating, stove heating
Einzellast *f* concentrated (point) load, single (individual) load
~ in Feldmitte *(Stat)* centre (midspan) loading
Einzelpfahl *m (Erdb)* single pile
Einzelpfosten *m* post pole (shore)
Einzelstütze *f* post pole (shore)
Einzelträger *m* single span
einziehen/Decke to ceil
einzügig single-flue *(Schornstein)*
Einzugsgebiet *n* gathering ground, drainage (catchment) area *(Wasser)*
Eiprofil *n* egg-shaped profile
Eiprofilrohr *n* egg-shaped pipe, ovoid pipe
Eisansatz *m* ice accretion
Eisbeton *m* ice concrete
Eisbildung *f* icing, formation of ice
Eisblumeneffekt/mit frosted
Eisblumenglas *n* glue-etched glass, arctic glass
Eisblumenlack *m* frosted varnish (finish)
Eisblumieren *n* glue-etching *(Glas)*
Eisbrecher *m* ice apron (guard) *(Brücke)*
Eisdruck *m* ice pressure

Eisenabschneidevorrichtung *f* bar cutter
Eisenabstand *m* rod spacing *(Bewehrung)*
Eisenarbeit *f* ironwork
Eisenarchitektur *f* iron architecture
eisenarm poor in iron, low-iron, non-ferrous
Eisenbahnarchitektur *f* railway architecture, *(Am)* railroad architecture
Eisenbahnbau *m* railway construction, *(Am)* railroad construction
Eisenbahnbauarbeiten *fpl (Am)* railroad track work
Eisenbahnbrücke *f* railway bridge
Eisenbahndamm *m* railway embankment (fill)
Eisenbahnkran *m* railway crane
Eisenbahnschienen *fpl* rails, metals
Eisenbahnschwelle *f* [railway] sleeper, *(Am)* tie
Eisenbahnstation *f* railway station, *(Am)* railroad station, depot
Eisenbahnunterführung *f* railway underbridge, subway, *(Am)* underpass
Eisenbahnverkehr *m* railway traffic
Eisenband *n* ferrule
Eisenbeton *m* reinforced concrete, steel concrete, armoured concrete
Eisenbiegemaschine *f* bar (rod) bender *(für Stahlbewehrung)*
Eisenbiegen *n* bar bending, adapting of [the] ironwork *(für Stahlbewehrung)*
~ **auf der Baustelle** field bending
Eisenbiegeplan *m* bending schedule *(Bewehrung)*
Eisenbiegeplatz *m* steel bending yard
Eisenbieger *m* rod bender, bar (steel) bender, steel fixer
Eisenblau *n* Chinese blue, iron blue
Eisenblech *n* **/ verzinktes** galvanized iron, tinned sheet iron
Eisendraht *m* iron wire
~**/[aus]geglühter** annealed [iron] wire
Eisendübel *m* iron pin
Eisenfenster *n* steel casement
Eisenflechter *m* steel fixer, steel reinforcing worker
Eisenflechtertrupp *m* bar fixing gang
eisenfrei non-ferrous
Eisengußstück *n* iron casting
eisenhaltig ferruginous, iron-containing
Eisenholz iron wood
Eisenhüttenwerk *n* steel mill (works)
Eisenkernbewehrung *f* iron core
Eisenkitt *m* iron (rust) cement, iron putty
Eisenlänge *f* **/ äquivalente** equivalent embedment length *(verglichen mit einem Haken)*
Eisenleger *m s.* Eisenflechter
Eisenmennige *f* minium of iron red lead
Eisenofen *m* iron stove
Eisenoxidrot *n* Venetian red, red [iron] oxide, iron oxide red
Eisenoxidzement *m* ferruginous cement
Eisenportlandzement *m* iron Portland cement, Portland blast-furnace cement, metallurgic[al] cement
Eisenrohrdimension *f* iron-pipe size
Eisenschere *f* iron cutters
Eisenschlackenstein *m* scoria (breeze) brick
Eisenschneidemaschine *f* rod cutter
eisenschüssig ferruginous
Eisenträger *m* iron girder
Eisenunterlagsplatte *f* billet *(unter eine Säule zur Lastverteilung)*
Eisenvorrichten *n* adapting of [the] ironwork
Eisenwaren *fpl* ironmongery, hardware
Eisenzuschlagstoffe *mpl* iron aggregates
Eisfach *n* bunker
Eishockeyanlage *f* rink
Eislagerhaus *n* icehouse
Eislaufanlage *f* [skating] rink
Eislinse *f (Erdb)* ice lens
Eisstau *m* ice dam
Eis- und Schneeschwelle *f* **an der Traufe** ice dam
Eiszerkleinerungsmaschine *f* ice-crushing machine *(für Beton)*
Ei- und Zungenverzierung *f* egg and dart moulding
Eklektizismus *m* eclecticism *(historisches Stilelementgemisch neuzeitlich angewandt)*
elastisch 1. elastic, resilient; 2. springy *(federnd)*; 3. flexible
~**/linear** linearly elastic
Elastizität *f* 1. elasticity, resilience *(Dehnbarkeit)*; 2. springiness, resilience *(Federkraft)*; 3. flexibility
Elastizitätsbedingung *f* elasticity condition
Elastizitätsbereich *m* range of elasticity
Elastizitätsgesetz *n* law of elasticity
Elastizitätsgrenze *f* elastic limit, limit of elasticity, load at elastic limit
~ **gegenüber Zug** elastic limit for tension
Elastizitätslinie *f* elastic curve
Elastizitätsmodul *m* modulus of elasticity, elastic (Young's, elongation) modulus; elastic constant
~**/dauernder** long-term modulus of elasticity
~**/dynamischer** dynamic modulus of elasticity
Elastizitätsmodulverhältnis *n* **von Baustahl zu Beton** modular ratio
Elastizitätsspannverlust *m* sequence-stressing loss *(beim Spannen der Bewehrung)*
Elastizitätstheorie *f* theory of elasticity
~**/nichtlineare** non-linear elastic theory
Elastizitätszahl *f* coefficient of linear extension
elastomer elastomeric
Elastomer[es] *n* elastomer
elastoplastisch elastoplastic
Elefantenhautbildung *f* alligatoring *(einer Asphaltoberfläche)*
Elektriker *m* electrician
Elektroabscheider *m* electrostatic precipitator; electrostatic air cleaner
Elektroanlage *f* electrical installation
Elektrode *f* electrode
Elektroglas *n* electro-copper glass method; *(Am)* copperlight glazing
Elektroheißwasserbereiter *m* electric water heater

Elektroheißwasserspeicher *m* electric storage water heater
Elektroheizgerät *n* electric heater (heating appliance)
Elektroheizung *f* electric heating
Elektroherd *m* electric range (cooker)
elektrohydraulisch electrohydraulic
Elektroinstallation *f*/ **sichtbare** open wiring
Elektroisolator *m* electric[al] insulator
Elektrokeramik *f* electrical porcelain
Elektroleitungsführung *f*/ **offene** cleat wiring
Elektrolyt *m* electrolyte
Elektrolytkorrosion *f*/ **lokale** local[ized] electrolytic corrosion, *(Am)* oxygen starvation
Elektromotor *m* electric motor
Elektroosmose *f* electroosmosis
Elektrophoresebeschichtung *f* electrocoating
Elektropolieren *n* electropolishing
Elektroramme *f* electric driver
Elektroschließeinrichtung *f* electric operator *(z. B. für Fenster, Deckel, Klappen)*
Elektroschmelzzement *m* electric cement
Elektroschweißen *n* electric welding
Elektrostampfer *m* electric rammer
elektrostatisch electrostatic
Elektrostaubabscheider *m* electrostatic precipitator; electrostatic air cleaner
Elektrovorspannung *f* electrical prestressing
Elektrozähler *m s.* Energieverbrauchszähler
Element *n* 1. member, prefabricated unit (component); 2. *(El)* cell
~ **der Säulenschalung/vertikales** column (support) side
~/**feuerdämmendes** fire stop
~/**[last]tragendes** load-bearing member
~/**wabenförmiges** honeycomb
Elementetransport *m* haulage of prefabricated components (building units)
Elemi[harz] *n* elemi [resin]
Elendsviertel *n* slum
Elendsviertelabbruch *m* slum clearance
Elevator *m* elevator; paternoster [lift]
Elevatorausleger *m* bucket elevator boom
Elfenbeinschwarz *n* ivory black (pigment)
Ellipsenbogen *m* oval (elliptical) arch; multicentred arch
~/**mehrelementiger** false ellipse
Ellipsendach *n* elliptical roof
Ellipsengewölbe *n* elliptical vault
Ellipsenzeichner *m* trammel
Ellipsoidschale *f* ellipsoidal shell
Eloxalschicht *f* anodic coating (film)
eloxieren to anodize
Eloxieren *n* anodizing, anodic oxidation
Elternraum *m* parents' room
Elternschlafraum *m* parents' bedroom
Email *n* [porcelain] enamel
Emaildeckfarbe *f* deck paint (enamel)
Emailfarbe *f* enamel paint
Emaillack *m* enamel varnish (paint)
Emaille *f s.* Email *n*
Emaillierung *f* ceramic coating, enamelling
Emailüberzug *m*/ **buntkörnig gescheckter** granite-ware
Emblem *n* emblem
Emblemarbeit *f* emblemata
Emission *f* emission
Emissionstelle *f* point of emission *(von Rauch und aggressiven Stoffen)*
E-Modul *m s.* Elastizitätsmodul
Empfang[sschalter] *m* reception [desk] *(in einem Hotel)*
Empfangsebene *f* passenger and luggage handling level *(Flughafen)*
Empfangsgebäude *n* terminal building *(Flughafen)*
Empfangshalle *f* reception hall
Empfangsraum *m* drawing room *(z. B. in einem Herrenhaus)*
Empfangs- und Speiseetage *f* piano nobile *(Renaissance)*
Empfangszimmer *n* drawing room; parlour, *(Am)* parlor
Empirestil *m* Empire style *(Schlußphase des Klassizismus zwischen 1800 und 1830)*
Empore *f* gallery; rood-loft, choir-loft *(Kirchenarchitektur)*
Emporendach *n* gallery roof
Emporengewölbe *n* gallery vault
Emporenhalle *f* galleried church *(Kirchenarchitektur)*
Emscherbrunnen *m* Emscher (Imhoff) tank *(Abwasser)*
Emulgator *m* emulsifier, emulsifying agent
Emulgierung *f* emulsification
Emulgierzusatz *m s* Emulgator
Emulsion *f* emulsion
Emulsionsfarbe *f* emulsion paint
Emulsionshaut *f* emulsion membrane
Emulsionsstabilität *f* stability of emulsion
Endabstand *m* end distance *(Holzbalken)*
Endanstrich *m* final coat of paint
Endauflager *n* abutment; end support
Endaushärtung *f* ultimate set *(Kunststoff)*
Endausschalter *m* ultimate limit switch
Endbahnhof *m* terminal railway station
Enddiagonale *f* end diagonal *(Stahlbau)*
Enddruck *m* final pressure
Ende *n* end
~/**abgewalmtes** hip[ped] gable
~/**bearbeitetes** work end *(Holz)*
~/**dickes** but end *(Bauholzstamm)*
~ **einer Schindel/dickes** butt
~ **eines Handlaufs/vertikales** monkeytail
~/**eingemauertes** fang *(Mauerwerk)*
~/**freies** end distance *(Holzbalken)*
~/**kurzes (schmales)** splay end *(Schrägziegel)*
~/**stumpfes** butt
Endeinspannung *f* end restraint (fixing) *(Balken)*

~/feste *(Stat)* fixed fixity, restraint
~/unverschiebbare immovable end fixity *(Träger, Balken)*
Endelemente *npl***/ auseinandergebogene** fish tail *(Mauerwerk)*
Enden *npl***/ aufgebogene** fish tail *(Mauerwerk)*
Enderweiterung flaring *(eines Rohres)*
Endfeld *n* end span (bay), tail bay
Endfertigstellung *f* final completion
Endfestigkeit *f* final (ultimate) strength
Endfilter *m* afterfilter *(bei Klimaanlagen)*
Endfirstziegel *m* end ridge tile
Endfläche *f***/ glatte** plain end *(Holz)*
Endhafen *m* terminal port
Endhaken *m* end hook *(Bewehrung)*
Endknotenpunkt *m* end connection, end assemblage point
Endknotenverbindung *f* end connection
Endlager *n* end-bearing support
Endloch *n* shore pier *(Brückenverankerung)*
Endmaß *n* end block *(in Balken)*
Endmast *m* terminal pole
Endmoment *n* end moment
Endmontage *f* final errection
Endpfeiler *m* end pier *(Brücke)*
Endpunktsverdichtung *f* end block *(eines tragenden Elements)*
Endquerrahmen *m* cross-braced end frame
Endrahmen *m* end frame
Endrahmenaussparung *f* recess for housing end frames
Endring *m* ferrule
Endschalter *m* limit (terminal) switch, terminal (ultimate) limit switch
Endschräge *f* end diagonal
Endspannung *f* final stress *(nach vollständiger Belastung)*
Endsparren *m* barge couple (rafter)
Endspreize *f (Erdb)* face piece (waling)
Endstab *m***/ schräger** inclined end post
Endstabilität *f* ultimate stability
Endstation *f* terminal
Endstütze *f* end column
Endüberlappung *f (Hb)* end lap, head lap
Endtermin *m***/ frühester** early finish time *(Netzplantechnik)*
Endverankerung *f* end anchorage *(Spannglied)*
Endverkämmung *f* end cogging
~/schräge bevelled end cogging
Endverlappung *f (Hb)* end lap
Endverschluß *m (El)* termination
endverzapft end-matched
Endverzierung *f* terminal *(eines Pfeilers)*
Endvorkopf *m* end filler
Endvorspannkraft *f* final prestressing force, final stress (prestress)
Endvorspannung *f* final stress (prestress), final prestressing force
Energie *f* energy
Energieanschluß *m* power supply
Energiebedarf *m* power demand, energy requirement
Energienetz *n* electric network
Energieverbrauch *m* energy (power) consumption
Energieverbraucher *m* energy (power) consumer
Energieverbrauchszähler *m* energy meter, [electric-]supply meter
Energieversorgung *f* energy (power) supply
Energieversorgungsanschluß *m* services connections, service
Energieversorgungssystem *n***/ nichtunterbrechbares** *(Am)* uninterruptible power system
Energiewandler *m* transducer
Energiezufuhr *f* energy supply
engklassiert closely graded *(Zuschlagstoff)*
engmaschig narrow-meshed
Engobe *f* engobe *(Angußfarbe zum Einbrennen in Tondachziegel)*
engobieren to glaze, to slip *(Dachziegel)*
Engpaß *m* gorge *(Geologie)*
engringig close-grained, narrow-ringed *(Holz)*
engsäulig pycnostyle
engstehend closely spaced
Enkarpus *n* encarpus *(Ornament auf einem Fries oder Kapitell)*
Entasis *f* entasis *(einer Säule)*
entballen to decentralize
Entballung *f* decentralization
Entdröhnung *f* antidrumming (sound-deadening) treatment
Enteignung *f* expropriation, *(Am)* condemnation *(von Land)*; *(Am)* eviction *(Enteignung durch Gesetz)*
Entenschnabellader *m* duckbill [loader]
entfärben to bleach; to decolour, to discolour
Entfärbung *f* stain
Entfärbungsschleier *m* milkiness *(Anstrich)*
entfernen/Geländehindernisse to snag *(Baumstümpfe, Felsen)*
~/Kesselstein to descale
Entfernen *n* removal; clearing *(z. B. von Erdmassen)*; easing *(z. B. von Material)*
~ von Asphalt deasphalting
entfernt remote
~/gleichweit equidistant
Entfernungsmeßgerät *n* range finder
Entfernungsmessung *f* taping *(mit Bandmaß)*
~ mit Kette oder Band chaining
Entfernungsrahmen *m* distance piece
entfetten to degrease
Entfeuchten *n* dehumidifying
Entfeuchter *m* dehumidifier
Entfeuchtung *f* dehumidification
entflammbar [in]flammable
~/schwer flame-proof
Entflammbarkeit *f* [in]flammability
Entflammbarkeitsprüfung *f* **einer Strahlungstafel** radial panel test

entflammen to [in]flame, to flash, to ignite
Entflamm[ungs]punkt *m* flash point
Entflammungstemperatur *f* ignition temperature (point)
entformen to demould; to dismantle *(Schalung)*
Entformung *f* demoulding
entgegenwirken to counteract
entglasen to devitrify
Entglasung *f* devitrification
entgraten to burr
Entgraten *n* burring; regrating *(behauener Stein)*
enthalten 1. to contain; 2. to include
enthalten /im Vertrag nicht not [included] in the contract *(Baurecht)*
enthaltend/Kammerräume hog-backed
entkalken to delime
Entkalkung *f* decalcification, lime removal
Entkohlung *f* decarburization *(von Stahl)*
entladen to unload
entlasten 1. *(Stat)* to relieve; 2. to ease
entlastet 1. *(Stat)* relieved; 2. balanced
Entlastung *f* 1. *(Stat)* relief; 2. easing
Entlastungsanlage *f (Erdb)* draw-off structure
Entlastungsbogen *m* relieving (rough, safety, discharging) arch *(Mauerwerk)*
Entlastungsflutgraben *m* inundation canal
Entlastungsfuge *f* clearance, clearage [joint]
Entlastungsgewölbe *n* relieving vault
Entlastungsgraben *m* inundation canal
Entlastungsleitung *f* **für Abwasser** relief sewer
Entlastungsstraße *f* by-pas road
Entlastungssturz *m* safety lintel
entleeren to drain [off], to discharge, to empty
Entleerungshahn *m* drain (emptying) cock
Entleerungskanal *m* drain channel
Entleerungsleitung *f* dewatering conduit
Entleerungsöffnung *f* discharge opening; discharge gate
Entleerungsschraube *f* drain plug
Entleerungsventil *n* drain valve
entlüften 1. to ventilate, to deaerate; 2. to vent
Entlüfter *m* exhauster, exhaust fan, uptake ventilator, extractor, extract ventilation unit
~/mechanischer mechanical extractor
Entlüftung *f* airing, ventilation, venting, exhaust; deaeration *(Hohlraum)*
Entlüftungsfensterklappe *f* vent light (sash), night vent *(eines Schiebefensters)*
Entlüftungshahn *m* air eliminator, purge (release) valve, air relief cock, pet cock *(Heizung)*; bleeder
Entlüftungsklappe *f (HLK)* relief damper (opening)
Entlüftungsleitung *f* fixture vent *(vom Abwassersystem)*
Entlüftungsloch *n* ventiduct
Entlüftungsöffnung *f* vent, ventiduct, ventilation opening
Entlüftungsrohr *n* vent pipe, venting (ventilating) pipe; vent flue
Entlüftungsrohrdeckkappe *f* vent cap, stack cap
Entlüftungsrohrkanal *m* vent duct
Entlüftungsrohrzug[aufsatz]blech *n (Am)* ventilating jack
Entlüftungsschacht *m* extract (venting) shaft
Entlüftungssteigrohr *n* Evasé stack *(Tunnelbau)*
Entlüftungsventil *n* [pet] cock, relief valve; vapour lock device *(Heizung)*
Entlüftungsventilator *m* air-exhaust ventilator, outlet ventilator
entmischen to separate [out]
~/sich to segregate *(Beton)*; to settle *(Farbe)*
Entmischen *n* segregation *(von Beton)*; settlement *(von Frischbeton)*
Entmischung *f* unmixing; segregation *(von Beton)*
Entmischungsgefahr *f* risk of segregation *(Mörtel, Beton)*
Entmischungsnest *n* rock pocket
Entmischungs[vibrations]verdichtung *f* overvibration
Entnag[e]lungseisen *n* nail claw
Entnahme *f* draw-off *(von Heizwasser)*
Entnahmerohr *n* draw-off pipe
entnehmen *(El)* to draw *(Strom)*
~/Probe to sample
Entnietungshammer *m* unriveting hammer
entölen to degrease
Entrelacs *n* interlace *(Ornament)*
entrinden to peel, to barkpeel, to strap the bark, to debark *(Holz)*
Entroden *n* stripping *(Baustelle)*
entrosten to derust, to unrust, to remove [the] rust
Entrosten *n* derusting, rust removal
Entroster *m* rust-removing agent
entrostet cleaned from rust, derusted
Entrostungsmittel *n* derusting agent
Entsanden *n* blasting
Entschädigungsverpflichtung *f* liability to indemnification
Entschädigungssumme *f* penal sum *(bei Nichterfüllen des Bauvertrages)*
Entschädigungszahlung *f* compensation
entschalen to strike formwork (shutters), to demould, to release; to strip *(Beton)*
Entschalen *n* shuttering removal, demoulding, release; [form] stripping *(Beton)*
~ einer Decke stripping of a floor
Entschalungsfrist *f* stripping time
Entschalungsmittel *n* shuttering agent
Entschalungspaste *f* release paste
Entschalungsplan *m* stripping schedule
Entschalungswachs *n* release wax
Entschäumer *m* antifoam[ing agent]
Entschäumungsmittel *n* antifoam[ing agent]
entschlammen *(San)* to desludge; to desilt
Entschlammen *n* sludging out
Entsorgung *f* [waste] disposal
Entsorgungsanlage *f* disposal plant
Entsorgungsschacht *m* [building] service chute

entspannen to relieve, to destress, to unstress, to untension; to detension *(Spannbeton)*
Entspannen *n*/**teilweises** partial release (restrain)
entspannt slack, stress-relieved
Entspannung *f* release from tension
Entspannungsadditiv *n* surface-active agent *(Beton)*
Entspannungsraum *m* schola *(in einem antiken römischen Haus)*
Entspannungsventil *n* expansion (relief) valve
Entstauber *m (HLK)* [dust] collector
Entstaubung *f* extraction of dust
entwässern to drain, to remove water, to dewater; to desiccate, to dry
~ **in** to drain into
Entwässerung *f* 1. drain[ing]; dewatering, dehydration; 2. drainage [piping]
Entwässerungsanlage *f* dewatering system
Entwässerungsbohrloch *n* driven well *(Filterbrunnenentwässerung)*
Entwässerungseinspeisstück *n* side vent *(< 45°)*
Entwässerungsfallrohr *n* soil stack
Entwässerungsgebiet *n* drainage area
Entwässerungsgraben *m* drain, drainage ditch (trench); field drain *(Landwirtschaft)*; catch drain *(Bergbau)*
Entwässerungskanal *m* drainage canal, long culvert
Entwässerungsleitung *f* drain (discharge) line, drain pipe; sanitary sewer
~/**druckbeanspruchte** pressure drainage, ture
Entwässerungsleitungsgröße *f (San)* fixture unit *(einer Abflußsammelleitung)*
Entwässerungsleitungskreuzstück *n* sanitary cross
Entwässerungsleitungsstücke *npl* sanitary fittings
Entwässerungsleitungsteil *n* drainage piping
Entwässerungsleitungs-T-Stück *n* sanitary tee
Entwässerungsleitungsverbindungsstück *n*/**T-förmiges** house slant
Entwässerungsleitungsverbindungsstücke *npl* sanitary fittings
Entwässerungsloch *n* weephole *(in Wand oder Fenstersohlbank)*
Entwässerungsöffnung *f* edge vent *(Dach)*; water outlet
Entwässerungsprüfung *f* dehydration test *(Bitumenemulsion)*
Entwässerungsrinne *f* drainage gutter
Entwässerungsrohr *n* drain, soil pipe
Entwässerungsrohrformstück *n* drainage pipe fitting
Entwässerungssammelleitung *f* sanitary (separate) sewer
Entwässerungsschacht *m* ladder well
~/**senkrechter** vertical drain
Entwässerungsschicht *f* pervious blanket
Entwässerungsschleuse *f* discharge sluice
Entwässerungsschlitz *m* weephole *(in einer Wand)*
Entwässerungssystem *n* drainage system, building-drainage system
~ **mit natürlichem Gefälle** [building] gravity drainage system
entwerfen to design; to plan, to project; to draught, *(Am)* to draft
entworfen/unzureichend ill-designed
Entwurf *m* design; plan, project; sketch
~/**baulicher** structural design
~/**fertiger** completed draft
Entwurfsangaben *fpl* design data
Entwurfsaufgabe *f* design task
Entwurfsbearbeitung *f* design development phase
Entwurfsdaten *pl* design data
Entwurfsfestigkeit *f*/**zulässige** design strength
Entwurfsgrundlage *f* design fundamental (basis)
Entwurfsingenieur *m* project engineer (manager)
~ **und Bauberater** *m* architect-engineer
Entwurfsraster *m* planning grid
Entwurfsrichtlinien *fpl* design specifications
Entwurfsschema *n* parti *(allgemeines Schema eines Architekturentwurfs)*
Entwurfsskizze *f* scheme
Entwurfsstudie *f* preliminary study
Entwurfstechnik *f* designing
Entwurfs- und Ingenieurbüro *n* architect-engineer's office
Entwurfsverfasser *m* designer, layout man
Entwurfszeichnung *f* preliminary (design) drawing, *(Am)* draft
entziehen/Wasser to dry
Entziehung *f*, **Entzug** *m* abstraction, removal, with drawal *(z. B. von Lösungsmitteln, Wasser)*
entzündbar inflammable, ignitable
entzundern to descale, to scour
Entzunderung *f* descaling, scaling-off, scouring
Entzündung *f* ignition
Epikrantis *n* epicrantis *(Zierkante)*
Epistyl *n* architrave, epistyle, epistylium *(Balken von einer Säulenachse zur anderen)*
Epitaph *n* epitaph, memorial tablet
Epoxid *n* epoxide
Epoxid... *s.* Epoxidharz...
Epoxidharz *n* epoxide (epoxy, ethoxylene) resin
Epoxidharzanstrich *m* 1. epoxy coating; 2. epoxy paint, epoxide[-resin] paint
~ **auf Estrich** epoxy paint on screed
Epoxidharzhaut *f* epoxy membrane
Epoxidharzmörtel *m* plastic mortar
Epoxidharzüberzug *m* fabric coating
Epoxidhaut *f* epoxy membrane
erbauen to build, to erect, to raise a building
erbaut built, erected
erbleichen to fade *(Farbe)*
erblindet tarnished, struck *(Glas)*
Erbskies *m* [shingle] pea gravel
Erdalkali *n* alkaline earth

Erdanker *m* deadman
Erdantrag *m* soil filling-up
Erdarbeiten *fpl* groundwork, earthwork, earth-moving, navvying
Erdarbeiter *m* navvy, *(Am)* excavator
Erdauflaststützwand *f* cantilever [retaining] wall
Erdaufschüttung *f* earth fill; mound
Erdaushub *m* 1. excavation [of earth]; 2. excavated earth
Erdbau *m* earthwork, soil engineering
Erdbauarbeiten *fpl s.* Erdarbeiten
Erdbauwerk *n* earth structure
Erdbeben *n* earthquake
Erdbebenbeanspruchung *f*, **Erdbebenbelastung** *f* earthquake (seismic) load; lateral load
erdbebensicher aseismatic, aseismic; earthquake-resistant, quake-proof
Erdbebentechnik *f* earthquake engineering
Erdbehälter *m* underground tank
Erdbewegung *f*, **Erdbewegungsarbeiten** *fpl* earth movement (moving), soil shifting, dirt moving; earth displacement; soil transport
Erdbewegungsmaschinen *fpl* earth moving plant
Erdbitumen *n* native asphalt
Erdboden *m* earth, ground; soil
~/loser dirt
Erdbogen *m* dry arch
Erdbohrer *m* ground auger, earth borer (auger), screw auger, helical auger, auger drill, earth auger *(meist über 200 mm Durchmeser)*; miser; churn [drill]; gouge bit *(Bergbau)*
Erdbohrung *f* boring of the earth
Erdböschung *f***/natürliche** natural slope of earth
Erddamm *m* earth bank, earth[-fill] dam, embankment
~/aufgespülter hydraulic-fill earth dam
~/gleichförmiger homogeneous dam
~ mit verdichteter Oberfläche terreplein
Erddruck *m (Bod)* earth pressure, thrust of the ground *(Horizontalkraft)*; soil pressure (strain)
~/aktiver active earth pressure
~/passiver passive earth pressure
Erddruckbeiwert *m (Bod)* coefficient of earth pressure
Erddruckberechnung *f* calculation of earth pressure, soil pressure calculation
Erddruckmeßdose *f* soil pressure cell
Erde *f* 1. earth, soil; ground; 2. *(El)* earth, *(Am)* ground • **über [der] ~** overground, above ground level
erden *(El)* to earth, *(Am)* to ground; to connect (short) to earth
Erdfarbe *f* earth pigment (colour), mineral (natural) pigment
erdfeucht earth-moist; harsh *(Beton)*
Erdgas *n* natural gas
Erdgeschoß *n* ground floor, *(Am)* first floor; rez-de-chaussée • **im ~** on the ground floor
Erdgeschoßdecke *f* ground-floor floor
erdgeschossig *s.* eingeschossig
Erdgeschoßplatte *f* ground-floor slab
Erdgeschoßwohnung *f***/eingeschossige** ground-floor dwelling (flat); rambler
Erdhobel *m* grader, scraper
Erdhügel *m* mound, knoll
Erdkabel *n (El)* underground (subterranean, buried) cable
Erdkappe *f* vault in the soil
Erdkörper *m* earth dam embankment; agger *(einer Straße in ebenem Gelände)*
~/eben abgeglichener levelled surface of embankment
Erdkörperoberfläche *f* surface of filling
Erdlader *m* scraper
Erdlager *n* earth depot
Erdleiter *m (El)* earth conductor
Erdleitung *f (El)* earth connection
Erdmasse *f* body of soil, earth mass
Erdmassen *fpl***/ eingeschlämmte** hydraulic fill
~ in Kubikyard yardage
Erdmassenermittlung *f* bank measure
Erdmassenmenge *f* bank measure
Erdmassenvermessung *f* quantity surveying
Erdmauerbau *m* pisé, pisay
Erdoberfläche/unter der underground
Erdoberschicht *f* top cap [of the earth]
Erdölasphalt *m*, **Erdölbitumen** *n* petroleum (oil, artificial) asphalt
Erdpech *n* earth (mineral) pitch, natural (native) asphalt; petroleum pitch; maltha
Erdpechputz *m* bitumen plaster
Erdpigment *n* earth (natural, mineral) pigment; natural earth *(Erdfarben)*
Erdprobe *f* earth sample
Erdreich *n* earth, subsoil
Erdrutsch *m* earthslide, landslide, landslip
Erdsammelleitung *f* ground bus [wire]
Erdschicht *f* layer of earth
~ im Anschnitt/natürlich gewachsene natural grade
~/oberste topsoil
~/tragfähige bearing stratum
~/überlagernde burden
Erdschichten *fpl* strata
~/überlagernde overburden
Erdschluß *m* 1. contact to earth, earth contact, ground connection; 2. *(El)* earth-leakage fault, short circuit to earth
Erdschlußschutz *m (El)* earth leakage protection
Erdschüttdamm *m* earth fill dam
Erdschwarz *n* mineral black *(Farbe)*
Erdsenkung *f* settling (subsidence) of soil
Erdspiralbohrer *m* earth drill
Erdstoff *m* soil, earth
~/abgekippter *(Erdb)* dumped fill
~/anstehender bank material *(der ausgehoben wird)*

~/asphaltverfestigter soil asphalt
~/ausgewitterter residual soil
~/bindiger binder soil, clay binder, rammed earth
~/deformierter remoulded soil
~/dichtgelagerter hard compact soil
~/fließender running (lost) ground
~/gestörter remoulded soil
~/kohäsionsloser cohesionless (granular) soil
~/kohäsiver binder soil, clay binder
~/körniger granular material (soil)
~ mit größerer Bodenpressung als unter natürlicher Vorbelastung overconsolidated soil
~/mit Kalk und Kies gerammter tabia *(Baumaterial in regenarmen Gebieten)*
~/neutraler neutral soil *(pH-Wert 6,6–7,3)*
~/nicht standfester unstable soil
~/organischer organic soil
~/plastischer plastic (heavy) soil, bad soil
~/rolliger non-cohesive soil, sand ground
~/sandiger sand soil
~/toniger clay soil
~/tonmineralfreier non-cohesive soil
~/tonmineralhaltiger cohesive soil
~/tonmineralreicher heavy soil
~/überbelasteter overconsolidated soil
~/verdichteter rammed earth
~/verfestigter tabia *(Baumaterial in regenarmen Gebieten)*
~/vorbelasteter preconsolidated soil
~/wabenförmiger honeycomb structure
Erdstoffablagerung *f* earth store
Erdstoffabsperrung *f* soil separation *(Straße)*
Erdstoffanalyse *f* soil analysis
Erdstoffauffüllung *f* **/ geprüfte** controlled fill
Erdstoffauftrag *m* soil filling-up
Erdstoffaushub *m* soil excavation, excavation of earth
Erdstoffbewegung *f* earth movement (moving)
Erdstoffbewegungsarbeiten *fpl* earthmoving work
Erdstoffhorizont *m* soil horizon
Erdstoffklassifizierung *f* soil class[ification]
Erdstoffklassifizierungsuntersuchungen *fpl* soil classification test
Erdstoffkonsolidierung *f* soil consolidation
Erdstofflabor *n* soils lab[oratory]
Erdstoffmassenaushub *m* heavy grading
Erdstoffmischgerät *n* soil stabilizer
Erdstoffoberschicht *f* top cap, topsoil
Erdstoffpigment *n* earth pigment, mineral (natural) pigment
Erdstoffprobe *f* soil (earth) sample
Erdstoffschicht *f* **/ tragende** foundation soil
Erdstoffseitenablage *f* **ohne Verdichtung** underconsolidated soil deposit
Erdstoffsetzung *f* soil (earth) consolidation
Erdstoffsperrung *f* soil separation *(Straße)*
Erdstoffstabilisierung *f* soil solidification (stabilization), *(Erdb)* emulsion injection *(mit Bitumen, Chemikalien)*; artificial cementation
~/bituminöse *(Am)* asphalt soil stabilization
~ durch Körnungszusatz granular stabilization
Erdstoffstraße *f* **/ zementstabilisierte** soil-cement road
Erdstoffstruktur *f* soil structure
Erdstoffstufe *f* bench of ground
Erdstofftransport *m* soil transport
Erdstoffuntersuchung *f* soil investigation
Erdstoffverbesserung *f* soil improvement *(durch Mischen)*
Erdstoffverdichtung *f* earth (soil) compaction; soil densification
Erdstoffverfestiger *m* grout
Erdstoffverfestigung *f* compaction, soil stabilization; cementation
~ mit Zement soil cementation
Erdstoffvermörtelung *f* [soil] grouting *(chemisch)*
Erdstoff-Zementgemisch *n* soil-cement [mix]
Erdstraße *f* **/ zementstabilisierte** soil-cement road
~/zementverfestigte soil-cement road
Erdteer *m* mineral tar
Erdung *f* earthing, *(Am)* grounding; earth connection
Erdungsanlage *f (El)* ground system
Erdungsplatte *f (El)* earth plate
Erdungsschiene *f (El)* earth bar
Erdungsstab *m (El)* earth bar
Erdverbindung *f (El)* earth connection
Erdverdichtung *f* soil compaction (densification)
erdverlegt underground, buried
Erdverlegung *f* underground laying *(Leitungen)*
Erdvermessung *f* geodesy
Erdwachs *n* ozokerite
Erdwall *m* rampart, earth dam
Erdwälle *mpl* **hinter einem Befestigungsgraben** parados
Erdwalze *f* roller
Erdwiderlager *n* abutment; butment
Erdwiderstandsbeiwert *m (Erdb)* coefficient of passive earth pressure
Erfrischungsraum *m* refreshment room
erfüllen/die Anforderungen (Bedingungen) to meet the conditions (requirements)
Ergänzung *f* appendix *(Zeichnung)*
Ergänzungsbedingungen *fpl* supplementary conditions
Ergänzungsbeleuchtung *f* supplementary lighting
Ergänzungsleistung *f* complementary work
Ergänzungs- und Berichtigungszeichnung *f* clarification drawing
Ergiebigkeit *f* coverage *(einer Farbmenge pro Flächeneinheit)*; spreading rate; yield *(Kalk, Zement, Farbe)*
Ergußgestein *n* effusive (extrusive, igneous) rock; lava flow
erhalten to keep up, to keep in order (shape) *(z. B. ein Haus)*
Erhaltung *f* 1. conservation; 2. maintenance, upkeep

erhärten to set; to harden *(Bindemittel)*; to freeze, to season *(Beton)*
~/an der Luft to set in air
Erhärten *n* **an der Luft** air curing *(Beton)*
~ des Betons hardening of concrete
~/falsches quick set
Erhärtung *f* set; hardening *(Bindemittel)*, seasoning *(Beton)*; *(Bod)* induration
Erhärtungsbeginn *m* commencement of setting
Erhärtungsbeschleuniger *m* hardening accelerator; rapid hardener (cementing agent) *(Beton)*
Erhärtungsbeschleunigung *f* acceleration of hardening
Erhärtungsmittel *n* accelerator, accelerating additive
Erhärtungsprozeß *m* process of hardening
erheben/sich to rise
Erhebung *f* elevation, rise *(Geologie)*
Erhebungswinkel *m* elevation angle
Erhitzer *m* heater
erhöhen 1. to raise, to heighten *(z. B. eine Mauer)*; 2. to raise, to elevate *(z. B. Temperatur)*; to increase *(eine Größe, einen Wert)*
Erhöhung *f* 1. raising, elevation *(z. B. der Temperatur)*; increase *(z. B. einer Größe)*; 2. *s.* Erhebung
Erholungsgebiet *n* recreation area
Erholungsraum *m* schola *(im antiken römischen Haus)*
Erholungszentrum *n* leisure centre
Erker *m* bay [window], bow window, oriel, jutty
~/polygonaler cant bay
Erkerfenster *n* bay windows, bow (cant-bay, oriel, jutty) window
~/polygonales cant window
~/rundes compass window
Erkertürmchen *n* bartizan, watch turret
Erle *f* alder
erleichtern to ease
Erlenholz *n* alder [wood]
ermitteln/Erdmassen to calculate the earthwork
~/das Volumen to cube
ermittelt/rechnerisch calculated
Ermittlung *f* determining
~/rechnerische *(Stat)* mathematical calculation
~/zeichnerische graphic[al] calculation, graphical determination
ermüden to fatigue
Ermüdung *f* fatigue
Ermüdungsbruch *m* fatigue failure
Ermüdungserscheinung *f* fatigue
Ermüdungsfestigkeit *f* endurance limit
Ermüdungsgrad *m* fatigue degree
Ermüdungsgrenze *f* fatigue limit; limit of endurance *(Dauerbeanspruchung)*
Ermüdungsprozeß *m* fatigue process
Ermüdungsriß *m* fatigue (endurance) crack
Ermüdungsverhalten *n* fatigue behaviour
erneuern to renew, to replace *(austauschen)*; to reface *(Fassade)*; to renovate
Erneuerung *f* renovation; renewal
Erneuerungsarbeiten *fpl* renewal work
erodieren to erode
Erosion *f* erosion
errechnen to calculate, to compute; to cipher
~ aus to calculate from
erreichbar accessible *(z. B. Bauteile, Gebäudeflächen)*
errichten to erect, to build, to engineer, to construct, to rear *(z. B. Häuser, Brücken)*; to set up, to mount *(z. B. ein Gerüst)*; to pitch; to plant, to install; to practise
~/im Freivorbau to cantilever *(Brücke)*
~/in Gleitbauweise to slip-form
Errichtung *f* building; erection
~ einer Fabrik establishment of a factory
Ersatz *m* replacement, substitute
Ersatzbalkenverfahren *n (Bod)* equivalent beam method
Ersatzfachwerk *n* transformation framework
Ersatzgenerator *m* standby [power] generator
Ersatzlast *f* equivalent load; *(Bod)* replacement load
Ersatzpumpe *f* standby pump
Ersatzstab *m* fictitious bar, transformation member
Ersatzteil *n* replacement part, duplicate
erschlaffen to go slack *(Bewehrung)*
Erschließung *f* development *(Bauland)*
Erschließungsgebiet *n* development area
Erschließungskarte *f* base map *(Stadtplanung)*
Erschütterung *f* vibration; concussion *(Wasserleitung)*; jarring
~ durch Maschinenbetrieb machinery vibration
~/seismische seismic disturbance
Erschütterungsfestigkeit *f* vibration resistance
Erschütterungsnachweis *m* oscillation check
ersetzen to replace, to substitute
Ersetzen *n* replacement, substitution
erstarren 1. to solidify, to freeze; to gel *(Zement)*; 2. to set [up]; to consolidate
Erstarrungsbeginn *m* initial hardening (set)
Erstarrungsende *n* final set
Erstarrungsgestein *n* eruptive rock
Erstarrungszeit *f* setting time
Erstarrungszeitraum *m* time of set
Erstaushub *m* **von gewachsenem Boden** primary excavation
Erstbelastungssetzung *f* primary consolidation
ersticken to decay *(Holz)*
Erstluft *f* primary air *(Heizung)*
erstrecken/sich to range, to extend, to cover
erteilen/den Zuschlag to accept the tender
Eruptivgestein *n* eruptive (igneous, volcanic, magmatic), rock, lava flow
Erwärmung *f* heating
erweichen to soften; to plasticize
Erweichen *n* fluxing *(bituminöse Bindemittel)*
Erweichungspunkt *m* **[mit] Ring und Kugel** ring-and-ball softening point *(Bitumen)*

Erweichungspunkterhöhung *f* fallback *(Bitumen)*
erweitern to expand, to extend; to widen; to enlarge
Erweiterung *f* expansion, extension *(eines Gebäudes)*; widening; enlargement
~/konische conical widening
~/trichterförmige bellmouthing
Erweiterungsbau *m* addition, annex[e], extension
Erweiterungs[bohr]meißel *m* enlarging bit
Erweiterungsplan *m* extension plan
Erweiterungsstück *n* increaser, taper pipe *(Rohrverbindung)*
erzeugen to prepare *(Beton, Mörtel, bituminöses Mischgut)*
Erzeugende *f* generator
Erzeugung *f* preparation *(Beton, Mörtel, bituminöses Mischgut)*
Erzfall *m* chimney of ore, ore shoot
Esche *f* ash
Eschenholz *n* ash [wood]
E-Schweißen *n* electric welding
Eselsrücken *m* saddle back, saddle[-backed] coping *(Mauer)*
Eselsrückenbogen *m* ogee arch
Eskimohaus *n* igloo
Espagnolettenverschluß *m* espagnolette bolt
Esplanade *f* esplanade
Esplanadenweg *m* esplanade
Esse *f* chimney, smoke stack *(Zusammensetzungen s. unter* Schornstein*)*
Eßecke *f s.* Eßnische
Essen... *s.* Schornstein...
Essenausgabeschalter *m***/ beheizter** food display counter
Eßküche *f* dining kitchen
Eßnische *f* dining area (recess), *(Am)* dinette
Eßzimmer *n* dining room
Estrade *f (Arch)* platform, estrade
Estrich *m* screed
~/schwimmender floating floor
~/venezianischer Venetian wash-floor
Estrichfuge *f* **über einer Dehnfuge** topping joint
Estrichfußboden *m* seamless floor[ing]
Estrichfußbodenbelag *m* screed floor cover[ing]
Estrichgips *m* floor plaster
Estrichglätten *n* **mit Stahlkelle** steel trowelling
Estrichglätter *m* trowelling machine
Estrichlage *f* topping, traffic deck surfacing
Estrichmörtel *m* screed mortar
Estrichzusatzmittel *n* screed agent
Etage *f* 1. storey, *(Am)* story, floor *(Zusammensetzungen s. unter* Geschoß*)*; 2. tier *(von Sitzreihen)*
Etagen *fpl***/ versetzte** staggered storeys (stories)
Etagen... *s. a.* Geschoß... *und* Stockwerk...
Etagenabsatz *m* storey landing
Etagenbau *m* multifloor building
Etagenbrücke *f* double-deck bridge
Etagendecke *f* intermediate floor
Etageneigentum *n (Am)* condominium
Etagenflur *m* flat
Etagengrundriß *m* floor plan
Etagenheizung *f* individuel central heating
Etagenwohnung *f* flat, *(Am)* apartment
Eternit *n* eternit, asbestos-cement material
Ettringit *m* ettringite *(Zementbeton)*, cement bacillus
Eukalyptusholz *n* gumwood
eustylisch eustyle *(Säulenabstand)*
Evolvente *f* involute *(spiralenförmige Kurvenform)*
evolventenförmig involute
Evolventengeometrie *f* involutometry
exakt *(Stat)* rigorous
Exedra *f (Arch)* exedra *(rückwärtiger Saal eines antiken Wohnhauses)*
exgeschützt explosion-proof
Exhauster *m* exhauster, exhaust [fan]
Expansion *f* expansion
Expansionsgrad *m* degree of expansion
Expansionsventil *n* expansion valve
Experimentalbau *m* experimental building
Experimentalhaus *n* experimental house
Experte *m* expert
Expertenurteil *n* expert witness
explodieren to explode; to blow up
explosionsgeschützt explosion-proof
Explosionsramme *f* internal combustion rammer, frog rammer
Explosionsschweißen *n* explosive welding
explosionssicher explosion-proof
Expreßspachtel *m* hard stopping
extrastark extra strong
Exzenterlast *f* off-centre load[ing]
exzentrisch eccentric, off-centre, out-off-centre
Exzentrizität *f* eccentricity

F

Fabrikanlage *f* [manufacturing] plant
Fabrikat *n* make, product
Fabrikbau *n* factory construction
Fabrikesse *f s.* Fabrikschornstein
Fabrikgebäude *n* industrial building, factory building (block)
fabrikgefertigt factory-made, ready-made; precast *(Betonteile)*
Fabrikgelände *n* factory site
Fabrikhalle *f* factory building, factory shed (block)
Fabrikschornstein *m* factory chimney (stack)
Facette *f* facet; bevel
Fach *n* 1. bay *(Balkenfeld)*; 2. coffer, ceiling *(Decke)*; 3. piegeonhole *(für Post)*
Facharbeiter *m* skilled worker, trained workman; craftsman *(Handwerker)*
fächerartig fanlike, fan-shaped; flabelliform *(Ornament)*
Fächerbogen *m* multifoil arch
Fächerbrücke *f* radiating bridge
Fächerdachziegel *m* imbrex

Fächerfenster *n* fan[-shaped] window, fanlight *(halbrundes Fenster)*
fächerförmig fan-shaped
Fächergerüst *n* fantail
Fächergewölbe *n* fan vault[ing], conoidal vault, fan groining
Fächergewölbeausbildung *f***/ ornamentale** fan tracery
Fächergitter *n* fan-shaped gate
Fächerornament *n* fanlike ornament
Fächerregal *n* shelving, set of pigeonholes
Fächertorschleuse *f* window gate sluice
Fachkönnen *n***/ handwerkliches** workmanship
fachkundig competent, expert, proficient *(s. a.* fachmännisch*)*
fachmännisch workmanlike, skilful; professional
Fachwand *f* panel wall
Fachwerk *n* 1. framework, framing, frame, timber framing; skeleton framing *(Tragwerk)*; truss *(Träger)*; lattice, latticework *(Brücken)*; 2. timbered building *(Gebäude) (s. a.* Fachwerkhaus*)*
~/bewegliches instable frame
~/ebenes plane truss
~/einfaches simple truss
~/ideales ideal framework
~/kinematisch bestimmtes kinematically determined truss, stable truss
~/kinematisch überbestimmtes kinematically overdefined (overdetermined) truss
~/kinematisch unbestimmtes [kinematically] unstable truss, kinematically underdefined (underdetermined) truss
~/labiles *s.* ~/kinematisch unbestimmtes
~/mehrteiliges multiple latticework
~/mit Zwischenstreben unterteiltes subdivided truss
~/nichteinfaches non-simple truss
~/radiales fan truss
~/räumliches space framework, space frame [structure], space structure [truss]; lattice plate, latticework in space *(Brücken)*
~/stabiles *s.* ~/kinematisch bestimmtes
~/statisch bestimmtes statically determined framework, statically defined frame (truss)
~/statisch unbestimmtes indeterminate truss, over-rigid frame (truss), redundant (hyperstatic) truss
~/verstrebtes braced frame[work], full frame
Fachwerkausmauerung *f* brick nogging, nogged bay work, backfilling
Fachwerkbalkenbrücke *f* trussed girder bridge, bridge with trellis main booms
Fachwerkbau *m* framework construction; timber building, timber-frame construction, wood-frame construction
Fachwerkbauart *f* framework construction method, frame type of construction
Fachwerkbinder *m* [lattice] truss, trussed (open-web) girder; braced beam
~ aus Verbundbaustoff composite roof truss
~/durchlaufender continuous truss
~/parallelgurtiger parallel-chord truss, flat truss
Fachwerkbinderdach *n* trussed roof
Fachwerkbinderdachstuhl *m* trussed-rafter roof
Fachwerkbogen *m* truss[ed] arch, arch in trellis work
~/offener braced arch
Fachwerkbogengerüst *n* truss centre
Fachwerkbolzenbohrer *m* pin drill
Fachwerkbrücke *f* truss (lattice) bridge
Fachwerkdach *n* framed roof
Fachwerkdiagonalstab *m***/ durchgängiger** main diagonal
Fachwerkendglied *n* end post
Fachwerkendstab *m* inclined end post
Fachwerkfeld *n* [framework] panel, framework bay
• mit engräumigen Fachwerkfeldern half-timbered
~/mittleres intermediate truss
Fachwerkfeldlänge *f* [framework] panel length
Fachwerkfußholz *n* pendant post
Fachwerkgewölbe *n* panel vault
Fachwerkgurt *m* truss rod
Fachwerkhängebrücke *f* lattice suspension bridge
Fachwerkhaus *n* half-timbered house, timber-framed building, frame[work] house
Fachwerkknoten *m* truss (framework) joint
Fachwerkknotenbelastung *f* panel load
Fachwerkmauer *f* post and pane [wall]
Fachwerkpfette *f* lattice[d] purlin
Fachwerkrahmenbau *m* framed (frame) building
Fachwerkrahmenöffnung *f* trussed wall opening
Fachwerkshinterputz *m (Am)* backplastering
Fachwerksichelbogen *m* sickle-shaped trussed arch
Fachwerkstab *m* truss bar (member, rod), truss member, truss rod, web (frame) member
Fachwerkstrebe *f s.* Fachwerkstab
Fachwerktheorie *f***/ kinematische** kinematic theory of framework
Fachwerkträger *m* truss (frame)girder, triangulated girder; truss[ed] beam, braced beam
~ als Pfette/leichter trussed purlin
~/gekrümmter trussed arch
~/statisch unbestimmter statically indeterminate lattice girder
Fachwerktrennwand *f* trussed partition
Fachwerkverband *m* diagonal tieing
Fachwerkwand *f* frame (stud) wall
~/doppelte double-framed wall
~/unvollständige incomplete trellis work
~/vollständige complete trellis work
Fadendiopter *m* cross wire sight *(Optik)*
Fadenkreuz *n* cross hairs (wires) *(Optik)*
fadenziehend ropy
Fadeometer *n* fadeometer *(zur Farbechtheitsmessung z. B. von Kunstharz, Beschichtungen)*
Fahnenmast *m* flagstaff
Fahnenstange *f* flagpole

Fahrbahn *f* 1. road[way], carriageway, *(Am)* pavement; lane *(Fahrspur)*; 2. runway *(Kran)*
~/abgesenkte half-sunk roadway
~/flache plane roadway
~/untenliegende low-lying roadway; roadway below bottom boom
~/versenkte roadway below bottom boom
~/zweispurige two-laned (double-laned) roadway
Fahrbahnbefestigung *f* covering of the roadway
Fahrbahnbelag *m* carriageway surfacing
Fahrbahnbreite *f* width of roadway (carriageway)
Fahrbahndecke *f* roadway covering, road flooring
Fahrbahngriffigkeit *f* road friction
Fahrbahnkörper *m* traffic way, *(Am)* roadway
Fahrbahnmarkierung *f* road (carriageway) marking; lane marking (marker)
Fahrbahnplatte *f* carriageway slab
Fahrbahnplattenpumpen *n* slab pumping *(Betonstraße)*
Fahrbahnreibung *f* road friction
Fahrbahnseite *f***/ entgegenkommende** off-side [lane], on-coming lane
Fahrbahntafel *f* decking
fahrbar mobile; movable, travelling
Fahrbrücke *f* aerial ferry, ferry (trail) bridge
Fahrbühne *f* cage beam *(eines Aufzugs)*
Fahrdamm *m* bank *(als befahrbarer Damm)*
Fahrdrahtmast *m s.* Fahrleitungsmast
Fahrgasthafen *m* passenger berth
Fahrgestell *n* bogie, *(Am)* truck
Fährhafen *m* ferry terminal
Fahrkorb *m* lift cage (car), *(Am)* [elevator] car
Fahrkorbbodenfläche *f* lift car platform, *(Am)* elevator car platform
Fahrkorbträger *m* cage beam
Fahrkorbtürsicherung *f* cage door contact, [elevator] car door contact
Fahrleitung *f* traction line; [overhead] conductor line
Fahrleitungsmast *m* traction [line] pole, catenary support; tramway pole, tram tower
Fahrmischer *m* agitating lorry, *(Am)* agitating truck, truck agitator, truck [concrete] mixer, inclined-axis mixer; paving mixer *(Straßenbau)*
Fahrmischertrommel *f* agitator body
Fahrmischerwasserfüllung *f* wash water
Fahrmischfertiger *m* paving mixer *(Straßenbau)*
Fahrrinne *f* [navigable] channel, shipping channel
~/ununterbrochene continuous channel
Fahrschacht *m s.* Fahrstuhlschacht
Fahrschiene *f* rail
Fahrspur *f* [traffic] lane *(Straße)*
Fahrstraße *f* carriage road, carriageway
Fahrstuhl *m* lift, *(Am)* elevator
~ mit Selbststeuerung self-service lift (elevator)
Fahrstuhlgerüst *n* lift frame
Fahrstuhlschacht *m* lift shaft (well), *(Am)* elevator shaft (well), hoistway
Fahrstuhlschachtanlage *f* lift well [facility]
Fahrstuhlschachttür *f* hoistway door
Fahrstuhltür *f* lift door, *(Am)* elevator door; hoistway door
Fahrtreppe *f* moving stairway (staircase), *(Am)* escalator
Fahruntersatz *m* carrier *(Baumaschinentransport)*
Fahrwasserkanal *m* sea lane
Fahrzeugwendefläche *f* vehicle-turning area
Fäkalienfallrohr *n* sewage drainpipe, soil pipe
Fall *m* 1. fall *(von Körpern)*; 2. drop, decrease *(Abfall)*
~/freier free fall *(z. B. des Betons in die Form)*
Fallbär *m* drop (fall) hammer, falling weight, monkey; drop ball *(zum Zertrümmern von Gestein)*; tup *(einer Pfahlramme)*
Fallbirne *f* breaker (breaking) ball, wrecking ball
Falleitung *f* riser (rising) main *(Abwasser)*
fallen 1. to fall *(Körper)*; 2. to drop, to decrease
fällen 1. to fell, to cut (hew) down, *(Am)* to log; 2. to precipitate *(Chemie)*
~/ein Lot to drop a perpendicular
Fallen *n* **einer geologischen Schicht** dip of the stratum
Fallenschloß *n* latch lock
Fallfenster *n* sash (drop) window, guillotine window
Fallgatter *n* portcullis *(einer Burg)*
Fallgewicht *n* drop weight
Fallgitter *n*, **Fallgittertür** *f* portcullis *(einer Burg)*
Fallhammer *m* 1. *(Erdb)* pile hammer (driver); 2. *s.* Fallbär
Fallhöhe *f* 1. height of fall *(eines Körpers)*; 2. head *(Gefälle)*
~ des Betons/freie free fall
Fälligkeitstermin *m* settlement date, *(Am)* due date
Fallkerb *m (Hb)* undercut, [felling] notch, scarf cut
Fallkugel *f* dropping ball *(s. a.* Fallbirne*)*
Fallriegel *m* latch bolt
Fallrohr *n* 1. rain[water] pipe, *(Am)* [rain] leader, gutter pipe, downspout *(Ableitung vom Dach)*; 2. waste (drain) pipe, drain spout *(Abwasser)*; soil pipe *(für Fäkalien)*
Fallrohranschluß *m* downpipe connection
Fallrohre *npl* rainwater goods *(Einzelrohre)*
Fallrohreinlauftrichter *m* rainwater head, lead head[er]
Fallrohreinmündungsstück *n* **am Balkon** balcony outlet
Fallrohrschelle *f* band clamp
Fallschutzbrett *n* toeboard *(um eine Plattform oder ein Dach)*
Fallschutzdach *n* bridge
Fallstrang *m* drop *(Heizung)*
Falltür *f* trap door; hatch, scuttle
Falluft *f* downdraught, eddy current
Fallvorhang *m* drop curtain
Fallwind *m (San)* eddy wind
Falschluft *f* false (secondary) air
Faltarbeit *f* seaming work *(Dachklempnerarbeit)*
Faltblechrand *m* tag *(Dach)*

Faltdach *n s.* Faltwerkdach
Falte *f* 1. fold *(geologisch)*; 2. wrinkle, crease; ply; lap *(Überlappung)*; V-unit
Faltecke *f* dog-ear
falten to fold
Falten *fpl* reeding *(Ornament)*
Faltenbildung *f* crinkling, rivelling, wrinkling *(Anstrich)*
Faltenfläche *f* folded area *(Faltwerkdach)*
Faltenkapitell *n (Arch)* scalloped capital
Faltfenster *n* folding casement (window)
Faltfensterladen *m* boxing (folding) shutter
faltig kinky, creased
Faltohr *n* dog-ear
Faltprüfung *f* folding (double) test
Faltscharnier *n* pocket butt *(für einen Faltflügel)*
Faltschiebetür *f* sliding folding door, multifolding door
Falttrennwand *f* folding partition (wall), accordion partition
Falttür *f* folding (accordion, flexible) door, multifolding door
Faltversuch *m* folding (double) test
Faltwand *f s.* Falttrennwand
Faltwerk *n* folded (hipped) plate, prismatic shell (slab) structure, hipped-plate construction; V-unit
~/dünnwandiges (prismatisches) prismatic shell [structure]
Faltwerkdach *n* folded-plate roof
Faltwerkkante *f* quoin, coign
Faltwerkkonstruktion *f* folded-plate construction (structure), hipped-plate construction (structure)
Falz *m (Hb)* rebate, rabbet, half groove, plough, *(Am)* plow; welt, seam *(Metall)*
Falzdachziegel *m* broken-joint tile
Falzeisen *n* seamer, seaming pliers *(für Klempnerarbeiten)*
falzen to fold *(Papier)*; *(Hb)* to rabbet, to rebate; to welt, to bend, to seam *(Blech)*
Falzfräser *m* rabbeting (notching) cutter
Falzhobel *m* rabbet plane, badger
Falzkehlleiste *f* glazing moulding
Falzleiste *f* glazing bar *(kittlose Verglasung)*; welt
Falzmeißel *m* groover
Falzranddachziegel *m* **/ glatter** English tile
Falzsaum *m* grooved seam
~/flacher flat seam
~/überworfener welting strip *(Metallbedachung)*
Falzstoß *m* seam joint
Falzüberlappung *f* feather boarding *(Holzverkleidung)*
Falzung *f* feather edge
Falzverbindung *f* **/ gewalzte** roll joint
~/stehende standing seam *(Metallbedachung)*
Falzziegel *m* gutter (interlocking, single-hip) tile
~/doppelter double gutter tile
~/französischer French tile
Falzziegeldach *n* roof in gutter tiles
Familienwohnung family dwelling, *(Am)* family dwelling unit
Fang *m (San)* interceptor, intercepting trap
Fangdamm *m* cofferdam, box dam, cross dike
~/oberer upstream cofferdam
Fangdrän *n* intercepting drain
Fangedamm *m s.* Fangdamm
Fanggraben *m* catch drain, trap trench; road bump *(Fahrweg)*
Fangkette *f* safety chain
Fangvorrichtung *f* safety catch *(Aufzug)*
Farbanschluß *m* **/ streichfähiger** live edge
Farbanstrich *m* paint coat
~/mattglänzender eggshell gloss
~ mit geruchsfreien Stoffen odourless paint
Farbanstrichdecke *f* **/ optimale** full coat
Farbanstrichdruckstelle *f* pockmarking
Farbanstricherhärtung *f* setting-up
Farbanstrichmustern *n* printing
Farbaufhellung *f* tint
Farbaufrollen *n* roller coating
Farbaufstrich *m* paint coat
Farbauftragswalze *f* inker
Farbbeize *f* pigment (varnish) stain
farbbeständig colour-fast
Farbbeständigkeit *f* colour retention (fastness)
Farbbindemittel *n* colour agglutinant
Farbe *f* colour; paint *(Anstrich)*; pigment *(Farbkörper, Pigment)*; dye *(gelöster Farbstoff)*; distemper *(Leimfarbe für Wände, Decken)*
~/absolut deckende mass colour, masstone
~/achromatische achromatic colour
~/aufgetragene colouring matter
~/beständige fast paint
~/chemikalienresistente chemical-resistant paint
~/echte fast paint, permanent colour
~/eingedickte fatty paint
~/frische (frisch gestrichene) wet paint
~/grelle glaring colour
~/hochviskose heavy-bodied paint
~/latexgebundene latex paint, rubber-emulsion paint
~/nachleuchtende (phosphoreszierende) phosphorescent paint
~/proteingebundene casein paint, caseum paint
~/rutschfeste non-skid paint
~/satte saturated colour
~/selbstleuchtende luminous (luminescent) paint
~/texturierbare plastic paint, textured (texture-finished) paint
~/verdickte fatty paint
~/wärmebeständige heat-resistant paint
~/wasserresistente marine paint
~/weißfreie saturated colour
~/zähflüssige heavy-bodied paint
~/zementechte cement pigment
Farbechtheit *f* colour fastness (stability)
Farbechtheitsmeßgerät *n* fadeometer *(Kunstharz, Beschichtungen)*

Färbemittel *n* dye
färben to colour, to dye
Färben *n* staining; dyeing
Farbentferner *m* paint remover (stripper)
Färbevermögen *n* tinting strength (power)
Farbfliese *f* colour (pigmented) tile
Farbfließen *n* sagging
Farbgebung *f* colouring
Farbgelierung *f* gelling
Farbglas *n* tinted glass
Farbglasfenster *n* stained-glass window
Farbhaut *f* [paint] skin
Farbheißspritzen *n* hot spraying
Farbholz *n* dyeing wood, dyewood
farbig coloured
Farbkörper *m* pigment
Farblack *m* coloured lake, lacquer enamel
Farblacküberzug *m* lacquer finish
Farblinie *f* run line
Farblinienkante *f* run line
farblos clear, colourless
Farblösungsmittel *n* paint remover
Farbmischen *n* mixing of pigment (colours)
~ **durch Ineinanderschütten** *(Am)* boxing *(mit Kannen)*
Farbmischung *f* mixture of colours
Farbmühle *f* colour grinder
Farbmusterfliese *f* ornamental colour tile
~/spanische azulejo
Farbnase *f* [paint] tear, run; fat edge
Farboberflächenrisse *mpl* checking
Farbpaste *f* paste paint
Farbpigment *n* colouring pigment, stainer
~/reaktionsträges inert pigment
~/zusammengebackenes caking [of paint]
Farbprobe *f* brushout
Farbqualität *f* chromaticity *(Farbart)*
Farbrand *m* **/ frischer** live edge
Farbraum *m* colour space
Farbreinheit *f* chromaticity
Farbroller *m* paint roller, roller brush
Farbrückstand *m* paint residue
Farbsättigung *f* saturation
Farbschicht *f* individual paint coat
Farbschlamm *m* **/ abgewaschener** paint sludge
farbschwach feebly coloured
Farbschwund *m* colour fading
Farbspritzen *n* spray painting
Farbspritzpistole *f* paint sprayer (spray gun)
~/kleine air brush
Farbspritzschicht *f* **/ sehr dünne** mist coat
Farbstoff *m* pigment, stainer; colouring material (matter); dye[stuff] *(aufgelöster Farbstoff)*
~/klarer organischer toner
Farbstoff-Grundmasse-Verhältnis *n* pigment-to-binder ratio
Farbstreifigkeit *f* stripiness
Farbterrazzo *m* **mit organischem Bindemittel** special design terrazzo
Farbton *m* shade, hue, tone, tint
Farbtonmodifizierung *f* **durch dünnen Farbüberstrich** undertone
Farbträger *m* 1. paint base; 2. substrate *(für Anstriche)*
~/passiver inert base *(Anstrich)*
Farbtupfen *n* scumbling
Farb- und Reinigungsreste *mpl* smudge *(als Grundanstrich)*
Farbunechtheit *f* fugitive colour
Färbung *f* colouring; tinge, tone
~ **des Zements** colouring of cement
Farbuntergrund *m* paint base
Farbverdünner *m* paint thinner; cheapener *(mit Additiven)*
Farbverlängerer *m* extender, cheapener *(mit Additiven)*
Farbzement *m* coloured (pigmented) cement, *(Am)* colorcrete
Farbzusatz *m* addition of colour, stainer
~ **zum Zement** colouring for cement
Farbwechsel *m* fugitive
Farmerhaus *n* farmhouse, *(Am)* ranch house
Faschine *f* fascine, fag[g]ot; hurdle; wattle
Faschinenanlage *f* wattlework
Faschinenbau *m* fascine work, fag[g]otting
Faschinendamm *m* fascine barrier wall, causeway of fascines
Faschinenfahrbahn *f* fascine roadway
Faschinengründung *f* fascine foundation
Faschinenholz *n* fascine wood
Faschinenmatte *f* fascine mattress
Faschinenpack *m* fascine mattress *(einzelnes Bündel)*
Faschinenpackung *f* fascine dam *(Faschinenwand)*
Faschinenpackwerk *n* fascine mattress, fascine work
Faschinenschutzwerk *n* wattlework
Faschinenwand *f* fascine dam
Faschinenwerk *n* fascine (hurdle) work
Faschinenwurst *f* wipped fascine, saucisse
Fase *f* bevel[ling], margin, bevelled edge (side); chamfer *(mit 45°)*
~/gekehlte hollow chamfer
Faser *f* 1. fibre, *(Am)* fiber; 2. grain *(von Holz)*
~/neutrale neutral (neutral) line *(Festigkeitslehre)*
~/zerschnittene torn grain *(Furnier)*
Faserarmierung *f* fibre reinforcement
Faserasbest *m* mineral flax
Faserbauplatte *f* structural fibreboard
Faserbaustoff *m* fibrous material
Faserbeton *m* fibrated concrete
Faserbewehrung *f* fibre reinforcement
Faserbrett *n s.* Faserplatte
Faserdämmplatte *f* fibre insulating board
Faserfilz *m* fibre mat, mat of fibres
Faserfilzplatte *f* fibre mat, mat of fibres
Fasergips *m* fibrous gypsum, satin spar
Faserglas *n* fibre (fibrous) glass

Faserhartplatte *f* fibre hardboard
Faserholz *n* pulpwood
Faserisolierplatte *f* insulating fibreboard, fibre insulating board
Faserisolierung *f* fibrous insulant
Faserkalk *m* fibrous limestone, satin spar
Faserplatte *f* fibreboard, fibre [building] board, *(Am)* fiberboard, fibre slab
~/gehärtete tempered board (fibreboard)
~/hartverpreßte hardpressed fibreboard
~/harzgebundene resin-bonded fibreboard
~/mittelschwere medium-density fibreboard
~/zementgebundene cement fibre slab
Faserpreßplatte *f* hardboard, compressed fibreboard
Faserrichtung/in *(Hb)* lengthwise of the grain
~/quer zur *(Hb)* cross-grained
Faserschnitt *m* torn grain *(Furnier)*
Faserstoff *m* fibrous material
Faserstoffisolierung *f* fibrous insulant
faserverstärkt fibre-reinforced
Faserverstärkung *f* fibre reinforcement
Faß *n* barrel
Fassade *f* façade, front, front face (side) *(Vorderansicht, Vorderfront)*; face *(Außenseite, Sichtfläche)*; frontage *(Straßenfront)*
~/achtsäulige octastyle
Fassadenanstrich *m* paint coat on façade
Fassadenbekleidung *f* façade lining (surfacing)
Fassadenbeleuchtung *f* front lighting
Fassadenbeschichtung *f* façade coat
Fassadenerneuerung *f* refacing, face-lifting of a building
Fassadenfeld *n* bay
Fassadenfuge *f* face joint
Fassadengestaltung *f* **über Tür und Fenster** frontispiece
Fassadengliederung *f* façade articulation
Fassadenkalkstein *m* sand-lime facing block
Fassadenklinker *m* engineering facing brick
Fassadenlift *m* window-cleaning cradle
Fassadenmauer *f* façade wall, front masonry wall
Fassadenplatte *f* façade panel
Fassadenputz *m* façade rendering, facing plaster
Fassadenschmuck *m* dressings [on a building]
Fassadenstein *m* facing stone (block)
Fassadentafel *f* façade panel
Fassadentragwerk *n* facing framework
Fassadenverkleidung *f* façade lining
Fassadenwand *f* façade wall
Fassadenwandvorsprung *m* avant-corps
fassen to hold *(Flüssigkeitsvolumen)*
Fassen *n* **von Wasser** catchment of water
Faßfuge *f* coopered joint *(gekrümmte Fuge)*
Faßgewölbe *n s.* Tonnengewölbe
Fassung *f* fitting; *(El)* socket, lamp holder
Fassungsröhre *f* dip pipe
Fassungsvermögen *n* capacity
~ eines Bassins reservoir capacity
Faszie *f (Arch)* fascia *(Bauglied an ionischen Säulen)*
Faulbecken *n (San)* digestion (septic) tank
Faulbehälter *m (San)* digestion (septic) tank, sludge digester
Fäule *f* rotting, rot *(Holz)*
faulen to rot, to decay *(Holz)*; to digest *(Abwasser)*
Faulgas *n* sewer (sewage) gas, digester gas
Faulholz *n* unsound wood
Fäulnis *f* decomposition; rot, rotteness, pocket rot, dote *(Holz)*
fäulnisbeständig rot-proof, antirot *(Holz)*; indigestible; imputrescible
Fäulnisnest *n* pocket rot *(Holz)*
fäulnissicher *s.* fäulnisbeständig
Fäulnisverhütungsmittel *n* rotproofing agent
Faulraum *m (San)* digesting compartment
Faulschlamm *m* [digesting] sludge, slop
Faulturm *m (San)* digestion tower
Fäustel *m* mallet, hammer
Fausthobel *m* small plane
Faustskizze *f* hand sketch
Fayence *f* faïence, fayence; crockery
Fayencefliese *f* faïence (fayence) tile
Fayencekleinfliesen *fpl* faïence (fayence) mosaics
Feder *f* 1. *(Hb)* tongue, feather, spline, slip feather (tongue); 2. spring *(Zugfeder, Druckfeder)*; key
~ und Nut *f* tongue and groove
Federausgleich *m* spring balance *(Schiebefenster)*
Federband *n* spring (helical) hinge
Federbolzen *m* spring bolt, cabinet lock
Federbund *m* spring clamp
Federfuge *f* feather joint
Federgegenkraft *f* spring balance *(Schiebefenster)*
Federhalteklammer *f* spring clamp
Federhobel *m* dovetail (tonguing) plane, featherplane
Federkeil *m* feather [joint] tongue
Federkrafthalteklammer *f* spring clamp
federn 1. *(Hb)* to tongue; 2. to be elastic (springy)
federnd elastic
Feder-Nut-Verbindung *f* groove joint, weakened-plane joint
Federpuffer *m* spring buffer
Federring *m* spring (lock) washer
Federrohrbogen *m* **/ U-förmiger** U-shaped expansion pipe
Federscharnier *n* spring hinge
Federspannung *f* spring tension
Federspreizbolzen *m* toggle bolt
Federung *f* springs, springing, spring
Federverbindung *f (Hb)* tongue[-and-groove] joint, plough and tongue joint, spline joint, slip-tongue joint; board and brace *(von Holzteilen)*
Fegen *n* brooming, brushing *(Putz)*
Fehler *m* fault, defect *(Holz)*; flaw *(Metall)*
~/systematischer constant error *(Baustoffprüfung)*
~/wahrscheinlicher probable error *(Baustoffprüfung)*

Fehlerbeseitigung *f* failure recovery, elimination of defects, removal of faults
fehlerhaft faulty, unsound, defective
Fehler[verteilungs]kurve *f* Gauss error distribution curve
Fehlfleck *m* blemish *(in Holz- oder Marmoroberflächen)*
fehlfleckig hungry *(Farbanstrich)*
Fehlkorn *n* outsize *(Zuschlagstoffe)*
Fehlschnitt *m* diagonal grain *(Holz)*
Fehlschuß *m* misfire *(Sprengen)*
Fehlstelle *f* sanding (sanded) skip, skip, *(Am)* bug [hole] *(Holzoberflächenbehandlung, Farbanstrich)*
Feilarbeit *f* filing
Feile *f* **/ einhiebige** single-cut file
feilen to file
Feinanteile *mpl* fines *(Beton)*
Feinbeton *m* fine[-grained] concrete
~ **zur Fachwerkfüllung** *(Am)* pierrotage *(Architektur der amerikanischen Südstaaten)*
Feinbiegeeisen *n* hairpin
Feinblech *n* sheet metal, thin sheet; tagger
Feinbrechen *n* fine crushing
Feingeröll *n* pebbles
Feingranitzuschlag *m* chert *(für Sichtbeton)*
Fein-Grob-Zuschlag[stoff]verhältnis *n* sand-coarse aggregate ratio
Feinheit *f* fineness
~ **nach Blaine** Blaine fineness *(Baustoffprüfung)*
Feinheitsgrad *m* turbidimeter fineness *(im Trübemesser bestimmt, in cm^2/g)*
Feinheitsmodul *m* fineness modulus
Feinheitsprüfung *f* **nach Blaine** Blaine test
Feinheitszahl *f* fineness modulus
feinjährig closely ringed, narrow-circled *(Holz)*
Feinkalk *m* finish lime
Feinkalkmörtel *m* fine stuff [mortar]
Feinkies *m* fine-grained gravel, pea gravel
Feinkorn *n* fine aggregate (grain), screen undersize aggregate
feinkörnig fine-grained *(Zuschlagstoff)*; close-grained *(Gestein)*
Feinkornmischung *f* fine grain mixture
feinmaserig fine-textured
Feinmaterial *n* fine grains, fines
Feinmörtel *m* fine mortar
Feinnivellement *n* precision (precise) levelling
Feinnivellierinstrument *n* precise level (levelling instrument)
Feinnivellierlatte *f* precise levelling rod
Feinplanieren *n* fine grading, finish[ed] grade
Feinplaniergerät *n* precision subgrader
Feinplanierhobel *m* precision subgrader
Feinplanierung *f* fine (final) grading
Feinplanum *n* formation; *(Am)* grade
Feinplanumshöhe *f* formation level; *(Am)* grade level
feinporig fine-pored
Feinputz *m* finish[ing] coat, fining (setting) coat, skin coat, set; skim[ming] coat *(ca. 3 mm Putzschicht)*
Feinputzmörtel *m* final rendering stuff, fine stuff, plaster stuff *(Innenputz)*
Feinputzschicht *f* final rendering; skim[ming] coat
Feinsäge *f* panel saw
Feinsand *m* fine sand
Feinschmirgelpapier *n* garnet paper
Feinschotter *m* fine rubble
Feinsieb *n* fine screen
Feinspanplatte *f* fine chipboard, sliver board
Feinspitzen *n* scutching *(Stein)*
Feinsplitt *m* [fine] chippings; keystone *(Schwarzdecke)*
Feinstkorn *n* ultra-fine material *(Korngröße < 0,02 mm)*
Feinstkorngehalt *m* **in Prozent** percent fines *(Korngröße < 0,074 mm)*
feinstkörnig ultra-fine grained *(Füllstoff)*
Feinstoffabstufung *f* fineness
Feinstoffe *mpl* fines, ultra-fine material (< 0,02 mm)
Feinstsand *m* silt, inorganic silt *(Schwemmsand)*
Feintischlerarbeit *f* cabinet work
Feintrennfolie *f* **/ thermoplastimprägnierte** film glue *(Furnierarbeiten)*
Feinwalzen *n* finish rolling *(Straße)*
Feinzuschlag[stoff] *m* fine aggregate
Feld *n* bay; cell; span *(von Trägern überspannt)*; compartment *(Gewölbe, Brücke)*
~**/vertieftes** lacunar *(Deckenfeld)*
Feldahorn *m* field maple
Feldarbeit *f (Verm)* field work
Feldbahn *f* narrow-gauge rails (railway), light railway
Feldbahngleise *npl* narrow-gauge rails
Feldbahnschiene *f* field (light) rail
Feldbahnschienenprofil *n* light rail section
Feldbaustein *m* erratic block
Feldbelastung *f* span loading
Feldbreite *f* span width
Feldbrennofen *m* clamp *(Ziegelherstellung)*
Feldbuch *n (Verm)* field book
Felderzahl *f* number of bays *(Decke)*
Feldlast *f* span load
Feldleitungsbau *m* field line construction
Feldmessung *f* field (in-situ) measurement
Feldmitte *f (Stat)* midspan
Feldmoment *n* moment of span
Feldofen *m* clamp *(Ziegelherstellung)*
Feldofenziegel *m* stock brick
Feldrüster *f* field elm
Feldschmiede *f* field forge
Feldskizze *f* esquisse
Feldspat *m* fel[d]spar
Feldspatsandstein *m* arkose
Feldstativ *n (Verm)* field tripod
Feldstein *m* cobble[stone], field stone; erratic block *(Findling)*
Feldsteinbeton *m* rubble concrete

Feldsteinpflaster *n* cobblestone pavement
Feldtank *m* lease tank
Feldtorpfosten *m* band post
Feldvermessung *f* [plane] surveying
Feldweg *m* rural (estate, dust) road
Feldweite *f* span width, width of bay
Feldziegelofen *m* clamp kiln
Fels *m* rock
~/anstehender bedrock, native rock
Felsanschnitt *m* shelf
Felsbank *f* bench of ground
Felsbehausung *f* **/ eingehauene** rock-cut
Felsblock *m* boulder *(< 25 cm Ø)*
Felsboden *m* bedrock
Felsbrecheisen *n* chisel breaker
Felsbrecher *m* rock cutter
Felsengarten *m* rock garden
Felsengrab *n* rock-cut tomb
Felsgestein *n* **/ hartes blaues** blue metal *(als Splitt für Makadamdecken)*
Felshöhle *f* rock-cut
felsig rocky
Felsmechanik *f* rock mechanics
Felsplatte *f* **/ natürliche** natural raft
Felsriß *m* **/ horizontaler** bed joint
Felssohle *f* bedrock
Felssprengung *f* rock blasting
Felszacken *m* jag
Fender *m (Wsb)* fender
Fenster *n* window, sash window; light *(Oberlicht)*
~/ausgekragtes outwindow, cabinet window
~/bewegliches open light
~/bleiverglastes leaded light, lead glazing
~/dreiflügeliges three-fold window
~/durchlaufendes continuous window
~/einflügeliges single-sashed window
~/festes fixed sash (light)
~/feststehendes stand sheet, fixed light
~/feuerhemmendes fire window
~/französisches *s.* Fenstertür
~/gewölbtes camber[ed] window
~/großflächiges picture window
~/hervorstehendes jutting window
~ in einer geneigten Wand cant window
~/kleines fenestral
~ mit einem Fensterflügel /kombiniertes casement combination window
~ mit Luftschlitzlamellen louvre window
~ mit überwölbtem Mittelflügel/dreiteilig getrenntes *s.* ~/Venezianisches
~ mit zwei horizontal und zwei vertikal angeordneten Fensterfeldern two-light window
~ mit zwei Mitteltrennsäulen/großes dreiteiliges *s.* ~/Venezianisches
~/schräges splayed window *(im Verhältnis zur Wandfläche)*
~/starres dead light
~/Venezianisches Palladian motif (window), Venetian (Serlian) motif
~/verschließbares operable window
~/vorgetäuschtes dead window
~/zweiflügeliges two-light window
Fensterabdichtungsstreifen *m* window deep (draft) bead; window gasket; ventilating bead *(aus Holz zur gleichzeitigen Belüftung)*
Fensteranordnung *f* fenestration *(in der Fassade)*
Fensteranschlag *m* back fillet, window rabbet
~/innerer inside stop [of a window], guide (inner) bead
Fensterarretierung *f* terminated stop; hospital (sanitary) stop
Fensteraufteilung *f* fenestration
Fensteraussparungsform *f* window brick moulding
Fensterbalken *m* **/ horizontaler** transom bar
Fensterband *n* 1. window hinge *(Fensterbeschlagteil)*; 2. window band, ribbon window *(Bandfenster)*
Fensterbank *f* 1. window sill *(Sohlbank)*; 2. window seat, banquette *(Sitz)*
~/äußere external window sill
~/nachträglich einsetzbare slip sill
Fensterbankplatte *f* window sill slab
Fensterbankstein *m* brick for window sill
Fensterbeschläge *mpl* window hardware (fittings)
Fensterblech *n* **/ äußeres** external sill of sheet metal
Fensterblei *n* window lead
Fensterblendleiste *fpl* window lining
Fensterblendrahmen *m* window (blind) casing
Fensterbogen *m* window arch
Fensterbrett *n* sill *(Sohlbank)*; [window] stool, *(Am)* window board
Fensterbrettschwellholz *n* rough sill
Fensterbrettüberstand *m* horn *(seitlich)*
Fensterbrüstung *f* breast, window sill (back)
Fensterbrüstungsvertäfelung *f* breast lining
Fensterdämpfer *m* window transom
Fensterdichtungsprofil *n* window gasket
Fenstereckenstift *m* [glazier's point *(für Fensterscheiben)*
Fenstereinrastung *f* window catch
Fenstereisen *n* button *(Bankeisen)*
Fensterelement *n* prefabricated window
Fensterfach *n* window bay
Fensterfalz *m* window groove rabbet
Fensterfeld *n* light *(Oberlicht)*; window bay
Fensterfertigteilwand *f* prefabricated window wall *(installiert)*
Fensterfeststeller *m* casement stay, window catch, stay bar
Fensterflügel *m* [window] casement; sash; leaf *(von einem Fensterflügelpaar)*
Fensterflügelbeschläge *mpl* rim *(außer Scharnieren)*
Fensterflügelhalter *m* casement adjuster
Fensterflügelscharnier *n* casement hinge
Fensterflügelvorderkante *f* leading edge of a window, lock (strike) edge
Fensterfutter *n* window lining

Fenstergaden *m (Arch)* over-stor[e]y, clerestory
Fenstergaze *f* insect [wire] screen[ing], window screen
Fenstergewände *n* window surrounds (lining), window jamb
Fenstergewölbebogen *m* **/ innerer** rear vault
Fenstergitter *n* window grating (guard), [window] protection screen
~/leichtes protection screen
Fenstergitterschutz *m* security screen for a window
Fensterglas *n* flat (clear, window) glass, flat-drawn sheet glass; glass sheet, soft glass
~/gewölbtes crown glass
Fenstergleit[trenn]leiste *f* parting bead (stop)
Fenstergriff *m* window handle; window (sash) lift
Fenstergruppierung *f* fenestration
Fensterhaken *m* window stay
Fensterhaspen *m* knuckle
Fensterhöhe/in sill-high
Fensterjoch *n* window bay (yoke)
Fensterkitt *m* glazing (glazier's, bedding, oil) putty
Fensterklimaanlage *f* window air conditioner
Fensterknopf *m* [window] button, olive
Fensterkorb *m (Arch)* curved window grille *(korbartiges, kunstvoll geschmiedetes Gitter vor den Fenstern)*
Fensterkreuz *n* window cross
Fensterladen *m* window shutter (blind), [exterior] shutter
Fensterladenbeschläge *mpl* shutter butt
Fensterladengriff *m* shutter lift
Fensterladenkasten *m* window boxing
Fensterladenscharnier *n* shutter butt [hinge]
Fensterladenschlitzbrett *n* louvre board
Fensterladenverschlußstange *f* shutter bar
Fensterleibung *f* window flanning (reveal), scuncheon, sconcheon
~/nach innen abgeschrägte embrasure
Fensterleibungsbearbeitung *f* window dressing
Fensterleiste *f* window moulding
Fensterlicht *n* window-lighting; day
Fensterliste *f* window schedule *(eines Gebäudes)*
Fenstermantel *m* [window] draught rug
Fenstermetallziergitter *n* window guard
Fenstermittelpfostenabdeckung *f* mullion cover
Fenstermittelsäule *f* mullion, munnion
Fenstermittelsteg[pfosten] *m* **/ gleichstarker** window plain rail
Fenstermodul *m* window module
Fensternetzwerk *n* **/ senkrechtes** *(Arch)* perpendicular (panel) tracery
Fensternische *f* window recess; *(Arch)* fenestella *(ornamentiert, in Kirchen)*
Fenster- oder Türblendrahmen *m* **/ vorgefertigter** package trim for windows and doors *(als Bündel angeliefert)*
Fensteröffnung *f* window opening, day
Fensteröffnungsfußschicht *f* sill course *(für die Sohlbank)*
Fensteröffnungsmechanismus *m* mechanical window operator, multiple-window operator
Fensterornament *n* bar tracery *(eines gotischen Fensters)*
Fensterpaar *n* coupled windows
Fensterpfeiler *m* window pier
Fensterpfeilerbreite *f* interfenestration
Fensterpfosten *m* mullion, monial
Fensterpinsel *m* sash tool
Fensterputzerhaken *m* window cleaner's anchor
Fensterputzwagen *m* cradle machine, window cleaning cradle
Fensterquerholz *n* transom bar
Fensterquerstrebe *f (Hb)* window intertie, interduce
Fensterrahmen *m* window (casement) frame
~/ausgearbeiteter solid window frame
~/äußerer outside casing, outer lining (facing, lining); *(Arch)* outside architrave
~/feststehender fast window sheet
~ für oben öffnendes Klappfenster hopper frame
~ mit Wasserabtropfleisten water-checked casement
~/regendichter water-checked casement
~/schiebbarer [window] sash
~/sichtbarer window casing
Fensterrahmenabdeckung *f* inside trim
Fensterrahmenanpaßbolzen *m* receptor
Fensterrahmengewölbeeisen *n* window arch bar
Fensterrahmenholz *n* sash stuff (timber)
Fensterrahmennut *f* sash fillister *(zur Aufnahme der Fensterscheibe)*
Fensterrahmenpaßelement *n (Am)* receptor
Fensterrahmenpfosten *m* window post
Fensterrahmenseilzug *m* frame pulley *(Schiebefenster)*
Fensterrahmenverblendung *f* panel lining for a window
Fensterrandsprosse *f* window marginal bar
Fensterreihe *f* **/ geschlossene** ribbon window
Fensterreinigungswagen *m* cleaning cradle
Fensterrelief *n* **/ kronenartiges** coronet *(über dem Sturz)*
Fensterriegel *m* 1. sash rail, window latch, window (sash) lock; 2. window transom *(Fensterquerholz)*
Fensterrippung *f* **/ gotische** *(Arch)* foliation
Fensterrose *f (Arch)* rose window *(gotisches Rundfenster)*; fan window, fanlight
Fenstersäule *f* window stud
Fensterschalleiste *f* window apron
Fensterscharnier *n* fast-pin hinge
Fensterscheibe *f* window pane
Fensterscheibenfach *n* quarrel *(speziell beim Maßwerkfenster)*
Fensterschiene *f* check rail
Fensterschloß *n* window lock
Fensterschmiege *f* wind splay, *(Am)* fluing

Fensterschnapper *m* window (sash) spring bolt
Fensterschubriegelschließer *m (Am)* cremone bolt
Fensterschutztür *f***/ gütegekennzeichnete** labelled door
Fensterselbstdichtung *f* window gasket
Fenstersims *m***/ überlanger** lug sill *(in das Mauerwerk hineinreichend)*
Fenstersimsblendleiste *f* pelmed board
Fenstersitz *m* banquette
Fenstersitzplatz *m***/ eingebauter** window bay stall
Fenstersohlbank *f***/ äußere** external window sill
Fenstersonnenblende *f* awning blind
Fenstersprosse *f* window glazing bar, sash (glazing, glass) bar; rail, mullion, *(Am)* muntin
~/horizontale transom, lay bar
Fensterständer *m* window stud
Fensterstift *m* glazing sprig, glazier's point *(zum Verglasen)*
Fenstersturmhaken *m* window stay
Fenstersturz *m* [window] lintel; window head
~ mit eingebauten Gegengewichtskästen window yoke
Fenstertrassierung *f* tracery *(Ornament)*
Fenstertür *f* glazed door, French door (window), French casement, casement door
Fensterüberdachung *f (Am)* apron wall *(durch eine Auskragung)*
Fensterübergesims *n* **[/dekoratives]** pelmet
Fensterumrahmung *f* window framing
Fensterverzierung *f***/ gotische** geometric tracery
Fenstervorhang *m* window curtain
Fensterwirbel *m* turn button, window lock
Fensterzarge *f* sash frame, window case
Fensterzierkonsole *f* ancon[e]
Fensterzierleiste *f* window moulding
Fensterzwischenabstand *m* interfenestration
Ferienhaus *n* holiday house, *(Am)* vacation house
Ferienhotel *n* holiday hotel, *(Am)* vacation hotel
Ferienlager *n* holiday camp
Ferienwohnheim *n* holiday hostel
Ferngasleitung *f* grid gas line
Ferngasnetz *n* long-distance gas grid
Fernheizung *f* district heating
Fernheizwerk *n* district heating plant, heating station
Fernlastverkehr *m* long-distance road haulage
Fernleitung *f (El)* transmission line; trunk line, *(Am)* long distance line *(Telefon)*
Fernleitungskabel *n* transmission cable
Fernmeldenetz *n* telecommunication system
Fernmeldeturm *m* telecommunication tower, post office tower; telephone tower
Fernschreibnetz *n* teletype network
Fernsprechanlage *f* telephone installation
Fernsprechleitung *f* [tele]phone line
Fernsprechstelle *f* telephone station
Fernsprechzelle *f* telephone (phone, call) box, *(Am)* [tele]phone booth
Fernverkehrsstraße *f* main (trunk) road, *(Am)* high road; highway; arterial road
Fernwärmeversorgung *f* long-distance heat supply
Fernwasserversorgung *f* long-distance water supply
Ferritstahl *m* ferrite steel
Ferrozement *m* ferro-cement
Ferrozementbauweise *f* reinforced cement-mortar construction
Fertig... *s. a.* Fertigteil...
Fertiganstrich *m* last coating of paint
Fertigbauteil *n s.* Fertigteil
Fertigbeton *m* ready-mix[ed] concrete, central-mixed concrete
Fertigbetonplatte *f* precast slab
Fertigbetonwerk *n* ready-mix plant
Fertigdecke *f* precast (prefabricated concrete) floor
Fertigdeckenbalken *m* precast (prefabricated) floor beam
Fertigdeckenelement *n* precast floor slab
fertigen to manufacture, to fabricate; to process
Fertigen *n***/rechnergestütztes** computer-aided manufacturing
Fertiger *m (Verk)* finisher, road finisher (finishing machine)
Fertigerbohle *f* screeding beam
Fertigerspur *f* finishing line
Fertigfenster *n* [prefabricated] window unit
fertiggemischt mill-mixed *(Putz, Mörtel)*; ready-mixed *(Beton)*
fertiggestellt completed, complete
Fertighaus *n* prefabricated house (building), ready-built house, *(Am)* prefab
Fertigleim *m* ready-mixed glue *(mit Beschleuniger)*
Fertigmaß *n* finish (finished) size
Fertigmasse *f* body *(keramische Baustoffe)*
Fertigmörtel *m* ready-mixed mortar
Fertigputz *m* premixed plaster
Fertigreiben *n* finishing *(Putz)*
fertigstellen to complete *(Bauwerk)*; to finish
Fertigstellung *f* completion *(Bauwerk)*; finishing
~ der Leistungen completion of work
Fertigstellungsfrist *f* time of completion
Fertigstellungstermin *m* completion date, time limit set for completion; [date of] substantial completion
Fertigteil *n* [prefabricated] unit, building component; precast [reinforced] concrete unit, precast unit *(Beton)*
Fertigteil... *s. a.* Fertig...
Fertigteilaußenwandelement *n* precast concrete wall panel
Fertigteilbalken[träger] *m* precast beam *(Beton)*
Fertigteilbausystem *n* systems building
Fertigteilbauweise *f* systems building; prefabrication, prefabricated construction; panel construction *(Tafelbauweise)*; precast concrete construction, precast [unit] construction

~ mit Skelett und Ausfachungsplatten frame and panel construction
Fertigteilbetonwerk *n* precast concrete manufacturing yard, prefabrication plant
Fertigteile *npl* **für den Ausbau** stock *(Türen, Tafeln, Fenster)*
Fertigteilelemente *npl* **/ dünnwandige** thin-shell precast units *(Stahlbeton)*
Fertigteilhaubendurchlaß *m* prefabricated box-culvert
Fertigteilhochbau *m* industrial building
Fertigteilhochhaus *n* system-built tower block
Fertigteilmontagebau *m* system building (construction)
Fertigteilmontagebauweise *f* systems building
Fertigteilplatte *f* precast slab
Fertigteilschornstein *m* factory-built chimney
Fertigteiltafelbauweise *f* panel construction, prefabricated panel construction
Fertigteilträger *m* precast concrete beam
Fertigteilwohnungsbau *m* industrialized residential building
Fertigtrockenbeton *m* **/ abgesackter** packaged concrete
Fertigtür *f* prehung door
Fertigung *f* manufacture, fabrication
Fertigungsbahn *f* finishing line
Fertigungseinheit *f* manufacturing unit
Fertigungskosten *pl* manufacturing costs, making cost[s]
Fertigungslos *n* run
Fertigungsschalung *f* **/ wiederverwendbare** fit-up [formwork]
Fertigungsverfahren *n* manufacturing process
fest *(Bod)* firm, solid, compact[ed]; stable, permanent *(Beständigkeit)*; strong *(Stärke)*; tight *(Dichtigkeit)* • **~ werden** to consolidate *(Bodenverdichtung)*; to set *(Beton)*
~/besonders extra strong
Festbeton *m* hardened concrete
~/farbig gestrichener coloured concrete
festbinden to lash, to tie up
festbrennen to sinter
Feste *f s.* Festung
Festfenster *n* fixed light (sash, window)
festfressen/sich to seize
Festfressen *n* seizing; galling *(Stahl)*
festgelegt/genau defined
festgeklemmt jammed home; clamped
festgestampft/trocken *(Erdb)* dry-compacted
festhaken/sich to clog *(Kreissäge)*
Festigkeit *f* strength *(Material)*; resistance, resistivity *(Widerstandsfähigkeit)*; steadiness, firmness *(Stabilität)*; fastness *(Haltbarkeit von Farben)*; sturdiness, tenacity *(Beständigkeit)*
~/dynamische dynamic strength
~/erreichte actual allowance strength
~/mechanische strength
~/tatsächlich erreichte actual allowance strength
Festigkeitsabfall *m* strength reduction (decrease)
Festigkeitsberechnung *f* calculation for strength
Festigkeitsbereich *m* strength range
Festigkeitsentwicklung *f* development of strength *(Beton)*
Festigkeitserhöhung *f* strength increase
Festigkeitsgewinn *m* strength increase
Festigkeitsgrad *m* strength grade (class); degree of resistance
Festigkeitsgrenze *f* strength limit, limit of resistance, breaking point
Festigkeitshypothese *f* hypothesis of strength of materials
Festigkeitsklassenholz *n* stress-graded lumber
Festigkeitslehre *f* strength theory; mechanics of materials, science of the strength of materials, theory of strength of materials
Festigkeitsprüfung *f* strength test
~/räumliche [standard] triaxial test
Festigkeitsreserve *f* reserve of strength
Festigkeitsstreuung *f* scattering of strengths
Festigkeitstesthammer *m* ball hammer
Festigkeitsverlust *m* age softening *(infolge Alterns)*
Festigkeitszahl *f* modulus of resistance
Festigkeitszunahme *f* age hardening *(Beton)*; strength increase (gain)
festklammern to tighten
festkleben to freeze *(Beton)*; to adhere, to stick *(Stoffe)*
Festkleben *n* freezing *(des Betons)*; adherence *(Haften von Stoffen)*
festklemmen to clamp, to clip, to jam, to lock [in position]; to bolt *(mit Bolzen)*; to choke *(Säge)*
~/sich to seize *(Metall)*
Festklemmen *n* clamping; locking *(Blockieren)*; seizing *(Lager)*
Festklopfen *n* ramming *(Pfähle)*
Festland *n* mainland, land
festlegen to assign, to fix
~/den Standort to site
~/eine Streckenführung to route
~/eine Trasse to route
Festlegung *f* 1. determining, establishing; 2. commitment *(Verpflichtung)*
festmachen to fasten, to hitch
Festmachepfahl *m* mooring post *(Hafen)*
Feston *n* festoon, garland *(Dekoration)*; swag *(Gewindeornament)*
Festpunkt *m (Verm)* observation point, bench mark, [fixed] datum; monument; fiducial mark (point) *(am Vermessungsgerät)*; station *(Stationierungs-punkt)*; fixed point
~/vermarkteter *(Verm)* monument
Festpunkthöhe *f* reference height
Festpunktnetz *n (Verm)* observation grid
Festsaal *m* banqueting hall
Festscharnier *n* fast-pin hinge
Festscheibe *f* fast pulley *(Riemenscheibe)*

festschlagen to attach at the hook
festschrauben to screw on (tight); to bolt *(mit Bolzen)*
festsitzend fast; stuck, seized
feststampfen to tamp, to ram
feststehend stationary
feststellbar lockable
feststellen to lock [in position]
Feststeller *m* casement (window) stay *(für Fenster)*
Feststellvorrichtung *f* stop, catch, locking device; retainer
Festung *f* fortress, fort, citadel, stronghold
Festungseingang *m* **/ enger** gorge
Festungsgang *m* **/ unterirdischer** sally port *(um einen Ausfall zu machen)*
Festungsgraben *m* moat
Festungsmauer *f* fortress wall
Festunsmauerbogen *m* through arch
Festungsmauerwerk *n* **/ griechisches** emplecton *(innen mit Kieselsteinen gefüllt)*
Festungsturm *m* keep
Festungsverband *m* raking (oblique, herringbone) bond
Festungswall *m* rampart
Festungswerk *n* fort
festverdrahtet [firmly] wired
Festverglasung *f* fixed glazing
festverlegt permanent, permanently plazed (imbedded) *(z. B. Kabel)*
Festwerden *n* set *(Beton)*
festziehen to tighten, to drive home
fett fat *(Mörtel, Beton, Ton)*; rich *(Beton)*
Fettabscheider *m* grease trap (interceptor), grease separator
Fettdichtung *f* grease seal
Fettfang *m* grease trap (interceptor)
Fettkalk *m* fat (rich, high-calcium) lime
Fettmörtel *m* rich (fat) mortar
feucht damp, moist, humid
Feuchtdichte *f* **/ optimale** critical density *(eines Erdstoffs)*
Feuchte *f* dampness, moisture, humidity
~/absolute absolute humidity
~/aufgesaugte absorbed moisture
~/eingeschlossene entrapped moisture (humidity)
~/relative relative humidity
Feuchtefühler *m* humidistat
Feuchtegehalt *m* 1. moisture content, humidity ratio; 2. temper *(Sand)*
Feuchtemesser *m* hygrometer; moisture meter (tester)
feuchten to damp, to moisten, to wet
Feuchtesperre *f* moisture stop (barrier), humidity stop (seal)
feuchthalten to keep moist, to cure *(Beton)*
Feuchthalten *n*, **Feuchthaltung** *f* moist-curing, water curing *(von Beton)*
Feuchtigkeit *f s.* Feuchte
Feuchtigkeitsabdichtung *f* moisture proofing
Feuchtigkeitsabsorption *f* **des Putzes durch Salzgehalt** deliquescence
Feuchtigkeitsaufnahme *f* moisture pick-up (absorption)
Feuchtigkeitsausdehnung *f* moisture expansion
feuchtigkeitsbeständig damp-proof, resistant to moisture
Feuchtigkeitsdichtungsarbeiten *fpl* moisture proofing
feuchtigkeitsempfindlich hygroscopic, susceptible to moisture
Feuchtigkeitsgefälle *n* moisture gradient
feuchtigkeitsgeschützt *(El)* moisture-proof; no-weathering exposure
feuchtigkeitsisolierend damp-proof
Feuchtigkeitsisolierhaut *f* damp-proof membrane
Feuchtigkeitsisolierschicht *f* damp-proof course
Feuchtigkeitsisolierung *f* humidity insulation
~ mit Folien membrane waterproofing
Feuchtigkeitsregelung *f* humidity control
Feuchtigkeitsschaden *m* damage due to humidity
Feuchtigkeitsschutz *m* damp (moisture) proofing *(an Bauwerken)*; humidity protection
Feuchtigkeitssperre *f* vapour (moisture) barrier
Feuchtigkeitssperrlage *f* moisture barrier
Feuchtigkeitssperrschicht *f* humidity stop (seal), moisture stop; damp proof course
Feuchtigkeits- und Temperaturmessung *f* **/ kombinierte** humiture
feuchtigkeitsundurchlässig moisture-proof
Feuchtigkeitsverlagerungseffekte *mpl* moisture movement *(auf Mörtel, Zement, Stein)*
Feuchtigkeitswanderung *f* moisture migration (movement)
Feuchtigkeitszahl *f* moisture index
Feuchtkammer *f* fog room
Feuchtkammernachbehandlung *f* fog curing
Feuchtkastenlagerung *f* standard curing *(Zement- und Betonprüfung)*
Feuchtlagerraum *m (San)* moist room
Feuchtluftabzug *m* condensation gutter (trough)
~ mit gegeneinander schließenden Lamellen opposed-blade damper
~ mit parallelen Lamellen parallel-blade damper
Feuchtnachbehandlung *f* moist-curing *(Beton)*
Feuchtraum *m* humid (damp) room
Feuchtraumabdichtung *f* humid-room damp proofing
Feuchtraumarmatur *f (El)* damp-proof (moisture-proof) fitting
Feuchtraumleitung *f (El)* damp room installation cable, moisture-proof cable
Feueralarmanlage *f* fire-alarm (fire-detection) system
Feuerausbreittest *m* chamber test *(für Fußböden)*
Feuerausbruch *m* outbreak of fire
Feueraussetzung *f* fire exposure *(Bauelement)*
Feuerausweitung *f* fire spread
Feuerbekämpfung *f* fire-fighting

feuerbeständig 1. fire-resistant, fire-resistive, fireproof; 2. *s.* feuerfest 2.
Feuerbeständigkeit *f* fire resistance, fireproofness
Feuerblänke *f*, **Feuerblankheit** *f* glaze, fire finish
feuerdämmend *s.* feuerhemmend
feuerfest 1. refractory *(keramische Stoffe)*; 2. *s.* feuerbeständig 1.
Feuerfestbeton *m* [castable] refractory concrete, heat-resistant concrete
Feuerfestdämmbeton *m* refractory insulating concrete
Feuerfeststein *m* fire-proof brick
~/basischer basic brick
Feuerfestverglasung *f*/ **kupferisolierte** *(Am)* copperlight glazing
Feuerfestzement *m* refractory cement
Feuerforschung *f* fire research *(Brandforschung)*
Feuerfuge *f* fire cut
Feuergefahr *f* fire hazard, risk (danger) of fire
feuergefährlich combustible, [highly] inflammable
Feuergefährlichkeitsklassifizierung *f* fire-hazard classification
Feuergitter *n* fire grate *(Kamin)*
Feuerhahn *m* fire hydrant, *(Am)* fire-plug *(Hydrant)*
feuerhemmend fire-retardant, flame-retarding, fire-stopping
Feuerhemmstoff *m* fire retardant [material]
Feuerkorb *m* brazier *(für glühende Kohle)*
Feuerleiter *f* 1. fire escape *(an Gebäuden)*; 2. [fire] ladder, aerial (turntable) ladder *(Feuerwehr)*
Feuerlöschanlage *f*/ **automatische** fire-extinguishing system, automatic fire vent
~/frostgeschützte (frostsichere) non-freeze sprinkler system
Feuerlöschberieselungsanlage *f s.* Feuerschutzsprenganlage
Feuerlöschbrause *f* sprinkler
Feuerlöschbrausekopf *m* sprinkler head
Feuerlöscher *m* fire extinguisher
Feuerlöschgerät *n* fire-fighting appliance; fire extinguisher
Feuerlöschgeräteschrank *m* fire-protection equipment cabinet
Feuerlöschpumpe *f*/ **automatische** automatic fire pump
Feuerlöschsprenganlage *f* sprinkler system
Feuerlöschsystem *n* **mit Temperatur- und Rauchsensoren/automatische** preaction sprinkler system
Feuerlöschteich *m* fire pond
Feuermauer *f* party wall
Feuermeldeanlage *f* fire alarm [system]
Feuermeldeleitung *f (Am)* fire department connection
Feuermelder *m* fire-alarm system; fire-alarm box
Feuerraum *m* furnace chamber *(Feuerung)*
Feuerschaden *m* fire damage
Feuerschutzadditiv *n* fire-retardant agent (chemical)
Feuerschutzanlage *f* **mit wasserfreiem Rohrsystem** dry-pipe sprinkler system *(bei Nichtgebrauch)*
Feuerschutzanstrich *m* fire-retarding coating, fireproof coat
Feuerschutzausbauteile *npl* fire assembly [units]
Feuerschutzbestimmungen *fpl* fire regulations
Feuerschutzdamm *m* fire dam
Feuerschutzdecke *f* asbestos blanket
Feuerschutzelement *n* fire-proofing component
Feuerschutzfarbe *f* fire-retardant finish, flame-proofing paint, fire-resisting finish
Feuerschutzkachel *f* fire-proofing tile
Feuerschutzklasse *f* construction class, fire grading
~ einer Tür door class
Feuerschutzklassifikation *f* fire rating (grading) class, class *(von Klasse A bis Klasse F)*
Feuerschutzladen *m* fire shutter
Feuerschutzmasse *f*/ **aufgespritzte** sprayed fireproofing
Feuerschutzmembran *f* membrane fireproofing *(geputztes Lattengerüst)*
Feuerschutzsprenganlage *f* [fire] sprinkler system; *(Am)* drencher system *(außerhalb des Gebäudes)*
Feuerschutzspritzmasse *f* sprayed fireproofing
Feuerschutzstreichputz *m* vermiculite plaster
Feuerschutztür *f* 1. fire [check] door; 2. *s.* Rauchgastür
~/metallbeschlagene metal-clad fire door, *(Am)* kalamein fire door
~ mit Zinneisenblechbeschlag tin-clad fire door
Feuerschutzüberzug *m* fire-retardant coating
Feuerschutzverbundtür *f* composite fire door
Feuerschutzzone *f* fire area
Feuerschutzzonengrenze *f* fire limits
feuersicher fire-proof
Feuerstein *m* firestone, flint [stone]
Feuerstelle *f* hearth; fireplace *(Kamin)*
~/offene open fire
Feuerton *m* fireclay, refractory clay
Feuertreppe *f* fire escape (staircase)
Feuertreppenschacht *m* fire tower
Feuertür *f* 1. fire [check] door; 2. *s.* Rauchgastür
Feuerturm *m* lighthouse *(Leuchtturm)*
Feuertürschließer *m* fire door closing device, automatic closing device, self-closing device
Feuerung *f* 1. furnace *(Anlage)*; 2. firing; 3. fuel *(Brennstof)*
Feuerungsgewölbe *n* furnace arch
feuerverzinkt [hof-dip] galvanized, zinc dipped
Feuerverzinkung *f* [hot-dip] galvanizing, zinc dipping
feuerverzinnt [hot-dip] tinned
Feuerverzinnung *f* hot-dip tinning, tin coating
Feuerwache *f* fire station
Feuerwehrschlauch *m* fire hose
Feuerwehrschlauchlagerraum *m* fire-hose cabinet *(Schrank)*

Feuerwiderstandsfähigkeit *f s.* Feuerbeständigkeit
Feuerwiderstandsgrad *m* **einer Tür** *(Am)* fire-door rating; fire-rated door
Feuerwiderstandsklasse *f* fire-resistance rating
Feuerwiderstandszeit *f* fire endurance *(einer Konstruktion)*; fire grading [period]
Feuerzugschließer *m***/ automatischer** fire-control damper
Fiber *f s.* Faser
Fichte *f* spruce
Fichtenholz *n* spruce [wood], white deal
Fiedelbohrer *m* fiddle drill
Filethobel *m* fillet plane
Filigrandecke *f* filigree floor
Filigranornament *n* filigree ornament
Filmbildner *m* film former, film-forming component (substance)
Filmbildung *f* film formation; coalescence *(bei Emulsionsfarben)*
~ **durch teilweise Entmischung** spewing *(Anstrich)*
Filter *n* filter; strainer
~/offenes gravity filter
Filterasche *f* pulverized fuel ash *(Bindemittel)*
Filterbrunnen *m* filter well; well point
Filterbrunnenaggregat *n* battery of filters
Filterdrän *m* stone-filled trench
Filterentwässerungsleitungen *fpl* **mit Sandbett** sand filter trenches
Filterkies *m* filter gravel (material)
Filterkuchen *m* filter cake
Filterlage *f* filter bed (layer)
Filtermaterial *n* filter material, filtering medium
filtern to filter
Filterrohr *n* filter pipe *(für Brunnen)*
Filterrohrsaugstange *f* well point
Filtersand *m* filter material (sand)
Filterschicht *f* filter bed (layer)
Filtersieb *n* filter screen
Filtration *f* filtration; straining
filtrieren to filter, to filtrate; to strain
Filz *m* felt, hair felt
Filzband *n* felt strip
Filzbrett *n* felt rubbing board, carpet float, angle paddle
Filzdichtung *f* felt seal
Filzeinlage *f* felt insert
Filzisolierung *f* felt insulation
Filzmatte *f* felt mat
Findling *m* erratic block, *(Am)* boulder
Fingergriff *m* cup escutcheon *(an einer Schiebetür)*
Fingernagelprüfung *f* fingernail test
Fingerschutzstreifen *m* finger guard *(Tür)*
Fingervertiefung *f* cup escutcheon *(an einer Schiebetür)*
Fink-Binder *m* Fink truss
Firnis *m* boiled [linseed] oil; oil varnish
Firnispinsel *m* dabber
firnissen to varnish
First *m* [roof] ridge, rider strip
Firstabdeckung *f* ridge cap[ping], ridge covering, ridging
Firstabdeckverbindungsblech *n* ridge stop *(an einer Wand)*
Firstaufsatzgerüst *n* saddle (straddle) scaffold
Firstaufstand *m* cresting *(auf den Firstziegeln)*
Firstausbildung *f* ridge form
Firstbalken *m* ridge beam; top beam (plate)
Firstbohle *f* ridge board (piece), saddle board; ridge beam, *(Am)* pole piece
Firstbrett *n s.* Firstbohle
Firstdeckbohle *f* [ridge] saddle board
Firstdeckholz *n***/ rundes** ridge roll
Firstecke *f* ridge corner tile *(Ziegel)*
Firstende *n* **eines Sparrens** top cut
Firstenläufer *m* crown runner
Firstfaltung *f* ridge folding
Firsthaube *f* ridge cap[ping], ridge covering; comb
~/verzierte ornamental ridge covering
Firstkamm *m* [first]comb
Firstkappe *f* ridge capping tile
Firstkappenlage *f* crown course *(von Asbestformteilen)*
Firstknotenblech *n* peak joint sheet (plate)
Firstknotenholz *n* peak joint timber
Firstknotenplatte *f* peak joint slab
Firstkrone *f* roof crest[ing]
Firstlaterne *f* monitor, monitor roof
Firstlinie *f* rider strip, ridge
Firstlüfter *m* ventilating ridge tile
Firstpfette *f* ridge purlin, combing
Firstpfettenauflager *n* support of ridge purlin
Firstpfosten *m* king post
Firstschar *f* ridge course
Firstschnörkel *m* ridge roll
Firstschwelle *f* top plate
Firststein *m* ridge (crown) tile
Firststück *n* ridge piece (board), pole piece
Firstverzierung *f* roof crest[ing]
Firstziegel *m* ridge (crown, crest) tile; arris [hip] tile, *(Am)* head
Fischband *n* pin (butt) hinge *(Baubeschlag)*
~/dreiteiliges three-leaf pin hinge
Fischbauch *m* fish-belly *(Trägerform)*
fischbauchig fish-bellied
Fischbauchträger *m* fish-bellied girder, fish beam, inverted bow-and-chain girder
Fischgrätendränagesystem *n* herringbone drainage
Fischgrätenklinkerpflaster *n* herringbone paving
Fischgrätenmuster *n* heringbone matching (pattern)
Fischgrätenparkett *n* herringbone parquet
Fischgrätenspundung *f* herringbone matching
Fischgrätenverband *m* herringbone bond (work), raking bond, zigzag (serpentine) bond *(Mauerwerk)*

Fischleim *m* fish glue
Fischrechen *m* fish grid
Fischzaun *m* fish screen
Fitschband *n*, **Fitsche** *f s.* Fischband
Fitschenbeitel *m* star bit (drill), plugging chisel
Fitting *n(m)* [pipe] fitting[s]
Fittingzwischenrohr *n* pipe fitting branch (union)
Fixierungsverputz *m* tack coat
Fixpunkt *m (Verm)* bench mark *(s. a.* Festpunkt*)*
flach 1. flat, plane, level, plain *(eben)*; 2. low *(niedrig)*; 3. shallow *(Wasser)*
Flachanbau *m* single-story annex[e]
Flachbaggerung *f* shallow digging (excavation, grading), surface digging
Flachbau *m* low (flat) building, flat block
Flachbauappartement *n* **mit Garten** garden apartment
Flachbiegung *f* plane bending
Flachblechbeplankung *f* flat sheet covering
Flachboden *m* flat bottom
Flachbogen *m* flat (segmental) arch, *(Am)* jack (scheme) arch
Flachbogengewölbe *n* segmental vault
Flachböschung *f* shallow embankment
Flachbrunnen *m* shallow well
Flachdach *n* flat roof; cut roof *(abgestumpftes Dach)*
~/begehbares roof-deck
~/bleiblechgedecktes *(Am)* lead flat roof
~/einschaliges non-ventilated flat roof
~ mit Bleitafeldeckung *s.* ~/bleiblechgedecktes
Flachdachaufbau *m* 1. penthouse, pentice; 2. flat roof system *(Konstruktionssystem)*
Flachdachdeckung *f* **mit Kiesdämmung** tar-and-gravel roofing
Flachdachdichtung *f* built-up roofing, composition roofing, felt-and-gravel roofing
Flachdacheinfassung *f* deck curb
Flachdachfläche *f* deck of a roof
Flachdachrand *m* gravel fillet of a roof
Flachdachsteinlage *f* roof dry course
Flachdachüberdeckung *f* deck-on-hip
Flachdachziegel *m* flat tile
flachdrücken to flatten
Fläche *f* 1. surface *(Oberfläche)*; 2. level, plain *(Ebene)*; 3. face, side *(z. B. von Wänden)*; 4. area; region • **auf geebneter ~** at grade
~/bebaute built-up area, architectural area
~/befestigte paved area
~/bepflanzte planted area
~/berippte extended surface
~/ebene plane; flat surface
~ eines Einsteckschlosses/sichtbare lock face
~/eingeschalte contact form area
~/eingezäunte fenced-in area; pale
~/erfaßte coverage
~/erschlossene developed area; improved land
~/exakt planparallele levelling surface
~/geneigte incline, inclined surface, cant
~/geschnittene sawed (sawn) finish *(Stein)*
~/geschüttete surface of filling
~/ideelle transformed area *(Stahlbeton)*
~ in Quadratyard yardage
~/ruhende bearing area
~/tragende 1. bearing surface; 2. land *(einer Nut)*
~/überdachte covered area
~/wirksame effective area
Flacheisen *n* flat iron (bar)
~/gekröpftes cranked flat iron
Flacheisenreifen *m* band clip
Flachelement *n***/ säulengestütztes** fascia, facia
Flächenaufnahme *f* survey of area
Flächenausleuchtung *f* illuminated area, *(Am)* luminous coverage
Flächenbearbeiten *n* surfacing
Flächenbeleuchtung *f* area lighting; ceiling area lighting
Flächenberäumung *f* land clearing
Flächenberechnung *f* calculation of areas; *(Verm)* mensuration
Flächenbettungszahl *f* modulus of the foundation
Flächendruck *m* surface pressure
Flächenfundament *n* spread footing (foundation)
Flächengründung *f* pad foundation
Flächenheizung *f* panel heating
~/elektrische electric panel heater
Flächenhobelmaschine *f* planing machine
Flächeninhalt *m* area, superficial contents
Flächenkorrosion *f* general corrosion
Flächenkrümmung *f* surface curvature
Flächenlast *f (Stat)* distributed (area) load; *(Bod) surface load*
Flächenleuchte *f* area light, *(Am)* surface[-mounted] luminaire
Flächenmittelpunkt *m* centroid
Flächenmessung *f* planimetry, measurement by planimeter
Flächenmoment *n* area[l] moment, moment of area
~ zweiten Grades/polares *s.* Flächenträgheitsmoment/polares
Flächennutzungsplan *m* zoning [map]
Flächenpressung *f* ground pressure, surface (unit) pressure
Flächenraster *n* bay unit
Flächenrüttelung *f* surface vibration
Flächentafel *f* flush panel
Flächenträgheitsmoment *n* moment of plane area
~/axiales geometrical moment
~/polares second polar moment of area
Flächentragwerk *n* area-covering structural element, plate structure, two-dimensional framework
~/ebenes plane area-covering structural element
Flächentür *f* flush door *(glattes Türblatt)*
Flachgebäude *n s.* Flachbau
Flachgelenk *n* flat hinge
Flachgewölbe *n* straight vault[ing], Dutch (drop) vault, *(Am)* jack vault

Flachglas *n* [flat-drawn] sheet glass, plate glass
~/geriffeltes fluted rolled glass
Flachgründung *f* flat footing (foundation), shallow foundation; spread footing (foundation)
Flachhalle *f* low hall
Flachhaus *n* flat (low) house
Flachheit *f* flatness
Flachkopfniet *m* flat-head rivet
Flachkopfschraube *f* flat-head screw
Flachkuppel *f* saucer dome
Flachland *n* level (plain) country
Flachlöffelbagger *m* skimmer
Flachmeißel *m* flat (chipping) chisel; chisel bit
Flachmetall *n* flat metal [sheet]
~/aufgesplittetes broken edge metal
Flachmetalldachdeckung *f* flexible-metal roofing
Flachmetalleiste *f* flush metal threshold
Flachmuffe *f* flush bushing *(Installation)*
Flachnaht *f* flush weld *(Schweißen)*
Flachplatte *f* **aus Beton** flat concrete slab
Flachpresse *f* flat jack *(Spannbeton)*
Flachprofil *n* flat [section]
Flachrand *m* lip curb
Flachrelief *n* bas-relief, low relief
Flachrundkopfniet *m* truss head rivet
Flachschicht *f* flat layer, brick-on-bed, flat course [of bricks]
Flachschichtmauerwerk *n* **aus Naturstein** rag work
Flachschneiden *n* flat cutting, *(Am)* flatting *(von Holz)*
Flachs[schäben]platte *f s.* Flachsspanplatte
Flachsspanplatte *f* flaxboard, flake board *(aus Flachsstroh)*
Flachstab *m* flat bar
Flachstahl *m* flat steel *(Werkstoff)*; flats, flat bar
Flachstichel *m* flat graver
Flachwölbebogen *m* camber arch
Flachwulststahl *m* flat bulb iron; bulb plate
Flachziegel *m* flat tile
Flachziegeldach *n* plain-tiled roof
Flamboyantüberzug *m* flamboyant finish
Flammbeständigkeit *f* flame resistance, non-flammability
flammenhemmend flame-retardant
Flammpunkt *m* flash[ing] point
Flammrohr *n* fire tube, [boiler] flue
flammsicher flame-proof
Flammstrahlen *n*, **Flammstrahlentrosten** *n* flame cleaning (descaling)
flammstrahlreinigen to flame-clean; to burn off
Flammstrahlreinigen *n s.* Flammstrahlen
Flankenturm *m (Arch)* flanking tower *(seitlicher Befestigungsbau eines bewehrten Tores)*
Flansch *m* flange, boom; chord *(Tragwerk)*
~/aufgeschweißter welded flange
~/blinder blank flange
~/fester fast flange
~/gewölbter saddle flange
~/passender companion flange
~/weitauskragender wide flange
Flanschaussteifung *f* boom stiffening
Flanschbolzen *m* flange bolt
Flanschbreite *f* width of flange
Flansche *mpl*/ **gleichschenklige** equal webs
Flanscheinschnitt *m* flange cut
flanschen to flange
Flansch-Flansch-Verbindung *f* flange union
Flanschplatte *f*/ **versteifte** liner plate
Flanschverbindung *f* flange[d] joint, flanged connection
~/gas- und wasserdichte mechanical joint
Flanschverstärkung *f*/ **teilweise** partial cover plate
Flanschverstärkungsplatte *f* sole plate
Flanschwinkel *m* flange angle
Flasche *f* 1. bottle, cylinder *(Gasflasche)*; 2. fall block *(eines Flaschenzugs)*
Flaschenrüttler *m* internal vibrator; poker (spud) vibrator
Flaschenwinde *f* bottle jack
Flaschenzug *m* block and tackle (fall), set of pulleys, hoisting tackle, lifting block[s]
Flaschner *m* plumber
Flatterecho *n* flutter echo *(Raumakustik)*
Flaum *m* bloom *(Farbanstrich)*
flechten to tie, to bind *(Stahlbetonbewehrung)*; to interlace; to lattice
Flechten *n* tying, binding *(Stahlbewehrung)*; interlacing
Flechtwerk *n* 1. trellis, lattice [work] *(Flechtornament in Holz)*; 2. mat-pattern *(Verzierung)*; 3. hurdle work, wattle[-work] *(Flechtzaun)*
Flechtwerkmantel *m* trellis casing
Flechtwerktrennwand *f*/ **geputzte** wattle and daub, stud and mud
Flechtwinkel *m* angle of twist
Flechtzaun *m* hurdle fence
Fleck *m* spot, stain *(Verfärbung)*; dot *(punktartig)*; nub *(knotenartig)* • **Flecke[n] bekommen** to take stains
~/bindemittelüberfüllter fat spot (area)
~ eines Lacküberzugs/stumpfer sleepiness
Fleckenbildung *f* spotting, specking; staining; mottling *(in Anstrichen)*, *(Am)* sheariness
Fleckenüberstreichen *n* spotting in, spot finishing
fleckig 1. spotty; stained; speckled, dappled; 2. patchy *(geputzte Fläche)* • **~ werden** to spot, to stain
Fletton-Ziegel *m* fletton
Fleuron *m* fleuron *(blumenförmiges Ornament)*
flexibel flexible
flicken to repair, to mend; to patch
Flickholz *n* [router] patch
Flickmasse *f* repair composition
Flickmaterial *n* badigeon *(Füllmaterial für Löcher)*
Flickmörtel *m* patch[ing] mortar, repair mortar

Flickmörtelmischanlage *f* patch plant
Flickputz *m* patching plaster
Flickstelle *f* patch
Fliegenfenster *n* insect [wire] screening, insect (window) screen
Fliegengaze *f* insect screen[ing]
Fliegengitter *n* fly-proof screen
Fliegenschutzfenster *n s.* Fliegenfenster
Fliegenschutzgitter *n* fly-proof screen
Fliese *f* tile, slab; flag *(Steinplatte)* • **Fliesen legen** *s.* fliesen
~/bleiglasierte hafner ware
~/glasierte glazed tile
~/glatte smoke-finish tile
~ mit Distanzelementen self-spacing tile
~ mit eingebranntem Dekor encaustic tile
~ mit Opakglasur opaque ceramic-glazed tile
~/rutschfeste slip-resistant tile
~/säurefeste acid-proof floor tile
~/unglasierte unglazed (natural finish) tile
fliesen to tile, to set tiles; to flag *(z. B. Wege belegen)*
Fliesenarbeiten *fpl* tile setting
Fliesenbelag *m* tile cladding (finish), tilework; brick flooring *(Boden)*; floor pavement
Fliesenbettung *f* **mit Fliesenstückchen für Ecken** galleting, *(Am)* garreting
Fliesenfurnier *n* adhesion type ceramic veneer
Fliesenfußboden *m* tile floor[ing], tiled floor
Fliesengemälde *n* tile composition
Fliesenlegen *n* tile setting (fixing)
Fliesenleger *m* tiler, tile setter (layer)
Fliesenrückseite *f* key
Fliesenverlegen *n* tile setting (fixing)
Fließband *n* assembly (flow) line *(Fertigung)*
Fließbild *n* flow chart *(Schema)*
Fließdehnung *f* yield strain
fließen 1. to run, to flow *(Flüssigkeit)*; 2. to yield *(Werkstoffe)*; to creep; 3. to move *(Verkehr)*
Fließen *n* 1. yield[ing], volume yield; creep *(Stoffe)*; 2. *s.* ~/plastisches
~/plastisches plastic flow (yield)
Fließfähigkeit *f* flowability, fluidity
Fließgelenkverfahren *n (Stat)* plastic-hinge method
Fließgeschwindigkeit *f* rate of flow, flow velocity
Fließgrenze *f* 1. yield limit (point) *(von Werkstoffen)*; strain limit *(Dehnungsverformung)*; 2. *(Bod)* liquid limit
Fließgrenzengerät *n* liquid-limit device
Fließlinie *f* flow line
Fließmaß *s.* Setzmaß
Fließreibung *f* hydraulic friction
Fließsand *m* quicksand *(Treibsand)*
Fließsandaufsteigen *n*, **Fließsandausbruch** *m* sand boil[ing]
Fließschlamm *m* soil suspension
Fließspannung *f* yield stress; flow stress
Fließstraße *f* assembly (production) line
Fließton *m* quick clay
Fließverformung *f* plastic flow (yield)
Fließverhalten *n* rheological behaviour flow[ing] properties
Fließverhältnisse *npl* quick conditions
Fließvermögen *n s.* Fließfähigkeit
Fließwert *m* flow value *(Marshallprüfung für Baustoffe)*
Fließwiderstand *m* back pressure
Fließzustand *m* flow state *(Baustahl)*
Flint *m* flint, fire stone
Flintbaustein *m* calyon
Flintglas *n* flint glass
Flintstein *m* flint; silex, pebble
~/gespaltener cleaved (knapped) flint *(für Sichtflächen)*
Flintsteineinlegemauerwerk *n* flushwork
Flitschfurnier *n* flitch veneer
Flitterglas *n* avanturine, aventurine, flake glass
Floatglas *n* float glass
Flockengips *m* flocculent gypsum *(Isolierung)*
Flockenisolierstoff *m* loose[-fill] insulation
Florteppich *m* pile carpet
Floßbrücke *f* raft bridge
flößen to raft, to float
Floßholz *n* rafted wood, floated timber
flotieren to float
Fluatanstrich *m* fluate coat
Fluatieren *n* fluate treatment
Flucht *f* 1. alignment, *(Am)* alinement, row, line; 2. escape • **aus der ~, außer** ~ out of alignment, out-of-line, out-of-true, misaligned • **in** ~ in alignment (line)
Fluchtabweichung *f* misalignment
fluchteben flush
fluchten to align [axially]; to bring into alignment, *(Am)* to aline; to arrange into a line; to be in alignment
fluchtend aligned, in alignement (line)
Fluchtgenauigkeit *f* accuracy of alignment
Fluchtlinie *f* 1. alignment, frontage [line], *(Am)* alinement; 2. vanishing line *(in Bildperspektiven)* • **in** ~ in alignment
~ des Werksteinmauerwerks ashlar line
Fluchtmöglichkeiten *fpl* means of escape
Fluchtpunkt *m* vanishing (directing) point
Fluchtstab *m (Verm)* boning rod, rang[ing] rod (pole), lining peg
Fluchtstangenlot *n (Verm)* rod level
Fluchttreppe *f* escape stair
Fluchtung *f* axial alignment
Fluchtungsfehler *m* misalignment
Fluchtweg *m* escape [route]
Fluchtzeit *f* time for escape
Flugasche *f* flue ash (dust), fly (quick) ash, shiftings
Flugaschenzuschlagstoff *m* fly-ash aggregate *(Beton)*
Flugdach *n* shed (pent) roof, single-pitch roof *(Pultdach)*

Flügel *m* 1. wing *(eines Gebäudes)*; 2. leaf *(einer Tür)*; 3. *s.* Fensterflügel; 4. blade, vane *(z. B. von Mischern)*
~ des Kaminmauerwerks/anlaufender chimney wing
Flügelast *m* spike (splay) knot
Flügeldach *n* butterfly roof
Flügelfenster *n* casement window (ventilator)
~/drehbares bottom-hung sash
~/leichtes residence casement
Flügelfensterpaar *n* folding casement
flügelförmig wing-shaped, aliform
Flügelmauer *f* wing [masonry] wall, flare wall; return wall; head wall *(Brücke)*
Flügelmauerdeckstein *m* window coping
Flügelmutter *f* butterfly (wing, thumb) nut
Flügelstirnmauer *f* return wall
Flügeltür *f* door with two leaves, folding door (casement), leaf door
Flügeltür[rand]deckleiste *f* split astragal
Flugfeld *n* airfield, landing field
Fluggastbrücke *f* passenger walkway
Flughafen *m* airport, aerodrome
Flughafengebäude *npl* airport buildings
Flugplatz *m***[/kleiner]** airfield
Flugsand *m* drifting (shifting) sand
Flugstaub *m* fine (flue) dust *(in Feuerungen)*; airborne dust
Flugsteig *m* gate, exit
Flugzeugabstellfläche *f* ramp
Flugzeughalle *f* hangar
Fluidität *f* fluidity
Fluoreszenzfarbe *f* fluorescent (luminous) paint
Fluoreszenzpigmente *npl* fluorescent pigments
Fluorosilicat *n*, **Fluorosilikat** *n* fluosilicate, silicofluoride
Flur *m* 1. corridor; [entrance] hall; 2. *s.* Geschoß
~/öffentlicher public corridor
Flur *f* field, plain
Flurbalkenstütze *f* storey post
Flurbeleuchtung *f* corridor lighting
Flurbereinigung *f* replotting, reallocation
Flurgarderobe *f* coat rack, cloakroom
Fluß *m* 1. flow, flux; 2. river; stream
~/beständiger antecedent stream
~/plastischer plastic loss, creep
~/schiffbarer navigable river
flußabwärts downstream, downriver
Flußachse *f* stream centre line
flußaufwärts upstream, upriver
Flußauskolkung *f* stream scour
Flußbau *m* river engineering; river improvement
Flußbauarbeiten *fpl* river training work
Flußbauten *pl*, **Flußbauwerke** *npl* river [training] works, river training structure
Flußbecken *n* river basin
Flußbegradigung *f* rectification of river
Flußbett *m* river-bed, channel
~/künstliches artificial river-bed
~/natürliches natural river-bed
Flußbettauskleidung *f* stream-lining
Flußbettverlegung *f* shifting of the river
Flußbogen *m* river bend
Flußbrücke *f* bridge across a river
Flußdiagramm *n* flow chart, graph of flow
Flußenge *f* narrow
Flußhafen *m* river port
Flüssigbeton *m* fluid (sloppy) concrete; chuted concrete
Flüssigbitumen *n* liquid asphaltic material, road oil
~ mittlerer Viskosität medium-curing asphalt (cutback), MC asphalt
Flüssigkeitsabscheider *m* fluid (liquid), separator (interceptor) *(für Leichtflüssigkeiten)*
Flüssigkeitsbehälter *m* tank; cistern
flüssigkeitsdicht liquid-tight
Flüssigkeitsdruck *m* hydrostatic pressure
Flüssigkeitsförderung *f* displacement
Flüssigkomponentenverglasung *f* wet glazing
Flußkies *m* river (stream) gravel
Flußlauf *m* course of the river
Flußmittel *n* flux [addition], fluxing agent *(Schweißen)*
Flußmündung *f* river mouth; estuary *(den Gezeiten ausgesetzt)*
Flußmündungshafen *m* estuary harbour
Flußregulierung *f* correction (regulation) of a river, river control
Flußsand *m***/ scharfer** bank sand
Flußstahl *m* ingot (mild, low-carbon) steel *(0,15–0,25% C)*
Flußufer *n* river bank, *(Am)* bench
Flüstergewölbe *n* whispering gallery *(z. B. in der St.-Pauls-Kathedrale)*
Flutbecken *n* tidal basin
Flutbrecher *m* jetty head
Flutbrücke *f* flood (inundation) bridge
Flutgebiet *n* tidal land
Flutkanal *m* inundation canal
Flutlichtanlage *f* flootlighting equipment (installation)
Flutlichtbeleuchtung *f* floodlighting
Flutlinie *f* high-water mark
Flutöffnung *f* flood span, high water arch
Flutpegel *m* high tide mark
Flutrinne *f* storm channel
Flutschleuse *f* flood gate, tide gate (lock)
fluxen to flux *(Bitumen)*
Fluxmittel *n* flux [addition], flux [oil] *(z. B. für Bitumen)*
Folgekraftproblem *n* problem concerning follower forces
Folgeregelsystem *n* servo system *(Klimaanlage)*
Folie *f* [plastic] sheet; film *(dünn)*; foil *(Metall)*
Foliendehn[ungs]meßstreifen *m* foil strain gauge
Fondtapete *f* ground wall paper
Fontäne *f* fountain

Förderanlage *f* conveyor [equipment]; handling equipment (plant)
Förderband *n* belt conveyor, conveying (conveyor) belt
Förderbandgerüst *n* conveyor structure
Förderbrücke *f* conveying bridge
Fördereinrichtung *f* conveyor equipment; handling equipment
Förderer *m* conveyor
~/pneumatischer air lift
Fördergestell *n* elevator cage
Förderhöhe *f* 1. lifting (hoisting) height *(z. B. eines Krans)*; 2. *(Wsb)* delivery (pressure) head, pump[ing] head *(einer Pumpe)*
Förderkorb *m* elevator cage (car)
Fördermaschine *f* hauling plant; winding engine
Fördermenge *f* pumping capacity; pumping discharge (delivery), [pumping] displacement *(Pumpe)*
fördern 1. to convey, to transport; to hoist *(mit Hebevorrichtungen)*; 2. to deliver, to discharge *(Pumpe)*; 3. to haul *(natürliche Baustoffe)*
Förderplanierraupe *f* hauling plant
Förderschnecke *f* conveyor screw, screw conveyor
Förderstrecke *f* haulage drift *(Erdstoff)*
Förderturm *m* hoist tower, lift frame
Forderung *f (Stat)* requirement
Förderung *f* 1. conveying, transport; [materials] handling; 2. [pumping] delivery, discharge *(einer Pumpe)*
Förderzeuge *npl s.* Förderanlage
Form *f* 1. shape, form; figure *(Gestalt)*; 2. form work *(Schalung)*; 3. mould, *(Am)* mold *(Gießform)*; die; 4. design *(Konstruktion)*
~/bauliche structural shape
~/biegesteife rigid mould
~/gebrochene curb form
~/klassische classical form
~/konkave concavity
~ mit gebrochener Ecke curb form
~/verstellbare adjustable mould *(Gießform)*
Formänderung *f* deformation; strain; elongation *(Dehnung)*
~/axiale *(Stat)* axial deformation
~/bleibende permanent (irreversible) deformation *(Verformung)*
~/elastische elastic deformation
~/plastische plastic deformation
~/seitliche lateral deformation
Formänderungsarbeit *f* **[/äußere]** strain energy
Formänderungsbereich *m* region of deformation
~/plastischer plasticity range
Formänderungseigenschaft *f* deformation (deformating) property *(Baustoffe)*
Formänderungsgesetz *n* constitutive law
Formänderungskoeffizient *m* coefficient of deformation
Formänderungskurve *f* deformation curve
Formänderungsmodul *m* deformation modulus
Formänderungstheorie *f* theory of deformation
Formänderungsvermögen *n* deformation (plastic) workability
~ des Betons capacity of shape alteration of concrete
Formänderungswirkung *f* deforming action
Formänderungszahl *f* modulus of deformation
Formänderungszustand *m* deformation state; state of strain *(Dehnung)*
Formatleiste *f (Hb)* former strip
Formbeständigkeit *f* dimensional stability *(von Baustoffen)*
Formblech *n* profiled sheet iron
~/emailliertes enamelled profiled sheet iron
Formdachfenster *n* **aus Plastikglas** moulded plastic skylight
Formeisen *n* section iron *(Profileisen)*
formen 1. to form, to shape *(z. B. Gestein, Ton)*; to sculpture *(Bildhauerarbeit)*; 2. to mould *(durch Gießen)*; 3. to design *(skizzieren)*
~/den Ziegelstein to mould the brick
Formen *n* **der Fugen** tooling [of joints] *(mit Werkzeug)*
Formenbau *m* mould construction (making)
Formenfertigteil *n* cast [unit] *(Beton)*
Formenöl *n* mould-release agent *(Betonschalung)*
Formensiegelmasse *f* liquid-membrane curing compound *(Beton)*
Formensprache *f* architecture symbolism
Formenwiederholung *f* **in einer Ecke** reprise *(Mauerwerk)*
Formerei *f* moulding
Formfaktor *m* shape coefficient (factor) *(Windlast)*
Formfräsmaschine *f (Hb)* moulder
Formfuge *f* coped (scribed) joint
Formgebung *f* 1. shaping *(Gestein, Ton)*; figuring; boxing *(Betonschalung)*; pattern of deformation *(Bewehrung)*; 2. design *(Gestaltung)*
~/industrielle industrial design
Formgenauigkeit *f* accuracy of shape, geometrical accuracy
Formkachel *f* [hearth] trimmer, purpose-made tile, special [purpose] tile
Formkasten *m* moulding box
~/steigender rampant mould
Formkelle *f* circle trowel *(konkave oder konvexe Form)*
Formlehm *m* moulding clay
Formlehre *f* profile gauge; *(Hb)* form gauge
Formleiste *f***/konkave** coving
Formling *m* moulding
Formmasse *f* moulding batch (compound)
Formnegativ *n* mould pattern
Formpressen *n* [compression] moulding
Formpreßholz *n* moulded plywood, plyplastic
Formpreßziegel *m* sticky-mud brick
Formschluß *m* solid pairing

formschön well-shaped, esthetically pleasing
Formspachtel *m(f)* paddle
Formstahl *m* section[al] steel, shaped steel, [steel] sections
~/schwerer heavy [steel] sections
Formstahlbewehrung *f* section steel reinforcement
Formstein *m* standard special block, shaped brick (stone)
Formstück shaped (formed) product; making-up piece *(an Maschinen)*; fitting *(Rohr)*; specimen *(Probe) (s. a.* Formteil*)*
Formteil *n* shaped (formed) part; moulding, moulded part *(gegossen)*
~/konvexes *(Arch)* fusarole *(an Säulenkapitälen)*
Formton *m* moulding clay
Formtrennwand *f* bulkhead *(Betonform)*
Formung *f* forming, shaping; modelling
Formveränderung *f s.* Formänderung
Formverband *m***/ diagonalzentrischer** heart bond
Formwerk *n***/ eingearbeitetes** flush moulding
Formziegel[stein] *m* moulded (shaped) brick, standard special brick, purpose-made brick; facing brick
Formzuganker *m* form tie
Forschungsinstitut *n* research station (institute)
Forsthütte *f* lodge
Fort *n* fort
Fortleitungsfaktor *m* carry-over factor *(Momentenausgleich)*
Fortluft *f* outgoing (exit) air
Forum *n* forum *(Marktplatz im alten Rom)*
Foyer *n* foyer *(Theater)*; entrance hall *(im Hotel)*; antechamber *(Vorzimmer)*; prodomos *(im römischen Haus)*
Frachtgebäude *n* cargo block, cargo handling building
Frachtumschlagplatz *m* freight platform
Fraktion *f* size fraction (range)
Fraktionierturm *m* bubble (fractionating) tower
Franki-Pfahl *m* Franki pile
Fräsarbeit *f* milling [work]
Fräsbohrer *m* router
fräsen to mill, to cut *(Metall)*; to shape *(Holz)*
Fräsenmischung *f* mix-in-place *(Bodenstabilisierung)*
Fräsmaschine *f* milling machine, miller *(für Metall)*; shaper *(für Holz)*
Fräsmischung *f* mix-in-place *(Bodenstabilisierung)*
Frauengemach *n* bower *(einer Burg)*
Frauenhutwalmziegel *m* bonnet [hip] tile
Frauenumkleideraum *m* ladies' (women's) changing room
freiaufliegend freely (simply) supported
Freibad *n* [open-air] swimming pool, outdoor bath
Freibalkon *m* exterior balcony
Freibau *m*, **Freibauten** *pl s.* Freiluftbau
Freibiegeversuch *m* free bend test *(Schweißnaht)*
Freifallmischer *m* gravity mixer, tumbler [mixer], rotating (rotary-drum) mixer
~ mit Gegenlaufentleerung reversing-drum mixer
Freifallramme *f* free-drop ram
Freifläche *f* 1. free space, open site (field) *(noch unbebaut)*; 2. open-air space *(z. B. auf Ausstellungsgelände)*; *(Am)* concourse
~ in Parkanlagen *(Am)* concourse
~/öffentliche public space
Freiflächenplanung *f* landscaping, landscape architecture (design) *(s. a.* Landschaftsplanung*)*
freigeben/für den Verkehr to open to traffic
Freihandskizze *f* hand sketch, free-hand[ed] drawing
Freihandskizzierung *f* hand sketching, free-hand[ed] drawing
Freiheitsgrad *m* degree of freedom
Freilagerfläche *f*, **Freilagerplatz** *m* open storage ground
Freilagerung *f* outdoor storage
Freilänge *f* unsupported length
Freilaufstall *m* loose-housing shed
freilegen 1. to lay bare, to expose; 2. *s.* freiräumen
freiräumen to clear *(z. B. eine Baustelle)*
Freileitung *f (El)* aerial (overhead) long distance line, open-wire line
Freileitungshausanschluß *m (El)* drop wire
Freiluftbau *m* open-air plant, outdoor-type plant
Freiluftbauwerk *n* open-air structure
Freimachen *n* clearing *(einer Baustelle)*
Freipfeiler *m* pillar
Freispann- und Kragsystem *n* free-span and cantilever system *(Brückenbau)*
freistehend 1. free-standing *(z. B. Säulen)*; detached *(nicht angebaut)*; 2. isolated; 3. vacant, empty *(z. B. Wohnungen)*; 4. exposed positioned (situated) *(Gebäude im Gelände)*
Freistockwerk *n* open floor (storey)
Freistütze *f* isolated support
freitragend self-supporting, cantilever[ed] *(Träger)*; overhanging, overhung
~/voll full-cantilever
Freiträger *m* cantilever [beam], corbel beam, semibeam
Freiträger-Methode *f* cantilever method *(Brückenbau)*
Freitreppe *f* flight of stairs, fliers, [flight of] front stairs, terrace of front steps
Freitreppenanlage *f***/ große** perron
Freivorbau *m* [free-]cantilevered construction, cantilever construction, free-span and cantilever system, erection without scaffolding *(Brückenbau)*
Freivorbausystem *n s.* Freivorbau
Freiwange *f* face string, finish [stair] string, *(Am)* face stringer *(Treppenwange)*
Freizeitraum *m* recreation room; game room
Freizeitzentrum *n* leisure (recreation) centre
Fremdbelüftung *f* separate ventilation
Fremdenheim *n* guest house; boarding-house
Fremdenzimmer *n* guestroom

Fremdfüllmaterial *n* import fill *(von einer Seitenentnahme)*
Fremdgegendruck *m* superimposed back pressure
Fremdkörper *m* inclusion *(Einschluß)*; foreign matter
Freske *f* fresco, wall picture
Freskenmalerei *f* 1. fresco, mural painting; fresco-painting; 2. [fresco] secco; 3. *s.* Freske
Fresko *n s.* Freske
fressen 1. to fret, to eat [away], to corrode; 2. *s.* festfressen/sich
Frettsäge *f* fretsaw, keyhole saw
Friedhof *m* cemetery, graveyard
Fries *m* frieze; string-course
~/normannischer nebulé (nebuly) moulding *(kurvenförmiges Ornament)*
Friesbrett *n (Hb)* frame board
Friesschaft *m* shank
Frischbeton *m* fresh (green, wet) concrete, fresh mixture of concrete; ready-mix[ed] concrete, concrete mix, mixed batch [of concrete] *(Transportbeton)*
Frischbetonansatz *m* cold joint *(an erhärtetem Beton)*
Frischbetonmischung *f* wet batch
Frischbetonreißen *n* plastic cracking of concrete
Frischbetonrohdichte *f* fresh concrete density
Frischbetonwassergehalt *m*/ **spezifischer** unit water content of concrete
Frischbetonwerk *n* ready-mix plant, concrete batching plant
Frischdampf *m* live steam
Frischluft *f* fresh air; inlet air
Frischluftanlage *f* air supply system
Frischluftkanal *m* fresh-air inlet (intake)
Frischluftsystem *n* air supply system
Frischluftzufuhr *f* induction *(Klimaanlage)*
Frischmörtel *m* green mortar
Front *f* front, frontage, front face *(Vorderseite)*; façade
Frontalebene *f* frontal plane
Frontansicht *f* front view
Frontispiz *n (Arch)* frontispiece *(Giebeldreieck über einem Mittelrisalit)*
Frontlader *m* front-end loader, loading shovel *(Baumaschine)*
Frontmauer *f* front (façade) wall
Fronton *m (Arch)* fronton, pediment *(Ziergiebel)*
Frontplatte *f* face plate
Fronträumer *m* [bull]dozer, tractor dozer
Frontsäule *f* front column
frontsäulig *(Arch)* prostyle
Frontschaufellader *m s.* Frontlader
Frontschürze *f*, **Frontschürzenblech** *n* apron flashing *(am Schornstein)*
Frosch *m s.* Froschramme
Froschmaul *n (Arch)* semicircular dormer-window *(Gaubenfenster)*
Froschramme *f* jumping (leaping) frog, detonating rammer
Frostabblätterung *f* frost scaling
Frostangriff *f* frost attack
Frostaufbruch *m* frost heave (boil), boil hole *(Baugrund, Straße)*
frostbeständig frost-proof, frost-resistant *(Material)*
Frostbeständigkeit *f* frost resistance, cold-resisting property
Frostbeule *f* frost boil *(Beton)*
Frostboden *m* 1. frozen earth (ground); 2. nival soil
Frosteindringtiefe *f* frost penetration depth *(im Boden)*
Frosteinfluß *m* frost action (effect)
Frosteinwirkung *f* action of frost
Frostgrenze *f* frost line *(im Boden)*
Frosthebung *f s.* Frostaufbruch
Frostriß *m* frost crack,
Frostschadstelle *f* frost boil *(Beton)*
Frostschutzmittel *n* antifreeze [agent]
Frostschutzschicht *f* frost blanket (layer), subbase *(Straße)*
frostsicher frost-proof
Frostspalte *f* frost crack
Frostsprengung *f* frost weathering (splitting) *(von Material)*
Frost-Tau-Prüfung *f*, **Frost-Tau-Versuch** m freezing and thawing test,freeze-thaw-cycling [test]
Frost-Tau-Wechsel *m* freeze-thaw-cycling
Frost-Tau-Wechselprüfung *f s.* Frost-Tau-Prüfung
Frost-Tau-Wirkung *f* frost effect, freeze-thaw effect
Frosttiefe *f* frost line (level)
Frostverwitterung *f* frost weathering
Frostzone *f* zone of freezing
Fruchtschnur *f* festoon *(Ornament)*
Frühbarock *n*/ **deutsches** early German baroque
Früherstarrung *f* false (plaster, rubber) set, early stiffening *(von Beton)*
Frühfestigkeit *f* early strength *(z. B. von Beton)*
Frühgotik *f* early Gothic
Frühholz *n* early wood
Frührenaissance *f* early Renaissance
frühromanisch early-Roman
Frühstückseßecke *f*, **Frühstücksnische** *f* breakfast nook
Frühstücksraum *m* breakfast (morning) room
Frühverbund *m* initial bond *(Spannbeton)*
Fuchs *m* [smoke] flue *(Rauchkanal)*
Fuchsauskleidung *f* flue lining
Fuchsbrücke *f* flue bridge
Fuchsende *n* flue end *(des Ofens)*
Fuchskanal *m* uptake, main flue
Fuchsschwanz *m* pad saw, handsaw, tenon (mitre) saw
Fuchsschwanzsäge *f s.* Fuchsschwanz
Fuchsverlust *m* flue loss
Fuder *n* cart-load

Fuge *f* 1. joint *(Stoßfuge)*; gain, rabbet [joint] *(Holz)*; seam *(Naht)*; 2. interstice *(Spalt)*; gap; 3. weld[ing] groove • **~ auf Fuge** straight joint *(Mauerwerk)*
~/ausgehungerte starved joint
~/ausgekratzte raked (stripped) joint *(Mauerwerk)*
~/bündige flush joint
~/eingerüttelte vibrated joint *(Straße)*
~/eingesägte sawed joint *(Beton)*
~/gefalzte interlocking joint
~/gefederte tongue-and-groove joint, plough-and-tongue joint, spline joint, slip-tongue joint *(Holz)*
~/gekrümmte coopered joint *(Faßfuge)*
~/gepreßte squeezed joint
~/geschobene shoved (push) joint *(Mörtel wird vom Bett mit dem Ziegel in die senkrechte Fuge geschoben)*
~/gestoßene *s.* ~/geschobene
~/glatte *(Hb)* straight joint
~/haarfeine hair joint
~/harte gap-filled joint
~/hohlrunde concave joint
~/in der Anordnung versetzte staggered joint
~/konzentrische concentrical joint
~/leicht hervorstehende bastard [tuck] pointing *(Mauerwerk)*
~/mörtellose dry joint
~/offene hollow (open) joint; drained joint *(Tafelbau-weise)*
~/rechtwinklige square joint
~/schiefwinklige oblique joint
~/sichtbare face joint
~/stumpfwinklige obtuse angular joint
~/tiefliegende stripped joint
~/überlappte covered joint
~/unsichtbare blind (bastard) joint
~/verankerte interlocking joint
~/verdeckte secret joint
~/verschmierte slushed joint
~/versenkte hollow joint
~/versetzte filled-up joint
~/vertiefte recessed (rustic) joint
~/verzahnte slip joint *(Mauerwerksverbindung)*
~/zurechtgehauene tooled joint
fugen *s.* ausfugen
fügen to join, to mate *(Passung)*; to rabbet, to scarf
Fugen *fpl* **/ versetzte** staggered (broken) joints
Fugenabdeckblech *n* cover flashing
Fugenanstrich *m* pencil[l]ing of joints *(Mauerwerk)*
Fugenaufreißer *m* joint raker
Fugenausbildung *f (Erdb)* joint finishing, tooling of joints
Fugenband *n* expansion strip, insulating (sealing) strip, waterstop; prefabricated joint filler *(vorgefertigtes)*
~/vorgeformtes preformed [joint] sealant
Fugenbeton *m* joint concrete
Fugenbewehrung *f* tie bar (rod)
Fugendeckblech *n* apron flashing
Fugendeckleiste *f* architrave *(Tür, Fenster)*; overlapping (wraparound) astragal; profile border
~/äußere weather strip
Fugendeckleisten *fpl* lacing
Fugendeckstreifen *m* splat
fugendicht joint-tight
Fugendichten *n* joint filling
Fugendichtmasse *f* jointing compound
Fugendichtstoff *m* jointing material
Fugendichtung *f* 1. grout jointing; 2. water stop *(Material)*
~/vorgefertigte preformed [joint] sealant
Fugendichtungsausfließen *n* sagging of jointing material
Fugendichtungsmasse *f* jointing compound
Fugendübel *m* joint dowel
Fugeneinlage *f* joint lining (sealing strip), jointing strip, premoulder filler
Fugeneisen *n* jointing iron, iron for making joints
Fugenfüllelemente *npl* **/ vorgefertigte** prefabricated joint filler
Fugenfüllen *n* **mit Steinscherben** pinning-in [of joints]
~ mit Steinsplittern galleting, *(Am)* garretting
Fugenfüllkitt *m* gap filling adhesive (glue)
Fugenfüllmaschine *f (Verk)* joint sealing machine
Fugenfüllpatrone *f* **/ flexible** caulking cartridge
Fugenfüllpistole *f* caulking gun; pressure gun
Fugenfüllspritze *f* caulking cartridge
Fugenfüllstreifen *m* joint filler strip
Fugenfüllung *f* jointing
fugenhobeln to gouge
Fugenkelle *f* filling trowel, tuck cement pointer, sword; sett feeder (jointer)
Fugenkitt *m* 1. joint cement; 2. *s.* Fugenvergußmasse
Fugenleiste *f* cover fillet (moulding); stripping piece *(Schalung)*
fugenlos jointless
Fugenlöt[material]begrenzer *m* stop-off
Fugenmasse *f* joint sealer, jointing compound
Fugenmaterial *n* jointing material
Fugenmörtel *m* joint mortar, pointing [mortar]
Fugennase *f* **/ verdeckte** secret joggle *(Stein)*
Fugenperlstab *m* rabbet bead
Fugenprofilleiste *f* panel divider *(für Verkleidungen)*
Fugenreinigen *n* raking out [of joints]
Fugenreißer *m* joint raker
Fugenriß *m* gap of a joint
Fugenrolle *f* roller for joints
Fugensäge *f* concrete saw; *(Verk)* pavement saw
Fugensäubern *n* **und Neuverfugen** *n* pointing
Fugenschneider *m (Verk)* joint cutter, pavement saw
Fugenschnitt *m* stereotomy *(in Stein)*
~/englischer English style of bed joints

Fugenschutzklebestreifen *m* taping strip *(Betonfugen)*
Fugenstreifen *m* joint sealing strip, jointing strip, premoulder filler
Fugentoleranz *f* joint allowance
Fugenüberbrückungsbewehrung *f* scrim
Fugenüberdeckung *f* joint cover[ing]
Fugenverfüllen *n* joint filling, jointing
Fugenvergießen *n* **mit Messing/langsames** step brazing
Fugenverguß *m* joint pouring; joint sealing
Fugenvergußmaschine *f (Verk)* joint sealing machine
Fugenvergußmasse *f* joint filling compound; *(Verk)* asphalt (bituminous) joint filler, bituminous grout; paving joint sealer
Fugenverkleidung *f* architrave *(über Tür und Fenster)*
Fugenversiegeln *n* joint sealing
Fugenversiegelungsmasse *f* caulking compound
Fugenverstopfen *n* pinning-in of joints
Fugenverstreichmasse *f* pointing compound
Fugenverstrich *m* pointing
Fugenweißen *n* pencil[l]ing *(Mauerwerk)*
Fugenwinkel *m* 1. angle of joints; 2. groove angle *(Schweißnaht)*
Fugenzement *m* white joint mortar
Fühler *m* sensing element, sensor
führen to drive, to operate *(Kran)*; to carry *(transportieren)*; to run, to lead, to conduct *(Leitung)*
Führerhaus *n* [operator's] cabin
Führung *f* guide, guidance; slide *(Schiene)*; *(Am)* regle *(Nut)*
Führungsbahn *f* [guide] track, slideway
Führungsblech *n*/ **senkrechtes** vertical side plate
Führungsdielenbrett *n* key [board]
Führungsfase *f* margin
Führungskraft *f* reactive force, reaction of constraints
Führungsleiste *f* guide fillet; gib; back lining (boxing, jamb) *(Schiebefenster)*
~ **aus Bronze** bronze guide
Führungsmast *m* guide mast
Führungsmauerwerk *n* lead masonry
Führungsnut *f (Am)* regle *(Tür, Fenster)*
Führungsschaft *m* guide
Führungsschiene *f* track, guide bar, [guide] rail *(für Türanlage)*; guard bead
~/seitliche side track
Führungsstange *f* guide rod, sliding bar
Führungszapfen *m* guide *(Maschine)*; pilot; spigot *(Einpaßzapfen)*
Füllbeton *m* backfill concrete; infilling concrete
Füllboden *m* fill
Füllbrett *n* panel board
Fülldruck *m* prepressure
Fülleiste *f* stripping piece *(Schalung)*
füllen 1. to fill; to load, to feed, to charge *(z. B. einen Mischer)*; to crowd *(vollstopfen)*; 2. to fill, to load *(mit Füllstoff versetzen)*
Füller *m* filling [material] *(Ausfüllen, Auffüllen)*; fines *(für Beton)*; filler *(Asphaltbeton)*; mineral (granular) dust *(Zuschlagstoff)*; badigeon *(Füllmaterial für Löcher)*
~/mineralischer mineral filler
Fullererde *f* fuller's earth *(Tonart)*
Fullerkurve *f*, **Fullerlinie** *f* Fuller's curve (parabola) *(Sieblinie für Zuschlagstoffe)*
Füllern *n* filling *(von Bitumen, Farbe)*
Füllerplatte *f* filler plate
Füllhöhe *f* fill[ing] height, filling level, innage
Füllhöhenmesser *m s.* Füllstandsanzeiger
Füllholz *n* packing piece, filler, filling
Füllholzbalkenstück *n* filling-in piece
Füllkasten *m* hopper *(Beton)*
Füllkitt *m* stopper, stopping compound
Füllkorn *n* fill[ing] grain[s]
Füllkörper *m* filler block *(Stahlbeton)*; hollow block (tile), [in]filler block *(Decke)*
Füllkörperdecke *f* filler concrete slab, hollow-tile floor [slab]
Füllmasse *f* joint filling compound *(für Fugen)*; filling compound *(zum Schweißen)*
~/abbindende insulating cement
Füllmassen *fpl (Erdb)* borrow [material]
Füllmaterial *n* 1. load, feed [material], charge *(z. B. eines Mischers)*; 2. *s.* Füllmassen; 3. filling material, fill
Füllmauer *f* coffer-wall; rubble walling
Füllmauerstein *m* internal-quality block
Füllmauerwerk *n* filling-in work; hearting *(Inneres der Mauer)*
Füllmauerziegel *m* internal-quality brick
Füllmenge *f* unmixed batch capacity *(Betonmischer)*
Füllmittel *n* extender *(Farbe)*
Füllmittel *npl* runnings
Füllmörtel *m* lean[-mixed] mortar
Füllmörtelbeton *m (Am)* pierrotage *(regional verwendet)*
Füllschicht *f* back-up
Füllsplitt *m* intermediate stone (aggregate), fill[ing] chip[ping]s *(als Zuschlagstoff)*; choke stone *(Packlage)*
Füllstab *m* web member *(eines Fachwerks)*
Füllstandsanzeiger *m*, **Füllstandsmesser** *m* level indicator (meter)
Füllstein *m* filling brick; sneck *(Bruchsteinmauerwerk)*
Füllsteindecke *f* soffit block floor
Füllsteine *mpl* spalls
Füllstoff *m* filler, filling (loading) material; chock *(Steine) (s. a.* Füllmaterial*)*
~/mineralischer mineral filler
Füllstück *n (Am)* expletive *(Stein zum Ausfüllen einer Vertiefung im Mauerwerk)*

Fülltrichter *m* feeding hopper
Füllung *f* 1. filling *(Vorgang)*; charging *(z. B. eines Mischers)*; 2. filling *(einer Mauer)*; packing; charge *(eines Mischers) (s. a.* Füllstoff*)*; 3. *(Hb)* panel *(Tür)*
~/eingespülte hydraulic fill
~/zurückgesetzte *(Hb)* sunk panel
Füllungshalteleiste *f***/ innere** interior (inner) casing, inside casing (lining) *(Tür)*
Füllungsstab *m* bar, rod, web member *(Träger)*
Füllungsstäbe *mpl* stays
Füllungsstück *n s.* Füllungssystem
Füllungssystem *n* bracing system, cradling
Füllungstafel *f* filler panel *(Ausfachung)*
Füllungstür *f* panel framed door
Füllvolumen *n* filling volume; feeding (charging) volume
Füllwand *f* panel wall
Füllwände *fpl* panel infillings to framed structure *(Skelettbau)*
Füllzellenmauer *f* diamicton
Füllzierleiste *f (Am)* reglet *(Holz)*
Fundament *n* foundation, fdn, footing; base *(Untergrund)*; underbase *(Gründungsplatte)*; pinning *(zum Unterfangen von Mauerwerk)*; *(Arch)* socle *(hervorstehender Sockel einer Säule)*; basement *(Gründungsmauer, Säule) (s. a. unter* Gründung*)*
~/abgetrepptes step[ped] footing
~/kreuzweise bewehrtes two-way-reinforced footing
~ mit abgeschrägter Seiten- oder Oberfläche sloped footing
~/schwimmendes buoyant foundation
~/übergroßes mass foundation
~/verfülltes sunk foundation
Fundamentabsatz *m* step (base) of a foundation, footing form
Fundamentauflagehöhe *f* formation level, level (depth) of foundation
Fundamentaushub *m* foundation excavation
Fundamentauskragung *f* foundation toe
Fundamentaußenlinie *f* outside foundation line
Fundamentbankett *n* foundation toe
Fundamentblock *m* foundation block
~/isolierter inertia block *(für Maschinen und Ausrüstungen)*
Fundamentbohrmaschine *f* caisson drill
Fundamentbolzen *m* foundation holding[-down] bolt, plate bolt
Fundamentdrän *m* foundation drain
Fundamentdränageleitung *f* foundation drainage tile *(Rohr)*
Fundamentfläche *f* foundation area
Fundamentgewölbe *n* inverted arch [foundation], inflected arch, countervault [foundation]
Fundamentgraben *m* foundation trench
Fundamentgrube *f* foundation pit
fundamentieren *s.* gründen
Fundamentkante *f* **mit höchster Bodenpressung** pressed edge foundation
Fundamentkantenlinie *f* outside foundation line
Fundamentkonstruktion *f* substructure
Fundamentmauer *f* foundation (ground) wall
Fundamentmauerwerkslage *f* footing course
Fundamentplan *m* foundation plan
Fundamentplatte *f* foundation slab (plate); base slab (plate); [foundation] raft *(Plattengründung)*; subbase, bottom plate
~/über die Mauern hinausgehende enlarged foundation slab
~/verbundene combined footing *(für mehrere Stützen)*
Fundamentrost *m* grillage, grillage footing (foundation), grating, platform footing, [foundation] mat
Fundamentschaftaushub *m* belled excavation
Fundamentschicht *f* foundation (base) course
Fundamentschraube *f* foundation bolt, holding[-down] bolt; lag screw (bolt) *(mit quadratischem Kopf)*; rag bolt
Fundamentschwingung *f* vibration of a foundation
Fundamentsims *m(n)* reprise
Fundamentsockel *m* foundation base
Fundamentsohle *f* base of foundation, foundation level, final grade
~/verbreiterte cantilever footing
Fundamentstein *m* corner stone *(Eckstein)*; footing piece *(Dach)*
Fundamentstreifen *m* strip footing (foundation)
Fundamenttiefe *f* foundation (foot) depth
Fundamentträger *m* foundation girder, foundation (grade) beam
Fundamentuntergrund *m* natural foundation
Fundamentzeichnung *f* foundation plan
fundieren *s.* gründen
Fundierung *f s.* Gründung
Fünfblatt *n (Arch)* cinquefoil *(gotisches Maßwerk)*
fünfblattförmig cinquefoil
Fünfblattmuster *n* cinquefoil
Fünfecksternmotiv *n* pentacle *(Gotik)*
fünfelementig *(Arch)* quincunx *(Anordnung mit einem Mittelelement und vier umgebenden Gestaltungselementen)*
Fünfzentrenbogen *m* five-centered arch
Fungizid *n* fungicide
Fungizidanstrich *m* fungicidal paint
Funkenfang *m* spark arrester (catcher) *(Schornstein)*
Funkenflugschutznetz *n* bonnet
Funkenschutzgitter *n* spark arrester (catcher) *(Schornstein)*
Funksprechverkehr *m* radio telephony
Funktionalbelastung *f* imposed load
funktionieren to work, to operate, to run
Funktionsbereich *m* zone of function
Funktionsüberlagerung *f* mixed development *(Städtebau)*

Funkturm *m* radio tower
Funkverkehr *m* radio communication; radio telephony
Furche *f* furrow, groove; stria
furchen to ridge *(Holz)*; to riffle; to plough
Furnier *n* veneer, *(Am)* flitch
~ **aus Baumauswachsungen** burl
~ **für Rückseiten** back veneer
~**/gabelförmig gemustertes** feather crotch
~**/gemasertes** figured veneer
~ **mit abwechselnd hellen und dunklen Streifen** ribbon-stripe veneer
~ **mit rechten Jahresringen zur Schnittfläche** quarter-cut veneer
Furnieranker *m* veneer tie *(Wand)*
Furnierarbeiten *fpl* veneering work
Furnierausbesserung *f* veneer patching
Furnieraußenseite *f* tight side [of veneer]
Furnierblatt *n* lamina, [sheet of] veneer
Furnierdurchbruch *m* open defect of veneer
furnieren to veneer; to inlay
Furnieren *n* veneering
~**/symmetrisches** book matching
Furnierfärbung *f* bleed-through, strike-through *(durch durchdrückenden Tischlerleim)*
~**/abgehobene** veneer blister
Furnierfügen *n* edge jointing of veneer
Furnierhalter *m* veneer tie *(Wand)*
Furnierkreissäge *f* segment saw
Furnierplatte *f* ply[wood], plywood assembly, veneer panel
~**/dreilagige** three-ply
Furnierrundschneiden *n* rotary [veneer] cutting
Furniersäge *f* veneering (slitting) saw
Furnierschaustück *n* swatch
Furnierseite *f* **in Richtung Stammitte** slack side
Furniersteinmauerwerk *n* **mit durchgehender horizontaler Fuge** coursed veneer [masonry]
Furniertafeln *fpl* flitch
Furniertür *f* veneered door
Furnierunterseite *f* key [of plywood]
Furnierverarbeitung *f* veneering
Furnierverleimung *f* lay-up [of veneer] *(zu Sperrholz)*
Furt *f* ford[ing]
Fuß *m* 1. toe, foot *(Böschung, Stützmauer, Damm)*; 2. base [plate] *(z. B. einer Säule)*; eaves *(eines Daches)*; 3. bottom *(Unterteil)*; 4. foot *(SI-fremde Einheit der Länge; 1 ft = 30,48 cm)*
Fußabtreter *m* doormat
Fußauflageflansch *m* toe
Fußausbildung *f* base attachment *(einer Säule)*
Fußbalken *m* ground beam, [foot] plate; sole plate (piece), ground sill (plate); footpiece, sleeper *(Holzbalken als Unterlage für eine Stütze)*
~ **der Dachsparren** eaves plate
Fußbalkenauflagerinne *f* eaves channel
Fußbalkenlager *n* barge (rafter) couple *(eines Giebeldachs)*
Fußbalkensicherungsbolzen *m* plate bolt
Fußband *n* strut
Fußblech *n* edging strip, toeplate *(Tür)*
Fußboden *m* 1. floor; 2. *s.* Fußbodenbelag • **Fußböden legen** to put in floors
~**/beheizter** heated (heating) floor
~**/erhöhter** platform
~**/fugenloser** jointless floor[ing]; seamless floor[ing]
~**/gedielter** boarded floor; planch
~**/gefalzter** rebated floor
~**/geteilter** sectile opus (floor) *(z. B. aus Marmor)*
~ **rings um einen Kamin/feuerfester** hearth *(z. B. aus Ziegeln oder Zement)*
~**/treppenförmiger** stepped floor *(Theater, Hörsaal)*
Fußbodenabdeckschicht *f* finish flooring, drop cloth *(z. B. während Malerarbeiten)*
Fußbodenabschluß *m* finish[ed] floor
Fußbodenabsiegeler *m* floor sealer
Fußbodenabstandsleisten *fpl* floor furring
Fußbodenabstreichvertiefung *f* mat well (sink)
Fußbodenankerplatte *f* floor plate
Fußbodenarbeiten *fpl* floor[ing] work
Fußbodenauflagerahmen *m* [floor] ground frame
Fußbodenaussparung *f* floor pit
Fußbodenbalken *m* floor beam, sleeper
Fußbodenbalkenlage *f* floor framing, naked flooring *(sichtbare)*
Fußbodenbelag *m* flooring, floor finish, planching, floor decking (topping); floor surfacing (covering) *(textil)*; deck *(Platte)*; walked-on finish
~**/ableitfähiger** conductive flooring
~**/elastischer** resilient flooring
~**/elektrostatisch neutraler** conductive flooring
~**/fugenloser** seamless floor[ing]
~**/geteilter** *s.* Fußboden/geteilter
~**/textiler** floor covering (surfacing)
~**/wechselbarer** raised (access) flooring system
Fußbodenbelaggrundgewebe *n* stuffers
Fußbodenbelagunterlage *f* underlayment [for floor covering]
Fußbodenbelüftung *f* floor ventilation
Fußbodenbrett *n* floor board
Fußbodendeckschicht *f* finish floor[ing]; finished floor
Fußbodendiele *f* plancier
Fußbodendielung *f* wood flooring, floor boarding; planking
Fußbodeneinlauf *m* floor drain
Fußbodenentlüftungsleiste *f* ventilating skirting board
Fußbodenestrich *m*/ **fugenloser** composition flooring
Fußbodenfliese *f* floor[ing] tile, paving tile, paver [tile]
~**/griffige** antislip tile
~**/unglasierte** clay tile
~**/unprofilierte** plain floor tile
Fußbodenformplatte *f* **aus Preßkork** cork tile

Fußbodenheizung *f* [under]floor heating, screed heating
Fußbodenherstellung *f* flooring, planching
Fußbodenhöhenmarkierung *f* floor line
Fußbodenkabelschacht *m* / **abgedeckter** covered floor[ing] cable duct
Fußbodenkachel *f* floor[ing] tile; floor brick
~/geriffelte ship-and-galley tile
Fußbodenkantenheizung *f* baseboard heater (heating)
Fußbodenkehlfliese *f* congé
Fußbodenkitt *m* putty for wooden flooring
Fußbodenklinker *m* floor brick
Fußbodenkonstruktion *f* / **austauschbare** raised (access) flooring system
Fußbodenkontakt *m (El)* floor contact
Fußbodenleiste *f s.* Fußleiste 1.
Fußbodenluftheizung *f* / **römische** hypocaust
Fußbodenmaterial *n* flooring [material], planching
Fußbodenmuster *n* / **ungewöhnliches** novelty flooring
Fußbodenöffnung *f* floor hole *(zur Installation)*
Fußbodenplatte *f* floor tile; quarry tile, promenade tile, flagging *(für Gehwege)*
~/ebene plain floor tile
~/geriffelte grooved tile
~/gleitsichere antislip tile, ship-and-galley tile
~/nichtunterkellerte slab on grade *(Beton)*
~/profilierte patterned floor covering tile *(Fliese)*
~/rutschsichere *s.* ~/gleitsichere
Fußbodenplattenbelag *m* floor paving *(Fliesenbelag)*
Fußbodenprofilfliese *f* patterned floor covering tile
Fußbodenradiator *m* / **flacher niedriger** baseboard radiator [unit]
Fußbodenschallisolation *f* [floor] pugging *(durch Einschütten von Dämmstoffen jeder Art)*; sound insulation (absorbtion) of floor
Fußbodenschalter *m (El)* floor contactor
Fußbodenschleifmaschine *f* floor sander
Fußbodensteckdose *f (El)* floor socket (plug connector, receptacle), *(Am)* floor box
Fußbodenstützholz *n* / **senkrechtes** *(Am)* ligger
Fußbodentrageskelett *n* floor skeleton
Fußboden-Tür-Höhe *f* floor clearance
Fußboden- und Deckentürangel *f* vertical spring-pivot hinge
Fußbodenunterlage *f* rough floor
Fußbodenunterlagsmaterial *n* rough flooring [material]
Fußbodenwandschutzkante *f s.* Fußleiste 1.
Fußbrett *n* guard board
Fußeinfassung *f* end fixing *(Säulen)*
Fußeinspannung *f* end restraint *(Säulen)*
Fußgängerabsperrung *f* pedestrian barrier
Fußgängerbereich *m s.* Fußgängerzone
Fußgängerbrücke *f* pedestrian bridge, footbridge
Fußgängerdeck *n*, **Fußgängerebene** *f* pedestrian deck
Fußgängerinsel *s.* Fußgängerschutzinsel
Fußgängerplattform *f* moving ramp
Fußgängerschutzinsel *f* pedestrian [refuge] island, [street] refuge
Fußgängerstraße *f* pedestrian mall
Fußgängertunnel *m* pedestrian subway
Fußgängerüberweg *m* pedestrian crossing (overpath), zebra crossing, cross-walk
~/niveaugleicher pedestrian crossing [at road level]
Fußgängerunterführung *f* pedestrian subway, *(Am)* pedestrian underpass
Fußgängerverkehrsschutzinsel *f s.* Fußgängerschutzinsel
Fußgängerweg *m* pedestrian way, pathway; footway, foot path *(abseits jeder Straße)*
Fußgängerzone *f* pedestrian zone (precinct), *(Am)* mall
Fußgelenk *n* ball-and-socket footing *(Rahmen, Stütze)*
Fußhalterung *f* **für runde Stahlsäulen** cup base
Fußhebelblechschere *f* lever shears
Fußholz *n* ground beam; foot (pole) plate *(einer Dachkonstruktion)*; sole piece (plate) *(für Stützen)*; ground sill, sole (ground) plate *(Unterlagen für Holzrahmentragwerk)*; shoe moulding (rail), shoe *(Geländer)*; bottom rail *(Tür, Fenster)*
fußkalt cold underfoot *(Wohnung)*
Fußkantholz *n* heel
Fußlage *f* ground course *(eines Mauerwerks)*; eaves course *(Schindelfußlage)*
Fußlager *n* step bearing *(Treppe)*
Fußleiste *f* 1. baseboard, scrub board, skirt[ing board], *(Am)* base *(Fußboden)*; sanitary cove *(gerundet)*; 2. kick plate *(Geländer)*; 3. plinth *(Unterteil einer Säule)*; 4. toeboard *(Randbrett eines Baugerüsts)*
~/abgeschrägte splayed baseboard
Fußleisteneckholz *n* skirting block
Fußleistenheizung *f* skirting [board] heating
Fußmauer *f* toe wall
Fußpfette *f (Hb)* inferior purlin, wall (head) plate, eaves purlin
Fußplatte *f (Hb)* sole plate, bed-plate
Fußpunkt *m* **des Uferschutzes** bottom of the bank protection
Fußrohrkrümmer *m* duckfoot bend
Fußschalbrett *n* starting board
Fußschiene *f* shoe moulding (rail), shoe *(Geländer)*
Fußschlagblech *n* toeplate *(Tür)*
Fußsockel *m (Arch)* stylobate *(Säule)*
Fußsparrenträger *m* eaves plate
Fußstein *m* **eines Ringgewölbes** label stop
Fußstück *n* toe
Fußstückverbreiterung *f* toe widening
Fuß- und Kopfprofileisen *n* top-and-bottom cap *(Metalltür)*
fußwarm warm underfoot *(Wohnung)*

Fußwaschbecken *n* foot-bath
Fußweg *m* [foot-]path, footway *(abseits jeder Straße)*; pavement, *(Am)* sidewalk *(Bürgersteig)*; walkway *(überdachter Fußgängerweg)*
~/baumgesäumter tree-lined footpath
~ mit Bordstein kerbed footway
Fußwegauskragung *f* cantilever for footway
Fußwegkies *m* path gravel
Fußwegkragträger *m* footway cantilever bracket *(Brücke)*
Fußwegsetzmuster *n* **/ diagonales** pointel, pointelle, poyntel *(mit quadratischen und Diagonalelementen)*
Futter *n* packing; lining *(Auskleidung z. B. von Rohren)*
Futterblech *n* filling plate
Futterhochsilo *n(m)* fodder tower
Futterholz *n* cabinet filler, firring, furring, infiller block, liner, packing piece
Futterleiste *f* filling rod, backing *(Fußbodendielung)*
Futtermauer *f* revetment (protection) wall
Futterrahmen *m* **mit Blendleiste** wraparound frame
Futterrohr *n* casing tube (pipe), guide tube *(Bohrtechnik)*; lining pipe, well casing *(Brunnenschacht)*
~/verlorenes permanent tube
Futterröhre *f* pipe liner
Futterstein *m* lining brick
Futterstück *n* filler, filling
Futterstufe *f* riser [board], riseboard *(Treppe)*
Fütterungsstab *m s.* Füllstab
Futterziegelstein *m* lining brick

G

Gabbro[granit] *m* gabbro
Gabel *f (Hb) s.* Gabelschmiege
Gabelanker *m* forked tie
Gabelband *n* forked strap
Gabelbolzen *m* forked bolt
gabelförmig forked, furcated
Gabelgelenk *n* knuckle joint
Gabelholz *n* forked wood
Gabelholzfurnier *n* crotch veneer
Gabelkopf *m* clevis *(U-förmig für Bolzenanker)*; *(San)* yoke *(Rohrverbindung)*
Gabelmuffe *f* Y-joint *(Rohrverbindung)*
gabeln/sich to fork, to [bi]furcate
Gabelrohr *n* breeches pipe; side vent *(< 45°)*
Gabelrohranschluß *m* breeching fitting
Gabelrohrstück *n* side vent *(< 45°)*
Gabelschmiege *f (Hb)* birdsmouth
Gabelschweißung *f* cleft weld
Gabelstapler *m* fork-lift truck
Gabelstück *n* Y-branch, wye branch, yoke *(Rohrverbindung)*
Gabelung *f* 1. fork, furcation, bifurcation *(z. B. einer Straße)*; 2. crotch *(gegabelte Stange)*; 3. embranchment, ramification *(Verzweigung z. B. eines Flusses)*
Gabelzapfen *m (Hb)* forket tenon, forked mortise and tenon joint
Gablung *f s.* Gabelung
Gaden *m (Arch)* overstor[e]y, clerestory *(Kirchenbau)*
Galerie *f* gallery, arcade; walk; 2. [upper] balcony *(im Theater)*
Galeriegrabstätte *f* gallery grave
Galgenstütze *f* gallows bracket
galvanisieren to [electro]plate, to galvanize
Galvanisierung *f* electroplating, galvanization, electrodeposition
Gang *m* 1. tunnel, gallery *(unter der Erde)*; 2. corridor, hall *(Flur)*; aisle *(in einem Auditorium oder Saal)*; aisleway *(in einem Geschäftsgebäude)*; gangway *(Durchgang)*; alley *(zwischen Gebäuden und Gärten)*
~ mit Geländer gallery
~/offener exterior corridor, outdoor (outside) corridor
~/öffentlicher public corridor
~/überdachter roofed passage (walk)
Ganggestein *n* chat *(als Betonzuschlagstoff für Kältegebiete)*
Ganggrab *n* gallery grave
Ganghöhe *f* **der Spiralbewehrung** pitch of spiral
Ganglinie *f* pitch line, centre line of stairs
Gangspind *m* corridor locker
Ganister *m* ganister *(feinkörniger Quarzit)*
Ganzglaskonstruktion *f* all-glass construction
Ganzholz *n* timber
Ganzholzbalken *m* whole beam
Ganzholzbauweise *f* all-wood construction [method]
Ganzholztür *f* all-wood door
Ganzmetallbauweise *f* all-metal construction method
Ganzmetallkonstruktion *f* all-metal construction
Ganzziegel *m* all-brick, whole brick
Garage *f* **/ angebaute** attached garage
~/öffentliche public garage, car park
Garagenanlage *f* garaging facility
~/mehrgeschossige multistory car park
Garagenauffahrt *f* garage driveway
Garagenbau *m* building of garages
Garageneinfahrt *f* garage drive
Garagengebäude *n* parking garage
Garagenhof *m* garage yard
Garagenschwingtor *n* swing-up garage door
Garagentor *n* garage door
Garagenzufahrt *f* garage drive
Garantie *f* guarantee, warranty • **~ geben** to guarantee, to give a guarantee
Garantieanspruch *m* [right to] claim under guarantee

Garantiebedingungen *fpl* guaranty terms
garantieren to guarantee, to warrant, to give a guarantee
Garantierückhaltebetrag *m* retention [money]
Garantiezeitraum *m* retention (maintenance) period, [period of] guarantee
Garbrand *m* maturing *(Ziegel)*
garbrennen to mature *(Ziegel)*
Garderobe *f* cloakroom, coatroom, *(Am)* checkroom *(in öffentlichen Gebäuden, im Theater)*
Garderobeneinbauschrank *m* built-in wardrobe, coat closet
Garderobenraum *m* coat room
Gardinenbildung *f* curtaining *(Lackanstrichfehler)*
Gardinenleiste *f* curtain board, pelmet[board]; traverse rod
Gardinenschiene *f* curtain track (rail)
Gardinenstange *f* curtain rod; curtain track
gargeln to notch *(Holz)*
Garnison[s]haus *n* garrison house
Garnitur *f* set, unit; fittings
Garten *m* **/ botanischer** botanical garden
~/japanischer tea garden
~ mit Wasserbecken water garden
~/öffentlicher public gardens *(Park)*
~/zoologischer zoological garden
Gartenanlage *f* 1. garden[s]; 2. *s.* Gartenbau
Gartenarchitekt *m* garden architect
Gartenarchitektur *f* garden architecture
Gartenbank *f* garden seat (bench)
Gartenbau *m* gardening
Gartenbaukunst *f* garden architecture
Gartenhaus *n* garden house, summer house; garden shed *(für Gartengeräte)*
Gartenhof *m* garden court
Gartenkeramik *f* garden tile
Gartenlaube *f* summer house; arbour, bower *(mit Blattwerk)*; gazebo
Gartenmauer *f* garden wall
Gartenmauerverband *m* garden-wall bond
Gartenparterre *n* parterre
Gartenpavillon *m* [garden] pavilion
Gartenpfad *m s.* Gartenweg
Gartensiedlung *f* garden colony (estate)
Gartenstadt *f* garden city (town)
Gartentor *n* garden gate
Gartenvorstadt *f* garden suburb
Gartenweg *m* garden path, walkway
Gartenwohnkolonie *f s.* Gartensiedlung
Gartenzaun *m* garden fence
Gärtnereigebäude *n* horticultural building
Gärtnereiglas *n s.* Gewächshausglas
Gasabrohr *n* gas vent pipe, vent connector *(Gasheizung)*
Gasabzugsrohr *n* [gas] vent pipe; fume pipe
Gasabzugsrohrleitungen *fpl* vent system
Gasanschluß *m* gas outlet; gas supply mains
Gasarmatur *f* gas fitting
Gasbadeofen *m* gas geyser; gas-fired water heater
Gasbehälter *m* gasholder
gasbeheizt gas-fired, gas-heated
Gasbeleuchtung *f* gas lighting (illumination)
Gasbeton *m* gas (aerated, porous) concrete, foam[ed] concrete, cellular [expanded] concrete
Gasbetonhohl[block]stein *m* gas-concrete hollow block
Gasbetonstein *m* aerated cement block
gasdicht gas-tight
Gasdichtung *f* gas seal
Gasdruckprüfung *f* test for gas pressure
Gasdurchflußzähler *m* gas-flow counter, *(Am)* flowmeter
Gaseinschluß *m* gas bubble
Gasfernleitung *f* long-distance gas main
Gasflasche *f* [gas] cylinder
Gashahn *m* gas cock (tap)
Gashausanschlußleitung *f* gas main
Gasheizkörper *m* gas convector (heater)
Gasheizung *f* 1. gas heating system, gas-fired heating; 2. heating by gas • **mit ~** gas-fired
Gasherd *m* gas range (oven), gas cooker
Gasinstallation *f* gas installation
Gaskalk *m* gas lime
Gaskonvektor *m* gas convector
Gasleitung *f* gas (main) conduit *(Hauptleitung)*; gas line (pipe) *(in Gebäuden)* • **eine ~ legen** to lay on gas
Gasnetz *n* gas grid
Gasofen *m* gas furnace *(Industrie)*; gas stove *(s. a.* Gasherd*)*
Gasometer *n* gasometer, gas-holder
Gasrohrzange *f* gas pliers
Gasschaum[kunst]stoff *m* chemically foamed plastic
Gasschmelzschweißen *n* gas welding
Gasschornstein *m* **mit Abgasrohr** vent system
gasschweißen to gas-weld, to torch-weld
Gasschweißen *n* gas welding
Gasse *f* alley, lane
Gästeanfahrt *f* guest drive *(Hotel)*
Gästehaus *n* guest-house; *(Arch)* xenodocheum *(Antike)*
Gästevorfahrt *f* guest drive *(Hotel)*
Gästezimmer *n* guest room
Gasthaus *n*, **Gasthof** *m* 1. inn; 2. *s.* Gaststätte
Gaststätte *f* restaurant; pub, bar, *(Am)* saloon
Gasuhr *f* gas-meter
Gasversorgungsnetz *n* gas grid
Gaswerk *n* gasworks, *(Am)* gashouse
Gaszähler *m* gas-meter
Gaszentralheizung *f* gas central heating
Gatter *n* 1. saw frame (gate) *(Säge)*; 2. lattice-work; barrier gate *(Tor)*
Gattersäge *f* frame-saw, gang (mechanical) saw
Gattersägen *n* deep cutting; breaking down *(Baumstämme)*
gattieren to mix, to make a mixture; to batch

Gattierungswaage *f* charge scales, multiple scale batcher
Gaube *f s.* Gaupe
Gaupe *f* dormer [window], gable window
~/durchgehende shed dormer
Gaupendachrinne *f* side gutter
Gaupenfenster *n* dormer [window], external dormer, luthern
~/integriertes internal dormer [window]
Gaze *f* [wire] gauze, cloth
Gazebeschlag *m* screen wire *(einer Gazetür)*
Gazefenster *n* insect screen[ing], insect wire screening
Gazenbeschlag *s.* Gazebeschlag
Gazetür *f* screen door
geädert veined; speckled
gearbeitet/aus einem Stück monolithic
geätzt etched; pickled
Gebälk *n* 1. [floor] joists, joists of a floor; timberwork, beams; 2. entablature *(Säulenverbindung der klassischen Architektur)*; 3. roof beams
Gebälkbau *m* trabeated system
Gebälkgebäude *n* trabeated building
Gebälkträger *m (Arch)* atlante *(männliche Karyatide)*
gebaucht bulged; curved
Gebäude *n* 1. building; structure; 2. house, block
~/aufgestocktes raised block [building], heightened block (building)
~/bestehendes existing building
~/fensterloses windowless (blackout) building
~/fünfeckiges pentagon
~ in Hallenbauweise hall-type building
~/intelligentes intelligent building *(mit Hightech ausgerüstet)*
~/klassisches classical building
~/krankes sick building *(durch Schadstoffe belastet)*
~/leichtes [temporäres] *(Am)* taxpayer *(mit geringem Nutzen)*
~/mangelhaft ausgeführtes easy-go-lightly building
~ mit durchgehenden Etagen tier building *(ohne Flur)*
~ mit einer umlaufenden Säulenreihe *(Arch)* peripteros *(Tempelbau)*
~ mit geringer Geschoßzahl low-rise building
~ mit hundert Säulen *(Arch)* hecatonstylon *(antiker Tempelbau)*
~/mit Mörtel oder Beton gebautes wet construction *(Gegensatz: Trockenbau)*
~ mit nicht entflammbaren Elementen und Lagergut low-hazard contents building
~ mit normalem Feuerwiderstand protected ordinary construction *(eine Stunde)*
~ mit offenen Außenwänden open-sided building
~ mit offener Etagenfläche open plan building
~ mit Schwimmbecken natatorium
~ mit strahlenzentrischen Flurgängen panopticon *(bei Gefängnisgebäuden)*
~ mit Trägern und Stützen trabeated building (system), trabeation
~ mit unterschiedlicher Dachhöhe *(Arch)* hypostyle hall *(Antike)*
~ mit vier Toren *(Arch)* tetrapylon *(im antiken Rom)*
~/stützenfreies clear-span building
~/teilweise dachloses *(Arch)* hypaethron *(antiker Tempelbau)*
~/temporäres temporary building
~/zugehöriges dependency *(zu einem Hauptgebäude)*
~/zweiflügeliges *(Arch)* dipteral building *(antiker Tempelbau)*
Gebäude *npl* **/ angrenzende** adjoining buildings
~/bezugsfertige buildings ready for occupation (occupancy)
~/landwirtschaftliche agricultural (farm) buildings
~/öffentliche public buildings
~/zugehörige adjacent buildings
Gebäudeabflußleitung *f* sanitary building drain
Gebäudeabwasserleitung *f* building drain (sewer)
Gebäudeanordnung *f* scheme, layout of buildings
Gebäudeanschlußleitung *f* house connection *(an eine Versorgung oder Entsorgung)*; branch line
Gebäudeaufnahme *f* [building] survey
Gebäudeaufsatz *m* appurtenant structure
Gebäudeausrüstung *f* **/ technische** *(Am)* [building] services *(mit allen Versorgungsleitungen)*
Gebäudeaußenhaut *f* shell; exterior finish *(Putz)*
Gebäudeausstattung *f* **/ technische** *s.* Gebäudeausrüstung/technische
Gebäudeblock *m* group of buildings
Gebäudebreite *f* depth of building
Gebäudedeformation *f* structural failure
Gebäudedurchgang *m* **/ schmaler** *(Arch)* slype, slip *(zwischen zwei Gebäuden)*
Gebäudeecke *f* coin, coign, quoin
~/säulendekorierte *(Arch)* canton
Gebäudeeigentumsanspruch *m* title
Gebäudeeingang *m* block (building) entrance, entrance to a building
Gebäudeeinsichtsdarstellung *f* sciagraph
Gebäudeeinteilung *f* disposition (subdivision) of a building
Gebäudeentfernung *f* **von der Straßengrenze** set-back of a building
Gebäudeerweiterung *f* addition to a building
Gebäudefläche *f* **/ von Brandmauern eingegrenzte** fire area
Gebäudeflucht *f* frontage line
Gebäudeflügel *m* wing; limb
Gebäudegefährdungsklassifizierung *f* contents hazard classification
Gebäudegerippe *n* shell, skeleton
Gebäudehöhe *f* building (structural) height
Gebäudehöhenmarke *f* building grade

Gebäudehülle *f* envelope *(s. a.* Gebäudeaußenhaut*)*
Gebäudeinnenhof *m* inner court
Gebäudeinstallation *f (Am)* [building] services *(mit allen Versorgungsleitungen)*
~/sanitäre *(Am)* sanitation system
Gebäudeinstandhaltung *f* maintenance; upkeep of a building
Gebäudeisolierung *f* building insulation *(Wärmedämmung)*
Gebäudekern *m* concrete core
Gebäudekomplex *m* complex of blocks (houses), group of buildings
Gebäudekonstruktionssystem *n* structural system of a building
Gebäudelage *f* building (house) orientation
Gebäudelärm *m* inner noise
Gebäudeleitung *f* building line
Gebäudenutzung *f* occupancy; use of a building
~/gemischte mixed occupancy *(mit verschiedenen Sicherheitsklassen)*
Gebäuderahmen *m* structural frame, building frame[work]
Gebäudeseite *f* flank [of a building], pane
Gebäudeskelett *n* 1. building frame[work]; 2. skeleton
Gebäudestellung *f* orientation of a building, location
~/sonneneinstrahlungsorientierte solar orientation
Gebäudeteil *m* **/ besonders hervorstehender** *(Arch)* avant-corps
~/feuergeschützter fire separation
~/hervorstehender *(Arch)* avant-corps
~/innerer *(Arch)* penetralia *(eines Tempels oder Palastes)*
~/temperaturgesteuerter controlled zone *(Klimaanlage)*
Gebäudetrakt *m* section of a building
Gebäudeumbau *m* house alteration
Gebäudeunterhaltung *f* building maintenance
Gebäudeverbindungsgang *m* horizontal exit
Gebäudeverfall *m* dilapidation [of a building]
Gebäudeverkleidung *f* cladding; facing *(Vorderfront)*
Gebäudeverkleidungsgitter[werk] *n* screen façade
Gebäudevermietung *f* lease
Gebäudeversicherung *f* building (property) insurance; title(owner's liability) insurance
Gebäudeversorgungsschacht *m* [building] services shaft (channel)
Gebäudeversorgungssystem *n* **mit spezifischer Funktion** [building] subsystem *(z. B. Klimaanlage)*
Gebäudeviereck *n (Arch)* quadrangle, quad *(Innenhof)*
Gebäudezeile *f* row of buildings
gebaut built; constructed
~/aus Steinblöcken megalithic
~/gut well-built
~/individuell custom-built *(auf Kundenbestellung)*
~/mit Trägersystem trabeated
~/schlecht jerry[-built]
~/serienmäßig factory-built; built by standardized methods
Gebeinhaus *n* charnel house
gebeizt pickled
geben/Neigung to batter
~/Stich to camber
~/Vorspannung to preload, to prestress
Gebiet *n* area; region; district
~/baufälliges blighted area
~/bebautes built-up area
~/dichtbebautes closely built-up district
~/ländliches rural area
~/städtebauliches zoning
Gebietsabgrenzung *f* zoning
Gebietsplan *m* land-use plan, zoning; *(Am)* plat *(mit Grenzmarkierungen)*
Gebinde *n* pair of rafters, truss
Gebindefußbalken *m* main tie
Gebindeschließbalken *m* main tie
Gebindewinkel *m* scaker
Gebirgsmassiv *n* massif
Gebirgsmechanik *f* rock mechanics
Gebläse *n* fan, blower
gebogen bent, curved; arcuate *(bogenförmig)*
gebördelt beaded
gebosselt rough-hewn, rusticated
gebrannt quick, live *(Kalk)*; coctile *(Baustoffe)*; kilned, baked *(Ziegel)*
Gebrauchsabnahme *f* final acceptance
Gebrauchsabnahmebescheinigung *f* certificate of occupancy
Gebrauchslast *f* working (use) load
Gebrauchslastverfahren *n* working stress design
gebrochen 1. broken *(Mauerwerk)*; sprung *(Holzbalken)*; 2. *(Hb)* bevelled, chamfered
Gebühr *f* charge; fee *(für Architekten)*
Gebührenbrücke *f* toll bridge
Gebührenzahlhaus *n* toll house
Gedächtnisbau *m* commemorative structure
Gedächtnisbogen *m* memorial arch
Gedenkmonument *n* commemorative structure; monumental column (stone)
gedrungen compact; stubby
gedübelt dowelled
geeicht gauged
geerdet *(El)* earthed, *(Am)* grounded
~/nicht unearthed, *(Am)* ungrounded
Gefach *n* compartment *(Fachwerk)*
Gefahrenzeichen *n* danger sign
Gefälle *n* 1. slope, incline, descent *(z. B. im Gelände, einer Straße)*; 2. slope, pitch *(Dach)*; 3. slant *(Neigung eines Bauwerks)*; 4. [falling] gradient *(von Druck, Temperatur)*; 5. *(Wsb)* fall, head *(Druckhöhe des Wassers)*; 6. fall, drop *(eines*

Flusses) • **mit ~ in zwei Richtungen** double-pitched *(mit zwei Dachstulpen)*
~/hydraulisches hydraulic gradient
~/kritisches *(Wsb)* critical head
~/natürliches natural fall
Gefälleänderung *f* slope change
Gefällebeton *m* sloping concrete
Gefälledach *n* sloping roof
Gefälleestrich *m* sloping screed
Gefällelage *f* sloping layer
gefällelos non-sloping, flat, plane, planar
Gefälleneigung *f* slope ratio
Gefälleschicht *f* sloping layer
Gefällerichtung *f* sloping direction
Gefällestufe *f* fall step
gefällig eye-pleasing *(Entwurf)*
gefalzt rebated, rabbet *(Holz)*; beaded *(Blech)*
Gefängniszelle *f* jail (prison) cell
gefärbt coloured
gefasert fibrated *(Baustoff)*
gefast bevelled
gefedert 1. tongued *(Holz)*; 2. spring-loaded
gefertigt/aus einem Stück one-piece
~/serienmäßig series-produced, mass-produced; built by standardized methods
gefiltert screened *(Baustoffe)*
geflanscht *(San)* flanged
Geflecht *n* netting, matting *(Bewehrung)*; plaiting, lattice-work
gefleckt speckled; mottled; dappled; variegated *(abgestuft in der Farbgebung)*
gefliest tiled
geflochten bound *(Bewehrung)*
Geflügelhalle *f* poultry hall
gefluxt fluxed *(Bitumen)*
Gefrieranlage *f* refrigeration (freezing) plant
Gefrierbeton *m* frozen concrete
Gefriergründung *f* foundation by means of freezing
gefrieren to freeze
Gefrieren *n* freezing *(des Betons)*
Gefrierschutzzusatz *m* antifreeze [agent]
Gefriertunnel *m* tunnel freezer
Gefrierverfahren *n* method of freezing *(Baugrundverfestigung)*
Gefüge *n* 1. texture, structure *(von Stoffen)*; 2. structure *(eines Gebäudes)*
~/offenes open grain structure
Gefügebestandteil *m* constituent [part]
gefugt checked back; bonded *(eine Wand)*
gefügt/glatt square-framed *(Holz)*
gefüllert fillerized
gefußt stilted *(überhöhter Bogen)*; surmounted
Gegenangebot *n* counteroffer
Gegenbogen *m* inverted (reversed) arch
Gegenböschung *f* counterslope, counterscarp
Gegendiagonale *f* counter-diagonal
Gegendrehmoment *n* antitorque [moment]
Gegendruck *m* back pressure, counterpressure
~/äußerer superimposed back pressure
Gegenentwurf *m* alternative plan
Gegenflansch *m* companion flange
Gegengewicht *n* counterweight, counterpoise
Gegengewichtsbalken *m* balance beam (bar)
Gegengewichtshubfenster *n* 1. hung (counterbalanced) window; 2. hung (hanging) sash *(vertikal)*
Gegengewichtshubfensterflügel *m* hung (hanging) sash *(vertikal)*
Gegengewichtslaufkasten *m* weight (window) box, weight pocket *(Hubfenster)*
Gegengewichtstor *n* balanced door
gegenhalten to hold on (up), to buck, to dolly *(beim Nieten)*
Gegenhalter *m* holding-up hammer, holder on, hold-on, [hand] dolly, head cup *(beim Nieten)*
Gegenkraft *f* counter[acting] force, opposed force
Gegenkurve *f* reverse curve
Gegenlicht *n* counter light
Gegenmutter *f* lock-nut, counternut, back (check) nut
Gegenneigung *f* counterslope, reverse gradient
Gegenprobe *f*, **Gegenprüfung** *f* duplicate test
Gegenrichtung *f* opposite direction
Gegenseite *f* opposite side
Gegenseitigkeitssatz *m (Stat)* reciprocal theorem
Gegensperre *f (Wsb)* auxiliary dam
Gegensprechanlage *f* [two-way] intercom, intercommunication [system]
Gegenstab *m* counter flange
Gegenstrebe *f* counterbrace
Gegenstromsystem *n* counter-current system (method) *(Heizung)*
Gegentretschiene *f* kick rail *(Tür)*
gegenüber opposite, facing
gegiebelt gabled
gegliedert braced *(Fachwerk)*
gegossen/im ganzen monolithic *(Beton)*
Gehalt *m* 1. content; 2. concentration
gehalten/durch Klammern (Schellen) bracketed
Gehänge *n* garland, swag festoon, hanging ornaments; *(Arch)* encarpus *(Blumenornament an einem Fries oder Kapitell)*
Gehängelehm *m* slope wash
Gehängeschutt *m* talus material
gehärtet case-hardened *(Stahl)*; cured *(Beton, Kunststoff)*
~/nur teilweise undercured *(Beton, Kunststoff)*
Gehäuse *n* 1. casing, case, shell, housing *(von Geräten)*; 2. case, shell *(Gebäudehülle)*; 2. frame, timber framing *(Tragwerk)*
Gehbelag *m* walked-on finish
Gehege *n* enclosure, fenced-in area, fencing
Geheimkammer *f* closed shelving
Geheimtür *f* hidden door, gib (jib) door
Gehentfernung *f* walking distance
Gehlinie *f* walking line *(einer Treppe)*
Gehöft *n* farm [stead], steading
Gehölz *n* coppice, [small] wood

Gehölzgruppe *f* bosket
gehren to mitre
Gehrmaß *n* mitre rule (square), bevel way
Gehrung *f* 1. *(Hb)* mitring, mitre *(rechtwinklig)*; bevel[ling] *(nicht rechtwinklig)*; 2. backing *(Gratsparren)*
~/nach außen gerichtete reverse bevel *(Tür)*
~/stumpfwinklige standing bevel
Gehrungsfläche *f* mitre surface
Gehrungsfuge *f*/ **gefederte** tongued mitre
Gehrungsfugenfeder *f* loose-tongue mitre
Gehrungshobel *m* mitre plane
Gehrungsholz *n*/ **geschnittenes** mitre block
Gehrungsknie *n* mitre knee *(Handlauf)*
Gehrungslehre *f* mitre gauge
Gehrungssäge *f* mitre saw, saw for mitre cutting
Gehrungssägen *n* bevel sawing
Gehrungsschneidehalter *m* bevel jack
Gehrungsschnitt *m* mitre cut
Gehrungsschnittkasten *m* mitre box
Gehrungsschnittlehre *f* mitre box
Gehrungsschnittmaßbrett *n* mitre board (shoot)
Gehrungsschraubzwinge *f* mitre clamp (cramp)
Gehrungsstein *m* mason's mitre (stop)
Gehrungsstoß *m s.* Gehrungsverbindung
Gehrungsverbindung *f* mitre (mitred) joint
~ mit ineinandergreifenden Enden lock mitre
Gehrungswinkel *m* mitre angle (square)
Gehrungswinkelmesser *m* sliding bevel, bevel square
Gehrungswulst *f* **eines Zapfens** tusk
Gehrungsziegel *m* mitred-closer
Gehrungszinke *f*/ **geschlossene** secret dovetail[ing], mitre dovetail
Gehrungszwinge *f* mitre cramp (clamp)
gehsicher non-slip
Gehsteig *m*/ **rollender** *s.* Gehweg/rollender
Gehweg *m* 1. pavement, *(Am)* sidewalk *(Bürgersteig)*; 2. foot-path, footway *(abseits jeder Straße)*; path[way] *(z. B. Gartenweg)*
~/ausgekragter overhanging footway *(Brücke)*
~/rollender pedestrian (passenger) conveyor, moving ramp; *(Am)* travolator
~/überdachter pawn *(in einem Basar)*
Gehwegplatte *f* flag[stone] *(besonders aus Naturstein)*, paving (pavement) flag; paving stone, pavestone *(Straßenpflasterstein)*; paving (path) tile *(Fliese)*
Gehwegtunnel *m* pedestrian underpass
Geißfuß *m* 1. birdsmouth *(Holzverbindung)*; 2. corner (dog-leg) chisel *(Handwerkzeug für Holzarbeiten)*
gekämmt combed *(Oberflächen)*
gekehlt 1. throated *(um Wasserablauf am Gebäudeüberstand zu erreichen)*; 2. channelled *(Ornament)*; fluted *(Säulenornament)*
gekehrt/zueinander facing; *(Arch)* affronted *(zwei Figuren)*
gekennzeichnet labelled
gekerbt notched
gekippt canted
geklinkert clinker-built
geknüpft woven *(Bewehrung*
gekoppelt geminated; coupled, connected
Gekörn *n*/ **füllerarmes** open-graded aggregate
~/gebrochenes macadam aggregate
~ mit fehlender Zwischenkorngröße gap-graded aggregate (material)
gekörnt/abgestuft poorly graded *(Sieblinie)*
~/gleichmäßig even-grained
~/schlecht poorly graded *(Sieblinie)*
gekratzt scraped *(Putz)*
gekreppt creped, crêped
gekröpft goose-necked, swan-necked *(Rohr)*
gekrümmt curved, bent; *(Arch)* arched, arcuated *(mit Bögen versehen)*; warped *(Holzverwerfung)*; twisted *(verwunden)*
~/doppelt warped
~/evolventenförmig involute
Gel *n* gel
gelagert/frei simply supported *(Träger)*
~/in feuchter Luft moist-cured *(Beton)*
Gelände *n* ground, land, field; terrain *(nutzbares Gebäude)*; rough ground *(unwegsames Gelände)*; grounds, premises *(z. B. Schul- oder Industriegelände)* • **~ erschließen** to develop ground
~/abfallendes sloping ground
~/aufgefülltes filled ground
~/aufgeschüttetes made[-up] ground
~/freies open ground
~/hochliegendes high ground
~ in einer Senke swale
~/natürliches original ground
~/zerklüftetes jagged terrain
Geländeabschnitt *m* area, terrain
Geländeaufnahme *f* ground survey
~/vorläufige prospecting of the site
Geländeberäumung *f* terrain clearance
Geländeerhöhung *f* raised table
Geländegefälle *n* natural fall
Geländehöhe *f* ground (grade) level, level, position
~/natürliche natural grade
Geländenutzungsanalyse *f* land-use analysis
Geländeoberfläche *f* ground surface
Geländeplanierung *f* land levelling
Geländer *n* [hand]rail, balustrade *(Treppe)*; balcony railing, parapet, balustrade *(Balkon)*; guard rail *(zusätzliches Schutzgeländer, z. B. bei Brücken)*
Geländerausfachung *f* paling
Geländerbolzen *m* rail bolt
Geländerdocke *f* baluster of a staircase
Geländereisen *n* beaded iron
Geländerelief *n* relief
Geländerpfosten *m*, **Geländersäule** *f* rail[ling] post
Geländerstab *m* ban[n]ister, baluster
~/gedrehter spindle
Geländeunebenheit *f* terrain roughness

Gelatineputzform *f* gelatin mould *(Stuck)*
Gelb *n* **/ Leipziger** chrome (Leipzig) yellow
Gelbguß *m* yellow (high) brass
Gelbildung *f* gelling *(Farbe)*
Gelbkieferholz *n* yellow (pitch) pine
Gelbmetall *n* Muntz metal
Geldhinterlegung *f* **für Projektunterlagen** deposit for bidding documents, document deposit
Gelenk *n* hinge, [hinged] joint; articulation
~/axiales axial hinge
~/bewegliches movable hinge
~/einschnittiges single-shear joint
~/eisernes iron hinge
~/festes fixed hinge
Gelenkblatt *n* pendulum plate *(Pendelgelenk)*
Gelenkbogenträger *m* pinned arched girder
Gelenkbolzen *m* joint (hinge) bolt
Gelenkbolzenfachwerk *n* pin-jointed truss, pin-connected truss
gelenkig articulated, jointed
Gelenkknoten *m* pin joint
Gelenkkupplung *f* jointed (articulated) coupling
Gelenklager *n* hinge bearing; rocker bearing *(Brücke)*
Gelenkloch *n* hinge hole
gelenklos rigid *(starr)*
Gelenkpfahl *m* hinged pier
Gelenkpfette *f* **/ feste** rigid pin-jointed purlin
Gelenkpunkt *m* hinge [point]; pivot, fulcrum
Gelenkrahmen *m* hinge[d] frame
Gelenkrohr *n* articulated pipe
Gelenkschild *m* articulated shield
Gelenkstab *m* hinge bar
Gelenkstoß *m* articulated joint
Gelenkstoßblech *n* pin plate
Gelenkstrebe *f* joint strut
Gelenkstück *n* hinge block
Gelenksystem *n* articulated system
Gelenkträger *m* hinge[d] girder, slung span continuous beam, Gerber girder, cantilevered and suspended beam, articulated beam
Gelenkverbindung *f* hinge[d] joint, articulated joint, articulation
Gelenkverfahren *n* **/ plastisches** *(Stat)* plastic-hinge method
Gelenkviereck *n* articulated quadrangle
Gelenkwerk *n* hinged (articulated) system
Gelharzüberzug *m* gel coat *(Baustoff auf Kunstharzbasis)*
gelieren to gel *(Zement)*
Gelieren *n* gelatinizing; livering, feeding *(Verdicken flüssiger Farben)*
gelocht perforated
gelöscht hydrated, slaked *(Kalk)*
Gelüberzug *m* gel coat *(aus Kunststoff)*
gelüftet aerated
Gelzustand *m* gel condition *(Zement)*
gemahlen ground
Gemäldegalerie *f* picture gallery
gemasert veined, grained *(Holz)*; speckled, marbled *(Farbanstrich)*
~/gleichmäßig even-textured *(Holz)*
gemäßigt temperate *(Klima)*
gemauert masoned
Gemeinde *f* community; municipality *(Verwaltung)*
Gemeindeordnung *f* by-laws *(örtliche Bauordnung)*; *(Am)* building codes
Gemeindeplanung *f* community planning
Gemeindeweg *m* municipal road
Gemeineigentum *n* common property
Gemeinkosten *pl* overhead (indirect) expenses, overhead (indirect) costs, overheads
Gemeinschaftsanlage *f* common consumer system
Gemeinschaftsantenne *f* community (central receiving) aerial
Gemeinschaftsarbeit *f* joint [venture] work
Gemeinschaftseinrichtungen *fpl* communal services; common services
Gemeinschaftsnutzfläche *f* common area *(eines oder mehrerer Häuser nur für die dazugehörigen Hausbewohner)*
Gemeinschaftsraum *m* common room
Gemeinschaftszentrum *n* civic (social) centre
Gemenge *n* composition *(Mischgut)*; mixture
gemessert knife-cut *(Furnier)*
Gemisch *n* mixture, mix
~ aus Gipsputz gesso *(Spachtelmasse für Basreliefs)*
~/fettes rich mix[ture]
gemischt/verbrauchsfertig ready-mixed *(Mörtel)*
Gemischtbauweise *f* mixed construction
gemischtkörnig mixed-grained
Gemischwaage *f* multiple scale batcher
Gemischwahl *f* choice of mixture
Gemischzusammensetzung *f* mix[ture] composition, composition of mixture *(Baustoffe)*
gemufft housed, boxed
genagelt nailed
Genauigkeit *f* **/ geforderte** required accuracy
Genauigkeitsprüfung *f* precision control
Genauigkeitssollwert *m* required accuracy
genehmigt approved
~ als anwendbar (verwendbar) approved equal *(Vertragswesen)*
Genehmigung *f* approval; permission, permit
~/städtebauliche zoning permit
geneigt inclined, sloping *(Gebäude)*; battered, raking *(stark geneigte Fläche)* • **~ sein** to ramp; to slope *(Gebäude)*
~/nach oben upwardly inclined
~/seitlich sidelong
Generalauftragnehmer *m* main (general) contractor, *(Am)* package dealer
Generalbebauungsplan *m* master plan
Generalhauptschlüssel *m* grandmaster key
Generalschlüssel *m* master key
Generalunkosten *pl* overhead cost[s]

Generalverkehrsplan *m* [traffic] master plan
Generator *m* 1. generator; 2. producer
Generatorasche *f* generator ash
Generatorraum *m* generator room
Genesungsheim *n* convalescent home
genietet riveted
~/doppelreihig double-riveted
~/dreireihig triple-riveted
~/einreihig single-riveted
~/zweireihig *s.* ~/doppelreihig
genormt standardized
genügen *(Stat)* to satisfy
~/den Bedingungen *(Stat)* to satisfy conditions
~/den Forderungen to comply with the requirements, to meet the requirements
~/den Forderungen nicht to fail to meet requirements
genutet keyed, grooved
Geodäsie *f* 1. geodesy; 2. geodetic surveying
~/niedere plane surveying
geodätisch geodetic
geographisch geographical
Geologie *f* geology
~/technische engineering geology
geologisch geological
Geometrie *f* **der Kräfte** *(Stat)* geometry of forces
geometrisch geometrical
~ ähnlich geometrically similar
Gepäckaufbewahrung *f* left-luggage office (room), *(Am)* checkroom, cloakroom
Gepäckausgaberaum *m* baggage claim area
Gepäckkarussell *n* luggage (baggage) roundabout
Gepäckraum *m* luggage hold (room), *(Am)* baggage room, cloakroom
gepanzert armoured
gerade 1. straight; 2. square-headed *(nicht gewölbt)*; 3. upright, erect *(aufrecht)*; 4. edge-shot *(Kante)*
Gerade *f* straight line
~/konjugierte (zugeordnete) conjugate line
geradfaserig straight-grained *(Holz)*
Geradgewölbe *n* straight vault[ing]
Geradheit *f* straightness
~ der Oberfläche surface flatness
geradlinig straight-lined
Geradlinigkeit *f* straightness, rectilinearity
geradnutig straight-fluted
geradstämmig straight-boled
gerammt 1. driven [in]; 2. tamped *(gestampft)*
~/zu stark overdriven *(Pfahl)*
Geräteausstattung *f* equipment fleet *(Gerätepark)*
Geräteerdungsleitung *f (El)* equipment earth conductor, equipment ground
Gerätehof *m* plant depot
Gerätepark *m* plant depot
Geräteraum *m* toolroom; storeroom
Gerätesatz *m* equipment set
Geräteschuppen *m* tool-shed; implement shed *(Landwirtschaft)*
Geräteständer *m* housing
Gerätesteckdose *f* coupler socket, convenience receptacle *(Hausgeräte)*
Gerätetechnik *f* plant equipment
geräumig spacious, roomy
Geräumigkeit *f* spaciousness, roomines *(z. B. einer Wohnung)*
Geräusch *n* noise
~/kanalerzeugtes duct-generated noise *(Klimaanlage)*
Geräuschabsorptionswert *m* noise reduction coefficient *(Schalldämmstoff)*
geräuschdämmend noise-controlling; sound-absorbent, sound-absorbing
Geräuschpegel *m* noise level
Geräuschübertragung *f* noise transmission
~/außerhalb der Zwischenwand flanking transmission of noise
~/indirekte indirect noise transmission
Gerbergelenk *n* Gerber hinge
Gerberträger *m s.* Gelenkträger
Gerichtsgebäude *n* courthouse
Gerichtssaal *m* courtroom
gerieft *s.* geriffelt
geriffelt corrugated, serrated, fluted, reeded; striated *(Säule)*
gerillt grooved, fluted serrated, reeded
Gerinne *n* [gutter] channel, drain
~/offenes open channel
Gerippe *n* studding, studs *(Tragelemente)*; [structural] skeleton *(Traggerippe)*; framework *(aus Holz)*
~/kinematisch unbestimmtes unstable (deficient) framework (truss)
Gerippebauart *f* studs construction type
Gerippe[trenn]wand *f* framed partition
gerippt ribbed; finned *(mit Lamellen)*; corrugated, fluted, serrated *(mit Rillen versehen)*
gerissen cracked
Geröll *n* rubble, boulders; gravel, pebbles, pebble stone *(Kieselsteine)*; debris, detritus *(Gesteinsschutt)*
Geröllblock *m* boulder
Geröllkies *m* pebble gravel *(Kieselsteine)*
Geruchfang *m* cove, coving
Geruchsperre *f s.* Geruchsverschluß
Geruchsprüfung *f s* Geruchstest
Geruchstest *m (San)* smell (scent) test, peppermint test
Geruchsverschluß *m (San)* [drain] trap, air trap, siphon (water seal) trap; stench trap; intercepting trap, interceptor *(außerhalb des Gebäudes befindlich)*
~ mit innerer Trennwand internal-partition trap *(Trennblech)*
~/S-förmiger S-trap, bag trap
~/U-förmiger half S-trap
~/zylindrischer drum trap

Geruchsverschlußrohr *n* running trap
Geruchsverschlußwasserstandshöhe *f* seal of trap
Geruchverschluß *m s.* Geruchsverschluß
gerundet convex, curving, rounded; radiused
Gerüst *n* 1. scaffold, [timber] scaffolding *(Baugerüst)*; 2. staging, masori scaffold *(Bockgerüst)*; 3. trestle *(Gestell)*; 4. structural framework *(Tragwerk)*; bent *(Fachwerk)*
~/an der Mauer verankertes outrigger scaffold
~/bewegliches mobile scaffold
~/deckenhängiges interior hung scaffold
~/fahrbares portable scaffold, jumbo
~/fenstergestütztes window jack scaffold
~/fliegendes hanging stage
~/hängendes flying scaffold
~/mauerabgestütztes wall-supported scaffold
~/metallstrebengestütztes bracket scaffold
~/mittelschweres medium-duty scaffold *(250 kg/m²)*
~ über dem First saddle (straddle) scaffold
~/von Einsteckhölzern getragenes needle [beam] scaffold
Gerüstabbau *m* scaffold dismantling; falsework dismantling
Gerüstankereisen *n* grappler
Gerüstbau *m* scaffolding, staging
Gerüstbauer *m* scaffolder
Gerüstbaum *m* scaffold[ing] standard, scaffold pole, pole of a scaffold
Gerüstbelastung *f*/ **maximale** maximum rated [scaffold] load
Gerüstbock *m* horse
Gerüstboden *m* scaffold (assembling) floor, stage
Gerüstbogen *m* centring of vault *(Schalung)*
Gerüstbohle *f* scaffold board (plank), scaffolding board
Gerüstbrett *n* scaffold board
Gerüstbrücke *f*/ **provisorische** temporary gantry
Gerüstebene *f* lift
Gerüsteisen *n* scaffold clamp
Gerüstetage *f* lift
Gerüstfußbrett *n* guard (bumper) bar
Gerüsthalter *m* window (builder's) jack *(am Fenstersims befestigt)*
Gerüstholz *n* scaffold timber
~/horizontales ligger
Gerüsthubhöhe *f* scaffold height
Gerüstknebel *m* scaffold clamp
Gerüstloch *n* putlog hole *(in der Wand)*
Gerüstpfeiler *m* pier of erecting stage
Gerüstpfosten *m s.* Gerüststange
Gerüstpfostenbelastung *f*/ **zulässige** safe leg load
Gerüstsäulenverlängerungsstück *n* upright extension of a scaffold
Gerüstschale *f* lining of boards *(aus Brettern)*
Gerüststabverbindungspunkt *m* junction of scaffold members
Gerüststange *f* 1. scaffold pole (standard); 2. putlog *(horizontale)*
Gerüststrebe *f* footing piece
Gerüststützholz *n*/ **horizontales** ligger
Gerüstteil *m*/ **auskragender** extending part of scaffold
Gerüstwandklammer *f* reveal pin
Gerüstzange *f* scaffolding tie
gesackt bagged, sacked *(Baustoffe)*
gesägt/zu Hobelbrettern rift-sawn
Gesamtabmessung *f* overall dimension; aggregate dimension
Gesamtabnahme *f* general acceptance
Gesamtansicht *f* total (general) view
Gesamtanstrichaufbau *m* paint[ing] system
Gesamtanzahl *f* total number; aggregate number
Gesamtauftragnehmer *m* main (general) contractor, *(Am)* package dealer
Gesamtaußenmaß *n* overall dimensions
Gesamtbaukosten *pl* overal (total) construction cost
Gesamtbaupreisermittlung *f* billing
Gesamtbauvolumen *n* overall (total) volume of construction
Gesamtbelastung *f* total load[ing]
Gesamtfensterfläche *f* total window space *(Raum, Gebäude)*
Gesamtgeschoßfläche *f* total (aggregate) floor space
Gesamtgrundfläche *f* gross floor area
Gesamthöhe *f* total (overall) height
Gesamtlänge *f* total (overall) length
Gesamtlast *f* total load[ing]
Gesamtmaß *n* overall (aggregate) dimension
Gesamtplanung *f* overall (total) planning
Gesamtporosität *f* true porosity
Gesamtpreisermittlung *f* billing
Gesamtquerschnitt *m* gross section[al area]
Gesamtquerschnittsfläche *f* gross cross-sectional area
Gesamtstabilität *f* overall stability
Gesamtübersicht *f* general plan, layout plan
Gesamtverbrauch *m* total consumption
Gesamtvorspannkraft *f* total tensioning force
Gesamtwandfläche *f* total wall area
Gesamtwasser *n* total water *(Betonmischung)*
Geschäftsabschluß *m* buisiness transaction (deal); secured contracts
Geschäftsbau *m* commercial building
Geschäftsgebäude *n* commercial block
Geschäftsgebiet *n* business district
Geschäftshaus *n* commercial block; office block
Geschäftskomplex *m* shopping precinct
Geschäftsstraße *f* business street; shopping street, shops parade
Geschäftszimmer *n* office
geschätzt/reichlich conservative, conservatively estimated

geschichtet laminated *(in Platten, z. B. Holz, Glas, Gips)*; coursed *(Mauerwerk)*; in layers
Geschiebe *n* drift, boulders *(Geologie)*; shingle *(an Meeresufern)*
Geschiebelehm *m* boulder clay; [glacial] till
Geschiebemergel *m*, **Geschiebeton** *m s.* Geschiebelehm
geschlagen/von unten repoussé *(Relief)*
geschleudert centrifugally cust, spun *(Betonelementherstellung)*
geschliffen ground
geschlitzt slotted; notched
geschlossen 1. plain *(Wandfläche)*; 2. dense[-graded] *(dicht)*
Geschlossenheit *f* self-containedness *(einer Wohnung)*
geschmeidig 1. plastic, fat *(Mörtel, Beton, Ton)*; mouldable *(z. B. Kunststoffe)*; 2. flexible; 3. ductile, malleable *(Metall)*; 4. resilient *(federnd)*
geschmiedet forged
geschmückt ornamented, adorned *(Verzierung)*; ornate *(prunkvoll, z. B. große Objekte)*
geschnitten/flach *s.* ~/tangential
~/gerade edge-shot *(Kante)*
~/glatt und rechtwinklig planed and square-edged *(Holz)*
~/radial radial-cut, quarter-sawn, quarter-cut, quartered *(Holz)*
~/schräg edge-grained, rift-grained, vertical-grained *(Holz)*
~/tangential tangential sawn, flat-sawn, slash-sawn, plain-sawn, through-and-through-sawn *(zu den Jahresringen, Holz)*, *(Am)* flat-grain[ed]
Geschoß *n* floor, storey, *(Am)* story *(s. a. unter* Stockwerk*)*
~/erstes first floor
~/fensterloses blindstorey, *(Am)* blindstory
~ in Straßenhöhe street [level] floor
~/technisches mechanical floor
Geschoß... *s. a.* Etagen... *und* Stockwerk...
Geschoßbau *m* multi-storey building; tier building
Geschoßdecke *f* floor; intermediate floor
Geschoßdeckenverjüngung *f* waist of a floor
Geschoßfläche *f* floor area
~/nutzbare usable floor area
Geschoßhöhe *f* storey (floor-to-floor) height
geschossig storeyed, *(Am)* storied
Geschoßnettonutzfläche *f* usable floor area
Geschoßplatte *f***/ eingehängte** suspended floor
Geschoßquerbalken *m* summer [beam], summer tree
Geschoßrahmen *m* storey frame; multiple frame
Geschoßrampe *f* ramp between floors (storeys)
geschuppt ragged, scaly
geschützt guarded, protected; shielded; screened *(abgeschirmt)*
geschweift *s.* geschwungen
geschweißt/durchgehend long-welded *(Schiene)*
Geschwindigkeitshöhe *f* velocity head *(Flüssigkeit)*
geschwungen curved
Geselle *m* journeyman
Gesellschaftsbau *m* 1. community (public utility) building; 2. community building construction, public construction
Gesellschaftsraum *m* general public room *(Hotel)*
Gesellschaftssaal *m* reception hall, general public room
Gesenk *n* swage, set hammer; die-forging *(Schmieden)*
Gesenkblock *m* die-block, swage-block
Gesenkplatte *f* swage plate
Gesenkschmieden *n* die work, die-forging
Gesenkstahlbauteil *n* pressed steel building component
Gesetz *n***/ Abramsches** Abram's law *(Wasser-Zement-Verhältnis)*
~/Hookesches law of elasticity
gesetzt/senkrecht zur Schichtung edge-bedded, face-bedded *(Naturstein)*
gesiebt screened, graded *(Mineralstoffe)*
Gesims *n* cornice *(an Wänden und Gebäuden)*; ledge, moulding *(aus dem Mauerwerk hervortretende waagerechte Streifen)*; sopraporte *(Türaufsatz)*
~/einlagiges simple cornice
~/offenes open cornice (eaves)
Gesimsband *n* 1. band (belt) course *(Bandgesims)*; cordon *(Kordongesims)*; string [course] *(Gurtgesims zwischen den Geschossen)*
~/dorisches taenia
Gesimsbrett *n* fascia board, eaves fascia
Gesimseckstück *n* base shoe corner
Gesimshöhe *f* cornice level
Gesimskante *f* corona, larmier
~/konkav gewölbte cavetto
Gesimskragsteinende *n* tailing
Gesimskranzecke *f s.* Gesimskante
Gesimsleiste *f* base shoe *(über dem Fußboden)*
Gesimsleistenausbildung *f* crown moulding
Gesimsschalung *f* cornice boarding
Gesimsschließbrett *n* plancier piece
Gesimssteinlage *f* **mit geschnittenen Formen** curstable
Gesimsunterseite *f* plancier
Gesimsverschalung *f* cornice boarding
Gesimsweiterführung *f* cornice return
gespalten split *(Holz)*; cleaved *(Keramik)*; knapped *(Stein)*
gespannt 1. tight, taut *(z. B. Seile)*; 2. tensioned
~/einachsig spanning in one direction
Gespärre *n* [pair of] rafters
gespitzt pointed *(Natursteinbearbeitung)*
gesprenkelt speckled
gespritzt spray-painted
gespundet tongued and grooved
gestaffelt staggered *(Gebäude)*; benched
Gestalt *f* 1. shape, form; 2. configuration
Gestaltänderung *f* deformation

gestalten 1. to design, to plan; 2. to form, to mould, 3. to shape *(z. B. Ton)*; 4. to sculpture *(eine Plastik)*; 5. to chase *(Metalldekoration an Außenflächen)*
~/eine Landschaft to landscape
~/landschaftlich to landscape
Gestalten *n* **von Ornamenten und Sichtformen** dressing
gestaltet/gut shapely, well-designed
~/kompliziert awkwardly shaped
Gestaltung *f* 1. forming, shaping *(Gestein, Ton)*; 2. configuration, form; 3. artistic formation
Gestaltungselement *n* architectural feature element; style
~/keramisches architectural terra-cotta *(größer als Ziegel)*
gestampft tamped; rammed
Gestänge *n* struts, bars, rods
Gestängebohrung *f* sounding by pole *(Erdstoffprobe)*
gestapelt stacked *(Holz)*
~/luftig spacingpiled *(Holz)*
Gestattungsrecht *n* dominant estate *(z. B. Wegerecht)*
Gestehungskosten *pl* prime (first, initial) cost *(Arbeit und Material)*; production cost
Gestein *n* rock, stones
~/basaltisches whinstone *(Dolerit)*
~/basisches basic (subsilicic) rock
~/gebrochenes crushed rock
~/geschichtetes bedded (layered) rock, stratified rock
~/geschiefertes foliated rock
~/gesundes sound rock
~/gewachsenes native rock
~/hartes burstone; hard rock
~/kiesiges crumbling rock
~/klastisches clastic rock
~/kristallines crystalline rock
~/metamorphes altered (metamorphic) rock
~/saures acidic rock
~/überlagerndes burden
~/vorgesiebtes scalp rock *(gebrochenes Gestein)*
~/vulkanisches volcanic (eruptive) rock
Gesteinsaufbereitungsanlage *f* rock plant
~/fahrbare portable crushing and screening plant
Gesteinsbohrer *m* rock (stone) drill, steel [drill]
Gesteinsbohrmaschine *f* rock drill[er], rock-drilling machine
Gesteinsfaserwolle *f* silicate cotton
Gesteinsfüller *m* mineral filler
Gesteinshauer *m* stoneman, stone drifter (miner), rock driller
Gesteinshaufwerk *n* rock pile
Gesteinskorn *n* grain
Gesteinslinse *f* lens
Gesteinsmehl *n* rock flour, stone dust; mineral powder
Gesteinsmeißel *m* rock bit
Gesteinsoberfläche *f***/glatte** plain ashlar
~/maschinell geschliffene rock of smooth [machine] finish, smooth planar finish
Gesteinsplatte *f* stone slab, slab [of stone]
Gesteinsschicht *f* stratum, rock bed
~/flache rock blanket
~/tragfähige *(Erdb)* competent bed [of rock]
Gesteinssprengung *f* rock blasting
Gesteinsstaub *m* stone (mineral) dust *(s. a.* Gesteinsmehl*)*
Gesteinsuntersuchung *f* petrographic analysis
Gesteinsverwitterung *f* rock weathering (decay)
Gesteinswolle *f* rock wool; silicate cotton
Gesteinszersetzung *f* rock decay (disintegration); chemical weathering
Gesteinszuschlagstoff *m* stone aggregate
Gestell *n* 1. rack, shelf *(Regal)*; 2. trestle *(Bock)*; 3. scaffold[ing] timber scaffold *(Gerüst)*; framework, bent *(Fachwerk)*
gestelzt stilted; surmounted
gesteuert controlled
gestört out-of-action *(Gerät)*
gestockt bush-hammered *(Oberfläche)*
gestoßen[/stumpf] butted
gestreckt square-headed *(Türöffnung, Fensteröffnung)*
gestrichelt intermittent *(Zeichnung)*
gestrichen painted; coated
gestülpt *(Hb)* clincher-built
Gesundheitstechnik *f* sanitary (public health) engineering
Getäfel *n* wainscot, panel
getäfelt panelled
geteert tarred, asphalted
geteilt/in Querfelder traviated, *(Am)* travated
~/ungleich unevenly spaced
getont, getönt toned *(Anstrich)*
Getreidesilo *n* grain silo (storage bin), *(Am)* grain elevator
Getreidespeicher *m* corn loft; grain silo, granary
getrennt separate *(z. B. Toilette)*
getrocknet/künstlich kiln-dried; hot-air seasoned *(Holz)*
~/zu schnell case-hardened *(Bauholz)*
gewachsen/langsam slow-grown *(Holz)*
Gewächshaus *n* greenhouse, glass-house, hot-house *(Treibhaus)*; conservatory *(für Ausstellungen)*
~/aufklappbares Dutch light house
~/nicht heizbares coldhouse
Gewächshausglas *n* greenhouse glass
gewalzt rolled
Gewände *n* jamb[s], jambstone; ingoings, door-case, flanning *(Türen)*
Gewändeaufstand *m* jamb (ingoing) footing
Gewändepfosten *m* ingoing (jamb) post
Gewändeportal *n (Arch)* portal jamb
Gewändesäule *f* ingoing
Gewändestein *m* jambstone

Gewandhaus *n* cloth hall
Gewässer *n***/ fließendes** [body of] running, water, stream
Gewässerschutz *m* water conservation
Gewebe *n* [woven] fabric, cloth, web
~/gummiertes rubberized (rubber-coated) fabric
Gewebebauplatte *f* jute board
gewebebewehrt cloth-reinforced
Geweberand *m* selvage
Gewebeträger *m* cloth base
Gewebeunterlagschicht *f* cloth base
gewebeverstärkt cloth-reinforced
Gewebeverstärkung *f* 1. fabric reinforcement; 2. scrim *(Material)*
gewellt corrugated *(z. B. Bleche)*
Gewerbenutzung *f* office occupancy *(eines Gebäudes)*
Gewerk *n* trade; craft
Gewerkablauf *m* sequence of trades (works)
Gewerkabschluß *m***/ spätester** latest event occurrence time
Gewicht *n***/ spezifisches** specific weight
Gewichtsangabe *f* indication of weight
Gewichtsannahme *f* weight assumption
Gewichtsdosierung *f* proportioning by weight
Gewichtskraft *f***/ längenbezogene** weight force per unit length
Gewichtsmauer *f* gravity wall (dam), gravity retaining wall
~ **mit Überfall** gravity spillway dam
Gewichtsprozentsatz *m* percentage by weight
Gewichtsspannung *f* load-tensioning *(Spannbeton)*
Gewichtsstützmauer *f s.* Gewichtsmauer
Gewichtsverteilung *f* distribution of load
Gewinde *n* 1. *(Arch)* garland *(Schmuckelement)*; wreath *(kranzartiges Ornament)*, encarpus *(Ornament an einem Fries)*; swag *(Schmuckelement der Renaissance)*; 2. thread *(einer Schraube)*
Gewindeanker *m* threaded anchorage
Gewindebohrer *m* screw-tap
Gewindebolzen *m* threaded bolt
Gewindeflansch *m* threaded flange
Gewindegang *m* thread
Gewindesteigung *f* [thread] pitch, lead [of a thread]
Gewindeverbindung *f* threaded joint *(Rohre)*
Gewinn *m* proceeds, gain
Gewinnungsgrube *f* borrow pit (source) *(für Steine)*
Gewinnungsklasse *f (Bod)* excavation class
Gewohnheitsrecht *n* established (customary) right
Gewölbe *n* 1. *(Arch)* vault, vaulting; concameration *(gewölbte Räume)*; arch *(Bogen)*; 2. arch *(Feuerraumgewölbe)* • **ein ~ schließen** to close a vault
~/abgeflachtes surbased vault
~/achtteiliges octopartite vault
~/angelsächsisches fan tracery
~/dreiteiliges tripartite vault
~/einfaches simple vault
~/halbhochgekreuztes underpitch vault, Welsh groin
~/einhüftiges vaulting with one lower and one higher impost
~/ellipsoidisches ellipsoid vault
~/feuerfestes refractory arch *(Feuerraum)*
~/gedrücktes surbased vault
~/gerades direct vault
~/gewundenes helical vault
~/gotisches pointed Gothic vault
~/halbgeschlossenes half-open vault
~/konisches conical vault
~/konoidisches conoidal vault
~ **mit schmalen Zwischenrippen** lierne vaulting
~/offenes vault on pillars
~ **ohne Gelenke** non-articulated arch
~/parabolisches parabolic vault; parabolic arch
~/scheit[ge]rechtes straight arch, straight vault[ing], jack vault
~/schiefes oblique vaulting, skew vault
~/schiefliegendes arch barrel
~/schiefwinkliges skew-arched vault
~/schräges rampant vault
~/sechsteiliges sexpartite vault
~/selbsttragendes self-supporting vault
~/steinernes stone vault
~/überhobenes (überhöhtes) surmounted vault
~/unterschrägtes underpitch vault, Welsh groin
~/verankertes grapped vault
~/verkehrtes inverted arch [foundation], inflected arch, countervault
~/vierteiliges quadripartite vault
~/viertelteiliges cul-de-four
~/walzenförmiges cylindrical vault
~/zusammengesetztes compound vault
~/zylindrisches cylindrical vault
Gewölbeabdeckung *f* vault coping
Gewölbeabteilung *f* severy, bay of a vault
Gewölbeanfang *m* spring of a vault
Gewölbeanfänger *m* [vault] springer, coussinet
Gewölbebau *m* 1. vault construction, vaulting; 2. arched (arcuated) construction
Gewölbebildung *f* bridging *(von Schüttgütern)*
Gewölbebogen *m* vaulted arch, arch of a vault; soffit arch
~/voller semicircular arch
Gewölbebedeckung *f* arch covering
Gewölbedach *n* vault[ed] roof
Gewölbedecke *f* vaulted [concave] ceiling
Gewölbedicke *f* vault depth (thickness)
Gewölbedurchlaß *m* arched culvert
Gewölbefeld *n* 1. severy; 2. vault bay *(durch Rippen begrenzt)*
~/spitzes gore
Gewölbefertigteil *n* vaulting cell
Gewölbefläche *f* 1. sectroid *(Segment)*; 2. intrados *(innere Wölbungsfläche)*; 3. extrados *(äußerer Bogen)*

Gewölbeform *f* type of vault *(Gewölbeart)*; vault pattern
Gewölbeformstein *m* voussoir [quoin]
Gewölbefrontstein *m* ring stone
Gewölbehöhe *f* vault rise
Gewölbehohlziegel *m* vaulting tile
Gewölbekämpfer *m* vault impost
Gewölbekämpferlinie *f* spring line of the vault
Gewölbekantenstein *m* voussoir quoin
Gewölbekappe *f* vault cap (head), web, cell
~/unterschrägte underpitch groin
Gewölbekappenfläche *f* sectroid
Gewölbeleibung *f* intrados
Gewölbemauerwerk *n* vaulted masonry (brickwork), stone arching
Gewölbepfeiler *m* arched buttress
Gewölbeprofil *n* outline of arch
Gewölbering *m* [vault] order
Gewölberippe *f* 1. vault rib; [ridge] rib; 2. formeret; 3. *s.* ~/doppelte
~/doppelte tierceron *(Rippe 2. Grades)*
~ eines gotischen Gewölbes/diagonales ogive
Gewölberücken *m* extrados, back of vault
Gewölberückenfläche *f* back [of vault]
Gewölbeschale *f* vaulting
Gewölbescheitel *m* 1. vault crown; 2. crown of the arch; 3. summit line, top line
Gewölbescheitelpunkt *m* vault crown
Gewölbeschenkel *m* haunch [of vault]
Gewölbeschub *m* vault thrust; tangential thrust of vault
Gewölbesenkung *f* sagging of the vault
Gewölbespannweite *f* vault span
Gewölbesperrmauer *f (Wsb)* arch[ed] dam
Gewölbespiegel *m* mirror of a vault
Gewölbestärke *f s.* Gewölbedicke
Gewölbestein *m* 1. arch brick (stone), radius (radiating) brick; 2. voussoir [quoin]; 3. wedge-shaped brick *(Keilstein)*; 4. hollow-gauged brick *(hohler Gewölbestein)*
Gewölbestichhöhe *f* vault rise
Gewölbestirnmauer *f* spandrel wall
Gewölbesystem *n* arching
Gewölbeteil *n* vaulting cell
gewölbetragend arcuated
Gewölbeverband *m* vault bond
Gewölbewange *f* respond
Gewölbewirkung *f* vault (arch) action
Gewölbewulstrippe *f* surface rib
Gewölbeziegel *m* voussoir brick
Gewölbezwickel *m* vault spandrel, spandrel [of vault], pendentive
Gewölbezwischenrippe *f* lierne [rib], intermediate rib
Gewölbezwischensegment *n* sectroid
gewölbt 1. vaulted, arched *(z. B. Decke)*; 2. domed *(mit einer Kuppel versehen)*; 3. cambered *(z. B. Holzteile oder Straßenoberfläche)*; 4. bellied, convex; 5. pulvinated *(z. B. ein Fries)*
~/konvex pulvinated, convex
~/nach außen embowed *(z. B. eine Fenstervertiefung)*
geworfen warped
gewunden 1. twisted; 2. vermicular *(wurmartig gewundene Ornamentierung)*
gewürfelt tessellated
gezackt 1. serrated, jagged *(z. B. Konturen von Hochhäusern)*; 2. notched, indented *(mit Kerben)*
gezahnt, gezähnt serrated, toothed; dent[icul]ated
gezeichnet/maßstäblich drawn to scale
Gezeitenablagerung *f* tidal mud deposits
Gezeitenkraftwerk *n* tidal power plant
Giebel *m* 1. gable, gable-end; 2. *(Arch)* pediment *(z. B. antike Dreiecks- und Segmentgiebel)*; 3. fronton *(Ziergiebel über Türen und Fenstern)*
~/abgetreppter step[ped] gable
~/abgewalmter hip[ped] gable, *(Am)* clipped gable
~/falscher false front, flying façade
~/verzierter pediment, aetos, aetoma
Giebelabdeckung *f* gable coping
Giebelabschlußstein *m* **/ auskragender** barge stone
Giebelbalken *m* top beam
Giebelblendbretträger *m* gable post
Giebelbodendecke *f* tray ceiling
Giebelbogen *m* triangular arch
Giebelbrett *n* barge board *(auch verziert)*; parge (verge) board
Giebeldach *n* 1. gable roof, table-type (gable-ended) roof; 2. V-roof
~/gleichseitiges span roof
~ mit 60° Dachneigung equilateral roof
Giebeldeckbrett *n s.* Giebelbrett
Giebeldreieckraum *m s.* Giebelfeld 2.
Giebelfeld *n* 1. razed table; 2. tympanum *(am antiken Tempel)*
Giebelfenster *n* gable window
Giebelfirstabdeckung *f* raking coping
Giebelfront *f* flank front
Giebelfronthaus *n* gable-fronted house
Giebelfuß *m* gable shoulder
Giebelfußmauerwerk *n* gable shoulder
Giebelfußplatte *f* skew table
Giebelfußstein *m* 1. gable springer, skew corbel (block) *(keilförmig)*; 2. kneeler, kneestone *(dreieckförmig)*
Giebelfußwinkelplatte *f* skew table
Giebelgaupe *f* gabled dormer
Giebelhaus *n* gable-fronted house
giebelig gabled; gable-like
Giebelkante *f* verge
Giebelmaßwerk *n* gable tracery
Giebelmauer *f s.* Giebelwand
Giebelmauerabdeckung *f* gable coping
~/gestufte fractables
Giebelrahmen *m* gable frame
Giebelrandunterfütterung *f* skew fillet *(Schieferdach)*

Giebelrandverkleidung *f* skew flashing
Giebelschrägzierkante *f* raking cornice
Giebelseite *f* flank, gable end
Giebelseiteneinfassung *f* skew flashing
Giebelsimsstein *m* skew corbel (putt)
Giebelstein *m* gable slate
Giebelstreckholz *n* gable post
Giebelstufe *f* corbiestep
Giebelturm *m* gabled tower
Giebelwalm *m* gabled hip
Giebelwand *f* gable wall, [gable] end wall, flank wall
Giebelzierkante *f* raker cornice
Giebelzierleiste *f* verge fillet
Giebelzimmer *m* attic room
Giebelzinne *f (Arch)* acroter[ium] *(antiker Giebelschmuck)*
gießbar pourable *(z. B. Beton)*; castable *(bes. Metall)*
Gießbarkeit *f* pourability; castabilty
gießen to pour *(z. B. Beton)*; to cast *(Metall)*; to mould *(in Formen)*
~/Beton to pour concrete
Gießereischlacke *f* foundry slag *(Zuschlagstoff)*
Gießfehler *m* casting fault
Gießform *f* casting form (mould)
Gießrohr *n* articulated [drop] chute
Gießturm *n* elevator tower *(für Beton)*
Gieß- und Einwalzverfahren *n* mopping method *(Heißbitumenisolierung)*
Gildehaus *n* guildhall
Gilmorenadeln *fpl* Gillmore (gillmore) needles *(zur Betonerstarrungsprüfung)*
Gilsonit[asphalt] *m* gilsonite
Gips *m* gypsum *(als Rohmaterial)*; plaster [stone], plaster of Paris • **~ brennen** to burn (calcine) gypsum
~/doppelt gebrannter Keene's plaster (cement); tiling plaster
~/gebrannter burnt gypsum
~/kalzinierter plaster of Paris, hemihydrate plaster
~/wasserfreier anhydrite, anhydrous gypsum [plaster]
Gipsanhydrid *n* anhydrous calcium sulphate
Gipsbauplatte *f* [gypsum] plaster slab, [gypsum] plasterboard
Gipsbeton *m* gypsum (plaster) concrete
~/faserbewehrter gypsum fibre concrete
Gipsblockstein *m* gypsum block (tile)
Gipsbrei *m* gypsum paste
Gipsdeckputz *m* gypsum trowel finish, [gypsum] veneer plaster
Gipsdiele *f* gypsum plank (slab), gypsum plasterboard
gipsen to plaster
Gipserbeil *n* lath hammer, lathing hatchet (hammer)
Gipserscheibe *f* float *(für Gipsputz)*
Gipserspachtel *f* wall scraper
Gipsestrich *m* plaster screed (finish), gypsum floor (flooring coat)
Gipsfaserwandplatte *f* gypsum wallboard, fibrous plaster sheet
Gipsfels *m* compact gypsum *(dichter Gips)*
Gipsfliese *f* gypsum tile
Gipsflockenisolierfüllung *f* gypsum insulation
Gipsformteil *n* [gypsum] backing board *(Schalldecke)*
Gipsfugendeckstreifen *m* gypsum lath *(als Putzträger)*; rock lath
Gipsglattputz *m* veneer plaster
Gipsgrundplatte *f* gypsum backerboard
Gipshalbhydrat *n* [calcium sulphate] hemihydrate
~/abbindeverzögertes retarded hemihydrate
gipshaltig gypseous, gypsum-based, gypsiferous
Gipshinterbauplatte *f* gypsum backerboard
Gipshohlblock[stein] *m* hollow gypsum block
Gipsit *m* gypsite
Gips-Kalk-Binder *m* selenitic cement (lime)
Gips-Kalk[kitt]deckputz *m* gauging plaster, gauge stuff *(zum schnellen Abbinden)*
Gipskalkmörtel *m* gypsum-lime mortar
Gipskartonplatte *f* 1. gypsum [plaster]board; alabaster board; [perforated] plasterboard *(gelochte Gipskartonplatte)*
Gipskelle *f* plastering trowel
Gipskerndachplatte *f* gypsum plank
Gipskernwandplatte *f* gypsum sheathing
Gipsleistenhalter *m* clip
Gipsmergel *m* gypsite
Gipsmörtel *m* gypsum mortar (stuff), plaster [mortar], staff *(für Stuckarbeit)*
Gipsnaturbaustein *m* selenite [block]
Gipsplatte *f* gypsum board, plaster panel (slab)
Gipsplattenfugenband *n* perforated tape
Gipsplattenwand *f* wall in plaster panels, plaster slab partition wall
Gipsputz *m* [anhydrous] gypsum plaster, gypsum finish, veneer plaster, plaster stucco
~/abgemagerter sanded (patent) plaster
~/faserbewehrter fibred plaster
~ mit Holzfasern wood-fibred plaster
~/sandabgemagerter sanded plaster
Gipsputzmörtel *m* gypsum stuff
Gipsputzunterlage *f* **aus Streckmetall** furring
Gipsroh[bau]platte *f* veneer base *(Ausbau)*
Gipsspat *m* specular gypsum (stone)
Gipsstreifen *m* gypsum (rock) lath *(als Putzträger)*
Gipsstuck *m* [plaster] stucco
Gipsträgerplatte *f* veneer base *(Ausbau)*
Gipsüberzug *m* plaster finish
Gipsunterputz *m* gypsum (sulphate) plaster
~/harter gypsum basecoat plaster, hardwall [plaster]
~ mit Vermikulitzuschlagstoff gypsum vermiculite plaster

Gipsverkleidungsplatte *f***/ einseitig mit Aluminiumfolie belegte** foil-backed gypsum board, insulating plasterboard
Gipswandbauplatte *f s.* Gipswandplatte
Gipswandplatte *f* gypsum wallboard (panel)
~/feuerhemmende type X wallboard
Gipszement *m* Keene's cement, tiling plaster
~ mit Borax Parian cement
Girlande *f (Arch)* garland, swag, festoon *(Schmuckelement)*; encarpus *(Blumenornament an einem Fries oder Kapitell)*; wreath *(kranzartiges Ornament)*
Gitter *n* 1. bars; 2. trellis, grille, lattice *(Fenster)*, 3. railing *(Geländer)*; 4. [wire] mesh *(Bewehrung)*; 5. grid, grate, grating *(im Fußboden, Straßendecke)*; 6. screen *(Wand)*; 7. fence, gate *(Zaun)*
gitterartig latticed, lattice-like, gridlike
Gitterausleger *m* lattice boom *(Bagger)*
Gitterbalken *m* girder beam (pole)
Gitterbauelement *n* grillwork
Gitterblockstein *m* grille block
Gittereisen *n* fence bar *(Zaun)*
Gitterfachwerk *n* latticework, lattice girder (beam), latticed girder
Gitterfenster *n* lattice (trellis) window
Gittergerüst *n* lattice shell
Gittermast *m* 1. lattice[-form] mast, trellis mast; 2. braced steel mast (tower)
Gittermauer *f* screen wall
Gittermauerwerk *n* 1. chequer-work, *(Am)* checkerwork *(mit Schachbrettmuster)*; 2. screen wall *(Abschirmung)*
Gitterpfette *f* lattice[d] purlin
Gitterplatte *f* grid plate
Gitterrost *m* grating *(Bodenrost)*
~/dreieckiger triangulated grid framework
Gitterrostabdeckung *f* metal grating *(über Öffnungen und Schächten)*
Gittersäule *f* girder pole
Gitterschale *f* lattice shell
Gitterschutz *m***/ V-förmiger** chevron slat
Gitterstab *m* latticed bar (member)
Gittersteg *m* lattice web *(eines Trägers)*
Gitterstein *m* grille block, multihole brick
Gitterstütze *f* lattice[d] column
Gitterträger *m* 1. lattice girder (beam), latticed girder, lattice truss; 2. bar joist; open-web girder
~/geschweißter welded truss
~/hölzerner timber lattice girder
Gittertragwerk *n***/ räumliches** space lattice
Gittertür *f* lattice gate
Gitterwerk *n* 1. lattice [work], lattice structure, trellis work; 2. grating *(über dem Fußboden)*; 3. latticed girder construction *(Tragelement)*
~/radiales radial grating
~/räumliches space lattice
~/umkehrbares reversible grating
Gitterwerkdecke *f* grid ceiling
Gitterwerkornament *n* trellis moulding
Gitterzaun *m* trellis fence
Gitterziegel *m* perforated brick
Glanz *m* gloss[iness], lustre *(z. B. von Materialien)*; brightness *(von Farben)*
Glanzanstrich *m*, **Glanzaufstrich** *m* gloss coat
glänzen to shine *(Material)*; to buff *(Terrazzopolieren)*
glänzend glossy, lustrous, shining, bright
Glänzendwerden *n* glossing-up
Glanzfehlstelle *f* flat spot *(Lackanstrich)*
Glanzklarlack *m* gloss varnish
Glanzlack *m* gloss varnish; gloss paint
glanzlos 1. lustreless; 2. matt *(mattierter Anstrich)*; 3. dull, flat *(Farbe)*
Glanzlosigkeit *f* dullness, flatness *(Farbe)*
Glanzpech *n* glance pitch
Glanzruß *m* shining soot
glanzschleifen to polish, to burnish
Glanzverlust *m* loss of gloss, dulling *(Anstrich)*
Glas *n* glass
~/beschichtetes glass with reflective coating, reflecting (reflective) glass
~/drahtbewehrtes wire reinforced glass
~/durchsichtiges clear glass
~/feuerfestes heat-resisting glass
~/gegossenes pressed glass
~/gehärtetes tempered glass
~/gemustertes patterned glass *(für Trennwände)*
~/geschliffenes ground glass, polished (cut) glass
~/getrübtes opal (opaque) glass
~/gezogenes drawn glass
~/hitzeabweisendes heat-reflective glass, heat-rejecting glass, heat-absorbing glass
~/keramisch gefrittetes ceramic-faced glass
~/mattiertes depolished glass, ground (frosted) glass
~/mineralisches natural glass
~ mit Metallflitterbeschichtung hammered glass
~ mit Strahlungselementen radiant glass
~/opalisierendes opalescent glass
~/organisches organic glass
~/reflexfreies non-reflecting glass
~/schalldämmendes sound-insulating glass
~/ungefärbtes colourless glass
~/wärmeschluckendes heat-absorbing glass
~/zähes tempered glass
Glasanschlaghöhe *f* rabbet depth *(Fenster)*
glasartig glassy, glass-like, vitreous
Glasätzung *f* **zur Verzierung** French embossing; glassware etching
Glasauflagerand *m* glazing bead *(zur Verglasung)*
Glasbaustein *m* glass block (brick), hollow glass block
Glasbausteine *mpl (Am)* structural glass
Glasbedachung *f* glass roof cladding
Glasbelagplatte *f* glass tile
Glasbeton *m* glass (translucent) concrete, glascrete; glazed reinforced concrete
Glasbläschen *n* glass bubble, bleb

Glasdach *n* glass (glazed) roof • **mit ~** glass-roofed
Glasdachraupe *f* glass skylight
Glasdachsprosse *f* glass bar
Glasdachstein *m* glass slate
Glasdachziegel *m* glass slate
Glasdecke *f* glass ceiling
Glasdeckenöffnung *f* floor[ing] light
Glasdeckleiste *f* glazing bead, window [glazing] bar, *(Am)* muntin
Glaseindeckung *f* roof glazing, glass roofing
Glaseinsatz *m* glass insert
Glaser *m* glazier
Glaserarbeiten *fpl* glazier's work, glazing
Glaserei *f* glazier's shop
Glaserkitt *m* glazier's (painter's) putty, oil (bedding) putty
~/weißer white lead putty (cement)
Glaserkittbett *n* bedding
Glasernagel *m* glazing sprig
Glasfalz *m* rebate for glazing
Glasfaser *f* glass fibre, fibre glass
Glasfaserbahn *f* [glass fibre] blanket insulation
Glasfaserbeton *m* fibrous concrete
Glasfaserbetonform *f* pan
glasfaserbewehrt glass-fibre reinforced
Glasfaserbewehrungsmaterial *n* **/ vorimprägniertes** prepreg (preimpregnated) glass-fibre reinforcement
Glasfasergewebe *n* glass[-fibre] fabric, glass cloth
Glasfaserisoliermaterial *n* **/ flexibles** [flexible] glass fibre blanket insulation
Glasfaserisolierung *f* **für Klimaluftzüge** duct lining
Glasfaserkitt *m* polyester putty
Glasfaserkunststoff *m* glass-reinforced laminate
Glasfasermaterial *n* **/ vorimprägniertes** prepreg (preimpregnated) glass-fibre material
Glasfaserputz *m* glass-fibred plaster
Glasfaserschalung *f* glass-fibre formwork, pan
Glasfaserschichtstoff *m* fibre-glass reinforced laminate, glass-fibre laminate
glasfaserverstärkt glass[-fibre] reinforced
Glasfaservlies *n* chopped strand mat, glass-fibre veil
Glasfaserwolle *f* mineral wool
Glasfassadengebäude *n* glass-façade building (block)
Glasfiber *s.* Glasfaser
Glasfliese *f* glass tile
Glasfügeltür *f* glazed leaf door
Glasfüllung *f* glass panel *(z. B. einer Tür)*
Glasfüllungstür *f* half-glass door
glasieren to glaze
glasiert glazed *(Fliesen, Kacheln)*
~/schwach semivitreous
Glasierung *f* 1. glazing; ceramic coating; 2. *s.* Glasur
glasig 1. vitreous *(z. B. Ziegel, Kacheln)*, glassy; 2. hyaline *(glasartig) (Geologie)*
Glaskassette *f* glass panel
Glasklebekitt *m* glass cement
Glaskuppel *f* glass dome
Glasleiste *f* window [glazing] bar, window guard
Glas-Metall-Verbindung *f* **/ dichte** glass-to-metal seal
Glasmosaik *n* glass mosaics
Glasmosaikplatte *f* **[/ kleine]** quarry glass
Glasmosaiksplitter *m* smalt
Glasnut *f* sash fillister
Glaspapier *n* **/ feines** glass-paper
Glaspendeltür *f* glass swing door
Glasplatte *f* glass plate; glass tile
~/kleine quarry glass
Glaspolierung *f* acid polishing [of glas] *(mit Säure)*
Glasraupe *f* glass skylight
Glasrohrleitung *f* glass pipeline
Glassandpapier *n* **/ feines** glass-paper, sand-paper
Glasscheibe *f* glass pane (sheet), pane [of glass]
~/für bleiverglaste Fenster quarrel, quarry
Glasscheibenauflageklötzchen *n* setting block
Glasscheibenhalteklammer[feder] *f* glazing clip
Glasscheibenhalteleiste *f* glazing fillet
Glasscheibenhalter *m* glass stop, glazing stop (bead); glazing spacer block *(im Rahmen)*
Glasschneider *m* glass-cutter; glazier's diamond
Glasschwingflügeltür *f* glass swing door
Glasseide *f* glass silk
Glasseiden-Roving *m* glass-fibre strand, [glass-fibre] roving
Glassplitter *m* splinter of glass
Glasstab *m* glass bar
Glasstahlbeton *m* [reinforced] glass concrete
Glasstange *f* glass bar
Glassteine *mpl* structural glass
Glasstift *m* storm clip
Glasstück *n* **/ bearbeitetes** glass chip *(für Einbauzwecke)*
Glastafel *n* glass sheet, sheet glass
Glastrennwand *f* glass partition wall, glazed partition [wall], glass screen
Glastür *f* full glass door
~/mehrfach geteilte divided light door
Glasur *f* 1. glaze, glazing, glazed finish *(auf Keramik)*; enamel *(auf Metall)*; 2. gloss, lustre *(Glanzüberzug)*
~/farblose clear glaze
~/gebrannte fired glaze
~/gefrittete fritted glaze
~/kratzfeste scratch-resisting glaze
Glasurdachziegel *m* glazed roofing tile
Glasurfehlstellenbildung *f* blistering
Glasurhaarriß *m* fire crack
Glasurornamentierung *f* in-glazed decoration
Glasurriß *m* glaze craze; shivering
Glasurstein *m* glazed (enamelled) brick
Glasurziegel *m* glazed (enamelled) brick
Glasveranda *f* glazed (glass) veranda
Glasvlies *n* glass[-fibre] mat, glass[-fibre] felt
Glaswand *f* glass wall

Glaswand[bau]element *n* glass wall [building] unit
Glaswandtafel *f* glass wall panel
Glaswatte *f* glass wadding, spun glass
Glaswerk *n* glassworks, glass-house
Glaswolle *f* glass wool, spun glass
Glaswollebaumatte *f* glass-wool mat
Glaswolledämmung *f* glass-wool insulation (lagging)
Glaswolleisolierung *f* glass-wool insulation (lagging)
Glaswollematte *f* glass-wool mat
Glaswolleplatte *f* glass-wool slab
Glasziegel *m* glass tile (brick, block)
glatt 1. smooth *(z. B. Material)*; plane, even *(z. B. Fläche)*; flush *(bündig)*; 2. polished
~ und konvex plano-convex
Glattbeton *m* smooth concrete
Glättbohle *f* smoothing (finishing) beam, finishing screed, screed [board], screeding board (plate), strike
Glättbrett *n* float
Glätte *f* smoothness, evenness *(einer Fläche)*
glätten 1. to even, to flat, to flatten, to level, to planish *(z. B. Gelände)*; 2. to level, to flush *(z. B. Oberfläche bündig machen)*; 3. to plane *(z. B. mit einem Hobel)*; 4. to smooth, to trowel, to screed *(Betonoberfläche)*; 5. to polish *(polieren)*
~/Steine to scour stones
Glätten *n* finishing
Glätter *m s.* Glättkelle
Glattheit *f s.* Glätte
glatthobeln to plane [smooth], to surface
Glättkelle *f* [finishing] trowel, smoothing trowel
~/pneumatische air float
Glattmantelwalze *f* smooth roller
Glättmaschine *f* trowelling machine, power trowel
Glättpinsel *m* smoothing brush
Glattputz *m* smooth (fair-faced) plaster, stucco
Glattputzen *n* polish *(Putz)*, running-off
Glattreiben *n* floating
Glättscheibe *f* power trowel
Glättschicht *f* float (topping) coat
Glattschlagen *n* backing *(Steinvorlage)*
Glättstein *m* float stone
glattstreichen to smooth; to strike *(Fugen)*
Glattwalze *f* smooth roller
Gleichgewicht *n* equilibrium, balance • **im ~** balanced
~ der Kräfte force equilibrium
~/statisches static equilibrium (balance)
Gleichgewichtsbedingung *f***/ statische** condition of static equilibrium
Gleichgewichtslage *f* steady position, position of equilibrium
Gleichgewichtszustand *m* equilibrium state, state of equilibrium
gleichkörnig even-grained, like-grained *(Zuschlagstoff)*
Gleichlast *f* uniformly distributed load
Gleichmaßgrenze *f* limit of proportionality
Gleichmäßigkeitskoeffizient *m* uniformity coefficient *(für Sand, Kies)*
Gleichschlag *m* long lay *(eines Seils)*
Gleichstrom *m (El)* direct current, d.c.
Gleichwinkelbogenmauer *f (Wsb)* constant-angle arch dam
Gleichzeitigkeitsbeschickung *f* ribbon loading
Gleis *n* rail track, track[s]
Gleisanlage *f* railway (railroad) lines, track system, *(Am)* trackage
Gleisanschluß *m* siding [track]
Gleisanschlußstein *m* rail border stone
Gleisarbeiten *fpl* line (track) repairs
Gleisbauwagen *m* track construction car
Gleisbaumaschine *f* tracklaying machine
Gleisbett *n* track bed (bedding) course
Gleisbettreinigungsmaschine *f* track cleaner
Gleisbettung *f* bedding of track, ballasting, *(Am)* railroad bedding
gleisgebunden rail-borne
Gleisjoch *n* track panel
Gleiskette *f* [crawler] track
Gleiskettenfertiger *m* track-laying [type] finisher
Gleiskettengerät *n* tracked plant
Gleiskörper *m* [rail] track, railway embankment
Gleiskreuzung *f* crossing of lines
~/spitzwinklige diamond crossing
Gleiskurve *f* curved track
Gleisoberbau *m* permanent way
Gleisprüfwagen *m* track recording coach
Gleisrücken *n* rail shifting, track shifting (slewing), shifting of tracks
Gleisrückmaschine *f* rail (track) shifting machine
Gleisschleife *f* loop-line
Gleissenkung *f* track subsidence
Gleissteigung *f* gradient of track, track gradient
Gleisstopfen *n* track-packing, track (rail) tamping
Gleisstopfmaschine *f* sleeper packing machine, [power ballaster] track tamping machine
Gleisstraße *f* flagged roadway
Gleisstrecke *f* track, *(Am)* trackage
Gleisübergang *m* level [railway] crossing
Gleisverrücken *n s.* Gleisrücken
Gleisverwerfung *f* track warping
Gleiswaage *f* weighbridge
Gleitbahn *f* slide, chute, *(Am)* coulisse
Gleitbauweise *f* slip-form construction
Gleitbeiwertmesser *m* skew resistance tester
Gleitbruch *m* sliding failure *(Bodenmechanik)*
Gleitebene *f* 1. *(Bod)* plane of rupture; 2. *s.* Gleitfläche
gleiten to slide, to slip; *(Bod)* to shear
Gleitfertiger *m* slip-form paver *(Straßenbau)*
Gleitfläche *f* plane of sliding (slip), slip plane
Gleitflächen *fpl* conjugate sections
Gleitfuge *f* slip joint *(Montagebau)*
Gleitgefahr *f* danger of sliding (slipping)
Gleitgelenk *n* sliding joint

Gleitkanal *m* cable duct *(Stahlbeton)*; sheath *(Spannbeton)*
Gleitkreis *m (Erdb)* friction circle
Gleitlager *n* slide (sliding) bearing
Gleitleiste *f* slip piece
Gleitlinie *f* line of slide, slip line
Gleitmaß *n* modulus of transverse elasticity
Gleitmodul *m* shear modulus, modulus of rigidity, modulus of elasticity in (for) shear
~/dynamischer dynamic shear modulus
Gleitplatte *f* slipper *(Gleitschalung)*
Gleitreibungsbeiwert *m* kinetic coefficient of friction, coefficient of kinetic friction
Gleitreibungszahl *f* coefficient of sliding friction *(Straße)*
Gleitriegel *m* sliding bolt
Gleitrinne *f* chuter
Gleitrohr *n* brass lining
Gleitschalung *f* 1. moving form[work], moving shutter[s], mobile form, slip-form, sliding form, sliding shutters (mould) *(z. B. für Wände)*, travelling form (shutters); 2. travelling formwork (shuttering) *(für horizontale Bewegung, z. B. für Tunnelbau)*
~/senkrechte vertical slip form
Gleitschalungsfertiger *m* slip-form paver *(Straßenbau)*
Gleitschalungstafel *f* sliding panel
Gleitscherfestigkeit *f (Bod)* residual [shear] strength
Gleitschicht *f* 1. slickenside, slicks; 2. parting plane; 3. nappe *(Geologie)*
Gleitschiene *f* slide [bar], guide bar, track, rail
Gleitschuh *m* slipper *(Gleitschalung)*
Gleitschutzanstrich *m* non-skid paint
Gleitschutzteppich *m* skid-proof mat
gleitsicher skid-proof, antiskid, antislip
Gleitstange *f* jack[ing] rod *(Gleitschalung)*
Gleitstein *m* sliding block
Gleitung *f* slide, sliding, slippage *(Böschung)*
Gletscherschutt *m* moraine chippings, glacier drift, glacial[-borne] debris
Glied *n* 1. member, component *(als Bauteil)*; 2. link *(z. B. einer Kette)*; 3. rod, bar *(einer Bewehrung)*; 4. term *(einer Gleichung, einer Matrix)*
~/bewegliches movable member (link)
~ eines Dachfachwerks/senkrechtes crown post
Gliedablenkung *f* rod slope
Gliedanschluß *m* member (rod) connection *(Stabwerk)*
Gliedbelastung *f* rod loading
Glieder *npl* **/[mit Bolzen] gelenkig verbundene** pin-connected bars
Gliederheizkörper *m* radiator, *(Am)* rad
Gliederkessel *m* sectional boiler *(Heizkessel)*
Gliedermaßstab *m* [multiple-]folding rule, folded rule; zigzag rule
Gliederung *f* division, subdivision
~/bauliche structural division
Gliedfeld *n* bar (rod) field, member field
Glimmer *m* mica
~/blättchenförmiger flake mica
Glimmeranstrich *m* mica paint
Glimmerisolierung *f* mica covering
Glimmerschiefermehl *n* mica powder *(für Bitumenschindeln und als Füller)*
Glimmerschuppen *fpl* mica flakes
Glimmerton *m* illite
Glimmlampe *f* glow lamp; neon glow lamp *(Neonglimmlampe)*; neon[-filled] lamp
Glocke *f* 1. bell; 2. cap *(Dachdeckung)*
Glockenarm *m* bell crank, angle lever
Glockenbogen *m* bell arch
Glockendach *n* bell[-cast] roof
Glockenflur *m* bell deck
glockenförmig bell-shaped; campaniform
Glockengestell *n s.* Glockenstuhl
Glockenhaus *n* bell house
Glockenkapitell *n* bell capital
Glockenkuppel *f* bell-shaped dome
Glockenmuffenfitting *n* recessed fitting
Glockenmuffenverbindung *f* bell-and-spigot joint, spigot (bell) joint, bell-and-socket joint
Glockenraum *m* bell deck
Glockenstuhl *m* belfry, bell frame
Glockenträgerbalken *m* headstock
Glockenturm *m* belfry, bell (clock) tower; carillon
~/freistehender campanile
Glockentürmchen *n* bell turret
Glockenventil *n* bell-shaped valve
Glockenverschluß *m* bell trap *(Geruchsverschluß)*
glühen 1. to calcine *(z. B. Kalkstein)*; to bake *(Keramik)*; to anneal *(Metalle)*; 2. to glow
Glühfadenlampe *f* filament lamp
Glühlampe *f* 1. incandescent (filament) lamp; 2. electric light bulb
~/gasgefüllte gas-filled [incandescent] lamp
~ mit blaugrünem Glas incandescent daylight lamp
Glühlampenaustausch *m* **/kompletter** group relamping *(eines Beleuchtungssystems)*
Glühstein *m* scale *(Kupfer)*
Glyphe *f (Arch)* glyph *(Ornament)*
glyphisch glyphic
Glyptothek *f* glyptotheca
Gneis *m* gneiss; trade granite
Gneisgestein *n* bastard granite
Gneiszuschlagstoff *m* chert *(für Sichtbeton)*
Goldarbeit *f* gold-work
Goldbronze *f* gold bronze; ormolu
Goldbronzefarbe *f* ormolu varnish
Goldbronzepaste *f* ormolu
Goldeinbrennlack *m* gold stoving varnish
Goldfluß *m* aventurine *(Mineral)*
Goldfolie *f* gold foil
Goldgrundöl *n* gold size
Goldleim *m* gold size

Goliathsockel *m (El)* mogul base, screw cap
Goniometer *n* goniometer
Gopura *m* gopura *(Tempeleingangstor in Indien)*
Gosse *f* gutter [channel], sewer
Gotik *f* Gothic
~/englische Decorated style *(13. und 14. Jahrhundert)*; Perpendicular style *(Spätgotik bis zum 16. Jahrhundert)*
~/frühe englische Early English style *(etwa 1180–1270)*
Gotikverband *m* English bond; silver-lock bond
gotisch Gothic
Goudron *m* goudron *(Asphalt mit Erdölrückständen)*
Goudronator *m s.* Gudronator
Grabaufbau *m s.* Grabmal
graben to dig, to trench; to excavate
~/einen Brunnen to sink a well
Graben *m* 1. ditch, trench, drain; 2. drainage trench, culvert *(Abzugsgraben)*; 3. moat *(Burggraben)*
Grabenaushub *m* ditching, trenching
Grabenaushubausrüstung *f* backhoe *(eines Baggers)*
Grabenaussteifstrebe *f*/ **verstellbare** *(Am)* strut; trench brace
Grabenaussteifung *f* sheeting, sheathing
~/durchbrochene *s.* ~ mit undichter Schalung
~ mit undichter Schalung open sheeting (sheathing), open timbering, skeleton sheeting
Grabenaussteifungsschalung *f*/ **geschlossene** tight sheeting (sheathing)
Grabenbagger *m* trench excavator (digger), trencher; ditching machine, ditcher, ditch digger; backacting shovel, backacter [shovel], *(Am)* backhoe *(ziehend arbeitender Löffelbagger)*
Grabenbaggerung *f* trench digging; mechanical cutting of trenches
Grabenbauweise *f* open cut *(Tunnel)*
Grabenböschung *f* bank of ditch
Grabenfräse *f* trencher
Grabenmuffe *f* trifurcating joint
Grabenprofilgreifer *m* trench forming shovel
Grabenramme *f* trench rammer (tamper), backfill rammer
Grabenräumer *m* ditch cleaner
Grabenschalung *f*/ **geschlossene** tight sheeting (sheathing)
Grabenschild *m* trench shield *(Schildvortrieb)*
Grabensohle *f* bottom of a ditch, subgrade (basement soil) of a ditch
Grabenspreize *f* strut, *(Am)* trench brace
Grabenspreizwinde *f* trench jack
Grabenstrebe *f* strut
~/verstellbare *s.* Grabenspreize
Grabenverbau *m* trench sheeting (sheathing)
Grabenverdichter *m* trench compactor
Grabenverfüller *m* backfiller
Grabenverfüllgerät *n* backfiller
Grabenverfüllung *f* trench backfill
Grabenwalze *f* compactor
Grabenziehmaschine *f* trenching (ditching) machine, ditcher
Grabgewölbe *n* burial vault; crypt *(in einem Dom)*
Grabhügel *m* 1. burial mount; 2. tumulus, barrow *(antik oder prähistorisch)*
Grabmal *n* tomb, [burial] monument
Grabstätte *f* tomb, sepulchre
Grabvorgang *m* 1. digging, trenching; 2. crowding *(Bagger)*
Grad *m* **Celsius** degree centigrade (Celsius), deg C, °C
~ der statischen Unbestimmtheit degree of static indeterminacy
~ Fahrenheit degree Fahrenheit, deg F, °F
Gradbogen *m (Verm)* graduated arc, limb
Gradeinteilung *f* graduation
Grader *m* road grader, [blade] grader *(Baumaschine)*
Gradient *m* gradient
Gradiente *f* gradient, degree of slope; incline, inclination
Gradientenzug *m* line of levels
Gradierwerk *n* cooling tower
Gradtag *m* degree-day *(Heizenergiebedarf eines Hauses pro Tag)*
Graduierung *f* graduation
Granat *m* garnet *(Mineral)*
Granit *m* granite
~/zerkleinerter crushed granite
granitartig granitoid, granite-like
Granitauskleidung *f* granite surfacing *(z. B. Oberflächen)*
Granitbordstein *m* granite kerb [stone], *(Am)* granite curb [stone]
Granitfußbodenstein *m* granite flagstone (floor slab)
Granitpflasterstein *m* granite [paving] sett, pitcher
Granitplatte *f* granite slab
Granitplatten[fuß]boden *m* granite slab floor
Granitplattenpflaster *n* granite-block paving
Granitsand *m* granite sand
Granitsplitt *m* granite chippings (chips)
Granitstufe *f* granite step
Granitverkleidung *f* granite surfacing
Granitwürfel *m* granite cube
Granulat *n* granular material, granules
Granulatformung *f* powder moulding *(Kunststoff)*
Granulation granulation, granulating, graining, shotting
granulieren to granulate, to grain, to shot
Granulierung *f s.* Granulation
Granulometrie *f* granulometry
graphisch graphic, diagrammatic, graphical
Graphit *m* graphite
Graphitfarbe *f* graphite paint
Graphostatik *f* graphic[al] statics
Grasnarbe *f* turf, sward

Grat *m* 1. arris, rib of an arched roof; groin *(bei Gewölben)*; 2. burr *(z. B. an Schneiden)*
Gratanfänger *m* hip starting tile *(Walm)*
Gratbalken *m* hip rafter, hip of a roof *(Dach)*
Gratbinder *m* hip truss *(Dach)*
Gratbogen *m* diagonal arch, groin arch; rib of an arched roof
Gratbrett *n* hip board (support)
Gratdachziegel *m* crest tile
Gratdachziegelhalter *m* hip hook (iron)
Gratformwerk *n* hip knob
Gratfußende *n* hipped end
Grathobel *m* fillister, rebate (rabbet) plane; badger *(großer Grathobel)*, dovetail plane
Gratlinie *f* arris
Gratrippe *f* diagonal rib; nervure *(Gewölbe)*
Gratschifter *m* jack rafter, hip jack [rafter]; dwarf rafter
Gratsparren *m* hip rafter, angle rafter (ridge)
Gratsparrenabdeckung *f* hip capping
Gratsparrendach *n* hip-and-gable roof
Gratsparrenformwerk *n* hip moulding
Gratstein *m s.* Gratziegel
Gratstichbalken *m* creeping rafter
Gratverband *m* herringbone work *(Mauerwerk)*
Gratverbindung *f* hip joint
Gratziegel *m* hip tile (rooftile), arris [hip] tile
~/gewölbter cone tile, bonnet [hip] tile
Grauguß *m* grey cast iron *(Material)*
Grau-in-Grau-Anstrich *m* grisaille *(Dekorativanstrich)*
Graukalk *m* grey stone lime, poor lime
Graupappe *f* grey board, mill board
Grauwacke *f* greywacke *(Gestein)*
gravieren to engrave; to incise
graviert engraved; incised
Greifbagger *m* grabbing crane; excavator; grab dredger *(für Baggerarbeiten unter Wasser)*
Greifdorneisen *n* claw
greifen to seize; to grab; to grip *(z. B. mit Zangen)*
Greifer *m* grab, grabbing bucket *(eines Baggers)*; scoop, [planing] skip *(Kübel eines Baggers)*; excavator grab *(eines Greiferbaggers)*; clamshell bucket (grab) *(eines Zweischalengreifers)*; claw *(eines Greiferkübels)*
~/automatischer automatic bucket
Greiferbagger *m* grab dredge *(für Baggerarbeiten unter Wasser)*
Greiferkorb *m* clamshell [bucket], grab bucket, half-scoop
Greiferkran *m* grab crane
Greiferkübel *m* grab (grabbing) bucket, excavating bucket
Greifkorb *m* grab
Greifkübel *m s.* Greiferkübel
Greifschwimmbagger *m* grab dredge
Greifzirkel *m* calipers
grell harsh, garish *(Farbanstrich)*; glaring, dazzling *(Licht)*
Grenzbeanspruchung *f* limit load
Grenzbedingung *f* boundary condition
Grenzbelastung *f* load limit, ultimate loading
~/rechnerische design ultimate load, factored load *(Belastung mal Lastfaktor)*
Grenzbogen *m* party arch *(zwischen zwei Häusern)*
Grenze *f* boundary; boundary line
~ der statischen Stabilität steady-state stability limit
~ der Wölbung limit of camber
Grenzeinwilligung *f* acquiescence *(Zustimmung zur Bebauungsgrenze)*
grenzen an to border on, to adjoin
Grenzfestigkeit *f* strength ceiling; ultimate (critical) strength
Grenzfläche *f* interface; contact surface
Grenzflächenspannung *f* interfacial tension
Grenzformänderung *f* limit deformation
Grenzfreistreifen *m* side line
Grenzgeschwindigkeit *f* **der Rißausbreitung** critical crack propagation rate
Grenzgiebel *m***/ freistehender** boundary gable
Grenzgleichgewicht *n* limiting equilibrium
Grenzgraben *m* boundary ditch; sunk fence *(Weidefläche)*
Grenzkorn *n* limit screen size
Grenzlast *f* critical (limit) load
~/plastische plastic limit load
Grenzlastannahme *f* design ultimate load, factored load
Grenzmarkierung *f* 1. limit mark; 2. landmark
Grenzmaß *n* [dimensional] limit
~/oberes limiting size (dimension)
~/unteres minimum limit
Grenzmauer *f* 1. enclosure wall, *(Am)* lot-line wall; 2. party wall *(zwischen zwei Gebäuden)*
Grenzpfahl *m* boundary post (pole)
Grenzschicht *f* interface; boundary layer
Grenzschlankheit *f* limiting slenderness *(von Bauelementen)*
Grenzsieblinie *f* gradation (grading) limit, limiting grading curve, particle distribution limit
Grenzspannung *f* 1. limiting stress *(im Elastizitätsbereich)*; 2. *(El)* critical voltage
Grenzstein *m* 1. boundary (border) stone; 2. landmark
Grenzsteinmarkierung *f (Verm)* monument
Grenztiefe *f (Bod)* limit depth
Grenztragfähigkeit *f* ultimate bearing capacity
Grenzüberbauung *f* encroachment *(nicht erlaubte)*
Grenzvermessung *f* 1. boundary survey; 2. property survey *(eines Grundstückes)*
Grenzwandbogen *m* party arch *(zwischen zwei Häusern)*
Grenzwert *m* limit, limiting value
Grenzwertüberwachung *f (HLK)* limit control
Grenzwerte *mpl* boundary conditions
Grenzzone *f* boundary zone
Grenzzustand *m* limit[ing] state; ultimate state

~ **der Tragfähigkeit** ultimate limit state [of load-bearing capacity]
~/**oberer** passive state
grießig 1. gritty; 2. seedy *(Anstrich)*
Griffelement *n* manual element
griffest [trocken] dried to touch, touch-dry *(Anstrich)*
griffig non-skid[ding], antiskid, antislip
Griffigkeit *f* non-skid property
Griffstange *f* grab bar
Grillenwerk *n* grotesque *(Ornament)*
grob rough, coarse *(z. B. Kies)*
Grobabsiebung *f* scalping
Grobarbeiten *fpl (Am)* roughing-in *(an einem Gebäude)*
Grobbeton *m* coarse concrete
Grobblech *n* thick [sheet] plate, heavy plate
grobfaserig coarse-textured *(Holz)*
Grobfelsgestein *n* rip-rap coarse rock *(für Fundamente)*
Grobgefüge *n* open grain structure, macrostructure
• **mit** ~ open-grained
Grobgut *n* 1. coarse material; 2. *s.* Grobkorn 2.
Grobhobel *m* scrub plane
grobjährig wide-ringed *(Holz)*
Grobkeramik *f* 1. heavy-ceramics; 2. heavy clay product (ware), earthenware
Grobkies *m* coarse (pebble) gravel, rubble
Grobkieszuschlagstoff *m* cobble gravel, coarse gravel aggregate
Grobkorn *n* 1. coarse grain; 2. oversize material (product), [screen] oversize *(beim Sieben)*
Grobkorngefüge *n* coarse-grained structure
grobkörnig coarse-grained, large-grained, open-grained; chisley
Grobkörnigkeit *f* coarseness
Grobkornstruktur *f* coarse-grained (open-grained) structure
grobkristallin coarse-crystalline, granular-crystalline, coarse-grained
grobporig coarse-pored
Grobputzlage *f* backing coat, undercoat, basecoat; scratch coat
Grobsand *m* coarse sand, grit
Grobschlag *m* rubble
Grobschlagbeton *m* rubble concrete
Grobschmied *m* blacksmith
Grobschotter *m* coarse-broken stone, ballast *(für Gleisbau)*
Grobschotterzuschlag[stoff] *m* coarse-crushed aggregate
Grobseil *n* hay-band
Grobsieb *n* riddle, scalper
grobsieben to riddle
Grobsiebung *f* riddling, coarse (rough) screening
Grobspalten *n* blocking, sledging
Grobsplitt *m* coarse chippings; broken rock (stone)
Grobzuschlag[stoff] *m* coarse aggregate
~/**zerkleinerter** crushed coarse aggregate
Grobzuschlagstoffe *mpl* coarse aggregates, ballast *(Schotter)*
Großblock *m* 1. large block *(Baustein)*; 2. large block[house] *(Wohngebäude)*
Großblockbauweise *f* large-block construction (method), large-block system, large-sized block construction
Großblocklochziegel *m* hollow block
Großblocksteinversetzen *n* blocklaying
Großbohrpfahl *m (Am)* cylinder
Größe *f* 1. dimension *(Ausmaß)*; 2. size *(Format)*; 3. quantity *(Menge)*
~/**abnorme** bastard *(Bauelemente)*
~/**gegebene** datum
~/**geschnittene** offsaw *(Bauholz)*
~/**natürliche** full scale *(Maßstäbe)*
Größen *fpl*/ **unsortierte** random widths
Größenbemessung *f* sizing
Größenordnung *f* order of magnitude, dimension
größenunveränderlich dimensionally stable *(bei Temperatur- und Feuchtigkeitseinwirkung)*
Großflächenplatte *f* concrete raft *(für Fundamente)*
Großflächensiedlungsanlage *f* large housing estate
Großgarage *f* large-capacity garage, car park
Großgebäude *n* edifice *(speziell: imposantes Bauwerk)*
Großkassettendecke *f* compartment ceiling
Großkipper *m* ballast truck
Großmischer *m* **für Beton** volume-production concrete mixer
Großpflaster *n* sett paving
Großpflasterdecke *f* large sett paving
Großpflasterklinker *m* double format paving stone, *(Am)* double format pavior
Großpflasterstein *m* large [paving] sett
Großpflasterstraße *f* sett paved road
Großplatte *f* room-sized [wall] panel *(Wandtafel)*; large (large-sized) panel
Großplattenbau *m* large-panel building; panellized house (structure)
Großplattenbauweise *f* large-panel construction, large-panel method (system)
Großplattentrennwand *f*/**bewegliche** operable large-panel partition (wall)
Großraumbunker *m* large-bulk bunker *(Behälter)*
Großraumbüro *n* 1. open[-plan] office, landscaped office room; 2. office landscape *(Bürolandschaft)*
Großraumetagengebäude *n* open plan multi-storey building
Großschieferplatte *f* princess *(350 × 600 mm)*
Großserienfertigung *f* large-batch production
Großsiedlung *f* large housing estate
Großsilo *n* giant store (silo)
Großstadt *f* city; megalopolis *(sehr groß)*
großstückig large in pieces
Großtafel *f* large-sized panel
Großtafelbauweise *f s.* Großplattenbauweise
Großtafelwand *f* large-panel wall

Größtkorn *n***/ maximal zulässiges** maximum size of aggregate
Größtmaß *n* maximum limit
Größtmoment *n* maximum moment
Großversuch *m* large-scale test
Großziegel[stein] *m* oversize (jumbo) brick *(größer als Normalformat)*
Groteskenornament *n* grotesque
Grotte *f* grotto
Grube *f* 1. pit, excavation *(Baugrube)*; 2. pit, mine *(Bergbau)*
Grubenabdeckung *f* pit covering
Grubenbau *m* mine working
Grubengebäude *npl* mine workings
Grubenkies *m* pit[-run] gravel
Grubensand *m* pit sand
Grubenzuschlagstoff *m***/ unklassifizierter** bank-run aggregate
Gruft *f* vault, tomb; crypt *(in Kirchen)*
Gruftgewölbe *n* burial vault; undercroft
Grün *n***/ Braunschweiger** Brunswick green
Grünanlagen *fpl* 1. green space (area); 2. lawn and planting
Grünfläche *f* green *(z. B. Rasenfläche)*
Grund *m* 1. ground, plot, estate, land *(Baugebäude)*; 2. soil, earth; 3. ground (base) coat *(z. B. Farbgrundierung)* • **auf planiertem ~** at grade
~/fester firm ground
~/verschlammter muddy ground
Grundabflußleitung *f* house drain
Grundablaß *m* bottom outlet, dewatering conduit
Grundannahme *f (Stat)* basic assumption
Grundanstrich *m* 1. priming *(Vorgang)*; 2. prime (priming) coat, primer, ground (base, primary) coat *(Ergebnis)*; flat coat *(bes. für Holz)*; 3. *s.* Grundanstrichmittel
~/bituminöser asphalt prime coat
~ einer Metalloberfläche metal primer
~/haftsicherer wash prime coat
~/stark pigmentierter surfacer
~/zweiter second priming
Grundanstrichfarbe *f* priming [paint], first (flat) paint
Grundanstrichmittel *n* primer
~ bituminöses asphalt primer
Grundanstrichschicht *f* filler coat
Grundausstattung *f* basic (small-scale) equipment *(technische)*
Grundbalken *m* ground beam (timber); grating beam *(Holzrost)*
Grundbau *m* 1. foundation engineering, earthwork and foundations; 2. soil engineering
Grundbesitz *s.* Grundeigentum
Grundbitumen *n* base bitumen, *(Am)* base asphalt
Grundbruch *m* 1. *(Bod)* [ground] failure, breach; 2. shearing (shear) failure, failure by rupture; 3. fretting *(einer Straße)*
~ durch Untergrundwasserbewegung [failure due to] piping
~/hydraulischer seepage failure
Grundbruchuntersuchung *f (Bod)* circular arc method
Grundbuch *n* land-register, *(Am)* register of real estates, real estate register, platt
Grunddamm *m* overflow dam
Grundeigentum *n* property, ownership of land (property) *(s. a.* Grundstückseigentum*)*
~/freies freehold [property]
Grundeigentümer *m* landowner, freeholder
Grundeigentumsurkunde *f* title deed [to a property]
gründen 1. to lay foundations, to found *(Fundament legen)*; to build; 2. to bottom *(Straße)*
~ auf to base on
Grunderwerb *m* purchase (acquisition) of land, land acquisition
Grundfachwerk *n* basic truss
Grundfarbe *f s.* Grundanstrichfarbe
Grundfläche *f* floor area (space) *(eines Gebäudes)*
~/quadratische square base
Grundgeräusch *n* background noise, noise floor
Grundhalter *m (Erdb)* dolly
Grundhelligkeit *f* background brightness
Grundhobel *m* router [plane], ground plane
Grundholz *n* abutment *(Fachwerk)*
Grundieranstrich *m s.* Grundanstrich
grundieren to prime, to ground, to precoat
Grundieren *n* priming; sizing *(z. B. Holz)*
Grundierfarbe *f s.* Grundanstrichfarbe
Grundierlack *m* primer, ground varnish
Grundiermalerbürste *f* ground brush
Grundiermasse *f* size, sizing material; *(Am)* flatting putty
Grundiermittel *n* [wash] primer
Grundierschicht *f* ground
Grundierüberzug *m* wash coat
Grundierung *f* 1. priming, grounding *(Vorgang)*; 2. primer, prime (priming, primary) coat; first coat, ground coat, undercoat, precoat *(Ergebnis)* *(Zusammensetzungen s. unter* Grundanstrich*)*
Grundkosten *pl* basic cost
Grundlack *m* precoat; primer, bottom (base) lacquer
Grundlage *f* base
Grundlast *f* base (basic) load
Grundleitung *f* drainage system, house drain
Grundlinie *f* base (ground) line
Grundmaß *n* 1. module; 2. basic (standard) dimension
Grundmaterial *n* 1. basic (key) material; 2. backing material *(z. B. für Beschichtungen)*
Grundmauer *f* [masonry] foundation wall
Grundmauerwerk *n* foundation brickwork (masonry)
Grundmetall *n* parent metal *(Schweißen)*
Grundmodul *m* basic module
Grundmörtel *m* grubstone mortar
Grundpfahl *m* foundation pile *(Gründung)*

Grundplan *m* plan view
Grundplatte *f* 1. foundation slab (raft) *(Gründungen)*; 2. invert *(z. B. von Kanälen, Tunneln)*; 3. floor plate (slab) *(Geschoß)*; wall (head) plate *(z. B. Wände)*; 4. bearing plate *(z. B. für Träger)*
Grundputzmethode *f* **/ doppelte** double up (back)
Grundputzschicht *f* undercoat
Grundriß *m* 1. ground-plan, plan; 2. plan (top) view *(Zeichnung)*
~/runder circular plan
Grundrißanordnung *f* layout plan
Grundrißdarstellung *f* ichnography *(in Zeichnungen)*
Grundrißebene *f* ground projection plane
Grundrißmarkierung *f* ichnography
Grundrißplan *m* layout, ground plan
Grundrißzeichnung *f* layout drawing
Grundsatz *m* **/ konstruktiver** structural (constructional) principle
Grundschicht *f* 1. base *(Straße)*; 2. background, base, ground, back coat *(z. B. bei Putz)*; 3. primary layer
Grundschwelle *f* 1. sill, doorsill, door saddle (strip), sill (sole) plate *(für Türen)*; 2. ground sill (plate) *(Grundbalken bei Holzkonstruktionen)*; 3. foundation sill *(bei Gründungen)*; 4. *(Am)* piece *(Fachwerk)*
Grundspannungszustand *m* basic stress state
Grundstein *m* 1. foundation stone *(eines Fundaments)*; 2. base block *(z. B. bei einer Mauer)*; 3. pilaster base *(eines Wandpfeilers)* • **den ~ legen** to lay the foundation stone
Grundsteinblock *m* bed-stone
Grundsteinlage *f* foundation stone [layer]
Grundsteinlegung *f* 1. laying of the foundation stone; 2. foundation ceremony
Grundstreifen *m* strip of ground
Grundstück *n* 1. estate *(größeres Anwesen)*; 2. parcel of land; lot, *(Am)* plot; 3. site *(Baugrundstück)*
~/bebautes 1. [built-up] property, developed property; 2. premises *(Gebäude)*
~/eingefriedetes bebautes compound *(z. B. Industriegebäude)*
~/niedrigliegendes swale; low-laying stretch of land
~/unbebautes undeveloped property, site
Grundstücksbegrenzungsmauer *f* party (parting) wall, common wall *(zwischen zwei angrenzenden Reihenhäusern)*, *(Am)* lot-line wall
Grundstücksbrief *m* tenements letter *(Pachtbrief, Vertragswesen)*
Grundstückseigentum *n* real property *(alle Rechte einschließend)*; *(Am)* real estate *(mit Gebäuden)*
Grundstückseigentumsanspruch *m* remainder *(auf Lebenszeit)*
Grundstücksentwässerung *f* 1. site drainage *(Baustelle)*; 2. building drainage
Grundstücksentwässerungsanlage *f* building-drainage system
Grundstücksgrenze *f* land boundary, property line, *(Am)* plot line
Grundstücksgrenzenabstand *m* **eines Gebäudes** set-back of a building
Grundstücksgrenzlinie *f* property line
Grundstücksgrenzmauer *f* property-line wall
Grundstücksinanspruchnahme *f* *(Am)* eviction *(gerichtlich verfügt)*
Grundstücksmakler *m* real estate agent
Grundstücksmauer *f* 1. party wall, parting (common) wall *(zwischen angrenzenden Häusern)*; 2. property-line (boundary) wall
Grundstücksnutzungsvereinbarung *f* *(Am)* restrictive covenant
Grundstücksrandstreifen *m* property side line
Grundstücksseitenhof *m* side yard *(zwischen Gebäude und Nachbargrenze)*
Grundstücksspekulant *m* property speculator
Grundstücksvermessung *f* real estate survey
Grundstücksverzeichnis *n* real estate register, *(Am)* cadastre
Grundstückszwangsverkauf *m* foreclosure sale
Grundtyp *m* basic type
Gründung *f* 1. foundation, fdn, footing *(Fundament)*; 2. base, wall base *(Einzelfundament für Gebäude oder Wand)*
~/abgestufte (abgetreppte) benched foundation
~ auf Beton und Pfahlrost concrete and pile foundation
~/eingelassene sunk foundation
~/künstliche artificial foundation
~ mittels Schachtabteufung foundation by pit sinking
~ mit Unterbrechungen non-continuous foundation
~/schwimmende floating foundation
~/ununterbrochene continuous foundation
Gründungsarbeiten *fpl* foundation work
Gründungsbalken *m* grade beam
Gründungsbrunnen *m* foundation well
Gründungsfläche *f* bearing area
Gründungshöhe *f* level of foundation
Gründungspfahl *m* [foundation] pile (pier)
Gründungsplatte *f* foundation plate (slab), base slab; [foundation] raft *(Plattengründung)*; *(Am)* grade slab, underbase
~/vergrößerte enlarged foundation slab
Gründungsrost *m* grid foundation, grillage [foundation]; grating *(aus Holzbalken)*
Gründungsrostplatte *f* grid foundation [slab]
Gründungsschicht *f* foundation stratum; base (foundation) course *(Straßenbau)*
Gründungsschwelle *f* grade beam
Gründungssohle *f* 1. foundation base level, foundation base (level), level of foundation *(Fundament)* 2. formation level, *(Am)* grade level *(Erdschicht)*
Gründungsstein *m* footing stone

Gründungstiefe *f* depth of foundation
Gründungswand *f* masonry foundation wall, ground wall
Gründungswanne *f (Erdb)* [foundation] tank
Grunduntersuchung *f* valuation survey
Grundwasser *n* 1. ground water, subsoil water; 2. underflow, underground flow, phreatic water *(freibewegliches Grundwasser)*
~/sickerndes free (gravitational) water
Grundwasserabdichtung *f* 1. subsoil water packing; waterproofing; 2. surface water proofer *(Ergebnis)*
Grundwasserabsenkung *f* ground-water lowering, lowering of subsoil water
~ mit Vakuumbrunnen vacuum method of drainage
Grundwasserabsenkungsanlage *f* ground-water lowering system *(equipment)*
~ mit Filterbrunnen well-point system
Grundwasserabsenkungsmaß *n* drawdown of subsoil water
Grundwasserabsenkungssystem *n* dewatering system
Grundwasserleiter *m* aquifer [layer] bed, water-bearing horizon
Grundwasserlinie *f* [ground-water] saturation line
Grundwasserschicht *f* ground-water layer
Grundwasserspiegel *m* ground-water level, level of underground water, subsoil water level (table)
~/erhöhter perched water table *(einer begrenzten Fläche durch undurchlässige Bodenschicht)*
~/natürlicher (ungesenkter) natural ground-water level
Grundwasserzutritt *m* inrush of underground water, ingress of ground-water
Grundwehr *n* flush weir, incomplete (submerged) overfall
Grundwerk *n* ground knives
Grundwerkstoff *m* base material
Grundzapfen *m* wedged tenon
Grundzustand *m (Stat)* basic condition
Grünerde *f* green earth
Grünerdepigment *n* green earth pigment
Grünfläche *f* green [area], green area (space), grassed area; park area *(Stadtplanung)*
Grünfäule *f* mildewed wood *(Holz)*
Grünglas *n* green glass
Grüngürtel *m* green belt *(Stadtplanung)*
Grünholz *n* greenheart, greenstick
Grünland *n* meadow land, grassland
Grünsandstein *m* green sandstone
Grünschiefer *m* green schist
Grünspan *m* verdigris, *(Am)* aerugo
Grünstadt *f* landscaped town
Grünstein *m* greenstone, diabase
Grünstreifen *m* green strip; landscape strip
Grünterrasse *f* landscaped terrace
Grünzone *f* green area (belt, space) *(s. a.* Grünstreifen*)*
Gruppe *f* group, cluster *(von Häusern)*
Gruppenabzweigventil *n* group vent
Gruppenindex *m* group index
Gruppenwaschbeckenanlage *f* wash (water) fountain
Gruppierung *f* grouping
~/dorfähnliche village-type arrangement
Guaschmalerei *f* gouache *(mit gummigemischten Wasserfarben)*
Gudronator *m* bitumen heater and sprayer, bitumen spraying machine
Guillochierung *f* guilloche *(Bandornament)*
Güllebecken *n* slurry lagoon (pit)
Güllebehälter *m* liquid manure store
Güllegrube *f* slurry pit, [liquid] manure pit
Gully *m* gully[-hole], street inlet
Gummi *m* rubber
~/ölresistenter oil-resistant rubber *(z. B. Nitrilkautschuk)*
~/poröser porous (cellular) rubber
Gummiabdichtung *f* rubber joint
Gummiarabikum *n* gum arabic, acacia (senegal) gum
gummiartig rubbery, rubber-like; elastomeric
Gummiauflagerung *f* elastomeric bearing
Gummibaumhartholz *n* gum tree hardwood
Gummibitumen *n* rubberized asphalt
Gummi-Bitumen-Gemisch *n* rubberized asphalt [mixture]
Gummibitumen-Zuschlagstoff-Mischung *f* rubber-asphalt paving mixture
Gummidichtstreifen *m* rubber silencer *(zur Schalldämmung)*
Gummidichtung *f* rubber seal (packing); rubber gasket (joint)
Gummidichtungsring *m (El)* grommet
gummieren to rubber-coat, to rubber[ize]; to gum
Gummifliese *f* rubber paving block
Gummifußbodenbelag *m* rubber floor cover[ing]
Gummiharz *n* gum resin
Gummikabel *n*/**flexibles** cab-tyre cable
Gummilasche *f* rubber strip
Gummilösung *f* rubber solution; rubber cement
Gummipackung *f s.* Gummidichtung
Gummipflaster *n* rubber paving block
Gummipfropfen *m* rubber stopper
Gummiplane *f* rubber blanket
Gummiradwalze *f* rubber-tyred roller, pneumatic tyred roller *(Straße)*
Gummirohr *n* rubber tube
Gummischlauch *m* rubber hose (tubing)
Gummischwabber *m* rubber squeegee *(für Schlämmeauftrag)*
Gummistopfen *m* rubber stopper
Gummizwischenlage *f* rubber packing
Gurt *m* 1. chord, boom, girt, girth *(für Stahlkonstruktionen)*; 2. *(Am)* waling, wall[r], ranger *(bei Spundwänden)*; 3. *s.* Gurtstab; 4. belt *(Fördergurt)*; tape *(Band)*; 5. band *(Ornament)*; fascia *(Ziergurt)*
~/zusammengesetzter packed chord *(Träger)*

Gurtband *n* girdle; [conveyor] belt
Gurtbandaufnehmer *m* belt [truck] loader
Gurtblech *n* flange angle
Gurtbogen *m* main arch of a vault
Gürtel *m* 1. belt; 2. zone *(geographisch)*
Gurtförderer *m* band (belt) conveyor
Gurtgesims *n* string course, belt [course] *(Ornament)*
Gurtgewölbe *n* ribbed vault, vault with dentated springing lines
Gurtholz *n* ledger [beam] runner; waling *(für Spundwand)*
Gurtplatte *f* boom (chord) plate *(für Stahlkonstruktionen)*; reinforcing plate
~/aufgeschweißte 1. welded cover plate *(zur Abdeckung)*; 2. welded boom plate *(zur Verstärkung)*
~/untere sole plate
Gurtplattenteilstück *n* partial cover plate
Gurtplattenverstärkung *f***/ aufgeschweißte** welded boom stiffening plate
Gurtrippe *f* decorative rib
Gurtstab *m* boom (flange) member
Gurtstreifen *mpl***/ zusammengesetzte** fasciated bands
Gurtung *f* boom, flange [of rider], webbing *(für Stahlkonstruktionen)*
~/gebrochene boom in form of a broken line
~/zweiwandige boom of the open box *(Träger)*
Gurtungsstab *m* boom member
Gurtungsstange *f* flange member
Gurtungsverstärkung *f* boom stiffening
Gurtwinkel *m* flange angle
Guß *m* 1. cast[ing] *(Produkt)*; 2. casting, pouring *(Vorgang)*
Gußasphalt *m* poured asphalt, poured (melted) mastic asphalt, mastic asphalt (flooring)
Gußasphaltaufbereiter *m* asphalt oven
Gußasphaltbrot *n* mastic block
Gußasphaltdachdeckung *f* liquid roofing *(nahtlos)*
Gußasphaltkocher *m* mastic cooker, road kettle
Gußasphaltverlegung *f***/ maschinelle** machine pouring (casting) of asphalt
Gußbeton *m* cast (moulded) concrete; chuted concrete
Gußblase *f* blister *(an der Oberfläche)*; blow-hole *(innen)*; bleb *(bes. in Glas)*; honeycomb *(Porosität bei Metallguß)*
Gußblock *m* ingot
Gußeisen *m* cast iron
~ mit Schrottzusatz semisteel
Gußeisenrohr *n* cast-iron pipe
Gußerker *m* brattice; machicolation *(Wehrburg)*
Gußfehler *m* casting fault (defect)
Gußform *f* [casting] mould, moulding frame
Gußhaut *f* [casting] skin
Gußmastix *m* master mastic
Gußmörtel *m* grout, *(Am)* larry
Gußputz *m***/ faserbewehrter** fibrous plaster, stick-and-rag work
Gußradiator *m* cast-iron radiator
Gußrand *m* burr *(Grat)*
Gußrohr *n* cast[-iron] pipe
Gußrohrbogen *m* **mit Auflageflansch** [cast-iron] base elbow
Gußstahl *m* mild steel, cast steel
Gußstein *m* sewer
Gußstößel *m* cast-iron rammer
Gußstück *n* casting
Gußwand *f* cast-in-situ wall *(aus Beton)*
Gut *n* goods, products *(Erzeugnisse)*
~/bewegliches chattels *(juristischer Terminus)*
~/getrocknetes dry product
~/schwer siebbares difficult-to-screen material
~/zu behandelndes material to be handled
Gutachten *n* 1. expert's opinion (report, survey); 2. approval of plans
Güteanforderungen *fpl* quality requirements
Gütebedingungen *fpl* quality specifications (conditions)
Gütebestimmung *f* quality specification
Gütebestimmungen *fpl* quality regulations
Güteeigenschaft *f* characteristic quality
Güteforderungen *fpl* quality requirements
Güteklasse *f* grade, class *(z. B. eines Baustoffs)*
~/bezeichnete (vermerkte) marked grade
Güteklassenbeschreibung *f* grade description
güteklassiert graded
Gütekontrolle *f* quality control, inspection
Gütekontrolleur *m* inspector
Gütenachweis *m* quality certificate, certificate of quality
Gütenorm *f* quality standard, code of quality
Güteprüfung *f* quality test
Güteraufzug *m* material hoist
Güterbahnhof *m* goods station; *(Am)* freight station (depot)
Güterfernverkehr *m* long-haul traffic, long-distance goods traffic, long-distance haulage
Gütertransport *m* goods traffic, haulage [of goods]; *(Am)* freight traffic
Güterverkehr *m s.* Gütertransport
Güterverladerampe *f* goods ramp, *(Am)* freight platform
Güteschutz *m* registered [certification] trade mark scheme
Gütesicherung *f* quality audit; assurance of quality, quality control
Güteüberwachung *f* quality control (audit)
Güteüberwachungstabelle *f* quality control chart
Güte- und Lieferbestimmung *f***/ technische** commercial standard

H

Haareinmischgerät *n* hair hook *(für Mörtel)*
Haareinrührstab *m* rab *(für Haarmörtel)*
Haarentferner *m* hair beater *(vom Putz)*
Haarfang *m (San)* hair catcher

Haarfasereinmischgerät *n* hair hook *(für Mörtel)*
Haarfilz *m* hair felt (felted fabric)
Haar[kalk]mörtel *m* hair[ed] mortar, hair-fibered mortar
Haarnadelanker *m* hairpin *(in Frischbeton)*
Haarnadelkurve *f* hairpin curve (bend) *(Straßenbau)*
Haarriß *m* hair[-line] crack, plastic shrinkage crack; check *(im Stahl bei schnellem Kühlen)*
Haarrißbildung *f* hair-line cracking, hair checking; crazing *(bei Beton)*
Haarrißliniennetz *n* pattern cracking
Haarsieb *n* hair sieve
Haarzirkel *m* hair compasses
Hacke *f* pick, pickaxe
hacken to pick; to hack, to peck
Hackmeißel *m* bolster
Hafen *m*/ **künstlicher** artificial harbour
Hafenanlagen *fpl* harbour facilities, port installations; docks
Hafenbau *m* harbour engineering
Hafenbecken *n* [harbour] basin
Hafendamm *m* pier, jetty; mole, breakwater *(als Schutz)*
Hafendock *n* wet (gate) dock, basin
Hafeneinrichtungen *fpl* port facilities
Hafenkran *m* harbour (wharf) crane
Hafenmole *f* mole
Hafenpier *m* pier, [harbour] jetty
Hafenschleuse *f* harbour lock
Hafenstadt *f* port; seaport *(am Meer)*
Haft *m* crook, tack
Haftanstrich *m* wash (bond) coat
Haftbeton *m* bonding concrete
Haftbrücke *f* bond coat, bonding course
Haftbrückenbeton *m* bonding concrete
Haftbrückenmörtel *m* bonding mortar
Hafte *f s.* Haft
Hafteigenschaft *f s.* Haftfestigkeit
haften 1. to adhere [to], to stick, to cling; to attach [to], 2. to freeze *(Beton)*; 3. to cleat *(Metalldach)*; 4. to be [held] liable *(rechtlich verantwortlich sein)*
~/für Mängel to be liable [for], to be responsible [for], to warrant for faults (defects)
Haften *n* adhesion, adherence, sticking
~/schlechtes poor adhesion
haftend adhesive, adherent
haftfähig adhesive, adherent; tack-dry *(Kleber)*
Haftfähigkeit *f* adhesiveness, adhesion capacity (power); bonding capacity (power)
Haftfestigkeit *f* adhesive strength (power); bonding; gripping *(Stahlbeton)*
Haftfestigkeitsverbesserer *m* adhesion promoting agent, wetting agent
Haftfestigkeitsverbesserung *f* doping of binders
Haftfläche *f* area of adhesion, bond[ing] area
Haftgrund *m* wash (self-etching) primer; [paint] base *(für Farbanstriche)*
Haftkleber *m* contact (pressure-sensitive) adhesive, dry-bond adhesive, lap cement
~/feuchtigkeitsunempfindlicher wet-use adhesive
Haftkraft *f* adhering force
Haftlänge *f* transmission (transfer) length, grip (bond) length *(Bewehrung)*
Haftmittel *n* adhesion agent, adhesive [agent], bonding agent
Haftmittelzusatz *m* doping of binders
Haftmörtel *m* bonding mortar
Haftnagel *m* fastening nail
Haftputz *m* bond plaster, bond[ing] finish; concrete bond
Haftreibung *f* static friction, *(Am)* striction; cohesive (road) friction *(Straße)*
Haftrille *f* gripping groove
Haftschicht *f* slush coat
Haftspannung *f* 1. adhesive stress, stress of adhesion, adhesion force; 2. bond[ing] stress, gripping stress *(bei Bewehrung)*
~/mittlere average bond stress *(der Bewehrung)*
Haftstoff *m s.* Haftmittel
Haftung *f* 1. adhesion, adherence; 2. bonding, gripping *(Stahlbeton)*; 3. liability, *(Am)* warranty
~/bituminöse binding
Haftungsvermögen *n s.* Haftfähigkeit
haftverankert self-anchored *(Spannbeton)*
haftverbessernd bond-improving
Haftverbund *m* bonding, gripping
Haftverbundvermeidung *f* bond prevention
Haftverhinderer *m* bond breaker (breaking agent)
Haftvermögen *n s.* 1. Haftfähigkeit; 2. Haftfestigkeit
Haftzusatz *m s.* Haftmittel
Hahn *m* tap, *(Am)* faucet; [stop]cock *(Absperrhahn)*
Hahnenbalken *m* wind (top) beam
Hahnholz *n*/ **doppeltes** tie beam (piece), footing beam, strap
Hahnschieber *m* plug valve
Hahnventil *n* plug cock
Haken *m* 1. hook; claw, clutch *(Klaue)*; clasp *(Lasche)*; hitch *(Zughaken an Fahrzeugen)*; 2. concave tile *(Rinnenziegel)*
~ und Öse *f* hook and eye
hakenartig hooked, hook-shaped
Hakenbewehrungseisen *n* hooked bar
Hakenblatt *n* scarf and key, hooklike halving
~/gerades tabled scarf
~/schräges *(Hb)* French joint, splayed indent scarf
~/verbogenes oblique scarf
Hakenbolzen *m* hook (rag) bolt
Hakenbrett *n* pin rail
Hakenflasche *f* fall block *(eines Flaschenzuges)*
Hakenflügel *m* return wind
Hakengelenkband *n* band-and-hook hinge *(Torband)*
Hakenkamm *m* scarf and key
Hakennagel *m* claw, hook-nail; wall hook
Haken-Schlaufen-Halterung *f* hook-and-eye fastener

Hakenschloß *n* hook lock; sliding door lock
Hakenschraube *f* hook bolt (screw)
Hakenstein *m* toed voussoir *(beim Gewölbe)*
Hakenstift *m* hooked nail; sprig bolt
Hakensturz *m* joggle lintel
Hakenverriegelung *f* hook lock
halbberuhigt semikilled *(Stahl)*
Halbbinder *m* half truss
Halbbogen *m* half-arch, semiarch, compass-headed arch
Halbbogendach *n* compass roof
Halbbrandstein *m* semiengineering brick
Halbdach *n s.* Pultdach
halbdurchsichtig semitransparent, translucent
Halbeisen *n* half-round bar, half round[s]
Halbelement *n* semimember
Halbellipsenbogen *m* semi-elliptical arch
halbfertig half-finished, semifinished
halbfest semisolid
halbfeuerfest semirefractory
halbgebrochen half-broken
halbgedreht half-turn *(Treppe)*
Halbgeländerstab *m* half baluster
Halbgeschoß *n* mezzanine, entresol
Halbgeschoßhaus *n* split level house *(Hanghaus)*
Halbgiebel *m* aileron *(z. B. bei Kirchen)*
halbglasiert semivitreous *(Fliesen, Kacheln)*
Halbhartfaserplatte *f* intermediate fibreboard
Halbholz *n* half-timber, *(Am)* half-log; half-round wood; scantling, half-ba[u]lk
~/gespaltenes split stuff
Halbholzaußenverkleidung *f* **/ rauhe** half-moon [siding]
Halbholzbalken *m* half[-timber] beam
Halbholzverkleidung *f (Am)* log-cabin siding
Halbholz[verkleidungs]zwischenraum *m* pan [for log-cabin siding]
halbieren to halve, to cut in two
Halbkippfenster *n* **doppelter Breite** *(Am)* classroom window
Halbkopfstein *m* half header
Halbkreisapsis *f* semicircular apse (apsis)
Halbkreisbau *m* hemicycle
Halbkreisbogen *m (Arch)* semicircular arch
Halbkreisdachziegel *m* imbrex
Halbkreisfläche *f* semicircular area
Halbkreisnische *f* semicircular niche
Halbkugel *f* hemisphere
Halbkugelkuppel *f* semicircular dome
Halbkuppel *f* semidome, half-dome, half-cupola
Halblauf *m* half flight *(bei Treppen)*
halbmatt semimatt[e], half-matt, semiflat, semigloss[y] *(Lack)*
Halbmesser *m* radius
Halbmesserlehre *f* radius gauge
Halbmondformelement *n* lunette
halbmondförmig semilunar
Halbmondöffnung *f (Arch)* lunette
Halböl *n* penetrating finish
Halbparabelträger *m* semiparabolic (hog-backed) girder
Halbpfeiler *m* half-pier
Halbportikus *m* half frame, half-portico
Halbporzellan *n* vitreous china, semichina, half-china ware
Halbrahmen *m* half-frame
Halbrelief *n* demirelief
Halbrispe *f* single-post truss
halbrund semicircular, half-round, radiused
Halbrundfeile *f* cabinet file
Halbrundkopf *f* round (snap) head, button-head *(z. B. einer Schraube)*
Halbrundkopfschraube *f* button-headed (half-round) screw
Halbrundniet *m* half-round (spherical-head) rivet
Halbrundschieferdach *n* circular slate roof
Halbrundsimswerk *n* half-round moulding
Halbrundstab *m* baguet[te] *(Zierleiste)*
Halbrundstahl *m* half-round steel (bar)
Halbsäule *f* half-column, semicolumn; pilaster, attached column
Halbschale *f* spherical shell
Halbschlitz *m* half groove
Halbschrägblick *m* three-quarter view
halbstabil medium-setting, medium-breaking *(Bitumenemulsion)*
Halbstammaußenwandverkleidung *f (Am)* log-cabin siding
Halbstein *m* half block
halbsteinstark half-brick thick
Halbsteinwand *f* half-[a-]brick wall
halbtrocken semidry; cheesy *(Farbanstrich)*
halbüberdacht semi-roofed, semi-covered; hypaethral *(Tempel mit offenem Zentralraum)*
Halbwahrscheinlichkeits-Bemessungsverfahren *n* semiprobabilistic design method
Halbziegel *m* half-brick, half-bat; snap[ped] header *(Binder)*
Halde *f* [waste] heap, dump *(z. B. Abfallhalde)*; mound
Hall *m s.* Nachhall
Halle *f* [entrance] hall, reception hall; vestibule *(z. B. Hotel oder Theater)*; shed *(z. B. Werk)*; hangar *(Flugzeuge)*
~/luftgetragene air-supported (pneumatic) structure, inflatable building
~ mit Säulen *(Arch)* hypostyle hall *(antike Baukunst)*
~/zweischiffige two-nave shed *(Industrie- und Werkhalle)*
Hallenbad *n* indoor swimming pool (bath), covered swimming pool, *(Am)* natatorium
Hallenbausystem *n* shed (hall) construction system
Hallenbauten *pl* industrial shed structures
Hallengebäude *n* hall-type building
Hallenkirche *f* hall (aisled) church
Hallenschiff *n* bay, span *(Industriehalle)*

Hallenvorfeld *n* apron *(z. B. auf Flughafengelände)*
Halogen[metalldampf]lampe *f* [metal] halide lamp
Hals *m* 1. neck, collar; 2. *(Arch)* hypotrachelion *(einer Säule)*
Halseisen *n* hinge eye
Halsglied *n (Arch)* gorgerin, column neck; necking, collaring *(z. B. bei Säulen)*
Halskerbfuge *f (Arch)* hypotrachelium *(z. B. einer Säule)*
Halslager *n* neck bearing
Halsrohrschelle *f* holderbat
Halsstück *n* 1. *(Arch)* collarino, colarin *(z. B. einer dorischen oder ionischen Säule)*; 2. throat *(z. B. Verjüngung am Kaminschornstein)*
haltbar durable, stable *(z. B. Material)*; fast *(z. B. Farben)*
Haltbarkeit *f* durability, stability; fastness
Haltebrett *n* toehold *(Dachdeckung)*
Halteeinrichtung *f s.* Haltevorrichtung
Halteeisen *n* **für Deckenkonstruktionen** carrying channel
Haltegriff *m* grip, grab bar; handle *(an Geräten)*; handrail *(an Badewannen)*
Halteklammer *f* carriage clamp, fixing clip
Halteklötzchen *npl* first fixings
Haltelasche *f* cleat
Halteleiste *f* gib
Halteleistennut *f* glazing moulding *(für Fensterscheiben)*
Haltelinie *f* stop line *(Straße)*
halten 1. to hold, to support *(stützen)*; to truss; 2. to hold, to keep, to maintain *(z. B. einen Zustand)*; 3 to last, to wear, to be durable *(z. B. Dauerhaftigkeit von Material)*
~/feucht to keep moist, to moisten
~/straff to keep taut *(z. B. Seile)*
Haltepfahl *m* mooring post *(Hafen)*
Halter *m* fastener, clip, clamp *(Halteklammer)*; holder, keeper *(Halterung)*; vail *(z. B. für Handtücher)*; stock *(Griff)*; pod *(Sockel)*
Haltering *m* locking spring
Halterung *f* mounting [bracket] *(z. B. Haltevorrichtung an einer Wand)*; support, anchor rod *(Konsole)*; retainer *(Vorrichtung zum Feststellen)*; holder; hold-down clip *(Halteklammer)*
Haltestange *f* handrail
Haltestock *m* bench hook (stop) *(einer Zimmermannsbank)*
Haltevorrichtung *f* holding device *(s. a.* Halter*)*
Haltezeit *f* **der höchsten Temperatur** maximum temperature period *(im Autoklaven)*
Hammer *m* hammer; mallet *(aus Holz)*; maul *(schwerer Hammer)*
hämmerbar malleable
hammerbehauen hammer-dressed *(Stein)*
Hammerbohrmaschine *f* hammer (reciprocating) drill
Hammerbreitende *n* poll
Hammerfläche *f* hammer face
hammergetrieben enchased *(Metalloberfläche)*
Hammerkran *m* giant cantilever
hämmern 1. to hammer, to strike; 2. to forge *(schmieden)*; 3. to peen, to pane *(Metall in kaltem Zustand)*
Hammernieten *n* impact riveting
Hammerschlag *m* stroke (blow) of a hammer
Hammerschlaglackanstrich *m* hammer finish
hammerschweißen to hammer-weld
Hammerstiel *m* handle, haft
Handabweiser *m* hand rejector *(Schutzeinrichtung)*
Handarbeit *f* manual labour
Handauflage *f* hand rest
Handaufzug *m* 1. hand hoist *(für Material)*; 2. dumbwaiter *(für Speisen)*
Handbedienung *f* manual control
Handbeil *n* hatchet
Handbetrieb *m* manual operation
handbetrieben hand-operated
Handbohrer *m* hand brace, drill
Handbohrhammer *m* hammer rock drill
Handbohrmaschine *f* hand drill (brace), portable drill
Handbrause *f* hand spray
Handeinbau *m* hand spreading (placing) *(z. B. Beton, Mörtel)*
Handeinbringung *f* hand placement *(Beton)*
Handelsform *f* commercial form (type)
Handelsgüte *f* commercial quality
Handelshölzer *npl* common timbers
Handelslänge *f* commercial length
Handelsmaße *npl* trade measurements
handelsüblich industrial, commercial
Handfertiger *m* hand finisher *(für Straßenbau)*
Handfeuerlöscher *m* hand fire extinguisher
Handformen *n* hand moulding
Handformerei *f* hand moulding [shop]
Handformstein *m* hand-formed (hand-made) brick; dobie
Handgeländer *n s.* Handlauf 1.
handgemischt hand-mixed
Handgriff *m* grab bar, handhold; handle *(z. B. eines Werkzeugs, einer Tür)*; grasp, strap *(zum Festhalten)*
handhaben to handle; to operate
Handhabung *f* handling; operation
Handhebel *m* hand lever
Handhobel *m* hand plane
Handinjektionsrohr *n* injection lance
Handkarren *m* hand barrow, wheelbarrow *(Schubkarre)*
Handkurbel *f* crank handle
Handlanger *m* 1. labourer, helper, *(Am)* help; 2. hodman, tray-man *(speziell auf der Baustelle)*
Handlauf *m* 1. handrail, hand bar, *(Am)* banisters, ban[n]ister *(Treppe)*; 2. grab bar *(speziell unter einer Dusche)*
~/kontinuierlicher continuous handrail *(für eine gewinkelte Treppe)*

Handlaufende *n* / **zungenförmiges** lamb's-tongue [of a handrail]
Handlaufkrümmling *m* wreath [of a handrail]
Handlaufschraube *f* handrail bolt
Handlaufspirale *f* handrail scroll
Handleuchte *f* inspection lamp
Handmontage *f* hand fitting
Handniethammer *m* hand riveting machine
Handnietung *f* hand (manual) riveting, riveting by hand
Handprobe *f* hand specimen
Handputzaufbringer *m* hand float
Handrad *n* handwheel
Handramme *f* hand rammer (tamper), punner *(für Bodenverdichtungsarbeiten)*; hand-driven winch pile-driver *(für Pfähle)*, *(sl)* bishop
Handrauheisen *n* hand roughing stamp
Handregelung *f* manual control
Handsäge *f* hand-saw
Handschachten *n* spading, shovelling; excavating by hand
Handschieneneisen *n* hand-railing iron
Handschrapper *m* hand (pull) scraper, manually guided drag skip
Handschutz *m* hand guard *(an Maschinen)*; hand protection *(z. B. Handschuhe)*
Handspiralbohrer *m* hand auger
Handsprech[funk]gerät *n* walkie-talkie
Handstampfen *n* rodding *(Beton)*
Handstampfer *m* hand tamper, punner
Handstemmung *f* caulking by hand
Handstrichziegel *m* hand-formed (hand-made) brick
Handtuchhalter *m* towel rack (holder)
Handtuchstange *f* towel bar (rail)
Handverdichtung *f* compacting by hand
Handverlegung *f* hand placement (placing)
Handverputz *m* manual plastering *(innen)*; manual rendering *(außen)*
Handwaschbecken *n* [wash]basin, *(Am)* washbowl
Handwerk *n* trade, craft
Handwerker *m* craftsman
Handwerkerkolonne *f* trade gang
Handwindeeinrichtung *f* hand cable winch
Hanfdichtung *f*, **Hanfpackung** *f* hemp packing
Hanfschnur *f* hemp cord
Hanfseil *n* 1. hemp (Manila) rope; 2. gaskin *(zum Dichten)*
Hanfwerg *n* hemp tow
Hang *m* 1. slope, slope (flank) of a hill; 2. batter *(Böschung einer Mauer)*; 3. pitch, descent *(Neigung)*
Hangar *m* hangar
Hänge *f* hinge pin
Hängeanker *m* hold-down clip
Hängebahn *f* 1. overhead railway; 2. overhead conveyor *(Transportmittel)*
Hängebalken *m* suspended beam, suspension girder
Hängebalkenwerk *n* / **einfaches** king-post truss
Hängebauwerk *n* suspension structure
Hängebock *m* trussing, [simple] truss frame
~/doppelter queen [post] truss
~/einfacher king-post truss
Hängeboden *m* 1. built-in storage shelf, hanging floor *(in einer Wohnung)*; 2. garret, loft *(Dachboden)*
Hängebrücke *f* suspension bridge, cable (rope) suspension bridge; chain bridge *(mit Ketten)*
~/erdverankerte shore-anchored suspension bridge
~ mit steifer Fahrbahntafel stiffened cable suspension bridge
Hängebrückenkörper *m* suspended bridge deck
Hängebühne *f* 1. cradle, suspended platform *(bewegliche Arbeitsbühne)*; 2. suspension stage *(im Theater)*; 3. *s.* Hängegerüst
Hängedach *n* suspended (suspension) roof, cable-suspended roof; hanging truss *(Hängewerk)*
Hängedecke *f* suspended (hung, false) ceiling, drop[ped] ceiling
Hängeeisen *n* 1. hanger, hanging; 2. suspension rod, drag-iron; 3. stirrup *(zur Bewehrung)*
Hängegerüst *n* suspended scaffold[ing], hung (hanging) scaffold, hanging ladder; flying (swinging) scaffold, swing scaffold (stage), two-point suspension scaffold
Hängegewölbe *n* hanging vault
Hängekette *f (El)* suspension chain
Hängeklappenverschluß *m* swing check valve
Hängekonstruktion *f* suspended construction [system], suspended structure
Hängekorb *m* cradle *(Gerüst)*
Hängekran *m* suspension crane
Hängekuppel *f* spherical dome
Hängelager *n* hanger
Hängelampe *f* pendant, suspended (swing) lamp, drop-light
Hängelehrgerüst *n* suspension centring
Hängeleiter *f* hanging ladder
Hängeleuchte *f s.* Hängelampe
hängenbleiben to adhere; to seize *(klemmen)*; to stick *(kleben)*; to lock *(blockieren)*
hängend suspended, pendant
Hängepfosten *m* suspender, suspension post
Hängeplatte *f* 1. suspended plate (sheet); 2. *(Arch)* mutule *(auskragendes Gesimsteil)*; corona, larmier *(Geison)*
Hängerabitz *m* suspended metal lath
Hängerinne *f* hung gutter
Hängerüstung *f s.* Hängegerüst
Hängesatteldach *n* cable saddle roof
Hängesäule *f* 1. hing (middle) post *(unter dem First)*; queen post, princess, truss post *(unter der Pfette)*; 2. suspender, sag tie
~ zum Gewölbefuß vaulting shaft
Hängesäulenbolzen *m* queen rod (bolt)
Hängesäulenstützpfosten *m* princess post

Hängeschale *f* hung shell *(Deckenkonstruktion)*
Hängeschalter *m (El)* pendant switch
Hängeschalung *f* suspended formwork
Hängeschiene *f* suspension rail
Hängeseil *n* vertical suspension rope, hanger
Hängesprengwerk *n*/ **zusammengesetztes** composite truss frame
Hängestab *m* sag tie, hanger *(Dachstuhl)*
Hängestange *f* suspension rod *(Dachstuhl)*
Hängesteckdose *f (El)* drop box
Hängestrebe *f* suspension stay
Hängesystem *n*/ **verdecktes** concealed suspension system
Hängeträger *m* suspension girder
~/durchlaufender continuous suspension girder
Hängetür *f* hinged bulkhead door, overhung door
Hängewarmluftheizer *m* suspended-type furnace
Hängewerk *n* 1. hanging (suspension) truss, suspended truss, simple trussed beam, truss frame with truss on top, truss [frame] *(Dachstuhl)*; shed truss; 2. suspension structure
~/doppeltes queen [post] truss
~ mit einer Säule single-post truss
Hängewerkbrücke *f* hanging truss bridge
Hängewerkstragzapfen *m* king bolt (rod) *(Dachstuhl)*
Hängewerkträger *m* suspension girder
Hängezange *f* hanging brace
Hängezapfen *m s.* Hängewerkstragzapfen
Hanglage *f* sloping location, location on a slope
Harfensieb *n* harp mesh screen
Harmonikatrennwand *f* concertina (folding) partition wall, sliding partition [wall]
Harmonikatür *f* accordion (folding) door, concertina door; flexible (bellow-framed) door
Harmonikawand *f s.* Harmonikatrennwand
Harnstoff-Formaldehyd-Harz *n* urea-formaldehyde resin
Harnstoff[harz]kleber *m* urea resin adhesive
hart 1. hard *(z. B. Werkstoffe)*; 2. harsh *(Farbanstrich)*; 3. solid *(z. B. Boden)* • **~ werden** to harden *(Bindemittel)*
Hartasphalt *m* hard asphalt, asphaltene
härtbar hardenable *(Metalle)*; temperable *(Stahl)*; curable *(Kunststoffe)*
Härtbarkeit *f* hardenability *(von Metall)*; temperability *(bes. von Stahl)*; curability *(von Kunststoffen)*
Hartbeton *m* hard (granolithic) concrete
Hartbitumen *n* solid bitumen
Hartblei *n* hard[ened] lead, antimonial lead, regulus metal *(Legierung)*
Hartbleirohr *n* antimonial lead pipe
Hartboden *m* 1. solid (sticky) soil *(Erdboden)*; 2. granolithic concrete floor *(Fußboden)*
Hartbrandfliese *f* unglazed tile
Hartbrandklinker *m* engineering brick (clinker) *(Ziegel mit hoher Bruchfestigkeit)*; special-quality brick; cistern clinker
Hartbrandstein *m* hard-fired (well-burnt) brick, engineering brick (clinker); hard-burnt stock brick, hard stock
Hartbrandziegel *m s.* Hartbrandstein
Hartdämmplatte *f* rigid insulation board
Härte *f* hardness; toughness
~ des Kupferblechs dead-soft temper *(für Dachdeckungen)*
Härtegrad *m* degree of hardness; temper *(Metall)*
Härtekammer *f* hardening chamber
Härtemittel *n* hardening agent (compound), hardener *(z. B. für Beton)*; curing agent *(für Kunststoffe, Farben)*; hardening oil *(für Farben und Lacke)*
härten to harden; to cure *(Kunststoffe, Farben)*, to quench, to chill *(durch Abschrecken)*; to condition, to mature *(Mörtel, Beton)*; to strengthen, to temper *(Glas)*
Härtepaste *f* compo, composition
Härteprozeß *m* process of hardening
Härteprüfer *m* hardness tester; durometer
Härteprüfung *f* hardness test[ing]
Härter *m s.* Härtemittel
Härteskala *f* scale of hardeness
~/Mohssche Mohs' scale [of hardness]
Härtespannung *f* internal hardening stress; quenching stress *(bei Metallen)*
Härteverlauf *m* process of hardening, hardening process
Härteverlust *m* loss of hardness
Härteverzug *m* quenching deformation
Härtezusatz *m* hardening additive
Härtezyklus *m* curing cycle *(Beton)*
Hartfaser *f* hard fibre
Hartfaserplatte *f* hard-board, hard fibreboard, compressed (moulded) fibreboard
~/harzgetränkte tempered board
~ mit Aussparungen für Haken und Dübel pegboard, perforated hardboard
~ mit Metallbeplankung metal-faced hardboard
Hartfuge *f* gap filled joint
hartgebrannt hard-burnt, well-burnt, hard-fired
Hartgestein *n* hard rock
~/polierbares marble
hartgetrocknet hard-dry *(Anstrich)*
Hartglanz *m* hard gloss
Hartglas *n* hard (tempered) glass, toughened glass
Hartgummi *m* hard rubber, vulcanite, ebonite
Hartgummilager *n* elastomeric bearing
Hartholz *n* hardwood, deciduous wood, non-coniferous wood
~/poriges diffuse-porous wood
Hartholzbaum *m* deciduous tree
Hartholzdübel *m* coak *(zur Holzverbindung)*
Hartholzfaserplatte *f* hardwood fibreboard (fibre slab)
Hartholzkonus *m* tampion *(Bleirohrverlegung)*
Hartholzschwelle *f* covering sill [of hardwood]
Hartholzvertäfelung *f* cabinet finish

Hartholzzapfen *m* **/ eingelegter** false (inserted) tenon
Hartklebemasse *f* steep asphalt
Hartklinker *m* hard resistant engineering brick
~/gelber Dutch clinker
Hartlot *n* hard (brazing) solder, brazer
hartlöten to braze, to hard-solder
Hartlöten *n* **/ elektrisches** resistance brazing
~ mit Brenner torch soldering (brazing)
Hartlötverbindung *f* brazed (hard-soldered) joint
~/gasdichte high-temperature brazed joint
Hartmattlack *m* dull clear varnish
Hartmeißel *m* cold chisel, hammer-head[ed] chisel
Hartmetallschneide *f* [cemented] carbide tip
Hartpapier *n* hard (laminated) paper, kraft paper (board)
Hartpappe *f* hardboard, panel (resin) board
Hartparaffin *n* hard (solid) paraffin, wax
Hartpech *n* hard pitch, dry-pitch
Hartplatte *f s.* Hartfaserplatte
Hartputz *m* hard plaster
Hartstein *m s.* Hartgestein
Hartspachtelmasse *f* hard stopping
Härtung *f* hardening, [final] setting *(Beton, Mörtel)*
Härtungsbeschleuniger *m* hardening accelerator
Härtungsgrad *m* degree of hardening
Härtungsspannung *f* internal hardening stress
Härtungsvermögen *n* power of hardening, hardening power
Hartwerden *n* hardening, setting *(Beton)*
Hartzuschlag[stoff] *m* hard aggregate
Harz *n* resin
harzartig resinous, resin-like
Harzauge *f* pitch knot *(Holz)*
Harzgalle *f* resin duct *(Holz)*
harzgebunden resin-bonded
Harzkitt *m* resinous putty
Harzkleber *m* resin adhesive
Harzlack *m* resinous varnish
Harzölfirnis *m* resin oil varnish
Harzpreßpapier *n* **/ mittleres** medium-density overlay *(für Spanplatten)*
Harzschliere *f* resin streak *(Holz)*
Harzspritzmantel *m* extrusion coating
Harzstreifen *m* resin canal (duct) *(Holz)*
Harztasche *f* pitch pocket *(im Holz)*; resin pocket *(Preßfehler bei Kunststoffen)*
Harzträger *m* resin binder, filler
Haspe *f* hasp; pin *(z. B. an Türbändern)*; staple *(Krampe)*
~ mit Krampe hasp and staple *(z. B. für Vorhängeschlösser an Türen)*
Haspel *f(m)* reel, winder *(Antrieb für Seilaufzug)*; capstan winch
Haspeln *n* winding
Haspelwinde *f* hoist
Haspen *m* cramping
Haubank *f* siege
Haube *f* 1. cap; cupola *(Dachaufsatz)*; 2. coping *(z. B. Abdeckung von Mauerwerk)*; 3. lid *(Deckel)*
Haubendach *n* capped roof
Haubendurchlaß *m* box culvert *(z. B. für einen Kanaldurchlaß)*
Haue *f* pick [axe]
hauen/Kalk to beat mortar
Haufen *m* heap, pile; cluster *(Gruppe)*
Häufigkeitskurve *f* frequency distribution curve
Haufwerk *n (Bod)* particulate media, head; debris *(Bergbau)*
~/geschossenes muck
Haupt *n* 1. header *(Balken)*; 2. face *(Außenseite einer Mauer)*
Hauptabmessungen *fpl* main dimensions
Hauptachse *f (Verk)* axis of reference; main axis line
Hauptaltar *m* main altar
Hauptansicht *f* face plan
Hauptapsis *f* main apse, principal apsis
Hauptauftragnehmer *m* general (main) contractor, contractor, principal (prime) contractor
Hauptbahnhof *m* central [railway] station, main station
Hauptbalken *m* main (primary) beam, foot (floor) beam; architrave
Hauptbalkenträger *m* primary (principal) beam
Hauptbau *m s.* Hauptgebäude
Hauptbauglied *n* primary member
Hauptbeleuchtung *f* main lighting
Hauptbestandteil *m* main (principal) constituent
Hauptbewehrung *f* main (principal) reinforcement; main [reinforcement] bars
Hauptbiegeebene *f* principal plane of flexure *(eines Balkens)*
Hauptbinder *m* main truss *(Dach)*
Hauptbogen *m* chief arch; centre arch *(einer Brücke)*
Hauptdachkehle *f* main valley
Hauptdehnung *f* 1. principal strain; 2. principal elongation (extension)
Hauptdiagonale *f* principal diagonal
Hauptdrän *m* main (leaded) drain
Hauptebene *f* 1. *(Stat)* main (principal) plane; 2. *s.* Hauptspannungsebene
Haupteinfahrt *f* main (front) gate
Haupteingang *m* main entrance; front door
Haupteingangshalle *f* main entrance hall
Hauptentlüftungsrohr *n* main stack *(Entwässerung)*
Hauptentwässerungsleitung *f* main sewer
Hauptfassade *f* main façade
Hauptfeld *n* main span *(einer Brücke)*
Hauptfenster *n* main (prime) window
Hauptfußgängerbereich *m* main pedestrian zone
Hauptgang *m* aisleway *(z. B. zwischen Sitzreihen in einem Saal)*
Hauptgebäude *n* main (principal) building (structure)

Hauptgeschoß *n* main floor (storey)
Hauptgesims *n* principal cornice, cornice top
Hauptgewölbe *n* main vault
Hauptgleis *n* main track
Haupthahn *m* 1. corporation cock (stop) *(am Anschluß zum öffentlichen Versorgungsnetz)*; 2. main[s] (principal) cock
Hauptleitung *f* 1. *(El)* main[s]; 2. *(El)* feeder *(an Kraftwerken)*; 3. trunk main *(für Abwasser)*
Hauptkehle *f* main valley *(Dach)*
Hauptkabel *n (El)* main cable
Hauptkanal *m* main sewer *(Abwasser)*
Hauptkontrollschieber *m* master control valve
Hauptkrümmungslinie *f* line of principal curvature
Hauptlager *n* main bearing *(Brücke)*
Hauptlängskraft *f* main longitudinal force
Hauptlast *f* main load
Hauptleitungserdung *f (El, Am)* service ground
Hauptleitungsrohr *n* main line
Hauptlichtquelle *f* primary light source
Hauptlinie *f* trunk (main) line *(Eisenbahn und Telefonfernleitung)*
Hauptmieter *m* main tenant
Hauptrohr *n* 1. main [pipe] *(Gas und Wasser)*; 2. main [sewage] drain pipe *(Abwasser)*
Hauptrohrstrang *m* main, supply pipe *(für Gas und Wasser)*
Hauptsammelkanal *m*, **Hauptsammler** *m* main sewer (drain), trunk sewer, collector drain *(Abwasser)*
Hauptsammlerfertigteil *n* prefabricated pipe conduit system
Hauptschalter *m (El)* main (master) switch
Hauptschieber *m* main sluice valve
Hauptschiff *n* church nave
Hauptschiffpfeiler *m* nave pier
Hauptschlüssel *m* master key, passkey
Hauptschnittkraft *f* vertical force
Hauptschublinie *f* line of maximum shearing stress
Hauptsicherung *f (El)* main fuse
Hauptspannung *f* principal stress, principal component of stress
~/reduzierte reduced main stress
Hauptspannungsachse *f* principal axis of stress
Hauptspannungsebene *f* principal plane of stress
Hauptspannungslinie *f*, **Hauptspannungstrajektorie** *f* principal stress trajectory, isostatic line
Hauptsparren *m* principal [rafter], main rafter, *(Am)* back
Hauptstab *m* main (principal) bar *(Stahlbewehrung)*
Hauptstabstützelement *n* secondary truss member
Hauptstadt *f* capital [city]; metropolis *(Großstadt)*
Hauptstrang *m* main[s] *(eines Leitungssystems)*
Hauptstreckung *f* principal stretch[ing]
Haupttragegebinde *n* main couple *(Dach)*
Hauptträger *m* main (principal) girder; principal beam; cephalophorous *(griechische Architektur)*
Hauptträgheitsachse *f* principal (main) axis of inertia
Hauptträgheitsmoment *n* principal moment of inertia
Haupttragwerk *n* main load-bearing structure
Haupttreppe *f* main stairs (staircase), principal stairs
Hauptunternehmer *m* principal (main) contractor
Hauptunterzug[sbalken] *m* main runner *(einer abgehängten Decke)*
Hauptventil *n* main (king) valve
Hauptverformung *f* principal strain, main deformation
Hauptverkehrsader *f* traffic artery, arterial (trunk) road
Hauptverkehrsstraße *f* 1. main (major) road (street), [main] thoroughfare *(in der Stadt)*; 2. main highway, trunk road *(zwischen Städten)*
Hauptverkehrszeit *f* peak traffic time, rush hours
Hauptverwaltungsgebäude *n* head-office building
Hauptzugspannung *f***/ schiefe** *(Stat)* diagonal tension
Haus *n* house, building, *(Am)* home
~/alleinstehendes detached house *(Einfamilienhaus in England)*
~/ebenerdiges single-storey house, *(Am)* basement house
~/eineinhalbgeschossiges storey-and-a-half house
~/eingeschossiges single-storey house
~ mit geringer Geschoßzahl low-rise building
~ mit Grundeigentum premises
~ mit Zimmerzwischengeschossen split level *(Hanghaus)*
~/sonnengeheiztes solar house
~/vorgefertigtes prefabricated house
Hausabbruch *m* housedemolishing, housebreaking
Hausabflußrohr *n* [soil-]waste pipe
Hausabwässer *npl* house (home) sewage
Hausanschluß *m* house connection *(an eine Versorgung oder Entsorgung)*; services connections; branch *(Wasser)*; *(El)* house connection line; private connection *(Telefon)*
Hausanschlußeintrittsleitung *f* service entrance conductors
Hausanschlußerdung *f (El, Am)* service ground
Hausanschlußkabel *n (El)* service (consumer's) cable
Hausanschlußkabelkanal *m (El)* service raceway
Hausanschlußkanal *m* service lateral
Hausanschlußkasten *(El)* branch box
Hausanschlußleitung *f (El, San)* service line, branch line to a house; *(El)* house connection line, service conductor[s]; service drop *(letztes Teilstück)*
Hausanschlußraum *m (Am)* utility room *(Wasser, Gas, Strom etc.)*
Hausanschluß[schutz]rohr *n (El)* service pipe
Hausbau *f* house building (construction); building construction
Hausbesetzung *f* squatting
Häuschen *n***/ einfaches** cottage; chalet

Hauseingang *m* building (house) entrance
Hauseintrittsleitung *f* service entrance conductors
Hausentwässerung *f* house (building) drainage
Hausentwässerungsanschluß *m* house slant
Hausentwässerungsleitung *f* sanitary building drain, house slant
Häuserblock *m* block of houses, block of dwellings (flats)
~/viereckiger quadrangle [of buildings], quadrangle
Häuserfabrik *f* factory for precast concrete houses, housing factory
Häuserfluchtlinie *f* building restriction line
Häuserkomplex *m* group of houses, *(Am)* clump of buildings
Häuserviertel *n* block [of houses]
Hauserweiterung *f* building extension
Häuserzeile *f* row of houses; terrace *(Reihenhäuser)*
Hausetage *f* storey, floor
Hausfachwerk *n* platform (western) frame *(mit geschoßhohen Fachwerkstützen)*
Hausflur *m* entrance hall, hallway
Hausgang *m* hallway
Hausgarten *m* domestic garden, back garden
Hausgrundstück *n (Am)* curtilage *(juristischer Begriff)*; plot, property
Haushaltabwasser *n* domestic sewage
Haushaltinstallation *f* domestic installation
Haushaltsheißwasserbereiter *m* domestic hot-water heater
Haushauptschalter *m (El)* service entrance switch, main switch
Hausinstallation *f* 1. indoor installation work; plumbing work; 2. domestic (indoor) installations; plumbing; *(El)* house (indoor) wiring
Hausinstallationen *fpl* service equipment, indoor installation
Hauskanalisierung *f* water-carriage system
Hauskern *m* 1. concrete core, core of stability *(z. B. eines mehrgeschossigen Hauses)*; 2. utility (service) core *(für Versorgungsleitungen)*
Hauslage *f* house orientation
Hauslaube *f* loggia
Hausmeisterwohnung *f* caretaker's (porter's) flat
Hausmüll *m* domestic refuse (wastes), house refuse
Hausschwamm *m* 1. house fungus; 2. *s.* ~/Echter
~/Echter dry rot [fungus]
Hausschwammbefall *m* fungus attack
Haussprechanlage *f* interphone [set]
Haustechnik *f* 1. domestic engineering; 2. installations, mechanical services *(Gesamtheit von Leitungen und Installationen)*
Haustelefon *n* internal (house) telephone
Haustreppe *f* building staircase
Haustür *f* front (house) door, building entrance door
Hausumbau *m* house alteration[s], remodelling
Hausversorgungsausrüstungen *fpl* service equipment
Hausversorgungsverteilung *f (El)* service box
Hauswasseranschlußschieber *m* metal stop [for household water piping system]
Hauswasseranschlußventil *n (Am)* curb cock (stop)
Hauswasserbehälter *m* house tank
Hauswasserversorgung *f* individual water supply
Hauswechselsprechanlage *f* interphone, two-way telephone system
Hauszähler *m* domestic [electricity] metre
Hauszwangsversteigerung *f* foreclosure sale [of property]
Haut *f* skin *(z. B. von Farben)*; film *(dünne Schicht)*; membrane
Hautbildung *f* skin formation; skinning *(Farbe)*
H-Band *n* H-hinge *(Scharnierband)*
Hebebock *m* jack
Hebebrücke *f* lift bridge
Hebebühne *f* lifting platform
~/hydraulische hydraulic lift
Hebebühnenheber *m* apron lift *(für eine Theaterbühne)*
Hebedock *n* lifting dock
Hebefenster *n* lifting window
Hebegerät *n* **/ einfaches** gin [block] *(Dreifuß)*
Hebehaken *m* load hook
Hebekran *m* lifting (hoisting) crane; luffing crane *(mit veränderlichem Radius)*
Hebel *m* lever
Hebelarm *m* 1. lever arm; 2. moment arm, arm of force *(Kraft)*
Hebeleisen *n* pry bar
Hebelgesetz *n* lever principle, law of the lever
Hebelgriff *m* lever handle
Hebelkraft *f* leverage
Hebelschere *f* lever shears; alligator (crocodile) shears
Hebelübersetzung *f* **/ ideale (theoretische)** ideal mechanical advantage
Hebelwinde *f* lever jack
Hebelwirkung *f* leverage, lever action
heben to raise, to elevate; to hoist, to lift *(mit Kran)*; to jack up *(mit Hebebock)*
~/Schultern to shoulder *(Straße)*
Heber *m* [lift] jack
Heberbock *m* yoke *(Gleitschalung)*
Heberbockausrüstung *f* yoke assembly *(Gleitschalung)*
Heberleitung *f* siphon conduit (pipe)
Heberwirkung *f* **/ rückläufige** back siphonage *(Schmutzwasserabheberung)*
Hebeschiebetür *f* lifting sliding door
Hebeschlaufe *f* handling hook
Hebetür *f* lifting door
Hebevorrichtung *f* lifting device (appliance), elevating mechanism
Hebewerk *n* elevator; mechanical lift
Hebewinde *f* [boom] hoist, windlass; boom-lifting winch
Hebezange *f* crampon, crampoon; nippers, stone tongs

Hebezeug *n* 1. lifting equipment (appliance), hoisting equipment; 2. tackle [block], lifting tackle *(Flaschenzug)*
Hebung *f (Erdb)* heave
Hecke *f* hedge; hedgerow *(am Wege)*
Heckensystem *n* maze *(Labyrinth)*
Heckenzaun *m* hedge
Heft *n* haft *(Messer)*; grip *(Griff)*
heften to fasten; to tack *(z. B. mit Nieten)*; to pin *(mit Stiften)*; to staple *(mit Draht und Heftklammern)*
Heftnagel *m* fastening (pilot) nail
Heftniet *m* tack (dummy, stitch) rivet
heftnieten to tack-rivet
heftschweißen to tack-weld
Heftzwecke *f* thumb tack
Heidesand *m* heath sand
Heim *n* hostel *(Herberge)*; home, centre, institution
Heimatstil *m* local (native) style
Heimsauna *f* home sauna
Heißanstrich *m* mopping of hot (asphalt) bitumen
Heißasphalt *m* hot-rolled asphalt
Heißasphaltbeton *m (Am)* hot asphalt concrete
Heißasphaltdeckschicht *f* hot-rolled finish
Heißbaustoffgemisch *n* hot-laid mixture
Heißbindemittel *n* hot binder
Heißbitumen *n* hot asphalt, penetration-grade bitumen
Heißbitumenkies *m (Am)* hot asphalt-coated gravel
Heißdeckenbau *m* hot coating (wetting) *(Straße)*
Heißeinbau *m (Verk)* hot-laying, hot-rolling
Heißeinbaumischgut *n* hot mix, hot [-laid] mixture
Heißkleber *m* hot-setting (hot-sealing) adhesive; hot glue
Heißklebung *f* hot sealing (bonding)
Heißleimen *n* hot gluing
heißlöten to hot-solder
Heißluft *f* hot (heated) air
Heißluft... *s. a.* Warmluft...
Heißluftbehandlung *f* hot-air treatment *(von Beton)*
Heißluftheizung *f* hot-air heating
Heißluftkachelofen *m* hot-air stove
Heißluftkanal *m* hot-air duct
Heißluftofen *m* hot-air furnace
Heißluftofenanlage *f (Am)* latrobe
Heißlufttrocknung *f* hot-air drying; desiccation *(Holz)*
Heißmischgut *n s.* Heißeinbaumischgut
Heißmischung *f* hot mix[ture]
Heißmischverfahren *n* hot plant mixing
Heißniet *m* hot-driven rivet
Heißpreß[leim]verfahren *n* hot-pressing *(Holz)*
heißtauchen to hot-dip *(zum Aufbringen von Schichten)*
Heißtauchmasse *f* hot-dip coating
Heißteer *m* hot tar
Heißteerung *f* hot tarring
Heißverkleben *n* hot bonding; heat sealing *(von Kunststoffen)*
Heißverschweißen *n* heat (thermal) sealing *(von Kunststoffen)*
Heißwalzasphalt *m* hot[-laid] rolled asphalt
Heißwasserbehälter *m* hot-water tank
Heißwasserheizung *f* superheated water-heating
Heißwasserheizungsrohr *n (Am)* caliduct
Heißwasserheizungssystem *n* superheated water-heating system
Heißwasserspeicher *m* storage[water] heater, boiler
Heißwasserleitungsdruck *m* superheated water-circulating head (pressure)
Heißwasserversorgungssystem *n* **/ geschlossenes** superheated water supply system (circuit)
Heizanlage *f s.* Heizungsanlage
Heizeffekt *m* heating (calorific) effect
Heizenergieaufnahme *f* pick-up load *(einer Heizung beim Anheizen)*
Heizelement *n (El)* heating element
heizen to heat *(z. B. Räume, Zuschlagstoffe)*; to fire *(Öfen)*
Heizfläche *f* heating surface (area); heater surface
Heizgebläse *n* heater fan
Heizgerät *n* 1. heater, heating unit; 2. *s.* Heizkörper
Heizkanal *m* heating duct
Heizkessel *m* boiler
Heizkörper *m* radiator, rad; convector heater; heater
~/elektrischer electric heating element, [electric] heater
Heizkörperrippe *f* radiator rib; fin, gill
Heizkörperverkleidung *f* radiator cover (guard); wall grille
Heizlast *f* heating load
Heizleitungsentwurf *m* estimated design load *(eines Heizungssystems)*
Heizmantel *m* heating jacket (mantle)
Heizmantelrohr *n* jacketed pipe
Heizmatte *f* heater mat
Heizmedium *n s.* Heizmittel
Heizmittel *n* heating medium, *(Am)* heat sink
Heizöl *n* fuel (heating) oil
Heizölabscheider *m* fuel [oil] interceptor
Heizpatrone *f* cartridge heater
Heizplatte *f* heating panel
Heizraum *m* boiler room
Heizregister *n* heating register
Heizrippe *f s.* Heizkörperrippe
Heizrohr *n s.* Heizungsrohr
Heizrohrkessel *m* fire-tube boiler
Heizrohroberfläche *f* flue surface *(Boiler)*
Heiz[rohr]schlange *f* [heating] coil
Heiztafel *f s.* Heizplatte
Heizträgerzwangsumlauf *m* forced convection
Heiztür *f* fire [check] door
Heizung *f* 1. heating; 2. heating system; 2. *s.* Heizkörper
~/elektrische electric heating

~/induktive induction heating
~ und Warmwasserversorgung *f***/ kombinierte** combined heating and hot water supply system
Heizungsanlage *f* heating installation (plant); [domestic] heating system; central heating [system]
~ mit Zwangsumlauf forced heating [system]
~/zentrale heating plant *(auch für eine Gebäudegruppe)*
Heizungskeller *m* basement boiler room, heating cellar; furnace (boiler) room
Heizungsnettoleistung *f* [heating] net load
Heizungsrippenrohr *n* externally ribbed (finned) pipe
Heizungsrohr *n* heating pipe, *(Am)* caliduct
Heizungsrohrsystem *n***/ geschlossenes** closed system, closed heating pipe system
Heizungsrücklaufrohr *n* return pipe
Heizungssystem *n***/ direktes** direct [heating] system
~/indirektes indirect [heating] system
~/zentrales central heating system
Heizungstechnik *f* heating engineering
Heizungsumwälzpumpe *f* heating circulating pump
Heizungs- und Lüftungsanlage *f* heating and ventilation system
Heizungsvorlaufrohr *n* flow pipe
Heizwerk *n* heating station (plant)
Heizwert *m* calorific value
Heizzentrale *f* central heating plant
Heliport *m* helicopter deck, heliport *(z. B. auf einer Bohrinsel)*
hell bright, light
hellhörig poorly sound-proofed, poorly noise-insulated
Helligkeit *f* 1. brightness; luminosity, light intensity; 2. lightness *(Anstrich)*
Helligkeitsgrad *m* degree of brightness
Helligkeitsverhältnis *n* **Tages- zu Kunstlicht** daylight factor
hellscheinend bright
Helmdach *n* helm roof *(rautenförmig)*; polygonal spire *(Turmhelm)*; flèche *(schlanker Kirchturm)*
Helmstange *f (Hb)* broach-post
hemmen 1. to stop, to choke *(anhalten)*; 2. to block, to lock *(sperren)*
Hemmkeil *m* chock
Hemmstoff *m* inhibitor
Hemmvorrichtung *f* checking (braking) device; door check (stop) *(für eine Tür)*
Henkel *m* handle
Heptastylos *m (Arch)* heptastyle
herabhängend hanging; pendent
Herabsetzungsbeiwert *m* reduction coefficient
Herausquellen *n* bulging
Herberge *f* hostel; lodging house, inn
Herd *m* [cooking] stove, cooker; kitchen range *(Kohleherd)*
Herdabzugslüfter *m* range hood
Herdbaustein *m* hearth stone
Herdmauer *f* invert
Herdplatte *f* hearth tile (stone)
Herdraum *m* hearth (heating) chamber
Herdstein *m* hearth stone
Herdsteinmauer *f***/ kleine** fender wall *(im Keller unter dem Kaminplatz)*
hergestellt / in Ortbeton cast-in-place, poured-in-place
~/künstlich man-made
~/maßgerecht made to scale
~/monolithisch *s.* hergestellt/in Ortbeton
Herleitung *f* derivation
Herme *f (Arch)* herm *(Bauplastik)*
Hermenpfeiler *m (Arch)* terminal post
Hermesäule *f s.* Herme
hermetisch [verschlossen] hermetic[al], hermetically sealed; airtight
Heroon *n* heroum *(Heldengrabskulptur)*
Herrenhaus *n* mansion, manor house
Herrentoilette *f* men's toilet
Herrenzimmer *n* study
herstellen 1. to manufacture, to produce, to make, to fabricate; to prepare *(Beton, Mörtel, bituminöses Mischgut)*; 2. to establish *(z. B. ein Gleichgewicht)*
~/eine Gehrungsverbindung in einem Schieberahmen to frank
~/im Freivorbau to cantilever *(Brücke)*
~/im Schleuderverfahren to cast centrifugally *(Betonrohre)*
~/in Ortbeton to cast in-place (in-situ)
~/liegend to form horizontally *(Betonelemente)*
~/mit Rand to margin
~/Würfel to cube
Hersteller *m* manufacturer, producer
Herstellerprüfung *f* manufacturer's (fabricator's) test
Herstellung *f* manufacture, production, fabrication; establishment; completion *(Fertigstellung eines Gebäudes)*; preparation *(Beton, Mörtel, bituminöses Mischgut)*
Herstellungsfehler *m* fabrication defect, manufacturing fault
Herstellungskosten *pl* production cost
Herstellungslänge *f* factory (random) length *(z. B. von Röhren)*
Herstellungstechnik *f* manufacturing technology (technique)
Herstellungsverfahren *n* manufacturing process (method)
herumführen to bypass, to pass round *(Straße)*
hervorstehen to protrude, to project, to stand out, to jut out; to sail-over
Hervortreten *n* bulging
Herzbrett *n* heart plank
Herzzierleiste *f* open-heart moulding
Hexastylos *m (Arch)* hexastyle *(Tempelbau)*
Hickoryholz *n* hickory [wood]

Hilfsabstützung *f* reshoring *(Montage)*
Hilfsauflager *n* auxiliary bearing
Hilfsaussteifung *f* temporary shoring
Hilfsbasis *f (Verm)* secondary base
Hilfsbeleuchtung *f* emergency lighting
Hilfsbewehrung *f* auxiliary reinforcement
Hilfsblech *n* backplate
Hilfsgerüst *n* auxiliary gantry *(z. B. bei einem Kran)*; shoring *(z. B. bei Unterfangung)*
Hilfsgerüstfläche *f* staging *(eines Baugerüsts)*
Hilfskonstruktion *f* auxiliary construction
Hilfspfeiler *m* adjoining (prick) post *(Dachstuhl)*; man-of-war pillar *(Bergbau)*
Hilfspumpe *f* booster pump
Hilfsrohr *n* auxiliary pipe
Hilfssäule *f* subsidiary shaft *(an Bogenportalen von Kirchen)*
Hilfsschieber *m* gate (full-way) valve
Hilfssparren *m* auxiliary (cushion) rafter
Hilfsstützen *fpl* erection bracing
Himmel *m*/ **künstlicher** artificial sky
Himmelsgewölbe *n* sky-vault
Himmelslage *f s.* Hauslage
hindurchströmen to pass, to flow [through]
hineingearbeitet inwrought
hineinschlagen in to hammer (knock) into
Hinteransicht *f* rear (back) view, back elevation
Hinterbeton *m* backfill concrete
Hinterbogen *m* back arch
Hinterdeich *m* inner dike
Hintereingang *m* rear access
hinterfangen *(Arch)* to set off
Hinterfront *f* 1. backfaçade; 2. back elevation *(Ansicht)*
Hinterfüllbeton *m* backfill concrete
hinterfüllen *(Erdb)* to fill [in], to back-fill
Hinterfüllung *f* 1. *(Erdb)* infill; 2. *(Bod)* back filling, backing
~/verdichtete compacted backfill
Hintergrund *m* background
Hintergrundhelligkeit *f* background brightness
Hinterhof *m* backyard; rear yard *(in voller Grundstücksbreite)*; courtyard
Hinterkitt *m* back putty
Hinterlage *f* substrate, substratum
hinterlüften to ventilate *(eine Vorhangwand)*
Hinterlüftung *f* ventilation, venting
Hintermauerblock *m* back-up block, internal-quality block
hintermauern to back-up
Hintermauern *n* backing-up
Hintermauerstein *m* back-up brick
Hintermauerung *f* [masonry] back-up, backing-up, backfilling
Hintermauerungsziegel *m s.* Hintermauerziegel
Hintermauerziegel *m* backing (back-up) brick, common (stock) brick; internal-quality brick
~/englischer fletton *(aus rosabrennendem Oxfordton)*
Hinterraum *m s.* Hinterstube
Hinterseite *f* back (rear) side, back elevation *(z. B. eines Hauses)*
hinterstreichen to back-mop *(Dachpappenunterseite beim Aufkleben)*
Hinterstube *f* back room
Hintersturz *m* safety lintel
Hinterstützungsrohr *n* back stay
Hintertreppe *f* back stairs
Hintertür *f* back (rear) door
Hinweistafel *f* signboard
Hinweiszeichen *n* [indication] sign
~/wandmontiertes wall sign
Hinweiszeichentafel *f s.* Hinweistafel
hinzufügen, hinzusetzen to add *(auch Kräfte)*
Hippodrom *n* hippodrome
Hirnfläche *f s.* Hirnschnittfläche
Hirnholz *n* end-grain wood (core), cross-cut wood
Hirnholzfläche *f s.* Hirnschnittfläche
Hirnholzklotz *m* end-grain [wood] block, end-grain core block
Hirnholzplatte *f* cross-grain leaf
Hirnholzverbindung *f* end-to-end-grain joints
Hirnschnitt *m* 1. end-grain cutting *(Holz)*; 2. *s.* Hirnschnittfläche
Hirnschnittfläche *f* end-grain surface, cross-cut [end]
Histogramm *n (Stat)* histogram
Hitze... *s. a.* Wärme...
hitzeabweisend heat-repelling
hitzeaushärtend thermoset[ting]
Hitzeaussetzung *f* fire exposure *(Bauelement)*
hitzebeständig heat-resistant, heat-resisting, heat-proof; thermally stable
Hitzebeständigkeit *f* heat resistance (stability), resistance to heat, heat-proofness
hitzehärtbar thermoset[ting]
Hobel *m* plane
~/kleiner block plane
Hobelbank *f* carpenter's (joiner's) bench
Hobeleisen *n* plane iron, cutter
Hobelfläche *f* work[ing] face *(Holz)*
Hobelmaschine *f* planing machine, planer, surface machine
Hobelmeißel *m* planer, paring chisel
hobeln to plane
~/eine Nut to rout
Hobelnase *f* handle of a plane
Hobelspäne *mpl* planing chips, parings, [wood] shavings
Hobelspanplatte *f* shaving board
Hochabort *m* Turkish closet
Hochaluminiumzement *m* high-alumina cement, fondu
Hochbahn *f* overhead (elevated) railway, aerial railway
Hochbau *m* 1. building (construction) engineering; 2. building [construction]; overhead construction *(Leitungsbau)*

Hochbauarbeiten *fpl* building construction work
Hochbaubeton *m* building (construction) concrete
Hochbaubetrieb *m s.* Hochbaufirma
Hochbauelemente *npl* fabricated structural parts
Hochbaufirma *f* building firm (contractor), construction firm (contractor)
Hochbauingenieur *m* building (construction) engineer
Hochbaupassung *f* building fit
Hochbauten *pl* [high-]rising structures
hochbeanspruchbar heavy-duty
hochbeansprucht highly stressed
Hochbehälter *m* 1. high-level tank, elevated (overhead) tank; tower tank *(auf einem Turm befindlich)*; 2. roof cistern, overhead cistern *(Regen-wassersammelbehälter)*; 3. above ground store *(oberirdischer Lagerbehälter)*
Hochbelastbarkeit *f* heavy load capacity
Hochbunker *m* overhead hopper (bin)
Hochdamm *m* high dam
Hochdruckbehälter *m* high-pressure tank
Hochdruckdampferhärtung *f* high-pressure steam curing *(Beton)*
Hochdruckdampfheizungssystem *n* high-pressure steam heating system
Hochdruckfugenverfüllung *f* high-lift (high-pressure) grouting
Hochdruckheizung *f* high-pressure heating
Hochdruckkessel *m* high-pressure boiler
Hochdruckleitung *f* high-pressure pipeline
Hochdruckwasserleitung *f* high-pressure water main (pipe)
hochfest high-strength
hochfeuerfest high-refractory
Hochglanz *m* hig lustre (gloss), mirror finish
hochglänzend high-gloss, highly lustrous
hochglanzpoliert mirror-finished, press-polished
Hochgotik *f* **/englische** Decorated style
Hochhaus *n* high-rise building (block), tower block, tall block (building), *(Am)* skyscraper
Hochhausgarage *f* multi-storey car park
Hochhauswohnung *f* high-flat, *(Am)* high apartment
hochheben to lift [up] *(Lasten)*; to heave; to take up
Hochhub *m* elevation, high-lift
hochkant edgewise, on edge; upright
hochkanten to raise on edge
Hochkantschicht *f* edge course *(Ziegel)*
Hochkantziegelhohlmauer *f* rowlock cavity wall, all-rowlock wall
Hochkantziegelreihe *f* **[/sichtbare]** rowlock, brick-on-edge course
Hochleistungsleuchtstofflampe *f* high-output (high-efficiency) fluorescent lamp, high-intensity discharge lamp
Hochlochziegel *m* honeycomb brick, vertical coring brick
Hochlöffel *m* face (crowd) shovel
Hochlöffelbagger *m* forward (face) shovel, power navvy, power (crowd) shovel
hochmauern to wall, to bring up, to carry up [a wall]
Hochofen *m* blast furnace
Hochofengestell *n* blast-furnace framework
Hochofenschacht *m* blast-furnace shaft
Hochofenschlacke *f* blast-furnace slag, *(Am)* cinder; lump slag
~/granulierte granulated blast-furnace slag, slag sand
~/luftgekühlte air-cooled blast-furnace slag
Hochofenschlackenbeton *m* [blast-furnace] slag concrete
Hochofenschlackensand *m* *(Am)* cinder sand
Hochofenschlackenzuschlagstoff *m* iron [blast-furnace] slag aggregate
Hochofenstückschlacke *f s.* Hochofenschlacke
Hochofenumkleidung *f* blast-furnace jacket
Hochofenzement *m* [Portland] blast-furnace cement, [blast-furnace] slag cement
Hochpunkt *m* high point
Hochrahmen *m* elevated frame
Hochregallager *n* high bay warehouse
Hochrelief *n* high relief, alto-relievo
Hochreservoir *n* overhead cistern *(Regenwasserbehälter)*; elevated tank
Hochschiffwand *f* *(Arch)* overstor[e]y *(Basilika)*
Hochspannungs[fern]leitung *f* high-voltage transmission line
Hochspannungsmast *m* pylon, [high-voltage] transmission tower
Hochspeicherbecken *n* high-level tank (reservoir)
Hochspülkasten *m* high-level flushing tank (cistern)
Höchstbeanspruchung *f* highest (maximum) stress
Höchstbelastung *f* highest (maximum) load
Höchstbietender *m* highest bidder
hochstegig deep-webbed *(Träger)*
Höchstgebot *n* highest offer (tender)
Höchstgrenze *f* maximum limit
Höchstlast *f* maximum (peak) load
~/rechnerische computed maximum load
~/zulässige maximum permissible (safety) load
Höchstnennlast *f* maximum rated [scaffold] load *(für Gerüstbelastung)*
Höchstpreise *mpl* **/garantierte** guaranteed maximum prices
Hochstraße *f* 1. overhead (elevated) roadway, elevated (high-level) road, *(Am)* elevated highway; 2. flyover, *(Am)* overpass *(Autobahnüberführung)*
Hochtemperaturbeständigkeit *f* high-temperature resistance (durability, stability)
Hochtreppe *f* **/viertelgedrehte** *(Am)* box stoop *(zu einem Hauseingang)*
Hochtür *f* overdoor *(Schmuckelement über dem Türrahmen)*
Hoch- und Tiefbau *m* building [construction] and civil engineering

hochverdichtet high-compacted *(z. B. Baustoffe, Untergrund)*
hochviskos highly viscous, high-viscosity
~/scheinbar false-body *(Farbe)*
Hochwasser *n* flood, inundation; high water; high tide *(Höchststand der Flut)*
Hochwaserabführung *f* flood relief
Hochwasserbecken *n* flood pool
Hochwasserbett *n* flood (high-water) bed; high-river
Hochwasserdurchlaß *m* high-water span
Hochwasserentlastungsanlage *f* spillway
Hochwasserflutkanal *m* spill channel
Hochwasserlauf *m* high-river
Hochwassermarke *f* high-water mark; flood level mark
Hochwasserschutz *m* inundation protection, flood protection (control)
Hochwasserschutzbauten *pl* flood protection (control) structures
Hochwasserschutzdeich *m* flood[-control] levee
Hochwasserschutztalsperre *f* flood dam
Hochwasserspitze *f* flood (high-water) peak, peak flow
Hochwasserstand *m* high-water level; high tide *(höchster Stand der Flut)*
hochwinden to hoist; to jack up
hochziehen 1. to build, to erect *(ein Gebäude)*; to carry up *(eine Mauer)*; 2. to draw up; to winch *(mit einer Winde)*
Hochziehen *n* lifting *(einer alten Farbschicht durch Quellen und Lösen)*
~ einer Mauer wall rising
Hochziehvorhang *m* fly curtain *(Theater)*
hochzugfest high-tensile
Hochzugfestigkeit *f* high-tensile strength
Höcker *m* hump *(im Gelände)*; bump *(Erhebung in der Straßenoberfläche)*
Hockklosett *n* squatting W.C. pan
Hof *m* yard, court yard
~ mit Säulengang an allen vier Seiten *(Arch)* tetrastoon *(antike griechische Baukunst)*
Hofbefestigung *f* yard pavement
Hofdränage *f* yard drain
Hofhalle *f***/ einseitig offene** *(Arch)* iwan *(parthische Baukunst)*
Hofraum *m* yard space
Hofseite *f* back elevation *(Hinterfront eines Gebäudes)*
Hoftor *n* yard gate
Höhe *f* 1. height *(z. B. eines Bauwerks)*; 2. height, altitude *(über dem Boden) (s. a.* ~ über dem Meeresspiegel*)*; 3. level *(Niveau)* • **auf gleicher ~ mit** level with • **in gleicher** ~ flush *(bündig)*
~/absolute absolute height
~ bis zum Abfluß sludge clear space *(Klärgrube)*
~ der Dammkrone height of weir
~ der Wasserspiegellinie hydraulic head
~ des natürlichen Geländes original ground level
~/freie height clearance
~/lichte headroom, headway, clearance; stair clearance *(z. B. für Treppen)*; overhead (ceiling) clearance, clear (inside) height; bottom car clearance *(eines Fahrkorbs zum Boden)*; daylight width, maximum daylight *(für Fenster)*
~/natürliche original ground level
~/piezometrische static head
~ über dem Meeresspiegel, ~ über NN altitude (height, elevation) above sea level
Höhenabmessung *f* height dimension
Höhenabsteckungslinie *f* grade line, mark-out line of grade
Höhenaufnahme *f* levelling, survey of heights
Höhenberechnung *f* computation (calculation) of elevations
Höhenbestimmung *f* levelling
Höhenbezugspunkt *m s.* Höhenmarke
Höhendifferenz *f* altitude difference
Höhenförderer *m* elevator *(Aufzug)*
Höhenlinie *f* contour (level) line, line of levels *(vermessen)*
Höhenlinienabstand *m* contour interval
Höhenlinienkarte *f* contour map
Höhenmarke *f* datum level, point of reference; bench mark
Höhenmarkenserie *f* level control
Höhenmaßstab *m* height gauge, scale of heights
Höhenmesser *m* altimeter, height finder
Höhenmessung *f* height (altitude) measurement; levelling [survey] *(im Gelände)*
~/direkte direct levelling
Höhenpfahl *m* grade stake
Höhenplan *m* grading plan
Höhenpunkt *m s.* Höhenmarke
~/markierter spot elevation (level) *(Geländekarte)*
Höhenunterschied *m* difference in elevation *(Vermessung)*
Höhenvermarkung *f* **am Bauwerk** level control
Höhenwechsel *m* change of levels
Höhenwinkel *m* vertical (elevation) angle
Höhenzielmarke *f* height marker
Höhenzug *m* line of levels
hohl hollow, cored; concave
~/rückseitig hollow-backed *(Holz, Stein)*
Hohlbalken *m* hollow (box) beam (girder)
Hohlbalkendecke *f* tube floor *(mit kreisförmigen Hohlräumen)*
Hohlbalkenträger *m* hollow girder, box beam
Hohlbeitel *m* [firmer] gouge
Hohlblock[stein] *m* hollow [concrete] block, hollow building block, cavity block, A-block
Hohlbohrer *m* trepanning cutter; *(Hb)* rose bit
Hohlbohrkrone *f* concave plug bit
Hohlbolzen *m* hollow pin
Hohldiele *f* hollow (concrete) plank, hollow-core floor slab, cavity slab
~ aus Schlackenbeton clinker slab

Höhle *f* 1. cave, cavern *(z. B. im Gestein)*; 2. hollow, hole; cavity *(Hohlraum)*
Hohleisen *n* gouge
hohlflächig concave; curved
Hohlform *f* 1. concavity, hollow form; 2. hollow mould *(Gußform)*
Hohlformdecke *f* coved ceiling
Hohlfuge *f* open (keyed) joint; hollow (recessed) joint
Hohlfugeneisen *n* metal caping
Hohlgefäß *n* cup
Hohlgesims *n* cavetto
Hohlglas *n* hollow (round) glass
Hohlgründungspfahl *m* hollow foundation pile
Hohlkante *f* hollow chamfer
Hohlkanteneisen *n* fluted bar [iron]
Hohlkastenmittelträger *m* central box girder
Hohlkastenquerschnitt *m* box section
Hohlkastenrahmenkonstruktion *f* box-section frame construction
Hohlkastenstütze *f* box column
Hohlkastenträger *m* box girder (beam), hollow beam
Hohlkehle *f* concave (hollow) moulding; fillet, round corner, furrow; fluting, groove *(vertikale an Säulen)*; cavetto *(Viertelhohlkehle)*; *(Am)* gorge *(am Säulenschaft)*; quirk *(am Gesims)*; cove *(für Decken)*; *(Arch)* ogee; cyma recta *(am Säulenkapitell)*
~/flache flat flute
~ **mit scharfen Kanten** sharp fluting
~ **zwischen Fußboden und Wand** congé
Hohlkehlenausbildung *f* **/ ägyptische** Egyptian gorge
Hohlkehlendecke *f* coved ceiling
Hohlkehlperlstab *m* quirk (recessed, flush) bead
Hohlkehlung *f* **/ tiefe** casement
Hohlkehlverfugung *f* key [joint] pointing
Hohlkörper *m* 1. hollow body [part]; filler *(Stahlbeton)*; 2. hollow [building] unit (member) *(Baukörper)*; 3. *s.* Hohlblock
Hohlkörperdecke *f* hollow concrete floor
Hohlkörpergründung *f* coffered foundation
Hohlleiste *f* *(Arch)* cyma recta
Hohllochleichtstein *m* vertically perforated lightweight block
Hohllochziegel *m* vertically perforated brick
Hohlmauer *f* 1. cavity (hollow) wall; 2. *(Wsb)* hollow (gravity) dam, cavity dam
~/zweischalige two-leaf cavity wall
Hohlmauertrennwand *f* double partition
Hohlmauerwerk *n* masonry cavity wall
Hohlmauerwerksverband *m* **mit stehendem Läufer und Binder** rattrap bond
Hohlmaß *n* measure of capacity
Hohlmeißel *m* gouge, hollow chisel
Hohlniet *m* hollow (tubular) rivet
Hohlpfahl *m* hollow [foundation] pile
Hohlpfeiler *m* hollow pillar
Hohlplatte *f* core[d] panel, core (hollow) slab
Hohlprofil *n* hollow section
~/stranggepreßtes hollow-extruded section
Hohlprofilträger *m* hollow section girder
Hohlpyramidenmuster[leiste] *f* hollow square moulding
Hohlrahmenprofil *n* hollow frame section
Hohlraum *m* 1. cavity; interstice *(Zwischenraum)*; 2. void, pore; gap, vacuity; 3. cell, cavity, core *(Loch im Ziegel oder Blockstein)*; 4. ceiling plenum *(als Luftrückflußsammelraum bei Klimaanlagen)*
~/ausgefüllter filled cavity
~/belüfteter vented cavity
hohlraumarm close-graded, dense-graded *(Geschlossenheit eines Baustoffes)*
Hohlraumauffüllung *f* cavity filling
Hohlraumdeckenplatte *f* hollow floor slab
Hohlräume *mpl* core area (hole) *(im Blockstein)*
Hohlraumgehalt *m* porosity, percentage of voids, voids content
Hohlraumverhältnis *n* pore (void) ratio
Hohlraum-Zement-Verhältnis *n* void-cement ratio
Hohlsäule *f* hollow stanchion
~/gußeiserne cast-iron hollow column
hohlschlagen to emboss
Hohlstab *m* hollow moulding, cove, coving *(dekoratives Element)*
Hohlstein *m* 1. hollow (cavity) block; 2. *s.* Hohlziegel
~/poriger hollow porous brick *(Ziegel)*
Hohlsteindecke *f* hollow block floor, hollow tile floor [slab], pot floor; hollow brick ceiling *(Hohlziegel)*; hollow floor slab *(Deckenelement)*
Hohlstellen *fpl* blistering
Hohlsturz *m* hollow lintel
Hohltafel *f* cored panel
Hohlträger *m* hollow[-web] girder; box girder *(Kastenträger)*
Hohlumschlag *m* hollow (seam) roll *(Metallbedachung)*
Hohlumschlagsfuge *f* hollow (seam) roll joint *(Metallbedachung)*
Höhlung *f* hollow, cavity; recess *(Vertiefung in der Wand)*
Hohlverbundplatte *f* hollow composite slab
hohlwandig hollow-walled, double-walled, cavity-walled
Hohlwürfelmuster *n* hollow moulding
Hohlziegel *m* 1. hollow (cavity) brick; 2. *(Am)* structural clay tile, building tile, structural terracotta; 3. hollow tile *(Dachziegel)*; 4. bottle brick *(für Leitungen oder Armierung)*
Hohlziegeldach *n* roof in hollow tiles, clay curved tile roof
Hollandfliese *f* Dutch tile
Holm *m* cross beam, brow post, horse *(einer Treppe)*; ladder beam *(Leiter)*; capping, capping beam (piece) *(Rostschwelle)*
holoedrisch holohedral

Holz *n* 1. wood; timber, *(Am)* lumber *(Bauholz, Schnittholz)*; 2. *s.* Schwellholz • **~ aufarbeiten** *(Am)* to lumber *(zu Balken zersägen)*
~/angemodertes pecky timber
~/astreines clean (clear) wood
~/auf Vierkant behauenes hewn-squared timber
~/aufbereitetes processed wood
~/dampfgetrocknetes reconditioned wood *(zur Verzugsbeseitigung)*
~/drehwüchsiges cross-grained wood
~/druckgetränktes (druckimprägniertes) densified impregnated wood
~/dünnes fitch
~/einheimisches native (indigenous) wood
~/entharztes bled timber
~/faules rotten wood
~/fehlerhaftes defective wood
~/flüssiges wood cement (filler), *(Am)* spackle *(Spachtelmasse)*
~/gebogenes knee[wood]
~/geformtes bentwood
~/geschältes disbarked wood
~/gespundetes matchboard *(Spundbrett)*
~/gestreiftes ribbon-grained wood
~/gesundes sound wood
~/getränktes treated (steeped) wood
~/getrocknetes dry stock (wood), dried wood
~/grobjähriges coarse-grained timber, coarsely ringed timber
~/grünes green (live) wood
~/harzgetränktes superwood
~/harzreiches highly resinous wood
~/imprägniertes impregnated (treated) wood, behaved wood
~/kernrissiges quaggy timber
~/knetbares plastic wood
~/krankes unsound wood
~/kunstharzgetränktes resin-impregnated (resin-treated) wood
~/kunstharzgetränktes und gepreßtes compressed wood
~/kunstharzgetränktes und verpreßtes improved wood
~/kunstharzimprägniertes *s.* ~/kunstharzgetränktes
~/kunstharzverpreßtes *(Am)* impreg
~/lamelliertes glued laminated timber, glulam *(Schichtholz)*
~/minderwertiges low-rate timber
~ mit Trockenzugspannung tension wood
~/morsches rotten (decayed) wood
~/muffiges frowy timber
~ nach Stückliste factory (shop) lumber
~/poröses porous wood
~/schadhaftes defective wood
~/spaltbares cleavable wood
~/überschnell gewachsenes reaction wood
~/unbearbeitetes new (natural, unprocessed) wood
~/verblautes blue timber
~/verfaultes decayed wood
~/verkientes resinous wood
~/verleimtes laminated wood; laminated timber
~/verstocktes pecky timber
~ von abgestorbenen Bäumen deadwood
~/wahnkantiges (waldkantiges) wane-edged wood
~/wurmstichiges worm-eaten timber
~/zugbeanspruchtes tension wood
Holzabdeckung *f* timber planking
Holzabfall *m* wood waste; abatement *(bei Holzbearbeitung)*
Holzabfallplatte *f* wood waste board
holzähnlich *s.* holzartig
Holzarbeit *f*/ **baumkantige** rustic woodwork
Holzarbeiten *fpl* wood work, timber work
holzartig woody, xyloid, ligneous
Holzaussteifung *f* cribbing, cribwork
Holzbalken *m* timber [beam], wood beam; needle beam *(kurzer Balken)*
~/bewehrter truss[ed] beam
~/gesägter whole timber
~/handbehauener dull-edged beam
~ mit der Abmessung von 2 x 4 Zoll *(Am)* two-by-four [beam]
~/starker heavy joist *(mindestens 200 mm breit)*
Holzbalkenanker *m*/ **leichter** framing anchor
Holzbalkenbolzen *m* hanger bolt
Holzbalkenbolzenschraube *f* hanger bolt
Holzbalkendecke *f* wood joist ceiling; timber joist floor
Holzbalkenfußbehandlung *f* butt-end treatment *(mit Holzschutzmittel)*
Holzbalkenkopf[verstärkungs]platte *f* shear plate
Holzbalkenstoßverbindung *f*/ **glatte** heading joint
Holzbalkenverbindung *f* toe joint *(z. B. Sparren und Wand)*
Holzbalkenverbindungseisen *n* timber (joist) connector, structural timber connector, *(Am)* spike grid
Holzbalkenverbindungsglied *n*/ **verjüngtes** haunched tenon
Holzbalkenverbindungsringeisen *n* split-ring connector
Holzbalkenzugankerverbindung *f* haunched mortise-and-tenon joint
Holzbasisleiste *f* wood lath
Holzbau *m* 1. timber engineering; 2. *s.* Holzbauweise; 3. building in timber; 4. wooden building *(s. a.* Holzhaus*)*
~/schwerentflammbarer slow-burning timber construction
Holzbauelemente *npl*, **Holzbauteile** *npl* joinery [units], *(Am)* millwork; prefabricated joinery *(z. B Türen, Fenster, Treppen)*
Holzbauweise *f* timber (wood) construction, timber technology
Holzbearbeitung *f* woodworking
Holzbearbeitungsmaschine *f* woodworking machine

Holzbearbeitungsmesser *n* sloyd knife
Holzbefestigungsleiste *f* wood lath
Holzbehandlung *f***/ chemische** chemical staining of timber
Holzbeize *f* mordant, wood stain
~/wasserlösliche water stain
Holzbelag *m* wood covering, timber planking
Holzbeton *m* wood[-cement] concrete
Holzbetonbelag *m* cement-wood floor *(Fußboden)*
Holzbetonstein *m* wood concrete block
Holzbinder *m* timber (wooden) roof frame
Holzblock mit 45°-Schnittwinkel mitre block
Holzblockfußboden *m* block flooring
Holzbogen *m***/ laminierter** laminated arch
Holzbogenbrücke *f* arched timber bridge
Holzbogenfachwerk *n* Belfast truss
Holzbohlenhaus *n (Am)* slab house
Holzbohrer *m* auger (twist) bit
~/kleiner gimlet
~/spreizbarer expansion (expanding) bit
Holzbrechwiderstandstest *m* crib test *(bei Feuereinwirkung)*
Holzbrett *n***/ gespundetes** matchboard
Holzbundmaß *n s.* Klafter
Holzbundstiel *m* timber stud
Holzdachrinne *f* wood gutter
Holzdachrinnenverbindung *f* lap scarf
Holzdalbe *f* timber dolphin
Holzdecke *f* wood ceiling
~/gewölbte cambered wood ceiling
~ mit sichtbarem Unterzug open-timber floor
~/unten offene open-timber floor
Holzdeckenausbildung *f* **mit Trägerimitation** beam ceiling
Holzdeckenbalken *m* timber joist
Holzdeckenleichtträger *m* H-runner
Holzdielenfußboden *m* boarded floor
Holzdübel *m* 1. wood dowel (plug); 2. timber [joint] connector, spike grid, [structural] timber connector *(Holzbalkenverbindungseisen)*, *(Am)* anchor block
Holzdübelstein *m* nog
Holzdübelstift *m* nog
Holzeckpfosten *m* corner post
Holzeinbau *m***/ verlorener** non-recoverable timbering
Holzeinbauteile *npl* wood trim, wood in-built units
Holzeinbauten *pl s.* Holzeinbauteile
Holzeinlage *f* 1. insertion of wood; 2. footing stop *(in Betonierfuge)*
Holzeinlegearbeit *f* 1. marquetry *(Möbel)*; 2. intarsia, inlay work in wood
Holzeinlegereparaturstück *n* router patch
Holzeinlegestück *n* router patch
Holzeinschlag *m* [tree] felling; [wood] cutting, logging, *(Am)* lumbering
Holzfachwerk *n* [timber] framework
Holzfahrbahn *f* wood-paved roadway
Holzfällen *n s.* Holzeinschlag
Holzfaser *f* wood (ligneous) fibre
~/verdrehte (verzogene) twisted grain *(Furnierholz)*
~/zerrissene torn grain *(Furnierholz)*
Holzfaserbauplatte *f* wood-fibre [building] board
Holzfaserdruck *m* wood-grain print
Holzfaserisolierung *f* wood-fibre insulation
Holzfasern *fpl***/ ungleichmäßige** uneven grain *(entsprechend den Jahreszeiten)*
Holzfaserplatte *f* [wood-]fibre board, fibre slab, fibreboard
Holzfaserputz *m* wood-fibred plaster
Holzfaserung *f***/ gewundene** spiral grain
Holzfäule *f* [wood] rot, dote, doat, timber decay
~/beginnende incipient decay
Holzfaulstelle *f* peck
Holzfehlstelleneinlage *f* insert
Holzfender *m* timber (spar) fender *(Hafen)*
Holzfenster *n* wood (timber) window
Holzfensterbrett *n* wood sill
Holzfertigbau *m* timber prefabricated construction
Holzfertighaus *n* prefabricated timber house, *(Am)* prefab
Holzfestungsturm *m***/ mittelalterlicher** brattice *(mit auskragendem Wehrgang)*
Holzfleck *m* fleck *(durch unregelmäßige Maserung)*
Holzfräser *m* shaper, milling cutter *(Werkzeug)*
Holzfräsmaschine *f* [wood] milling machine, shaping machine
holzfressend xylophagous, lignivorous
Holzfurnier *n* wood veneer
Holzfußbalken *m* summer [beam]
Holzfußboden *m* wooden (timber) floor, boarded floor
Holzfußweg *m* boardwalk; duckboard *(Bretterweg)*; strake *(Plankenweg um ein Haus)*
Holzgebälk *n* timber work
Holzgerüst *n* timber scaffolding
Holzgitter *n* timber (wood) grille
Holzgitterwerk *n* wood lathing *(Putzträger)*
Holzgurtgesims *n* stringer
Holzhalle *f* balloon hangar *(genagelt)*
Holzhammer *m* mallet
~/großer beetle
~/schwerer maul, mall
Holzhaus *n* timber (wooden) house (cottage), chalet
Holzhütte *f* wooden hut, cabin
Holzimprägnierung *f* impregnation of wood, wood treatment (steeping)
~ mit feuerhemmenden Substanzen wood-fire-retardant treatment
Holzimprägnierungsmittel *n* wood preservative
Holzinnenausbau *m* wood finishings
Holzkehlleiste *f* wood moulding
Holzkern *m* 1. heart; 2. wood roll *(Blechdach)*
Holzkirche *f* wooden (timber) church
~/skandinavische stave church *(Stabkirche)*

Holzkitt *m* wood putty, plastic wood, wood cement; stopper, crack filler; water putty *(mit Wasser angerührt)*
Holzklotz *m* [wood] block *(Fußboden, Holzpflaster)*; billet *(zum Heizen)*
Holzkohle *f* [wood] charcoal
Holzkonservierung *f* wood preservation
Holzkonservierungsmittel *n* wood preservative
Holzkonsole *f*/**temporäre** need e
Holzkonstruktion *f* timber (wooden) construction; framing of timber; building in wood
~ **mit feuerhemmender Schutzbehandlung** slow-burning [timber] construction
~ **mit sichtbarem Verband** open-timbered construction
Holzlack *m* orange shellac, wood finishing lacquer
Holzlage *f*/**dünne** lamina
Holzlagerplatz *m* stockyard, timber yard, *(Am)* lumber yard; timber stacking ground (yard)
Holzlängsverbindung *f* scarf
Holzlatte *f* timber batten
Holzleibung *f* jamb lining
Holzleiste *f* [timber] batten; beading, beadwork *(dekorative Leiste)*
Holzleisteneinlageverband *m* ranging bond *(Nagelleisten)*
Holzleistenlehre *f* **für Putzarbeiten** nib rule (guide)
Holzloch *n* open defect
Holzmaserung *f* vein, streak
Holzmaserungsauge *n* cat's eye
Holzmaserungsimitation *f* **durch Bürstenstrich** brush graining
Holzmaß *n* scantling gauge
Holzmassenaufnahme *f* measurement of standing timber
Holzmehl *n* wood flour *(fein)*; wood meal *(grob)*
Holzmeißel *m* wood chisel
Holzmoderfleck *m* peck
Holzmole *f* wood (timber) jetty
Holzmuster *n*/**farbiges** pigment figure
Holznagel *m* wood nog, wooden nail (peg), treenail
Holznagelleiste *f*/**eingebaute** wood ground (slip)
Holzoberfläche *f* **nach Ofentrocknung/braune** kiln brown stain
Holzoberflächenbehandlung *f* wood finishing
Holzoberflächenentfärbung *f* bleed-through, strike-through *(durch durchdrückenden Tischlerleim)*
Holzoberflächenstrukturierung *f* cissing, sissing *(durch Schwammanfeuchtung)*
Holzöl *n* wood oil
~/**chinesisches** tung oil, Chinese wood oil
Holzornamentschnitzerei *f* wood ornamentation, chip carving
Holzparkett *n* parquet, wood mosaic
Holzpavillon *m* wood[en] pavilion
Holzpfahl *m (Erdb)* tubular (wood) pile, timber pile, stake *(Zaunpfahl)*; pale *(für Palisadenzäune)*
Holzpfahlrost *m* wood pilework
Holzpflaster *n* wood[en] pavement; wooden road-paving blocks *(Straßenpflasterblöcke)*; solid[-wood] floor, block flooring *(Fußboden)*
Holzpfosten *m* wooden (timber) post *(für Zäune)*
Holzpfropfen *m*/**kleiner** spile
Holzplatte *f* wood (timber) panel
Holzplatz *m s.* Holzlagerplatz
Holzpolierwachs *n* carnauba wax
Holzquerschnitt *m* timber section
Holzrahmen *m* timber frame, wooden framework
~/**starrer** timber rigid frame
Holzrahmenende *n*/**überstehendes** horn
Holzrahmenfenster *n* wood[en] window
Holzrahmenkonstruktion *f* timber building, timber-framed building (construction); wood-frame construction, structural wood framing system *(Konstruktionssystem)*
Holzrahmenöffnung *f*/**rauhe** stud opening
Holzrahmentrennwand *f* trussed partition
Holzrahmenwerk *n* timbering
Holzraspel *f* wood rasp
Holzringankerrahmen *m* continuous header
Holzrinne *n* wood trough, trough (box) gutter
~/**ausgebohrte** eaves gutter
Holzrohbau *m* carpentry
Holzrost *m* wooden grating, pontoon
Holzschalung *f* 1. timber formwork (shuttering); 2. roof boarding *(Dachschalung)*
Holzscheit *n* billet
Holzschindel *f* wood (oak) shingle
Holzschindelimprägnierfarbe *f* shingle stain
Holzschlaghammer *m* bossing mallet
Holzschnittmaß *n* nominal size
Holzschnitzer *m* [wood] carver
Holzschnitzerei *f* wood carving
Holzschraube *f* 1. wood screw; 2. wooden screw *(hölzerne Schraube)*
Holzschutz *m* timber preservation (proofing)
Holzschutzmittel *n* [wood] preservative
~/**lösliches** solvent preservative
Holzschwamm *m* dry rot
Holzschwelle *f* 1. timber sill, sole plate *(z. B. Türschwelle)*; 2. wooden sleeper *(Eisenbahn)*
Holzsiegellack *m*/**gelber** orange shellac
Holzspachtelmasse *f* wood filler
Holzspan *m* cutting, [wood] chip, [wood] sliver
Holzspandeckenakustikplatte *f* wood particle acoustic ceiling board
Holzspanplatte *f* wood chipboard, wooden particle board
Holzspannungen *fpl*/**normale (zulässige)** timber stresses
Holzsparren *m* timber rafter
Holzspiralbohrer *m* spiral wood drill
Holzsplitter *m* splinter [of wood], sliver
Holzspreize *f* timber spreader
Holzsprengwerk *n* timber truss [frame]
Holzstabwerk *n* wood lathing *(Putzträger)*
Holzstandöl *n s.* Holzöl

Holzsteg *m* ligger *(über einem Graben)*; wooden foot bridge
Holzsteife *f* soldier [pile]
Holzstempel *m (Erdb)* wood (timber) prop
Holzstift *m* nog, [wooden] peg
Holzstocksprengen *n* blockholing
Holzstoff *m* lignin *(Holzfaserstoff)*
Holzstöpsel *m***/ konischer** conical wooden plug
Holzstück *n***/ angesetztes** pieced timber
Holzstütze *f* timber stanchion
Holzstützenbalken *m***/ gebogener vertikaler** crutch
Holztafel *f* timber panel *(zur Wandverkleidung)*
Holztäfelung *f* 1. wainscot, wooden panelling, panel; 2. wainscot[t]ing, panelling *(Vorgang)*
Holztragelemente *npl***/ geleimte** structural glue[d]-laminated timber, glu-lams *(für Dachkonstruktion)*
Holzträger *m* 1. wooden (timber) girder; 2. apron (pitching); piece *(für hölzerne Treppenhäuser)*
~/schichtverleimter laminated beam
Holztraggerüst *n* sole [plate] *(Fundament)*
Holztränkung *f s.* Holzimprägnierung
Holztrockenofen *m* drying kiln
~ mit Mehrkammersystem compartment kiln
Holztrocknung *f***/ künstliche** kiln drying, kilning, timber-drying
Holztür *f***/ verglaste** glass timber door
Holztürrahmen *m***/ eingebauter** buck frame
Holzumzäunung *f* wood (timber) fencing
Holzunterbau *m* crib
Holzunterdecke *f* timber counter ceiling
Holzuntergrund *m* wooden base, timber ground
Holzunterlage *f* apron moulding *(unter dem Zimmerfußboden)*
Holzunterlegen *n* blocking
Holzunterstützung *f* crib
Holzverbinder *m* timber fastener (connector)
Holzverbindung *f* 1. timber assembling *(Montage)*; 2. wood joint, timber connection
~/gestoßene abutting joint
Holzverbindungsfuge *f***/ genutete** beaking joint *(speziell für Holzdielung)*
Holzverdrehung *f***/ spiralförmige** winding
Holzverfall *m s.* Holzzersetzung
Holzverkeilung *f* blocking
Holzverkleidung *f* timber lining (surfacing), wood (timber lagging *(für Dämmzwecke)*
~/diagonale diagonal sheathing
~/waldkantige rustic woodwork *(für Wände)*
Holzverlängerung *f* lengthening of timber
Holzverlattung *f* lathing, battening
Holzverschalung *f* 1. timbering, planking, timber sheathing *(für Wände)*; wood lagging *(für Bögen)*; weather boarding *(Außenwandverschalung, Wetterschürze)*; poling boards *(eines Schachts)*; cribbing, cribwork *(aussteifende, tragende Verschalung)*; 2. cribwork *(Verschalen)*
~/senkrechte balloon framing *(über die volle Höhe)*
Holzverschnitt *m* abatement
Holzvertäfelung *f s.* Holztäfelung 2.
Holzverzierungen *fpl* wood moulding
Holzwange *f* timber string *(bei einer Treppe)*
Holzwechselbalken *m* timber header
Holzwerk *n* timbering
Holzwolle *f* wood-wool, wood-shaving, *(Am)* excelsior
Holzwollebeton *m (Am)* excelsior concrete
Holzwolledämmung *f* wood-wool insulation, *(Am)* excelsior insulation
Holzwolleisolierung *f s.* Holzwolledämmung
Holzwollplatte *f* wood-wool board (slab)
Holzwurm *m* timber worm, woodworm, death-watch [beetle]; furniture borer (beetle)
Holzwurmloch *n* shot-hole
Holzwurmmehl *n* frass
Holzzahn *m* cog
Holzzapfen *m* slip
Holzzaunfußbrett *n* gravel board
Holzzersetzung *f* timber decay (decomposition) *(s. a.* Holzfäule*)*
Holzziegel *m* wood (timber) brick, fixing (nailing) block, nog
Holzzimmerung *f* timber lining
Homogenitätsfehler *m* homogeneity defect (bug)
Horizont *m* horizon
~/gemalter horizon cloth
~/sichtbarer *(Arch)* visible horizon
horizontal horizontal; level, flat
Horizontalabstand *m* ground distance
Horizontalabsteifung *f* horizontal shoring
Horizontalabstützungselemente *npl* horizontal shoring timbers (members)
Horizontalabwassersammelleitung *f* horizontal branch of a sewer
Horizontalaussteifung *f* horizontal stiffening
Horizontalbalken *m* horizontal beam, string piece
Horizontalbelastung *f* horizontal loading; lateral load
Horizontalbogen *m* straight arch
Horizontale *f* 1. horizontal [line]; 2. *s.* Horizontalelement
Horizontalebene *f* horizontal plane
Horizontalelement *n* horizontal member
Horizontalgliederung *f* horizontal division
Horizontalkomponente *f* horizontal component
Horizontalkraft *f* 1. horizontal force; 2. *s.* Horizontalschub
Horizontalmörtelfuge *f* coursing (bed) joint
Horizontalprojektion *f* horizontal projection; ground plan *(Grundriß)*
Horizontalschiebefenster *n* horizontal sliding sash window
Horizontalschiebetür *f* horizontal sliding door
Horizontalschnitt *m* horizontal section, sectional plan
Horizontalschub *m* horizontal thrust
~ durch Wärmedehnung horizontal thrust due to temperature

Horizontalschweißen *n* horizontal welding
Horizontalstrebe *f* horizontal shore (strut), flying shore
Horizontalüberbrückung *f* horizontal bridging
Horizontalunterstützungsleiste *f* ribbon board
Horizontalverankerung *f* horizontal anchorage
Horizontalverband *m* horizontal joint
Horizontalvergitterung *f* horizontal bracing
Horizontalverkleidung *f* horizontal lagging
Horizontalverschiebung *f* sidesway *(Gebäude)*
Horizontalverstrebung *f* horizontal bracing
Horizontalwinkel *m* horizontal angle
Horizontvorhang *m* horizon cloth
Hornast *m* spike (splay) knot
Hornblendeasbest *m* amphibolite, amphibole asbestos
Hornblendeporphyr *m* hornblendic porphyry
Hörsaal *m* lecture hall (theatre), auditorium
Hosenrohr *n (San)* breeches pipe
Hosenstück *n* wye branch, Y-branch
Hospital *n* hospital
Hospiz *n* private hotel; hospice
Hotel *n* hotel
Hotelempfangsraum *m* reception lounge
Hotelhalle *f* hotel lobby (foyer)
Hourdis *m* hollow-gauged brick
Hoyer-Balken *m* Hoyer beam
H-Querschnitt *m* H-section
HR Rockwell hardness, R.H.
H-Stahlrammpfahl *m* H-pile
H-Stein *m* open-end block
H-Stütze *f* H-shaped column
H-Träger *m* H-girder, H-beam
Hub *m* lift
Hubbrücke *f* vertical lift[ing] bridge, lift bridge
Hubbühne *f* hoisting platform
Hubdecke *f* lift-slab concrete floor *(Beton)*
Hubdeckenbauwerk *n* lift-slab structure
Hubdeckenverfahren *n* lift-slab method
Hubfenster *n* vertical sash, sash window
~ mit Gegengewichten vertically balanced sash[es]
~ mit mehreren Flügeln vertical sliding window
Hubfensterarretierung *f* sash fast[ener], sash holder
Hubfensterband *n* sash ribbon
Hubfensterfanghaken *m* sash[-pole] socket
Hubfenstergewicht *n* sash weight (counterweight)
Hubfenstergewichtsaufnahmekasten *m* pocket piece [of a sash window]
Hubfenstergewichtsausgleich *m* / **obenliegender** sash overhead balance
Hubfenstergewichtskette *f* sash chain
Hubfenstergewichtslaufbahn *f* sash pocket
Hubfenstergewichtsschnur *f* sash cord (line)
Hubfenstergriff *m* lift
Hubfenstermetallband *n* sash ribbon
Hubfensteröffnungshaken *m* sash[-pole] socket
Hubfensterrahmen *m* pulley (window) stile, sash run
Hubfensterschiene *f* sash pulley stile, sash run
Hubfensterseilrolle *f* sash pulley
Hubfensterzentriereinrichtung *f* sash centre (centering device)
Hubfensterzug *m* **mit Einrastung** sash lift and hook
Hubklinke *f (Am)* lift latch
Hubklinkenriegel *m* lift latch
Hubkorb *m* / **freibeweglicher** cherry picker
Hubladeplattform *f* loading dock leveller
Hubplatte *f* lift slab
Hubplattenbauweise *f* lift-slab method (construction)
Hubplattendecke *f* lift-slab floor
Hubplattenverfahren *n* lift-slab method (construction)
Hubplattform *f* elevating (lifting) platform
Hubschiebefenster *n* **mit mehreren Flügeln** vertical sliding window
Hubschrauberlandeplatz *m* heliport; helicopter landing field
Hubseil *n* hoisting rope (cable)
Hubstange *f* lifting (pull) rod *(Hubdeckenmethode)*
Hubstapler *m* fork-lift truck
Hubtechnik *f* lifting construction technique *(Hubdeckenverfahren)*
Hubtor *n* lift gate
Hufeisenbogen *m* horseshoe arch; Moorish (Arabic) arch
Hufeisen[bogen]gewölbe *n (Arch)* horseshoe arch
Hufeisenrundbogen *m* Moorish (Arabic) arch
Hügelland *n* hilly ground (terrain)
Hügelstadt *f* hill-city
Hülle *f* cover[ing], coat; sheath; enclosure; envelope, carcass *(eines Gebäudes)*
Hüllkurve *f* envelope *(Umriß eines Gebäudes)*
Hüllrohr *n* encasing tube, sheath *(Spannbeton)*; cable duct
Hülse *f* 1. socket; sleeve, shell, case; 2. sheath *(Spannbeton)*; 3. cylinder *(Gehäuse)*
Hülsenfundament *n* socket (sleeve) foundation, socket base
Hülsenkörper *m* plug-centre punch
Hülsenrohr *n* pipe sleeve *(Mauerwerkdurchbruch)*; sleeve piece
Hülsenrohrleitung *f* / **biegsame** *(El)* flexible-metal conduit
Hülsenstoß *m* sleeve splice
Humusboden *m* humus
Humuserde *f* humus soil; top soil; mould
Hund *m* / **laufender** running dog *(Ornament)*
Hürdenzaun *m* hurdle fence *(geflochtener Zaun)*
Hütte *f* 1. hut, cabin; cottage; shanty, shack *(bescheidene, meist aus Brettern)*; 2. *s.* Hüttenwerk
Hüttenbims *m* foamed slag, expanded [blast-furnace] slag, pumice slag

Hüttenbimshohlblock[stein] *m* hollow-expanded cinder concrete block
Hüttensand *m* cinder sand
Hüttenwerk *m* blast-furnace works; refinery, smelting plant
Hüttenwolle *f* silicate cotton
Hüttenzement *m* [blast-furnce] slag cement, metallurgic[al] cement
HV Vickers (diamond pyramid) hardness
HV-Schraube *f* high-tensile [prestressed] bolt, high-strength [friction-grip] bolt, high-tension [grip] bolt *(Stahlbau)*
hyalin hyaline *(glasig)*
Hydrant *m* [fire] hydrant
Hydrat *n* hydrate
Hydratation *f* hydration, aqua[tiza]tion
Hydratationsprozeß *m* hydration process
Hydratationswärme *f* heat of hydration, hydration heat
Hydration *f s.* Hydratation
Hydrationswasser *n s.* Hydratwasser
hydratisieren to hydrate, to aquate *(Kalk)*
Hydratisierung *f s.* Hydratation
Hydratwasser *n* hydration water
Hydraulik *f* hydraulics
~/angewandte applied hydraulics
Hydraulikdruckheber *f* hydraulic jack
Hydraulikleitung *f* hydraulic line
hydraulisch hydraulic
Hydrodynamik *f* hydrodynamics
Hydrogeologie *f* geohydrology, hydrogeology
Hydrologie *f* hydrology
hydrophil hydrophilic, water-loving
hydrophob hydrophobic, water-repellent, water-hating
Hydrophobierungsmittel *n* hydrophobic agent
Hygrometer *n* hygrometer
hygroskopisch hygroscopic, water-attracting
Hyperbelparaboloid *n* hyperbolic paraboloid, *(Am)* hypar
Hyperboloid *n* hyperboloid
Hypokaustum *n* hypocaust *(römische Fußbodenluftheizung)*
Hypophyge *f (Arch)* hypophyge *(Rundung am dorischen Säulenkapitell)*
Hypostyl *m (Arch)* hypostyle hall *(antike Säulenhalle)*
Hypothek *f* mortgage
Hypothekenaufnahme *f* assumption of mortgage
Hypothekengläubiger *m* mortgagee
Hypothekenkündigung *f* foreclosure
Hypothekenpfandbrief *m* mortgage bond
Hypothekenschuldner *m* mortgagor, mortgager
Hypothekenveräußerungsverbot *n* encumbrance
Hypothese *f* **der maximalen Dehnung** maximum strain theory *(Festigkeit)*
Hypotrachelion *n (Arch)* hypotrachelium, gorgerin *(Teil des Säulenkapitells)*

I

I-A-Fitting *n* service fitting
I-A-Winkelfitting *n* service elbow (ell)
Ickselkelle *f* inside-angle tool
Idealisierung *f* idealization
Idealkuppel *f* ideal dome (cupola)
Idealsiebkurve *f* ideal (nominal) grading curve
Iglu *n* igloo
Ikonostas *m* iconostasis *(Ikonenwand)*
Illit *m* illite *(glimmerartiges Tonmineral)*
Ilmenit *m* ilmenite *(Eisenmineral)*
Ilmenitzuschlagstoff *m* ilmenite aggregate
Imbißhalle *f* snack bar
Imbißstand *m* hot-dog stand (stall)
Imhoff-Brunnen *m* Imhoff tank *(Abwasser)*
Imhoff-Trichter *m* Imhoff *(Abwasser)*
Imprägnier... *s. a.* Imprägnierungs...
Imprägnieranlage *f* impregnating (saturating) plant
Imprägnieranstrich *m* waterproof[ing] coat, waterproof sealing
Imprägnierbitumen *n* penetration-grade bitumen, saturating asphalt
Imprägniereinrichtung *f s.* Imprägnieranlage
imprägnieren to impregnate, to saturate; to penetrate *(mit Flüssigkeiten)*; to varnish *(mit Lacken, Kunstschichtstoffen)*; to soak *(tränken)*
~/Holz to paynize *(zur Feuerwiderstandsfähigkeit)*; to proof; to temper *(wasserabweisend)*
Imprägnierharz *n* impregnating resin
Imprägnierlack *m* coating varnish
Imprägniermasse *f* impregnating compound (material)
Imprägniermittel *n* impregnating material, impregnant, saturant, saturation agent
~/feuerhemmendes fire-retardant impregnating agent (chemical)
Imprägnieröl *n* oil preservative, creosote
Imprägnierung *f* 1. impregnation, saturation, penetration, preservation *(von Holz)*; 2. impregnation, finish *(Ergebnis)*
~ mit Bitumen bituminizing
Imprägnierungs... *s. a.* Imprägnier...
Imprägnierungsbehandlung *f* treatment with preservatives
Imprägnierungslösung *f* repellent (waterproofing) solution
Impuls *m* momentum *(Masse × Geschwindigkeit)*; impulse *(Kraft × Zeit)*
Indirektbeleuchtung *f* indirect (concealed) lighting (illumination)
Induktionshartlöten *n* induction brazing
Induktionsheizung *f* induction heating
Induktionslöten *n* induction soldering (brazing)
Induktionsschleife *f* vehicle detector pad *(Straße)*
Induktionsschweißen *n* induction welding
Industrialisierung *f* **des Bauwesens** industrialization of building

Industrie *f* **für Steine und Erden** pit and quarry industry
Industrieabfälle *mpl* industrial waste (refuse)
Industrieabwässer npl industrial sewage (waste water)
Industrieanlage *f* industrial plant
~/offene open industrial structure
Industrieanlagenbau *m s.* Industriebau
Industrieaufbaugebiet *n* industrial (business) development area
Industriebahn *f* industrial railway
Industriebau *m* industrial (plant) construction, factory building
~/freier open industrial structure
Industriebauplatte *f* **mit Isolierzwischenschicht** insulating (building) panel (board) for industrial construction
Industriebaustelle *f* industrial construction (erection) site
Industriedach *n* industrial roof
Industriedübel *m* connector
Industriefenster *n* factory window, *(Am)* commercial projected window
Industriegebäude *n* industrial building (structure)
~ mit ungeteilter Bodenraumfläche industrial loft building
Industriegebiet *n* industrial area (region)
Industriegrundstück *n***/ bebautes** industrial premises
Industriehafen *m* industrial (private) port
Industriehalle *f* factory building, workshop
Industriehygiene *f* industrial hygiene *(Arbeitshygiene)*
Industrielärm *m* industrial noise
Industriemüll *m* industrial solid waste
Industrieofen *m* industrial furnace
Industrie-Rohrrahmentür *f* industrial tubular door
Industrieschornstein *m* factory chimney, chimney stack
Industriestandort *m* industrial site
Ineinanderflechten *n* weaving *(von Schindelrandstreifen)*
ineinandergreifen 1. to interlock; to engage; 2. to be interlocked *(Arbeitsgänge)*
ineinanderpassen to fit together, to join
ineinanderschachteln to nest
ineinanderstecken to insert
infrarot infrared
Infrarotlampe *f* infrared lamp
Infrarotstrahler *m* infrared radiator (emitter)
Infrarotstrahlungsheizung *f* heating by infrared radiation
Infrarottrocknung *f* infrared drying
Infrastruktur *f* infrastructure
Ingenieur *m***/ beratender** consulting engineer, professional adviser (consultant)
Ingenieurbau *m* civil engineering
~/konstruktiver structural engineering
Ingenieurbauwerk *n* [civil] engineering structure
Ingenieurbüro *n* consulting engineers [centre]
Ingenieurgeologie *f* engineering geology
Ingenieurhochbau *m* structural engineering
Ingenieurholzbau *m* timber engineering
Ingenieurtief- und Verkehrsbau *m* civil and traffic engineering
Inhalt *m* capacity *(Volumen)*
Inhaltsstoffe *mpl* ingredients
Initialsetzung *f (Erdb)* initial settlement
Initialsprengstoff *m* primer, primary (initiating) explosive
Injektion *f* injection; grouting *(Einschlämmen z. B. von Beton)*
~/chemische chemical grouting
Injektionsarbeiten *fpl* grouting work
Injektionsbeton *m* grouted-aggregate concrete
Injektionsgang *m* grouting gallery
Injektionsgerät *n* grouting machine
Injektionsgerüstbeton *m* preplaced-aggregate concrete
Injektionsgut *n* grouting (injection) material
Injektionsleitung *f* grouting pipe
Injektionspistole *f* grouting gun
Injektionsschleier *m* grout curtain
Injektionsschürze *f* grout curtain
Injektionszement *m* grouting cement
injizieren to grout, to inject, to grout under pressure *(Zementierungsmittel)*
Injiziergerät *n* injecting device
Injizierspritze *f* injection gun
Inklinationsmesser *m* inclinometer
inkompressibel incompressible
Inkompressibilität *f* incompressibility
Inkrustation *f* 1. *(Arch)* insert, inlay; 2. incrustation *(von Rohrleitungen)*
Inkrustung *f (Arch)* insertion, inlaying
Inlandsverkehr *m* inland traffic
Inlayholz *n* boxwood
„in-line"-Mischung *f* in-line blending
Innenansicht *f* interior view
Innenanstrich *m* interior (inside) painting, indoor finish
Innenanstricherneuerung *f* renewal of interior painting
Innenanstrichfarbe *f* interior (indoor) paint
innenarchitektonisch interior decorating
Innenarchitektur *f* interior design; interior decoration (decorating)
Innenaufteilung *f* internal layout
Innenausbau *m* internal finish[ing], interior work, completion of the interior, inner fixtures
~/fertiger inner fixtures
Innenausbauholz *n* interior wood
Innenausbauten *pl* inner fixtures
Innen-Außen-Verbindungsstück *n* service fitting
Innenbeleuchtung *f* interior (indoor) lighting, indoor illumination
Innenbuchse *f* flush bushing *(Installation)*

Innendekoration *f* interior decoration, *(Am)* decor; decorative scheme
Innendurchmesser *m* internal (inside, inner) dimension; calibre *(speziell von Rohren)*
Inneneinrichtung *f* interior fittings *(eines Gebäudes)*
Innenfenster *n* 1. borrowed light; 2. inside (inner) window *(beim Doppelfenster)*
Innenfläche *f* inside face
Innenfliese *f* **/ glasierte** glazed interior tile
Innenganghaus *n* interior-corridor [type] building
Innengeräusch *n* inner (inside, internal) noise
Innengestaltung *f* interior (inner, indoor) decoration
Innengewinde *n* internal (female) thread
Innengewindefitting *n(m)* tapped (female thread) fitting
Innengewindekupplung *f* female coupling
Innenhof *m* inner court[yard]; quad[rangle] *(in Klöstern und englischen Colleges)*; patio *(in spanisch-amerikanischer Architektur)*
~/offener *(Arch)* hypaethron *(eines antiken Tempels)*
Innenhofgarten *m* garth *(eines Klosters)*
Inneninstallation *f (El)* indoor wiring
Innenkarnies *n (Arch)* epicrantis
Innenklima *n* indoor climate
Innenlack *m* **/ farbloser** indoor (clear) varnish
~/hellgelber oak varnish
Innenlärm *m* ambient (inner) noise, indoor noise
Innenlaubenganghaus *n* interior gallery apartment building
Innenleibung *f* inner (inside) reveal
Innenmaß *n* internal size (dimension), inside width, clear dimension
Innenmoment *n* internal moment
Innenperspektive *f* interior view
Innenputz *m* interior (internal) plaster[ing], interior finish
Innenputzarbeit *f* internal plastering
Innenradius *m* inside radius
Innenraum *m* interior [space]
Innenraumaufteilung *f* interior (internal) layout
Innenraumlicht *n* 1. borrowed light *(durch ein Innenfenster)*; 2. indoor light[ing]
Innenriß *m* clink *(durch Spannung verursacht)*; internal crack
Innenrüttler *m* internal (immersion) vibrator, poker vibrator; spud (needle) vibrator *(Tauchrüttelverfahren)*; [concrete] internal vibro-compactor
Innenrüttlung *f* internal vibration
Innensäule *f* interior column
Innenseitenverblendung *f* interior (inside) trim *(Tür, Fenster)*
Innenspannung *f* internal stress
Innenstadt *f* city [area], business (central) district, centre of the town
Innentaster *m* inside callipers, *(Am)* inside calipers *(Tastzirkel)*
Innenteil *m* **eines Tiefreliefs/eingeätzter** incavo
Innentür *f* interior (inside) door
Innenverglasung *f* internal glazing
Innenverkehr *m* internal (inbound) traffic
Innenverkleidung *f* 1. interior (surfacing) finish *(Wandputz)*; 2. inside trim *(Holz- und Metallverzierungen)*; 3. wainscot[t]ing, panelling *(Täfelung)*
Innenverputzarbeit *f* internal plastering
Innenwand *f* inside (interior, internal) wall
~/tragende spine wall
Innenwandgestaltung *f* interior finish
Innenwand[verkleidungs]platte *f* interior finish board
Innenwange *f* inner string [board] *(Treppe)*
Innenweite *f* inner span
Inneres *n* interior, inside *(z. B. eines Gebäudes)*
Inschrift *f* 1. inscription; 2. graffito *(in eine Wand eingeritzt)*
Inschriftplatte *f* tablet *(am Denk- oder Grabmal)*
Insektenschutztür *f* screen door
Inselpfosten *m* bollard *(Straßenbau)*
In-situ-Verschäumung *f* foam-in-place moulding *(Isolierarbeiten)*
Inspektor *m* **der staatlichen Baubehörde** building inspector, *(Am)* building official
instabil instable, unstable
Instabilität *f* instability
Installateur *m* 1. fitter *(Monteur)*, *(Am)* installer; 2. plumber *(Klempner)*; steam fitter; gas fitter; electrician, electrical fitter
Installation *f* 1. installation, installing, fitting[-in], plumbing *(Klempnerarbeit)*; *(El)* wiring; 2. installation [services], plumbing system, *(Am)* utility *(Gas, Wasser, Abwasser, Strom)*; *(Am)* carcassing *(Gas)*
~ nach den Putzarbeiten second fixings
Installationsableitung *f* fixing drain *(z. B. von einem Geruchverschluß)*
Installationsarbeiten *fpl* plumber's (plumbing) work, installation work
Installationselemente *npl* installation parts, fixtures
Installationsgang *m* **/ begehbarer** [installation] vault, service vault
Installationsgeschoß *n* mechanical floor
Installationsgeräte *npl* installation equipment, *(Am)* utility equipment
Installationshalterung *f* fixture
Installationskanal *m* [cellular] raceway *(für Elektroleitungen)*
Installationskern *m* plumbing core (unit) *(für Wasser, Gas und Heizung)*; mechanical core, *(Am)* utility core
Installationsmaterial *n* material for services, plumbing fitting; *(El)* material for electrical installations
Installationsnetz *n (El, Am)* house mains
Installationsobjekte *npl* fixtures and fittings
Installationsraum *m* mechanical equipment room, *(Am)* utility room; machinery room *(für Heizung und Lüftung)*

Installationsstütze *f* column with services
Installationssystem *n* plumbing system, plumbing *(für Wasser und Gas)*
Installationstechnik *f* installation (domestic) engineering
Installationsverbindungsleitung *f* fixture branch
Installationswand *f* wall with pre-installed services
Installationszeichnung *f* installation drawing
Installationszelle *f* plumbing unit *(für Wasser und Gas)*; *(Am)* utility core
installieren to install, to put in, to fit in; to mount
installiert/fest permanently fixed (installed)
Installierung *f s.* Installation
instandhalten to maintain, to carry out maintenance work; to keep in order (good repair)
Instandhaltung *f* maintenance, upkeeping, servicing
~/vorbeugende preventive maintenance
Instandhaltungsarbeiten *fpl* maintenance work, routine repair work
Instandhaltungsbetrieb *m* maintenance business (workshop)
Instandhaltungskosten *pl* maintenance cost
instandsetzen to repair; to renovate, to restore *(Gebäude)*
Instandsetzung *f* repair; renovation, restoration *(von Gebäuden)*
Instandsetzungsarbeiten *fpl* repair work
Insula *f (Arch)* insula *(antiker römischer Miethausblock)*
Intarsie *f* intarsia, tarsia; inlay, inlaid work; inlaying
Intarsienarbeit *f* intarsia
Integraltürrahmen *m* integral frame
Interkolumnium *n (Arch)* intercolumniation
Internatsschule *f* boarding (residential) school
Intrusivgestein *n* intrusive rock
Invariante *f* **des Spannungstensors (Spannungszustands)** invariant of stress
~ des Streckungstensors invariant of stretching
Inventar *n* stock, inventory
inventarisieren to inventory, to make an inventory
Inventur *f* stocktaking
Investbauleiter *m* project (field) representative, resident engineer
Investitionshauptauftraggeber *m* prime professional building owner
Investitionskosten *pl* investment cost
ionisch *(Arch)* Ionic, Ionian
I-Profil *n* I-section
IR-... *s.* Infrarot...
Irrgarten *m* maze, labyrinth
islamisch *(Arch)* Islamic
Isolation *f s.* 1. Isolierung 1.; 2. Isoliermaterial
Isolationsfehlstelle *f (El)* insulation fault
Isolationsformteile *npl* moulded insulation pieces (parts)
Isolationsplatte *f* composite (insulation) board
Isolationsschüttmaterial *n* loose[-fill] insulation
Isolieranstrich *m* sealer, insulating coat
Isolierband *n (El)* insulating tape, *(Am)* friction tape, rubber tape; tape covering, *(El)* varnished cambric *(Lackband)*
~/thermoplastisches thermoplastic insulating tape
Isolierbauplatte *f* structural insulating board
Isolierbeton *m* insulating concrete
isolieren to insulate *(gegen Kälte, Lärm)*; to seal *(abdichten)*; to coat and wrap *(z. B. Rohrleitungen)*; *(El)* to insulate
~/mit Dämmstoff to lag
Isolierfarbe *f* insulating paint; impenetrable paint *(wasserabweisende)*
Isolierfaserplatte *f* insulating fibre board
Isolierfolie *f* insulation (insulating) foil
Isolierformplatte *f* insulating form board
Isoliergewebe *n* **/ imprägniertes** impregnated cloth
Isolierglas *n* sound-insulating (sound-resistive, sound-control) glass
Isolierkarton *m* insulating cardboard; waterproofing paper *(Sperrpappe)*
Isolierkitt *m* insulating cement
Isolierkunststoff *m* plastic insulating material
Isolierlack *m* insulating varnish
Isoliermasse *f* insulating (sealing) compound; *(El)* non-conducting material
~/brennverzögerte slow-burning insulation
~/ortverschäumte site-foamed insulation
Isoliermaterial *n* insulating material, insulant; bat[t] insulation *(für Wärme-, Kälte- und Schallisolierung aus Glaswolle, Schlackenwolle, Steinfaserwolle)*
~/hohlraumfüllendes [cavity] fill insulation, loose-fill insulation
~/imprägniertes impregnated insulating material
Isoliermatte *f* insulating mat (blanket), *(Am)* insulation bat, [insulating] quilt
~/versteppte sewn [building] quilt
Isoliermineralfaserplatte *f* insulating fibre board
Isoliermittel *n* insulating medium, sealant *(s. a.* Isoliermaterial*)*
Isolierpapier *n* 1. kraft paper (board) *(als Sperrschicht)*; 2. *(El)* insulating (varnish) paper
Isolierpappe *f* insulating [card]board, insulating felt
Isolierplatte *f* insulating board (slab), slab insulant; *(Am)* bat insulation *(für Wärme-, Kälte- und Schallisolierung)*
~ aus Kork insulating corkboard, compressed cork
~/halbsteife semirigid insulation board
~/steife rigid insulation board
Isolierputz *m* waterproof[ing] plaster (finish)
Isolierrinde *f* redwood bark for insulation
Isolierrohr *n* **/ eingeputztes** concealed and embedded conduit (insulating tube)
~/verschraubtes screwed conduit (insulating tube)
Isolierschale *f* lagging section
Isolierschicht *f* insulating layer (course), layer of insulation, insulating bed; damp-proof course *(Sperrschicht)*

~/aufgespritzte sprayed insulation
~/aufspritzbare spray-on insulation
Isolierschlauch *m* insulation sleeving, insulating tubing
~/flexibler nichtmetallischer loom
Isolierstein *m* insulating brick
~/feuerfester insulating firebrick
Isolierstoff *m s.* Isoliermaterial
Isoliertafeldämmung *f* slab insulation
Isolierteppich *m* insulating mat
Isolierung *f* 1. insulation *(Dämmung gegen Schall, Wärme)*; lagging *(mit Dämmstoffen)*; [electrical] insulation *(durch nichtleitendes Material)*; 2. *s.* Isoliermaterial
~/brennverzögerte slow-burning insulation
~ eines Kellergeschosses/wasserdichte tanking
~/örtlich verschäumte site-foamed insulation
~/schlechte low insulation
Isolierverbundglas *n* insulating [laminated] glass
Isolierverglasung *f* thermopane glazing
Isoliervermögen *n* insulating property
Isolierwert *m* insulation value
Isolierwolle *f* insulating wool
Isolierziegel *m* **aus Kieselgur** moler brick
Isostate *f* isostatic [line] *(Hauptspannungslinie)*
isotherm, isothermisch isothermal
isotrop isotropic
Istabmaß *m* actual allowance (deviation)
Istabmessung *f* actual (real)dimension
Istabrechnung *f* force account
Istmaß *n* actual size (dimension)
Istmoment *n* actual moment
Istsieblinie *f* actual grading curve *(der Zuschlagstoffe)*
Ist-Traglast *f* real load factor
I-Stütze *f* I-bracket, I-pin
Iterationsverfahren *n* iteration (iterative) method
I-Träger *m* I-beam, I-girder, flanged girder
Iwan *m (Arch)* iwan *(Halle eines parthischen Hauses)*

J

Jade *f(m)* jade *(von Jadeit oder Nephrit stammender Edelstein)*
Jadeit *m* jadeite
Jagdhaus *n* hunting lodge
Jagdzapfen *m* mitred tenon
Jahr *n* **der Grundsteinlegung** year of foundation
Jahresabflußmenge *f* annual discharge
Jahresplansoll *n* annual target
Jahresring *m* annual (tree) ring, annual growthring *(Holz)*
Jahresspeicher *m* annual storage
Jakarandaholz *n* palisander
Jalousette *f* slatted shade (sun) screen, shade (sun) screen, blind shade, louvre
Jalousie *f* [slatted] blind, jalousie; window blind *(Rolladen)*; Venetian blind *(im Winkel verstellbare Jalousie)*; shutter blind
Jalousiebrett *n* louvre (lever) board
Jalousiefenster *n* louvre window *(mit Lamellen)*
Jalousiekasten *m* shutter box, back shutter
Jalousiekurbel *f* rotooperator
Jalousiekurbelsystem *n* rotooperator system
Jalousieladen *m* Venetian blind *(Fensterladen)*
Jalousielamelle *f* louvre slat, slat
Jalousietür *f* shutter door, slatted blind door
Japaner *m* concrete cart, buggy, wheelbarrow for concrete
Japanlack *m* Japan[ese] lacquer, black japan
Jauchegrube *f* [liquid] manure pit
Joch *n* 1. [pile] trestle, [pile] bent; cross plate, crown bar *(Träger)*; stud, standard *(Säule)*; *(Am)* yoke *(am Fensterkasten)*; 2. bay *(Gewölbeabschnitt in Sakralbauten))*
Jochbalken *m* straining (strutting) piece
Jochbalkenplatte *f***/ äußere** outside studding plate
Jochbauwerk *n* trestle work
Jochbrücke *f* trestle bridge
Jochsäule *f s.* Jochstütze
Jochstütze *f* [partition] stud
Jugendheim *n* youth centre (club); young people's home *(Wohnheim)*
Jugendherberge *f* youth hostel
Jugendhotel *n* hostel
Jugendstil *m* Art Nouveau, Modern Style
Jungarchitekt *m* intern architect
justieren to adjust, to set; to position *(die Lage)*; to fit *(einpassen)*
Jute *f* jute [fibre]; gemnay fibre, *(Am)* burlap *(Juteleinen)*
Jutekaschierung *f* jute lamination
Juteunterlage *f* jute backing

K

Kabel *n* cable; wire rope *(mechanisch)*
~/bewehrtes armoured (sheathed) cable, served cable
~/biegsames flexible cable
~/dreiadriges *(El)* three-conductor cable, three-core cable
~ für Erdverlegung underground cable
~/isoliertes insulated cable
~/kleines cablet *(mit einem Umfang < als 10 Zoll)*
~/kunststoffumhülltes plastic-sheathed cable, cab-tyre cable
~/umhülltes covered (sheathed) cable
~/verdrilltes (verseiltes) twisted cable, stranded cable
~/wasserdichtes water-tight cable
Kabelabdeckstein *m* [clay] cable cover, cover brick
Kabelasphalt *m* cable compound
Kabelaufhänger *m* cable bearer (suspender)

Kabelbrücke *f* [stayed] cable bridge *(Hängebrücke)*
Kabelbrunnen *m* cable vault
Kabeldach *n* steel rope roof
Kabeldeckziegel *m* clay cable cover
Kabeldurchführung *f* cable bushing
Kabeldurchhang *m* cable sag *(Brücke)*
Kabeleinbau *m* cable laying
Kabelendverschluß *m* cable terminal (end box), porthead terminal *(Abschlußmuffe)*
Kabelformstein *m* cable tile (subway), *(Am)* conduit tile
Kabelformbrett *n* lacing board
Kabelführung *f* cable run *(im Gebäude)*
Kabelführungskanal *m* **/ auf Putz montierter** surface metal raceway, metal moulding
Kabelführungsrohr *n (El)* rigid metal conduit
~ **mit überschobener Verbindung** slip-joint conduit
~/steifes rigid metal conduit
Kabelgraben *m* cable trench
Kabelhalter *m* cable clip (bearer), wire holder
Kabelhängedach *n* rope suspension roof, cable-supended roof
Kabelhochführ[ungs]schacht *m* cable chute
Kabelhülle *f* 1. cable housing *(Spannbeton)*; 2. *(El)* cable sheathing
Kabelkanal *m* cable duct (conduit), *(Am)* raceway, wireway; troughing *(bei Eisenbahnen)*
~/in die Decke eingelassener underfloor cable duct, *(Am)* underfloor raceway
Kabelkanalformstein *m s.* Kabelformstein
Kabelklemme *f* cable clip (connecting terminal), cable terminal screw, cable hanger
Kabelkragdach *n* cable-suspended (rope-suspended) cantilever roof
Kabelkran *m* cable crane, cableway, aerial (overhead) cableway; tautline cableway *(mit gespanntem Drahtseil)*; *(sl)* blondin
Kabelkrangegenturm *m* tail tower
Kabellegung *f s.* Kabelverlegung
Kabelmantel *m* cable sheath (jacket)
Kabelmast *m* cable pole
Kabelmesser *n (El)* cable stripping knife
Kabelmuffe *f* cable joint [box]; cable sleeve (fitting)
Kabelraum *m* cable compartment
Kabelrinne *f* cable trough, cable channel (conduit)
Kabelrohr *n* 1. cable housing *(Spannbeton)*; 2. *(El)* cable conduit duct
Kabelrolle *f s.* Kabeltrommel
Kabelsammler *m* **[/ begehbarer]** *(El)* gallery
Kabelschacht *m* cable shaft (chute); cable manhole [chimney]
Kabelschachtkreuzungspunkt *m***/begehbarer** manhole junction box
Kabelschale *f* cable trough
Kabelschelle *f* cable clip (clamp, hanger, shackle), *(Am)* cable strap
Kabelschuh *m (El)* [cable] lug, cable socket
Kabelschutz *m* 1. cable protection; 2. cable [protective] sheath, protective covering of cables
Kabelschutzhaube *f* cable tile
Kabelschutzrohr *n* electric cable [protection] pipe, cable duct (tube)
Kabelschutzrohrbauweise *f* electrical metallic tubing
Kabelstollen *m* cable subway
Kabelstumpf *m* cable end
Kabelsystem *n (El)* cable system; rope system
Kabeltragekasten *m* cable support box
Kabelträger *m* cable bearer
Kabeltragschiene *f* cable tray
Kabeltrasse *f* cable route (run)
Kabeltrommel *f* cable reel (drum)
Kabeltunnel *m* cable subway (tunnel), gallery
Kabelübergangskasten *m* cable terminal (transmission) box
Kabelverankerung *f* cable anchorage
Kabelvergußmasse *f* cable [sealing] compound
Kabelverlegemaschine *f* cable layer
Kabelverlegung *f* cable laying (placing)
Kabelweiche *f* **/ unterirdische** cable vault
Kabelweg *m* run of cable
Kabelwirkung *f* rope action, cable action
Kabine *f* 1. cabin; 2. cubicle *(Umkleidekabine)*; 3. booth *(z. B. Wahlkabine, Telefonzelle)*
Kabinett *n* cabinet, exhibition room, gallery; closet *(kleiner Raum)*
Kachel *f* tile; Dutch (stove) tile *(Ofenkachel)*
~ **mit Aussparung** header tile
~ **mit großer Wasseraufnahmefähigkeit** non-vitreous tile
~/mittragende load-bearing tile
~/rutschsichere slip-resistant tile
Kachelhammer *m* tile pick
kacheln to tile, to set tiles
Kacheln *fpl* **/ Delfter** delftware, delft pottery
Kachelofen *m* tile[d] stove
Kachelseite *f* **/ rauhe** key
Kacheltafel *f* tile-board *(mit Metallträgerplatte)*
Kachelung *f* tiling
Kachelverkleidung *f* tile lining
Kachelverkleidungsplatte *f* tile-board *(mit Metallträgerplatte)*
Kadmiumgelb *n* cadmium yellow
Kai *m* quay, pier, jetty
Kaianlage *f* quayside
Kaimauer *f* quay wall
Kaischuppen *m* transit shed
Kaiserstiel *m (Hb)* broach post
Kaldaune *f* naked wall
kalfatern to caulk *(im Schiffbau, Teer auf Holz aufbringen)*; to fuller
Kaliber *n* calibre
kalibrieren to calibrate, to gauge, *(Am)* to gage
Kaliumnitrat *n* nitre, potassium nitrate
Kalk *m* lime, anhydrous lime

~/an der Luft erhärtender non-hydraulic lime
~/dolomitischer magnesium lime
~/erdiger earthy lime
~/fetter high-calcium lime
~/freier free lime
~/gebrannter quicklime, fired lime
~/gelöschter hydrated lime, [water-]slaked lime, calcic hydrate, calcium hydroxide
~/gewöhnlicher ordinary lime
~/halbhydraulischer semihydraulic lime
~/hochhydraulischer eminently hydraulic lime, Roman (Parker's) cement *(Romankalk, Vorläufer des Portlandzements in England)*; masonry (lime) cement
~/hydraulischer masonry (lime cement), hydraulic lime, water lime *(Wasserkalk)*, quick-hardening lime; natural cement; grey stone lime *(Graukalk)*
~/mergeliger calcareous marl
~/schnellabbindender hydraulischer selenitic cement (lime)
~/schwachhydraulischer feebly hydraulic lime
~/steifer lean lime
~/ungelöschter unslaked lime, quicklime
Kalkansammlung *f* accumulation of lime
Kalkansatz/mit lime-encrusted
Kalkanstrich *m* limewash (whitewash, whitening) coat, lime whiting [coat]
kalkartig limy, calcareous
Kalkausblühung *f* lime-bloom *(am Beton)*
kalkbeständig lime-proof
Kalkbeständigkeit *f* lime resistance; lime fastness *(von Farben)*
Kalkbeton *m* lime concrete
Kalkblase *f* accumulation of lime
Kalkbrei *m* lime paste (putty), plasterer's putty
Kalkbrennen *n* lime burning, calcination (burning) of limstone
Kalkbrühe *f* whitewash, limewash
kalkecht fast to lime *(Farben)*
Kalkechtheit *f* lime resistance; lime fastness *(von Farben)*
kalken to whitewash, to whiten, to limewhite, to limewash
Kalkerde *f* calcareous earth
Kalkestrich *m* lime [mortar] floor[ing]
Kalkfarbe *f* colour for limewash; limefast cement pigment *(Zementfarbe)*; *(Am)* calcimine *(Wand- und Deckenfarbe)*
kalkfest lime-proof, lime-resistant
Kalkflecken *mpl* butterflies *(im Putz)*
kalkgebunden lime-bound
Kalkgips-Hartputz *m* [lime-gypsum] hard finish
Kalkgipsputz *m* lime gypsum plaster; gauging plaster, gauged mortar plaster, *(Am)* ganged stuff
kalkhaltig calcareous, limy; lime-based
Kalkhydrat *n* calcium hydroxide (hydrate), dry hydrate; hydrated lime *(Löschkalk)*
kalkig calcareous, limy
Kalkkies *m* calcareous gravel
Kalkkitt *m* lime paste (mastic), chalk putty
Kalkkörnchen *npl* pits of lime
Kalkkrücke *f* mortar beater *(zum Kalkrühren)*
Kalklöschen *n* lime slaking (hydration)
Kalklöschkasten *m* lime slaking box
Kalklöschmulde *f* slaking basin
Kalkmergel *m* lime (calcareous) marl
Kalkmilch *f* milk (slurry) of lime, limewash, whitewash
Kalkmilchanstrich *m* whitewash (lime whiting) coat
Kalkmörtel *m* lime mortar, ordinary [lime] mortar
~/hydraulischer hydraulic mortar
Kalkmörtelputz *m* lime stuff
Kalkmühle *f* quicklime mill; lime crusher
Kalkofen *m* lime kiln
Kalkpaste *f* lime paste, neat lime
Kalkpulver *n* powdered lime
Kalkputz *m* [ungauged] lime plaster *(ohne Gipsmörtel)*
Kalkputzmörtel *m***/fetter** lime putty
Kalkputzoberfläche *f* lime finish, fine stuff surface
~/verriebene sand finish
kalkreich lime-rich, rich in lime
Kalk-Rinde-Beton *m* tabby
Kalkrührer *m* lime raker
Kalksand *m* lime sand
Kalksandmörtel *m* lime sand, coarse stuff
Kalksandstein *m* 1. calcareous (chalky, lime) sandstone, sandy (arenaceous) limestone *(Gesteinsart)*; 2. sand-lime block (brick), lime-sand brick, calcium silicate brick *(Baustein)*
~/grobkörniger rag[stone] *(Kieselsandstein)*
Kalksandsteinziegel *m* lime-sand brick
Kalksandvollstein *m* solid sand lime brick
Kalkschiefer *m* limestone shale, slabby limestone
Kalkschlackemörtel *m* black [ash] mortar
Kalkschlämme *f* neat lime
Kalkschutt *m* plastering refuse *(Mörtelschutt)*
Kalksilikatfels *m* lime silicate rock
Kalksinter *m* calcareous sinter
Kalkspat *m* calcite, calc (lime) spar
kalkstabilisiert *(Bod)* lime-stabilized
Kalkstein *m* limestone
~/dichter compact limestone
~/dolomitischer dolomitic limestone
~/körniger granular limestone; freestone *(der sich zu Bausteinen verarbeiten läßt)*
~/mergeliger marly limestone
~/oolithischer oolitic limestone
~/sandiger arenaceous limestone; ragstone
~/toniger argillaceous limestone
Kalksteinbank *f* limestone bank
Kalksteinbruch *m* limestone quarry
Kalksteinfels *m***/fester** limestone rock
Kalksteinfüller *m* limestone filler
Kalksteingrube *f* limestone quarry
Kalksteinkies *m* limestone (calcareous) gravel
Kalksteinmastix *m* limestone mastic
Kalksteinmauerwerk *m* limestone masonry

Kalksteinmehl *n* limestone dust, powdered limestone
Kalksteinschiefer *m* limestone slate
Kalksteinzuschlag[stoff] *m* limestone aggregate (addition)
Kalksumpfdauer *f* [lime] gauging period
Kalksumpfen *n* lime gauging
Kalktalgtünche *f* lime-tallow wash
Kalkteig *m* lime paste, plasterer's putty
Kalktonschiefer *m* calcareous slate
Kalktreiben *n* lime popping (blowing)
Kalktuff *m* [calcareous] tuff, tufaceous limestone
Kalktünche *f* limewash, lime whiting
Kalktüncher *m* limer
Kalkulation *f* cost accounting; pricing; calculation
Kalkulationsabteilung *f* cost department
Kalkulator *m* quantity surveyor *(in England)*; [cost] estimator; calculator
Kalkunterschicht *f* lime basecoat
Kalkverputz *m* lime finish
Kalkverträglichkeit *f* lime compatibility
Kalkwerk *n* lime [burning] plant, lime works
Kalkzement *m* lime (calcareous) cement
Kalkzementmörtel *m* compo mortar, cement-lime mortar, lime-and-cement mortar
Kalotte *f (Arch)* calotte, spherical segment *(Kugelkappe, das Innere einer kleinen Kuppel)*
Kaltanstrich *m* cold coat
Kaltasphalt *s.* Kaltbitumen
Kaltasphaltmastix *m* cold mastix
kaltbiegen to cold-bend
Kaltbitumen *n* cold bitumen, *(Am)* cold asphalt
~ **für Oberflächenbehandlung** cold surface treating bitumen
kaltbrüchig cold-short
Kaltbrüchigkeit *f* cold shortness
Kälteanlage *f* refrigerating (cooling) plant; refrigerator
Kältebehandlung *f* subzero treatment *(Vergüten)*
kältebeständig resistant to cold, cold-resistant
Kältebeständigkeit *f* resistance to cold, low-temperature resistance
Kältebrücke *f* cold (thermal) bridge
Kältedämmstoff *m* cold insulant (insulating material)
Kälteisolierung *f* insulation for cold, low-temperature insulation, cold insulation
Kältekammer *f* refrigerated chamber
Kälteschutz *m* cold insulation
Kältespeicherung *f* accumulation of cold
Kältetechnik *f* refrigeration engineering, low-temperature technology
Kälteträger *m* refrigerant, refrigerating medium
Kaltextraktion *f* cold extraction
Kaltdach *n* cold roof, ventilated flat roof
Kaltflickung *f* cold patch[ing]
kaltgewalzt cold-rolled
kalthämmern to peen
Kaltkleber *m* cold-setting (cold-bonding) adhesive
Kaltklebstoff *m s.* Kaltkleber
Kaltlagerraum *m* cold room
Kaltlagerung *f* cold storage
Kaltleim *m* cold glue
Kaltleimung *f* cold glueing
Kaltmastix *m* cold mastic
Kaltmeißel *m* cold chisel
Kaltmiete *f* rent exclusive of heating [charges]
Kaltmischgut *n* cold mix[ture]; cold asphalt *(Straßenbau)*
Kaltmischguteinbau *m* cold patching *(Straßenoberfläche)*
kaltnieten to cold-rivet, to clench
kaltpresse to cold-press
Kalt[preß]schweißen *n* cold welding
kaltschlagen to cold-drive, to drive cold *(Niet)*
Kaltschrotmeißel *m* cold chisel
Kaltschweißstelle *f* cold shut *(z. B. Einschnürstelle, Falte)*
kaltspröde cold-short
Kaltteer *m* cold tar
kaltverfestigt cold-strained, strain-hardened
Kaltverfestigung *f* strain hardening
Kaltverformung *f* cold working (forming) *(von Baustahl)*
kaltvergießbar cold pourable
kaltvergossen cold-poured
Kaltwalzen *n* cold rolling
Kaltwalzstahl *m* cold-rolled steel
Kaltwasserleitung *f* cold-water line
Kaltwasserversorgung *f* cold-water service (supply)
Kaltwetterschutz *m* cold weather protection
kalzinieren to calcine, to burn
Kalzit *m* calcite *(Kalkspat)*
Kalzium... *s. a.* Calcium...
Kalziumsilikatstein *m* calcium silicate brick *(Baustein)*
Kamelhaarpinsel *m* / **schmaler** camelhair mop (brush)
Kamin *m* 1. fire-place; ingle *(großer, offener Kamin)*; 2. chimney [stack], smoke stack *(Schornstein)*
~/**englischer** chimney with bevelled jambs
~/**französischer** chimney with rectangular jambs
~/**offener** open fire
Kaminablagebank *f* mantleshelf
Kaminbalken *m* randle bar
Kaminbaustein *m* hearth stone
Kaminbodensichtfläche *f* outer hearth *(aus Stein)*
Kaminbogen *m* / **flacher** trimmer arch
Kaminbrett *n s.* Kaminablagebank
Kamineinfassung *f* chimney piece
~/**gestaltete** *s.* Kaminsims
Kamineinsatz *m* / **gußeisener** mantle register
Kaminflachbogen *m* trimmer arch
Kaminfläche *f* hearth
Kaminflächenstein *m* hearth stone

Kaminformstein *m* special chimney unit, *(Am)* chimney block *(für Schornsteine)*
Kamingewölbebogen *m* chimney arch
Kamingewölbeeisen *n* chimney (arch) bar, turning bar
Kamingitter *n* fireguard, fire screen
Kaminhals *m* chimney throat[ing], fire-place throat
Kaminhaube *f* chimney hood *(Schornsteinaufsatz)*; cowl *(Drehkappe eines Schornsteins)*
Kaminherd *m (Am)* fireside
Kaminkammer *f* smoke chamber
Kaminmauerwerk *n* chimney jamb
Kaminöffnungsbogen *m* mantle [tree], *(Am)* mantel
Kaminöffnungswangen *fpl* chimney cheeks
Kaminputztür *f* soot door [of chimney], clearing door
Kaminrahmen *m s.* Kaminsims
Kaminschutzschild *m s.* Kamingitter
Kaminsims *m* mantlepiece, mantleshelf
Kaminsitzecke *f* ingle nook *(Nische)*
Kaminstein *m* chimney unit
Kaminsturz *m* mantle, mantletree
Kaminumkleidung *f s.* Kaminummauerung
Kaminummauerung *f* mantle, *(Am)* mantel
Kaminvorsprung *m* chimney piece, [chimney] breast
Kamm *m* 1. comb *(Putzwerkzeug)*; 2. combed joint *(Holzverbindung)*; 3. ridge, crest *(Bodenerhebung)*
~/gerader *(Hb)* square cogging
~/schräger bevelled cogging
Kämmen *n* combing *(Außenputz)*
Kammer *f* 1. small (box) room *(Raum)*; store room, cubby-hole *(Abstellkammer)*; 2. cavity, cell, core hole *(Hohlraum)* • **Kammern enthaltend, mit Kammern** hog-backed
Kammergrab *n* chamber tomb
Kammerofen *m* chambered kiln
Kammerschleuse *f* chamber lock; tide-lock
Kammertrocknung *f* kiln drying of lumber *(von Bauholz)*
kammgestrichen combed *(Oberflächen)*
Kammputz *m* combed stucco, comb plaster (rendering)
Kammverbindung *f (Hb)* finger joint, combed (laminated) joint
Kammverputz *m s.* Kammputz
Kämpfer *m* 1. transom *(horizontales Zwischenstück über Fenstern und Türen)*; 2. skewback, impost *(eines Gewölbes)*; 3. abutment *(Bogenkämpfer)*
~ eines Gewölbes spring of a vault
Kämpferdach *n* springing plane
Kämpferfläche *f* springing
Kämpferfuge *f* spring joint of vault
Kämpferholz *n* timber transom *(über Fenster, Tür)*
Kämpferleiste *f* impost moulding
Kämpferlinie *f* springing line, skew-back
Kämpferplatte *f***/feste** fixed transom *(fester Querriegel)*
Kämpferpunkt *m* impost, springing
Kämpfersockel[stein] *m* impost block, superabacus, supercapital
Kämpferstein *m* 1. springer, springing stone, coussinet, skewback, impost *(eines Gewölbes)*; 2. bearing block; 3. stone transom *(Anfangsstein eines Fensterkämpfers)*
~/entgegengesetzt gewölbter discontinuous impost *(im Gegensatz zum Bogen)*
Kanal *m* 1. channel *(natürlicher)*; canal *(künstlicher)*; tunnel *(unterirdisch)*; 2. *(San, HLK)* duct, canal, *(Am)* raceway; drain, sewer *(für Abwasser)*; *(El)* duct, conduit *(für Kabel)*
~/rechtwinkliger box drain *(für Abwasser)*
Kanalbau *m* 1. canal construction (building), canalization; 2. duct construction *(für Leitungen)*; 3. *s.* Kanalisationsbau
Kanalböschung *f* canal slope
Kanalböschungssicherung *f* canal slope protection
Kanaldamm *m* canal bank, embankment
Kanaldeckel *m* duct cover; manhole cover
Kanalentlüftung *f* sewage ventilation
Kanalführung *f* ducting *(Installation)*
Kanalgang *m* subway, tunnel
Kanalgas *n* sewer gas, foul air
Kanalgeräusch *n* duct-generated noise *(Klimaanlage)*
Kanalis *m* canalis *(ionisches Kapitell)*
Kanalisation *f* 1. sewerage [system], public sewer, sewage system *(Abwasserableitung)*; sewage collection system *(Mischsystem)*; drainage *(Entwässerung)*; 2. canalization *(von Flüssen)*
Kanalisationsanschluß *m* sewer connection, connection to the [public] sewer
Kanalisationsbau *m* sewer construction
Kanalisationsnetz *n* system (network) of sewers
Kanalisationsrohr *n* sewer, sewage pipe
kanalisieren 1. to sewer *(Abwasserkanal)*; 2. to canalize *(Flußläufe)*
Kanalkachel *f* sewer tile
Kanalkeilklinker *m* wedge sewer brick
Kanalklinker *m* sewer brick (block), tunnel engineering brick
Kanalkompletierungselemente *npl* sewer appurtenances
Kanalkurvenleitblech *n* turning vane *(Klimaanlage)*
Kanalleitung *f* ductwork *(Klimaanlage)*
Kanalmulde *f* canal basin
Kanalnetz *n* sewage system
Kanalquerschnitt *m* canal cross-section
Kanalrohr *n* sewer (sewage) pipe
Kanalschacht *m* sewer manhole (manway)
Kanalschleuse *f* canal lock
Kanalsohle *f* 1. canal bottom, invert; 2. sewer invert (bottom) *(Abwasserkanal)*
Kanalspülung *f* sewer flushing (rinsing)

Kanalstein *m* sewer brick (block)
Kanalstrebe *f* trench shore (shoring strut)
Kanalsystem *n s.* Kanalisation 1.
Kanalverzweigung *f* offtake
Kanalziegel *m* sewer brick (block)
Kandelaber *m* candelabrum
kannelieren to chamfer, to channel, to flute, to groove
Kannelierung *f* 1. *(Arch)* channel[l]ing, fluting *(Herstellung)*; 2. flute, fluting, channel, channelure, groove
~/verstäbte cabling, rudenture *(Säulenornament)*
Kantbeitel *m* cant chisel
Kante *f* 1. edge; 2. arris *(scharfe Ziegel- oder Putzkante)*; 3. nosing *(halbrunde, überstehende Kante, z. B. einer Sohlbank)*; 4. lipping *(Türanschlagkante)*; 5. skirt *(Rand)*
~/abgefaste chamfer[ed] edge, bevel
~/abgerundete round edge
~/aufgebogene coaming *(Dachöffnung, Deckenöffnung)*
~/eingelegte inlaid border
~/gerade straight edge
~/geschlossene compact edge
~/scharfe feather edge
~/schießschartenverzierte crenelated moulding
~/vorspringende (vorstehende) cant; scarcement *(Absatz im Mauerwerk)*
kanten 1. to cant *(kippen)*; to edge, to square off *(kantig ausbilden, abkanten)*
~/rechtwinklig to dub *(Holz)*
Kanten *fpl* **eines Werksteins/glattbehauene** margin draft
Kantenabrundung *f* edging *(Beton)*
Kantenbehandlung *f s.* Kantenabrundung
Kantenblech *n* diamond plate *(rautenartiges)*
Kantenformkelle *f* edging trowel
Kantenformteil *n* edge form
Kantenformung *f* edge moulding, edging
Kantenhobel *m (Hb)* chamfer plane, edger, edge trimmer
Kantenkehlung *f* edge moulding
Kantenpressung *f* edge pressure
Kantenquerriß *m* transverse corner crack
Kantenriegel *m* flush bolt *(mit Decklasche)*
Kantenriß *m* edge crack
Kantenrundstab *m* staff [bead] *(zum Überdecken von Fugen zwischen Holzteilen und Mauerwerk)*
Kantenschutz *m* 1. edge protection; 2. *s.* Kantenschutzleiste
Kantenschutzeisen *n* metal edge protection strip
Kantenschutzleiste *f* [edging] strip, angle bead, nosing
Kantenschutzschiene *f s.* Kantenschutzleiste
Kantenschutzwinkel *m* metal angle bead
Kantenspannung *f* edge stress
Kantenüberdeckung *f*/**äußere** outside corner moulding
Kantenwirkung *f* edge action
Kantenwölbung *f* edge camber
Kantenzwinge *f* corner clamp
Kantholz *n* rectangular timber, squared (square-sawn) timber, stuff, dressed timber, *(Am)* dressed lumber, planed (wrought) lumber; *(Am)* structural (stock) lumber *(Bauholz)*; log cut square-edged *(Blockbohle)*; die-squared timber *(mindestens 100 × 100 mm im Durchmesser)*; *(Am)* yard lumber *(bis 125 mm dick)*; scantling *(bis zu 100 mm × 125 mm im Durchmesser)*; balk *(über 100 mm × 125 mm im Durchmesser)*
Kantholzboden *m (Hb, Am)* cant deck
Kantholzdecke *f s.* Kantholzboden
Kantholzgerüst *n* gabbard (gabers) scaffold
Kantine *f* canteen
Kantstein *m* edge stone
Kanzel *f* pulpit *(Kirchenkanzel)*
Kaolin *m(n)* kaolin, china clay
Kaolinit *m* kaolinite
Kapelle *f* chapel
~/innerkirchliche chantry chapel *(Votivkapelle)*
Kapellenvorraum *m* antechapel
Kapillaranstieg *m* capillary flow
kapillarbrechend anti-capillary, capillary-breaking
Kapillarbruch *m* capillary break
Kapillardränage *f* capillary drainage
Kapillarität *f* capillarity, capillary action
Kapillarraum *m* capillary space
Kapillarsperre *f* capillary break
Kapillarwasser *n* capillary water (moisture), fixed ground water, fringe water
Kapillarwasserbewegung *f* capillary flow
Kapillarwirkung *f* capillary action, capillarity
Kapitäl *n s.* Kapitell 1.
Kapitel[haus] *n (Arch)* chapter house
Kapitell *n* 1. *(Arch)* capital *(Kopf z. B. einer Säule)*; 2. cap *(Schornsteinkappe)*
~/dorisches Doric capital
~/gezacktes scalloped capital
~/ionisches Ionic capital
~/korinthisches Corinthian capital
~ mit Palmenblattmuster palm capital
~ mit Papyrusblüten papyriform capital
Kapitellhohlformausbildung *f* hypophyge *(z. B. unter einem dorischen Kapitell)*
Kapitellornament *n* cilery, cillery
Kapitellplatte *f* abacus, raised table
Kapitellsäule *f (Arch)* banded column, column with capital, *(Am)* ringed (rusticated) column
Kapitellzierband *n* necking
Kappe *f* 1. vault, crown *(Gewölbe)*; coping *(einer Mauer)*; cowl *(eines Schornsteins)*; 2. pile (rider) cap *(Pfahlkopfplatte zur gleichmäßigen Lastverteilung)*; 3. cap, capping *(Rohrkappe)*; hood, cover *(Deckel)*
kappen to cut [off]
Kappenfläche *f* sectroid *(eines Gewölbes)*
Kappfenster *n* day dormer-ventilator opening *(im Dach)*

Kappgesims *n* label *(über einer Tür oder einem Fenster)*
Kapsel *f* case, box; enclosure; capsule
kapseln to enclose, to encase
Karbidkalk *m* carbide (acetylene) lime, carbio-lime
Karbolineum *n* carbolineum
Karbolsäure *f* carbolic acid, phenol
Karbonat *n* carbonate
karbonatisieren to carbonate, to carbonize *(Beton, Kalk)*
Karbonatisierung *f* carbonation; carbonation treatment *(künstliche)*
Karborund *n* silicon carbide
Karborundspitze *f* carbide tip
Kardätsche *f s.* Kartätsche
kariert chequered
Karmalit *n* mineral fibre
Karnaubawachs *n* carnauba (Brazil) wax
Karnies *n* 1. cornice *(an einer Außenwand)*; geison; 2. *(Arch)* ogee, talon moulding *(Ogive; spitzbogiges Leistenprofil)*; 3. *(Arch)* cyma *(konkav-konvex profiliertes Bauglied, z. B. an Gesimsen)*
Karniesbogen *m* reversed ogee-arch
Karnieshobel *m* ogee plane
Karniesluftseite *f* ogee-shaped downstream face
Karren *m* barrow, buggy, cart; concrete cart *(für Beton)*
Kartätsche *f* long float, darby, slicker
Kartause *f* Carthusian monastery, charterhouse *(veraltet)*
Kartäuserhaus *n* charterhouse
Karte *f* 1. map; 2. chart *(Diagramm)*
~/geologische geological map
~/topographische topographical (slope) map
kartieren to map; to chart
Kartierinstrument *n* cartographic instrument
Kartierung *f (Verm)* mapping
Kartierungsmessung *f* location survey
Kartoffelkeller *m* cold (potatoe) cellar
Kartusche *f (Arch)* cartouche *(Ornament)*
Karyatide *f (Arch)* caryatid *(gebälktragende Frauengestalt)*
kaschieren to laminate, to cover
Kaschierung *f* lamination
Kaseinfarbe *f* casein paint
Kaseinleim *m* casein glue
Kasematte *f* casemate
Kaserne *f* barracks
Kasernengebäude *n* barracks building
Kasino *n* casino
Kaskade *f* cascade
Kaskadendurchlaß *m* cascade culvert *(Straße)*
Kaskadenmaschine *f* cascade system *(Kühlhaus)*
Kaskadenrinne *f* cascade [gutter]
Kaskadenrinnensystem *n* cascade system
Kassenraum *m* box office room *(Theater, Kino)*; bank[ing] hall
Kassette *f* bay, caisson, coffer *(einer Decke)*
Kassettendecke *f* coffered (cassette, caisson, waffle) ceiling, pan (panelled [wood]) ceiling
Kassettendeckenelement *n* cored-out floor unit
Kassettendeckleiste *f* panel strip
Kassettengeschoßplatte *f* waffle (floor) slab *(Stahlbeton)*
Kassettengestaltung *f* coffering *(von Sichtflächen)*
Kassettenmuster *n* waffle pattern
Kassettenplatte *f* cassette (caisson) slab, waffle panel (plate)
Kassettenuntersicht *f* waffle (pan) soffit, cassette soffit
Kassettenunterzugdecke *f* pan joist floor
kassettiert coffered
Kassettierung *f* coring *(einer Decke)*
Kastanienholz *n* chestnut [wood]
Kastell *n* castle; castrum
Kästelmauerwerk *n* trellis work *(durchbrochenes Mauerwerk)*
kästeln to pierce
Kasten *m* case, box; coffer *(Fach bzw. Kassette einer Decke)*; body *(Wagenkasten)*
Kastenbalken *m* box (hollow) beam
~/kreisförmiger circular box beam
Kastenbalkenträger *m* box (hollow) beam
Kastenbauart *f* box construction type
Kastenbrücke *f* bridge of air-proof cases
Kastendachrinne *f* trough gutter
Kastendrän *n* box drain
Kastendurchlaß *m* box culvert *(unter Straßen)*
Kastenfangdamm *m* cofferdam, box dam
Kastenfenster *n* box-type window; winter window
Kastenfundament *n* box footing
Kastengerinne *n s.* Kastenrinne
Kastenprofil *n* box section
Kastenpumpe *f* bucket pump
Kastenquerschnitt *m* box [beam] section *(eines Trägers)*
Kastenrahmen *m* **für Innentür** framed grounds
Kastenrinne *f* box (trough) gutter, box (parallel) drain
Kastenschloß *n* rim (cased) lock, straight lock
Kastenträger *m* box (hollow-web) girder
Kastenträgerbrücke *f* box girder bridge
Kastenverteiler *m* spreader box
Kastenwerk *n* rammed-loam construction, *(Am)* beaten cobwork *(Lehmbau)*
Katakombe *f* catacomb, underground burial place
Katalysator *m* catalyst, catalyzer
Kataster *m(n)* cadastre, land register, *(Am)* plat
Katasteraufnahme *f* cadastral survey
Katasterkarte *f* cadastral map, civic survey map; deed
Katastervermessung *f* cadastral survey
Kate *f* shanty, shack, hut
Katharinenrand *n (Arch)* wheel window *(Rundfenster gotischer Kathedralen)*
Kathedrale *f* cathedral

Kathedralglas *n* cathedral (configurated, rippled) glass, diffusing (stained) glass
Katze *f* trolley *(Laufkatze)*
Katzenköpfe *mpl* cobble stones, nigger heads *(Naturstein)*
Käufer *m* purchaser
Kaufhalle *f s.* Supermarket
Kaufhaus *n* stores, *(Am)* department store
Kautschuk *m* rubber
~/synthetischer synthetic rubber
Kautschukkitt *m* rubber cement
Kautschukprofil *n* rubber gasket *(Dichtung)*
Kavalierperspektive *f* oblique (cavalier) projection *(Schrägperspektive)*
Kaverne *f* cavern
Kavitation *f* cavitation
Kavitationsschaden *m* cavitation damage *(am Beton)*
Kegel *m* cone; taper
Kegelband *n* T-hinge, tee hinge, cross garnet
Kegelbrecher *m* cone crusher
Kegeldach *n* conical broach roof
Kegeleindringprüfung *f* cone test
kegelförmig conical, wedge-shaped
Kegelfußpfahl *m* caisson pipe, belled caisson *(Gründung)*
Kegelgewinde *n* taper thread
Kegelgewölbe *n* conical (cone, expanding) vault, fluing (trumpet) arch
Kegelknopfnagel *m* casing nail
Kegelschneidfurnier *n* cone-cut veneer
Kegelstift *m* taper pin
Kegelstumpfkuppel *f* truncated dome
Kegelverankerung *f* cone anchorage
Kegelwalm *m* conical hip *(Dach)*
Kehlanschluß *m* valley flashing *(Dach)*
Kehlbalken *m* collar [rafter], collar (valley) beam, span piece; top (wind) beam, spar piece
Kehlbalkendach *n* collar beam roof, collar roof with strut
Kehlbalkenholzanker *m* collar tie
Kehlbalkenpfosten *m* side post
Kehlbalken-Sparren-Verbindung *f* collar joint
Kehlbalkenstütze *f* side post
Kehlbalkenverstärkungsglied *n* collar brace
Kehlbeitel *m* gouge
Kehlblech *n* [valley] flashing
~/verdecktes concealed flashing
Kehlblechknick *m* feint
Kehlblechrinne *f* sheet-metal valley gutter
Kehlbrett *n* valley board
Kehldach *n* valley roof
Kehldachhaut *f*/ **exakt anliegende** mitred valley [roofing]
Kehle *f (Hb)* gain, groove, fillet, plough, *(Am)* plow; [roof] valley, valley of a roof *(Dach)*
~/eingebundene laced valley *(Dach)*
kehlen to groove, to chamfer, to flute; to channel *(Wand)*
Kehlendach *n* intersecting roof
Kehlenschlitten *m* section mould *(Putzprofilformung)*
Kehlfugenblech *n* cover flashing *(Dach)*
Kehlfußbrett *n* valley board
Kehlfußschindel *f* valley shingle
Kehlgratbalken *m* valley rafter
Kehlgratsparren *m* valley rafter
Kehlgratstichbalken *m* valley jack [rafter]
Kehlhalt *m* stop chamfer
Kehlhobel *m* plough, *(Am)* plow, hollow (fluting) plane
kehlig groined
Kehlleiste *f* fillet [strip]; *(Arch)* cyma, cyma reversa *(Zierleiste)*
Kehllinie *f* valley, valley of a roof *(Dach)*
Kehlmaschine *f* moulding machine, moulder
Kehlnaht *f* fillet weld *(Schweißnaht)*
~/überwölbte reinforcement weld
Kehlnahtschweißung *f* fillet weld[ing]
Kehlriefelung *f* ribbed fluting
Kehlrinne *f* valley [gutter], chimney weathering, V-gutter *(Dach)*; channel
Kehlrispe *f* single-post truss
Kehlschifter *m* valley jack [rafter]
Kehlschweißung *f* cleft weld
Kehlsparren *m* valley rafter
Kehlstein *m* valley tile, hip stone (slate)
Kehlstellwinkel *m* valley bevel
Kehlstoß *m* raised moulding, bolection (bilection) moulding; *(Arch)* cyma reversa *(Zierleiste)*
Kehlung *f* weather check, throat[ing] *(Tropfleiste)*; *(Hb)* moulding; channel moulding
Kehlziegel *m* valley tile *(Dach)*
Keil *m* wedge; *(Hb)* key; cotter *(Stahlkeil)*; coin, quoin *(Eckstein)*
~/hydraulischer hydraulic splitter
~/kleiner page
keilartig *(Hb)* feather-edged
Keilbolzen *m* key bolt
Keilbrett *n* feather-edge board
Keileinschnitt *m* V-cut
keilförmig wedge-shaped, cuneiform
Keilklaue *f* lewis
Keillängsnut *f* keyway
Keillappung *f* feather boarding *(Holzverkleidung)*
Keilleiste *f* gib strip
Keilnut *f* key, key groove, keyway
Keilplatte *f* key plate (escutcheon)
Keilschalendachziegel *m* tapered-roll pantile
Keilschloß *n* gib and cotter
Keilsplitt *m* intermediate aggregate (stone)
Keilspundbohle *f* taper sheet pile
Keilspundung *f* vee grooving and tonguing
Keilstein *m* wedge [stone], wedge-shaped brick; arch-stone voussoir *(bei Gewölbebögen)*;

arch-brick, radiating brick *(bei Ziegelgewölbebögen)*; keystone, sagitta *(eines Gewölbes)*
~ **mit einem rechteckigen Ende** stepped voussoir *(bei einem Gewölbe)*
Keiltreiber *m* driftpin
Keilverankerung *f* wedge anchorage *(Spannbeton)*
Keilverbindung *f (Hb)* key joint, keying
Keilzapfen *m* wedged tenon
Keilziegel *m* voussoir (key) brick *(bei Ziegelgewölben)*; gauged brick *(genormter Bogenziegel)*; feather-edge (compass) brick, *(Am)* footstone
Kelchkapitell *n* bell capitel
Kelchung *f* flaring *(of a pipe)*
Kelle *f* trowel
Kellenglattstreichen *n* trowelling
Kellenglattstrich *m* trowel finish
Keller *m* cellar
Kelleraushub *m* cellar pit (excavation)
Kellerbaugrube *f* cellar hole (pit)
Kellerbeleuchtungsfenster *n* stallboard light *(unter einem Schaufenster)*
Kellerdecke *f* cellar (basement) floor
Kellerfalltür *f* cellar trapdoor, *(Am)* bulkhead
Kellerfenster *n* basement window
Kellergeschoß *n* basement [storey], [lower] basement; cellar *(für Lagerzwecke)*; *(Am)* American basement *(etwa zur Hälfte im Erdreich)*
~ **in Bruchsteinmauerwerk** basement with random-rubble walls
~/**ohne** basementless
~/**zweites** subbasement, sub-cellar
Kellergeschoßdecke *f s.* Kellerdecke
Kellergeschoßgarage *f* basement garage
Kellergeschoßlichtschacht *m* basement light well
Kellergeschoßmauer *f* basement (foundation) wall
Kellergeschoßwohnung *f* basement dwelling, *(Am)* basement dwelling unit
Kellergesimsschicht *f* ledgement table
Kellergewölbe *n* cellar vault
Kellergründung *f* cellar (basement) foundation
kellerlos cellarless
Kellermauer *f* basement (cellar) wall, foundation wall
Kellernische *f* cellar recess
Kelleroberlicht *n* pavement (patent) light, vault light
Kellerputz *m* basement parget[ing], basement parging
Kellertreppe *f* basement (cellar) stairs, *(Am)* belowstairs; service stair
Kellertür *f* basement (cellar) door
~/**niveaugleiche** sidewalk door *(direkt mit dem Gehweg abschließend)*
Kellerwandummauerung *f* blind area
Kellerwohnung *f* cellar (basement) dwelling, *(Am)* basement dwelling unit
Kellnerbuffet *n* service bar
Kemenate *f* bower *(Frauengemach einer Burg)*
Kennfarbe *f* indentification colour
Kennwert *m* characteristic value, parameter
Kennzeichen *n* mark *(Baustoff)*; distinguishing mark
kennzeichnen to mark, to brand; to characterize
Kennzeichnungssystem *n* marking system
Keramik *f* ceramics
Keramikelemente *npl* clayware
Keramikerzeugnisse *npl* ceramics, ceramic goods
Keramikfliese *f* ceramic (clay) tile
~/**glasierte** glazed ceramic tile
Keramikfurnier *n*/ **klebefähiges** adhesion-type ceramic veneer
Keramikkachel *f*/ **unglasierte** natural clay tile
Keramikmosaik *n* ceramic mosaic
Keramikmuster *npl*/ **eingeschmolzene** in-glaze decoration
Keramikplatte *f*/ **glasierte** glazed ceramic tile
Keramiksichtfassade *f* ceramic veneer (façade)
Keramikverkleidung *f* caramic [sur]facing
Keramikwandfliese *f* ceramic wall tile
Keramikwandplatte *f* ceramic wall tile
keramisch ceramic
Keramsit *n* Keramzite *(künstlicher Leichtzuschlag- und Dämmstoff, z. B. aus Mineralwolle, Blähton)*
Keramsitbeton *m* Keramzite concrete *(Leichtbeton in Rußland)*
Keramsitplatte *f* mineral fibre tile *(akustische Decke)*
Keratin *n* keratin *(als Abbindeverzögerer für Gipsmörtel)*
Keratophyr *m* keratophyre
Kerb *m* score
Kerbe *f* notch, nick *(klein)*; jag, groove; sinking in a timber; slot *(Schlitz)*
kerben to indent, to dent; to scarf, to jag, to nick, to notch
Kerbnut *f* V-groove
Kerbornament *n* notch ornament, notched (sawtooth) moulding
Kerbschlagbiegeversuch *m* notch-bend test
Kerbschlagfestigkeit *f* impact strength
Kerbschlagprobe *f s.* Kerbschlagversuch
Kerbschlagversuch *m* notched bar test, bending test on notched bar, impact test, Charpy [impact] test
Kerbstab *m* notched bar
Kerbung *f* notching, nicks
Kerbunterschrift *f* V-cut *(Stein)*
Kern *m* 1. pith, heart, core, middle third *(Holz)*; 2. core *(Stahlbetonkern eines Gebäudes)*; 3. *(Erdb)* dumpling
kernbohren to core, to trepan
Kernbohrer *m* core drill
Kernbohrung *f* coring *(zur Betonprobengewinnung)*
Kernbrett *n* heart (middle) plank, centre plank
Kernfäule *f* heart rot, rotting of the heart
Kernfläche *f* kern *(Normalkraftfläche)*
Kernform *f* 1. core mould; 2. core shape
Kernfüllung *f* core fill, hearting
Kernherstellung *f* coring *(Bauplatte)*

Kernholz *n* heart[wood], duramen
~/rotes red heart
Kernknoten *m***/ kleiner** pith knot *(Holz)*
Kernkraftwerk *n* nuclear power plant
Kernmaserung *f***/ schwarze** pith fleck
Kernmoment *n* kern point moment
Kernriß *m* heartcheck, heartshake *(Holz)*
Kernrohr *n* pipe core, core pipe *(Betonrohr)*
~ mit Kernzieher basin-type core barrel
kernschälig with internal annular shakes, ring-shaky *(Holz)*
Kernschneidrohr *n* core barrel
Kernseitenbrett *n* side board
Kerntafel *f* cored panel
kerntrocken thorough dry
Kernwand *f* core (diaphragm) wall
Kernzone *f* business district *(Geschäftsstraße)*
Kerzenträgerbalken *m* candle beam
Kessel *m* 1. tank, reservoir *(Behälter)*; 2. boiler, calorifier *(einer Heizung)*
~/gasbeheizter gas-fired boiler
~ mit natürlichem Zug natural-draught boiler
~/ölbeheizter oil-fired boiler
~/Schottischer Scotch boiler *(Zylinderboiler)*
Kesselanlage *f* boiler plant
Kesselblech *n* boiler plate
Kesseldampf *m***/ heißer** live steam
Kesseldruck *m* boiler pressure
Kesselhaus *n* boiler house
Kessellagerböcke *mpl* boiler seatings
Kesselmauerwerk *n* boiler brickwork
Kesselraum *m* boiler room
Kesselstein *m* scale, fur, incrustation, sediment in boilers
Kesselsteinschale *f* scale crust
Kesselverkleidung *f* boiler jacket
Kesselwagen *m* tank lorry, *(Am)* tank truck *(Straße)*; tank wagon (car) *(Schiene)*
Kesselwärmeschutz *m* thermal insulation of a boiler
Kesselzug *m* boiler flue *(Schornstein)*
Kette *f* chain; chain track *(eines Kettenfahrzeugs)*
~/kinematische kinematic chain
Kettenabsperrung *f* chain barrier
Kettenauflager *n* chain truck (saddle) *(bei Brücken)*
Kettenbrücke *f* chain bridge
Kettenfahrzeug *n* track-laying vehicle
Kettenflaschenzug *m* chain block (fall), chain hoist
Kettenförderer *m* chain conveyor
Kettenfräsmaschine *f* chain milling (cutter moulding) machine
Kettenhaken *m* window stay *(für Fenster)*
Kettenkurve *f s.* Kettenlinie
Kettenlinie *f* catenary curve *(Mathematik)*
Kettennietung *f* chain riveting
Kettenornament *n* chain moulding
Kettenrohrzange *f* chain pipe wrench, chain tongs
Kettensäge *f* chain saw
Kettenverankerung *f* chain anchoring
Keupermergel *m* Keuper marl
Keupersandstein *m* Keuper sandstone
K-Fachwerk *n* K-truss
K-Faktor *m* K-factor
Kiefer *f* pine, fir
Kiefernholz *n* pine [wood]
~/japanisches matsu wood
Kiefernschindel *f* pine shingle
Kiel *m* keel *(Verzierung, Formkante)*
Kielbogen *m (Arch)* keel (four-centered) arch, ogee arch
Kielbogenformkanten *fpl* keel moulding
Kielende *n* keel *(Verzierung, Formkante)*
Kienöl *n* pine oil *(Farbe)*
Kies *m* gravel; pebble [stone] *(Kieselstein)*; grit *(grobkörnig)*
~/abgestufter graded gravel
~/gebrochener broken gravel
~/gesiebter *s.* ~/abgestufter
~/gleichkörniger uniform gravel
~/sandiger path gravel
~/ungesiebter und ungewaschener as-raised gravel
~/unklassifizierter bank gravel, run of bank gravel, all-in gravel
~/verfestigter cement gravel
kiesartig gravelly
Kiesauffüllung *f* gravel backfill
Kiesballast *f* shingle ballast
Kiesbank *f* gravel bench *(im Flußbett)*
Kiesbeton *m* gravel concrete
Kiesbetonplatte *f* gravel concrete slab, slab in ballast concrete
Kiesbett *n* gravel bed
Kiesbettung *f* gravel-ballast course
Kiesboden *m* gravelly soil, flinty ground
Kiesbremsstreifen *m* gravel stop (strip), *(Am)* slag strip *(bei abgekiesten Dächern)*
Kiesdamm *m (Erdb)* shingle raising
Kiesdecke *f* layers of gravel, gravel surfacing
Kiesel *m* pebble
Kieselaufbereitungsanlage *f* gravel plant
Kieselerde *f* silica, flinty earth
Kieselgel *n* silica gel, synthetic silica
Kieselgeröll *n***/ verfestigtes** conglomerate *(Trümmergestein)*
Kieselgur *f* diatomaceous earth, diatomite, kieselgu[h]r
kieselhaltig siliceous, gravelly
kieselig *s.* kieselhaltig
Kieselkreide *f* siliceous chalk, chalk flint
Kieselschiefer *m* siliceous schist, flinty shale
Kieselstein *m* pebble [stone], shingle *(grober Kies)*; cobble *(Rollkies)*; cobblestone *(Kopfstein)*
~/amorpher flint
Kieselsteinfüllung *f***/ zwischen Außenwänden** moellon
Kieselsteinmauer *f* pebble wall
Kieselsinter *m* siliceous sinter

Kieseltuff *m* tufaceous quartz sinter
Kiesfang *m* gravel catchment *(Entwässerung)*; gravel stop (strip) *(Halteleiste am Flachdach)*
Kiesfilter *n* rubble (ballast) filter
Kiesfilterpackung *f s.* Kiesfilterschicht
Kiesfilterschicht *f* gravel filter [layer]
Kiesflachdach *n* gravel roofing
Kiesfraktion *f* gravel fraction
Kiesgrube *f* gravel pit
kieshaltig gravelly; siliceous
Kieshaube *f* strainer *(Filter)*
Kieshinterfüllung *f* gravel backfill
kiesig gravelly, gritty
Kieskörner *npl* pebbles
Kieskörnung *f* gravel fraction
Kieslagerstätte *f* gravel deposit
Kiesleiste *f* gravel stop (strip), gravel fillet, slag strip *(bei abgekiesten Dächern)*
kieslig *s.* kiesig
Kiesnaßbagger *m* gravel dredger
Kiespackung *f* gravel filter [layer]
Kiespolstergründung *f* compacted earth fill foundation
Kiessand *m* gravelous sand, gravel and sand
~/tonhaltiger hoggin
Kiessandmischung *f* gravel-sand mixture
Kiessandstein *m* pebbly sandstone
Kiessandvorkommen *n* gravel-sand formation (deposit)
Kiesschicht *f* gravel blanket (layer)
Kiesschotter *m* ballast
Kiesschüttflachdach *n* gravel roofing
Kiesschüttung *f* gravel filling
Kiessplitt *m* gravel chip[ping]s
Kiesstraße *f* gravel road
Kiesstreifen *m* gravel fillet *(am Dach)*
Kiesunterbau *m* road gravelling
Kiesunterbettung *f* underlayer of gravel
Kiesvorkommen *n* gravel deposit
Kieszuschlag[stoff] *m* gravel aggregate
Kilometerstein *m* kilometre post
Kinderbalken *m* bridging joist *(Dielung)*
Kinderbecken *n* children's pool, wading pool
Kindergarten *m* kindergarten, nursery school
Kinderheim *n* children's home
Kinderhort *m* day-nursery, crèche
Kinderskulptur *f* **der Renaissance** putto *(Putte)*
Kinderspielplatz *f* children's playground
Kinderspielhaus *n (Am)* playhouse
Kinderspielzimmer *n s.* Kinderzimmer
Kinderwohnheim *n* children's hostel
Kinderzimmer *n* nursery
Kinematik *f* kinematics
Kinetik *f* kinetics
Kino *n* cinema, pictures, *(Am)* movie [theater]
Kiosk *m* kiosk, stall
Kippe *f* waste area (tip), waste dump *(Müll)*; *(Erdb)* dumped fill
kippen 1. to tilt, to tip; 2. to dump [out] *(auskippen)*; 3. to overturn, to topple over *(umkippen)*
Kippen *n* 1. overturning *(z. B. einer Stützmauer)*; 2. toppling, tilting *(Gebäude)*
Kipper *m s.* Kippfahrzeug
Kippfahrzeug *n* dump[er] truck
Kippfenster *n* **/ horizontales** hospital window (sash), hopper window
Kippflügel *m* 1. hopper (top-hung) sash, balanced sash; 2. fan window, fanlight *(Oberlicht über einer Tür)*
~/nach innen aufgehender hopper light (vent)
Kippflügelfenster *n* bottom-hinged (bottom-hung) sash, top-hung window
Kipphebelschalter *m* tumbler switch
Kippkarren *m* buggy, concrete cart *(für Beton)*
Kippkraft *f* tilting (overturning) force
Kipplager *n* pivot (hinged) bearing; rocker bearing *(einer Brücke)*
Kippmischer *m* tilting (concrete) mixer, tilting-drum mixer
Kippmoment *n* tilting (tipping) moment, *(El)* pull-out torque; *(Stat)* overturning moment
Kippriegel *m* rocker bar
Kippschalter *m* tumbler switch
Kippschute *f* tipper barge *(Kahn)*
Kippsicherheit *f* safety against overturning
Kipptor *n* glide-over door, up-and-over door
Kipptrogmischer *m* tipping trough mixer *(für Beton)*
Kipptrommelmischer *m* tilting [concrete] mixer, tilting-drum mixer
Kippwinkel *m* tipping angle, angle of inclination
Kippzapfen *m* pivot pin
Kippzapfenlager *n* rocker bearing *(Brücke)*
~/bewegliches movable rocker bearing
Kirche *f* church
Kirchenarchitektur *f* church architecture
~ spanischer Orden mission architecture *(in Mexiko im 18. Jahrhundert)*
Kirchenbank *f* pew
Kirchenbau *m* church building
Kirchenfenster *n* church window
Kirchengrabstätte *n* sepulchre
Kirchenkellergewölbe *n* undercroft
Kirchenmittelschiff *f* nave
Kirchenschiff *n s.* Kirchenmittelschiff
Kirchenseitenschiff *n* church aisle
Kirchenvorplatz *m* **/ quadratischer** parvis
Kirchengemeindehaus *n* parish house
Kirchengemeindesaal *m* parish hall
Kirchhof *m* churchyard
Kirchturm *m* church tower
Kirchturmspitze *f* spire, [church] steeple
Kirschholz *n* cherry [wood]
Kissen *n* cushion, cushion piece, pad
kissenförmig pulvinated
Kissenornamentwerk *n* pillow work

Kiste *f* box, case, coffer
Kistvaen *n* cistvaen *(keltische Steinflachkammer)*
Kitt *m* putty *(Glaserkitt)*; lute *(Dichtungsmasse, Füllkitt)*; bonding cement, cement[ing compound] *(Klebkitt)*
~/hydraulischer hydraulic cement
kitten to putty; to lute *(abdichten)*; to cement
Kittentfernungsmesser *n* hacking knife
Kittfalz *m* glazing bar, rebate [for glazing], fillister *(Fenster)*
Kittfuge *f* putty joint
Kittleiste *f* **/ entfernbare** removable stop
Kittmesser *n* putty (stopping) knife, spattle
Kittsaum *m* putty seam
Kittstoff *m* cementitious material
Kitt- und Kalkputz *m* gauging *(zur Beschleunigung des Abbindens)*
Kittzement *m* sulphur cement
Klaffen *n* **einer Fuge** gaping of a joint
Klafter *n* cord *(altes Raummaß für Schichtholz; 1 Klafter ≈ 3,625 m^3)*
Klammer *f* cramp [iron], forked clamp, clasp; holdfast *(Klammerhaken)*; *(Hb)* clamp, clip, dog *(u-förmige Klammer für Balken)*; staple *(Kramme)*
• **durch Klammern gehalten** bracketed
Klammerlasche *f* fishplate
Klammerlaschenstoß *m* fish (fished) joint
klammern to cramp, to clasp, to clip
Klammerplatte *f* clamping plate *(zur Verstärkung von Holzbalkenverbindungen)*
Klammerverbindung *f* clamp joint
Klappbett *n* folding bed; wall (recess) bed
Klappbrücke *f* bascule bridge, flap (balance) bridge
Klappdeckel *m* hinged (drop) lid
Klappe *f* lid *(Klappdeckel)*; hatch *(Falltür)*; *(Wsb)* trap, stop-plank, gate; register *(Heizungs- oder Lüftungsschieber)*; valve *(Ventilklappe)*
Klappenkammer *f* back lever chamber
Klappenscharnier *n* flap hinge
Klappenventil *n* flap (clack) valve
Klappenwehr *n (Wsb)* lever weir, shutter dam
Klappfenster *n* hinged [sash] window, awning window
Klappfensterschnappverschluß *m* fanlight catch
Klappflügelfenster *n* awning window, top-hung sash
Klappladen *m* exterior (folded) shutter *(Fensterladen)*
Klappladenring *m* trap ring
Klappluke *f* hinged hatch
Klappschornstein *m* collapsible funnel
Klappsitz *m* folding seat
Klapptür *f* trap door, hinged bulkhead door; overhead door, overhead-type garage door *(für eine Garage)*
Klappventil *n* flap (clapper) valve
klar 1. clear; clean; 2. transparent *(durchsichtig)*; 3. clear, bright *(von Farben)*
Kläranlage *f* absorption field (bed), *(Am)* leaching field; leaching cesspool *(Sickergrube)*; detritus pit *(Klärgrube)*; [sewage] clarification plant; [sewage] treatment plant (works) *(Klärwerk)*
~/individuelle individual sewage-disposal system
Klaranstrich *m s.* Klarlacküberzug
Klärbecken *n* clarifying (clarification) tank (basin); absorption bed; settling basin (tank), stillpot, settling pond *(Absetzbecken)*
Klärbehälter *m* 1. clearing basin, clarification tank; 2. septic tank *(Faulbecken)*
klären 1. to clarify, to clean, to purify *(Abwasser)*; 2. to cleanse *(reinigen)*; 3. to settle *(z. B. eine Angelegenheit)*
Klärfeld *n* absorption field, *(Am)* leaching field
Klärgas *n* sewage (sludge) gas, sewer gas
Klarglas *n* clear (colourless, transparent) glass
Klärgrube *f* cesspit, cesspool, pervious cesspool; septic tank *(Faulgrube)*
~ mit Versickerung des Flüssiganteils leaching well (pit) *(Sickergrube)*
Klärgrubenbetonrohrfilter *n* filter block of a cesspit
Klarlack *m* clear varnish
Klarlacküberzug *m* clear coat, translucent (transparent) coating
Klärschlamm *m* [sewage] sludge, active sludge
Klärteich *m* settling pond
Klarverglasung *f* vision light
Klärwasser *n* settling (effluent) water
Klärwerk *n* sewage disposal facility (plant), sewage treatment plant
Klasse *f* grade, size; order, class
Klassenraum *m* classroom
Klassenraumtrakt *m* classroom unit
Klassenzimmer *n s.* Klassenraum
klassieren 1. to classify; 2. to screen [in sizes], to separate, to sort, to grade, to size *(nach Größe)*
Klassiergut *n* material being sized *(Sand, Splitt)*
Klassiersieb *n* classifying screen, assorting screen *(Zuschlagstoffaufbereitung)*
Klassierung *f* 1. screening, grading; 2. classification
klassifizieren to classify; to assort
Klassifizierungseigenschaft *f* classification (index) property
klassisch classical
Klassizismus *m* classicism
klassizistisch-symmetrisch classicistically symmetrical
klastisch clastic *(Geologie)*
Klaue *f* 1. *(Hb)* dog, toe-jointing, birdsmouth joint; 2. [door] catch *(Sperrvorrichtung)*; 3. *(Arch)* spur *(Ornament)*
~ mit Zapfen im Nest bridle joint
Klauenbeil *n* claw hatchet
Klaueneisen *n* claw plate *(zur Rundholzverbindung)*
Klauenhammer *m* claw hammer

Klauenschiftung *f (Hb)* birdsmouth attachment
Klauenschraube *f* stone (rag) bolt
Klausur *f* clauster, monastic cell
Klavierband *n* piano hinge
Klebeband *n* adhesive tape
~/mehrschichtiges multiple-layer adhesive [tape]
Klebebindung *f* adhesive bond
Klebedichtung *f* adhesive (bonding) sealing
Klebefestigkeit *f* bonding (adhesive) strength; dry strength *(trocken)*
Klebefilter *n* viscous filter *(Klimaanlage)*
Klebefläche *f* glue line
Klebefugenkitt *m* gap-filling adhesive (glue)
Klebekitt *m* adhesive (bonding) cement
Klebekonstruktion *f* cementing (bonding) system
Klebelack *m* adhesive varnish, dope
Klebemittel *n* glue, adhesive; agglutinant, bonding agent, cementing compound
kleben to glue, to paste, to bond; 2. to stick, to adhere *(haften)*; to pitch *(mit Teer)*
klebend adherent, sticky
Klebepaste *f* adhesive (cementing) paste, bonding paste
Kleber *m* cementing material, bonding agent, adhesive
~/fertiggemischter mixed glue *(mit Härter)*
~/heißabbindender hot-setting adhesive
~ mit Lösungsmittel solvent adhesive
~/wasserfester hydraulic glue
Klebeseite *f* interior face *(Dach)*
Klebestreifen *m* adhesive tape
Klebeverbindung *f* glue (glued) joint
Klebeverfahren *n* thin-bed fixing technique, glue fixing method *(Fliesen)*
klebfähig adhesive; tack dry *(Kleber)*
Klebfläche *f s.* Klebefläche
Klebhaftung *f* adhesive bond
Klebkitt *m* adhesive (bonding) cement
Klebkraft *f* adhesive power; tack *(einer Farbe)*
klebrig 1. adhesive, sticky, gluey; 2. fat *(Mörtel, Beton, Ton)*; 3. tacky [dry] *(Farbe)*; 4. ropy *(zähflüssig)*
~/nicht mehr tack-free dry *(Farbanstrich)*
Klebrigkeit *f* 1. stickiness, adhesiveness, gluiness; tackiness; 2. residual tack, aftertack *(eines Anstrichs infolge langsamen Trocknens oder Abbindens)*
Klebstelle *f* joint, joining point
~/magere starved joint
Klebstoff *m* glue, gum, adhesive, paste; bonding (binding) material
~/bei mittlerer Temperatur abbindender intermediate-temperature setting adhesive, warm-setting adhesive
~/geschäumter foamed adhesive
~/thermoplastischer heat-activated adhesive
Klebverbindung *f* glue (glued) joint
kleeblattartig trefoil-like
Kleeblattbogen *m* trefoil (three-foiled) arch
kleeblattbogenförmig trefoliate, trefoiled
kleeblattdekoriert trefoiled
Kleeblattform *f* trefoil shape
kleeblattförmig trefoil, trefoil-shaped, trefoliate
Kleeblattkreuzung *f* cloverleaf *(Straßen)*
Kleeblattlösung *f* cloverleaf solution
Kleeblattornament *n* trefoil
Kleiderablage *f* cloakroom, wardrobe; coat rack (stand) *(Kleiderständer)*
Kleiderbügeltragestange *f* closet pole
Kleidereinbauschrank *m* clothes closet
Kleiderhakenbrett *n* coat hook strip
Kleiderkammer *f (Am)* closet
Kleiderschrank *m* wardrobe, *(Am)* closet
Kleiderspindraum *m* clothes-locker room
Kleinappartement *n* efficiency apartment
Kleinbahn *f* 1. short-distance railway, local railway; narrow-gauge railway *(Schmalspurbahn)*
Kleinbaustelle *f* small-scale site
Kleindumper *m* power barrow (buggy)
Kleineisenbauelemente *npl s.* Kleineisenzeug
Kleineisenzeug *n* [small] hardware, ironmongery
Kleingarten *m* allotment
Kleinkinderspielplatz *m* pre-school children's playground, *(Am)* tot lot
kleinkörnig small-grained
Kleinkornmischung *s.* Feinkornmischung
Kleinküche *f* kitchenette
Kleinpark *m* vest-pocket park
Kleinparkett *n* mosaic parquet
Kleinparkettlamelle *f* mosaic finger
Kleinpflaster small cobbles
Kleinpflasterstein *m* small sett (cobblestone)
Kleinrohrheizung *f* small-bore system
Kleinschlag *m* hardcore *(Zuschlagstoff)*
Kleinstetagenwohnung *f* flatlet
Kleinstmaß *n* minimum limit
Kleinstmoment *n* least moment
Kleintür *f* dwarf door
Kleinversuch *m* laboratory test
Kleinziergarten *m* **mit enger Holzgruppenpflanzung** knot garden *(meist stark beschnitten)*
Kleister *m* paste
kleistern to paste
Klemmbolzen *m* clamping (toggle) bolt
Klemmdose *f (El)* connecting box
Klemme *f* holdfast, holder cramp, cleat
klemmen to choke, to clip, to jam *(festklemmen)*; to grip *(einspannen)*; to pinch *(quetschen)*; to nip *(abkneifen)*; to lock *(blockieren)*
Klemmfestigkeit *f* binding strength
Klemmkasten *m (El)* terminal box
Klemmlänge *f* grip length
Klemmplatte *f* face (facing) plate, clamping plate
Klemmring *m* clamping (locking) ring, clamping collar
Klemmschließer *m* friction catch (latch)
Klemmschraube *f* adjusting screw
Klemmverbinder *m* terminal connector

Klemmverbindung *f* clipped connection

Klempner *m* plumber

Klempnerarbeiten *fpl* plumber's work, plumbing [work]

Klempnersperrhaken *m* horn stake

Klettereisen *npl* access hooks, climbing irons

Kletterkran *m* climbing crane

Kletterschalung *f* climbing formwork (forms), climbing shuttering, moving formwork (shutters)

Kletterstange *f* jack (jacking) rod *(bei der Gleitschalung)*

Klimaanlage *f* air conditioner, air-conditioning plant, air-handling system *(mit spezieller Luftaufbereitung)*

~/automatische automatic air-conditioning plant

~ mit automatischer Luftmengenregulierung variable-volume air system

~ mit einem Luftkanal für verschiedene Öffnungen single-duct air conditioning system

~/zentrale central air-conditioning system

Klimaanlagenhauptkanal *m* riser

Klimaanlagenheiz[kühl]element *n* **mit Filter und Gebläse** fan-coil unit

Klimadecke *f* conditioned ceiling

Klimagerät *n* air (unit) conditioner, air conditioning unit

klimageregelt conditioned

Klimakammer *f* environmental test chamber

Klimakarte *f* design temperature map

Klimaprüfschrank *m* climatic test cabinet

klimaregeln *s.* klimatisieren

Klimaregelung *f* air conditioning

Klimastation *f* central [air-]conditioning system, central conditioning plant

klimatisieren to air-condition

Klimatisierung *f* [air] conditioning

Klimatisierungsanlage *f* air-conditioning plant

Klimatisierungsgerät *n* air conditioner

Klimatisierungszentrale *f s.* Klimastation

Klimatruhe *f* room air conditioner, air-conditioning unit, unit (packaged) air conditioner

Klimazone *f* climatic zone

Klingel *f* bell

Klingeldraht *m* bell (ringing) wire

Klingeldrücker *m* trigger of a door bell

Klingelknopf *m* bell button

Klingeltransformator *m* bell transformer

Klingstein *m* clinkstone *(Phonolith)*

Klinik *f* hospital, clinic

Klinke *f* [door] catch, latch, ratchet; handle *(Tür)*

Klinkenschloß *n* thumb latch

Klinkenseite *f* hand *(Tür)*

Klinker *m* 1. clinker [brick], vitrified brick, klinker [brick]; 2. [cement] clinker

Klinkerbildung *f* clinker formation

Klinkerbrennen *n* burning (firing) to [cement] clinker

Klinkerisierung *f s.* Klinkerbildung

Klinkerkachel *f* vitrified tile

Klinkerpflaster *n* clinker pavement

Klinkerstein *m* clinker (blue) brick

Klinkerverkleidung clinker brick facing

Klinkerziegel *m* clinker [brick], blue brick

Klinometer *n* clinometer *(Fallwinkelmesser)*

Kloake *f* sewer, cesspool; cloaca

Kloben *m* 1. log *(Holzkloben)*; 2. pulley, block *(Flaschenzug)*; 3. *(Hb)* dog; 4. pin *(Fensterdrehzapfen)*

klopfen to beat, to knock, to strike

Klopfer *m* 1. [door] knocker; 2. beater, mallet

Klosett *n* closet, toilet, lavatory

Klosett... *s. a.* Toiletten...

Klosettank *m* sanitary tank

Klosettbecken *n* toilet bowl, lavatory pan

~/wandhängiges wall-hung water closet

Klosettbeckenbefestigungsschraube *f* closet bolt

Klosettsitz *m* toilet (closet) seat

Klosettsockel *m* sanitary base

Kloster *n* monastery, cloister; convent, nunnery *(Nonnenkloster)*

Klostergewölbe *n* groined (cloister) vault

Klosterhof *m* cloister garth

klösterlich monastic convent

Klotz *m* block

~/dichter compact block

Klotzlager *n* segmental bearing

Klotzstufe *f* solid rectangular step, massive tread *(einer Treppe)*

Klubgebäude *n* club building

Klubhaus *n* club building (casino)

Kluft *f* gap; cleft *(Erdspalte)*; crevasse *(z. B. nach Erdbeben)*

Kluftwasser *n (Erdb)* crack water

Klumpen *m* clod *(Erdklumpen)*; clot

Klumpenbildung *f* back-set *(bei Zement)*

klumpig cloddy; clotted, lumpy

Kluppe *f* die stock *(zum Gewindeschneiden)*

Knagge *f (Hb)* bearing block, dog, cleat, angle cleat (clip)

K-Naht *f* double-bevel butt weld *(Schweißen)*

knapp short *(in der Länge)*; scarce, in short supply *(Material)*

Knappheit *f* scarcity, shortage

Knarre *f* ratchet

Knarrenbohrer *m* ratchet drill

Knauf *m* **/ gotischer** *(Arch)* finial *(blattförmiges Ornament)*

Knebel *m* crutch head

Knebelgriff *m* locking handle

kneifen to nip *(abkneifen)*

Kneifzange *f* pincers, nippers

Kneipe *f* pub, bar, *(Am)* saloon

knetbar plastic, workable

kneten to knead, to work; to pug, to temper *(Lehm, Ton)*

Knetmischer *m* pug mill mixer *(Beton)*

Knetverdichtung *f* kneading compaction

Knick *m* bend; kink *(in Draht)*; roof curb *(in der Dachfläche)*
Knickarbeit *f* buckling work
Knickbeanspruchung *f* buckling stress
Knickbeiwert *m* buckling coefficient
Knickbelastung *f* collapsing (buckling) stress (loading)
Knickberechnung *f* buckling analysis
Knickbereich *m* buckled (buckling) region
knicken to buckle, to collapse; to fold *(biegen)*
Knicken *n*/**dynamisches** dynamic buckling
~/**örtliches** local buckling
~/**überkritisches** post-buckling
~ **unter Belastung** load buckling
Knickermüdung *f* buckling fatigue
Knickfestigkeit *f* buckling strength (resistance), column strength; resistance to lateral bending, lateral stiffness, cross-breaking strength
~/**überkritische** post-buckling strength
Knickformel *f* buckling formula
Knickformeln *fpl* / **Eulersche** Euler's formulae for columns
Knickgefahr *f* risk of buckling, buckling risk
Knicklänge *f* effective (buckling) length, free length of column, reduced length of column
~/**freie** unsupported length of column
Knicklast *f* buckling load, crippling (critical) load
~/**Eulersche** Euler's crippling load
Knickmodul *m* **[nach Kárman]** reduced modulus of elasticity
Knickprüfung *f* buckling test
Knicksicherheit *f* buckling safety, safety against buckling
Knickspannung *f* buckling (critical) stress, column (collapsing) stress
Knickstab *m* column
Knickstabilität *f* buckling strength
Knickung *f* / **örtliche** local buckling
Knickversuch *m* buckling test
Knickwiderstand *m* buckling resistance
Knickzahl *f* buckling coefficient
Knickzollstock *m* multiple-folding rule
Knickzone *f* buckled region
Knie *n* quarter bend, elbow, knee *(Rohr)*
Kniefitting *n* angle (level) collar *(Rohr)*
Kniegelenk *n (Hb)* toggle (knuckle) joint
Kniehebel *m* toggle
Kniehebelbackenbrecher *m* toggle crusher
Kniehebelschalter *m* toggle switch
Kniehebelwaschbecken *n* scrub sink
Knieholz *n (Hb)* knee [timber], crook
Knierohr *n* pipe (quarter) bend, bent pipe
Kniestock *m* jamb wall
Kniestockwand *f* jamb wall
Kniestück *n* bent tube, quarter (pipe) bend, elbow piece, knee [pipe] *(Rohr)*
Knieverschluß *m* S-trap
Knirschfuge *f* dry (non-bonded) joint
Knochenhaus *n s.* Beinhaus
Knochenleim *m* bone glue
Knochenschwarz *n* bone black
Knolle *f (Arch)* crocket *(Ornament)*
Knollen *m* clod, lump, nodule
Knollenfußpfahl *m (Erdb)* underreamed pile
Knollenkapitell *n (Arch)* bud capital
knollig lumpy, cloddy
Knopfbeschlag *m* knob [door] filting
Knopfbolzenhalteplatte *f* knob rose
Knorpeltang *m* carragheen
Knorren *m* knot; knurl *(Holz)*
Knorrenbüschel *n* knot-cluster *(Holz)*
knorrig knotted
Knorrmusterholz *n* **der Fichte** knotty pine
Knoten *m* 1. joint, panel point *(Fachwerk)*; 2. knot, knag, knur[l] *(im Holz)*; catface *(fehlerhafte Stelle im Holz)*; 3. node *(Knotenpunkt)*
~/**biegesteifer** fixed (stiff) joint
~/**kreuzungsfreier** elevated road crossings *(Straße)*
Knotenbelastung *f* node [point] loading, joint loading
Knotenblech *n* gusset [plate], connecting (joint, junction) plate
~ **aus Flußstahl** connection made from mild-steel plate
Knotenblechverbindung *f* gusseted connection
Knotengelenk *n* multiple joint
Knotenlast *f* joint (panel) load *(Fachwerk)*
Knotenmoment *n* node [point] moment
Knotenornament *n* knotwork
Knotenpinsel *m* knot brush
Knotenplatte *f* joint plate
Knotenpunkt *m* 1. [truss] joint; point of junction of members *(Tragwerk)*; panel point, pin *(Fachwerk)*; 2. *(El)* node
~/**biegesteifer** fixed (stiff) joint
Knotenpunktbelastung *f* node [point] loading, joint loading
Knotenpunktmoment *n* node [point] moment
Knotenpunktverbindung *f* knee bracket plate, nodal joint, joint connection *(in einem Fachwerk)*
~/**steife** rigid joint
Knotenpunktverfahren *n (Stat)* method of joints
Knotenpunktzählung *f* intersection count for traffic *(Verkehrszählung)*
Knotenverbindung *f s.* Knotenpunktverbindung
Knotenverzierung *f* knotwork
knotig knotted, knotty, knobby
Knüpfdraht *m* binding wire *(Stahlbetonbewehrung)*
Knüpfpunkt *m* tying point *(Bewehrung)*
Knüpfrute *f* withe *(Strohdach)*
Knüpfstelle *f* tying point *(Bewehrung)*
Knüppelweg *m* log causeway, *(Am)* corduroy road
Koagulation *f* flocculation *(Anstrichstoffe)*
Koaxialkabel *n* coaxial cable
Kobaltblau *n* smalt
Kobaltglas *n* cobalt glass

kochen to boil
~/Leim to heat glue
Köcherfundament *n* sleeve foundation, hole footing
Kochnische *f* kitchenette
Kochofen *m* cooking stove, cooker
Kochprüfung *f s.* Kochversuch
Kochstelle *f* coaking place
Kochversuch *m* boiler test
Koffer *m* box, trunk
Kofferaufbau *m (Verk)* coffer structure
Kofferdamm *m* cofferdam
Kofferleitdamm *m (Erdb)* filled jetty
Kohäsion *f (Bod)* cohesion
Kohlefilter *n* carbon filter
Kohlelichtbogenschneiden *n* carbon-arc cutting
Kohlelichtbogenschweißen *n* carbon-arc welding
kohlen to char *(Holzkohle)*; to carbonize
Kohlenbunker *m* coal bunker (storage bin)
Kohlenfeuerung *f* coal firing
Kohlenkalk *m* carboniferous limestone
Kohlenkalksandstein *m* carboniferous sandstone
Kohlenkeller *m* coal cellar
Kohlenlagerplatz *m* coal storage yard, coal store
Kohlensäure *f* carbonic acid
Kohlenschuppen *m* coalshed
Kohlensilo *n* coal bunker
Kohlenstoffanreicherung *f* carbonization
Kohlenstoffbaustahl *m* carbon structural steel
Kohlenstoffentziehung *f* decarburization *(von Stahl)*
Kohlenstoffgummi *m* **/ elektrostatisch ableitender** conductive rubber
Kohlenstoffpigment *n* carbon black
Kohlenstoffstahl *m* carbon steel; medium carbon steel *(0,3-0,6 % C)*
Kohleofen *m* coal-fired stove
Kokosfaserdämmatte *f* coir [building] mat, coconut fibre mat
Kokosfaserdämmstoff *m* coir (coconut fibre) insulation material
Kokoswandplatte *f* coir wallboard
Koksfeuerung *f* coke furnace; firing
Kokskorb *m* fire devil, brazier *(für offenes Feuer) (s. a.* Koksofen*)*
Koksofen *m* salamander stove *(zur Frischbetontemperaturhaltung oder Baustellenheizung)*
kolksicher/nicht *(Wsb)* liable to be undermined
Kolkung *f* scour
Kolkvertiefung *f* scoured hole
Kolkwirbel *m (Wsb)* eddy
Kollektor *m* header, collector *(Abwasser)*
Kollergang *m* pug mill *(Lehmmühle)*
Kolloidbeton *m* colloidal concrete, grouted-aggregate concrete
Kolloiderdstoff *m* colloidal soil
Kolloidfeinmörtel *m* colloidal grout
Kolloidmörtel *m* colloidal mortar
Kolloidmörtelmischer *m* colloidal mixer
Kolloidschlämme *f* colloidal grout
Kolonialarchitektur *f* **des 18. Jahrhunderts** Colonial architecture (style) *(in den USA)*
Kolonialhaus *n* saltbox [house] *(in Neuengland, USA, mit einseitig herabgezogenem Satteldach)*; garrison house *(befestigtes Blockhaus der nordamerikanischen Siedler)*
Kolonialholzrahmenhaus *n s.* Kolonialhaus
Kolonnade *f* colonnade; loggia *(im Innenhof eines Gebäudes)*
~/geradlinige orthostyle [colonnade]
~ mit vier Säulen tetrastyle colonnade
~/überdachte *(Arch)* xyst[us] *(im antiken Griechenland und Rom)*
Kolonnadengebäude *n* loggia [building]
Kolonne *f* gang, shift *(Bauarbeiter)*
Kolossalordnung *f* grand (giant) order, colossal order *(Säulenordnung über mehrere Geschosse reichend)*
Kolosseum *n* colosseum, coliseum
Kolumbarium *n* 1. columbarium *(antikes Urnenhaus)*; 2. columbarium, pigeon-house
Kombinationshobel *m* combination plane
Kombinationsschloß *n* combination lock
Kombinationsspachtelmasse *f* combination stopper
Kombinationszange *f s.* Kombizange
kombinieren to combine
Kombizange *f* [combination] pliers
Komfort *m* **/ thermischer** human thermal comfort
Komfortbefeuchtung *f (HLK)* comfort humidification
Komforttemperatur *f* **/ thermische** *(HLK)* comfort temperature
Komfortzonenkarte *f (HLK)* comfort chart
Kommode *f* chest of drawers, *(Am)* tallboy, highboy
Kommunalgebäude *n* communal building
Kommunalkanalisation municipal sewerage
Kompaktbau *m* compact building
Kompaktheizkessel *m* **/ kompletter** packaged boiler
Kompaß *m* compass
Kompaßvermessung *f* compass survey
Kompensationsrohr *n* expansion pipe
komplettiert prefabricated, prefab, ready-made
Komplettierung *f* completion
Komplettierungsgrad *m* degree of completion; degree of prefabrication
Komplex complex
Komponente *f* 1. component *(Kraft)*; 2. constituent *(Bestandteil)*
Komponentenkleber *m* cold-cured adhesive (material)
Komponentenlack *m* cold-cured material (paint)
Komponentenzerlegung *f* decomposition
Kompositkapitell *n* composit capital
Kompositsäule *f* composite column
Kompressibilität *f* volume compressibility
~/adiabatische adiabatic coefficient of bulk compressibility

Kompressionsbeiwert *m* compression index
Kompressionsgeschwindigkeit *f* speed of compression
Kompressor *m* compressor; air pump
Komprimierbarkeit *f* compressibility
komprimieren to compress
Konche *f (Arch)* concha, semi-cupola
Kondensat *n* condensate, condensation moisture (water)
Kondensation *f* condensation
~/trockene surface condensation
Kondenstopf *m* steam trap (separator)
Kondenswasserablaufrohr *n* condensate drip
Kondenswasserabscheider *m* condensate drainage, steam trap (separator)
Kondenswasserbildung *f* condensation, sweating
Kondenswasserisolierung *f* condensation dampproofing
kondenswasserlos condensateless
Kondenswassersammel- und Pumpeinrichtung *f* condensate unit
Kondenswasser[schutz]putz *m* anti-condensation plaster
konditionieren *(HLK)* to air-condition; to condition *(Baustoff)*
Kondominium *n* condominium, *(Am)* apartment house
Konferenzraum *m* conference room
Konferenzsaal *m* conference hall
Konglomerat *n* conglomerate
~/vulkanisches volcanic conglomerate *(Gestein)*
Konglomerat[sand]stein *m* conglomerate (coarse) sandstone
Konifere *f* conifer, cone-bearing tree
Koniferenholz *n* conifer
Königsgelb *n* litharge *(gelbes Bleioxid)*
Königszapfen *m (Hb)* king pin
konisch conical, tapered
konkav concave
Konkav-Konvex-Dachziegel *m* pan-and-roll roofing tile, Italian tiling
Konkavornament *n (Arch)* oxeye moulding
Konoidfläche *f* conoidal surface
Konoidform *f* conoidal form
Konservatorium *n* [music] conservatory
konservieren/Holz to preserve wood
Konservierung *f* preservation *(Holz)*
Konservierungsmittel *n* mean of preservation, preservative [agent]
Konsistenz *f* consistency, consistence
~/plastische plastic consistency
Konsistenzbestimmung *f* measurement of consistency
Konsistenzgrad *m* consistence (consistency) degree, *(Bod)* relative consistency
Konsistenzgrenzen *fpl* consistency limits
Konsistenzmesser *m* consistence meter, consistometer
Konsistenzprüfung *f* consistency (slump) test *(Betonprüfung)*
Konsistenzstabilität *f* **mit höchstem Wassergehalt** wet stable consistency
Konsistenzzahl *f* consistency index
Konsistometer *n s.* Konsistenzmesser
Konsolarmierung *f* cantilever reinforcement
Konsolbalken *m* semigirder, cantilevered girder
Konsolbogen *m* shouldered arch
Konsole *f* bracket [console], shoulder, corbel *(für Mauerwerk)*; perch, ancon *(Kragstein)*; cantilever *(Kragkörper)*; support, anchor rod *(Halterung)*
~/vertikale vertical cantilever element
Konsolengeländerpfosten *m* **im rechten Winkel im Mauerwerk** bracket baluster
Konsolengerüst *n s.* Konsolgerüst
Konsolenschlußstein *m* key console
Konsolentisch *m* bracket (console) table
Konsolgerüst *n* carpenter's bracket scaffold
konsolidiert consolidated
Konsolidierungssetzung *f* consolidation settlement *(bei Ton)*
Konsollager *n* bracket pedestal
Konsolträger *m* propped cantilever
Konstantlast *f* constant load
konstruieren to design
Konstruieren *n***/ rechnergestütztes** computer-aided design[ing]
konstruiert/unzweckmäßig ill-designed
Konstrukteur *m* designer
Konstruktion *f* 1. design *(Entwurf)*; 2. designing *(Entwerfen)*; 3. construction, structure, building; 4. construction *(Bauweise)*
~/bituminöse asphalt pavement structure *(Straßenbau)*
~/geschützte nichtentflammbare protected noncombustible construction *(mit zwei Stunden Feuerwiderstand)*
~/kabelgetragene cable-supported construction
~/mehrlagige multiply construction *(Straße)*
~ mit Kastenträgern construction of box-sections
~/orthogonale orthogonal framework [of girders] *(Fachwerk)*
~/rechnergestützte computerized design
~/schallabsorbierende acoustic construction
~/starre rigid construction (structural) system
~/tragende support (load-bearing) structure
~/zugbeanspruchte tension system
Konstruktionsbeton *m* structural (architectural) concrete
Konstruktionsblech *n* construction steel sheet (metal), structural sheet iron
Konstruktionselement *n* structural (constructional) detail
Konstruktionsfertigteil *n* precast structural concrete member (unit) *(aus Beton)*
Konstruktionsfuge *f* construction joint *(Betonbau)*
Konstruktionsglied *n* structural member
Konstruktionshöhe *f (Stat)* construction depth

Konstruktionshohlprofil *n* hollow structural section
Konstruktionsholz *n* framing timber
Konstruktionskonzept *n* architectural design scheme, *(Am)* parti
Konstruktionsleichtbeton *m* lightweight structural concrete
Konstruktionsraster *m* planning grid
Konstruktionsrippe *f* structural rib
Konstruktionsschaden *m* structural damage *(Bauschaden)*
Konstruktionsstahl *m* constructional steel
Konstruktionssystem *n* structural (construction) system
~/steifes rigid construction (structural) system
Konstruktionsteil *n* structural part (element)
Konstruktionsversagen *n* structural failure
Konstruktionswand *f* structural (bearing) wall
konstruktiv structural, load-bearing
Konstruktivstein *m***/ gestalteter sichtbarer** trimstone
Konsulatsgebäude *n* consulate building
Kontakt *m* contact
Kontaktdruck *m* effective stress
Kontaktfläche *f* contact area
Kontaktgeber *m* contactor
Kontaktgestein *n* contact rock
Kontaktkleber *m*, **Kontaktklebstoff** *m* contact[-bonding] adhesive, dry-bond adhesive, close-contact glue
Kontaktknopf *m* contact button
Kontaktschwelle *f* vehicle detector pad *(Straße)*
Kontaktstück *n* contact
Kontaktwinkel *m* coating (wetting) angle *(bei Farbanstrichen)*; contact angle *(Bitumen)*
Kontermutter *f* lock (check) nut
Kontingenzwinkel *m (Stat)* angle of contigency
Kontraktion *f* contraction
~/lineare linear contraction
Kontraktionskoeffizient *m* coefficient of contraction
Kontrollampe *f* indicator light, pilot lamp (light)
Kontrollanalyse *f* check analysis *(Baustoffe)*
Kontrolldeckel *m* ferrule *(einer Stahlrohrleitung)*
Kontrolle *f* 1. check, supervision, inspection *(Überwachung, Prüfung)*; checkout *(von Baustoffen)*; 2. control *(Steuerung)*
Kontrollgang *m* crawl space *(z. B. für Rohrleitungen, Installationen)*; inspection gallery *(Gebäudeteil)*
Kontrollgrenze *f* control limit
kontrollieren 1. to check, to inspect; 2. to control *(steuern)*
Kontrollklappe *f* ferrule *(einer Stahlrohleitung)*
Kontrollkörner *m* centre punch *(Werkzeug)*
Kontrollöffnung *f* inspection eye; inspection door
Kontrollpunktvermessung *f* control survey
Kontrollraum *m* control (room) centre *(zur Überwachung und Steuerung)*
Kontrollschablone *f* **für Handläufe** *(Hb)* falling mould
Kontrollschacht *m* conduit pit
Kontrollschicht *f* guide coat *(für Farbanstriche)*
Kontrollschieber *m* balancing valve (plug, cock)
Kontrollschloß *n* check lock *(eines großen Hauptschlosses)*
Kontrollventil *n* check (back-pressure) valve; angle valve *(in einem Winkel angebracht)*
Kontrollversuch *m* check test
Kontrollwinkel *m* master square
Konus *m* cone
Konusprüfung *f* slump test *(Beton)*
Konussenkung *f s.* Konusprüfung
Konusverankerung *f* cone anchorage
Konusziegel *m* splay (cant) brick
Konvektion *f* convection
Konvektionsheizgerät *n* heating convector, convector heater
Konvektionsheizung *f* convection heating
Konvektor *m* convector [heater], heating convector *(Heizgerät)*
konvex convex, vaulted, bellied
Konvexelement *n (Arch)* tore, torus *(Säulenornament)*
Konvexstreifenmuster *n***/ kleines** reed
Konvexstreifenornament *n* reeding
Konvexzierelement *n (Arch)* tore, torus *(Säulenornament)*
Konvexzierleiste *f***/ schmale flache** thumb moulding
Konzeption *f***/ stilistische** stylistic concept (idea)
Konzerthalle *f* concert hall
Konzertpavillon *m* bandstand
Koordinatenabstand *m* **eines Punktes von einer Ost-West-Achse/rechtwinkliger** lathing latitude
Koordinatenachse *f* coordinate axis
Koordinatensystem *n* system of coordinates
koordinieren to coordinate *(Bauleistungen)*
Kopalfirnis *m* copal varnish
Kopallack *m* copal varnish
Kopalspachtelmasse *f* copal stopper
Kopf *m* 1. head *(z. B. eines Pfeilers)*; 2. half bat *(halber Ziegel)*
~/eingelassener recessed head *(Befestigungselement)*
Kopfanker *m* beam anchor (tie)
Kopfansicht *f* head-on view
Kopfausbildung *f* head attachment *(Säule)*
Kopfbahnhof *m* terminus station, *(Am)* stub terminal, dead-end station
Kopfbalken *m* [top] plate, raising piece
Kopfband *n (Hb)* angle brace (tie), [knee]brace, shoulder tree strap, strut; raker
Kopfende *n* head, butt end; marked face *(Bauholz)*
~/sichtbares clean back *(eines Bindersteins)*
Kopfhöhe *f* headroom, headway, clearance height
Kopfholz *n* raising piece
Kopfholzbalken *m* plate

Kopflatte *f* cap [plate], narrow strap
Kopfmacher *m* rivet set (snap), rivetting set, setting punch *(Gerät zum Nieten)*
Kopfplatte *f* rider strip, top flange plate; *(Hb)* end stiffener
Kopfquerbalken *m* raising piece
Kopfrasen *m* head turf
Kopfriegel *m* top rail *(Tür, Fenster)*; end clamp
Kopfschablone *f* traversing template
Kopfschicht *f* brick-on-end
Kopfschraube *f* cap screw (bolt)
kopfstehend inverted, upside-down
Kopfstein *m* header *(Mauerwerk)*; cobble[stone] *(Pflaster)*
Kopfstrebe *f* top plate
Kopfstück *n* head
Kopftrageholz *n* raising piece
Kopfverbundbügel *m* strap, halter
Kopfwand *f* end wall
Kopfwulst *f (Arch)* taenia *(an dorischen Säulen)*
Kopie *f* copy, reproduction, duplicate
kopieren to photocopy, to duplicate
Kopiergerät *n* photocopying machine, photocopier, copier
Kopierschablone *f* master
Koppel *f* paddock
Koppelträger *m* cantilevered and suspended beam
Korallenschlick *m* coral mud
Korallenzuschlagmaterial *n* coral aggregate
Korbbogen *m* basin-handle arch, basket-handle arch, three-centred (elliptical) arch; compound curve
~/fünfpunktiger five-centered arch
~ mit fünf Leierpunkten *s.* ~/fünfpunktiger
Korbgewebemuster *n* natte
Korbhenkelgewölbe *n* basin-handle vault
Korbkapitell *n* basket capital
Korbornamentausbildung *f (Arch)* corbeil, pan[n]ier
Kordelrand *m* knurling, knulling *(Zierkante)*
Kordon *m (Arch)* cornice
Kordonsims *m (Arch)* cordon *(mit kordelförmigem Ornament)*
Kore *f (Arch)* caryatid *(gebälktragende Frauengestalt)*
Korinaholz *n* korina
korinthisch Corinthian
Kork *m* cork
~/gekörnter granulated cork
Korkbodenbelag *m* cork flooring, cork floor covering
korkgedämmt cork-lagged
Korkholz *n* cork wood
Korklinoleum *n* cork carpet
Korkmehl *n* granulated cork
Korkplatte *f* cork slab (tile), corkboard, compressed cork
~/expandierte expanded cork sheet
Korkrinde *f* cork [crust]
Korkschrot *m* granulated cork
Korkschüttung *f* cork filling
Korkstein *n* cork block
Korksteinplatte *f* cork slab
Korn *n* grain, particle
~/kantiges angular grain
Kornabstufung *f* grading, gradation; aggregate grading (gradation); particle gradation
~/gleichmäßige uniform gradation (grading)
~/stetige continuous grading
Kornanalyse *f s.* Korngrößenanalyse
Kornaufbau *m* grain-size distribution, particle gradation, granulometric composition
Korneigenporigkeit *f* grain porosity
Körner *m* centre (prick) punch, punch[er]
Körner *npl* material, particles
Kornfeinheit *f* grain (particle) fineness
Kornfestigkeit *f* grain (particle) strength
Kornform *f* grain (particle) shape, shape of grain *(z. B. von Zuschlagstoffen)*
Kornformfaktor *m* particle shape factor
Kornfraktion *f* [size] fraction, size range, grading fraction
Korngemenge *n* mixed grains
korngerecht correctly sized
Korngerüst *n* granular skeleton
Korngrenzenbruch *m* intergranular (incrystalline) fracture
Korngröße *f* grain (particle) size, fraction, nature of grain *(Baustoffe)*
Korngrößenabstufung *f* granulometry
Korngrößenanalyse *f* granulometric analysis, grain-size (particle-size) analysis; mechanical [grain] analysis, screen analysis *(Siebanalyse)*
Korngrößenbestimmung *f* grain-size determination
Korngrößeneinteilung *f* grain classification
Korngrößenklasse *f* grain-size (particle-size) range
Korngrößentrennung *f* grading
Korngrößenverteilung *f* grain-size (particle-size) distribution, grading, aggregate gradation, distribution of particle size *(Sieblinien)*
~ eines gemischten Zuschlagstoffs combined-aggregate grading
~/gleichmäßige uniform gradation (grading)
~/kontinuierliche continuous grading
körnig granular, grained; gritt *(kieselig)*; seedy *(Anstrich)*
Kornklasse *f* size range (fraction), grading fraction
Kornmischung *f* mixed grains, grain mixture
~ ohne Füller/abgestufte open-graded aggregate
Kornporigkeit *f* grain porosity
Körnung *f* size bracket (range), grading range, size fraction *(Korngruppenbereich)*; granulation; grit *(Schleifpapierkörnung)*
Körnungsbereich *m* size range
Körnungsfaktor *m* size factor
Körnungsgemisch *n s.* Kornmischung
Körnungskennlinie *f* size-distribution curve

Körnungsziffer *f* grading coefficient
Kornverfeinerung *f* refinement of grain *(Baustoffaufbereitung)*
Kornverteilung *f s.* Korngrößenverteilung
Kornverteilungskurve *f* [particle-]size distribution curve, aggregate grading curve; sieve curve
Kornzusammensetzung *f* granulometric composition
Körper *m* body; solid *(geometrischer)*; [building] unit, member, component
~/fester solid
~/nichtlinear-elastischer non-linearly elastic body
~/starrer rigid body
Körperberechnung *f* mensuration
Körperkante *f* edge
~/unsichtbare hidden edge *(technische Zeichnung)*
Körperschall *m* impact sound (noise), structure-borne sound, solid-borne sound
Körperschalldämpfungsfaktor *m* impact noise rating
Körperschallisolierung *f* structural (impact) sound insulation
Korridor *m* corridor, hallway
korrodieren to corrode
Korrosion *f* corrosion
~/bakterielle bacterial corrosion
~/biologische biologic corrosion
~ durch Lokalströme electrocorrosion
~/elektrochemische electrochemical (galvanic) corrosion
~/örtliche local action (corrosion)
korrosionsanfällig sensitive to corrosion
Korrosionsangriff *m* [corrosion] attack
korrosionsbeständig corrosion-resistant; resistant to corrosion, corrosion-proof, non-corroding
Korrosionsbeständigkeit *f* corrosion resistance, resistance to corrosion, immunity to corrosion
Korrosionsbruch *m* stress-corrosion cracking *(durch elektrochemische Oberflächenwirkung)*
korrosionsfest *s.* korrosionsbeständig
Korrosionsfraß *m* pitting
Korrosionsgeschwindigkeit *f* rate of corrosion
korrosionshemmend corrosion-inhibiting
Korrosionsmittel *n* corrosive [agent], corrodent
Korrosionsschutz *m* corrosion (anticorrosive) protection, protection against corrosion
~/galvanischer electrolytic (cathodic) protection
~ mit Elektrolytanstrich sacrificial protection
Korrosionsschutzanstrich *m* corrosion-protective (corrosion-preventive) coating, anticorrosive paint coating
~/graphithaltiger graphite paint
Korrosionsschutzfarbe *f* anti-corrosive paint, corrosion-protective paint
Korrosionsverlust *m* corrosion loss
Korrosionsverstärker *m (Am)* synergizing agent *(Wasserzusatz)*
Korrosionsvorgang *m* corrosion [process]
Korrosionswirkung *f* corrosive attack (action); corrosive effect
korrosiv corrosive
Korundstein *m* corundum [refractory] brick, rub brick
Kosten *pl* **für umbauten Raum** volume costs
~/unvorhergesehene cash allowance
Kostenanschlag *m* cost estimate (estimation); quotation, tender *(bei Angeboten)*
~/überschlägiger provisional estimate [of cost]
Kostenanteil *m* **/ abgeschriebener** expired cost; depreciation cost *(durch Wertminderung)*
Kostenaufschlüsselung *f* cost breakdown
Kostenaufwand *m* expenditure
Kostenermittlung *f* **nach Raummaß** cube method
Kostengliederung *f* cost breakdown
kostengünstig low-cost
Kostenkalkulation *f* costing, calculation of cost
Kostenplaner *m* quantity surveyor *(für Kosten- und Mengenermittlung)* estimator
Kostenplanung *f* cost planning
Kostenrechnung *f* cost accounting
Kostenschätzung *f* cost estimate (estimation)
~ nach umbautem Raum area method [of cost estimation]
Kostenteilanschlag *m* quotation
Kostenuntersuchung *f* cost investigation
Kostenvergleich *m* cost comparison
Kostenvoranschlag *m* provisional (preliminary) estimate of cost, cost estimation, statement of probale construction cost
~ des Bauauftragnehmers contractor's estimate *(des Bauunternehmers)*
Kote *f (Verm)* level, elevation
Krabbe *f (Arch)* crocket *(Kriechblumenornament der Gotik)*
Krabbenkapitell *n (Arch)* crocket capital *(Frühgotik)*
Kracken *n* cracking
Kraft *f* 1. force *(physikalisch)*; 2. power *(Stärke)*; 3. strength *(Festigkeit)*
~/angreifende acting force
~/äußere external force
~/dynamische dynamic force
~/innere internal force
~/nichtkonservative non-conservative force
~/parasitäre redundant stress
~/resultierende resultant force
~/wirkende acting force
Kraftangriff *m* application of force
~/zentrischer centric application of force
Kraftangriffspunkt *m* point of application of a force
Kraftarm *m* power arm, moment (force) arm
kraftbetrieben power-driven
Kräfte *fpl* **mit verschiedenem Schnittpunkt** non-concurrent forces
~/nicht in einer Ebene liegende non-coplanar forces
~/zusammenwirkende concurrent forces
Kräftebild *n* system of forces

Krafteck *n* plygon of forces, force polygon; triangle of forces *(Kräftedreieck)*
Kräftediagramm *n* diagram of forces
Kräftedreieck *n* triangle of forces
Kräftefeld *n* field of forces
Kräftegleichgewicht *n* equilibrium of forces, force equilibrium
Krafteintragung *f*/ **außermittige** eccentric action of force
Kräftepaar *n (Stat)* couple
Kräfteparallelogramm *n* parallelogram of forces
Kräfteplan *m* diagram of forces, stress diagram, polygon of forces
~ **nach Cremona** Cremona's polygon of forces
~/**reziproker** reciprocal force polygon
Kräfteschema *n* scheme of forces
Kräftespiel *n* play of forces
Kräftesystem *n* system of forces
~/**ebenes** system of coplanar forces
Kräfteverlauf *m* variation of forces
Kräftevieleck *n* polygon of forces, force polygon
Kräftezerlegung *f* decomposition (resolution) of forces
Kraftfahrzeug *n* [motor] car, motor vehicle, *(Am)* automobile
Kraftfahrzeugstillegung *f* dead parking *(ohne Nutzung der Fahrzeuge)*
kräftig 1. strong, firm *(fest)*; 2. powerful, hard *(hart)*; 3. rich *(Farbe)*
Kraftkomponente *f* force component
Kraftleitung *f (El)* power line
Kraftleitungsmast *m* power-line tower, pylon
Kraftlinie *f* line of force
Kraftlinienfeld *n* field of forces
Kraftmaschine *f* engine, prime mover
Kraftpapier *n* kraft paper (board)
Kraftpolygon *n* polygon of forces, force polygon
Kraftrichtung *f* direction of force
Kraftstein *m* corbel *(Kragstein)*
Kraftstichsäge *f* power[-driven] piercing saw, power fret saw, *(Am)* saber saw
Kraftübertragung *f* transfer of forces *(Spannbeton)*; [transfer of forces by] aggregate interlock *(durch Verzahnung der Zuschlagstoffkörner)*
Kraftübertragungslänge *f* force transmission length, transfer length [of forces]
~/**erforderliche** transfer (transmission) length *(Spannglied)*
Kraftverkehr *m* motor traffic
Kraftverstärkung *f*/ **ideale (theoretische)** ideal mechanical advantage
Kraftverteilung *f* distribution of forces
Kraftwalze *f* self-propelled roller
Kraftwerk *n* power station, *(Am)* power plant
Kraftwinde *f* power winch
Kraftzerlegung *f* resolving of a force
Kragarm *m* cantilever, cantilevered bracket; jib *(Kran)*
Kragarmlast *f* cantilever load
Kragbalken *m* cantilever girder (beam), projecting beam, semibeam, semigirder
Kragbelastung *f* cantilever load
~/**einseitige** unilateral cantilever load
Kragbinder *m* **mit Zugstab** truss with tension rod
Kragbogen *m* corbel arch *(ohne Bogentrageffekt)*
Kragdach *n* 1. cantilever (cantilevered) roof *(Auslegerdach)*; 2. canopy, dorse *(Vordach)*
Kragdecke *f* cantilevered floor
Kragelement *n* jetty *(überhängendes Teil)*
Kraggewölbe *n* corbel vault
Kraglage *f* corbel course *(Mauerwerk)*
Kraglänge *f* cantilevering length
Kraglast *f* cantilever[ed] load
Kragrüstung *f* outrigger (projecting) scaffold, needle [beam] scaffold
Kragscheibe *f* cantilever diaphragm
Kragstein *m* corbel, [bracket] console; perch, ancon
~/**schräger** summer stone
Kragsteinbogen *m* false vaulting
Kragsteinschicht *f* corbel course *(Mauerwerk)*
Kragstütze *f* bracket
Kragstützengerüst *n* outrigger scaffold
Kragsystem *n* cantilevering system
Kragträger *m* cantilevered (cantilever) beam; semigirder, semibeam; overhanging girder, projecting beam; corbel beam *(auf einem Kragstein liegend)*; outrigger *(Hängegerüstträger)*
Kragtreppe *f* hanging stair (steps), cantilevered stair[case]
Kragwirkung *f* cantilever effect
Kragziegel *m* corbel brick
Krähenfüße *mpl* crowsfooting *(auf Anstrichen)*
Krallenplatte *f* claw plate
Krallenringdübel *m* circular spike
Krampe *f* cramp [iron], staple, link; clip *(Klemme)*
~ **mit Überwurf** staple and hasp
Krampenschießgerät *n* staple gun, stapler
Krampenschläger *m* staple hammer
Krampziegel *m* [clay] flap tile
Kran *m* crane
Kranarm *m* jib
Kranauslegebalken *m s.* Kranausleger
Kranausleger *m* jib, outrigger
Kranbahn *f* crane runway, craneway
~/**hochverlegte** overhead runway *(Brückenkran)*
Kranbahnschiene *f* crane rail
Kranbahnträger *m* crane beam (girder)
Kranbalken *m* jib
Kranbrücke *f* crane bridge
Krangang *m* crane aisle
Krangerüst *n* gantry
Krangleis *n* crane track
Krankenhaus *n* hospital
~/**allgemeines** general hospital
Krankenhausbau *m* hospital construction
Krankenhausgebäude *n* hospital building

Krankenhausgelände *n* hospital grounds (premises)
Krankenhausstation *f* ward
Krankenhaustür *f***/ breite** hospital door
Krankenhaustüröffner *m* hospital arm pull *(ohne Gebrauch der Hände)*
Krankenzimmeretage *f* ward floor
Krankenzimmergeschoß *n* ward floor
Kranskübel *m* crane skip
Kranlaufbahn *f* crane way
Kranwagen *m* breakdown lorry *(zum Abschleppen)*
Kranz *m* wreath *(Ornament)*
Kranzgesims *n* cornice
Kranzleiste *f* label *(Ornament)*
Kranzornamentierung *f (Arch)* chaplet
Krappe *f s.* Krabbe
Kraterbildung *f* cratering *(Anstrich)*
Kratzbrett *n* nail (devil) float
Kratzbürste *f* wire comb (scratcher), scratcher, scratch tool
Kratze *f* paddle, rake
Kratzeisen *n* scratch tool, scratcher, raker *(Werkzeug)*
Kratzer *m* 1. wire comb (scratcher); 2. squeegee *(zur Oberflächenglättung, z. B. beim Straßenbau)*; 3. excavator *(Baumaschine)*; 4. score, scratch *(in Material)*
Kratzerarm *m* scraping arm
Kratzfestigkeit *f* scratch (mar) resistance
Kratzförderer *m* arm conveyor
Kratzhobel *m* scraper *(für Straßenbau)*
Kratzkelle *f* raker
Kratzputz *m* 1. scraped finish (rendering); 2. sgraffito *(Wandmalerei)*
Kratzriß *m* galling
Kratzspuren *fpl* chatter marks
Kräuseleffekt *m* ripple finish *(Anstrich)*
Kräuseln *n* wrinkling, rivelling, crinkling *(Anstrich)*
Kraushammer *m* facing (granulating) hammer
Kreide *f* chalk
Kreidegestein *n* chalk[y] stone
Kreidegrund *m s.* Kreideweiß
kreidehaltig chalky
Kreidemasse *f* clunch *(historisch)*
kreiden to chalk
Kreideschnur[linie] *f* chalk line
Kreideweiß *n* whiting
kreidig chalky
Kreisbogen *m* circular (graduated) arc, arc of a circle *(Geometrie)*
Kreisbogengewölbe *n* circular arch
Kreisbogenlineal *n* curve gauge
Kreisbogenträger *m* circular arch girder
Kreisdach *n* round (circular) roof
Kreiselbrecher *m* rotary crusher, gyratory [breaker]
Kreisellüfter *m* centrifugal fan
Kreiselmischer *m* gyro[-axis] mixer
Kreiselpumpe *f* centrifugal pump
Kreisfalt[werk]dach *n* circular folded plate roof
kreisförmig cirular
Kreisfundament *n* round footing
Kreisgründung *f* circular foundation
Kreiskolonnade *f* **mit freiem Mittelraum** *(Arch)* cyclostyle
Kreiskuppel *f* circular dome
Kreiskurve *f* circular curve
Kreislauf *m* circulation *(Gas, Wasser)*
Kreislinie *f* circular line (curve)
Kreislinienlast *f* circular linear load
Kreismittelpunkt *m* centre of circle
Kreispfeiler *m* cylinder, round pier
Kreisquerschnitt *m* circular [cross] section
Kreisringplatte *f* annular slab
Kreissäge *f* circular (disk) saw, *(Am)* buzz saw; mechanical saw
Kreisschale *f* circular shell
Kreisscheibe *f* circular plate, round slab
Kreisschuppen *m* circular shed
Kreissegment *n* lobe *(Verzierungswerk)*
Kreisstollen *m* circular gallery
Kreisstraße *f* district road *(Gebiet)*
Kreisumfang *m* circumference, periphery of a circle
Kreisverkehr *m* roundabout traffic; roundabout *(Anlage)*
Kreisverkehrsinsel *f* rotary island
Kreisverkehrsknoten *m s.* Kreisverkehrskreuzungspunkt
Kreisverkehrskreuzungspunkt *m* rotary intersection
Krematorium *n* crematorium
Krempe *f*, **Kremper** *m* flap *(Dachstein)*
Krempziegeldach *n* flap-pantile roof
kreosotieren to creosote
Kreosotöl *n* creosote oil
kreppen to crêpe, to crape
Kreuz *n***/ griechisches** *(Arch)* Greek cross
~/keltisches *(Arch)* Celtic cross
Kreuzarm *m* cross arm *(Kirchenbau)*
Kreuzbalken *m* cross (transversal) beam
Kreuzbalkendachstuhl *m* two-way joist construction
Kreuzbalkendecke *f* two-way joist [floor] construction
Kreuzband *n* 1. wrapper *(Brückenbau)*; 2. *(Hb)* cross bar (stay)
Kreuzbau *m* cruciform building
Kreuzbewehrung *f* two-way reinforcement
Kreuzblume *f (Arch)* finial *(Ornament)*
~/verlängerte gugl a
Kreuzbogen *m* cross (annular) arch, diagonal (composite) arch
Kreuzbogengewölbe *n* cross-arched vault
Kreuzbohrer *m* cross bit
Kreuzbohrmeißel *m* star bit (drill), plugging chisel
Kreuzeisen *n***/ gewundenes** twisted bar
kreuzen 1. to pass over *(Straßenbau)*; 2. to cross *(Leitungen)*
Kreuzfachwerk *n* atticework

Kreuzfachwerkbinder *m* lattice truss
Kreuzfenster *n* cross-bar window
kreuzförmig cruciform
Kreuzgang *m* cloister *(z. B. im Kloster)*
Kreuzganghof *m* paradise
kreuzgefaltet cross-folded
Kreuzgewölbe *n* cross (groined) vault, groin arch
~/doppeltes double cross-vaulting
~/gotisches Gothic cross-vault
Kreuzgewölberippe *f* groined rib
Kreuzgleis *n* crossing track
Kreuzgruft *f* cruciform crypt
Kreuzgurtung *f (Hb)* diagonal ties
Kreuzhacke *f* pick [axe], flat pick
Kreuzholz *n* quarter timber, scantling
Kreuzkamm *m (Hb)* cross cogging
Kreuzkappengewölbe *n* circular domical vault
Kreuzlatte *f* brace and counterbrace, brace, cross pawl
Kreuzlattenzaun *m* trellis fence
Kreuzlibelle *f* cross bubble *(Wasserwaage)*
Kreuzmaß *n* cross
Kreuzmeißel *m* 1. cross-cut chisel, cape (cope) chisel, bent (bolt) chisel; 2. *s.* Kreuzbohrmeißel; 3. *s.* Kreuzbohrer
Kreuzmuffe *f* cross sleeve
Kreuzmuster *n* diamond pattern
Kreuznagel *m* lease peg (pin)
Kreuzpfahl *(Wsb)* cross pole
Kreuzpunkt *m* crossing
Kreuzrippe *f* diagonal rib
Kreuzrippengewölbe *n* quadripartite vault
Kreuzrohrstück *n* cross [pipe], sanitary cross
Kreuzschicht *f* broken course *(Mauerwerk)*
Kreuzschichtung *f (Erdb)* cross-bedding
Kreuzschlitzkopf *m (Am)* Phillips head *(Schraube)*
Kreuzschlitzschraube *f* recessed-head screw, *(Am)* Phillips head screw
Kreuzschraffierung *f s.* Kreuzschraffur
Kreuzschraffur *f* counter (cross) hatching
Kreuzspreizbolzen *m* star expansion bolt
Kreuzsprosse *f* crossing bar
Kreuzstake *f* herringbone strut
Kreuzstock *m* window cross *(Fenster)*
Kreuzstoß *m* cross joint *(Schweißen)*
Kreuzstrebe *f* diagonal stay (strut), cross stud, X-brace; tension diagonal, spanner
Kreuzstück *n* cross [piece] *(Rohrstück)*
Kreuz- und Quervermengung *f* criss-cross mixing
Kreuzung *f* cross-road, crossing, intersection *(Straße)*
~/plankreuzungsfreie fly-over [junction]
Kreuzungsbauwerk *n* fly-over [junction], interchange *(Autobahn)*
~/dreietagiges three-level grade separation structure
Kreuzungsdose *f (El)* wiring box
kreuzungsfrei unintersected *(Straße)*
Kreuzungspunkt *m* 1. crossing-point; 2. *(El)* node
Kreuzungsraum *m (Arch)* interstitium *(Kirche mit Querschiff)*
Kreuzungszufahrt *f* intersection approach
Kreuzverband *m* cross bond, diagonal bracing, Dutch (Flemish) bond, English [cross] bond, silver-lock bond *(Mauerwerk)*
Kreuzverbindung *f***/ überlappte** cross-lap joint
Kreuzverstrebung *f* diagonal cross bracing, X-bracing
Kreuzzapfen *m (Hb)* cross pin, double-halved joint
Kreuzziegel *m* boulet tile
Kriechbeiwert *m* coefficient of creep
Kriechblume *f (Arch)* crocket *(Ornament der Gotik)*
Kriechdehnung *m* inelastic (creep) strain
Kriechen *n* creep, creeping *(Baustoffe)*; time yield *(Baustoffverformung)*; plastic loss *(plastischer Fluß)*; crawling *(Trockenölschäden bei glänzenden Oberflächen)*
~ des Betons creep of concrete
Kriechendwert *m* ultimate creep value *(Beton)*
Kriechfestigkeit *f* creep strength
Kriechformänderung *f* inelastic deformation
Kriechgang *m* creep trench *(für Wartungszwecke)*
Kriechgröße *f* magnitude of creep
Kriechkurve *f* creep curve
Kriechmaß *n* magnitude of creep
Kriechprüfung *f* creep test
Kriechriß *m* creep crack
Kriechverformung *f* plastic deformation
Kriechverhalten *n* creep behaviour
Kriechverlust *m* loss due to creep
Kriechweg *m s.* Kriechgang
Kriechwert *m* creep value
Krispelholz *n* pommel *(Dekoration)*
Kristallaufbau *m* crystal structure
Kristallglas *n* crystal (flint) glass
Kristallhaftverbund *m* chemical bond
kristallisieren to crystallize
Kristallpalast *m* crystal palace
Kristallspiegelglas *n* polished plate glass
Kristallstruktur *f* crystal structure
Krone *f* crown *(Mauer, Damm)*; coping *(Mauer)*; crest *(einer Erhebung)*
kröneln to tool with the roughing hammer, to kernel *(Stein)*
Kronenhöhe *f* crest level *(Dach)*
Kronenmutter *f* castellated (horned) nut
Kronglas *n* crown glass
kröpfen to crank,to double-bend *(Stäbe)*; to joggle *(verschränken, abbiegen)*
Kröpfstück *n* crank[ed] piece; *(Hb)* string wreath
Kröpfung *f* crank
Krotzen *fpl (Verk)* hand-broken metal
Krücke *f (Verm)* boning rod
krümelig crumbly
krumm 1. crooked *(verbogen)*; 2. bent, curved *(gebogen)*
Krümme *f* curve, bend *(Straßenbau)*

krümmen to inflect, to bend, to curve; to crook *(verbiegen)*; to bow *(Holz)*; to camber *(Straßenoberfläche)*
~/sich 1. to curve; 2. to become warped *(sich verziehen)*
~/sich nach oben to hog *(Bauteil)*
Krümmer *m* bend, elbow, bent tube (pipe)
~ von 90° quarter bend
Krummfaser *f* wavy grain *(Holz)*
krummfaserig wavy-grained *(Holz)*
Krummholz *n* compass (crooked) timber
Krümmling *m* camber slip
krummlinig curvilinear, curved
Krummschnitt *m* slanting out *(Holz)*
Krümmung *f* 1. curvature, curve inflection, bent *(Biegung)*; 2. bow, sweep *(Bogen)*; 3. camber, cambering *(von Oberflächen)*; 4. bend *(Straßenbiegung)*; 5. twisting *(Holztrocknung)*
~ einer Mauer sweep
~/hyperbolische hyperbolic curvature
~ mit kleinem Radius knuckle bend
~/ursprüngliche initial curvature
Krümmungsanfangspunkt *m* [final] tangent point *(Straße)*
Krümmungsendpunkt *m* [initial] tangent point *(Straße)*
Krümmungsfuge *f* warping joint *(Straße)*
Krümmungsradius *m* radius of curvature (bending)
~/normaler normal radius of curve
Krümmungsreibung *f* curvature friction *(Spannglieder)*
Krüppelwalm *m* hip (hipped) gable, half hip *(Dach)*
Krüppelwalmdach *n* gambrel roof, half-hipped roof, false hip roof
Kruste *f* 1. crust, incrustation; daub *(Putzschicht)*
Krypta *f (Arch)* crypt
Kubatur *f* cubic volume, cubage
Kübelaufzug *m* skip (elevator) hoist *(Mischer)*
kubisch cubic[al]
Kubus *m* cube
Küche *f* kitchen
~/freistehende island-base kitchen cabinet *(Anrichte)*
~/herausgezogene peninsula-base kitchen cabinet *(Anrichte)*
Kuchen *m* 1. pat *(Zement)*; 2. cake *(Masse)*
Küchenabfallbehälter *m* garbage container, *(Am)* dust bin
Küchenabfallbeseitigung *f* waste, disposal, *(Am)* garbage disposal
Küchenabfallzerkleinerer *m* waste-disposal unit, waste-food grinder, *(Am)* garbage-disposal unit *(zur Abwasserentfernung der Abfälle)*
Küchenabstellregal *n* **/ rundes** revolving shelf, *(Am)* lazy susan
Küchenabwasser *n* sink (slop) water, dishwater
Küchenabzug *m* range hood *(Herd)*
Küchenausstattung *f* kitchen fittings
Kücheneinrichtung *f* kitchen installation
Küchenfußbrett *n* toeboard
Küchenherd *m* [kitchen] range, cooker, kitchen oven
Kücheninstallation *f* kitchen installation
Küchenluftabsauger *m* **mit Fettabscheidung** grease extractor
Küchenmöbel *n* kitchen furniture
Kuchenprobe *f* pat test *(Zement)*
Küchenschrank *m* kitchen cabinet (cupboard)
Küchenspül- und Waschkombinationsteil *n* kitchen combination fixture
Kugel *f* globe, ball; sphere *(Geometrie)*; pellet *(Ornament)*
Kugelbasalt *m* spherical basalt
Kugelbolzenrastschloß *n* knob bolt
Kugelbürste *f* brush for ceilings
Kugeldruckprüfung *f* ball test
~ nach Brinell Brinell test
Kugeleinschnapper *m* ball catch *(für Türen)*
Kugelgehäuse *n* globe housing
Kugelgelenk *n* ball-and-socket joint, ball joint
Kugelgewölbe *n* spherical dome (vault)
Kugelgriff *m* knob [top]
Kugelhammer *m* ball (ball-peen) hammer
Kugelhaube *f (Arch)* calotte
Kugelkipplager *n* rocking ball bearing
Kugelmühle *f* ball mill
Kugelmütze *f (Arch)* calotte
Kugelröhre *f* bulb tube
Kugelrückflußventil *n* ball-check valve
Kugelschale *f* spherical shell
Kugelschalenkonstruktion *f* spherical shell [construction]
Kugelschlagprüfung *f* ball test, dynamic ball impact test *(Beton)*
Kugelschnitt *m (Arch)* calotte
Kugelventil *n* ball (globe) valve; ball cock *(Hahn)*
Kugelventilpumpe *f* ball pump
Kugelwalm *m* spherical hip
Kugelzapfenkipplager *n* ball-jointed rocker bearing
Kugelzierleiste *f* pellet moulding
Kühlaggregat *n* refrigerant compressor unit
Kühlanlage *f* refrigeration plant (system), cooling plant
Kühlbassin *n* cooling pond
Kühlbereich *m* cooling range
Kühlcontainer *m* refrigerating container, refrigerator
Kühler *m* cooler
Kühlhaus *n* cold-storage depot, cold store
Kühlhausaufbewahrung *f* cold storage
Kühlkammer *f* cooling chamber
Kühlleitung *f* cooling pipes
Kühlluftauslaß *m* coolant outlet
Kühllufteinlaß *m* coolant inlet
Kühlmantel *m* cooling jacket
Kühlmittel *n* refrigerant, coolant, cooling medium
Kühlraum *m* cold storage room, refrigerated chamber, refrigerator room

Kühlraumtür *f* cold storage door
Kühlrippe *f* cooling fin
Kühlrohr *n* cooling pipe
Kühlschacht *m* cooling shaft
Kühlschrank *m* refrigerator, fridge
Kühlstockwerk *n* cooling floor
Kühlsystem *n***/ direktes** direct system [cooling system]
Kühlteich *m* cooling pond, *(HLK)* spray pond
Kühlturm *m* cooling tower
Kühlturmstützstreben *fpl* dunnage
Kühl- und Heizmittelhauptleitung *f* supply mains [for a cooling and heating system]
Kühlventilator *m* cooling fan
Kühlwandung *f* cooling wall
Kühlwasserbehälter *m* cooling-water tank
Kühlwassersystem *n* circulating water system
Kühlwerk *n* cooling tower
Kühlzelle *f***/ begehbare** walk-in [cooling] box, walk-in cooling cell
~/zerlegbare sectional cold room
Kühlzement *m* Kühl cement
Kuhstall *m* cow-shed, byre
Küken *n* plug *(an einem Hahn)*
Kulisse *f* scenery, coulisse
Kulissenfrontmauer *f* false front, flying façade
Kulissenstück *n* piece of scenery, scene
Kulissentischlerei *f* scene shop
Kulmkalk *m* carboniferous lime[stone]
Kulmkalkstein *m* carboniferous limestone
Kulttempel *m* cult temple
Kulturboden *m* cultivated (agricultural) soil
Kulturbodenauftrag *m* resoiling *(Rekultivierung)*
Kulturbodenschicht *f* topsoil
Kulturdenkmal *n* cultural (ancient) monument
Kultur- und Dienstleistungszentrum *n* community centre
Kulturzentrum *n* cultural centre
Kumaronharz *n (Am)* cumar gum
Kunst *f***/ gestaltende** constructive art
Kunstbau *m* constructional (constructive) work
Kunstbauwerk *n* highway structure *(im Straßenkörper)*
Kunstharz *n* synthetic resin, plastic resin
~/hitzehärtbares thermosetting resin (plastic)
Kunstharzbeschichtung *f* synthetic resin coating, plastics coating
Kunstharzbindemittel *n* resin cement
Kunstharzdispersionsputz *m* plastic finish
Kunstharzemulsionsfarbe *f* resin-emulsion paint
Kunstharzfarbe *f* synthetic paint
Kunstharzfuge *f* epoxy joint
Kunstharzklebstoff *m* synthetic-resin adhesive
Kunstharzlack *m* synthetic-resin varnish, synthetic enamel
Kunstharzlackfarbe *f* hard-gloss paint
Kunstharzleim *m* resin glue (adhesive)
Kunstharzpappe *f* resin board
Kunstharzpreßholz *n (Am)* compregnated wood
Kunstharzpreßplatte *f* resin[-bonded] chipboard
Kunstharzrohr *n* resin pipe
Kunstharzspanplatte *f* resin chipboard
Kunstharzüberzug *m* resin coating
Kunstharzüberzugslack *m* synthetic-resin finish
kunstharzverleimt resin-bonded
Kunstholz *n* laminated wood, wood dough, *(Am)* compregnated wood
Kunstholzfußboden *m* compressed wood laminate flooring
Künstlerstudio *n (Am)* studio apartment *(Wohnung)*; studio
Künstlerzimmer *n* green room *(Theater)*
künstlich man-made, artificial
Kunstmarmor *m* imitation (artificial) marble, manufactured marble
Kunstramme *f* automatic ram pile driver *(mit automatischer Steuerung)*
Kunstsandstein *m* artificial sandstone
Kunstschmiedearbeit *f* [decorative] ironwork
Kunstschmiedearbeiten *fpl* artist locksmith's works
Kunststein *m* precast (cast) stone, cement brick, patent (artificial) stone, reconstituted stone
Kunststeinstufe *f* artificial stone step
Kunststoff *m* plastic [material]
~/duroplastischer thermosetting plastic, thermoset [resin]
~/glasfaserverstärkter glass-fibre reinforced plastic, glass reinforced laminate
~/thermoplastischer thermoplastic [material]
Kunststoff... *s.a.* Plast...
Kunststoffbelag *m s.* Kunststoffußbodenbelag
kunststoffbeschichtet plastic-coated
Kunststoffbeschichtung *f* plastic coating
Kunststoffbewehrung *f* lay-up
Kunststoffemulsion *f* plastic emulsion
kunststoffgebunden plastic-bound
Kunststoffkleber *m* plastic glue (binder)
Kunststoffmarkierung *f* plastic roadline (strip) *(Straße)*
Kunststoffoberlichtabdeckung *f* plastic skylight
Kunststoffolie *f* plastic sheeting (foil)
Kunststoffplatte *f* plastic sheet (board)
Kunststoffraupe *f* plastic skylight *(Dach)*
Kunststoffschichtenplatte *f* plastic laminate
Kunststoffsperrmittel *n* plastic barrier material
Kunststoffstreckmittel *n* plastic extender
Kunststoffußbodenbelag *m* plastic floor covering
Kunststoffverkleidung *f***/ konstruktive** plastic structural cladding
Kunststoffverschnittmittel *n* plastic extender
Kupfer *n* copper
Kupferabdeckung *f* copper roof covering *(Dach)*
kupferartig cupreous, copperlike
Kupferauskleidung *f* copper lining
Kupferbedachung *f* copper roofing
Kupferblech *n* copper sheet, sheet copper
Kupferblechdachdeckung *f* copper roof covering

Kupfercarbonat *n* carbonate of copper; verdigris *(Grünspan)*
Kupferdachblech *n* copper roof sheet
Kupferdacheindeckung *f* copper roofing
Kupferdichtung *f* copper gasket *(Dichtungsring)*
Kupferformstück *n* copper fitting
Kupferglasur *f***/schillernde** flambé glaze *(auf Keramik)*
kupferhaltig cupreous, containing copper
Kupfernagel *m* copper nail
Kupferpassung *f* copper fitting
Kupferrohr *n* copper tube
Kupferschindel *f* copper shingle
Kupferschlackenblockstein *m* copper slag block
Kupferschlackenpflasterstein *m* copper slag paving stone
Kupferschmied *m* coppersmith, brazier
Kupferspat *m* malachite, copper spar
Kupferverbindungsstück *n* copper fitting
Kupferverkleidung *f s.* Kupferauskleidung
kupieren to crop
Kuppe *f* 1. summit; 2. crest *(Dammkrone)*; 2. knoll *(Hügel)*; hilltop *(Bergkuppe)*
Kuppel *f* dome, cupola
~ aus systemlinienförmigen Zugelementen *s.* ~/geodätische
~/geodätische geodesic dome
Kuppelbolzen *m* draw bolt
Kuppeldach *n* dome-shaped roof, domed (domical) roof
kuppelförmig domed
Kuppelgewölbe *n* dome (domical) vault
~ über elliptischem Raum elliptical dome
~ über quadratischem Grundriß square dome
Kuppelmauer *f* dome (cupola) dam
kuppeln to connect, to engage
Kuppelstange *f* coupled (double) pole
Kuppeltragwerk *n* domical roof
Kuppelunterbau *m* tambour, drum
~/runder tholobate
Kuppelzwischenraum *m* intercupola
Kuppenausrundung *f* summit curve *(Straßenbau)*
Kupplung *f* coupling, connection
Kurbel *f* crank
Kurbelschlüssel *m* crank handle *(Handkurbel)*
Kurbelvorrichtung *f* winder
Kurgarten *m s.* Kurpark
Kurhotel *n* health resort hotel, spa hotel
Kurort *m* health resort
Kurpark *m* health resort park (garden); spa park
Kurve *f* 1. curve; 2. sweep *(Bogen)*; 3. bend *(Straßenbau)*
~/ausgezogene full curve
~/enge narrow (sharp) bend (curve) *(Straße)*
~/scharfe sharp bend (curve) *(Straße)*
~/S-förmige sigmoid [curve]
~/überhöhte banked curve
kurvenförmig curvilinear
Kurvenlineal *n* pliant rule, multicurve, French curves
Kurvensäge *f* scroll saw
Kurvenstein *m* curved stone
Kurvenverlauf *m* shape of a curve
Kurvenziehklinge *f* spokeshave
Kurvenzug *m* combined curve *(Straße)*
Kurzbalken *m* stub beam
kürzen to cut, to shorten
Kurzhobel *m* strike block, shaper
Kurzhobeln *n* shaping *(Metall)*
Kurzpfahl *m* stub pile short pile
Kurzrippe *f* jack rib *(für ein Gewölbe)*
kurzschließen *(El)* to short[-circuit]
Kurzschluß *m (El)* short circuit, *(Am)* short
Kurzzeitverhalten *n* short term (short-continued) behaviour
Kurzzeitversuch *m* accelerated test
Küste *f* shore
Küstenbau *m* marine (maritime) construction
Küstenbauten *pl* marine works (structures)
Küstenbefestigungsbauten *pl s.* Küstenbauten
Küstengebiet *n* coastal area; littoral zone
Küstenkies *m* bench shingle
Küstensand *m* beach sand
Küstenschlick *m* sea silt (mud)
Küstenschutz *m* coast (shore) protection
Küstenschutzbau *m* coastal engineering
Küstenschutzbauten *pl* coastal (coast) works, seaworks; waterfront (shore) structures
Küstenwasserbau *m* coastal engineering
kyanisieren to kyanize *(Holz konservieren durch Tränken mit Quecksilberchloridlösung)*
Kymation *n (Arch)* camation, cymatium *(Blattwellenfries)*
K-Zahl *f* K-factor

L

labil unstable, instable, labile
Labilität *f* instability, lability
~ durch Gleiten lability due to sliding
Labor *n* laboratory, lab
Laborabzug *m* laboratory fume hood
Laboratorium *n s.* Labor
Laborversuch *m* laboratory test
Labyrinth *n* labyrinth
Labyrinthgang *m* labyrinth path
Labyrinthgarten *m* maze, labyrinth
Labyrinthmuster *n* labyrinth pattern
Labyrinthornament *n* labyrinth fret, meander
Lack *m* 1. varnish *(chemisch trocknend)*; lacquer *(physikalisch trocknend)*; lac; 2. *s.* Lackfarbe
~ mit geringem Ölgehalt short-oil varnish
~ mit mittlerem Ölgehalt medium-oil varnish
~/ofentrocknender baking varnish
~/ölarmer short-oil varnish
~/pigmentierter lacquer enamel *(s. a.* Lackfarbe*)*

Lackanstrich *m* varnish coat[ing] *(chemisch trocknend)*; lacquer coat[ing] *(physikalisch trocknend)*
~/farbloser natural finish
Lackband *n* varnished cambric
Lackbeize *f s.* Lackentferner
Lackbenzin *n* mineral spirit[s], petroleum spirit
lacken *s.* lackieren
Lackentferner *m* varnish remover; lacquer remover; stripper
Lackfarbe *f* 1. varnish paint; varnish stain *(zum Grundieren)*; lacquer *(physikalisch trocknend)*; enamel [paint]; 2. lake pigment (dye) *(Farbstoff)*
~ für außen exterior lacquer; exterior enamel
~ für innen interior lacquer; interior enamel; medium-oil varnish
Lackfilmmattheit *f* sleepiness *(Lackfehler)*
Lackfirnis *m* shellac
Lackglanzverlust *m* gum bloom
Lackharz *n* coating (paint) resin; varnish resin
lackieren to varnish *(mit Klarlack)*; to lacquer *(mit physikalisch trocknendem Lack)*; to coat, to paint *(mit Farblack)*; to enamel; to japan *(mit Hitzehärtung)*
Lackierer *m* varnisher, lacquerer; japanner
Lackierflachpinsel *m* flat enamel brush
Lackierung *f* 1. varnishing, varnish coating *(mit Klarlack)*; lacquering *(mit physikalisch trocknendem Lack)*; 2. lacquer finish
Lackleinöl *n* varnish oil, refined linseed oil
Lackmus *n(m)* litmus
Lackmuspapier *n* litmus [test] paper
Lackplatte *f* enamelled hardboard
Lackrunzelbildung *f* **durch Behandlung mit Kohlegasflammen** gas checking
Lackschicht *f* layer (thickness) of varnish
Lackträgersubstanz *f* vehicle [of paint]
Lacktrockner *m* varnish drier
Lacktrocknungszeit *m* lap-time *(Anstrich)*
Lacküberzug *m* finishing varnish, topcoat, varnish (finish) coat; paint coat
~/farbloser translucent coating
Lackvertiefung *f* pockmarking
Lackzusatz *m* **/ härtender** hard [dry] oil additive
Lacunarie *f (Arch)* lacunar *(Feld einer Kassettendecke)*
Ladebaum *m* derrick
Ladebrücke *f* loading bridge (deck)
Ladebühne *f* loading ramp
Ladegerät *n* loader
Ladegleis *n (Verk)* loading siding
laden 1. to load *(Güter)*; 2. to charge *(beschicken)*; 3. to charge *(elektrisch)*
Laden *m* 1. shop, store; 2. *s.* Fensterladen
~ mit dem Bagger shovelling
Ladenaußenseite *f s.* Ladenfront
Ladeneinrichtung *f* shop fittings
Ladenfenster *n* shop (display) window
Ladenfront *f* shop front, *(Am)* storefront; enclosure of a shop
Ladenstraße *f* shopping street, shopping mall; business street
Ladenzentrum *n* shopping centre
Ladeplattform *f* loading platform, [loading] dock
Ladeplattformschutzdach *n* loading dock shelter
Ladeplatz *m* loading bay (place)
~/überdeckter loading shed
Lader *m* loader, mucker
Laderampe *f* loading (ramp)
Ladeschaufler *m* bucket loader, carrying scraper
Ladestelle *f* loading station
Ladung *f* 1. load *(Güter)*; 2. *(El)* charge; 3. charge *(Beschickung)*
Lage *f* 1. position, site *(z. B. eines Gebäudes)*; location *(Ort)*; placement *(Einbaulage)*; 2. layer *(Schicht)*; ply *(Holzschicht)*; course *(von Ziegeln)*; lift *(Betonbau)*
~/einfallende tumbling course *(Ziegel)*
~/engfügige narrow joint between courses *(Ziegel)*
~/erste 1. first coat *(Putzschicht)*; full (ground) coat)*(Farbschicht)*; 2. ground course *(eines Mauerwerks)*; 3. base sheet *(Bedachung)*; underlining (underslating, sarking) felt, underlayment *(Dach)*
~/exzentrische eccentricity
~/geographische geographic location
~/lotrechte verticality
~/oberste top layer *(Straße, Mauerwerk)*
~/offene open grain structure *(Holz)*
~/unterste hypobasis, hypopodium
~/ursprüngliche original position
~/versetze staggered course
~/vertikale verticality
Lagehöhe *f* elevation head
Lagendicke *f* 1. *(Verk)* layer thickness; 2. coat thickness *(Anstrich)*
Lagenhöhe *f* course depth *(Mauerwerk)*
Lageplan *m* location (site) plan; layout plan (drawing) *(Zeichnungen)*; siting *(Anordnung, Lage)*; block plan *(mit kleinem Maßstab, der die Gebäudeumrisse zeigt)*; *(Am)* plat *(mit Grenzmarkierungen für Grundbuchunterlagen)*
Lager *n* 1. abutment, butment *(z. B. bei Brücken und Bögen)*; support *(Auflager)*; 2. bearing *(von Maschinen)*; 3. store, depot *(für Material)*; 4. bed, layer *(z. B. von Bodenschätzen)*
~/freibewegliches freely movable bearing
~/mörtelloses dry course *(direkt auf der Dachhaut)*
~/reibungsarmes antifriction bearing *(Brücke)*
~/verankertes anchored bearing
~/verstellbares adjustable bearing
Lagerbalken *m* carrier bar, support beam; sole plate (piece)
Lagerbalkenrost *m* bridging joist *(Dielung)*
Lagerbeständigkeit *f* stability in storage
Lagerbett *n* palliasse, paillasse *(Mauerwerk)*; bearing bed
Lagerbock *m* bearing chair (stool), bearing block *(Brückenbau)*
Lagerdauer *f* storage life *(Kleber, Farbe)*

Lagerdichtung *f* lining of the bearing
Lagerdruck *m* reaction at support
Lagereisen *n* bearing bar
Lagerfähigkeit *f* storing properties, pack[age] stability *(Farbe, Zement)*
Lagerfläche *f* 1. bed *(eines Auflagers)*; 2. storage yard, stacking ground (yard) *(für Bauteile)*
~/untere bottom bed
Lagerfries *m* border *(Fußboden)*
Lagerfuge *f* course (bed) joint, horizontal joint *(Mauerwerk)*
Lagerfugenfläche *f* bed joint surface
Lagerfuß *m* foot of bearing
Lagergebäude *n* warehouse [building]; store[house]
Lagergröße *f* stock size *(lieferbare Materialgrößen)*
Lagergut *n* / **gefährliches** high-hazard contents *(in einem Gebäude)*
Lagerhaus *n* store[house]; warehouse
Lagerhof *m* stacking ground (yard)
Lagerholz *n* floor batten
lagerichtig in correct position
Lagerichtung *f* orientation, aspect *(eines Gebäudes)*
Lagerkeller *m* storage cellar
Lagerkissen *n* bearing pad
Lagermörtel *m* bed mortar
lagern 1. to carry, to bear; to support; 2. to store, to stock; to stockpile *(Schüttgut)*
~ auf to bear on, to rest on
~/drehbar to pivot
~/in feuchter Luft to store in damp atmosphere
~/unter Wasser to keep under water
Lagerpaar *n* duplex bearing
Lagerplatz *m* 1. [storage] yard, stockyard; stacking ground *(bes. für Fertigteile)*; 2. dumping ground *(für Müll)*
Lagerplatzdränage *f* [storage] yard drain
Lagerpunkt *m* pivot [point]
Lagerraum *m* storage space, storeroom
~/kleiner cubby *(Kammer)*
~ mit feuer- und explosionsgefährlichen Stoffen storage space for hazardous goods, hazardous area
Lagerraumtür *f* / **feuersichere** vault door
Lagerschicht *f* bedding course *(Mauerwerk)*
Lagerschwelle *f* dormer
Lagerstein *m* / **hochstehender** orthostate
~/kleiner pinner
Lagerstift *m* hinge pin
Lagerstuhl *m* bearing chair (stool), bearing block *(Brückenbau)*; saddle *(Tragseilauflager bei Brücken)*
~/beweglicher movable bearing
~/gußeiserner cast-iron bearer
Lagertank *m* storage tank
Lagerträger *m* hanger
Lagertürgriff *m* / **schwerer** store door handle
Lagerung *f* 1. bearing support; bedding; 2. storage; stockpiling *(von Schüttgut)*; 3. stratification *(Geologie)*
~/dichte dense packing, pack set
~/elastische elastic support
Lagerungsbeständigkeit *f* stability in storage
Lagerungsdichte *f* 1. *(Erdb)* compactness; 2. packing density
Lagerungsebene *f* plane of stratification *(Geologie)*
Lagerverankerung *f* / **bewegliche** movable anchorage of bearing
Lagerzeitraum *m* storage (shelf) life *(Kleber, Farbe)*
lageungenau mislocated
Lagevermessung *f* location survey
Laibung *f* s. Leibung
Lambris *m* wainscot *(Wandsockeltäfelung)*
Lamelle *f* 1. lamella; lath; slat *(Fensterladen, Jalousie)*; 2. bar, segment *(Stahlbau)*
Lamellenbrett *n* louvre board *(für eine Jalousie)*
Lamellenelement *n* **eines Gewölbes** lamella [of a vault]
Lamellenfaltdach *n* lamella roof
Lamellenfensterladen *m* lath shutter
Lamellenjalousie *f* Venetian blind, lath (slat) screen
Lamellenparkett *n* mosaic parquet (finger)
Lamellenrahmen *m* glued laminated [timber] frame
Lamellenrohr *n* ribbed (finned) tube, gilled pipe, ribbed heating tube *(Heizung)*
Lamellenrolladen *m* slat rolling shutter
Lamellenschalendach *n* glued laminated timber shell roof
Lamellensparren *m* laminated [timber] rafter
Lamellenträger *m* glued laminated timber girder
Lamellentür *f* louvre door
lamellenverleimt glulam, *(Am)* glued laminated
lamellieren to laminate
Lampe *f* lamp *(s. a.* Leuchte*)*
~/erschütterungssichere vibration service lamp
~/gasgefüllte gas-filled lamp
~/mattierte pearl lamp
~/verspiegelte reflector lamp
Lampenaufhängung *f* / **geschwungene** sweep fitting
Lampenfassung *f* lamp socket, lampholder
Lampenglas *n* **mit Tageslichteffekt** daylight glass
Lampenglocke *f* [lamp] globe
Lampenhalter *m* fixture, lamp bracket
~/verzierter torchère *(Stehlampe mit indirektem Licht)*
Lampenkolben *m* [lamp] bulb
~/äußerer lamp jacket
Lampenmast *m* lamp post
Lampenschirm *m* lamp shade
Lampensockel *m* lamp cap (base)
Lampenträger *m* lamp bracket
Land *n* 1. land; 2. soil, ground *(Boden)*
Landasphalt *m* land asphalt *(Trinidad)*

Landaufnahme *f*/ **ingenieurtechnische** engineering (construction) survey
~/tachymetrische tachymetric land survey
Landbauwesen *n* rural construction, agricultural building
Landbesitz *m* property (ownership) of land; real property *(alle Rechte einschließend)*
Landbogen *m* end arch
Landeplatz *m* landing strip (field), airfield, airstrip
Landesplanung *f* regional (national) planning
Landestreifenfeuer *n* landing (strip) light *(Flugplatz)*
Landgewinnung *f* reclamation of land
Landgut *n* estate, manor; hacienda *(in spanischsprechenden Ländern)*
Landhaus *n* country house; *(Am)* ranch house
~/flaches *(Am)* rambler
~/kleines cottage
Landherrenhaus *n* manor house
Landkarte *f* map
Landmarke *f* landmark; cairn *(Steinhügel zur Markierung)*
Landmessung *f s.* Landvermessung
Landnutzungsübereinkunft *f (Am)* restrictive covenant
Landpfeiler *m* land pier
Landschaftsarchitekt *m* landscape architect
Landschaftsarchitektur *f* landscape architecture; landscape design (planning)
Landschaftscharakterbauwerk *n* landmark
Landschaftsgarten *m* landscape garden, English garden
Landschaftsgartenbau *m* landscape gardening
Landschaftsgestaltung *f* landscape architecture, landscaping, landscape planning (design)
Landschaftspark *m* landscape park
Landschaftsplan *m* land-use plan *(Nutzungsplan)*
Landschaftsplaner *m* landscape architect
Landschaftsplanung *f* landscape planning
Landschaftsschutz *m* landscape protection, nature preservation
Landsenke *f* depression
Landsitz *m* country mansion
~/französischer château *(Schloß)*
Landstraße *f* highway, high-road, main (trunk) road; country (provincial, district) road
~/abgefahrene worn-out country road (highway)
~ II. Ordnung secondary road
~/verschlissene *s.* ~/abgefahrene
Landstück *n* parcel, lot, *(Am)* plot *(Parzelle)*
~/niederes feuchtes swale
Landungsbrücke *f* [landing] pier, landing bridge (stage); ferry bridge
Landvermessung *f* land survey[ing]; ordnance surveying *(amtliche Vermessung)*
~/geodätische geodetic survey *(größerer Gebiete)*
Landvermessungsnetz *n* triangulation network
Landweg *m* dirt (dust) road
Landwirtschaftsgebäude *n* agricultural building
Langband *n* tee hinge, cross garnet
Länge *f* 1. length; 2. *s.* ~/geographische
~/ausgezogene throw *(Bolzen)*
~/bewehrte embedment length
~ des Übergangsbogens transition length *(Straße)*
~/geographische geographical (terrestrial) longitude
~ zwischen Einspannung und Aussteifung unbraced length *(Bauelement)*
Längemaserungsstoß *m* edge joint
längen to lengthen, to extend, to stretch
Längenänderung *f* length change, change of length; linear deformation
~ durch Zug elongation due to pull (tension)
Längenausdehnung *f* linear (longitudinal) extension
Längenbegrenzung *f* longitudinal dead limit
Längendehnung *f* linear dilatation
Längengewichtskraft *f* weight force per unit length
Längenmaß *n* length (linear) dimension
Längenmaßstab *m* scale of lengths
Längenmessung *f* length (linear) measurement
Längenschrumpfung *f* length shrinkage
Längenverkürzung *f*/ **elastische** elastic shortening
Längenzunahme *f* elongation, lengthening
Langfenster *n* window band *(Fensterband)*
Langhaar[präzisions]pinsel *m* rigger
Langhaus *n (Arch)* nave *(Teil einer Kirche bestehend aus Mittelschiff und Seitenschiffen))*
Langhobel *m* trying (smoothing) plane
Langholz *n* long-cut wood, long (tree-length) logs, long timber, pole
länglich longish, oblong
Langloch *n* oblong (elongated) hole
Langlochbohrer *m* router bit
Langlochfräser *m* router
Langlochhohlziegel *m* horizontal cell tile
Langlochplatte *f* cored panel, core slab
Langlochstein *m* horizontally perforated block, horizontal coring block
Langlochziegel *m* side construction tile [with horizontal cavities], horizontal coring brick, burnt-clay hollow block, partition tile *(für nichttragende Wände)*; *(Am)* structural clay tile, building tile
Langnagel *m*/ **dünner** *(Hb)* panel pin
Langnutholz *n* long (stem) timber
Längsabsteifung *f* longitudinal stiffening
Längsachse *f* longitudinal axis
langsamabbindend slow-setting
langsambrechend slow-breaking *(Bitumenemulsion)*
langsamerhärtend slow-hardening
langamerstarrend [initially] slow-setting *(Zement)*
Längsabstand *m* longitudinal interval (spacing) *(Bewehrung)*
Längsanschlag *m* longitudinal stop
längsausgesteift longitudinally stiffened
Längsaussteifung *f* longitudinal stiffening
Längsaussteifungsträger *m* longitudinal stiffener

Längsbalken *m* 1. longitudinal beam; 2. string piece *(bei einem Dachstuhl)*; 3. string, *(Am)* stringer *(Treppe)*; 4. *s.* Längsträger
Längsband *n* tie plate
Längsbeanspruchung *f* thrust load
Längsbewehrung *f* 1. longitudinal reinforcement, principal (main) reinforcement; 2. main bars
Längsbiegung *f* longitudinal bending
Längsdehnung *f* linear (tension) strain
Längsdruck *m* longitudinal compression
Längseinlagen *fpl s.* Längsbewehrung
Längseisen *npl* main bars *(Bewehrung)*
Langseitenschifter *m* longitudinal jack rafter
Längsfasernagelung *f (Hb)* end-grain nailing
Längsfuge *f* longitudinal joint; bed (lane) joint *(Mauerwerk)*
Längshalbstein *m* **mit der Bruchfläche nach außen** split[-face] block
Längshalbsteinziegel *m* queen closer (closure)
Längshalbziegel *m* split
Längshalbziegelschicht *f* split course
Längshalteeisen *n* runner *(z. B. für eingehängte Decken, Verkleidungen, Trennwände)*
Längsholm *m* spar *(Dachkonstruktion)*
Längsholz *n* runner *(Schalung)*
Längskeil *m* key
Längskraft *f (Stat)* longitudinal (axial) force, direct force thrust
~ **mit Biegung** axial (direct) stress and bending
~ **ohne Biegung** direct stress
Längskraftdiagramm *n* axial force diagramm
Längslast *f* longitudinal load
Längslochstein *m* side-construction tile
Längsnut *f* spline, longitudinal groove
längsnuten to spline
Längspassage *f* aisle *(zwischen Sitzreihen)*
Längsrahmen *m* longitudinal frame
Längsrichtung *f* longitudinal direction • **in ~** lengthwise, lengthways, in longitudinal direction
Längsrippe *f* longitudinal rib
Längsriß *m* longitudinal crack; check *(in Holz)*; through shake *(Holzbalken)*
längssägen to rip *(Holz)*
Längssägen *n* rip-sawing, ripping
Längsschalungsseite *f* beam side *(einer Trägerform)*
Längsschneiden *n* ripping, rip-sawing, cutting with the grain *(Holz)*
Längsschnitt *m* 1. longitudinal (horizontal) section; 2. *s.* Längsschneiden
~ **des Rundholzes** conversion
Längsschnittsäge *f* rip-saw
Längsschub *m* end (endlong) thrust
Längsschweißnaht *f* longitudinal weld
Längsschwelle *f* ground timber
Längsschwindung *f* longitudinal shrinkage
Längsspannung *f* longitudinal (axial) stress
Längsstab *m* longitudinal bar (rod), main bar *(Bewehrung)*
Längsstabgitter *n* bar-type grating *(Gründung)*
Längsstabilität *f* longitudinal stability
~/statische static longitudinal stability
Längsstabrost *m* bar-type grating *(Gründung)*
Längssteife *f* longitudinal stiffener
längstragend bearing in longitudinal direction
Längsträger *m* 1. longitudinal girder (member); frame side bar; 2. ladder stringer, stringer [beam] *(bei Brücken)*
~ **erster Ordnung** longitudinal girder, main girder (web) *(Brückenbau)*
~ **zweiter Ordnung** intercostal longitudinal girder
Längsträgerschiene *f* runner *(z. B. für eingehängte Decken, Verkleidungen, Trennwände)*
Längstrennen *n* **von Bauholz** deep cutting
Längsverband *m* longitudinal bond *(Mauerwerk)*; longitudinal bracing *(Brückenbau)*
längsverstärkt longitudinally stiffened
Längsvertiefung *f* **einer Wand** pan *(Fachwerk)*
Längsvorspannung *f* longitudinal prestressing
Lang- und Kurzwerk *n* long-and-short work *(Mauerwerk)*
Längung *f* extension, elongation; lengthening
Langzeitlast *f* long-term load
Langzeitparken *n (Am)* dead parking
Langzeitsetzung *f* consolidation settlement
Langzeitspeicher *m* carry-over storage, long-term store
Langzeitverhalten *n* long-term behaviour
Langzeitversuch *m* long-time (extended time) test
lanzenförmig lance-shaped, lanciform
Lanzettbogen *m* lancet arch
lappen *(Hb)* to tongue
Lärche *f* larch [tree]; tamarack *(nordamerikanische)*
Lärchenholz *n* larch [wood]; tamarack *(von nordamerikanischer Lärche)*
Lärchenschindel *f* larch shingle
Lärm *m* noise
Lärmabminderungskoeffizient *m* noise reduction coefficient *(von Schalldämmstoffen)*
Lärmbekämpfung *f* noise control
Lärmbelästigung *f* noise nuisance
Lärmdämpfung *f* noise damping (attenuation), noise abatement
lärmgemindert noise-reduced
Lärmisolierung *f s.* Lärmschutz
Lärmminderung *f* noise reduction (abatement)
Lärmpegel *m* noise level
Lärmpegelkriterium *n* noise criterion
Lärmquelle *f* noise source
Lärmschutz *m* 1. protection against noise, noise control; 2. noise insulation
Lärmschutzanlagen *fpl (Verk)* noise protection facilities (systems)
Lärmübertragung *f* noise transmission
Larnit *m* larnite *(Zementklinker)*
Lasche *f* 1. *(Hb)* tie block, joint piece, fish bar, scab; flitch plate *(Stahlverstärkung für Balken)*; splice piece (plate), fishplate *(Metallverbindungsstück*

für Balken); [cover] strap, strip *(Stoßlasche)*; butt plate *(Verbindungslasche)*; 2. fishplate *(Schienenverbindung)*; 3. latch, shackle *(Türschloß)*; 4. *(San)* ear, clip *(Schelle)*; 5. tab *(Öse)*; 6. bond, lashing *(Seilschlinge, z. B. beim Kran)*
Laschennietung *f* riveted butt joint
Laschenstoß *m* fish[ed] joint, strap joint
~/zweischnittiger double-covered butt joint
Laschenverbindung *f* strap connection, *(Hb)* [end] scarf
Laschenvernietung *f* butt [joint] riveting
Laschung *f (Hb)* scarf
Laser-Technik *f* laser art (technology)
lasieren to glaze
Last *f (Stat)* 1. load; 2. burden, weight, load; 3. charge *(finanzielle Belastung)*
~/aufgebrachte applied load
~/aufgenommene accepted load
~/bewegliche moving (rolling) load
~/direkte direct-acting load
~/dynamische dynamic load
~/exzentrische eccentric load
~/gleichmäßig verteilte uniformly distributed load, evenly shared (continuous) load
~/gleitende sliding load
~/konzentrierte point (single) load
~/kurzzeitige statische short-time static load
~/mittige concentric load
~/ruhende static load
~/ständige dead load; permanent (continous) load, permanent weight
~/statische static load
~/tote dead load
~/verteilte distributed load
~/wandernde mobile load
~/zulässige permissible (allowable) load, safe load; design (working) load
~/zusammengesetzte combined load
Lastangriff *m* load application, loading
Lastangriffspunkt *m* point of load application
Lastannahme *f* design load, assumed load, loading assumption; estimate of loading
Lastarm *m* load arm *(eines Hebels)*
Lastaufbringung *f* load application, loading
~/wiederholte repeated load application
Lastausgleichung *f* load compensation
Lastbeanspruchung *f* load stress
Lastbereich *m* load range
Lastbogen *m* arch ring
Lastdiagramm *n* load diagram
Lasteinwirkung *f* load action
Lastenaufzug *m* material hoist, goods lift, service elevator, *(Am)* freight (goods) elevator
Lastengruppe *f s.* Lastgruppe
Lastermittlung *f* load determination
Lastfaktor *m* load factor
Lastfall *m* loading case, load scheme
Lastfälle *mpl* loading conditions
Lastfläche *f* area of loading; loaded area
Lastformveränderung *f* deformation under load
Lastgrenzwert *m* load limit
Lastgruppe *f* group of loads; series of loads *(Festigkeitslehre)*
Lasthaken *m* load hook, crane (lifting) hook; lifting tongs *(Hebezange)*
Lastkraftwagen *m* lorry, *(Am)* truck
Lastkurve *f* load curve
Lastlinie *f* line of load
Lastminderung *f* load reduction
Lastmoment *n* load moment, moment of a load
Lastneigung *f (Bod)* load inclination
Lastplatte *f* load (bearing) plate
Lastpunktverschiebung *f* **auf tragfähigem Baugrund** arching
Lastschalter *m (El)* circuit breaker
Lastschätzung *f* load estimating
Lastscheibe *f* fast pulley *(feste Riemenscheibe)*
Lastseil *n* hoisting rope
Lastsetzung *f (Bod)* secondary consolidation
Lastsetzungskurve *f* load-settlement curve
Lastspannung *f* load stress
Lastspiel *n* 1. load[ing] cycle, cycle of load; 2. repeated loading, repeated load application; variation of load; 3. stress cycle, cycle of stress, [stress] reversal
Lastspielzahl *f* endurance, number of loading cycles
Laststellung *f* load position, position of load
~/ungünstigste worst possible position of load
Laststufe *f* [load] increment
Lastsystem *n* load system
lasttragend loadbearing; supporting, weight-carrying
Lastübertragung *f* load transfer (transmission)
Lastuntersuchung *f***/ dynamische** dynamic analysis
Lastverteilung *f* load distribution (spreading), distribution of load
Lastverteilungsfläche *f* area of loading
Lastverteilungsholz *n* foot plate
Lastverteilungskurve *f* load-distribution curve
Lastverteilungsplatte *f* wall (head) plate; base plate *(aus Metall)*; cap plate *(bei Raumpfählen)*
Lastverteilungsprinzip *n* load-sharing (load-distribution) concept
Lastverteilungsrost *m* grillage, grating *(Gründungsrost)*
Lastvorgabe *f* estimate of loading
Lastwagen *m* lorry, *(Am)* truck
Lastwagenanhänger *m* trailer, *(Am)* truck trailer
Lastwagen[aufbau]bagger *m* fast-travel excavator
Lastwechsel *m* variation (fluctuation) of load; reversal of stress *(Festigkeit)*
Lastwechselzyklus *m* cycle of load [stressing]
Lastwert *m***/ dynamischer** dynamic load
Lastwinde *f* lever jack

Lastzunahme *f* load increase (increment), increment of load
Lastzustand *m* load state
Lasur *f* transparent coating, glaze, natural finish
Lasurblau *n* ultramarine [blue]
Lateritsplitt *m* laterite chips
Lateritstraße *f* laterite road
Laterne *f* clerestorey; high-light window *(Oberlichtfenster)*
Laternendach *n* lantern roof
Latex *m* latex
Latexanstrich *m* latex coat
Latexemulsion *f* latex emulsion
Latexfarbe *f* latex paint, rubber-emulsion paint
Latexschaum[gummi] *m* latex foam [rubber], foamed latex
Latex-Zement-Vergußmasse *f* latex-cement sealing compound
Latrine *f* latrine
Latte *f* lath, batten; narrow board
~/doppeltstarke double lath
~/feuerverzögernde type-X lath
~/leichte half batten; lag *(selten)*
~ mit Pappen[rück]schicht paper-backed lath
Latten *fpl* lathing
Lattenablesung *f (Verm)* rod reading
Lattendielung *f* [hardwood] strip flooring, flooring strips; parquet strip flooring
Lattengerüst *n* latticework
Lattengerüsthütte *f* lath-house *(zum Überwachsen mit Pflanzen)*
Lattengestell *n* lath-work
Lattengitterlage *f* strip lath *(Putzarbeit)*
Lattenkreuz *n* brace and counterbrace
Lattenkreuzgitterzaun *m* interlaced fencing
Lattenrahmentrennwand *f* stud partition (wall)
Lattenrost *m* 1. lath grating (grid); 2. lath floor *(Rostfußboden)*
Lattenstreifenkreuzgitterzaun *m* interlaced (interwoven) fencing; woven board (valley)
Lattenstift *m* lath nail
Lattenträger *m (Verm)* rodman, staffman
Lattentrennwand *f* stud partition (wall)
Lattentür *f* batten door; *(Am)* heck
Lattenumzäunung *f* paling
Lattenverschlag *m* lath-partition, lathed space
Lattenwand *f* batten (latice) wall, strapped wall
Lattenwerk *n* lattice
Lattenzaun *m* lath (lattice) fence, picket (pale) fence (fencing), paling
Lattenzierleiste *f* lattice moulding
Lattenzierwerk *n* lattice
Lattung *f* lathing
Laubbaumholz *n s.* Laubholz
Laube *f* 1. arbour, bower; bay *(aus Pflanzen, Büschen)*; 2. summerhouse; 3. *s.* Laubengang
Laubengang *m* access balcony *(eines Wohnhauses)*; outdoor (outside, exterior) corridor; roofed walk
Laubenganghaus *n* balcony access block, gallery block, *(Am)* gallery apartment house
Laubenhaus *n* 1. summerhouse; gardenhouse; lath-house; 2. *s.* Laubenganghaus
Laubfries *m* leafy frieze
Laubholz *n* hardwood, non-coniferous wood
Laubholzbaum *m* hardwood [tree], decidous (leaf) tree
Laubsäge *f* fretsaw; coping saw; bracket saw
Laubwerkfries *m* leafy frieze
laubwerkverziert foliated
Lauf *m* 1. work, running; 2. flight of stairs, [stair] flight *(Treppenlauf)*
Laufband *n* 1. conveyor; 2. sash ribbon *(Rolladenband aus Metall)*
Laufbohle *m* walk plank, access board
Laufbohlensteg *m* gang-boarding
Laufbreite *f* flight width *(Treppenbreite)*
Laufbrett *n* roof-platform *(Dach)*; toeboard *(um eine Plattform oder ein Dach)*
Laufbuchse *f* cylinder, liner *(Zylinder)*; bush[ing]
Läufer *m* stretcher [block]
~ als Eckbinder quoin header
~/geteilter outband
~ mit abgerundeter Ecke bull stretcher
~ mit sichtbarer Seite bull stretcher
Läuferband *m* facing bond
Läufer-Binder-Wechselverband *m* in-and-out bond *(Mauerwerk)*
Läuferblendmauer *f* outband [masonry]
Läuferhalter *m* tackless strip *(Teppichhalter)*
Läuferlage *f s.* Läuferschicht
Läuferschicht *f* stretcher (stretching) course, course of stretchers; flat course of bricks
Läuferschichtseite *f* stretcher face
Läuferstein *m s.* Läufer
Läuferverband *m* stretcher (running) bond, stretching bond, longitudinal bond *(Mauerwerk)*
~ mit gelegentlichem Binder flying (Yorkshire) bond
Laufgang *m* 1. gallery *(Korridor)*; 2. gallery, gangway *(für Wartungszwecke)*; walkway *(Bedienungssteg, z. B. eines Krans)*; 3. catwalk *(für Fußgänger auf einer Brücke)*
Laufgewicht *n* sliding weight, rider; moving poise
Laufkatze *f* [crane] trolley; [crane] crab
Laufkatzenträger *m* trolley beam
Laufkran *m* travelling (overhead) crane
Lauflinie *f* walking (pitch) line *(einer Treppe)*
Laufplanken *fpl* gangboards, gang-boarding
Laufplatte *f* tread *(Treppe)*
Laufrad *n* barn-door stay *(eines Schiebetors)*
Laufframme *f* bell-rope hand *(Zugramme)*
Laufring *m* ball race
Laufrolle *f* idler [pulley]; trolley *(eines Schiebetores)*
Laufschiene *f* trolley track, door runner rail *(für eine Schiebetür)*
Laufstall *m* loafing shed (barn)

Laufsteg *m* 1. gangway *(für Wartungszwecke)*; 2. duckboard *(für Dachdecker)*; 3. catwalk *(für Fußgänger)*; dais *(Podium)*
~/drehbarer turnable foot bridge *(für Fußgänger)*
Laufträger *m* 1. running girder; 2. stringboard *(einer Treppe)*
Laufweg *m* passage, passageway
Laufzeit *f* working (operating) time
laugenbeständig resistant to alkali[es], alkali-proof, lye-proof
Laugenbeständigkeit *f* resistance to alkali[es]
läutern to clarify, to purify, to clean
Läutewerk *n* ringing mechanism; chimes, electric bell
Lautheit *f* loudness *(z. B. eines Raumes)*
Lautsprecheranlage *f* public-address system, PA system, intercom
Lautstärke *f* loudness [level]; sound volume
Lautstärkemesser *m* loudness level meter; sound [level] meter
Lautstärkemessung *f* sound (loudness) measurement
Lavaschlacke *f* foamed lava, scoria[ceous lava]
Lavabeton *m* foamed lava concrete, scoria concrete
L-Balken *m* L-beam
Lebensdauer *f* service (operable) life, lifetime; fatigue life, durability *(Festigkeit)*
lebensgroß life-size
leck leaky
lecken to leak, to run; to drop
Leckstelle *f* leakage
Lederdichtung *f* leather washer (sealing ring)
Ledermanschette *f* leather packing; leathering
Ledertür *f* leather door
Ledigen[wohn]heim *n* bachelor's hostel, hostel for single people
leer 1. empty, vacant *(Gebäude)*; 2. unfurnished *(Zimmer)*
leerblasen to blow [off]
leeren to empty
Leergebinde *n* common truss frame, intermediate truss (rafter)
Leergerüstfachwerk *n* Belfast truss
Leergrab *n* cenotaph *(Ehrenmal)*
Leerrolle *f* loose pulley
Leersparren *m* common (intermediate) rafter
legen to lay, to place, to put; to lay *(Kabel, Rohre)*; to install *(Leitungen)*
~ **an Erde** *(El)* to earth, to short to earth, *(Am)* to short to ground
~/auf Fuge to imbricate
~/Dielen to floor
~/eine Leitung to run a cable
~/Fußboden to floor
~/in Verband to bond *(Steine)*
~/Rohre to pipe
Legen *n* **der ersten Schichten** planting
~ **der Schußlage** top out
Legende *f* legend, key; caption
Legierung *f* alloy
~/leichtschmelzende fusible (low-melting) alloy
~/plattierte clad alloy
Legierungsbetonstahl *m* alloy reinforcing steel
Lehm *m* loam, [common] clay
~/schluffiger silty clay
Lehmanstrich *m* clay floor *(Fußboden)*
Lehmaufreißer *m* clay spade
Lehmbau *m* loam construction
Lehmbauten *pl* loam structures
Lehmboden *m* loamy soil, loam (clay) ground
Lehmerde *f* clay soil
Lehmestrich *m* clay floor, loam flooring
Lehmform *f* clay mould
Lehmfüllung *f* clay filling
Lehmhaus *n* adobe house *(aus luftgetrockneten Ziegeln, besonders in einigen Südstaaten der USA)*
lehmig loamy, argillaceous
Lehmkern *m* clay (puddle) core *(Dichtungskern bei Staudämmen)*
Lehmmauern *n* puddling
Lehmmergel *m* loamy marl
Lehmmörtel *m* loam (clay) mortar, [clay] puddle
Lehmputz *m* loam rendering *(Außenputz)*
Lehmschürzendichtung *f* soil waterproofing
Lehmstampfbau *m* rammed-loam construction, pisé construction; cob construction, *(Am)* beaten cobwork
Lehmwand *f* cob wall
Lehmziegel *m* unburnt (clay) brick, loam brick; cob (brick); adobe [brick] *(in einigen Südstaaten der USA)*
Lehre *f* 1. gauge; gauge system *(Blech)*; 2. template *(Schablone für Maurerarbeiten)*; 3. strickle [board] *(Lehrlatte)*; 4. negative form *(für Verzierungen)*; pattern, mould *(Modell)*; 5. [setting] jig *(Bohrlehre)*
~/mitlaufende slipper guide
Lehrenform *f* master form *(Modell)*
Lehrgebäude *n* teaching block
Lehrgerüst *n* 1. soffit scaffolding, falsework [structure], centre, centring, centering *(Bogengerüst)*
~ **als Bogen mit Zugband** bow-string centring
~/freitragendes self-carrying centring
~ **für einen zusammengesetzten Bogen** *(Am)* mixed centring
~ **mit mittlerem Abstützpunkt** centre with central hip
Lehrgerüstschalung *f* **eines Bogens** lagging [of centring]
Leibung *f* 1. jamb, scuncheon *(Tür, Fenster)*; reveal *(Fenster)*; 2. flanning *(Gewändeleibung)*; 3. intrados, soffit of arch, haunch *(Bogenfläche)*
~/schräge splayed jamb
Leibungsbogen *m* scuncheon (scoinson) arch

Leibungsfläche *f* intrados surface *(eines Bogens)*
~/obere top face of arch
~/untere bottom face
leicht light[-weight] *(Gewicht)*
Leichtbauelement *n* lightweight building unit (component), breeze block
Leichtbaufertigplatte *f* lightweight precast concrete panel
Leichtbaukonstruktion *f* light construction
Leichtbauplatte *f* 1. light [weight] building board (sheet); 2. fibre [building] board (slab); 3. lightweight concrete slab
Leichtbauplattenelement *n s.* Leichtbauplatte
Leichtbeton *m* light[weight] concrete *(haufwerksporig)*; cinder (slag) concrete, breeze concrete
~/haufwerksporöser short-range aggregate concrete
~/konstruktiver structural lightweight concrete
~ mit Vermikulit vermiculite concrete
Leichtbetonblockstein *m* lightweight concrete building block
Leichtbetondeckenplatte *f* lightweight concrete floob slab
Leichtbetonelement *n* precast lightweight building unit (component)
Leichtbeton-Hohlblockstein *m* lightweight concrete hollow block
Leichtbetonzuschlag *m* lightweight aggregate
Leichtdämmbeton *m* lightweight insulating concrete
leichtern to ease, to lighter
Leichtgewichtigkeit *f* lightness, lightweight
Leichtheit *f* lightness
Leichtkernelement *m* hollow-core construction [unit]
Leichtmetall *n* light metal
Leichtmetallegierung *f* light alloy
Leichtprofil *n* lightweight section
Leichtrohr[eisen] *n* merchant pipe
Leichtstuckformung *f* carton pierre
Leichtträgerdecke *f* lightweight floor
Leichtziegelplatte *f* burnt lightweight panel
Leichtzuschlag *m* lightweight aggregate
Leichtzuschlagbeton *m s.* Leichtzuschlagstoffbeton
Leichtzuschlagstoff *m* lightweight aggregate
Leichtzuschlagstoffbeton *m* lightweight aggregate concrete, concrete with lightweight aggregate
Leier *f* rotating templet
Leierpunkt *m* centre *(Bogen)*
Leim *m* glue, adhesive; size
~/fertiggemischter mixed glue *(mit Härter)*
~ mit geringer Klebkraft mucilage
~/wasserfester marine glue
Leimabbindezeit *f* glue setting time
Leimauftragung *f* glue spreading
Leim[dach]binder *m* glued truss
leimen to glue; to size
Leimfarbe *f* calcimine, distemper, size colour
Leimfarbenanstrich *m* distempering
Leimfuge *f* glue[d] joint, glue line
Leimholz *n* glued laminated timber
Leimholzkonstruktion *f* [glued] laminated timber construction
Leimkitt *m* glue putty
Leimklammer *f* web clamp, cramp, glue press *(Zwinge)*
Leim-Nagel-Verbindung *f* glue-nail joint
Leimpulver *n* powdered glue, glue powder
Leimschicht *f* glue line (layer)
Leimung *f* glu[e]ing
Leimverbindung *f* glue[d] joint; glued assembly
~/[zusammen]geriebene rubbed joint
Leinöl *n* linseed oil
~/eingedicktes bodied linseed oil
~/gekochtes boiled oil, pale-bodied oil
~/rohes raw linseed oil
Leinöl-Terpentin-Farbverdünnungsmittel *n* megilp
Leinsamenöl *n s.* Leinöl
L-Eisen *n* L-iron, angle-iron
Leiste *f* 1. batten, bato[o]*n*, strip, cover moulding *(Deck- und Fugenleiste)*; 2. ledge *(Türquerleiste)*; 3. lath *(Putzträger)*; 4. moulding *(Zierleiste)*; raglet, reglet *(Zierleiste)*; cornice, cordon *(Gesimsband)*; fillet *(Zier- und Kehlleiste, auch Säulen der klassischen Architektur)*; 5. fascia *(an der Dachtraufe)*; 6. lip *(für Deckenziegel)* • **mit ~** gibbed
~/gespaltene riven lath
Leistendach *n* roll-jointed cardboard roof
Leistenhobelmaschine *f* [fillet] moulding machine
Leistung *f* 1. power, output, performance *(mechanisch)*; 2. capacity, yield, output, power *(z. B. einer Maschine)*; 3. power consumption *(Leistungsaufnahme einer Anlage)*; 4. performance *(Leistungsverhalten von Anlagen und Gebäuden)*; 5. *s.* ~/erbrachte; 6. work, performance *(z. B. zur Vertragserfüllung)*; 7. service *(Dienstleistung)*
~/erbrachte output, yield
~/installierte installed capacity (power)
~/zugeführte put-in energy, supplied power
Leistungen *fpl* **/ zusätzliche** auxiliary work *(zum Projekt)*
Leistungsaufnahme *f* power consumption, [power] input
Leistungsbeschreibung *f* specification, quantity description
Leistungsfähigkeit *f* efficiency, productivity; capacity
Leistungsfaktor *m (El)* power factor
Leistungsprüfung *f* consumption test
Leistungstransformator *m (El)* power transformer
Leistungsvermögen *n* capacity; efficiency; capability
Leistungsverzeichnis *n* bill of quantities

Leistungsziffer *f* coefficient of performance *(bei Klimaanlagen)*
Leitbalken *m* racking balk
Leitblech *n* baffle [plate]; deflector *(Klimatechnik)*
Leiter *m (El)* conductor; core *(in einem Kabel)*
~/biegsamer flexible conductor
Leiter *f* ladder; [fire] ladder; cat ladder *(für Dachdecker)*
~/ausfahrbare extending (extension) ladder
Leiteraufgang *m* ladder access
Leiterbaum *m* [ladder] beam
Leitergang *m* ladder access
Leitergerüst *n* ladder scaffold[ing], ladder jack scaffold
Leiterhaken *m* ladder hook *(Dach)*
Leitermaterial *n* conductive material
Leitersprosse *f* rung [of a ladder]; round, rundle, rime; [ladder] step *(einer Trittleiter)*
Leitertreppe *f* open-riser stair; stairs with treads between strings *(eingeschobene Treppe)*
Leitfähigkeit *f* conductivity, conducting power
Leitkanal *m* guide passage; conduit
Leitmauer *f* guide wall
Leitpfosten *m (Verk)* delineator
Leitplan *m* zoning plan
Leitplanke *f (Verk)* guide board, side rail, guard-rail, crash barrier
Leitrahmen *m* guide frame
Leitsäule *f (Verk)* delineator
Leitschiene *f* guide (side) rail; *(Verk)* check rail
Leitung *f* 1. line, duct; piping *(Rohrleitung)*; conduit; 2. *(El)* [transmission] line; electric mains *(Hauptleitung)*; wire, cable; 3. conduction *(z. B. von Wärme oder Elektrizität)*; 4. management, board *(Gremium)* • **eine ~ verlegen** to lay (install) a pipe[line]; *(El)* to install a line (mains)
~/liegende horizontal line
Leitungen *fpl* **/ biegsame** flexible tubing
Leitungsabzweig *m (El)* T-splice *(Kabelabzweig)*
~/rechtwinkliger branch cell *(Wasserinstallation)*
Leitungsanschluß *m* line terminal; supply terminal; branch circuit connection
Leitungsbündel *n* **/ gemeinsames** *(El)* common trunk, bunch of trunks
Leitungsdichtheitsversuch *m* **mit Pfefferminzöl** peppermint test
Leitungsführung *f (El)* cable run[ning], route
Leitungsgraben *m* service trench, *(Am)* utility trench
Leitungskabel *n* cable, lead
Leitungskanal *m* [service] duct, raceway, *(Am)* utility run; U-throughing; chase *(in Wänden)*
Leitungsmast *m* line pole; [transmission] mast
Leitungsnetz *n* supply network (grid)
Leitungsprüfer *m* circuit tester
Leitungsreibungs[druck]verlust *m* friction head loss
Leitungsrohr *n* 1. duct, [line] pipe; 2. gas main, water main; 3. [cable] conduit, conduit pipe
Leitungsschiene *f (El)* line bar
Leitungsschnur *f (El)* [flexible] cord, flex
Leitungssystem *n* 1. piping *(Rohrleitungen)*; 2. *(El)* line system
Leitungsverlust *m* piping [heat] loss *(Heizung)*
Leitungswasser *n* tap (mains) water, town (municipal, city) water, service water
Leitwand *f* guide (training) wall *(Flußlauf)*
Leitwerk *n (Wsb)* training wall *(Flußlauf)*
Leitzunge *f* baffle *(Leitblech)*
Lesbarkeitsentfernung *f (Verk)* legibility distance
Lesene *f* lesene *(hervortretender Mauerstreifen)*
Lesenische *f* carrel, cubicle *(in einer Bibliothek)*
Lesesaal *m* reading room, *(Am)* browsing room *(einer Bibliothek)*
Letten *m* loam *(grauer Ton)*
lettenartig clayey
Lettenton *m* loam
lettig *s.* lettenartig
Lettner *m (Arch)* rood screen *(zwischen Chor und Mittelschiff angeordnete Trennwand)*
Leuchtbake *f* light beacon
Leuchtband *n* luminous row
Leuchtdecke *f* luminous (illuminated) ceiling
Leuchtdichte *f* luminance
Leuchte *f* [lighting] fitting, *(Am)* luminaire; lighting unit *(meist transportabel)*
~/indirekte indirect lighting fitting
~/mehrarmige girandole *(verzierter Kandelaber)*
leuchten to light, to glow, to emit light
Leuchtendeckenanschluß *f* **mit Dose** lighting outlet
Leuchtenfuß *m* lamp cap, *(Am)* lamp base
Leuchtenleiste *f* linear light source
Leuchtenmast *m* lamp post, lighting mast
Leuchtenschale *f* [lamp] bowl, lighting bowl, bowl tray *(Straßenbeleuchtung)*
Leuchtenschirm *m* lampshade, hood lamp
Leuchtenwirkungsgrad *m* light output ratio of a fitting, luminaire efficiency
Leuchter *m* candlestick; chandelier, lustre *(Kronleuchter)*
Leuchtfarbe *f* luminous (fluorescent) paint
~/radioaktive radioactive paint
Leuchtfeld *n* indicator panel
Leuchtkörper *m* 1. luminous element *(Glühlampe)*; 2. illuminant *(Lichtquelle)*
Leuchtkörpersatz *m s.* Leuchtkörper
Leuchtkraft *f* 1. illuminating (luminous) power; 2. brightness, brilliancy *(Anstrich)*
Leuchtkraftschwund *m* lamp depreciation *(Glühlampe)*
Leuchtpigment *n* luminous pigment
Leuchtreklame *f* neon sign
Leuchtreklamenstützrahmen *m* neon sign frame
Leuchtröhre *f s.* Leuchtstoffröhre
Leuchtröhrenlampe *f s.* Leuchtstoffröhrenlampe
Leuchtstofflampe *f* fluorescent lamp, *(Am)* fluorescent tube

~/komplette fluorescent lighting fixture
Leuchtstofflampenleiste *f* fluorescent strip
Leuchtstoffreflektorlampe *f* fluorescent reflector lamp
Leuchtstoffröhre *f* fluorescent (luminescent) tube
~/kreisförmige [fluorescent] circline lamp
Leuchtstoffröhrenlampe *f* tubular discharge lamp
Leuchtturm *m* lighthouse
Liaskalk *m* blue lias lime
Libelle *f* air level, spirit (bubble) level, level glass
licht 1. clear *(Abstand)*; 2. light, bright *(Farbe)*
Licht *n* 1. light; 2. [window] opening *(Fenster)*
~/blendungsfreies glareless light
~/diffuses diffuse light
~/einfallendes incident light
~/gedämpftes subdued light
~/gerichtetes directional (directed) light
~/gestreutes diffuse light
~/grelles glaring (dazzling) light; discomfort glare
~/indirektes indirect light, second (reflected) light
~/kaltes cold light
~/reflektiertes reflected light
~/weiches soft light
~/weißes achromatic colour
Lichtabsorption *f* light absorption
Lichtanlage *f* lighting equipment (installation), lighting set
Lichtaufsaugung *f s.* Lichtabsorption
Lichtausbeute *f* light (luminous) efficiency (power), light yield *(Lichtquelle)*
Lichtausnutzungsverhältnis *n* coefficient of utilization [of light]
Lichtausstrahlung *f*/ **spezifische** radiance, illumination; luminous emittance
Lichtband *n* 1. lighting row, strip-line, lighting fixtures; 2. row of windows *(Fensterband)*
lichtbeständig fast (stable) to light, lightfast
Lichtbeständigkeit *f* daylight proof; lightfastness; fastness (resistance) to light; light resistance *(Kunststoff, Farbe)*
Lichtbogenschneiden *n* arc cutting *(mit Lichtbogen)*
Lichtbogenschweißen *n* [electric] arc welding
Lichtbrechung *f* refraction of light
Lichtdecke *f* luminous (illuminated) ceiling
lichtdicht light-tight
lichtdurchlässig transparent, light-admitting
Lichtdurchlässigkeit *f* light transmission (transmittance)
lichtecht 1. lightfast, fast to light *(Farbe)*; unaffected by light; 2. colour-fast, fadeless
Lichtechtheit *f* 1. light-fastness; 2. colour fastness
Lichteinfallskuppel *f* dome light
Lichteinwirkung *f* effect (action) of light
lichten to clear *(einen Wald)*
Lichtenergie *f* luminous energy
Lichtenhöhe *f* door clearance *(Höhe zwischen Fußboden und Türblatt)*
Lichtfenster *n* light
Lichtfilter *n* light filter
Lichtgaden *(Arch)* clerestory *(der obere belichtete Wandabschnitt der Basilika)*
Lichtgesimsleiste *f* cornice lighting
Lichthof *m* [glass-roofed] inner court, patio
Lichtjalousette *f*/ **völlig schließbare** light-proof blind
Lichtkuppel *f* domed roof-light, dome light *(Dachlaterne)*
Lichtleiste *f* batten light fitting
Lichtleitungen *fpl (El)* [lighting] mains
Lichtloch *n* eyelet; lunette *(Gewölbeöffnung)*
Lichtmast *m* lamp post (pole), lighting mast
Lichtmenge *f* quantity of light; luminous energy (flux)
Lichtmengenmessung *f* photometry
Lichtnetz *n (El)* mains, supply line
Lichtöffnung *f* light opening, light-pasing opening [grill]; *(Am)* areaway *(eines unter der Erdoberfläche liegenden Gebäude[teil]s)*
~/begehbare floor light *(in der Decke)*
Lichtpause *f* [blue] print, tracing
Lichtpfahlramme *f* light-duty driver
Lichtpunktquelle *f* point source
Lichtquelle *f* light (luminous) source, source of light
Lichtquellenabstand *m* **von dem Fixpunkt** light centre length
Lichtquellenanordnung *f* arrangement of light sources
Lichtquellenhöhe *f* throw [distance]
Lichtreflektor *m* reflector
Lichtregler *m (El)* dimmer
Lichtreklame *f* luminous advertisement
lichtsäulig *(Arch)* araeostyle *(mit einem Säulenabstand von etwa 4 Säulendurchmessern)*; wide-spaced
Lichtschacht *m* light well (shaft)
~/offener open light shaft
Lichtschalter *m* light switch
Lichtschlitztür *f* narrow-light door
Lichtschranke *f* light barrier
Lichtsignal *n* warning light
Lichtspalt *m* light gap
Lichtspieltheater *n* cinema, picture palace, *(Am)* movie (film) theater
Lichtstärke *f* luminous intensity, candlepower *(SI-Einheit: Candela)*
Lichtstrahlausnutzungskoeffizient *m* coefficient of beam utilization
Lichtstrahlbündel *n* light beam
Lichtstrahlwinkel *m* [light] beam spread (divergence) *(eines Strahlenbündels)*
Lichtstreukörper *m* diffuser
Lichtstreuschirm *m* diffusing screen
Lichtstreutafel *f* diffusing (lighting) panel
Lichtstreuvorsatz *m*/ **eierwabenförmiger** eggcrate diffuser
Lichtstrom *m* 1. lighting current (circuit); 2. luminous flux *(SI-Einheit: Lumen)*

Lichttechnik *f* lighting engineering, illumination
Lichtverhältnisse *npl* light conditions
Lichtverlust *m* light loss
Lichtwange *f* face string (stringer) *(Treppenwange)*
Lichtwiderstand *m* light resistance *(Kunststoff, Farbe)*
Lichtwiderstandskraft *f* light resistance *(Kunststoff, Farbe)*
Lichtzähler *m* light meter
Lichtzutritt *m* admission of light
Lieferangebot *n* tender
Lieferant *m* supplier
Lieferanteneingang *m* goods entrance *(Hotel)*
Lieferbauholz *n (Am)* stock lumber
Lieferbedingungen *fpl* terms of delivery (supply)
Lieferbeton *m* ready-mixed concrete, truck-mixed concrete
Liefereingangstür *f* service door
Liefergarantie *f* performance guarantee, *(Am)* performance bond
Liefergröße *f* stock size
Lieferholz *n* stuff
Lieferlänge *f* factory length; mill (random) length *(Röhre)*
liefern to supply, to deliver
~ **und einbauen** to furnish and to install *(Leistungsbeschreibung)*
Lieferrampe *f* delivery (supply) ramp
Lieferung *f* supply, delivery, shipment • ~ **auf Rechnung und Gefahr** [delivery] at the responsibility
liegen auf to rest on
liegend/ähnlich homothetic *(geometrische Figuren)*
~**/am Ufer** riparian
~**/in einer Ebene** planar
Liegendes *n (Tun)* footwall
Liegeplatz *m* berth *(Schiff)*
Lierne *f (Arch)* lierne [rib]
Liernengewölbe *n (Arch)* lierne vaulting
Lift *m* lift; *(Am)* elevator
Lift... *s.* Fahrstuhl...
Lift-slab-Verfahren *n* lift-slab construction (method) *(Deckenhubverfahren)*
Lignin *n* lignine *(Holzzellstoff)*
Lignitbraun *n* Vandyke brown
Limbaholz *n* limba wood, korina wood *(westafrikanischer Baum)*
Limonit *m* limonite *(als Schwerzuschlagstoff für Strahlenschutzbeton)*
Lindenholz *n* lime wood, lime, linden
~**/amerikanisches** *(Am)* basswood
Lineal *n* ruler; rule *(Maßstab)*
Linearausdehnung *f* linear expansion
Linearbelastung *f* linear loading
Linearität *f* linearity
Linearspannung *f* linear stress
Linie *f* line
~**/ausgezogene** continuous line
~ **der Mittelkraft** axis line of pressure
~ **der Mittelpunkte** locus of centres *(Geometrie)*
~**/eingeritzte** score *(Kratzer)*
~**/elastische** bending line
~ **für Alternativobjekte/gestrichelte** phantom line
~**/gestrichelte** broken (dash) line
~ **gleicher Scherspannung** line of equal shear
~**/punktierte** dotted line
~**/strichpunktierte** dash and dot line, dash-dotted line
~**/verdeckte** hidden line *(technische Zeichnung)*
Linienbelastung *f* linear loading
Linienbildung *f* **eines Anstrichs/feine** silking
Linienführung *f* route mapping, routing; route *(Verkehrsmittel)*
Linienlast *f (Stat)* line (strip) load, knife-edge load[ing]
Linienschnittverfahren *n* line intersection method
Linienzug *m* **/ geschlossener** continuous line, traze; circuit *(Mathematik)*
Lini[i]erung *f* ruling
Lini[i]erungsstrich *m* ruling
Linksabbiegerspur *f (Verk)* left-turn lane
Linkstür *f* left-hand door *(linkseinschlagende Tür)*
Linksverkehr *m* left-hand traffic
Linksziegel *m* left-hand side tile
Linoleum *n* linoleum, lino
Linoleumfliesen *fpl* linoleum tiles
Linoleumfußbodenbelag *m* linoleum floor covering
Linse *f***/ optische** lens
Linsenkopfschraube *f* fillister-head screw
Linsenträger *m* fish beam, fish-belly (fish-bellied) girder *(Fachwerkträger)*
Lippe *f* lip
Lisene *f* pilaster strip, lesene *(hervortretender Mauerstreifen)*
Litfaßsäule *f* poster pillar
Lithologie *f* petrology *(Gesteinskunde)*
Lithopone *f* lithopone *(Farbe)*
Litze *f* 1. cord, stranded wire; 2. stretching cable
~**/geflochtene** *(El)* pigtail
Litzenanhebeverfahren *n* deflected-strand technique *(Spannbeton)*
Loch *n* 1. hole, opening; 2. core [hole], cavity *(Ziegel)*; 3. pinhole *(Bolzenloch)*; 4. pit *(Schürf- oder Erdloch)*; 5. bore hole *(Bohrloch)*
~**/durchgängiges** bottomless hole
~**/feines** pinhole *(Fehlstelle in verschiedensten Materialien)*
~**/kleines** bird peck *(Schadstelle im Holz)*
~**/nicht durchgebohrtes** blind hole
Lochbohrer *m (Hb)* rose bit
Locheisen *n* mandrel *(Dorn zum Aufweiten)*; hollow punch
lochen to punch, to pierce, to make a hole; *(Hb)* to bore
Locher *m* puncher, punch, perforator
Lochfeile *f* riffler *(Rundfeile)*
Lochfraß *m* [localized] corrosion, pitting *(Metall)*
Lochfüllmasse *f* stopper, stopping

Lochleibung *f* specific pressure on hole, bearing pressure of projected area
Lochnaht *f* plug weld
Lochplatte *f* boss, swage block
Lochrohrlinie *f* distribution line
Lochsäge *f* piercing saw, lock-saw, key[hole] saw, compass saw, cylinder (crown) saw
Lochschweißnaht *f* plug weld
Lochstein *m* perforated block
Lochsteinmauerwerk *n* cored block masonry
Lochtaster *m* inside calipers
Lochung *f* perforation; *(Hb)* boring; coring *(Ziegel)*
Lochversuch *m* punching test
Lochziegel *m* cored (perforated) brick, hollow (cellular) brick
Lochzange *f* holing (punch) pincers
locker porous; loose, soft *(Boden)*; slack *(schlaff)*
lockern to loosen, to strip *(Schraube)*; to ease; to break up *(Boden)*
~/sich to loosen, to slack
Lockern *n* easing, loosening; slackening *(Seil, Kabel)*
Löffel *m* scoop, shovel bucket *(Bagger)*
Löffelbagger *m* power (mechanical) shovel, shovel, [shovel] excavator, navvy excavator
Löffelbohrer *m* shell auger (bit), screw auger, gouge bit, pump (bit) borer *(Schrotbohrer)*; spoon bit *(Baugrunduntersuchung)*
Loggia *f* recessed balcony, loggia
Loggiafenster *n* outwindow
Logierhaus *n* rooming (lodging) house
Logierhotel *n* apartment hotel
Lohnbüro *n* wages office (department)
Lokalelementbildung *f* electrochemical (galvanic) corrosion
Lokomotivschuppen *m* locomotive (engine) shed, *(Am)* roundhouse
Lorbeerblattdekoration *f (Arch)* bay leaf [ornament]
Lore *f* [open goods] wagon, lorry, truck; tipper *(Kipplore)*
Los *n* lot *(Baulos)*
lösbar disconnectable *(Verbindung)*, dismountable
löschen 1. to slake lime, to hydrate, to quench *(Kalk)*; 2. to extinguish, to put out *(Feuer)*
Löschbecken *n* slaking basin *(Kalk)*; *(Wsb)* tumbling bay *(Wehr)*
Löscher *m* extinguisher
Löschgrube *f* slaking pit
Löschkalk *m* [dry] hydrated time, hydralime, dry hydrate, slaked lime
Löschkasten *m* slaking box
Löschschlacke *f* pan breeze
Löschschlackenzuschlag *m* pan breeze aggregate
Löschschlackenzuschlagstoff *m s.* Löschzuschlag
Löschtrog *m* slaking box
Löschwasserrohrsystem *n* fire line
Löschwasserteich *m* fire pond
lose slack, loose; in bulk *(als Schüttgut)*
lösen to loosen *(lockern)*; to slacken; to unfasten, to untie *(aus der Befestigung)*; *(Bod)* to ease
Lösen *n* loosening, slackening; *(Bod)* easing; chalking *(Anstrich)*
Losgröße *n* lot size
~/kleine job size, short run
Losholz *n* timber transom
löslich soluble
Löslichkeitsvermögen *n* solubility, solvent power *(Farblösungsmittel)*
Löß *m* loess
Lößboden *m* loess soil
losschrauben to unscrew, to unbolt
Lößlehm *m* loess clay
Lösung *f* 1. solution, dissolution; 2. loosening, releasing, unlocking *(Losmachen)*
Lösungsansatz *m* approach *(theoretischer)*
Lösungsbenzin *n* petroleum (mineral) spirit[s]
Lösungsmittel *n* 1. solvent; 2. vehicle, medium *(Trägermittel für Farben)*
~/hochsiedendes slow-evaporating solvent
~/inaktives non-solvent
~/schwerflüchtiges slow-evaporating solvent *(Farbe)*
Lösungsmittelbenzin *n s.* Lösungsbenzin
lösungsmittelbeständig solvent-proof
Lösungsmittelkleber *m* solvent adhesive
lösungsmittelhaltig solvent-based
Lösungsmittelreinigung *f* solvent wiping
Lösungsmittelschleier *m* blushing *(in Farbe)*
Lösungsverfahren *n* solution procedure
Lot *n* 1. plumb [bob], plummet, plumbline; 2. solder *(zum Löten)* • **aus dem** ~ out-of-plumb *(nicht lotrecht)* • **im** ~ plumb • **nicht im** ~ out-of-square (plumb)
~/optisches optical plummet
Lotabweichung *f* deviation (deflection) of the plumb line, plumb line deviation
Lotecke *f* lead, *(Am)* corner lead *(Richtmauerwerk)*
Löteisen *n s.* Lötkolben
loten to plumb
löten to solder
Loten *n* **/ optisches** optical plumbing
Löterhitzer *m* plumber's furnace
Lötfuge *f* soldering (wiped) joint, brazing seam
Lotgewicht *n* plumb bob, plumb, plummet
Löthafter *m* cleat
Lothaltigkeit *f* verticality
Lötkolben *m* 1. [electric] soldering iron, soldering copper; copper bit, hatchet iron
Lötlampe *f* blowlamp, *(Am)* blowtorch, soldering (brazing) lamp
Lötmassenstopp *m* [soldering] stop-off
Lötmetall *n* solder
Lötnaht *f* soldered seam (joint)
Lötpaste *f* soldering paste
Lötpistole *f* soldering gun
lotrecht plumb, vertical

Lotschnur *f* plumbline
Lotsetzwaage *f* plumb level
Lötstelle *f* soldering joint (point)
~/kalte dry joint
~/optische optical plumbing
Lotusblattornament *n (Arch)* water leaf [ornament]
Lötverbindung *f* soldered joint
~/gasdichte sweat joint *(Rohr)*
Lotwaage *f* builder's (carpenter's) level, spirit level, *(Am)* plumb and level
Lötzange *f* hawkbill, brazing tongs
Lötzinn *n* tin solder, soldering tin, plumber's solder
LP-Stoffe *mpl s.* Luftporenbildner
L-Stahl *m* angle steel (section), steel angle *(Profilstahl)*
L-Träger *m* L-beam
Lücke *f* 1. gap; 2. break *(Bruch)* • **auf** ~ staggered
Lückenbau *m* in-fill building, lock-up
Luft *f* clearance; play *(zwischen zwei Bauteilen)*
~/bereits klimatisierte
~/eingeschlossene close (dead) air; entrapped air
~/gesättigte saturated air
~/verbrauchte vitiated air
Luftabbinden *n* air setting (curing) *(Beton)*
luftabbindend air-setting
Luftabzugsgitteröffnung *f* return grill
Luftabzugsleitung *f* vent stack
Luftabzugsrohr *n* vent stack
Luftanfeuchtung *f s.* Luftbefeuchtung
Luftansauger *m* air-exhauster, air-exhaust ventilator
Luftansaugung *f* air intake (admission)
Luftaufbereiter *m* air conditioner
Luftaufbereitungsanlage *f* air-handlung unit *(einer Klimaanlage)*
Luftauslaß *m* air outlet
Luftauslaßschlitz *m* slot outlet *(Klimaanlage)*
Luftausströmgeschwindigkeit *f* terminal velocity *(Klimaanlage)*
Luftaustritt *m* exfiltration [of air] *(durch Fugen und Wände)*
Luftaustrittsgitter *n* exhaust grille
Luftaustrittsöffnung *f* 1. air outlet; 2. air inlet *(einer Klimaanlage)*
Luftbefeuchter *m* air humidifier; atomizing-type humidifier *(durch Wasserzerstäubung)*
~ **mit Dampfdüsenrohr** steam-jet (steam grid) humidifier *(Luftkanal)*
Luftbefeuchtung *f (HLK)* air humidification
Luftbehandlung *f* air treatment
Luftbesen *m* air lance *(Düse)*
luftbeständig air-resistant
Luftbeton *m* aerocrete
luftbetrieben air-operated, air-powered
Luftbewegung *f* air movement
Luftbewegungsabstand *m* **/ kürzester** *(HLK)* developed distance *(Luftweg)*
Luftbildaufnahme *f (Verm)* aerial view (photograph), aerophoto, air survey
Luftbildkarte *f* aerial photomap
~/zusammengesetzte aerial photomosaic *(einer größeren Erdoberfläche)*
Luftbildplan *m (Verm)* rectified mosaic
Luftbildvermessung *f* air survey
Luftblase *f* 1. air bubble; 2. blowhole, gas pocket *(im Beton)*; 3. steam blow *(gesperrtes Holz, Furnier)*; 4. air lock *(in einer Leitung)*
~/kleine blub *(im Putz)*
Luftblasenhohlräume *mpl (Am)* bug holes *(in eingebrachtem Beton)*
Luftbürstenstreichmaschine *f* air brush
luftdicht airtight; air-proof, hermetic
Luftdiffusor *m* air diffuser
Luftdruckkammer *f* air vessel *(in Leitungssystemen)*
Luftdurchflußgitter *n (HLK)* transfer grille *(Klimaanlage)*
~/regelbares *(HLK)* transfer register *(Klimaanlage)*
luftdurchlässig permeable (pervious) to air, air-permeable
Luftdurchlässigkeitstest *m* air permeability test *(z. B. bei Zement, Feinstoffen)*
Luftdurchtritt *m* air leakage *(durch Fenster oder Türen)*
Luftdüse *f* air nozzle (lance); air blowpipe *(zur Reinigung)*
Lufteinführung *f* air entrainment *(Frischbeton)*
Lufteinlaß *m* air intake (inlet)
Lufteinlaßrohr *n* air inlet pipe
Lufteinschluß *m* air entrainment, entrapped air *(Beton)*
Lufteinspeisegitter *n (HLK)* supply grille *(Klimaanlage)*
Lufteinspeisungsgitter *n* **mit Richtungslamellen** vaned outlet *(meist regelbar)*
Lufteintritt *m* air intake
Lufteintrittsrohr *n* air chimney *(Wrasenabzug)*
lüften to air, to ventilate
Lüfter *m* ventilator, fan, aerator; cooling fan; *(HLK)* air-moving device
Lüftergaupe *f* dormer ventilator
Lufterhärtung *f* air-hardening, air curing *(von Beton)*
Lufterhitzer air heater
~ **ohne Lüfter** duct furnace *(Klimaanlage)*
Lüfterkanal *m* fan drift
Luftfeuchte *f* air moisture (humidity)
Luftfeuchtemesser *m* hygrometer
Luftfeuchtigkeit *f* **/ absolute** absolute humidity
~/relative relative humidity
Luftfilter *n* air filter
Luftfußbodenheizung *f* air floor heating
~/römische hypocaust *(antike Baukunst)*
Luftgewölbe *n* air arch
Luftgitter *s.* Lüftungsgitter
Lufthärtung *f* air-hardening
Luftheizofen *m* air heater
Luftheizung *f* air (plenum) heating, hot-air heating

Luftisolierung *f* air insulation
Luftkabeltragseil *n* supporting wire for air cables, messenger wire
Luftkalk *m* non-hydraulic lime; air-hardening lime; common (building, mason's) lime
Luftkammer *f* compressed-air chamber, air chamber; plenum chamber *(Klimaanlage)*
Luftkammerraum *m* plenum chamber *(Klimaanlage)*
Luftkanal *m* air channel (flue), vent; air duct, air-conditioning duct, air trunk[ing]
Luftkanalblechmaterial *n* duct sheet
Luftkanalsystem *n* duct system *(Klimaanlage)*
Luftkasten *m* air chamber
Luftkissen *n* air cushion
Luftklappe *f* air shutter *(Klimaanlage)*
Luftklimatisierungsanlage *f* air-conditioning installation (system)
Luftkompressorbohrer *m* percussion drill
Luft-Kondenswasserrückfluß *m* dry return *(Dampfheizung)*
Luftkühler *m* air cooler
Luftlack *m* airproof (spar) varnish
Luftleck *n* air leakage
Luftleitung *f* air pipe[s] (piping, tubes)
Luftlinie *f* 1. straight (air) line; 2. slant range *(zwischen zwei Punkten verschiedener Höhe)*
Luftloch *n* 1. vent (air) hole; 2. back vent *(in einem Leitungssystem zur Vermeidung von Unterdruck)*; 3. eyelet *(Beobachtungsloch im Mauerwerk)*
Luftlöschen *n* air slaking *(Kalk in feuchter Luft)*
Luftmischkammer *f* drying-duct terminal unit *(Klimaanlage)*
Luftmörtel *m* lime mortar, ordinary [lime] mortar
Luftnachwärmung *f* reheating *(Klimaanlage)*
Luftofen *m* central fire [for air heating]
Luftöffnung *f* ventilation opening, vent
Luftöffnungsbaustein *m* ventilating (air) brick *(Lüftungsziegel)*
Luftöffnungsschlitz *m* louvre
Luftpolster *n* 1. air buffer (cushion); 2. air vessel *(gegen Wasserschlag)*
Luftporen *fpl* [air] voids; entrained air *(im Beton)*
Luftporenbeton *m* air-entrained concrete
Luftporenbildner *m* air-entraining agent
Luftporenbildung *f* air entraining
Luftporeneinschluß *m* air entrainment
Luftporengehalt *m* air content *(in Mörtel oder Beton)*
Luftporenmeßgerät *n* air entrainment meter
Luftporenreduzierer *m* air-detraining agent
Luftporenzement *m* air-entraining cement
Luftputz *m* lime plaster
Luftraum *m* plenum *(Zwischenraum für Klimaanlagen)*; air space *(Wand)*
Luftregelklappe *f* air shutter *(Klimaanlage)*
Luftregulierungsdüse *f* air regulator
Luftreiniger *m* air cleaner
~/elektrostatischer electrostatic air cleaner (precipitator)
Luftreinigung *f* air purification (cleaning)
Luftrichtungsweiser *m* foot piece *(Klimaanlage)*
Luftrohr *n* air pipe (tube); puff pipe *(Rohrbelüftung)*
Luftrost *m* air grate (grating)
Luftsack *m* air bag; air lock (pocket) *(in Leitungssystemen)*; air hole
Luftsäule *f* air column
~/fallende downdraught
Luftschacht *m* ventilating shaft; air-shaft, air well *(Lichthof)*
Luftschall *m* air-borne sound *(Geräusch in einem Gebäude, das durch das Medium Luft übertragen wird)*
Luftschallschutzmaß *n* air-borne [sound] insulation margin
Luftschicht *f* air space (layer)
Luftschleiertür *f* air curtain door
Luftschleuse *f* air (air-bound) lock, *(Am)* man lock, antechamber
Luftschlitz *m* louvre, abat-vent
~/gelochter punched louvre
Luftschlitzöffnung *f* **mit Eierwabenausbildung** eggerate louvre
Luftschlitztürfüllung *f* pierced louvre [door panel]
Luftschornstein *m* vent stack *(Abzugsrohr)*
Luftschürze *f* air curtain (door)
Luftschutz *m* **/ baulicher** civil defence construction
Luftschutzraum *m* air-raid shelter
Luftseilbahn *f* aerial ropeway, travel cableway
Luftseite *f* downstream (air-side) face *(einer Talsperre)*
Luftspalt *m* air gap; air drain *(bei Fundamenten zur Isolierung vom Erdreich)*
Luftstrom *m* air current
Luftstromerhitzer *m* blast heater
Luftstromfall *m* [air current] drop *(Klimaanlage)*
Luftstromlänge *f* **im Raum** [air current] throw *(Klimaanlage)*
Luftstromprüfung *f* **mit Rauch** smoke test
Luftstromtür *f* air curtain door
Lufttragegebäude *n* air-inflated (air-supported) structure, pneumatic (inflatable) structure
lufttrocken air-dry, air dried
Lufttrockenfilter *n* dry filter
lufttrocknend air-drying; air-setting *(z. B. Bindemittel)*; air-seasoning *(Holz)*
Lufttrockner *m* dehumidifier
Lufttrocknung *f* air drying
Lufttürmchen *n* *(Am)* flèche *(zur Lüftung)*
Luftumlauf *m* air circulation
luftundurchlässig airtight
Lüftung *f* ventilation, venting
~/freie *s.* ~/natürliche
~/künstliche artificial ventilation
~/natürliche natural ventilation (aeration)
Lüftungsdecke *f* vented ceiling
Lüftungsesse *f* vent stack *(Abzugsrohr)*

Lüftungsfenster *n* ventilating window; top-hinged in-swinging window
Lüftungsflügel *m* window vent, projected sash; skylight
~/unterer hopper light (vent)
Lüftungsgeräte *npl* ventilation equipment
Lüftungsgitter *n* air grating (grate), ventilating grille
Lüftungskanal *m* air channel (duct), vent duct; air-conditioning duct; local vent
Lüftungskanäle *mpl* ventilating ducts
Lüftungslamelle *f* louvre
Lüftungsschacht *m* 1. ventilating shaft; 2. air shaft *(Luftschacht)*; 3. [ventilation] funnel
~/offener open shaft
Lüftungsscheuerleiste *f* ventilating skirting board
Lüftungsstation *f* ventilating station
Lüftungstechnik *f* ventilation engineering
Lüftungszentrale *f* ventilating station
Luftvermessung *f* aerial (air) survey
Luftvermischung *f* aspiration *(bei Klimaanlagen an den Lufteinspeisungen)*
Luftverteiler *m* diffuser
Luftvorhang *m* air curtain (door)
Luftvorhangtür *f* air curtain door
Luftvorwärmansatz *m* air preheater, air preheat coil, *(HLK)* economizer
Luftwärmeaustauscher *m* air reheater *(im Heizungssystem)*
Luft-Wasser-Strahl *m* air-water jet *(zur Reinigung von Beton und Gesteinsoberflächen)*
Luftwechsel *m (HLK)* air change
Luftwirbel *m* air vortex (eddy)
Luftziegel *m* day (air) brick, loam (adobe) brick, unburnt brick, cob *(ungebrannter Ziegel)*
Luftzirkulation *n* air circulation
Luftzirkulationsraum *m* airway *(bei Kaltdächern)*
Luftzuführung *f* air input, aeration
Luftzug *m* draught, *(Am)* draft
Luftzugregler *m***/ automatischer** barometric draught regulator *(bei Heizungen)*
Luftzwischenraum *m* air space; air gap *(z. B. in einem Tank, Boiler)*; air lock *(bei Isolierungen)*
~ einer Schalenwand air space of a cavity wall
Lukarne *f* lucarne *(Dacherker)*
Luke *f* hatch[way], trap door
Lukendeckel *m* hatch cover
Lukenfenster *n* cant-bay window
Lukentür *f* hatch cover
Lumpenfaserbitumenpappe *f* rag felt
Lunapark *m* amusement park
Lunette *f* lunette; gore *(Bogenfeld über einer Tür bzw. einem Fenster)*
Luppe *f* ball
Luppenstahl *m* bloom (blooming) steel
Luppenwalzwerk *n* blooming mill
Lüster *m* 1. lustre, *(Am)* luster *(Glanzüberzug)*; 2. satin finish *(metallisch schimmernder Anstrich)*; 3. chandelier *(Leuchter)*
Lux *n* lux *(SI-Einheit der Beleuchtungsstärke)*
Luxusetagenwohnung *f* luxury flat
Luxuswohnung *f (Am)* high class apartment
~/große mansion
L.V. *s.* Leistungsverzeichnis
lx *s.* Lux

M

Mäander *m***/ gebrochener** *(Arch)* fret, fretwork
~/rechtwinklig gebrochener key pattern, meander *(wellenförmige Verzierung der griechischen Baukunst)*
machen/brüchig to tender
~/bündig to flush, to bring (make) flush
~/das Aufmaß to bill for quantities
~/dicht to proof, to seal
~/dreieckig to triangulate
~/ein Angebot to bid, to make a bid
~/Flächen bündig to make flush
~/fleckig to spot
~/gleich to bring flush
~/haltbar to stabilize
~/Nietköpfe to snap
~/passend to fit
~/schalldicht to soundproof, to deafen
~/staubfrei to dustproof
~/tiefer to deepen
~/wasserdicht 1. to waterproof, to seal; 2. *(Erdb)* to coffer
~/wetterfest to weatherproof
~/wieder wasserdicht to reproof
Madenschraube *f* grub screw, headless pin
Magazin *n* warehouse, store[house], magazine *(Lager)*
magazinieren to store *(Werkzeuge)*
mager 1. lean; 2. arid *(dürr)*
Magerbeton *m* lean (weak, poor, inferior) concrete
~/gewalzter dry-rolled concrete
Magerbetonfundamentunterbettung *f* cap
Magerkalk *m* lean lime (quicklime), poor (meagre) lime
Magerlehm *m* short clay
Magermörtel *m* lean (bad) mortar; cement-lime mortar
Magersand *m* sand poor in clay
Magistrale *f* thoroughfare
Magnesia *f* magnesia
~/calcinierte (gebrannte) calcined magnesium carbonate
Magnesiabinder *m* magnesia (magnesite) cement, magnesium oxychloride cement
Magnesiadämmstoff *m* magnesia insulation
Magnesiaplatte *f* magnesite slab
Magnesiazement *m* magnesia cement *(hydraulische Magnesia)*
Magnesit *m* carbonate of magnesia, magnesite
Magnesitfußboden *m* magnesite floor[ing]

Magnesitstein *m* magnesite (magnesia) brick, magnesite rock
Magnesitziegel *m* magnesite (magnesia) brick
Magnesiumcarbonat *n* magnesium carbonate
Magnesiumhydroxid *n* magnesium hydroxide
Magnesiumoxid *n* magnesium oxide, magnesia
Magneteisensteinzuschlag *m* magnetite aggregate *(Schwerstbeton)*
Magnetitbeton *m* magnetite concrete
Magnetitzuschlagstoff *m* magnetite aggregate *(Schwerstbeton)*
Magnetventil *n* solenoid valve
Magnetverschluß *m* magnetic catch
Mahagoni *n* mahogany
Mahagonibeize *f* abraum
Mahagoniholz *n* mahogany
~/weißes avodire
~/westindisches carapa
mahagoniverkleidet mahogany-faced
Mahlanlage *f* 1. crushing (breaking) plant *(für grobes Mahlgut)*; 2. grinding plant *(für feines Mahlgut)*
mahlen to mill, to grind *(Bindemittel, Füller)*; to crush, to break *(Gestein)*
Mahlgut *n* 1. grinding stock *(zum Vermahlen)*; ground stock *(Mahlprodukt)*; 2. grist *(Gestein)*
Maisonette-Wohnung *f* maisonette, *(Am)* duplex apartment
Majolika *f* majolica [ware]
Majolikaarbeit *f* majolica
Majolikawandfliese *f* majolica wall tile
Makadam *m(n)* macadam, mac
~/heißgemischter hot-mixed macadam
~/mörtelverfüllter grouted macadam
Makadambauweise *f* macadam [construction method], mac
Makadamdecke *f* macadam surface (surfacing)
Makadamgemisch *n* open-graded bituminous mix[ture]
Makadamgesteinszuschlagstoff *m s.* Makadamzuschlagstoff
Makadamstraße *f* macadam road
Makadamzuschlagstoff *m* macadam aggregate
Makulatur *f* 1. waste; 2. lining paper *(zum Tapezieren)*
Malachit *m* malachite
malen to paint; to coat
Malerarbeiten *fpl* painting work
Malerbürste *f* distemper brush
Malereimer *m* paint kettle
Malergips *m* painter's gypsum
Malergold *n* ormolu
Malerkitt *m* painter's putty
Malerpinsel *m* painter's brush
~/schmaler fitch brush
Malm *m* malm *(Gestein)*
Mammutpumpe *f* mammoth pump
Manganacetat *n* manganese drier *(Anstrich)*
Manganstahl *m* manganese steel
Mangantrockenstoff *m* manganese drier *(Anstrich)*
Manganzement *m* manganese cement
Mangel *m* 1. defect *(z. B. bei Holz)*; 2. shortage *(Verknappung)*
Mängelbehebung *f*, **Mängelbeseitigung** *f* correction of deficiencies, rectification
Mängelfreiheit *f* soundness
mangelhaft faulty, defective, unsound
Mängelliste *f* inspection (completion) list; list of deficiencies (defects), punch list
Maniak *n* glance pitch
Manilahanf *m* abaca
Mannloch *n* manhole, manway
Mannlochbügel *m* manhole dog
Mannlochdeckel *m* manhole cover
Mannlochring *m* manhole ring
Mannkörpersäule *f (Arch)* telamon *(männliche Karyatide)*
Manometer *n* pressure gauge, manometer; Ugauge *(Gasdruck, Wasserdruck)*
Mansarddach *n s.* Mansardendach
Mansarde *f* mansard, attic
Mansardendach *n* mansard roof, kerb roof, *(Am)* curb roof, gambrel (knee) roof
~/abgewalmtes double-pitched roof
~ mit durchgehender Firstsäule mansard roof with king post resting on tie beam
Mansardendachfenster *n* attic window, mansard dormer window
Mansardendachsparren *m*/**oberer** curb rafter
Mansardenflachdach *n* mansard flat roof, *(Am)* deck roof
Mansardenpultdach *n* lean-to mansard roof
Mansardenstützpfette *f* purlin plate
Mansardenwalmdach *n* hipped mansard roof, French roof
Manschette *f* gasket; sleeve
Manschettenrohr *n* thimble
Mantel *m* jacket, mantle, casin, sheat[ing] *(Ummantelung von Bauteilen und Leitungen)*; shell *(Umschalung)*; cover *(Abdeckung)*; envelope *(Umhüllung)*; cage *(Einhausung)*
Mantelbeton *m* haunching concrete
Mantelfläche *f* surface shell
Mantelhülse *f* thimble *(Rauchrohr, Ofenrohr)*
Mantelkabel *n (El)* sheathed cable
Mantelpfahl *m* cased pile *(Gründung)*
Mantelreibung *f* skin friction, friction action *(Pfahlgründung)*
Mantelreibungspfahl *m* displacement[-friction] pile
Mantelrohr *n* casing, protecting tube, cylinder; casing pipe *(Bohrtechnik)*
Mantelrohrpfahl *m* caisson pile
Marienglas *n* satin spar
Mark *n* pith *(Holz)*
Marke *f* 1. brand, label, tag *(Kennzeichnung)*; 2. *(Verm)* mark; 3. make *(Fabrikat)*; [trade] mark
markieren to mark, to sign; to inscribe *(beschriften)*

Markierschablone *f* tracing pattern
Markierung *f* 1. tagging, labelling; marking *(Straße)*; 2. tag; label
Markierungsfarbe *f* line marking paint
Markierungsfarbschicht *f* guide coat
Markierungsknopf *m* street marker, road stud *(Fahrbahnmarkierung)*
Markierungslinie *f* marker line
Markierungsmaschine *f* marking machine *(Straße)*
Markierungspunkt *m (Verm)* monument
Markierungsrinne *f (Am)* lockspit
Markierungsstab *m* arrow
Markierungsstreifen *m* roadway stripe
Markierungsstrich *m* traffic line *(Straße)*
Markise *f* awning, sun blind
Markmauer *f* party (parting) wall, common wall
Markscheide *f* boundary line
Markstein *m* 1. cairn *(Pyramide aus aufgeschichteten Steinen)*; 2. *s.* Grenzstein
Marksteinsäule *f* cippus *(im antiken Rom)*
Markstrahl *m* medullary ray *(Holzfurnier)*
Marktbude *f* market stall, booth
Markthalle *f* covered market, market hall
Marktplatz *m* marketplace, market square; agora *(im antiken Griechenland)*
Marmor *m* marble
~ für römische Bauten/schwarzer lucullite
~/künstlicher marezzo [marble]
~/roter pavonazzo, Phrygian marble *(in antiken römischen Gebäuden)*
Marmoragglomerat *n* marble gravel, reconstituted marble
Marmorbearbeitung *f* marble dressing
Marmorbelag *m* marble flag pavement *(für Fußböden)*
Marmorbeton *m* imitation (artificial) marble
Marmorbruch *m***/ gepreßter** reconstituted marble
Marmorfensterbank *f* marble window sill
Marmorfliesenpflaster *n* marble flag pavement
marmorieren to marble[ize], to mottle, to vein
Marmorierpinsel *m* mottler
marmoriert marbled, veined
Marmorierung *f* marbled (mottled) texture
Marmorkalk *m* marble lime
Marmorkalkstein *m* compact limestone
Marmorleger *m s.* Marmorverleger
Marmorplatte *f* marble slab
Marmorsplitt *m* marble gravel
Marmorstaubfeinputz *m* intonaco, scialbo *(für Freskenmalerei)*
Marmorstück *n***/ zurechtgehauenes** chip *(für bestimmte Verwendungszwecke)*
Marmorverkleidung *f* marble facing
Marmorverleger *m* marble setter
Marmorzuschlagkorn *n***/ ovalgetrimmtes** oval [marble aggregate]
Marschland *n* marshland
Marshall-Stabilität *f* Marshall stability
Marshall-Stabilitätsversuch *m* Marshall stability test
Maschenabdruckseite *f* screen side *(Hartfaserplatte)*
Maschenbewehrung *f* mesh [reinforcement]
~/punktgeschweißte welded-wire fabric reinforcement
Maschenbreite *f* width of mesh
Maschendraht *m* mesh (screen) wire; fencing wire *(für Zäune)*; wire netting
Maschendrahtabtrennung *f* mesh (wire-mesh) partition
Maschendrahtbewehrung *f***/ geschweißte** welded-wire fabric reinforcement
Maschendrahttrennwand *f s.* Maschendrahtabtrennung
Maschenmaßwerk *n (Arch)* reticulated tracery *(Ornament)*
Maschennetzwerk *n s.* Maschenmaßwerk
Maschenrolladentür *f* rolling grille door
Maschenweite *f* mesh size *(Korngrößenweite)*
Maschenzahl *f* mesh [number] *(pro Zoll linear)*
Maschinenbolzen *m* machine bolt
Maschinenflur *m* generator floor
Maschinenfundament *n* machine foundation (base)
~/elastisches flexible mounting
~/isoliertes inertia block
Maschinenhalle *f* machinery building (hall)
Maschinenlärm *m* machinery noise
Maschinenmischen *n* plant mixing *(z. B. von Beton)*
Maschinenpark *m* machinery, plant, stock of machinery
Maschinenputz *m* machine-applied plaster
Maschinenrahmen *m* [machine] assembly
Maschinenraum *m* engine (power) room
Maschinenraumanordnung *f* engine room layout
Maschinenschraube *f* machine bolt
Maschinenstillstandszeit *f* idle machine time
Maschinenunterlagsplatte *f* [engine] base plate
Maschinenzeichnung *f* mechanical drawing; engineering drawing
Maschinist *m* mixer driver *(für Betonmischanlagen)*
Maschinistenplattform *f* operations area
Maserholz *n* veined wood
maserig raised-grain *(Holz)*
masern to vein, to grain
~/Holz to spot
Maserung *f* vein *(Holz; Gestein)*; grain, figure *(Holz)*
Maskenornament *n* mascaron, mask
Maß *n* dimension, measure • **unter** ~ bare *(zu dünn)*
~/bearbeitetes face edge, working (work) edge *(Holz)*
~/gehobeltes *s.* ~/bearbeitetes
~/lichtes clear dimension
~/toleriertes dimension with tolerance

Maßabweichung *f* 1. deviation, off-size variation in dimensions; 2. allowance, tolerance, margin *(zulässige Abweichung)*
Maßanalyse *f* volumentric analysis
Maßangabe *f* dimension, size, measure
Maßbeständigkeit *f* dimensional stability *(Baustoffe)*
Masse *f* 1. mass; 2. matter *(z. B. Bauhilfsmittel, Bauhilfsstoffe)*; body *(keramische Baustoffe)*; 3. compound composition *(chemische Zusammensetzung)*; 4. *(El)* earth, *(Am)* ground
~/breiige pulp
~/plastische plastic mass
Massedosierung *f* gravimetric batching, weight-batching
Maßeinheit *f* unit of measurement
Massenausgleich *m* system of balancing, dynamic balancing; *(Erdb)* balanced earthwork
Massenauszug *m* bill of quantities *(Leistungsverzeichnis)*
Massenberechnung *f* quantity surveying, mensuration
Massenbeton *m* bulk (mass) concrete, concrete-in-mass
~ mit Großblockzuschlägen cyclopean concrete
Massenentnahme *f (Bod)* borrow
Massenermittlung *f* bill of quantities, quantity surveying
Massenfundament *n* mass foundation
Massengestein *n* primary rock
Massengut *n* bulk material
Massenkalk[stein] *m* massive limestone
Massenkräfte *fpl* mass forces
Massenmittelpunkt *m* centre of mass, centroid
Massenschwerpunkt *m* centre of gravity, centre of mass
Massenstahl *m* ordinary steel
Massenträgheitsmoment *n* mass moment of inertia
Masseprozent *n* percentage by weight
Masseteile *mpl* quantities by weight *(Dosierung von Baustoffen)*
Masse-Volumen-Verhältnis *n* weight-to-volume ratio
Massezunahme *f* gain in weight
maßgenau true [to measure]
Maßgenauigkeitsgrenze *f* limit of accuracy
maßgerecht dimensionally accurate, of correct dimensions, true [to measure]
maßhaltig true [to measure], true to dimension; dimensionally stable *(bei Temperatur- und Feuchtigkeitseinwirkung)* • **~ bleiben** to hold size
Maßhaltigkeit *f* dimensional stability *(Baustoffe)*
Massicot *m* massicot *(Farbe)*
massig compact, massy
massiv 1. massive, heavy solid; 2. sturdy *(robust)*; 3. one-piece
Massivbau *m* solid construction
Massivbetonmauer *f* massive concrete dam
Massivbogen *m* massive arch, arc doubleau
Massivdecke *f* solid floor; fireproof floor
~ mit Tonhohlsteinen Ackermann's ceiling
Massivholz *n* solid timber
~/vergütetes modified solid wood
Massivisolation *f* solid insulation
Massivkabel *n* solid cable
Massivsäule *f* solid column
Massivstufe *f* solid rectangular step
Massivwand *f* solid wall
Maßkasten *m* gauge (gauging) box *(Betonherstellung)*
Maßlehre *f* limit gauge
Maßlinie *f* dimension line
Maßmauerwerk *n* gauge brickwork
Maßnehmen *n* measuring; measurement
Maßordnung *f* dimensional (modular) coordination
Maßpfeil *m* arrow head
Maßprüfung *f* gauging
Maßschindeln *fpl* dimension shingles
Maßsprung *m* increment
Maßstab *m* measure, scale; rule *(Zollstock)*
~ 1:1 natural scale, full scale
~/vergrößerter enlarged scale, scale of enlargement
~/verkleinerter reduced (tapering) scale, scale of reduction
Maßstabfehler *m* imperfection of the scale
maßstabgerecht, maßstäblich true to scale, to scale, correct to scale, scaled
~/nicht not to scale
maßstabsgerecht s. maßstabgerecht
Maßstabsmodell *n* scale model
Maßstabzeichnung *f* scale drawing
Maßstein *m* bedding stone *(für die Ebenheit von Steinmetzarbeiten)*
Maßsystem *n* 1. dimensional framework, modular system; 2. system of units
~/englisches [English] imperial measures
~/metrisches metric system, metric measures
Maßwerk *n* foil, *(Arch)* tracery *(Ornament)*
~/durchdringendes intersecting tracery
~/fließendes undulating tracery
~/geometrisches geometric tracery
~/spätgotisches stump tracery *(in Deutschland)*
~/vierteiliges quadripartite tracery
Maßwerkfenster *n* tracery (traceried) window
Maßwerkfüllung *f* tracery filling
Maßzahl *f* dimension figure; size
Maßzeichnung *f* dimentional drawing
Mast *m* mast, pole *(aus Holz oder Beton)*; column *(Stütze)*; tower, pylon *(Gittermast)*
~/angeschuhter shoed pole
~ des Derricks derrick kingpost
~/imprägnierter treated pole
Mastanker *m* mast (pole) ancor[age], *(Am)* guy
Mastausleger *m* column bracket, side (mast) arm *(Beleuchtungsmast)*

Mastbaum *m* mast
Mastbeleuchtung *f* tower lighting
Mastenbauweise *f* pole construction
Mastenkran *m* derrick [crane]
Mastfundament *n* tower base, mast foundation
Mastfuß *m* mast (tower) base, pole footing
Mastix *m* mastic, asphalt mastic
Mastixasphalt *m* tar cement
Mastixausfugung *f* mastic pointing
Mastixbedachung *f* liquid roofing *(Dachdeckung)*
Mastixbrot *n* mastic block
Mastixdichtungsmasse *f* caulking *(mit Silikon und Bitumen)*
Mastixfugenausfüllung *f* mastic pointing
Mastixkocher *m* mastic cocker
Mastixvergußmasse *f* mastic filler
Mastkirche *f* stave church *(Holzfachwerk)*
Maststange *f* pole
Material *n* material *(Stoff, Baustoff) (s. a. unter* Werkstoff*)*
~/abbaufähiges pay material *(Erdstoff, Kies)*
~/anorganisches inorganic material
~/feines verdichtetes compacted fine material
~/gebrochenes crushed rock *(Gestein)*
~/klebefähiges cementitious material *(zementartiges)*
~/körniges granular material
~/loses *(Bod)* loose ground *(Erdstoffe)*
~/örtliches local (near-by) material
~/saugfähiges absorbent, absorbing material
~/steiniges hard and stony material
~/zylindrisches roll
Materialaufbereitung *f* processing
Materialaufzug *m* goods lift, *(Am)* goods elevator; hoist for building material
Materialausdehnung *f* **durch Wasser[dampf]-aufnahme** moisture expansion
Materialauswahl *f* selection of material[s]
Materialbeanspruchung *f* stress, load[ing]
Materialbedarf *m* material requirement
Materialdepot *n* stock of materials, depot
Materialeinsparung *f* economy of materials
Materialfehler *m* fault (flaw) in material, faulty material, material defect
Materialfestigkeit *f* strength of materials
Materialgleitklausel *f* material fluctation clause (variation)
Materialhalde *f* stockpile, storage heap
Materialkennwert *m* material constant (specifications)
Materialknappheit *f* material shortage
Materiallager *n* material stock, stockyard
Materialliste *f* material list, bill of materials
Materialplaner *m* estimator *(Baumaterial)*
Materialpreisgleitklausel *f s.* Materialgleitklausel
Materialprüfung *f* materials testing; specification test
Materialriß *m* toe crack *(Schweißen)*
Materialschaden *m* defect, material demage
Materialüberwachung *f* [material] inspection
Material- und Ausrüstungsverzeichnis *n* **/ detailliertes** [detailed] quantity survey
Materialverbrauch *m* material consumption
Materialverformung *f* **unter konstanter Spannung** cold flow
Materialverhalten *n* material behaviour
Materialverzeichnis *n s.* Materialliste
Materialvorschrift *f* specification[s]
Matrize *f* mould, *(Am)* mold; swedge, *(Am)* swage *(für Metallarbeiten)*; [bed] die *(Guß)*
matt dull, flat, matte [finished]; lacklustre *(Anstrich)*; hazy, frosted *(Glas)* • **~ werden** 1. to blind *(Glas)*; 2. to cloud *(Lack)*
Mattätzen *n* frosting, acid etching *(Glaselemente)*
Mattblech *n* black (terne) plate *(Dachdeckung)*
Matte *f* mat *(Bewehrung)*; pad *(Fundament)*; quilt *(Dämmung)*
Mattenarmierung *f* mesh reinforcement *(Betonbewehrung)*
Mattenbekleidung *f* mat revetment *(Böschungen, Ufer)*
Mattenbelag *m* matting
Mattenbewehrung *f* 1. wire-mesh reinforcement; 2. fabric reinforcement
Mattendeich *m* mat dike
Mattenverkleidung *f* mat revetment
Mattfarbe *f* flat paint
Mattglas *n* frosted glass, diffusing (depolished) glass, matt[e]-surfaced glass; obscured (opal) glass
Mattglasfenster *n* obscuring window
Mattglaslampe *f* frosted lamp
Mattglasur *f* eggshell [glaze]
Mattheit *f* flatness, deadness *(Farbe)*; matness, dullness *(z. B. Oberflächen)*
mattieren to mat, to dull *(z. B. Oberflächen)*; to deaden, to flat *(Anstrich)*; to frost, to obscure *(Glas)*; to rub down *(Putz)*
mattiert mat *(Anstrich)*; frosted, obscured *(Glas)*
Mattierungsmittel *n* gloss reducer, flatting agent *(Farbe)*
Mattierungsöl *n* flatting oil *(Farbe)*
Mattigkeit *f s.* Mattheit
Mattine *f* gloss reducer
Mattlack *m* flat[ting] varnish, flat finish; matt[e] varnish
Mattreiben *n* *(Am)* flatting down, rubbing
Mattscheibe *f* diffusing screen (panel)
mattscheinend frosted
Mattschleifen *n* flatting, rubbing, *(Am)* flatting down
Mattwerden *n* loss of gloss, dulling *(Anstrich)*; blinding
Mauer *f* wall *(s.a. unter* Wand*)*
~/aufgehende rising wall, above-grade masonry
~ aus halben Steinen half-brick wall
~/balkentragende bearing wall
~/beanspruchte stressed (loaded) wall
~/blinde dead wall

~/durchbrochene perforated wall
~/freistehende 1. self-supporting (self-sustained) wall *(selbsttragende Mauer)*; wall standing by itself, free wall
~ in Steinstärke one-brick wall
~/steinstarke one-brick wall
~/unterfangene underpinned wall
Mauer... *s. a.* Wand...
Mauerabdeckung *f* coping [of a wall], wall coping (capping) reprise
~/schräge feather-edged (splayed) coping
Mauerabsatz *m* 1. offset; bench table *(als Sitzmauer)*; 2. scarp wall *(einer Befestigungsanlage)*
Mauerabschlußzierkante *f (Arch)* epicrantis
Maueranker *m* masonry anchor, concrete anchor; masonry (wall) tie, tie iron; wall clamp *(zwischen zwei Mauern oder Hohlmauern)*
Maueransatz *m* **/ gegossener** stub wall *(mit Fußbodenestrich)*
Maueranschluß *m* junction of masonry walls, [masonry] wall crossing (junction)
Maueranschlußpfosten *m* [masonry] wall post (stud)
Maueraussparung *f* break [in a masonry wall]
Mauerband *n* band (belt) course, string (blocking) course
Mauerbewurf *m s.* Verputz
Mauerblock *m* body of wall
Mauerblockquerschnitt *m* **ohne Hohlräume** net cross-sectional area [of wall]
Mauerbogen *m* wall arch
Mauerbohrer *m* stone (masonry) drill
Mauerdübel *f* wall plug (dowel)
Mauerdurchführung *f* wall bushing
Mauerecke *f* quoin [stone], coign
~/spitze pigeon-hole corner
Mauereckengestaltung *f* quoining
Mauerfeld *n* pane (field) of a wall
Mauerflucht *f* wall line
Mauerflügel *m* wing of wall, masonry wall wing
Mauerfraß *m* efflorescence, building bloom, rot of wall
Mauerfuge *f* wall joint
~/verfüllte grouted (slushed) joint
Mauerfugegerät *n* wall-pointing machine
Mauergesims *n (Arch)* entablature, entablement *(über dem Säulenkapitell)*
Mauergründung *f* wall base (footing, foundation)
Mauergurtung *f* hoop-iron bond
Mauerhaken *m* wall hook (tie); spike, crampet
Mauerisolierung *f* insulation of the wall
Mauerkante *f* edge of wall
~/stumpfe obtuse quoin of wall
~/überstehende projecting belt course
Mauerkappe *f* wall coping (cope)
Mauerklammer *f* masonry (wall) tie
Mauerklinker *m* engineering brick (clinker)
Mauerkopf *m* 1. masonry wall head; 2. *s.* Mauergesims
Mauerkopfnut *f* eaves channel
Mauerkreuzung *f* wall junction, masonry wall crossing
Mauerkrone *f* masonry wall crown; top of wall, coping of a wall
Mauerlatte *f* wall plate
Mauerlattenkranz *m* circle of wall plates
Mauermittellage *f* **/ diagonale** raking course
Mauermörtel *m* masonry mortar
Mauermörtelzement *m* masonry cement
mauern to lay bricks, up, to mason, to do mason's work; to build with stones
~/im Verband to bond *(Steine)*
~/mit Ziegeln to brick
~/über die Hand to lay bricks overhand
Mauern *n* bricklaying
~/rationelles pick and dip, New England method
Mauernagel *m* masonry nail
Mauernische *f* niche in a wall, masonry wall niche
Maueröffnung *f* [masonry] wall opening *(mindestens 75 cm × 45 cm)*
~/kleine fenestral
~/provisorische wall run
Mauerpfeiler *m s.* 1. Wandpfeiler; 2. Mauerversteifung
Mauerpfeilerwand *f* honeycomb wall
Mauerputz *m* plaster
Mauerrosette *f* wall rosace
Mauersäule *f* wall column
Mauerschicht *f* course
~/auskragende sailing (oversailing) course
Mauerschlitz *m* masonry wall slot, keyway [wall] chase *(für Rohrleitungen an und in Wänden)*
Mauerschnur *f* plumb cord
Mauerschwingbogen *m* wall sweep
Mauerseite *f* **/ bündige** facework, facing [work]
Mauersetzfuge *f* **/ einfache** plain-cut (rough-cut) joint, hick joint *(mit Hochkantziegeln)*
Mauerständerrahmenkonstruktion *f* post-and beam framing
Mauerstärke *f* thickness of a wall, wall thickness
Mauerstein *m* masonry unit (brick); walling component
~/beidseitig sichtbarer perpend, parpend stone
~/beliebiger brick *(kleiner als 33,7 × 22,5 × 11,3 cm)*
~/eingezahnter tusk
~/feuerfester refractory brick
~/genormter solid masonry unit, solid block *(Vollstein)*
~ mit Entlüftungsöffnung ventilating block (brick)
Mauersteinbinderlage *f* binder (binding) course, intermediate course
Mauersteinelement *n* **/ vorgefertigtes** prefabricated masonry panel *(Wandtafel)*
Mauersteinschicht *f* **/ geneigte** tumbling course
Mauerstiel *m* bond (chain) timber
Mauerteer *m* goudron
Mauerung *f* walling
Mauerverband *m* masonry (wall) bond
~ mit Holzbalkenverstärkung timber bond

~ **mit Schlußstein** effective bond
Mauerverblendung *f* masonry veneer, brick facing
Mauerverflechtung *f* weaved courses [in a gable] *(am Giebel)*
Mauerversteifung *f* counterfort *(als Strebepfeiler)*
Mauervertiefung *f* recess, niche
Mauervorlage *f* projection from a masonry wall, attachment to a masonry wall
~**/romanische** *s.* Lisene
Mauervorsprung *m* projection on a wall, break
~ **auf Kragsteinen** corbel table
~**/horizontaler** table [in a wall]
~**/innerer** bench table *(als Sitzmauer)*
Mauerwerk *n* masonry, masonwork *(aller Art)*; stonework *(aus Naturstein)*; brick work *(aus Mauerziegeln)*
~**/aufgehendes** above-grade masonry[work]
~ **aus gehauenen Steinen** punch-dressed masonry
~ **aus glasierten Ziegeln** glazed work
~**/ausgegossenes** grouted masonry
~**/auskragendes** bearing-out masonry
~**/bewehrtes** reinforced masonry
~**/bewehrungsgebundenes** chain bond masonry
~**/bündiges** fair face (fair-faced) brickwork
~**/durchbrochenes** trellis work
~**/durchgehendes** blind (blank) wall
~ **für Schornsteinbrüstung** breastwork
~**/gerichtetes** *s.* ~/ geschichtetes
~**/geschichtetes** coursed masonry, course work
~**/geschlossenes** plain masonry
~**/hammerrechtes** ashlar masonry, ashlar [work], ashlering; broken rangework
~**/konkav geformtes** circular sunk face of wall, circular face of wall
~**/massives** solid masonry wall
~ **mit Halbbindern** snapped work
~ **mit Lattenverstärkung** studwork
~ **mit prismatischen Ziegeln** prismatic rustication *(Elisabethanische Architektur)*
~**/scharriertes** axed work
~**/unbewehrtes** plain masonry
~**/ungeputztes** exposed masonry
~**/unregelmäßiges** random work, random range (tooled) ashlar
~ **unter Geländeoberfläche** below grade masonry
~**/verputztes** rendered brickwork
~**/zu verputzendes** brickwork for rendering
Mauerwerkausfachung *f* in-fill masonry [work]
Mauerwerkaussteifungsholz *n* nogging piece [for masonry]
Mauerwerkbau *m* masonry construction
Mauerwerkbogen *m* masonry (brick) arch
Mauerwerkbogenbrücke *f* masonry bridge
Mauerwerkflächenornament *n***/ dünnes** placage
Mauerwerksanker *m* [concrete] anchor
~**/hölzerner** chain (bond) timber
Mauerwerksbaustein *m* masonry unit (block); unit masonry
Mauerwerksdehnfuge *f* brickwork movement (expansion) joint
Mauerwerksfuge *f* masonry joint; abreuvoir *(noch mit Mörtel zu füllen)*
~**/abgeschrägte** weather-struck joint (point), weathered (weather) joint; weathered pointing
~**/abgestrichene** struck joint
~**/bündige** flat joint
~**/nach innen abgeschrägte** struck joint
Mauerwerksgewölbe *n* masonry arch (vault)
Mauerwerkskörper *m* body of masonry
Mauerwerkslänge *f***/ vorgetäuschte** blind header
Mauerwerkslehre *f* gauge rod
Mauerwerkspaßfuge *f* ground joint
Mauerwerkspitzfuge *f* V-shaped (V-tooled) joint, V-joint
Mauerwerkssichtstein *m* masonry trimstone
Mauerwerksstoßfuge *f* heading joint
Mauerwerksteinstärke *f* **plus Fugendicke** nominal dimension
Mauerwerkstufe *f* jump [in masonry work]
Mauerwerksverankerung *f* tieing of the brickwork
Mauerwerksverband *m* masonry bond
~**/amerikanischer** English garden-wall bond
Mauerwerksverbindungsfuge *f***/ konkave** concave joint
Mauerwerksverblender *mpl* masonry facing (lining) material, masonry fasing (lining) stones
Mauerwerkverband *m s.* Mauerwerksverband
Mauerzacke *f* merlon *(in einer Burgmauer)*
Mauerzaun *m* enclosure wall
Mauerzement *m* masonry cement
Mauerziegel *m* masonry (building) brick
~**/roter** baked brick
Mauerziegelverband *m* brick bond
Mauerzinne *f* battlement, pinnacle
Maukanlage *f* souring plant
Mauken *n* souring, tempering
Maulschlüssel *m* spanner; monkey wrench
Maurer *m* bricklayer, *(Am)* mason
Maurerarbeit *f* bricklaying, masonry work
Maurergerüst *n* bricklayer's (mason's) scaffold
~**/heb- und senkbares** mason's adjustable multiple-point suspension scaffold
Maurerhammer *m* bricklayer's (mason's) hammer, brick axe (hammer), *(Am)* axhammer; waller's hammer; scutch
~**/spitzer** pick mattock
Maurerhammerschneide *f* blade of the scutch
Maurerhandwerk *n* brick laying [handi]craft
Maurerkelle *f* [laying] trowel, brick trowel
~**/quadratische** square pointed trowel
Maurerlehre *f* mason's profile
Maurerpinsel *m* whitewash brush
Maurersand *m* masonry (building) sand
Maurerscheibe *f* mason's board
Maurerschnur *f* mason's line, line
Maurerwaage *f* mason's level
maurisch Moorish

Maureske *f (Arch)* Moresque *(Ornament im maurischen Stil)*
Mausoleum *n* mausoleum
Mautbrücke *f* toll bridge
Mautstraße *f* toll road
Maximalbelastung *f***/ zulässige** 1. maximum permissible (safety) load; maximum safety load; 2. *(El)* maximum demand
Maximalmoment *n* maximum moment
Maximum-Minimum-Schalter *m* limit control [switch]
Maya-Architektur *f* Mayan architecture
Maya-Spitzbogen *m* Maya arch
Mechanik *f* mechanics
~/angewandte applied mechanics
mechanisieren to mechanize
Medaillonornament *n* ro[u]ndel
Medaillonornamentierung *f* medallion moulding
Meerenge *f* sound
Meeresdeich *m* sea dyke
Meereskies *m* marine gravel
Meereston *m* sea clay
Meereswasserbeton *m* seawater concrete
Meerkies *m s.* Meereskies
Megalith *m* megalith
Megaron *n (Arch)* megaron *(Hauptraum eines antiken griechischen Hauses)*
Mehlkorn *n* fine grain
Mehl[korn]sand *m* flour sand *(Zuschlagstoff)*
Mehrarbeit *f* extra (additional) work
Mehrarbeiten *fpl* auxiliary work
Mehraufwand *f* extra (additional) expenses
Mehrbackengreifer *m* grapple
mehrblättrig multifoil, polyfoil *(z. B. Ornament)*
Mehrdeckensieb *n* multideck screen
mehreckig polygonal; canted *(Pfeiler)*
Mehrelementspannung *f* multielement prestressing *(Bewehrung)*
Mehretagenanordnung *f* multideck arrangement *(z. B. Brücken)*; multistorey arrangement
Mehretagenrahmenbau *m* tier structure; multistoreyed frame structure
mehretagig multistoreyed, *(Am)* multistoried
Mehrfachbuchse *f s.* Mehrfachsteckdose
Mehrfachsteckdose *f (El)* [multiple] outlet box, receptacle outlet
Mehrfachsteckdoseneinrichtung *f (El)* multioutlet assembly
Mehrfachverbindung *f* composite joint
Mehrfachverglasung *f* multiple glazing
Mehrfachverstrebung *f* multiple-strut bracing
Mehrfachziegel *m* oversize brick *(größer als NF)*
Mehrfamilienhaus *n* multiple dwelling [building], multifamily building; apartment house
Mehrfamilienhäuser *npl* tenement buildings, *(Am)* apartment block
Mehrfamilienwohnhaus *n s.* Mehrfamilienhaus
Mehrfarbenanstrich *m* multicolour finish (coat)
mehrfarbig polychrome
Mehrfarbigkeit *f* polychromy
Mehrfeldbogen *m* continuous arch *(durchlaufender)*
Mehrfeldplatte *f* continuous slab
~/kreuzweise bewehrte continuous two-way slab
Mehrfeldrahmen *m* multiple (continuous) frame, multibay (cellular) frame
mehrfeldrig multispan, multibay
Mehrfeldträger *m* continuous (multispan) girder
Mehrgeschoßbau *m* multistorey (multifloor) building
mehrgeschossig multistorey, medium-rise
mehrgliedrig many-membered
mehrkantig polygonal
Mehrkantprofil *n* polygon profile
Mehrlagendichtung *f* multiple-layer[ed] waterproofing
Mehrlagenpappe *f* 1. filled board; 2. multi-layered roofing, composition roofing *(Dachpappe)*
mehrlagig laminated, multi-layered
mehrläufig multiflight *(Treppe)*
Mehrraumwohnung *f* multi[ple]-room dwelling
mehrsäulig polystyle
mehrschalig multiple-leaf, multi[ple]-white *(Wand)*
Mehrschichtenglas *n* laminated glass
Mehrschichtenplatte *f* multiple sandwich slab, sandwich (sandwich-type) panel; laminated board; multilayer board
Mehrschichtenwandelement *n* laminated wall component (panel)
mehrschichtig multi-layered, laminated, sandwich
Mehrschichtplatte *f s.* Mehrschichtenplatte
mehrstöckig multistorey[ed]
mehrteilig multiple, complex, multipart
Mehrverstrebung *f* multiple-strut bracing
Mehrzellensilo *n* multicellular (multicompartment) bin
Mehrzweckfahrzeug *n* general-purpose vehicle
Mehrzweckgebäude *n* multipurpose building
Mehrzweckraum *m* family room, all-purpose room
Meilenstein *m* milestone *(Straße)*
Meilerholz *n* charcoal wood
Meißel *m* 1. chisel; 2. drove *(Steinmetzwerkzeug)*; 3. auger drill *(Gestein)*; 4. set[t] *(breiter Meißel zum Spalten von Ziegeln)*; broad
~/abgesetzter offset tod
~/geschmiedeter forged bit
Meißelbohrer *m* chisel jumper, pitching borer
Meißelbohrung *f* chiselling
Meißelhammer *m* caulking (spalling) hammer, chipper
meißeln to chisel, to chip; to char *(Stein)*
Meißelschärfstein *m* slip stone
Meistbietender *m* highest bidder
Meister *m* master, foreman
Meisterquartier *n* queen closer (closure), *(Am)* soap *(Riemenstein)*
Melamin[formaldehyd]harz *n* melamine formaldehyde [resin]

Melder *m* warning device
Melioration *f* amelioration
meliorieren to ameliorate
Membran *f* 1. membrane *(Zugkraftmembran)*; 2. film, skin
Membranberechnung *f* membrane analysis
Membrankraft *f* membrane tension (force)
Membranpumpe *f* diaphragm pump
Membranrippe *f* membrane rib
Membranschale *f* membrane shell
Membranspannungszustand *m* membrane state of stress
Membrantheorie *f* membrane theory *(Schalenwerkberechnung)*
Membranventil *n* diaphragm valve
Memorialbau *m* commemorative structure
Menge *f* quantity, amount
~/große bulk
Mengen *fpl*/ **eingebaute** quantity placed
Mengenberechnung *f* calculation of quantities
Menhir *m* menhir, mensao *(vorgeschichtliches steinernes Totenmal)*
Mennige *f* minium, red lead [oxide]
~/geschlagene lapping
Mennigeanstrich *m* coating of red lead
Mennigekitt *m* red lead putty (cement), minium-based mastic
Mensa *f* canteen, hall, refectory *(College, Universität)*; *(Am)* commons
Mergel *m* marl; malm
~/schiefriger marl slate (shale)
Mergelerde *f* earthy marl
Mergelhartbrandziegel *m* marl brick
Mergellehm *m* marly (boulder) clay, blaes
Mergelsandstein *m* marly sandstone
Mergelschiefer *m* marl slate, slaty marl
Mergelschlamm *m* marly silt
Mergelstein *m* marl stone
Mergelton *m* marl clay (shale), marly clay, argillaceous marl
Mergelziegel *m* marl (malm) brick
~/weicher malm rubber *(in jede Form reibbar)*
Mergelziegelstein *m s.* Mergelziegel
Merkblatt *n* **für Baunormen** code of practice
Merkmal *n* characteristic, feature *(eines Bauwerks)*
Meßabweichung *f*/ **zulässige** amount of variation permitted
Meßbedingung *f* measuring condition
Meßbehälter *m* measuring tank *(Beton)*
Meßdorn *m* feeler
Meßdosierung *f*/ **kumulative** cumulative batching
Messehalle *f* exhibition hall, fair pavilion
messen to gauge, *(Am)* to gage; to measure
~/einen Winkel to take an angle
~/nach Augenmaß to span
Messen *n* **der Isoliertafelfugen** strip taping, stripping
Messer *n* measuring instrument, meter *(Meßgerät)*
Messerauftrag *m* knife application
Messerfurnier *n* sliced (knife) veneer, carved veneer
Messerspachtelmasse *f* knifing filler
Meßfehlerausgleich *m* tape correction
Meßfühler *m* sensing device, sensor
Meßgefäß *n* batch box, measuring frame
Meßgehilfe *m (Verm)* rodman
Meßgenauigkeit *f* dimensional accuracy
Meßgerät *n* measuring instrument (device)
Messing *n* [yellow] brass
Messingbeschlag *m* brass fitting
Messingbeschläge *mpl* brass hardware
Messingblech *n* sheet (latten) brass, brass plate (sheet)
Messinglot *n* brazing (brass) solder
Messinglötung *f* hard soldering
Messingnagel *m* composition nail
Messingrohr *n* brass pipe (tube)
Messingstatue *f* brass statue
Messingüberzug *m* brass lining
Messingverschluß *m* step brazing *(stufenweiser Fugenverschluß)*
Meßdaten *pl* measurement data
Meßkette *f* surveyor's (engineer's) chain, land (measuring) chain, chain [tape]
Meßkluppe *f* caliper gauge
Meßlatte *f (Verm)* [surveyor's] rod, graduated rod, measuring staff; target rod, stadia
~/bezifferte zweiteilige *(Am)* Philadelphia leveling rod
~ mit Ablesemarkierungen self-reading levelling rod, speaking rod
~ mit Anzeige target levelling rod
Meßlattenlesefeld *n (Verm)* rod target
Meßlattenzielscheibe *f* rod target
Meßlehre *f* caliper
Meßmarke *f* pop mark
Meßnadel *f* chaining pin, taping pin (arrow)
Meßnadelstift *m* surveyor's arrow
Meßpunkt *m* reference point
Meßschablone *f* face mould *(für Maurerarbeiten)*
Meßstand *m* [measuring] booth
Meßstift *m* surveyor's arrow
Meßtisch *m* surveyor's board (table), *(Verm)* plane table
Meßtischaufnahme *f* plane table survey
Meß- und Mischeinrichtung *f* dosing and mixing system
Messung *f* 1. measurement, gauging; 2. *(Verm)* mensuration
Metall *n* metal
~/eingeschweißtes weld metal
~ mit niedrigem Schmelzpunkt fusing metal *(Feuerschutztechnik)*
~/phosphatiertes phosphated metal
Metalladen *m* fire shutter *(z. B. für Fenster und Türen)*
Metallanker *m* metal tie

Metallankerband *n*/ **verdecktes** concealed cleat *(bei Dachdeckung mit Blechtafeln)*
Metallanschluß *m* metal flashing *(am Schornstein)*
~/oberer metal cap flashing
~/unterer metal base flashing
Metallbau *m* metal construction
Metallbautafel *f* metal panel
~/handelsübliche utility sheet *(für Installationen)*
Metallbauweise *f* metal construction
Metallbedachung *f* **aus flachen Blechen** sheet-metal roof cladding
Metallbeplankung *f* sheet-metal covering
Metallbeschichtung *f* metal coating
Metallblendrahmen *m* metal frame *(Tür, Fenster)*
Metallbolzen *m* metal bolt; gate hook *(für ein Tor)*
Metalldachkehle *f* metal valley
Metalldachnagel *m* lead head nail *(mit Bleikopf)*
Metalldeckenkassette *f* metal panel
Metalldekoration *f*/ **gestaltete** celature *(bossierte Dekoration)*
Metalldekorfolie *f* **im Ornamentwerk** paillette
Metalldichtung *f* metal packing
Metalldübel *m* metal connector *(für Holz)*
Metalleichtbau *m* light-weight metal construction
Metallfenster *n* metal window
Metallfensterrahmen *m* metal window frame
Metallfirstabdeckung *f*/ **runde** [metal] ridge roll
Metallflachstück *n* flat metal
Metallfolie *f* **im Ornamentwerk** paillette
Metallführungsleiste *f* metal bead
Metallfußleiste *f* metal skirting
Metallgerüstbauer *m* rigger
Metallgewebe *n* metal fabric (lathing), wire mesh *(als Putzträger)*
Metallgewebeputzträger *m* metal lathing
Metallgitterfußbodenabdeckung *f* metal grating *(über Öffnungen und Schächten)*
Metallgrundierung *f* metal primer
Metallhalogenlampe *f* metal halide lamp
Metallhalteklammer *f* **für eingehängte Decken** furring (channel) clip
Metallhandlauf *m* [metal] ribbon rail *(für Treppen)*
Metallhängesäule *f* queen rod (bolt) *(Dachkonstruktion)*
Metallhohlschiene *f*/ **gefederte** resilient channel *(Schalldecke)*
Metallhohltür *f* hollow-metal door, sheet-metal door
Metall-Holz-Laminierung *f* metal-to-wood laminating
Metallic-Lack *m* metal paint
metallisieren to metallize
Metallkantenschoner *m* metal angle bead
Metallkassette *f* metal panel
Metallkehle *f*/ **verdeckte** concealed valley *(eines Dachs)*
Metallkleben *n* metal bonding
Metallmanschette *f* metal collar
Metalloberfläche *f*/ **strukturierte** boss
Metallochlatte *f* sheet [metal] lath
Metallpanzerung *f* metal sheeting
Metallprofil *n* metal section
Metallputzträger *m* steel (metal) lathing
Metallrahmen *m* metal frame *(Tür, Fenster)*
Metallrahmenaußenwand *f* metal curtain wall *(Vorhangwand)*
Metallrahmenhohltür *f* **mit Isolationskern[füllung]** hollow-metal fire door
Metallrahmenkonstruktion *f*/ **nicht feuergeschützte** unprotected metal construction
Metallrahmentragwerk *n* **für eingehängte Decken** ceiling suspension system
Metallrahmentür *f* **mit Blechbeplankung beiderseits** hollow-metal (sheet-metal) door
~ mit vollkommener Metallbeplankung full-flush door
Metallriffelrohr *n* corrugated metal pipe
Metallriß *m* season crack
Metallrohr *n* metal pipe
Metallrohrkonstruktion *f* tubular metal construction
Metallsaumverbindung *f*/ **überlappte** lap seam
Metallschalung *f* metal shuttering (forms, formwork) *(Beton)*
~/demontierbare collapsible steel shuttering
Metallscheuerleiste *f* metal skirting
Metallschlauch *m* flexible metal hose
Metallschloßkasten *m* **in einer Tür** lock reinforcement
Metallschornstein *m* metal chimney
Metallspannungsriß *m s.* Metallriß
Metallsperrholz *n* plymetal, armourply *(Verbundmaterial)*
Metallspritzen *n* sputtering [of metal]
Metallspritzverfahren *n* metal spraying
Metallstufenplatte *f* tread plate *(Treppe)*
Metalltafel *f* metal panel
Metalltafelüberlappung *f* overcloak *(Dach)*
Metallträger *m* **als Wandanker** wall beam
Metallträgerauflage *f*/ **durchbrochene** [perforated] metal pan *(Schalldecke)*
Metalltür *f* **mit gesäumter Metalltürbeplankung** lock seam door
~/nahtlose seamless door
~ ohne Türblattnaht[fuge] seamless door
Metalltürrahmen *m* cabinet jamb
Metalltürverstärkung *f* reinforcing unit [for metal doors]
Metallüberspannung *f* **[/verzierte]** metal overthrow *(über ein Metalltor)*
Metallüberzug *m* metal cladding (coating)
Metallverbindung *f*/ **überlappte** lap seam
Metallverbindungsbolzen *m* gudgeon
Metallverbindungsdübel *m* metal connector *(für Holz)*
Metallverfalzung *f* metal bead
Metallverkleidung *f*/ **nichtbelastete** metal structural cladding

Metallverschalung *f* metal siding *(z. B. für Außenwände)*
Metallvorhang *m* metal curtain wall *(Wand)*
Metallvorhangwandtafel *f* metal curtain wall panel
Metallwebgitterzaun *m* chain link fence
Metallwetterverschalung *f* metal siding *(Außenwand)*
Metermaß *n* metre rule
Methode *f* method, approach; process
~/genehmigte approved method
~/handwerkliche crafting method
Methylalkohol *m* methyl alcohol, methanol
Methylcellulose *f* methyl cellulose *(Farbbasis)*
Methylethylenketon *n* methyl ethyl ketone *(Farblösungsmittel)*
Metope *f (Arch)* metope *(Zwischentafel im Fries einer dorischen Säule)*
Mezzanin *n* entresol, mezzanine *(Zwischengeschoß)*
Mezzaningeschoß mezzanine
Mieter *m* tenant; lessee *(auch Pächter)*
Mietshaus *n* block of [rented] flats, *(Am)* apartment house
Mietskaserne *f* tenement house; *(Am)* rookery *(Slummietskaserne)*
Mietswert *m* rent value
Mietvertrag *m* lease, leasehold deed
Mietwohnbauten *pl* rental (residential) housing
Mietwohnung *f* tenement, rented flat, rental unit
Mikasandstein *m* mica (micaceous) sandstone
Mikrorissebildung *f* microcracking
Milchglas *n* milk glass *(s. a.* Mattglas*)*
Militärbau *m* military construction
Minarett *n* minaret
Minderung *f (Stat)* reduction
Minderungszahl *f* reduction coefficient
Mindestabstand *m* minimum spacing (distance)
Mindestabstandsforderungen *fpl* building space requirements
Mindestbelastung *f* minimum loading
Mindestbetondeckung *f* minimum [concrete] cover
Mindestbiegungshalbmesser *m* minimum radius of curve *(Kurve)*
Mindestdachneigung *f* minimum roof slope
Mindestdeckung *f s.* Mindestbetondeckung
Mindestdruckfestigkeit *f* minimum compressive strength
Mindestdrucklinie *f* line of least pressure
Mindestdurchflußquerschnitt *m***/ effektiver** effective opening
Mindestfestigkeit *f* minimum strength
Mindestfestigkeitswert *m* minimum value of strength
Mindestlast *f* minimum (least) load
Mindestmoment *n* least moment
Mindestquerschnitt *m* minimum cross section
Mindestradius *m* minimum radius of curve *(Kurve)*
Mindesttragfähigkeit *f* minimum load-bearing capacity
Mindestwärmedämmung *f* minimum thermal insulation
Mindestwürfelfestigkeit *f* minimum cube strength *(Betonwürfel)*
Mineralbestreuung *f* mineral granules (surfacing)
Mineralbetontragschicht *f* crusher-run base *(auch mit Bindemittel)*
Mineralfaser *f* mineral fibre
Mineralfasermatte *f* mineral fibre mat
Mineralfaserplatte *f***/ gebundene** mineral fibre tile (board) *(akustische Decke)*
Mineralfaserwolle *f* mineral (rock) wool, slag wool
Mineralfarbe *f* mineral colour
Mineralfüller *m* mineral dust (filler)
Mineralgemenge *n* mineral grain (aggregate) mix
Mineralgemisch *n***/ hohlraumarmes** close-graded aggregate *(Zuschlagstoff)*
Mineralgerüst *n* mineral skeleton
Mineralkorn *n* mineral grain
Mineralmasse *f***/ dichte** close-graded aggregate *(Zuschlagstoff)*
Mineralmehl *n s.* Mineralpulver
Mineralpigment *n* [synthetic] inorganic pigment
Mineralpulver *n* powdered mineral
Mineralwolle *f* rock wool, mineral wool (fibre)
Mineralwolleabpolsterung *f* mineral fibre pad *(an einer Metallakustikdecke)*
Mineralwolledämmung *f* mineral wool insulation
Mineralzuschlagstoff *m* stone aggregate
Minimalausstattung *f* small-scale equipment
Minimalschub *m* minimum thrust
Mischanlage *f* mixing plant
~ für bituminöses Mischgut asphalt plant, central mix bituminous plant
~ für Unterhaltungsarbeiten patch plant *(Straße)*
~/stationäre stationary mixing plant
~/transportable mobile mixing plant, mobile factory
~/zentrale central mixing plant
Mischanlagensteuerung *f* mixing-plant control
mischbar miscible; compatible *(Farben)*
~/nicht immiscible
Mischbarkeit *f* miscibility
Mischbatterie *f (San)* mixing tap, mixing unit (valve), *(Am)* mixing (combination) faucet
~ mit Brausekopf shower mixer, blender, mixer tap
Mischbauweise *f* mixed development *(Städtebau)*
Mischbehälter *m* mixing tank
Mischbelag *m* premixed surfacing
Mischbeton *m***/ farbpigmentierter** coloured concrete
Mischbinder *m* [lime] hydraulic binder, blended cement
Mischbodenaushub *m* muck
Mischbottich *m* mixing tank
Mischbrett *n* gauging (gauge) board *(Mörtelbrett)*
Mischbühne *f* mixing platform (stage)
Mischbunker *m* mixing bin
Mischdauer *f* mixing time (cycle) *(Anmachzeit)*
Mischdecke *f* premixed surfacing *(Straße)*

Mischdiffusor *m (HLK)* aspirator
Mischeinrichtung *f* agitator *(für Beton und Mörtel)*
mischen to mix, to prepare *(Beton, Mörtel, bituminöses Mischgut)*; to blend *(Stoffe vermengen)*; to compound *(chemisch vermischen)*; to agitate *(durch Rühren)*
~/Kalk (Mörtel) to larry up
~/von Hand to spade *(Beton)*
Mischen *n* **an Ort und Stelle** mix-in-place *(Beton, Mörtel)*
~ in der Pumpleitung in-line blending
Mischentwässerung *f s.* Mischsystem
Mischer *m* mixer
~/halbautomatischer semiautomatic batcher
~/handbedienter manual batcher
~/volumetrischer volumetric batcher
Mischerarm *m* [mixer] paddle
Mischerbühne *f* mixer platform
Mischercharge *f* mixed batch capacity
Mischerfahrer *m* mixer driver
Mischerfahrzeug *n* truck [concrete] mixer, mixer truck; transit [truck] mixer, transit-mix truck
Mischerfertiger *m (Verk)* paving mixer, mixed (combined) paver
Mischerfüllung *f***/ stufenweise** split-batch charging
Mischerinhalt *m* mixed batch capacity
Mischerschaufel *f* mixer paddle
Mischertrommel *f* mixing drum
Mischfarbe *f* tinter *(zum Abtönen)*
mischfertig ready for mixing
Mischfertiger *m* combined paver *(Straße)*
Mischgestein *n* hybrid (mixed) rock
Mischgut *n* mixture, mix, mixed product *(bituminöses Mischgut, Beton)*; material being mixed *(Straßenbau)*
~/bituminöses bituminous mix[ture] (material)
Mischgutsilo *n* mixed material storage hopper *(Asphalt)*
Mischgutverhältnis *n* mixture [ratio]
Mischgutverteiler *m* paver-spreader *(Straße)*
Mischgutzusammensetzung *f* mixture (mix) composition
Mischintensität *f* **eines Mischers** mixer efficiency
Mischkammer *f* air-mixing plenum *(einer Klimaanlage)*
Mischlack *m* mixing varnish
Mischmakadam *m* mixed (premixed) macadam
~/bituminöser mixed bituminous macadam
Mischmakadamdecke *f* macadam surfacing (surface)
Mischmaschine *f* mixer, mixing plant
Mischpodest *n* gauging board (platform)
Mischprobe *f* composite sample; sample of the mix
Mischrezeptur *f* mixing formula, proportion of ingredients [of the mix]
Mischspiel *n* mixing cycle
Mischsplitt *m* coated chippings, open-graded bituminous mix[ture]
Mischstation *f***/ zentrale** central mixing plant
Mischsystem *n* combined [sewerage] system *(Entwässerung)*
Mischtrommel *f* mixing drum, pug mill, tumbling mixer
Mischtrommelgeschwindigkeit *f* mixing speed
Mischturm *m* mixing tower
~ für bituminöses Mischgut tower-type bituminous mixing plant
Mischung *f* mixture, mix, batch *(Beton)*; temper *(z. B. Mörtel)*; blending *(Farben)*; compound *(chemischer Stoffe)* alligation *(bei Legierungen)*
~/erste firsting *(Beton)*
~/fette fat mix[ture], rich mix[ture]
~/frische mixed batch
~/grobkörnige coarse-grain mixture
~/magere lean mix
~ mit niedrigem Wasser-Zement-Wert (W/Z-Wert) low W/C mix
~/nasse wet mix
~/starke *s.* ~/fette
~/wasserarme dry mix
Mischungsaufbau *m s.* Mischgutzusammensetzung
Mischungsentwurf *m* mix design *(Berechnung)*
Mischungsformel *f* mix formula
Mischungskonsistenz *f* mix consistency
Mischungskontrolle *f* mix control
Mischungsregel *f* alligation
Mischungsverhältnis *n* mix (mixing) ratio, mixing rate, proportion of mixture (ingredients)
Mischungszusammensetzung *f* mix[ture] composition
Mischunterlage *f* banker *(zum Mischen von Mörtel)*
Mischventil *n (San)* mixing valve (unit)
Mischvorgang *m* mixing operation
Mischwasser *n* mixing (gauging) water *(zum Betonanmachen)*
Mischwasserkanal *m* combined [building] sewer
~/gemeinsamer common sewer
Mischwassersammler *m* combined sewer
Mischwassersystem *n* combined sewerage system *(Entwässerung)*
Mischzeit *f* mixing time, time of mixing
Mischzeitmesser *m* batchmeter
Mischzement *m* mixed (blended) cement
Mischzyklus *m* mixing cycle
mitschwingen to resonate
Mitte *f* centre, *(Am)* center • **auf ~** central
Mittel *n* 1. substance, matter *(z. B. Bauhilfsmittel, Bauhilfsstoffe)*; 2. agent, medium
Mittelachse *f* central axis (line)
mittelalterlich medieval
Mittelbogen *m* central arch
~ mit zwei seitlichen gestreckten Bogen Queen Anne arch
Mittelbrandziegel *m* medium-baked brick
mitteldicht *(Bod)* medium-dense
Mitteldurchgang *m* central archway; central aisle *(in einem Zuschauerraum)*
Mittelebene *f* middle plane

Mitteleingang *m* central entrance
Mittelfahrbahn *f* intermediate track (lane)
Mittelfarbe *f* middle colour
mittelfein middle-sized
Mittelfeld *n* central (centre) bay *(z. B. eines Gewölbes)*
~/eingehängtes suspended centre bay *(Tragwerk, Brücke)*
Mittelfläche *f* middle (neutral) plane (surface)
Mittelfrequenzbetonfertiger *m* medium frequency [concrete] finisher *(Straße)*
Mittelfuge *f* central joint
Mittelgang *m* central (centre) corridor; broad aisle *(Kirche)*
Mittelgewölbe *n* central (centre) vault
Mittelhaupt *n* middle gate *(Schleuse)*
Mittelhof *m* 1. central (open) court [yard]; 2. atrium *(in einem antiken Haus)*
Mitteljoch *n* central (centre) bay; middle pier
Mittelkern *m* central core *(Säule, Gebäude)*
Mittelkorn *n* medium grain
mittelkörnig middle-sized
Mittelkraft *f* resultant force
Mittelkraftlinie *f* funicular pressure line
Mittellage *f* central position; *(Hb)* core
~ einer Spanplatte particle-board core stock
Mittellängswand *f* spine wall
Mittellast *f* medium-weight load
Mittellinie *f* central (centre) line, median
mitteln to average
Mittelöffnung *f* 1. central opening; 2. main span *(einer Brücke)*
Mittelornament *n* centre-piece *(einer Decke)*
Mittelpfeiler *m* centre pier, central pillar
Mittelpfette *f* centre purlin
Mittelpfosten *m* centre shaft *(einer Drehtür)*
~/hohler boxed mullion *(Fenster)*
~/schräger splayed mullion *(Fenster)*
~/senkrechter mullion, munnion *(Fenster)*
Mittelpunkt *m* **der Kronenkurve** centre of a crestcircle
Mittelschifter *m* intermediate jack rafter *(Dachkonstruktion)*
mittelschnellabbindend medium-setting *(Beton)*
Mittelschwelle *f* intermediate sleeper, cross-sleeper
mittelschwer *(Bod)* medium-dense
Mittelsplitt *m* medium-sized chips
Mittelspur *f* centre (median) lane *(Straße)*
Mittelstreifen *m* central (middle) strip, midstrip, median *(Straße)*
Mittelstück *n* centre-piece, connecting piece
Mittelstütze *f* central support
Mittelträger *m* centre span, spine beam, middle support
~ mittig getragener Stufen centre stringer *(Treppe)*
Mittelwall *m* curtain *(einer Burg)*
Mittelwand *f* centre (interior) wall
Mittelware *f* second lengths *(Holz)*
Mittelwert *m* normal *(statistische Qualitätskontrolle)*
Mittelzapfen *m (Hb)* king bolt (rod, pin)
Mittenabstand *m* centre spacing
mittig central, centric; concentric
~/genau in dead centre
mittragend effective
Möbel *n[pl]* furniture
Möbelgarnitur *f* suite of furniture
Möbelpolitur *f* French polish
Möbeltischler *m* cabinet maker
Mobilbagger *m* self-propelled excavator
Mobilkran *m* truck crane
möblieren to furnish
Modell *n* model, mock-up *(in Originalgröße)*; mould, *(Am)* mold *(Form)*
~ in Beton concrete blinding
~/maßstabgerechtes scale model
Modellgips *m* moulding plaster
Modellichtquelle *f* heliodon
Modellierung *f* modelling
Modellstatik *f* model [structural] analysis
Modelltischler *m* model builder, patternmaker, modeller
Modelltischlerei *f* wood-pattern shop
Modellversuch *m* model test
Moder *m* mildew *(in Holz, Mauerwerk)*
modernisieren to modernize, to refurbish *(Gebäude)*
Modernisierung *f* modernization, refurbishment *(von Gebäuden)*; face-lift *(von Fassaden)*
Modillion *n (Arch)* [uncut] modillion *(am Sims korinthischer Säulen)*
Modul *m* module
~ der Bruchverformungsenergie modulus of toughness
~ der Formänderungsenergie modulus of resilience
~/hydraulischer hydraulic modulus
~/statischer static modulus
Modulabmessung *f* modular dimension
Modularrasterebene *f* modular plane
Modulbau *m* modular (unit) construction
Modul[bau]element *n* modular building unit
Modulmaß *n* modular dimension
Modulordnung *f* modular coordination
Modulraster *m* modular grid
Modulsystem *n* modular system, dimensional framework
Mohnkapselkopf *m s.* Mohnkapselverzierung
Mohnkapselverzierung *f* poppyhead, poppy *(an Bänken gotischer Kirchen)*
Mole *f* mole, jetty, [sea] pier *(Hafen)*
Molekülsieb *n* molecular sieve
Molenkopf *m* pier head
Molerde *f* moler
Molkereigebäude *n* dairy building

Molsieb *n* molecular sieve
Molsplitt *m* moler chips
Molybdänorange *n* molybdate orange *(Farbe)*
Molzement *m* moler cement
Moment *n* moment
~/aufnehmbares *(Stat)* moment capacity
~ der inneren Kräfte internal moment
~ des Winddrucks auf die Verbindung moment due to wind pressure on joint
~ eines Kräftepaares moment of a couple [of forces]
~/eingetragenes applied moment
~/inneres internal moment
~/linksdrehendes left-handed moment
~/maximales maximum moment
~/negatives negative moment
~/positives positive moment
~/rechtsdrehendes *s.* ~/positives
~/statisches static (mass) moment, first moment [of area]
~/tatsächliches actual allowance moment
Momentenachse *f s.* Momentennullinie
Momentenausgleich *m* moment distribution
Momentenausgleichsverfahren *n* **[nach Cross]** *(Stat)* Cross's method, moment distribution method, method of moment distribution
Momentenbedingung *f* moment condition
Momentendeckung *f* moment allowance
Momentendiagramm *n* moment diagram
Momentendrehpunkt *m* fulcum (centre) of moment
Momentenfläche *f* area of moments, moment area
momentenfrei moment-less, free of moments, having zero moment
Momentenfreiheit *f* absence of momente
Momentengleichgewicht *n* moment equilibrium
Momentengleichung *f* moment equation
Momentenkurve *f* moment curve
Momentenlast *f* applied moment
Momentenlinie *f* moment curve (influance line)
Momentenmethode *f* moment method
Momentennachweis *m* moment checking
Momentennullinie *f* moment centre line (axis)
Momentennullpunkt *m (Stat)* moment zero point, point (centre) of moments (inflection), inflection point, point of contraflexure
Momentenplan *m* moment diagram
Momentenschaubild *n* moment diagram
Momentenüberlagerung *f* superposition of moments
Momentenübertragung *f* transfer of moments
Momentenumkehr *f* moment reversal
Momentenverfahren *n s.* Momentenmethode
Momentenverteilung *f* moment distribution
Mönch *m* solid newel (post), newel *(Treppe)*
Mönch[ziegel] *m* convex (mission) tile, Spanish tile
Mondsichelform *f* lune
Moniergewebe *n* Monier reinforcing netting
Monierplatte *f* Monier slab
Monierverkleidung *f* Monier lining
Monolith *m* monolith
Monolithbau *m* monolithic construction
Monolithbeton *m* monolithic concrete
Monolithdecke *f* monolithic floor
monolithisch monolithic
Monolithkonstruktion *f* monolithic construction
Monolithträgerstraßenbrücke *f* monolithic girder road bridge
Monopteros *m (Arch)* monopteros *(Rundtempel mit Säulenkranz, ohne Cella)*
Montage *f* 1. assembly, assembling, erection *(im Fertigteilbau)*; 2. mounting *(Aufstellung von Maschinen)*; 3. fitting, fit-up *(Einbau)*; 4. rigging *(Aufbau von Anlagen, Einrichtungen)*; 5. millwrighting *(Montagearbeit)*
Montageablauf *m* erection sequence
~/provisorischer fitting-up *(ohne endgültige Verbindung)*
Montageablaufplan *m* erection schedule
Montagearbeiten *fpl* erection (assembly, assembling) work *(im Fertigteilbau)*
Montagearbeiter *m* erector
Montageaufzug *m* erection tower
Montageaufzugsgerüst *n* erection tower
Montageband *n* assembly line *(Fließband)*
Montagebauarbeiter *m s.* Montagearbeiter
Montagebauweise *f* 1. industrialized construction (building) method, prefabricated construction; 2. precast concrete construction, precast [unit] construction *(aus Betonfertigteilen)*; 3. dry construction
~ nach Camus Camus system *(Fertigteilbau)*
Montagebelastung *f* erection stress
Montagebetonbalken *m* precast concrete beam
Montagebewehrung *f* assembly steel erection reinforcement *(Stahlbetonvorfertigung)*
Montagebolzen *m* assembling (erection) bolt, fitting-up bolt
Montagederrick *m* erection derrick
Montageeisen *n* erection (hanger) bar
Montagefenster *n* prefabricated window *(Fertigfenster)*
montagefertig ready-to-erect
Montagefläche *f* assembling area
Montagefolge *f* erection sequence
Montagefortschritt *m* assembling speed
Montagegerüst *n* assembling scaffold, erection bracing
Montagegesamtzeit *f* overall errection time
Montagegruppe *f* assembly *(Baueinheit)*
Montagehalle *f* erection shop *(Stahlbau)*
Montagehalterung *f* assembling bolt
Montagehilfsschraube *f* fitting-up bolt
Montagehochbau *m* system building (construction)
Montagehochhaus *m* prefabricated high-rise building, high-rise building erected by industrialized methods
Montagehülse *f* fitting sleeve
Montagekolonne *f* erection crew (gang, party)

Montagekran *m* erecting (erection, site) crane; mobile tower crane
Montagemassivbauweise *f* prefabricated construction system,system building (construction)
Montagemittel *npl* means of erection
Montageniet *m* field rivet
Montagephase *f* erection (assembly) stage
Montageplan *m* erection (assembly) schedule
Montageschnittzeichnung *f* sectional assembly view
Montageschweißen *n* field welding, erection welding
Montagespannungen *fpl* erection (assembly) stress, temporary stress
Montagesprechgerät *n (Am)* walkie-talkie
Montagestoß *m* erection joint
Montagestützwerk *n* erection bracing
Montagetechnik *f* erecting (mounting) technique
Montageteil *n* prefabricated compound (unit)
Montageträger *m* built-up beam (girder); prefabricated girder *(Fertigträger)*
Montagetrennwand *f*/**versetzbare** dismountable partition wall
Montageverbindung *f* field connection
Montagewinkel[auflage]eisen *n* seat angle
Montagewohnungsbau *m* industrialized housing [construction]
Montagezeichnung *f* erection drawing
Montagezustand *m* erection state
Montanwachs *n* ozokerite
Monteur *m* fitter; rigger *(z. B. für Krane)*; millwright *(z. B. für Maschinen und Anlagen)*
montieren to erect, to construct *(auf der Baustelle)*; to assemble *(zusammenbauen)*; to fit, to install *(einbauen)*; to rig [up], to mount *(aufstellen)*
~/ein Tragwerk to frame
Montieren *n* **des Kopfteils** top out
montiert/aus Großtafeln large-panelled
Montmorillonit *m* montmorillonite *(Tonmineral)*
Monument *n* monument
Monumentalbau[werk] *n* monumental structure
Monumentalbogen *m* triumphal arch
~/ägyptischer propylon
Moor *n* swamp
Moorboden *m* boggy (swampy) soil, marshy ground (soil)
Moorsprengung *f* bog blasting
Moräne *f* moraine
Moränekies *m* morainal gravel
Moräneschutt *m* moraine chippings
Morast *m* swamp, marsh
morastig marshy
morsch rotten, decayed • **~ werden** to rot, to decay, to become rotten
Mörtel *m* mortar [mix] • **~ anmachen** to prepare mortar
~/aktivierter activated mortar
~/alkaliarmer non-staining mortar
~/bindemittelreicher fat (rich) mortar
~/chemischer chemical mortar
~/erdfeucht verarbeiteter earth-moist-used mortar
~/feiner grout
~/feinstoffreicher fat (rich) mortar
~/fetter fat (rich) mortar
~/feuerfester refractory mortar
~/magerer lean mortar
~/maschinenangespritzter pneumatically applied mortar
~ mit geringem freien Alkaligehalt non-staining mortar
~/nichtaggressiver non-staining mortar
~/plastifizierter plasticized mortar
~/pneumatisch aufgespritzter gun mortar
~/schlaffer bad mortar
~/tonplastifizierter clay-mortar mix
~/trockener dry mortar
Mörtelart *f* class of mortar
Mörtelaufbereitung *f* mortar mixing; mortar fabrication
Mörtelaufstreichen *n* buttering
Mörtelauftrag *m* application of mortar, *(Am)* rendering
Mörtelaufziehbrett *n* ligger
Mörtelausbrechen *n* peeling
Mörtelausbreitung *f* stringing of mortar *(für mehrere Steine)*
Mörtelauspreßloch *n* grout hole
Mörtelauspressung *f* grout injection
Mörtelausschaber *m* badger *(aus Rohren)*
Mörtelbart *m* mortar burr
Mörtelbereinigung *f* mortar mixing
Mörtelbett *n* mortar bed
~/im embedded in cement mortar
Mörtelbettung *f* bedding (bed)
Mörtelbindeschicht *f* bonding layer
Mörtelbrett *n* mortar board, hawk; ligger
Mörteldichtmittel *n* mortar densifying (integral waterproofing) agent
Mörteldruckfestigkeitsprüfung *f* mortar cube test
Mörteleinpresser *m* [grout] packer
Mörteleinpressung *f* grout injection, grouting
Mörtelfangholz *n* cavity batten *(beim Mauern von Hohlwänden)*
mörtelfrei dry
Mörtelfuge *f* mortar joint; abreuvoir *(noch mit Mörtel zu füllen)*
Mörtelfurchen *n* furrowing
Mörtelgruppe *f s.* Mörtelklasse
Mörtelhaftung *f* mortar bond
Mörtelinjektion *f* grouting, grout injection; mortar instrusion
Mörtelinjektionsloch *n* grout hole
Mörtelinjektionsmenge *f* lift, grout injection quantity
Mörtelinjektionspumpe *f* grouting pump
Mörtelkehlen *n* **mit der Kelle** furrowing
Mörtelkelle *f* mortar trowel
~/kleine buttering trowel

Mörtelklasse *f* class of mortar
Mörtellage *f* mortar bed (layer), matrix
~/V-förmige mason's V-joint pointing, mason's joint
Mörtellager *n* bedding course *(erste Mörtelschicht)*
Mörtellegen *n***/ maschinelles** mechanical application [of mortar]
Mörtelleiste *f* fat board
mörtellos dry
Mörtelmakadam *m* grouted macadam
Mörtelmauerwerk *n* mortar walling
Mörtelmischanlage *f* mortar batch[ing] plant
Mörtelmischer *m* mortar mill (mixer), [mortar] batch mixer
Mörtelmischkasten *m* mortar box
Mörtelmischplatte *f* gauging (gauge) board
Mörtelmischspaten *m* larry
Mörtelmischtisch *m* mortar (spot) board
Mörtelmischwerk *n* mortar mill
Mörtelmulde *f* mortar trough
Mörtelnest *n* mortar pocket
Mörtelpaste *f* mason's putty
Mörtelpflaster *n* mortar-paving
Mörtelplastizität *f* mortar workability, temper
Mörtelpumpschlauch *m* mortar delivery hose, [mortar] material hose
Mörtelrisse *mpl***/ flache** check cracks, checking *(auf der Oberfläche)*
Mörtelrührstange *f* rab *(Haarmörtel)*
Mörtelsand *m* mortar (masonry) sand; mortar aggregate
Mörtelschutt *m* plastering refuse
Mörtelspritze *f* mortar (cement) gun
Mörtelstärke *f* mortar batch
Mörtelstrich *m* mortar strip
Mörtelüberstand *m* cold pie
Mörtel- und Ziegeltragekasten *m* hod
Mörtelunterbettungsschicht *f* [mortar] underbed
Mörtelverband *m* mortar bond
Mörtelverkleidung *f* mortar lining
Mörtelverpressung *f s.* Mörteleinpressung
Mörtelverstrich *m* underdrawing, torching *(Dach)*
Mörtelzusammensetzung *f* mortar composition
Mörtelzusatz *m*, **Mörtelzusatzmittel** *n* mortar admixture
Mosaik *n* mosaic
~ mit dreieckigen Mosaiksteinchen trigonon, trigonum *(in der Antike)*
Mosaikarbeiten *fpl* mosaic work
Mosaikbelag *m* mosaic flooring (covering) *(Fußboden)*
Mosaikblock *m* mosaic block
Mosaikfassade *f* mosaic façade
Mosaikfläche *f* tesserae *(im antiken Rom)*
Mosaikfliese *f* 1. [ceramic] mosaic tile; 2. abaciscus, abaculus *(im antiken Griechenland)*
Mosaikfußboden *m* mosaic flooring, *(Am)* mosaic pavement (paving)
Mosaikfußweg *m* tessellated pavement
Mosaikgold *n* ormolu
Mosaikmuster *n* mosaic pattern
Mosaikparkett *n* wood mosaic, mosaic parquet
Mosaikpflaster *n* mosaic paving (pavement)
Mosaikpflasterstein *m* mosaic paving sett
Mosaikschmuck *m* mosaic decoration
Mosaikstein *m* 1. mosaic paving sett; 2. tessera *(im antiken Rom)*; abaciscus, abaculus *(im antiken Griechenland)*
Mosaiksteinchen *n* mosaic piece, ceramic mosaic tile
Mosaikterrazzo *n* mosaic terrazzo
Mosaikverlegung *f* ruderation
Mosaikwandverkleidung *f***/ diagonale** *(Arch)* reticulatum opus *(im antiken Rom)*
Moschee *f* mosque
Motel *n* motel, *(Am)* auto court
~ mit Einzelhütten *(Am)* cabin court
Motelhütte *f* tourist cabin
Motelschlafhütte *f s.* Motelhütte
Motorgenerator *m* motor-generator set
Motor-Generator-Aggregat *n* motor-generator set
Motorgrader *m* motor grader *(Straße)*
Motorkipper *m* dumper
Motorkipperkarre *f* power barrow (buggy)
Motorsäge *f* power saw
Motorschleifer *m* *(Am)* power sander
Motorstraßenhobel *m* motor (tractor) grader
Motor[straßen]walze *f* power-driven roller
Motte *f* motte *(Turmhügelburg aus prähistorischer Zeit)*
Muffe *f* coupling, socket, bell, muff *(Rohrverbindung)*; sleeve, bushing *(Hülse)*
Muffenende *n* bell, hub
Muffenkitt *m* sewer joint[ing] compound
Muffenkrümmer *m* angle (bevel) collar
Muffenrohr *n* bell pipe
Muffenrohrverbindung *f* spigot[-and-socket] joint
Muffenschraubverbindung *f* screwed sleeve joint
Muffensteckverbindung *f* Normandy joint
Muffenstück *n* thimble
Muffenverbindung *f* socket fitting (joint); slip (sleeve) joint, box coupling *(Rohr)*, *(Am)* bell[-and-spigot] joint
~/aufgeschraubte screwed and socketed joint, screwed sleeve joint
Mühlengraben *m* mill race
Mühlengrabenabdämmung *f* milldam
Mühlfeinheit *f* grinding fineness
Mulch *m* mulch
Mulde *f* frog, gutter *(Dach)*; hollow
Muldenfalzziegel *m* trough gutter tile
muldenförmig trough shaped; shallow
Muldengewölbe *n* trough vault
Muldenheber *m* skip hoist *(Mischer)*
Muldenkipper *m* dumper
Muldenstein *m* trough[ed] block (tile)
Müll *m* waste, rubbish, *(Am)* garbage
Müllabladeplatz *m* refuse tip, *(Am)* garbage pit
Müllabwurfschacht *m* refuse (rubbish) chute
Müllabzug *m s.* Müllabwurfschacht

Müllbehälter *m* dust bin, *(Am)* garbage container
Müllbeseitigung *f* waste (refuse) disposal, disposal of refuse, garbage disposal (removal)
Mülldeponie *f s.* Müllkippe
Müllgrube *f* waste pit
Mullit *m* mullite *(Zementklinkermineral)*
Müllkasten *m* rubbish (waste) box
Müllkippe *f* rubbish dump (tip), refuse tip (dump), waste area
Müllkübelschrank *m* dustbin chamber
Müllsammelraum *m* waste collecting chamber
Müllschacht *m* refuse duct (chute), waste chute
Müllschlucker[schacht] *m* refuse (rubbish) chute, *(Am)* garbage chute
Müllverbrenner *m s.* Müllverbrennungsofen
Müllverbrennung *f* refuse incineration, *(Am)* garbage incineration
Müllverbrennungsanlage *f* [refuse] incinerator, *(Am)* garbage incinerator, refuse destructor [furnace]
Müllverbrennungsofen *m* [waste] destructor
Müllverwertung *f* refuse disposal
Müllwolf *m* mechanical refuse grinder
Multiplikationsfaktor *m* multiplier *(für Bauberatungskosten)*
Mündung *f* estuary *(Fluß)*; issue, mouth
Mündungsbauwerk *n (Wsb)* outfall (outlet) structure
Mündungsgebiet *n* estuary
Mündungshafen *m* estuary harbour
Münster *n* minster
Muntzmetall *n* Muntz metal
Münzenornament *n (Arch)* bezant *(scheibenförmiges Ornament)*
Muquarnas *m* stalactite work *(islamische Baukunst)*
mürbe brittle
Mürbheit *f* friability
Muschelbeton *m* oyster-shell concrete
Muschelbühne *f* band shell *(für Musikdarbietungen)*
Muschelkalk *m* shell lime[stone], shelly (lacustrine) limestone
Muschelkalkstein *m* shelly limestone, *(Am)* coquina
Muschelkurve *f (Arch)* scallop (scollop) *(Ornament)*
Muschelmarmor *m* shell lime[stone]
Muschelsandstein *m* shelly sandstone
Muschelschalenbeton *m* tabby
Muschelwerk *n (Arch)* shell work *(Ornament der Spätrenaissance)*
Muschelzuschlagstoff *m* shell aggregate
Museum *n* museum
Museumsgebäude *n* museum building
Musikpavillon *m* bandstand, band shell *(für Musikdarbietungen)*
Musiktheaterhalle *f* odeum
Musselinglas *n* muslin glass
Muster *n* pattern, model; mock-up *(in natürlicher Größe)*; sample, specimen *(Probe)*
~/geometrisches geometric pattern
~/gezahntes indented moulding
~/plastisches carved pattern
mustern to give a decorative finish, to pattern
Musterrolle *f* running (peg) mould, horse mould *(Putz)*
Musterstück *n* specimen
Mutter *f* nut
Mutterbodenabtrag *m* topsoil stripping
Muttererde *f* turf
Mutterform *f* master mould *(Ziegel)*; die *(Gußform)*
Muttergestein *n* bedrock, mother rock
Muttergewinde *n* internal thread
Mutterpause *f* transparent positive original

N

Nachabdichtung *f* subsealing, undersealing, resealing
nachaltern to afterage *(Baustoffe) (s. a.* nacherhärten*)*
Nachanstreichen *n* repainting
Nacharbeit *f* rework[ing]
nacharbeiten 1. to rework; to joint *(Mörtelfugen)*; 2. *s.* nachbearbeiten
Nacharbeiten *fpl* removal of faults
Nacharbeiten *n s.* Nachbearbeiten
Nachauftrag *m* suborder
Nachauftragnehmer *m* subcontractor
Nachauftragnehmergarantie *f* completion (contract) bond, construction approved bond *(Garantie des Hauptauftragnehmers für Fertigstellung aller Arbeiten durch die benannten Nachauftragnehmer)*
Nachauftragnehmerteilzahlung *f* subcontractor's quotation
Nachauftragnehmervertrag *m* subcontract
Nachauftragsvergabe *f* subletting of contract
Nachausfugen *n* repointing, rejointing
Nachbarbaulos *n* adjacent contract section
Nachbarbebauung *f* 1. adjoining building; 2. adjacent buildings *(Gebäude)*
Nachbarfeld *n* neighbouring opening *(Brücken)*
Nachbargebäude *n* neighbouring building, adjoining (adjacent) house
Nachbargrenze *f* **eines Gebäudes** boundary line of the neighbouring building
Nachbargrundstück *n* neighouring (adjacent) property
Nachbarlos *n s.* Nachbarbaulos
Nachbarschaft *f* neighbourhood, vicinity
nachbearbeiten to [re]finish, to touch up *(s. a.* nachbehandeln*)*
Nachbearbeiten *n* [re]finishing work; dressing *(Holz)*
~ des Natursteinquaders refinishing of the ashlar
nachbehandeln to aftertreat, to retreat; to cure *(Beton)*
~/feucht *s.* ~/mit Feuchtigkeit

~/mit Feuchtigkeit to moist-cure, to damp-cure
~/mit Heißluft to heat-cure
nachbehandelt/in Wasser wet cured *(Beton)*
~/mit Dampf steam-cured
Nachbehandlung *f* aftertreatment *(von Baustoffen)*; cure, curing, seasoning *(Beton)*
~/adiabatische mass curing
~ mit Dichtungsmittel liquid-membrane curing
~ mit Wasser water curing
~ unter einer Schutzschicht *oder* **Schutzfolie** membrane curing
Nachbehandlungsfilm *m* curing membrane *(auf Frischbeton)*
Nachbehandlungsmatte *f* [concrete] curing blanket, curing mat
Nachbehandlungsmittel *n* sealing compound *(Beton)*
Nachbehandlungsplatz *m* curing yard *(Beton)*
Nachbehandlungsraum *m* [concrete] curing chamber, curing room
Nachbehandlungstuch *n s.* Nachbehandlungsmatte
Nachbehandlungszyklus *m* **im Autoklaven** autoclaving cycle *(Beton)*
Nachbelastung *f* reloading
nachbessern to repair; to adjust; to touch up, to patch up *(z. B. Maurer- und Malerarbeiten)*
Nachbesserung *f* touching up, patching
Nachbieter *m* subbidder *(als Nachauftragnehmer)*
nachbilden 1. to model, to pattern; 2. to rebuild, to reconstruct; 3. to copy
nachbohren to rebore, to bore up
Nachbrechen *n* fine crushing, recrushing *(von Zuschlagstoffen)*
Nachbrecher *m* second[ary] crusher
nachbrennen to refire *(z. B. Keramiken)*
nachdichten to reseal *(nachträglich abdichten)*
Nachdruck *m* replica *(Nachbildung)*
nachdunkeln to darken, to become darker *(z. B. Anstriche)*
Nacheindecken *n* reroofing
nacheinglasen to reglaze
nacherhärten to mature, to afterharden *(Beton, Mörtel)*
Nacherhärtung *f* maturing, afterhardening *(von Beton, Mörtel)*, *(von Metallen auch)* age hardening
Nachfluß *m (San)* afterflush
Nachformen *n* copying; reproduction
Nachfugen *n* [tuck] pointing, tuck and pat pointing *(Mauerwerk)*
nachfüllen to fill up, to replenish
nachgeben 1. to yield, to subside *(z. B. Boden)*; 2. to yield, to sag *(z. B. Balken unter Last)*; 3. to slack[en] *(erschlaffen, z.B. Seile)*; 4. to stretch *(sich dehnen, Material)*; to back away *(ausweichen)*
Nachgeben *n* **des Säulenfundaments** punching shear
nachgiebig 1. yielding *(z. B. Boden)*; 2. pliable *(biegsam)*, supple *(elastisch, z. B. Material)*
Nachgiebigkeit *f* yield; yielding
Nachgiebigkeitsmodul *m* **der elastischen Unterlage** deflection modulus of the elastic support
Nachglühen *n* afterglow *(eines Materials nach Feuereinwirkung)*
Nachhall *m* reverberation, reverberation sound; echo
nachhallend reverberant
nachhallfrei non-reverberant
Nachhallraum *m* reverberation chamber
Nachhallzeit *f* reverberation time
Nachhärtung *f* afterhardening, rehardening *(z. B. von Beton)*; age hardening *(von Metallen oder Beton)*; afterbake, postcure *(von Kunststoffen)*
Nachklärbecken *n* secondary sedimentation basin, secondary clarifier (settler)
Nachlöschen *n* caving *(Kalk)*
nachmessen to verify the measure, to check the dimension; to measure again, to remeasure
Nachmischer *m* truck agitator *(für Transportbeton)*
Nach-Nachauftragnehmer *m* sub-subcontractor
nachprüfen to check, to control, to verify; to retest *(im Versuch)*
Nachprüfen *n* check, verification; recheck, second check
Nachputzen *n* replastering
Nach-Putz-Installation *f* second fixings
nachrechnen to check; to recalculate
Nachrechnung *f* 1. check calculation; 2. supplementary invoice *(Ergänzungsrechnung)*
~/statische [structural] reanalysis, recalculation
nachrichten to readjust; to relevel, to realign *(z. B. mit der Wasserwaage)*; to restraighten *(gerade machen)*
Nachrütteln *n* revibration *(von Beton)*
Nachschießen *n* secondary blasting *(Zerkleinern)*
Nachschleifen *n* 1. [re]sharpening *(Schärfen)*; 2. regrinding
Nachsetzung *f (Erdb)* secondary time-effect; *(Bod)* secondary consolidation
Nachspannelastizitätsverlust *m s.* Nachspannverlust
nachspannen to tension; to posttension
Nachspannen *n* post-tensioning, secondary tensioning *(Bewehrung)*
~/individuelles non-simultaneous prestressing *(Bewehrung)*
Nachspannverlust *m* sequence-stressing loss *(beim Spannen der Bewehrung)*
nachsprengen to bulldoze *(Gestein nachzerkleinern durch Knäpperschießen)*
Nachsprengen *n* secondary blasting *(zum Zerkleinern)*
Nachstemmen *n* recaulking
nachstreichen to repaint
nachtapezieren to repaper
Nachtbeleuchtung *f* night illumination (lighting)

Nachteerung *f* retarring
Nachtrag *m* addition, auxiliary bill of quantities *(Zusatzleistung nach der Submission)*
Nachtragsarbeit *f* supplementary work, auxiliary work
Nachtragszusatz *m* addendum *(Teil der vorläufigen Bauvertragsunterlagen vor der Submission)*
Nachtriegel *m* night lock, night latch (bolt); dead bolt
Nachtriegelschloß *n* night lock (latch)
Nachtschicht *f* night shift
Nachtschloß *n s.* Nachtriegel
Nachttresor *m* bank depository
Nachverdichtung *f* revibration *(Beton)*
Nachverfugen *n* repointing, rejointing
nachverglasen to reglaze
Nachverpachtung *f* sublease
nachverziert postiche, postique
Nachwärmen *n* 1. reheating; 2. postheat *(beim Schweißen)*
Nachwärmer *m* reheater
Nachweis *m* 1. *(Stat)* check[ing], check calculation; 2. detection, [conformation] test *(z. B. eines Stoffes, Elementes)*; 3. voucher, document *(Urkunde)*; 4. *s.* Nachprüfen
~/graphischer graphical check
nachweisen *(Stat)* to check
nachzeichnen to trace; to copy
nachzerkleinern to recrush; to regrind *(s. a.* nachsprengen*)*
nachziehen 1. to bind *(Betonbewehrung)*; 2. to [re]tighten, to screw up *(Schrauben, Bolzen)*; 3. to [re]trace *(z. B. Zeichnungen mit Farbe)*
nackt 1. uncoated *(ohne Belag)*; *(El)* bare *(Draht)*; 2. dry *(Straßenbaugestein ohne Bindemittel)*
Nacktes *n* **einer Zarge** nude of a frame
Nadelbaum *m* coniferous tree, conifer
Nadeleindringversuch *m* **/ statischer** *(Bod)* static penetration test
nadelförmig needle shaped; acicular *(z. B. Kristall)*
Nadelholz *n* softwood, coniferous wood; deal *(bearbeitetes)*
Nadelholzharzöl *n* pine oil *(Farbe)*
Nadelholzschindel *f* pine shingle
Nadelschieber *m* needle [drive]
Nadelschnittholz *n* soft[wood] timber, *(Am)* softwood lumber
Nadelventil *n* needle valve
Nagel *m* nail; tack *(kurzer Nagel)*; treenail *(Holznagel)*; spike *(Schienennagel)*
~/galvanisierter galvanized nail; shingle nail
~/handgeschmiedeter wrought nail
~/kopfloser glazing sprig
Nagelabstand *m (Hb)* nail (row) spacing
Nagelanschlußblech *n* nail plate
nagelbar nailable
Nagelbarkeit *f* nailability
Nagelbinder *m* nailed truss
Nagelbohrer *m* gimlet; brad-awl
Nageleisen *n* gooseneck claw bar; nail claw; box chisel
Nagelhaltefestigkeit *f* nail holding [capacity]
Nagelknotenblech *n* nail plate
Nagelkopf *m* nail head
Nagelkopfornament *n* nail head [ornament]
Nagellasche *f* nailing strip
Nagelleiste *f* nail batten, nailing strip (batten), lathing board; back-up strip, backing
Nagelloch *n* nail hole
Nagellochsplint *m* spile
nageln to nail; to tack *(mit kurzen Nägeln)*
~/in die Schräge to nail inclined
Nagelschablone *f* nailing marker
Nagelschaft *m* shank
Nagelstellenmarkierung *f* nailing marker
Nagelstift *m* sprig *(ohne Kopf)*; brad *(für Dielen)*
Nageltreiber *m* nail punch (set)
Nagelung *f* **/ direkte** direct (straight) nailing, face nailing *(Vernagelung)*
~/verdeckte concealed (secret, blind) nailing; edge nailing
Nagelverbindung *f* nail joint (fastening)
Nagelzieheisen *n s.* 1. Nageleisen; 2. Nagelzieher
Nagelzieher *m* nail puller, nail-lifter
nagetiersicher rodent-proof
Nagetiersperre *f* rodent barrier *(Kanal)*
Nahansicht *f* close-up view
Näherungsannahme *f* approximate assumption
Näherungslösung *f (Stat)* approximate solution
Näherungsschalter *m (El)* proximity switch *(sensorgesteuert)*
Näherungswert *m* approximate value
Naht *f* 1. seam, weld *(Schweißnaht)*; 2. joint *(Verbindung, Fügung)*; 3. burr *(Grat)*
Nahtüberdeckung *f s.* Nahtüberlappung
Nahtüberlappung *f* joint lapping, lap joint
Nahtschweißen *n* seam welding; continuous seam welding
Nahtverbindung *f* seam joint *(Schweißen)*
Nahtverklebung *f* seam (joint) bonding
Naiskos *m (Arch)* naiskos *(kleiner Kulttempel)*
Namenschild *n* 1. nameplate; 2. scutcheon *(am Wappen)*
Naos *m (Arch)* naos *(Statuennische im antiken Tempel)*
Naphtha *n(f)* naphtha *(Erdölfraktion)*
narbig rough; pitted, pitty *(bes. Metallflächen)*
Narthex *m (Arch)* narthex *(Atrium der altchristlichen Basilika)*
Nase *f* 1. nose; stub; projection, lug *(Ansatz)*; deflector *(Ablenkblech)*; 2. nib, cog *(eines Dachziegels)*; 3. *(Arch)* cusp *(gothisches Maßwerk)*; 4. run *(Anstrichfehler)*
Nasenbildung *f* 1. cuspidation *(Ornament)*; 2. curtaining *(Lackanstrichfehler)*
Nasenleiste *f* crenelated moulding, *(Am)* embattled molding *(zinnenförmig)*
Nasenschraube *f* snug bolt

Nasenschwungbogen *m (Arch)* cusped arch, lobed (foiled) arch *(gothischer Bogen)*
Nasenverzierung *f (Arch)* cuspidation
naß wet, moist
Naß-auf-Naß-Streichen *n* wet-on-wet painting
Naßbagger *m* dredge[r], floating dredger, dredging craft
naßbaggern to dredge
Naßbaggerung *f* dredging
Nässe *f* wetness, moisture; dampness
nässen to [make] wet, to moisten
~/das Ziegelmauerwerk to moisten the brickwork
Naßfäule *f* wet (soft) rot *(Holz)*
Naßfestigkeit *f* wet strength *(Kleber)*
Naß-in-Naß-Verfahren *f* wet-on-wet method
Naßinstallationszelle *f (San)* bathroom building-block module
Naßklassierung *f* wet classifying (sizing) *(Aufbereitung von Zuschlagstoffen, Baustoffprüfung) (s. a.* Naßsiebung*)*
Naßlagerungsfestigkeit *f* wet strength *(Kleber)*
Naßlöschen *n* slaking, hydrating *(Kalk)*
Naßraum *m (San)* moist room
Naßsandnachbehandlung *f* sand curing *(Beton)*
Naßsandverfahren *n (Verk)* wet sand process
Naßsiebung *f* wet screening (sieving) *(Aufbereitung von Zuschlagstoffen, Baustoffprüfung)*
Naßspritzbeton *m* wet-mix shotcrete
Naßtonziegel *m* soft-mud brick
Naßverfahren *n* 1. *(Verk)* wet-aggregate process; 2. wet process (method) *(Zementherstellung)*; 3. wet cast process (method) *(Betonrohrfertigung)*
Naßzelle *f (San)* bathroom building-block module
Nationalstraße *f* national highway
Natriumdampflampe *f* sodium[-vapour] lamp, sodium discharge lamp
Natriumsilicat *n* sodium silicate *(Wasserglas)*
Naturarchitektur *f* Organic architecture *(Anfang des 20. Jahrhunderts)*
Naturasphalt *m* natural (native, rock) asphalt; earth (mineral) pitch; lake asphalt (pitch)
~/flüssiger maltha
Naturasphaltgestein *n* gilsonite
Naturasphaltmastix *m* natural rock asphalt mastic
Naturbaustein *m* building stone
~ mit natürlicher Oberfläche self-faced stone
Naturbims *m* pumicite, pumice, expanded perlite
Naturbimsbeton *m s.* Naturbimsgasbeton
Naturbimsgasbeton *m* gas pumic concrete
Naturbitumen *n* natural (native) asphalt, asphaltic bitumen
Naturblocksteinmauerwerk *n* **mit durchgängigen Blöcken** perpend wall
Natureckstein *m* perpend, parpend stone
Naturfarbstoff *m* natural colouring matter
Naturgas *n* natural gas *(Erdgas)*
naturgetreu true to nature; natural
Naturglas *n* natural glass
Naturhaarpinsel *m* bristle brush
Naturharz *n* natural resin, plant resin
Naturholzfarbe *f* natural wood colour
Naturholzlack *m* oleoresinous varnish
natürlich natural; native, from natural sources
Naturölharz *n* oleoresin *(für Anstriche)*
Naturpark *m* nature reserve
Naturpflasterstein *m* natural paving sett
Naturschutz *m* nature preservation (protection)
Naturstein *m* [natural] stone, quarry stone (block)
~/baufertig bearbeiteter dimension stone
~/gebrochener macadam, mac *(für Makadamstraßendecke)*
~/geschnittener cut stone
~ mit natürlicher Oberfläche self-faced stone
~ mit zu den Rändern anlaufender Sichtfläche pitched stone
~/scharrierter nidged ashlar
~/zurechtgeschlagener scabbled rubble
Natursteinbearbeitung *f* 1. dressing, milling *(Spalten, Sägen, Behauen, Polieren)*; 2. carving *(Steinmetzarbeit)*
Natursteinblock *m/* **scharrierter** nidged ashlar
Natursteinblöcke *mpl/* **zu schneidende** cutting stock
Natursteindeckplatte *f* coping stone, copestone
Natursteinfassade *f* [natural] stone façade
Natursteinfundament *n* [natural] stone foundation
Natursteingebäude *n* stone structure, stone-built building
Natursteingewölbe *n* natural stone vault
Natursteinmauer *f* rubble (rough) wall
Natursteinmauerwerk *n* natural stone masonry, ashlar masonry; rubble masonry
~ aus unregelmäßigen Steinen pocket rash
~/unregelmäßiges rockwork
Naturstein-Mosaik-Verlegung *f* ruderation
Natursteinoberfläche *f/* **bruchrauhe** quarry face
~ durch Steingattersägen/rauhe chat-sawn finish
~/sandabgeschmirgelte sand-rubbed finish
Natursteinpfeiler *m* stone pillar
Natursteinpflaster *n* natural stone paving
Natursteinpflasterdecke *f* stone block pavement
Natursteinplatte *f* natural stone slab; quarry (promenade) tile, flagstone *(für Wege)*
~ für Wandverkleidungen facing stone
Natursteinschichtenmauerwerk *n (Am)* coursed ashlar, rangework
~/regelmäßiges regular-coursed ashlar work, regular rubble in courses
Natursteinsplitt *m* stone chippings (chips)
Natursteinstaumauer *f* masonry dam
Natursteinsturz *m* architrave
Natursteinverband *m* natural stone bond
Natursteinverblendung *f* bastard ashlar (masonry) *(mit wenig behauenen Steinen)*
natursteinverkleidet rock-faced
Natursteinverkleidung *f* [natural] stone facing; ashlar [stone] facing, ashlar [work], ashlaring [of natural stones]

Natursteinverwitterungskruste *f* sand-vent
Natursteinwassergehalt *m* quarry sap
Natursteinzuschlagstoff *m* stone aggregate
Naturwinkelstein *m s.* Natureckstein
N-Binder *m* Howe truss *(ein Dachbinder)*
Neapelgelb *n* Naples (antimony) yellow
Nebenachse *f* secondary axis *(Mathematik)*
Nebenanschluß *m* extension *(Telefon)*; side exit
Nebenarbeiten *fpl* secondary work
Nebenbahnlinie *f* branch (side) line
Nebenbau *m* appurtenant structure
Nebenbiegemoment *n (Stat)* secondary bending moment
Nebenbogen *m* subarch
nebeneinanderliegend adjacent, side-by-side
Nebeneingang *m* side entrance
~/kleiner postern *(Privateingang)*
Nebenfenster *n* side window
Nebengebäude *n* annex[e], outbuilding *(Außengebäude)*; accessory (ancillary, dependent) building; dependency *(zu einem Hauptgebäude)*; penthouse; limb *(als Seitenflügel)*; appurtenant structure *(nur für Gebäudetechnik)*
Nebengelaß *n* side room, closet
Nebengemach *n* alcove
Nebengestein *n* partition rock, adjoining (dead) rock; burr *(Ziegelschmolz)*
Nebengleis *n* side track, siding; spur track *(Anschlußgleis)*; shunt *(Ausweichgleis)*
Nebengraben *m* secondary ditch
Nebenkanal *m* tributary channel
Nebenleitung *f* secondary branch
Nebenpfosten *m* prick post
Nebenraum *m* adjoining room
~/versteckter kleiner closed shelving
Nebensammler *m* branch sewer *(Abwasserleitung)*
Nebenspannung *f* secondary stress *(mechanisch)*
Nebenspeiseleitung *f (El)* subfeeder
Nebensperre *f s.* Nebensperrmauer
Nebensperrmauer *f* subsidiary dam, lateral [check] dam
Nebenstraße *f* side street, off-street *(in der Stadt)*; minor street *(unbedeutende Straße in der Stadt)*; secondary (subsidary) road; by-road *(Landstraße)*; auxiliary lane *(zusätzliche Fahrspur)*
Nebenteil *n* adjunct *(Anhängsel)*
Nebentor *n***/ schmales** postern
nehmen/Proben to take samples
neigen 1. to incline; to tilt, to tip, to cant *(kippen)*; 2. to weather *(Dach, Abdeckung für Wasserabfluß)*; to rake *(abschrägen)*
~/sich 1. to incline, to tilt, to lean, to slant *(Neigung haben)*; to dip *(Gelände)*; to slope down *(Dach)*; to tilt, to tip, to cant *(kippen)*; 2. to pitch, to sink
~/sich nach innen to tumble home *(stürzen)*
Neigung *f* 1. inclination, slope, gradient *(Steigung)*; tilt *(Kipplage)*; dip, declination *(Abschüssigkeit)*; pitch, slope *(z. B. des Daches)*; fall, falling gradient *(Gefälle)*; slant *(Schräge bzw. Neigung einer Straße)*; acclivity *(Böschung)*; rake *(Einfallen geologischer Schichten)*; rise and run *(Steigungsverhältnis)*; 2. incline, slope, slant *(Schrägfläche)*, batter • **~ geben** to batter
~ einer Böschungsfußsicherung talus, tallus
Neigungslehre *f* 1. batter rule; 2. pitch board *(Schablone für Treppenbau)*
Neigungsmeßbrett *n* batter stick *(hängend)*
Neigungsmesser *m* inclinometer, clinometer; batter level
Neigungsrichtung *f* set *(z. B. der Sägezähne)*
Neigungswinkel *m* angle of inclination, angle of gradient (slope); angle of ascent, elevation angle; *(Verm)* altitude, pitch
Neigungswinkelmesser *m* inclinometer
Nennabmessung *f* nominal dimension
Nennbeanspruchung *f* nominal stress
Nenndauerlast *f (El)* continuous rating
Nenndurchmesser *m* nominal diameter
Nennlast *f* nominal (rated) load *(Aufzug)*
Nennleistung *f* rated capacity; nominal output; *(El)* rated power
Nennmaß *n* nominal (work) measurement, real measure
Nennquerschnitt *m* nominal cross section
Nennspannung *f* nominal stress *(mechanisch)*; *(El)* rated voltage
Nennweite *f* nominal diameter; [nominal] bore *(Innendurchmesser eines Rohres)*
Neobarock *m (Arch)* neo-Baroque
Neogotik *f (Arch)* neo-Gothic, Revival architecture *(19. Jahrhundert)*
Neoklassizismus *m (Arch)* neo-Classicism
Neonlicht *n* neon light
Neonröhre *f* neon tube (lamp), cold-cathode [fluorescent] tube
Neopren *n* neoprene
Neoprenfugenband *n* neoprene waterstop
Neoprenlager *n* neoprene bearing
Neorenaissance *f (Arch)* neo-Renaissance
Nephelinbasalt *m* nepheline basalt
Nephrit *m* nephrite, jadeite
Nest *n* 1. nest *(Betonnest)*; 2. pocket, segregation *(Betonmischung)*
Nettobelastung *f***/ maximale** allowable bearing pressure *(eines Erdstoffs)*
Nettogeschoßfläche *f* net floor area
Nettogewicht *n s.* Nettomasse
Nettomasse *f* net mass (weight)
Nettoöffnungsquerschnitt *m* free area *(einer Luftöffnung)*
Nettoquerschnitt *m* net section
Nettoumrißlinie *f* neat (net) line
Netz *n* 1. net; 2. network, system *(z. B. von Verkehrswegen)*; 3. *(Verm)* triangulation net; grid, graticule *(Kartennetz)*; 4. *(El)* power supply system, mains *(Versorgungsnetz)*; transmission network *(Übertragungsnetz)*; telephone network *(s. a.* Netzwerk*)*
~/isostatisches isostatic net
~/labiles instable frame

Netzanschluß *m (El)* power supply, mains connection
Netzarmierung *f* mesh reinforcement *(Betonbewehrung)*
netzartig reticulated
Netzbewehrung *f s.* Netzarmierung
netzen to wet, to moisten
Netzgewölbe *n* reticulated vault[ing], tracery (decorated) vault
Netzmaßwerk *n* reticulated (perforated) tracery, net tracery
Netzmittel *n* wetting agent *(zum Anfeuchten)*
Netzmosaikarbeit *f* reticulated [mosaic] work
Netzplandiagramm *n* network
Netzriegel *m (Hb)* ledger [board], *(Am)* girt strip *(Gerüstbau)*
Netzrippengewölbe *n* net vault
Netzrisse *mpl* crazing *(Putz, Mörtel)*
Netzsteckdose *f (El)* power outlet; wall socket
Netzverband *m* rectangular work *(Stahlbau, Holzbau)*
Netzwerk *n* 1. network *(Planung)*; 2. trellis work *(Gitter)*; 3. rectangular work *(Stahlbau, Holzbau)*; 4. lacework *(Posamentierarbeit)*; tracework *(Maßwerk) (s. a.* Netz*)*
~/doppeltes double bracing *(Träger)*
Netzwerkstruktur *f* cellular structure
Netzwerkverzierung *f* tracery
Neuausmauerung *f* rebricking
Neubarock *m (Arch)* neo-Baroque
Neubau *m* 1. new building (house); 2. building under construction *(im Bau befindlich)*
Neugestaltung *f*/**bauliche** renovation, remodelling
Neugotik *f (Arch)* neo-Gothic, Revival architecture
neugotisch neo-Gothic
Neuland *n* 1. reclaimed ground, virgin land; 2. uncultivated land
Neumessing *n* yellow metal
Neuplanung *f* redevelopment *(Siedlungsbau)*
Neurenaissance *f (Arch)* neo-Renaissance
Neustadt *f* new town
Neutrale *f* axis of zero
NF *s.* Normalformat
Nichtabnahme *f* rejection *(eines Gebäudes)*
nichtarmiert unreinforced, plain
nichtbrennbar non-combustible, incombustible
Nichtbrennbarkeit *f* non-combustibility, incombustibility
nichtentflammbar non-[in]flammable, flameproof
nichtfluchtend misaligned
nichtflüchtig non-volatile *(z. B. Anstrich)*
nichtgewölbt square-headed
nichtkristallin non-crystalline, amorphous
nichtlinear non-linear
nichtlösbar permanent *(beständig)*
nichtlöslich insoluble, non-soluble
nichtrostend stainless, rust-proof, rust-resisting, antirust
nichtschalldicht not sound-proof, non-sound-proof
nichtschienengebunden railless
nichtschnürig crooked *(Holz)*
nichtsenkrecht out-of-square
nichtstabil unstable, non-stable, astable
nichtstandsicher instable
nichttragend non-[load-]bearing, non-structural
nichtüberdacht open, unroofed, uncovered
nichtunterkellert slab-on-grade, cellarless
nichtzusammendrückbar incompressible
nichtzusammenpassend mismatched *(Furniere)*
Nickelblech *n* nickel sheet
Nickelstahl *m* nickel steel
niederbringen to sink [a shaft]
Niederdruckdampfbehandlung *f* low-pressure steam curing *(von Beton)*
Niederdruckdampfheizung *f* low-pressure steam heating system
Niederdruckheizung *f* low-pressure heating
Niederdruckverpressung *f* 1. low-pressure grouting *(von Fugen)*; 2. perimeter grouting *(um eine Fläche herum)*
niedergebrannt burnt down, destroyed by fire
niederreißen to wreck, to demolish, to pull (tear) down
Niedereißen *n* wrecking, demolishing
Niederschlag *m* 1. precipitation *(atmosphärischer)*, rain [fall]; 2. condensate *(von Dampf)*; 3. precipitate, sediment
~/jährlicher annual rainfall
Niederschlagsgebiet *n* area of precipitation; drainage area
Niederschlagswasser *n* 1. atmospheric water, rainwater; 2. condensed water
Niederspannung *f* low voltage
Niederspannungsrelaisschaltung *f* low-voltage lighting control
Niederspannungssystem *n* low-voltage system
Niederspannungsverteilung *f (El)* secondary distribution feeder
niedrig 1. low; 2. low-rise, low[-roofed] *(Gebäude)*; 3. low-ceiling *(Zimmer)*
Niedrigmauer *f* dwarf wall
Niedrigwasser *n* low water, minimum flow, low-water cutoff *(Wasserboiler)*
Niet *m* rivet
~/kopfloser headless rivet
Nietabstand *m* pitch of rivets, distance (interval) between rivets, rivet pitch (centres)
Nietbarkeit *f* rivetability
Nietberechnung *f* rivet calculation
Nietbild *n* rivet arrangement
Nietbolzen *m* clinch (clench) bolt, shank of rivet
nieten to rivet, to fix by a rivet, to snap
~/überlappt to lap-rivet
Nieten *n* riveting
~/elektrisches electric riveting
Nietenkopf *m s.* Nietkopf
Nietenschlagen *n* rivet driving
Nieter *m s.* Nietmaschine

Nietfeld *n* riveted section
Nietflansch *m* riveted flange
Niethammer *m* riveting hammer
Nietkopf *m* rivet head (point); button head
~/gehämmerter hand-made rivet head
Nietkopfsetzer *m* rivet set (snap), setting punch, riveting set
Nietlinie *f* rivet line
Nietloch *n* rivet hole
Nietmaschine *f* riveter, riveting machine
Nietmeißel *m* rivet chisel
Nietnaht *f* row of rivets
~/überlappte lap riveted seam
Nietpresse *f* riveter, riveting press
Nietquetscher *m* rivet buster
Nietreihe *f* row rivets
Nietrißlinie *f* rivet (gauge) line
Nietschaft *m* shank of rivet
Nietschneider *m* rivet buster
Nietteilung *f* rivet pitch
Nietträger *m* riveted girder
Nietung *f* 1. riveting, rivet fastening; 2. *s.* Nietverbindung 1.
~/mechanische machine riveting
Nietverbindung *f* 1. rivet joint, riveted connection (joint); 2. *s.* Nietung 1.
~/einreihige single-riveted joint
~/mehrreihige multiple-riveted joint
~/verjüngte lozenge riveted joint
Nietwiderstand *m* resistance of rivet
Nippel *m* nipple
Nische *f* niche, recess; nook *(Bettnische)*; *(Am)* housing *(meist für Statuen)*
~/halbrunde exedra *(im antiken Griechenland und Rom)*
~ in Fußbodenhöhe ground niche
Nischengewölbe *n* niche-vaulting
Nitrierstahl *m* nitriding steel, nitralloy *(Stahl für Nitrierhärtung)*
Nitrilgummi *m*, **Nitrilkautschuk** *m* nitrile[butadiene] rubber, NBR
Nitrocellulose *f s.* Cellulosenitrat
Nitrofarbe *f* nitrocellulose paint
Nitrolack *m* cellulose nitrate (nitrocellulose) lacquer
Nitrozellulose *f s.* Cellulosenitrat
Nitrozellulosespachtelmasse *f* nitrocellulose stopper
Niveau *n* [ground] level, grade
~ der Bauausführung 1. standard of workmanship; 2. reasonable care and skill, *(Am)* due care
niveaueben dead-level
Niveaukreuzung *f* level intersection
Niveauliniendarstellung *f* level map
Niveaumesser *m s.* Füllstandsanzeiger
Niveaurohr *n* levelling tube
Niveauunterschied *m* difference of level; altitude difference
Nivellement *n* levelling [survey]
Nivellier *n s.* Nivellierinstrument
Nivellierarbeiten *fpl* levelling work
nivellieren to level, to take [the] level, to flush
Nivellieren *n* levelling; boning-in
Nivellierestrich *m* levelling screed [material]
Nivellierfernrohr *n* telescope level
Nivellierinstrument *n* levelling instrument, level[ler], builder's (engineer's) level; surveyor's level
~/handgehaltenes hand level
Nivellierlage *f* levelling course, levelling layer (underlay) *(Mauerwerk)*
Nivellierlatte *f* levelling rod (pole, board, staff), sighting (level) rod; graduated rod; stadia [rod], hub *(fester Vermessungspunkt)*
~/ausziehbare Sopwith staff
Nivelliernetz *n* levelling net
Nivellierung *f* levelling, *(Am)* leveling
~/durchgehende continuous levelling
~/tachometrische stadia levelling
~/trigonometrische trigonometrical levelling
Nivellierungsarbeiten *fpl* grading (levelling) work *(Ausgleicharbeiten)*
Nivellierwaage *f* spirit level
Nockenstab *m* indented bar *(Bewehrung)*
Nonne *f* concave tile, *(Am)* mission tile *(Dachziegel)*
Nonius *m* vernier *(verschiebbarer Maßstab)*
Noppensetzteppich *m* tufted carpet
Nordrichtung *f***/wahre** true north
Norm *f* standard, rule
Norm... *s. a.* Normal... *und* Standard...
Normalabmessung *f* standard dimension
Normalabweichung *f* standard tolerance *(z. B. bei Fertigteilen)*
Normalbedingungen *fpl* 1. normal (standard) conditions; 2. normal temperature and pressure *(0 °C und 101,325 kPa)*
Normalbeton *m* normal[-weight] concrete
Normale *f* 1. normal, perpendicular [line]; 2. master *(Abnahmelehre)*
Normalfixpunkt *m (Verm)* datum point
Normalformat *n* normal format *(von künstlichen Bausteinen, 24 × 12 × 6 cm)*
Normalgleis *n* standard railway track
Normalkomponente *f* **der Kraft** *s.* Normalkraft
Normalkraft *f* normal force, force at right angles
Normalmaß *n* nominal dimension (size), standard measure
Normalnull *n (Verm)* datum level; mean sea level *(Meereshöhe)*
Normalprobestab *m* standard test bar
Normalprofil *n* standard section
Normalquerschnitt *m* typical cross section
Normalsand *m s.* Normensand
Normalspannung *f* 1. *(Stat)* normal (direct) stress; 2. *(El)* normal (standard) voltage
Normalspur[weite] *f* standard gauge *(Eisenbahn)*
Normalstab *m* standard test bar
Normalstampfer *m* standard rammer
Normalverformung *f* normal consolidation *(Boden)*
Normalverkehrsmessung *f* sample traffic survey
Normalwürfel *m* typical [test] cube *(Beton)*

Normalzement *m* ordinary cement
Normalziegel *m* ordinary red brick
Normalziegelbogen *m* rough arch
Normalziegelgröße *f* [standard] brick gauge
Normalziegelstein *m s.* Normalziegel
Normalzugkraft *f* one-dimensional tension
Normengeländer *n* standard railing
Normenkantholz *n (Am)* stock lumber
Normenmischung *f* standard mix[ture] *(Zementprüfung)*
Normenprüfung *f* standard test
Normensand *m* [graded] standard sand *(Zementprüfung)*
~ **aus Ottawa** Ottawa sand
Normensickergraben *m* standard absorption trench *(30–90 cm breit, mit 30 cm Kiesfüllung und 30 cm Erdüberdeckung)*
Normenverzeichnis *n* list of standard specifications
normgerecht according to standards, conforming to (with) standards
normieren 1. to standardize; 2. to calibrate *(auf genaues Maß bringen)*
Normnachbehandlung *f* standard curing *(Zement- und Betonprüfung)*
Normputzmörtel *m* **/ aufgespachtelter** gauged skim coat
Normsand *m s.* Normensand
Normung *f* standardization
Normvorschrift *f* standard specification
Normzement *m* standard cement
Normziegel *m* standard brick
Normziegelmaß *n* brick gauge
Notabschluß *m (Wsb)* emergency gate
Notabsperrventil *n* emergency valve
Notabstieg *m* **/ senkrechter** vertical exit *(Feuerleiter, Feuertreppe)*
Notausgang *m* emergency exit (door); fire exit *(Gebäude)*
Notausgangsbeleuchtung *f* emergency-exit lighting
Notausgangstreppenhaus *n* fire tower *(feuergeschützt)*
Notausgangstürschloß *n* emergency release
Notausgangsverriegelung *f* panic exit device, panic bolt (hardware); fire-exit bolt
Notausstiegfenster *n* emergency-exit (fire-escape) window
Notbeleuchtung *f* emergency lighting; standby lighting
Notbeleuchtungsschalter *m* emergency-lighting switch; hospital switch
Notbrücke *f* 1. emergency bridge; 2. temporary (provisional) bridge *(Behelfsbrücke)*
Notdeich *m* temporary dike
Notfallöffner *m* emergency release
Notgerüst *n* safety floor of a scaffold
Notlampe *f* pilot lamp (light)
Notlandebahn *f (Verk)* crash landing strip
Notleiter *f* escape stair, fire escape
Notrufanlage *f* emergency telephone
Notschaltseil *n* slack-rope switch
Notstromaggregat *n* emergency power generating set, standby unit; mains-failure set *(bei Netzausfall)*
Notstromgenerator *m* emergency (standby) generator, prime standby power scource
Nottür *f* emergency door
Nottreppe *f* escape (emergency) stair[case]
Notunterkunft *f* emergency accommodation
Nullachse *f* neutral axis, neutral (zero) line
Nulleiter *m (El)* neutral (zero) conductor
Nullenzirkel *m* [spring-]bow compass
Nullinie *f* axis of zero, zero line, neutral axis (line)
Nullpegel *m* dead level
Nullpunkt *m* zero, neutral point; origin *(Anfangspunkt von Linien)*
Nullriß *m* zero line
Nullspannung *f* zero stress *(mechanisch)*
Nullstab *m* unstrained member *(eines Fachwerks)*
Nullstarrheit *f* zero stiffness
Nullsteifigkeit *f* zero stiffness
Nullung *f (El)* protective multiple earthing
Nußbaumholz *n* walnut, nutwood; butternut *(nordamerikanischer Walnußbaum)*
Nut *f (Hb)* [plough] groove; mortise; rabbet, gain; *(Am)* dap; keyway *(Keilnut)*; quirk, flute *(Einkehlung)*; slot *(in Metall)*
~ **der Zarge** rebate of the frame
~ **und Feder** *f (Hb)* groove and tongue, matching; joggle *(Verzahnung)*
Nute *f s.* Nut
nuten *(Hb)* to groove, to flute, to plough, to rabbet; to gain, to keyway *(Keilnuten fräsen)*; to channel, to kerf; to slot *(Metall)*
~ **und spunden** to match, to matchboard
Nuteneisen *n* channel iron (bar)
Nutenfräser *m* groover, grooving cutter
Nutenhobel *m s.* Nuthobel
Nutenreißer *m* router gauge
Nutenschneider *m* groover
Nutenziegel *m* key brick
Nuthobel *m* grooving (plough) plane, match (hollow) plane, rebate (rabbet) plane, fluting plane; sash fillister (plane) *(für Fensterrahmen)*, *(sl)* old women's tooth
Nutkehle *f* plough groove
Nutkerbe *f* key
Nutkopfhöhlung *f* counterbore
Nutleiste *f* plough strip
Nutmaschine *f s.* Nutschneider
Nutschneider *m (Hb)* gainer
Nut- und Federholz *n* matchboard
Nut- und Federverbindung *f* **mit Fugenfülleiste** tongue-and-lip joint, plough-and-tongue joint
Nut- und Spundfräser *m* slot-and-key cutter
Nut- und Spundhobel *m s.* Nuthobel
Nutung *f* grooving

Nutverbindung *f* dap joint
Nutverschalung *f* German siding
Nutwand *f* cheek of a groove
Nutzanteil *m* effective fraction
Nutzbau *m*/ **zeitweiliger** temporary building
Nutzeffekt *m* 1. efficiency; 2. coefficient of performance *(bei Klimaanlagen)*
Nutzfläche *f* effective (floor) area, [useful] floor space *(eines Gebäudes)*
~/tatsächliche net floor area
Nutzförderhöhe *f* operating head *(von Pumpen)*
Nutzhöhe *f* 1. useful height; 2. effective depth *(Stahlbeton)*
Nutzholz *n* converted [timber] *(aus Bauholz geschnitten)*, *(Am)* lumber; standing timber *(Holz auf dem Stamm)*
Nutzlast *f (Stat)* imposed (incidental, dynamic) load; live (working, service) load
Nutzleistung *f* efficiency, effective capacity
Nutzquerschnitt *m* useful (net) section; effective area of reinforcement
Nutzung *f* occupancy
~ als Geschäftsräume office occupancy
~ eines Gebäudes occupancy
~ für Bildungszwecke educational occupancy
~ für Handel und Warenumschlag *s.* ~/gewerbliche
~ für Wohnzwecke residential occupancy
~/gewerbliche commercial occupancy, *(Am)* mercantile occupancy *(Räume, Gebäude, Flächen)*
~/spezielle industrielle special-purpose industrial occupancy *(Gelände, Gebäude)*
nutzungsbereit ready for occupancy *(z. B. Gebäude)*
Nutzungsbeschränkung *f* restriction of use *(Land, Grundstück)*
Nutzungserklärung *f* condemnation *(für ein Gebäude zur allgemeinen Nutzung)*
Nutzungsgenehmigung *f* occupancy permit *(für ein Gebäude)*
Nutzungsrecht *n* **des Luftraums** air right *(über einem Baugrundstück)*
Nutzwasser *n* industrial water
n-Verfahren *n* m-design, m-method, modular ratio method, elastic-modulus method *(Stahlbeton)*
Nylontrosse *f* nylon hawser
Nymphäum *n*, **Nymphensaal** *m (Arch)* nymphaeum *(dekorierter Pflanzen- und Skulpturraum der Antike)*

O

Obelisk *m* obelisk, monolithic pillar
Obenschwingtor *n* overhead door
Oberbau *m* superstructure *(Hochbau, Bahn)*, road construction, pavement *(Straßenbau)*
Oberbauleiter *m* contract manager, superintendent
Oberbaumaterial *n* track (permanent way) equipment *(Gleisbau)*
Oberbecken *n* upper reservoir
Oberbeleuchtung *f* top-lighting
obererdig *s.* oberirdisch
Oberfläche *f* surface; [surface] area
~/abgezogene float finish
~/bearbeitete tooled finish (surface), working (work) face
~/geerdete dead-front *(eines elektrischen Geräts)*
~/geglättete trowel finish
~/geplatzte plucked finish *(Stein)*
~/gereinigte stripped surface
~/geriebene semirubbed finish
~/geschliffene rubbed finish *(abgezogene Fläche)*
~/gespachtelte trowel finish
~/gespitzte picked finish *(Stein)*
~/gestockte bush hammer finish, granulated finish
~/glasige glaze, glazed finish (surface)
~/glatte flush surface
~/glattgewalzte planished finish *(Metall)*
~/griffige non-skid surface
~/heiße hot surface *(Heizungsinstallation)*
~/hochalkalische hot surface *(Bauchemie)*
~/irisierende lustre, *(Am)* luster
~/knotige knot, knotty surface
~/konoidische conoidal surface
~/lichtstreuende light-diffusing surface
~/polierte honed finish
~/rauhe rough surface; alligator hide *(eines Anstrichs)*
~/sandabgeriebene sand-rubbed finish
~/schallstreuende sound-diffusing surface
~/schalungsrauhe ex-mould finish *(Beton)*
~/scharrierte (scharriert bearbeitete) batted work, tooled finish (surface)
~/spezifische specific surface
~/spiegelnde reflective (specular) surface
~/stark absorbierende absorptive surface; hot surface *(Anstrich)*
~/verriebene swirl finish
Oberflächenabfluß *m* surface runoff
Oberflächenabflußwasser *n* surface water
Oberflächenabschluß *m* blinding *(dünne Splitt-, Sand- oder Kiesschicht auf Straßen)*
Oberflächenabsiegelungsmasse *f* [asphalt] pavement sealer
Oberflächenabsiegelungsschicht *f* asphalt seal coat
Oberflächenart *f* kind of surface
Oberflächenbearbeitung *f* surface finishing (working)
Oberflächenbehandlung *f* [surface] finishing, surfacing, surface treatment; surface dressing *(Straßenbau)*
~/bituminöse bituminous surfacing, asphalt coating, asphalt surface treatment *(Straßenbau)*
~ der Fahrbahn carriageway surfacing
~/doppelte double surface treatment

~/gestockte granulated finish
~ mit Heißbindemittel hot surface treating
Oberflächenberührungskorrosion *f* contact corrosion; envenomation *(bei Kunststoffen)*
Oberflächenbeschaffenheit *f* kind (nature, condition) of surface, surface condition; finish *(von behandelten Oberflächen)*
Oberflächenbeschichtung *f* surface coating
~/kunstharzverpreßte high-pressure overlay
Oberflächenbeschichtungspapier *n* **für Spanplatten/mittelschweres** medium-density overlay
Oberflächenbitumendachguß *m* flood coat
Oberflächenbrennprüfung *f* tunnel test
Oberflächeneinlauf *m* area drain
Oberflächenentflammbarkeit *f* flame spread *(von Baustoffen)*
Oberflächenentwässerung *f* surface drainage *(Melioration)*; storm sewer system *(Straße)*
Oberflächenerneuerung *f* surface retread
Oberflächenfehler *m* surface defect; skin fault
Oberflächenfeuchtigkeit *f* surface moisture
Oberflächenfilm *m* body coat *(eines Anstrichs)*
Oberflächenflickarbeit *f* skin patching
Oberflächenfurnier *n* face veneer
Oberflächengefälle *n* surface slope
Oberflächengestaltung *f* **mit Eisblumeneffekt** frosted work
Oberflächenglanz *m* lustre, *(Am)* luster
Oberflächengüte *f* quality of surface finish, quality of finish, [surface] finish
Oberflächenhaftwasser *n* surface water *(Zuschlagstoff)*
Oberflächenhärte *f* surface (superficial) hardness; skin hardness
Oberflächenhärtesalz *n* fluosilicate *(Beton)*
Oberflächenhärtungsmittel *n* surface hardener
Oberflächenmeßgerät *n* profilometer *(für Straßenoberfläche)*
Oberflächenmittel *n* surfacer
Oberflächenmusterung *f* surface ornamental finish
~ durch dahinterliegende Elemente/plastische contre-imbrication
Oberflächennachbehandlung *f* resurfacing, retreatment *(Straße)*
Oberflächennässe *f* surface moisture
Oberflächenneubeschichtung *f* resurfacing
Oberflächenpassivierung *f* surface passivasion *(Korrosionsschutz)*
Oberflächenplanierung *f* finish (finished) grade
Oberflächenpore *f* surface void
Oberflächenrauhigkeit *f* surface roughness (coarseness); surface texture
Oberflächenrotationsglätter *m* rotary float (trowel), power float
Oberflächenrüttler *m* paving spreader *(Straßenoberfläche)*; surface vibrator *(für Betonverdichtung)*
Oberflächenrüttlung *f* surface vibration
Oberflächenschicht *f* surface layer
Oberflächenschutz *m* surface protection
Oberflächenschutzschicht *f* asphalt seal coat
Oberflächenstruktur *f***/körnige** granular surface structure
Oberflächentextur *f* surface texture
oberflächentrocken saturated-surface-dry; sand-dry *(Anstrich)*
Oberflächentrockner *m* surface drier
Oberflächentrocknung *f***/schnelle** surface (skin) drying *(Farbe)*
Oberflächenverbesserung *f* surface improvement
Oberflächenverdichter *m* surface compactor
Oberflächenvergüten *n* surface improvement
Oberflächenverschlußmasse *f* [surface] sealing compound *(Beton)*
Oberflächenwasser *n* surface water; surface moisture
Oberflächenzerstörung *f* superficial deterioration
Oberflächenzustand *m s.* Oberflächenbeschaffenheit
Oberflansch *m* top flange (boom), upper flange (boom)
Oberflanschknotenblech *n* top boom junction plate
Obergaden *m (Arch)* clerestory *(Oberteil des Mittelschiffs einer Basilika)*
Obergeschoß *n* upper floor (storey)
Obergesims *n* cornice, surbase
Obergurt *m* top flange (chord, member), upper (top) boom, upper chord
~/einwandiger upper boom with single web
Obergurtgelenkknotenpunkt *m* pin connection in top boom
Obergurtgelenkkupplung *f* tie bar joint in upper boom
Obergurtplatte *f* top boom junction plate
Obergurtstab *m* top boom (chord) member
oberirdisch above-ground, above-grade
Oberkammer *f* head bay *(Schleuse)*
Oberkante *f* 1. level of floor; 2. back *(Sparren, Dach, Querträger)*
Oberkopflader *m* flip-over bucket loader
Oberlicht *n* 1. skylight, roof light, daylight *(Tageslicht)*; 2. fanlight *(über Türen)*; barrel light *(Dachgaupenfenster)*; 3. top-lighting *(Deckenbeleuchtung)*
~/begehbares floor (flooring) light
~/festgeschlossenes dead light
~/pyramidenförmiges pyramidal light
Oberlichtbezug *m* skylight cover
Oberlichtdach *n* saw-tooth roof *(Sheddach)*
Oberlichtelement *n* roof-light sheet
Oberlichtfenster *n* clerestorey *(in der Außenwand)*; high-light window, abat-jour
~/flaches flat skylight *(in der Decke)*
~/pyramidenförmiges pyramidal light
Oberlichtöffner *m* scissors stay for transom lights
Oberlichtöffnung *f s.* Oberlicht
Oberluft *f* secondary air
Oberpfahl *m* head mast

Oberpolier *m* general foreman
Oberputz *m* finishing (finish) coat (plaster), fining coat, setting coat (stuff); set, second coat
Oberputzmörtel *m* plaster stuff *(Feinputz)*
Oberquerträger *m* upper bar
Oberrandstab *m* upper boom
oberschlächtig *(Wsb)* overshot
Oberschwelle *f* head rail (piece, shaft); header [joist]; lintel *(Fenstersturz)*
~/geschweifte cambered window *(über der Tür)*
Oberseite *f* top; upper side
Oberspeicherbecken *n* upper reservoir
Oberstrebe *f s.* Oberstütze
Oberströmungslinie *f* line of seepage
Oberstütze *f* upper prop
Oberteil *n* upper part, top
~ eines Skulpturensockels vagina
Oberwasserkanal *m* intake canal
Oberzug *m* suspender beam
Obsidian *m* obsidian *(natürliches Glas)*
Obstgarten *m* orchard
Obstspalier *n* treillage, trellage *(Gestell)*
Ochsenauge *n* oxeye, oculus, roundel *(rundes Fenster)*; bull's eye *(Gaupe)*
Ocker *m* ochre, *(Am)* ocher
~/gelber yellow ochre
~/roter ruddle
Ockerbraun *n (Am)* Cologne earth *(aus amerikanischem braunen Ton)*
Ockerfarbe *f* ochre
Odeum *n (Arch)* odeum, odeion
Ödland *n* waste land (ground)
Ödometer *n (Bod)* oedometer
Ofen *m* stove *(Zimmerofen)*; furnace *(Industrie)*
Ofenabzugskanal *m* furnace flue
Ofenausmauerung *f* furnace brick lining
Ofenbau *m* furnace construction
Ofenbauer *m* furnace designer
Ofenbaustein *m* kiln-brick
Ofenbrennprodukte *npl* **/ unsortierte** kiln-run
ofengetrocknet kiln-dried, hot-air seasoned
Ofengewölbe *n* furnace crown
Ofengrundstein *m* flagstone of the furnace
Ofenheizung *f* stove heating
Ofenkachel *f* stove tile
Ofenkanal *m* furnace flue
Ofenrohr *n* stove pipe
Ofenschacht *m* furnace shaft
Ofenschaft *m s.* Ofenschacht
Ofenschaum *m* kiln scum
Ofenschlacke *f* slag; furnace clinker *(Betonzugschlagstoff)*
Ofensetzer *m* stove fitter
Ofentür *f* fire [check] door
Ofenklappe *f* damper *(Ofenschieber)*
offen open; unroofed *(unüberdacht)*
Offenscheune *f* Dutch barn
Offerte *f* bid, [contractor's] proposal; tender, offer
öffnen/mit dem Dietrich to pick [a lock]
Öffnung *f* 1. opening, cut-out; gap *(Spalte)*; breach *(Durchbruch)*; [wall] chase *(für Rohrleitungen an und in Wänden)*; sight *(Ablesevorrichtung)*; 2. pore *(Hohlraum)*
~/feuerresistente protected opening *(Tür, Fenster)*
~/verglaste glass opening
~ zur Zuführung von Tageslicht fenestration *(Fensteranordnung)*
Öffnungsbalken *m* template, templet
Öffnungsbegrenzer *m* chain door fastener
Öffnungsfläche *f* sight size (width) *(Fenster)*
Öffnungshüllrohr *n* escutcheon *(z. B. für Türschlösser)*
Öffnungslängen *fpl* **/ symmetrische** symmetrical spans *(bei Brücken)*
Öffnungsrand *m* **/ überhöhter** coaming *(Dachöffnung, Deckenöffnung)*
Öffnungsverschluß *m* opening protective
Öffnungswinkel *m* 1. included angle of crest *(Dachkonstruktion)*; 2. groove (included) angle *(Schweißnaht)*
ogival *(Arch)* ogival *(spitzbögig)*
Ogive *f (Arch)* ogee [arch] *(Spitzbogen)*
Öhr *n* eye
Ohrgewölbe *n* Welsh arch(vault)
Oktastylos *m (Arch)* octastyle *(Gebäude mit acht Säulen)*
Öl *n* **/ nichttrocknendes** non-drying oil *(Anstrich)*
Ölabscheider *m* oil trap
Ölbeize *f* oil stain
ölbeständig oil-proof
Ölbrenner *m* oil burner
Öldruckpresse *f* hydraulic jack
Ölfarbe *f* oil paint
Ölfarbenaußenanstrich *m* **/ [schwerer] dicker** maintenance finish *(für Industriegebäude)*
Ölfirnis *m* oil varnish
Ölhärtung *f* oil hardening
Ölheizung *f* oil[-fired] heating
Olive *f* 1. handle *(Türknauf)*; 2. *s.* Olivenscharnier
Olivenscharnier *n* olive knuckle hinge, olive butt (hinge) *(Tür)*
Olivenstab *m* bead *(Ornament)*
Ölkitt *m* oil putty; fat lute
Öllack *m* oil varnish, spar (oleoresinous) varnish
~/fetter long-oil (long) varnish
Öllackfarbe *f* varnish paint
Ölpapier *n* oiled paper
Ölschieferzement *m* special pozzolana cement
Ölstein *m* oilstone, oil rubber
Ölstoßdämpfer *m* oil buffer; oil shock absorber
Onyx *m* onyx
Oolith[kalkstein] *m* oolite
Opakglas *n* opaque glass
Opal *m* opal
Opalglas *n* opal glass
Opalglasglühlampe *f* opal lamp bulb
Opalglasleuchte *f* opal lamp
Opalisiermittel *n* opacifier *(Anstrich)*

Opallampe *f* opal (pearl) lamp
Operationssaal *m* operating theatre, *(Am)* operating room; surgery *(Behandlungsraum)*
Opernhaus *n* opera house
Opfernische *f (Arch)* thole, tholos
Optionsklausel *f* contractor's option *(Bestimmung in den Projektunterlagen, nach der der Auftragnehmer Ausrüstungen, Materialien und Methoden seiner eigenen Wahl ohne Änderung der Bausumme festlegen kann)*
Opus *n* 1. opus *(Arbeitstechnik der römischen Antike für bestimmte Baugewerke und -künste)*; 2. *(Arch)* opus *(Mauerwerk)*
Orangerie *f* orangery
Orangeschellack *m* orange shellac
Orchester *n s.* Orchesterstand
Orchestergraben *m* orchestra pit
Orchesterlaufsteg *m* runway *(Theater)*
Orchesterstand *m* orchestra floor
Ordenshaus *n (Arch)* chapter house *(Kapitelsaal im Kloster)*
Ordnung *f* 1. order; 2. by-laws *(örtliche Bauordnung in England)*
~/dorische Doric order *(Säulen)*
~/griechische Greek order *(Säulen)*
~/große grand (giant) order *(Säulen)*
~/ionische Ionic order *(Säulen)*
~/korinthische Corinthian order *(Säulen)*
~/römische Roman order *(Säulen)*
~/toskanische Tuscan order *(Säulen)*
Organisches *n* organic matter *(Zuschlagstoffe)*
Orgelempore *f* organ gallery
Orgelprospekt *m* organ case, front view of the organ
Orgelspieltisch *m* [organ] console table
Original *n* original *(z. B. Zeichnung)*
Originalgröße *f* full size
Orkanprüfung *f* hurricane test *(z. B. für Fenster)*
Ornament *n* ornament • **mit Ornamenten [verziert]** enriched
~/angebrachtes planted moulding
~/einfallendes raking (raked) moulding
~/eingehauenes glyph *(in Stein)*
~/geschnitztes carved ornament
~ mit Hohlkehlabstufung quirk moulding
~/schneckenförmiges scribbled ornament
~/sechsblättriges sexfoil [ornament]
Ornamentanreißer *m* router gauge
Ornamentbeschläge *mpl* decorative hardware
Ornamentfenster *n* decorative (ornamental) window
Ornamentfirstziegel *m* cress (crest) tile
Ornamentfliese *f* ornamental (decorative) tile
Ornamentgitter *n* ornamental lattice (grille)
Ornamentglas *n* patterned (figured, ornamental) glass; architectural glass; stained glass *(farbig)*
Ornamentglasfenster *n* stained-glass window
Ornamentglassegment *n* carreau
ornamentieren to pattern; to give a decorative finish
ornamentiert/blattförmig foliated
Ornamentkante *f***/überhängende** raking (raked) moulding
Ornamentmauerwerk *n***/durchbrochenes** openwork
Ornamentmotiv *n***/eierförmiges** ovum
Ornamentparkettfußboden *m* parquetry
Ornamentpflaster *n* decorative sett paving
Ornamentplatte *f* 1. decorative board; 2. decorative (ornamental) tile *(Fliese)*
Ornamentstabformung *f* beading, beadwork
Ornamenttafel *f* 1. plaque *(Plakette)*; 2. *s.* Ornamentfliese
Ornamentteil *n***/quadratisches** nulling
Ornamentverband *m* diamondwork
Ornamentwerk *n***/durchbrochenes** openwork
Ornamentzierkranz *m* **mit Tierkopfabbildungen** catshead
Ort *m* 1. place, location, locality; 2. geometrical locus; 3. *(Tun)* facing • **an ~ und Stelle** in-situ, in-place *(Betonbau)*
Ortbalken *m* top beam *(Giebelbalken)*
Ortbauverfahren *n* in-situ construction method; site work
Ortbeton *m* [cast-]in-situ concrete, cast-in-place (poured-in-place) concrete, monolithic concrete, site[-placed] concrete • **in ~ hergestellt** cast-in-place, poured-in-place
Ortbetonbauwerk *n* in-situ concrete structure
ortbetoniert in-situ-cast, cast-in-situ, poured-in-place
Ortbetonpfahl *m* in-situ concrete pile, cast-in-place pile; moulded-in-place pile
Ortbetonpfahlwand *f* cast-in-place pile sheeting
Ortgang *m* verge *(Dach)*
Ortgangbrett *n* barge (verge) board
Ortgangrinne *f* verge gutter
orthogonal orthogonal
Orthographie *f* orthography *(Senkrechtdarstellung)*
Orthoklas *m* orthoclase
Orthoklasporphyr *m*, **Orthophyr** *m* orthophyre
orthotrop orthotropic *(Stahlbetonplatte)*
Ortpfahl *m* moulded-in-place pile
Ortpfahlwand *f* cast-in-place pile sheeting
Ortsbehörde *f* local authority
Ortschaft *f* built-up area; village, town
Ortschaumstoff *m* foam-in-place material
Ortsdurchfahrt *f* through street *(Straße)*
Ortsentwässerung *f* [local] sewerage system
Ortshöhe *f* elevation head
Ortsichtbeton *m* fair-faced in-situ (site-placed) concrete
Ortsstatut *n* by-law *(Bauordnung)*
Ortsstraße *f* street
Ortstafel *f* place name (identification) sign *(Straße)*
Ortstein *m* gable slate *(Dach)*
Ortsverkehr *m* local traffic
Ortverschäumung *f* foam-in-place moulding *(Isolierarbeiten)*

~ **für Isolation** foamed-in-place insulation
Ortverschäumungsisolierung *f* site-foamed insulation
Öse *f* eyelet, eye, ear; loop, noose *(Schleife)*; *(El)* lug
Ösenbolzen *m* eye bolt
Ösenstab *m* eye bar
Osmoseverfahren *n* osmotic method
Ovalornament *n* **mit Zierkantenumrahmung** mirror
Oxidhaut *f* oxide film (skin)
oxidieren/elektrisch to anodize
Oxidschicht *f* oxide coating; anodic[-oxidation] coating *(elektrolytisch erzeugt)*
Oxidrot *n* red oxide *(Anstrich)*
Ozokerit *m* ozokerite

P

Paar *n* pair, couple *(z. B. von Kräften)*
paarweise in pairs
Pacht *f* 1. [ground] rent, rental; 2. *s.* Pachtbesitz
Pachtbesitz *m* tenancy, tenure by lease
Pächter *m* tenant, leaseholder, lessee
Pachtverhältnis *n* tenancy
Pachtvertrag *m* leasehold deed, [contract of] lease
Packen *n* stuffing *(ein Abdichtverfahren)*
Packlage *f (Verk)* bottoming, penning; [stone] pitching *(Setzpacklage)*; hardcore *(Schüttpacklage)*
Packlageschicht *f* hardcore layer
Packwerk *n* stone packing (fitting); *(Wsb)* fascine fitting, wattle work
Pagode *f* pagoda
Pagodenspitze *f* tee
Palais *n* palais, palatial house
Palast *m* palace; seraglio *(Sultanspalast)*
~/arabischer kasr, qasr
Palastbau *m* palace building
Palastflügel *m* palace wing
Palastgebäude *n* palace building
Palastinnenhof *m* cortile
Palette *f* pallet, lift slab
Palisade *f* palisade
Palisadenzaun *m* palisade, stockade
Palisanderholz *n* palisander, jacaranda [wood], purple (black) wood, rosewood
palmenblattartig flabelliform *(Ornament)*
Palmenblattmotiv *n* palmate
Palmenblattverzierung *f* palmette
palmenförmig palmiform
Palmenkapitell *n* palmate
Palmette *f* palmette
Paneel *n* panel, panel[l]ing, wainscot[ing] *(Täfelung)*; strip
~/arabeskes diaper
~/versenktes sunk panel
Paneelverstärkungsstrebe *f***/senkrechte** subvertical
Panoptikum *n (Arch)* panopticon
Panoramafenster *n* picture (panoramic) window
Panoramastraße *f* scenic (panoramic) road, scenic (panoramic) highway
Pantheon *n* pantheon
Pantograph *m (Konst)* pantograph
Panzerblech *n* armoured plate
Panzerglas *n* bullet-proof glass
~/durchsichtiges clear wire glass
panzern to armour, to metal-sheathe
Panzerrolltor *n* shutter curtain
Panzerschlauch *m* hardware cloth
Panzertür *f* detention door; armoured [fireproof] door
Papier *n***/bituminiertes** asphalt paper, tarred paper, roofing paper
~ **mit Adhäsionsfolie** release paper
Papierlage *f* paper layer *(s. a.* Papierunterlage*)*
Papiermaché *n s.* Pappmaché
Papierstuck *m* carton pierre
Papierunterlage *f (Verk)* concrete subgrade paper, road lining (underlay, subsoil) paper
Pappbedachung *f* roof cladding (covering, sheating) with felt (roll roofing)
Pappdach *n* felt (cardboard) roof; felt roofing
~/ebenes flat cardboard roof
Pappe *f* cardboard, [paper]board, millboard *(s. a.* Dachpappe*)*
~/ungetränkte dry sheet
Pappeinlage *f* cardboard lining, insertion of cardboard
Pappel *f* poplar
Pappelholz *n* poplar [wood]
Pappennase *f* fish mouth *(auf einer Dacheindeckung)*
Pappenplatte *f* paper board
Pappmaché *n* papier-mâché, papier-mache, carton pierre
Pappmaterial *n***/bituminös gebundenes** asphalt lamination
Pappnagel *m* nail for tarred felt
Pappschindel *f* prepared-roofing shingle, asphalt (composition-roofing) shingle
Pappunterlage *f* felt (paper) back
Parabelbelastung *f* parabolic load[ing]
Parabelbogen *m* parabolic arch
Parabelbogenträger *m* parabolic arched girder
Parabeldachbinder *m* parabolic truss
Parabelfachwerk *n* parabolic truss
Parabelträger *m* parabolic girder
Paraboloid[dach] *n***/hyperbolisches** hyperbolic paraboloid, *(Am)* hypar [roof]
Paraboloidschale *f***/hyperbolische** hyperbolic paraboloid, *(Am)* hypar [shell]
Paradiesgartenanlage *f* paradise
Paraffinabschirmwand *f s.* Paraffinschutzwand
Paraffinschutzwand *f* paraffin radiation shielding wall

Parallelausbiegung *f* offset bend
Parallelfachwerk *n* flat (parallel-chord) truss
Parallelfachwerkbinder *m* flat (parallel-chord) truss
Parallelflügel *m* parallel wing
Parallelgitterträger *m* parallel lattice girder
Parallelgurtträger *m* parallel-chord truss
Parallelkompressor *m* booster compressor
Parallellineal *n* adjustable parallels
Parallelnietung *f* chain riveting
Parallelogrammgesetz *n*, **Parallelogrammregel** *f* principle of the parallelogram of forces
Parallelreißer *m* marking gauge
Parallelschichten *fpl* conformable strata
Parallelschlitzsägen *n* kerfing
Parallelstoß *m* edge joint
Parallelträger *m* parallel girder
~ mit Dreiecksverband warren girder
Paralleltreppe *f* parallel stair
Parallelverband *m* stack (vertical) bond *(Mauerwerk)*
Parapett *n* parapet *(Brüstungsform)*
Pararot *n* para (paranitraniline) red
Park *m* park
~/schmaler vest-pocket park
Parkdeck *n* parking deck
Parketage *f* parking floor (tier); parking deck
Parkett *n* parquet[ry], inlaid (parqueted) floor • **~ legen, mit ~ auslegen** *s.* parkettieren
Parkettabsiegelung *f* finishing varnish
Parkettafel *f* parquet block
Parkettarbeiten *fpl* parquet work
Parkettfußboden *m* parquet floor (work), inlaid floor, wood-black flooring
parkettieren to parquet, to inlay [with parquetry]
Parkettlamelle *f* finger
Parkettstab *m* parquet block, parquetry-fillet
Parkettversiegelung *f* parquet sealing
Parkfläche *f* parking area
~/markierte parking space *(eines Parkplatzes)*
Parkgeschoß *n s.* Parketage
Parkhaus *n* parking (public) garage, parking building (structure); multistorey parking [garage]
~/[wand]offenes open parking structure
Parkhochhaus *n* multistorey parking [garage], high parking building
Parkplatz *m* parking space, *(Am)* parking lot; parking [area], lay-by *(Autobahnrastplatz)*
Parkraum *m* parking space
Parkspur *f s.* Parkstreifen 2.
Parkstadt *f* landscaped town
Parkstreifen *m* 1. *s.* Park/schmaler; 2. parking lane (strip) *(eines Parkplatzes)*
Parkturm *m* autosilo, autostacker
Parkweg *m* park path
Parkweganlage *f* mall
Parlamentsgebäude *n* parliament building (block)
Parterre *n* ground floor (storey) , *(Am)* first floor
Parzelle *f* plot, [land] parcel, allotment, lot
Parzellenaufteilungsplan *m* plot plan
Parzellengrenze *f* lot line
Parzellenland *n* plot
parzellieren to parcel [out], to lot, to divide into lots
Paß *m* lobe *(Verzierungswerk)*
Passage *f* passage[way], pass, *(Am)* areaway
~/baumbestandene (beschattete) mall
Passagiergebäude *n* passenger[-handling] building
Paßblock *m* datum block
Paßende *n (Hb)* coak
Paßfeder *f* spline, slip feather (tongue)
~/zitronenförmige lemon spline
Paßfläche *f* locating surface
Paßfurnier *n* edge jointing veneer
passivieren to passivate, to immunize *(Metalloberflächen)*
Passivierung *f* passivation *(von Metall)*
Passivierungsanstrich *m* passivating (immunizing) coat
Passivierungsmittel *n* passivator
Paßkeil *m* **/ eingeschnittener** cathead
Paßleiste *f* datum block; backing *(Fußbodendielung)*; base moulding *(für Scheuerleisten)*
Paßrohr *n* making-up piece; adapting pipe
Paßstift *m (Hb)* dowel [pin]
Paßstück *n* adapter *(z. B. für Rohre)*; diminishing piece; fitting member
Passung *f* fit
Passungsgüte *f* class (quality) of fit
Paßverzierung *f* foliation
Paßwerkbogen *m (Arch)* cusped (foiled, lobed) arch
Paste *f* paste
pastenförmig pasty
Pastenputz *m* neat plaster
Pastille *f* cake
Patentbautafel *f* patent board
Patentputz *m* chemical plaster
Paternoster[aufzug] *m* paternoster [lift], rotary lift
Patina *f* patina *(s. a.* Grünspan*)* • **~ ansetzen** to become covered with patina, to patinate
Patinabildung *f* patination
Patrone *f* cartridge
Patronenheizelement *n* cartridge heater
Patronensicherung *f* non-renewable fuse
Pauliträger *m* inverted bow-and-chain girder
Pauschalauftrag *m* lump sum contract
Pauschalberatungspreis *m* multiple of direct personnel expanse
Pauschalpreis *m* lump[-sum] price
Pauschalpreisangebot *n* lump-sum tender, fixed-price tender (bid)
Pauschalsumme *f* lump sum, flat charge
~ zur Baufertigstellung bonus-and-penalty clause
~ zur Begleichung von Änderungen während der Bauausführung contingency allowance (sum)
Pause *f* tracing, traced design, trace; print
pausen to trace, to copy; to print, to photocopy *(lichtpausen)*

pausfähig reproducible *(Zeichnung)*
Pausraum *m* duplicating room
Pavillon *m* 1. *(Arch)* pavilion *(aus Fassaden stark heraustretender Gebäudeteil)*; 2. pavilion, exhibition hall; 3. [garden] pavilion, summerhouse; 4. pavilion, kiosk
PE *s.* Polyethylen
Pech *n* pitch
~/griechisches colophony
pechartig pitchy
pechen to pitch
Pechharz *n* mastic pitch, pitch resin
Pechkitt *m* pitch mastix
Pechnase *f* machicolation *(Wehrburg)*
Pechschieferteer *m* shale tar
Pegel *m* 1. level *(von Flüssigkeiten)*; [water] gauge, stream gauge
Pegelkontrolle *f* level control
Pegellatte *f* staff gauge
Peitschenmast *m* upsweep arm column, whip-shaped lamppost *(Straßenbeleuchtung)*
Pendelaufhängung *f* pendulum suspension
Pendelkreissäge *f* pendulum saw
Pendellager *n* pendulum (self-aligning) bearing
Pendelleuchte *f* pendant [luminaire], pendulum fitting
pendelnd pendulous; floating • **~ aufgehängt** pendulous
Pendelpfeiler *m (Verk)* hinged (rocking) pier *(Brücke)*; gantry post *(Montagederrick)*
Pendelplatte *f* pendulum plate
Pendelportal *n* articulated portal
Pendelsäge *f* pendulum (swing) saw
Pendelsäule *f* gantry post, column with ball and socket seating
Pendelschlagversuch *m* **nach Izod** Izod impact test
Pendelseilbahn *f* jigback ropeway
Pendelstütze *f* hinge column, hinged (rocking) pier, gantry post; floating support; sway brace
Pendeltür *f* swing[ing] door, double-acting door, draught door
Pendeltürband *n* helical hinge
Pendeltürschnapper *m* snaplock
Pendelverkehr *m* shuttle traffic
Pendentif *n (Arch)* pendentive *(dreieckiger sphärischer Zwickel)*
Pendentifkuppel *f (Arch)* pendentive dome
Penetration *f* penetration
Penetrierfarbstoff *m* dye
Penetrierholzöl *n s.* Penetrieröl
Penetrierlack *m* penetrating finish
Penetriermittel *n* ooze, penetrating oil (agent)
Penetrieröl *n* penetrating oil (finish)
Penetrometer *n* penetrometer
Pension *f* boarding-house, rooming house
Penthaus *n* penthouse, appentice, levecel, lookum, superstructure
Pergamentpapier *n* parchment [paper], vellum [paper]
Pergola *f* pergola, pergula, arbour, trellis, portico, porticus, prostoon
peripteral *(Arch)* peripteral, peristylar
Peripteralgebäude *n* peripteros
Peristyl *n* peristyle
Perle *f* pellet *(Ornament)*
Perleffektpigment *n* pearl essence *(Anstrich)*
perlenförmig beaded
Perlenkante *f* pellet moulding
Perlit *m* perlite, pearlite, pearlstone
perlitisch perlitic
Perlitleichtzuschlag *m* perlite, pearlite
Perlitputz *m* perlite plaster
Perlkies *m* [shingle] pea gravel
Perlleiste *f* pearl moulding
Perlmutt[er]glanz *m* pearly (nacreous) lustre • **mit ~** nacreous, pearly
perlmuttglänzend nacreous, pearly
perlschnurförmig beaded
Perlstab *m* [cock] bead
~ mit Nutrand quirk bead, recessed (flush) bead
Perlstabformgebung *f s.* Perlstabverzierung
Perlstabumlenkung *f* return bead
Perlstabverzierung *f* beadwork, beading, pearl moulding
Permeabilität *f* permeability
Permeameter *n* permeameter *(für Erdstoffe)*
Permeanz *f* permeance *(Wasserdampfdurchlässigkeit)*
Personalbestand *m* manpower, staff
Personaleingang *m* personnel (staff) entrance, staff lock
Personalraum *m* staff room
Personalschleuse *f* staff lock *(z. B. in öffentlichen Gebäuden)*
Personalspeiseraum *m* personnel dining room
Personalwohnbaracke *f* housing of staff
Personenaufzug *m* [passenger] lift, passenger hoist, *(Am)* passenger elevator
Personenbahnsteig *m* passenger platform
Personenbauaufzug *m* passenger hoist
Personenschleuse *f* personnel (man) lock
Personenzahl *f***/ zulässige** occupant load *(eines Gebäudes oder Gebäudeteils)*
Perspektivblick *m* vista *(Straßenentwurf)*
Perspektive *f* perspective
perspektivisch perspective, scenographic; homothetic
Perspektivplanung *f* outline planning
Perspektivprojektion *f* perspective projection
Perspektivpunkt *m* perspective centre
Perspektivzeichnung *f* perspective drawing
Petrographie *f* petrography
Petrolpech *n* petroleum pitch
Pfahl *m* 1. pile *(z. B. für Gründungen)*; pole; post, stake *(z. B. für Zäune)*; standard *(s. a.* Pfeiler*)*; 2.

prop, support *(Stütze)*; 3. *(Verm)* peg • **auf Pfählen** pile-supported
~/kannelierter grooved pile
~ mit angeschnittenem Fuß *(Erdb)* underreamed pile
~ mit Fußverbreiterung pedestal (bulb) pile *(Gründung)*
~/schwebender *(Erdb)* floating pile
~/senkrechter plumb pile
~/verbundener bracket pile
~/zusammengesetzter composite pile
Pfahlabschnittshöhe *f* cut-off
Pfahlabweichung[stoleranz] *f* **/ vertikale und horizontale** pile tolerance
Pfahlanordnung *f* piling, pile layout, spiling
~/versetzte staggered piling
Pfahlaufsatz *m* dolly
Pfahlbauten *mpl* lake-dwellings, pile (lacustrine) dwellings
Pfahlbelastung *f* pile loading
~/maximal erlaubte allowable pile bearing load
Pfahlbrücke *f* pile bridge
Pfahlbündel *n* piled dolphin
Pfahldorf *n* lake-village, pile village
Pfahlende *n* pile foot
Pfahlfundament *n s.* Pfahlgründung
Pfahlfuß *m* pile foot
Pfahlfußspitzenschutz *m s.* Pfahlschuh
Pfahlfußtragkraft *f* pile point bearing capacity
Pfahlfußverbreiterung *f* belling *(Gründung)*
Pfahlgerüst *n* **mit [einseitiger] Wandbefestigung** single-pole scaffold
Pfahlgründung *f* pile (piled) foundation • **mit ~** pile-supported
~/stehende bearing pile foundation
Pfahlgruppe *f* pile group (cluster)
Pfahlhaftreibung *f* pile friction
Pfahljoch *n* [pile] bent
Pfahlkopf *m* pile top (head), head of a pile
Pfahlkopfband *n* pile (rider) cap, pile hoop (ring), drive (driving) band
Pfahlkopfbandeisen *n s.* Pfahlkopfband
Pfahlkopfeinbindung *f* pile (rider) cap
Pfahlkopffläche *f* area of pile head
Pfahlkopfplatte *f* pile (rider) cap
Pfahlkopfring *m* hoop of a pile
Pfahllinie *f* line of piles
Pfahlloch *n* posthole
Pfahlmantel *m* pile shaft
Pfahlneigung *f* pile batter
Pfahlplan *m* pile layout
Pfahlpositionsabweichung *f* pile eccentricity
Pfahlprobebelastung *f* pile load test
Pfahlquerschnitt *m* cross section of pile
Pfahlrammanlage *f* rig
Pfahlramme *f* pile driver, [piling] hammer, fistuca; piling frame
Pfahlrammkappe *f* mandrel, pile core
Pfahlrammung *f* pile driving
Pfahlreibung *f* **/ negative** negative friction
Pfahlreibungskraft *f* pile friction
Pfahlreihe *f* row (line) of piles
Pfahlring *m* hoop of a pile
Pfahlrohr *n*, **Pfahlröhre** *f* piling pipe
Pfahlröhrenmantel *m* pipe pile
Pfahlrost *m* pile-foundation grill *(Gründung)*
~/hochliegender elevated foundation grill
~/tiefer deep level [foundation grill]
Pfahlrostbauwerk *n* pile-foundation structure
Pfahlrostplatte *f* pile (rider) cap
Pfahlschaft *m* pile shaft
Pfahlschuh *m* [pile] shoe
~/eingeschobener pile shoe fitted in
Pfahlschuhspitze *f* drive shoe
Pfahlschutzrohr *n* piling pipe
Pfahlspitze *f* pile point (toe), point of pile
Pfahlspitzentragfähigkeit *f* pile point bearing capacity
Pfahltragfähigkeit *f* pile bearing capacity
Pfahltreiben *n* piling, spiling
Pfählung *f (Wsb)* tamping *(Abdämmung)*
Pfahlverankerung *f* pile strutting
Pfahlwand *f* pile wall
Pfahlwerk *n* paling, pale (pile) work
Pfahlzieher *m* pile puller (extractor)
Pfanne *f* pantile, bent tile *(Dachziegel)*
Pfannendach *n* pantiled roof
Pfarrhaus *n* rectory *(in England)*
Pfeifen *fpl* reeding, reediness *(Rundstabornament)*
Pfeifenkapitell *n* scalloped capital
Pfeil *m* **des Bogens** rise of arch
Pfeiler *m* 1. pier *(Brücke)*; 2. *(Arch)* pillar ; 3. column *(als Säule)*; 4. post *(Tür)*; 5. buttress, prop, standard *(Stütze)*
~/achteckiger octagonal pier
~/kantonierter cantoned pier
~/kreisrunder circular pier
~ mit Knotenornament knotted pillar
~/zusammengesetzter compound pier *(mit Kern und ringsherum gruppierten kleinen Pfeilern)*
Pfeileraufsatz *m* pier cap
Pfeilerbau *m* pier construction
Pfeilerbogen *m* pier arch
Pfeilerbündel *n* bundle pier
Pfeilerdamm *m* buttress dam
Pfeilerfassade *f* stylar façade
Pfeilerflügel *m* alette, allette
pfeilerförmig pillar-shaped
Pfeilerkämpfer *m* pier impost
Pfeilerkasten *m* pillar box
Pfeilerkopf *m* pier cap (head), upstream nosing
~/aufgehender vaulting capital
pfeilerlos astylar, without piers
Pfeilermauer *f* buttressed wall
Pfeilermauerwerk *n* pier masonry
Pfeilerpaar *n* pair of piers
Pfeilerspiegel *m* pier glass
Pfeilerstaumauer *f* buttress dam

Pfeilerstützbolzen *m***/auskragender** pillar bolt
Pfeilerverband *m* pier bond[ing]
Pfeilervorlage *f* buttres of pier
Pfeilerweite *f* bay
Pfeilhöhe *f* sagitta, versed sine *(eines Bogens)*, camber [of an arch]; pitch, rise *(eines Gewölbes)*
Pfeilverhältnis *n* rise ratio *(Gewölbe)*
Pferdestall *m* horse stable
Pferdesteigplatte *f* horse block *(meist an einem Tor)*
Pfette *f* [roof] purlin, perling, binding rafter
~/aussteifende braced purlin
~/gegliederte braced purlin
~/obere subpurlin
~/räumliche trussed box purlin
Pfettenanker *m* purlin anchor
Pfettendach *n* purlin roof
~ mit stehendem Stuhl purlin roof with king post
Pfettenhaltekeil *m* purlin cleat
Pfettenklammer *f* purlin cleat
Pfettenstoßverbindung *f* purlin butt joint
Pfettenstützholz *n* purlin post
Pfettenüberstand *m* purlin projection *(Dach)*
Pflanzbehältnis *n* planting box, [plant] tub
Pflanzenbecken *n* planter *(zum Gebäude gehörig)*
Pflanzeneinlegerabatte *f* carpet bedding
Pflanzenleim *m* vegetable adhesive (glue); mucilage
Pflanzenmotiv *n* plant motif
Pflanzenornament *n***/gewundenes** rinceau
Pflanzkübel *m s.* Pflanzbehältnis
Pflanzplan *m* plant[ing] layout
Pflanzung *f* plantation
Pflaster *n* pavement, paving, stone (block) pavement, pitching
Pflasterbelag *m* [block] pavement, [sett] paving
Pflasterberme *f* paved shoulder
Pflasterblock *m s.* Pflasterstein
Pflasterdecke *f s.* Pflasterbelag
Pflasterer *m* paver, pavement-layer, paviour, *(Am)* pavior
Pflasterhammer *m* sledge (paver's) hammer
Pflasterklinker *m* paving brick, paver, *(Am)* double format pavior *(Straßenbau)*; floor brick *(Fußboden)*; Dutch clinker
~ mit Drahtschnittseite nach oben vertical-fibre brick
Pflastermuster *n* pointel, poyntel *(mit quadratischen und Diagonalelementen)*
pflastern to lay pavement, to pave, to pitch; to cube; to flag *(mit Platten)*; to floor *(Fußböden innen)*
Pflastern *n* paving, stonework
Pflasterramme *f* paving rammer
Pflasterrinne *f* paved gutter
Pflasterspaltmaschine *f* sett-making machine
Pflasterstein *m* paving stone (block, sett), stone [sett], paver; cube [sett]; cobble[stone] *(Kopfstein)*
Pflasterstraße *f* paved road; cobble[stone] road
Pflasterung *f s.* 1. Pflaster; 2. Pflastern
Pflasterziegel *m* paving brick, paviour, *(Am)* pavior
Pflegeheim *n* nursing home
~/medizinisches extended-care facility
Pflegekrankenhaus *n* infirmary
Pflegemaßnahme *f* preventive remedy
pflegen to attend, to maintain *(Maschinen)*
Pflichtenheft *n* conditions of conctract, contract specifications
Pflock *m* stake, picket, piquet; *(Verm)* peg
Pflugbagger *m* elevating grader
Pförtchen *n* dwarf door
Pforte *f* gate, [gate] door, portal
Pförtnerhaus *n* gatehouse, [porter's] lodge
Pfosten *m* 1. post, standard, supporting member, leg, puncheon; 2. *(Hb)* stud, timber pillar *(Fachwerk; Jochsäule)*; 3. pale *(Zaun)*; 4. door-post, side-post, jamb *(Tür, Fenster)*; 5. baluster, banoster *(Geländer)*
~ nahe einer Mauer wall post (stud)
Pfostenfachwerk *n* Vierendeel truss
~ mit steigenden und fallenden Diagonalen Pratt truss
Pfostenfundamentstein *m* heel stone
Pfostenramme *f* post driver
Pfostenzaun *m* picket fence
Pfostenzieher *m* post puller
pfropfen to plug, to stopple, to seal
Pfropfen *m* 1. stopple, plug; 2. clot
Pfuscharbeit *f* bungled (slipshod, careless) work
Pfuschbau *m* jerry-building, jerry-built house
pfuschen to bungle, to work carelessly
Pfuscher *m* bungler, slipshod worker, jerry-builder
Phenol *n* phenol, carbolic acid
Phenolformaldehydharz *n* phenolformaldehyde resin *(Phenoplast)*
Phenolharz *n* phenolic resin
phenolharzverleimt phenolic-resin bonded
Phenoplast *m* phenoplast, phenolic plastic
Phonolith *m* clinkstone
Phosphatieren *n* phosphating [treatment] *(Korrosionsschutz)*
Phosphorbronze *f* phosphor bronze
Photometrie *f* photometry
Photozelle *f* photoelectric cell, photocell
Phthalocyaninpigmente *npl* phthalocyanine pigments *(blau und grün)*
Pickhammer *m* [pneumatic] pick
Piedestal *n* 1. *(San)* pedestal; 2. pedestal *(Sokkel) (s. a.* Postament*)*
~/dekoratives gaine
Pier *m(f)* pier
Piezometer *n* piezometer, seepage pipe
Pigment *n* pigment
~/anorganisches inorganic pigment
~/natürliches natural pigment; mineral pigment, natural earth *(Erdfarben)*
~/organisches lake
Pigmentfeinheit *f* fineness

Pigmentfüllstoff *m* loading pigment
Pigmentklumpen *m* caking, cake
Pigmentschicht *f***/dicke** *(Am)* impasto *(Anstrich)*
Pigmentträger *m* paint base
Pigmentvolumen *n* pigment volume *(Anstrich)*
Pilaster *m (Arch)* pilaster
Pilasterreihe *f* pilastrade
Pilasterstreifen *m* lesena, pilaster strip
Pilzbefall *m* fungus attack
Pilzdach *n* station roof
Pilzdecke *f* mushroom floor (construction), two-way flat slab *(kreuzweisbewehrte Stahlbetonplatte)*
Pilzdeckenbau *m* mushroom construction (floor)
Pilzdeckenplatte *f* mushroom (flat) slab
Pilzgrundplatte *f* inverted flat slab foundation
Pilzkonservierungs- und -bekämpfungsmittel *n* fungicide
Pilzkopf *m* mushroom head, flared [column] head, column capital (head), drop, splayed head *(Stahlbeton)*; dropped panel *(Pilzdecke)*
Pilzkopfverstärkung *f* drop panel
Pilzlüfter *m* mushroom ventilator
Pilzmischer *m* sweetie barrel
Pilzschale *f* umbrella shell
Pinakothek *f* pinacotheca
Pinne *f* 1. pane, peen, pean *(eines Hammers)*; 2. peg, plug
Pinsel *m* [paint] brush
~/weicher dabber
Pinselauftrag *m* brush painting
Pinselputz *m* brush coat plaster
Pinselspuren *fpl*, **Pinselstriche** *mpl* brush marks *(Anstrichfehler)*
Pinseltupfoberflächengestaltung *f* sparrow peck *(Putz)*
Pionierbrücke *f* military bridge
Pionierlöffelbagger *m* skimmer
Pioniertechnik *f* military engineering
Pisee *m* pisé [de terre], cob *(Stampflehm)*
Piseebau *m* pisé, pisay, cob construction, *(Am)* beaten cobwork
Piseewand *f* cob wall
Piste *f* runway *(Flugplatz)*
Pistole *f* [spray] gun; [welding] gun
pistolenaufgespritzt gun-applied *(z. B. Farben)*
Pitot-Rohr *n* Pitot tube
PKW-Streifen *m* fast lane *(Autobahn)*
Plaintest *m* air permeability test *(z. B. bei Zement)*
plan plane *(eben)*; smooth *(glatt)*
~ an der Kante edge-shot
Plan *m* 1. plan, project, preliminary scheme *(Vorhaben)*; 2. design, plan, layout *(Entwurf)*; 3. plan, scheme, draft *(Zeichnung)*; 4. map, chart, plan *(geographisch)*; 5. plan[ning], programme *(Wirtschaftsplan, Ablaufplan)*; 6. schedule *(Ablaufplan, Zeitplan)*
~/baureifer drawing „issued for construction"
~ der Abschlagssummenzahlungen schedule of values
~ der tragenden Elemente framing plan
~/genehmigter statutory plan
Planebenheit *f* accuracy of level, evenness
planen 1. to plan, to project *(vorausplanen)*; 2. to plan, to design
~/den Standort to site
~/zeitlich to schedule to time
Planen *n***/ rechnergestütztes** computer-aided planning
Planer *m* planner
Plangeodäsie *f* plane surveying
Planhobelmaschine *f* surface planer (planing machine), surfacer *(für Holz)*
Planiereinrichtung *f* leveller, levelling device
planieren to level, to make level, to plane, to grade; to flatten; to [bull]doze *(mittels Planierraupe)*; to level the layer; to skim *(Erdstoff)*
Planieren *n* level[l]ing planing, grading; blading *(Straßenbau)*
~/mechanisches mechanical levelling
Planiergerät *n* grader
Planierraupe *f* [bull]dozer, grade-builder
Planierschild *n* dozer [blade], [pusher] blade, breast, apron
Planierschleppe *f* drag, cockscomb
Planierstange *f* leveller
Planimeter *n* planimeter
Planimetrie *f* planimetry, measurement by planimeter
Planimetrierung *f* planimetring, planimetration
Planke *f* plank, board
Plankenholz *n* plank timbers
plankonvex plano-convex *(z. B. sonnengetrocknete Ziegel)*
Planlatte *f* gauge rod
planparallel plane-parallel
Planrost *m* horizontal grate
Planschbecken *n* paddling (wading) pool, children's pool
Plantafel *f* flat[-run] panel
Planum *n* base (foundation) course, subgrade; *(Verk)* [track] formation • **unter ~** below grade
~/aufgeschüttetes artificial subgrade
Planumsmodul *m* modulus of subgrade reaction
Planung *f* planning
Planungsbüro *n* design (planning) office
Planungskarte *f* base map
Planungsunterlagen *fpl* planning documents
Planziel *n* [plan] target
Plasmaspritzen *n* plasma spraying *(Oberflächenschutz)*
Plast *m s.* Kunststoff
Plast... *s. a.* Plastik... *und* Kunststoff...
Plastansatz *m s.* Plastmasse
Plastarmatur *f* plastic fitting
Plastfolie *f* plastic foil, thin-sheet plastic; sheet
plastfolienbeschichtet plastic-laminated
Plastfolienschweißgerät *n* plastic foil welder
Plastformmasse *f* plastic moulding material

Plastholz *n* wood dough, laminated wood
Plastifikator *m* plasticizer, plasticizing agent, water-reducing agent *(für Beton)*
plastifizieren to plasticize, to plasticate, to soften
Plastifizieren *n* plasticizing, plasti[fi]cation, softening; fluxing *(bituminöser Bindemittel)*
Plastifizierer *m* plasticizer, softener *(s. a.* Plastifikator*)*
Plastifizierung *f* plastication
Plastifizierungsöl *n* non-drying oil *(Anstrich)*
Plastik *f* sculpture
Plastik *n s.* Kunststoff
Plastik... *s. a.* Plast... *und* Kunststoff...
Plastikator *m s.* Plastifikator
Plastikeckendeckstreifen *m* inside corner moulding
Plastikhülsenrohr *n***/ flexibles** *(El)* flexible non-metallic tubing *(zur Leitungsverlegung)*
Plastikkapitell *n* carved capital
Plastikton *m* plastic clay
Plastikzement *m* compo
plastimprägniert plastic-proofed
plastisch plastic
~/schwach feebly plastic, stiff-plastic *(Beton)*
plastizieren *s.* plastifizieren
Plastizität *f* 1. plasticity; 2. ductility
Plastizitätsgrad *m* relative consistency *(Erdstoff)*
Plastizitätsgrenze *f* plastic limit
Plastizitätsindex *m* plasticity index, index of plasticity *(z. B. von Erdstoffen)*
Plastizitätsprüfung *f* Atterberg test *(von Erdstoffen)*
Plastizitätstheorie *f* plastic theory
Plastkleben *n* plastic bouding
Plastmasse *f* plastic composition
Plastmischung *f s.* Plastmasse
Plastmörtel *m* plastic mortar
Plastomer[es] *n* plastomer
Plastpreßpulver *n* moulding plastic powder
Plastschweißen *n* plastic[s] welding; butt fusion
Plasttechnik *f* plastics engineering
Plastverarbeitungstechnik *f* plastics technique
Plastwerkstoff *m* plastic
Plastzement *m* plastic cement (binder); resin cement
Plastzusatzstoff *m* plastic-additive *(Bitumen)*
Platine *f* plate
Platte *f (Stat)* plate, slab; [large] panel; sheet *(dünn)*; slab *(Beton)*, dalle *(aus Stein)*; board; slab *(aus Holz)*; tile, flagstone, flagging *(Gehweg)*
~/am Rand eingespannte plate clamped at the rim
~/behauene quarry tile
~/einsinnig bewehrte one-way [reinforced] slab
~/elastische resilient board
~/geknickte buckled (kinked) plate
~/gerillte combed-finish tile
~/gewölbte vaulted slab
~/grundierte prime-coated board
~/kreisförmige round slab
~/kreuzweise bewehrte two-way [reinforced] slab
~/längsgespannte slab spanning in the longitudinal direction
~/leicht flexible semihardboard
~/linksschiefe leftward skew slab
~ mit Außenrand exterior panel
~ mit Balkenunterzug raft with beams underneath
~ mit Längsbewehrung one-way [reinforced] slab
~/orthogonale nichtisotrope orthogonal anisotropic plate
~/orthotrope orthotropic plate
~/pyramidenförmige pyramid-shaped plate
~/randverstärkte thickened edge plate
~/runde circular plate
~/schalldämpfende sound-deadening board
~/schiefe skew plate (slab)
~/schwach gekrümmte shallow shell
~/schwingende vibrating plate
~/unendliche infinite plate
~/ungeschwächte unweakened plate (slab)
~/vierseitig aufgelagerte slab resting on four sides
~ zur Innenwandgestaltung interior finish board
Platten *fpl* **mit eingebauten Fenstern** panels with built-in window heads, jambs and sills
~/unsortierte mill run *(Holz)*
Plattenabdeckung *f* flagstone covering
Platten-Aufricht-Bauweise *f* tilt-up construction (method)
Plattenbalken *m* T-beam, tee beam, T-ribbed (T-shaped) beam, beam and slab, slab-and-beam
~/einseitiger ell-beam
~ mit hohem Steg deep-ripped slab
~ mit oberer Platte raft with beams underneath
Plattenbalkenbrücke *f* slab-and-beam bridge, combined truss and plate bridge
Plattenbalkendecke *f* slab [and girder] floor, beam-and-slab floor
Plattenbankhobel *m* skew plane
Plattenbau *m* 1. slab block, panelled structure *(Gebäude)*; 2. *s.* Plattenbauweise
Plattenbauweise *f* [large] panel construction, [large] panel system, panel (slab) method
Plattenbedachung *f* sheet roofing
Plattenbekleidung *f* slab lining
Plattenbelag *m* slab covering, slabbing; tilework, tiling, tile finish, flagging
~ aus Tonfliesen earthenware tile pavement
Plattenberechnung *f* slab calculation
Plattenbodenbelag *m* slab floor cover[ing]
Plattenbreite *f***/ mitwirkende** effective slab width
Plattenbrücke *f* slab (plate) bridge
Plattendach *n* slab roof
Plattendachbelag *m* sheet roofing
Plattendämmstoff *m* slab insulant
Plattendämmung *f* board insulation
Plattendecke *f* slab floor
~ zwischen Trägern girder floor
Plattendruckversuch *m (Erdb)* plate bearing test
Plattendurchlaß *m* slab culvert

~/doppelter twin slab culvert
Plattenecke *f* **/ ungenügend bewehrte** unprotected corner
Plattenfaltwerk *n* folded plate (slab) structure, *(Am)* tilted-slab structure
Plattenfassade *f* slab façade
Plattenfeld *n* slab span *(von Trägern überspannt)*
Plattenformelement *n* **zur Isolierung** insulating form board
Plattenfuge *f* road joint *(Straße)*
Plattenfundament *n* raft foundation, slab foundation (footing), foundation raft (slab)
Plattenfußboden *m* slab floor cover[ing], tile floor[ing], sectile opus
Plattengebäude *n* slab block, panelled structure, panellized house
Plattengründung *f* raft (mat) foundation
Plattenheben *n* **durch Mörtelunterpressung** mudjacking
Plattenheizkörper *m* panel radiator, heating panel
Plattenheizung *f* panel heating
Plattenkalk *m* laminated limestone, platy (slabby) limestone
Plattenlegen *n s.* Plattenverlegen
Plattenleger *m* [floor] tiler; paver
Plattenpfeilermauer *f* flat-slab deck dam, slab and buttress dam
Plattenpfeilerstaumauer *f* Ambursen dam
Plattenpresse *f* slab moulding machine
Plattenpumpen *n* pavement pumping *(Betonstraße)*
Plattenrüttler *m* plate vibrator, vibrating plate compactor
Plattenschalldecke *f* acoustical tile ceiling
Plattenschalung *f* slab form[work], slab shuttering
Plattenschwingung *f* vibration of plate
Plattensprungbildung *f* faulting *(von Betonplatten)*
Plattenstatik *f* plate analysis
Plattensteifigkeit *f* slab rigidity
Plattenstein *m* flagstone
Plattentheorie *f* slab theory
Plattenträger *m* **[/aufgebauter]** plate girder (beam)
Plattenverblendmauer *f* panel masonry wall
Plattenverkleidung *f* slab lining
Plattenverlegen *n* tile setting, tiling, flagging
Plattenverstärkung *f* slab thickening
Plattenvibrator *m* float vibrator
Plattenwand *f* slab [partition] wall, panel wall
~/freitragende self-contained slab partition wall
Plattenwandverkleidung *f* tile hanging
Plattenweg *m* flagged path
Plattenwerk *n* precasting plant, precast concrete manufacturing yard
Plattenwirkung *f* plate (slab) action
Plattenwulst *m(f)* base plate plug
Plattform *f* platform, stage; deck *(Etage)*; stillage *(Ladeplattform)*
~/ausladende sponson
~/selbsttragende self-contained platform
plattig flaky
Plattieren *n* [metal] cladding, mechanical plating
Platz *m* 1. place, [public] square *(in Städten)*; 2. site, location *(Lage)*; 3. building site, [building] plot *(Bauplatz)*; 4. position
~/eingeschlossener seraglio
~/freier esplanade
~/geschützter seraglio
~/öffentlicher public square, place, *(bes. Am)* plaza, carrefour
~/runder circus
Platzbeleuchtung *f* local lighting
platzen to burst; to crack *(Rißbildung)*; to check *(Holz)*; to blow out *(Befestigung, Damm)*
Platzmangel *m* lack of space; lack of room
platzsparend space-saving
plazieren to locate
Plexiglas *n* plexiglas[s], perspex *(Polymethacrylat)*
Plinthe *f (Arch)* plinth
Plinthefliese *f* plinth tile
Plombe *f* seal
Plutonit *m* intrusive rock
pneumatisch pneumatic; air-operated, air-powered
Pochstempel *m* dolly, stamp
Podest *n(m)* 1. [stair] landing; 2. *s.* Podium
~/teilweise umschlossenes enclosed platform
Podestplatte *f* landing base
Podeststufe *f* stairhead
Podeststufenplatte *f* landing tread
Podestträger *m* joists of a landing
Podestunterplatte *f* subplatform *(Metallplatte)*
Podium *n* podium, [raised] platform, dais; stage
Polder *m* polder *(Marschland)*
Polderdeich *m* polder dike
Polier *m* foreman, general (gang) foreman, ganger, shift boss
polierbar polishable; buffable *(z. B. Terrazo)*
polieren 1. to polish, to burnish, to rub; to buff *(Terrazzo)*; 2. to plane, to smooth; to planish *(z. B. Walzgut)*
~/farbig to stain *(Holz)*
~/elektrolytisch to electropolish
polierfähig *s.* polierbar
Polierhobel *m* smoothing plane
Polierkalkstein *m* rotten stone
Polierstein *m* snakestone *(für Terrazzo, Putz)*
Poliklinik *f* outpatient clinic (department)
Poller *m* bollard, dolphin, mooring post (bitts) *(Hafen)*
Pollinie *f* funicular line
Polster *n* cushion, cushion piece
Polsterholz *n* bolster
Polsterisolierung *f* quilt insulation
polstern to cushion, to pad, to upholster
Polstertür *f* padded door
Polstrahl *m* funicular line
Polyesterharz *n* polyester resin
Polyethylen *n* polyethylene, PE, polythene
Polyethylenrohr *n* polyethylene pipe
Polygon *n (Verm)* traverse

~ **im Uhrzeigersinn** clockwise polygon
~**/offenes** unclosed traverse
Polygonaldach *n s.* Polygondach
Polygonalfaltwerk *n* polygonal folded plate (slab), polygonal prismatic shell, *(Am)* polygonal tilted-slab
Polygonalgebäude *n* polygonal (multiangular) building
Polygonalpfeiler *m* polygonal pier
Polygonausbau *m* cockering *(eines Tunnels)*
Polygonbinder *m* Parker truss
Polygonbogenträger *m* arched girder with polygonal outline
Polygondach *n* hammer-beam roof, pavilion roof, Ardand type polygon[al] roof
Polygondachbinder *m* hammer-beam truss
Polygonfachwerkbinder *m* Parker truss
polygonieren *(Verm)* to traverse
Polygonmauerwerk *n* polygonal masonry (rubble)
Polygonplatte *f* polygonal slab
Polygonverband *m* polygonal bond
Polygonzug *m (Verm)* traverse
~**/geknickter** chain traverse
~ **mit Richtungswinkel** azimuth traverse
Polymer[es] *n* polymer
Polymerbitumen *n* polymer bitumen
Polypropylenschaum[stoff] *m* polyprop[yl]ene foam, PP foam
Polystyrenschaum *m*, **Polystyrolschaum[stoff]** *m* polystyrene foam
Polyurethanfußbodensiegelmasse *f* polyurethane floor sealer
Polyurethanhartlackanstrich *m* polyurethane finish
Polyurethankitt *m* polyurethane cement
Polyurethanlackanstrich *m* polyurethane finish
Polyurethanschaum[stoff] *m* polyurethane foam
Polyurethansiegelmasse *f* polyurethane floor sealer
Polyvinylacetal *n* polyvinyl acetal
Polyvinylacetat *n* polyvinyl acetate, PVAC
Polyvinylchlorid *n* polyvinyl chloride, PVC *(Zusammensetzungen s. unter* PVC*)*
polyzentrisch polycentric
Ponton *m* pontoon, dummy
Pontonbrücke *f* pontoon (floating) bridge, boat-bridge, raft bridge
Pontonkran *m* pontoon (floating) crane
Pore *f* 1. pore, void; cell *(z. B. in Schaumstoffen)*; 2. pinhole *(Fehler in Farb- oder Schutzschichten)*
Porenanteil *m* pore content; void ratio
~ **in Prozent** percentage of void, percent of voids
Porenbaustoff *m* porous building material
Porenbeton *m* aerated concrete, cellular [expanded] concrete
porenfrei non-porous
Porenfüller *m* [pore] filler, filling; sealer
Porengefüge *n* aerated structure
Porengehalt *m* pore content
Porengips *m* aerated gypsum
Porenindex *m* voids index, void ratio
Porenlack *m* pore filler
Porenraum *m s.* Porenvolumen
Porensaugwasser *n* capillary water (moisture), water of capillarity, held water
Porensaugwirkung *f* capillary attraction
Porensinter *m* lightweight expanded clay [aggregate], sintered aerated [concrete] aggregate
Porenverteilung *f* pore distribution, void spacing
Porenvolumen *n* pore (void) volume, void space
~**/relatives** voidage, porosity
Porenwasser *n* 1. pore water (fluid), interstitial water; evapourable water *(Beton)*; 2. fixed ground water *(Kapillarwasser)*
Porenwasserdruck *m* pore [water] pressure
~**/momentaner** transient pore water pressure
Porenwasserdruckmesser *m* piezometer *(Boden)*
Porenwasserüberdruck *m* pore excess pressure
Porenziffer *f* pore (void) ratio
~ **bei optimaler Dichte** critical void ratio *(eines Erdstoffs)*
porig pored; cellular; foamed
Porigkeit *f s.* Porosität
porös 1. porous; 2. *s.* porig
Porosität *f* 1. porosity; sponginess; 2. *s.* Porenvolumen/relatives
~**/scheinbare** apparent porosity
~**/wahre** true porosity
Porphyr *m* porphyry
Porphyrtuff *m* porphyritic tuff
Portal *n* 1. *(Arch)* portal; 2. gantry *(eines Krans)*
~**/fünfsäuliges** pentastyle *(antike Baukunst)*
~**/siebensäuliges** heptastyle *(antike Baukunst)*
Portalbau *m* gateway
Portalbekrönung *f* sopraporte
Portalkran *m* gantry (portal) crane
Portalmast *m* portal structure
Portal-Methode *f (Stat)* portal method
Portalrahmen *m* portal [frame], bent
Portalrelief *n* sopraporta
Portalwirkung *f* portal effect
Portikus *m (Arch)* portico, porticus, prostoon
Portlandit *m* portlandite *(Calciumhydroxid)*
Portlandstein *m* Portland [lime]stone
Portlandzement *m* Portland (portland) cement
~**/gewöhnlicher** ordinary portland cement
~ **mit mittlerer Hydratationswärme** modified portland cement
~**/sulfatresistenter** sulphate[-resistant] cement
~**/weißer** white portland cement; snowcrete
~**/weißer eisenoxidfreier** snowcrete
Portlandzementbeton *m* portland cement concrete
Portlandzementklinker *m* portland cement clinker
Portlandzementmineral *n* larnite
Porzellan *n* porcelain
Porzellanfliese *f* porcelain tile
Porzellanisolierstoff *m* electrical porcelain
Porzellanrohr *n* porcelain tube

Posamentierarbeit *f (Arch)* lacework
Position *f* 1. position; 2. item *(z. B. in einem Leistungsverzeichnis)*
positionsgenau in correct position
Postament *n* pedestal, foot stall, base; post
Postamt *s.* Postgebäude
Posten *m* batch *(z. B. von Holz)*
Postgebäude *n* post office, postal building
Potentialfunktion *f* **der Torsion** potential function of torsion
PP-... *s.* Polypropylen...
Prachtkegel *m* spine
Prachtstraße *f* boulevard, avenue
Prachttreppe *f* grand stairway
Prägearbeit *f* embossment
Prahm *m* pram, pontoon, barge
Prahmdrehbrücke *f* pontoon swing bridge
Prahmgerüst *n* erecting pontoon stage
Prallbodenverdichtung *f* impact compaction
Prallbrecher *m* impact crusher
prallen to bounce; to bump
Prallfläche *f* [baffle] wall, deflector plate
Prallplatte *f* baffle
Prallschlagbodenverdichtung *f* impact compaction
Prallstrahlablenker *m*, **Prallwand** *f s.* Prallfläche
Prätorium *n* pretorium *(Gouverneurssitz im Römischen Reich)*
Präzisionsdrehbolzen *m* turned bolt
Präzisionsnivellement *n* precise levelling
Preisangebot *n* quotation [of price]
Preisverzeichnis *n* price list, schedule of prices
Prellbalken *m* fender beam
Prellbock *m* bumper, bumping post; buffer [stop]
Prellpfahl *m* fender [pile]
Prellstein *m* bollard, spur stone
Prellvorrichtung *f* buffer
Prepaktbeton *m* prepacked [aggregate] concrete, preplaced-aggregate concrete, Colcrete
Preßdichtung *f* compression seal
pressen 1. to press; to force; 2. to press, to compact, to compress; 3. to mould *(Kunststoffe)*
Pressenspannung *f* jacking stress *(Spannbeton)*
Preßform *f* [pressing] mould; die
Preßglas *n* pressed glass
Preßholz *n* bentwood, wood dough, *(Am)* compregnated wood
~/harzgetränktes moulded impregnated wood, *(Am)* resin-treated wood
Preßholzbrett *n* composition board
Pressiometerversuch *m (Bod)* pressiometric test
Preßluft... *s.* Druckluft...
Preßnietmaschine *f* compression riveting machine
Preßpappe *f* pressboard
Preßpassung *f* forced (interference) fit, *(Am)* tight fit
Preßspanplatte *f* pressboard; chipboard
Preßsperrholz *n* densified (high-density) plywood
Preßstein *m* pressed brick
Preßstoff *m* moulding compound, plastic compound
Preßstoffisolierung *f* moulded insulation
Preßteil *n* moulding, moulded part
Pressung *f* compression, pressing
Preßverbindung *f* squeezed joint
Preßverleimung *f* blocking
Preßziegel *m* pressed [clay] brick
Preußischblau *n* Prussian blue
Prinzip *n* **der Übertragbarkeit von Kräften** principle of transmissibility of forces
Prismendruckfestigkeit *f* prismatic beam crushing strength
Prismenzierkante *f* prismatic billet moulding
Privataufgang *m* private stairway
Privatfahrweg *m* private drive[way]
Privatgrundstück *n* private area
Privatweg *m* private road (way)
Privatzufahrt *f* private drive
Probe *f* 1. sample *(Stichprobe)*; 2. *s.* Probekörper; 3. *s.* Prüfung • **eine ~ nehmen** to take a sample, to sample
Probeanstrich *m* trial coat
Probebelastung *f* trial loading; load test; pile loading test *(Pfahl)*
~ eines Pfahls pile load test
Probeentnahme *f s.* Probenahme
Probegrube *f* trial pit
Probegründungspfahl *m* test foundation pile
Probekern *m* sample core
Probekörper *m* test piece, specimen, sample
Probekörperbeton *m* comparative (comparison) concrete
Probelauf *m* test run
Probelöffel *m* sampling spoon
Probenahme *f* sampling, sample collection
~/periodische periodic sampling
~/repräsentative representative sampling
Probenahmedatum *n* date of sampling
Probenahmesonde *f* spoil sampler *(Bodenuntersuchung)*
Probenahmestutzer *m* sample tube
Probenahmevorschrift *f* sample specification
Probenentnahme *f s.* Probenahme
Probenlagerung *f* storage of samples
Probepfahl *m* test pile
Probesonde *f* sampler
Probestab *m* test bar; tension bar *(Zugprobe)*
Probestrecke *f* trial road section
Probestück *n s.* 1. Probekörper; 2. Probezugstück
Probeverdichtung *f* trial compaction
Probewürfel *m* test cube
Probezugstück *n* tensile test piece
Problem *n* / **statisch unbestimmtes** indeterminate hyperstatic (over-rigid, redundant) problem
Proctor-Dichte *f (Bod)* optimum proctor density
Proctor-Kurve *f (Bod)* Proctor curve
Proctor-Nadel *f (Bod)* Proctor penetration needle
Proctor-Nadelwiderstand *m (Bod)* Proctor (standard) penetration resistance

Proctor-Test *m*, **Proctor-Verdichtungsversuch** *m* *(Bod)* Proctor [compaction] test, standard ASTM (AASHO) method, [laboratory] compaction test
Produktivität *f* productivity
Produzent *m* producer
Profanarchitektur *f* secular architecture
Profanbaustil *m* profane architecture
Profanbauwerk *n* civic structure
Profangebäude *n* civic structure
Profil *n* profile, [cross] section, sectional shape; 2. profile, outline, contour *(Umriß)*; 3. shape, form
~/gezogenes drawn profile (shape)
~/quadratisches square
Profilaufnahme *f* plotting of profiles
Profilbewehrung *f* section reinforcement *(steel)*
Profilblech *n***/ schachbrettartiges** checker plate
Profildarstellung *f* profile
Profildichtungsstreifen *m* **für Verglasungen** glazing gasket
Profile *npl* sections *(Formstahl)*
Profileisen *n* section iron
Profilfuge *f* coped (scribed) joint
Profilglas *n* figured glass
Profilhöhe *f* depth of section
Profilierung *f* profiling *(Straßenbau)*
Profilklopfen *n* bossing *(Metall)*
Profilkörper *m* pile core, mandrel
Profillinie *f* section line
profilmaserig raised-grain *(Holz)*
Profilnivellierung *f* profile levelling
Profilograph *m* profilometer
Profilplatte *f* profile board
Profilquerschnitt *m* shape of cross section
Profilradius *m* hydraulic radius *(Durchflußradius)*
Profilrippe *f* rib
Profilschnitt *m* section, profile
Profilstahl *m* section[al] steel, structural steel
Profilstahlbewehrung *f* section reinforcement (steel)
Profilstein *m* profilated brick; purpose-made brick
Profiltafel *f* Q-floor unit
Profilverglasung *f* gasket glazing
Profilziegel *m* profiled brick
Projekt *n* project, scheme; design
~ auf der grünen Wiese grass roots scheme
~/schlüsselfertiges turn-key job
Projektänderung *f* variation order
~/offizielle change order
Projektant *m* project engineer, schemer, designer, planner
Projektdatenerfassung *f* survey
projektieren to project, to plan; to plan and design; to design
projektiert/mangelhaft awkward, awkwardly designed
Projektierung *f* planning
Projektierungsbüro *n* planning and design office; [architect-]engineer's office
Projektierungsgebühr *f* fee
Projektierungsphase *f* design development phase
Projektierungsvereinbarung *f* owner-architect agreement
Projektingenieur *m* project engineer (manager)
Projektion *f* projection
Projektionsstrahl *m* projecting ray
Projektionsverfahren *n* projection method
Projektionswinkel *m* **einer Linie gegen Gitter Nord** grid bearing
Projektorraum *m* projection booth
Projektstudie *f* project study (design), *(Am)* projet
Projektsumme *f* project cost; project budget
~/geplante project budget
Projektunterlagen *fpl* project
Promenade *f* promenade, esplanade
Propellerventilator *m* propeller fan
Proportionalitätsgesetz *n* law of proportionality
Proportionalitätsgrenze *f* limit of proportionality, proportional limit *(Festigkeit)*
proportioniert/gut proportionate
protodorisch *(Arch)* proto-Doric
protoionisch *(Arch)* proto-Ionic
Provinzstraße *f* provincial road
Prozenterfüllungszahlung *f* percentage fee
Prozentsatz *m* percentage, proportion *(Anteil)*
Prüf... *s. a.* Test...
Prüfbelastung *f* test load
Prüfbericht *m* test (trial) repord
Prüfbescheinigung *f* inspection certificate
Prüfdruck *m* test pressure
prüfen to test *(z. B. Materialien)*; to examine; to check *(nachprüfen)*; to inspect *(überprüfen)*
~ auf to test for
Prüflabor *n* testing laboratory
Prüflast *f* test load
Prüfmaschine *f* testing machine, tester
Prüfmaterial *n* test material; material to be tested; material being tested
Prüfpresse *f* test machine
Prüfprotokoll *n* test record; inspection (test) certificate *(Bauüberwachung)*
Prüfsieb *n* test[ing] sieve
Prüfsiebeinsatz *m* mesh bottom
Prüfsiebgröße *f* sieve number
Prüfsiebnummer *f* sieve number
Prüfsiebsatz *m* nest of screens (sieves) *(Baustoffe)*
Prüfsiebung *f* sieve analysis; grading test
Prüfstand *m***/ hydraulischer** bench for hydraulic test
Prüfstück *n* test piece (sample)
Prüfung *f* test[ing]; examination; check[ing] *(Kontrolle)*; inspection *(Abnahme)*
~/abgekürzte accelerated test
~/amtliche official test
~ in großem Maßstab large-scale test[ing]
~ nach Augenschein cold (visual) inspection
~/nichtzerstörungsfreie destructive test
~/visuelle visual inspection
~/zerstörungsfreie non-destructive testing

Prüfungsnachweis *m* proof, test certificate
Prüfverfahren *n* method of testing, testing procedure
~/mechanisches mechanical testing
Prüfverschlußpfropfen *m* test plug *(Dränageleitung)*
Prüfversuch *m* check test
Prüfvorschriften *fpl* [test] specifications; test[ing] regulations
Prüfwinkel *m* master square
Prüfzylinder *m* test cylinder
Prügelweg *m s.* Knüppelweg
Prunktor *n* portal
Prunktreppe *f* grand stairway
PS... *s.* Polystyren...
Pseudomoment *n* pseudomoment
puddeln to puddle *(Beton stampfen)*
Puffer *m* buffer, bumper, cushion, pad
Pufferraum *m* crush room
Pufferschicht *f* buffer layer
Pulpe *f* pulp
Pult *n* pulpit
Pultabdeckung *f* feather-edged coping, splayed coping
Pultanbau *m* lean-to
Pultdach *n* mono-pitch (single-pitch) roof, pitched roof, half-span roof; lean-to roof, shed roof *(Halbdach)*; pen roof *(Schleppdach)*; pent[house] roof *(Flugdach)*; aisle roof *(Abseitendach)*
pulverisieren to pulverize, to reduce, to powder; to grind, to triturate
Pulverkalk *m* powdered lime
Pulvinus *m (Arch)* impost block, superabacus, supercapital
Pumpbeton *m* pumped concrete, pumpcrete
Pumpbetoneinbringung *f* pumpcrete placement
Pumpbetonleitungsende *n* **[/bewegliches]** slick line
Pumpe *f* pump
~ mit Rückschlagventil ball pump
Pumpen *n* pumping *(Schwellen, Betonplatten, Wasser, Beton)*; surging *(Verdichter)*
Pumpenbagger *m* pump dredge
Pumpenbrunnen *m* pump well
Pumpenentwässerungssystem *n* subbuilding (subgrade) drainage system
Pumpenkorb *m* tube filter
Pumpenleitung *f* pump piping
Pumpenschacht *m* sump shaft, pump pit
Pumpensod *m s.* Pumpensumpf
Pumpensumpf *m* [pump] sump, pump well
Pumpfähigkeit *f* pumpability
Pumpsauger *m (San)* plunger, plumber's friend
Pumpspeicherkraftwerk *n* pump-fed power station, pump[ed] storage station
Pumpspeicherung *f* pumped (power) storage
Punkt *m* 1. point, place *(Stelle)*; 2. dot, spot *(Fleck)*
~/aufsteigender ascending point
~/trigonometrischer [triangulation] station
Punktbrunnen *m* well point
Punkteisen *n* zax
Punkten *n* scutching, scotching *(Stein)*
punktförmig punctiform
punktgeschweißt spot-welded
Punkt[hoch]haus *n* point block (building)
punktieren to dot, to point
Punktkleben *n* spot mopping *(Dachpappe)*
Punktklebung *f* spot bonding
Punktlast *f* point (concentrated) load, single load
Punktnaht *f* spot weld
Punktschweißen *n* spot welding
Punktschweißnaht *f* spot weld
Punktverklebung *f* spot bonding
punzen, punzieren to emboss
PUR-... *s.* Polyurethan...
Putte *f* putto
Putz *m* plaster, finish • **mit ~ bewerfen** to daub, to plaster • **unter ~** concealed, flush
~/abgeriebener sand-float finish
~/abgezogener screed coat
~ auf Putzträgergewebe/einlagiger lath and plaster
~/aufgezogener float (topping) coat
~/dreilagiger bastard stucco, three-coat work [on walls] • **dreilagigen ~ aufbringen** to render, float and set
~/geglätteter screed coat
~/gestockter granulated plaster
~/gipsfreier ungauged lime plaster
~/in den Putzträger eingedrückter key
~/maschinell aufgetragener machine-applied plaster
~ mit Schlackensand slag plaster
~/nichtanziehender short-working plaster
~/nichtsichtbarer backplastering
~ ohne Zuschlagstoffe neat plaster
~/schallabsorbierender acoustical plaster
~/treibender unsound plaster
~/zweilagiger two-coat work • **zweilagigen ~ aufbringen** to render and set
Putzabschlußleiste *f* casing bead
Putzabstandshalter *m* furring
Putzabziehlehren *fpl* striking-off lines
Putzanwurf *m* throwing-on
Putzarbeit *f* plasterwork
Putzarbeiten *fpl* plastering, plaster work
Putzaufbringung *f***/isolierte** furring
Putzaufkratzblech *n* drag, cockscomb
Putzaufspritzen *n***/pneumatisches** pneumatic placement
Putzausgleichsschicht *f* levelling coat
Putzbrettchen *n* finishing tool
Putzbürste *f* finishing brush, splash (stock) brush
Putzdeckel *m* cleaning plate
Putzdeckenkante *f* plaster cornice
Putzdrahtgewebe *n* wire lathing
Putzeisen *n* **für Ecken mit 45°-Abschnittwinkel (45°-Schnittwinkel)** mitre rod

putzen 1. to plaster, to finish; to parget; to render *(mit Unterputz)*; 2. to scour *(blankputzen)*; to refine *(reinigen)*; to chip *(abgraten)*
Putzen *n* plastering, plasterwork
~/maschinelles mechanical plastering, mechanical application [of mortar]
Putzer *m* plasterer
Putzerzirkel *m* radius rod (tool), gig stick
Putzfläche *f* plaster area
Putzflecken *mpl* **/ dunkle** pattern staining
Putzformlehre *f* radius rod (tool), gig stick
Putzfugenleistenlage *f* strip lath *(Putzarbeit)*
Putzführstreifen *m* running screed *(Zierkante)*
Putzgerät *n* **/ mechanisches** mechanical trowel
Putzglätten *n* running-off
Putzgrund *m* plaster base
Putzhaarrisse *mpl* checking, check cracks
Putzhalterung *f* plaster board
Putzhobel *m* fine plane
Putzhöhenlatte *f* spot ground, rod *(s. a.* Putzlehre*)*
Putzkalk *m* finish lime
Putzkamm *m* drag, cockscomb, comb
Putzkantenleiste *f* plaster ground *(Tür, Fenster)*
Putzkantenschoner *m s.* Putzkantenschützer
Putzkantenschützer *m* plaster bead (head, staff), corner bead, angle staff, staff angle
Putzkantenwinkelleiste *f s.* Putzkantenschützer
Putzkelle *f* plastering (rendering) trowel, finishing tool, spoon
Putzkratzer *m* comb
Putzlage *f* facework, facing [work]
~/schwache slip
~/zweite second coat
Putzlehre *f* spot ground *(Lattenlehre)*; bedding dot *(Putzleiste)*; nib rule (guide) *(Deckengesims)*; screed rail *(Abziehschiene)*; screed [for plastering] *(Mörtelputzleistenvorlage)*
Putzlehrschiene *f* screed [strip]
Putzleiste *f* angle staff, staff angle; window bar (bead, guard); bedding dot; screed [for plastering]
Putzleisten *fpl* counterlathing *(als Putzträger) (s. a.* Putzmörtelträger*)*
Putzleitkante *f* running screed
Putzmagnesia *f* magnesium hydroxide
Putzmasse *f* stuff
Putzmörtel *m* plastering mix, plaster, stuff
~/farbpigmentierter coloured finish
~/magerer lean mix
~ mit Dichtungsmittelzusatz parget, pargework, placard
Putzmörtelträger *m* plaster lath
Putzöffnung *f* cleaning eye *(z. B. in Maschinen)*
~/unbehandelte plaster arch
Putzornament *n* print, pargework, parget[ing], parging
Putzpinsel *m* finishing brush
Putzplattenhalter *m* sheeting clip
Putzprägekante *f* run moulding
Putzrichtlatte *f* rod
Putzrichtscheit *m* levelling rule
Putzriffel *f* base screed, basebead
Putzringformlehre *f* radius rod (tool), gig stick
Putzrisse *mpl* chip cracks *(tiefe, durchgehende)*, eggshelling
Putzrohr *n* plastering reed
Putzsand *m* plaster aggregate
Putzschicht *f* floating, plaster[ing] coat; render[ing] coat *(Verputzschicht)*
~/mittlere floating
~/obere finish (face, final) coat, finish (face, final) plaster
~/untere undercoat, basecoat
Putzschutzleiste *f* angle staff, staff angle
Putzspachtel *m(f)* rendering trowel
Putzspritzbürste *f* splash brush
Putzstelle *f* **/ fehlerhafte** catface
~/hohle *(Am)* gaul
~/rauhe catface
Putzstellen *fpl* **/ losgelöste** blistering
Putztafel[guß]form *f* panel (pan) mould
Putztragelattenwerk *n* strapping
Putzträger *m* plaster base; plaster lath, lathing, lath-work *(aus Leisten)*; back *(für sichtbare Elemente)*
Putzträgerabstandsleiste *f* furring strip
Putzträgergeflecht *n* lath mesh
Putzträgergewebe *n* fabric lath[ing], cloth lath
Putzträgerleiste *f* furring strip
Putzträgermatte *f* lath mesh
Putzträgernagel *m* plaster-base nail, [self-]furring nail
Putzträgernagelung *f (Am)* brandering
Putzträgerplatte *f* plaster baseboard
Putztragewerk *n* strapping
Putztreiben *n* popping
Putztreibstelle *f* popping
Putzuntergrund *m* **mit Haltekanten** splayed ground
Putzunterlage *f* plaster base *(s. a.* Putzträger*)*
Putzverankerung *f* **/ mechanische** plaster board
Putzwagen *m* cleaning cradle *(Fenster und Fassaden)*
Putzwerfer *m* plaster sprayer, plaster-throwing machine
Putzzierleistenformung *f* horsing-up
Putzzuschlag[stoff] *m* plaster aggregate
puzzolanartig pozzolanic
Puzzolanerde *f* pozzolana, puzzolan[a]
puzzolanhaltig pozzolanic, puzzolanic
Puzzolanmörtel *m* pozzolanic mortar
Puzzolanzement *m* pozzolan[ic] cement, Portland-pozzolana cement, masonry cement
PVA-Beton *m* PVA-concrete, cement-polyvinyl acetate emulsion concrete
PVAC PVAC, polyvinyl acetate
PVC PVC, polyvinyl chloride
PVC-Bahn *f* PVC-sheet[ing]
PVC-beschichtet PVC-faced, PVC-coated

PVC-Bodenbelag *m* PVC floor finish, polyvinyl chloride flooring
PVC-Rohr *n* PVC-pipe
Pyknometer *n* pycnometer
Pylon *m*, **Pylone** *f* pylon, gateway *(1. massiver turmartiger Baukörper an Eingangstoren z. B. antiker Tempel; 2. torähnlicher tragender Brükkenpfeiler)*
Pyramide *f* pyramid
Pyramidendach *n* pyramid[al hipped] roof; spire roof *(Pyramidenturmdach)*
Pyramidenkappe *f* pyramidion
Pyrit *m* pyrite *(Schwefelkies)*
Pyroxen *n* pyroxene *(ein Silicatmineral)*
PZ *s.* Portland cement

Q

Quader *m s.* Quaderstein
Quadermauer *f s.* Quadersteinmauer
Quadermauerwerk *n* ashlar masonry (work), ashlar [stonework]; regular-coursed ashlar work, regular rubble in courses, rockwork; *(Arch)* isodomum of blocks, Greek masonry
~ **in gleichen Schichten** coursed ashlar, *(Am)* rangework
Quaderpflasterblock *m* sett
Quaderstein *m* ashlar, hewn (squared) stone
~/bearbeiteter tooled ashlar
~/ebener plain ashlar
~/fertig bearbeiteter smooth ashlar
~/gespitzter pointed ashlar
~/großer behauener block-in-course
Quadersteingewölbe *n* ashlar masonry arch
Quadersteinmauer *f* wall in ashlar
Quaderverband *m (Arch)* isodomum of blocks, Greek masonry
Quaderverkleidung *f* ashlar stone facing
Quadrant *m (Verm)* quadrant
quadratisch quadrate, square *(z. B. Platz)*; quadratic *(Geometrie)*
Quadratlochsieb *n* square-mesh sieve *(Zuschlagstoff)*
Quadratquerschnitt *m* square cross section
Quadratraster *m* square planning grid
Quadratspitzgewölbe *n*/ **flaches** coved vault, cloistered arch (vault), domical vault
Quadratspundung *f* square grooving and tonguing
Quadratur *f* quadratura, quadrature
Quadratverfahren *n* **für Stufenverziehung** method for correcting the winders of a stair
Quadriga *f* quadriga, four-horsed chariot *(Klassizismus)*
Qualität *f* quality, grade; type
~/minderwertige inferior quality
Qualitätsbeanstandung *f* quality complaint
Qualitätserhöhung *f* improvement in quality
Qualitätsfenster *n* **mit garantiertem Feuerwiderstand** labelled window; high-quality window
Qualitätsforderungen *fpl* quality requirements
Qualitätskontrolle *f* quality control
~/statistische statistical quality control; acceptance sampling
Qualitätskontrollkarte *f* control chart
Qualitätsmerkmal *n* quality characteristic
qualitätsmindernd quality-reducing
Qualitätsminderung *f* debasement, reduction in quality
Qualitätsnachweis *m* certificate of quality
Qualitätssicherung *f* assurance of quality
Qualitätsstahl *m* high-grade steel
Qualitätsstufe *f* grade
Qualitäts- und Lieferbescheinigung *f* warranty deed
Qualitätsverbesserung *f* improvement in quality, upgrading
Qualitätsvorschrift *f* quality specification
Qualm *m* smoke
Quartier *n* accommodation, lodging *(Unterkunft)*; [residential] quarter
Quartierstück *n* quarter bat *(Viertelstein)*
Quarz *m* quartz
Quarzglas *n* quartz glass, fused silica
Quarzit *m* quartzite, ganister
Quarzitgestein *n* quartzite rock
Quarzitsandstein *m* quartzite
Quarzitstein *m* quartzite brick
Quarzkies *m* quartz pebbles
Quarzsand *m* quartz (silica) sand
Quarzsandstein *m* siliceous (silica) sandstone
Quarzschamottestein *m* semi-silica refractory brick
Quarzsinter *m* siliceous sinter
Quasiaholz *n* quassia *(tropisches Holz)*
Quecksilberdampflampe *f* mercury-vapour lamp
Quecksilberhochdrucklampe *f* high-pressure mercury lamp
Quecksilberniederdrucklampe *f* low-pressure mercury lamp
Quecksilberschalter *m* mercury[-contact] switch
Quecksilberschaltröhre *f* mercury[-contact] switch
Quellausplatzung *f* pitting *(Putz)*
Quellbeständigkeit *f* swelling resistance
Quellbeton *m* expansive-cement concrete, high-expansion [cement] concrete, expanding concrete
Quellboden *m* expansive soil
Quelldruck *m* swelling pressure *(Boden)*
Quelle *f* source, spring *(z. B. eines Flusses)*
quellen to expand *(Beton)*; to swell *(Boden)*
Quellen *n* expansion *(Beton)*; swelling; heaving *(eines Belags)*
quellfest swelling-resistant
Quellfestigkeit *f* swelling resistance
Quellgebiet *n* head of a river
Quellmaß *n* swelling value
Quellmittel *n* swelling (expanding) agent
Quellprüfung *f* swelling test

Quellungsdruck *m* swelling pressure *(Boden)*
Quellungsprüfung *f* swelling test
Quellverkehr *m* originating traffic
Quellvolumen *n* moisture expansion, bulking *(eines Massenguts)*
Quellwasser *n* springwater
Quellwirkstoff *m* swelling agent
Quellzement *m* expanding (expansive) cement, expanded (high-expansion) cement; sulphoaluminate cement
~/schwindungskompensierender shrinkage-compensating cement
Quellzone *f* outflow area *(Boden)*
Quenastbetonplatte *f* quenast concrete flag
quer crosswise, transverse; oblique
Querabmessung *f* lateral dimension
Querabstand *m* transverse spacing
Querachse *f* transverse axis, centre line
Querauflageholz *n* spur beam
Queraussteifung *f* cross bracing
Queraxt *f* mortise cleaner, cross grain axe
Querbalken *m* cross-beam, transverse beam, *(Am)* trave, brow post; joist *(Deckenbalken aus Holz)*; needle [beam] *(kurzer, dicker Stützbalken aus Holz)*; diaphragm [beam] *(Brücken) (s. a.* Querholz*)*
~ auf Schwellenholz sleeper joist
~/ausgeklinkter notch joist
Querbalken *mpl* **in einer Richtung** one-way joist construction
Querbalkendecke *f* bridged floor
Querbalkenfußboden *m* plank-on-edge floor
Querbalkenlage *f* **für temporäre Nutzung** needling
Querbalkenüberdeckung *f***/einfache** single bridging
querbelastet laterally loaded
Querbelastung *f* transverse loading • **mit ~** laterally loaded
Querbewehrung *f* lateral (transverse) reinforcement; secondary [steel] reinforcement, distribution[-bar] reinforcement, distribution steel
Querbewehrungsstab *m* temperature stress rod *(Wärmespannung)*
Querbiegefestigkeit *f* lateral (cross-breaking) strength
Querbiegeprüfung *f* transverse bending test
Querbogen *m* transverse arch
Querbruchfestigkeit *f* transversal strength
Querdamm *m* spur-jetty
Querdehnung *f* lateral expansion (strain), transverse extension (strain), transverse elongation
Querdehnungszahl *f* transverse extension (elongation) ratio, modulus of sliding movement, Poisson's ratio *(s. a.* Querelastizitätsmodul*)*
Querdeich *m* cross dike
Querdimensionen *fpl* cross dimensions
Querdruck *m* lateral pressure; side thrust
Querduktilität *f* transverse ductility
Quereisen *n* bar joist
Querelastizitätsmodul *m* modulus of sliding movement
Querfaltversuch *m* transverse flat bend test
Querfestigkeit *f* transverse strength
Querfries *m* meeting (bottom) rail *(Vertikalschiebefenster)*
Querfuge *f* transverse joint
Querfurnier *n* cross-grain veneer
Quergefälle *n* transverse slope, slope from centre to slide, cross-fall *(einer Straße)*
Querglättbohle *f* transverse screed finisher *(Straße)*
Quergurt *m* transverse arch
Quergurtbogen *m* transversal rib
Quergewölbeausbildung *f* groining, groyning *(zu einem Bezugsgewölbe)*
Querhalter *m* cross-tie
Querhaus *n* cross aisle *(Kirchenbau)*
Querhausgiebel *m* transept gable
Querhobeln *n* crosswise planing, crossplaning
Querholz *n* cross bar (arm); rail *(s. a.* Querbalken*)*
~/deckentragendes ceiling joist
~/gezapftes notch joist
~/tragendes girt, girth
Querholzrafteraussteifung *f* solid bridging (strutting), *(Am)* block bridging
Querholzunterstützungshölzer *npl* **am Hauptbalken** ledger strip (plate)
Querholzverbindung *f* horizontal bridging
Querkeil *m* cotter
Querkontraktionszahl *f* transverse contraction ratio
Querkraft *f* lateral (transverse) force, vertical shear, shear force
Querkraftbiegung *f* transverse bending
Querkraftdiagramm *n* shear diagram
Querkraftdichte *f* transverse force density
Querkraftfläche *f* area of shearing force
Querkraftlinie *f* transverse force line
Querlast *f* lateral (transverse) load
Querlatte *f* brace
Querleiste *f* ledge
Querloch[block]stein *m* end-construction tile
Querlüftung *f* cross ventilation
Quermole *f* spur jetty
Quermoment *n* transverse moment
Querneigung *f s.* Quergefälle
Querneigungsmesser *m* cross-level
Querprofil *n* cross section, transverse (cross-sectional) profile
Querrahmen *m* transverse (cross) frame; *(Hb)* bent *(Schichtholz)*
Querrahmenstück *n***/oberes** top rail
Querrichtung *f* transverse (lateral) direction • **in ~** crosswise, transversely, in transverse direction, sideways
Querriegel *m* 1. tie beam (piece), footing beam, cross bar (bracket); collar (wind) beam *(Kehl-*

balken); strut[ting] beam *(Steife)*; roof tie, sparpiece, top beam *(Dachkonstruktion)*; diaphragm [beam] *(Brücken)*; 2. Auvergne-type transport *(gestaffeltes Querhaus romanischer Kirchen besonders der Auvergné)*
~ unter der obersten Türfüllung frieze rail
Querriegeldach *n* tie-beam roof
Querrinne *f* cross-drain
Querrippe *f* cross (transverse) rib *(eines Kreuzgewölbes)*
Querriß *m* transverse (edge) crack
Quersägen *n* cross-cutting
Querscheibe *f* transverse diaphragm, diaphragm [beam]
Querscheitel *m* transverse ridge *(eines Gewölbes)*
Querscherung *f* transverse shear
Querschiff *n (Arch)* transept, cross aisle *(Kirchenbau)*
Querschlag *m* mortar strip *(zum Vermörteln von Dachziegeln)*; *(Hb)* gain
querschleifen *(Hb)* to grind across the grain
Querschlitz *m* 1. cross-drain *(Rinne)*; 2. [transverse] slot, cross slot *(einer Schraube)*
Querschneider *m* cutter
Querschnitt *m* 1. cross-section, section, transverse (transversal) section; 2. *(Hb)* cross-cutting, cutting across (perpendicular to) the grain *(Vorgang)*; 3. *(Hb)* cross-cut, end grain *(Hirnschnitt, Ergebnis)*
• im ~ in cross-section
~/eiförmiger egg-shaped [cross-]section
~/gefährdeter dangerous [cross-]section
~ im Scheitel crown section
~/komplizierter intricate section
~/kreisförmiger circular cross-section
~/kreuzförmiger cruciform cross[-section]
~/kritischer critical section
~/lichter clearance opening
~/maulförmiger two-centre cross-section
~/schiefwinkliger oblique section
~/verjüngter tapered section
~/wirksamer effective section
~/zusammengesetzter compound section
Querschnittfläche *f s.* Querschnittsfläche
Querschnittkern *m (Stat)* kern
Querschnittsänderung *f***/ sprunghafte** abrupt change of cross-section
Querschnittsfläche *f* cross-section[al] area, sectional area, area of cross-section
Querschnittsform *f* cross-sectional shape
Querschnittsmaserung *f* end grain *(Holz)*
Querschnittsprofil *n* shape of cross-section
Querschnittsveränderung *f* alteration of cross-section
Querschnittsvergrößerung *f* **am Ende** end block *(eines tragenden Elements)*
Querschnittsverminderung *f* reduction of sectional area
Querschub *m* transverse shear
Querschwellenträger *m* sleeper bearing girder
Querschwinger *m* transverse vibrator
Querspannung *f* transverse stress, transverse tension
Querstabilität *f***/ statische** static lateral stability
Quersteifigkeit *f* transverse rigidity
Querstraße *f* cross-road, side-street; by-road *(Nebenweg)*
Querstrebe *f* cross brace (piece, member), cross-tie; diagonal stay (strut) *(Diagonaldruckstab)*
Querstrebentor *n* barred gate
Querstrecke *f* breakoff *(Steinbruch)*
Querstreifenauflage *f* wall (head) plate, wall piece
Querstrom *m* cross current
Querströmung *f* cross (transverse) flow
Querstück *n* horizontal member, cross traverse *(Riegel)*
Querträger *m* 1. cross girder, cross member (bar, beam, arm), crosshead; X-arm; transverse beam (plank), cross traverse, bridge-over, *(Am)* trave; 2. wind brace *(Windstrebe einer Fachwerkwand)*; 3. diaphragm beam *(Brücke)*, secondary beam *(Zwischenträger)*; rail *(Riegel)*
~/bündiger raised girt
~/einseitiger side arm
~/schwerer channel runner *(in Deckenkonstruktionen)*
~/waagerechter horizontal diaphragm
Querträgerstützholz *n***/ eingelassenes** ribbon strip, ledger plate (strip) *(an den Jochsäulen)*
Querträgerverbindungswinkel *m* shelf angle
Querträgerzwischenraum *m* interjoist *(Decken)*
Quertraverse *f* movable bar
Quertunnel *m* cross-cut
Querverband *m* transverse (sway, cross) bracing
Querverbindung *f* cross-connection, cross binding, interconnection; cross-sleeper *(Eisenbahn)*
Querversteifung *f* transverse bracing, cross stay
~/vorläufige temporary bracing
Querverstrebung *f* cross bracing
~/untere low lateral bracing *(Fachwerk)*
~/zweifache double bridging
Querverzerrung *f* transverse strain *(Kürzung oder Dehnung)*
Quervorspannung *f* transverse prestress[ing]
Querwand *f* cross-wall; diaphragm *(Abschlußmauer)*
Querwandbauweise *f* cross-wall construction
Querwandplatte *f* cross-wall panel
Querzahl *f s.* Querdehnungszahl
Querzug *m* transverse pull
quetschen 1. to squeeze; to pinch; 2. to crush *(brechen)*
Quetschgrenze *f* compressive yield point *(Festigkeitsprüfung)*; crushing yield point
Quetschnietung *f* squeeze riveting
Quetschung *f* squeeze
Quickton *m* quick clay

R

Rabitzbau *m* Rabitz construction, wire lathing (lattice) construction, woven wire fabric construction
Rabitzdecke *f* wire plaster ceiling
Rabitzdeckenputz *m* Rabitz ceiling plaster
Rabitzgewebe *n* Rabitz (wire) lathing, plaster fabric, Rabitz woven [wire] fabric lathing
Rabitzhaken *m* Rabitz hook
Rabitzmatte *f* combined Rabitz wire cloth and reed (woven wire fabric) lathing
Rabitzmörtel *m* Rabitz mortar *(Stuckgips-Kalk-Mörtel)*
Rabitzputz *m* Rabitz plastering
Rabitzummantelung *f* casing with wire netting
Rabitzwand *f* Rabitz wall, wire plaster wall, plaster fabric wall
Radabweiser *m* fender (guard) post, spur stone, bollard
Radabweispfosten *m* spur post
Radfahrweg *m* cycle path (track); *(Am)* cyclist pavement
Radfenster *n (Arch)* wheel (rose) window *(Katharinenfenster)*
Radialbelastung *f* radial loading
Radialbiegemoment *n* radial bending moment
Radialbogendach *n* radial arch roof
Radialdach *n* bicycle-wheel roof
Radialdehnung *f* radial strain
Radialdruck *m* radial pressure
Radialeinstellung *f* radial adjustment
Radialfuge *f* bed joint *(in Bögen)*
Radialkuppel *f* radial dome, radome
Radiallast *f* radial load
Radialrippenkuppel *f* radial-rib cupola
Radialrißbildung *f* radial cracking
Radialscherung *f* radial shear
Radialschnitt *m* radial conversion *(Holz)*
Radialschub *m* radial shear
Radialschwindung *f* radial shrinkage *(Holz)*
Radialstadtanlage *f* radial system
Radialstein *m* compass block (tile), *(Am)* chimney block
Radialstraße *f* radial road
Radialstrebe *f* radial strut
Radialstrebebogen *m* fantail
Radialziegel *m* radial brick (stone), compass brick, *(Am)* chimney brick
Radiant *m* radian [unit], rad *(SI-Einheit des ebenen Winkels)*
Radiator *m* radiator; thermal radiator
Radiatoren... *s.* Radiator...
Radiatorglied *n* radiator section
Radiatorheizung *f* radiator heating [system]
Radiatorrippe *f* fin, gill
Radiatorrohr *n* externally ribbed tube
Radienlineal *n s.* Radienschablone
Radienschablone *f* radius (fillet) gauge
Radius *m* radius
~/mittlerer *(Verk)* mean radius
Radiuslehre *f* fillet gauge
Radkurve *f*, **Radlinie** *f* cycloid
Radrennbahn *f* 1. velodrome *(geschlossenes Gebäude)*; 2. cycle racing track
Radschrapper *m* wheel scraper
Radspur *f* **[/tiefeingefahrene]** rut
Radweg *m s.* Radfahrweg
Rähm *m (Hb)* head, head (top) rail, head piece (runner), header joist
Rahmen *m* 1. frame *(z. B. einer Tür)*; framework; timber framing; 2. [braced] box frame *(Fensterkasten)*; 3. structural frame *(Tragrahmen)*; 4. rack *(Gestell)*
~/begrenzt steifer semirigid frame
~/beweglicher movable frame
~/biegesteifer *s.* Portalrahmen
~/ebener planar frame
~/einfacher simple frame
~/einfacher offener U-frame
~/eingespannter fixed frame
~/einhüftiger half frame
~/feststehender stationary frame (base)
~/freitragender cantilever frame
~ für eine einflügelige Schwingtür single-swing frame
~ für Türnamensschild card frame
~/geschweißter starrer welded rigid frame
~/glatter square and flat frame *(Tür)*
~/halbsteifer semirigid frame
~/mehrstöckiger tall building frame *(Gebäudetragwerk)*
~ mit starren Ecken rigidly jointed framework
~ nicht in einer Fläche non-planar frame
~ ohne Aussteifung unbraced frame
~/räumlicher *s.* Rahmentragwerk/räumliches
~/rechteckiger rectangular frame
~/schiefwinkliger skew frame
~/starrer stiff frame
~/statisch bestimmter statically determined frame
~/statisch unbestimmter statically undetermined frame, hyperstatic frame
~/steifer rigid frame
Rahmenbalken *m* frame girder (beam)
Rahmenbau *m s.* Rahmenkonstruktion
Rahmenbauwerk *n* framed (spatial) structure
Rahmenberechnung *f* frame analysis
Rahmendach *n* framed roof
Rahmendeckleiste *f* window [glazing] bar, *(Am)* muntin *(Fenstersprosse)*
Rahmenfenster *n* frame window; guide opening
Rahmenfensterhalter *m* cockspur fastener
Rahmenform *f* frame shape
Rahmenfreiheit *f* edge clearance *(einer Füllung)*
Rahmenfußholz *n* plate
Rahmenfutterbreite *f* bite *(einer Glasauflage)*
Rahmengebäude *n* framed construction (building)
Rahmengelenk *n* frame hinge

Rahmengestalt *f* frame shape
Rahmenglied *n* frame member
Rahmenhalle *f* industrial frame[d] building
Rahmenholm *m* frame side bar
Rahmenholz *n* [head] rail, wale[r], ranger
Rahmenkante *f* **/ sichtbare** margin
Rahmenkonstruktion *f* frame construction
~ mit geringem Feuerwiderstand protected wood-frame construction *(Tür, Fenster)*
rahmenlos frameless
Rahmenpfosten *m* 1. vertical bar *(Tür, Fenster)*; 2. fram[ing] post (leg, column), supporting member
Rahmenprofil *n* frame section (profile)
Rahmenputzleiste *f* plaster ground *(Tür, Fenster)*
Rahmenquerträger *m* framed joist
Rahmenriegel *m* 1. horizontal member; 2. roof girder *(Dach)*
Rahmenschenkel *m* frame leg, clamping batten
Rahmenschiene *f* frame rail; *(Am)* brandrith *(um eine horizontale Öffnung)*
Rahmenstab *m* framed rod, frame (battened) member
~/horizontaler horizontal framed rod (member); girt
Rahmenstatik *f* frame analysis
Rahmensteg *m* **/ sichtbarer** margin
Rahmensteifigkeit *f* frame rigidity
Rahmenstiel *m* [supporting] member, leg
~/eingespannter fitting column
Rahmenstütze *f s.* Rahmenpfosten 2.
Rahmenstützweite *f* frame span
Rahmensystem *n* framing
Rahmenträger *m* open-frame girder
Rahmentragwerk *n* 1. frame load-bearing structure; 2. bent *(zweidimensionales)*
~/ebenes planar frame[work]
~/kinematisch unbestimmtes unstable (deficient) framework (truss)
~/räumliches spatial (space) frame, spatial framed supporting structure
Rahmentür *f* framed (braced) door
~/ausgefachte framed and ledged door
~ mit Füllung panel[l]ed] door
Rahmenweite *f* **/ lichte** inside width of a frame
Rahmenwerk *n* framing, framework; carcass, carcase, fabric *(Tragwerk eines Gebäudes)*
Rahmenwirkung *f* frame action
Rahmenzellendecke *f* framed cellular floor
Rähmstück *n* summer [beam] *(bei Fachwerkwänden)*
Rahmwerk *n* framing, framework
Rammanlage *f* pile-driving plant, piling unit
Rammarbeit *f* pile driving [operations]
Rammarbeiten *fpl* [pile] driving work *(in Ausschreibungen)*
Rammbär *m* 1. ram, pile driver (hammer), piling hammer, drive block; 2. monkey, tup
~/einfachwirkender single-acting hammer
Rammblock *m s.* Rammbär
Rammbock *m* bell-rope hand
Rammbrunnen *m* driven well
Ramme *f* ram[mer]; paving rammer, hand ram *(Straßenbau)*; punner *(für Erdstoffe)*; driving rig; pile[-driving] frame, pile-driving plant *(für Pfähle)*
~/automatisch gesteuerte automatic ram pile driver *(für Pfähle)*
rammen to ram, to tamp *(z. B. Beton und Pflastersteine)*; *(Bod)* to pun; to drive [in], to pile *(Pfähle)*
Rammformel *f (Erdb)* [pile-]driving formula, dynamic pile formula
Rammfrosch *m* frog rammer
Rammgerüst *n* piling frame, pile[-driving] frame
Rammgestell *n* rig
Rammhammer *m* ram hammer, double-acting hammer; pile hammer *(für Pfähle)*
Rammhaube *f* driving (pile) cap, rider cap, cushion head (block), pile helmet, head packing *(Pfahlgründung)*
Rammklotz *m* drive block
Rammpfahl *m* [driven] pile, ram pile; displacement pile
~/hölzerner wood pile
~ in der See marine pile
~/schräger spur pile, batter (brace) pile
Rammpfosten *m* engaged bollard
Rammplan *m* piling plan, plan of piles
Rammponton *m* pile-driving barge
Rammprotokoll *n* driving (penetration) record
Rammschläge *mpl* **per Längeneinheit** blow count
Rammsetzmaß *n* set
Rammsondierung *f* **/ dynamische** dynamic penetration test
Rammträger *m* driving support
Rammträgerverbau *m* beam-type retaining construction *(Stützmauer)*
Rammwiderstand *m* pile-driving resistance *(eines Rammpfahls)*
~/dynamischer dynamic [pile-]driving resistance
Rammwinde *f* pile-driving hoist
Rampe *f* ramp, ascent, slope *(Auffahrt)*; 2. [loading] platform, ramp
~/stufenförmige stepped ramp
Rampenlicht *n* **/ indirektes** indirect footlight *(Theater)*
Rampenturm *m (Arch)* ziggurat *(Tempelturm im babylonisch-assyrischen Raum der Antike)*
Rand *m* edge; rim *(eines runden Gegenstands)*; boundary, margin *(Begrenzung)*; skirt, surround *(Einfassung)*
~/eingespannter restrained edge
~/erhabener cock bead
~/überhängender lip
~/vorspringender shoulder
Randabschlußprofil *n* surround section
Randabschnitt *m* edge section, rand
Randbalken *m* edge beam
Randbedingung *f* marginal (fringe, boundary) condition; end condition

Randbewehrung *f* edge reinforcement
Randbezirk *m* suburb *(Städtebau)*
Randdiele *f* margin strip [of flooring]
Randeinfassung *f* edging, border
Randfalzleiste *f***/ überstehende** welting strip, strip welting
Randfeld *n (Wsb)* tail bay *(Kanal)*
Randfliese *f* border tile
Randform *f* edge form
Randfuge *f* edge joint
Randfutter[blech] *n* lining plate *(Metalltafeldachdeckung)*
Randgebiet *n* 1. fringe area; 2. outskirts *(einer Stadt)*
Randgitterträger *m* edge lattice beam
Randgraben *m* side channel
Randholz *n* margin strip
Randkachel *f* end tile
Randkanal *m* belt canal
Randmoment *n* boundary moment
Randmörtelbett *n* **mit mörtelfreier Kernzone** hollow bed
Randspannung *f (Stat)* edge stress, tension on edge, rim strain, extreme fibre stress
~/radiale radial rim strain
Randstein *m* kerbstone, *(Am)* curbstone, border stone *(eines Gehwegs)*
Randstörung *f (Stat)* edge disturbance (perturbation)
Randstreichbalken *m* tail trimmer
Randstreifen *m* 1. *(Verk)* edge strip, [highway] shoulder, margin[al]strip, verge, side strip, benching *(Straße)*; 2. offset *(Mauer)*
~/befestigter *(Verk)* shoulder [strip]
Randstreifenbefestigung *f (Verk)* shouldering
Randtorsionsmoment *n* fringe torque moment
Randträger *m* edge (boundary) beam, outside beam
Randverzierung *f* edge moulding, edging
Randwertbedingung *f* marginal condition
Randwirkung *f* edge reinforcement
Randwulst *f* fat edge *(Farbanstrich)*
Randziegel *m* barge (verge) course *(Mauerwerk)*
Randzone *f* boundary zone, fringe area
Rang *m* circle, *(Am)* balcony, gallery *(im Theater)*
~/erster dress circle, first gallery
~/höchster gallery
~/zweiter upper circle
Rangierbahnhof *m* marshalling yard, *(Am)* shunting station (yard)
Rangiergleis *n* siding, shunt[ing] track, yard track
Rangsitzreihe *f***/ erste** grand tier *(Theater)*
Ranke *f* scroll *(Ornament)*
Rankenwerk *n (Arch)* scrollwork
~/arabisches Moresque
Rapputz *m s.* Rauhputz
Rasen *m* lawn, grass; [green] sward; turf
~ für Spiele bowling green
Rasenfläche *f***/ ebene** greensward
~/gepflegte lawn
Rasenlage *f* sod
Rasenplatz *m* grass plot, lawn, greens
Rasensode *f* turf[sod]
Rasensprengsystem *n* lawn [turf] spinkler system
Rasentrennstreifen *m* landscape strip
Raspel *f* rasp, grater, riffler *(runde Feile)*; surform tool *(Raspelsäge)*
Raspelfeile *f* rasp file
raspeln to rasp
Raspelsäge *f* surform tool
Raster *m* 1. [modular] grid, planning grid *(Entwurfsraster)*; 2. *s.* Rastermaß
Rasteranordnung *f* grid formation
Rasterdecke *f* grid ceiling
Rastergrundmaß *n s.* Rastermaß
Rasterlage *f* grid position
Rasterlinie *f* grid (modular) line; setting-out line *(Abstecken)*
Rastermaß *n* [structural] module *(Bauraster)*; grid dimension
Rastermaßkonstruktionssystem *n* modular system
Rastermaßsystem *n* modular grid
Rasternetz *n* reference grid, grid plan
Rasterplatte *f* grid plate
Rastersystem *n* grid system
Rasterteilung *f* grid spacing
Raster- und Kragsystem *n* bay-and-cantilever system
Rastfeder *f* stop spring
Rasthebel *m* engaging lever
Rastplatz *m (Verk)* lay-by; picnic area *(an der Autobahn)*; waiting bay, *(Am)* turnout *(Parkplatz an einer Autostraße)*
Rastrahmenleiste *f* sash (window) stop
Raststätte *f* roadhouse, roadside restaurant; service area
Raststift *m* latch (stop) pin
Rastzapfen *m* drop-in pin
Rathaus *n* town hall, *(Am)* city hall
Ratsche *f* ratchet
Ratschenhebel *m* ratchet wrench
Rattenschutzlage *f* rat stop *(Mauerwerk)*
rattern to rattle, to chatter
Rauch *m* smoke
Rauchabzug *m* 1. flue *(bei Öfen und Kaminen)*; 2. smoke extract (outlet) *(zum Abzug von Rauchgasen bei einem Brand)*
Rauchabzugshaube *f* fume hood
Rauchabzugsquerschnitt *m***/ lichter** flueway
Rauchabzugsrohr *n* flue pipe
Rauchabzugsschachtfenster *n* smoke tower window *(Hochhaus)*
Rauchabzugsventilator *m* femerell *(Dachaufbau über Küchen)*
Rauchentwickler *m (San)* smoke rocket, rocket tester *(zur Dichtigkeitsprüfung von Abwasserleitungen)*

Rauchentwicklungsklassifikation *f* smoke development rating *(Baustoffe)*
Rauchentwicklungs-Leitungsprüfer *m s.* Rauchentwickler
Rauchfangkammer *f* smoke chamber
Rauchgaskanal *m* [chimney] flue, smoke (waste-gas) flue
Rauchgasprüfung *f* flue gas test, smoke test
Rauchgasschieber *m* **[/automatischer]** *(HLK)* [smoke] damper, sliding flue damper
Rauchgastür *f* smoke door (hatch)
Rauchkammer *f* smokebox
Rauchkanal *m s.* Rauchgaskanal
Rauchmantel *m* hood
Rauchmelder *m* [automatic] smoke detector
Rauchöffnung *f* **im Dach** louvre
Rauchöffnungsverschluß *m* **/ automatischer** smoke-stop
Rauchrohr *n* 1. chimney flue, flue [tube] *(am Kamin oder Ofen)*; 2. smoke pipe (tube) *(Kesselbauteil)*; 3. vent *(Rauchabzug)*
Rauchrohrkessel *m* fire-tube boiler
Rauchschieber *m* damper, smoke slide valve
Rauchschieberöffnung *f* slide damper opening
Rauchzimmer *m* smoking (smoke) room
rauh rough, coarse *(z. B. Oberflächen)*; rough, rugged *(Gelände, Wege)*; 2. crude *(unbearbeitet)*
• **~ werden** to roughen
Rauhbank *f* trying plane *(Hobel)*
Rauheit *f s.* Rauhigkeit
Rauhfasertapete *f* woodchip (rough-textured) wallpaper
rauhgekratzt dragged
Rauhigkeit *f* roughness, coarseness
Rauhigkeitskoeffizient *m*, **Rauhigkeitszahl** *f* coefficient of roughness
Rauhmaß *n* nominal measure *(Holz)*
Rauhputz *m* 1. rough cast [plaster], rough rendering, rock (pebble, slap) dash; 2. rendering coat *(Unterputzschicht)*
Rauhschalung *f* rough shuttering
Rauhspund *m* tongued and grooved rough boarding
Rauhtexturziegel *m* rustic (texture) brick
Rauhwerden *n (Am)* raveling *(Schwarzdecke)*
Rauhwerk *n* 1. scratch (rendering) coat *(Grobputzschicht)*; 2. basecoat, undercoat, backing *(Unterputzschicht)*
Raum *m* 1. room, space; 2. room *(Zimmer)*; 3. area, region *(Gegend)*
~/bewohnbarer habitable (occupiable) room, room fit to live in
~/dreigeschossiger three decker
~/echofreier anechoic room, free-field room
~ eines Gebäudes für Heizungs- und Klimageräte mechanical equipment room, machinery room
~/explosionsgefährdeter hazardous area
~/feuergeschützter fire area
~/freier vacant (unoccupied) room; free passage
~ für den Tagesaufenthalt morning room
~/gemeinnütziger public space
~/geschlossener closed space
~ in der oberen Etage solar, solarium *(ein der Sonne ausgesetzter Raum in einem alten vornehmen Wohnhaus)*
~/kleiner cubicle *(Nische, Alkoven)*
~ mit gewölbter Decke *(Arch)* camera
~ mit hohem Echopegel live room
~ mit Kanzel three decker *(Konferenzraum, Tagungsraum)*
~/schalltoter dead room
~/temporär bewohnbarer temporary occupiable room
~/toter dead space
~/umbauter enclosed space, enclosure; architectural (building) volume; cubic yardage
~/ungestörter den *(z. B. Arbeitszimmer)*
Raumakustik *f* architectural (room) acoustics
Raumänderungsarbeit *f*, **Raumänderungsenergie** *f* strain energy due to the change of volume
Raumanordnung *f* room layout, floor plan, scheme
Raumaufteilung *f* spacemanship, partitioning of all available space; layout of rooms
Räumbalken *m* squeegee *(Straßendienst)*
Raumbausystem *n* spatial structural system; spatial construction
Raumbedarf *m* 1. space requirement; 2. [required] overall dimensions *(Flächennutzungsplan, Städteplanung)*
Raumbeleuchtung *f* indoor (room) lighting (illumination)
Raumbelüftung *f* **/ künstliche** mechanical ventilation
raumbeständig 1. constant-volume, volumetrically stable *(Baustoffe)*; 2. sound *(Beton)*
Raumbeständigkeit *f* 1. constancy of volume, volume stability *(von Baustoffen)*; 2. soundness *(speziell von Beton)*
Raumbeständigkeitsprüfung *f* soundness test *(Zement)*
Raumdecke *f* ceiling *(Zusammensetzungen s. unter* Decke*)*
Raumdehnung *f* volume strain
Raumdichte *f* volume (volumetric, space) density
Raumdosierung *f* batching by volume
Räume *mpl* **/ einbündig angeordnete** single-depth rooms
Raumeinheit *f* unit of volume (space), space unit
~/temperaturgeregelte [temperature-controlled] zone *(Klimaanlage)*
Raumeinsparung *f* space economy (saving)
Raumeinteilung *f* [interior] partitioning
räumen 1. to [bull]doze *(mittels Planierraupe)*; 2. *(Verk)* to clear *(z. B. Straßen, Gleise)*; *(Wsb)* to dredge, to clean [up]; 3. to vacate, to leave *(Gebäude)*
Räumer *m (Verk)* reamer, scraper

Raumerhitzer *m* space heater
Raumfachwerk *n* space framework, space frame [structure], space structure (truss), three-dimensional framework, grid frame (structure); latticework, lattice plate
~/pyramidenförmiges pyramidal space truss
Raumfeuchte *f* indoor moisture (humidity)
raumfressend space-consuming
Raumfuge *f* expansion joint
Raumfugenband *n* expansion joint waterstop
Raumfugeneinlage *f* expansion joint filler
Raumgestaltung *f* interior decoration (design)
Raumgewinn *m* gain in space
Raumgitter *n* spatial grid
Raumgliederung *f* spatial division *(eines Gebäudes)*
raumgroß room-size[d]
Raumgröße *f* room size
Raumheizgerät *n* room (space) heater, room heating appliance
Raumheizung *f* room (space) heating
Raumheizungsanlage *f* room (space) heating plant, room heating station
raumhoch room-high
Raumhöhe *f* room height
Rauminhalt *m* volume, cubage [cubic] content
Rauminnenmaß *n* net room area
Raumklima *n* interior (indoor, internal) climate
Raumklimaanlage *f* room air conditioner (conditioning system)
Raumklimatisierung *f* room (space) air conditioning
Raumkomposition *f* space (spatial) composition
räumlich 1. spatial, space *(den Raum betreffend)*; 2. three-dimensional, triaxial *(z. B. Spannungszustände)*; 3. stereometric *(Raumgeometrie betreffend)*
~ beengt close-quartered; cramped for space *(Wohnen)*
Räumlichkeit *f* 1. spatiality; three-dimensionality, three-dimensional character; 2. premises *(eines Gebäudes)*
~/akustische *s.* Raumwirkung/akustische
Raumlicht *n* ambient light
Raumluft *f* room (inside) air
Raumlufterhitzer *m* unit heater
Raumluftkanal *m* air flue
Raumlüftung *f* room ventilation
Raummangel *m* lack of space (room)
Raummaß *n* measure of capacity, capacity (volumetric) measure
Raummasse *f* bulk density, B.D.
Raummindesthöhe *f* minimum room height
Raummodell *n* spatial model
~/akustisches acoustical model
Raumnische *f* niche; recess, nook
Raumnutzfläche *f* net room area (space)
Raumordnung *f* regional planning; environmental planing
Raumordnungsverfahren *n* regional planning method
Raumperspektive *f* space perspective
Räumpflug *m* bulldozer
Raumplanung *f* development planning, regional planning
Raumraster *m* space grid
raumsparend space-saving
Raumschall *m* room (surround) sound
Raumschalldämmung *f* room sound insulation
Raumteile *mpl* parts (quantities) by volume *(Dosierung von Baustoffen)*
Raumteiler *m* room divide[r], [room] divison element
~/freistehender office landscape screen *(teilweise mit Schalldämmung)*
Raumteilung *f* partitioning
~/halbhohe dwarf partition[ing]
Raumteilungselement *n s.* Raumteiler
Raumtemperatur *f* room (ambient) temperature
Raumtemperatursteuerung *f* indoor temperature control
Raumtragwerk *n* 1. three-dimensional load-bearing structure, spatial load-bearing system; 2. *(Arch)* geodesic
Raumtragwerkkonstruktion *f* spatial (three-dimensional) construction, space structural system
raumtrennend room-dividing
Raumtrennung *f* space separation *(zum Brandschutz)*
Raumtür *f* room (chamber) door
raumumschließend space-enclosing
Räumung *f* 1. clearing, vacation *(z. B. Gebäude, Wohnungen)*; 2. evacuation *(wegen Gefahr)*; 3. eviction, ejectment *(zwangsweise)* • **auf ~ klagen** to sue for eviction
Räumungserlaß *m* eviction order; closing order
Raumverschwendung *f* waste of space
Raumverteilung *f* layout of rooms
Raumwand *f* room wall
raumwandgroß [room-]wall-sized
raumweise room-by-room
Raumwirkung *f* space effect, three-dimensional effect
~/akustische auditory perspective (ambience)
Raumzelle *f* three-dimensional element (block), modular unit (component)
Raumzellenbauweise *f* modular construction method, module method
Raupe *f* 1. skylight *(liegendes Dachoberlicht)*; 2. *s.* Raupenfahrzeug
Raupenbagger *m* crawler excavator, excavator on caterpillars
Raupenfahrzeug *n* crawler, track[-laying] vehicle, caterpillar [vehicle]
Raupenfertiger *m (Verk)* caterpillar finisher (paver)
Raupenkettentraktor *m s.* Raupenschlepper
Raupenschlepper *m* crawler, crawler[-type] tractor, caterpillar, track-laying [type] tractor

Raupenschürze *f* caterpillar gate
Rauschgelb *n* orpiment [yellow], arsenic (royal) yellow
Raute *f* 1. lozenge, diamond *(dekoratives Element)*; 2. rhombus *(Geometrie)*
Rautenblech *n* diamond plate
Rautendach *n* helm roof
Rautenfachwerk *n* diamond girder, quadrangular truss *(Figur im Fachwerk)*
Rautenfachwerkträger *m* diamond girder
Rautenfensteröffnung *f* lozenge [window]
rautenförmig lozenge-shaped, diamond-shaped
Rautenfries *m (Arch)* lozenge frieze *(romanisches Ornament)*
Rautengewölbe *n* net vault *(Netzrippengewölbe)*
Rautenstab *m* lozenge moulding (fret)
reagieren to react *(auch chemisch)*; to respond
Reaktion *f* **mit den Zuschlagstoffen/basische** alkali-aggregate reaction
Reaktionsbeschleuniger *m* reaction accelerator; hardener, hardening agent *(für Beton)*
Reaktionsfähigkeit *f* reaction capacity (property)
~/basische alkaline reactivity
Reaktionsharz *n* cold-curing resin
Reaktions[komponenten]kleber *m* cold-curing adhesive (bonding agent, cold-setting adhesive (bonding agent)
Reaktionskraft *f* reaction (reactive) force; reaction of constraints
Reaktorabschirmung *f* reactor shield[ing]
Reaktorbeton *m* reactor-shielding concrete
Reaktorgebäude *n* reactor block (building)
Reaktorkuppel *f* reactor cupola
Reaktorschale *f* reactor containment
Reaktorschirmwand *f* reactor shield
Rechen *m* 1. rake; 2. *(Wsb)* screen *(Einlaufrechen)*
Rechenanlage *f* gridwork *(Aufbereitung)*; *(Wsb)* bar rack
Rechenannahme *f* calculation assumption
Rechengröße *f* calculable (computable) value
Rechengrundlage *f* calculation basis
Rechengut *n (Wsb)* screenings, rakings
Rechenhaus *n (Wsb)* screening chamber *(Rechenanlage)*
Rechenklassierer *m* rake classifier
Rechenreiniger *m* screen cleaner (rake)
Rechenverfahren *n* calculation method
rechnergestützt computer-aided
rechnerisch computed, computational
Rechnung *f* 1. calculation *(Berechnung)*; 2. invoice *(Firmenrechnung, Warenrechnung)*; bill; account *(laufende Rechnung)*; *(Am)* check *(schriftliche Kostenforderung)* • **auf eigene ~** on one's own account • **für ~ und Gefahr** for account and risk
Rechteck *n* rectangle
Rechteckbasis *f* quadra *(Säulenplatte)*
Rechteckchor *m (Arch)* rectangular choir
Rechteckfläche *f* 1. rectangular area; 2. *(Arch)* quadrangle, quat *(viereckiger Innenhof, z. B. in einem alten College)*
Rechteckfundament *n (Erdb)* rectangular footing
rechteckig rectangular
Rechteckleiste *f* square staff
Rechteckplatte *f* quarter [panel], rectangular plate (slab)
Rechteckprofil *n* rectangular section (profile)
Rechteckquerschnitt *m* rectangular cross-section
Rechteckrahmen *m* quadra *(z. B. an einem Basrelief)*
Rechtecksäule *f* rectangular column
~/hohle box column *(aus Stahlprofilen geschweißt)*
Rechtecktafeltrennwand *f* quartered partition
Rechteckverzierung *f* quadra
Rechteckwandanker *m* **/ geschlossener** rectangular tie
Rechtsanspruch *m* legal claim (title)
~ auf Landeigentum title to land [ownership]
Rechtsanspruchsüberprüfung *f* **auf Landeigentum** title search
Rechtsnachfolge *f* legal succession
Rechtsnachfolger *m* legal successor, successor in title, assignee
Rechtsziegel *m* right-hand side tile *(Dachziegel)*
Rechtwinkligkeit *f* right angularity, orthogonality
Rechtwinkligschneiden *n* squaring *(von Holz)*
Rednertribüne *f* rostrum, platform; tribune
Reduktionsfaktor *m (Bod)* reduction factor
Reduktionsmaßstab *m* reduction scale
Reduktionsmuffe *f s.* Reduziermuffe
reduzieren to reduce, to lower; to abate *(Spannungen)*
~/auf Grundformen to stylize
Reduziermuffe *f* reducing (withdrawal) sleeve
Reduzierrohr *n* reducing pipe
Reduzierstück *n* reducing coupling (adapter), reducing pipe [fitting], diminishing piece (pipe), increaser *(Rohrverbindung)*
Reduzierventil *n* reducing valve
Referenzpunkt *m* working point *(auf Zeichnungen)*
reflektieren to reflect, to reverberate
reflektierend reflective, reflecting, reverberant
Reflexanstrich *m* **/ farbiger** polychromatic finish
Reflexfarbe *f s.* Reflexionsfarbe
reflexfrei non-reflecting
Reflexglasperle *f* reflective glass bead *(Straße)*
Reflexionsfarbe *f* reflecting [aluminium] paint; reflecting (reflective) [traffic] paint
Reflexionsglas *n* reflecting (heat-reflective, heat-rejecting) glass
Reflexionsisolierung *f* reflective insulation *(Wärme)*
Reflexionsleuchtstoffröhre *f* fluorescent reflector lamp
Reflexionslicht *n* flare (reflective) light
Reflexionslichtquelle *f* secondary light source
Reflexionsvermögen *n* reflection power, reflectivity

Reflexionswinkel *m* angle of reflection, specular angle
Reflexlicht *n* reflected light
Reflexionsmarkierung *f (Verk)* reflective (reflecting) marking
Regal *n* rack; shelf
~/offenes open shelving
Regalbrettbolzen *m***[/verstellbarer]** shelf rest [bolt], shelf support
Regalbretter *npl* shelving
~/verstellbare adjustable shelving
Regalbretthaltebolzen *m* shelf rest bolt, shelf-support
Regalfach *n* pigeon hole *(Briefablage)*
Regal[holz]konsole *f* shelf bracket (console)
Regalstütze *f* shelf bracket
Regaltrageleiste *f* shelf cleat (strip)
Regelabweichung *f* deviation
Regelanlage control system
Regelausführung *f* standard (conventional) design
Regelbreite *f* typical (standard) width
Regelfläche *f* regulus
Regelgrundriß *m* typical [ground] plan
Regelklappe *f* turning vane
Regellast *f* typical load
Regelmäßigkeit *f* regularity
regeln 1. to control; 2. to regulate, to adjust *(z. B. Temperatur)*
Regelprofil *n* typical profile
Regelquerschnitt *m* typical cross-section
Regelspur[weite] *f (Verk)* standard gauge
Regelung *f* 1. control; adjustment; 2. regulation *(von Werten)*
Regelventil *n* 1. control valve; 2. regulating valve
Regelverband *m* typical [masonry] bond, normal [masonry] bond
Regelwürfel *m* typical (normal) test cube *(Betonprüfung)*
Regen... *s. a.* Regenwasser...
Regenablauffläche *f* weathering
Regenabtropfkante *f***/horizontale** larmier
Regenabtropfrinne *f* drip mould[ing], drip throat
Regenabwasser *n* storm sewage
Regenabwasserleitung *f* storm sewer
regenabweisend rain-repelling
Regenabweiser *m* rain (stormwater) repeller
Regencystil *m* Regency[style] *(Stilphase der englischen Architektur, 1790–1830)*
regendicht rainproof, raintight; shower-proof
Regendichtheit *f* rain imperviousness (proofness)
Regenentwässerung *f* storm sewer system
Regenerativheizung *f* regenerative heating
Regenerativluftvorwärmer *m* regenerative-type air preheater
Regenerativofen *m* regnerative furnace
Regenerator *m* regenerator *(Wärme)*
regenerieren to regenerate, to revitalize
Regenfallrohr *n* stack (fall) pipe, downspout, downpipe, *(Am)* conductor
regenfest rainproof, raintight
Regenfleckigkeit *f* rain spottedness *(eines Anstrichs)*
regengeschützt sheltered from rain
Regenkappe *f* rain cap *(Schornstein)*
Regenmesser *m* rain gauge, pluviometer
Regenrinne *f* 1. roof (rainwater) gutter, guttering; 2. drip mould[ing] *(Abtropfrinne)*
Regenrinnen *fpl* rainwater goods
Regenrinnenkasten *m* cistern head, *(Am)* conductor head
Regenrohr *n* rain pipe
Regenschirmschale *f* umbrella shell
Regenschirmschalendach *n* umbrella roof *(s. a.* Schirmdach*)*
regensicher sheltered from rain
Regentropfenornament *n* raindrop figure
Regen- und Abwasserleitung *f***/kombinierte** combined building sewer
Regenundurchlässigkeit *f* rain imperviousness
Regenverdeckleiste *f* eye-brow
Regenwasser *n* 1. rainwater, stormwater; 2. *s.* Regenabwasser
Regenwasser... *s. a.* Regen...
Regenwasserabfluß *m* stormwater run-off
Regenwasserabflußschacht *m* rainwater outlet, gulley, inlet
Regenwasserablenkschiene *f* check fillet *(auf einem Dach)*
Regenwasserauffangbecken *n* **mit Überlauf** contour basin
Regenwasserdrän *m* storm drain, surface water drain
Regenwassereinlauf *m* gutter, riggot
Regenwasserleiste *f* throating, dip throat
Regenwasserleitblech *n* check fillet *(auf einem Dach)*
Regenwasserleitung *f* storm drain, surface water drain; building storm drain
Regenwassersammelbecken *n* rainwater tank; drip sink
Regenwassersammelkasten *m* cesspool, cesspit *(in einer Dachrinnenkonstruktion, von der das Fallrohr abzweigt)*; sump *(Dach, auch im Kellergeschoß)*
Regenwassersammelleitungen *fpl* storm sewer system
Regenwassersammler *m* [building] storm sewer
Regenwasserschacht *m* sump *(Sammelkasten)*
Regenwasserschutzleiste *f* throating
Regenwassersperre *f* rain water barrier
Regenwasserzisterne *f* rain water cistern
Regenziegel *m* imbrex *(konvexer Hohlziegel zum Überdecken einer Fuge zwischen zwei Flachziegeln)*
Regiebau *m* departmental construction
Regierungsgebäude *n* government building (block)
Regional[gebiets]einrichtung *f* regional service facility, regional utility

Regionalplanung *f* regional planning

Regionalversorgungsgebiet *n* regional supply (service) area (zone)

Regionalversorgungsleitung *f* regional supply (service(line

Regionalversorgungsnetz *n* regional service [line] network

Registerrohr *n (HLK)* grid pipe

Regler *m* control unit, controller

Regressions[be]rechnung *f* regression analysis

regulieren to regulate

Regulieröffnungsgrill *m* [air] register *(Klimaanlage)*

Reguliersegment *n* regulation quadrant

Regulierung *f* **des Wasserspiegels** regulation of level

Regulierungsbauwerk *n* headworks

Regulus *m s.* Regelfläche

Reibahle *f* reamer

Reibebrett *n* float, plasterer's (mason's) float, hawk

Reibebrettchen *n* angle paddle

reiben 1. to rub, to polish; 2. to grind *(mahlen)*; to grate *(zerkleinern)*

~/blank to scour

Reiben *n* galling *(gleitender Teile)*

~ in den frischen Anstrich scouring in the wet paint

Reibepfahl *m (Wsb)* fender pile

Reibeputz *m* float finish

Reibeputzoberfläche *f* sand-float finish

Reibestein *m* rub brick, rubbing block *(zur Marmorpolitur)*

Reibholz *n* fender beam, spar fender *(Hafen)*

Reibkorrosion *f* fretting (chafing) corrosion

Reibscheit *n* cross-grained float

Reibschluß *m* [frictional] grip *(Bolzenverbindung)*

Reibung *f* friction

~/innere internal friction

~/statische static friction, stiction

Reibungsabnutzung *f* frictional wear

Reibungsbeiwert *m* wobble coefficient *(Spannbeton)* (*s. a.* Reibungskoeffizient)

Reibungskoeffizient *m* coefficient of friction, friction coefficient

~ der Bewegung coefficient of kinetic friction, kinetic coefficient of friction

Reibungspfahl *m (Erdb)* friction pile

Reibungsscharnier *n* friction hinge *(zur Positionshaltung)*

Reibungsverankerung *f* friction-type anchorage (anchoring), anchorage by friction

Reibungsverbund *m* friction bond

Reibungswiderstand *m* friction[al] resistance, resistance of friction *(Pfahlgründung)*

Reibungswinkel *m* angle of friction

~/innerer angle of internal friction, angle of shearing resistance

Reibungszahl *f s.* Reibungskoeffizient

Reibwirkung *f* friction action *(Pfahlgründung)*

reichen 1. to extend, to stretch, to reach *(sich erstrecken)*; 2. to range *(von ... bis)*

reichlich substantial, large, ample

Reichweite *f* [out]reach; [operational] range; radius

Reihe 1. row, line *(z. B. von Häusern)*; range *(von Säulen)*; 2. *s.* Reihenfolge; 3. series, run *(z. B. von Messungen)*; 4. course *(Ziegellage)*; layer *(Schicht)* • **in ~** seriate

Reihenanordnung *f* seriation

Reihenbau *m* 1. row construction; 2. *s.* Reihenhaus

Reihenbebauung *f* terraced housing; strip building

Reihendusche *f* gang showers

Reihenfolge *f* order, succession, sequence

Reihenform *f* gang mould

Reihenhaus *n* terrace house, group (back-to-back) house, *(Am)* row house

Reihenhäuser *npl* terraced housing

Reihenklosett *n* range closet

Reihenpfahl *m* subsidiary station peg

Reihenpflaster *n* coursed pavement, square dressed pavement, peg-top paving *(Pflasterdecke)*

Reihenpflasterung *f* paving in rows

Reihenverband *m* stack (vertical) bond *(Mauerwerk)*

Reihenwohnungsbau *m* repetitive housing *(standardisierter Wohnungsbau)*

rein 1. clean *(z. B. Oberflächen)*, speckless; 2. pure *(ohne Verunreinigungen)*

reinblasen to purge *(Rohrleitungen säubern)*

Reindichte *f* / **echte** absolute specific gravity

Reinerhaltung *f* conservation *(der Natur)*

Reinertrag *m* net profit[s], proceeds

Reingewicht *n* net weight

Reinhaltung *f* prevention of pollution

~/stilistische stylistic purity, purity of style

reinigen 1. to clean[se] *(z. B. Oberflächen)*; to scour *(putzen)*; 2. to purify *(z. B. Luft, Wasser)*; to clean [up], to treat *(z. B. Abwasser)*; to clarify *(Aufschlämmungen)*; to refine *(Metallschmelzen)*; 3. to open *(verstopfte Rohre)*

Reinigungsbürste *f* cleaning brush

~/wassergetriebene go-devil *(für Rohrleitungen)*

Reinigungsdeckel *m* cleaning (cleanout) plate, inspection cover

Reinigungsdeckelrohr *n* capped pipe

Reinigungsdraht *m* snake, fish tape

Reinigungsfähigkeit *f* cleanability *(eines Farbanstrichs)*

Reinigungsflügel *m* cleaning sash *(eines Fensters)*

Reinigungsöffnung *f* clean[s]ing eye, access eye (hole), inspection junction, rodding eye, *(Am)* cleanout *(Sanitärleitungen)*

Reinigungsöffnungstür *f* cleanout door

Reinigungsrechen *m* screen cleaner

Reinigungsrohr *n* inspection (cleanout) tube

Reinigungsschacht *m* cleaning (inspection) chamber

Reinigungswagen *m* cradle machine *(für Fassaden)*
Reinluftzufuhr *f* clean (purified) air input, purified aeration
Reklameschilder *npl* advertising signs
Reisig *n* brush[wood]
Reisigbündel *n* faggot, bundle of brushwood, hurdle
Reißbrett *n* drawing board, *(Am)* drafting board
Reißbrettzeichnung *f* mechanical drawing
reißen to crack, to fracture *(z. B. Mauerwerk)*; to tear, to break, to snap *(z. B. Seil)*; to check *(Holz)*; to alligator *(Farbanstrich, Asphalt)*; to spring *(aufplatzen)*
Reißen *n* **des plastischen Betons** plastic cracking
Reißfeder *f* drawing (ruling) pen
Reißlast *f* maximum tensile load
Reißnadel *f* scriber; marking tool, point
Reißschiene *f* tee square, T-square
Reißstift *m* scriber
Reißverschlußverkabelungsrohr *n* zippertubing
Reißzeug *n* [set of] drawing instruments, *(Am)* drafting instruments
Reißzwecke *f* drawing pin, *(Am)* thumbtack, thumb pin
Reitersparren *m* dormer rafter
Reitlibelle *f* striding (reversible) level
Reitweg *m* bridle path, riding trail
Reizschwelle *f* threshold of discomfort *(Innenraumklima)*
Reklamevorhang *m* advertisement curtain *(im Theater)*
rekonstruieren to rehabilitate, to redevelop, to refurbish; to reconstruct *(wiederaufbauen)*; to modernize *(Gebäude)*; to re-equip *(mit neuer Technik ausstatten)*
Rekonstruktion *f* rehabilitation, redevelopment; reconstruction *(Wiederaufbau)*; modernization *(von Gebäuden)*
rekultivieren to reclaim, to restore *(Land)*
Rekultivierung *f* [land] restoration, reclamation [of land]
Relais *n (El)* relay
Relaisschaltsystem *n* relay connection (switching) circuit (system)
Relief *n* 1. relief, relievo; 2. embossing *(Prägearbeit)*
~/eingearbeitetes sunk (hollow) relief
~/flaches flat relief
~/halberhabenes bas-relief, bas-taille
~/halbhoch hervorstehendes mezzo-relievo
Reliefarbeiten *fpl* embossing, embossment *(Prägearbeiten)*
Relieffries *m* relief frieze
Reliefgestaltung *f* relief (relieved) work
Reliefkarte *f* relief (hypsometric) map, embossed map
Reliefornamentierung *f* relief (relieved) work
Reliefstele *f* relief stele
Reliquienraum *m* feretory *(in Kirchenbauten)*
Remise *f* cart (carriage) house, outbuilding
Renaissancearchitektur *f* Renaissance architecture
~/italienische 1. Quattrocento architecture *(15. Jahrhundert)*; 2. Cinquecento architecture *(16. Jahrhundert)*
Rennarena *f s.* Radrennbahn 1.
renovieren to renovate, to refurbish; to redecorate
Renovierung *f* renovation, refurbishment; redecoration work; face-lift *(meistens Fassadenanstrich)*
Renovierungsarbeiten *fpl* renovation (redecoration) work
Reparaturwerkstatt *f* 1. [repair] workshop; 2. garage service station *(bes. für Autos)*
reparieren to repair, to mend; to reservice
Repetitionstheodolit *m* repetition (repeating) theodolite
Replastizierbarkeitsprüfung *f* remoulding test *(Beton)*
Replastizieren *n* remoulding *(Beton)*
Repräsentationsbau *m* prestige [type] building
Reproduktion *f* replica; reproduction *(Nachbildung)*
reproduzierbar reproducible *(z. B. eine Zeichnung)*
Reproduzierbarkeit *f* reproducibility *(einer Zeichnung)*
Reservepumpe *f* standby pump
Resonanz *f* resonance
Resonanzeffekt *m*, **Resonanzerscheinung** *f* resonance effect *(Brücke)*
Resonanzerschütterung *f s.* Resonanzschwingung
Resonanzfrequenz *f* resonant frequency
Resonanzkurve *f* resonance curve
Resonanzschwingung *f* resonant (resonance) vibration
Resorzinkleber *m* resorcinol adhesive
Restaurant *n* restaurant
restaurieren to restore; to reconstruct
Restaurierung restoration; reconstruction
Restboden *m* residual soil
Restdehnung *f* remanent elongation
Restdruck *m* residual pressure
Restfeuchte *f* residual humidity
Restfeuchtigkeit *f s.* Restfeuchte
Restrahmenleiste *f* sash stop
Restspannung *f* residual stress
Restverformung *f* residual strain (deformation)
Retabel *n (Arch)* altar screen (piece), retable *(Aufsatz hinter der Mensa des Altars)*
Retrochor *m (Arch)* retro-choir, retro-quire *(Umgang hinter dem Hochaltar englischer Kathedralen der Gotik)*
Reversionslibelle *f (Verm)* reversible level
Revisionszeichnung *f* 1. revise drawing; 2. as-built (as-completed) drawing, acceptance drawing
reziprok reciprocal
Reziprozitätssatz *m (Stat)* reciprocal theorem
Rheologie *f* rheology *(Fließlehre)*
Rheopexie *f* rheopexy *(Fließverfestigung)*

Rheostat *m (El)* rheostat, variable resistance
Rhombendach *n* helm roof
Rhombenfachwerk *n* diamond girder
Rhombenfachwerkträger *m* diamond girder
Rhombenmuster *n* lozenge
Rhombenzierkante *f* lozenge moulding (fret)
Richtauf-Bauweise *f* tilt-up construction
Richtauftafel *f* tilt-up panel
Richtdorn *m s.* Richteisen
Richteisen *n* bending iron
richten 1. to straighten, to flatten *(z. B. Blech)*; 2. to align, to level up, to true, to adjust *(ausrichten)*; 3. to lift up, to raise up, to tilt up *(aufrichten)*; 4. to gag *(Eisenbahnschienen mittels eines Ballhammers)*
~/die Bauflucht to establish lines of direction
~/in die Höhe to lift (raise) up, to tilt up
Richtfest *n* topping-out ceremony, roofing ceremony, roof wetting party
Richtfläche *f* levelling surface
Richtkonus *m* drift plug *(zum Geradestrecken von Weichmetalleitungen)*
Richtkraft *f* directing force
Richtlatte *f* 1. level, floating rule, straight edge[r]; 2. grade strip *(beim Betonieren)*; 3. *(Verm)* guiding rod, measuring staff
~/stadiometrische *(Am)* stadiometric straight edge
Richtlinien *fpl* **/ bautechnische** code of practice *(Bauordnung in England)*
Richtlot *n* plumb bob (line)
Richtmaß *n* nominal measurement, standard [of measure], gauge
Richtmauerwerk *n* lead
Richtpfahl *m* guide (standard) pile
Richtpunkt *m (Verm)* point of reference, fixed datum
Richtscheit *n s.* Richtlatte 1.
Richtschnur *f* plumb (chalk) line
Richtstab *m* drift plug *(zum Geradestrecken von Weichmetalleitungen)*
Richtstollen *m* pilot tunnel
Richtstrecke *f* tunnel heading
Richtung *f* 1. direction; 2. course *(Verlauf z. B. einer Straße)*; 3. *(Arch)* style • **in mehreren Richtungen** polydirectional • **in seitlicher** ~ sideways
~/entgegengesetzte opposite direction
~/freie *(Arch)* Leicester free style
Richtungsabweichung *f* misalignment *(in der Flucht)*
Richtungswinkel *m* bearing *(horizontaler Winkel eines Bezugspunkts zur Achse des Quadranten)*
~ gegen Gitter Nord azimuth
Richtwaage *f* [spirit] level
Riechtest *m* scent test *(Rohrleitungen)*
Ried *n* reed
Rieddach *n* reed roof[ing], thatched roof
Riedgras *n* 1. reed; 2. sedge
Riefe *f* 1. flute *(Vertiefung am Säulenschaft)*; 2. *(Hb)* groove *(z. B. Hohlkehle)*; 3. mark, stria *(Schramme)*
Riefelung *f* fluting *(Kannelierung am Säulenschaft)*
riefen 1. to flute *(den Säulenschaft)*; 2. *(Hb)* to groove; 3. to ridge *(mit Furchen versehen)*
riefig 1. fluted *(mit senkrechten Furchen)*; 2. marked *(mit Schrammen)*
Riefung *f* 1. *(Hb)* grooving; 2. corrugation *(z. B. in Blechen)*
Riegel *m* 1. ledger beam, horizontal member, rail *(Rahmenriegel)*; ribband *(Verbindungsholz)*; nogging piece *(Wandaussteifung)*; cross (horizontal) member, rail *(Zaun, Treppe, Geländer)*; transom *(Fensterquerholz)*; 2. framework rail *(Fachwerk)*; 3. wale[r] *(Grabenverbau)*; 4. [locking] bolt, latch, door rail *(zum Schließen)*; [cross]bar *(Verschlußstange)*
Riegelbrett *n* ledge, ledger board, girt strip
Riegelfachwerk *n*, **Riegelfachwerkwand** *f* framed wall, framed partition [wall]
Riegelholz *n* ledger [beam], runner
Riegelsystem *n* bridging
Riegelzaun *m* rail fence
Riemchen *n* queen closer (closure), soap closer, *(Am)* brick slip; furring brick *(gerillter Ziegelstein)*
Riemchenfußboden *m* inlaid strip floor
Riemchenspaltmaschine *f* split-face machine
Riemen *m* 1. beading, beadwork *(Fußboden)*; 2. *(Arch)* listel *(an Säulen)*
Riemenfußboden *m* inlaid strip floor
Riemenstein *m* furring brick, soap
Rieselfeld *n* irrigation (disposal) field
Rieselfeldabzugsfilter *n* subsurface sand filter
Rieselfeldersystem *n* sewage farming
Rieselkühler *m* trickling filter *(Tropffilter für Klimaanlagen)*
rieseln to trickle *(bes. Flüssigkeiten)*; to run *(z. B. Kalk, Sand)*
Rieselwasser *n* trickling water
Riesenordnung *f* colossal order *(über mehrere Geschosse reichende Säulenordnung)*
Riesenstein *m* megalith
Riffel *m* screed
Riffelblech *n* chequered (channelled) plate, checker plate
Riffeldraht *m* indented wire
Riffeleisen *n s.* Riffelfeile
Riffelfeile *f* riffle file
Riffelglas *n* ribbed (corrugated) glass
Riffelmuster *n* knurling *(gerillte Fläche)*
riffeln to riffle *(furchen mit einer Feile)*; *(Hb)* to groove, to channel *(nuten)*; to flute *(senkrecht furchen)*; to rib *(rippen)*
Riffelstahl *m* fluting steel
Riffelung *f* 1. flute, fluting *(an Säulen)*; corrugation *(z. B. in Blechen)*; knurling, knulling *(Muster auf Metalloberflächen)*; *(Hb)* groove channelling; 2. striation *(Furchenbildung)*

~/kalottenförmige dimpling
Rigole[t] *f* blind drain, drain trench *(Entwässerungsgraben)*
Rigolstein *m* rip-rap stone *(Naturbruchstein)*
Rille *f* 1. flute, cannelure *(Riefelung in Längsrichtung an einer Säule)*, 2. *(Hb)* gain *(Nut)*; 3. indentation *(Einschnitt)*; [wall] chase *(für Rohrleitungen an und in Wänden)*
~/auslaufende stopped flute
~ über dem oberen Säulenschaft stopped flute
rillen *s.* riefen
Rillenfliese *f* grooved tile
Rillen[schlag]oberfläche *f* nicked-bit finish *(Naturstein)*
Rinde *f* bark
Rindenbrett *n* outer board
Rindeneinschluß *m* bark pocket, inbark, ingrown bark
Rindengalle *f* rind gall *(Holz)*
Rindentrenneisen *n* ripping chisel
Rinderstall *m* cattle building (barn), cowshed
Ring *m* 1. ring; circle *(Kreis)*; 2. washer *(Dichtungsring)*; 3. loop, ring, band *(Öse und Schleife)*; 4. ferrule *(Eisenring)*
Ringanalyse *f* interlaboratory study *(Baustoffprüfung)*
Ringanker *m* ring (spandrel) beam, peripheral tie beam
~/umlaufender all-round anchorage
Ringbahn *f* circular railway
Ringbalken *m* ring beam (joist)
Ringbewehrung *f* lateral reinforcement
Ringblockstein *m* compass block
Ringbogen *m* circular arch
Ringbolzen *m* eye bolt, chain dog[s]
Ringdamm *m* encircling dam
Ringdeich *m* encircling dam
ringförmig annular, ring-shaped
Ringgewölbe *n* annular [barrel] vault
Ringgründung *f* circular foundation
Ringkanalsystem *n* perimeter system
Ringkonsole *f* perimeter bracket
Ringkopfnagel *m* ring-shank nail
Ringkörner *m* centre-dot and ring punch
Ringleiste *f* annulet, square and rabbet, shaft ring
Ringleitung *f* 1. ring (circular) main *(Rohrleitung)*; 2. *(El)* loop-line, ring main, loop system, circuit
Ringmauer *f* ring work, enclosing wall *(Verteidigungsmauer um eine Burg)*
Ringpolygon *n* closed traverse
Ringriß *m* ring (shell) shake *(Holz)*
Ringsäule *f* banded column, ringed (rusticated) column
Ringspannung *f* circumferential (hoop) stress *(Spannbeton)*
Ringstraße *f* ring road, *(Am)* belt highway
Ringstück *n*/ **konisches** conical socket
Ringträger *m* ring (circular) beam, ring (circular) girder
Ringverspannung *f* ring strainers
Ringvorspannung *f* circumferential prestressing *(Spannbeton)*
Ringziegel *m* compass brick
Ringzugspannung *f* hoop tension
Rinnbahn *f* racecourse *(Rennbahn)*
Rinne *f* 1. hollow, groove *(Hohlkehle)*; furrow *(Furche)*; 2. gutter, gully, drain, launder *(zur Entwässerung)*; gorge *(Wasserablaufnase)*; trench *(Graben)*; 3. chute *(Schurre)*; 4. race channel *(für Leitungen)*; [wall] chase *(für Rohrleitungen an und in Wänden)*; 5. *s.* Rille 1.
~/gepflasterte paved gutter
Rinnenbalken *m* valley beam *(Dach)*
Rinnenbalkenträger *m* valley beam *(Dach)*
Rinnenboden *m* end filler
Rinneneisen *n* gutter support (hanger)
Rinnenhaken *m* gutter hook (support)
Rinnenkessel *m* cistern head, rainwater gutter
Rinnenstutzen *m* gutter outlet
Rinnenträger *m* gutter bearer, valley beam *(Dach)*
Rinnenziegel *m* concave tile
Rinnleiste *f (Arch)* cyma, cima, sima *(Dekorationsleiste)*
Rinnstein *m* 1. gutter [channel], gutter sett (stone), road channel (bump); 2. curb[stone], *(Am)* kerb[stone] *(Bordstein)*
Rippe *f* rib, web *(zur Versteifung)*; groin, lierne [rib] *(eines Gewölbes)*; stem *(Balken)*; rib, gill, fin *(z. B. eines Heizkörpers)* • **mit Rippen** groined
~/gotische lierne [rib]
rippen to fin; to corrugate *(z. B. Bleche mit Wellen versehen)*
Rippen *fpl* **eines Gewölbes/gebogene** pendentive cradling *(als Putzunterstützung)*
Rippenbalken *m* T-ribbed beam
Rippenbogen *m* ribbed arch
Rippenbogensegment *n* cell
Rippendecke *f* ribbed floor (slab); beam-and-slab floor, slab and joist floor; slab and girder floor *(Beton)*
Rippenfurche *f* ridge
Rippengewölbe *n* ribbed vault
Rippenheizkörper *m* gilled (ribbed) radiator, gilled heater, fin-type radiator
Rippenkreuzgewölbe *n* rib-groined vault
Rippenleiste *f* rib lath
Rippenplatte *f* ribbed slab; ribbed panel *(Wandtafel)*
Rippenplatten[decken]bauweise *f* pan construction *(Fertigteilbauweise)*; rib[bed] floor slab construction *(Ortbetonbauweise)*
Rippenmuster *n* reed
Rippenrohr *n* ribbed (gilled, finned) tube, finned pipe
~ mit Querrippen transversely ribbed tube
Rippenschnittpunkt *m* rib intersection
Rippenstahl *m* deformed (high-bond) bar, ribbed steel [bar], ribbed (grip) bar *(Bewehrung)*

Rippenstahlbewehrung *f* deformed reinforcement
Rippentafel *f***/ dünnschalige** thin-shell rib panel
Rippenteilung *f* pitch of fins
Rippenträger *m* ribbed girder
Rippenversteifung *f* ribbing
Rippenwerk *n* meshes *(Netzgewölbe)*
rippig groined *(Gewölbe)*
Rippung *f***/ ausgekehlte** ribbed fluting
Riß *m* 1. crack, chink *(z. B. im Mauerwerk)*; break, breakage, fracture *(Bruch)*; cleavage *(bes. in Gestein)*; break; shake *(im Holz)*; rima, cleft *(langer schmaler Spalt)*; honeycomb *(wabenförmiger Riß z. B. im Gußblock)*; fissure *(tektonisch)*; interstice *(Zwischenraum, Sprung z. B. in einer Wand)*; 2. drawing, *(Am)* draft *(Zeichnung)*; elevation *(Aufriß)*; view, projection *(Ansicht)*
~/durchgehender through check (shake) *(Holzbalken)*
~/laufender running crack
~/teilweise durchgehender partial-thickness crack, part-through crack
~ zwischen Nietlöchern seam rip
Rißabstand *m* crack spacing (interval)
Rißanfang *m* crack starter
Rißausbreitung *f* crack propagation
Rißbeobachtung *f* crack control *(Brücke, Tragwerk)*
Rißbewehrung *f* anticrack (crack-control) reinforcement
Rißbildung *f* crack formation, cracking; alligatoring, shelling *(z. B. in Anstrichen)*; alligatoring *(einer Asphaltoberfläche)*; crawling *(Oberflächenglasurfehler bei Fliesen)*; crazing *(in Keramik)*
~/feine map cracking
~/frühzeitige early-stage cracking
~ von Anstrichen/V-förmige crowsfooting
~/wabenförmige honeycombing
~/wilde random cracking
~/zentrische cratering *(Anstrich)*
Rißbildungsgrenzzustand *m* cracking limit state, limit state of cracking
Rißbreite *f* crack width, width of [the] cracks
Rißbreitenbeschränkung *f (Stat)* crack width limitation
Rißbreitenmesser *m* crack[-measuring] gauge
Rißbildungszustand *m* state of cracking
Rißdichtung *f* sealing of cracks
Rissebeschränkung *f* limitation of cracks
Rißfestigkeit *f* resistance to cracking, cracking strength
Rißfleck *m* turtleback *(Putz)*
Rißfüllstoff *m* chinking
Rißgefahr *f* cracking risk
rissig cracked, split, chinky; gaped *(Mauerwerk)* • **~ werden** to crack, to chap, to split
Rißlackierung *f* crocodiling
Rißlinie *f* line of slide, scribed line
Rißneigung *f* tendency to crack[ing]
Rißprüfung *f* crack detection
Rißschließung *f***/ natürliche** autogenous healing
Rißschutzbeschichtung *f* anticrack coating
Rißschutz[stahl]einlagen *fpl* anticrack reinforcement
rißsicher crack-proof
Rißsicherheit *f* safety against cracking
Rißüberbrückung *f* crack bridging
Riß- und Blasenbildung *f* cissing, sissing *(z. B. in Farbanstrichen)*
Rißverfahren *n* projection method
Rißverhütung avoidance of cracking
Rißversiegelung *f* crack sealing
Rißzustand *m* **I** cracking in the calculated limits
Rißzustand *m* **II** cracked state *(Stahlbeton)*
Ritterdach *n* high-pitched roof, crown-tile roof
Rittergutshaus *n* manor house
ritzbeständig scratchproof, scratch-resistant *(Fliese, Marmor)*
Ritze *f* chink *(z. B. in der Wand)*; crevice; seam *(z. B. zwischen Platten)* • **eine ~ abdichten** to stop up a chink *(in der Wand)* • **Ritzen verschmieren (zuschmieren)** to fill in chinks, to chink
ritzen to scratch *(kratzen)*; to carve, to cut
ritzfest *s.* ritzbeständig
Ritzhärte *f* scratch hardness, resistance to scratching
Ritzhärteprüfer *m* sclerometer
Ritz[härte]prüfung *f* scratch test
Ritzversuch *m* scratch test
robust sturdy, rugged
Robustheit *f* sturdiness, ruggedness
Rockwellhärte *f* Rockwell hardness, R.H.
Rödeldraht *m* [twisted] tie wire, binding (lashing) wire *(Bewehrung)*; annealed [iron] wire
rödeln to tie, to lash *(Bewehrung)*
Rödelung *f* binding, tying *(Bewehrung)*
roden to clear, to stub; to uproot, to grub *(Wurzeln und Baumstümpfe entfernen)*
Roden *n* clearing; grubbing
Rodetraktor *m* tree-dozer
roh 1. crude, raw, untreated *(z. B. Material)*; 2. unpainted *(z. B. Holz)*; uncoated; unplastered *(Mauer)*; 3. dry *(Straßenbaugestein ohne Bindemittel)*
Rohabwasser *n* raw waste-water, raw untreated sewage, crude waste
Rohasphalt *m* raw asphalt
Rohbau *m* carcass, carcassing, shell, fabric
Rohbauarbeiten *fpl* 1. carcassing, carcass (fabric) work; shell work *(Kanada)*; 2. exterior work *(Arbeiten an der Bauhülle)*; rough work
robaufertig structurally complete, topped-out
Rohbaufertigstellung *f* carcassing
Rohbaumaß *n* work measurement, dimension in unfinished state
Rohbauöffnung *f* buck (rough) opening
Rohbauöffnungsweite *f* buck opening

Rohbaurahmen *m* subcasing, subframe, rough buck, subbuck
Rohbauskelett *n* skeleton, shell
Rohbearbeitung *f* skiffling *(von Stein)*
Rohbehauen *n* pick dressing *(von Stein)*
Rohblock *m* [raw] ingot *(Gußlack)*
Rohboden *m* raw soil
Rohdachpappe *f* roofing-base paper, dry felt, roofing felt base
Rohdichte *f* apparent density (specific gravity), range in density; bulk density *(von Holz)*
Rohfilzpappe *f* dry (untarred roofing) felt
Rohfliese *f* body [of a tile]
Rohgestein *n* crude rock
Rohgewicht *n s.* Rohwichte
Rohholz *n*/ **geschnittenes** undressed timber, *(Am)* undressed (rough) lumber
Rohholzbalken *m* dull-edged beam
Rohling *m* blank, rough casting, green block
Rohmassebrennen *n* burning of raw material
Rohmaß-Endmaß-Abstand *m* setting space
Rohplanieren *n* rough grading
Rohplanum *n* rough grading
Rohputz *m* rough cast, coarse plaster
Rohr *n* 1. tube, pipe; 2. canal *(Kanal)*; 3. conduit *(z. B. für elektrische Leitungen)*; duct *(z. B. für Lüftung)*; 4. reed, cane *(pflanzlicher Baustoff)*
~/durchlöchertes perforated pipe
~/eingewalztes expanded tube
~/gabelförmiges bifurcated pipe
~/gekehltes channelled tube
~/gekröpftes saddle bend, S-bend
~/gewalztes rolled tube
~/gewindeloses threadless pipe
~/gezogenes drawn tube
~/halbstarres semi-rigid tube
~/längsgeschweißtes welded tube
~ mit Außenrippen externally ribbed tube
~ mit einer Muffe single-hub pipe
~ mit konstanter Bohrung und Wanddicke barrel
~/nahtloses seamless (weldless) pipe (tube)
~/nichtgenormtes junk pipe
~/stehendes stationary tube
~/trichterförmiges funnelled tube
~/verstopftes choked (blocked) pipe, clogged-up pipe
~/verzinktes galvanized pipe
~/wärmeisoliertes lagged pipe
~/wasserdurchlässiges porous pipe
Rohrabschneider *m* pipe cutter
Rohrabschnitt *m* pipe section
Rohranbindung *f*/ **gebogene** swing (swivel) joint *(Bewegungsmöglichkeit)*
Rohranschluß *m*/ **gewinkelter** *s.* Rohranbindung/gebogene
Rohraufhängung *f* pipe bracket (hook)
Rohrauflage *f* pipe bracket
Rohrausdehnungsstoß *m* pipe expansion joint
Rohrbefestigung *f* pipe fixing
Rohrbelüfter *m* antisiphonage device, puff pipe
Rohrbiegemaschine *f* pipe bender
Rohrbieger *m s.* Rohrbiegezange
Rohrbiegezange *f* conduit-bender, *(Am)* hickey
Rohrboden *m* header plate
~ mit Befestigungsösen strapped elbow
~ mit großem Radius long-radius elbow
Rohrbohrer *m* tap borer *(für Bleirohre)*
Rohrbolzenschloß *n* tubular lock
Rohrbruch *m* pipe burst
Rohrbrücke *f* pipe bridge
Rohrbrunnen *m* artesian well
Rohrbündel *n* tube nest
Rohrdach *n* reed roof
Rohrdachdeckung *f* reed roof[ing], reed thatch[ing]
Rohrdämmschale *f* pipe insulating section
Rohrdämmung *f* pipe insulation
Rohrdehnungsstoß *m* pipe expansion joint
Rohrdichtung *f* pipe gasket
Rohrdrän *m* pipe drain
Rohrdübel *m* tube connector *(Holzverbindung)*
Rohrdurchführungsdichtung *f* lead sleeve, lead slate, copper slate *(Dach)*
Rohrdurchlaß *m* pipe culvert
Röhre *f* tube, pipe *(s. a.* Rohr*)*
~/gemauerte brick culvert pipe
Röhrenanlage *f*/ **nahtlose** seamless tubing
Röhrenbohrer *m* core drill
Rohrende *n* **für Steckverbindungen** spigot
~/totes dead end
Röhrenlampe *f* tube (tubular) lamp; festoon lamp (bulb) *(Soffitenlampe)*
Röhrenlibelle *f* spirit-air level
Röhrenpfahl *m* pipe pile
Röhrentour *f*/ **zementierte** cemented casing
Röhrenventilator *m* tubeaxial fan *(Klimaanlage)*
Rohrfitting *n* plumbing fitting
Rohrflechtrute *f* withe *(Strohdach)*
Rohrformstück *n* pipe fitting
Rohrführung *f* pipe-run, *(Am)* piperun
Rohrfuß *m*/ **geschweißter** welded base
Rohrgeflecht *n* lath *(als Putzträger)*
Rohrgerippe *n* barrel (tubular) skeleton
Rohrgewebe *n* reed lath[ing] *(Putzträger)*
Rohrgewinde *n* pipe (taper) thread
Rohrgittermast *m* tubular lattice pole
Rohrgraben *m* pipe trench (chase)
Rohrgrabenaussteifkasten *m*/ **beweglicher** trench box
Rohrhalter *m* **an einer Rohrverbindung/fester** tap ear (lug), *(Am)* faucet ear
Rohrinnenmaß *n* inside pipe size
Rohrisolationsmantel *m* pipe covering
Rohrisolierfilz *m* lining felt
Rohrisolierung *f* pipe insulation, pipe lagging (lag)
Rohrkanal *m* pipe duct; pipe trench *(erdverlegt)*
Rohrkanalelement *n*/ **vorgefertigtes** prefabricated pipe conduit system

Rohrkanalschalldämpfer *m* packaged [pipe] attenuator
Rohrkitt *m* pipe cement
Rohrknie *n* elbow, spring [bend]
Rohrkrümmer *m* pipe bend, ell; quadrant-pipe *(im rechten Winkel)*
Rohrkrümmung *f* bent tube, pipe offset
Rohrlauf *m* pipe run
Rohrleger *m* pipe fitter, pipe-layer; plumber *(Installateur)*
Rohrleitung *f* 1. tubing, piping; pipeline; 2. conduit *(für elektrische Leitungen)*
~/erdverlegte underground piping
~/verlegte buried pipework
Rohrleitungsanlage *f* mains, pipeline system
Rohrleitungsfitting *n* water-pipe fittings
Rohrleitungsgehäuse *n* pipe housing
Rohrleitungsheizung *f* pipeline heater
Rohrleitungsinstallation *f* pipe fitting
Rohrleitungsisolierung *f* pipe insulation (lagging), tubular insulation
Rohrleitungskonsole *f* pipe hook
Rohrleitungslänge *f* developed [pipework] length *(in der Achse gemessen)*
Rohrleitungsnetz *n* pipework, pipe network (system), ducting; mains *(Versorgungsnetz)*
Rohrleitungsquerschnitt *m* pipe [cross-]section
Rohrleitungssystem *n* pipe system; plumbing [system]
Rohrleitungstrasse *f* pipeline route
Rohrleitungsverlegung *f s.* Rohrverlegung
Rohrleitungszubehör *n* conduit fittings
Rohrmast *m* tubular (tube) mast
Rohrmaterial *n* 1. pipe material; 2. reed [lathing] material *(Putzträger)*; reed roof[ing] material, thatch[ing] material *(Dach)*
Rohrmatte *f* cane mat; reed mat *(Schilfmatte)*
Rohrmuffe *f* pipe (connecting) sleeve; blown joint *(hergestellt mit der Lötlampe)*
~ mit Spiel expansion sleeve
Rohrnagel *n* nail for reed *(für Dacheindeckungen)*
Rohrnenngröße *f* nominal pipe size
Rohrnetz *n s.* Rohrleitungsnetz
Rohrpfahl *m (Erdb)* tube (tubular) pile
Rohrpfeiler *m* **mit Verbindungsstreben** tubular post complete with railings
Rohrplan *m* piping plan
Rohrplatte *f* reed board *(Dachdeckung)*
Rohrpost *f* pneumatic dispatch[ing] system, pneumatic tube system
Rohrpostanlage *f* pneumatic tube plant
Rohrpostkanal *m* rabbit channel
Rohrpresse *f* tube extruding press; press for pipes
Rohrrahmen *m* tubular (tube) frame
Rohrreduzierstück *n* pipe reducer
Rohrreinigung *f* pipe cleaning; rodding *(mit Stangen)*
Rohrreinigungsrute *f/* **gebogene** bent ferrule
Rohrriegel *m* **des Windverbands** tubular cross bar of lateral bracing
Rohrsattel *m* pipe saddle (hanger)
Rohrschacht *m* pipe shaft (trench) *(Graben)*
Rohrschalldämpfer *m* packaged attenuator
Rohrschelle *f* pipe clip (clamp, hanger); pipe bracket
~ an der Wand wall clamp
Rohrschneider *m* pipe (tubing) cutter
Rohrschraube *f* black bolt
Rohrschutzwulstring *m* flashing ring *(Durchführungsschutz)*
Rohrschweißverbindung *f* welded pipe joint
Rohrskelett *n* tubular (barrel) skeleton
Rohrsonde *f* drivepipe; sampling spoon
Rohrsteckverbindung *f* spigot[-and-socket] joint
Rohrstopfen *m* pipe plug
Rohrstrang *m* tubing, pipe string
Rohrstrebe *f* tubular strut
Rohrstütze *f* tubular prop, pipe column
Rohrstutzen *m* pipe socket
Rohrsystem *n/* **geschweißtes** welded pipe system
~/offenes open pipe system
~/senkrechtes stack [pipe system]
Rohrummantelung *f* pipe covering
Rohrung *f* reed mat
Rohrunterbrecher *m (Am)* vacuum breaker, back siphonage preventer
Rohrventil *n/* **automatisches** self-closing valve
Rohrventilator *m (Am)* vaneaxial fan *(Klimaanlage)*
Rohrverbindung *f* pipe connection; tube joint; blown joint *(hergestellt mit der Lötlampe)*
~/aufgesattelte saddle fitting, service clamp
Rohrverbindungsstück *n* fitting
Rohrverengung *f* [pipe] restriction
Rohrverlegung *f* piping[-up], laying of pipes, pipe laying; pipe installation
~/unterirdische underground piping
Rohrverschluß *m* tube end plug
Rohrverschraubung *f* bolted pipe joint (connection), threaded (screwed) pipe union, tube fitting
Rohrverteiler *m* [pipe] manifold
Rohrverwindung *f/* **doppelte** double offset
Rohrverzweigung *f* pipe branching; pipe crotch; wye
Rohrverzweigungskasten *m* [pipe] compartment box
Rohrverzweigungsleitung *f* [pipe] manifold
Rohrwand *f* tube wall (plate); header plate
Rohrweiter *m* tampion *(Bleirohrverlegung)*
Rohrwinkelstück *n/* **unterstütztes** [pipe] rest bend
Rohrzange *f* pipe tongs, alligator wrench; gas[-pipe] wrench
Rohschnittholz *n* unwrought (unwrot) timber, *(Am)* undressed (rough) lumber
Rohskizze *f* esquisse
Rohsplitt *m* uncoated chips
Rohstahl *m* crude (raw) steel

Rohstoff *m* raw material
Rohteer *m* crude tar
Rohwasser *n* untreated (raw) water
Rohwichte *f* apparent specific gravity
Rohzink *n* raw zinc, spelter
Rohzuschlagstoffe *mpl* all-in aggregate
Rokoko *n* Rococo
Rokokoarchitektur *f* Rococo architecture
Rolladen *m* roller blind (shutter), slatted roller blind, rolling shutters; roll-up door
Rolladen... *s. a.* Jalousie...
Rolladenaussparung *f* back flap (shutter, fold)
Rolladenbedienungseinrichtung *f* shutter operator (worker) *(innen)*
Rolladenkasten *m* shutter box
Rolladentor *n*, **Rolladentür** *f* rolling shutter [door], rolling shutters, roller (roll-up) door
Rollbahn *f* runway, landing field *(Flugplatz)*
Rollbahnstraße *f* flagged roadway
Rollbrücke *f* roller bridge; 1. roll[er], pulley, gin block *(an einer Bauwinde)*; 2. cartouche *(Ornament)*
~/lose running (floating) block *(eines Flaschenzugs)*
Rolleneisen *n* ripping chisel
Rollenfries *m* roll billet [frieze]
Rollenlager *n* roller bearing
Rollenlagerwalzen *fpl* expansion rollers *(an beweglichen Brückenauflagern)*
Rollenlaufwerk *n* ball roller
Rollennahtschweißen *n* line welding
Rollentor *n* rolling [slatted] shutter door
Rollentürschnapper *m* single-roller catch
Rollfeld *n* runway airfield, aerodrome
Rollgehweg *m* moving walk, passenger (pedestrian) conveyor, *(Am)* travolator
Rollgerüst *n* mobile (rolling) scaffold
Rolljalousie *f* roller jalousie
Rollklappbrücke *f* roller bascule bridge
Rollkurve *f*/ **zyklische** cycloidal curve
Rollo *n* roller blind; dark blind *(zum Verdunkeln)*
Rollpinsel *m* roller [brush]
Rollprägeputzleiste *f* run moulding
Rollreibungszahl *f* coefficient of rolling friction
Rollsand *m* round sand
Rollschar *f* 1. rowlock, rolock, rolok *(Ziegelschicht zur Mauerabdeckung)*; 2. *s.* Rollschicht
Rollschicht *f* brick-on-edge course, course of bricks laid on edge, upright course of bricks, edge (barge, verge) course *(Mauerwerk)*
Rollschuhbahn[anlage] *f* roller-skating rink
Rollsteig *m s.* Rollgehweg
Rollstein *m* boulder [stone]
Rollstreichen *n* roller coating *(Farbanstrich)*
Rolltor *n* rolling shutter, roll-up door
Rolltrennwand *f* rolling partition wall
Rolltreppe *f* escalator, moving stair[case], moving stairway
Rolltreppenantrieb *m* escalator driving machine
Rolltreppenförderhöhe *f* travel [of an escalator]
Rolltür *f* roller (sliding) door, roll-up door
Rollvorhang *m* roller blind
Rollwerk *n (Arch)* cartouche, scrollwork *(Ornament der Renaissance)*
Romanik *f* Romanesque style (architecture)
romanisch Romanesque
Romankalk *m* Roman (Parker's) cement, natural cement
Romanzement *m s.* Romankalk
römisch *(Arch)* Roman
Rondell *n* 1. *(Arch)* round tower; 2. circular flowerbed
Röntgenanlage *f* X-ray unit
Röntgenprüfung *f* radiographic testing, X-ray examination, X-ray test *(Metall, Beton)*
Röntgenschutzbeton *m* X-ray protective concrete, concrete for X-ray rooms
Röntgenstrahlenschutzbeton *m s.* Röntgenschutzbeton
Röntgenuntersuchung *f s.* Röntgenprüfung
Rose *f s.* Rosenfenster
Rosenfenster *n* rose window; wheel window, marigold (Catherine-wheel) window
Rosenholz *n* rosewood
~/brasilianisches palisander
Rosenmuster *n* rose pattern
Rosenzierkante *f* rose moulding
Rosette *f* 1. rosette, patera; rose, rosace; 2. *s.* Rosenfenster
Rosettenfenster *n* rose window
Rost *m* 1. rust, scale, stain *(Korrosionsprodukt)*; 2. grate, grille, gridiron, screen *(Trägerrost)*
~/amerikanischer American foundation platform *(Gründung)*
~/gerippter serrated grating
Rostbalken *m* grillage (grid) beam
rostbeständig rustproof, rust-resistant, resistant to rust[ing], stainless, antirust
Rostbeständigkeit *f* resistance to rust
Rostbildung *f* rust formation
Rostdecke *f*/ **hölzerne** *(Erdb)* timber platform
Rosteinwirkung *f* rust action (formation)
rostempfindlich liable to rust
rosten to rust, to corrode
rostentfernend rust-removing
Rostentfernungsmittel *n* rust-removing agent, derusting agent
Rostentfernungsöffnung *f* rust pocket *(Rohrleitung)*
rostfarben ferruginous
rostfrei non-rusting, rust-resisting, antirust, stainless
Rostfundament *n* grillage, grillage footing (foundation); grating *(Balkenrostfundament)*
Rostfußboden *m* lath floor
Rostgefahr *f* risk of rusting
Rostgrad *m* degree of rusting
rosthemmend *s.* rostträge
rostig rusty

Rostkitt *m* iron (rust) cement
Rostkittdichtung *f* rust joint
Rostkonstruktionssystem *n* grid construction
Rostmaterial *n* grillwork
Rostpfahl *m* grill foundation pile, bearing pile
Rostschaden *m* rust damage
Rostschicht *f* rust layer
~/dünne rust film
Rostschutz *m* rust protection (prevention, inhibition)
Rostschutzanstrich *m* antirust coat, rust-preventing coating
rostschützend rust-preventing
Rostschutzfarbe *f* anti-rust (rust-inhibiting) paint, rust protection paint
Rostschutzgrundiermittel *n* rust primer
Rostschutzmittel *n* rust-preventing agent, rust preventive [agent]
Rostschutzpigment *n* inhibiting pigment *(Farbe)*
Rostschutzüberzug *m* antirust coat
Rostschwelle *f* sill, grating beam; mudsill
Roststab *m* grate bar (rod), bearing bar; grizzly [bar] *(Bergbau)*
Rostsystem *n* grid construction
rostträge rust-inhibiting
Rosttragewirkung *f* grid action
Rosttreppe *f* grate step
Rostumwandler *m* rust-converting primer
Rostverbindung *f* rust joint
Rostwalze *f* grid roller
Rostwerk *n* raft [foundation]
Rostwirkung *f s.* 1. Rosteinwirkung; 2. Rosttragewirkung
Rotarybohrmeißel *m* rotary drill
Rotation *f* 1. rotation, revolution; 2. curl *(Wasserströmung)*
Rotationsparaboloid *n* rotational paraboloid
Rotationsschale *f* rotational shell, shell of rotational symmetry
rotationssymmetrisch rotationally symmetric
Rotationsviskosimeter *n* rotational (torque) viscometer
Rotbuche *f* [European] beech
Rotbuchenholz *n* red beech [wood]
Rotholz *n* redwood
Rotocker *m* red ochre, *(Am)* red ocher
Rotunde *f* rotunda
Rotte *f* gang [of workmen] *(Kolonne)*
Rotzedernholz *n* red cedar, western (Pacific) red cedar *(von Juniperus virginiana), (Am)* thuja, thuya
Rouleau *n s.* Rollo
Rowdytum *n* vandalism
Rückansicht *f* rear (back) view; backfaçade
Rückbiegen *n* rebending
Rückbiegeprüfung *f* rebending test
Rückblick *m (Verm)* backsight, plus sight
rücken to move, to jack, to push along
~/Gleise to shift tracks
Rücken *m* 1. back *(Sparren, Dach, Querträger)*; 2. ridge *(Bergrücken)*
Rückenlehne *f* back *(Stuhllehne)*
Rückenlinie *f* **eines Gewölbes** extrados of a vault
Rücken[träger]schicht *f* backup
Rückerstattungsbetrag *m* reimbursable expenses *(zusätzlich zur Bauvertragssumme)*
Rückfluß *m* backflow
Rückflußleitungssystem *n* backflow connection [system]
Rückflußrohr *n* return pipe
Rückflußschieber *m* backwater (backflow) valve
Rückflußschutzklappe *f* swing check valve
Rückflußschutzventil *n* backflow preventer, siphon breaker
Rückflußsicherung *f s.* Rückflußschutzventil
Rückflußsystem *n***/direktes** *(HLK)* direct return system
Rückflußventil *n s.* Rückflußschutzventil
Rückfluten *n* backflow
Rückfuge *f***/ glatte** backjoint
Rückgang *m* drop, lowering
Rückgewinnung *f* recycling *(z. B. von Baustoffen)*
Rückhaltebecken *n* retention basin (reservoir), water reservoir
Rückhaltedamm *m***/ geschlossener** surrounding embankment
Rückhalteträger *m* hold-back carrier
Rückholfischband *n* spring hinge *(Tür)*
Rückkopplungsheizung *f* regenerative heating
Rücklage *f* backlayer, backup; substrate, underlay
Rücklagenwand *f* retention wall
Rücklauf *m* return *(Leitungen)*; return [flow] *(Heizung)*
Rücklaufleitung *f* return pipe
Rücklaufleitungen *fpl* return mains (pipes) *(Heizung)*
Rücklauflufteintritt *m* return-air intake
Rücklaufrohr *n* return tube (pipe), drop *(Heizung)*
Rücklaufventil *n* reflux valve
Rückleiste *f* back ledge
Rückluft *f* return air
Rücklufteintritt *m* return-air intake
Rückluftsystem *n* return system *(Klimaanlage)*
Rückprall *m* rebound; pile bounce *(Pfahlgründung)*
Rückprallbeton *m* rebound [concrete] *(Torkretieren)*
rückprallen to bounce, to rebound
Rückprallhammer *m* rebound tester, scleroscope *(Betonprüfhammer)*
Rücksatz *m* break joint, breaking of the joint
Rücksatzentfernung *f* set-back
Rückschlagklappe *f s.* Rückschlagventil
Rückschlagventil *n* check valve, non-return valve
Rückseite *f* backfaçade, rear back *(Gebäude)*
Rücksicht *f (Verm)* backsight, plus sight
Rücksprung *m* recess *(Aussparung in der Wand)*; offset *(Mauerwerk)*

Rückstand *m* residue *(Bodensatz)*; tailings *(Abfall, Abgang)*
Rückstandsasphalt *m* residual asphalt
Rückstaudamm *m* flood dam
rückstauen to dam up
Rückstauvolumen *n* backwater storage
Rückstauwasser *n* backwater
Rückverformungsvermögen *n* **/ elastisches** resilience
Rückversatz *m* offset *(Mauerwerk)*
Rückwand *f* rear (back) wall, back *(Gebäude)*; splashback *(Spritzwand z. B. an Handwaschbecken)*
Rückwandtür *f* rear door
Rückwärtsaufreißer *m* back ripper
Rückwirkung *f* interaction
Ruhedruck *m* pressure at rest
Ruhedruckbeiwert *m (Erdb)* coefficient of earth pressure at rest
Ruhelage *f* equilibrium
ruhen auf to rest on
ruhend *(Stat)* static; dead *(Last)*
Ruhepunkt *m* repose; dead centre
Ruhereibung *f* static friction, stiction
Ruhezustand *m* passive (stationary) state, state of rest
Rührapparat *m* agitator, stirrer
rühren to agitate, to stir, to move
Rühren *n* agitation *(zur Vermeidung von Entmischung)*
Rührgeschwindigkeit *f* agitating speed
Rührstab *m* puddling rod
Rührstange *f* rabble, rake
Rührwerk *n* agitator
Ruine *f* ruin
Rummelplatz *m* amusement park
Rumpf *m* shaft *(Säule)*
rund round, circular
Rundbau *m* circular[-plane] building, rotunda; *(Arch)* tholos, tholus *(griechischer Rundtempel)*
Rundbildfries *m* medallion moulding
Rundblech *n* circular plate
Rundbogen *m (Arch)* round (semicircular) arch, perfect (full-centred) arch, Norman arch *(normannischer Bogen)*; Roman arch *(Bogen der klassischen römischen Baukunst)*
~/stumpfwinkliger obtusse angle arch
Rundbogenfenster *n* semicircular arched window
Rundbogenfries *m (Arch)* blank arches *(romanisches Ornament)*
Rundbogengewölbe *n* vault in full centre
Runddach *n* compass (circular, bicycle-wheel) roof
Runddichtung *f* gasket
Rundeck *n* half-round fillet *(Leiste)*
Rundeisen *n* round bar, round-bar steel
Rundell *n s.* Rondell
runden to round off
Rundfaltdach *n* circular folded plate roof
Rundfaltdachwerk *n s.* Rundfaltdach
Rundfeile *f* round file, rat-tail file
Rundfenster *n* **/ großes** wheel window
~/kleines oculus
Rundfries *m* round moulding
Rundgang *m* circular corridor
Rundgebäude *n* circular building, round block
Rundhalle *f* circular shed *(Industriehalle)*
Rundhobel *m* compass (spout) plane
Rundhöhlung *f* concavity
Rundholz *n* round log (timber, wood); pole *(Pfahl)*
~/konstruktives roundwood
~/schweres spar
Rundholzabschluß *m* pommel *(Ornament)*
Rundhölzer *npl* rickers
Rundholzmetallverbindung *f* circular spike *(mit Metallspitzen)*
Rundholzstange *f* ricker
Rundholzzaun *m* picket fence
Rundkant *n* half-round nosing
rundkantig round-edged, with round edges
Rundkehlhobel *m* spout plane
Rundkies *m* bench shingle
Rundkirchenbau *m* round church
Rundkopf *m* round (button) head
Rundkopfschraube *f* round (button) head screw
Rundkornsand *m* round sand
Rundkreuzstein *m* **eines Kreuzrippengewölbes/ebener** orb
Rundlaufprüfung *f* concentricity test *(Beläge)*
Rundling *m* pale *(Stakete für Zäune)*
Rundlingszaun *m* pale fence (fencing)
Rundllötkolben *m* plumber's round iron
Rundmauern *n* turning
Rundnasenstufe *f* round step, rounded step *(Treppe)*
Rundornament *n* round moulding, round; patera
Rundpassung *f* cylindrical fit
Rundpfeiler *m* round (cylinder) pier
Rundportikus *m* cyrtostyle *(antike Baukunst)*
Rundprofil *n* round (circular) profile, round
Rundquerschnitt *m* circular cross section
Rundsäule *f* round column
Rundschale *f* circular shell
Rundschälen *n* rotary cutting
Rundschnittberechnungsverfahren *n (Stat)* method of joints *(Knotenpunktverfahren)*
Rundschnittverfahren *n s.* Rundschnittberechnungsverfahren
Rundstab *m* 1. round bar (rod), round, round-bar steel *(Bewehrung)*; 2. bead [moulding], roll moulding, astragal *(Schmuckprofil)*
~/starrer [biegestreifer] *(Mech)* rigid rod
Rundstabbrett *n* beaded board
Rundstableiste *f* bead moulding
Rundstabverzierung *f* reeding, reediness
Rundstahl *m* round steel, round bar, round-bar steel
Rundstein *m* **eines Kreuzrippengewölbes/ebener** orb

Rundtreppe *f* circular stair [case], round stair [case]
Rundturm *m* circular (round) tower
Rundwulst *m(f)* tore, torus, cushion course *(Zierelement)*
rundziehen/ein Profil to mitre a cornice
Runzelbildung *f* wrinkling *(Anstrich)*
runzeln/sich to shrink *(Farbe)*, to wrinkle *(Anstrich)*
Runzeln *n* crinkling, wrinkling, rivelling *(Anstrich)*
Ruß *m* carbon black, lamp-black *(Pigment)*
Rußleimanstrich *m* plumber's soil, smudge *(Bleirohrleitung)*
Rußsammelkasten *m* soot pocket
Rußschieferschwarz *n* slate black
Rußtür *f* soot door
Rußvorlage *f* soot receiver *(zur Aufnahme von Ruß)*
Rüstbalken *m* putlog
Rüstbaum *m* scaffolding standard
Rüstbrett *n* scaffold board (plank), scaffolding board
rüsten to rig [up], to scaffold *(Gerüst)*
Rüsterholz *n* elm [wood]
rüsthoch scaffold-high
Rustika *f* rustication, rusticated ashlar *(Mauerwerk)*
Rustikafuge *f* rustic joint
rustikal rustic
Rüstloch *n* putlog hole *(in der Wand)*
Rüststange *f* scaffold[ing] pole, grip; putlog, putlock *(kurz)*
Rüstung *f s.* Gerüst 1.
~ **der Bogen** centring of arches
Rüstzeit *f* set-up time
Rute *f* switch, rod, verge; came *(H-förmig, Fenster)*
Rutil *m* rutile *(Mineral)*
Rutsche *f* [hopper] chute, shoot
rutschen to chute *(Baustoffrutsche)*; to slide *(gleiten)*; to crawl *(Anstrich)*
Rutschen *n* sliding, slipping
rutschfest antiskid, antislip, non-slip, skid-proof
Rutschfläche *f* sliding surface, plane of sliding (slip); *(Bod)* slip plane; *(Erdb)* slickenside, slicks
rutschfördern to chute
Rutschholz *n* slip piece
Rutschkanal *m* flume *(für Beton)*
rutschsicher antiskid, antislip
Rutschung *f* slide *(Böschung)*
~ **durch Verflüssigung** *(Erdb)* liquefaction failure
Rutschungsbruch *m (Bod)* sliding failure
Rutschwinkel *m* slide angle *(Böschung)*
Rüttelabziehbohle *f* vibrating screed
Rüttelbeton *m* vibrated (jolted) concrete, jolt [con]crete; form-vibrated concrete *(durch Schalungsrüttler)*
Rüttelbohle *f* vibrating beam
Rüttelbohlenfertiger *m* vibrating beam finisher *(Straße)*
Rütteldruckverfahren *n (Bod)* vibroflo[a]tation method
Rüttelflasche *f* vibrating cylinder (head)
Rüttelformung *f* **/ schockende** jolt moulding
rütteln 1. to vibrate *(Beton)*; 2. to joggle, to shake, to jog
Rütteln *n* vibrating, jarring
Rüttelplatte *f* plate vibrator, vibrating pan
Rüttelschurre *f* shaker chute
Rüttelsieb *n* riddle
Rüttelsieben *n* riddling
Rüttelstampfer *m* vibrating tamper
Rütteltisch *m* vibrating table, table vibrator, shaker, jarring plate *(Beton)*
rüttelverdichten to jolt, to vibrate *(Beton)*
Rüttelverdichtung *f* dynamic compaction, vibrocompaction, vibratory method of compaction *(Beton)*
Rüttelverfahren *n* vibratory method of compaction *(Beton)*
Rüttelwalze *f* vibratory roller
Rüttelzeit *f* vibration limit *(Beton)*
Rüttler *m* vibrator
Rüttlerflasche *f* immersion vibrator

S

Saal *m* hall
Saalbau *m* hall building
Saalbestuhlung *f* auditorium (theatre) seating
Saalkirche *f* hall church
sachkundig expert
Sachverständigenaussage *f* expert witness
Sack *m* bag, sack
Sackbahnhof *m* terminus, dead-end station
sacken to give way, to yield *(nachgeben)*
Sackgasse *f* blind alley (street), cul-de-sac, dead end, close
Sackkorridor *m* dead-end[ed] corridor
Sackleinen *n* coarse canvas, sacking, *(Am)* burlap
Sackloch *n* blind hole
Sackmaß *n s.* Setzmaß
Sackrutsche *f* sack shoot
Säge *f* saw
~ **mit auseinanderstehenden Zähnen** rack saw
~ **mit hin- und hergehender Schnittbewegung** reciprocating saw
sägeartig serrated, saw-tooth *(gezahnt)*
Sägebank *f* saw bench (table)
Sägeblatt *n* saw blade
Sägebock *m* saw horse, *(Am)* sawbuck
Sägedach *n s.* Sägezahndach
Sägedachbinder *m* shed roof truss, north-light truss
sägen to saw
~**/Dreheffektverzierungen** to thurm
Sägen *n* **in Holzfaserrichtung** rip-sawing, ripping
Sägefuge *f* sawed joint *(Beton)*
Sägefurnier *n* sawn veneer
Sägegatter *n* log frame saw, saw gate
Sägekranz *m* calyx *(Tiefbohren)*

Sägemehl *n* sawdust
Sägemehlbetonfußboden *m* cement-wood floor
Sägemühle *f* sawmill
Sägenut *f* kerf
Sägeschnitt *m* 1. saw cut; 2. saw groove, kerf
Sägespäne *mpl* wood sawings; sawdust
Sägespänebeton *m* sawdust concrete
Sägetisch *m* saw table
Sägezahndach *n* saw-tooth roof, shed (single-pitch) roof, north-light roof
Sägezahndachzylinderschale *f* saw-tooth cylindrical shell
Sägezahnfries *m (Arch)* toothed frieze, saw-tooth [frieze] *(romanisch-normannisches Ornament)*
Sägezahnprofil *n* serrated profile
Saisonpflanzen *fpl* bedding plants *(Landschaftsgestaltung)*
Saisonspeicher *m* seasonal storage *(für Wasser)*
Saitenbeton *s.* Stahlsaitenbeton
Sakralbau *m s.* Sakralgebäude
Sakralgebäude *n* religious building, ecclesiastical building
Sakramentshaus *n (Arch)* sacrament-house *(kunstvoller, turmartiger Schrein zur Aufbewahrung der geweihten Hostie in gotischen Kirchen)*
Sakristei *f* sacristy
Sala terrena *f (Arch)* sala terrena *(Gartensaal eines Schlosses)*
Salmiak *m*, **Salmiaksalz** *n* [sal] ammoniac, ammonium chloride
Salon *m* drawing room; saloon
Salpeter *m* nitre, saltpetre
Salpeterfraß *m* [damage by] efflorescence
Salzausblühung *f* salt efflorescence, flower of salt
Salzboden *m* alkali soil
salzführend saliferous *(Baugrund)*
Salzgestein *n* halite
Salzglasurfliese *f* salt-glazed tile
Salzglasurziegel[stein] *m* salt-glazed brick
salzhaltig saliferous *(Baugrund)*
Salzsumpf *m* salt swamp
salzwasserbeständig salt-water-proof
Salzzusatz *m* addition of salt
Sammelabwasserkanal *m* intercepting sewer
Sammelbecken *n* collecting pond, laying-up basin, receptacle
Sammelbehälter *m* collecting basin (receiver, tank); sump[pan]
Sammelfuchs *m* collecting flue *(Schornstein)*
Sammelgarage *f* garage compound
Sammelgebiet *n* catchment area *(Wasserwirtschaft)*
Sammelgraben *m* collector ditch
Sammelgrube *f* catch basin (pit)
Sammelkanal *m* main line (sewer), outfall sewer, collector *(Abwasser)*
Sammelkessel *m* tank
Sammelleitung *f* main (collecting) line, ring main, manifold *(Rohrleitung)*
Sammelring *m* collector ring *(Abwassersystem)*
Sammelrohr *n* collecting pipe
Sammelschacht *m* disconnecting chamber; vent stack *(Lüftung)*
Sammelschiene *f (El)* busbar, bus rod (wire)
Sammeltrichter *m* collecting hopper
Sammler *m* collector, catch (intercepting) drain, outfall sewer *(Abwasser)*
~/städtischer public sewer
Sammlerbogenstein *m* segmental sewer block *(Kanalisation)*
Sammlersystem *n* sewage system *(Abwasser)*
Samtteppich *m* velvet carpet
Sanatorium *n* convalescent home, sanatorium
Sand *m* sand; grit *(schwerer)*; grail *(Feinkies)* • **mit viel** ~ oversanded *(Mörtel, Beton)*
~/abgestufter graded sand
~/gewaschener washed sand
~/gleichmäßig abgestufter graded sand
~/magerer weak sand
~/scharfer (scharfkörniger) sharp sand
~/toniger clayey sand
Sandabscheider *m* sand trap, sand holder (interceptor); settling basin
Sandanreicherungsstreifen *m* **an Betonoberflächen** sand streak *(durch Entwässerung von Frischbeton)*
Sandäquivalent *n* sand equivalent
Sandäquivalentbestimmung *f* sand equivalent test
Sandasphalt *m* sand asphalt
Sandaufbereitung *f* sand reclamation (recovery)
Sandauffüllung *f* sand fill
Sandausfüllung *f* sand fill; sand backfill
Sandballastkasten *m* sand box
Sandbank *f* sandbar, sands; shallows
Sandbarre *f* bar of sand
Sandbett *n* bed of sand, sand filling (underlay, cushion); pavement base *(Straßenbau)*
Sandbettung *f* sand filling
Sand-Bitumen-Mischung *f* sand mix
Sandboden *m* sandy soil, sand ground
Sandböschung *f* sand slope
Sanddrän *m***/senkrechter** vertical sand drain
Sanddränpfahl *m* sand pile
Sandeinspülung *f* hydraulic filling
Sanden *n* grit blasting; sanding *(von Holz)*
Sandersatzmethode *f* calibrated sand method
Sandfang *m* sand trap (catcher, collector), sand holder (interceptor); grit chamber *(Abwasserklärung)*
Sandfangbecken *n* sand catch basin (pit)
Sandfänger *m* grit basin
sandfarbig sand-coloured
Sandfilter *n* sand filter
Sandfilterlage *f*, **Sandfilterschicht** *f* filter bed (layer), sand filter
Sandfüllung *f* sand filling

Sandgatterschnittfläche *f* sand-sawn finish *(Naturstein)*
Sandgrube *f* sand pit (quarry), gravel pit, sand working
Sandhalde *f* sand stockpile
sandhaltig sandy, arenaceous; gritty
~/sehr oversanded *(Mörtel, Beton)*
Sandhaufen *m* sand heap (pile), heap of sand
Sandhinterfüllung *f* sand backfill
sandig *s.* sandhaltig
Sandigkeit *f* grittiness
Sandkalkstein *n* sand-limestone
Sandkasten *m* sand-pit *(Spielkasten)*
Sandkorn *n* [sand] grain
Sandlage *f***/ verlorene** dead sand
Sandlinse *f* pocket of sand
Sandmergel *m* lime gravel, clay grit, sandy marl
Sandmeßkasten *m* sand measure box
Sandmühle *f* sand crusher
Sandnaßbaggerung *f* sand dredging
Sandpapier *n* sandpaper
Sandpfahl *m* sand pile
Sandpolstergründung *f* sand cushion foundation, compacted earth fill foundation
Sandprobenahmegerät *n* sand sampler
sandreich oversanded *(Mörtel, Beton)*
Sandrückgewinnung *f* sand reclamation (recovery)
Sandsack *m* sand bag
Sandschicht *f* sand cushion (underlay); sand stratum *(Geologie)*
Sandschüttung *f* sand fill[ing]
Sandstein *m* sandstone
~/arkosischer rotbrauner brownstone
~/glimmerhaltiger mica (micaceous) sandstone
~/grobkörniger coarse sandstone
~/kieselgebundener (kieseliger) siliceous sandstone
~/mergeliger marl-stone
~/quarzitischer quartzitic sandstone
~/toniger argillaceous sandstone
Sandsteinstück *n* rubbing block *(zur Marmorpolitur)*
Sandsteinverkleidung *f* sandstone [masonry] facing
Sandstrahl *m* sandblast
sandstrahlen to sandblast
Sandstrahlen *n* sandblasting, grit blasting, blast cleaning
~/schräges angle blasting
Sandstrahlgebläse *n* sandblast equipment
sandstrahlgereinigt blast-cleaned
Sandstrahlputzen *n s.* Sandstrahlreinigung
Sandstrahlreinigung *f*, **Sandstrahlsäubern** *n* sandblasting, sandblast cleaning
Sandstreuer *m* gritter
Sandton *m* sand (sandy) clay
sandtrocken sand-dry *(Anstrich)*
Sandunterbettungsschicht *f* dead sand (shore)
Sandweg *m* sand (dirt) road, track
Sandwichbalken *m* sandwich beam, flitch (flitched) beam
Sandwichdecklage *f* skin
Sandwichelement *n* sandwich member
Sandwichplatte *f* sandwich[-type] panel, flitch plate, composite board
~/ beidseitig beschichtete balanced construction
Sand-Zement-Schlämme *f* sand cement grout
Sandzugabe *f* sand addition, addition of sand
Sandzusatz *m s.* Sandzugabe
Sanierung *f* reconstruction, rehabilitation; [slum] clearance *(von Wohngebieten)*
Sanierungsabdichtung *f* subsealing, undersealing
Sanierungsgebiet *n* blighted area *(zur Sanierung vorgesehen)*
Sanitäranlage *f* sanitary fixture, installations
Sanitärarmatur *f* sanitary fittings
Sanitärbauelemente *npl* sanitary ware
Sanitärinstallation *f* sanitation system
Sanitärkeramik *f* [china] sanitary ware
Sanitärleitungen *fpl* plumbing piping
Sanitärporzellan *n* china sanitary ware
Sanitärtechnik *f* sanitary engineering; public health engineering; sanitation
Sanitärzelle *f* sanitary core, sanitary module (building block); pod *(vorgefertigte Badzelle)*
Santorintuff *m* santorin
Sartoriuswaage *f (Erdb)* apparatus for mechanical soil analysis
Sassanidenarchitektur *f* Sassanian architecture *(3.–7. Jahrhundert vor Christus)*
Satellitenstadt *f* satellite town
satt rich *(Farbe)*; deep *(Farbanstrich)*
Sattel *m* saddle
Sattelabdeckung *f* saddle back (coping), saddle-backed coping *(Mauer)*
Sattelbogen *m (Arch)* ogee arch
Satteldach *n* saddle roof, saddle-back roof, ridge (pitched) roof, couple roof, close-couple (couple-close) roof, gable (gable-ended, gable-type) roof
~/doppeltes M-roof
~/gebrochenes gambrel (gambril) roof
~/halbes shed roof, single-pitch roof *(Pultdach)*
~ mit gewölbten Sparren rainbow roof
~ mit gleichstark geneigten Dachflächen span roof
~ mit leicht gewölbten Sparren rainbow roof
~ mit 45°-Neigung square roof
~ ohne Balkenlage couple roof without beams
45°-Satteldach *n* square roof
Sattelholz *n* bolster, corbel piece, head tree, saddle, crown plate, hammer beam
~ mit Stoß butted bridging joist
Sattelkehle *f* top edge rib, gutter
Satteloberlicht *n* double-inclined skylight
Sattelplatte *f* wall (head) plate
Sattelschlepper *m* articulated lorry, *(Am)* semi-trailer truck
Sattelschwelle *f* girt

Sattelwange *f* open (stepped) string, cut stringer *(Treppe)*
~ **mit Gehrungseinschnitt** mitred-and-cut string *(Treppe)*
sättigen to saturate
Sättigungsdruck *m* [saturated] vapour pressure
Sättigungsgrad *m* degree (percentage) of saturation
~/**natürlicher** field moisture equivalent *(Erdstoff)*
Sättigungskurve *f* line of saturation
Sättigungstemperatur *f* saturation temperature
Sättigungszustand *m* [state of] saturation *(Luft)*
Satz *m* 1. residue, sediment *(Rückstand)*; 2. rate, proportion *(Verhältnis)*; 3. aggregate; set; series
~ **vom Parallelogramm der Kräfte** principle of the parallelogram of forces
Satzprüfung *f* consistency test
Sauberkeitsschicht *f* base (foundation) course; *(Verk)* soling, subbase
Sauberkeitsschiene *f* sanitary cove *(zwischen Tritt- und Setzholz)*
säubern to clean *(meist ohne Wasser)*; to cleanse *(mit Wasser)*; to clear *(räumen)*
Säubern *n* **mit Lösungsmittel** solvent wiping
säuern to acidify
Säuern *n* acidification, aciding
Sauerstoffbrennschneiden *n* **mit Flußmittel** chemical flux cutting
Sauerstoff-Lichtbogen-Schneiden *n* oxy-arc cutting
Sauerstoffschneiden *n* oxygen cutting
~/**elektrisches** oxy-arc cutting
Sauerstoffversorgungssystem *n* bulk oxygen system
Saugbagger *m* suction (hydraulic) dredger, pump (flushing) dredger
Saugbeton *m* vacuum concrete
Saugbetonverfahren *n* vacuum concrete process
saugen to absorb; to suck *(aufsaugen)*
saugfähig absorbent
Saugfähigkeit *f* absorbing capacity
Sauggebläse *n* exhauster, exhaust [fan]
Saugheber *m* siphon; culvert *(Schleuse)*
Saughöhe *f* suction head
Saugleitung *f* suction pipe [line]
Säuglingsheim *n* baby-care unit, home for babies
Säuglingstrakt *m* baby-care unit *(in einem Heim)*
Sauglüfter *m* exhaust ventilator, exhauster; aspirator
Sauglüftung *f* suction ventilation, vacuum system ventilation; *(HLK)* extraction system
Saugnapf *m* sucker
Saugpumpe *f* suction pump
Saugrohr *n* suction pipe, sucker
Saugschalung *f* absorbent shutter
Saugspülklosett *n* siphonic closet
Saugzug *m* induced draught, *(Am)* induced draft
Saugzugventilator *m* induced draught fan
Säule *f* column *(mit rundem Querschnitt, bestehend aus Basis, Schaft und Kapitell)*; pillar *(Pfeiler)*; style *(antike Baukunst)*; upright, support *(Stütze)*; post, leg *(Stiel beim Fachwerk)*; timber pillar *(Holzfachwerk)*
~/**bügelbewehrte** hooped (tied) column
~/**eingebundene** attached column
~/**eingespannte** fixed column
~/**eiserne** iron column
~/**gedrehte** spiral column; salomónica *(z. B. in der St. Peterskirche in Rom)*
~/**geriffelte** fluted column
~/**halbeingebaute** embedded (engaged) column *(in eine Wand)*
~ **in Wandmitte/tragende** mid-wall column
~ **in Wandmitte/wandtragende** *s.* ~ in Wandmitte/tragende
~/**knickfeste** short column
~ **mit Bügelbewehrung** tied column
~ **mit Girlandendekoration** wreathed (twisted) column
~ **mit kurzem dicken Schaft/balusterförmige** baluster column (shaft)
~ **mit Tragfähigkeitsabschlag/schlanke** short column
~/**spiralbewehrte** spirally reinforced column, spiral column
~/**spiralförmig bewehrte** *s.* ~/spiralbewehrte
~/**spiralförmig umschlungene** wreathed (twisted) column
~/**überschlanke** long column
~/**verbügelte** hooped (tied) column
~/**versetzte** transfer column
Säulen *fpl*/**gekuppelte** coupled columns
Säulenabstand *m* intercolumniation; systyle, picnostyle *(eng)*
Säulenabstandssystem *n s.* Säulenabstand
Säulenanalogie *f* column analogy
Säulenanordnung *f s.* Säulenordnung
~/**enge** accouplement
säulenartig columnar
Säulenaufbau *m* order
Säulenaufsatzblock *m* **als Dachholzauflage** pila
Säulenausbildung *f s.* Säulenordnung
Säulenbasalt *m* columnar basalt
Säulenbasis *f* base, plate; patten *(selten)*
Säulenbaukunst *f* column architecture
Säulenbestandteile *npl* parts of the column
Säulenbündel *n* cluster of columns
Säulendeckenteil *m* column strip
Säulendeckplatte *f* column strip
Säulenfassade *f* stylar façade
säulenförmig columnar
Säulenfundament *n* column foundation; individual footing *(Einzelfundament)*; foundation (foot) block *(Stützenfundament)*
Säulenfuß *m* base; patten; column socle
~/**attischer** Attic base *(attisch-ionischer Säulenfuß)*
Säulenfußschwelle *f* patten

Säulenfußverzierungen *fpl* spira
Säulengang *m* colonnade, portico, porticus; stoa *(griechisch-hellenistische Säulenhalle)*
~/gerader orthostyle
~/halbkreisförmiger cyrtostyle
Säulengebäude *n* columnar building
Säulengewölbe *n* **/ zweigeschossiges** supercolumniation
Säulengrundplatte *f* column base plate
Säulengruppe *f* grouped columns
Säulengürtel *m* girdle of the column
Säulenhalle *f* portico, porticus, columned hall
Säulenhals *m* neck [moulding], necking; hypotrachelium *(einer klassischen Säule)*
Säulenhalseinschnürung *f* neck
Säulenhalskehlausformung *f* neck moulding, necking
Säulenkapitell *n* column capital (head)
Säulenkapitellkelch *m* tambour
Säulenkapitellrundkerbung *f* hypotrachelium
Säulenkehle *f* apophyge; scape
Säulenknicklänge *f* effective height of a column *(Stütze)*
Säulenkopf *m* head of column, drop; dropped panel *(Pilzdecke)*
Säulenkopfband *n* **/ schmales** gorge
Säulenkopfzierleiste *f* ridge fillet
Säulenleistenkombination *f* fasciate combination
säulenlos astylar
Säulenmuffe *f* column muffle attachment
Säulenordnung *f* order, order of architecture
~/dorische Doric order
~/griechische Greek order
~/ionische Ionic order
~/komposite compound order
~/korinthische Corinthian order
~/römische Roman order
~/toskanische Tuscan order
Säulenornament *n* columnar ornament
Säulenpaar *n* paired (coupled) columns
Säulenpfette *f* queen post purlin
Säulenplatte *f* 1. acropodium, plinth; [lower] torus *(Rundplatte)*; 2. *s.* Säulensockel
Säulenportal *n* columnar portal
Säulenraum *m* columned hall, hall of columns
säulenreich many-columned
Säulenreihe *f* row of columns • **mit drei Säulenreihen** tripteral
Säulenrille *f* flute, channel, striga, strix
Säulensaal *m s.* Säulenraum *m*
Säulenschaft *m* column shaft, shank, stylos, scapus; tige
Säulenschaftanordnung *f* [column] shafting
Säulenschaftband *n* cimbia, cymbia
Säulenschalung *f* column form *(für Stützen)*
Säulenschalungsklammer *f* column clamp *(für Stützen)*
Säulenschaubild *n* histogram
Säulenschlankheitsgrad *m* slenderness degree of column
Säulensockel *m* pedestal
Säulensockelplatte *f* **/ zweite** subplinth
Säulenstein *m* drum
Säulenstoß *m* column splice
Säulenstruktur *f* columnar structure
Säulenstuhl *m* stylobate *(Unterbau einer antiken Säule)*
Säulentextur *f* columnar structure *(Stein)*
Säulentrommel *f* column drum, tambour
Säulenumschnürung *f* **/ schraubenförmige** helical reinforcement *(für Stützen)*
Säulenverschalung *f* post casing *(für Stützen)*
Säulenweite *f* centre-to-centre distance of columns *(Achsabstand)*
Säulenwulst *m* echinus, [upper] torus
Säulenzierband *n* cincture
Säulenziergesims *n* cincture
Säulenzwischenabstand *m* intercolumniation; systyle, picnostyle
Säulenzylinder *m* tambour
Saum *m* 1. seam, fillet *(Leiste)*; 2. flash, seam, lap joint *(Naht)*
Saumbalken *m s.* Saumholz 2.
säumen to welt *(einfassen)*
Saumholz *n* 1. listing; 2. curbbeam
Saumkippeinrichtung *f* seamer
Saumlade *f*, **Saumlatte** *f (Hb)* chantlate, eaves lath
Saumleiste *f* fillet
Saumlötkolben *m* plumber's round iron
Saumschwelle *f (Hb)* girt *(Balken)*
Saumverbindung *f* **von Dachmetalltafeln** lock seam (joint)
Sauna *f* sauna [bath]
Säureangriff *m* acid attack
Säureätzen *n* acid etching *(z. B. von Glas)*
säurebeständig resistant to acid, acid-resisting, acid-stable, acid-proof
Säurebeständigkeit *f* acid resistance (stability), resistance to acid[s]
säurefest *s.* säurebeständig
Säurefestigkeit *s.* Säurebeständigkeit
Säurefuge *f* acid resisting joint
Säuregehalt *m* acid content
Säurekitt *m* acid-proof cement
Säureklinker *m* acid-resisting brick, acid proof brick
S-Bahn *f* metropolitan railway (railroad), urban railway; suburban train system
S-Bogen *m* goose-neck *(Rohr)*
Scagliola *f* scagliola *(Gipsspatmasse für Ornamente)*
Schabeeisen *n* shave hook *(Rohrlöten)*
Schabeisen *n*, **Schaber** *m* scraper
Schablone *f* 1. face mould *(Meßschablone)*, gauge, *(Am)* gage; strickle *(Lehre)*; 2. master (former) plate *(Kopierschablone)*; templet, template *(für Stuckelemente)*; mask *(Abdeckblech)*; 3. pattern, model *(Muster)*

Schablonenabdeckung *f* masking *(Anstrich)*
Schablonenaufklebeband *n* masking tape
Schablonenschiefer *m* hexagonal template slate
Schabputz *m s.* Kratzputz 1.
schachbrettartig chequered, tessellated
Schachbrettfries *m* chequerwork *(romanisches Ornament)*
Schachbrettmuster *n* chequerwork, chequered pattern
Schachbrettmusterarbeit *f* chequer-work, checker-work *(eines Mauerwerks)*
Schachenland *n* marshland *(Sumpfland)*
Schacht *m* 1. shaft, well *(z. B. für Treppen, Fahrstuhl)*; duct *(z. B. für Lüftung)*; canal *(für Leitungen)*; well *(eines Brunnens)*; manhole *(Einstiegschacht)*; 2. shaft, pit *(Bergbau)*; 3. stack *(eines Hochofens)*
Schachtabdeckung *f* [manhole] cover, manhole covering; cowl *(Schornsteinkappe)*
~/befahrbare carriageway cover
Schachtaufzug *m*/ **leichter** light tower hoist
Schachtausbau *m* timbering of a shaft; coffering
Schachtaussteifungsbretter *npl* pit boards, well curbing
Schachtbrunnen *m* dug (filter) well
Schachtdeckel *m* manhole cover
~/gußeiserner cast-iron manhole cover
Schachtdeckelgriff *m* manhole dog
schachteln[/ineinander] to nest
Schachtmauerung *f* shaft masonry [work]; manhole masonry
Schachtofenmauerwerk *n* stack brickwork
Schachtöffnung *f* shaft opening (orifice)
Schachtrohr *n* shaft cylinder
Schachtstein *m* radial brick (stone) *(Brunnenstein)*
Schachtverschluß *m* chamber interceptor
Schaden *m* 1. damage *(Beschädigung)*; defect *(Mangel)*; 2. loss *(finanziell)*
Schadensbegrenzung *f* limitation of damages
Schadensbehebung *f* elimination of defects
Schadenslinie *f* damage curve *(Festigkeit)*
Schadenstelle *f* point of failure
schadhaft defective, faulty; damaged
Schädigung *f* **einer Kunststoffoberfläche** envenomation, damage to a plastic surface
Schädigungsmechanismen *mpl* mechanisms of damages
Schädlingsbefall *m* pest infestation
Schädlingsbekämpfung *f* pest control
Schadstoff *m* injurious (harmful) substance; aggressive matter (substance); pollutant
Schadwasser *n* aggressive water
Schäferdeich *m* back dike
Schaffußwalze *f* sheepsfoot (tamping) roller *(Straße)*
Schaft *m* 1. shaft, shank, trunk, fust *(einer Säule)*; 2. shaft, handle *(Stiel z. B. eines Werkzeugs)*; 3. shank, body *(einer Schraube)*; 4. stem *(Stamm)*
~ einer Büschelsäule bowtell, boultine
Schaftausrundung *f* fillet
Schaftbolzenschraube *f* carriage bolt
Schaftlänge *f* length of shoulder
Schaftring *m* shaft ring, annulet; square and rabbet
Schäkel *m* shackle, clevis *(U-förmiger Bügel)*
Schalarbeit *f* shuttering work
Schalboden *m* soffit boards
Schalbohle *f* close poling board
~/unterste starting board
Schalbrett *n* 1. shuttering board, poling (form) board *(z. B. für Baugruben)*; 2. roofer, roof board, sheathing *(für Dächer)*
Schalbretter *npl*/ **angefaste** shiplap
Schalbrettmuster *n* board finish
Schalbrettmusterbeton *m* board finish concrete
Schale *f* 1. shell; 2. skin, tier *(einer Wand)*; leaf, wythe *(Hohlwand)*; 3. bowl, cup *(Gefäß)*; trough *(Rinne)*
~/doppelt gekrümmte shell of double curvature
~/drehsymmetrische rotational shell
~/dünnwandige thin shell
~/einfach gekrümmte single curvature shell
~/flache shallow shell
~/gekrümmte curved shell
~/positiv gekrümmte shell of positive curvature
Schäleisen *n* paring chisel
schalen *s.* 1. verschalen; 2. einschalen
schälen to peel; to pare; to debark *(Holz)*
Schalenbauweise *f* shell construction (method), shell structure
Schalenbauwerk *n* shell structure
Schalenbefeuchter *m* pan-type humidifier
Schalenberechnung *f* shell analysis *(Kalkulation)*
Schalenbeton *m* thin-shell concrete
Schalenbetondach *n* shell concrete roof
Schalenbeulung *f* shell buckling
Schalenbiegetheorie *f* shell bending theory
Schalenbogen *m* thin shell
Schalendach *n* shell roof
~/hyperbolisches hyperbolic shell roof
Schalendurchbiegung *f* shell deflection
Schalenelement *n* lagging section *(für Rohrisolierung)*
Schalenelementgußverfahren *n* shell moulding
Schalenform *f* shell shape
~/obere [shell] top form, back form *(Betonschalenteile)*
schalenförmig 1. shell-shaped; 2. shelly
Schalengeometrie *f* geometry of shells
Schalengründung *f* shell foundation
Schalengußherstellung *f* shell moulding
Schalenkonstruktion *f* 1. shell [structure], shell construction, shell load-bearing system; 2. pan construction *(Geschoßdecken)*
Schalenmembran[e] *f* shell membrane
Schalenquerschnitt *m* shell cross section
Schalenrippenplatte *f* thin-shell rib panel (slab)
Schalenschwingung *f* shell oscillation (vibration)
Schalensegment *n* shell segment

Schalenstatik *f* shell analysis
Schalenstaudamm *m* thin arch dam
Schalentheorie *f (Stat)* shell theory
Schalenwirkung *f* shell action
Schalenzuschlag[stoff] *m* shell aggregate
Schalfläche *f* contact form area *(eingeschalte Fläche)*
Schalfrist *f* stripping time
Schälfurnier *n* rotary[-cut] veneer, peeled (moving) veneer
Schalholz *n* poling board, lagging
Schalkern *m* core
Schall *m* sound
~/im Baukörper übertragener structure-borne (solid-borne) sound
schallabsorbierend sound-absorbing, sound-absorptive, sound-absorbent
Schallabsorption *f* sound (acoustic) absorption
Schallabsorptionsdecke *f* acoustical ceiling system
Schallabsorptionsgrad *m* sound absorption factor, acoustic absorption coefficient
Schallabsorptionshinterfüllung *f* sound-absorbent backing
Schallabsorptionskoeffizient *m s.* Schallabsorptionsgrad
Schallabsorptionsmatte *f* acoustic blanket
schallarm sound-reduced
Schallbrechung *f* refraction of sound, acoustic refraction
Schall[dach]brett *n* luffer board
Schalldämmaß *n* **[/bauübliches]** sound reduction index, *(Am)* sound transmission loss
~/bewertetes airborne sound-insulation index
Schalldämmdecke *f* sound absorbent ceiling, acoustical ceiling
Schalldämmelement *n* sound-absorbent partition
schalldämmend sound-insulating, sound-proof, antinoise
Schalldämmplatte *f* sound insulation board, acoustic board
Schalldämmstoff *m* sound-insulation material, sound-deadening material, sound absorbent
Schalldämmtafel *f* sound insulation board, sound-deadening board
Schalldämmung *f* sound (acoustical) insulation; sound-proofing
Schalldämmwand *f* sound insulation partition
Schalldämmzahl *f* coefficient of sound damping, sound insulation factor
schalldämpfend sound-damping, noise-deadening, sound-deadening, silencing
Schalldämpfer *m* sound absorber (trap), deadener, silencer; muffler *(an Kraftmaschinen)*
Schalldämpftür *f* sound attenuating door
Schalldämpfung *f* sound damping (deadening), [sound] attenuation, acoustic damping
Schalldämpfungsfaktor *m* sound reduction index, *(Am)* sound transmission loss
Schalldämpfungsgrad *m (Am)* [sound] transmission loss, TL
Schalldämpfungsmaterial *n* sound damping material
Schalldämpfungszahl *f* sound reduction index, *(Am)* sound transmission loss, TL
Schalldecke *f* **/ abgehängte (aufgehängte)** suspended acoustical ceiling
~/durchgehend angeordnete continuous acoustical ceiling
~/geputzte acoustical plaster ceiling
~ mit Belüftungsöffnungen air-distributing acoustical ceiling
~/unterbrochene interrupted acoustical ceiling
Schalldeckenelement *n* unit absorber
Schalldeckenkonstruktion *f* **/ unverkleidete** exposed [acoustical] suspension system
schalldicht sound-proof, sound proofed • **~ machen** to soundproof, to deafen
Schalldichte *f* energy density of sound
Schalldruck *m* sound (acoustic) pressure
Schalldruckmesser *m* sound level meter
Schalldruckpegel *m* sound pressure level
Schalldurchgang *m* transmission of sound; ceiling sound transmission *(zu Nachbarräumen durch eingehängte Decken)*
Schalldurchgangsrate *f* ceiling sound transmission class *(zu Nachbarräumen über die eingehängte Decke)*
Schalleiste *f* ribbon *(für Schalungen)*
Schalleiter *m* sound conductor
Schallempfindung *f* loudness
Schallenergie *f* sound power (energy), acoustical power
Schallenergiedichte *f* energy density of sound
Schallenergiepegel *m* sound power (energy) level
Schallflügel *m* **/ hydrometischer** acoustic current meter
schallgeschützt sound-proof
Schallgewölbe *n* acoustic vault
Schallisolation *f s.* Schallisolierung
schallisoliert sound-insulated, sound-proof[ed]
Schallisolierung *f* sound (acoustial) insulation, insulation from sound
Schallmesser *m* sonometer
Schallpegel *m* sound [pressure] level
Schallschluckbaustoff *m s.* Schallschluckmaterial
Schallschluckdecke *f* sound-absorbing ceiling, acoustical ceiling
Schallschluckdeckenplatte *f* **aus Spanholz** wood-particle acoustic ceiling board
schallschluckend sound-absorbent, sound-absorbing, sound-absorptive
~/gering live
Schallschluckgrad *m* sound absorption coefficient (factor)
Schallschluckhinterfüllung *f* sound-absorbent backing

Schallschluckmaterial *n* sound-absorbent material, sound absorber (absorbent)
~/ **aufgehängtes** suspended [sound] absorber
Schallschluckmatte *f* [acoustic] blanket, acoustical pad
Schallschluckplatte *f* acoustic[al] board; acoustical ceiling board *(für Decken)*; acoustical tile *(quadratisch, für Decken und Wände)*
Schallschluckputz *m* acoustical plaster
Schallschluckstoff *m s.* Schallschluckmaterial
Schallschlucktafel *f*/ **gewellte** corrugated acoustic panel
Schallschluckung *f* sound (acoustic) absorption, absorption of sound
Schallschluckzahl *f* noise reduction coefficient, NRC *(Schalldämmstoff)*
Schallschutz *m* noise control (prevention), noise (sound) insulation, soundproofing
~/**baulicher** acoustic construction, structural sound insulation
Schallschutzfenster *n* noise-insulation window, sound-insulating window
Schallschutzklasse *f* noise-insulation class, *(Am)* sound transmission class
Schallschutzmaterial *n s.* Schallschluckmaterial
Schallschutztür *f* sound[-rated] door
Schallschutzwand *f* sound-absorbing wall, double partition
Schallspritzputz *m* sprayed acoustical plaster
schalltot acoustically dead (inactive), anechoic, aphonic *(Raum)*
Schalltür *f* sound-attenuating door
Schallüberlagerungsfläche *f* sound focus
Schallübertragung *f* sound transmission
Schallverhaltensstudie *f* acoustic investigation
Schallverstärkung *f* acoustic gain; sound reinforcement *(mittels Anlagen)*
Schallwellen *fpl* sound (acoustic) waves
Schallwellendämpfungsrate *f* [sound] decay rate
Schallzwischendecke *f*/ **unterbrochene** interrupted acoustical ceiling
Schälmesser *n* shave knife *(Furnier)*
Schälprüfung *f* peeling test *(Leimfestigkeit)*
Schalrahmen *m*/ **verstellbarer** adjustable frame
Schälriß *m* lathe-check *(Holzfurnier)*
schälrissig shaky *(Holz)*
Schalrohr *n* casing pipe (tube) *(Bohrtechnik)*
Schalstein *m* open-end block
Schalsteinmauerwerk *n* grouted masonry
Schalstocherbeton *m* puddled (rodded) concrete
Schaltafel *f s.* Schalungstafel
Schaltafeln *fpl* sheeting
Schaltbild *n (El)* wiring (circuit) diagram; diagram of connections
Schaltbrett *n* switchboard, switch panel, [electrical] control board
schalten to switch; to connect
schaltend/momentan (schnell) *(El)* quick-break[ing]
Schalter *m* 1. *(El)* switch *(Lichtschalter)*; circuit breaker, cut-out *(z. B. an Maschinen)*; 2. *s.* Schalterraum
~ **für Aufputzverlegung** surface switch
~ **für Imputzverlegung** semisunk (semiflush) switch
~ **für Unterputzverlegung** *s.* ~/versenkter
~ **für zwei Kreise** double-pole switch
~ **mit Schutzkasten** protected switch
~/**versenkter** sunk (flush) switch
Schalterbrett *n (El)* lighting panel *(Tafel)*
Schalterhalle *f* central (main) hall, central (booking) hall *(in Bahnhöfen, auf Flughäfen)*
Schaltermaterial *n* switching device (equipment)
Schalterraum *m* box office *(Kassenraum, z. B. im Theater)*
Schaltertür *f* dwarf door
Schaltfeld *n (El)* switch (control) panel
Schaltkasten *m (El)* switch (control) box
Schaltplan *m (El)* circuit diagram (layout), wiring (connection) diagram
Schaltraum *m*/ **elektrischer** *(El)* switchroom, cabinet
Schaltschütz *n (El)* contactor
Schalttafel *f (El)* switchboard, [control] panel, panel board
~ **für Kraftstromschaltungen** power panelboard
Schalttafelbeleuchtung *f* panel lamp
Schaltuhr *f* time-switch, timer
Schaltung *f* 1. switching [operation]; 2. circuit arrangement, circuitry; 3. *s.* Schaltplan
~ **durch Photozelle** photoelectric control
Schalung *f* 1. shuttering, shutter; [concrete] formwork, concrete forms, mould; falsework *(Abstützung für Schalung)*; 2. boarding, timbering, clamping with boards *(Verkleidung aus Holzbrettern)*; 3. *s.* Schalungsgerüst • ~ **stellen** to shutter [up]
~/**gehobelte** wrought formwork
~/**gespundete** matched (drop) siding *(Holzaußenwand)*
~ **mit Wellblechtafeln** casing of corrugated iron
~/**verlorene** permanent shuttering (formwork)
Schalungsabdruck *m (Am)* beton brut
Schalungsabnahme *f* formwork (falsework) dismantling (stripping)
Schalungsanker *m* formwork (shuttering) tie, tie rod
Schalungsaufhänger *m* form[work] hanger
Schalungsauskleidung *f* formwork (shuttering) lining, form lining *(Sichtbeton)*
Schalungsbau *m* formwork construction, forming
Schalungsbrett *n* 1. shuttering board *(Betonschalung)*; 2. roof board *(Dach)*
~/**gespundetes** rebated weather board *(Dach)*
Schalungseinlage *f* form liner *(Sichtbeton)*
Schalungsform *f* shutter, formwork; casting mould (form), mould, *(Am)* mold
schalungsfrei shutteringless, formworkless

Schalungsfrist *f* stripping time
Schalungsfuß *m* starter frame, kicker
Schalungsgerüst *n* formwork, scaffold, falsework *(z. B. für Bögen)*
Schalungsgerüstbewegungsanzeiger *m* telltale
Schalungsisolierung *f* form insulation *(zur Erhaltung der Hydratationswärme)*
Schalungsklammer *f* form anchor
schalungslos shutterless, formworkless
Schalungsmauerwerk *n* **zwischen Trägern** masonry filler unit
Schalungsöl *n* [form] release agent, form (mould) oil
Schalungspfosten *m (Erdb)* soldier [pile]
schalungsrauh rough-shuttered, board-marked, natural *(Holzschalung)*
Schalungsrüttelverdichtung *f* external vibration
Schalungsrüttler *m* external vibrator, form (clamp-on) vibrator
Schalungsschiene *f* road form
Schalungsschlüsselstück *n* wrecking strip *(zum Öffnen der Schalung)*
Schalungsseitenbrett *n* **für einen Träger** haunch board *(Dach)*
Schalungssteife *f***/ waagerechte** horizontal shore
Schalungstafel *f* formwork (shuttering) panel, fit-up *(mehrfach verwendbar)*
Schalungstafelhartbeschichtung *f* high-density overlay [for shuttering]
Schalungsträger *m* horizontal shuttering support
Schalwagen *m* jumbo
Schalwand *f* sheeting
Schalzeit *f s.* Schalfrist
Schamotte *f* chamotte, refractory clay, seggar-clay
~/gemahlene grog
Schamotteauskleidung *f* chamotte (fireclay) lining
Schamottebeton *m* refractory (chamotte) concrete
Schamottebrocken *m*, **Schamottebruch** *m* grog
Schamottefutter *n* chamotte lining
Schamottemehl *n* chamotte flour
Schamottemörtel *m* fireclay (refractory) mortar, grog mortar
Schamottestein *m* refractory [clay] brick, fireclay (chamotte) brick
~/gemahlener clay brick
Schamottesteinverkleidung *f* firebrick lining
Schamotteton *m* seggar-clay
Schamotteziegel *m* firebrick, refractory brick, whelp
Schandfleck *m* chatter mark
~/kleiner bird peck *(im Holz)*
Schar *f* 1. *(Stat)* sheaf; 2. course *(Ziegel- oder Schindelreihe)*
scharf 1. sharp; 2. pointed *(spitz)*
schärfen to sharpen, to grind *(Schneiden)*; 2. to whet *(auf dem Abziehstein)*
scharfkantig sharp-edged, with sharp edges; feather-edged
Schärfschräge *f* bezel, basil *(Axt, Meißel)*
Scharlachfarbe *f* scarlet
Scharwachturm *m (Arch)* echauguette, bartizan *(erkerartiges Türmchen auf Wehrmauern)*
Scharnier *n* hinge [joint]; piano hinge *(Stangenscharnier)*; fast-pin hinge, fast-joint butt; articulation *(Gelenkverbindung)*; pivot *(Türangel)*; hanging *(Aufhängung)*
~/aushängbares loose-joint hinge, lift-off (heave-off) hinge
~ für planebene Aufhängung full-surface hinge
~ mit lösbaren Scharnierbolzen loose-pin hinge
~/schmetterlingförmiges butterfly hinge
Scharnierabstand *m* hinge backset *(vom Türrand)*
Scharnierband *n* hinge band, flap (butt) hinge
Scharniergelenk *n* knuckle, hinge joint
Scharnierplattenverstärkung *f* hinge reinforcement
Scharnierriegel *m* hinge hasp
Scharnierstift *m* hinge pin, hinge plug (bolt)
Scharnierstreifenverbindung *f* rule joint
Scharnierunterlageplatte *f* hinge reinforcement
Scharriereisen *n* charring (nigging, nidging) chisel, broad tool (chisel), batting tool, bush chisel, *(Am)* drove; drag, boaster *(für Steinmetzarbeiten)*
scharrieren to chisel, to char, to axe; *(Am)* to drove *(Stein)*; to boast *(Rohstein)*; to nidge *(mit Hammer)*
Scharrieren *n* charring, bush hammering; hacking *(Stein)*; boasting *(Rohstein)*
Scharrierhammer *m* bush hammer, *(Am)* facing hammer
Scharrierhammerwerkzeug *n (Am)* crandall
Scharrierung *f* broached (drove) work; charring stroke
Schattendach *n* summerhouse *(z. B. im Garten)*
Schattengang *m (Am)* alameda *(mit Bäumen zu beiden Seiten)*
Schattenholzart *f* shade-bearer, shade-bearing tree species
Schattenschirm *m* shade
Schattenvorhang *m* blind, shade
Schattenwand *f* solar screen (screening) *(Schirm)*
Schattierung *f* shade, tinge, tint *(Farbtönung)*; hachure *(Schraffierung)*
schätzen to estimate; to rate, to value *(bewerten)*
Schätzung *f* estimation; valuation, appraisal *(von Werten)*
Schätzwert *m* estimated value *(z. B. eines Grundstückes)*; assessed valuation *(eines Gebäudes)*
Schaubild *n* diagram, chart, plot; graph
Schaufel *f* 1. [digging] shovel; 2. blade *(Mischer)*; agitator [blade], paddle *(Rührwerk)*
~/flache flat spade *(Spaten)*
Schaufelbagger *m* shovel (bucket) dredger *(zum Naßbaggern)*
Schaufelblatt *n* shovel, blade, paddle *(z. B. eines Mischers)*
Schaufellader *m* shovel (scoop) loader (dozer), loading shovel, face (front-end) loader, tractor loader, front-loading truck

Schaufelmischer *m* paddle (blade) mixer
schaufeln to shovel; to dig *(Grube ausheben)*
Schaufelradbagger *m* bucket-wheel excavator, rotary bucket excavator
Schaufelradmischer *m* turbine mixer
Schaufelstiel *m* shovel (spade) handle
Schaufenster *n* shop (display) window, *(Am)* show window; storefront sash
Schaufensterbank *f* **mit Stützrahmen** *(Am)* stallboard
Schaufensterfront *f* shop front, *(Am)* storefront
Schaufenstersims *m(n) (Am)* stallboard
Schauglas *n* inspection (sight) glass
Schauhaus *n* conservatory *(Gewächshaus)*
Schaukasten *m* display (show) case *(Vitrine)*; show box
Schaukelbrücke *f* roller bascule bridge
Schauloch *n* sight (inspection) hole, eye-sight, eyehole
Schaum *m* foam
~/vorgemischter preformed foam *(Schaumbaustoffe)*
Schaumbeton *m* foam (foamed) concrete; porous concrete; aerated (cellular) concrete
Schaumbildner *m* foaming agent
schäumen to foam, to expand *(speziell Kunststoffe)*; to foam, to froth *(eine Flüssigkeit)*
Schaumgips *m* aerated gypsum
Schaumglas *n* foam[ed] glass, expanded glass, cellular glass
Schaumgummi *m* foam (expanded) rubber; froth (sponge) rubber
Schaumisolierung *f* foamed insulation
Schaumkunststoff *m s.* Schaumstoff
Schaumpolystyrol *n* foamed (expanded) polystyrene; polystyrene foam
Schaumschlacke *f* foamed [blast-furnace] slag
Schaumstoff *m* foamed (expanded) plastic, cellular plastic, plastic foam
~/fester (harter) rigid foam
~/weicher flexible foam
Schaumstoffschicht *f* expanded plastic film
Schaumton *m* foamclay
Schäumzement *m* thermal insulating cement
Schauöffnung *f s.* Schauloch
Schauseite *f* visible side
Schauspielhaus *n* playhouse, theatre
Schauzeichen *n* annunciator *(Signalanzeige)*
Scheibe *f* 1. *(Stat)* membrane; 2. shear (cross) wall *(Wandscheibe)*; 3. sheet, disk, disc *(Tragwerk)*; 4. pane *(Glasscheibe)*; 5. washer, gasket *(Dichtungsscheibe)*; 6. sheave, belt *(Riemenscheibe)*
Scheibenauflagerand *m* glass (glazing) stop
Scheibenbalken *m (Am)* Clarke beam
Scheibenbauart *f* plate construction type, frameless construction
Scheibeneinklebeband *n* glazing tape *(Fenster)*
Scheibenfries *m* 1. disc frieze; 2. *s.* Scheibenornament
Scheibengummi *m* glazing gasket
Scheibenhalteklammer *f* storm clip *(Fenster)*
Scheibenhaus *n* straight-line block (building), slab-type building, slab block
Scheibenhochhaus *n* high-rise slab block
Scheibenklammer *f* storm clip *(Fenster)*
Scheibenklemmblättchen *n* glazing clip
Scheibenlager *n* disk bearing
Scheibenleiste *f* glazing bar *(Fenster)*
Scheibenornament *n* byzant, bezant
Scheibenschnitt *m***[/senkrechter]** slicing cut
Scheibentheorie *f* theory of sheets (discs)
Scheibentragwerk *n* [structural] sheet
Scheibenverzierung *f s.* Scheibenornament
Scheibenwand *f* shear (diaphragm) wall
Scheibenwirkung *f* diaphragm action; disk action
Scheibenzähler *m* by-meter *(Wasserzähler)*; disk meter
Scheidewand *f* 1. division wall, partition [wall] *(Trennwand)*; 2. diaphragm, membrane
Schein *m* 1. light *(Licht)*; 2. glow, gleam *(Glanz)*
~/matter satin sheen *(Anstrich)*
Scheinarchitektur *f* mock architecture, illusionism *(vorgetäuschte Architektur an Wänden oder Decken)*
Scheinbelastung *f* fictitious load
Scheindecke *f* false ceiling
Scheinfenster *n* dead window
Scheinfuge *f* false joint, control (dummy) joint
Scheinfugenfüllung *f* control-joint grouting
Scheingewölbe *n* blind vault (arch)
Scheinkraft *f* fictitious force
Scheinporosität *f* apparent porosity
Scheintür *f* false door
Scheinwerfer *m* floodlight [projector] *(Flutlichtanlage)*; spotlight *(im Theater)*; searchlight *(Suchscheinwerfer)*
~/mitlaufender follow spotlight
Scheinwerferbeleuchtung *f* floodlighting; searchlight illumination
Scheinwerferkontrollraum *m* spotlight booth *(Theater)*
Scheinwerferlicht *n* floodlight; spotlight *(Theater)*
• **im** ~ flood-lit
Scheinwerferstrahl *m* **/ waagerechter** horizontal searchlight beam
Scheitel *m* 1. *(Arch)* crown, sagitta *(Bogen)*; 2. top, vertex *(höchster Punkt)*; 3. crest *(Kamm, z. B. eines Berges)*
Scheitelbogen *m* soffit arch; Dutch (French) arch
Scheiteldruck *m* thrust on crown
Scheitelfuge *f* crown joint
Scheitelgelenk *n* top (crown) hinge, apex (vertex) hinge
Scheitellinie *f* top (crown) line, summit line
Scheitelmitte *f* centre of crown (top), centre of apex
Scheitelpfette *f* ridge purlin

Scheitelpunkt *m* 1. top, crown; vertex, apex *(höchster Gebäudepunkt)*; 2. *(Arch)* apse, apsis; 3. apse, apsis *(Mathematik)*
Scheitelrahmenholz *n* solid rib
Scheitelrippe *f* ridge rib
Scheitelstärke *f* thickness at crown
Scheitelstein *m* vertex block (stone), crown (top) block
scheitrecht straight *(gerade)*; flat
Schellack *m* shellac
Schellackfirnis *m* shellac varnish
Schelle *f* 1. clamp, clip, strap, pipe hanger *(Rohr)*; 2. *(El)* wire holder, brace
Schellhammer *m* 1. snap (set) hammer *(Bossierhammer)*; 2. *s.* Schellniethammer
Schellkopfnietung *f* snap riveting
Schellniethammer *m* snap hammer
Schema *n* 1. pattern *(Muster)*; schema *(System)*; 2. diagram, scheme *(Übersicht)*
Schemazeichnung *f* schematic diagram
Schenkel *m* 1. side, flange, leg *(Winkelstahl)*; 2. haunch, rein *(eines Gewölbes)*; web *(Träger)*; 3. *(Verm)* limb
~/abstehender outstanding flange
~/oberer top rail *(Tür, Fenster)*
Schenkellänge *f* length of flange
Schenkelteil *n* haunch *(eines Bogens)*
Scher... *s. a.* Schub...
Scherbe *f* fragment *(Bruchstück)*; shiver *(Splitter)*
Scherbeanspruchung *f* shear (shearing) stress
Scherbelastung *f* shearing load
scherbig flaky
Scherbruch *m* shear failure (fracture), sliding fracture; failure by rupture
Scherbruchbelastung *f* ultimate shear stress
Scherbruchspannung *f* ultimate shear stress
Scherbüchse *f (Erdb)* shear box
Scherdübel *m (Hb)* shear connector
Scherelastizität *f* elasticity in shear, elasticity to the shear stress
Schere *f* scissors *(kleine)*; shears *(große für Blech)*; [wire] cutters *(für Draht)*
Scherebene *f* shear plane, plane of shear
scheren 1. to shear; 2. to cut [off], to clip
Scherengitter *n* slidable lattice gate; concertina barrier
Scherenverbindung *f (Hb)* slit and tongue joint
Scherenzapfen *m (Hb)* forked mortise and tenon joint
Scherfestigkeit *f* shear strength, strength in shear
Scherfläche *f* plane of shear; plane of weakness
Scherhaftfestigkeit *f*/**wahre** *(Bod)* true cohesion
Scherkraft *f* shear force, shear action
Scherkrafthauptlinie *f* shear centre
Scherkraftplatte *f* batten plate
Scherkreis *m* circle of sliding (failure)
Scherprobe *f* shear test
Scherriß *m* shearing crack
Scherspannung *f* shear stress; bond stress *(am Bewehrungseisen)*
Scherspannungsübertragungselement *n* shear splice
Scherspannungsverformung *f* shear strain
Scherung *f* shear, shear action
~/reine pure shear
~/transversale transverse shear
Scherungs... *s. a.* Scher...
Scherungsstärke *f* intensity of shearing
Scherverformung *f* shear strain
Scherverhalten *n* shearing behaviour
Scherversuch *m* shearing test
Scheuerfestigkeit *f* abrasion resistance
Scheuerleiste *f* skirting board, *(Am)* baseboard, base, skirt; mop-board, scrub board, wash-board; sanitary cove (shoe)
~/anlaufende splayed baseboard
Scheuerleistenheizung *f* skirting [board] heating
Scheuerleistenkreuzblock *m* skirting block
Scheuermaschine *f* scouring machine
Scheuerpfahl *m* vertical cattle-guard *(Landbau)*
Scheune *f* barn, shed
Schicht *f* 1. layer; film *(dünn)*; lamella *(Blättchen)*; 2. course, layer, row *(Mauerwerk)*; *(Verk)* layer, course; ply, lamination, layer *(Holzschicht)*; daub *(Putzschicht)*; coat [of paint]; 3. stratum, bed *(Geologie)*; 4. shift, turn *(Arbeitsschicht)*; 5. *s.* Schichtenlänge
~/abgelagerte deposit
~/abgerundete oberste *(Am)* bahut *(einer Mauer)*
~/abgezogene rubbed finish *(Mauerwerk)*
~/auskragende corbelling
~/ausstreichende outcrop
~/ebene plane section (layer); plane lamina *(Schichtstoffe)*
~/einfache single course *(Mauerwerk)*
~/erste grade (ground) course *(eines Mauerwerks)*
~/gut tragfähige hardpan *(Bodenschicht)*
~/kapillarbrechende *(Verk)* capillary-breaking layer, layer destroying capillary action; dry area *(Sauberkeitsschicht)*; frost layer *(Dämmschicht)*
~/nicht zusammenhängende confined layer
~/obere finishing layer
~/oberste upper layer *(Straße)*
~/tragende bearing bed; *(Bod)* bearing stratum
~/untere bottom layer; *(Bod)* bottom stratum
~/wasserdichte damp course *(Sperrschicht)*
Schichtablösung *f* delamination
schichtähnlich layer-like
Schichtbaustoff *m* **mit Wabenkern** honeycomb laminate
Schichtdicke *f* layer thickness
~ über der tragfähigen Bodenschicht *(Bod)* overburden
Schichtelement *n* sandwich unit (member)
schichten 1. to pile, to stack *(stapeln)*; to stratify *(z. B. Schüttgüter)*; 2. *s.* schichtpressen; 3. *s.* beschichten

Schichten *fpl* **/ wasserführende** water-bearing strata
Schichtenanordnung *f* coursing *(Mauerwerk)*
Schichtenbalken *m (Am)* Clarke beam
Schichtenbauweise *f* layer construction
Schichtenbrett *n* **/ geleimtes** strip board, strip core [board] *(mit Holzlattenkern)*
Schichtendicke *f (Bod)* depth of strata
Schichtenfehler *m* substrate failure *(einer weichen Betonlage)*
Schichtenlänge *f* range *(Mauerwerk)*
Schichtenmauerwerk *n* **/ hammerrechtes** hammer-dressed ashlar masonry, block-in-course masonry
~/regelmäßiges regular-coursed rubble [wall], range masonry
~/unregelmäßiges hacking, irregular-coursed rubble [wall]
Schichtenprofil *n (Bod)* soil profile
Schichtenschließer *m* half header
Schichtenwandfaserplatte *f (Am)* laminated fiber wallboard
Schichtenwechsel *m (Arch)* alternating band *(Wechsel von Mauerschichten aus unregelmäßigen und regelmäßigen Steinen)*
Schichtfachwerkträger *m* glued laminated timber truss
Schichtfertiger *m* coater *(Auftragmaschine)*
Schichtfläche *f* **/ kapillarbrechende** *(Bod)* dry area
Schichtfolge *f (Bod)* series of strata
Schichtführer *m* shift boss
Schichtgestein *n* stratified (bedded) rock, sedimentary rock
Schichtglas *f* laminated glass
~/farbiges cased overlay glass
Schichtglied *n* sandwich member *(Element)*
Schichtholz *n* laminated wood (timber), *(Am)* laminated lumber; glued laminated timber, glulam
Schichtholzrahmen *m* glued laminated frame, *(Am)* glulam frame
Schichtholzsparren *m* glued laminated rafter, *(Am)* glulam rafter
Schichtholzträger *f* laminated timber girder
Schichtkonstruktion *f* **/ verleimte** glued laminated construction
Schichtmaß *n* piled measure *(Holz)*
Schichtmauerwerk *n* **/ hammerrechtes** coursed rubble [wall]
Schichtnutzholz *n* corded (stacked) timber
Schichtplatte *f* laminated sheet (board), laminate
Schichtplattenlage *f* ply *(Holz)*
schichtpressen to laminate
Schichtpreßstoff *m* laminated plastic (material), laminate; glued laminate
Schichtspaltung *f* delamination
Schichtstoff *m s.* Schichtpreßstoff
Schichtstoffglied *n* sandwich member *(Element)*
Schichtstoffplatte *f* **mit Papierbahnen** paper-based laminated board
Schichtstoffplattenelement *n* laminated board
Schichttrageholz *n* **/ verleimtes** glued laminated timber
Schichttrennung *f* delamination
Schichtung *f* 1. lamination; 2. striation, stratification, bedding *(Gestein, Boden)*; 3. layer, bedding *(Aufschüttung)*
~ in waagerechter Richtung horizontal lamination
Schichtungsebene *f* plane of stratification *(Gestein und Bodenschichten)*
Schichtverteilung *f* dividing of the courses *(Mauerwerk)*
schichtweise in layers
Schichtwerkstoff *m* sandwich
Schiebebrücke *f* draw-bridge
Schiebebühne *f* transporter bridge, traverser *(Arbeitsbühne)*
Schiebe-Falltür *f* sliding and folding door
Schiebefenster *n* sliding sash (window), sash (gliding) window; hung (hanging) sash *(vertikal)*; sliding hatch *(Luke)*
~/horizontales horizontal sliding window, horizontal slider
~/komplettes sash and frame
~ mit Drehflügel ventilator
~ mit Festfenstern und einem Hubfenster Yorkshire light
~ mit Fußscharnier top-hinged in-swinging window
~ mit Gegengewichten vertically sliding balanced sash
~/nach innen klappbares top-hinged in-swinging window
Schiebefensterausgleich *m* sash balance
Schiebefensterband *n* sash tape balance
Schiebefensterbandseil *n s.* Schiebefensterband
Schiebefensterbeschläge *mpl* sash hardware
Schiebefensterdrehverschluß *m* sash sweep lock
Schiebefenstereinschiebekasten *m* sash pocket
Schiebefensterfeder[n]gewichtsausgleich *m* spiral balance
Schiebefensterfeststeller *m* sash adjuster
Schiebefenstergegengewicht *n* sash weight (counterweight)
Schiebefenstergewichtsausgleich *m* sash (spiral) balance
~ durch Federkraft spiral balance
Schiebefenstergleitschienenbegrenzer *m* [sash] horn
Schiebefenstergriff *m* bar sash lift
Schiebefensterhalteleiste *f* sash (window) stop
Schiebefensterrahmen *m* sash frame, window sash; ventilator frame *(Belüftungsfenster)*
Schiebefensterraster *m* sash check stop
Schiebefensterschließer *m* sash fastener (holder)
Schiebefensterschnappraster *m* sash spring bolt, spring snib
Schiebefensterverschluß *m* casement fastener
Schiebefensterziehgriff *m* sash (window) pull

Schiebeglastür *f* sliding glass door
Schiebeladen *m* sliding shutter *(Fensterladen)*
Schiebelänge *f* run *(Schiebefenster, Schiebetür)*
Schiebeluke *f* sliding hatch
Schieber *m* 1. slide, slider; 2. slide valve, valve [door] *(Ventil)*; *(Wsb)* sluice valve, slide gate; 3. damper *(am Ofen)*; 4. register *(Öffnungsgrill)*; 5. squeegee *(Räumbalken für den Straßendienst)*
Schieberführung *f* damper guide *(Ofen)*
Schieberkappe *f* service box *(Straßenwasserschieber)*
Schieberschütz *n (Wsb)* sluice gate
Schieberstange *f* valve (slide) rod *(Schubstange)*
Schieberventil *n (Wsb)* slide gate valve *(Schleuse)*
Schiebetor *n* slide gate, sliding door (gate)
Schiebetoraufhängung *f (Am)* barn-door hanger
Schiebetreppe *f* folding (loft) ladder, folding stair
Schiebetür *f* sliding (slide) door, sash door; overhung door
~/seitliche horizontal sliding door
Schiebetüraufnahmeöffnung *f* [door] pocket
Schiebetürführung *f* **[/untere]** floor guide
Schiebetürrad *n* door roller
Schiebetürraster *m* sliding door check stop
Schiebetürschiene *f* sliding door rail
Schiebetürschloß *n* sliding door lock
Schiebewand *f* sliding partition (panel)
Schiebung *f* shear, shearing strain
schief 1. slanting, out of true, skew *(schräg)*; leaning *(z. B. ein Turm)*; crooked *(nicht parallel)*; 2. inclined *(geneigt, z. B. Flächen)*, sloping *(schräg abfallend)*; 3. oblique, inclined *(Mathematik)*
Schiefbogen *m* skew (oblique) arch
Schiefe *f* 1. inclination, slope *(Neigung)*; 2. obliqueness, obliquity *(z. B. eines Winkels)*
Schiefer *m* slate; schist; shale
~/bituminöser bituminous shale
~/eineinhalbfacher slate-and-a-half slate *(Breite)*
~/geblähter bloated (expanded) slate
~/geschnittener sized slate
~/kristalliner crystalline schist
~/polierter polished slate
~/sortierter sized slate
~/unregelmäßiger random (rustic) slate
~/unsortierter peggies; ton slate *(nach Gewicht gehandelt)*
schieferartig slaty, slate-like; schistous; shaly
Schieferabdeckung *f* slate hanging *(für Hauswände)*
Schieferbedachung *f* slate covering, slate roof cladding (sheathing)
Schieferbitumen *n* shale tar
Schieferdach *n* slate roof, slate covering
Schieferdacharbeiten *fpl* [roof] slating
Schieferdachreiter *m* slate ridge (roll)
Schieferdachverschalung *f* slate boarding
Schieferdecker *m* slater
Schieferdeckung *f* 1. [roof] slating *(Deckarbeiten)*; 2. slate roof covering (cladding, sheathing) *(Dachbelag)*
~/diagonalgelegte drop-point slating
~/englische rectangular slating
~ mit Zwischenraum spaced slating, open (half) slating
Schiefereindeckung *f* slate roof sheathing (covering, cladding)
~/senkrechte hanging shingling
Schieferende *n* [slate] tail
Schieferfußbodenbelag *m* slate floor cover[ing]
Schieferhammer *m* shingling hatchet
Schieferlage *f* **einer Schiefergröße** graduated [slate] course
~/verjüngte graduated [slate] course
Schieferlehre *f* scantle, size stick
Schiefermehl *n* slate powder (dust)
Schiefermergel *m* slaty marl
Schiefernagel *m* slating nail, slate nail (peg), composition (roofing) nail
Schiefernagelung *f* **kurz über der Mittellinie** centre nailing
Schieferpapier *n* slate paper
Schieferpigment *n* slate powder
Schieferplatte *f* slate slab, tablet of slate
Schieferplattenbelag *m* slate floor cover[ing] *(Fußboden)*
Schieferschneider *m* slate cutter
Schieferschneidlehre *f s.* Schieferlehre
Schieferschwarz *n* slate black
Schiefersplitt *m* crushed (broken) slate
Schieferton *m* [clay] shale, alum shale, shaly clay
schiefertonig shaly, shale-like
Schiefertonziegel *m* shale (cliff) brick, bing brick
Schieferung *f* bedding [cleavage] *(Geologie)*
Schieferunterlegpappe *f* slater's felt
Schieferunterlegschicht *f* sarking [board]
Schieferunterseite *f* [slate] bed
Schieferverkleidung *f***/ abgehängte** hung slating
Schieferwandverkleidung *f* hung slating, *(Am)* slate siding
Schieferzylinderdachreiter *m* slate ridge (roll)
Schiefgewölbe *n* skewed arch (vault)
~/achtzelliges [skewed] octapartite vault
schiefwinklig 1. oblique-angled; 2. skew *(schräg)*; 3. bevel *(abgefast)*
Schiene *f* 1. rail *(Eisenbahn)*; 2. rail, track *(Führungsschiene)*; slide bar *(Gleitschiene)*; 3. glazing bar *(kittlose Verglasung)*; 4. clout *(Schutzblech z. B. für Holz)*
~/bewegliche moving roller path
schienen to clout; to shoe
Schienenbagger *m* rail-mounted excavator
Schienenbefestigung *f* rail fastening (attachment)
Schienenflansch *m* rail shoe
Schienenfuß *m* rail base
schienengebunden rail-borne
Schienenkopf *m* head of rail, rail head

Schienenkörper *m* road bed
Schienenkreuzung *f/* **höhengleiche** grade crossing
schienenlos railless
Schienennagel *m* rail (track) spike, [dog] spike
Schienenschraube *f* sleeper (coach) screw
Schienenschwelle *f* sleeper, tie
Schienenspurweite *f* rail (track) gauge
Schienensteg *m* rail web
Schienenstoß *m* rail joint
~/aufliegender supported rail joint
~/schwebender suspended rail joint
Schienenstrang *m* track, railway line
Schienenträger *m* rail track girder
Schienenturmdrehkran *m* rail-mounted tower crane
Schienenüberhöhung *f* superelevation of rails
Schienenunterbau *m* road bed
Schienenverbinder *m* 1. track rail bond; 2. *(El)* conductor-rail bond
Schienenverbindungslasche *f* fishplate
Schiene-Straße-Verkehrsanlagen *fpl* combined rail and road transport facilities
Schierlingstannenholz *n* hemlock
Schießarbeit *f* blasting [work], shot firing *(Sprengen)*
Schießbaumwolle *f* gun-cotton, nitrocotton, nitrocellulose
schießen to blast, to shoot, to fire *(sprengen)*
Schießmeister *m* blaster, shooter, [shot] firer
Schießscharte *f* embrasure, loophole, slit; battlement *(Zinne)*; crenel *(Zinnenlücke)*
Schießschartenstand *m* embrasure
Schießschartenzwischenmauer *f* merlon
Schiff *n* nave *(Kirchenschiff)*; aisle *(Seitenschiff)*
Schiffahrtsdurchfahrt *f* fairway span *(Brücke)*
Schiffahrtsehrensäule *f* rostral column (pillar) *(mit Schiffsschnäbeln verzierte Gedenksäule)*
Schiffahrtskanal *m* canal; artificial [navigation] waterway
Schiffsanlegestelle *f* landing stage (place); lay-by
Schiffsdrehbrücke *f* pontoon swing bridge
Schiffshebeanlage *f s.* Schiffshebewerk
Schiffshebewerk *n* barge lift, lift lock, [mechanical] boat lift, *(Am)* boat elevator; ship hoist
Schiffswerft *f* shipyard, shipbuilding yard; dockyard
Schifter *m s.* Schiftsparren
Schiftsparren *m (Hb)* creeping rafter, jack (dwarf) rafter
Schikane *f* baffle block *(Bremspfeiler)*; bent approach *(scharfgebogene Zufahrt einer Autorennstrecke)*
Schild *m* shield, apron
Schild *n* [traffic] sign; signpost, guidepost *(Wegweiser)*
Schildbauweise *f (Tun)* tunnelling shield driving method
Schildbogen *m (Arch)* shallow arch
Schildplatte *f* back plate *(Türbeschlag)*
Schildschutz *m* shield protection
Schildvertrieb *m s.* Schildvortrieb
Schildvortrieb *m (Tun)* tunnelling shield driving method, shield tunnelling
Schilf *n* reed
Schilfdach *n* [reed] thatched roof
Schilfdacheindeckung *f* thatching
Schilfmatte *f* reed mat
Schilfplatte *f* reed board
Schilfrohr *n* reed [thatch]
Schilfrohrdach *n* reed roof[ing] *(s. a.* Schilfdach*)*
Schillbeton *m* tabby, oyster-shell concrete
Schimmel *m* mould *(Wand)*; mildew *(Holz, Mauerwerk)*
Schimmer *m* lustre, *(Am)* luster
Schindel *f* shingle, *(Am)* clapboard; *(Am)* lapsiding *(Wandverkleidung)*
~/handgefertigte *(Am)* shake
~/verschieden breite random shingle
Schindelbeize *f* shingle stain
Schindeldach *n* shingle roof
Schindeldachdeckerhammer *m* shingling hatchet
Schindel[dachein]deckung *f* shingle roof cladding (slating, covering, sheating)
Schindeldeckung *f* **mit senkrechter Zwischenfuge** shingle roof with open (half, spaced) slating
Schindelende *n/* **unteres** tab
Schindelfußreihe *f* [shingle] eaves course *(Traufage)*
Schindelhammer *m* shingling hatchet
Schindelholz *n* shingle-wood
Schindellage *f/* **erste** [shingle] undercourse *(Dach)*
Schindellegung *f/* **holländische** Dutch lap [of shingles]
Schindelnagel *m* shingle nail, deck clip, roofing nail
Schindelspaltmesser *n* riving knife
Schindeltür *f* louvre door *(mit Schindellamellen)*
Schindelüberlappung *f/* **halbe** common lap
Schindelunterlage *f* shingle backer
Schindelunterlegfolie *f s.* Schindelunterlage
Schindelverlegelehre *f (Am)* clapboard (siding) gage *(für Wandverkleidung)*
Schippe *f* [digging] shovel
schippen to shovel
Schippenband *n* hinge strap
Schirmbrett *n* luffer board *(Dach)*
Schirmdach *n* station roof
Schirmform *f* umbrella form
Schirmgewölbe *n* umbrella vault
Schlachthaus *n*, **Schlachthof** *m* slaughterhouse, abattoir
Schlacke *f* slag; blast-furnace slag, cinder, scum; clinker *(bes. von Kohle)*; scoria *(vulkanisch)*; breeze *(Asche)*
schlackenartig slaggy; scoriaceous
Schlackenaschebetonblock *m* breeze block
Schlackenascheziegel *m* breeze brick
Schlackenbeton *m* slag (cinder) concrete, clinker concrete

Schlackenbetonblock *m* breeze block
Schlackenbetonhohlstein *m* hollow clinker block
Schlackenbetonplatte *f* clinker slab
Schlackenbetonstein *m* cinder block
Schlackendiele *f* slag plank
Schlackeneinschluß *m* slag inclusion *(beim Schweißen)*
Schlackengasbeton *m* gas-slag concrete
Schlackenpflasterstein *m* slag paving stone
Schlackensand *m* slag sand, granulated blast-furnace slag; manufactured sand
Schlackenschotter *m* crushed blast-furnace slag; crushed slag course
Schlackenstein *m* slag block (stone); scoria brick, iron brick; dam
Schlackenwolle *f* slag (mineral) wool
Schlackenzement *m* Portland blast-furnace cement; slag (clinker) cement; blended cement
Schlackenziegel *m* slag brick; breeze brick
Schlackenzuschlag *m* 1. pan breeze; 2. *s.* Schlackenzuschlagstoff
Schlackenzuschlagstoff *m* slag (cinder) aggregate
schlackig *s.* schlackenartig
schlaff 1. slack; loose; flabby; 2. untensioned, unstressed *(Bewehrung)* • ~ **werden** to slacken, to go slack *(Bewehrung)*
Schlaffheit *f* slackness; looseness
Schlaffwerden *n* slackening
Schlafkoje *f* berth
Schlafraum *m* 1. bedroom; guest bedroom *(Hotel)*; 2. *s.* Schlafsaal
Schlafsaal *m* dormitory
Schlafstadt *f* dormitory town (suburb)
Schlaftrakt *m* dormitory block
Schlaf- und Wohnzimmer *n*/ **kombinertes** bed-sitting room, bed-sitter
Schlafzimmer *n* bedroom
~ **am Dielenende** hall bedroom
Schlafzimmer-Einbauschrank *m* bedroom closet
Schlafzimmergeschoß *n* bedroom floor (storey)
Schlag *m* 1. blow, shock, impact, stroke; 2. electric shock; 3. eccentricity, runout *(exzentrischer Lauf)*
Schlagbaum *m* [lifting] barrier; turnpike
Schlagbaumschranke *f* lifting barrier
Schlagbeanspruchung *f* impact stress
~ **bei wechselnder Belastung** alternating impact [bending] stress
Schlagbiegefestigkeit *f* impact bending strength
Schlagbiegeprüfung *f s.* Schlagbiegeversuch
Schlagbiegeversuch *m* impact (shock) bending test, blow bending test, drop test
Schlagbohren *n* percussion (hammer) drilling
Schlagbohrer *m* percussion (impact) drill
Schlagbohrmaschine *f s.* Schlagbohrer
Schlagbrecher *m* impact crusher
Schlageisen *n* narrow indented chisel, broad chisel, batting tool
Schlägel *m s.* Schlegel
schlagen 1. to beat, to strike, to bit; 2. to shatter, to crush *(zertrümmern)*
Schlagen *n* 1. pounding, striking; 2. hammering *(in der Wasserleitung)*; 3. crushing *(Zertrümmerung)*
schlagfest shock-resistant, impact-resistant
Schlagfestigkeit *f* 1. impact (shock) resistance, impact strength, toughness; 2. *s.* Schlagfestigkeitswert
Schlagfestigkeitsprüfung *f* impact resistance test
Schlagfestigkeitswert *m* aggregate impact value *(Zuschlagstoffe)*
Schlagfläche *f* impact surface
Schlaghärte *f* impact hardness
Schlaghaube *f* pile cover, [pile] helmet *(für Rammpfähle)*
Schlagklopfmaschine *f* tapping machine *(zur Schallmessung auf Decken)*
Schlagladen *m* hinged shutter
Schlagleiste *f* rabbet ledge, rebated joint at meeting stiles *(Fenster, Tür)*
~/**drehbare** turnable rebated joint
Schlagloch *n* pothole *(Straße)*
Schlagprüfung *f* 1. impact test *(Stahl)*; 2. aggregate impact test *(Gestein)*
Schlagregen *n* driving rain, wind-driven rain
~/**schwerer** heavy pelting rain
Schlagregendichtung *f* tile creasing *(Dach)*
Schlagschrauber *m* power (impact) wrench
Schlagschwelle *f* threshold, saddle back board
Schlagsonde *f* drivepipe
Schlagsteine *mpl* hand-broken metal, *(Am)* hand-broken stone
Schlagtor *n (Wsb)* cheek sluice
Schlagversuch *m s.* Schlagprüfung
Schlagzahl *f*/ **erforderliche** blow count *(um einen Gegenstand in die Erde zu treiben)*
Schlamm *m* 1. mud, mire; 2. silt, slime *(Schlick)*; sediment *(Ablagerung)*; 3. ooze *(aus der Aufbereitung)*; 4. slurry *(Zement)*; 5. slop *(Abwasser)*; sludge *(Faulschlamm)*
Schlammablagerung *f* sullage *(Abwasser)*
Schlammabsatzbecken *n* mud settling pond
Schlämmanalyse *f* sedimentation analysis (test), settling analysis (test); decantation test, elutriation analysis; hydrometer analysis *(Erdstoffprüfung)*
Schlämmapparat *m* apparatus for mechanical soil analysis
Schlammbecken *n* mud tank
Schlammbeseitigung *f* sludge disposal *(Abwasser)*
Schlammboden *m* muddy soil
~/**organischer** muck
Schlammdrän *m* sludge drain
Schlämme *f* whitewash
~/**kationische** acid slurry *(Bitumen)*
Schlämmeabsiegelung *f* grout seal; slurry seal *(Straße)*
Schlämmeanstrich *m* slurry coat
Schlämmebehandlung *f* slush grouting

Schlämmehaut *f* casting skin
Schlammeimer *m* gully trap *(Kanalisation)*
schlämmen to whiten, to whitewash
Schlämmen *n* whitening
Schlämmeüberzug *m* grout seal
Schlämmeversiegelung *f* slurry seal *(Straße)*
Schlammfang *m* silt collector (box), mud trap; grit chamber *(Sandfang)*
Schlammfangeimer *m* grit box
Schlammfänger *m* grit basin
Schlammfaulraum *m (San)* digesting compartment
Schlämmgerät *n* sedimentation machine *(Baustoffprüfung)*
Schlammgrube *f* slime pit
schlammig 1. muddy, slimy, sludgy, silty, oozy; turbid *(schmutzig, trübe)*
Schlamminjektion *f* mud grouting
Schlammkasten *m* settling tank *(Behälter)*
Schlämmkreide *f* whiting, Paris white; prepared (precipitated) chalk
Schlämmprobe *f* sedimentation test
Schlammpumpe *f* sludge (mud) pump
Schlammrohr *n* brine pipe *(Solerohr)*
Schlammrute *f* snake
Schlammschicht *f* silt (slime) layer
Schlammspülverfahren *n* elutriation
Schlammsumpf *m* sludge sump (bottom)
Schlammteich *m* mud settling pond
Schlammverwertung *f* sludge disposal
Schlämpe *f* 1. lime (plasterer's) putty, lime paste; 2. cement (wet) paste
Schlangenkurve *f* serpentine
Schlangenlinie *f* serpentine
Schlangenmustermosaik *n* vermiculated mosaic
Schlangenmusterverzierungen *fpl* vermicular work
Schlangenrohr *n* coil
schlank slender, slim
Schlankheit *f* slenderness, slimness
Schlankheitsgrad *m* slenderness ratio, ratio of slenderness *(eines stabförmigen Gebildes)*; degree of slenderness *(einer Säule)*; aspect ratio *(Knickfestigkeit)*
Schlankheitsgrenze *f* slenderness limit
Schlankheitsverhältnis *n* aspect ratio *(Knickfestigkeit)*
Schlauch *m* hose; flexible tube
Schlauchbrause *f* hand spray
Schlauchhaus *n* hose building *(Feuerwehr)*
Schlauchklemme *f* hose clip (clamp)
Schlauchtrockenhaus *n s.* Schlauchhaus
Schlauder *f* clamp iron
Schlaufe *f* loop
Schlaufenstoß *m* loop joint
Schlaufenverankerung *f* loop anchorage
Schlaufenversuch *m* loop-test bar *(Korrosionstest)*
Schlechtluft *f* foul air
Schlegel *m* mash [hammer], hump hammer; mallet
~/schwerer sledge hammer
Schleier *m* haze *(Anstrich)*
~/milchiger milkiness *(Anstrich)*
Schleierbildung *f* bloom *(frischer Lackanstrich)*
Schleife *f* loop
schleifen 1. to grind; to sand *(Holz)*; to buff *(Terrazzo)*; to polish, to burnish *(polieren)*; to smooth, to polish *(fein)*; to rub *(reiben)*; to hone *(abziehen)*; 2. to sharpen *(schärfen)*
Schleifgrund *m* sanding sealer
Schleiflack *m* polishing (rubbing) varnish, smoothing varnish, dull-finish lacquer
Schleiflackoberfläche *f* rubbed finish
Schleifmasse *f* burnishing
Schleifmittel *n* abrasive
Schleifpapier *n* abrasive paper
Schleifplattenversuch *m* wear-out test *(Abriebversuch)*
Schleifpulver *n* abrasive powder
Schleifschmant *m* sludge
Schleifstein *m* grinding stone; hone, whetstone *(Abziehstein)*
~/natürlicher grinding stone, *(Am)* grindstone
Schlempe *f* laitance, slop *(Zementschlamm)*
Schlempenbehandlung *f* slop treatment
Schlendergarten *m* stroll garden *(Spaziergarten)*
Schleppblech *n* cover plate, flange (boom) plate
Schleppdach *n* shed roof, pent roof
schleppen to haul *(ziehen)*; to trail, to drag *(nachschleppen)*
Schlepper *m* tractor
Schleppertieflöffel *m* tractor backactor
Schleppkurve *f* tractrix curve
Schlepplöffelbagger *m* dragline [exavator]
Schleppschaufel *f* scraper (dragline) bucket
Schleppschrapper *m* towed scraper
Schleppträger *m* bridge seating girder
Schlepptuchanstrich *m* curtain coating
Schlepptuchbestreichung *f s.* Schlepptuchanstrich
Schleppwalze *f* tractor-drawn roller
Schleuderbeton *m* spun (centrifugal) concrete, centrifugally cast concrete
Schleuderbetondruckrohr *n* spun concrete pressure pipe
Schleuderbetonmast *m* spun [concrete] mast
Schleuderbetonrohr *n* spun [concrete] pipe
Schleudergebläse *n* centrifugal fan
Schleudermast *m* spun [concrete] mast
schleudern to cast centrifugally *(Beton)*; to spin *(beschichten)*
Schleudern *n* spinning, centrifugal casting *(von Beton)*
Schleuderpumpe *f* centrifugal pump
Schleuderrohr *n* spun [concrete] pipe
Schleuse *f (Wsb)* 1. [canal] lock, lift lock *(für Schiffe)*; 2. sluice, flootgate, penstock *(Wasserregulierung)*; 3. sewer; culvert *(überwölbter Abflußgraben)*
Schleusenbecken *n* scouring basin

Schleusengas *n* sewer gas, sewage gas
Schleusenkammer *f (Wsb)* lock chamber; sluice chamber, coffer
Schleusenschieber *m* slide gate valve
Schleusentor *n* sluice (flood) gate; slide gate *(Schiebetor)*; lock gate *(Schiffsschleuse)*
~/zylindrisches drum sluice
schlicht 1. plain, smooth *(glatt bearbeitet)*; 2. simple *(einfach)*
Schlichte *f* white coat; size
schlichten 1. to plane, to finish *(eben machen)*; to flat, to smooth *(Holz)*; 2. to size *(grundieren)*
Schlichthobel *m* smoothing (smooth) plane; jack plane
Schlick *m* mud; sea silt *(angeschwemmt)*; ooze
Schlickerformung *f* slop-moulding, soft-mud process
schlickerig oozy
Schliere *f* 1. streak; 2. ream *(Glas)*
Schlierenbildung *f* streaking
Schließanlage *f* closing system
Schließblech *n* lock forend (plate), lock faceplate (front, strike), striking (strike) plate, keeper
Schließblechanschlagkante *f* lip strike
Schließblechaussparung *f* strike backset
Schließblechpfosten *m* lock (strike) jamb
Schließblechpfostenverstärkung *f* strike reinforcement *(Metalltürrahmen)*
Schließblechplatte *f* striker, strike plate
Schließblechverstärkung *f* closer reinforcement
Schließbolzen *m* cotter (joint) bolt
~/zweistufiger double-throw bolt
Schließbolzenöffnung *f* lock keeper
Schließe *f* bar; bolt (joint) pin
schließen 1. to close, to shut; 2. to lock *(abschließen)*; 3. to cap, to cover *(mit einem Deckel)*; 4. to tighten *(abdichten)*
~/ein Gewölbe to close a vault
Schließgriff *m* closing handle
Schließkante *f* closing edge
Schließkasten *m* casing of the lock
Schließkeil *m*/ **langer** mortise bolt
Schließkeilfläche *f* **eines Schlosses** front of a lock
Schließkeilloch *n* lock keeper
Schließklinkenring *m* drop ring
Schließkopf *m* closing head
Schließlängsholz *n* vertical meeting rail, meeting stile *(Tür, Fenster)*
Schließnaht *f* closing joint of a rebate *(Anschlag)*; closure weld *(Schweißen)*
Schließpfosten *m* shutting post *(Tor)*
Schließpunkt *m (Verm)* tie point
Schließsäge *f* sash saw *(Schlitzsäge)*
Schließsäule *f* shutting post *(Tor)*
Schließseil *n* closing rope *(Greifer)*
Schließvorrichtung *f* closing device (mechanism) closer
Schließziegel *m* closer *(einer horizontalen Lage)*, end tile (brick)
Schlinge *f* 1. noose, loop, sling; 2. curl *(spiralförmig)*, hinge *(Türangel)*
Schlingerreibung *f* wobble friction *(Spannglied)*
Schlingerverband *m* sway bracing *(Brückenbau)*
Schließzylinder *m*/ **blinder** dummy cylinder
~/in die Klinke eingebauter integral lock
Schließzylinder *mpl*/ **schlüsselgleiche** key-alike cylinders
Schlitz *m* slit, slot; nick *(Einschnitt)*; mortise *(Holz)*; glyph *(Zierrille im Stein)*
~/schräger inclined joint
Schlitzauslaß *m* slot (strip) diffuser, linear diffuser *(Klimaanlage)*
Schlitzeinschnitt *m* slot (slip) mortise, open mortise
schlitzen to slit, to slot; to split, to cleave *(spalten)*; to nick *(einkerben)*; to notch *(Holz)*
schlitzfräsen to gutter
Schlitzloch *n* slotted hole
Schlitzmaschine *f* mortiser
Schlitzrohr *n* slot (slotted) pipe
Schlitzsäge *f* sash saw
Schlitzschneiden *n* kerfing
Schlitzstein *m* flashing block *(zum Abdeckblecheinschub)*
Schlitzverbindung *f* mortising
Schlitzwand *f* diaphragm wall
Schlitzwandelemente *n* diaphragm wall unit (component)
Schlitzwandfuge *f* diaphragm wall joint
Schlitzzapfen *m (Hb)* housing joint, tongue, through mortise
Schlitzzapfung *f* tenon-and-slot mortise
Schloß *n* 1. castle *(Bauwerk)*; 2. [door] lock *(Bauwerk)*
~/arabisches kasr, qasr
~/einfach schließendes one-turned lock
~/eingelassenes flush-encased lock, dummy lock
~/französisches château *(Bauwerk)*
~ für eine Linkstür left-hand lock
~/klinkenloses deadlock
~/umdrehbares reversible lock
~/zweitouriges double-turn lock
Schloßabstand *m* **vom Türrand** lock backset
Schloßblech *n* key plate, [key] escutcheon, lock forend (faceplate), *(Am)* lock front
Schloßblechnagel *m* escutcheon pin
Schloßbohle *f* lock stile, strike (striking) stile, shutting (closing, slamming) stile *(Tür)*
Schloßbrett *n s.* Schloßbohle
Schloßdorn *m* dog nail
Schlosser *m* locksmith; fitter, millwright *(Maschinenschlosser)*
Schlosserei *f* locksmith's (fitter's) shop
Schloßfeder *f* lock clip, flat spiral spring
Schloßfläche *f*/ **sichtbare** forend *(eines eingebauten Türschlosses)*
Schloßgarnitur *f (Am)* lockset
Schloßhülsenblock *m* lock block

Schloßkasten *m* lock case, body of lock, *(Am)* box staple
~ **für eine Metalltür** lock reinforcing unit
Schloßkeilversatz *m* flush bolt backset
Schloßmauer *f* enceinte *(befestigt)*; antemural
Schloßmutter *f* clasp nut
Schloßnagel *m* dog nail
Schloßplatte *f* hinge plate
Schloßriegel *m* lock rail (bolt); dead bolt
~**/verzierter** apron rail
Schloßschiebebolzengriff *m s.* Schloßschiebegriff
Schloßschiebegriff *m* lever handle
Schloßschalter *m (El)* key switch
Schloßschraube *f* track (carriage, coach) bolt
Schloßschutzblech *n* stile (push) plate, hand (finger) plate
Schloßwand *f***/äußere** bailey *(eines mittelalterlichen Schlosses)*
Schloßziegel *m* keyed brick *(Nutenziegel)*
Schloßziernagel *m* escutcheon pin
Schloßzylinder *m* [lock] cylinder
Schlot *m* smokestack, chimney [stack]; funnel *(Lüftung)*
Schlucht *f* gorge, ravine *(Geologie)*
Schluckbrunnen *m* weephole
Schlucken *n*, **Schluckung** *f s.* Schallschluckung
Schluff *m* silt, inorganic silt, poor clay, *(Am)* soil binder
~**/organischer** organic silt
schluffartig silty
schluffhaltig silty
Schluffsand *m* sandy silt
Schlupf *m* slipping, slippage
Schlüpfrigkeit *f* slipperiness *(Glätte)*
Schlupftür *f* wicket [in a door]
Schlupfverteilung *f* distrubtion of slip
Schluß *m* 1. fastening, closing *(Verschluß)*; 2. head *(Überdeckung)*
Schlußabnahme *f* final (general) acceptance
Schlußanstrich *m* final coat of paint, final (finish) coat
Schlußbalken *m* top girder
Schlußbehandlung *f* final treatment
Schlußbogen *m* end arch
Schlüssel *m* 1. key; 2. spanner, *(Am)* wrench *(Schraubenschlüssel)*
Schlüsselbalken *m* trimmer, trimming joist; header
Schlüsselbart *m* key bit
Schlüsselfeile *f* key (warding) file
schlüsselfertig turn-key
Schlüsselformblech *n* ward *(Türschloß)*
Schlüsselloch *n* keyhole
Schlüssellochabdeckblech *n* drop key plate, keyhole plate, escutcheon
Schlüssellochabdeckscheibe *f* key drop
Schlüssellochauskleidungsblech *n* thread escutcheon
Schlüssellochdeckel *m* keyhole plate, escutcheon
Schlüssellochdeckplättchen *n* key drop
Schlüssellochklappe *f* scutcheon
Schlüsselstein *m* clavel, clavis *(s. a.* Schlußstein*)*
Schlußfuge *f* summit joint
Schlußlage *f* verge (barge) course *(Mauerwerk)*
Schlußlinie *f* closing line
~ **des Kräftevielecks** closing of the polygon of forces
Schlußlinienzug *m* closing lines
Schlußnaht *f* closure weld *(Schweißen)*
Schlußornament *n* **in einem Gewölbe/punktartiges** cul-de-lamp
Schlußpunkt *m* tie point
Schlußrechnung *f* final account
Schlußring *m* open (soffit) cusp *(Gewölbe)*
Schlußstein *m* apex (top) stone, vertex block, crown, clavis; capstone, keystone, boss, crown stone *(Gewölbe)*
Schlußsteinlage *f s.* Schlußsteinschicht
Schlußsteinschicht *f* key course, keystone layer *(Mauerwerk)*
Schlußziegel *m* closer *(einer horizontalen Lage)*; end tile *(Dachdeckung)*
Schmaldielung *f* strip (overlay) flooring
schmalflanschig narrow-flanged
Schmalhobel *m* thumb plane
Schmalkante *f* narrow edge
Schmalseite *f* narrow side
Schmalspurbahn *f* narrow-gauge railway, light railway
Schmelzasphalt *m* cast asphalt
schmelzbar fusible, meltable
Schmelzbarkeit *f* fusibility, meltability
Schmelzbeton *m* ice concrete
Schmelzeinsatz *m (El)* fuse, one-time fuse *(Sicherung)*
Schmelzfarbglas *n* stained glass
Schmelzkegel *m* fusion (Seger) cone
Schmelzklebstoff *m* thermosetting adhesive
Schmelzmittel *n* flux [addition] *(Schweißen)*
Schmelzscherbe *f* muffle
Schmelzschweißnaht *f* fusion weld
Schmelzschweißverbindung *f* fusion-welded joint
Schmelzsicherung *f (El)* safety fuse, non-renewable fuse
Schmelzstein *m* vitrified brick
Schmelzstift *m (El)* fusible plug *(Sicherung)*
Schmelzverbindung *f* fusible link *(von niedrigschmelzenden Metallen)*
Schmelzzement *m* melted cement
Schmelzziegel *m* shipper, burr *(minderwertiger, jedoch noch verwendbarer Ziegel)*
schmiedbar malleable, forgeable
Schmiedbarkeit *f* malleability, forgeability *(Metall)*
Schmiede *f* smith's (blacksmith's) shop, forge
Schmiedearbeit *f* 1. ironwork, forged work *(Gegenstand)*; 2. forging
Schmiedebolzen *m* black bolt
Schmiedeeisen *n* wrought iron
Schmiedeeisenfenster *n* wrought-iron window

Schmiedekunst *f* wrought-iron work; smith's art (skill)
schmieden to forge, to hammer
Schmieden *n* forging; die work *(Gesenkschmieden)*
Schmiedestahl *m* wrought (forge) steel
Schmiedestück *n* forging, forged piece
Schmiege *f* 1. chamfered moulding, chamfer; 2. zigzag rule, mitre (level) rule *(Schmiegmaß)*
Schmirgel *m* abrasive powder, emery
Schmirgelpapier *n* abrasive (emery) paper, sandpaper
Schmuckbogen *m* ornamental arch
Schmuckdecke *f* decorated ceiling
Schmuckelement *n* ornament, decorative element
schmücken to decorate; to embellish
Schmuckfirstziegel *m* cress tile
Schmuckplatte *f* plaque
~/runde tondo *(plastisches Medallion)*
Schmuckprofil *n* moulding pattern
Schmuckmuster *n* decorative pattern
Schmückung *f* decoration, embellishment
Schmutz *m* 1. dirt, mud; 2. waste, *(Am)* garbage *(Abfall)*
schmutzabweisend dirt-repelling
Schmutzdecke *f* mud blanket
Schmutzfangeimer *m* silt box
Schmutzfilter *m* dirt filter
Schmutzfleck *m* smudge *(Anstrich)*
Schmutzschutzblende *f* antismudge ring *(an Luftaustrittsöffnungen)*
Schmutzwäscherutsche *f* laundry chute *(Hotel)*
Schmutzwasser *n* dirty water; waste (foul) water *(s. a.* Abwasser*)*
Schmutzwasserkanal *m* sanitary sewer, separate [sanitary] sewer
Schmutzwasserpumpe *f* sewage ejector, sump pump
Schmutzwassersystem *n* **/ getrenntes** separate [sanitary sewer] system
Schmutzwasserverteiltank *m* distribution box *(in Sickerleitungen)*
Schnabel *m (Arch)* bird's beak moulding *(Ornament)*
Schnabelkopfverzierung *f (Arch)* beakhead *(in Tür- und Torbögen)*
Schnabelornament *n* bird's beak moulding
Schnalle *f* tie (stay) plate
Schnapper *m* latch *(Tür)*
Schnappkugelverschluß *m* bullet catch *(Tür)*
Schnappriegel *m* spring catch
Schnappschalter *m (El)* snap switch
Schnappschloß *n* spring latch, latch lock, [spring] catch, door catch, touch catch
Schnappschloßeinrichtung *f* elbow catch
Schnappverschluß *m* spring lock
Schnauze *f* lip *(überhängender Rand)*
Schnecke *f (Arch)* volute *(Schneckenornament)*
Schneckenbohrer *m* auger bit, worm auger
Schneckenbohrpfahl *m* screw pile
Schneckenförderer *m* screw (spiral) conveyor, helical conveyor *(Transportgerät)*
Schneckenlinie *f* helical line
Schneckengewölbe *n* spiral [barrel] vault, helical [barrel] vault
Schneckenkapitell *n* scrolled (scroll-shaped) capital
Schneckenornament *n (Arch)* scroll, volute *(Ornament an ionischen Säulen)*
Schneckenstiege *f* spiral staircase, caracole *(Wendeltreppe)*
Schneefangbrett *n* snow board
Schneefanggitter *n* snow guard *(Dach)*
Schneehaltehaken *m* snow hook *(Dach)*
Schneehalter *m* snow guard *(Dach)*
Schneelast *f* snow load
Schneepflug *m* snow plough
Schneeräumer *m* snow plough
Schneezaun *m* snow fence
Schneidbrenner *m* cutting torch (blowpipe), flame cutter
Schneide *f* cutter, cutting edge; blade *(Klinge)*
Schneideabfälle *mpl* cuttings
Schneideholz *n* saw-timber
Schneidelager *n* blade-bearing
schneiden to cut; to shear; to carve, to engrave *(in Holz, Stein, Stahl)*
~/auf Gehrung to mitre
~/das Holzverbindungsende to cope
~/eine Nut to dap
~/Gewinde to thread
~/Nuten *(Hb)* to gain
~/rechtwinklig to cut square, to square *(Holz)*
~/sich to intersect *(Linien)*
~/Zapfen to tenon
Schneidetiefe *f* cutting depth
Schneidmeißel *m* parting tool
Schneidmesser *n* cutting knife
~/einstellbares cutting gauge *(Furnierschnitt)*
Schneidschraube *f* self-tapping screw
schnell rapid, fast *(Verkehr)*
Schnellabbinden *n* flash set *(Zement)*
schnellabbindend rapid-setting *(Zement)*; rapid-curing *(Verschnittbitumen)*
Schnellalterung *f* accelerated ageing
Schnellalterungsprüfung *f* accelerated ageing test
Schnellaufzug *m* high-speed [passenger] lift, express lift, *(Am)* express elevator
Schnellbahn *f s.* S-Bahn
Schnellbauaufzug *m* rapid hoist, high-speed building hoist
Schnellbauweise *f* rapid-assembly method, quick-assembly method
Schnellbinder *m* rapid-setting cement, rapid-cementing agent, quick hardener
schnellbrechend quick-breaking, rapid-setting *(Bitumenemulsion)*
Schnellerhärtung *f s.* Schnellhärtung
schnellhärtend rapid-hardening

Schnellhärter *m* rapid (quick) hardener
Schnellhärtung *f* rapid hardening
Schnellhobelmaschine *f* high-speed planer
Schnellhorizontiergerät *n (Verm)* tilting level
Schnelligkeit *f* speed, velocity
Schnellkupplung *f* hitch, quick-coupling device
Schnellmontagebauweise *f* rapid-assembly method, quick-assembly method
Schnellot *n* quick solder; soft solder
Schnellprüfung *f* accelerated test
Schnellscherprüfung *f (Bod)* undrained shear test
Schnellschliffgrund *m* sanding sealer
Schnellschlußschieber *m (Wsb)* quick-closing sluice valve
Schnellschlußventil *n* quick-acting valve
Schnellspur *f* fast lane *(Autobahn)*
Schnellstraße *f* motorway, speedway, highway, *(Am)* expressway
~/kreuzungsfreie *(Am)* freeway
Schnellstraßennetz *n* highway network
Schnelltrockenfarbe *f* sharp paint
Schnellverkehr *m* high-speed traffic *(Straße)*; rapid transit *(Eisenbahn)*
Schnellverkehrsstraße *f s.* Schnellstraße
Schnellverschlußvorrichtung *f* automatic closing gear
Schnellversuch *m* accelerated test
Schnitt *m* 1. cut; notch, nick *(Kerbe)*; incision *(Einschnitt)*; slit *(Schlitz)*; 2. section, cross section *(Querschnitt)*; 3. sectional view (drawing) *(Zeichnung)*; 4. die set *(Säulenführungsschnitt)* • **im ~** in section *(Zeichnung)*
~/Goldener golden section
~ in Feldmitte *(Stat)* mid-span section
~/Ritterscher Ritter's dissection
~/schiefwinkliger bevel cut
Schnittbild *n* cut away view
Schnittdarstellung *f* sectional view, sectioning
Schnittebene *f* plane [of section]
Schnittebenenmarkierungsline *f* cutting-plane line
Schnittende *n***/ faseriges** woolly grain *(Holz)*
Schnittfläche *f* cut surface
Schnittflächenschraffur *f* section lining
Schnittfuge *f* cut joint, *(Am)* sawed joint *(Beton)*; [saw] kerf
Schnittfugenbreite *f* width of kerf
Schnittgrößenermittlungsverfahren *n* **nach der Elastizitätstheorie** permissible-stress design
Schnittholz *n* sawn [timber], *(Am)* yard lumber *(bis 125 mm stark)*; scantling *(Kantholz)*
~/gebündeltes packaged timber
~/unsortiertes mill run
Schnittholzbündel *n* packaged timber
Schnittiefe *f* cutting depth
Schnittkraft *f* cutting force; internal force *(innere Kraft)*
Schnittkraftverfahren *n (Stat)* method of sections
Schnittkraftverlauf *m* internal force distribution
Schnittlinie *f* line of intersection, intersection line
Schnittmaß *n* nominal size
Schnittplatte *f* die[-plate] *(Matrize)*
Schnittpunkt *m* point of intersection, intersection, intersectional point
Schnittpunktverzierung *f (Arch)* cusp *(bei gotischen Bögen)*
Schnittverfahren *n* **[/Ritterscher]** *(Stat)* method of sections
Schnittware *f s.* Schnittholz
Schnittwerkzeug *n* cutting (edge) tool; die
Schnittwinkel *m* intersecting angle
Schnittzeichnung *f* sectional drawing
Schnittziegel *m* wire-cut brick
Schnitzarbeit *f* wood carving
Schnitzbank *f* carver's bench; sticker bench
schnitzen 1. to carve, to cut; 2. to whittle; to thurm; 2. to incise *(einschneiden)*
Schnitzer *m* 1. wood carver; 2. *s.* Schnitzmesser
Schnitzmesser *n* wood-carving knife, *(Am)* sloyd knife; whittle
Schnitzwerk *n* **mit verschlungenen Formen** labyrinth fret, meander
Schnitzwerkzeug *n* carver's tools
Schnörkel *m* scroll, helix
Schnörkelverzierung *f* scroll moulding
Schnörkelverzierungen *fpl* scrollwork
Schnur *f* 1. cord, line, string; 2. *(El)* cord, flex
~ für Hubfenster sash cord (line)
Schnurbock *m* batter boards
Schnüren *n* broom, brooming *(eines Holzpfahlkopfs)*
Schnurgerüst *n* batter boards, pegging of batter boards
Schnurlot *n* plumb line; plumb [bob], plummet
Schnurnagel *m* line pin *(Mauerwerk)*
Schnurschalter *m (El)* pendant switch
Schnurschlag *m* lining out by chalk line
Schnurwasserwaage *f* line level
schönsäulig *(Arch)* eustyle
Schockbeton *m* shock concrete
Schöpfeimer *m* bailer, bucket
Schöpflöffel *m* bailer
Schopfwalm *m* half (partial) hip *(Dach)*
Schopfwalmdach *n* gambrel [roof], half-hipped roof
Schornstein *m* chimney; [smoke] stack *(Schlot)*; flue *(Schornsteinzug)*; flue of a producer *(Rauchabzug)*; funnel *(Luftschornstein)*; vent
~/blinder dummy funnel
~/freistehender isolated (independent) chimney
~/mehrröhriger flue grouping
~ mit natürlichem Zug natural-draught chimney
~ mit seitlichem Abzug und überdachter Spitze hovelling
~/schmaler chimney stack
~/unbesteigbarer unascendable chimney
Schornsteinabdeckung *f* abat-vent *(aus Metall)*
Schornsteinanker *m* chimney anchor

Schornsteinanschlußhülse *f* thimble *(Rauchrohr, Ofenrohr)*
Schornsteinaufsatz *m* cowl, chimney cap, chimney hood (jade); tallboy *(hoher)*
Schornsteinaufsatzrohr *n* chimney pot
Schornsteinbaugerüst *n s.* Schornsteingerüst 2.
Schornsteinblech *n* chimney apron, flashing *(am Dachdurchbruch)*
Schornsteinblechrinne *f*/ **kleine** fillet gutter *(zwischen Schornstein und Dachschräge)*
Schornsteindachrinne *f* back (side) gutter
Schornsteineffekt *m* chimney effect, stack (flue) effect
Schornsteineinfassung *f* chimney tray (flashing)
Schornsteinelement *n* chimney unit (component), flue block
Schornsteinfertigelement *n* chimney member (component), flue block
Schornsteinfertigteilsegment *n* special chimney unit
Schornsteinfertigteilstein *m* chimney block
Schornsteinformstück *n* chimney block
Schornsteinfuß *m* chimney base
Schornsteinfutter *n* flue lining
Schornsteingerüst *n* 1. saddle (straddle) scaffold *(Dachgerüst für Reparaturen)*; 2. chimney construction scaffold *(Baugerüst)*
Schornsteingruppe *f* chimney group, group of chimneys
Schornsteingruppenschmalseite *f* hench
Schornsteinhals *m* chimney throating
Schornsteinhaube *f* [chimney] cowl, chimney hood (head, top), lid of stack
Schornsteininnenputz *m* chimney parget[ing], chimney pargework (parging)
Schornsteinkanal *m* flue
~/falscher blind flue
Schornsteinkappe *f* chimney hood (jack, cap); chimney bonnet
Schornsteinklappe *f*/ **automatische** smoke [and fire] vent
Schornsteinkopf *m* chimney head (coping)
Schornsteinkragen *m* chimney umbrella
Schornsteinleiter *f* stack (chimney) ladder
Schornsteinluke *f* funnel opening
Schornsteinmauerstein *m* radial chimney walling unit
Schornsteinmittel[trenn]steg *m* [chimney] mid-feather
Schornsteinquerschnittsveränderung *f* [flue] gathering
Schornsteinregenkragen *m* chimney umbrella
Schornsteinreinigungsklappe *f* soot door [of chimney]
Schornsteinsattel *m* cricket
Schornsteinsattelabdeckung *f* saddle flashing
Schornsteinsäule *f* chimney shaft
Schornsteinschacht *m* flue uptake, chimney shaft; funnel shaft
Schornsteinschaft *m* chimney shaft, tun *(Dialektausdruck)*
Schornsteinschieber *m* chimney damper
Schornsteinschmalseite *f* hench
Schornsteinschutzabdeckung *f* chimney cap (hood, jack)
Schornsteinschutzblech *n* back gutter, flashing
Schornsteinsiebrost *m* chimney arrester
Schornsteinsockel *m* chimney base
Schornsteintrennwand *f* withe
Schornsteinverband *m* chimney bond, [chimney] brick bond
Schornsteinverstärkungsring *m* strenghtening ring round a chimney
Schornsteinwange *f* jamb of a chimney
Schornsteinwangenabdeckung *f* flaunching
Schornsteinzug *m* 1. chimney (natural) draught, *(Am)* chimney draft, upward pull; 2. chimney flue *(Kanal)*
Schornsteinzunge *f* withe, mid-feather
Schottenbauart *f* cellular framing *(Zellkonstruktion)*
Schottenwand *f* divider
Schotter *m* crushed stone (rock), broken rock (stone); metal; gravel *(Kies)*; macadam, mac *(Makadamschotter)*; ballast, *(Am)* railroad ballast
Schotterabdeckung *f* rock blanket
Schotterablage *f* ballast bed
Schotterbeton *m* ballast concrete
Schotterbett *n* hard-core bed; ballast bed, ballasting *(Eisenbahn)*
~/durchlaufendes uninterrupted ballast
Schotterdecke *f*/ **sandgeschlämmte** macadam surface
~/wassergebundene waterbound macadam
Schottergrube *f* ballast pit (quarry)
Schotterlage *f* hardcore layer *(Packlage)*
schottern to gravel, to coat with broken stones; to macadamize; to ballast *(Eisenbahnbau)*
Schotterschüttung *f* gravel (ballast) boxing
Schottersicker *m* French drain
Schotterstampfer *m* ballast tamper
Schottersteine *mpl*/ **übergroße** tailings
Schotterstraße *f* ballast (metalled) road, broken stone road
~/sandgebundene macadam road
Schottertragschicht *f* macadam base
Schottertransportwagen *m s.* Schotterwagen
Schotterüberschüttung *f* ballast bed *(Schotterbett)*
Schotter- und Splittwerk *n* rock plant
Schotterunterbau *m* macadam foundation
Schotterverteiler *m* gritter *(Splittsteuer)*
Schotterwagen *m* ballasting wagon
schraffieren to hatch; to hachure; to section *(für Schnitte)*; to shade *(schattieren)*
~/kreuzweise to cross-hatch
Schraffierung *f* hatching; shading
Schraffur *f* hatching, hatches
Schraffurlinie *f* shade line; section line

schräg oblique; slanting, inclined, sloping, sloped *(Fläche)*; skew *(Linie)*; bevel[led] *(Kante)*; raking *(geneigt)*; battered *(abgeschrägt)*; canted *(abgekantet)*; sidelong *(seitlich geneigt)*
Schräganschluß *m* raking flashing *(Dach)*
schrägansteigend upwardly inclined *(Fläche)*
Schrägaufzug *m* 1. slanting lift, inclined hoist; 2. ramp
Schrägbalken *m* raker [beam]
Schrägboden *m* slanting bottom *(Bunker)*
Schrägbogen *m* skew arch
Schrägbrett *n (Hb)* angle board
Schrägdach *n* pitched (inclined) roof
Schräge *f* 1. obliquity; inclination *(Neigung)*; 2. slant, diagonal *(geneigte Ebene)*; haunch *(Voute)*; inclined haunch; splay, chamfer *(Abfasung)*; cant *(schräge Kante)*; batter *(Abschrägung)*; bevel *(Fase)*; 3. broad *(Meißel)* • **mit ~** slanted
~/gedrückte diagonal in compression
~/gezogene tension diagonal
Schrägeisen *n* bent bar
Schrägentfernung *f* sloping distance
Schrägfuge *f* inclined joint; bevelled joint (halving), bevel-joint
schräggeschnitten edge-grained, rift-grained, vertical-grained *(Holz)*
Schräghauen *n* cut splay *(Ziegel)*
Schrägheitswinkel *m* angle of obliquity
Schrägholzverkleidung *f* diagonal sheathing
Schrägkante *f* bevelled edge (side)
Schräglagerfuge *f* toe joint
Schräglast *f* inclined load
Schrägluke *f* cant bay *(Dach)*
Schrägmaß *n* bevel way *(Gehrmaß)*
Schrägmauer *f* battered wall
Schrägnagelung *f* skew (slant) nailing, toe nailing
Schrägpfahl *m* raked (raking) pile, batter (brace) pile
Schrägpolygonroststab *m* inclined polygonal grate bar
Schrägprojektion *f* oblique projection
Schrägramme *f* oblique pile driver
Schrägrippe *f* oblique (helical) rib
Schrägrutsche *f* gravity chute *(für Schutt)*
Schrägschneiden *n* **der Giebelrandziegel** fair-raking cutting *(entsprechend der Dachneigung bei Verblendmauerwerk)*
Schrägschnitt *m* bevel cut; oblique section
Schrägstab *m* inclined (bent-up) bar
Schrägsteife *f* inclined brace, back prop
Schrägstein *m* bevelled brick, *(Am)* footstone
~ eines dorischen Gesimses/flacher mutule
schrägstellen to tilt *(kippen)*
Schrägstellen *n* tilting, slanting
Schrägstellung *f* obliquity, oblique position
Schrägstrahler *m* angle-lighting luminaire
Schrägstütze *f* raking support, diagonal
Schrägstützenramme *f* oblique pile driver
Schrägung *f* 1. *s.* Schräge 1. *und* 2.; 2. *(Hb)* gain
Schrägungswinkel *m* angle of skew
Schrägverband *m* raking bond *(Mauerwerk)*; diagonal bracing *(Stahlkonstruktion)*
Schrägverbindung *f* inclined joint
Schrägwand *f* battered wall
Schrägwinkel *m* bevel angle *(eines Schweißstücks)*
Schrägziegel *m* splay (cant) brick
Schrägzierleiste *f* raking (raked) moulding
Schrägzuganker *m* inclined tie rod
Schrägzugseilschlaufe *f* inclined tension rope loop
Schrämmaschine *f* channelling machine
Schrammbord *m* kerb, curb *(Bordstein)*
Schrammschwelle *f* kerb, *(Am)* curb
Schrank *m* 1. cupboard, closet; cabinet *(z. B. für Geräte)*; 2. *s.* Schränkung
~/eingebauter fitted (built-in) cupboard; build-in wardrobe *(Kleiderschrank)*
Schränkeisen *n* saw set
schränken to set [the teeth of a saw]
Schranknagel *m* lease pin (peg)
Schränkschicht *f* diagonal course *(Mauerwerk)*
Schränkschichtverband *m* herringbone (zigzag) bond *(Mauerwerk)*
Schrankschloß *n* cupboard lock, closet latch
Schränkung *f* set *(einer Säge)*
Schränkverband *m* diagonal bond *(Mauerwerk)*
Schrankwand *f* wall (shelf) unit, storage (cupboard) wall, closet bank
Schrapper *m* [dragline] scraper, power drag scraper
Schrapperkorb *m* scoop
Schrapplader *m* scraper loader
Schraubanker *m* screw anchor
Schraubdübelbolzen *m* screw dowel
Schraube *f* screw; bolt *(mit Mutter)*
~/gleitfeste friction grib-bolt
~/hochfeste high-tensile [grip] bolt, high-tension bolt, high-strength [friction-grip] bolt, friction grib-bolt; high-strength screw *(Stahlbau)*
~/hochfest vorgespannte high-tensile prestressed bolt, high-tensile grip bolt, high-tension [grip] bolt, high-strength [friction-grip] bolt
~/schwarze black bolt *(Rohrschraube)*
schrauben to screw
Schraubenbohrer *m* helical auger, auger drill
Schraubenbolzen *m* bolt
Schraubendreher *m* screwdriver
~/gekröpfter offset screwdriver
Schraubenförderer *m* helical conveyor *(Transportmittel)*
schraubenförmig 1. helical, screw-shaped; 2. twisted
Schraubengewinde *n* screw-thread
Schraubenklemme *f* screw anchor
Schraubenkurve *f* cochleoid
Schraubenlinie *f* helix [line], helical curve
Schraubenpfahl *m* screw pile
Schraubenrampe *f s.* Wendelrampe
Schraubenschlüssel *m* spanner, wrench

~ **mit Stellschraube** adjustable wrench
Schraubentreiber *m*/**elektrischer** electric screw jack
Schraubenverbindung *f*/**gleitfeste** friction grib-bolting, high-tensile bolting
~/**hochfeste** high-tensile bolted structural joint, friction grib-bolting
Schraubenverzierungselement *n (Arch)* scroll
Schrauber *m* screwdriver
Schraubhaken *m* screw hook
Schraubkeilklemmung *f* screw releasing wedge clamping
Schraubmuffe *f* screwed fitting, union
Schraubspindel *f* screw jack
Schraubstempel *m* ratchet brace
Schraubstock *m* vice, *(Am)* vise; bank screw
Schraubventil *n* compression valve *(Wasserleitung)*
Schraubverbindung *f* screw fastening (joint); threaded joint *(Rohre)*; nipple
Schraubwinde *f* screw jack
Schraubzwinge *f* cramp, [screw] clamp, carriage (web) clamp
~/**C-förmige** C-clamp
~/**große** G-cramp
Schrebergarten *m* allotment garden
Schreckgerüst *n* security floor *(Sicherheitsgerüst)*
Schrein *m (Arch)* shrine *(in Kirchen)*
Schreitabsteckpfahl *m* walking spud
Schreitbagger *m* walking dragline
Schriftband *n* label; *(Arch)* scroll *(Ornament mit aufgerollten Enden)*
Schriftfeld *n* title block *(Zeichnung)*
Schrotbeton *m s.* Torkretbeton
Schrotbohrer *m* adamantine drill
Schrotkeil *m* spalling wedge
Schrotkrone *f* chilled shot-bit *(Bohrspitze in der Baugrundbohrtechnik)*
Schrotschnittoberfläche *f* shot-sawn finish *(Naturstein)*
Schrotsäge *f* cross-cut saw, trim saw
Schrott *m* scrap [metal]
Schrottplatz *m* scrapyard, scrap stockyard
schrumpfen to shrink, to contract *(z. B. Beton)*
Schrumpfen *n* shrinking, shrinkage, contraction *(von Beton)*
~ **und Quellen** *n* working *(Holz)*
Schrumpfgrenze *f (Bod)* shrinkage limit
Schrumpfmaß *n* amount of shrinkage
Schrumpfring *m* shrunk-on ring
Schrumpfriß *m* contraction crack
Schrumpfspannung *f* contraction strain (stress)
Schrumpfung *f (Bod)* drying (water-loss) shrinkage *(Keramik)*
Schrumpfverbindung *f* shrink-joint; shrunk joint
Schrumpfwert *m s.* Schrumpfmaß
Schrumpfzugabe *f* contraction allowance
Schruppfeile *f* rough-cut file, second-cut file
Schrupphobel *m* jack plane
Schub *m* shearing, shear; thrust
~/**seitlicher** side thrust
Schub... *s. a.* Scher...
Schubachse *f* axis of thrust
Schubbalken *m* torque rod
Schubbeanspruchung *f* shearing stress; thrust action
Schubbewehrung *f* shear (web) reinforcement
Schubbewehrungseisen *n* web bar
Schubbruch *m* shear failure (fracture)
Schubdecke *f* nappe outlier *(Scheibenkonstruktion)*
Schubdeckung *f* allowance for the shear[ing] force
Schubdehnung *f* shear (shearing) strain
Schubeinlagen *fpl* shear (web) reinforcement *(Bewehrung)*
Schubeisen *n* web (bent) bar
Schubelastizität *f* elasticity of shearing
Schubelastizitätsmaß *n* modulus of transverse elasticity
Schubelastizitätsmodul *m s.* Schubmodul
Schubfensterladen *m* draw shutter
schubfest shear-resistant
Schubfestigkeit *f* shear strength
Schubformänderung *f* shearing deformation
Schubholz *n* kicker *(Verbindungsholz)*
Schubkarre *f* [wheel] barrow, hand[wheel] barrow; jib barrow
Schubkraft *f* shear (shearing) force; shear action, [thrust] force; horizontal (longitudinal) shear
Schubkraftdiagramm *n* shear force diagram
Schubkraftkurve *f* shear force curve, shearing curve
Schubkraftübertragung *f* shearing force transmission
Schubkraftübertragungselement *n (Hb)* shear connector
Schubkraftwechsel *m* change in shear force
Schubkraftwert *m* shearing force value
Schubkurve *f s.* Schubkraftkurve
Schublager *n* thrust bearing
Schublast *f* shearing load
Schublehre *f* vernier calliper, slide gauge
Schubmodul *m* shear modulus, modulus of rigidity, modulus of shear (torsion), modulus of elasticity in shear
Schubnachweis *m* shearing check
Schubquerschnitt *m* shearing section
Schubriegel *m* sliding bar (bolt), slip (tower) bolt, surface bolt, *(Am)* cremone bolt *(Fenster)*
Schubriegelstabbolzen *m* extension [flush] bolt
Schubriegelstange *f* surface bolt
Schubsicherung *f* shearing check
Schubspannung *f* shear (shearing) stress, horizontal shear, longitudinal shear (stress)
Schubspannungsdiagramm *n* shearing stress diagram
Schubspannungsgesetz *n* law of shear stress
Schubspannungslinie *f* shearing [stress] line, line of maximum shearing stress

Schubspannungsverteilung *f* shearing stress distribution
Schubstoßlasche *f* shear splice
Schubverbindung *f* shearing connection
Schubverbindungsholz *n* kicker
Schubverformung *f* distortional deformation
Schubverhalten *n* shearing behaviour
Schubwiderstand *m* shear[ing] resistance
Schubzahl *f* shear coefficient, coefficient of shearing
Schubwinkel *m* angle of shear
Schuh *m* shoe; saddle *(Stützenschuh)*
Schulbau *m* 1. school construction *(Bauen)*; 2. *s.* Schulgebäude
Schulbauten *fpl* school structures (buildings)
Schulgebäude *n* school [building], school block (complex)
Schulgelände *n* school grounds
Schulhof *m* schoolyard
Schulkomplex *m* school complex
Schulterbogen *m* shouldered arch
Schulternheben *n* shouldering *(Straßenbau)*
Schulturnhalle *f* school gymnasium
Schuppen *m* 1. shed *(z. B. für Geräte)*; storehouse *(zur Lagerung)*; 2. shelter *(Schutzhütte)*; 3. hovel *(armselige Hütte)*
~/offener open shed; shelter; linhay *(Dialektwort)*; penthouse *(Anbau)*
schuppenartig 1. imbricated *(z. B. eine Dachdeckung)*; 2. scaly, shelly *(abblätternd)*; 3. blowing, popping, pitting *(Kalkputzfehler)*
Schuppenfalzziegel *m* scale gutter tile
schuppenförmig shelly, scaly, scale-like
Schuppenfries scale frieze *(Ornament der romanischen Baukunst)*
Schuppenglimmer *m* flake mica
Schuppenmuster *n s.* Schuppenornament
Schuppenornament *n* imbrication
~/umgekehrtes contre-imbrication
schuppig scaly; flaky
Schürfe *f s.* Schürfgrube
schürfen to prospect, to dig [for]; to trench *(mit Schürfgraben)*; to scrape *(mit Schrapper)*
Schürfgrube *f* prospecting pit, trial pit
Schürfkasten *m* tractor-pulled carrying scraper *(s. a.* Schürfkübel*)*
Schürfkübel *m* scraper (dragline) bucket, [scraper] bowl, scoop, drag; cockscomb; grade-builder
Schürfkübelbagger *m* dragline [exavator], boom dragline
Schürfkübelraupe *f* scraper dozer
Schürfkübelwagen *m* scraper [loader]; squeegee
Schürflader *m* shovel dozer
Schürfloch *n* test pit (hole), trial hole
Schürfschlepper *m* tractor dozer
Schürfwagen *m s.* Schürfkübelwagen
Schurre *f* chute, hopper [chute], shaker chute, shoot
schurren to chute
Schürze *f* apron; chimney apron *(am Dachdurchbruch)*; flashing *(am Schornstein)*
Schürzeninjektion *f* curtain grouting
Schuß *m* blast, charge *(Sprengen)*
Schute *f* barge, lighter *(Schiff)*
Schutt *m* debris, rubble *(Bauschutt)*; debris, detritus *(Geologie)*; refuse *(Abfall)*
Schuttabladeplatz *m* dump site, dumping ground, rubbish dump
Schüttbeton *m* cast (poured) concrete, popcorn concret, tremie concrete *(mit Schütttrichter eingebracht)*; heaped concrete *(aufgeschüttet)*
Schüttdamm *m* embankment, earth bank
Schüttdämmung *f* loose[-fill] insulation
Schüttdichte *f* bulk density
schütteln to shake; to agitate, to stir; to vibrate *(erschüttern)*
Schüttelrutsche *f* shaker conveyer
Schüttelsieb *n* shaking screen (sieve), shaker; sifter
schütten to pour, to cast *(Beton)*; to pile, to heap *(aufschütten)*; to throw *(wegwerfen)*
~/Beton to pour (cast) concrete
Schutter *m* muck *(geschlossenes Haufwerk)*
Schüttgewicht *n* apparent density
Schüttgut *n* bulk (loose) material, bulk (heapable) goods
Schutthalde *f* rubble tip, rubbish heap
Schütthöhe *f (Erdb)* depth of packing, charging (filling) height
Schüttkegel *m* debris cone
Schüttlage *f* hardcore
Schüttmaterial *n* fill [material]
Schüttmauerwerk *n* random rubble
Schüttpacklage *f* hardcore
Schüttrinne *f* shoot *(Beton)*; delivery chute
Schüttrohr *n* tremie *(Beton)*
~ für Unterwasserbetonieren tremie pipe
Schüttsteinmasse *f* dumping stones
Schüttung *f* 1. *(Erdb)* fill[ing], backfill; bed; 2. pouring *(von Beton, Vorgang)*; heaping, piling
~/ruhende (statische) fixed bed
Schüttungshöhe *f (Erdb)* depth of packing
Schüttwinkel *m* dumping angle; angle of repose *(Böschungswinkel)*
Schutz *m* 1. protection; 2. screening, shield *(Abschirmung)*; 3. [wood] preservation; 4. *s.* Schutzeinrichtung; 5. *s.* Schutzdach
~/elektrolytischer (katodischer) cathodic (electrolytic) protection
Schütz *n (Wsb)* [flood] gate, sluice gate (valve)
Schutzanstrich *m* protective [paint] coating; seal; preservative *(Holzschutz)*
Schutzart *f (El)* protective system
Schutzbau *m* civil defence construction *(Luftschutz)*
Schutzbehandlung *f* protective treatment; preservative treatment
Schutzbeleuchtung *f* protective lighting

Schutzbereich *m* range (zone) of protection *(Blitzschutz)*
Schutzbeschichtung *f* 1. protective coating, protective finish[ing]; 2. *s.* Schutzschicht
Schutzbrett *n* guard (protecting) board
Schutzdach *n* shelter; canopy; porch *(Überdachung am Haus)*; shed; pentice, penthouse *(angebaut)*; awning *(Sonnenschutz)*
Schutzdecke *f* screen cover, covering
Schutzdeckel *m* protecting cover
Schutzdübel *m* bolt sleeve
Schütze *f s.* Schütz
Schutzeinlage *f* caul *(beim Furnierpressen)*
Schutzeinrichtung *f* protector, protective device; safety device, safeguard *(z. B. an Maschinen)*
schützen 1. to protect, to guard; to screen, to shield *(abschirmen)*; 2. to preserve [wood]
~/durch einen Wall to circumvallate
Schützenbreite *f (Wsb)* length of dam
Schützenschacht *m (Wsb)* gate shaft
Schutzfenster *n* storm window (sash)
Schutzfolie *f* protective plastic sheeting
Schutzgas[lichtbogen]schweißen *n* inert-gas-shielded arc welding
Schutzgebiet *n* protective area (zone); offset *(Bebauung)*
Schutzgeländer *n* protective railing, [safety] railing, guard rail (fence) *(z. B. einer Brücke) (s. a.* Geländer*)*
Schutzgerüst *n s.* Schutzrüstung
Schutzgitter *n* security screen, protective grating; [fire]guard *(vor einem Kamin)*; protective (guard) grille *(vor Fenstern)*; fence *(Schutzzaun)*
~ an Klimaanlagenschächten und -öffnungen fixed-bar grille
Schutzhaube *f* protecting cap (hood, bonnet)
Schutzholz *n* protecting stake
Schutzhülle *f* protective covering (sheathing)
Schutzkuppel *f* outer dome, exterior cupola
Schutzlage *f* protecting (protective) layer; caul *(beim Furnierpressen)*
Schutzleiste *f* dado capping (moulding), chair rail *(in Stuhllehnenhöhe an der Wand)*; stair noising *(Treppe)*
Schutzmaßnahme *f* protective (protecting) measure
Schutzmauer *f* protective masonry wall; shelter wall *(Mole)*
Schutzmuffe *f* protecting sleeve
Schutzpfahl *m* fender pile, pile fender
Schutzpfahlreihe *f* pile fender [row]
Schutzpfosten *m* engaged bollard
Schutzplatte *f* apron; kickplate *(Tür)*; backsplash *(zwischen Waschbecken und Wand)*
Schutzraum *m* shelter; air-raid shelter *(Luftschutz)*
~ gegen radioaktiven Niederschlag fallout shelter
Schutzrohr *n* protecting tube, sleeve piece, pipe sleeve *(Mauerwerkdurchbruch)*; floor sleeve *(Deckendurchbruch)*; *(El)* kickpipe, conduit; curb box *(für unterirdisches Ventil)*; escutcheon *(Öffnungshülle)*
Schutzrohrmuffe *f (El)* bushing
Schutzrüstung *f* protective (safety) scaffold[ing]
Schutzschalter *m (El)* protective circuit breaker, safety switch
Schutzschaltung *f (El)* protective (protecting) circuit
Schutzschicht *f* [protective] coating, protective layer; facework, facing [work] *(Putzschicht)*
~/dünne film, protective skin
~/keramische ceramic coating
Schutzschiene *f* guard rail *(Geländer)*; bead *(als Zier- und Schutzleiste)*
Schutzschirm *m* [protective] screen
Schutzschwelle *f* [curb] fender *(Bordschwelle)*
Schutzstange *f* guard (bumper) bar
Schutztafel *f* backsplash [plate] *(zwischen Waschbecken und Wand)*
Schutzüberzug *m* 1. protective (protection) covering; 2. *s.* Schutzschicht
Schutzverkleidung *f* protective lining (coating)
~ aus Schiefer slate siding
Schutzverrohrung *f* casing
Schutzwand *f* protection wall; area wall *(um Lichtöffnungen oder Kellerfenster herum)*; [protective] screen
Schutzwerk *n (Wsb)* work of defence (protection)
Schutzzaun *m* screening fence
schwabbeln to buff, to mop
Schwabbelscheibe *f* buff, buffing wheel, bob
Schwabber *m* squeegee *(Zement- und Bitumenschlämmenbehandlung)*
Schwachbrandziegel *m* callow, place brick; salmon brick
schwächen to weaken; to tender *(Material)*; to attenuate *(Schall)*
schwachgebrannt underburnt, soft-burnt *(Ziegel, Kachel)*
Schwachstrom *m (El)* low-voltage current, weak current
Schwächung *f* weakening
schwalben *(Hb)* to dovetail
Schwalbenschwanz *m (Hb)* dovetail
~/bedeckter blind dovetail
~/verdeckter lap[ped] dovetail, half-blind dovetail, secret dovetail[ing], hidden (mitre) dovetail
Schwalbenschwanzaussparung *f* **für Steinankerschrauben** lewis hole
Schwalbenschwanzblatt *n* dovetail halving
~ mit Brust shouldered dovetail halved joint, shouldered housed joint
schwalbenschwanzförmig dovetailed
Schwalbenschwanznut *f* dovetail groove
Schwalbenschwanznutlatte *f* dovetail lath (sheeting)
Schwalbenschwanzschiefer *m* slate cramp
Schwalbenschwanzverbindung *f (Hb)* dovetail[ed] joint

Schwalbenschwanzzapfen *m* wedge dovetail tenon
Schwalbenschwanzzinkung *f (Hb)* dovetail joint, dovetail, swallowtail • **mit ~** dovetailed
Schwamm *m s.* Hausschwamm
Schwammbeton *m* porous concrete
Schwammgummi *m* sponge rubber
schwammig 1. spongy, porous; 2. spongy, rotten, decayed *(Holz)*
Schwammpilzgewebe *n* mycelium *(Holz)*
Schwanenhals *m* goose-neck, swan-neck
Schwanenhalshandlauf *m* swan-neck *(Treppe)*
Schwanenhalsrohr *n* swan-neck pipe
Schwanenhalsrohrstück *n* swan-neck
Schwarte *f (Hb)* slab
Schwartenbrett *n* slab (outside) board
Schwarz *n***/ Berliner** Berlin black
~/Braunschweiger Brunswick black
Schwarzblech *n* black [iron] plate
Schwarzdecke *f (Verk)* bituminous pavement (surfacing), bitumen wearing course, bitumen (hydrocarbon) flexible pavement
Schwarzdeckeneinbaumaschine *f (Verk)* paver-spreader
Schwarzdeckenfertiger *m (Verk)* bituminous finisher (paver), paver-finisher, asphalt finisher
Schwarzdeckenmischanlage *f (Verk)* bituminous mixing plant
Schwarzdeckenmischgut *n (Verk)* bitumen pavement mix[ture], bituminous mixture (material), bitumen-aggregate mix[ture], hydrocarbon pavement mixture
schwärzen 1. to blacken; 2. to ebonize *(Holz)*
Schwarzerde *f* black earth
Schwarzkalk *m* grey stone lime
Schwarzkreide *f* black crayon
Schwarzpech *n* black pitch, common [black] pitch
Schwarzpulver *n* blasting powder, gunpowder
Schwebebahn *f* suspension (suspended) railway, cableway, *(Am)* ropeway
Schwebebogen *m* diaphragm arch; horizontal arch buttress
Schwebebühne *f* suspended platform
Schwebedecke *f* floating ceiling
Schweb[e]stoff *m* suspended matter
Schwebzusatz *m* suspending agent *(Farbe)*
Schwefel *m* sulphur; brimstone *(Rohschwefel als Handelsprodukt)*
schwefelhaltig sulphur[e]ous, sulphur-containing
Schwefelsäure *f* sulphuric acid
Schwefelvergußmasse *f* sulphur cement
Schwefelzement *m* sulphur cement
Schweifsäge *f* fretsaw
Schweifsägemaschine *f (Am)* saber saw
Schweifsägen *n (Hb)* curving
Schweinestall *m* pigsty, piggery, swine house (barn), *(Am)* pigpen
Schweißbahn *f* weldable bitumen sheet; welded bitumen (asphalt) sheeting
schweißbar weldable
Schweißbewehrung *f* welded reinforcement
Schweißbrenner *m* blowpipe, welding torch; acetylene torch
Schweißelektrode *f* welding electrode
schweißen to weld
~/autogen to torch-weld, to weld autogenously
Schweißen *n***/ elektrisches** arc welding
~/lagegerechtes positioned welding
Schweißer *m* welder
Schweißflansch *m* welding flange; welded flange
Schweißgitterrost *m* welded area grating
Schweißhilfsring *m* backing ring *(als Hinterlage)*
Schweißkonstruktion *f* welded construction (structure), weldment
Schweißlage *f* 1. welding layer, [weld] pass; 2. weld[ing] position
~/erste first layer
Schweißmaschenmatte *f* welded mesh reinforcement
Schweißnaht *f* weld, welding seam, welded joint
~/unterbrochene intermittent weld
Schweißnahtlehre *f* weld gauge
Schweißpistole *f* [welding] gun
Schweißpunkt *m* weld point, welded spot, nugget *(Punktschweißen)*
Schweißraupe *f* [weld] bead
Schweißspannung *f* welding stress
Schweißstab *m* welding (filler) rod
Schweißstahl *m* weld[ing] steel, wrought iron
Schweißstelle *f* welding point, weld, joint
Schweißstellenkorrosion *f* weld corrosion (decay)
Schweißstoß *m* 1. weld joint; 2. *s.* Schweißverbindung
Schweißträger *m* welded girder
Schweißung *f* 1. weldment, weld; 2. welding *(Schweißarbeiten)*
Schweißunterlagshilfe *f* backing [strip]
Schweißverbindung *f* welded joint (connection), connection by welding
~ ohne gegenseitige Berührung open [weld] joint
~/schlechte bad weld
Schweißwerkstoff *m* weld material (metal)
Schweizerhaus *n* [swiss] chalet
schwelen to smoulder
Schwellast *f* oscillator load *(periodisch)*
Schwellbeiwert *m (Bod)* swelling index
Schwellboden *m* expansive soil
Schwelle *f* 1. ground plate (sill), sill, cill, *(Am)* abutment piece, sole piece (runner) *(Fachwerk)*; 2. door strip (saddle), 3. *(Hb)* sleeper [plate]; 4. sleeper, *(Am)* [cross-]tie, cross sill *(Gleisbau)*; 5. fender *(Schutzschwelle)*; 6. *s.* Schwellenwert
schwellen to belly [out], to swell *(Boden)*; to rise
Schwellenankerbolzen *m* plate (sill) anchor
Schwellenbalken *m (Hb)* sleeper, sole plate (piece)
Schwellenbalkenklammer *f* sleeper (floor) clip
Schwellenbett *n* sleeper bed
Schwelleneinspannung *f* sleeper fastening

Schwellenholz *n (Hb)* [sole] plate; timber for sleepers *(Gleisbau)*
Schwellenquerbalken *m* sleeper joist
Schwellenrost *m* grillage [beam], grating
Schwellenrostunterbau *m* horizontal grillage
Schwellenschraube *f* sleeper bolt
Schwellenschubholz *n* kicking piece *(zur Verstrebung)*
Schwellenstein *m* doorstone
Schwellenstopfer *m* tamper
Schwellenträger *m* sleeper bearing girder
Schwellenwert *m* threshold [value]
Schwellholz *n* wall (head) plate, sill [plate]; ground joist, bottom rail; door saddle (strip); capping, cap *(Abdeckung)*
Schwellung *f* entasis *(einer Säule)*
Schwellwulst *f* coaming *(Dachöffnung, Deckenöffnung)*
Schwellzahl *f* coefficient of swelling
Schwellzement *m s.* Quellzement
Schwellziffer *f s.* Schwellzahl
Schwemmaterial *n* alluvial deposit *(Geologie)*
Schwemmland *n* reclaimed land, wash
Schwemmsand *m* alluvial sand; inundated sand; running sand
Schwemmstein *m* 1. alluvial stone; 2. pumice concrete block
Schwenkarm *m* swinging lever (arm)
schwenkbar swivelling, swinging; pivoting, hinged
Schwenkbereich *m* swing angle *(Kran, Bagger)*
Schwenkbewegung *f* swinging *(Bagger)*
schwenken to swivel, to swing; to pivot, to hinge; to tilt *(kippen)*
Schwenkhahn *m* swivel tap
Schwenkkran *m* revolving (slewing) crane
Schwenkkreishöhe *f* tilting level
Schwenk[schaufel]lader *m* swing loader
Schwenkschildplanierraupe *f* angledozer
Schwenkstein *m* hip stone *(Kehlstein)*
Schwenksteinkehle *f* swept valley
Schwerbeton *m* heavy[-aggregate] concrete, dense concrete, normal (ordinary) concrete
~/normaler normal-weight concrete
Schwerbetonabschirmung *f* heavy-aggregate shield *(Reaktorbau)*
Schwerbewehrung *f* web (heavy) reinforcement
Schwergewichtsmauer *f (Wsb)* gravity dam, gravity [retaining] wall, gravity masonry wall
Schwergewichtssturz *m* loose lintel
Schwergewichtsstützmauer *f* mass retaining wall
Schwerkraftfettfänger *m* grease trap (interceptor)
Schwerkraftfilter *n* gravity filter
Schwerkraftheizung *f* gravity heating
Schwerkraftumlauf *m* gravity (natural) circulation *(Wasser)*; natural convection *(Luft)*
Schwerkraftwirkung *f* effect of gravity
Schwerprofil *n* heavy profile
Schwerpunkt *m* centre of mass (gravity), centroid
Schwerpunktskurve *f* centrode
Schwerspat *m* barytes *(Strahlenschutzbetonzuschlagstoff)*
Schwerspatbeton *m* barytes concrete
Schwerstbeton *m* superheavy concrete, heavy-weight (heavy-aggregate) concrete, high-density concrete, loaded concrete; boron-loaded concrete *(mit Boradditiven)*
~ mit Magnetitzuschlagstoff magnetic concrete
Schwerstverkehr *m* heavy traffic
Schwerstzuschlagstoff *m* heavy-weight aggregate
Schwertornamentdekoration *f* dagger [ornament]
Schwerverkehr *m* heavy traffic
Schwerzuschlag *m* heavy-weight aggregate
Schwibbe *f* cross pawl *(Windkreuzlatte)*
Schwibbogen *m* 1. diaphragm arch; 2. flying buttress *(gotischer Strebebogen)*
Schwimmbad *n* swimming-pool; indoor swimming pool (bath), *(Am)* natatorium *(Hallenschwimmbad)*
Schwimmbagger *m* [floating] dredger, dredge
Schwimmbecken *n* swimming-pool, *(Am)* natatorium
Schwimmbeckenanstrich *m* swimming-pool paint
Schwimmbrücke *f* floating (pontoon) bridge; boat-bridge
schwimmen to float; to raft *(Gründung)*
Schwimmen *n* **des Sands** boiling of sand *(Baugrund)*
Schwimmer *m* float *(z. B. eines Ventils)*
Schwimmerhahn *m* ball tap
Schwimmerregelung *f* float control
Schwimmerschalter *m (El)* float switch
Schwimmerventil *n* float valve
Schwimmervorrichtung *f* ball cock
Schwimmkasten *m (Erdb)* floating caisson (box), caisson
Schwimmkontaktschalter *m (El)* float switch
Schwimmkörper *m* float[er]
Schwimmkran *m* floating (pontoon) crane
Schwimmramme *f* floating (pontoon) pile driver
Schwimmsand *m* running (shifting) sand, quicksand; lost ground
schwindausgleichend shrinkage compensating
Schwindbeiwert *m* shrinkage coefficient
Schwindbewehrung *f* shrinkage reinforcement
Schwindbewehrungsstab *m* shrinkage bar
Schwinddruck *m* shrinkage pressure
schwinden to contract, to shrink *(Material)*; to pinch *(als Folge von Druckkräften)*
Schwinden *n* **des Betons** contraction of concrete
Schwindfuge *f* shrinkage (contraction) joint
Schwindindex *m* shrinkage ratio
Schwindmaß *n* rate of shrinkage, measure of contraction (shrinkage); shrinkage coefficient
Schwindriß *m* shrinkage (contraction) crack, crack due to contraction
Schwindrißbildung *f* shrinkage cracking *(Beton)*
Schwindrißnetzlinien *fpl* pattern cracking
Schwindspannung *f* shrinkage stress

Schwindung *f* shrinkage, [volume] contraction *(von Material)*
Schwindungs... *s. a.* Schwind...
Schwindungshohlraum *m* shrinkage (contraction) cavity
schwindungskompensierend shrinkage compensating
Schwindverankerung *f* shrinkage anchoring
Schwindverhältnis *n* shrinkage ratio
Schwindbodenbelag *m* sprung floor cover[ing]
Schwindbühne *f* hinged loading ramp *(zum Verladen)*
Schwinge *f* rocker bar *(Kippriegel)*
schwingen 1. to swing *(sich hin- und herbewegen)*; to oscillate *(pendeln)*; 2. to vibrate *(vibrieren)*; 3. *s.* mitschwingen
Schwingen *n* **des Brückenträgers** oscillation of bridge girder
Schwingfestigkeit *f* dynamic strength
Schwingflügel *m* balanced window, pivoted sash *(Fenster)*
Schwingflügelfenster *n* pivot[ed] window, horizontal centre-hung window; projected window
Schwingflügeltür *f* swing (swinging, draught) door
Schwingfußbodenbelag *m* sprung floor cover[ing]
Schwinghebel *m* oscillating lever
Schwinglast *f* oscillator load *(periodisch)*
Schwingneigung *f* tendency to vibrate
Schwingsaitendehnungsmesser *m (Bod)* vibrating-wire strain gauge
Schwingsieb *n* vibrating (swing) screen
Schwingspannungen *fpl* dynamic stress
Schwingtür *f* swing-door; overhead door, overhead-type garage door
~ in zwei Richtungen double-acting (double-swing) door
Schwingtürrahmen *m* double-acting frame
Schwingtürscharnier *n* double-acting hinge
Schwingung *f* 1. swing; oscillation, oscillatory motion; 2. vibration *(Erschütterung)*
~/elastische elastic vibration
~/stehende stationary vibration
Schwingungen *fpl***/ harmonische** harmonic vibration (motion)
Schwingungsbruch *m* break under vibratory stresses
Schwingungsdämpfer *m* vibration damper, vibration isolator (mount); shock mount
Schwingungsdämpfung *f* vibration damping
Schwingungsfestigkeit *f* oscillation resistance, vibration resistance, vibratory strength *(Festigkeitslehre)*; dynamic strength
schwingungsfrei vibration-free
Schwingungsfreiheitsgrad *m* degree of vibrational freedom
schwingungsisoliert vibration-insulated, oscillation-insulated; resilient *(elastisch)*
Schwingungsmesser *m* vibration meter
Schwingungsnachweis *m* oscillation (vibration) check
Schwingungsschutz *m* protection (insulation) against vibrations
Schwingungsübertragung *f* oscillation transmission
Schwingungsversuch *m* repeated stress test
Schwingwand *f* diaphragm [wall]
schwitzen 1. to sweat, to become moist (damp) *(z. B. Mauern)*; to weep, to bleed *(Beton)*; 2.to steam up, to fog *(Fensterscheiben beschlagen)*; 3. to flat [up] *(Schwarzdecke)*
Schwitzisolierung condensation insulating (dampproofing)
Schwitzraum *m* sweat room; sweathouse *(der amerikanischen Indianer, ähnlich einer Sauna)*
~/römischer *(Arch)* laconicum, sudatorium
Schwitzwasser *n* condensation water, sweat
Schwitzwasserablauf *m* condensation gutter (trough)
Schwitzwasserbildung *f* sweating, surface condensation
schwitzwasserfrei condensateless
Schwitzwasserisolation *f* antisweat type insulation; condensation dampproofing
Schwitzwasserkorrosion *f* perspiration corrosion
Schwitzwasserrinne *f* condensation channel (gutter)
Schwund *m* 1. shrinkage, [volume] contraction; 2. loss *(Verlust)*; leakage *(durch Aussickern)*
Schwund... *s.* Schwind...
Schwundbruch *m s.* Schwindrißbildung
Sechsblatt *n* sexfoil *(gotisches Maßwerk)*
Sechseck *n* hexagon
sechseckig hexagonal
Sechskantbolzen *m* hexagonal bolt
sechskantig hexagonal
Sechskantmutter *f* hexagon nut
Sechskantprofil *n* hexagon bar steel
Sechskantschraube *f* hexagonal bolt
Sechskantstahl *m* hexagon bar steel
Sechspaß *m* six-lobe tracery *(gotisches Maßwerk)*
Sediment *n* sediment, settlings
Sedimentation *f* sedimentation, settling
Sedimentationsanalyse *f* sedimentation analysis
Sedimentationszylinder *m* settling glass *(Baustoffprüfung)*
Sedimentgestein *n* sedimentary (bedded) rock
sedimentieren to sediment, to settle
See *m***/ künstlicher** artificial lake
Seeasphalt *m* lake asphalt (pitch)
Seebaggerung *f* marine dredging
Seebau *m* 1. marine construction; seashore civil engineering; 2. marine (maritime) structure *(Meeresbauten)*; coastal work
Seebaubeton *m* marine concrete
Seebauten *pl* seaworks; coast (coastal) works
Seedamm *m* sea pier
Seedeich *m* sea dyke

Seegras *n* eel grass *(für Isolierzwecke)*
Seehafen *m* 1. seaport, harbour *(Meereshafen)*; 2. *s.* Seehafenstadt
Seehafenstadt *f* seaport [town], maritime town
Seekanal *m* sea (maritime) canal
Seekreide *f* bog lime
Seeküste *f* seacoast, seashore, *(Am)* seaboard
Seelöß *m* sea clay
Seemuschelornamentgestaltung *f* coquillage
Seesand *m* sea (beach) sand *(Meeressand)*; lake sand
Seeschleuse *f* sea lock (gate) *(Meer)*
Seeschutzbauten *pl* [coastal] protection works
Seesperre *f* sea lock
Seeuferbau *m* strand works
seewasserbeständig salt-water-proof
Seewasserbeton *m* seawater concrete
Segeltuch *n* canvas
Segeltuchüberzug *m* canvas covering
Segerkegel *m* Seger (fusion) cone
Segment *n* 1. segment *(Kreisabschnitt)*; 2. section *(Rohrisolierung)*; 3. segment *(Gebäudesegment)*
Segmentarm *m* gate arm
Segmentbogen *m* segmental arch
Segmentbogendach *n* segmental arch roof
Segmentboiler *m***/ gußeiserner** cast-iron boiler
Segmentdecke *f* segmental ceiling (floor)
Segmenteisen *n* half-round [bar]
Segmentfachwerk *n***/ obengewölbtes** camelback truss
Segmentkurvensäge *f* segment saw
Segmentlager *n* segmental bearing
Segmentschale *f* segmental shell
Segmentspreizbolzen *m* star expansion bolt
Segmentstein *m* imbrex
Segmentträger *m* polygonal bowstring girder
Segmentverschluß *m (Wsb)* tainter gate
Segmentwehr *n* segmental barrage
Segregation *f* segregation
Sehloch *n* lunette
Sehne *f* 1. cord; 2. chord *(Kreissehne)*
Sehschlitz *m* loop window *(in einer Mauer)*
seicht shallow, shoaly
Seifenschalenfliese *f* soap tray tile
Seil *n* 1. rope, cable; guy rope *(Halteseil)*; 2. cord, string, line *(Schnur)*; 3. stretching cable *(Vorspannseil)*
~/drallfreies non-stranded (non-spinning) rope
~/geflochtenes braided rope
Seilanker *m* guy rope (cable)
Seilausgleichsvorrichtung *f* rope suspension equalizer *(Aufzug)*
Seilauslegerdach *n* cable roof, suspended roof
Seilbahn *f s.* 1. Schwebebahn; 2. Standseilbahn
Seilblock *m* pulley block
Seilbrücke *f* cable bridge, rope suspension bridge
Seildach *n* 1. suspended (suspension) roof; 2. *s.* Seilhängedach
Seildurchhang *m* cable sag *(Brücke)*
Seileck *n* string (funicular) polygon, link polygon
Seilförderung *f* rope haulage (extraction)
Seilhaken *m* rope hook
Seilhängedach *n* rope suspension roof, rope-suspended (cable-suspended) roof
Seilhängegerüst *n* flying (float) scaffold, boat (ship) scaffold
~ mit Hebewinde single-point adjustable suspension scaffold
Seilhängerüstung *f* swing[ing] scaffold, swing stage; two-point suspension scaffold
Seilklemme *f s.* Seilschloß
Seilkonstruktion *f* cable-supported construction
Seilkopf *m* cable end
Seilkragdach *n* cable roof, cable-suspended cantilever roof
Seilkurve *f* funicular line
Seillinie *f* funicular line
Seilornament *n* cabling, rudenture
Seilplan *m s.* Seilpolygon
Seilpolygon *n (Stat)* funicular (rope, link) polygon
Seilrolle *f* rope pulley, [pulley] sheave
Seilrollenzug *m* pulley [lifting] tackle
Seilschloß *n* rope clamp (clip, socket, cramp), cable end
Seilschwebebahn *f s.* Schwebebahn
Seilstrahl *m* funicular line
Seilsystem *n* rope (cable) system
seilverankert guyed, cable-stayed
Seilverspannung *f* cable bracing, guying
Seilwinde *f* rope winch, crab [winch], capstan
Seilwirkung *f* cable (rope) action
Seilwulst *m(f)* rope moulding *(Ornament)*
Seilzierkante *f* rope moulding
Seilzug *m (Stat)* rope polygon, funicular (link) polygon
Seilzuganlage *f* rope haulage
Seite *f* 1. side, flank; 2. *s.* Seitenfläche
~/gute back *(Schiefer)*
~/schmale planed measure *(gehobelte Seite)*
~/unterstützte supported end *(eines Balkens)*
Seitenablage *f* earth depot (store)
Seitenablagerung *f (Erdb)* dumped fill, spoil area
Seitenablaßfitting *n* side outlet *(Rohrleitung)*
Seitenabmessung *f* lateral dimension
Seitenabstand *m* lateral distance
Seitenansicht *f* side view (elevation); end (head-on) view
~/linke left-side view
Seitenausknickung *f* lateral buckling, lateral-torsional buckling
Seitenauslenkung *f* sidesway *(Gebäude)*
Seitenbefestigung *f* shouldering *(Straßenoberfläche)*
Seitenbeleuchtung *f* side (half-back) lighting
Seitenbesäumer *m (Hb)* side trimmer
Seitendehnung *f* lateral strain
Seitendruck *m* lateral pressure
Seiteneingang *m* side entrance

Seitenende *n* margin
Seitenentleerer *m* side discharger *(z. B. Waggon)*, side-dump car
Seitenentnahme *f* borrow *(von Erdstoffen)*
Seitenentnahmegrube *f (Erdb)* borrow excavation
Seitenentnahmestelle *f* borrow pit (source)
Seitenfassade *f* side face (façade)
Seitenfenster *n* side window
Seitenfläche *f* [lateral] side, face; flank; cheek
~ eines Hohlblocksteins face shell
Seitenflügel *m* wing, limb, alette, allette *(eines Gebäudes)*
~/rechtwinkliger *(Am)* ell
Seitenflur *m* side corridor
Seitenfront *f* side face, flank front
Seitengang *m* side corridor, side aisle *(in einem Zuschauerraum)*
Seitengasse *f* alley, side lane
Seitengebäude *n* wing, limb; annex; accessory building
Seitengrenzen *fpl* lateral confinement
Seitenkanal *m* side (lateral) canal *(Flußbau)*
Seitenkante *f* lateral edge
Seitenkipper *m* side dumper
Seitenkipplader *m* side dump loader, side tilting shovel loader
Seitenkorridor *m* side corridor
Seitenlängenverhältnis *n* aspect ratio *(Knickfestigkeit)*
Seitenleiste *f* side plate
Seitenline *f* lane line *(Fahrbahnoberfläche)*
Seitenöffnung *f* 1. side light, margin light, flanking window *(Fenster, Tür)*; 2. side span *(einer Brücke)*
Seitenriß *m* side elevation
Seitenraum *m* side room
~/lichter lateral clearance
Seitenrippe *f* nervure, nerve *(Gewölbe)*
Seitenrohr *n* branch pipe
Seitenschalung *f* 1. [concrete] road form *(Straßenbau)*; 2. side form, cheek boards
Seitenschiff *n* [side] aisle, nave *(einer Kirche)*
~/durch Arkaden getrenntes nave arcade
~/rundes deambulatory *(um den Altarraum)*
~ um eine Apsis deambulatory
Seitenschub *m* lateral (side) thrust *(Gewölbe)*; lateral load
Seitenschutzwand *f* side wall
Seitensprosse *f* marginal bar
Seitensteifigkeit *f* lateral stiffness (rigidity)
Seitenstraße *f* side street (road), subsidiary road
Seitenstreifen *m* side strip, verge *(Straße)*
Seitenstütze *f* side column
~/ausziehbare outrigger shore
Seitenteil *n* side part (piece), cheek
Seitenüberdeckung *f* side lap
Seitenverhältnis *n* aspect ratio *(z. B. Länge/Breite usw.)*
Seitenverschiebung *f* side shifting
Seitenwand *f* side (flank) wall, lateral wall
~ eines Dachfensters cheek of a lucarne
~/umklappbare hinged side
Seitenweg *m* byroad, byway, side (back) road; bypass *(Umgehungsweg)*
Seitenzapfen *m (Hb)* side tenon
Seitenzimmer *n* side room
seitlich 1. lateral, sideward *(Bewegung)*; sideways *(Richtung)*; 2. at the side *(an der Seite gelegen)*
Sektor *m* sector; field *(Teilgebiet)*
Sektorwehr *n* sector barrage
Sekundärluft *f* secondary (additional) air
Sekundärspannung *f (Stat)* secondary stress
selbstansaugend self-priming *(Pumpe)*
Selbstbedienungsladen *m* self-service shop
selbstdichtend self-sealing
Selbstdichtung *f* choking, sealing gasket
Selbstentzündungstemperatur *f* self-ignition temperature
Selbsterhitzung *f* self-heating
Selbstheilung *f* autogenous healing *(in Beton oder Mörtel durch Feuchthalten)*
Selbsthilfe-Wohnungsprogramm *n* self-help housing scheme (programme)
selbstschließend self-closing; spring-actuated
selbstspannend self-pretensioning *(Spannbeton)*
selbsttätig automatic, self-acting
selbsttragend self-supporting
selbstverankert self-anchored *(Spannbeton)*
Selbstverschlußsack *m* valve bag *(Zementsack)*
selbstvorspannend self-pretensioning *(Spannbeton)*
Selbstzündungstemperatur *f* self-ignition temperature
Selenit *m* selenite
Senderaum *m* [broadcasting] studio
Sendesaal *m* studio
Sendeturm *m* radio tower
Seniorenwohnheim *n* home [for the aged], home for the elderly
Senkblei *n* plumb [bob], plummet, [mason's] lead
Senkbrunnen *m* sunk well
~/hölzerner timber sunk well
Senkbrunnengründung *f* well[-sunk] foundation; open caisson foundation
senken 1. to sink *(z. B. einen Brunnen)*; 2. to lower *(Grundwasser)*
~/sich 1. to settle *(Gebäude)*; 2. to sink, to subside *(nachgeben, z. B. Boden)*; 3. to sag *(sich durchbiegen, z. B. Decken)*; 4. to pitch *(sich neigen)*; to descent *(absteigen, hinunterführen, z. B. eine Straße)*
Senker *m* counterbore *(Werkzeug)*
Senkfaschine *f* fascine to be sunk; mattress
Senkgrube *f* absorbing (waste) well, sink hole (well), catch basin (pit); cesspit, cesspool
Senkkasten *m* 1. caisson, diving bell; 2. lacunar, laquear *(vertieftes Deckenfeld)*
~/eiserner iron caisson
~/hölzerner timber caisson

~/offener open caisson
Senkkastengründung *f* caisson foundation, foundation on caissons
Senkkopfnagel *m* sinker (casing) nail
Senkkopfniet *m s.* Senkniet
Senkkopfschraube *f s.* Senkschraube
Senklot *n* [plumb] bob
Senkniet *m* flush-head rivet, countersunk[-head] rivet
senkrecht vertical *(z. B.Flächen)*; perpendicular *(lotrecht)*; upright
~/aufeinander mutually perpendicular
Senkrechtdarstellung *f* orthography *(Projektion)*
Senkrechtebene *f* vertical plane
Senkrechtfuge *f* vertical joint, perpend
Senkrechtglied *n* vertical [member], upright; stile *(Pfosten)*
Senkrechtholzstütze *f***/ kleine** quarter *(Lattennagelung)*
Senkrechtkraft *f* vertical force
Senkrechtmontagebau *m* vertical assembly (erection)
Senkrechtpfahl *m* vertical pile
Senkrechtprojektion *f* orthography
Senkrechtrahmenstab *m* vertical member, montant
Senkrechtschnitt *m* vertical section
Senkrechtstab *m* vertical [member], vertical bar, upright; stile *(Pfosten)*
Senkrechtsteife *f* vertical stiffener
Senkröhrengründung *f* sunk shaft foundation
Senkschraube *f* countersunk bolt
Senkung *f* settling, settlement, subsidence *(Gebäude, Gelände)*; sinking *(z. B. des Wasserspiegels)*; descent *(Gefälle des Geländes)*; pitching *(Neigung)*; slump *(Rutschung)*
Senkungsgebiet *n (Bod)* settled ground
Senkungsriß *m* settling crack
Senkungsschaden *m* subsidence damage
Sensorschalter *m (El)* sensor switch
Separator *m* interceptor
Serienbau *m* building in series, factory production
serienmäßig serial, standard; from the assembly line
Serienschalter *m (El)* series (variable-control) switch
Serienwohnungsbau *m* repetitive housing [construction]
Serpentin *m s.* Serpentinmarmor
Serpentine *f* 1. double bend, serpentine; 2. *s.* Serpentinenstraße
Serpentinenstraße *f* winding (serpentine) road, zigzag
Serpentinmarmor *m* serpentine, green marble *(für Dekorationszwecke)*
~ mit weißer Aderung verd antique *(speziell im antiken Rom)*
Serpentinschiefer *m* serpentine [schist]
Servicepauschalsumme *f* multiple of direct personnel expense
Servierraum *m* pantry *(im Hotel oder Krankenhaus)*
Servosytem *n* servo system *(Klimaanlage)*
Sessellift *m* chair lift
Setzbecher *m* mould for concrete setting *(für Betonausbreitversuch)*
setzen:
~/die Pfähle to drive the piles
~/durch Rammen to sink by driving
~/einen Mast to sink a pole
~/hochkant to set on edge
~/sich 1. to settle *(z. B. Gebäude)*; to set, to subside; 2. to settle [out], to precipitate, to sediment
Setzen *n* consolidation *(Verfestigung von Boden)*
~/ungleichmäßiges differential (relative) settlement; foundation failure
Setzfuge *f* settlement joint *(Mauerwerk)*
Setzhammer *m* set hammer
Setzholz *n* window post *(Fenster)*; stair riser *(Treppe)*
Setzkasten *m* jig, wash box *(Zuschlagstoffaufbereitung)*
Setzkopf *m* set head *(Niet)*
Setzkopfeisen *n* hold-on *(beim Nieten)*
Setzmaß *n* slump *(Betonausbreitmaß)*
Setzmaßbestimmung *f* consistency test
Setzmaßkonus *m* slump cone *(Beton)*
Setzmaßprüfung *f* slump test *(Beton)*
Setzmaßtrichter *m* mould for concrete setting
Setzpacklage *f* [stone] pitching
Setzpacklageschicht *f* pitched foundation
Setzpacklagestein *m* pitcher, pitching stone
Setzriß *m (Bod)* secondary roof break
Setzschwelle *f***/ bündige** raised girt
Setzstufe *f* [stair] riser, riseboard, massive rise, riser board *(Treppe)*; breast *(in Schottland)*
~/offene open riser
~/schräge raking riser
Setzstufenhöhe *f* riser height *(Treppe)*
Setzung *f* 1. settlement *(Gebäude)*; subsidence *(einer größeren Fläche)*; sinking *(Baugrund)*; 2. slump *(Beton)*
~/bleibende permanent settlement; compression set
~ der Widerlager settlement of abutments
~/gleichmäßige uniform (equal) settlement
~/permanente *s.* ~/bleibende
~/ungleichmäßige uneven (irregular) settlement
~/unterschiedliche differential (relative) settlement; foundation failure
Setzungseffekt *m***/ sekundärer** secondary time-effect *(Nachsetzung)*
Setzungsfuge *f* settlement joint
Setzungsriß *m* settlement crack
Setzungsspannung *f* settlement stress
Setzungsunterschied *m* differential (uneven) settlement; difference in settlement
Setzwaage *f* mason's level, water (air) level

Sextant *m* sextant
S-förmig goose-necked
Sgraffito *n*, **Sgraffitoputz** *m* sgraffito
Sheddach *n* 1. saw-tooth roof, north-light roof; 2. lean-to roof, shed roof, half-span roof, single-pitch roof *(Pultdach)*
Sheddachbinder *m* shed roof truss
Sheddachfenster *n* north-light
Sheddachgebäude *n* saw-tooth roof building
Sheddachträger *m* north-light girder
Shedschale *f* north-light shell
Shedträger *m* north-light girder
sherardisieren to sherardize *(Metall)*
Shore-Härte *f* Shore hardness [number]
sichelförmig sickle-shaped, crescent-shaped
sicher safe; reliable *(zuverlässig)*
~/absolut fool-proof
Sicherheit *f* 1. safety; 2. certainty *(Wahrscheinlichkeit)*
~ gegen Zug safety to traction *(eines Seils)*
~/statistische level of confidence
Sicherheitsabschaltung *f* safety-cut-off; safety shut-off device *(Gasheizung)*
Sicherheitsbeiwert *m* factor (margin) of safety; load factor
Sicherheitsbeleuchtung *f* safety lighting *(Notbeleuchtung)*
Sicherheitsbruchglied *n* rupture member
Sicherheitsfaktor *m* safety factor, factor of safety
Sicherheitsfenster *n* 1. security window *(einbruchsicher)*; 2. safety sheet glass window, shatterproof window *(splittersicher)*
Sicherheitsgeländer *n* crash barrier
Sicherheitsgerüst *n* security floor
Sicherheitsgitter *n* security grille
Sicherheitsglas *n* safety (shatterproof, nonshattering) glass; security glass *(einbruchsicher)*; compound (laminated) glass *(Schichtglas)*
Sicherheitsgrenze *f* safety limit, limit of safety
Sicherheitsgürtel *m* safety belt
Sicherheitsinspektor *m* [safety] supervisor, fireman
Sicherheitskammer *f (Wsb)* cofferdam, box dam
Sicherheitskoeffizient *m* safety factor
Sicherheitslampe *f* safety lamp
Sicherheitsmaßnahme *f* safety measure
Sicherheitsnachweis *m* safety check
~ des Baubetriebs contractor's affidavit
Sicherheitsregel *f* safety rule
Sicherheitsschalter *m (El)* safety switch
Sicherheitsschloß *n* safety lock
~/zusätzliches auxiliary safety (rim) lock
Sicherheitsspanne *f* 1. safety allowance *(Sicherheitszuschlag)*; 2. margin of safety *(Ökonomie)*; 3. *s.* Sicherheitsfaktor
Sicherheitssprengstoff *m* blasting agent, safety explosives
Sicherheitsstreifen *m* shoulder [strip] *(Start- und Landebahn)*
Sicherheitstorschloß *n* safety gate lock (latch)
Sicherheitsurkunde *f* warranty deed
Sicherheitsventil *n* safety valve; emergency valve, pressure-relief device
Sicherheitsvorrichtung *f* safety device; security device; shutter *(Schließvorrichtung)*
Sicherheitszugseil *n* slack-rope switch
Sicherheitszuschlag *m* safety allowance *(Sicherheitsspanne)*
sichern 1. to secure; 2. to guard, to protect *(schützen)*; 3. to lock *(abschließen)*
Sicherung *f* 1. *(El)* fuse; 2. safety device
~ des Fußes securing of the base
Sicherungsblech *n* lock plate (washer), locking plate
Sicherungsbügel *m* safety stirrup
Sicherungsdichtung *f* safing *(in einem Klimakanal)*
Sicherungskasten *m* fuse (cut-out) box; appliance panel *(für Baustellenversorgungsanlagen)*
Sicherungsklotz *m* chock *(Keil)*
Sicherungsplatte *f* lockplate *(Blech)*
Sicherungsriegel *m* safety catch
Sicherungsring *m* locking spring
Sicherungsschalter *m (El)* fuse switch
Sicherungssplint *m* split rivet
Sicherungsstift *m* securing (locking) pin
Sicht *f* vista *(Durchsicht, Sichtfeld)*
Sichtanlage *f* separating plant *(Trennvorrichtung)*
sichtbar visible
~/mit dem bloßen Auge megascopic
Sichtbehinderung *f* obstruction of vision
Sichtbereich *m* visual range, range of visibility
Sichtbeton *m* exposed concrete, facing (face) concrete, architectural concrete; ornamental (decorative) concrete
~/strukturierter textured concrete
~/weißer white exposed concrete
Sichtbetonmischung *f* face [concrete] mix
sichten 1. to classify [by air]; 2. *s.* sieben; 3. to examine *(untersuchen)*
Sichter *m* 1. [air] separator, [pneumatic] classifier; 2. *s.* Sieb 1.
Sichtfläche *f* face, facework, facing [work]; marked face *(Bauholz)*; back *(Fliese, Schiefer, Kachel)*
~/glattgeschlagene planished finish *(Metall)*
~/konvex-sphärisch gearbeitete circular-circular face, circle-on-circle face
~/konkav-sphärisch gearbeitete circular-circular sunk face
~/vertiefte sunk face *(Stein)*
sichtflächenglatt pitch-faced *(Naturstein)*
Sichtflächennagelung *f***/ senkrechte** face nailing
Sichtfuge *f* face joint
~ mit Epoxidharz epoxy [face] joint
Sichthorizontebene *f* true horizontal
Sichtkachel *f* exposed finish tile
Sichtkitt *m* face (front) putty
Sichtleichtbeton *m* fair-faced lightweight concrete
Sichtlinie *f* line of sight, sight line

Sichtmauerwerk *n* fair-faced masonry
~ **an exponierten Punkten** dressing
Sichtpendeltür *f* transparent flexible [swing] door
Sichtplanke *f* sight rail
Sichtplatte *f* decorative board
Sichtprüfung *f* visual inspection (examination), cold inspection
Sichtschlitz *m* viewing slot
Sichtseite *f* visible side
Sichtseitenbreite *f* face width *(Holz)*
Sichtstein *m* trimstone, facestone
Sichtsturz *m* front lintel
Sichtvorhang *m* drop (tableau) curtain, tab
Sichtwand *f* exposed concrete wall
Sichtweg *m* sight distance
Sichtweite *f* sight distance *(Straße)*
Sichtziegel *m* structural clay facing tile
Sichtziegelmauerwerk *n* exposed brickwork
Sicke *f* bead, dimple
Sickenhammer *m* beading hammer
Sicker *m s.* Sickerdrän
Sickeranlage *f* sump hole
Sickerbecken *n* oozing basin
Sickerbett *n* seepage bed
Sickerbrunnen *m* seepage pit, seeping well
Sickerbrunnenentwässerungssystem *n* well-point system
Sickerdole *f* catch-water drain *(bedeckter Sickergraben)*
Sickerdrän *m* rubble (spall) drain, French drain, stone-filled trench
Sickerdränage *f* underdrain, weepdrain
Sickerdruck *m* seepage force (pressure)
Sickerfeld *n* seepage bed
Sickerfilter *n* filter bed (layer)
Sickerfläche *f* seepage bed (face)
Sickergraben *m* drain trench
Sickergrabensystem *n* soil absorption system *(Abwasser)*
Sickergrube *f (San)* soakaway, seepage pit, silt well, trickle pool
Sickerkanal *m* catch-water drain
Sickerleitung *f* distribution tile, tile field
Sickerlinie *f (Bod)* saturation line
Sickerloch *n* leaching pit (well); weephole *(Entwässerungsloch in Fensterbrett oder Wand)*
Sickermenge *f* seepage
sickern to seep, to ooze, to trickle; to drop
Sickerrohr *n* drain [pipe] *(Leitung)*; porous pipe, *(Am)* drain tile
Sickerschacht *m* leaching basin, absorbing well, seepage pit
Sickerschlitz *m* filter slot, blind drain *(eines unangebundenen Dräns)*; weephole *(in der Wand)*
Sickerströmung *f (Bod)* seepage flow
Sickerung *f* seepage, ooze, bleeding
Sickerwasser *n* seepage [water], seeping water; infiltration water *(eindringendes Wasser)*; trickling water *(Rieselwasser)*

Sieb *n* 1. sieve, screen *(zur Trennung von Kieseln von Sand)*; sifter *(Siebapparat)*; 2. *s.* Sichter 1.
Siebanalyse *f* sieve (screen) analysis, mesh analysis; size (grading) analysis, granulometric analysis, mechanical analysis
Siebanlage *f* screening plant
Siebbereich *m* grading envelope
Siebblech *n* screening plate, perforated sheet
Siebboden *m* screen deck (bottom)
Siebbrecher *m* combined crushing and screening plant
Siebdurchfall *m s.* Siebdruchgang 1.
Siebdurchgang *m* 1. screenings, siftings, underfloor; [screen] undersize, minus material; 2. passing
Siebeinsatz *m* strainer
sieben to sieve, to screen, to sift; to classify
siebeneckig septangular
Siebentagefestigkeit *f* seven-day strength *(Beton)*
Siebfeines *n* [screen] fines, undersize (minus) material
Siebfeinheit *f* sieve fineness, grade
Siebfläche *f* screening surface; grading envelope *(im Diagramm)*
Siebfolge *f* mesh scale
Siebgrobes *n* [screen] oversize, oversize (plus) material
Siebgut *n* screening [material], head; material to be screened; material being sized *(Sand, Splitt)*
~**/schwieriges** difficult-to-screen material
Siebkasten *m* screen moulding (frame)
Siebkennlinie *f* grading curve, gradation limit
Siebkette *f* sifter
Siebklassierer *m* sizer
Siebklassierung *f* screen grading (sizing), screening
Siebkurve *f* sieve (grading) curve, aggregate grading curve, particle-size distribution curve
Sieblinie *f s.* Siebkurve
Siebliniendarstellung *f*/ **logarithmische** [grading curve] log-diagramm
Siebnummer *f* mesh size
Sieböffnungsweite *f* sieve (screen) size
Siebprobe *f* sieve (grading) test
Siebreihe *f* sieve series, mesh scale
Siebrost *m* grate, grizzly screen
Siebroststab *m* grizzly
Siebrückstand *m* sieve residue, screening; pan fraction *(Siebanalyse)*
Siebtest *m* grading test
Siebtrommel *f* revolving (rotary) screen, screening drum, trommel [screen]
Siebüberlauf *m* screen reject; oversize material (product)
Siebüberlaufmaterial *n* screen reject
Siebüberlaufsteine *mpl* tailings
Siebversuch *m* sieve test
sieden to boil
Siedepunkt *m* boiling point, b.p.

Siederohr *n* boiler-tube
Siedlung *f* 1. settlement *(Ansiedlung)*; agglomeration *(Ballung mehrerer dichtbebauter Siedlungen)*; community *(Gemeinde)*; 2. housing estate *(Wohnsiedlung innerhalb einer Ortschaft)*; cottage community *(mit Einzelhäusern)*
Siedlungsgebiet *n* estate (housing) area, development area
Siedlungskomplex *m* residential neighbourhood unit
Siedlungsplanung *f* community planning
Siedlungsstraße *f* estate road
Siedlungswesen *n* urban and regional development
Siegel *n* seal
Siegelfarbe *f* self-sealing paint
Siegellack *m* self-sealing paint, finishing varnish; floor sealer *(für Fußböden)*
Siegellackanstrich *m* natural finish
Siegelmasseeindringung *f* migration [of finishing varnish]
Siegelmauerwerk *n* **über dem Mauersockel** neat work
Siegesdenkmal *n* victory memorial
Siemens-Martin-Stahl *m* open-hearth steel
Siena[erde] *f* sienna *(Farbe)*
Signal *n* 1. signal; 2. *(Verm)* beacon
Signalanzeige *f* annunciator
Signalgerät *n* warning device, alarm
Signallampe *f* indicator (signal) light
Signierfarbe *f* line marking paint *(zum Markieren)*
Sikkativ *n* siccative, soluble drier, drying agent
Silberkorn *n* silver grain *(an gesägtem Holz)*
Silberlot *n* silver solder
Silberweiß *n* silver (French) white
Silex *n* silex *(Mineral)*
Silhouette *f* skyline
Silicat *n* silicate
Silicatanstrich *m* silicate paint (coat)
Silicatbeschichtung *f* silicate coat (coating)
Silicatgasbeton *m* gas-silicate concrete
Silicatglas *n* silicate glass
Silicatinjektion *f* silicate injection
Silicatisolierung *f*/ **glasfaserverstärkte** calcium silicate insulation, [glass-]fibre reinforced silicate insulation
Silicatstein *m* quartzite brick
Silicatverpressung *f* silicate injection
Silicatwandanstrich *m* glazement
Siliciumcarbid silicon carbide
Siliciumcarbidstein *m* rub brick
Silicon *n* silicone
Siliconband *n* silicone tape
Siliconfarbe *f* silicone paint
Siliconharz *n* silicone resin
Siliconkautschukdichtungsmittel *n* silicone rubber sealant
Siliconlack *m* silicone varnish
Siliconöl *n* silicone oil
Silika *f* silica *(Kieselerde)*
Silikagel *n* silica gel, synthetic silica
Silikamörtel *m* silica cement
Silikastein *m* silica (dinas) brick, ganister brick *(Feuerfestmaterial)*
Silikat *n s.* Silicat
Silikazement *m* silica cement (mortar)
Silikaziegel *m* silica brick
Silikon *n s.* Silicon
Siliziumkarbid *n s.* Siliciumcarbid
Silo *n(m)* silo, bin, bunker, [storage] hopper
Siloanlage *f* silo plant
Silobau *m* silo construction
Silolagerung *f* silo (bulk) storage
Silotasche *f* silo hopper
Silozelle *f* silo hopper, silo bin (compartment)
Silt *m* [inorganic] silt *(Schluff)*
Sima *f (Arch)* sima, cyma *(Traufgesims am antiken Gebälk)*
Simplexpfahl *m* simplex pile
Sims *m(n)* cornice, moulding; geison *(Karnies)*; ledge *(Absatz)*
~/mauerwerktragender brick set
Simsbalken *m* plate
Simsbrett *n* fascia board; window board *(Fensterbrett)*
Simshobel *m* rabbet plane, [side] rebate plane, badger
Simsträger *m (Arch)* atlante *(männliche Karyatide)*
Simsverlängerung *f* cornice return
Simswerk *n* 1. eyebrow *(über einem Fenster)*; 2. entablature, entablement *(am griechischen Tempel)*
~/befestigtes applied moulding
Sinkbrunnen *m* sink well
sinken 1. to sink, to subside; to settle *(Bodensatz)*; 2. to drop, to fall *(z. B. Werte)*; 3. to crawl *(Anstrich)*
Sinkkasten *m* mud (gully) trap *(Fangkasten)*; slop sink, sink water trap, water inlet
Sinkkastenrost *m* inlet grate
Sinklage *f* mattress *(Bewehrung)*
Sinkstoffe *mpl* settlings, sinking material
Sinnbild *n* symbol; conventional sign
Sinter *m* sinter *(1. Absatzgestein; 2. keramische Masse)*; scale *(auf Metall)*; bond
Sinterbelag *m* mill scale *(Baustahl)*
Sinterbetonstein *m* hooped concrete block
Sinterbims *m* sintered artificial pumice, aggloporite
Sinterbimsbeton *m* sintered lightweight concrete
Sinterkachel *f*/ **naturfarbene** natural finish tile
Sinterkuchen *m* sintered fuel ash *(Leichtzuschlag)*
sintern to sinter, to cake, to bake; to clinker *(Zement)*; to frit *(Glas)*
Sinterschiefer *m* sintered slate *(Leichtzuschlagstoff)*
Sinterschlacke *f* sintered slag (cinder); clinker
Sinterton *m* sintered clay *(Leichtzuschlagstoff)*
Sinterung *f* sintering, caking, baking

Sinterzuschlagstoff *m* sintered [concrete] aggregate
Sisal *m s.* Sisalhanf
Sisalfaser *f* sisal (agave) fibre
Sisalhanf *m* sisal [hemp], *(Am)* agave fibre
Sitz *m* 1. seat; chair; 2. fit *(Passung)*
~/verschlossener stall *(Kirchengestühl)*
Sitzanlage *f* seating *(z. B. eines Theaters)*
Sitzbadewanne *f* hip (sitz) bath
sitzend/gut snug *(fest)*
~/schlecht mismatched *(Fittings)*
Sitzfläche *f* 1. seating face; 2. valve seat *(eines Ventils)*
Sitzgestell *n* seat frame
Sitzgruppe *f* **[/abgeteilte]** seating section
Sitzhalle *f* sellary; lounge *(Hotel)*
Sitz[platz]kapazität *f* seating [capacity] *(eines Raums)*
Sitzreihe *f* row, seating *(z. B. eines Theaters)*
~/einseitig offene blind row
Sitzreihenetage *f* tier
Sitzreihenzugang *m* vomitory *(im Theater)*
Sitzungsraum *m*, **Sitzungssaal** *m* conference hall, meeting room
Sitzwaschbecken *n* bidet
Skalenanzeige *f* scale indication
Skalen[teil]strich *m* division line, scale division
Skelett *n* skeleton, load-bearing skeleton; skeleton framing; carcass, carcase, fabric *(Tragwerk eines Gebäudes)*; frame, framing, framework *(Tragwerk aus Holz, Beton, Stahl)*; timber framing (framework) *(Holz)*
~/bauliches carcassing, carcass
~/kinematisch unbestimmtes deficient (unstable) framework (truss)
Skelettbau *m* 1. skeleton (framed) structure *(Bauwerk)*; 2. *s.* Skelettbauweise
~/steifer rigid frame construction
Skelettbauweise *f* skeleton construction, frame[d] construction, skeleton type of construction; steel-cage construction *(Stahl)*
Skelettbauwerk *n s.* Skelettbau 1.
Skelettbeton *m* preplaced-aggregate concrete, prepacked [aggregate] concrete
Skelettdecke *f* strip ceiling
Skelettmontage *f* fabric work
Skelettplattenbauweise *f* panel-frame construction
Skelettrahmenwerk *n* shell
Skizze *f* sketch, outline, layout; drawing, *(Am)* draft *(Zeichnung)*
skizzieren to sketch, to outline
skulptieren to sculpture; to carve, to cut; to hew *(Stein)*
Skulptur *f* sculpture
Skulpturengalerie *f* glyptotheca *(Stein)*
Skulpturensockeloberteil *n* vagina
skulpturieren *s.* skulptieren
Skulpturkapitell *n (Arch)* carved capital *(Säule)*
S-Kurve *f (Verk)* reverse curve, sigmoid [curve]
Slums *pl* slums; blighted area *(heruntergekommenes Wohnviertel)*
Smalte *f* smalt *(Farbstoff)*
Smith-Decke *f* Smith [fireproof] floor
Sockel *m* base[ment], footing *(eines Gebäudes)*; wall base, pod[ium] *(einer Wand)*; socle, base of column, plinth *(einer Säule)*; foot stall, pedestal, dado *(Postament)*
Sockelbankverzierung *f* foot base
Sockelbrett *n* gravel plank (board)
Sockelfliese *f* base (plinth) tile
Sockelfuß *m* dado base
Sockelgeschoß *n (Am)* English basement
Sockelholz *n* heel
Sockelleiste *f* baseboard, scrub board, *(Am)* skirting board, skirt *(Scheuerleiste)*
~/angefaste (angeschrägte) splayed baseboard
Sockelleistenankerblock *m* skirting block
Sockelleistenheizkörper *m* baseboard heater
Sockelleistenheizung *f* skirting [board] heating
Sockelmauer *f* plinth wall
Sockelmauerwerk *n* plinth [walling]
Sockelmittelstück *n* die, dado
Sockelplatte *f* plinth-tile; acropodium
Sockelrahmen *m* dado framing
Sockelschaft *m* dado
Sockelschicht *f* plinth course
Sockeltäfelung *f* wainscot, wainscot[t]ing cap, dado framing
Sockeltapete *f* dado
Sockelzubehör *n* base fittings
Sode *f* sod, turf *(Rasendecke)*
Sodenhaus *n* sod house *(mit Rasensoden abgedeckt)*
Soffitte *f* 1. soffit, soffite *(Felderdecke)*; 2. *s.* Soffittenlampe
Soffittenbeleuchtung *f* festoon lighting
Soffittenlampe *f* tubular (festoon) lamp
Sofortabbinden *n* flash set *(Zement)*
Sofortsetzung *f (Erdb)* immediate settlement
Sogkraft *f* suction force, lift
Sogwirkung *f* suction effect
Sohlbalken *m* ground sill (plate)
Sohlbank *f* [window] sill *(Fenster)*; door saddle (strip) *(Tür)*; sill block
~/äußere outer sill
~/durchgehende monolithic sill
~/innere internal sill
Sohlbrett *n* window stool
Sohldruck *m (Erdb)* base pressure
Sohldruckverteilung *f (Erdb)* distribution of contact pressure
Sohle *f* bottom, sole *(Baugrund)*; footwall *(Tunnelbau)*; apron *(Sturzbrett)*
Sohlenbefestigung *f* bottom (sole) stabilization
Sohlenfläche *f (Wsb)* base of dam
Sohlenform *f* ground mould
söhlig aclinic, aclinal, horizontal, on a level with the horizon

Sohlplatte *f* sole (bed) plate, base (bottom) plate, shoe; *(Wsb)* invert *(Schleusenboden)*
Sohlpressung *f (Erdb)* base (soil) pressure, contact pressure, subgrade reaction
Sohlschwelle *f***/ gußeiserne** cast-iron sill
Sojaleim *m* soya glue
Solarenergie *f* solar energy
Solargenerator *m* solar battery (collector)
Solarheizung *f* solar heating
Solarium *n* solarium, *(Am)* sun room (parlor)
Solarkonstante *f* solar constant *(Solarheizung)*
Solarkraftwerk *n* solar power station
Solarzelle *f* solar cell
Solarzellenplatte *f* solar panel
Soldatenbaracke *f* [soldiers'] hut *(temporär)*
Solebehälter *m* brine tank
Solidarblechträger *mpl* interconnected bridge girders
Sollgröße *f* theoretical (nominal) size
Sollmaß *n* nominal dimension (diameter, size), real measure; nominal measure *(Holz)*
Sollsieblinie *f* nominal grading curve
Sollwert *m* nominal value; set point
Sollwerteinstellung *f* control point adjustment
Sollwertgeber *m* control point adjustment
Sommerbetrieb *m* summer working (adjustment, service) *(Heizungsanlage)*
Sommerhaus *n* summerhouse, holiday home, bungalow; gazebo *(Gartenlaube)*
~ mit Aussichtspunkt belvedere
Sommertheater *n* open-air theatre, straw-hat theatre
Sommerweg *m* summer path, dust road
Sonde *f* probe, sound
Sondenprobe *f* spoil sample
Sondenspitze *f* sounding cone
Sonder... *s. a.* Spezial...
Sonderbaustoff *m* purpose-made building material
Sonderbauweise *f* special building method
Sonderbeleuchtung *f* supplementary lighting *(Zusatzbeleuchtung)*
Sonderdachziegel *m* purpose-made roof tile
Sonderentwurf *m* special design, one-off design
sondern *s.* sortieren
Sondernutzung *f***/ industrielle** special-purpose industrial occupancy *(von Gelände, Gebäuden)*
Sonderprofil *n* special section (profile), special-purpose shape
Sonderstahl *m* special (alloy) steel
Sondiereisen *n* earth borer
sondieren to sound, to probe
Sondierstange *f (Erdb)* sound rod
Sondierung *f***/ statische** *(Bod)* static sounding
sonnenbeständig sunfast
Sonnenbestrahlung *f* insolation, solar radiation *(exponiert)*
Sonnenblende *f* sun blind, shading device; brise-soleil
Sonnendach *n* 1. awning, sun-blind, Florentine blind; 2. sundeck *(zum Sonnen)*
Sonneneinfall *m*, **Sonneneinstrahlung** *f* insolation
Sonneneinstrahlungsschutzwand *f* solar screen (screening)
Sonnenenergie *f* solar energy
Sonnenheizung *f* solar heating
Sonnenjalousie *f* shade [screen], sun screen
Sonnenkollektor *m* solar collector
Sonnenkraftwerk *n* solar power station
Sonnenlage *f* 1. solar orientation *(Gebäudeausrichtung)*; 2. sunny (sun-exposed) site *(Geländelage)*
sonnenlichtecht sunfast
Sonnenschutz *m* 1. protection against the sun; 2. sunshade, shading device *(Vorrichtung)*; brise-soleil
Sonnenschutzgitterrost *m* solar grating (grille)
Sonnenschutzglas *n* solar glass
Sonnenschutzkonstruktion *f* solar screen (screening)
Sonnenschutzvorrichtung *f s.* Sonnenschutz 2.
Sonnenschutzwand *f* solar screen (screening)
Sonnenschutzwandziegel *m* solar screen tile
Sonnenstrahlung *f* solar radiation
~/einfallende insolation
Sonnenterrasse *f* sun deck; solarium, sun-room
Sorelzement *m* Sorel (oxychloride) cement
Sorgfältigkeitsklasse *f (Am)* due care; reasonable care and skill
sortieren to sort; to assort; to grade, to size, to classifiy *(nach Körnungen)*
Sortierung *f* grading, sizing, classification
Souffliersitz *m* prompter's box, prompt-box *(Soufflierkasten)*
Souterrain *n* semibasement, [sub]basement, American basement
Souterrainwohnung *f* basement flat, *(Am)* basement dwelling [unit]
Sozialgebäude *n* 1. welfare building; 2. staff building *(für das Personal)*
Sozialwohnung *f* public housing, council flat, public-assistance dwelling; low-cost housing
Sozialwohnungsbau *m s.* Wohnungsbau/sozialer
Spachtel *m* 1. filling knife; putty knife *(für Glaser)*; 2. *s.* Spachtelkelle; 3. stripping knife; paint scraper; 4. *s.* Spachtelmasse
Spachtelbedachung *f* felt-and-gravel roofing; built-up roofing, *(Am)* composition roofing
Spachteldichtung *f* stopper sealing, filler seal
Spachteleisen *n* flat trowel, spatula
Spachtelfilm *m***/ dünner** high-build coating
Spachtelfußboden *m* fleximer flooring
Spachtelkelle *f* margin (angle) trowel, margin-pointed trowel
Spachtelkitt *m* filling putty
Spachtellack *m* flatting varnish; primer

Spachtelmasse *f* filler, stopper, stopping; putty; *(Am)* spackle; *(Am)* knotting *(für Holz)*; size *(Grundiermasse)*; grouting compound *(Terrazzo)*
Spachtelmesser *n* filling (stopping) knife
spachteln to fill, to stop *(Risse)*; to putty; to prime *(grundieren)*; to size; to smoothen, to smooth over *(Mauerwerk)*, to grout *(Platten, Fliesen)*
Spachtelputz *m* putty coat
~/weißer white coat
Spachtelschicht *f* putty coat, stopper (filler) coat
Spalier *n* trellis, espalier, lattice *(Lattengerüst)*
spalieren to lath
Spalierhaus *n* lath-house *(zum Überwachsen mit Pflanzen)*
Spalierlatte *f* espalier lath
Spalierwerk *n* trellis work
Spalierzaun *m* lattice fence
Spalt *m* crack, gap; split, fissure *(Riß z. B. in einer Mauer)*; gap, opening; chink, crack *(z. B. Fußbodenritze)*
spaltbar cleavable *(z. B. Minerale, Holz)*
Spalte *f* 1. slot *(Schlitz)*; 2. cleft; rift *(im Gestein)* *(s. a.* Spalt*)*
spalten to split; to chink; to cleave *(z. B. Klinker)*; to knap *(Stein)*
~/Holz to chop, to rive
Spaltenboden *m* slatted floor *(für Stallungen)*
Spaltfestigkeit *f* cleavage strength
Spaltfläche *f* cleavage plane; split face *(Naturstein)*
Spaltfliese *f* cleaving tile
Spaltfuge *f* split *(Dachsparren)*
Spalthammer *m* knapping hammer *(Stein)*
Spaltholz *n* cleft (cloven) timber
Spaltklinker *m* cleaving tile
Spaltlatte *f* rent lath
Spaltlatten *fpl* riven laths
Spaltmeißel *m* cleaving chisel
Spaltmesser *n* riving knife
Spaltplatte *f* cleaving tile
Spaltrichtung *f* rift *(Naturstein)*
Spaltriemchenverkleidung *f s.* Spaltriemenoberfläche
Spaltriemenoberfläche *f* split-face finish
Spaltriß *m* split *(Furnier, Holz)*
Spaltsparrendach *n* split roof
Spaltstück *n* fragment, cropped piece
Spaltung *f* splitting; cleavage *(von Gestein)*
Spaltware *f* cloven timber
Spaltzerkleinern *n* sledging
Spaltzugfestigkeit *f* splitting tensile strength
Spaltzugfestigkeitsprüfung *f* splitting tensile test, diametral compression test
Span *m* chip, shaving, splinter *(Holz)*; cutting, cut *(Schneidspan)*; slip
Spandach *n* split-tiled roof, slip roof
Spandrille *f* spandrel *(Bogenreihe)*
Späne *mpl* shavings, chippings *(von Holz)*; cuttings *(Schneidspäne)*; abatement *(Holzverschnitt)*
Spanholzplatte *f s.* Spanplatte
Spannarbeit *f* streching work
Spannbahn *f* prestressing lane *(Bewehrung)*
Spannbahnfertigung *f* long-line method
Spannbalken *m* main (tie) beam, lunding beam, tie piece, tirant, bending beam, footing beam
~/abgesprengter truss beam
Spannband *n* straining strap, tightening strap
Spannbandverbindung *f* gib-and-cotter joint *(Holz)*
Spannbeton *m* prestressed concrete
~/vorgespannter pretensioned concrete
Spannbetonbau *m* prestressed concrete construction
Spannbetondeckenplatte *f* prestressed concrete floor slab
Spannbetondruckbehälter *m* prestressed concrete reactor vessel
Spannbetoneinzelelement *n* [prestressed] segmental member
Spannbetonelement *n* **mit freiem Spannglied** unbonded member
Spannbetonfahrbahnabschnitt *m* post-tensioned highway slab *(Platte)*
Spannbetonfertigteil *n* precast prestressed concrete [unit]
Spannbetonfertigträger *m* prestressed precast beam
Spannbetongebäuderahmen *m* prestressed concrete frame
Spannbetonpiste *f* prestressed concrete runway
Spannbetonplatte *f* prestressed concrete floor slab
Spannbetonpresse *f* jacking device for prestressed concrete
Spannbetonrahmen *m* prestressed concrete frame
Spannbetonsilo *n* **mit nachträglichem Verbund** post-tensioned concrete reservoir
Spannbetonteilelement *n* [prestressed] segmental member
Spannbetonverfahren *n* tensioning (prestressing) method
Spannbetonwerk *n* prestressing plant
Spannbett *n* stressing (prestressing) bed, stressbed
Spannbettverfahren *n* long-line method
Spannbewehrung *f* prestressing steel (reinforcement)
~/endverankerte end-anchored reinforcement
Spannblock *m* tensioning (jacking) block *(für Spann-beton)*
Spannbohle *f* strutting board
Spannbolzen *m* draw bolt; pulling bolt *(Spannbeton)*
Spanndraht *m* tension cable (wire), stretching (suspension) wire; prestressed concrete wire, prestressing wire
Spanndrahtbündel *n* strand [of prestressing wires]
spannen 1. to stress, to stretch, to strain *(Spannung aufbringen)*; to tension *(Zugspannung)*; 2. to tighten, to tauten *(straffen)*; to take up slack *(Durchhang beseitigen)*; 3. to stretch *(längen)*

~/sich to span *(z. B. Brücken)*
Spannen *n* [pre]stressing, streching, tensioning, jacking *(Spannbeton)*
~ mittels Schraubspindeln screw-tensioning
Spanner *m* T-bar clamp
Spannfeder *f* tension spring, spring loaded in tension
Spannfestigkeit *f* transfer strength *(Spannbeton)*
Spannfolge *f* prestressing (stressing) order
Spanngewichtsblock *m* take-up block
Spannglied *n* stressing tendon (unit), tendon, prestressing element *(Spannbeton)*
~/aufgegabeltes forked tendon
~/axiales concentric tendon
~/gefächertes forked tendon
~/gekrümmtes depressed strand
~ mit sofortigem Verbund pretensioned tendon
~ ohne Verbund unbonded (no-bond) tendon
~/trajektorförmiges eccentric tendon
~/verbundfreies *s.* ~ ohne Verbund
~/zwängungsfreies concordant tendon
Spanngliedbesenanker *m* strand grip
Spanngliedblindende *n s.* Spanngliedende
Spanngliedende *n* dead-end anchorage
~/befestigtes dead end [of tendon]
Spanngliedendstück *n* root
Spannglieder *npl* **/ gebogene** harped (deflected) tendons
~ mit nicht übereinstimmender Kennlinie non-concordant tendons
~/überlappte lap tendons
Spanngliederbündel *n* strand of tendons
Spanngliedform *f* tendon profile
Spanngliedhaftspannung *f* flexural bond
Spanngliedkanal *m* cable (tendon) duct *(Spannbeton)*
Spanngliedkeilanker *m* wedge anchor
Spanngliedrolle *f* tendon swift
Spanngliedverkürzung *f* anchorage loss (deformation) *(beim Spannvorgang)*
Spanngliedverlauf *m* tendon profile
Spannhebel *m* locking handle
Spannkabel *n* prestressing cable (strand)
Spannkanal *m* [prestressing] cable duct, prestressing duct, posttensioning conduit, sheathing *(Spannbeton)*
Spannkeil *m* prestressing wedge
Spannkopf *m* stressing (pulling) head *(Spannbeton)*
Spannkraft *f* 1. prestressing force *(Spannbeton)*; 2. interior force *(einer Feder)*
Spannpresse *f* [stressing] jack, prestressing jack, jacking device for prestressed concrete; posttensioning jack *(Nachspannen)*
~/hydraulische hydraulic jack [for prestressing]
Spannrichtung *f* direction of span *(Decke)*
Spannriegel *m (Hb)* straining tie
Spannring *m* tightening ring
Spannrolle *f* expanding pulley, idler
Spannsäge *f* frame (span) saw *(Gattersäge)*
Spannschloß *n* turnbuckle, coupling nut *(Spannmutter)*
Spannschraube *f* tightening screw
Spannseil *n* guy rope (cable); stay *(Verankerung)*
Spannstab *m* stressing bar
Spannstahl *m* prestressing steel *(für Spannbeton)*
Spannstahlfächerverankerung *f* fan anchorage *(Spannbeton)*
Spannstange *f* tie rod, chord
Spannstufen *fpl* prestressing order *(Folge)*
Spannton *m* Stahlton, prestressed clay
Spanntonbalken *m* Stahlton prestressed beam
Spanntraverse *f* crosshead
Spannung *f* 1. stress; *(Am)* unit stress; 2. strain *(Beanspruchung)*; 3. tension *(Zugspannung, Oberflächenspannung)*; 4. *(El)* voltage • **unter ~** 1. stressed; 2. *(El)* live, voltage-carrying
~/bleibende (innere) internal (residual) stress
~/maximal erlaubte allowable stress
~/maximal zulässige limiting stress *(im Elastizitätsbereich)*
~ mehrerer Einzelelemente zu einem Spannbetonelement multielement prestressing
~/neutrale neutral pressure
~/wirksame effective stress *(der Spannglieder)*
~/zulässige design stress *(Festigkeit)*; permissible stress; safe strain (stress)
~/zusammengesetzte compound stress
~/zweidimensionale two-dimensional stress
Spannungen *fpl* **aus Längskraft und Biegung** *(Stat)* combined direct and bending stress
~/zusammengesetzte *(Stat)* combined stresses
spannungführend *(El)* live, voltage-carrying
Spannungsabbau *m* stress relaxation *(über die Zeit)*; prestress loss
Spannungsabfall *m* 1. decrease of stress *(mechanisch)*; 2. *(El)* voltage drop
~ durch Leitungswiderstand *(El)* line drop
Spannungsabnahme *f* decrease of stress
Spannungsachse *f* stress axis
Spannungsausgleich *m* stress-equalizing
~/natürlicher *(Bod)* natural stress relief
Spannungsbeanspruchung *f* stress application
Spannungsberechnung *f* stress analysis
Spannungsbereich *m* stress range
Spannungs-Dehnungs-Diagramm *n s.* Spannungsdiagramm
Spannungsdeviator *m* stress deviator
Spannungsdiagramm *n* stress-strain diagram
Spannungsellipse *f* stress ellipse
Spannungsermittlung *f* stress analysis (determination)
Spannungsfeld *n* [state of] stress in the body *(Geologie)*
Spannungsfläche *f* **/ neutrale** neutral surface (plane) *(eines Trägers)*
Spannungsfreiglühen *n* stress-relief annealing, stress relieving

Spannungsgefährdung *f (El)* shock hazard
Spannungsgrenze *f* stress limit
Spannungshöhe *f* stress level
Spannungsintensität *f* intensity of stress
Spannungsinvariante *f* invariant of stress
Spannungskorrosion *f* stress corrosion
Spannungskorrosionsbruch *m* stress-corrosion cracking *(durch Zugspannung bei atmosphärischer Korrosion)*
Spannungskräfte *fpl* tensional forces
Spannungskreis *m* stress circle
~/Mohrscher [Mohr's] stress circle, Mohr's circle [of stress]
Spannungsleistung *f* stress power
spannungslos 1. unstressed, stress-free, free from stress *(Bauelement)*; unstrained; 2. *(El)* dead
Spannungsmesser *m (El)* voltmeter
Spannungsmoment *n* stress moment
Spannungsnachweis *m* stress analysis (check)
Spannungspolygon *n* polygon of stresses
Spannungsresultante *f* stress resultant
Spannungsriß *m* stress (tension) crack
Spannungsspitze *f* peak stress
Spannungstensor *m* state of stress at the point
Spannungstensorinvariante *f* invariant of stress
Spannungstheorie *f* theory of strain
~ erster Ordnung simple plastic theory
Spannungstrajektorie *f* trajectory of stress
Spannungsüberlagerung *f (Bod)* stress superposition
Spannungsübertragungsteil *n* bonded [prestressed] member, stress transfer member
Spannungsverhalten *n* stress behaviour
Spannungsverlauf *m* stress flow
Spannungsverlust *m* prestress[ing] loss
Spannungsverstärker *m (El)* booster
Spannungsverteilung *f* stress distribution
Spannungsweg *m* trajectory of stress
Spannungszunahme *f* stress increase
Spannungszustand *m* stress state, state (case) of stress
~/ebener plane stress
~/einachsiger linear state of stress
~/räumlicher three-dimensional stress
~/zweiachsiger plane stress
Spannverbindung *f* stretched (tensioned) connection
Spannverlust *m* prestressing (stress) loss; shrinkage loss *(durch Schwinden)*
Spannvorrichtung *f* take-up [set]; tightener
Spannweg *m* path of [pre]stressing force *(Spannbeton)*
Spannweite *f* span, bearing distance *(z. B. einer Brücke)*; clearance *(lichte Weite)* • **mit großer ~** long-span
~ des Bogens span of arch
~/freie clear span
~/gleichgroße equal spans
~/rechnerische effective span *(Stützweite)*
Spannwerk *n*/ **kinematisch bestimmtes** kinematically determinate truss
Spanplatte *f* chipboard, particle board; resin[-bonded] chipboard; hardboard, [compressed] fibreboard; woodwool slab (board)
~/furnierbeplankte composite board including veneer-faced particle
~ mit Kunststoffbeschichtung plastic-faced particle board
~/mittelschwere medium-density particle board
~/sehr harte hardboard-type particle board
~/stranggepreßte extruder particle board
Spanplattentäfelungsmaterial *n* particle-board panel stock
Spanplattenvlies *n* particle-board mat
Spantiefe *f* cutting depth, cut
Sparbeton *m* poor concrete, lean[-mixed] concrete
Sparbogen *m*/ **Spenglerscher** Spengler's centring
Spargemisch *n* lean (poor) mixture
Sparmörtel *m* lean-mixed mortar
Sparren *m* rafter, roof rib; spar, sprocket piece
~/eiserner steel rafter
~/gebrochener curb rafter
~/gekrümmter compass rafter
~ mit nach innen gebogenem Fußende knee rafter (piece), crook rafter
~ mit Wechsel trimmed rafter
~/sichtbarer show rafter
~/überstehender look-out [rafter]
Sparrenabstand *m* rafter spacing
Sparrenauffütterholz *n* shredding [timber]
Sparrenauflagebalken *m* raising plate *(Wand, Rahmen)*
Sparrenauflagerplatte *f* rafter plate
Sparrenauflageschnittfläche *f* seat (foot) cut
Sparrenauflegen *n*/ **genaues** stepping-off
Sparrendach *n* rafter (couple) roof
~/einfaches single (span) roof *(Satteldach)*
~ mit einer Kehlbalkenlage single-framed roof
Sparrenende *n* [rafter] tail cut *(meist verziert)*
~/freies (sichtbares) show rafter *(meist verziert)*
Sparrenfirstschnitt *m* top cut
Sparrenfußbohle *f* lay board
Sparrenfußbrett *n* **mit Dachrinneneisenbefestigung** lear board
Sparrenfutterleiste *f* shredding [timber]
Sparrenhalter *m* rafter clench (cleat)
Sparrenkopf *m* rafter head (end)
~/profilierter ornamental rafter end
~/sichtbarer [rafter] tail cut *(meist verziert)*
Sparrenlage *f* rafter system
Sparrenlänge *f* run [of rafter]
Sparrenpaar *n* [rafter] couple
Sparrenpfette *f* rafter-supporting purlin
Sparrenquerlatte *f* [rafter] string
Sparrenschnitt *m*/ **senkrechter** plumb cut of rafter, ridge (comb) cut
Sparrenschwelle *f* inferior rafter, eaves plate
Sparrenstützwand *f* knee wall

Sparrenüberstand *m* rafter tail, sally
Sparrenverbindung *f* rafter connection
Sparrenweite *f* rafter span
Sparrenwerk *n* rafters
Sparrenzuschneidetisch *m* rafter (framing) table
Sparrenzwischenraum *m* space between rafters, case bay
Sparrholz *n* trim, ends, offcuts *(Bauholzreste)*
Spätbarock *m* late Baroque
Spaten *m* spade
Spatenstich *m***/ erster** ground-breaking, turn of the first sod
Spätfestigkeit *f* late strength *(Beton)*
Spätgotik *f* late Gothic
Spätholz *n* summerwood, latewood
Spazierweg *m* promenade, [foot-]path
Speckstein *m* steatite, soapstone *(Talkabart)*
Speichenradmaßwerk *n (Arch)* wheel tracery
Speicher *m* 1. store[house], warehouse *(Lagerhaus)*; magazine *(z. B. für Werkzeuge)*; 2. garret, loft *(Dachbodenspeicher)*; 3. silo; granary, *(Am)* elevator *(für Getreide)*; 4. *s.* Speicherbecken
Speicherbecken *n (Wsb)* reservoir, store (storage) basin; hold tank
Speicherdamm *m* storage dam
Speicherfähigkeit *f* storage capacity
Speicherhaus *n* warehouse, store[house]
Speicherheizgerät *n* storage heater
Speicherinhalt *m***/ nutzbarer** available storage capacity
Speicherkraftwerk *n* storage power plant (station)
Speichermenge *f (Wsb)* reservoir capacity, retained storage volume
Speicherofen *m***/ elektrischer** storage space-heater
Speichersilo *n* storage silo
Speichersperre *f (Wsb)* storage dam
Speicherung *f* 1. storing, storage *(z. B. von Baumaterial)*; 2. *(Wsb)* pondage *(Inhalt eines Speicherbeckens)*
Speicherwerk *n (Wsb)* high-head plant
Speisegaststätte *f* restaurant
Speisekabel *n (El)* main cable
Speisekammer *f* larder, pantry
Speiseleitung *f* 1. feed pipe, supply line; 2. *(El)* feeder [line]
Speisenaufzug *m* service (food) lift, *(Am)* dumb waiter, food elevator
Speisen- und Getränkelager *n* buttery *(Vorratskammer)*
Speiseraum *m* 1. canteen *(Kantine)*; 2. dining room *(Eßzimmer)*
Speisesaal *m* dining hall (room) *(eines Hotels)*; refectory *(in Internaten)*; canteen *(in Universitäten)*; refectory, frater *(eines Klosters)*
Speiseschrank *m* food cupboard *(s. a.* Speisekammer*)*
Speisewarmhaltetisch *m* **mit Dampfbeheizung** steam table, hot food table
Speisewasser *n* feed water *(Heizkessel)*
Speizezimmer *n s.* Speiseraum 2.
Spektralfarbe *f* spectral colour
Spektralverteilung *f* spectral power distribution *(Beleuchtungstechnik)*
Spekulationsbau *m* speculative building
Spengler *m s.* Klempner
Sperranstrich *m* 1. petrifying liquid *(Anstrichstoff)*; 2. waterproofing coat
Sperranstrichmittel *n* waterproofing paint; water-repellent agent; petrifying liquid
Sperrbarriere *f* traverse *(eines Durchgangs)*
Sperrbaustoff *m* barrier material
Sperrbeton *m* waterproofing concrete
Sperre *f* 1. barrier *(z. B. Schlagbaum)*; roadblock *(Straße)*; 2. lock, locking device *(Vorrichtung)*; 3. sealing layer, barrier membrane, stop *(gegen Feuchtigkeit) (s. a.* Sperrschicht*)*; flash *(am Schornstein)*
Sperreinlage *f* sealing layer; sealing strip; joint filler, stop end *(Fuge, Anschluß)*
sperren 1. to lock *(verriegeln)*; to shut, to close *(schließen)*; to clamp *(arretieren)*; 2. to obstruct, to block *(Straßen)*; 3. to cut (shut) off *(z. B. Strom, Wasser)*; 4. to insulate *(isolieren)*; to waterproof, to stop *(Mauerwerk gegen Feuchtigkeit)*; 5. to take out of service *(Gebäude)*
Sperrenkörper *m***/ wasserseitiger** upstream fill
Sperrestrich *m* repellent (waterproofing) screed
Sperrfolie *f* plastic barrier material
Sperrfutter *n* crossband *(Holz)*
Sperrhahn *m* stopcock
Sperrhaken *m* catch, latch *(Schloß)*; ratchet *(Sperrklinke)*
Sperrhaut *f* waterproofing membrane
Sperrholz *n* plywood
~/blechbeplanktes plymetal
~ für innen interior-type plywood
~/furniertes veneered plywood
~/gebogenes bent plywood
~/hartfaserplattenbeplanktes hardboard-faced plywood
~/kunstharzverpreßtes high-density playwood
~/normales standard plywood
~/profiliertes formed plywood
Sperrholzbeplankung *f* plywood covering
Sperrholzkonstruktion *f***/ geleimte** glued plywood system
Sperrholzparkett *n s.* Sperrholzparkettplatten
Sperrholzparkettplatten *fpl* plywood squares
Sperrholzschalung *f* plywood form[work], plywood shuttering
Sperrholztafel *f* plywood panel
~/furnierbezogene [plywood] face panel
Sperrholzträger *m* plywood girder
Sperrholzverschalung *f* plywood siding *(an Außenwänden)*
Sperriegel *m* lock bolt
~/elektromagnetischer electric lock

sperrig bulky; unwieldy *(unhandlich)*
Sperrklinke *f* ratchet, [door] catch; dog
Sperrlage *f* impervious course (layer) *(Dichtungslage)*
Sperrlinie *f* barrier line
Sperrmauer *f (Wsb)* barrage [dam], damming *(Talsperre)*
Sperrmörtel *m* water-repellent mortar
Sperrmittel *n* barrier material
Sperrpappe *f* insulating felt
Sperrpolster *n* stop bolster
Sperrschicht *f* impervious course, insulating course (layer), waterproofing course (layer); damp[-proof] course, dampproofing course, stop
~ **einer Hohlwand** cavity [wall] flashing
Sperrschleuse *f (Wsb)* navigation lock
Sperrstoff *m* barrier material, insulant; waterproofer; damp-proof material
~ **aus Kunststoffolie** plastic barrier material
Sperrtür *f* flush door
Sperrung *f* 1. closing; locking; obstruction; 2. insulation; damp-proofing; [integral] waterproofing *(im Bauteil)*
~**/horizontale** horizontal damp-proof course
Sperrzement *m* hydrophobic cement
Sperrzusatz *m* damp-proofing addition (agent)
Spezial... *s. a.* Sonder...
Spezialausführung *f* special[-type] design
Spezialbaustoff *m* purpose-made building material
Spezialbeton *m* purpose-made concrete
Spezialfliese *f* purpose-made tile
Spezialformfliese *f* trimmer
Spezialgrundputz *m* casting plaster *(mit Additiven)*
Spezialist *m* expert, specialist, professional
Spezialmörtel *m* special (purpose-made) mortar
Spezialputz *m* special (purpose-made) plaster
Spezialstein *m* purpose-made brick
Spezialüberstreichpinsel *m* overgrainer *(für Maserungseffekt)*
Spezialzement *m* special (purpose-made) cement
Spezifikation *f* specification, *(Am)* spec
spezifikationsgerecht/nicht non-conforming *(Gebäude)*
sphärisch spheric[al]
Sphinx *f* sphinx
Spiegel *m* 1. mirror; 2. level, surface *(Niveau)*
Spiegelerhebung *f* banked-up water level
Spiegelfaser[ung] *f* medullary ray *(Holzfurnier)*
Spiegelgewölbe *n* cavetto (surbased) vault
Spiegelglas *n* polished plate glass *(Kristallglas)*
Spiegelglastafel *f* mirror glass plate
Spiegelharz *n* colophony, [wood] rosin, [yellow] resin
Spiegelholz *n* radial conversion *(Radialschnitt)*
Spiegelmaß *n* planed measure *(Holz)*
Spiegelschicht *f* reflective (mirror) coating
Spiegelschnitt *m* vertical grain *(Holz)*
Spiegelsymmetrie *f* specular symmetry
Spiel *n* play *(zwischen zwei Bauteilen)*; clearance, clearage *(erwünscht)*; slackness *(unerwünscht)*
Spielfeld *n* playfield, field pitch; court *(Tennis)*
Spielfläche *f* [children's] play area, play lot
Spielgeräteplatz *m* toy-lot
Spielplatz *m* 1. [children's] playground, play lot, games area; 2. *s.* Spielfeld
Spielraum *m* 1. clearance [space], backlash, play; 2. allowance *(bei Maßabweichung)*
Spielwiese *f* grass playground, *(Am)* tot lot, playground for toddlers
Spiere *f* spar *(Holz)*
Spill *n* capstan
Spindel *f* 1. newel [post] *(einer Treppe)*; 2. spiral stair[case] *(Wendeltreppe)*
Spindelgewölbe *n* spindle vault, helical barrel vault
Spindelkappe *f* newel cap *(Treppe)*
Spindelstab *m* spindle
Spindelstock *m* capstan head
Spindeltreppe *f* solid (spiral) newel stair
Spion *m* spy-hole, door viewer
Spiralbewehrung *f* spiral [reinforcement], helical binding (reinforcement), transverse reinforcement, helix
Spirale *f* 1. spiral [line], helix; 2. *(Arch)* scroll, volute *(Ornament)*
Spiraleisen *n* spiral reinforcement *(Bewehrung)*
spiralförmig 1. spiral, spiral-shaped; helical; 2. cochleary, scroll-shaped *(Ornament)*
Spiralgangtürangel *f* rising (skew) hinge
Spiralpfeiler *m (Arch)* salomónica *(Säule in der Peterskirche in Rom)*
Spiralrampe *f* spiral ramp, helicline
Spiralsäule *f* twisted column
Spiralumschnürung *f* helical binding
Spiralverformung *f* twist
Spiralverzierung *f* volute (scroll) ornament; torsade *(Bandornament)*
Spiralwendeltreppe *f* turnpike stair *(enge Wendeltreppe)*
Spiritusbeize *f* spirit stain (mordant)
Spiritusfarbbeize *f s.* Spiritusbeize
Spirituslack *m* spirit varnish
spitz 1. sharp, pointed *(mit einer Spitze)*; 2. acute *(Winkel)*; 3. angular *(eckig)*
Spitzbalken *m* top beam
Spitzboden *m* cock loft, garret *(Dachboden)*
Spitzbogen *m* pointed (Gothic) arch, ogive, ogival arch, lancet arch; peak (acute-angled) arch; two-centered arch *(doppelt zentriert)* • **mit überhöhtem** ~ lanceted
~**/flacher** obtuse angle arch drop arch
~**/gedrückter** drop (depressed) arch, Tudor arch
~**/gerader** mitre (pediment) arch
~**/gleichseitiger** equilateral [pointed] arch, three-pointed arch
~**/gotischer** Gothic arch
~**/langer** Venetian arch
~**/stumpfer** truncated pointed arch

~/überhöhter lancet arch
~/überspitzter raised pointed arch
Spitzbogenfenster *n* Gothic (lancet) window
Spitzbogengewölbe *n* pointed vault
~/gedrücktes surbased Gothic vault
~/überhöhtes raised Gothic vault
Spitzbogenkuppel *f* pointed dome
Spitzbogenstil *m* Gothic architecture, pointed style
spitzbogig ogival
Spitzdach *n* V-roof
~/vierflächiges helm roof
Spitze *f* 1. point, tip *(spitzes Ende)*; 2. peak, top *(z. B. eines Berges)*; 3. spire *(Kirchturm)*; 4. crown *(Scheitelpunkt eines Bogens)*; 5. apex *(höchster Gebäudepunkt)*; 6. vertex *(eines Dreiecks)*; nib *(z. B. am Dachziegel)*
Spitzeisen *n* pointed chisel, point
Spitzellipsenornament *n (Arch)* vesica piscis
spitzen to point *(Stein)*; to sharpen; to stab *(durchstechen)*
Spitzen *n* pointing, pointed work
Spitzenbelastung *f* peak load
Spitzendruck *m* end bearing *(eines Pfahls)*; cone index *(Pfahlgründung)*
Spitzendruckpfahl *m* point-bearing (end-bearing) pile
Spitzenlast *f (El)* peak (maximum) load
Spitzenmoment *n* peak moment
Spitzenornament *n (Arch)* finial *(Gotik)*
Spitzenschalldruck *m* peak sound pressure
Spitzenspannung *f* 1. peak stress *(mechanisch)*; 2. *(El)* peak voltage
Spitzenstrom *m (El)* peak current
Spitzentragfähigkeit *f* end-bearing capacity *(Pfahlgründung)*
Spitzenverkehr *m* peak traffic
Spitzenzeit *f (El)* peak period
Spitzfenster *n* squint [window] *(Kirche)*
Spitzfuge *f* V-joint, V-shaped (V-tooled) joint
Spitzgewölbe *n* Gothic (pointed) vault
Spitzgraben *m* triangular ditch
Spitzhacke *f* pick axe, [flat] pick
Spitzhammer *m* pick (pointed) hammer, scabbling hammer (pick), scabbing hammer; charring hammer *(Steinmetzwerkzeug)*
Spitzkante *f* feather edge
Spitzkehlung *f* quirk
Spitzkeil *m* wedge
Spitzkeilstein *m* neck brick
Spitzkelle *f* pointed trowel
Spitzkorn *n* angular grain
Spitzkuppel *f* pointed dome
Spitzmeißel *m* pointed mortise chisel, bolting iron, bolt chisel
Spitzpfahl *m* pointed pile
Spitzpunkt *m (Arch)* cusp *(eines gotischen Bogens)*
Spitzpunktbogen *m (Arch)* cinquefoil arch *(fünfsegmentig, gotisches Maßwerk)*
Spitzpunktornamentierung *f (Arch)* cuspidation *(gotischer Bogen)*
Spitzsäge *f* piercing (lock, compass) saw
Spitzsäule *f* 1. pinnacle *(spitzes, gotisches Ziertürmchen als Pfeileraufsatz)*; 2. *s.* Obelisk
Spitztonnengewölbe *n* pointed tunnel vault
Spitzturm *m* steeple *(Kirchturm)*
Spitztürmchen *n* pinnacle
Spitzwinkelfenster *n* squint [window] *(Kirche)*
spitzwinklig acute-angled, angular
Spitzzirkel *m* dividers *(Stechzirkel)*
Spleiß *m* splice *(eines Seils)*
Spleißdach *n* split-tiled roof
spleißen 1. to splice *(Seil)*; 2. *s.* spalten
Spleißen *n* **des Trägerflansches** flange splice
Spleißstelle *f* splice, cable joint
Spließ *m* 1. *(Hb)* cant board, sliver, slip; 2. *s.* Schindel
Spließdach *n* slip roof
Splint *m* 1. cotter [pin], split pin; peg *(Stift)*; 2. *s.* Splintholz
Splintbläue *f* rotting of sap wood; sap-stain *(Holz)*
Splintende *n* coak *(eines Holzstücks)*
Splintfleck *m* sap-stain *(Holz)*
Splintholz *n* sap [wood], alburnum
Splintloch *n* split-pin hole
Splintlochbolzen *m* fox bolt
Splintsicherungskeil *m* foxtail [wedge], nose key
Splintverbindung *f* cotter joint
Splitt *m* [stone] chippings, crushed stone (rock); grit; screenings *(Siebrückstände)*
~/bitumenumhüllter coated chips (chippings)
~/nicht umhüllter uncoated chips (chippings)
~/weißer white aggregate
Splittabdeckschicht *f* rock blanket
Splittabstreuung *f* chip surfacing
Splittbeton *m* chip concrete
Splittbewurf *m* grit layer
Splittdruckfestigkeit *f* aggregate crushing value
Splitter *m* fragment; sliver; chip, splint[er] *(z. B. aus Holz)*; chip, shiver
Splitter *mpl* shatter *(aus Glas)*
Splitterfestigkeit *f* shatter resistance *(Glas)*
splittern to splinter *(z. B. Holz)*; to shatter *(Glas)*
splittersicher splinterproof, shatterproof *(bes. Glas)*
Splittgerüst *n* chippings skeleton structure (frame work)
Splitthaufen *m* stockpile of chippings
Splittkörnungen *fpl* stone chippings (chips)
Splittstreuer *m*, **Splittverteiler** *m (Verk)* gritter, spreader, spreading machine
Splittzuschlag *m* **/ weißer** white aggregate
Sporn *m* 1. spur; 2. *(Wsb)* toe wall
Sportanlage *f* sports facility; sports ground[s]
Sportanlagendeckschicht *f* track surfacing
Sportarena *f* colosseum, coliseum
Sportbauten *pl* sports structures
Sportfeld *n* sports field; playing field *(s. a.* Sportplatz*)*

Sporthalle *f* sports hall; gymnasium, gym *(Schulsporthalle)*
Sportpalast *m* sport[s] palace
Sportplatz *m* sports ground[s], sport[s] field
Sprayschicht *f* curing membrane *(auf Frischbeton)*
Sprechanlage *f* intercom[munication] system
Sprechfunkgerät *n* radiotelephone; walkie-talkie *(tragbar)*
Sprechzimmer *n* consulting room; surgery *(des Arztes)*; office *(einer Behörde)*
Spreizbogen *m* **mit vier Radien** four-centered pointed arch
Spreizdübel *m* straddling dowel, expansion fastener (bolt, anchor); expansion shield
Spreize *f* strut, prop, raking (inclined) shore; bat, spur buttress
~/verstellbare adjustable prop
spreizen to straddle; to spread; to expand
Spreizenwerk *n* **zwischen Querbalken** bridging
Spreizhülse *f* expansion shell
Spreizniet *m* split rivet
Spreizstrebe *f* strut
Spreizstütze *f* spur shore
Spreizwandholz *n* wall plate (piece), head plate
Sprenganlage *f* fire sprinkler
Sprengarbeiten *fpl* blasting operations, shot-firing
sprengen 1. to blow up *(in die Luft sprengen)*; to blast, to shoot, to shot-fire *(Gestein)*; 2. to burst open *(gewaltsam öffnen)*; 3. to sprinkle, to spray, to water
Sprenger *m* 1. *s.* Sprengmeister; 2. sprinkler *(Beregnungsanlage)*
Sprengfußherstellung *f* **eines Bohrpfahls** explosive pile foot enlarging
Sprengkammer *f* demolition (blast) chamber *(Brücke)*, *(Am)* coyote hole
Sprengkapsel *f* detonator, blasting cap
Sprengkraft *f* explosive force (power)
Sprengladung *f* demolition (explosive) charge, charge of explosive
Sprengloch *n* blast-hole, shot-hole
Sprenglochbohrer *m* aiguille
Sprengmeister *m* blaster, shooter, demolition expert
Sprengniet *m* explosion rivet
Sprengpatrone *f* cartridge
Sprengring *m* lock washer
Sprengringdruckdichtung *f* lock-strip gasket
Sprengschutzbedeckung *f* blasting mat
Sprengschweißen *n* explosive welding
Sprengstoff *m* explosive
Sprengstrebe *f* strut
Sprengung *f* 1. blast[ing], shot-firing *(von Gestein)*; demolition *(bes. von Gebäuden)*; 2. detonation, explosion
Sprengwerk *n* strut[ted] frame, strut bracing, truss frame [with truss below], struts; simple trussed beam
~ des Bogens arch centre (centring), arch (arched) falsework
~/doppeltes double truss
~/einfaches simple falsework
~/mehrfaches multiple truss frame
~/zeitweiliges falsework
Sprengwerkbalken *m* strut-framed beam
Sprengwerkbrücke *f* trussed (strutted) bridge
Sprengwerkdach *n* strutted roof
Sprengwerklehrgerüst *n* self-carrying centring
Sprengwirkung *f* explosive effect
Sprengzone *f* blast area
Sprenkelfehlstellen *fpl* mottling *(Anstrich)*
sprenkeln to mottle, to speckle, to spot
Sprenkelung *f* mottle, speckle
Sprieße *f* 1. shoring strut, trench shore *(für Grabenwände) (s. a.* Stützbalken*)*; 2. *s.* Sprosse
Springbrunnen *m*/ **kunstvoller** architectural fountain, water fountain
springen 1. to burst, to crack *(aufplatzen)*; to rift, to split *(Holz)*; 2. to jump
Springgewölbe *n* jumping vault
Springhakenschloß *n* spring look
Springscharnier *n*/ **waagerechtes** horizontal spring hinge *(verzapft in einer Fußschiene)*
Sprinkler *m* sprinkler, sparger, sparge pipe
Sprinkler[feuerlösch]anlage *f* sprinkler fire-extinguishing installation, sprinkler system, fire sprinkler, sprinkler
Sprinklersystem *n*/ **trockenes** dry-pipe sprinkler system *(bei Nichtgebrauch)*
Spritzanstrich *m* sprayed coat
Spritzasbest *m* sprayed asbestos
spritzbar sprayable, gunnable
Spritzbemantelung *f* extrusion coating
Spritzbeton *m* sprayed (gunned) concrete, *(Am)* Gunite *(Handelsname)*, shotcrete, jetcrete; splash concrete; aerocrete, air-placed concrete, air-blown mortar
Spritzbetonauskleidung *f* shotcrete lining
Spritzbetonieren *n* shotcreting
Spritzblech *n* splash guard; flashing *(Dach)*
Spritzbrett *n* splashboard
spritzen 1. to spray; 2. to spray-apply; to spray-paint, to spray-coat *(Farbe)*; 3. to inject; to extrude *(Kunststoffe)*
Spritzen *n* 1. spraying; 2. spray-application *(von Farben)*; 3. injection moulding *(von Kunststoffen)*
Spritzfarbanstrich *m* sprayed paint coat
Spritzformung *f* transfer moulding
Spritzgießen *n* injection moulding *(von Kunststoffen)*
Spritzgußstück *n* injection moulding
Spritzgußverfahren *n s.* Spritzgießen
Spritzisolierung *f* sprayed (spray-on) insulation
Spritzkabine *f* [paint] spray booth
Spritzmetallisierung *f* 1. metal spraying, spray metallizing; 2. sprayed-metal coating, metal-sprayed deposit *(Korrosionsschutzschicht)*

Spritzmörtel *m* spray mortar, air-blown mortar
Spritzmörtelauftrag *m* spray application of mortar
Spritzpistole *f* spraying (spray) gun, *(Am)* aerograph; paint sprayer
Spritzpressen *n* transfer moulding *(von Kunststoff)*
Spritzputz *m* spray plaster, spray rendering *(Außenputz)*; spatter dash; machine-applied plaster; *(Am)* Tyrolean finish *(maschinell aufgetragener)*
~ für eine Schallwand sprayed acoustical plaster
Spritzputzen *n* spray (mechanical) plastering
Spritzraum *m* [paint] spray booth
Spritzstein *m* splash block
Spritzwand *f* splashback *(z. B. in einem Bad)*
spritzwassergeschützt splash-proof
Sprödbruch *m* brittle fracture
spröde 1. brittle, fragile; [cold-]short *(Metall)*; 2. short-grained, brashy *(Holz)* • **~ werden** to embrittle, to become brittle
Sprödigkeit *f* brittleness, fragility; shortness *(Metall)*; rottenness *(Stahl)*
S-Profil *n* ogee (talon) moulding *(s-förmige Kehlung)*
Sprosse *f* 1. sash bar, glazing (glass) bar *(eines Fensters)*, *(Am)* muntin; 2. spoke, stave, rung, round *(einer Leiter)*; step *(Trittleiter)*; 3. baluster, banister *(Geländerstab)*
Sprossenbalken *m s.* Sprossenleiter 1.
Sprosseneisen *n* [iron] sash bar *(Fenster)*
Sprossenfenster *n* astragal window, *(Am)* muntin window
Sprossenleiter *f* 1. peg (rack) ladder *(Stockleiter)*; 2. rung ladder
Spruchband *n (Arch)* label [moulding], banderol[e]
Sprüher *m* sprayer, atomizer
Sprühfarbe *f* aerosol paint
Sprühgerät *n* sprayer, atomizer
Sprühpistole *f* spray[ing] gun, *(Am)* aerograph
Sprung *m* 1. crack *(s. a. unter* Riß*)*; 2. [normal] fault *(Verwerfung im Gestein)*; fissure *(Kluft)*; 3. jump *(Mauerwerkstufe)*; jog *(Absatz)*; break joint, breaking of the joint *(Rücksatz im Mauerwerk)*
Sprungrohr *n* goose-neck
Spülbagger *m* flushing (reclamation) dredger
Spülbecken *n* 1. [kitchen] sink, sink basin (bowl), 2. flush basin *(WC-Becken)*; 3. *(Wsb)* scouring basin
spülbohren to jet, to mud-flush
Spülbohren *n* jetting, mud[-flush] drilling
Spüldamm *m* hydraulic-fill earth dam
Spüle *f* 1. *s.* Spülbecken 1.; 2. sink unit *(als Küchenmöbel)*
spülen 1. to cleanse, to wash, to rinse *(reinigen)*; 2. to sluice *(abspülen)*; 3. to flush *(Bohrtechnik)*; to jet *(mit Druck)*
Spüler *m (San)* flusher, flush
Spülkasten *m* [closet] cistern, toilet cistern, flush[ing] box, flush (sanitary) tank, *(Am)* hopper
Spülkastenausflußventil *n s.* Spülkastenventil
Spülkastenschwimmer *m* cistern float
Spülkastenventil *n* flush valve, toilet (closet) valve
Spülklosett *n* flush toilet, water closet, WC., washdown toilet
~ mit Hochspülkasten high flush toilet
~ mit Tiefspülkasten low-level flush toilet
Spülküche *f* scullery, back kitchen
Spüllanze *f (Erdb)* jetting lance
Spülleitung *f* hydraulic fill pipeline
Spülpfahlabsenkung *f* hydraulic pile driving
Spülrohr *n* 1. *(San)* flush pipe; 2. wash pipe; dredging pipe *(beim Naßbaggern)*
~/perforiertes sparge pipe
Spülschleuse *f (Wsb)* scouring sluice
Spülschüttung *f* hydraulic filling
Spülschütz *n (Wsb)* scour valve
Spülstein *m s.* Spülbecken 1.
Spültisch *m (San)* sink unit
Spülung *f* 1. washing, rinsing; 2. flushing *(WC)*
Spülventil *n (San)* flushing valve, scour (rinse) valve
Spülwasser *n* 1. wash water *(Fahrmischer)*; 2. rinsing (wash) water *(zum Reinigen)*; 3. dishwater, slop *(schmutzig)*
Spülwasserkasten *m s.* Spülkasten
Spülwasserrest *m* afterflush *(von Wasser bei der WC-Spülung)*
Spülwassertank *m s.* Spülkasten
Spund *m* 1. *(San)* faucet, plug, cock; 2. *(Hb)* groove and tongue
~/halber half groove
Spundbohle *f* sheet (pile) plank
Spundbohlen *fpl* matched boards, *(Am)* matched lumber
Spundbrett *n* matchboard, matched board
Spundbretter *npl* tongue-and-groove boards, T and G boards, matchboarding, matched-boards, *(Am)* matched lumber; shiplap
~/gehobelte planed matchboards
spunden *(Hb)* to tongue and groove, to join by grooves
Spunden *n s.* Spundung 2.
Spundhobel *m* match (grooving) plane
Spundholzlage *f* matching
Spundschalung *f* tight sheathing
Spundung *f* 1. match (matched) joint, tongue-and-groove joint; 2. matching, [grooving and] tonguing
Spundwand *f* sheet piling, sheeting, steel piling, pile planking, sheet-pile wall (bulkhead)
~ aus Buckelblechen buckled-plate sheet piling
~/verankerte tight sheathing
Spundwandabdichtung *f* sheet-pile cut-off
Spundwanddoppelbohle *f* twin sheet piles
Spundwandgründung *f* sheet wall piling
Spundwandramme *f* sheeting driver
Spundwandrammung *f* sheet-pile driving, sheet piling
Spur *f* 1. [traffic] lane *(Straße)*; 2. track *(Radspur)*
Spurbreite *f s.* Spurweite
Spurnagel *m* street marker

Spurplattenstraße *f* flagged roadway
Spurweite *f* 1. [rail] gauge, *(Am)* gage *(Eisenbahn)*; 2. track width *(von Fahrzeugen)*
S-Stück *n* double-bend fitting *(einer Rohrleitung)*
Staatsbauvorhaben *n* public works project, government construction project
Staatsübereignung *f (Am)* escheat *(z. B. benötigten Baulands)*
Stab *m* 1. bar, rod *(Stahlstab)*; 2. rod, bar, member *(Bewehrungsglied)*; 3. *s.* Fachwerkstab; 4. column *(Stütze)*; 5. rod, stick *(Meßstab)*; staff *(Meßlatte)*; 6. staff bead *(Kantenrundstab)*; moulding *(Zier-stab)*
~/abgedrehter turned bar
~/anziehbarer adjustable bar
~/aufgebogener inclined bar
~/bleistiftstarker pencil rod
~/gebogener curved member
~/gedrehter spindle
~/idealgerader ideal member
~/kaltgewalzter cold-finished bar
~/konvexer ovolo [moulding] *(Zierstab)*
~/schwingender oscillating rod
~/spannungsloser unstrained member
~/überzähliger *(Stat)* redundant bar; redundant member *(Fachwerk)*
~/zweiseitig ausgekehlter diglyph *(Zierstab)*
0-Stab *m* unstrained member *(eines Fachwerks)*
stababgedeckt bead-jointed *(Zierleiste)*
Stabablenkung *f* rod slope
Stababstand *m* rod spacing *(Bewehrung)*
Stabanschluß *m* member (rod) connection *(Stabwerk)*
Stabbau *m* stave construction
Stabbelastung *f* bar (rod) loading
Stabbewehrung *f* bar (rod) reinforcement
Stabbolzenarrester *m* cane bolt *(Türarrester)*
Stabbrettdecke *f* beaded boarding
Stäbchenparkett *n* strip (overlay) flooring
Stabdiagramm *n* bar chart
Stäbe *mpl* **/ [mit Bolzen] gelenkig verbundene** pin-connected bars
Stabebene *f* plane of members
Stabeisen *n* rod (bar) iron; merchant bar iron *(handelsübliches)*
Stabelement *n* member
Stabfeld *n* bar (rod) field, member field
stabförmig bar-shaped, rod-shaped
Stabfußboden *m* strip (overlay) flooring
Stabhalterung *f* bar strainer (support), bar (high) chair *(Stahlbeton)*
stabil 1. stable, firm, solid, sturdy *(standfest)*; robust, rugged; 2. stable, resistant *(widerstandsfähig)*; persistent, permanent *(beständig)* • **~ sein** to be stable, to be firm; to persist
Stabilisator *m* 1. stabilizer, stabilizing agent *(z. B. für Bitumenemulsion)*; 2. suspending agent *(für Farbe)*
stabilisieren to stabilize, to make stable
Stabilisierung *f* stabilization
~/mechanische granular stabilization *(durch Körnungszusatz)*
Stabilisierungskern *m* central core of stability (strength), hub *(eines Gebäudes)*
Stabilisierungsmittel *n s.* Stabilisator
Stabilität *f* 1. stability, solidity *(z. B. einer Baukonstruktion)*; formness; sturdiness, ruggedness *(Robustheit)*; 2. resistance, persistence *(Widerstandsfähigkeit)*; steadiness *(Beständigkeit)*
~/dynamische transient stability
Stabilitätsbedingungen *fpl* stability conditions
Stabilitätsberechnung *f* stability calculation
Stabilitätsbereich *m* region (range) of stability
Stabilitätsgrenze *f* stability limit, limit of stability; range of stability
Stabilitätstheorie *f* stability theory
Stabilitätsuntersuchung *f* stability investigation
Stabkante *f* roll
Stabkantenleiste *f* **mit Einlagestreifen** roll-and-fillet moulding
Stabkirche *f* stave church *(Holzkirche)*
Stabkonstruktion *f* bar construction
Stabkraft *f* bar (member, rod) force
Stablot *n* plumb rod (rule)
Stabparkett *n* wood block (parquet) flooring, wood block floor covering
Stabplatte *f* mat
Stabquerschnitt *m* bar section
Stabrahmen *m* bar frame
Stabreihe *f* row of members, row of bars (rods)
Stabrost *m* bar grate (screen)
Stabsieb *n* grizzly
Stabsiebrost *m* bar screen
Stabspannung *f* bar tension (strain), bar (rod, member) stress
Stabstahl *m* rod (bar) iron (steel); merchant bar iron *(handelsüblich)*
~/gezogener drawn steel bar
~/polierter bright steel bars
Stabstahlbewehrung *f* bar (rod) reinforcement
Stabsystem *n* member system, rod (bar) system
Stabverbindung *f* bar joint
Stabverspannung *f* bar strainer
Stabwerk *n* 1. framing, framework, frame; timber framing; member (rod) system, system of bars; tracery panel; 2. mullions *(Rahmenwerk gotischer Fenster)*
Stabwerkkonstruktion *f* bar construction
Stabzierleistenmuster *n* reed
Stabzug *m* bar chain *(Stahlbeton)*
Stacheldraht *m* barbed wire, *(Am)* barbwire
Stacheldrahtzaun *m* barbed wire fence, *(Am)* barbwire (bob wire) fence
Stachelzylinderboiler *m* porcupine boiler
Stadion *n* stadium
Stadt *f* city *(Großstadt)*; town

Stadtautobahn *f* city (urban) motorway, *(Am)* urban expressway (freeway)
Stadtbahn *f* urban (metropolitan) railway, suburban railway; *(Am)* city railroad
Stadtbauerhebung *f* [urban] planning survey
Stadtbaukunst *f* urban architecture, civic design
Stadtbauplanung *f* municipal (urban) planning, civic design
Stadtbezirk *m* 1. municipal (city) district *(Verwaltungseinheit)*; 2. *s.* Stadtteil 1.
Stadtbild *n* townscape, cityscape
Städtebau *m* 1. town planning, urban (municipal, city) planning, urban development; 2. municipal engineering
Städtebauer *m* town planner
städtebaulich in town building; in terms of town planning, town planning
Städtebild *n s.* Stadtbild
Stadtentwässerung *f* sewerage [system], municipal services (drainage), town drainage
Stadtentwicklung *f* urban development; urban expansion
Städteplaner *m* town planner, municipal planner
Städteplanung *f* town (city) planning, urban (municipal) planning
Stadtflugplatz *m* municipal airport
Stadtgebiet *n* municipal (urban) area; urban district
Stadtgemeinde *f* municipality
Stadthalle *f* municipal (urban) hall
Stadthochbahn *f* elevated railway
städtisch municipal, urban, town
Stadtkern *m s.* Stadtzentrum
Stadtkreis *m* town (city) borough; urban district
Stadtlandschaft *f* urban landscape, townscape, cityscape
Stadtmauer *f* town (urban) wall; enceinte *(mit Befestigungen)*
Stadtmauerareal *n* enceinte
Stadtmüll *m* municipal refuse (waste), *(Am)* city garbage
Stadtpark *m* town (urban) park
Stadtplan *m* town map; *(Am)* plat *(mit Grenzmarkierungen für das Katasteramt)*
~/maßstabgerechter town (city) plan
Stadtplanung *f s.* Städteplanung
Stadtrand *m* outskirts [of a city], suburban area (district), urban fringe, periphery of a city
Stadtrandsiedlung *f* suburban housing estate
Stadtregion *f* metropolitan area
Stadtrekonstruktion *f* urban renewal
Stadtsanierung *f* urban renewal (redevelopment); clearance *(von Wohngebieten)*
Stadtsanierungsplan *m* town redevelopment (improvement) scheme
Stadtschnellbahn *f s.* Stadtbahn
Stadtstraße *f* [urban] street
Stadtstraßennebenanlagen *fpl* street furniture
Stadttechnik *f* urban (municipal) services; municipal engineering
Stadtteil *m* 1. part of the town; quarter *(s. a.* Stadtviertel*)*; 2. *s.* Stadtbezirk 1.
Stadtverkehr *m* urban (city) traffic
Stadtversorgung *f* public utilities
Stadtviertel *n* quarter [of a town], *(Am)* town (city) block
Stadtwasserversorgung *f* town (urban) water supply
Stadtwerke *npl* municipal works
Stadtzentrum *n* town (city) centre; civic centre *(Verwaltungszentrum)*
Staffelchor *m (Arch)* staggered choir *(Kirchenbaukunst)*
Staffeldach *n* stepped roof
Staffelgiebel *m* stepped (corbie) gable
staffeln to stagger; to step; to graduate
Staffelung *f* staggering
Staffelvermessung *f* stepping
Stahl *m* steel
~/basischer basic steel
~/beruhigter [fully] killed steel, quiet steel
~/einsatzgehärteter case-hardened steel
~/farbbeschichteter colour-coated steel
~/ferritischer ferrite steel
~/geschmiedeter hammered steel
~/hochfester high-strength steel
~/hochzugfester high-tensile steel
~/kaltgestreckter cold-strained steel
~/kaltgewalzter cold-rolled steel
~/kaltverformter cold-worked steel
~/korrosionsbeständiger corrosion-resistant steel; stainless steel *(hochchromhaltig)*
~/legierter alloy steel
~/mittelharter medium steel *(0,25–0,5 % C)*
~/nichtrostender stainless steel, corrosion-resisting steel
~/nickellegierter nickel [alloy] steel
~/nitriergehärteter (nitrierter) nitrided steel
~/rostfreier *s.* ~/nichtrostender
~/schweißbarer welding steel
~/unlegierter plain (simple) steel, carbon steel
~/verzugsfreier non-deforming steel
~/weicher soft steel
Stahlanker *m* structural steel fastener, steel anchor
Stahlband *n* steel strip; iron ribbon; hoop iron
Stahlbandmaß *n* flexible steel rule, steel [measuring] tape; pull-push rule
Stahlbau *m* 1. steel structure (construction), building in steel; 2. structural steel erection *(Montage)*; constructional steelwork *(Stahlbauarbeiten)*
Stahlbauer *m* [steel] construction engineer
Stahlbaufacharbeiter *m* steel erector
Stahlbaufirma *f* steel construction firm, steel fabricator
Stahlbaumontage *f* steel erection
Stahlbaunietung *f* structural riveting
Stahlbaustelle *f* [steel] erection site
Stahlbautechnik *f* steel construction engineering

Stahlbauteile *npl***/ betonummantelte** encased steelwork
Stahlbeton *m* reinforced concrete, R.C.; steel concrete, ferrocement-concrete
~ **für Schalen (Schalenkonstruktionen)** thin-shell concrete
Stahlbetonbau *m* 1. reinforced concrete construction; 2. reinforced concrete engineering; 3. *s.* Stahlbetongebäude
~ **mit Wandverkleidung** veneered [reinforced concrete] construction
Stahlbetonbelag *m* metallic-aggregate covering *(mit Stahlzuschlagstoff)*
Stahlbetonbestimmungen *fpl* building code requirements for reinforced concrete
Stahlbetondachplatte *f* roof slab, reinforced concrete roof slab
Stahlbetondecke *f* reinforced concrete floor (ceiling)
~ **mit eingegossenen Glaslichtöffnungen** glass concrete
Stahlbetondeckenplatte *f* reinforced concrete floor slab
Stahlbetondurchlaßrohr *n* reinforced concrete culvert pipe
Stahlbetonelement *n* reinforced concrete component (unit)
Stahlbetonfertigteil *n* precast concrete unit, precast [reinforced concrete] unit
Stahlbetonfundamentplatte *f* reinforced concrete foundation slab
Stahlbetonfußboden *m* [reinforced concrete] slab floor
Stahlbetongebäude *n* reinforced concrete building (structure)
Stahlbetongeschoßplatte *f* [reinforced concrete] floor slab
Stahlbetonhohlbalken *m* reinforced concrete hollow beam
Stahlbetonhohldiele *f* hollow concrete slab, concrete plank
Stahlbetonhohlplatte *f* [reinforced concrete] hollow slab
Stahlbetonhubdeckenbau *m* reinforced concrete lift-slab construction
Stahlbetonkastenträger *m* reinforced concrete box girder
Stahlbetonmast *m* reinforced concrete mast
Stahlbetonpfahl *m* [reinforced] concrete pile
Stahlbetonplatte *f***/ kreuzweise bewehrte** two-way reinforced concrete slab
Stahlbetonquerwand *f* reinforced concrete cross-wall
Stahlbetonrahmen *m* reinforced concrete frame[work]
Stahlbetonrammpfahl *m* precast [concrete] pile, precast foundation pile
Stahlbetonrippendecke *f* ribbed concrete floor, slab and joist floor (ribbed construction), tile and slab floor, hollow-block floor; pan construction
Stahlbetonrippenlatte *f* ribbed panel (slab)
Stahlbetonrohr *n* reinforced concrete pipe
Stahlbetonschale *f* reinforced concrete shell
Stahlbetonscheibe *f* reinforced concrete shear wall
Stahlbetonschornstein *m* reinforced concrete chimney
Stahlbetonschwimmkasten *m (Erdb)* floating reinforced concrete box
Stahlbetonsenkkasten *m (Erdb)* reinforced concrete caisson
Stahlbetonskelett *n* reinforced concrete framework (skeleton)
Stahlbetonskelettbau *m* concrete frame construction
Stahlbetonskelett[montage]bauweise *f* precast concrete skeleton construction
Stahlbetonstütze *f* reinforced concrete column
Stahlbetonstützmauer *f* reinforced concrete retaining wall
Stahlbetontafel *f* reinforced concrete panel
Stahlbetonträger *m* reinforced concrete girder (beam)
Stahl-Beton-Verbundträger *m* [reinforced concrete] composite girder
Stahlbetonvollplatte *f* solid reinforced concrete slab
Stahlbetonwand *f***/ verkleidete** veneered [reinforced concrete] wall
Stahlbewehrung *f* steel reinforcement
~**/hochzugfeste** high-tensile reinforcement
Stahlbiegemaschine *f* bar (steel) bender; angle bender
Stahlbiegeplatz *m* steel bending yard
Stahlblech *n* sheet-steel; steel sheet *(Feinblech)*; steel plate *(Grobblech)*
Stahlblechdach *n* steel sheet roof
Stahlblechkonstruktion *f* steel plate [structural] system
~**/geschweißte** fabricated steel-plate design
Stahlblechleichtträger *m* H-runner
Stahlblechtür *f* steel plate door
Stahlbrücke *f* steel (iron) bridge
Stahldecke *f* steel floor
Stahldraht *m* steel wire
~**/gespannter** taut steel wire
Stahleinlagen *fpl* steel reinforcement, embedded [steel] reinforcement
Stahleinrollmaß *n* push-pull rule
Stahlerschlaffung *f* relaxation of steel
Stahlfachwerk *n* steel framework
~ **mit offenem Profilstahl** open-web steel joist
Stahlfachwerk-Sektionsbrücke *f* Bailey bridge
Stahlfaserbeton *m* steel-fabric concrete
Stahlfensterflügel *m* steel casement
Stahlfensterrahmen *m* steel window frame
Stahlflechtarbeiten *fpl* reinforcement work
Stahlgerippebau *m s.* Stahlskelettbau
Stahlgerüst *n* tubular steel scaffolding
Stahlgittermast *m* [steel] lattice mast

Stahlgitterpfette *f* open-web steel joist
Stahlgittertür *f* [steel] day gate *(in einer Bank)*
Stahlglättkelle *f* steel trowel
Stahlhochbau *m*/ **geschweißter** welded high-rising [steel] structure
Stahlhochstraßen *fpl* elevated steel roads
Stahlhohlsäule *f*/ **flüssigkeitsgefüllte** fluid-filled column *(als Überhitzungsschutz)*
Stahlhohlschiene *f* furring channel *(als Putzabstandshalter und Streckmetallträger)*
Stahl-Holz-Binder *m* composite truss
Stahlkastenstütze *f* boxed steel column
Stahlkastenträger *m* boxed steel girder
Stahlkellerfenster *n* utility window *(Fertigfenster)*
Stahlklammer *f* structural steel fastener
Stahlkonstruktion *f* 1. structural steelwork, steel construction *(Tragwerk)*; 2. building in steel, steel structure (construction)
~/geschweißte welded (fabricated) steel structure
~ mit Verkleidungselementen veneered steel construction
Stahlkorb *m* steel cage; steel gabion *(für Erddämme)*
Stahlkugel *f* steel ball
Stahlkurznagel *m* concrete nail
Stahlleichtbau *m* light-weight (light-gauge) steel construction
Stahlleichtbauträger *m* steel light[-weight] girder
Stahlleistenverbindung *f (Hb)* gib-and-cotter joint
Stahlmantelrohr *n* steel-sheathed pipe
Stahlmast *m* steel mast (tower, pylon)
Stahlmontage *f* steel erection
Stahlpanzerrohr *n* cable duct tube, steel armoured conduit *(Isolierrohr für Kabel)*
Stahlpfahlrammen *n* steel piling
Stahlpfeiler *m* steel pier
Stahlpfosten *m* **zur Böschungssicherung** soldier beam
Stahlplattenheizkörper *mpl* steel panels for central heating
Stahlplattenoberflächenverstärkung *f* [steel] hard-facing
Stahlportalrahmen *m* steel portal frame
Stahlprofil *n* steel section, [steel] shape; steel girder *(Träger)*
~ in T-Form T-section
~ in U-Form channel, U-section
Stahlquerschnitt *m* area of steel, reinforcement area *(Bewehrungsquerschnitt)*
Stahlrahmen *m* steel frame
Stahlrahmenfenster *n*/ **großes** architectural projected [steel] window
Stahlrahmenstütze *f*/ **unterteilte** spaced steel column
Stahlraumzelle *f* steel building block module
Stahlrelaxation *f* relaxation of steel
Stahlrippendecke *f* slab and joist floor (ribbed construction), steel-ribbed floor
Stahlriß *m* clink
Stahlrohr *n* steel tube; tubular steel
Stahlrohrgerüst *n* tubular scaffolding, tube-and-coupler scaffold
~ aus Fertigteilfeldern tubular-welded-frame scaffold
Stahlrohrkonstruktion *f* tubular construction
Stahlrohrmantelsäule *f* pipe column
Stahlrohrmast *m* tubular steel mast; tubular steel derrick
Stahlrohrsäule *f* pipe column
Stahlrohrstütze *f* steel tube shore
Stahlsaite *f* prestressed concrete wire
Stahlsaitenbeton *m* prestressed wire concrete; Hoyer concrete
Stahlsaitenspannbeton *m* Hoyer concrete
Stahlsaitenspannprinzip *n* Hoyer effect
Stahlschalung *f* steel (metal) formwork, steel shuttering
Stahlschiene *f* steel rail; steel bar *(Fachwerk)*
Stahlschienenbewehrung *f* rail steel reinforcement
Stahlschornstein *m* steel stack
Stahlschornsteinplatten *fpl* strake
Stahlseil *n* steel rope (cable)
Stahlseildach *n* steel rope roof
Stahlskelett *n* steel skeleton, steel rigid frame
Stahlskelettbau *m* steel skeleton building, steel-framed structure, structural steel framework, steel framing
Stahlskelettbauweise *f* steel-frame construction
Stahlskelettgebäude *n s.* Stahlskelettbau
Stahlsorte *f* steel quality (grade); variety of steel *(Art)*
Stahlspannungsabfall *m* relaxation of steel *(Spannbeton)*
Stahlsparren *m* steel rafter
Stahlsplittbeton *m* steel chip concrete
Stahlspundwand *f* steel [sheet] piling, sheet-steel piling, fin *(vom Hauptkofferdamm auskragend)*
Stahlstab *m* steel bar (member) *(Fachwerk)*; steel rod; steel angle
~/I-förmiger I-bar
Stahlstarrahmen *m* steel rigid frame
Stahlsteindecke *f* Kleine's ceiling, Kleine floor, reinforced block floor; ribbed floor with hollow stone fillers; joist ceiling (floor)
~ mit Betongurt reinforced brick floor with concrete beams
Stahlstütze *f* steel column, [steel] stanchion
~/[beton]ummantelte cased column
Stahltafel *f* steel panel *(Wandtafel)*
Stahlton *m* Stahlton *(Spannton)*
Stahlträger *m* steel girder (beam), steel section (joist)
~/zusammengesetzter built-up steel girder
Stahlträger *mpl* girder iron
Stahlträgerdecke *f* steel girder floor
~ mit Steinausfachung filler-joist floor
Stahlträgerpfahl *m* H-pile
Stahlträgertreppenwange *f* steel string [piece]

Stahlverbindung *f* **mit berührender Nagelleiste** nailing joist
Stahlvorhangwand *f* steel curtain wall
Stahlwandanker *m* steel wall tie
~ für wandtragende Träger government anchor
Stahlwasserbau *m* hydraulic steel construction
Stahlwellblech *n* corrugated sheet iron (steel)
Stahlwolle *f* steel wool (shavings)
Stahlzellendecke *f* cellular flooring (steel floor)
Stahlzementsilo *n* steel cement storage silo
Stahlzuschlagstoffbetonbelag *m* metallic-aggregate covering
Staket *n s.* Staketenzaun
Stakete *f* [wooden] lath; pale picket
Staketenzaun *m* pale fence (fencing), paling, palisade
Stalaktitenarbeit *f (Arch)* stalactite work
Stalaktitengewölbeverzierung *f (Arch)* muquarnas *(islamische Baukunst)*
Stall *m* stable [building], stall, *(Am)* barn *(Landbau)*
Stallbox *f* box stall
Stallgang *m* alley
Stallgebäude *n* stable building, *(Am)* barn
Stallpfosten *m* heel post
Stallung *f* stabling, [animal] housing, stalling
Stambha *m (Arch)* stambha, lath *(indischer Monumentalpfeiler)*
Stamm *m* [tree] trunk, bole, stem, shaft
~/unbearbeiteter log
~/vierseitig behauener *(Am)* cant
Stammholz *n* stem wood, trunk wood, log, roundwood
Stammlängssägen *n* pit sawing *(von Hand)*
Stampfasphalt *m* compressed (tamped) asphalt
Stampfbalken *m* tamper
stampfbar rammable
Stampfbau *m* pisé [building], tapia
Stampfbeton *m* tamped (rammed, compressed) concrete, tamp-concrete
Stampfbetoneinbringung *f* dry-tamp process
Stampfbohle *f* compacting beam, tamper
Stampfdichte *f* tamped density
stampfen to tamp, to ram, to stamp
~/Beton to puddle
~/erdfeuchten Beton to dry-pack
~/Mörtel to beat the mortar
Stampfer *m* tamper, tamping iron, stamper, rammer; paving rammer *(für Pflastersteine)*; punner *(für Erdstoffe)*; beetle *(Hammer für Holzpfähle)*
Stampffähigkeit *f* roddability *(Beton)*
Stampffrosch *m* power tamper
Stampflehm *m* rammed clay, pisé, cob
Stampflehmbau *m* cob construction, beaten cob work, pisé building
Stampfmauerwerk *n* rammed walling
Stampfplatte *f* tamping slab
Stampfstange *f* tamping rod
Stampfton *m* rammed clay
Stampfverdichtung *f* tamping compaction
Stand *m* 1. stall, booth, stand *(Verkaufsstall)*; 2. level, height *(Niveau)*; 3. state
Standard *m* standard *(Norm)*
~/handelsüblicher commercial standard
Standard... *s. a.* Norm... *und* Normal...
Standardabweichung *f* **/ mittlere** mean square deviation *(Qualitätskontrolle, Baustoffprüfung)*
Standardbausystem *n* standard construction system
Standardbelastung *f* [standard] static loading
Standardbrückensystem *n* unit construction bridge system
Standarddichte *f* optimum Proctor density *(Proctor-Dichte)*
Standardnadelwiderstand *m (Bod)* standard penetration resistance, Proctor penetration resistance
Standardprobe *f* **der Bruchmechanik** compact tension specimen
Standardprüfstab *m* standard test bar
Standardtoleranz *f* standard tolerance *(Fertigteile)*
Standardunterlagen *fpl (Am)* [standard] format *(zur Angebotsplanung)*
Standardverdichtungsversuch *m* standard (laboratory) compaction test, Proctor [compaction] test
Standardwerk *n* building code, code of practice
Standardziegel *m (Am)* engineered brick *(Abmessungen 200 x 100 x 80 mm)*
Standbaum *m* scaffolding standard
Standdrän *m* vertical drain
Ständer *m* 1. vertical member, pillar stanchion, timber pillar *(Holzfachwerk)*; 2. post, leg *(Pfosten)*; 3. rack *(Gestell)*
Ständerbau *m* post-and-lintel (post-and-beam) construction, beam-and-column construction, storey post and beams
Ständerbauweise *f* post-and-lintel (post-and-beam) construction, beam-and-column construction
Ständerfachwerk *n* vertical truss, system of web members, diagonal web, strut bracing, posts
Ständerleuchte *f* standard lamp
Ständerrahmenbau *m s.* Ständerbau
Ständerwand *f* single plank wall
Ständerwerk *n s.* Ständerfachwerk
standfest stable, steady
Standfestigkeit *f* stability; rigidity
Standfestigkeitsberechnung *f* stability calculation
Standfestigkeitsgrenze *f* limit of stability
Standfestigkeitsuntersuchung *f* stability investigation
Standlast *f* **/ kurzfristige** *(Stat)* short-time static load
Standlinienzug *m* chain traverse
Standmast *m* fixed pole (post)
Standort *m* location, place, site *(Lage, z. B. von Anlagen, Gebäuden)*; stand, position *(z. B. eines Betrachters)* • **für einen ~ vorsehen** to pitch

~ **eines Gebäudes/feuergefährdeter** exposure hazard of a building
Standortanalyse *f* siting analysis
Standortaufnahme *f* location survey
Standortbestimmung *f* siting
Standortplanung *f* siting planning
Standortverhältnisse *npl* site (local) conditions; environmental conditions
Standortwahl *f* siting
Standplatz *m* car place *(geplante PKW-Stellfläche)*
Standrichtung *f* orientation, aspect
Standrohr *n* 1. standpipe *(Hydrant)*; 2. gauge glass *(Wasserstand)*
Standseilbahn *f* funicular railway, cable railway [at ground level]
standsicher stable, steady; rigid
~**/nicht** unstable
Standsicherheit *f* stabilty, steadiness; static stability
Standsicherheitsberechnung *f* stability calculation
Standspur *f* parking lane; [road] shoulder; highway shoulder, hardened (hard) shoulder *(Autobahn)*
Standzeit *f* service life *(einer Maschine)*; tool life, die-life *(eines Werkzeugs)*
Stange *f* pole, stick, post; bar, rod *(aus Metall)*; stake *(dünn)*
Stangengriff *m* grab bar
Stangenholz *n* pole timber
Stangenmast *m* pole
Stangenverbindung *f* rod (bar) connection
Stanniol *n* tin foil
Stanze *f s.* Stanzer
stanzen to punch, to stamp; to centre *(punzieren)*
Stanzer *m* punch, punching machine *(für Löcher)*
Stapel *m* stack, pile; tier *(Lage, z. B. Balkenlage)*
Stapelfassade *f* stacked façade *(mit Häufung unterschiedlicher Dekorationselemente)*
Stapelholz *n* store timber, packing piece; dunnage *(Abfallholz)*
Stapelklotz *m* bilgeblock *(beim Schiffbau)*
Stapellatte *f* sticker
stapeln to pile, to stack up; to store *(lagern)*; to stockpile *(auf Vorrat)*
~**/flach** to stack flat
~**/Holz** to stack
Stapelplatz *m* stacking ground (yard), piling place; timber storage yard *(Holz)*
Stapelreihe *f* tier *(Lage)*
Stärke *f* strength, force *(Kraft)*; thickness *(Dicke)*; depth
Stärkeleim *m* starch glue
Starkholz[bau]konstruktion *f* heavy-timber construction, mill construction
Starkstrom *m* power current, high-voltage current
Starkstromkabel *n* power cable, heavy-duty cable
Starkstromleitung *f (El)* power line
starr stiff, solid *(steif)*; rigid, inflexible *(unbiegsam)*
Starrheit *f (Stat)* stiffness, rigidity
Starrheitsbedingung *f* rigidity (stiffness) condition
Starrheitsfaktor *m* rigidity factor
Starrkörperbewegung *f* rigid body motion
Starrpunkt *m* shatter point *(von Bitumen)*
Starter *m* starter *(Leuchtstofflampe)*
Start- und Landebahn *f* runway, jetway, landing runway (strip)
Statik *f* statics, stress (structural) analysis
~**/graphische** graphostatics, graphic[al] statics, graphical structural analysis
~ **starrer Körper** statics of rigid bodies
Statiker *m* design engineer, structural engineer (designer)
statisch static[al]
Station *f* 1. station, stop *(Bahnhof)*; 2. ward [unit] *(Krankenhaus)*
Stationsgebäude *n* station building
Stationspunkt *m* station, stop
Statue *f* statue
Statuennische *f (Arch)* habitacle; tabernacle
Staub *m* dust; meal *(Gesteinsmehl)*
~**/feiner** fine dust
Staubabsaugung *f* dust collection [by exhaust ventilation]
Staubabsaugeeinrichtung *f* dust-collecting equipment
Staubabscheider *m* dust collector (separator, catcher); precipitator
Staubabscheiderzyklon *m* cyclone dust collector
Staubdecke *f* dustproof (dust) ceiling
staubdicht dustproof, dust-tight
Staubecken *n* storage reservoir (basin), impounding reservoir *(Speicherbecken)*
Staubfang *m* dust separator (collector)
staubfrei dustfree, dustless
staubgeschützt dustproof
staubig 1. dusty; 2. dustlike *(staubartig)*
Staubkalk *m* pulverized (powdered) lime, lime powder
Staubsand *m* flour sand *(Zuschlagstoff)*
Staubschutz *m* dust guard (screen)
Staubschutzplättchen *n* dustproof strike *(eines Schlosses)*
Staubschutztafel *f* dust board *(über einem Eingang)*
staubsicher *s.* staubdicht
Staubsichter *m s.* Staubabscheider
staubtrocken dustdry *(Anstrich)*
stauchen to upset, to press; to clench, to upset, to close *(Nietköpfe)*; to forge *(hämmern)*
Stauchgrenze *f* compression yield point, percentage yield *(Festigkeit)*
Stauchlängenverlust *m* upset length loss
Stauchung *f* 1. compressive strain, 2. clenching *(von Nietköpfen)*
Stauchzone *f* compression zone
Staudamm *m* retaining dam, dam; barrage [dam] *(zur Bewässerung)*
~ **mit Einschlämmung** hydraulic fill dam
Staudruck *m* dynamic pressure, back pressure

Staudruckrohr *n* Pitot tube
stauen 1. to dam [up], to retain *(Wasser)*; 2. to obstruct *(blockieren)*; 3. to crowd *(vollstopfen)*
Staugebiet *n* backwater zone
Staugrenze *f* limit of backwater
Stauhöhe *f* height of damming (rise)
Staukurve *f* backwater slope
Staulänge *f* backwater length
Staurothek *f* staurotheca *(Reliquiar)*
Staumauer *f* impounding dam, dam, water retaining wall; barrage
Stauniveau *n* level of upper pond
Staurohr *n* Pitot tube
Stausee *m* artificial (storage, obstruction) lake, reservoir
Stauspiegel *m***/ höchster** top-water level
Staustrecke *f* level reach
Stauwand *f* retaining wall
Stauwasser *n* back water, dammed-up water
Stauwasserstand *m* retained water level
Stauwehr *n* retaining level (weir) *(s. a.* Staudamm*)*
Steatit *m* steatite
Stechbeitel *m (Hb)* firmer (ripping) chisel
stechen to piece, to prick *(durchstechen)*; to hole *(Löcher)*; to punch *(Löcher stanzen)*
Stechheber *m* plunging siphon *(Probenahme)*
Stechmeißel *m* parting (necking) tool
Stechzirkel *m* dividers
Steckdose *f (El)* socket [outlet], outlet box, *(Am)* [convenience] outlet, receptacle
~/dreipolige three-pin socket (plug)
~ für eine Leuchte light socket
~ für polgerechten Stecker *(Am)* polarized receptacle
stecken to fix, to put; to peg *(verstiften)*; to stick fast *(festsitzen)*
Stecker *m (El)* [male] plug; connector *(Verbindungsstecker)*
~ für Wandsteckdosen *(El)* wall plug
Steckeranschlußstelle *f (El)* receptacle outlet
Steckerbrett *n (El)* patch board (panel) *(für temporären Gebrauch)*
Steckschlüssel *m* box spanner, *(Am)* socket wrench
Steckstift *m* pin plug
Steckverbindung *f* 1. inserted joint; 2. *(El)* plug-in connection
Steg *m* 1. web, stalk, stem *(Träger)*; 2. rib *(eines Betonträgers und T-Trägers)*; 3. bulb *(Dichtungsband)*; 4. flange *(Flansch)*; 5. way, foot bridge *(Brücke)*, runway *(Plankensteg für Schubkarren)*; 6. came *(H-förmig für Fenster)*
~/offener open web
Steganschluß *m* web (stalk) connection
Stegarmierung *f* web reinforcement
Stegaussteifung *f* stalk stiffening
Stegblech *n* web (stalk) plate
Stegblechanschluß *m* web plate joint
Stegblechaussteifung *f* web stiffener
Stegblechsteife *f* web plate stiffener
Stegblechstoß *m* web splice, web plate joint
Stegbeschädigung *f***/ kleine** web crippling
Stegdiele *f* reinforced concrete hollow plank
Stegkassettenplatte *f* hollow cassette (panel) plank, hollow-core plank
Stegknickung *f* web buckling
Steglatte *f* slat *(Fensterladen, Jalousie)*
Stegrundung *f* radius of web
Stegsteife *f* web stiffener
Stegtafel *f* web panel
Stegverstärkung *f* web reinforcement
Stegverstärkungsplatte *f* shear plate
Stegzementdiele *f* ribbed cement flooring slab
Stehblech *n s.* Stegblech
Stehbohle *f* toehold *(Dachdeckung)*
Stehbolzen *m* stay bolt
Stehbolzenstange *f* [partition] stud
Stehbord *n* back ledge
Stehlager *n* pedestal bearing
Stehlampe *f* standard lamp
steif rigid, stiff, firm, inflexible *(unbiegsam)*; harsh *(Beton)*
Steife *f* 1. consistency, consistence *(Konstistenz)*; 2. [shoring] strut, shore, tom, rance, [ground] prop, bracing [member], stiffener *(Verstärkungsglied)*; puncheon *(eines Binders)*; 3. *s.* Steifigkeit
~ der Mischung consistency of the mixture
Steifebestimmung *f* measurement of consistency
Steifegrad *m* consistency (consistence) degree
Steifemesser *m* consistency meter, consistometer
steifen to stiffen, to toughen *(aussteifen)*
Steifeprüfung *f* consistency test, slump test; remoulding test *(Beton)*
Steifewinkel *m* clip (lug) angle
Steifezahl *f* stiffness factor, coefficient of rigidity; *(Bod)* modulus (coefficient) of compressibility
Steifeziffer *f (Bod)* coefficient of compressibility
Steifheitskoeffizient *m* coefficient of rigidity
Steifigkeit *f (Stat)* stiffness, rigidity
Steifigkeitsbedingung *f* stiffness (rigidity) condition
Steifigkeitsfaktor *m* stiffness (rigidity) factor
Steifigkeitsmodul *m* modulus of stiffness, stiffness modulus
Steifigkeitsterm *m* stiffness term
Steifigkeitsverlust *m* rigidity loss, loss of stiffness
steifknotig stiff-jointed, rigid-jointed
Steifrahmen *m* rigid frame construction, braced box frame
Steifrahmenplatte *f* stiff frame slab
Steifwerden *n***/ rasches** piling *(Anstrich)*
Steigeisen *n* hand iron, access hook
Steigeisen *npl* climbing irons; pole climbers *(für Holzmaste)*
Steigeleiter *f* ladder, steps
steigen 1. to rise, to ramp *(eine Fläche)*; 2. to climb, to mount *(klettern)*; 3. increase, to rise *(sich erhöhen)*
Steigetreppe *f* stairs

Steighöhe *f*/ **kapillare** capillary elevation
Steigleitung *f* rising main, riser [main], water rising (riser) pipe; *(El)* rising electrical main, vertical riser cable
Steigleitungsrohr *n s.* Steigrohr
Steigrohr *n* rising (riser, ascending) pipe, [rising] tubing, standpipe
Steigung *f* slope, gradient *(Hang)*; pitch, incline, inclination *(Neigung)*; rise *(Erhebung)*
~ **einer Stufenhöhe** rise of stair[case] tread
Steigungshöhe *f* rise *(Stufenhöhe)*
Steigungsmaß *n* pitch (rake) dimension
Steigungsmaßlehre *f* pitch board *(Treppe)*
Steigungsstrecke *f* upgrade section
Steigungsverhältnis *n* 1. slope ratio; 2. rise and run ratio *(Treppe)*
Steigungswinkel *m* gradient angle, angle of ascent
steil steep
Steilbogen *m* steep arch
Steilböschung *f* scarp *(Abhang)*
Steildach *n* steep roof
Steilhang *m* steep slope, escarpment
Steilküste *f* steep coast; cliffs, escarpment
Steilufer *n* high (steep) bank, bluff
Stein *m* 1. stone, rock *(Fels, Naturstein)*; 2. block *(Beton)*; 3. brick *(s. a. unter* Ziegel*)*; 4. tile *(Dachziegel)*
~/bossierter bossage
~/dachförmiger saddle stone
~/durchgehender bond stone, *(Am)* perpend (parpend) stone
~/feuerfester kiln-brick
~/flämischer flap tile
~/ganzer whole brick
~/gebrannter burnt (fired) clay brick
~/großer plum *(Zyklopenbetonstein)*
~/halber half bat
~/länglicher orthostate, orthostatic stone
~/mit Putz imitierter French stuc *(Steinimitation)*
~ **mit Rillenmuster/behauener** stroked work
~/rohgeformter dobie
~/sattelförmiger saddle stone
~/überstehender projecting brick
~/vertikal gestellter upright stone
~/verwitterter rotten stone
Steinabdeckung *f* stone pitching; stone covering
Steinader *f* seam face *(Naturbaustein)*
Steinanker *m* stone anchor
Steinauflage *f* enrockment *(Deich)*
Steinausmesser *m* dresser
Steinbau *m* stone-built building, stone structure
Steinbehauen *n* stonework
Steinbettfuge *f* tabled joint
Steinbettung *f* stone bedding
Steinblock *m* block
~/hammerbehauener common ashlar
~/zylindrischer assize *(für Säulen)*
Steinblume *f (Arch)* crocket *(Ornament der Gotik)*
Steinbogen *m* block arch
Steinbogengerüst *n* centre-scaffolding of stones
Steinbohrer *m* masonry (rock) drill, aiguille, auger; stone cutter
Steinbohrmeißel *m* bull-point
Steinböschungsneigung *f* talus
Steinbrechen *n* quarrying
Steinbrecher *m* stone (rock) crusher, stone breaker, stone crushing machine
~/hydraulischer hydraulic splitter
Steinbruch *m* 1. quarry, stone pit; 2. quarrying *(Arbeiten)*
Steinbruchabfall *m* quarry waste
Steinbrucharbeit *f* quarrying
Steinbrucharbeiter *m* quarryman
Steinbruchbetrieb *m* quarrying
Steinbruchboden *m* quarry floor
Steincheneinlegeputz *m* depreter *(Wand)*
Steindamm *m* stone (rock-fill) dam; mole
Steindeckwerk *n* stone riprap, rip-rap[ping]
Steindrän *m* rubble (spall) drain
Steine *mpl*/ **feuerfeste** refractories
~/scharrierte axed work
Steineinlage *f* assize
Steinfarbe *f* 1. stone (masonry) paint; 2. petrifying liquid *(Sperranstrich)*
Steinfläche *f*/ **angeriebene** semirubbed finish
Steinfrischling *m* green block
Steinfuge *f*/ **gehobene** water joint *(Straße, Weg)*
Steinfugenschnitt *m* cutting of stones
Steinfüllfuge *f* tabled joint
Steinfüllung *f* **ohne Bindemittel** dry rubble fill
Steinfußboden *m* stone floor, stone slab [floor] covering
Steingattersäge *f* wire saw
Steingeländer *n* stone balustrade
Steingelenk *n* stone hinge
Steingeröll *n* boulder stones
Steingreifer *m* nippers *(Hebevorrichtung)*
Steingut *n* earthenware; pottery ware; faïence
~/verglastes vitreous china
Steingutmosaik *n* faïence mosaics
Steingutröhre *f* earthenware pipe
Steinhammer *m* axe, *(Am)* ax
Steinhärtemittel *n* [stone] surface hardener
Steinhaufengrab *n* cairn *(meist pyramidenförmig)*
Steinhaufwerk *n* loose material
Steinheber *m* lewis
Steinholz *n* magnesite compound, [artificial] flooring cement, xylolite
Steinholzestrich[fußboden] *m* composition flooring
Steinholzfußboden *m* magnesite floor[ing]
Steinholzplatte *f* xylolite slab
Steinholzwand *f* partition wall of xylolite
Steinhügelgrab *n* dolmen, table stone
steinig stony, rocky; chiselly *(körnig)*
Steinimitation *f* French stuc
Steinimitationsputz *m* scagliola *(Gipsspatmasse)*
Steinindustrie *f* rock industry

Steinkitt *m* stone putty
Steinklammer *f* **aus gegossenem Blei** lead plug
Steinkleben *n* sticking
Steinklein *n* knockings
Steinkohlenkitt *m* cement mastix
Steinkohlenteer *m* [bituminous] coal tar
Steinkohlenteerpech *n* coal-tar pitch
Steinkörnungen *fpl* stone chippings (chips)
Steinkunstschneiden *n* stereotomy
Steinlage *f* **/ auskragende** projecting belt course
~/geklammerte chain course
~/trockene dry course
Steinmarke *f* cairn *(pyramidenförmig, aus aufgeschichteten Steinen)*
Steinmauern *fpl* walling
Steinmehl *n* fines
Steinmeißel *m* stone (bent) chisel, rock bit
~/spitzer mason's chisel
Steinmergel *m* [stone] marl
Steinmetz *m* stonemason, stone cutter; squarer
Steinmetzarbeit *f* stonemason's work, stone dressing work, carving, carved work
Steinmetzfäustel *m* **mit rundem Kopf** mash [hammer]
Steinmetzfeinhammer *m* face hammer
Steinmetzfeinmeißel *m* fillet chisel
Steinmetzflachaxt *f* kevel, kevil
Steinmetzhammer *m* mason's ax, *(Am)* axhammer
Steinmetzmeißel *m* batting tool, nicker
~/runder mallet-headed chisel
Steinmetzwerkbank *f* banker
Steinmetzzeichen *n* mason's mark, banker-mark
Steinmole *f* rock-filled jetty
Steinnagel *m* masonry nail
Steinoberfläche *f* **/ geglättete** semirubbed finish
~/handbehauene batted (tooled) work
~/nutgeschlagene tooled finish (surface)
~/polierte polished finish
~/scharrierte boasted surface (work)
~/sehr glatte honed finish
Steinornament *n* **/ am Bauwerk eingehauenes** revalé
Steinpackung *f* stone bedding, rip-rap[ping]
~ für Trockenmauer dry stone pitching
Steinpackwerk *n* rubble mound of stone protection
Steinpaketieren *n* cubing
Steinpflaster *n* stone (sett) pavement, paving in setts, soling
Steinpflasterung *f* paving in setts
Steinplatte *f* [stone] flag, stone slab (slate), [stone] plank, dalle *(verziert, meist in Sakralbauten)*
~/große step flag
Steinplattendach *n* stone slab roof
Steinputz *m* stone plaster, stuc
Steinputzmasse *f* stuc mixture (stuff)
Steinputzmörtel *m* stuc mixture (stuff)
Steinramme *f* beetle
Steinsägen *n* milling
Steinsalz *n* halite, common rock salt
Steinsand *m* stone sand (screening), manufactured sand
Steinsäule *f* stone column (pillar)
~/prähistorische menhir *(Monolith)*
Steinscheibe *f* drum *(Säulenstein)*
Steinschichtung *f* coursed rockfill
Steinschlag *m* 1. crushed stone, stone chippings (chips) *(Schotter)*; broken bricks *(Ziegelsplitt)*; 2. rock fall *(Steinfall)*
Steinschlagstraße *f* broken stone road *(Schotterstraße)*
Steinschleifmaschine *f* surfacer
Steinschneiden *n* milling
Steinschneider *m* squarer *(Steinmetz)*
Steinschneidmeißel *m* claw chisel
Steinschnitt *m* cutting of stones
Steinschraube *f* stone (rag) bolt, lewis bolt, wall screw (bolt)
Steinschutt *m* rubble
Steinschüttböschung *f* rubble slope
Steinschüttdamm *m* stone (rock-fill) dam, mound
Steinschüttgut *n* loose material
Steinschüttung *f* stone filling, rock fill[ing], rip-rap[ping]; rubble slope *(Böschung)*
~/gewalzte compacted rockfill, rolled rock fill
Steinschutzschüttung *f* rock facing
Steinsetzen *n* half-bed *(im Sandbett)*
Steinsetzer *m* paver, pavement-layer, paviour, *(Am)* pavior
Steinsetzhammer *m* paver's hammer
Steinspalthammer *m* stone sledge, mason's hammer
Steinspeidel *m* spalling wedge *(Keil)*
Steinsplitt *m* **/ abgeschlagener** knockings
Steinsplitter *m* spall, scabbling, gallet
Steinsplitter *mpl* spalls
Steinstufe *f* stone step, solid step *(Naturstein)*
Steinstufenfuge *f* stone step joint, pien[d] check
Steinstufenpaßfuge *f* pien[d] joint
Steinverblendung *f* stone facing
Steinverkleidung *f* stone-pitched facing, stone ravetment; brick facing *(Ziegelverblendung)*
Steinverputz *m* stuc
Steinvorlage *f* stone-pitched facing, pitching; [stone] rip-rap *(unregelmäßig, aus sehr großen Natursteinblöcken)*
Steinwendeltreppe *f* stone spiral staircase, stone winding stair, vis, [stone] vice
Steinwolf *m* lewis *(Keilklaue)*
Steinwolle *f* rock wool
Steinwolledämmaterial *n* rockwool insulation material
Steinwollmatte *f* rock wool quilt
Steinzange *f* nippers *(Hebevorrichtung)*
Steinzeug *n* stoneware, pottery, glazed ware; faïence
Steinzeugabflußrohr *n* stoneware drain pipe
Steinzeugerzeugnis *n* stoneware product
Steinzeugrohr *n* vitrified-clay pipe, clay pipe

Steinzeugsickerrohr *n* vitrified-clay drain pipe
Steinzuhautisch *m* siege, hewer's workbench
Steinzuschlagaxt *f* spalling hammer
Stele *f* stele
Stelle *f* 1. place, spot; 2. site *(Baustelle)*; 3. position *(Stellung)*
~ **einer Betonstufe/dünnste** waist
~**/fette** fat spot (area) *(Bitumenstraßendecke)*
~**/flache** *(Wsb)* shoal
~**/freigelassene** holiday *(auf gestrichenen Flächen)*
~**/gerissene** turtleback *(Putz)*
~**/übersehene** *s.* ~/freigelassene
stellen 1. to place, to put, to set; 2. to adjust *(regulieren, einstellen)*
~**/hochkant** to set on edge
~**/in Rechnung** to charge
~**/Schalung** to shutter [up]
~**/senkrecht** to place upright
Stellmacher *m* wheeler, wheelwright
Stellmotor *m* control motor; servomotor
Stellplatte *f* apron
Stellschraube *f* adjusting screw
Stellstift *m* adjusting pin
Stellung *f* 1. position; placement *(Anordnung)*; orientation *(eines Gebäudes in Ost-West-Richtung)*; 2. adjusting *(Einstellung)*
Stellwerk *n (Am)* switch tower
Stellwerksanlage *f* locking plant *(Eisenbahn)*
Stelzbogen *m* stilted arch
Stelze *f* stilt, elevated pile
Stelzenfundament *n* elevated pile foundation
Stelzenstütze *f* stilt, elevated pile
Stelzung *f* stilting *(eines Gewölbes)*
Stemmaschine *f* mortise (mortising) machine
Stemmasse *f* caulking (fullered) compound
Stemmdichtung *f* calked joint *(Stopfdichtung)*
Stemmeisen *n* mortise (socket) chisel, chisel [bar], paring (cutting, caulking) chisel
Stemmeißel *m* mortise (socket) chisel
stemmen to chisel; *(Hb)* to mortise
Stemmfuge *f* caulking joint
Stemmhammer *m* caulking hammer
Stemmloch *n (Hb)* mortise
Stemmtor *n (Wsb)* mitred [lock] gate *(Schleuse)*
Stempel *m* 1. punch *(für Löcher)*; 2. puncheon *(eines Dachbinders)*; 3. dead (permanent) shore, strut, stray, [ground] prop *(Stütze im Bergbau)*; 4. seal *(Siegel)*
Stempelholz *n* prop timber
Steppnahtschweißen *n* stitch welding
Stepputz *m* regrating skin
Stereobat *m (Arch)* stereobate *(Fundament und Stufenunterbau des griechischen Tempels)*
Stereographie *f* stereography
Stereoisomerie *f* stereoisomerism
Stereometrie *f* sterometry, solid geometry
Sternbalkenlage *f* system of beams and joints in star forms
sternförmig stellate, star-shaped
Sterngewölbe *n* star vault, star-ribbed vault; decorated vault *(Netzgewölbe)*
Sternmeißel *m* star bit (drill), plugging chisel
sternornamentiert astreated
Sternrippengewölbe *n* stellar vault
Sternriß *m* star shake *(Holz)*
Sternschanze *f* hornwork *(Festungsbauwerk)*
Sternverbindung *f* cricket
Sternwarte *f* observatory
stetig constant, continuous *(stetig verlaufend)*; permanent *(Kraft)*
Stetigförderer *m* [continuous] conveyor
Stetigkeit *f* continuity
Stetigkeitsgesetz *n* law of continuity
Stetigmischer *m* continuous mixer
steuern to control
Steuerleitungen *fpl* control wiring
Steuerpult *n* control panel
Steuerschieber *m* control valve
Steuerung *f* control
~**/automatische** automatic control
~**/lichtelektrische** photoelectric control
~**/pneumatische** pneumatic control system
Stich *m* camber, hog[ging], bow, sag *(Überhöhung)*; rise *(Gewölbe)* • ~ **geben** to camber
~ **des Bogens** rise of arch
Stichanker *m* beam anchor (tie)
Stichaxt *f* mortise axe
Stichbalken *m* tail beam (girder, joist), tail piece, dragon piece (beam), filler joint
Stichbalkenträger *m* hammer brace
Stichbalkenträgerpfosten *m* hammer post
Stichbalkenwinkelstütze *f* dragon tie
Stichbogen *m* segmental (camber) arch
~**/spitzer** segmental pointed arch
Stichbogengewölbe *n* segmental vault
Stichgeben *n* cambering
Stichhöhe *f* rise *(Gewölbe)*
Stichholz *n* camber piece, trimming (turning) piece
Stichkanal *m* branch (junction) canal, cut
Stichkappe *f (Arch)* groin, lunette, vaulting cell *(Gewölbe)*
~**/kegelförmige** conoidal groin
~**/kugelförmige** domical groin
Stichniet *m* stitch rivet
Stichprobe *f* 1. [random] sample; 2. random inspection
Stichsäge *f* compass (keyhole, piercing) saw
Stiel *m* 1. handle, haft *(Griff)*; 2. post *(Pfosten beim Fachwerk)*; 3. [frame] column, [frame] post, supporting member *(Stütze)*; 4. strut *(Pfettendach)*; 5. timber pillar *(Holzfachwerk)*
Stielglätter *m* long-handle float *(Putzen)*
Stielhammer *m* chop hammer
Stielhobel *m* stepping plane
Stierkapitell *(Arch)* bull capital
Stift *m (Hb)* pin, peg; sprig *(ohne Kopf)*; tack *(Drahtstift)*; brad *(für Dielenbretter)*; gudgeon, stud bolt *(Bolzenstift)*

Stiftahle *f* brad-awl
Stiftfesthalter *m* peg stay *(Fenster)*
Stifthalter *m* brad pusher
Stiftloch *n* nail hole
Stiftnagel *m* tack
Stiftnietung *f* pin riveting
Stiftschraube *f* stud (tap) bolt
Stiftshaus *n (Arch)* chapter-house *(Domkapitel)*
Stiftskirche *f (Arch)* collegiate church
Stiftsperre *f* peg stay *(Fenster)*
Stil *m* style
~/byzantinischer Byzantine style
~ der englischen Spätgotik Curvilinear style
~/freier Leicester free style
~/georgianischer Georgian architecture *(Baustil des 18. Jahrhunderts in England und Nordamerika; Gemisch aus klassischer, Renaissance- und Barockarchitektur)*
~/gotischer Gothic style
~/neuromanischer Romanesque Revival
~/romanischer Romanesque style
Stilb *n s.* Candela je m²
Stilbegriff *m* concept of style
Stilimitierung *f* stylistic imitation
stilisieren to stylize
Stilisierung *f* stylization
stillegen to shut down
Stillegung *f* shut-down
Stillosigkeit *f (Arch)* lack of style
Stillstand *m* standstill
Stillstandszeit *f* downtime *(Maschinen)*
Stilmischung *f* mixture of styles
Stilrichtung *f (Arch)* movement
Stinkkalk *m* stinkstone, swinestone, bituminous limestone
Stirn *f* **des Quaders** face of ashlar
Stirnansicht *f* front elevation (view)
Stirnblech *n* face plate
Stirnbogen *m* face arch
Stirnbrett *n* fascia (side) board
Stirnfläche *f (Hb)* [butt] end, cross-cut end
Stirnflachtür *f* square-edge door
Stirnflügel *m* flare wall *(Flügelmauer)*; parallel wing
Stirnholz *n* end-grain wood (core)
Stirnmauer *f* facing (face) wall; head wall *(Durchlaß)*; spandrel wall
Stirnquader *m* face ashlar
Stirnseite *f* front, front face (side), frontal area, outside *(eines Gebäudes)*; end; face *(Holz)*
~ des Quaders face of ashlar
Stirnspreize *f (Erdb)* face waling (piece)
Stirntür *f* end door
Stirnwand *f* front (side, end) wall
~ mit eingebautem Fensterrahmen wall and window section
Stirnziegel *m* antefix *(Tonzierplatte des Traufgesims antiker Tempel)*
Stoa *f (Arch)* stoa *(griechisch-hellenische Säulenhalle)*
Stocherbarkeit *f* rocdability *(Beton)*
stochern to puddle; to rod, to pun *(Beton)*
Stocherstange *f* puddling (tamping) rod *(zum Verdichten)*
Stock *m* 1. stick; 2. *s.* Stockwerk
Stockeisen *n* pitching chisel (tool)
stocken to granulate, to bush-hammer, to point *(Stein)*
Stocken *n* pointed work; pointing, granulating, bush hammering *(Aufspitzen)*
Stockfuß *m* pyramid foot
Stockhammer *m* bush (pointed) hammer, granulating hammer
Stockholz *n* stump[wood], butt wood
stockig smutted, fusty, rotten *(Holz)*
Stocklack *m* sticklac *(Schellack)*
Stockmeißel *m* serrated pick
Stockputz *m* scraped finish (rendering) *(Kratzputz)*
stockroden to stump [out], to extract stumps; to rip *(Boden)*
Stockwerk *n* floor, storey, *(Am)* story • **mit Stockwerken** storeyed, *(Am)* storied *(s. a. unter* Geschoß*)*
~/oberes upper floor (storey), overstorey
~/unteres lower floor (storey), understorey
Stockwerk... *s. a.* Etagen... *und* Geschoß...
Stockwerkebene *f* floor (storey) level
Stockwerkeigentum *n (Am)* condominium, single apartment *(Eigentumswohnung)*; freehold flat
Stockwerkflächenziffer *f* floor space index
Stockwerkheizung *f* single-storey heating [system]
Stockwerkpodest *n* storey landing *(Treppenpodest)*
Stockwerkrahmen *m* storey (multistorey) frame
Stockwerkstützung *f* **/ durchgehende** continuous storey column
Stoff *m* 1. substance, matter *(z. B. Bauhilfsmittel)*; material *(Baustoff)*; 2. fabric, material, stuff *(Gewebe)*; 3. agent, substance *(Wirkstoff)*
~/absorbierender (aufsaugender) absorbent, absorbing agent (material)
~/bituminöser bituminous material
~/einsaugender *s.* ~/absorbierender
~/gefährlicher hazardous substance
~/latent hydraulischer reactive silica material
Stoffbespannung *f* cloth (fabric) covering
Stoffehler *m* material defect (fault)
Stoffestigkeit *f* material strength
Stoffverhalten *n* material behaviour
Stoffverfestigung *f* hardening of material
Stollen *m* heading, headway
Stopfbinder *m* flash-setting gypsum (cement) *(schnell abbindend)*
Stopfbuchse *f* packing (stuffing) box, gland seal; sealing ring
Stopfdichtung *f* ca[u]lked joint
Stopfeisen *n* caulking iron
stopfen to stop *(Stichloch)*; to stuff, to fill up *(ausstopfen)*; to stem *(Sprengloch)*

~/Fugen to caulk, *(Am)* to calk
~/Gleise to tamp, to pack, to pun
Stopfen *m* [terminal] plug, pipe plug, stopper *(Verschluß)*
Stopfen *n* 1. stuffing, caulking *(Abdichten)*; 2. tamping, packing *(von Gleisen)*
Stopferde *f* tapia
Stopfkitt *m* mastic
Stopfmörtel *m* sealing mortar
Stopplinie *f* stop line *(Straße)*
Stoppstraße *f* road with stop signs; secondary road, stop street
Stöpsel *m* plug, stopper, stopple *(Stopfen)*; cork *(Korken)*
~/aufblasbarer bag plug
stöpseln to plug *(verschließen)*
Storchenschnabel *m* pantograph *(Zeichengerät)*
stören to disturb; to interfere
Störlicht *n* spill [light] *(Beleuchtung)*
Störung *f* breakdown, failure; fault
~ **des Abbindeprozesses** disturbance of the setting process
störungsfrei trouble-frei
Stoß *m* 1. impact, shock, vibration *(Erschütterung)*; collision *(Zusammenstoß)*; 2. stack, pile, heap *(Haufen)*; 3. joint, butt [joint] *(Verbindungsstelle)*; splice *(Holz) (s. a.* Stoßfuge*)*; 4. abutting end, abutment, butment *(Stoßfläche von Bauteilen)*; 5. *(Tun)* face, facing
~ **auf Gehrung** *(Hb)* diagonal joint, mitre (mitred) joint
~/gerader butt and butt, butt joint
~ **mit eingesetztem Stück/gerader** butt joint with inlet piece
~/nichtachsennaher (nichtaxialer) non-axial collision *(Zusammenstoß)*
~/ruhender supported joint
~/schräger bevel[led] joint, bevelled halving; *(Hb)* oblique butt [joint]
~/stumpfer butted joint
Stoßaufnehmer *m* shock isolator
Stoßbeanspruchung *f* impact stress (load)
Stoßbelastung *f* impact load (loading), impulse (impulsive) loading; shock load
Stoßblech *n* splice piece (plate) *(Stahlbau)*; kicking plate *(Türblech)*
Stoßbohren *n* churn (hammer) drilling, boring with the jumper
stoßen 1. to push, to thrust, to jolt *(erschüttern)*; 2. *(Hb)* to join, to slot, to scarf, to rout *(verbinden)*; to abut *(Bauteilenden)*
~/stumpf 1. to abut *(Bauteilenden)*; to butt; 2. to joint
Stoßfaktor *m* impact factor, factor for impact, impact allowance
stoßfest shock-resistant, shock-proof
Stoßfestigkeit *f* impact strength, impingement resistance
Stoßfläche *f* abutting end
Stoßfuge *f* vertical (straight, cross) joint, side (head) joint, end [butt] joint; build *(vertikale Mauerwerksfuge)*; shoved joint *(Mörtel wird vom Bett mit dem Ziegel in die senkrechte Fuge geschoben)*
~/verklammerte joggled butt joint
Stoßfugenzwischenraum *m* gap of the joint
Stoßheber *m* [hydraulic] ram
Stoßkraft *f* impact force
Stoßlade *f (Hb)* shooting board
Stoßlader *m* duckbill
Stoßlängen *fpl* scarfed lengths
Stoßlasche *f* fishplate, splice plate; butt strap *(Nietverbindung)*
Stoßlast *f* sudden load
Stoßleiste *f* kick strip
Stoßmeißel *m* slotter tool
Stoßrütteltisch *m* jolt table *(Betonsteinherstellung)*
Stoßschaufellader *m* duckbill
Stoßscherung *f* punching shear *(einer Säule)*
Stoßschiene *f* bumper rail
Stoßschutzstreifen *m* face guard
Stoßschwelle *f* joint sleeper
Stoßstelle *f* junction
Stoßstellen *fpl* **/ versetzt liegende** staggered joints *(Fugen)*
Stoßtür *f* push-up door
Stoßüberdeckung *f*, **Stoßüberlappung** *f* lapped connection
Stoßverbindung *f* butt joint *(s. a. unter* Stoß*)*
~/normale normal butt joint
~/schräge oblique joint
Stoßversuch *m* impact test
Stoßwiderstandsfähigkeit *f* impact resistance
Stoßzahl *f* impact (shock) factor, coefficient of impact
Stoßzuschlag *m* impact allowance, factor for impact, impact factor
straff tight; taut *(Seil)*
straffen to tighten *(spannen)*; to tauten *(Seil)*; to stretch *(dehnen)*
Strahl *m* 1. ray, beam *(Lichtstrahl)*; 2. straight line *(gerade Linie)*; 3. jet, flow *(Wasserstrahl)*; 4. *s.* Sandstrahl
~/belüfteter aerated nappe
Strahlablenker *m* baffle
Strahlenabschirmbeton *m* radiation-shielding concrete
Strahlenablenkung *f* beam deflection
Strahlenbrechung *f* refraction
Strahlengewölbe *n* fan vault (vaulting), fan groining; fan tracery
Strahlenriß *m* star shake *(Holz)*
Strahlenschutz *m* radiation shielding
Strahlenschutzbaustoff *m* radiation shielding material
Strahlenschutzbeton *m* [radiation-]shielding concrete, concrete for [atomic] radiation shielding; X-ray protective concrete; loaded concrete *(Schwerstbeton)*

Strahlenschutztür *f* radiation-shielding door, radiation-retarding door; lead-lined door
strahlensicher radiation-proof
Strahler *m* radiator, radiation source *(z. B. für Wärme)*; [light] emitter; projector *(Scheinwerfer)*
~/asymmetrischer angle-lighting luminaire
strahlgereinigt blast-cleaned *(Sandstrahl)*
strahlreinigen to shot-blast, to sandblast
Strahlreinigen *n* shot blasting, sandblasting, blast cleaning
Strahlung *f* radiation
~/thermische thermal radiation
Strahlungsheizfläche *f* radiation heating surface
Strahlungsheizung *f* radiant heating, panel heating *(Plattenheizung)*
Strahlungsheizungsanlage *f* radiant heating [system]
Strahlungsheizungs[tafel]element *n* radiation panel
Strahlungsintensität *f* radiance of surface
Strahlungsschutzbauten *pl* civil defence structures for radiation protection
Strahlungswärme *f* radiant heat
Strand *m* 1. beach; 2. shore, bank *(Ufer)*; 3. coast
~/gehobener raised beach
Strandbuhne *f* break water
Strandkies *m* beach gravel
Strandsand *m* beach sand
Strang *m* 1. line, rope, cord *(Seil)*; 2. track *(Gleis)*; 3. run *(Leitung)*
Strangpressen *n* extrusion *(Metall)*
Strangpreßprofil *n* extrusion
Strangpreßziegel *m* wire-cut brick
S-traps *m* S-trap
Straße *f* 1. street *(Stadt)*; 2. *s.* Landstraße; 3. *s.* Fahrbahn 1.
~/abgelegene off-street, by-street
~/angehobene causeway *(auf geschütteter Böschung)*
~/ansteigende road with rising gradient, uphill road
~/ausgefahrene heavy (rough) road
~/breite römische platea
~/dreispurige three-lane carriageway
~/ebene level road
~/gemischte mix roadway
~/gewölbte barrel road
~ im Auftrag *s.* ~ in Dammlage
~ im Dammbereich embanked road
~ in Dammlage road on embankment *(Dammschüttung)*
~/mehrspurige multilane highway
~ mit Halteverbot clearway
~ mit ungleicher Spurenzahl odd-lane road
~ mit Versorgungsleitungen *(Am)* right-of-way
~ mit zwei getrennten Fahrbahnsystemen dual carriageway road
~/öffentliche public road
~/projektierte proposed road
~/quergeneigte cross sloping roadway
~/städtische urban road
~/ständig befahrbare permanent way
~/ungeteilte undivided road
~/zerstörte founderous road
~/zweispurige two-lane road
Straßenabdeckung *f* road covering
Straßenabflußrinne *f* street gutter
Straßenabzweigung *f* junction *(auch von Rohrsystemen)*
Straßenanlieferung *f (Am)* truckage
Straßenanschnitt *m* road shelf
Straßenaufbruchhammer *m* road breaker, [road] ripper, *(Am)* clink
Straßenaufbruchmeißel *m s.* Straßenaufbruchhammer
Straßenaufreißer *m* road breaker, [road] ripper
Straßenausbesserung *f* road repair
Straßenausgangspassage *f* exit corridor
Straßenausrüstung *f* road furniture
Straßenbahndepot *n* tram depot
Straßenbau *m* road (highway) construction, road building, roadmaking; road (highway) engineering
Straßenbauamt *n* road department, *(Am)* highway department
Straßenbauarbeiten *fpl* roadworks
Straßenbaubindemittel *n* road (highway) binder
Straßenbaubitumen *n* road (paving) asphalt
Straßenbauer *m* road builder
Straßenbauingenieur *m* road (highway) engineer
Straßenbaumaschine *f* road-making machine
Straßenbaupapier *n* subsoil paper *(Betonstraßenbau)*
Straßenbaustelle *f* road construction site, roadwork
Straßenbautechnik *f* road engineering
Straßenbautechniker *m* road builder
Straßenbauwerk *n* highway structure
Straßenbefestigung *f* [street] pavement, paving
Straßenbegrenzungslinie *f* street line
Straßenbegrenzungsstreifen *m* side line [of a road], [road] side line
Straßenbelag *m s.* Straßendecke
Straßenbeleuchtung *f* street lighting, lighting of streets; public lighting
Straßenbeschotterung *f* road gravelling (metalling)
Straßenbeton *m* pavement concrete
Straßenbetonfertiger *m* paver
Straßenbett *n* subgrade, ballast bed
Straßenbitumen *n* road surfacing asphalt, *(Am)* asphalt cement
Straßenbreite *f* width of road
Straßenbrücke *f* road (highway) bridge
Straßenbuckel *m* [road] hump
Straßendamm *m* [road] embankment, roadway; road fill
~/flacher *(Am)* agger *(in ebenem Gelände)*
Straßendecke *f* road surface, [road] surfacing *(Oberflächenbelag, Deckschicht)*; [road] carpeting, carpet *(Schwarzdecke)*; road metalling

(Schotterdecke); pavement, paving *(Gesamtbefestigungsbelag)*; crust *(Zementbetondecke)*; topping, veneer, sheeting *(dünne Deckschicht, Verschleißbelag)*
~/bituminöse bituminous carpeting (surfacing, topping, veneering, sheeting)
~/elastische flexible pavement
~/römische pavimentum *(aus abgestuftem Steingemisch und hydraulischem Bindemittel)*
Straßendeckenbelag *m s.* Straßendecke
Straßendeckenbeton *m* pavement concrete, road surface concrete
Straßendeckenfertiger *m* [paving] finisher *(Asphalt)*; concrete paver *(Beton)*
Straßendeckenfertigung *f* carpeting, surfacing, sheet laying
Straßendeckenkonstruktion *f* pavement structure (construction)
Straßendeckenmischung *f* road mix
Straßendeckenzuschlag[stoff] *m* paving aggregate
Straßendeckschicht *f s.* Straßendecke
Straßeneingang *m* front door *(eines Gebäudes)*
Straßeneinlauf *m* street inlet, gully *(Entwässerung)*
Straßeneinschnitt *m* road in cutting
Straßenfachbegriffe *mpl* road terminology
Straßenfertiger *m* road finisher (finishing machine), [road] paver, spreader finisher
Straßenflucht *f* road building line
Straßenfront *f* street front (façade), frontage, frontside *(eines Gebäudes)*; flank front
Straßenfuge *f* road joint
Straßengabelung *f* road fork, fork in a road
Straßengraben *m* road[side] ditch, ditch [of a road]
Straßengradiente *f* curb level
Straßengründung *f* road foundation
Straßenhobel *m* [road] grader, blade grader
Straßeninsel *f* safety island
Straßenkies *m* road metal (gravel)
Straßenklinker *m* paving clinker (brick), paviour, *(Am)* pavior
Straßenknoten *m* intersection
Straßenkreuzung *f* junction *(auch von Rohrsystemen)*, crossroads, road (street) crossing, crossing, *(Am)* intersection; carrefour *(innerstädtisch)*
Straßenkreuzungspunkt *m s.* Straßenkreuzung
Straßenlampe *f***/ komplette** street lighting luminaire; street lighting unit *(mit Mast)*
Straßenleuchte *f s.* Straßenlampe/komplette
Straßenmarkierung *f* traffic marking, markings; lane marking; marker *(Markierzeichen)*
Straßenmarkierungsfarbe *f* [traffic] marking paint
Straßenmarkierungsmaschine *f* road-marking (pavement-marking) machine, line marker
Straßenmeister *m* road overseer
Straßennetz *n***/ klassifiziertes** classified road network (system)
Straßennutzungsdauer *f* road life
Straßenoberfläche *f* road surface, roadway
~/ebene plane roadway
~/widerstandsfähige hard-top [of a road]
Straßenöl *n* liquid asphaltic material
Straßenpflaster *n s.* Pflaster
Straßenplanierer *m* road grader
Straßenplatte *f* road pad
~/vorgefertigte paving unit
Straßenprofil *n* street (road) profile
Straßenquerprofil *n* profile of slope [of a road]
Straßenrandbepflanzung *f* roadside planting
Straßenrauhigkeitsmesser *m* skid resistance tester
Straßenreiniger *m* road sweeper
Straßenreinigung *f* street cleaning (sweeping)
Straßenrestaurant *n* boulevard restaurant
Straßenrinne *f* gutter [channel], road channel
Straßenschnellverkehr *m* express traffic
Straßenschotter *m* street (road) ballast, road metal
Straßenschulter *f* bench, shoulder
Straßenseite *f* 1. front elevation *(eines Gebäudes) (s. a.* Straßenfront*)*; 2. roadside, wayside
Straßensinkkasten *m* street gulley (inlet), road gulley inlet *(s. a.* Straßeneinlauf*)*
Straßensprengwagen *m* [street] flusher
Straßensystem *n* road system
Straßenteer *m* [road] tar, paving asphalt
Straßenteppichbelag *m* road carpet (mat)
Straßenteppichbelagfertigung *f* [road] carpeting
Straßentor *n* gate door
Straßentunnel *m* road tunnel, underpass
Straßenüberführung *f* fly-over [junction], overpass [bridge]; footbridge, pedestrian bridge *(für Fußgänger)*
~ über Schienenwege grade separation
Straßenüberhöhung *f* [road] cant
Straßen- und Brückengeländer *npl* road and bridge railings
Straßenunterbau *m* road foundation, pavement base
Straßenunterführung *f* underpass, subway
Straßenverbreiterungsarbeit *f* road widening
Straßenverengung *f* bottle-neck
Straßenverkehrssicherheit *f* road traffic safety, highway [traffic] safety
Straßenverkehrszeichen *n* traffic [control] sign
Straßenwalze *f* [road] roller, road leveller, compactor, compaction roller; waste roller
~/erwärmte heated roller
~/selbstgetriebene self-propelled roller
Straßenwärter *m* lengthsman
Straßenwölbung *f* camber of a road
Strauch *m* shrub
Strauchwerk *n* shrubbery
Strebe *f* strut, prop, stay, shore, stanchion, post, tall tom; brace, bracing, raker, sloping member *(Fachwerk)*; bat, spur buttress *(Spreize)*; diagonal member *(Diagonalstab)*; cross pin *(Kreuzzapfen)*; tie *(Verankerung)*; spur *(Klaue)*; bracket *(Konsole)*; rider

~/biegsame counter
~/eingelassene let-in brace
~/gekreuzte X-brace
Strebebogen *m* arch (flying) buttress; straining arch, arc-boutant
Strebemauer *f* abutment (butment) wall
Strebenfachwerk *n* strut bracing (frame), system of web members; lattice (Warren) truss
~/einfaches single-strut bracing
Strebenfachwerkträger *m* Warren girder (truss)
Strebenfeld *n* panel *(Fachwerkfeld)*
Strebenkopf *m* strutting head
Strebenlänge *f***/ effektive** *(Stat)* effective length
Strebenrüstbogen *m* fantail
Strebensystem *m* bracketing
Strebepfeiler *m* flying buttress, [arch] buttress, sperone, buttressing pier, abutment pier, pier buttress; strong pillar; abamurus, counterfort
~/eckennaher set-back buttress
Strebepfeilerbogen *m***/ gotischer** hanging buttress
Strebepfeilerturm *m* buttress tower *(einen Eingangsbogen flankierend)*
Strebesystem *n* abutment system
Strebewand *f* buttress wall
Strebewerk *n* abutment system, struts, buttress, flying buttresses *(im gotischen Kirchenbau)*
Streckbalken *m* binding beam (piece), string piece
streckbar stretchable, extensible *(Material)*; ductile *(bes. Metall)*; tensile *(auf Zug belastbar)*
Streckbarkeit *f* stretchability, extensibility *(von Materialien)*; ductility *(bes. von Metall)*; tensibility *(Zugbelastung)*
Streckbarkeitsmesser *m* ductilometer
Streckbaum *m* ledger board, girt strip
Streckbogen *m***/ falscher** platband
Streckdehnung *f* yield strain
Strecke *f* 1. drift *(Tunnel)*; roadway, gallery *(Bergbau)*; 2. stretch, section *(z. B. eines Flußlaufs)*; 3. [railway] line; 4. distance, line *(Mathematik)*
~/getriebene drift *(Tunnel)*
strecken to tension, to stretch, to extend *(mechanisch)*; to lengthen; to draw out *(beim Schmieden)*
~/sich to expand; to yield *(Metall)*
Streckenführung *f* 1. *(Verk)* routing; 2. alignment *(von Bauten)*, *(Am)* alinement
Streckenlast *f* *(Stat)* distributed (line) load, knife-edge load[ing], load distributed over a certain length, strip load
Streckenmessung *f* distance (linear) measurement
Streckensohle *f* *(Tun)* gallery level
Strecker *m* header, bonder, binder *(Mauerwerk)*
~/durchgehender perpend
Streckerschicht *m* header (heading) course
Streckerverband *m* header (heading) bond
streckfest stretch-resistant
Streckgrenze *f* yield point *(bes. von Metallen)*; tensile yield strength, strain limit
~ beim Abscheren shearing yield strength
~/obere upper yield point
Streckgurtwinkeleisen *n* horizontal boom angle iron
Streckhammer *m* stretch hammer
Streckmetall *n* expanded metal; expanded metal mesh
Streckmetallbewehrung *f* fabric reinforcement
Streckmetalleiste *f* diamond-mesh lath *(als Putzgrund)*
Streckmetallmatte *f* lath mesh
Streckmetalltrennwand *f***/ geputzte** expanded metal partition
Streckmittel *n* [paint] extender, [extending] filler, filling; diluting agent *(für Flüssigkeiten)*
Streckmittel *npl* runnings
Streckspannung *f* yield stress
Streckstahl *m* expanded (stretched) steel
Streckung *f* 1. stretching, extension *(mechanisch)*; lengthening, distension *(Ausdehnung)*; 2. extension *(mit Streckmitteln)*; dilution *(von Flüssigkeiten)*
~/relative longitudinal extension per unit length
Streckungs[tensor]invarinate *f* invariant of stretching
Streckbalken *m* trimmer beam (joist), trimmer, wall (head) plate, border-joist
streichen to brush; to [brush-]paint; to coat; to butter *(Dachbindemittel)*
~/auf der Baustelle to field-paint
~/ebenholzartig to ebonize
~/mit Kalk to lime[-wash]
~/mit Leimfarbe to distemper
~/neu to repaint
streichfähig ready-mixed *(Farbe)*
Streichfähigkeit *f* brushability
Streichkitt *m* mastic for flattening of the prime coat
Streichlack *m* brushing lacquer; brushing paint *(farbig)*
Streichmischung *f* spreading mix[ture]
Streichprobe *f* brushout
Streich- und Tupfpinsel *m***/ weicher runder** blender
Streifen *m* 1. strip tract *(eines Geländes)*; 2. [sealing] strip
streifenartig *s.* streifig
Streifenbildung *f* striation; floating *(Anstrich)*
Streifendichtung *f* strip soaker *(Dachziegel)*
Streifeneinlage *f* **entlang dem Schloßbrett** slamming strip *(Tür)*
Streifenfundament *n* strip footing (foundation), strand (strap) footing, direct foundation, wall (continuous) footing
Streifengründung *f s.* Streifenfundament
Streifenklebung *f* strip mopping *(Dachhaut)*
Streifenlast *f* strip load
Streifenleiste *f* ribbon
Streifenschindel *f* strip slate
streifig striated; banded
streng *(Stat)* rigorous

Strenge *f*/ **klassizistische** classicistic severity
Streuglas *n* diffusing glass
Streugut *n* gritting material, grit
Streulicht *n* scattered (diffuse, stray) light; spill [light] *(Beleuchtung)*
Streulinse *f* spread lens *(Beleuchtung)*
Streumakadam *m(n)* dry-bound macadam
Streusplitt *m* blinding chippings *(Straße)*
Streu- und Bruchverlust *m* spoilage *(von Baustoffen)*; loss
Streuung *f* **der Festigkeitswerte** scattering of strengths
Strich *m* 1. line *(einer Zeichnung)*; 2. division *(einer Skale)*
Strichlinie *f* dash (broken) line
Strichmarkierung *f* dash marking
Strichpunktlinie *f* dot-and-dash line, dash-and-dot line, dash-dotted line
Strichzeichnung *f* line drawing
Strichziehgerät *n* lining tool *(Anstrich)*; road-marking machine
Strick *m* 1. rope, cord; 2. *s.* Strickdichtung
Strickdichtung *f* pouring rope
Strohbauplatte *f* strawboard, thatchboard
Strohbedachung *f* thatching
Strohdach *n* thatched roof
Strohdachdecklatte *f* sway
Strohplatte *f* strawboard
Strohumhüllung *f* straw plating
Strom *m* 1. [electric] current; 2. *s.* Strömung; 3. river
stromabwärts downstream, down the river
Strombelastbarkeit *(El)* current-carrying capacity; ampacity *(in Ampere)*
Strombrücke *f* bridge across a large river
strömen to stream, to flow, to pass
Stromerzeuger *m* generator
stromführend *(El)* live, current-carrying
Stromkreis *m* [electric] circuit
~/in Reihe geschalteter series circuit
Stromkreisunterbrecher *m (El)* circuit breaker
Stromleiter *m* [electric] conductor
Stromleitung *f* 1. [current] conduction; 2. power-supply line; cable, wire; [flexible] lead
Strompfeiler *m* water pier *(Brücke)*
Stromschicht *f* course of diagonal bricks, diagonal course *(Mauerwerk)*
Stromschiene *f (El)* bus [bar] *(Schaltanlage)*; contact (third) rail *(für Schienenfahrzeuge)*
Strömung *f* flow, stream, current; fluid flow • **in Richtung der ~** downstream
~/gleichmäßige uniform flow
~/kritische critical flow
~/laminare laminar (streamline, steady) flow
~/starke race
~/turbulente turbulent flow
Strömungsgeschwindigkeit *f* rate of flow, current velocity
Strömungslehre *f* theory of flow, fluid dynamics
Strömungsrichtung *f* direction of flow; *(Wsb)* set
Stromunterbrechung *m (El)* circuit breaker
Stromverband *m* diagonal (raking) bond *(Mauerwerk)*
Stromverbrauch *m* power consumption
Stromverbrauchszähler *m* energy meter, electric supply meter
Stromversorgung *f* power (current) supply
Stromversorgungsnetz *n (El)* public mains, supply network
Stromzähler *m s.* Stromverbrauchszähler
Stromzuführung *f* 1. current supply; 2. current (conductor) lead
Strotere *f* strotere *(Steinbalken des griechischen Tempelgebälks)*
Strudel *m* eddy, vortex
strudeln to eddy
Struktur *f* 1. structure *(Gliederung)*; constitution, texture *(von Stoffen)*; 2. embossment *(Tapetenprägung)*
~/flache tablature
~/granoblastische granoblastic texture
Strukturabdruckbrett *n* stippler *(Putz)*
Strukturbeton *m* textured concrete
Strukturieren *n* rusticating *(Ziegel, Steine)*
Strukturputz *m* stippling
Strukturschema *n* configuration *(von Holzpartikeln in Preßholz)*
Strukturtapete *f* embossed wallpaper
Strukturverschalung *f* lathing for stucco
Stubben *m* stump [of a tree]
Stubbenroder *m* stump lifter
Stuck *m* stucco
~/steinimitierender scagliola
Stück/aus einem integrally cast
Stuckarbeit *f* 1. plaster work, pargework, parget; 2. pargeting, modelling
~/massive solid plasterwork
Stuckarbeiten *fpl* stucco work
Stuckdecke *f* stucco ceiling
Stuckdeckenleiste *f* plaster cornice
Stuckform *f* **aus Gelatine** gelatin mould
Stuckgips *m* plaster [of Paris], stucco, hemihydrate (hard) plaster
Stuckgipsputz *m* anhydrous gypsum plaster
Stuckgrundlage *f* muffle
Stuckkalk *m* stucco lime, albarium
Stückkalk *m* lump lime
Stuckkelle *f* spoon
Stuckkernmaterial *n* muffle
Stuckleiste *f* plaster cornice, staff
Stückliste *f* piece list
Stuckornament *n* **des Gesimses** coronarium
Stuckplastik *f* stucco [moulding], *(Am)* stuck molding
Stuckplatte *f* gypsum board
Stuckputz *m* stucco
~ mit polierter Oberfläche/mehrlagiger tectorium opus

Stuckputzwerk *n* **mit Normputz** gauge work
Stuckrohr *n* plastering reed
Stuckschilf *n* plastering reed
Stücksteinplatte *f* slab in stucco
stuckverzieren to stucco
Stuckwerk *n s.* Stuckarbeit 1.
Stückwerk *n* patch work
Studentenwohnheim *n* student hostel, hall of residence
Studie *f* study
Studio *n* studio; atelier
Stufe *f* 1. step, stair, flier, gradin[e], *(Am)* degree *(einer Treppe)*; 2. step, terrace *(im Gelände)*; 3. level, degree
~/breite pace
~/dreieckige verzogene kite winder
~/gewendelte angular (circular) stair
~/gleitsichere safety tread
~/oberste stairhead
~/verzogene wheeling (dancing) step, wheeler, winder
Stufen *fpl* steps, *(Am)* dancers
~/eingespannte cantilever[ed] steps, hanging steps (stair)
~/freitragende overhanging stairs
Stufenabsatz *m* stair platform
Stufenanordnung *f* arrangement of [the] steps, *(Am)* degree
Stufenauftritt *m* [stair] tread, go
Stufenauslegelatte *f* going rod
Stufenbelag *m* covering of step
Stufenbildung *f* faulting *(von Betonplatten)*
Stufenbreite *f* tread, going; tread length *(senkrecht zur Treppenachse)*
Stufenende *n* **eines Giebels** corbiestep
Stufenfundament *n* benched (stepped) foundation
Stufengiebel *m* corbie gable
Stufengleitschutzstreifen *m* safety nosing
Stufenhöhe *f* rise
Stufenhöhenlehre *f* height board *(Treppenbau)*
Stufenhohlschale *f* pan-type tread
Stufenkantenlinie *f* nosing line
Stufenkantenprofilstreifen *m* nosing strip
Stufenleiter *f* step ladder
~/herunterklappbare disappearing stair
Stufenpaßrand *m* pien[d] check
Stufenpyramide *f* ziggurat
Stufenschutz *m* tread
Stufenschutzleiste *f* stair nosing
Stufentiefe *f* stair run
Stufenträgerwange *f***/ verdeckte** rough carriage
Stufentritt *m* [stair] tread, go
Stufenturm *m* ziggurat
Stufenüberstand *m* nosing
Stufenverblendung *f***/ wasserseitige** upstream stepped face
Stufenverlegeleiste *f* going rod
stufenweise 1. benched *(abgestuft)*; 2. stepwise *(z. B. Bewegung)*
Stufung *f* 1. echelon *(Staffelung)*; 2. grading *(Abstufung)*; shading *(von Farben)*
Stuhl *m* saddle *(Lagerstuhl)*
Stuhllagerraum *m* chair store *(Theater, Saal)*
Stuhlsäule *f* central post
Stukkateur *m* plaster of Pais worker, stucco worker, plasterer
Stukkateurskelle *f* plastering trowel
Stukkateurwerkzeuge *npl* tools of the plasterer
Stukkatur *f s.* Stuckarbeit 1.
Stukko *m s.* Stuckgips
Stülpschalbrett *n* clapboard, *(Am)* lap siding
Stülpschalung *f* weather-boarding, bevel siding *(Außenwand)*
~/großflächige *(Am)* colonial siding
Stülpschalungsbrett *n***/ breites** *(Am)* bungalow siding
Stülpverbindung *f* flare fitting
Stülpverschalbrett *n* clapboard, *(Am)* lap siding
Stülpverschalung *f s.* Stülpschalung
Stülpwand *f* timbering
Stummel *m* stub *(z. B. einer Achse)*
stumpf 1. blunt, dull *(Werkzeug)*; 2. obtuse *(Winkel)*; 3. mat, lustreless, hazy; flat *(Farben)*
Stumpfnaht *f* **[/geschweißte]** butt weld (seam)
stumpfschweißen to butt-weld; to jump-weld *(unterschiedlich großer Teile)*
Stumpfschweißen *n* butt welding; upset welding *(von Bewehrung)*
Stumpfschweißverbindung *f* butt-weld[ed] joint; welded butt splice *(Bewehrung)*
Stumpfstoß *m* butt[-type] joint, abutting (square) joint *(Schweißverbindung)*; scarf joint *(unter 45°)*
~/vernagelter butt splice
Stumpfstoßbolzen *m* stair bolt
Stumpfstoßdeckplatte *f* butt strap
stumpfstoßen to jump-join[t]
Stumpfstoßen *n* abutment
stumpfstoßend abutting, butting
Stumpfstoßschweißen *n* butt-joint welding
Stumpfverbindung *f s.* Stumpfstoß
Stundenleistung *f* hourly output *(z. B. eines Mischers)*
Stundenverbrauch *m* hourly consumption *(Wasser, Baustoffe)*
Sturmhaken *m* window (casement) stay, stay bar, hook and eye
Sturmlage *f* storm sheet *(Bedachung)*
Sturmlatte *f* sprocket, splocket, sway brace, cocking piece
Sturmschutzkeller *m* storm cellar
Sturz *m* lintel, head, header *(Fenster, Tür)*; summer stone, summer [beam] *(langer Sturz)*
~ auf Konsolen carnarvon arch
~/frei aufgelagerter loose lintel
~/lastübertragend gestützter clip lintel
~/lose aufgelegter loose lintel
~/tragwerkverbundener clipped lintel
~/verzierter platband

~/wandstarker through lintel
Sturzbalken *m* lintel, summer [beam] header; breastsummer, bressummer *(langer Sturzbalken)*
~/hinterer back lintel
Sturzbett *n (Wsb)* bed of fall, floor, apron
stürzen 1. to fall; to tumble; 2. to drop, to decline *(plötzlich abfallen, z. B. Meßwerte)*; 3. to unmould, to turn out of mould *(Formteile)*
Sturzformung *f* cap moulding (trim)
Sturzformziegel *m* lintel block
Sturzgefälle *n* chute slope
Sturzgestaltung *f* cap moulding (trim)
sturzhoch frame-high *(lichte Höhe bei Fenstern, Türen)*
Sturzlage *f* lintel course
Sturzriegel *m* intertie [beam], lintel, interduce
Sturzrinne *f (Wsb)* chute
Sturzschicht *f* lintel course
Sturzstein *m* header
Sturzträger *m* lintel
~/U-förmiger lintel block
Sturzunterfläche *f* soffit
Sturzverblendungsziegel *m* beam brick
Stützarm *m* outrigger beam
Stützbalken *m* supporting beam (bar), stringer
Stützblech *n* gusset [plate]
Stützbock *m* jack, stool
Stützbogen *m* supporting (funicular) arch
Stütze *f* support, supporting member, pillar, pillar stanchion, post, prop, stay, shore; column *(Säule)*; housing *(meist für Statuen)*
~/außenstehende outstanding leg
~/freistehende free bearing; free wall
~/schlanke short column
~/spiralbewehrte helically reinforced column
~/umhüllte cased column
~/verkleidete cased post
Stutzen *m* connecting piece, union; pipe connection; socket
Stutzen *n* pruning *(von Baum- und Buschwerk)*
stützen to support, to prop [up], to stay; to shore, to buttress *(z. B. Mauern)*
~/sich to lean
Stützen *fpl* **aus Doppel-T-Profilen** broad-flange-I-section prospect
Stützenabstand *m* column spacing
Stützenanker *m* stud anchor
Stützenabsenkung *f* support movement
Stützenauflagerung *f* support bearing
Stützenbau *m* column construction
stützend buttressing
Stützenfestigkeit *f* column strength
stützenfrei column-free, columnless, clear
Stützenfundament *n* column footing, patten, patand, patin
Stützen-Fundament-Verbindung *f* support-to-footing connection
Stützenfußblock *m* brace block
Stützenkopf *m* flared [column] head, mushroom head
~/pilzförmiger column capital (head)
stützenlos *s.* stützenfrei
Stützenmoment *n s.* Stützmoment
Stützenquerschnitt *m* column section, American built-up section of stanchion
~/ringförmiger circular section of stanchion
Stützenraster *m* support grid pattern, column grid [pattern]
Stützenreihe *f***/ vordere** front row of piles
Stützenschalungstafel *f* column shuttering panel, column side
Stützensenkung *f* settlement (displacement, settling, sinking) of support (bearings)
Stützenstab *m* column bar
Stützen-Stützen-Verbindung column-to-column joint
Stützentangentiallagerung *f* self-centring stanchion seating
Stützenverkleidung *f* column lining
Stützglied *n* supporting, support member
~/freiaufliegendes unrestrained member
Stützholz *n* tie
Stützkonsole *f* support[ing] bracket
Stützkraft *f* supporting force; bearing pressure
Stützlager *n* step bearing
Stützlänge *f* span [length]
Stützlinie *f (Stat)* thrust line, line of thrust (resistance), [funicular] pressure line
Stützmauer *f* [earth-]retaining wall, stalk, face (breast) wall; revetment [wall] *(an Böschungen)*; terrace wall
~/gestützte (verankerte) fixed retaining wall
Stützmauerabsatz *m* heel
Stützmaueranker *m* land tie
Stützmoment *n* moment at [point of] support
Stützpfahl *m* prop *(s. a.* Stützpfeiler*)*
Stützpfeiler *m* buttress, buttressing (abutment) pier, supporting column
~/kleiner pendicule
~/fester rigid point of support
Stützpyramide *f* tower pivot
Stützrahmen *m* staddle; cradling *(aus Holz für Putz und Mauerwerk)*
Stützsäule *f* strut, supporting column
~/abstehende outstanding leg
Stützsenkung *f s.* Stützensenkung
Stützstab *m* supporting (bearing) bar
Stützstock *m (Am)* mahlstick, maulstick *(für Maler)*
Stützstrebe *f***/ gotische** flying buttress
Stützsystem *n***/ temporäres** load-transfer assembly
Stützung *f* support, bearing; propping
~/elastische elastic supports
Stützwand *f* retaining (buttress) wall
Stützweite *f* bearing distance, [length of] span, span length
Stützweitengrenzwert *m* limiting span
Stützwerk *n* supporting frame[work]

Stützwinkel *m* 1. seat angle; 2. support bracket
Stützziffer *f* support index
Stylobat *n (Arch)* stylobate *(Säulenstuhl)*
Styren *n*, **Styrol** *n* styrene, vinylbenzene
Styroplast *m* styrene plastic
Subbieter *m* subbidder *(als Nachauftragnehmer)*
Subbogen *m* subarch
Submissionstermin *m* open date *(Ausschreibung)*
Substanz *f* substance, material; matter *(z. B. Bauhilfsmittel, Bauhilfsstoffe) (Zusammensetzungen s. unter* Stoff*)*
Substitution *f* substitution, replacement
Suchbohrung *f* 1. scouting, exploratory drilling; 2. exploratory well *(Bohrloch)*
Sudatorium *n (Arch)* sudatorium *(Schwitzraum der römischen Therme)*
Südbalkon *m* south-facing balcony
Sulfatangriff *m* sulphate attack *(Beton)*, *(Am)* sulfate attack
Sulfathüttenzement *m* super-sulphated cement, calcium sulphate cement
Sulfatresistenz *f* sulphate resistance *(Zement)*
Sulfatwiderstandsfähigkeit *f* sulphate resistance *(Zement)*
Sulfidschleierbildung *f* sulphide staining *(Anstrich)*
Sulfitablauge *f* sulphite lye *(Bindemittel)*
Summe *f* **für Unvorhergesehenes** contingency allowance (sum)
Summenlinie *f* cast curve
Sumpf *m* 1. bog, marsh; 2. *s.* Pumpensumpf
Sumpfanlage *f* souring plant *(für Keramik)*
Sumpfboden *m* marshland, marshy ground, boggy (swampy) soil, quagmire
Sumpfgebiet *n* marshy (swampy) district
Sumpfgelände *n* swamp, slash
sumpfig marshy, swampy, boggy
Sumpfkalk *m* slaked lime
Sumpfpumpe *f* ejector
Sumpfsprengen *n* bog blasting
Supermarkt *m* supermarket, shopping centre
Superposition *f* superposition
Superpositionsgesetz *n*, **Superpositionsgleichung** *f* law (theorem, principle) of superposition, superposition equation
Supraporte *f* sopraporta, hyperthyrum, overdoor *(gerahmtes Feld über einer Tür in Wohnräumen des Barock und Rokoko)*
Syenit *m* syenite *(Gestein)*
Symmetrieachse *f* axis of symmetry, central axis
Symmetrieebene *f* plane of symmetry
Symmetrielinie *f* axis
symmetrisch symmetrical
Synagoge *f* synagogue
Synthetikbaustoff *m* synthetic [building] material, synthetic [structural] product
synthetisch synthethic, artificial, man-made
System *n* system *(Aufbau, Konstruktion)*; structural system, construction *(Bau-, Konstruktionssystem)*; paint system (formulation, scheme) *(Schutzanstrichsystem)*
~/einfaches simple truss (system)
~ [nur] mit Längsbewehrung one-way system
~/statisch ausgeglichenes statically balanced system
Systemlinie *f* modular (grid) line, centre-to-centre line
Systemliniengitter *n* grid
Systemliniennetz *n* grid
Systemmaß *n* centre-to-centre [distance]
Systemsteifigkeit *f (Bod)* systemic rigidity *(Bodenmechanik)*

T

Tabelle *f* table, chart
tabellieren to tabulate
Tabernakel *n(m) (Arch)* tabernacle, ciborium *(Hostienschrein)*
Tablettführungsschiene *f* [food] tray rail *(Selbstbedienungsgaststätte)*
Tablettgleitstrecke *f s.* Tablettführungsschiene
Tablinum *n (Arch)* tablinum *(Speiseraum des römischen Wohnhauses)*
T-Abzweig *m* **mit größerer Abzweigbohrung** *(Am)* bullhead tee
T-Abzweigstück *n* service tee
Tachymetertheodolit *m (Verm)* tachymeter, tach[e]ometer, tacheometric theodolite
Taenia *f (Arch)* taenia *(Kopfbinde; Leiste am Architrav der dorischen Ordnung)*
Tafel *f* 1. plate; sheet *(dünn)*; 2. panel *(Wandtafel)*; slab *(Decke)*; 3. deck *(Fahrbahn)*; 4. tablet *(mit Inschrift)*; 5. switchboard, panel *(Schalttafel)*
~/durchlochte pierced panel
~/erhabene [double-]raised panel
~/quadratische quarter panel
~/schallabsorbierende acoustical ceiling board *(Deckentafel)*; acoustical tile *(quadratisch, für Decken und Wände)*
~/schallisolierende acoustical insulation board
~/vertikal stehende standing panel
Tafelbauweise *f* panel system, panel construction [method]
Tafelblech *n* sheet metal (iron)
Tafelblei *n* sheet lead
Tafeldach *n* panel roof
Tafelelement *n* **/ mittig erhöhtes** [double-]raised panel
~/vorgeformtes bituminöses premoulded asphalt panel
Tafelglas *n* plate (sheet) glass, patent plate
Tafelisolierung *f* slab insulation *(Deckentafel)*
Tafelkonstruktionssystem *n* panel construction (structural) system
täfeln to panel, to wainscot, to line with wooden panels; to plank, to board *(mit Brettern auskleiden)*; to pane *(mit Glastafeln)*
Tafelparkett *n* boarded parquet floor
Tafelplattensystem *n* panel system *(Wandtafel)*

Tafelschalung *f* panel shuttering (formwork)
~/verlorene lost shuttering
Tafelschere *f* lever shears
Tafeltrageleiste *f* load-carrying bond
Tafelumrandung *f* panel mouldin
Täfelung *f* 1. wainscot[t]ting; panelling; boarding; 2. wainscot, panel, wooden panelling
Täfelungs... *s. a.* Vertäfelungs...
Täfelungsfeld *n* panel
Täfelungsobersockel *m* wainscot cap
Täfelungsteil *n* pane, panel
Täfelwerk *n s.* Tafelung 2.
Tagesabschlußstopp *m* form stop *(beim Betonieren)*
Tagesarbeitsfuge *f* daywork joint *(Beton)*
Tagesbeleuchtung *f* daylighting
Tagesfugenbrett *n* footing stop *(in Betonierfuge)*
Tageslicht *n* 1. daylight; 2. skylight *(durch die Decke einfallend)*
~/künstliches artificial daylight
Tageslichtbeleuchtung *f* daylighting, daylight illumination, natural lighting
Tageslichtbeleuchtungsfaktor *m* daylight factor
Tageslichthelligkeitsverhältnis *n* sky factor *(Kunstlicht zu Tageslichtanteil)*
Tageslichtzeitraum *m* service period *(Straßenbeleuchtung)*
Tagesraum *m* common room, dayroom
Tagesstätte *f* day-care centre
Tagungsgebäude *n* conference building
Taktfertigung *f* cyclic work
Taktverfahren *n* cyclic work, repetition method
Tal *n* valley
Talboden *m* valley floor (bottom)
Talk *m* talc[um], steatite
Tallöl *n* tall oil
Talsohle *f* valley floor (bottom); trough *(schmal)*
Talsperre *f* dam, barrage [dam], damming; impounding dam
~ mit Vielfachgewölben multiple arch dam
Talsperrenbau *m* building of dams
Talverlegung *f* shifting of the river *(Flußbettverlegung)*
Tambour *m (Arch)* drum, tambour *(Kuppelunterbau)*
Tambourkuppel *f (Arch)* dome on drum
Tandem[straßen]walze *f* tandem [road] roller
Tangente *f (Verk)* tangent [road], ring road, bypass
tangential tangential
Tangentialkomponente *f* tangential component *(Scherspannung)*
Tangentiallager *n* tangential bearing
Tangentiallast *f* tangential load
Tangentialpunkt *m* tangent point
Tangentialschrumpfung *f* tangential shrinkage *(Holz)*
Tangentialspannung *f* tangential stress
Tänia *f s.* Taenia
Tank *m* tank, [storage] basin; cistern
Tankstelle *f* filling (petrol) station, *(Am)* gas station
Tanne *f* fir
Tannenholz *n* fir [wood]
Tanzsaal *m* dance hall, ballroom
Tapete *f* wallpaper, hanging
~/abwaschbare sanitary wallpaper
Tapeten *fpl* [paper] hangings
Tapetenkleister *m* paperhanging paste, wallpaper glue
Tapetenrolle *f* roll of wallpaper, bolt
Tapetentür *f* jib (gib) door, concealed (secret) door *(verdeckte Tür)*
Tapezierarbeiten *fpl* paperhanging, [wall] papering
tapezieren to [wall]paper, to hang wallpaper
~/frisch (neu) to repaper, to redecorate
Tapezierer *m* paperhanger, paperer
Tapezierkleister *m s.* Tapetenkleister
Tapisserie *f* tapestry *(Wandteppiche, gewirkte Tapete)*
Tasche *f* compartment *(Bunker)*
Taster *m* caliper[s] *(Greifzirkel)*
Taststift *m* feeler
Tastzirkel *m* calipers
Tau *n* rope, cable
Taubenhaus *n* pigeon house, dovecot, columbary
Tauchanstrich *m* 1. dip coating, flow (flood) coat; 2. dip paint
Taucherglocke *f* diving bell
Tauchpumpe *f* submersible (immersion) pump
Tauchrüttler *m* needle (spud) vibrator, poker (internal) vibrator, pervibrator *(Beton)*
Tauchverfahren *n* dipping method
Tauchverzinkung *f* hot-dip galvanizing
tauen to thaw
Taufbecken *n* font, baptistery
Taufkirche *f* baptistery
Taufstein *m s.* Taufbecken
Taupunkt *m* 1. dew point *(Luftfeuchtigkeit)*; saturation temperature; 2. thaw point *(Auftaupunkt)*
Taupunktdiagramm *n* saturation (condensation) temperature diagram
Tausalz *n* de-icing salt
Taustab *m (Arch)* rope moulding *(Ornament)*
Tauwasserisolierung *f* condensation dampproofing
T-Balkenträger *m* slab-and-beam
Teakholz *n* teak, Indian oak
Teegarten *m* tea garden
Teehaus *n* tea-house
Teeküche *f* tea kitchen; kitchenette; stillroom *(Vorratskammer mit Teeküche)*
Teer *m* tar
~/entwässerter desiccated tar
~/gereingter refined tar
~/veredelter refined tar
Teeranstrich *m* tar coat[ing]
teerartig tarry
Teerasphalt *m* tar asphalt
Teerbeton *m* tar concrete
Teerbinder *m* tar binder

Teerbinderschicht *f* tar binder coat
Teerbitumen *n* tar asphaltic bitumen
Teer-Bitumen-Mischung *f* tar asphaltic bitumen blend
Teerbürste *f* tar brush
Teerdachpappe *f s.* Teerpappe 2.
teeren to tar; to pitch *(mit Pech)*
Teeren *n* tarring, tarspraying; [tar] mopping *(Dach)*
Teerfeinbeton *m* fine tar concrete
Teerfilzpappe *f* tarred felt
teergebunden tarviated *(Straßenbelag)*
Teergrobbeton *m* coarse tar concrete
Teergrobbetonschicht *f* hot-laid coarse tar concrete *(Straße)*
Teergrundlage *f* tar base
teerig tarry
Teerkessel *m* tar boiler
Teerkitt *m* pitch mastix
Teermakadam *m (Verk)* tarmacadam
Teermastix *m* tar mastic (cement)
Teerpapier *n* tar paper, asphalt (roofing) paper
Teerpappe *f* 1. tarred (asphaltic) felt, tar[red] board, tar-saturated felt; general-use building paper; 2. tarred (bituminous) roofing felt
~/abgesandete sanded fluxed-pitch felt
Teerpappendeckung *f***/ bekieste** tar-and-gravel roofing
Teerpappeneindeckung *f* tar roofing
Teerpech *n* tar pitch, artificial (coal-tar) asphalt
Teerschlämme *f* tar slurry
Teerspritzen *n* tarspraying
Teerung *f* tarring, tarspraying
Teestube *f* tea-room
Teich *m* pond, pool
Teichanlegen *n* ponding
teigig pasty
Teil *m* 1. part, portion; constituent *(Bestandteil)*; 2. section *(z. B. einer Anlage) (s. a.* Teil *n)*
~ des Kreisbogens division of the limb
~ eines Handlaufabschlusses lateral scroll *(gerollt)*
~/innerer backing *(Hohlwand)*
~/vorgespannter precompressed zone *(des vorgespannten Elements)*
Teil *n* component, part; [structural] member; accessory part *(s. a.* Teil *m)*
~/bewegliches moving part
~/spannungführendes *(El)* live part
~/unsichtbares tragendes back *(für sichtbare Elemente)*
Teilansicht *f* partial (fragmentary) view
Teileinspannung *f* partial fixing *(Träger)*
teilen 1. to divide; 2. to partition *(Räume unterteilen)*; 3. to split *(aufteilen) (s. a.* unterteilen*)*
~/in Kassetten to coffer *(Decke)*
~/sich to branch, to fork *(z. B. Straßen)*
~/sich gabelförmig to bifurcate
Teilfuge *f* parting line *(zur Unterteilung)*
teilklimatisiert partially air-conditioned
Teilkraft *f (Stat)* component [force]
~/waagerechte horizontal component
Teilkreis *m* graduated circle
~/waagerechter horizontal circle *(Thedolit)*
Teilleistungsabrechnungsvereinbarung *f* percentage agreement
Teilmontage *f* subassembly
Teilstrich *m* division (scale) line
Teilsystem *n (Stat)* substructure
Teilung *f* 1. division 2. spacing *(Bewehrung)*
~ durch Brandmauern *oder* **Brandschutzeinrichtungen** distance separation *(gereihte Gebäude)*
Teilungslinie *f* pitch line *(Treppe)*
Teilvorfertigung *f* partial prefabrication
Teilvorspannung *f* partial prestressing (tensioning)
Teilzeichnung *f* detail drawing
Teilzirkel *m* dividers
T-Eisen[profil] *n***/ breitfußiges** broad-flanged tee-iron
~/hochstegiges high-webbed tee-iron
Tektonik *f* 1. *s.* Architektonik; 2. constructive arts; 3. tectonics
tektonisch tectonic
Telamon *m (Arch)* telamon, atlante *(gebälktragende männliche Karyatide)*
Telefonanlage *f* telephone installation
Telefonanschluß *m* telephone connection
Telefonanschlußleitung *f* **im Haus** house cable
Telefonhausanschluß *m* private (house) connection
Telefonkabel *n* telephone cable
Telefonmast *m* telephone pole
Telefonzelle *f* telephone box, call box; public telephone
Telefonzentrale *f* telephone exchange
Telegrafenbau *m* telegraph construction
Telegrafenmast *m* telegraph pole
Telleraufgeber *m* apron feeder
Teller[schleif]maschine *f* disk sander *(für Holz)*
Tempel *m* temple
Tempelbau *m* temple [building], temple construction
Tempeltor *n (Arch)* aedicula, edicula
Temperafarbe *f* tempera [paint]
~ mit Trockenöl oil-bound distemper
Temperamalerei *f* painting in tempera, distemper
Temperatur *f***/ spürbare** effective temperature *(meist ungleich der gemessenen)*
Temperaturabfall *m* temperature drop, fall in temperature
Temperaturanstieg *f* temperature rise, increase in (of) temperature
Temperaturbereich *m* **ohne Änderung der Materialeigenschaften** sensible heat
temperaturbeständig temperature-resistant, temperature-stable
Temperaturdifferenzzirkulation *f* natural circulation *(Wasser, Luft)*

Temperaturerhöhung *f* 1. temperature raising; 2. heat gain *(eines Raums) (s. a.* Temperaturanstieg*)*
Temperaturgefälle *n* temperature gradient, [temperature] lapse rate
Temperaturgleichheit *f* **innerhalb und außerhalb eines Gebäudes** change-over point *(weder Heizung noch Kühlung erforderlich)*
Temperaturgradient *m* temperature gradient, [temperature] lapse rate
Temperaturleitfähigkeit *f* thermal diffusivity (conductivity)
Temperaturmeßöffnung *f* thermometer well
Temperaturmessung *f* temperature measurement
Temperaturregelklappe *f* thermostatic trap *(Dampfheizung)*
Temperaturregelung *f* temperature (head) control
Temperaturregler *m* temperature controller, thermostat
~/direktwirkender thermostatic expansion valve
Temperaturrelais *n* temperature (thermal) relay
Temperaturrisse *mpl* temperature cracking
Temperaturschalter *m* temperature switch; thermostat
Temperaturschutzeinrichtung *f* heat protection
Temperaturschwankungsriß *m (Am)* check *(beim Holz)*
Temperaturspannung *f* thermal (temperature) stress, stress due to temperature
Temperaturspannungsrisse *mpl* temperature cracking
Temperaturstrahlung *f* thermal (heat) radiation
Temperaturverformung *f* curling [due to temperature]
Temperaturzirkulation *f* natural circulation *(Wasser, Luft)*
Temperglas *n* tempered (case-hardened) glass
tempern to anneal *(Stahl, Glas, Kunststoffe)*; to temper *(Kunststoffe)*
Tenderzeichnung *f* bidding drawing
Tepidarium *n (Arch)* tepidarium *(Warmluftraum römischer Thermen)*
Teppich *m* carpet; rug *(Brücke, Vorleger)*; runner *(Läufer)*; tapestry *(Wandteppich)*
Teppichbelag *m* road carpet (mat), premix carpet *(Straßenbau)*
Teppichbeschichtung *f* [carpet] backing *(Unterseite)*
Teppichboden *m* fitted carpet, carpetting
Teppichfliese *f* carpet tile
Teppichhalteleiste *f* carpet strip, tackless [carpet] strip
Teppichunterlage *f* [carpet] underlayment
Terminal *m* air terminal *(Flughafen)*
termingemäß on schedule, according to schedule *(ausgeführt)*; on time, in due time *(z. B. Lieferung)*
Termitenbefall *m* infestation by termites
termitenfest termite-proof
Termitenschutzblech *n* termite shield
Terpentinersatz *m* turpentine substitute
Terpentinharz *n* [wood] rosin, colophony, pine resin
Terpentinlack *m* turpentine varnish
Terpentinöl *n* turpentine oil
Terrain *n* 1. terrain, ground; 2. building ground (site)
Terrainaufnahme *f* ground (land) survey
Terrainhöhe *f* grade (ground) level *(Straßenniveau)*
Terrainskizze *f* topographical sketch
Terrakotta *f* terracotta
Terrakottafliese *f* terracotta tile
Terrakottafußboden *m* terracotta floor
Terrakottastein *m* terracotta block (tile)
Terrakottatafel *f* terracotta panel *(Wandtafel)*
Terrasse *f* 1. terrace, patio; roof garden *(Dach)*; 2. storey *(Geschoß)*
~/eingeschlossene patio
Terrassenanlegen *n* terracing
terrassenartig terraced, in terraces
Terrassencafé *n* tea garden
Terrassendach *n* terrace roof, cut roof, platform roof, roof-deck
Terrassenfenster *n* picture window *(Panoramafenster)*
Terrassenfläche *f* platform
Terrassengarten *m* terraced garden
Terrassenmehrfamilienhaus *n* terrace-shaped block of flats, *(Am)* appartments (house) built in terraces on a slope
Terrassenplatte *f* flagstone, terrace tile *(Steinplatte)*
Terrassenwohnung *f* terrace dwelling, *(Am)* terrace dwelling unit
Terrassenzugang *m* terrace access
Terrazzo *m* terrazzo [concrete], Venetian [mosaic], berliner *(mit langen, dünnen Marmorsplittkörnern)*
Terrazzoarbeiten *fpl* terrazzo work
Terrazzoauflage *f* **mit granitischer Struktur** granitic finish
Terrazzobelag *m* **/ monolithischer** monolithic terrazzo
Terrazzobeton *m* granolithic concrete
Terrazzobetonauflage *f* granolithic finish
Terrazzodecklage *f* terrazzo topping
Terrazzoestrich *m* terrazzo [concrete]
Terrazzofliese *f* terrazzo tile
Terrazzofußboden *m* terrazzo floor
Terrazzoglanzpolieren *n* polish (final) grind
Terrazzogrobschleifen *n* [terrazzo] rough grind[ing]
Terrazzokelle *f* trowel for terrazzo
Terrazzomörtellage *f* terrazzo setting bed
Terrazzoplatte *f* terrazzo slab; terrazzo tile *(Fliese)*
Terrazzopolieren *n* polish (final) grind
Terrazzoschleifen *n* [terrazzo] rough grind[ing]
Terrazzoschleifmaschine *f* terrazzo surfacer
Terrazzounterlage *f* terrazzo setting bed
Terrazzowandplatte *f* terrazzo tile

Tertiärrippe *f* tertiary rib; *(Arch)* tierceron *(gothisches Gewölbe)*
Tertiärträger *m* tertiary beam
Tessera *f* tessera *(Mosaikstein)*
Test... *s. a.* Prüf...
Testbohrung *f* preboring; trial boring
testen *s.* prüfen
Testlauf *m* test run
Tetrachlorkohlenstoff *m* carbon tetrachloride, tetrachloromethane
Tetraeder *n* tetrahedron
tetragonal tetragonal
Tetrastylos *m (Arch)* tetrastyle *(Bauwerk mit vier Säulen)*
Tetrastylostempel *m (Arch)* tetrastyle temple
Teufe *f* depth *(Bergbau)*
Textur *f* texture *(Gewebe)*
T-Fitting *n* service tee, branch fitting; side outlet
Thaiarchitektur *f* Thai architecture; prang *(13.–18. Jahrhundert)*
Theater *n* theatre, *(Am)* theater
~/griechisches Greek theatre
Theaterbaukunst *f* theatre architecture
Theaterbühne *f* [theatre] stage
~/vordere apron stage *(vor dem Vorhang, speziell elisabethanisches Theater)*
Theatergebäude *n* theatre building (house)
Theaterloge *f* [theatre] box, loge
Theaterpodium *n (Am)* acting level
Theaterrampe *f* proscenium
Theatervorhang *m* theatre curtain; draw curtain *(Zugvorhang)*; drop [curtain] *(zum Herunterlassen)*
Theatron *n (Arch)* theatron *(ansteigende Sitzreihen des antiken Theaters)*
Theodolit *m* theodolite, [surveyor's] transit
Theorie *f* **der dünnen Schalen** theory of thin shells
~ des parallelen Spannungsverlaufs straight-line theory *(Stahlbeton)*
~ des plastischen Fließens theory of plastic flow
~/idealplastische ideal plastic theory
~/linear plastische simple plastic theory
~ 1. Ordnung *(Stat)* linear plastic theory
~ 2. Ordnung *(Stat)* deflection theory
Thermalbad *n* thermal spa, thermal springs resort
Thermalquelle *f* thermal spring
Thermen *fpl (Arch)* thermals *(römische Badanlage)*
thermisch thermal, thermic
Thermitschweißen *n* thermit (aluminothermic) welding
Thermodynamik *f* thermodynamics
thermodynamisch thermodynamic
Thermoelement *n* thermocouple
Thermopaar *n s.* Thermoelement
Thermoplast *m* thermoplastic
Thermoplastbeschichtung *f* thermoplastic hot-melt coating *(von Holz)*
thermoplastisch thermoplastic
Thermorelais *n* temperature relay, [electro]thermal relay
Thermoschalter *m* thermal circuit breaker
Thermostat *m* thermostat, temperature controller
Thermostatregelung *f* thermostatic control
thixotrop thixotropic; false-body *(Farbe)*
Tholos *m (Arch)* tholus *(Rundtempel mit Säulenkranz und Cella)*
Thomasstahl *m* basic (Thomas) steel
Thronsaal *m* throne hall (room)
Tiefbau *m* civil engineering
~/städtischer municipal engineering
Tiefbauingenieur *m* civil engineer
Tiefbauunternehmen *n* civil engineering contractor[s], civil engineering contracting firm
Tiefbehälter *m* ground (low-level) tank
Tiefbohrung *f* deep drilling (boring); deep-well drilling *(Brunnenbau)*
Tiefbrunnen *m* deep well, Norton well
Tiefbrunnenentwässerungsanlage *f* deep well system
Tiefbrunnenpumpe *f* deep well pump
Tiefbunker *m* undergrund hopper, pit bin
Tiefe *f* depth
Tiefengestein *n* intrusive (plutonic) rock
Tiefenlehre *f* depth gauge, bit gauge (stop)
Tiefenmesser *m* depth gauge
Tiefenschwimmer *m* ball-and-line float
Tiefenverdichtung *f* deep compaction
Tiefenwirkung *f* depth effect
Tiefermachen *n* deepening
Tieffuge *f* recessed pointing, stripped joint
Tiefgarage *f* underground car park, deep-level garage
Tiefgefrierraum *m* [deep] freezer, freezer room
Tiefgeschoß *n* deep basement
Tiefgründung *f* deep foundation
Tiefkassettendeckengestaltung *f* coffering
Tiefkeller *m* subcellar, deep basement
Tiefkellergeschoß *n* subbasement, lower basement
Tiefkühllagerraum *m* freezer storage room
tiefliegend low-lying *(Gebäude)*
Tieflöffel *m* drag (pull) shovel
Tieflöffelausrüstung *f* hoe attachment *(für einen Bagger)*
Tieflöffelbagger *m* backacter [shovel], backdigger, backhoe; drag (pull) shovel, pullscoop; ditch digger, ditching machine, ditcher *(Grabenbagger)*
Tiefpunkt *m* 1. bottom *(Boden)*; 2. low, lowest point; 3. trough *(z. B. eines Tales)*
Tiefspülbecken *n* wash-down bowl *(W.C.)*
Tiefspülklosett *n* wash-down [water] closet, flush-down WC
Tiefstrahler *m* narrow-angle lighting fitting
Tiegelstahl *m* crucible steel
Tiekholz *n* teak[wood], *(Am)* Indian oak
Tierfries *m (Arch)* bestiary frieze

Tierhalbfigur *f (Arch)* protoma, protome *(Ornament)*
Tierkohlepigment *n* animal black
Tierkopfornament *n (Arch)* beakhead *(Schnabelkopfornament in Tür- und Torbögen)*
Tierleim *m* animal glue (adhesive), Scotch glue
Tigerholz *n* tiger-wood *(westafrikanisches Edelholz)*
Tilt-up-Bauweise *f* tilt-up construction (method) *(Aufrichtbauweise)*
Tischbohrmaschine *f* bench[-type] drilling machine, sensitive drill
Tischler *m* joiner; [building] joiner *(Bautischler)*
Tischlerarbeit *f* joinery; woodwork *(Holzarbeiten)*
~ mit engen Windungen quick sweep
Tischlerarbeiten *f***/ fußbodenberührende** ground work *(z. B. Fußhalteholz)*
Tischlerei *f* 1. joiner's workshop; 2. joiner's trade (art)
Tischlerformarbeit *f* shape work
Tischlerleim *m* joiner's glue (adhesive); casein glue
Tischlerplatte *f* batten board, blockboard, corebord; *(Am)* lumber-core plywood; chipboard *(Spanplatte)*
Tischlerplattentür *f* coreboard door
Tischlerraspel *f* cabinet rasp
Tischlerschraubzwinge *f* cabinet clamp
Tischlersteifsäge *f* cabinet saw
Tischrüttler *m* table vibrator
Tisch-Stuhl-Einheit *f***/ feste** *(Am)* booth *(speziell in Restaurants)*
Titan[oxid]weiß *n* titanium dioxide (white)
T-Klinke *f* tee handle
T-Muffe *f* T-joint
Tobermorit *m* tobermorite *(Mineral)*
Toilette *f* toilet, lavatory, [water] closet, W.C., *(Am)* restroom *(s. a.* Damentoilette *und* Herrentoilette*)*
~/öffentliche public conveniences (lavatory), *(Am)* comfort station
Toilettenabwasser *n* toilet waste water, soil
Toilettenbecken *n* toilet bowl, [toilet] pan
Toilettendruckspülkasten *m* close-coupled tank and bowl
Toilettenkabine *f* toilet enclosure
Toilettenkabinenwand *f* toilet partition [wall]
Toilettenspülung *f* lavatory flush[ing], toilet flush, closet flush[ing]
Toleranz *f* 1. tolerance, allowance, allowable deviation; 2. *s.* Toleranzgrenze • **innerhalb einer ~** within a tolerance
Toleranzbereich *m* tolerance range
Toleranzgrenze *f* tolerance [limit], limit of tolerance (accuracy)
Toleranzmaß *n* limit; commercial tolerances
Toleranzüberschreitung *f* wide tolerance
Ton *m* 1. clay, argil[la]; 2. sound *(Klang)*; 3. shade, hue *(von Farben)*
~/aufquellender swelling clay
~/fetter plastic (fat) clay, heavy clay; long-and-short clay
~/feuerfester refractory clay, fireclay
~/geblähter bloated (expanded) clay
~/gebrannter burnt clay
~/hochplastischer long-and-short clay
~/hochplastischer zäher *(Am)* gumbo *(im zentralen Teil der USA vorkommend)*
~/keramischer ceramic clay
~/magerer meagre (sandy) clay
~/mergeliger marl-clay
~/nichtplastischer non-plastic clay
~/organischer organic clay
~/sandiger sandy clay
~/strukturempfindlicher sensitive clay
~/thixotropischer thixotropic clay
~/ungestörter intact clay
~/verformbarer plastic clay
tonartig clayey, clay-like, clayish, argillaceous
Tonauskleidung *f* clay blanket
Tonboden *m* clay (clayey) soil, clay bed
Tonbrennware *f* earthenware *(glasiert oder unglasiert)*
tönen 1. to tone, to tint, to shade *(Farbe)*; 2. to sound *(klingen)*
Tonerde *f* alumina, aluminium oxide
Tonerdemörtel *m* alumina mortar
tonerdereich high-aluminous
Tonerde[schmelz]zement *n* [high-]alumina cement, aluminous cement
Tonerweichung *f* clay liquefaction
Tonfliese *f* earthenware tile, [burnt] clay tile, ceramic tile
Tonfußbodenfliese *f*, **Tonfußbodenplatte** *f* clay floor [cover] tile
tongebunden clay-bound
Tonhalle *f* concert hall
tonhaltig clayey, argillaceous
Tonhohlkörper *m* hollow-gauged brick; hollow clay block *(Platte)*
Tonhohlplattendecke *f* hollow clay block floor
Tonhohlziegel *m* hollow clay brick, furring brick
tonig clayey, clayish, argillaceous
Toninjektion *f* clay grouting
Tonkern *m* puddle core *(Dichtungskern)*
Tonkoller *m* pug mill
Tonmergel *m* clay marl, loam
Tonne *f***/ amerikanische** short ton *(SI-fremde Einheit der Masse; 1 sh tn = 907,185 kg)*
~/englische long ton *(SI-fremde Einheit der Masse; 1 ltn = 1016 kg)*
~/metrische metric ton *(SI-fremde Einheit der Masse; 1 t = 1000 kg)*
Tonnendach *n* [arched] barrel roof, wagon (compass) roof
Tonnengewölbe *n* barrel arch (vault), tunnel (annular) vault, circular [barrel] vault, wagon[-headed] vault, semicircular vault • **mit ~** wagon-headed

~/gerades straight barrel vault
~/ringförmiges circular tunnel vault
~/schiefes oblique (skew) barrel vault; arch barrel
~/steigendes rising (sloping) barrel vault
Tonnenschale *f* barrel shell *(Dach)*
Tonnenschalendach *n* arched barrel roof
Tonnen-Sheddach *n* saw-tooth barrel shell roof
Tonrohr *n* clay (earthenware) pipe, tile [pipe]
~/gelochtes *(Am)* distribution tile
Tonrohrdränage *f* tile drain[age]
Tonsandstein *m* argillaceous (clayey) sandstone
Tonschicht *f* clay bank (layer), bed of clay, impervious soil
Tonschiefer *m* clayey shale, [clay] slate; killas *(in Cornwall, England)*
Tonschieferfels *m* argillite
Tonschlämme *f*, **Tonschlempe** *f* clay slurry (grout)
Tonsplittbeton *m* clay aggregate concrete
Tonsur *f (Arch)* fountain house, lavabo *(Brunnenkapelle an einem Kreuzgang)*
Tönung *f* tint, shade *(einer Farbe)*
Tonwaren *fpl* clayware
Tonziegel *m* clay brick
Töpfer *m* 1. potter; 2. *s.* Ofensetzer
Topfgewölbe *n* tubular vault[ing]
Topflager *n* pot bearing
Topfzeit *f* [liquid] pot life, working (usable) life *(Gebrauchsfähigkeit von Farben und Kunststoffklebern)*
Tor *n* 1. gate, door; *(Arch)* portal; 2. gateway *(Einfahrt)*; 3. *s.* Torbogen 1.
~ mit diagonaler Stützstrebe barred-and-braced gate
Torankerplatte *f*, **Torankerstein** *m* [gate] shutting shoe
Torbau *m (Arch)* [monumental] gateway; propylaeum *(zu einem antiken Heiligtum)*
Torbogen *m* 1. archway, arch; 2. pai-loo, pai-lou *(chinesischer Triumphbogen)*
Torbolzenkasten *m* box strike plate
Tordurchfahrt *f* gateway
Toreckstein *m* guardstone
Toreinfahrt *f* doorway, entrance gate; carriage entrance
Torf *m* peat
Torfbeton *m* peat concrete
Torfboden *m* peat soil
Torferde *f* peat mould (earth)
Torflügel *m* leaf (wing) of a gate
Torflügelankerklotz *m* gate shutting shoe
Torflügelpfosten *m***/ äußerer** [gate] meeting post, mitre post *(im geschlossenen Zustand in Tormitte)*
Torfmull *m* peat dust
Torhängeschiene *f* [gate] hanging rail
Torhaus *n* gatehouse
Torhof *m* exit court
Torkran *m* gantry (portal) crane
Torkretbeton *m* shotcrete, jetcrete, shooted (gunned) concrete, air-placed concrete, Gunite *(Handelsname)*; sprayed concrete
~/vorgemischter wet-mix shotcrete
Torkretbetonabrutschen *n* sloughing
Torkretbetonkonsistenz *f***/ optimale** impending slough
Torkretbetonschicht *f* shotcrete (gun) finish
~/dünne flash (shotcrete) coat
Torkretbetonverkleidung *f* shotcrete lining
Torkretdruckluftpistole *f* pneumatic concrete spraygun
Torkretierbeton *m s.* Torkretbeton
torkretieren to shoot, to place shotcrete, to gunite
Torkretieren *n* shotcreting, shooting, guniting, pneumatic placement, concrete spraying, *(Am)* gunning
Torkretiergerät *n*, **Torkretierkanone** *f s.* Torkretierspritze
Torkretierspritze *f* shotcrete (cement) gun, spray (gunite) gun
Torkretkanone *f s.* Torkretierspritze
Torkretmörtel *m* gunite (gun) mortar, sprayed mortar
Torkretputz *m* gunite (gun) finish, jetcrete, gunned concrete, gunite
Torkretputzen *n* mechanical plastering, mechanical application [of mortar]
Torkretputz-Oberflächenform *f* gun pattern
Torkrettechnik *f* gunning technique (method), guniting, cement gun work
Toröffner *m***/ elektromechanischer** gate operator
Toröffnung *f* shutter door opening (aperture)
Torpfeiler *m* gate (door) pier
Torpfosten *m* gatepost, swinging post; heelpost *(für die Türangel)*; quoin post *(Eckpfosten)*
~/hängender hanging (hinge) post
Torpfostenauflagestein *m* heel stone
Torsäule *f***/ steinerne** gate pier
Torschiene *f* door track *(obere)*
Torschienen *fpl***/ untere vertikale** dog bars
Torschließbolzen *m* barrel bolt
Torsion *f* torsion, twist • **auf ~ beansprucht** twisted
Torsions... *s. a.* Verdrehungs...
Torsionsachse *f* axis of torsion (twist)
Torsionsarbeit *f* twisting work
Torsionsbeanspruchung *f* torsional (twisting) stress
Torsionsbewehrung *f* torsion[al] reinforcement, torsion[al] steel
Torsionsbruch *m* torsion[al] failure, twist failure
Torsionselastizität *f* torsional elasticity
Torsionsfestigkeit *f* twisting strength
torsionsfrei torsion-free, twist-free
Torsionsfunktion *f* potential function of torsion
Torsionsknickung *f* torsional buckling
Torsionskraft *f* twisting force, torsional force
torsionslos torsion-free, twist-free
Torsionsmittelpunkt *m* centre of twist
Torsionsmodul *m* modulus of torsion, shear modulus, modulus of rigidity
Torsionsmoment *n* torsional (twisting) moment, torque [moment]

Torsionsspannung *f* torsional stress, intensity of torsional stress (strain)
Torsionssteifigkeit *f* torsional stiffnes, twisting rigidity
Torsionstheorie *f* theory of torsion
Torsionsverzerrung *f* torsional strain
Torsionswiderstand *m* torsional (twisting) resistance
Torsionswinkel *m* angle of twist (torsion), twisting angle
Torso *m* torso
Torstein *m* guardstone
Torus *m (Arch)* torus, tore, cushion course *(Wulst am Säulenfuß)*
Torüberdachung *f* lich-gate, lych-gate *(an Friedhöfen)*
Torweg *m* gateway, doorway, entrance gate; exit passageway, carriage entrance (gate)
Torzwinger *m (Arch)* barbican
Tosbecken *n (Wsb)* stilling (roaring) basin (pool)
totbrennen to overburn, to dead-burn, to kill *(Kalk, Ziegel)*
Totenhaus *n* mortuary
Totenkapelle *f* memorial chapel
Totenstadt *f* necropolis *(Gräberstadt)*
Totlast *f* dead load
Totpunkt *m* dead centre, *(Am)* dead point
TP *(Verm)* triangulation point
T-Profil *n* T-section, structural tee
Trabantenstadt *f* satellite town
Traforaum *m s.* Transformatorraum
Traganker *m* **/ aus einer Wand auskragender** tailing iron
Tragarm *m* [supporting] arm, suspension arm
Tragbalken *m* girder *(meist aus Holz)*, [supporting] beam, [supporting] arm, standard; raising plate *(Wand, Rahmen)*
Tragbogen *m* subarch
Tragdraht *m* suspension (span) wire
Tragebalken *m s.*Tragbalken
Tragebogen *m* arch ring
Trageelement *n* supporting member (component); supporting structure
~/aus einem Stück bestehendes monolith, monolithic supporting structure
Trageisen *n* **für Decken** runner
~ für Rohrleitungen pipe hook
Tragekette *f (El)* suspension chain
Tragekonstruktion *f* understructure
~/feuerbeständige fire-resistant (fire-resistive) construction
Tragelementfuß *m* shoe
tragen to carry, to bear; to uphold, to support *(stützen)*
~/frei to suspend, to support
tragend [load-]bearing, supporting, load-carrying; weight-carrying
~/die äußeren Befestigungen castellated *(einer Burg)*
Träger *m* 1. beam, girder *(aus Beton oder Stahl)*; load-bearing member; carrier (supporting) beam; stay, bracket, wall (beams) bearer, support *(Stütze)*; 2. medium; supporting material • **mit Trägern** trabeated
~/aufgewölbter arched beam
~ auf zwei Stützen supported (simple) beam
~/beidseitig eingespannter beam fixed at both ends, built-in girder
~/durchlaufender continuous girder
~/eine versetzte Säule tragender transfer girder *(in mehrstöckigem Stahlbetongebäude)*
~/eingehüllter encased beam
~/eingespannter fixed-end girder, fixed (constrained) beam, built-in girder
~/einseitig eingespannter cantilever beam, beam fixed at one end
~/einwandiger single-web girder
~/frei aufliegender beam supported at both ends
~ für axiale und horizontale Belastung beam-column
~/gebogener bow girder
~/gegliederter articulated girder
~/gekrümmter arched girder
~/gelenkloser built-in girder
~/gemischter hybrid beam
~/genieteter plate girder (beam) *(Plattenträger)*
~/geschweißter welded girder, plate girder (beam)
~ gleicher Festigkeit equivalent resistance beam
~/halbeingespannter semifixed beam, beam fixed at one end
~/hoher deep girder
~/in Beton eingehüllter encased beam
~/kleiner schwerer girt
~ mit Auflagerschrägen haunched beam
~ mit festen und beweglichen Auflagern girder with rigid and movable bearings
~ mit Stich camber beam
~ mit unterschiedlicher Stahlgüte für Flansch und Steg hybrid beam
~/prismatischer prismatic beam
~/rechteckiger vollwandiger rectangular solid web girder
~/ummantelter cased beam
~/unterbrochener tail girder (piece, joist)
~/verdübelter *(Hb)* dowelled beam
~/verkleideter cased beam
~/verstärkter reinforced beam *(bewehrter)*
~/vollwandiger web girder
~/wandartiger diaphragm beam, deep girder
~/zusammengesetzter built-up beam (girder), compound (hybrid) beam
~/zweifach statisch unbestimmter girder with two statically indeterminate members
Trägerabstand *m* girder spacing, distance between girders
Trägeranker *m* girder (beam) anchor, beam hanger (saddle)
Trägeranordnung *f* spacing of girders

Trägeranschluß *m* girder connection
Trägerbalken *m* girder beam
Trägerbalkendeckenkonstruktion *f* beam-and-girder construction
Trägerbauwerk *n* trabeation; girder (beamed) construction
Trägerboden *m* beam bottom, soffit of a girder
Trägerbrücke *f* girder bridge
Trägerdecke *f* girder floor
Trägerdurchbiegung *f* **/ größte** maximum deflection [of girders]
Trägereinformung *f* beam blocking
Trägerelement *n* girder element, support member
Trägerende *n* **/ eingespanntes** fixed end
Trägerfeld *n* girder span
Trägerflansch *m* girder boom (chord), [girder] flange
Trägerform *f* beam form *(zur Herstellung von Betonträgern)*
Trägerfußblock *m* brace block
Trägergruppe *f* class of girder
Trägergurt *m* girder chord
Trägergurtung *f* girder boom
Trägerhaken *m*, **Trägerhänger** *m* beam hanger (saddle)
Trägerhöhe *f* girder depth, depth of beam
Trägerimitierung *f* beam blocking *(Verblendung)*
Trägerkammer *f* beam aperture (box)
Trägerkasten *m* girder mould
Trägerleiste *f* back-up strip, backing, lathing board; fixing strip *(Verschalung)*
trägerlos girderless; unsupported
Trägermedium *n s.* Trägersubstanz
Trägermitte *f* centre of girder
Trägeröffnung *f* girder span *(Trägerfeld)*; beam pocket
Trägerpfosten *m* girder post
Trägerplan *m* framing plan
Trägerprofil *n* girder section
Trägerrahmenwerk *n* contignation *(horizontal als Ringanker)*
Trägerraster *m* girder grid
Trägerrost *m* girder grillage, steel grid; beam-and-girder construction *(Deckenkonstruktion)*; grillage beam
Trägerschalung *f* beam form *(zur Herstellung von Betonträgern)*
Trägerschicht *f* underlay, substrate, substratum
Trägerstahl *m* steel girder (section)
Trägersteg *m* web [of girder], stalk
~/durchbrochener open web
Trägerstoß *m* girder joint
Trägersubstanz *f* [carrier] medium, vehicle *(Anstrich)*
Trägersystem *n* trabeated system
Trägerteillasche *f* partial cover plate
Trägerummantelung *f* girder casing; covering of joist
Trägerunterflansch *m* bottom flange of a beam
Trägerunterkante *f* bottom of girder
Trägerunterstützungsplatte *f* [girder] bearing plate
Trägerunterstützungssäule *f* girder post
Trägerverblendung *f* beam blocking
Trägerverteilung *f* arrangement of beams
Trägerzwischenraum *m* space between beams (girders)
Tragewinkel *m* bearing *(horizontaler Winkel eines Bezugspunkts zur Achse des Quadranten)*
tragfähig load-bearing, load-carrying *(Baugrund, Brücken)*
Tragfähigkeit *f* load-bearing (load-carrying) capacity, bearing capacity (power); maximum (admissible) load, ultimate bearing capacity
~ nach Ausbiegung post-buckling strength
~/statische static load capacity
~/zulässige allowable bearing capacity (value), admissible load; *(Bod)* allowable soil pressure
Tragfähigkeitsindex *m* bearing ratio
Tragfähigkeitsverhältniswert *m (Erdb)* California bearing ratio
Tragfähigkeitsversuch *m* bearing test
Tragfähigkeitswert *m (Erdb)* California bearing ratio
Tragfläche *f* bearing surface (area)
Traggerippebauart *f* skeleton type of construction
Traggerüst *n* supporting framework
Traggestell *n* [supporting] rack; carrying framework
Trägheit *f* 1. inertia *(Physik)*; 2. inactivity, passivity *(von Stoffen)*; slowness *(von Reaktionen)*
Trägheitsachse *f* axis of inertia
~/mittlere mean axis of inertia
Trägheitshauptachse *f* principal axis of inertia
Trägheitskraft *f* inertial force, force of inertia
Trägheitsmodul *m* modulus of inertia
Trägheitsmoment *n* moment of inertia, inertia moment (effect), rotational inertia
~/axiales axial moment of inertia
~/lineares linear moment of inertia
~/planares planar moment of inertia, moment of inertia with respect to a plane
~/polares polar moment of inertia
~/veränderliches variable moment of inertia
Trägheitsradius *m* radius of inertia (gyration)
Tragknagge *f (Hb)* supporting bracket
Tragkonstruktion *f* supporting structure
Tragkraft *f* 1. load-bearing (load-carrying) capacity *(Größe)*; 2. *s.* Tragfähigkeit
Traglast *f* limit (ultimate) load, collapse load
~/fiktive fictitious load
~/tatsächliche real load factor
Traglastverfahren *n* limit-load (ultimate-load) design, plastic theory (design), ultimate strength design [theory], load-factor method (design) *(Stahlbetontheorie)*
Tragluftdachgewächshaus *n* inflated-roof greenhouse
Tragluftgebäude *n* air[-supported] house

Tragluftthalle *f* inflatable building (structure), air hall, air-supported building
Tragmast *m (El)* suspension tower
Tragmoment *n* capacity moment
Tragpfahl *m* [load-]bearing pile, supporting pile
Tragpfeiler *m* supporting tower (pier)
Tragrahmen *m* structural frame
~/geschweißter welded structural-frame; welded base *(Rohrfuß)*
Tragrahmenbau *m* frame (framed) building
Tragrippe *f* structural rib
Tragrolle *f* supporting (carrier) roller *(Seilbahn)*
Tragschicht *f* 1. bearing layer (stratum), supporting stratum (bed) *(Erdschicht)*; 2. bearing bed (course), base [course] *(einer Straße)*
~ aus gebrochenem Material crusher-run base *(auch mit Bindemittel)*
~/bituminöse asphalt base course
~/obere upper course
~/untere hypobasis, hypopodium
Tragschichtmaterial *n* base material *(Straßenbau)*
Tragseil *n* suspension (supporting) cable, carrying cable (rope) *(Seilbahn)*; main (pull) cable *(Kabelkran)*; *(El)* catenary cable *(bei Freileitungen)*
Tragspannung *f* load-factor stress
Tragstab *m* supporting bar; reinforcement bar
Tragstein *m* [bracket] console, corbel; ancon, perch
Tragstütze *f* bracket support *(s. a.* Stütze*)*
Tragsystem *n* load-bearing system, structural system
~/lineares linear structure (structural) system
Tragvermögen *n s.* Tragfähigkeit
Tragwerk *n* load-bearing structure, supporting structure, structural framework, frame [building]
~/ebenes plane frame[work]
~/genietetes riveted truss
~ mit quadratischen Gittereinheiten/geradliniges rectilinear frame with square modular grids
~/rahmenartiges frame-like [load-]bearing structure
~/räumliches space (spatial) framework, space frame [structure], space structure (truss)
~/zweidimensionales two-dimensional framework
Tragwerke *npl* **/ räumliche** geodesics, unistrut spaceframe structure
Tragwerksberechnung *f* analysis of structures
Tragzapfen *m* tusk tenon
Trajekt *m* ferry [bridge], train ferry
Trakt *m* section, block, wing *(Gebäudeteil)*
Traktor *m* tractor
Traktrix *f* tractrix [curve]
Tränkbad *n* impregnating bath
Tränkbitumen *n* saturating (impregnating) asphalt, penetration-grade bitumen
tränken to impregnate, to saturate, to imbibe; to soak, to water *(mit wäßrigen Lösungen)*; to preserve *(Holz mit Schutzmitteln)*
~/mit Harz to resin
~/mit Öl to oil
~/mit Teeröl to creosote
Tränkharz *n* impregnating resin; resin oil varnish
Tränklack *m* impregnating varnish
Tränklasur *f* impregnating scumble
Tränkmakadam *m* penetration macadam
Tränkmasse *f* impregnation compound, impregnating (saturating) agent
Tränkung *f* impregnation, saturation, imbibition; soak[age], watering *(mit wäßrigen Lösungen)*; preservation *(von Holz)*; penetration treatment *(Straßenbau)*
Transenna *m* transenna *(Fensterabschluß aus geschliffenem oder durchbrochenem Holz oder Stein)*
Transept *m(n) (Arch)* transept *(Querschiff einer Kirche)*
Transformatorraum *m* transformer room
~/feuersicherer transformer vault
Translationsschale *f* translation[al] shell
~/wellenförmige wave-form translation shell
Transport *m* transport; transportation, conveyance *(Beförderung)*; haulage *(mit LKW, mit Bahn)*; shipment *(auch mit Schiff)*
Transportanlage *f* handling plant
Transportband *n* conveying belt, belt conveyor
Transportbeton *m* ready-mix[ed] concrete, truck-mix[ed] concrete
Transportbetonwerk *n* ready-mix plant
Transportbügel *m s.* Transporthaken
Transporthaken *m* lifting (handling) hook
Transportkübel *m* **/ hängender** carrier
Transportmischer *m* mixer conveyor, lorry (transit) mixer, *(Am)* mixer truck *(für Beton)*
Transportpalette *f* pallet
Transportschnecke *f* conveyor screw
Transportspannung *f* temporary stress *(Betonelement)*
Transversalbogen *m* transverse arch, arch band
Transversalgurt *m* transversal rib
Trapezbinder *m* hip (pitched) truss
Trapezfachwerk *n* trapezium (trapezoid) truss
Trapezfachwerkbinder *m* hip truss
trapezförmig trapezoid[al]
Trapezgelenkeck *n* trapezoidal linkage
Trapezkapitell *n (Arch)* Byzantine capital
Trapezoeder *n* trapezohedron
Trapezoid *n* trapezoid
Trapezrahmen *m* trapezoid frame
Trapezsprengwerk *n* trapezium (trapezoid) truss, quadrangular falsework *(tragend)*
Trapezstein *m* trapezoidal stone
Traps *m (San)* [air] trap, stench (stink) trap *(Zusammensetzungen s. unter* Geruchsverschluß*)*
Traß *m* trass, terras *(vulkanischer Tuffstein)*
Traßbeton *m* trass concrete
Trasse *f* 1. *(Verm)* line, [marked-out] route; 2. line *(fertige Trasse)*; line of [the] road; railway line; 3.

s. Kabeltrasse; 4. right-of-way *(vom Staat beanspruchtes Gelände für Straßen, Eisenbahn)*
Trassenabsteckung *f s.* Trassierung
Trassenführung *f* line, route
Trassenvermessung *f* route surveying
trassieren to route, to locate, to lay out *(z. B. Straßen)*
~/eine Linie to plot a line
Trassierplan *m* layout
Trassierung *f* route mapping; location [of the line]
Traßmörtel *m* trass mortar, mortar from trass
Traßzement *m* trass cement
Traufanschluß *m* eaves flashing
Traufblech *n* eaves flashing; gutter bed
Traufbohle *f*, **Traufbrett** *n* eaves (gutter, fascia) board, eaves fascia
Traufe *f* eaves, dripping eaves
~/angehobene (aufgeschobene) *(Am)* sprocked eaves
Traufenabschlußblech *n* eaves flashing
Traufendachrinne *f (Am)* cheneau *(meist mit Verzierungen)*
Traufendeckblech *n* eaves flashing
Traufen-First-Abstand *m* run
Traufenklotz *m* beams of a gutter, cornice bracket
Traufenlage *f s.* Trauflage
Traufenleiste *f* thickness moulding
Traufenüberhang *m* eaves projection
Traufenziegel *m* starter tile
Traufenzierleiste *f* thickness moulding
Traufgesims *n* eaves cornice *(unter der Treppe)*
Traufkante *f* eaves moulding
Traufkastenschließbrett *n* eaves fascia
Trauflage *f* eaves (dripstone) course; starter strip, starting (starter) course
Trauflatte *f* tilting fillet (piece), sprocket; double (cocking) piece
Traufleiste *f* drip-stone, nose, cyma
Traufrinne *f s.* Dachrinne
Traufstein *m* gutter stone, eaves slate
Traufsteinlage *f* dripstone course
Traufziegel *m* eaves tile
Traverse *f* 1. cross beam (bar), transverse beam; *(Hb)* top (collar) beam; strong-back *(Betonform)*; 2. cross arm (bar), spreader beam, crosshead, suspension bracket *(Gehänge für Kranlasten)*
Travertin *m* travertine, calcareous tuff
treiben 1. *(Tun)* to drive *(vortreiben)*; 2. to ram *(z. B. Pfähle)*; to push (force) in; 3. to drive, to power *(antreiben)*; 4. to emboss; to chase *(Metalldekorationen an Außenflächen)*; 5. to expand *(z. B. der Zement)*
Treiben *n* **des Betons** expansion; advance slope method
treibend unsound *(Putz)*; unslaked, ground *(Kalk)*
Treibhammer *m* ball-peen hammer, raising hammer
Treibhaus *n* greenhouse, glasshouse, hothouse; stove *(für tropische Gewächse)*
Treibmittel *n* expanding agent; foaming agent
Treibneigung *f* degree of expansion
Treibriß *m* crack due to expansion
Treibrolle *f* driving pulley *(Antriebsrolle)*
Treibsand *m* running (shifting) sand, quicksand
treibstoffbeständig fuel-resistant *(Beton, Fußbodenbelag)*
Trenndamm *m* dividing dike
trennen 1. to separate, to grade *(z. B. Zuschlagstoffe nach Korngrößen, Qualität)*; 2. to release *(Formteile von Formen)*; 3. to partition *(Räume unterteilen)*; 4. *(El)* to disconnect; to isolate *(vom Stromkreis)*; 5. to cut [off]; to resaw *(Holz)*
Trennfertigwand *f* prefabricated partition wall
Trennfilm *m* adhesion-preventing film
Trennfläche *f* parting plane
Trennfuge *f* 1. expansion joint *(Dehnfuge)*; 2. isolation joint; 3. parting (partition) line *(einer Form)*
Trenngröße *f* ripping size *(Holz)*
Trennholz *n s.* Trennleiste
Trennkeil *m* splitter
Trennleiste *f* parting strip (slip), wagtail *(Hubfenster)*
Trennlinie *f* parting line, dividing (division) line
Trennmittel *n* [mould-]release agent, parting agent, form release agent *(Schalung)*; bond breaker *(zum Ablösen, chemisch wirkend)*
Trennpappe *f* layer board
Trennschalter *m* disconnector; isolation switch
Trennschicht *f* interlayer
Trennsieb *n* scalper *(Stein)*
Trennstelle *f* connection zone
Trennstreifen *m* dividing strip *(Straße)*
Trennsystem *n (San)* two-pipe system *(Abwasser)*
Trennung *f* 1. separation, grading *(z. B. von Zuschlagstoffen)*; 2. release *(von Formteilen aus Formen)*; 3. division *(Teilung, Unterteilung)*
Trennungsfläche *f* separation surface
Trennwand *f* 1. partition [wall], dividing (division) wall; 2. partition panel *(Wandelement)*; 3. baffle wall *(Prallwand)*
~/aussteifende tie wall
~/bewegliche relocatable partition
~/entfernbare *s.* ~/bewegliche
~/faltbare accordion partition
~/halbhohe dwarf partition
~/massive solid partition
~ mit beidseitig versetzten Kernstabilisierungsplatten staggered[-stud] partition
~ mit Kaminzug stack partition
~/tragende load[-bearing] partition, load partition wall
~/verglaste glazed partition [wall]
~/verschiebbare demountable partition
~/versetzbare movable partition
~/zweigeschossige double-tier partition
~/zweischalige double partition

Trennwände *fpl***/ versetzbare** demountable partitioning
Trennwandelement *n* partition panel
Trennwandelemente *npl***/ hängende und drehbare** operable partition (wall)
Trennwandfenster *n* partition panel window
Trennwandobergurt *m* partition cap (head, plate)
Trennwandtafel *f* partition panel
Trennwandverglasung *f* partitioning glazing
Trennwandverkleidung *f* partition panel lining
Treppe *f* staircase, [flight of] stairs, stair *(s. a.* Treppenaufgang*)*
~/aufgesattelte open-string stair, stairs with treads fitted on strings
~/bequeme easy stair
~/doppelläufige platform stair, stair with landing, stairs with a platform
~/einarmige single flight stair[s] *(einläufig)*
~/eingeschobene stairs with treads between strings
~/eingestemmte stairs mortised into strings
~/elliptisch gewendelte elliptical stair
~/gebrochene stairs with broken centre line
~/gegenläufige broken-flight stair, platform stair, dog-leg[ged] staircase
~/gerade straight[-run] stair, straight flight
~/geschlossene enclosed (housed) stair, *(Am)* box stair
~/geschwungene helical staircase, circular stair, winding staircase with open newel
~/gewinkelte angled stair
~/gewundene wreathed (geometrical) stair, winding stair
~/halbkreisförmige gewundene semicircular winding stair
~/hochschiebbare loft ladder *(Dachboden)*
~/innen offene open-newel [stair], open-well stair
~/mehrarmige stairs with several flights
~ mit Auge open-newel [stair], open-well stair
~ mit Handlauf rechtsseitig in Steigungsrichtung right-hand stairway
~ mit hochgeschlossener Wange *(Am)* closed string (stringer) stair
~ mit hohlen Mittelschaftpfosten/gewundene hollow newel [stair]
~ mit linkem Handlauf left-hand stairway
~ mit offenem Auge/gewendelte hollow newel [stair]
~ mit Treppenauge geometrical stair
~ mit Viertelschlag quarterpace stair
~ mit vollem Richtungswechsel broken-flight stair, dog-leg[ged] staircase
~ mit Wangenverzierungen/offene *(Am)* bracketed stair
~ mit Zwischenpodest/halbgedrehte halfpace stair, half-space stair
~/mittelalterliche grees[e], gre, gryse
~/offene open stair[way], open-riser stair, skeleton steps
~ ohne Setzstufen skeleton steps
~ ohne Wange open stair[way]
~/untermauerte stairs resting on brickwork
~/unterstützte supported stairs
~/verzogene *s.* ~/gewundene
~/viertelgedrehte quarterpace stair
~/zweiarmige stair with two flights, two-flight stair
~/zweiläufige *s.* ~/doppelläufige
Treppenabsatz *m* [stair] landing, plat[form], halfspace landing, halfpace, pace
Treppenabsatz... *s. a.* Treppenpodest...
Treppenabsatzkreuzbalken *m* stair builder's truss
Treppenabstützung *f* rough bracket
Treppenanlage *f* stairs
Treppenaufgang *m* stairway
Treppenauflageholz *n* flight header
Treppenauge *n* well of a staircase, well mouth, wellhole
Treppenbau *m* 1. stair construction; 2. stair (tower) turret *(über dem Dach)*
Treppenbaum *m* stair check, horse
~/aufgesattelter bracketed (stepped) string, open string
Treppenfenster *n s.* Treppenhausfenster
Treppenfußanker[holz]platte *f* kick plate
Treppenganghöhe *f***/ lichte** stair headroom
Treppengeländer *n* row of banister, stairrailing; handrail *(Handlauf)*
~/eisernes iron handrail
~ mit Handlauf handrail of stairs, banister with handrail
Treppengeländerpfosten *m* baluster, railing post; mitre cap *(mit Gehrung und gestaltet)*
Treppengiebel *m* corbie gable
Treppenhandlauf *m* handrail, stair rail (shoe)
Treppenhaus *n* stairwell; staircase, stairway; stair tower *(Turm)*
Treppenhausfenster *n* staircase window
Treppenhausmauer *f* staircase wall
Treppenhausröhre *f* hub [of a stair]
Treppenhöhe *f* flight rise
Treppenlänge *f* going
~/projektierte [designed] going
Treppenlauf *m* flight [of stairs], stair flight, fliers
~/gerader straight flight (stair)
Treppenläufer *m* stair carpet
Treppenläuferhaltestange *f* stair rod (wire)
Treppenläuferklammer *f* stair clip
Treppenlauflänge *f* [stair] run
Treppenloch *n s.* Treppenauge
Treppenmarkierungsstange *f* storey rod *(für eine Geschoßtreppe)*
Treppenmündung *f* vomitory *(in Zuschauerräumen)*
Treppenneigung *f* ratio of rise and tread
Treppennuthobel *m* router [plane]
Treppenpfosten *m* 1. newel, newel (stair) post; 2. *s.* Treppengeländerpfosten
~/aufgeschobener slip newel

~/voller solid newel
Treppenpfosten-Handlauf-Verbindung *f* newel joint
Treppenpfostenkopf *m* newel cap
Treppenpfostenschaft *m* newel collar
Treppenpodest *n* [stair] landing, plat[form] half-space landing, halfpace, pace
Treppenpodestpfosten *m* landing newel
Treppenpodestträger *m* beams bearer
Treppenraum *m* stairwell
Treppensäule *f* stair post, newel
~/unterste starting newel
Treppenschacht *m* stairwell, open well
Treppenschalter *m (El)* landing switch *(Treppenhausautomat)*
Treppensohle *f* sleeper of the stairs
Treppensteigungslinie *f* nosing line
Treppensteigungswinkel *m* **/ bevorzugter** preferred angle *(30°-35°)*
Treppenstufe *f* 1. step, stair, flier, *(Am)* degree *(Zusammensetzungen s. unter* Stufe*)*; 2. ladder step *(einer Trittleiter)*
Treppenturm *m* stair tower (turret)
Treppenüberstand *m* nosing
~ über Wange tread return
Treppenuntermauerungsfläche *f* [stair] spandrel
Treppenunterseite *f* **/ glatte** flush soffit
Treppenvorbau *m* perron *(Außenstufen z. B. bei Kirchen oder Gutshäusern)*
Treppenwange *f* string, stair stringer, stringboard, stair wall string, stair carriage (horse); bridgeboard, notch board *(Holzwange)*
~/äußere outer string
~/gewundene built-up string
~/hintere rough carriage
~/sichtbare face string, finish [stair] string
~/untere rough string
~/untergezogene open (stepped) string
~/verdeckte rough string
~/wandseitige wall string
Treppenwangenabdichtleiste *f* closure bar
Treppenwangenauflage *f* flight header, subrail *(als Geländerfuß)*
Treppenwangenkrümmling *m* wreath piece (string), wreathed string
Treppenwangenstück *n* **/ gekrümmtes** *s.* Treppenwangenkrümmling
Treppenwechselbalken *m* stair trimmer
Treppenwinkelschiene *f* sanitary cove *(zwischen Tritt- und Setzholz)*
Tresor *m* 1. strong room, safe deposit, *(Am)* vault *(Stahlkammer)*; 2. safe
Triangulation *f* triangulation
Triangulationspunkt *m (Verm)* triangulation point
Triangulierung *f* triangulation
Triaxialfestigkeitsprüfung *f* triaxial compression test
Triaxialversuch *m* **/ dynamischer** *(Erdb)* dynamic triaxial test
Tribuna *f (Arch)* tribune *(Apsis der römischen Basilika)*
Tribüne *f* 1. tribune platform, rostrum *(Rednertribüne)*; stand *(Zuschauertribüne)*; grandstand *(überdacht)*
Tribünenbau *m* grandstand
Tribünensitzbank *f* bleacher seating *(nichtüberdacht)*
Tricalciumsilicat *n* tricalcium silicate
Trichter *m* 1. funnel; hopper *(Beschickungstrichter)*; 2. rainwater hopper *(Regenwasserablauf)*
Trichterdach *n* funnel-shaped roof
Trichtergewölbe *f (Arch)* connoidal vault, squinch [arch]
Trichterrippengewölbe *n (Arch)* fan vault (vaulting), fan groining *(in der englischen Gotik)*
Triforium *n (Arch)* triforium [arcade] *(emporenähnliche Öffnung der normannisch-englischen Baukunst)*
Triglyphe *f (Arch)* triglyph *(Bauglied am dorischen Gebälk)*
Trinidadasphalt *m* Trinidad-asphalt, T-asph
~/gemahlener *s.* Trinidadpulver
Trinidadbitumen *n s.* Trinidadasphalt
Trinidadpulver *n* ground Trinidad épuré with rock flour *(mit Kalkmehlzusatz)*
Trinkbecken *n* **mit senkrechtem Wasserstrahl** water (drinking) fountain
Trinkbrunnen *m* water (drinking) fountain
Trinkhalle *f* refreshment room *(Erfrischungsraum)*
Trinkwasserbehälter *m* drinking water tank
Trinkwassernetz *n* potable water network
Trinkwasserschutzgebiet *n* drinking (potable) water protection area; municipal watershed *(Wassereinzugsgebiet)*
Trinkwasserversorgung *f* drinking water supply
Trinkwasserzuleitung *f* water-distributing pipe
Triplexglas *n* triplex glass
Trittblech *n* toeplate *(Tür)*
Trittbreite *f* [tread] run *(einer Stufe, ohne Nase, ohne Überstand)*
~ mit Knagge crawling board *(für Dachdeckarbeiten)*
Tritthöhe *f* stair rise, riser height *(Treppenstufe)*
Tritthöhenmarkierungslatte *f* storey rod *(für eine Geschoßtreppe)*
Trittholz *n* stair tread
Trittleiste *f* 1. step cover strip; 2. kick strip (rail) *(Tür)*
Trittleiter *f* step ladder
Trittmaß *n* stair run
Trittschall *m* impact sound (noise), footfall (footstep) sound
Trittschalldämmung *f*, **Trittschallisolierung** *f* impact-sound insulation, footfall sound insulation
Trittstufe *f* [stair] tread
~/gewendelte turn tread
Trittstufenfläche *f* **/ ausgeglichene** balanced step, dancing winder *(bei gewundenen Treppen)*

Trittstufenkonsole *f* stair bracket *(einer offenen Treppe, meist verziert)*
Trittstufenplatten *fpl* skeleton steps *(offene Treppe)*
Trittstufenstützeisen *n* carrier angle
Trittstufenstützstab *m* carrier bar
Trittstufentreppe *f* open-riser stair
Trittstufenüberstand *m* stair nosing
Trittstufenzwischenraum *m*/**freier** open riser
Triumphbogen *m* triumphal (memorial) arch; chancel arch *(in der Basilika)*
~/**chinesischer** pai-loo, pai-lou
trocken 1. dry, moisture-free; 2. dry, seasoned *(abgelagertes Holz)*; 3. dry, arid *(Land)*
Trockenbauweise *f* dry construction
Trockenboden *m* 1. drying loft *(Dachboden)*; drying room *(auf dem Dachboden)*; 2. hot floor *(z. B. für Keramik)*
Trockendarre *f* drying tunnel *(Holz)*
Trockendock *n* dry dock, reparing (graving) dock
Trockeneinrütteln *n* dry-rodding *(von Zuschlagstoffen)*
Trockenfäule *f* dry rot
Trockenfertigmörtel *m* premixed dry mortar
Trockenfeuerlöscher *m* powder [fire] extinguisher, dry chemical fire extinguisher
Trockenfilmbildung *f* skinning *(Farbe)*
Trockengemisch *n s.* Trockenmischung 1.
Trockengestell *n* hack *(für Ziegelfertigung)*; drying frame (rack)
Trockenhandfeuerlöscher *m s.* Trockenfeuerlöscher
Trockenkammer *f* drying chamber (room); drying oven *(für Ziegel)*; [seasoning] kiln, dry kiln *(für Holz)*
Trockenkanal *m* drying tunnel *(Holz)*
Trockenklosett *f* 1. latrine; 2. chemical closet (toilet)
Trockenlängsriß *m s.* Trockenriß 1.
trockenlegen to dewater; to drain
Trockenlegung *f* 1. drainage, draining; dewatering; 2. dampproofing *(Mauerwerk)*
Trockenlöschen *n* dry slaking *(Kalk)*
Trockenmahlung *f* dry grinding (milling)
Trockenmauer *f* 1. dry rubble (stone) wall, dry masonry wall *(ohne Mörtel gebaut)*; 2. dike, dyke *(Damm)*
~/**begrünte (bepflanzte)** wall garden
Trockenmauerwerk *n* dry rubble construction, dry masonry
Trockenmischung *f* 1. dry mix (blend); dry batch *(Beton)*; 2. dry mixing *(Vorgang)*
Trockenmischungsgewicht *n* dry-batch weight
Trockenmittel *n* desiccator, drying agent, drier; dehumidifier *(Klimatisierung)*
Trockenmörtel *m* premixed dry mortar
Trockenofen *m* drying stove (kiln) *(z. B. für Keramik)*; baking (stoving) oven *(für Einbrennfarben)*; seasoning (dry) kiln *(für Holz)*
~/**kontinuierlich arbeitender** progressive kiln
Trockenöl *n* paint oil, soluble drier *(Farbe)*
Trockenpflaster *n* dry paving
Trockenpreßziegel *m* dry-press brick
Trockenputz *m* ready-mix[ed] stuff (plaster), premixed plaster
Trockenputzen *n* dry lining *(Gipsverputz)*
Trockenputzmörtel *m s.* Trockenputz
Trockenraumgewicht *n (Erdb)* dry density
Trockenraumtrocknung *f* **von Bauholz** kiln drying of timber, *(Am)* kiln drying of lumber
Trockenriß *m* 1. seasoning check, shrinkage shake *(in Holz)*; 2. water crack *(in Putz)*; 3. drying crack *(in Keramik)*
Trockenrohdichte *f* dry density
Trockenschleifen *n* dry grinding
Trockenschwindung *f* drying shrinkage (contraction) *(z. B. in Keramik)*; [initial] drying shrinkage *(Beton)*
Trockensteinplattendach *n* trullo *(in konischer Form, speziell in Süditalien)*
Trockenstoff *m s.* Trockenmittel
Trockenstoffgehalt *m* **der Farbe** dry content of the paint
Trockentorkretierung *f* monolithic surface treatment
Trockenvermahlung *f s.* Trockenmahlung
Trockenwand *f* dry stone wall
trocknen to dry, to desiccate; *(HLK)* to dehumidify *(z. B. Luft)*; to season *(Holz)*
~/**im Ofen** to bake *(z. B. Ziegel)*; to stove *(Einbrennfarben)*
Trocknen *n* **der Farbe** setting-up
Trockner *m* 1. dryer, drying apparatus; 2. [paint] drier, siccative *(s. a.* Trockenmittel*)*
Trocknung *f* drying, desiccation; *(HLK)* dehumidification; seasoning *(von Holz)*; stoving; baking *(von Ziegeln)*
Trocknungsschrumpfung *f* drying shrinkage
Trog *m* trough; tray; tank; [mason's] hod *(Mörtelkasten)*
~ **einer Brücke** bridge trough
Trogbrücke *f* trough bridge
Troggewölbe *n* trough vault
Trogisolierung *f* tanking
Trogmischer *m* trough (tub) mixer, open-top (open-pan) mixer
Trogplatte *f* trough plate
Trogschleuse *f (Wsb)* trough lift
Trommel *f* 1. drum, cylinder; 2. *s.* Tambour
Trommelaufzug *m* winding-drum machine
Trommellackieren *n* tumbling, barrel painting
Trommelmischer *m* drum (barrel) mixer, concrete mixer with rotating drum
~/**schrägstehender** sweetie barrel
Trommelpolieren *n* tumbling, barrel polishing
Trommelsieb *n* rotary (revolving, drum) screen; trommel *(leicht geneigt, für Zuschlagstoffe)*
Trommelwehr *n (Wsb)* drum weir
Trompe *f (Arch)* squinch [arch] *(Trichtergewölbe)*

~ **mit Fächern** side-trompe vault
~**/steigende** rampant vault
Trompengewölbe *n* conical (expanding) vault
Trompetengewölbe *n (Arch)* trumpet arch (fluing), conical squinch
Tropenbau *m* tropical building
Tropenbauwesen *n* tropical building
tropenfest tropic-proof, withstanding tropical conditions
Tropenklima *n* tropical climate
Tropfband *n* taping strip *(Betonfugen)*
Tropfbrettverschalung *f* drop siding, rustic (novelty) siding *(Wetterschutzschale für Außenwände)*
tropfen to drop, to drip; to leak, to drip *(Wasserhahn)*
Tropfen *m* drop; tear, drip *(von Anstrichstoffen)*
Tropfenornament *n* drop ornament
Tropfenplatte *f (Arch)* mutule *(an dorischen Säulen)*
Tropffalleiste *f* drop apron
Tropfkühler *m (HLK)* trickling filter
Tropfleiste *f* throating
Tropfnase *f* water (weather) drip, drip cap (nose)
Tropfschutzstreifen *m* taping strip *(Betonfugen)*
Tropfsteingewölbe *n (Arch)* stalactitic (stalactite) vault
Tropfsteinkapitell *n (Arch)* stalactite capital
Tropfwasser *n* dripping water
tropfwassergeschützt drip-proof
Tropfwasserpfütze *f* drippage
tropfwassersicher drip-proof
Trophäenskulptur *f* trophy [memorial]
tropisch tropic[al]
Trosse *f* guy rope (cable)
trübe 1. turbid, cloudy *(Flüssigkeit)*; 2. dull *(Farboberfläche)*; 3. dim *(Beleuchtung)*
trüben/sich to tarnish, to cloud *(z. B. Lack)*; to become turbid *(Flüssigkeit)*
Trübglas *n* opal (opaque) glass
Trübung *f* opacity *(Trübheit)*; turbidity *(bes. von Flüssigkeiten)*; cloudiness *(von Lacken)*; dullness *(von Farben)*
Trübungsmesser *m* turbidimeter *(Zementprüfung)*
Trübungsmittel *n* opacifier *(Anstrich)*
Trübungspunkt *m* cloud point
Truhe *f* chest, trunk; box
Trümmer *pl* 1. rubble, debris *(Schutt)*; shatter, fragments *(Bruchstücke)*; 2. ruins *(von Gebäuden)*
Trümmerbeton *m* broken-brick concrete
Trümmergestein *n* clastic rock, fragmentary rocks, breccia
Trümmermasse *f* detritus *(Gesteinsschutt)*
Trumpfbalken *m* [stair] trimmer
T-Stahl *m* tee steel, T bar
T-Stoß *m* tee joint, T-joint
T-Stück *n* **mit drei gleichgroßen Anschlüssen** straight tee
~ **mit Innengewinde** tapped tee
T-Träger *m* T-girder, T-beam
T-Tragschiene *f* T-bar, T-rail
Tuchbespannung *f* cloth covering
Tuchhalle *f (Arch)* cloth hall
Tudor-Architektur *f* Tudor architecture *(in England 1485-1606)*
Tudorblume *f (Arch)* Tudor flower (leaf) *(Ornament)*
Tudorbogen *m* Tudor (four-centered) arch
Tuff *m* [volcanic] tuff
~**/diabasischer** greenstone tuff
Tuffgestein *n* tufa rock, scoria
Tuffstein *m* calcareous tufa, [volcanic] tuff; trass, terras
Tuftingteppich *m* tufted carpet
Tulpenbaumholz *n* tulipwood
Tummelplatz *m* playground
Tünche *f* whitewash; limewash *(Kalktünche)*
tünchen to whitewash, to whiten; to limewhite, to limewash *(mit Kalktünche)*; to distemper *(mit Leimfarbe)*; to dab *(mit dünnem Mörtel betupfen)*; to skin
Tünchkalk *m* lime paint
Tünchsandputz *m* fine stuff
Tungöl *n* tung oil, China wood oil
Tunnel *m* 1. tunnel; 2. *s.* Unterführung
Tunnelausbau *m*/ **wasserdichter** coffering
Tunnelausbetonierung *f* tunnel lining
Tunnelauskleidung *f* tunnel lining
Tunnelbau *m* tunnelling, tunnel driving (construction)
Tunnelbauweise *f*/ **bergmännische** underground
~ / **offene** cut-and-cover *(U-Bahnbau, Straßenbau)*
Tunnelbeleuchtung *f* tunnel lighting
Tunnelbreite *f*/ **lichte** clear width of tunnel
Tunneldach *n s.* Tonnendach
Tunneldecke *f* tunnel soffit
Tunneleingang *m* tunnel portal
Tunnelgerüst *n*/ **verschiebbares** jumbo
Tunnelgewölbe *n (Arch)* tunnel (barrel) vault
Tunnelgroßbohrwagen *m* tunnel jumbo
Tunnelhöhe *f*/ **lichte** clear height of tunnel
Tunnelklinker *m* tunnel engineering brick, tunnel clinker
Tunnellehrbogen *m* centre of a tunnel
Tunnelportal *n* tunnel portal
Tunnnelröhre *f* [main] tunnel
Tunnelscheitel *m* tunnel soffit (crown)
Tunnelschild *m* tunnel shield
Tunnelsohle *f* tunnel invert
Tunnelstoß *m* tunnel face
Tunnelvortrieb *m* tunnelling, tunnel work
Tunnelwandung *f* tunnel wall
Tupfbrett *n* stippler
Tüpfelmuster *n* stippled finish (pattern)
tüpfeln to stipple, to spot *(mit Farbe)*; to dab *(Putz)*
tupfen *s.* tüpfeln
Tupfputz *m* stippling, stippled finish
Tür *f* door *(Wohnung, Haus)*; gate *(Tor)*
~**/aufgedoppelte** doubled-up door, batten door

~/auswärts öffnende reverse-swing door, outward-opening door
~/beschichtete composite door
~/beplankte veneered door
~/bleibeplankte lead-lined door; radiation-retarding door
~/durchscheinende translucent door
~/einflügelige single-wing door
~/einwärts öffnende inward opening door
~/explosionsgeschützte blast-resistant door
~/französische divided light door
~/furnierte veneered door
~/ganzflächig durchbrochene full-louvered door *(mit ganzflächiger Jalousie)*
~/getäfelte pannelled (panel) door
~/gewöhnliche conventional door
~/halbverglaste half-glass door
~/hintere rear door
~/in eine Richtung aufschlagende single-acting door
~ in gemischter Bauweise kalamein door *(meist mit Holzkernfüllung und Stahlbeplankung)*
~/isolierte insulated door; cold storage door *(zu einem Kühlraum)*
~/komplette door unit *(mit Rahmen)*
~/links aufschlagende left-hand door
~/linksgehängte left-hand reverse door *(entgegenschlagend)*
~/metallbeschlagene metal-covered door
~ mit bündigem Türblatt flush-panelled door
~ mit Durchsicht[fenster] vision-light door
~ mit Doppelfüllung two-panel door
~ mit glattem Blatt flush door
~ mit Kernfüllung solid door
~ mit Luftschlitzfüllung louvre door
~ mit Öffnung in Gegenrichtung reverse[-swing] door
~ mit rechts und links flankiertem Fensterteil/dreiteilige Venetian door
~ mit schaumstoffgefülltem Türblatt hollow-core door
~ mit zwei unabhängig übereinander hängenden Flügeln heck *(untere Hälfte)*
~/mittelhängige centre-hung (centre-pivoted) door *(nach beiden Seiten öffnend)*
~/obenverglaste half-glass door
~/rahmenlose unframed door
~/rechts aufschlagende right-hand door
~/rechtsgehängte right-hand reverse door
~/schalldichte acoustical door
~/schallgedämpfte sound [attenuating] door, sound-rated door
~/selbstöffnende automatic door
~/verglaste glazed door
~/vorgefertigte prefinished door
~/zweiflügelige double-wing door, biparting door
~/zweiteilige stable (Dutch) door *(horizontal geteilt)*
Türabheber *m* door lifter
Türangel *f* [door] hinge, [hinge] pivot, garnet hinge
~/ansteigende rising (skew) hinge
~ für ein großes Türblatt wide-throw hinge
~ im Querholz/eingelassene walking beam pivot
~/unsichtbare invisible hinge
~/verschränkte offset pivot
Türanschlag *m* door stop (strip), back fillet
Türanschlagschräge *f* door bevel
Türanschlagschwelle *f* door sill
Türanschlagseite *f* narrow side
Türarrester *m* cane bolt *(Stabbolzen)*
Türaufschlag *m* door swing
Türaußengriff *m* outside door handle
Türaußenhaut *f* outside door panel
Türband *n* door (pin) hinge, hinge strap
~/flaches back-flap hinge *(für Fensterläden)*
~/kugelgelagertes ball-bearing hinge
~/verziertes hinge strap
Türbandeisen *n* hinge strap
Türbandvertiefung *f* [door] pan
Türbekleidung *f* door lining
Türbekrönung *f* sopraporta, overdoor, hyperthyrum
Türbeplankung *f* [door] skin
~/durchgehende solid [door] panel
Türbeschläge *mpl* 1. door furniture (fittings), door hardware; door trim; 2. cabin hook *(Schranktür)*
Türblatt *n* [door] leaf
~ ohne Lüftungslamellen/offenes undercut door
Türblattbeschläge *mpl* rim *(außer Scharnieren)*
Türblattbogen *m* segment head *(Bogentür)*
Türblattkantenschutzleiste *f* split astragal
Türblattquerholz *n* middle rail [of a door]
Türblattvorderkante *f* leading edge, strike (lock) edge
Türblattwulst *f* **/ eingelassene** mortised astragal *(zweier gegeneinanderstehender Türblattkanten)*
Türblendrahmen *m* door trim
Türbogenverzierung *f* antepagment[s], [door] jab trimmings
Türbolzenblech *n* box strike plate
Turbomischer *m* turbine mixer
Türdichtung *f* door gasket
~/untere threshold seal[er]
Türdichtungsstreifen *m* door weather strip, frame gasket
Türdrehknopf *m* [door] knob
Türdrehöffner *m* turn button
~/kleiner turn piece
~/kleiner innerer turn (thumb) knob *(meist eingelassen)*
Türdrücker *m* [door] latch, ring latch *(s. a.* Türöffner/elektrischer*)*
~/aufgesetzter rim latch
~/runder ring latch
Türdrückerring *m* ring latch
Türeinrastung *f* **/ selbsttätige** automatic threshold closer, automatic door bottom, drop-bottom seal
Türelement *n* door unit
~/komplettes prehung door
~/vorgefertigtes prefinished (prehung) door

Türendenverstärker *m* [door] end channel
Türfalz *m* door rebate
Türfenster *n* door window fenestral in a door *(kleines Fenster)*
Türflucht *f* enfilade, arrangement of doors
Türflügel *m* [door] leaf, open [door] leaf, wing of a door; active leaf *(mit Öffnungsmechanismus)*
~/fester standing leaf
~ ohne Schloß inactive leaf
~/starrer standing leaf
Türfolge *f* enfilade, arrangement of doors
Türfreiheit *f* door (floor) clearance *(lichte Höhe zwischen Fußboden und Türblatt)*
Türführung *f* door guide
Türfüllung *f* [door] panel
~/oberste frieze panel
Türfüllungshaltestreben *fpl* skeleton core *(für eine Türbeplankung)*
Türfüllungsjalousie *f* pierced louvre
Türfüllungskern *m* **/ schichtgeleimter** continuous block core, stave (edge-glued) core
Türfüllungsstreben *fpl* skeleton core *(für eine Türbeplankung)*
Türfußblech *n* mop-plate
Türfußbodenriegel *m* bottom bolt
Türfußhaltebolzen *m* foot bolt
Türfutter *n* door (jamb) lining, lining of door casing; door casing, door frame[work]
~/verstellbares adjustable doorframe
Türgewölbeanfangsstein *m* label stop *(verziert)*
Türgriff *m* door handle (pull)
Türgitter *n* traverse
~/einsteckbares inserted grille, air-conditioning grille
Türgrill *m* door grille *(einer Türöffnung)*, traverse
Türguckloch *n* door viewer
Türgummi[schall]dämpfer *m* **/ eingelassener** [door] mute
Türhaltehölzer *npl* **/ eingebaute** framed grounds [of a door]
Türhalter *m* door holder
~/fußbetätigter foot bolt [of a door]
Türhänger *m* door hanging
Türhaspe *f* door knuckle
Türhaut *f* door skin
Türhilfsrahmen *m* [door] buck
Türholz *n* **/ oberes** head jamb
~/senkrechtes *(Am)* muntin; mullion
Türinnenblech *n* inside door panel
Türinnentürchen *n* wicket [in a door]
Türkantenschoner *m* [door] edge plate
Türkernfüllung *f* solid-door core
Türkettenfang *m* chain door fastener
Türklinke *f* door handle, [door] latch
Türklinkenzapfen *m* spindle
Türklopfer *m* [door] knocker
Türklopferaufschlag *m* doornail
Türknopf *m* [door] knob
Türkonsole *f* ancon[e] *(als Zierelement)*
Türkugelhalter *m* bullet catch
Türlaufschiene *f* door runner rail
Türleibung *f* [reveal] scuncheon, sconcheon
~/nach innen abgeschrägte embrasure
Türleibungsverkleidung *f* reveal lining
Turm *m* 1. tower; 2. tower-house *(Wohnturm einer Burg)*; 3. *s.* Kirchturm; 4. *s.* Bergfried; 5. *s.* Treppenturm
~/gedrehter turret, tourelle *(Eckturm einer Burg)*
~ mit Giebeldach gabled tower
~/schiefer leaning tower
Turmansatz *m* stump
Turmbiber *m* steeple plain tile *(Dachziegel)*
Türmchen *n (Arch)* turret, tourelle *(einer Burg)*; bicoca *(auch Wachturm)* • **mit ~** turriculated
~ mit konischem Dach pepper box turret
Turmdach *n* tower (steeple) roof, spire roof *(Kirchturm)*
~/kegelförmiges conical spire *(Kirchturm)*
Turmdachpyramide *f* spire
Turmdrehkran *m* rotary (revolving) tower crane, [mobile] tower crane
~/fahrbarer travelling [tower] crane
~ mit 360°-Drehkreis whirley crane
Turmfalzziegel *m* tower gutter tile
Turmhahn *m* weathercock, weather vane
Turmhelm *m s.* Turmspitze
Turmhochhaus *n* tower block (building), tall block
Türmittelpfosten *m* [door] mullion
~/entfernbarer removable mullion
Turmkrankübel *m* skip for tower crane
Turmkrone *f* crown steeple
Turmpfeiler *m* tower pier
Turmreihen/mit turriculated
Turmsilo *n* tower silo
Turmspitze *f* top of the tower; spire, top of spire; polygonal spire
~/kegelförmige conical spire
~/kleine spirelet
Turmtreppe *f* tower stair
Turmuhr *f* tower clock
Türnamen[s]schild *n* doorplate
Turnhalle *f* gymnasium, *(Am)* gym
Türnischenbogen *m* door niche arch
Türoberlicht *n* fanlight, fan window, transom light
Türoberteil *n* door head
Türoffenhalter *m* door holder
Türöffner *m* **/ elektrischer** automatic electric door opener, door buzzer
Türöffnerbegrenzer *m* door strip
Türöffnerbeschläge *mpl* [door] pull hardware
Türöffnung *f* doorway
~/lichte door opening
~ ohne Türblatt cased (trimmed) opening
Türöffnungsanlage *f* door operator
Türöffnungsbegrenzer *m* 1. stop; 2. terminated (hospital) stop *(an der Flurdecke)*
Türöffnungszugring *m* **/ eingelassener** flush ring
Türpaßrahmen *m* butted [door] frame

Türpfosten *m* [door] jamb, door post (tree, cheeks), door stud, principal post, side jamb; *(Arch)* alette, allette *(römischer Bogenpfeiler)*
Türpfostendübel *m* spud
Türpfostenleiste *f***/ gerundete** rounded forend *(Schwingtür)*
Türportal *n (Arch)* label [moulding] *(Gotik)*
Türprofil *n* door trim (shape)
Türpuffer *m* door bumper (stop)
Türquerholz *n* transom [bar]
Türquerriegel *m* **in Schloßhöhe** lock rail
Türquerschutzholz *n***/ unteres** weather board
Türrahmen *m* door casing, door frame[work], doorframe
~ **aus einem Stück** integral [door]frame
~/ausgearbeiteter solid [door]frame
~/ausgemauerter grouted frame
~/bleiblechverkleideter lead-lined frame; radiation-retarding [door]frame
~/eingefügter (gefalzter) rabbeted door jamb (framework)
~ **in drei oder mehr Einzelteilen/vorgefertigter** knocked-down [door]frame
~/kompletter doorframe *(nicht eingebaut)*
~ **mit Anschlag** solid [door] stop
~ **mit einfachem Anschlag** single-rabbet frame
~ **mit geteiltem Mittelpfosten** split [door]frame *(Schiebetür)*
~ **mit Giebel** pedimented doorframe
~ **mit Metallhohlleistenrand** casing-bead doorframe *(als Putzhalter)*
~ **mit Oberlichtöffnung** transom frame *(über dem Türblatt)*
~/verstellbarer adjustable doorframe
Türrahmenankereisen *n* base anchor (clip), floor anchor
Türrahmenbodenschutz *m* spat *(meist aus rostfreiem Stahl)*
Türrahmenfußverkleidung *f* spat *(meist aus rostfreiem Stahl)*
Türrahmengummistreifen *m* [rubber] silencer
Türrahmenhalteeisen *n* doorframe anchor
Türrahmenhalter *m* [door]frame anchor
~/verstellbarer adjustable base anchor
Türrahmenhandpfosten *n* hanging stile
Türrahmenhöhenhalter *m* floor stilt
Türrahmenklammer *f* **in einer Holztrennwand** wood stud anchor, nailing anchor
Türrahmenpfosten *m* side jamb
Türrahmenstehbolzenanker *m* steel stud anchor
Türrahmenverkleidung *f* panel lining
Türrandabdeckung *f* inside trim
Türrandgestaltung *f* [door] edge moulding
Türrelief *n* coronet *(über dem Sturz)*
Türriegel *m* [door] bolt, door rail, latch
~/oberer head jamb *(Hölzer)*
Türriegelrandabstand *m* flush bolt backset
Türsäule *f s.* Türpfosten
Türschalter *m* door switch
Türscharnier *n* door hinge *(s. a. unter* Türangel*)*
~/mittelhängiges centre pivot
~/verdecktes invisible hinge
Türschließanlage *f* door closing device
Türschließer *m* door closer, check of a door
~/automatischer *s.* ~/selbsttätiger
~/elektrischer door contact
~/oben angebrachter overhead concealed closer
~/selbsttätiger automatic door closer (seal), self-closing device, door check; butterfly spring *(mit Metallfeder)*
~/verdeckter concealed door closer
Türschließregler *m* door coordinator *(bei doppelten zweiflügeligen Türen)*
Türschlitz *m* door pocket *(einer Schiebetür)*
Türschloß *n* door lock
~/komplettes *(Am)* lockset
~ **mit Besetztanzeige** indicator [door] bolt *(an WC-Türen)*
~ **mit Klinke nur an der Innenseite** inside door lock
~ **mit Nachtriegel** two-bolt lock
~ **mit Springbolzen und Knöpfen** knob lock
~/vormontiertes preassembled lock, unit (rigid) lock
Türschloßbuchse *f* [lock] hub
Türschloßsäule *f* door lock pillar
Türschutzdach *n* door hood
Türschutzgitter *n* [door] security screen
Türschwelle *f* threshold, [door] sill, door saddle (strip), *(Am)* saddle-back board; door rail, floor stop
Türschwellenstufe *f* doorstone
Türseitenpfosten *m* side jamb
Türsignalknopf *m* [door] indicator button *(Hotel)*
Türspezifikationsliste *f* door schedule
Türspion *m* door viewer, judas
Türsprechanlage *f* door intercom[munication] system; door interphone
Türstock *m* 1. post of a door; 2. *s.* Türrahmen
Türstoßstange *f* push bar
Türsturz *m* door lintel; *(Arch)* ancon[e] *(Türkonsole)*; hyperthyrum *(Fries)*
Türverkleidung *f* door lining; door panel
~/gepolsterte drum panelling
Türverriegelung *f* door latch
Türverzierung *f* door finishing
Türzapfen *m* hanging stile; checking floor hinge *(mit Mechanismus zur Geschwindigkeitsregelung des Türschließens)*
Türzarge *f* door casing, door frame[work]; door buck
Türziernagel *m* doornail
Türziehrahmen *m* door trim
T-Verstärkungsstück *n* tee iron *(Holzbalkenkonstruktion)*
Tympanon *n (Arch)* tympanum *(Bogenfeld am romanischen und gotischen Portal)*
Typenbau *m* standard building

Typenbauten *pl*/ **im Baukastensystem errichtete** prefabricated standard buildings produced by building units
Typenentwurf *m* standard plan (design)
Typenmaß *n* standard dimension
Typenplan *m* standard plan
Typenprojekt *n* typified design
Typenwohnung *f* standard dwelling
typisieren to standardize *(normen, vereinheitlichen)*; to unitize *(Größen)*; to typify *(Konstruktion)*

U

U-Bahn *f* underground [railway], *(Am)* subway
~ **in Röhrenbauweise** tube *(z. B. in London)*
U-Bahnlinie *f*, **U-Bahnstrecke** *f* underground line, *(Am)* subway line
überaltert physically deteriorated *(Baustoffe)*
überarmiert overreinforced
Überbau *m* superstructure
überbaut/dachförmig tectorial
überbeanspruchen to overstress, to overload
Überbeanspruchung *f* overstress, overtension, surcharge
überbelasten to overload, to surcharge
Überbelastung *f* overload condition
überbemessen overdesigned
überbestimmt/statisch statically overdetermined
überbewehrt overreinforced
überblatten *(Hb)* to lap, to halve, to scarf
Überblattung *f* 1. table (tabled) joint, halved joint, shiplap edge; 2. overlapping
~/gerade straight halving
~/schräge splayed joint
Überblick *m* 1. view, overview; 2. survey
überbrücken to bridge, to cross; to span *(überspannen)*
Überbrückung *f* bridging *(von Rissen)*
überdachen to cover, to roof
überdacht/nicht unroofed
Überdachung *f* 1. roof; 2. roofing
überdecken 1. to cover; to overcoat, to top *(Anstrich)*; 2. to lap *(Dachziegel)*
~/sich to overlap
Überdeckung *f* lap[ping] *(Bewehrungsstahl)*; overlap[ping]
~/seitliche side lap *(z. B. Schindel, Verkleidung)*
Überdeckungsbreite *f* lap [width] *(Dachziegel)*
Überdeckungslänge *f* allowance for length of moment
Überdeckungsstoß *m* lap joint, plain lap, lapped splice
überdekoriert florid
überdimensionieren to overdesign, to oversize
überdrehen 1. to strip *(Gewinde)*; to overtighten *(Mutter)*; 2. to overspeed *(Motor)*
Überdruck *m* overpressure, excess pressure
Überdruckhammer *m* double-acting hammer
Überdruckkammer *f* plenum chamber *(Klimaanlage)*
Überdruckventil *n* pressure relief device (valve)
Überdruckzone *f* zone of excess pressure
Überfall *m (Wsb)* overflow, spillway; overfall, nappe *(Wehr)*
~/freier uncontrolled weir
Überfalldamm *m (Wsb)* overflow dam
Überfalldeich *m (Wsb)* overfall dike
Überfallkrone *f (Wsb)* overflow crest
Überfallpfeiler *m* overflow buttress
Überfallriegel *m* turning bar *(Kaminsturz)*
Überfallrohr *n* overflow duct (pipe)
Überfallstauwehr *n s.* Überfallwehr
Überfallsturzbecken *n (Wsb)* spillway bucket
Überfallwehr *n* overflow weir, overfall (spill) dam
überfalzen to lay with joints rebated
Überfangbogen *m* discharging (reliefing, safety) arch
Überfluß *m* backup *(in einem Leitungssystem)*
Überflußauffangbehälter *m (San)* safe, drip sink
Überflußleitung *f* warning pipe *(Überlauf)*
überfluten to flood, to inundate; to overflow *(überfließen)*
Überflutung *f* flooding,inundation
überführen to pass over *(Straßenbau)*
Überführen *n* **in Gemeinnutz** *(Am)* condemnation
Überführung *f* overbridge, overpass [bridge]
Übergabestation *f* **für Fernwärme** long-distance heat intake
Übergang *m* passage[way], change-over; crossing, crosswalk *(für Fußgänger)*
~ **in glasige Zustandsphase** vitrification *(z. B. Ziegel, Kachel)*
~/schienengleicher level crossing, *(Am)* highway railroad grade crossing
Übergangsbahnhof *m* transit station
Übergangsbogen *m s.* Übergangskurve
Übergangsbrücke *f* horizontal exit *(zwischen Gebäuden)*
Übergangsdeckleiste *f* window apron
Übergangskurve *f* easement [curve], transition (connection) curve *(Straße)*
Übergangsmuffe *f* reducing sleeve
Übergangspunkt *m* 1. tangent point *(im Straßenbau)*; 2. transition point *(in einen anderen Zustand)*
Übergangsquerschnitt *m* [flue] gathering *(Schornsteinquerschnittveränderung)*
Übergangsrohr *n* reducing pipe, transition piece; *(San)* taper
Übergangsstil *m (Arch)* transitional style
Übergangsstück *n (San)* reducer
Übergangszone *f* zone of transition
übergeben to turn over, to hand over
~/eine Straße dem Verkehr to open a road
übergehen in to pass into
übergipsen to plaster over
Überglasur *f* overglaze decoration

Überglasurdekorarbeit *f* overglaze decoration
übergreifen lassen/die Bewehrung to let the ironwork overlap
übergroß extra large
Übergröße *f*/ **zulässige** plus allowance
Überhang *m* overhang; *(Hb)* sally *(Dachsparren)*
überhängen to overhang, to sail-over
überhängend overhanging, overhung; pendent; beetle
überheben to surmount *(krönen)*
überhitzen to superheat, to overheat
Überhitzer *m* superheater
Überhitzungsstelle *f*/ **dunkle** machine burn *(in geschnittenem Material)*
überhoben stilted, surmounted *(aufgestelzt)*
überhöhen to surmount, to step; to bank, to superelevate *(Kurve)*
überhöht superelevated *(z. B. eine Kurve)*; canted *(geneigt)*
Überhöhung *f* hog, hogging *(Aufwölbung)*; camber, superelevation, banking, bank *(beim Straßenbau)*; raise *(Aufschüttung)*; degree of incline *(Neigungswinkel)*
Überholsichtweite *f* passing sight distance *(Straße)*
Überholspur *f* overtaking lane, fast (passing) lane, passing track *(Straße)*
Überholstelle *f* passing place
überholt/technisch obsolete, outdated
Überkonsolidierung *f (Bod)* overconsolidation
Überkopfladen *n* overhead loading
Überkopflader *m* overhead bucket, shovel loader
Überkopfmassen *fpl* surcharged earth *(Stützmauer)*
Überkopfschweißen *n* overhead welding
Überkopfstützmauer *f* surcharged wall
Überkorn *n* [screen] oversize, oversize material (product) *(Zuschlagstoffe)*
Überkragung *f* hanging-over
Überkreuzung *f* **von Leitungen** crossover
überkuppeln to dome
überladen to overload, to overcharge
überladen overdecorated, overornamented, postiche, postique *(z. B. mit geschmacklosen Ornamenten)*
überlagernd overlying
Überlagerung *f* superposition
Überlagerungsgesetz *n* principle of superposition
Überlagerungsprinzip *n* law of superimposed stress
Überlandleitung *f (El)* overhead powerline, land line
überlappen to [over]lap; to imbricate *(Dachziegel)*; to splice *(Schweißen)*
~ **lassen/die Stahleinlagen** to let the ironwork overlap
Überlappung *f* overlapping, [over]lap; step joint; *(Hb)* gain; lapping *(Bewehrungsstahl)*
Überlappungsabdeckung *f* imbrication *(Dach)*
Überlappungsbreite *f* side lap *(z. B. bei Schindeln, Verkleidung)*
Überlappungsdachabdeckung *f* imbrication
Überlappungsfuge *f* shingle lap *(dünn über dick)*
Überlappungsgegenblech *n* cover flashing *(Schornsteinanschluß)*
Überlappungsklebung *f* lap joint, plain lap
Überlappungsnaht *f* overlapping weld
Überlappungsnietung *f* lap-joint riveting
Überlappungsnietverbindung *f* riveted lap joint
Überlappungsornament *n* imbrication *(Dachziegel)*
Überlappungsrand *m* selvage joint
Überlappungsschweißen *n* lap welding
Überlappungsschweißnaht *f* overlapping weld
Überlappungsstoß *m* lap joint, plain lap
Überlappungsverbindung *f* foliated joint *(überblattete Verbindung)*; lap joint, plain lap *(geklebt)*
Überlappungsweite *f* passings
überlaschen *(Hb)* to splice
Überlaßdeich *m* overflow
Überlast *f* overload, excess load
überlasten to overload, to overstress, to surcharge
Überlastschalter *m (El)* peak-load controller
Überlastung *f* 1. overload[ing]; 2. *(Bod)* overconsolidation
Überlastungsabschalter *m (El)* thermal cutout
Überlauf *m* 1. overflow *(Vorgang)*; 2. *(Wsb)* spillway, overfall, wasteway *(Bauwerk)*; 3. *(Erdb)* draw-off structure; 4. *s.* Überlaufleitung; 5. *s.* Überlaufrand
Überlaufanschluß *m* overflow connection *(Geruchverschluß)*
Überlaufdamm *m (Wsb)* overflow dam, overfall dike
Überlaufhöhe *f* flood level *(z. B. Waschbecken)*
Überlaufkanal *m (Wsb)* overflow (spill) channel
Überlaufkonus *m* overflow cone
Überlaufleitung *f* overflow pipe (duct); outflow duct (pipe)
Überlaufrand *m (San)* flood-level rim
Überlaufrohr *n s.* Überlaufleitung
Überlaufstandrohr *n (Am)* standing waste [pipe]
Überlaufwehr *n (Wsb)* effluent weir
Überluft *f* overfire air *(Heizung)*
übermalen to mend the painting
Übermaß *n* oversize; excess length *(von Langholz)*
~/erlaubtes plus allowance
Übernahme *f* **der Leistung** acceptance of work
Übernahmebedingungen *fpl* conditions of acceptance
Überplattung *f* **in Herzblattform** birdsmouth lapped scarf
überprüfen to check; to revise; to examine
Überprüfung *f* examination, checkout *(Baustoffe)*; revision
Überputz *m* set
überragen 1. to project, to protrude *(herausragen)*; 2. to surmount *(gestelztes Gewölbe)*

überrammt overdriven *(Pfahl)*
Überrest *m* fragment, residue; remains
Überschieber *m* straight sleeve
Überschiebmanschette *f* straight sleeve
Überschlag *m* estimate, estimation *(Schätzung)*
überschlagen to estimate
Überschlagrechnung *f* estimate (rough) calculation
Überschlagsvermessung *f* valuation survey
überschmückt overornamented
überschneiden/sich to intersect *(Linien)*; to overlap *(Flächen)*
Überschneidung *f* intersection; overlap; *(Hb)* notching
~/rechtwinklige *(Hb)* straight notching
überschreiten 1. to exceed *(Höhepunkt)*; 2. to cross, to pass over, to go across *(überqueren)*
Überschüttung *f* ballast covering *(Schotter)*; tunnel loading *(offene Bauweise)*
Überschwemmung *f* inundation, flooding, flood
Überschwemmungsgebiet *n* flood district
überschwer extra heavy
Übersicht *f* survey
Übersichtsdarstellung *f* general view
Übersichtsplan *m* layout plan; general (key) plan; plan of site *(Baustelle)*
Übersichtsskizze *f* general sketch
Übersichtszeichnung *f* layout, general (outline) drawing; general assembly drawing
überspannen 1. to span *(Abstand zwischen Stützen)*; 2. to overstress *(Spannbeton)*
~/mit Bögen to concamerate
Überspannen *n* overtension, overstressing *(Spannbeton)*; overstretching *(der Spannglieder)*
Überspannung *f***/ verbundene** continuous span
Überspannungsableiter *m (El)* lightning arrester
Überstand *m* 1. projection, overhang, *(Am)* ressaut *(Auskragung)*; 2. excess length *(Langholz)*
Überstandsfugenformung *f* high-joint pointing
überstehen to project, to sail-over
Überstehen *n* cantilevering *(Kragarm)*
überstehend projecting *(herausragend)*; overhung *(z. B. Dach)*
Überstieg *m* stile *(z. B. eines Zaunes)*
überstreichen to overpaint, to top *(Anstrich)*
~/mit Leim to size
Überstreichen *n* topping, top coating *(eines Anstrichs)*; overgrain *(mit Maserungseffekt)*
~ im Gegenstrich back-brush
Überstromrelais *n (El)* overload relay
Überströmrohr *n* bypass pipe
Überstromschutz *m (El)* overcurrent protection
Überstürzen *n* **der Mischertrommel** overturning of the mixing drum *(zum Entleeren)*
übertragen to transmit, to transfer *(z. B. Kraft, Bewegung)*
~ auf/Last to bear on
~/einem Baubetrieb die Arbeiten to charge a contractor with the work
Übertragung *f* 1. transmission *(z. B. einer Kraft)*; 2. transfer[ence] *(z. B. von Rechten)*; assignment *(z. B. von Aufgaben)*
~ der Belastung transfer of load
Übertragungsmedium *n***/ akustisches** acoustic transmission line
Übertragungsmoment *n (Stat)* carry-over moment
Übertragungssystem *n* transmission system; transducer
Übertragungszeichengerät *n* pantograph
übertrocknet case-hardened *(Bauholz)*
Übertürrelief *n* sopraporta
Überverdichtung *f (Erdb)* overcompaction
Übervorspannen *n* overstressing *(Spannbeton)*
überwachen to supervise, to inspect, to control; to attend *(sich um etwas kümmern)*
Überwachung *f* control, supervision, checking
überwinden to overcome, to negotiate *(Steigungen, Hindernisse)*
überwölben to overarch, to arch, to dome, to vault; to concamerate
Überwölben *n* **des Simses** underthroating
Überwölbung *f* arching, vaulting
Überwurffitting *n* union fitting
Überwurfflansch *m* dismantling flange
Überwurfkrümmer *m* union bend (elbow)
Überwurfrand *m* splash lap *(Blechbedachung)*
Überwurfverbindung *f* union joint
Überwurfverschraubung *f* union joint, union screw connection
überziehen to surface, to coat, to clad *(z. B. mit einer Schicht)*
~/mit Metall to metallize
~/mit Zink to sherardize *(Metall)*
Überzug *m* 1. coat, coating, overcoating, overlay *(Putz oder Anstrich)*; 2. upstand (suspender) beam *(Oberbalken)*; brow
~ auf Brennprodukten/weißer kiln white
~/dünner film
~/geflammter flamboyant finish
~/organischer organic coating
Überzuglack *m* coating (finishing) varnish
Überzugsbalken *m* browpiece
U-Bogen *m* goose-neck
Übungsprojektmodellierung *f (Am)* projet
U-Eisen channel iron (bar)
Ufer *n* bank *(Fluß)*; shore *(See)*; strand
~/hohes high bank
Uferabbruch *m* break of bank
Uferbefestigung *f* embankment
~/steile vertical strengthening of the bank
Uferböschung *f* bank
Uferdamm *m* levee
Uferdeckwerk *n* revetment of the banks
Ufergelände *n* riparian lands
Uferlinie *f* shore line *(See)*; bank line *(Fluß)*
Ufermauer *f* quay wall
Uferpfeilergrube *f* shore pier

Uferschutz *m* bank protection, revetment [of the banks]
Uferverkleidung *f* bank protection *(Schutz)*
Uhrenanlage *f* clock installation (system)
Uhrenturm *m* clock tower
Ulme *f* elm
Ultramarin *n* ultramarine [blue]
Ultramarinrestpigment *n* ultramarine ash
Ultraschallöten *n* ultrasonic soldering
Ultraschallprüfgerät *n* ultrasonic flaw detector
Ultraschallprüfung *f* ultrasonic testing
Ultraschallschweißen *n* ultrasonic welding
umändern to alter; to remodel *(Gebäude)*
umarbeiten to redesign, to revise *(Plan)*
Umbau *m* alteration *(Veränderung)*; reconstruction, rebuilding, conversion; structural alteration (change) *(konstruktiv)*
Umbauarbeiten *fpl* alterations, alteration work, remodelling
umbauen 1. to alter, to convert, to modify *(verändern)*; to reconstruct, to rebuild *(renovieren)*; to redesign *(umkonstruieren)*; 2. to enclose *(umgeben)*
umbaut enclosed
~/mit Säulen *(Arch)* pseudoperipteral
Umbauung *f* enclosure
Umbiegung *f* bending
umbilden to reorganize, to reconstruct
~/zu einem Quadrat to quadrate
umbördeln to border
Umbra *f* umber *(manganhaltiger Ton)*
umdecken to retile *(Dach)*
Umfang *m* 1. circumference *(Kreis)*; 2. dimension, size *(räumliche Ausdehnung z. B. eines Grundstücks)*; 3. range, extent *(Bereich)*
~/äquivalenter equivalent round *(verglichen mit dem Kreisumfang)*
Umfangskraft *f* circumferential force
Umfangslast *f* tangential load
Umfangslinie *f* circumference
umfassen to cover; to include *(einschließen)*
Umfassungskolonnade *f (Arch)* peristyle *(antike Baukunst)*
Umfassungsmauer *f* enclosing (enclosure) wall; curtain wall *(Vorhangwand)*; outside wall *(Außenwand)*
Umfassungswinkel *m* angle of embrace (contact)
umformen to remodel, to reshape
Umformergruppe *f* motor-generator set
Umformerstation *f (El)* converter (converting) station
Umformung *f* remodelling, reshaping; conversion *(baulicher Abbruch)*
Umfriedung *f* enclosure, fencing
Umfriedungsmauer *f* enclosure (fencing) wall
Umführung *f s.* Umgehung
Umgang *m (Arch)* ambulatory *(Kirchenbaukunst)*
umgeben/von einer Säulenreihe peripteral *(antike Baukunst)*
~/von Säulen pseudoperipteral *(antike Baukunst)*
Umgebung *f* surroundings, surrounding area, environment; milieu *(innen)*
Umgebungslärm *m* ambient noise
Umgebungslicht *n* ambient light
Umgebungstemperatur *f* ambient temperature
Umgegend *f* surroundings
umgehen to bypass
Umgehung *f* bypass, bypassing
Umgehungskanal *m* diversion canal
Umgehungsstraße *f* bypass [road], alternate (diversion) road; belt highway
umgekehrt inverted
umgestalten to convert *(verändern)*; to reconstruct, to redevelop, to remodel *(umbauen)*; to redesign *(in der Planung)*
Umgestaltung *f* alterations, alteration work, remodelling, redevelopment *(bauliche)*
umgraben to dig up, to spade *(Boden)*; to trench *(Gräben ausheben)*
umgrenzen to enclose *(umgeben)*
Umgrenzungslinie *f* contour
umgürten to girdle
umhüllen to encase, to jacket, to clad *(ummanteln)*; to embed *(mit Beton)*; to coat *(mit Bindemittel, Anstrich)*; to coat and wrap *(Rohrleitungen)*; to sheathe *(Spannglied)*; to can *(mit Gehäuse versehen)*; to shroud
Umhüllung *f* covering, jacket, encasing *(Ummantelung)*; enclosure, sheath *(Spannbeton)*
Umhüllungsbewehrung *f* wrapping
Umhüllungskurve *f***/ Mohrsche** rupture curve
umkehrbar reversible
Umkehrfitting *n* inverted joint
Umkehrform *f* reversal form *(Zweigelenkrahmen)*
Umkehrhöhe *f* tilting level *(Schwenkkreis)*
Umkehrtrommel *f* reversal drum *(Mischer)*
umkippen to overturn, to turn over; to tilt, to tip over
Umkippen *n* overturning [failure] *(z. B. einer Stützmauer)*
Umkleideeinrichtung *f* changing facility (room)
umkleiden to line *(eine Fläche)*
Umkleideraum *m* changing (dressing) room
Umkleidung *f* sheath, sheathing
umkonstruieren to redesign, to redevelop; to rebuild
Umkreis *m* circumference; radius
umladen to reload
umlagern to redistribute *(Spannung)*
Umlagerung *f* **der Kräfte** redistribution of forces
Umlagerungsmoment *n* redistributed moment
Umlauf *m* circulation
~ durch Temperaturdifferenz/natürlicher natural convection *(Luft, Wasser)*
Umlaufanlage *f* circulating equipment
Umlaufaufzug *m* paternoster [lift]
Umlaufbehälter *m* circulation tank
umlaufen to circulate
~ lassen to circulate

Umlaufheizung *f* circulation heating
Umlaufkanal *m* long culvert *(Düker)*
Umlaufkessel *m* circulation boiler
Umlaufpumpe *f* circulating pump
umlegen 1. to relay *(Schienen)*; 2. to bring down *(z. B. Bäume)*; 3. to tilt [over] *(umklappen)*; 4. to change *(verändern)*
Umleimer *m* edge strip *(Holz)*
umleiten to divert, to reroute *(Verkehr)*; to bypass *(umgehen)*
Umleitung *f* diversion *(von Verkehr, von Wasser)*; detour *(einer Strecke)*
Umleitungsrohr *n* bypass pipe
Umlenkrolle *f* idler
Umlenkstelle *f* drape point *(Spannbeton)*
Umluft *f* recirculated air
Umluftheizung *f* heating by circulating air, recirculating heating
Umluftverfahren *n (HLK)* air return system
ummanteln to [en]case, to jacket, to cover, to shroud; to sheathe *(Bewehrung)*; to lag *(mit Isolierung)*
ummantelt encased, covered
~/nicht uncased
Ummantelung *f* [en]casing, encasement, envelope, jacket, liner *(Auskleidung)*; sheath *(Bewehrung)*
ummauern to wall in
umpflanzen to replant
Umplanung *f* replanning
umprojektieren to redesign, to replan
Umrandung *f* border
umrechnen to convert [into] *(umwandeln in)*; to reduce *(auf Einheitswerte)*
Umrechnung *f*/**metrische** metrication
Umrechnungskoeffizient *m* coversion coefficient
umreißen to outline, to sketch *(skizzieren)*
Umriß *m* outline, contour
Umrißhülle *f* envelope *(eines Gebäudes)*
Umrißlinie *f* outline, contour
Umrißzeichnen *n* circumscribing, outline drawing
Umrißzeichnung *f* outline [drawing], profile
umrüsten to reset *(Maschinen)*; to refit; to retrofit
Umrüsten *n* refitting; retrofitting; change-over
umschalten to switch [over]
Umschalter *m (El)* double-throw switch, switch
umschaufeln to turn with a shovel
~/den Mörtel to turn the mortar
Umschlaganlage *f* transfer plant (facility)
Umschlaganlagen *fpl* transfer (transient) facilities
Umschlageinrichtung *f* material-handling equipment
umschlagen 1. to seam *(Blech)*; 2. to clench, to clinch *(Nagel)*; 3. to handle *(Güter)*, to transload
Umschlaggeräte *npl* material-handling equipment
Umschlaghafen *m* port of transshipment
Umschlagplatz *m* transfer yard (point); trade centre *(Handel)*
umschließen 1. to surround, to enclose *(umgeben)*; 2. to include, to cover *(beinhalten)*
Umschließen *n* coverage *(Umfassen)*
Umschließung *f* enclosure, inclosure
Umschnürung *f* 1. bandage; 2. *s.* Umschnürungsbewehrung
Umschnürungsbewehrung *f* hooping, transverse reinforcement
umsetzen 1. to shift *(versetzen)*; to reset; 2. to convert *(chemisch)*
Umsetzung *f* change *(von Baustoffen durch chemische Einflüsse)*
Umsetzzeit *f* set-up time *(Rüstzeit)*
umsiedeln to move to relocate *(Raumordnung)*
Umspannungswickler *m* merry-go-round
Umspannunterwerk *n s.* Umspannwerk
Umspannwerk *n* transformer [sub]station, power substation
umspunden *(Erdb)* to encircle with sheetpiles
Umströmkanal *m* circulation channel
umwallen to circumvallate
Umwallung *f* circumvallation *(Befestigung)*
Umwälzanlage *f* circulating equipment
Umwälzbehälter *m* circulation tank
umwälzen to circulate
Umwälzheizung *f* circulation heating
Umwälzlüfter *m* circulating fan
Umwälzpumpe *f* circulating pump
Umwälzung *f* circulation
Umwälzverlust *m* circulation loss
Umwandlung *f* **in Kohlenstoff** carbonization
Umwandlungsgestein metamorphic rock
Umwelt *f* environment; milieu
Umweltbedingungen *fpl* environmental conditions
Umweltbelastung *f* damage to the environment; ecological damage
Umwelteinfluß *m* environmental influence (impact)
Umweltgestalter *m* environmental design professional
Umweltplaner *m* environmental planner
Umweltplanung *f* ecological planning
Umweltschutz *m* environmental protection; pollution control; conservation
Umweltschutzverträglichkeitsanalyse *f* environmental impact analysis
Umweltverschmutzung *f* environment pollution, pollution of the environment
umwickeln to lap, to wrap *(z. B. mit Dämmaterial)*
umzäunen to fence in (round)
umzäunt guarded, fenced in
Umzäunung *f* fence, fencing; enclosure *(Einfriedung)*; boundary fence
Umziehgerüst *n* travelling cradle *(Hängebühne)*
unabhängig independent; self-contained *(abgeschlossen)*
unabgestützt freestanding
U-Naht *f* U-groove weld *(Schweißverbindung)*
unangelassen untempered *(Stahl)*
unbefahrbar impassable *(Straße)*
unbefahren unused, unfrequented *(Weg)*
unbegrenzt unlimited, limitless

Unbehaglichkeitsschwelle *f* threshold of discomfort
unbehandelt rough, not treated
unbehauen unhewn *(Holz)*; uncut *(Stein)*
unbeheizt unheated
unbelastet unloaded
unbelegt empty, vacant *(Gebäude)*
unbesandet not sanded
unbesäumt round-edged
unbestimmbar/statisch statically indeterminable
unbestimmt indefinite, undetermined
~/hochgradig statisch statically indeterminate to a large degree
~/statisch [statically] indeterminate, statically undeterminate, redundant; hyperstatic
~/zweifach statisch second-degree redundant
Unbestimmtheit *f (Stat)* indeterminacy
Unbestimmtheitsgrad *m (Stat)* degree of indeterminacy
unbewehrt unreinforced, plain
unbewohnt unoccupied, vacant *(Gebäude)*
unbiegsam rigid, inflexible
unbrennbar incombustible, non-combustible
Unbrennbarkeit *f* non-combustibility
undicht leaky, not tight • **~ sein** to leak
Undichtigkeit *f* leakiness; permeability
Undichtigkeitsgrad *m* true porosity
Undurchdringlichkeit *f s.* Undurchlässigkeit
Undurchlässigkeit *f* imperviousness, impermeability, impenetrability, tightness
Undurchsichtigkeit *f* opacity, opaqueness
uneben uneven *(Fläche)*; rough, rugged *(Gelände)*
Unebenheit *f* unevenness; ruggedness *(Gelände)*
unelastisch inelastic, non-elastic; plastic
Unfall *m* accident
Unfallschutz *m* accident protection; accident insurance *(Versicherung)*
unfallsicher accident-proof
Unfallstation *f* emergency (accident) ward *(im Krankenhaus)*; first-aid post (station) *(Erste Hilfe)*
ungebrannt unburnt, raw *(Ziegel)*
ungeerdet *(El)* unearthed, *(Am)* ungrounded, floating
ungehärtet unhardened; untempered, soft *(Stahl)*
ungehobelt unplaned, rough
ungelöscht unslaked, quick *(Kalk)*
ungerade unstraight *(Linie)*; uneven
ungesättigt unsaturated, non-saturated *(Boden)*
ungeschichtet broken, uncoursed *(Mauerwerk)*
ungeschützt unprotected; *(El)* exposed, bare *(z. B. Draht)*
ungesintert unsintered
ungespannt unstrained, unstressed
ungestrichen unpainted
ungezieferbeständig vermin-proof
ungeziefersicher vermin-proof
ungleichmäßig 1. non-uniform; 2. *s.* unregelmäßig; 3. *s.* uneben
Ungleichmäßigkeit *f* lack of uniformity *(architektonischer Formen)*
ungültig invalid, cancelled
unhandlich unwieldy; awkward
Universalbagger *m* multipurpose excavator
Universaleisen *n* universal iron, flat bar
Universalgerät *n* multipurpose equipment *(z. B. für Straßeninstandhaltung)*
Universalgrundiermittel *n* all-purpose primer
Universallack *m* universal varnish
Universalrüster *m* adapter
Universalschraubenschlüssel *m* universal (adjustable) spanner, *(Am)* monkey wrench
Universaltürschloß *n* universal door lock *(für Rechts- und Linkstüren)*
Universalwinkel *m* combination square
Unkosten *pl* expenses, cost[s] *(Aufwendungen)*
~/laufende running cost
unmöbliert unfurnished
unpassierbar impassable *(Straße)*
unpoliert rough; unpolished
unprofiliert plain
unregelmäßig uncoursed *(Mauerwerk)*; irregular
Unregelmäßigkeit *f* irregularity; *(Am)* jog *(Oberflächen)*
unstabil unstable, instable; rapid-setting, quick-break[ing] *(z. B. eine Bitumenemulsion)*
Unstetigkeit *f* jump
unsymmetrisch asymmetrical, unsymmetrical
Unteransicht *f* bottom view
Unterbau *m* foundation course, foundation *(Gründung)*; substructure, subframe, understructure *(Unterkonstruktion)*; subbuck, rough buck, buttoming, bed, subbase, base [course], substratum *(Straße)*; subgrade, basement soil *(Eisenbahn)*
~/hoher podium *(Podest)*
~/vollgemauerter plain foundation in masonry
unterbauen 1. to found *(Gründung)*; to pack *(Straße)*; to shim *(Eisenbahn)*; to bolster *(unterlegen, unterfüttern)*; 2. *s.* unterfangen; 3. to brace *(versteifen)*
Unterbaukörper *m* foundation *(Gründung)*
Unterbauschicht *f* underbed, subgrade, basement soil *(Straße)*
Unterbausohle *f* foundation level *(Gründung)*
unterbemessen underdesigned
Unterbeton *m* 1. [concrete] underbed, subconcrete; 2. inferior concrete *(minderwertiger)*
Unterbetonlage *f* [concrete] mattress *(auf Gründungssohle)*
Unterbettung *f*/ **zementverfestigte** cement-treated base
Unterbettungsbeton *m* oversite concrete *(Sauberkeitsschicht)*
Unterbettungsschicht *f* underbed, bedding, base (foundation) course, basement soil, subgrade *(Straße)*
~/ebene underlayer with level

Unterboden *m* 1. underfloor, subfloor, *(Am)* blind floor *(unsichtbare tragende Beton- oder Holzdecke)*; 2. subsoil *(Bodenprofil)*
unterbrechen to interrupt, to break; to stop; to cut off *(Strom, Wasser)*
Unterbrechung *f* interruption, break
Unterbrettung *f* bottoming *(Straße)*
unterbringen to house, to accommodate *(Personen)*
unterbrochen intermittent, broken; cut-off *(Strom)*
Unterdachsilo *n* indoor silo
Unterdecke *f*/**bündige** flush soffit
unterdimensioniert underdesigned, undersized; bare *(dünn)*
Unterdruckspannung *f* stress due to negative pressure
Unterfahrung *f (Erdb)* undercrossing
unterfangen *(Erdb)* to underpin, to found
Unterfangen *n (Erdb)* underpinning, dead shoring
~ **von Gebäuden** underpinning of buildings
Unterfangklotz *m* dead (permanent) shore
Unterfangung *f (Erdb)* underpinning, pinning, vertical shoring
Unterfangungsschalung *f* underpin (interpit) sheeting
Unterfangungsverbindung *f* **durch Verkeilen** pinning-up
Unterfenster *n* sublight
Unterflansch *m* bottom flange (member)
Unterflurdränage *f* subsurface drainage
Unterflurheizung *f* underfloor (background) heating
Unterflurheizungssystem *n* underfloor (background) heating
Unterflurhydrant *m* underfloor (sunk) hydrant
Unterflursteckdose *f* underfloor socket
unterführen to pass under
Unterführung *f* underpass, underbridge, fly-under *(der Straße, Bahn)*; subway *(für Fußgänger)*
Unterfurnier *n* back veneer
Unterfütterung *f* firring, furring; bed
untergehängt suspended, hung
Untergeschoß *n* basement storey
Untergestell *n* bogie
untergießen to grout
Unterglasurbemalung *f* underglaze decoration *(Keramikfliese)*
untergliedern to partition *(abteilen)*
untergraben to undermine
Untergraben *m* tail race *(Abflußgraben)*
Untergrund *m* footing, ground, subgrade, subsoil, basement soil
~**/nachgiebiger** subsiding ground
~**/tragfähiger** natural foundation
~**/verbesserter** improved subgrade
Untergrundabdichtung *f* underground injection *(durch Injektion)*; underground sealing
Untergrundbahn *f s.* U-Bahn
Untergrundgewölbe *n (Arch)* hypogeum *(eines antiken Bauwerks)*
Untergrundkabel *n* subterranean cable
Untergrundkammergewölbe *n* hypogeum *(Grabbkammer eines antiken Bauwerks)*
Untergrundkontrollgang *m* [inspection] subway
Untergrundschwingung *f* ground oscillation
Untergrundspeicher *m* underground store (reservoir)
Untergrundvorbehandlung *f* base surface preparation *(Anstrich)*
Untergurt *m* bottom chord (boom), lower chord (flange, boom); truss joist *(Unterzug im Fachwerk)*
Untergurtstab *m* bottom boom member (bar) *(Fachwerkbinder)*
Untergurtung *f* bottom boom
unterhalten to maintain, to service
Unterhaltung *f* maintenance, servicing
~**/laufende** current maintenance
~**/periodische** periodical maintenance
Unterhaltungsarbeiten *fpl* maintenance work; upkeeping *(Bauausrüstung)*; patch work *(Ausbesserung)*
Unterhaltungsbetrieb *m* maintenance firm (undertaking)
Unterhaltungsfrist *f* maintenance period, term of maintenance
Unterhaltungskosten *pl* maintenance cost
Unterhaltungsraum *m* crawl space *(z. B. für Rohrleitungen, Installationen)*
Unterhaltungszimmer *n* schola *(in einem antiken römischen Haus)*
unterhöhlen to undermine
unterirdisch underground
Unterkante *f* bottom edge
Unterkeller *m* subbasement
unterkellert with cellar
~**/nicht** cellarless
Unterkonstruktion *f* strapping, furring *(für Putz)*
Unterkonstruktionsleiste *f* batten, baton
Unterkorn *n* [screen] undersize *(Zuschlagstoffe)*
Unterkunft *f* accommodation
Unterkunftsnutzung *f* residential occupancy *(Wohnungsnutzung)*
Unterkunftsrecht *n* easement
Unterlage *f* basis, bed, underbed, substrate, substratum, base *(Straße)*; undercourse *(Dach)*; shim, ballast *(Eisenbahn)*; underlay *(Schicht)*; foil
~**/bituminös behandelte** bituminous treated base
~**/nagelbare** nail base
Unterlagen *fpl* **für das Planfeststellungsverfahren** planning brief *(Pläne)*
Unterlagsblech *n* backplate
Unterlagspapier *n* subsoil paper *(Betonstraßenbau)*
Unterlagsplatte *f* bearing plate
Unterlagsschicht *f* underlay
Unterlagsschiefer *m* undercloak *(Dach)*
Unterlagsschieferlage *f* undercourse *(Dach)*
unterlegen to underlay; to shim *(Straße)*; to bolster *(polstern)*; to line *(ausfüttern)*

Unterlegen *n* shimming *(Straße)*
Unterlegeschindel *f* undercloak
Unterlegscheibe *f* washer; shim; grommet, grummet *(Dichtungsring)*
Unterlegschwelle *f* mudsill
Unterleiste *f* fixing strip *(Verschalung)*
Untermuffe *f* bottom socket *(Betonrohr)*
unterpfählen to underpin with piles
Unterplatte *f* back plate *(Türbeschlag)*
Unterpodest *m* subplatform *(Metalltreppe)*
unterpolstern to bolster
Unterpulverschweißen *n* submerged-arc welding
Unterputz *m* rendering, render *(außen)*; rendering mortar *(Mörtel)*; first (base) coat, undercoat plaster, backing coat *(innen)*; coarse stuff, rough coat *(Grobputz)*; scratch coat *(Kratzputz)*; back (brown) coat, browning plaster
~/aufgekratzter scratch coat
~/zu trockener short-working plaster
Unterputzanwurf *m* render
Unterputzdose *f (El)* flush (recessed) socket
Unterputzdosendeckel *m (El)* flush plate [of a socket]
Unterputzdosenschalter *m* sunk wall switch
Unterputzinstallation *f (El)* hidden installation
Unterputzkabel *n (El)* hidden (concealed) cable, secret cable
Unterputzlage *f* rendering coat
Unterputzleerrohr *n* concealed conduit
Unterputzleitung *f* secret cable, concealed wiring, line installed in plaster
Unterputzmethode *f* **/ zweischichtige** double-up, double-back
Unterputzschalter *m (El)* sunk [wall] switch, plaster-depth switch
Unterputzschicht *f* rendering (render) coat, backing coat, undercoat
Unterputzsteckdose *f s.* Unterputzdose
Unterputzverlegung *f* **[von Leitungen]** concealed wiring
Unterrahmen *m* subframe, rough buck, subbuck *(für Wandverschalung, Fenster und Türen)*; subcasing *(für Fenster und Türen)*
Unterrosten *n* rust creep
Untersatz *m* pedestal, socle, base *(Sockel)*; wall base
~/dekorierter dado *(Wand)*
Unterschalung *f* furring, firring *(für Putz)*
Unterschicht *f* back-up [material]; underlay[er]
~/ebene underlayer with level
Unterschiebling *m* footing (foot) piece *(Dach)*
Unterschieferlage *f* undercourse *(Dach)*
unterschlächtig undershot *(Wasserrad)*
unterschneiden to underream, to undercut *(Mauerwerk)*
Unterschneidung *f* undercut; scotia *(am Säulenfuß)*
Unterseite *f* underside; breast *(Trägerelement)*; *(Arch)* intrados *(Gewölbe)*
Untersicht *f* 1. [visible] underside; soffit *(Decken)*; *(Arch)* intrados *(Gewölbe)*; 2. underside elevation (view) *(Zeichnung)*
~/ebene flush soffit
~/kassettierte cassette soffit
Untersichtkote *f* soffit level
Untersockel *m (Arch)* scamillus *(ionischer oder korinthischer Säulen)*
Untersohle *f* subbase *(Fundamentplatte oder Säulenfuß)*
unterspannt trussed with sag rods
unterspülen *(Wsb)* to scour
Unterspülung *f (Wsb)* scour, scouring, washing-away, underwashing; undermining *(Unterhöhlung)*
Unterstab *m* sole
unterstützen to back *(stützen)*; to bear, to carry, to support *(Lasten)*; to truss *(durch Dachbinder)*; to strut *(Dachpfette)*
~/einseitig to suspend *(frei tragen)*
Unterstützung *f* 1. strutting *(Dachpfette)*; 2. trussing, retaining *(z. B. einer Wand)*
Unterstützungspolygon *n* support polygon
Unterstützungsrahmenwerk *n* strutting framework, *(Am)* staddle
Unterstützungsstein *m* **/ kleiner** pinner
Unterstützungsstütze *f* lacing
Unterstützungsträger *m* binding joist *(aus Holz oder Beton für Decken)*
untersuchen to test; to examine; to check *(prüfen)*
~/geologisch to geologize
Untersuchung *f* test, examination *(Prüfung)*; study, investigation *(Forschung)*
~ auf Risse crack detection *(Ermittlung)*
Untersuchungsschürfe *f* test pit *(Geologie)*
Untersystem *n* substructure *(Tragwerkberechnung)*
Unterteil *n* lower part
unterteilen to sectionalize, to subdivide; to space *(in Räume)*; to calibrate *(Meßgeräte)*
~/in Dreiecke *(Verm)* to triangulate
unterteilt/in Querfelder traviated
~/vielfach multisectional
Unterteilung *f* 1. subdivision; sectionalization *(in Abschnitte)*; calibration *(Meßgeräte)*; 2. section
Untertunnelung *f* tunnelling
Unterwaschung *f* underwashing; undermining *(Aushöhlung)*
Unterwasserabdichtbeton *m* tremie seal *(Sinkkasten, Kofferdamm)*
Unterwasseranstrich *m* underwater [paint] coat
Unterwasserbeton *m* underwater concrete
Unterwasserbetonierrohr *n* tremie pipe
Unterwasserbetonierung *f* underwater concreting
Unterwasserböschung *f* underwater slope
Unterwasserdamm *m* submerged breakwater [dam], submerged jetty
Unterwasserkanal *m* trail race
Unterwasserpumpe *f* submersible pump
Unterwasserschweißen *n* marine welding
Unterwindfeuerung *f (HLK)* forced-draught furnace

Unterzug *m* [main] beam, downstand beam (girder); ceiling (binding) joist, joist *(Decken)*; sill, door saddle *(Tür)*; dormer, sleeper *(Fußboden)*; bearer *(Pfette)*; transverse plank *(Querträger)*
~/durchlaufender continuous girder (joist)
Unterzugbalken *m* supporting joist, bridging piece, joist *(Decken)*
Unterzugdecke *f* joist floor (ceiling)
Unterzugfeld *n* interjoist
Unterzugträger *m* **/ starker** dormant [tree]
Unterzugunterstützungsmauer *f* sleeper wall
Untiefe *f* shallow; *(Wsb)* shoal
ununterbrochen plain *(Wandfläche)*
unverfestigt *(Erdb)* unconsolidated
unverkleidet unlined
unvermischbar immiscible
unvermischt clean, neat
unverputzt unplastered
Unverschieblichkeit *f* fixity, immovability
unverwittert unweathered; sound *(unversehrt)*
unverziert 1. undecorated, unornamented; 2. square-framed *(glattgefügtes Holz)*
unzerbrechlich non-breakable
unzerlegbar 1. undetachable; 2. indecomposable *(chemisch)*
unzugänglich inaccessible *(z. B. Hohlraum, Kanal)*
U-Pfette *f* channel purlin
U-Profil *n* U-section, U-channel, channel [section]
U-Profilträger *m* American standard channel
UP-Schweißen *n* submerged-arc welding
U-Rahmen *m* U-frame
Urinalbecken *n* urinal
Urnenhaus *n* columbarium *(mit Vertiefungen für Urnen)*
U-Rohr *n* U-bend
Urwald *m* primeval forest; jungle *(tropischer)*
U-Stahl *m* structural channel
U-Sturz *m* U-block
U-Sturzschiene *f* U-block [rail]
U-Trageprofil *n* carrying channel
U-Träger *m* channel beam
U-Verschluß *m* running trap *(Geruchverschluß)*

V

Vakuumbeton *m* vacuum concrete
Vakuumbitumen *n (Am)* vacuum asphalt
Vakuumbrunnen *m (Erdb)* vacuum well point
Vakuumheben *n* vacuum lifting *(von Platten)*
Vakuumpumpe *f* air pump
Vakuumregelventil *n* vacuum breaker, back siphonage preventer
Vakuumsaughubverfahren *n* vacuum lifting *(für Platten)*
Vanadiumstahl *m* vanadium steel
Vat *m (Arch)* wat, vat *(buddhistische Klosteranlage)*
V-Dach *n* double lean-to roof
V-Dachrinne *f***/hölzerne** arris gutter
Vebe-Prüfung *f* Vebe test *(Frischbetonkonsistenz)*
Vektordiagramm *n* vector diagram
Venezianerbogen *m* Venetian arch
Venezianerfenster *n* Venetian window, Palladian motif (window), Serlian motif
Venezianertür *f* Venetian door
Ventil *n* valve; cock *(Hahn)*
~/entleerbares stop-and-waste cock
~ mit Thermostatsteuerung thermal valve
~ mit Umlaufleitung/ausgeglichenes (druckentlastetes) balanced valve with bypass
~/reversierendes reverse acting diaphragm valve
~/schlüsselbetätigtes key valve
~/selbststeuerndes automatic control valve
~/thermorelaisgesteuertes thermal valve
Ventilanschlußleitung *f (San)* fixing supply
Ventilation *f* ventilation; aeration *(Belüftung)*
Ventilationsöffnung *f*, **Ventilationsloch** *n* ventiduct
Ventilator *m* ventilator, [ventilating] fan; aerator
Ventildichtung *f* gasket
Ventilsitz *m* valve seat
Veranda *f* veranda[h], porch; dalan *(indische Architektur)*
~/herausgezogene exterior balcony
~ in Eisenfachwerk veranda[h] in iron trellis
Verandageländer *n* porch rail
Verandastützenfundament *n* porch lattice
verändern to modify, to alter
~/sich to change *(z. B. Farbe)*
Veränderung *f***/bauliche** [structural] alteration, conversion
veraltet obsolete
verankern to anchor, to stay, to tie; to grapple *(verklammern)*; to guy *(verspannen)*; to block *(Spannbeton)*
~/die Mauern to tie back the wall
~/rückwärtig to tie back *(z. B. eine Spundwand)*
Verankerung *f* 1. anchoring, anchorage, clamping, tying; 2. [anchor] tie, anchorage; stay; grappling
~/geschraubte threaded anchorage
Verankerungsbereich *m* anchorage zone
Verankerungsbolzen *m* anchor bolt; threaded rod
Verankerungsfundament *n* anchor log
Verankerungshaken *m* anchor hook
Verankerungskabel *n* anchor chain
Verankerungskeil *m* wedge anchor
Verankerungspfahl *m* anchor pile
Verankerungspfeiler *m* anchor pier *(Brücke)*
Verankerungsplatte *f* anchor plate
Verankerungsschrauben *fpl* pivot anchor bolts
Verankerungsspannung *f* anchorage (development) bond stress
Verankerungssystem *n* method of anchoring
Verankerungswand *f* anchor sheeting
Veranlagung *f* assessment *(von Steuern)*
veranschlagen 1. to estimate *(schätzen)*; 2. to appropriate *(im Budget)*; 3. to rate, to value, to evaluate, to assess *(bewerten)*

Verantwortlichkeit *f* responsibility
Verantwortung *f* responsibility • **auf eigene** ~ on own responsibility
verarbeitbar workable *(Beton, Mörtel)*
Verarbeitbarkeit *f* workability *(Beton, Mörtel)*, placeability *(Beton)*
verarbeiten to work, to process
~**/zu Platten** to slab
Verarbeitung *f* working *(Beton, Mörtel)*
Verarbeitungseigenschaft *f* working property
verarbeitungsfähig *s.* verarbeitbar
Verarbeitungszeitraum *m* work period, working life *(Mehrkomponentenkleber)*
~ **nach Öffnen** pot (usable) life *(Farbe)*
~ **von Kunststoffklebern nach Härterzusatz** pot life, usable life
Verästelung *f* ramification
Verband *m* 1. bond *(Mauerwerk)*; joining construction; 2. laying pattern *(Verlegemuster)*
~**/amerikanischer** common bond, American bond *(nur jedes fünfte Lager besteht aus Bindern)*
~**/durchgehender** inbond
~**/englischer** modified English bond
~**/flämischer** cross (Sussex) bond *(ein Strecker, ein Binder)*
~**/gruppierter** reinforced bond
~**/holländischer** Flemish bond
~**/märkischer** flying (monk) bond, Yorkshire bond
~**/mechanischer** mechanical bond *(mit Bewehrung)*
~ **mit wanddicken Steinen** through bond
~**/polnischer** Polish bond
~**/schraubenförmiger** helicoidal bond
~**/stetig lagenweise versetzter** raking stretcher bond
~**/unregelmäßiger** quarry stone bond
~**/vollwandiger** inbond
~**/vorgeschriebener** statutory bond
Verbandholz *n* framing timber
Verbau *m* lining *(Grabenbau)*
verbauen 1. *(Tun)* to cog *(verstempeln)*; 2. to use [up] *(Material)*
verbessern to improve
Verbiegbarkeit *f* flexure
Verbiegen *n* **durch Temperatureinfluß** curling
Verbiegung *f* 1. flexure *(Verbiegen)*; 2. flexure *(Durchbiegung)*; 3. distortion *(Verformung)*; 4. rippling *(eines Rahmens)*
verbinden to connect, to interconnect; to pin, to tie *(befestigen)*; to assemble, to combine *(zusammenbauen, vereinen)*; to join *(fügen)*; to bond *(verleimen)*; to cement *(verkitten)*; to joint *(über Knoten)*
~**/durch Gelenke** to articulate
~**/eine Wand** to dress
~**/gelenkig** to pin-connect
~**/mit Erde** *(El)* to earth
~**/mit Laschen** to strap
~**/mit schrägem Stoß** to scarf
~**/miteinander** to interconnect
Verbindung *f* 1. combination; joining *(Fügung)*; coupling; assemblage *(Zusammenbau, Montage)*; 2. casement; connection *(Anschluß)*; joint *(Knoten)*
~**/durchgehende** running
~**/eingelassene** inserted joint
~**/eingeschliffene** ground joint
~**/elastische** flexible connection
~**/formschlüssige** solid joint
~**/gefederte** *(Hb)* feather joint
~**/geschweißte** welded connection
~**/hochfest verschraubte** high-tensile bolted structural joint
~**/ineinandergreifende** interlocking joint
~**/konstruktive** structural joint
~**/lösbare** dismountable (demountable) connection
~**/lötlose** solderless connector *(Rohr)*
~**/luftdichte** air-proof joint
~**/mechanische** mechanical linkage
~**/spitzwinklige** sharp angular joint
~**/starre** rigid connection
~**/überblattete** foliated joint
~**/unlösbare** undetachable joint
~**/unsymmetrische** one-sided connection
~**/verdübelte** key joint
~**/verzahnte** *(Hb)* cogged joint
~ **von Bauteilen (Konstruktionselementen)** structural connection
~**/zu schwach geklebte** starved joint
Verbindungsanker *m* brick anchor
Verbindungsbau *m* linking block
Verbindungsbeton *m* joint concrete
Verbindungsblech *n* connecting plate *(Knotenblech)*; stay plate *(Versteifungsplatte)*; clamping plate *(zur Verstärkung von Holzbalkenverbindungen)*
Verbindungsbolzen *m* connecting bolt; tie[-down] bolt *(Ankerbolzen)*
~ **mit Widerhaken** bat bolt
Verbindungsbrücke *f***/temporäre** flying bridge
Verbindungsdachnase *f* link dormer
Verbindungselement *n* fastener, fastening [device]
~**/flexibles** flexible connector
Verbindungsfuge *f* connection joint
Verbindungsgang *m* connecting corridor, linkway, passage, passageway
~**/verkleideter** breezeway
Verbindungsgelenk *n* connecting link
Verbindungsgestänge *n* connecting rods
Verbindungsglied *n* connecting link, link
Verbindungsklemme *f* fastener
Verbindungslage *f* bond course
Verbindungslängsbewehrung *f***/gebogene** bent bar
Verbindungslasche *f* backplate
Verbindungsleitung *f* interconnecting duct
Verbindungsmittel *n* timber fastener

Verbindungsmuffe *f* connection sleeve, coupler, sleeve [clamp], union socket (coupling) *(Schraubverbindung)*; adapter sleeve *(größenvariabel)*
Verbindungsniet *m* jointing rivet
Verbindungspassage *f* horizontal exit
Verbindungsplatte *f* joint (butt) plate; batten plate *(für tragende Elemente)*
Verbindungspunkt *m* juncture [point]
Verbindungsrohr *n* connecting pipe
Verbindungsrohrstück *n* spud
Verbindungsschlauch *m*/**flexibler** flexible connector
Verbindungsschraube *f* connecting bolt
verbindungsschweißen to join by welding
Verbindungsstab *m* interconnecting bar
~/**gebogener** reticuline bar
Verbindungsstelle *f* joint *(Anschluß)*; junction *(Stoßstelle)*; bond *(z. B. eine Klebung)*; *(El)* cable joint
Verbindungsstück *n* connecting (joint, tie) piece; adapter *(größenveränderlich)*; *(Am, Hb)* ribband *(El)* bond
Verbindungssystem *n* method of jointing, jointing system *(Holz, Metall)*
Verbindungstrakt *m* linking block
Verbindungstreppe *f* access stair
Verbindungsverfahren *n* jointing system
Verbindungsweg *m* connecting passage
Verbindungszapfen *m* abutting tenon
verblassen to fade *(Farbe)*
verblatten *(Hb)* to splice, to halve
Verblattung *f* 1. halving *(Vorgang)*; 2. scarf *(Verbindung)*
~/**rechteckige** square splice
Verblendbrett *n* facing board
verblenden to face; to veneer, to garret; to mask *(abdecken)*; to pitch *(Staumauer)*
~/**mit Ziegeln** to brick
Verblender *m* facing (face) brick, facing unit
~/**farbiger** glazed (enamelled) brick
Verblendglas *n* **für Außenwände** spandrel glass
Verblendisolierflachziegel *m* **mit Hohlkehlen** furring brick
Verblendkalksandstein *m* sand-lime facing block
Verblendkehlkachel *f* furring tile *(als Putzträger)*
Verblendklinker *m* engineering facing brick, structural clay facing tile
Verblendkreuzverband *m* single Flemish bond
Verblendmauer *f* face wall, masonry veneer
Verblendmauerwerk *n* 1. faced brickwork, facework, facing masonry (mason work); 2. ashlar facing, ashlar stone facing *(Naturstein)*
Verblendplatte *f* cladding panel
Verblendstein *m* stone for facework
Verblendung *f* facework; veneer *(z. B. mit Naturstein)*
Verblendungshaken *m* veneer tie
Verblendungshalteleiste *f* veneer wall tie
Verblendungsmauerwerk *n s.* Verblendmauerwerk
Verblendungsnetzwerk *n* blind tracery
verblocken to interlock
verbolzen to bolt, to fasten with bolts
~/**Zangen** to bolt the wales
Verbolzung *f* bolting
Verbraucherentnahmestelle *f* demand point *(Energie, Wasser)*
verbraucht worn[-out]
verbreitern to widen; to broaden, to shoulder *(Straße)*
Verbreiterung *f* broadening *(einer Straße)*
~ **des Fundaments** distension (widening) of the foundation
~ **des Kanals** enlargement of the canal
~ **des Unterbaus** distension of the foundation
Verbrennung *f* burning; combustion
Verbrennungskammer *f* combustion chamber
Verbrennungsraum *m* combustion chamber
verbrettern to sheathe *(verschalen)*
verbrettert furred
Verbretterung *f* furring, wood siding (boards)
Verbund *m* bond
~/**sofortiger** pretensioning
Verbundbalken *m* composite girder; compound beam *(Holz)*
Verbundbau *m* composite [building] construction
Verbundbauteil *n* composite (compound) unit
Verbundbauweise *f* sandwich construction; composite building construction
Verbundbelag *m* jointless floor[ing]
Verbundblendmauer *f* outband
Verbundblendmauerwerk *n* outband
Verbunddachbinder *m* composite [roof] truss
Verbunddeckenplatte *f* composite floor panel (slab)
verbunden bonded *(verleimt, verklebt)*; agglomerated *(zusammengebunden)*; aggregated *(zusammengebaut)*; jointed *(zusammengefügt)*; geminated *(gekoppelt)*
~/**biegesteif** rigid-jointed
~/**gekreuzt** cross-linked *(Rohrleitung; Windverband)*
~/**mit Bolzen** pin-jointed
Verbundfenster *n* double-glazed casement (window), combination window
Verbundfensterglas *n* insulating glass
Verbundfensterglasscheibe *f* insulating glass unit
Verbundfensterscheibenhalterung *f* saddle bead
Verbundfestigkeit *f* bond[ing] strength
Verbundglas *n* compound (laminated, safety) glass, bullet-resisting glass
Verbundglaskitt *m* putty for laminated glass
Verbundhohlplatte *f* hollow composite slab
Verbundlage *f* knitting layer *(Zement)*
Verbundlänge *f* transmission length *(Bewehrung)*
Verbundmaterial *n* composite material, compo, laminate
Verbundnetz *n* *(El)* grid system
Verbundpfahl *m* composite pile

Verbundplatte *f* sandwich panel (plate, board), composite panel (board); composition board *(Holz)*
Verbundrahmentragwerk *n* composite framed structure
Verbundrandverglasungseinheit *f* sealed glass unit
Verbundrille *f* gripping groove
Verbundsäule *f* combination (composite) column *(Formstahl und Beton)*; laced column *(durch Umschnürung)*
Verbundschicht *f* knitting layer *(Zement)*
Verbundspannglied *n* bonded tendon *(Spannbeton)*
Verbundspannung *f* transfer bond *(Spannbeton)*
Verbundstoff *m* composite
Verbundtafel *f* composite panel
Verbundträger *m* compound (composite) girder
Verbundtür *f* combination door
Verbundverglasungseinheit *f* sealed glass unit
Verbundwerkstoff *m* composite, clad material
~ **mit Wabenkern** honeycomb sandwich material
Verbundwirkung *f* composite action
verchromen to chromize, *(Am)* to chromate
Verchromung *f* **[/galvanische]** chromium plating
Verdachung *f* pediment
Verdampfschlange *f* expansion coil
Verdampfungskühlung *f* evaporative cooling
verdecken to hide; to mask
verdeckt concealed
~/blind blind
Verdecktnagelung *f* blind nailing
verdichtbar compressible *(Baustoffe, Boden)*; rammable *(stampfbar)*
Verdichtbarkeit *f* compactibility
verdichten to compact, to consolidate *(Boden)*; to pack *(Straße)*
~ **durch Rammen** to compact by tamping
Verdichter *m* 1. compactor; vibrator; 2. compressor *(Drucklufterzeuger)*
Verdichtung *f* compression, compaction, consolidation; packing *(einer Straße)*
~/anstehende in-place compaction
~/mechanische mechanical compaction
Verdichtungsapparat *m* consolidation apparatus (device)
Verdichtungsdruck *m* head pressure
Verdichtungsfaktor *m* compacting factor *(Beton)*
Verdichtungsfähigkeit *f* compactibility
Verdichtungsfrosch *m* jumping frog
Verdichtungsgerät *n* compactor, compaction machine, consolidation apparatus; concrete vibrating machine
Verdichtungsgrad *m (Bod)* relative compaction, degree of compaction
Verdichtungslinie *f* compression curve
Verdichtungspfahl *m* compaction pile
Verdichtungsprüfung *f (Erdb)* compaction test
Verdichtungsquotient *m* compacting factor *(Beton)*
Verdichtungsstoß *m* shock
Verdichtungsverhältnis *n* compressive ratio
Verdichtungswalze *f* compactor, compaction roller
~/einachsige single roller
Verdichtungswassergehalt *m* water of compaction
~/optimaler *(Bod)* optimum moisture content
verdicken to thicken, to body [up] *(z. B. Anstriche)*; to liver, to gel; to swell *(Farbe)*
Verdickungsmittel *n* thickener, thickening (bodying) agent
verdrahten *(El)* to wire
verdrallen/seilförmig to rope
Verdreh... *s. a.* Verdrehungs... *und* Torsions...
verdrehen to twist
Verdrehfestigkeit *f* twisting strength
Verdrehspannung *f* torsional stress
Verdrehung *f* 1. torsion, twist; angular deformation *(Schubverformung)*; 2. wind *(Holz)*
Verdrehungs... *s. a.* Verdreh... *und* Torsions...
Verdrehungsbelastung *f* torsion load
Verdrehungskraft *f* twisting force
Verdrehungsmoment *n* twisting (torsional) moment
Verdrehungssteifigkeit *f* torsional stiffness, twisting rigidity
Verdrehungsversuch *m* torsional test
verdrillen to twist
Verdrillung *f* twist
verdübeln to dowel, to key
Verdübelung *f* 1. dowelling, plugging; 2. *(Hb)* dowel joint, key
Verdübelungsmaschine *f* peg runner
Verdunkeln *n* blackout
Verdunkelungsjalousie *f* dark [slatted] blind, blackout jalousie
Verdunkelungstür *f* blackout door
Verdunkelungswiderstand *m (El)* dimmer
verdünnen to thin
Verdünner *m s.* Verdünnungsmittel
Verdünnungsmittel *n* diluent, diluting agent; thinner; reducer *(für Anstrichstoffe, Bindemittel)*
~/flüchtiges volatile thinner
Verdunstung *f* evaporation
Verdunstungskühlung *f* evaporative cooling
Verdunstungswasser *n* evaporable water *(Beton)*
Verdursten *n* grab set *(vorzeitiges Abbinden von Zement)*
Vereinbarung *f* agreement
~/vertragliche contract
vereinen to connect
vereinheitlichen to unitize
Vereinigungspunkt *m* juncture [point]
Vereinshaus *n* guildhall
Vereisung *f* icing
verengen/sich 1. to narrow, to become constricted; 2. to contract *(sich zusammenziehen)*
verengt tapered
Verengung *f* restriction, necking *(Rohr)*; contraction, constriction *(Einschnürung)*; reduction

Verfahren *n***/akustisches** acoustic method *(Baustoffprüfung)*
~/gemischtes mixed process
~/graphisches graphics, graphical construction, graphic method
~/Mohrsches Mohr's correction method
~/spiegeloptisches mirror method *(Modellstatik)*
~/übliches common practice
~/zugelassenes approved method
Verfall *m* 1. ruin, disrepair, blight, deterioration *(eines Gebäudes)*; 2. rottenness, decay *(von Holz)*
verfallen to ruin, to deteriorate, to fall to ruin, to dilapidate, to become dilapidated *(Gebäude)*
Verfalzung *f***/doppelte** double interlocking, double-lock seam
verfärben/sich to change colour; to discolour, to become stained
Verfärben *n* discoloration, staining
Verfärbung *f* 1. discoloration, stain; 2. *s.* Verfärben
verfaulen to rot *(Holz)*
verfault rotten, doty *(Holz)*
verfestigen *(Bod)* to grout, to consolidate, to compact; to strengthen
~/sich *(Bod)* to consolidate, to compact; to lithify *(versteinern)*; to set
verfestigt consolidated, set
Verfestigung *f (Bod)* consolidation, compaction *(Verdichtung)*; stabilization, strengthening, induration
~/chemische *(Erdb)* emulsion injection *(mit Bitumen, Chemikalien)*
Verfestigungsgeschwindigkeit *f* modulus (rate) of strain hardening
Verfestigungskoeffizient *m* rate of strain hardening
verflanscht flange-connected
Verflanschung *f* flange union, flanged connection (joint)
verflechten to interlace
Verfliesen *n* tile setting
Verfließen *n* run *(Farbe)*
verflochten/eng inwrought
verflüssigen 1. to liquefy, to fludify; 2. to flux *(bituminöse Bindemittel schmelzen)*
Verflüssiger *m* fluidifier *(Beton)*
Verflüssigungsmittel *n* activated rosin flux *(auf Harzbasis)*
Verformbarkeit *f* plasticity; ductility, malleability *(Metall)*
verformen to deform; to shape *(Gestein, Ton)*
Verformung *f* deformation; distortion
~/bleibende permanent deformation (set); residual deflection
~/örtliche local deformation
~/plastische plastic flow (yield), plastic (inelastic) deformation, permanent set, failure
Verformungsfestigkeit *f* distortion strength
Verformungsinstabilität *f* shakedown
Verformungsmodul *m* deformation modulus; *(Bod)* modulus of compressibility
~/statischer static Young's modulus
Verformungswiderstand *m* resistance to deformation
Verformungszahl *f***/statische** static Young's modulus
Verformungszustand *m* deformation state
verfugen to joint, to point, to tuck
~/eine Mauer to joint (point) a wall
Verfugen *n* **unter überhängenden Platten** collaring
verfugt/bündig solidly filled
Verfugung *f* pointing
~/bündige flat pointing
Verfüllbeton *m* packing
verfüllen *(Erdb)* to fill [in], to chink
~/Fugen to caulk
Verfüllerdstoff *m* import fill *(von einer Seitenentnahme)*
Verfüllmaterial *n* 1. chinking *(für Risse)*; 2. *(Erdb)* backfill
Verfüllung *f (Erdb)* 1. backfilling; 2. backfill
Vergabe *f* contract (order) letting; award of contracts *(Zuschlag bei Ausschreibungen)*
~ von Aufträgen placing of orders
~ von öffentlichen Arbeiten allocation
vergeben to place *(Auftrag)*, to award the contract
Vergeudung *f* waste
vergießbar castable
vergießen to grout *(mit Mörtel)*; to seal *(mit Vergußmasse)*
Vergießen *n* **der Lager** grouting of bearings
vergilben to yellow
vergipsen to plaster
vergittern to grate; to lattice
Vergitterung *f* grating; lacing
verglasen to glaze, to glass-in
verglast glazed, glassed-in; glass-enclosed
~/von außen exterior-glazed
Verglasung *f* 1. glazing; 2. vitrification *(z. B. Ziegel, Kachel)*
~/doppelte double (dual) glazing
~/eingesetzte flush glazing
~ im Winkel- oder Nutrahmen face glazing
~/kittlose puttyless (dry, patent) glazing
~ mit U-Schienen/auswechselbare channel glazing
~ von außen outside glazing
~ von der Innenseite interior glazing
Verglasungsarbeiten *fpl* glazier's work
Verglasungseinheit *f* **mit Metallverbundrand** metal-edge-sealed glazing unit
Verglasungselement *n* glazing unit
Verglasungsglas *n* glazing glass
Vergleichsbeton *m* comparative (comparison) concrete
Vergleichsfestigkeit *f* comparative strength
Vergleichslast *f* equivalent load

Vergleichsstreubereich *m* reproducibility range *(Baustoffprüfung)*
vergolden to gild, to gold-coat
Vergoldung *f* gilding
Vergrößerungsmaßstab *m* enlargement ratio, enlarged scale
Vergußankerplatte *f* grout box
Vergußfuge *f* poured joint
Vergußmasse *f* insulating compound; jointing compound, paving joint sealer *(für Fugen)*; joint cement *(Fugenkitt)*; filling compound *(zum Schweißen)*
Vergußmaterial *n* jointing material
Vergußmörtel *m* grout; seal mortar
vergüten to modify *(Mörtel, Beton)*
Vergütung *f* modification *(von Mörtel, Beton)*
Vergütungsadditiv *n* modifying agent
Vergütungsmittel *n* modifying agent; functional addition *(Zement)*
Vergütungsstahl *m* 1. tempering steel; 2. quenched and tempered steel
verhalten/sich to behave *(z. B. ein Baustoff)*
Verhalten *n* **/statisches** statical behaviour
~/unelastisches inelastic (non-elastic) behaviour
Verhältnis *n* **der E-Module** modular ratio
~ der Mindestfestigkeit zur Durchschnittsfestigkeit control factor *(des Betons)*
~ von Zement zu Luftporen und Wasser void-cement ratio
Verhältnisfaktor *m* **zwischen trockenem und feuchtem Sandvolumen** bulking factor
verhärten to harden, to solidifiy; to lithify *(Erdstoff)*
verharzen to gum *(z. B. Öl)*
Verhauen *n* stunning
verjüngen/sich to taper *(schmaler werden, z. B. Säulen)*; to narrow *(enger werden, z. B. Tunnel)*; to rejuvenate *(z. B. Fluß)*; to batter *(eine Mauer)*
Verjüngen *n* **einer Säule nach oben** contractura
verjüngt battered, chamfered, tapered
Verjüngung *f* taper, batter, inward batter, diminution; constriction *(z. B. einer Säule)*
~/kegelige tapering
Verjüngungsrohrstück *n* taper pipe
Verjüngungsschicht *f* intake belt course *(Mauerwerk)*
Verkabelung *f* cabling
Verkachelung *f* tiling
verkalken to calcify
verkalkt lime-encrusted
verkämmen *(Hb)* to joint by cogging, to cog
Verkämmung *f (Hb)* cogging
Verkarrung *f (Bod)* cartage
Verkaufsbeschränkung *f* encumbrance
Verkaufsstand *m* stall
Verkaufsstelle *f* shop
Verkehr *m* **/einspuriger** single-lane traffic
~/innerbetrieblicher internal traffic
~/schwerer heavy traffic
Verkehrsablaufschema *n* circulation *(Bauwerk)*
Verkehrsampel *f* traffic lights
Verkehrsanalyse *f* traffic analysis
Verkehrsbau *m* traffic [structure] engineering, transport engineering
Verkehrsbauten *pl* traffic structures
Verkehrsdeckenlast *f* imposed (variable) floor load, floor live load
Verkehrsdichte *f* density of traffic
~/mittlere average density [of traffic]
Verkehrserhebung *f* traffic study
Verkehrsfläche *f* circulation area *(in einem Gebäude)*
Verkehrsinsel *f* traffic island, street refuge
Verkehrslast *f* 1. traffic (travelling) load, live (rolling, working) load; 2. *s.* Verkehrsdeckenlast; 3. superimposed load *(Auflast)*
~/berechnete calculated live load
Verkehrslastmoment *n* live load moment
Verkehrsplanung *f* traffic planning
Verkehrssicherungseinrichtungen *fpl* traffic safety facilities
Verkehrsspitze *f* peak of traffic
Verkehrstechnik *f* traffic engineering
Verkehrsübungsplatz *m* driver-training field
Verkehrsuntersuchung *f* traffic analysis
Verkehrswasserbau *m* waterway construction; waterway engineering for navigation
Verkehrsweg *m* traffic route
Verkehrszeichen *n* traffic sign; road sign, guide-post
verkeilen to wedge, to key; to club, to chock; to block *(Spannbeton)*
Verkeilung *f* wedging, keying, fastening by keys (wedges)
verkieselt siliceous
Verkieselung *f* silicification
verkitten to putty, to lute; to cement *(z. B. Fugen)*; to seal *(abdichten)*
verkittend cementitious
verkittet cemented
verklammern to cramp *(Baugerüst)*; to grapple *(verankern)*; to cotter *(versplinten)*
Verklammern *n* joggle jointing
Verklammerung *f* joggle
Verklauung *f* birdsmouth joint; toe-jointing
verkleben to cement, to bond, to glue *(verleimen)*; to glutinate *(verkleistern)*; to seal *(abdichten, verkitten)*
~ mit to cement down, to glue down
verklebend cementitious
Verklebung *f* cementation, gluing, bond[ing]
verkleiden to jacket, to case, to clad *(ummanteln)*; to line, to surface, to face *(auskleiden)*; to sheathe *(verschalen)*; to board, to plank *(mit Brettern)*; to revet *(Böschung, Fundament)*; to batten *(mit Leisten)*; to lag *(mit Dämmstoffen)*; to face *(mit Werksteinen, Vorderfront)*
Verkleidung *f* jacket, casing, cladding, envelope *(Ummantelung)*; sheath, lining *(Verschalung)*;

revetment *(einer Böschung)*; lag *(mit Dämmstoffen)*; facework, facing [work] *(Vorderfront)*; side enclosures *(Fahrtreppe)*; cover, shroud *(Abdekkung)*; apron *(überlappt)*; panelling *(Tafelwand)*; veneer wall *(dünne Verblendung)*
~/billige low-coast lining
~/eingehängte drop moulding
~/senkrechte vertical sheeting
~/verzierte ornamental panelling
~/zweifache double [eaves] course, doubling course *(Dachdeckung)*
Verkleidungsabstand *m* **/lichter** face clearance
Verkleidungsanker *m* brick anchor
Verkleidungsblech *n* facing plate
Verkleidungsdicke *f* setting space
Verkleidungselement *n* facing unit; surfacing unit; lining unit
Verkleidungsgitter *n* **einer Wandöffnung** wall grille
Verkleidungshalter *m* veneer tie
Verkleidungskachel *f* finish tile
Verkleidungsleiste *f* **/obere** head casing
Verkleidungsmaterial *n* lining material, sheeting
Verkleidungsmauer *f* cladding wall; revetment wall *(Böschung)*
Verkleidungsnagel *m* finishing nail
Verkleidungsplatte *f* 1. cladding element (panel) facing board (panel, sheet), lining board (unit); 2. facing (cladding, lining) slab *(tragend, versteifend)*
~ an der Außenseite exterior sheathing board
~/bündige flush panel
~/waagerechte horizontal panel
Verkleidungsschindel *f* siding shingle *(für Außenwände)*
Verkleidungsstärke *f* setting space)
Verkleidungstafel *f* facing slab; cladding panel, lining board
~/zurückgesetzte drop moulding
Verkleidungswandanker *m* veneer wall tie
Verkleinerungsmaßstab *m* reduction scale
Verkleinerungszeichner *m* proportional dividers
verkleistern to glutinate
verklemmen to lock *(festklemmen)*
~/sich to jam, to become stuck
Verknüpfen *n* **der Bewehrungseisen durch Preßdruck** pressure-locked grating
verkohlen to char, to carbonize
verkoken to coke, to carbonize *(z. B. Holz)*
Verkröpfung *f* reverse
Verkrümmung *f* warpage, distortion
verkrusten to crust, to encrust, to incrust
Verkrustung *f* encrustation, incrustation
verkupfern to copper
verkürzen/die Abbindezeit to shorten the time of setting
~/die Perspektive to foreshorten
Verkürzung *f* shortening
Verladebahnhof *m* entraining station
Verladebrücke *f* loading bridge; loading platform
verlagern/sich to misalign; to shift
Verlandung *f* silting[-up]
verlängern to lengthen; to extend *(Straße)*; to stretch *(dehnen)*, to protract *(zeitlich verzögern)*
Verlängerung *f* extension, elongation, increase in elongation; prolongation; lengthening
Verlängerungsschiene *f* extension bar
Verlängerungsstab *m* extension bar
Verlängerungsstößel *m* follower *(Pfahlgründung)*
Verlängerungsverbindung *f* lacing *(Träger)*; *(Hb)* lengthening joint
verlaschen to fish[-plate], to strap, to joint
Verlaschung *f* 1. fish plating, strapping; 2. fish[ed] joint
~/vollständige total butt strap
Verlauf *m* flow *(Anstrich)*
verlaufen to run, to flow *(Anstrich)*
~/bogenförmig to bow
Verlauf[heiz]leitung *f* flow line
Verlegearbeiten *fpl* laying *(Beton)*
Verlegeart *f* method of laying
Verlegemörtel *m* bed mortar
Verlegemuster *n* laying pattern
verlegen 1. to install; to lay [out] *(Kabel, Rohre)*; to assemble *(Rohrleitungen)*; to pave *(Pflaster)*; to place *(Beton)*; 2. to reroute *(Straßenbau)*
~/auf Putz to expose (wire) on the surface *(Leitung)*
~/ein Kabel to run a cable
~/im Verband to place to bond
~/in die Erde to bury *(Leitungen)*
~/Leitungen sichtbar to run wires overhead
~/neu to relay
~/Rohre to pipe
~/unter Putz to wire concealed
~/unterirdisch to bury, to lay underground
Verlegen *n* **/leichtes** ease of installation
~ von Blocksteinen laying of blocks
~ von Leitungen electrical wiring
Verlegeplan *m* laying drawing; installation drawing
Verlegeweise *f* method of laying
Verlegezeichnung *f* laying drawing; placing drawing *(Bewehrung)*
verlegt/maschinell mechanically laid
~/wild haywired *(Kabel, Leitungen)*
Verlegung *f* 1. installation; placing, laying *(von Beton)*, setting *(von Steinen)*; 2. displacement *(Verlagerung, Versetzung)*
verleimen to glue; to cement; to bond
Verleimung *f* gluing; bonding
Verleimungszwingklammer *f* web clamp
verletten to clay *(Baugrund)*
verlöten to braze
Verlusthöhe *f* **durch Reibung** friction head loss
Verlustzeit *f* idle machine time
vermarken *(Verm)* to demarcate, to set points (stations)
Vermarkung *f* *(Verm)* demarcation; location *(Abstecken)*; boning-in *(Tafeln, Einmessen)*

vermauern to wall [up], to mason, to lay bricks, to build up
Vermauern *n* blocklaying, tile laying; setting *(Ziegel)*
vermeiden/Erschütterungen to avoid shaking
vermengen *s.* vermischen
Vermengen *n* **von Feststoffanteilen** solid-solid mixing *(Baustoffaufbereitung)*
vermessen to measure; to survey *(geographisch)*; to chain *(mit Meßkette)*; to dimension *(Zeichnung)*
Vermessen *n* measurement
Vermesser *m* surveyor
Vermessertrupp *m* survey party
Vermessung *f* measurement, mensuration; survey; surveying
Vermessungsamt *n* geodetic station
Vermessungsausgangspunkt *m* station
Vermessungsbandmaß *n* builder's tape
Vermessungsgrundlinie *f* transit line
Vermessungshilfe *m* staffman
Vermessungsingenieur *m* [land] surveyor
Vermessungsinstrument *n* **mit transportablem Dreibockstativ** wye level, Y-level
Vermessungskunde *f* surveying
Vermessungslinie *f* survey traverse
Vermessungsnadel *f* chaining pin, taping pin (arrow)
Vermessungspolygon *n* surveying polygon
Vermessungspunkt *m* station
Vermessungstrupp *m* survey party
Vermiculit *m* vermiculite *(Blähglimmer)*
Vermiculitbeton *m* vermiculite concrete
Vermiculit[schutz]putz *m* vermiculite plaster
Vermieter *m* renter; landlord *(Hauswirt)*; lessor *(Verpächter)*
Vermietung *f***/ kostendeckende** economic rent *(auch für alle anfallenden Unterhaltungskosten)*
vermindern to diminish, to lessen; to reduce
Verminderung *f* diminution; reduction; decrease
~ **des Querschnitts** necking
vermischen to mix, to intermix, to mingle; to blend
~/sich to immix; to blend
Vermischen *n* **von Feststoffanteilen** solid-solid mixing *(Baustoffaufbereitung)*
Vermittlungsagent *m* principal
vermodern to decay, to rot *(Holz)*
Vermoderung *f* decay *(von Holz)*
vermörteln to grout up
Vermörtelung *f* grouting
Vermuffung *f* sleeve joint, box coupling
vernageln to nail
Vernageln *n* nailing
Vernagelung *f***/direkte** face (direct, straight) nailing
vernieten to join with revets
vernietet/überlappt lap-riveted
vernetzen to interlace
vernetzt reticulated
vernuten to tongue
Verpachtung *f* lease
Verpächter *m* lessor
Verpackung/ohne bulk
Verpflockung *f* pegging out
verplankt close-boarded, close-sheeted
Verpreßarbeiten *fpl* grouting work
verpressen to inject, to grout in *(Beton, Zement)*
Verpressen *n***/stufenweises** stage grouting
Verpreßgut *n* injection material
Verpressung *f* **ohne Mörtelrücklauf** open circuit grouting
Verpreßverfahren *n* injection method
Verputz *m* coating, plaster coat; rendering *(Unterputz)*
~/bewehrter reinforced coating
Verputzarbeit *f* plasterwork
Verputzarbeiten *fpl* plastering
verputzen to plaster, to parget, to daub, to finish, to face; to render *(Unterputz)*; to torch *(Dachdekkung)*; to stucco
~/Decke to ceil
Verputzen *n* plastering, parget[ing], coating
Verputzkelle *f* [gauging] trowel
~/pneumatische pneumatic float (trowel)
verrechnen/sich to miscalculate
verreiben to triturate, to grind, to rub [in]
verrieben/von Hand hand-rubbed
verriegelbar lockable
verriegeln to lock in position, to clamp, to block
Verriegelung *f* locking, clamping, blocking
~/mechanische mechanical lock
Verriegelungsbolzen *m* lock bolt
verringern to lessen
~/sich to decrease *(Kräfte, Spannungen, Schwingungen)*
Verrödelung *f* twisted tie wire
verrohren to pipe
Verrohrung *f* piping, tubing
verrostet rusty
verrotten to rot *(Holz)*
Verrottung *f* **durch Schimmelpilze** white rot *(Holz)*
~/feuchte wet rot *(Holz)*
verrottungsbeständig rot-proof, resistant to rotting, antirot, imputrescible
Verrottungsschutzmittel *n* rot-proofing agent
verrücken to displace, to dislocate; to jack *(mit Hebevorrichtung)*; to dislodge *(Bauwerk)*
Verrückung *f* displacement; jacking
~/scheinbare virtual displacement
~/virtuelle virtual displacement
versagen to collapse, to fail
Versagen *n* failure, collapse
Versammlungsfläche *f* place of assembly *(außerhalb des Gebäudes)*
Versammlungshalle *f* meeting hall
Versammlungsraum *m* meeting hall, place of assembly
versanden to shallow
Versandung *f* 1. aggradation; 2. sand silting, *(Am)* sand filling

Versatz *m* 1. misalignment, offset; 2. slit and tongue *(Zapfen, eine Holzverbindung)*; 3. alligation *(Mischungsherstellung)*
Versatzmörtel *m* packing
verschachteln to interlace
Verschachteln *n* interlacing
verschalen to plank, to lath a wall, to board *(mit Brettern)*; to batten *(mit Leisten)*; to timber *(Beton)*; to lag *(Bergbau: verpfählen)*; to sheathe *(verkleiden)*; to ceil *(Paneelverschalung)*
verschalt clad; close-boarded, close-sheeted
Verschalung *f* shuttering, shoring, cladding; sheathing *(Verkleidung)*; clamping with boards *(Verkleidung aus Holzbrettern)*; boarding, planking *(mit Brettern)*
~/angefaste ship-lap
~/gefalzte rabbeted siding
Verschalungsbretter *npl* **mit Verzierungen** weather moulding
Verschalungsmauerwerk *n* steening, steining *(meist Trockenmauerwerk für Behälter, Brunnen, Klärgruben)*
Verschalungsplatte *f***/angefaste** ship-lap
~/feuerbeständige incombustible lining board
verschäumen to foam, to froth
Verschäumen *n* foaming, frothing *(z. B. Isolierungen)*
verschiebbar displaceable, shiftable, free to slide
Verschiebebahnhof *m* shunting station
Verschiebegleis *n* shunt[ing] track, shunting siding
Verschiebekran *m* shunting crane
Verschiebelast *f* traction load
verschieben 1. to displace, to shift; to move; 2. to misalign
Verschiebung *f* 1. movement, shifting; displacement; translation *(von Koordinaten)*; 2. misalignment; offset
~/räumliche offset
~/seitliche lateral shift
~/zeitliche postponement; offset
Verschiebungsfläche *f* parting plane
Verschiebungskomponente *f* translation component
Verschiebungsmoment *n* distributed moment
Verschiebungsplan *m* **nach Williot** Williot diagram *(Rahmendeformierung)*
Verschiebungssteifigkeit *f* translational stiffness
Verschiedenes *n* **und Unvorhergesehenes** *n* miscellaneous and contingencies *(Bauleistungsvertrag)*
verschiedenfarbig heterochromatic; variegated
verschießen to fade *(Farbe)*
verschlacken to slag; to clinker *(Asche)*
Verschlagen *n* stunning *(Mauerstein)*
verschlammen to clog, to get filled with mud *(Rohrleitungen)*
Verschlammung *f* mud silting, accumulation of mud, filling with mud *(Boden)*
verschleiern to screen
Verschleiß *m* wearing *(mechanisch)*; attrition; deterioration *(Beton)*
Verschleißbetonlage *f* topping, traffic deck surfacing
Verschleißblech *n* clout
Verschleißdecke *f* coat
verschleißen to wear out; to deteriorate; to abrade *(schleifend)*; to corrode
verschleißfest abrasion-proof, hardwearing
Verschleißfestigkeit *f* wear[ing] resistance; abrasion resistance *(Stein, Beton)*
Verschleißhärte *f* wear[ing] resistance
Verschleißlage *f* wearing layer
Verschleißprüfung *f* attrition (abrasion) test
Verschleißschicht *f* wearing course (surface, layer), surface dressing, road surface (surfacing), topping *(Straße)*
Verschleißschutzschicht *f* antiabrasion layer *(Straße)*
Verschleißwiderstand *m* wear[ing] resistance
verschließbar closable; lockable
verschließen to close, to shut *(z. B. Fenster)*; to lock *(z. B. Türen)* to bolt *(verriegeln)*; to plug, to stopper; to cap *(abdecken)*; to close, to fill up *(z. B. Risse)*; to obturate, to seal *(abdichten)*
verschlissen worn[-out]
verschlossen/hermetisch air-tight; hermetically sealed
Verschluß *m* closure *(eines Stollens)*; shutter *(Klappe, Abdeckung)*; lock; obturator *(Abdichtung)*
Verschlußbauwerk *n* gate structure
Verschlußbolzen *m***/rechteckiger** box bolt
Verschlußdachziegel *m* closing tile
Verschlußdecke *f* sealing coat *(Straße)*
Verschlußdeckel *m* lid
~ der Abwasserleitung closing plug of a sewer
verschlüsseln to cipher, to [en]code
Verschlußflansch *m* packing flange
Verschlußkappe *f* plug
Verschlußklappe *f* flap valve
Verschlußschicht *f* sealer, sealing coat *(Straße)*
Verschlußsystem *n* closure system
Verschluß-T-Stück *n* **für Dichtigkeitsprüfung** test tee
Verschlußwasserhöhe *f* trap seal *(Geruchverschluß)*
verschmieren to lute
Verschmierlehm *m* clunch
Verschmutzung *f* pollution
verschneiden to cut back, to flux *(Erdölfraktionen)*; to dilute *(Lösungsmittel)*; to blend
Verschneidung *f* intersection, intersecting
Verschneidungslinie *f* groin
Verschnitt *m* offcut; waste
Verschnittbitumen *n* cutback bitumen, bitumen cutback; liquid asphaltic material
~/langsamabbindendes road oil, slow-curing asphalt

~/mittelschnellabbindendes medium-curing asphalt (cutback), MC asphalt *(Kerosinverschnitte)*
~/schnellabbindendes rapid-curing asphalt (cutback)
Verschnittmaterialmenge *f* circular cutting and waste *(Rundformenbau)*
Verschnittmittel *n* flux [addition], flux oil *(Bitumen)*; diluent; blending agent
verschönern to renovate, to redecorate
Verschönerung *f* embellishment
Verschönerungsarbeiten *fpl* redecoration work
verschrägen to cant, to bevel, to slope
verschränken to cross
Verschränkung *f* joggle; table[d] joint
~ eines Bewehrungseisens[/geringe] offset bend
verschraubbar screwable
verschrauben to bolt, to fasten with bolts, to screw-couple
Verschraubung *f* 1. bolting; 2. screw joint (fastening), screw[ed] connection; threaded joint *(Rohrverbindung)*
~/[eingelassene] verdeckte *(Hb)* secret screwing (fixing)
verschweißen to weld
Verschwendung *f* waste
verschwenken to turn *(Bewehrung)*
verschwerten to brace
Verschwertung *f* cross stud (stays), diagonal [cross] bracing *(Mauerwerk)*
versehen/mit Anschlußblech to flash *(Dachschornstein)*
~/mit Deckanstrich to finish
~/mit einem Zierrand to purfle
~/mit Einlagen to armour
~/mit Entwässerungsstutzen to trap
~/mit Fächern to shelve
~/mit Federn *(Hb)* to feather
~/mit Glas to glass
~/mit Kanalisation to sewer
~/mit Rillen to ridge
~/mit Rippen to fin
~/mit Scheiben to pane
~/mit Schilf to reed *(Dachdeckung, Putzträger)*
~/mit Schilfrohr to reed, to cane *(Dachdeckung, Putzträger)*
~/mit Schleuse to sluice
~/mit Schraubverbindung to screw-couple
~/mit Schutzvorrichtung to guard
~/mit Spalier to trellis
~/mit Stahleinlagen to reinforce
~/mit Unterbau to bottom *(Straße)*
~/mit Zapfen to tang, to dowel
~/mit Zusätzen to dope *(Mörtel)*
versehen/mit Abstandhaltern self-furring *(Putzgewebe)*
~/mit Kammern hog-backed
~/mit Porenbildner aerated
~/mit Putzabstandsleisten furred
~/mit Rippen finned
~/mit Türmchen castellated
~/mit Zinnen embattled, embattlemented
Verseifung *f* saponification *(z. B. von Anstrichstoffen)*
Versenkbrunnen *m* dead well
versenken 1. to countersink *(austiefen)*; 2. to dimple *(Niet)*
Versenkfenster *n* drop window
versenkt 1. sunk; flush-mounted; 2. in cavetto *(Relief)*
~/doppelt double-sunk
Versenkung *f* trap *(Theater)*
Versetzanordnung *f* **von Stoßleistenverbindungen** butt and break
Versetzarbeiten *fpl* laying [work], setting
versetzen 1. to displace *(verschieben)*; 2. to alternate *(versetzt anordnen)*; to stagger *(auf Lücke setzen)*; 3. to offset, to misalign
~/Werkstein to lay the ashlar
versetzt staggered; misaligned *(außer Flucht)*
~/seitlich off-centre, out-of-centre
Versetzung *f***/einfache** single skew notch
Versicherung *f* **gegen spezielle [zusätzliche] Gefahren der Bauausführung** special hazards insurance
versickern to seep [away], to percolate; to infiltrate
Versickern *n* seepage, percolation; infiltration
Versickerungsgrabensystem *n* serial distribution
Versickerungsklärgrube *f* leaching cesspool
Versickerungsversuch *m* percolation test
versiegeln to seal
Versiegelungsmasse *f* sealant; seal
Versiegelungsschicht *f* seal[ing] coat
versorgen/ein Gebiet to serve a district
~/mit Gas to gas, to supply with gas
Versorgungsanlage *f* public utility
~/unterirdische subsurface utility *(Versorgungsleitung)*
Versorgungsbereich *m* service area
Versorgungseinrichtung *f* [public] utility
Versorgungsfahrstuhl *m* service elevator
Versorgungsgebiet *n* supply (service) area (zone)
Versorgungshauptleitung *f (El)* supply mains
Versorgungskanal *m* service tunnel
Versorgungsleitung *f (El, San)* service line (conduit, run), mechanical service, utility line; supply pipe
Versorgungsleitungskanal *m* service lateral
Versorgungsleitungsmast *m* utility pole
Versorgungsnetz *n* supply system (grid)
Versorgungstreppe *f* service stair
Verspachteln *n* trowel application
Verspanndraht *m* incidence wire
verspannen 1. to brace; to fasten; to rig [up]; 2. *(El)* to guy
~/ineinander to interlock
verspannt interlocked
Verspannung *f* 1. bracing, insertion of struts *(Verstreben)*; fastening *(mittels lösbarer Bolzen)*;

2. *(El)* guying, staying *(Abspannen von Masten)*; 3. rigging *(bei Montage)*; interlocking *(von Schotterlagen mittels Spannschlössern)*
~/strahlenförmige radial bracing
Verspannungsbogen *m* tie-inverted arch
Verspannungssplitt *m* keystone *(Schwarzdecke)*
versperren to lumber
versplinten to cotter
verspreizen to chock, to strut
Verspreizung *f* bracing, insertion of struts, timbering *(Abspreizen)*
~ der Balken strutting of beams
verspritzen 1. to spatter; 2. *s.* versprühen
verspröden to become brittle
Versprödung *f* embrittlement
versprühen to atomize, to spray
Verstädterung *f* urbanization
verstärken to strengthen *(Festigkeit)*; to reinforce to fortify *(z. B. eine Konstruktion)*; to stiffen *(versteifen)*
~/an den Auflagern to reinforce at bearings
verstärkend buttressing
Verstärker *m* booster
verstärkt stiffened, braced
Verstärkung *f* 1. strengthening *(Festigkeit)*; reinforcing, reinforcement, embedded (masonry) reinforcement, stiffening *(Versteifung)*; 2. swelling *(Verdickung)*
~/senkrechte vertical reinforcing
~/stehende *s.* Versteifung/stehende
Verstärkungsblech *n* reinforcing plate
~ für Holzverbindungen mending plate
Verstärkungsbogen *m* safety arch
Verstärkungsglied *n* bracing
Verstärkungspfeiler *m* pier of wall *(Mauerpfeiler)*; buttressing pier *(Stützpfeiler)*
Verstärkungsplatte *f* stiffening plate, plate stiffener
Verstärkungspumpe *f* booster pump
Verstärkungsrippe *f* strengthening (reinforcing) rib
Verstärkungsrippenleiste *f* rib lath
Verstärkungsträger *m* stiffening beam (girder)
Verstärkungswinkeleisen *n* stiffening angle
versteifen to stiffen, to strengthen, to reinforce, to strut, to shore, to prop; to cradle *(mittels Lehrbogen)*
~/mit Rippen to rib
Versteifung *f* 1. stiffening, strengthening, reinforcing, bracing, strutting; cradling *(Stützbogen)*; 2. web, stiffener, reinforcement
~/stehende vertical bracing
Versteifungsbalken *m* buttress bracing strut; cross beam, brow post
Versteifungsbalken *mpl* gate beams
Versteifungsbogen *m* stiffening arch; rough arch *(Entlastungsbogen)*
Versteifungsdraht *m* lacing wire
Versteifungsglied *n* bracing
Versteifungsjoch *n* truss
Versteifungsmauer *f* stiffening (bracing) wall, abamurus
Versteifungsmauerwerk *n* stiffening (bracing) masonry, abamurus
Versteifungspfeiler *m* stiffening (bracing) pier, abamurus
Versteifungsplatte *f* stay plate
Versteifungsrippe *f* stiffening rib
Versteifungstafel *f* cladding panel; lining panel *(Außenwand)*
Versteifungsträger *m* wind brace *(Windverband)*
Versteifungswand *f*/**senkrechte** vertical cladding
Versteifungswerk *n* bracketing
versteinern *(Bod)* to lithify; to petrify
verstellen to adjust *(ausrichten)*
verstemmen to caulk, to hammer-tighten, to fuller, to stave
verstempeln *(Tun)* to cog *(Tunnel)*
verstiften to peg, to dowel
Verstiftung *f* dowelling
verstopfen to block [up], to clog [up], to choke, to obstruct *(z. B. Abfluß, Kanal)*; to stuff *(z. B. Loch, Öffnung)*; to foul *(blockieren)*
~/Fugen to calk
Verstopfen *n* blinding
Verstopfung *f* choking
Verstopfungspumper *m* plumber's friend, plunger
verstöpseln to stopple
verstreben to brace, to strut, to shore [up]
verstrebt braced, trussed
Verstrebung *f* 1. bracing, insertion of struts, strutting; 2. *s.* Strebe
~/bleibende permanent bracing
Verstrebungsbalken *m* straining beam (piece), strutting piece *(Dachstuhl)*
Verstrebungsfestholz *n* kicking piece
Verstrebungsschwelle *f* strainig sill
verstreichen to float; to torch; to butter *(mit Mörtel)*
Verstreichmasse *f* spackle, sparkling
Versuch *m* test
~ im Gelände in-situ test
Versuchsanlage *f* experimental plant; test rig
Versuchsaufbau *m* test rig
Versuchsbau *m* experimental building
Versuchsbaustelle *f* testing site
Versuchsbaustoff *m s.* Versuchsmaterial
Versuchsbohrung *f* preboring
Versuchsgelände *n* testing proving ground, experimental area
Versuchshaus *n* experimental house
Versuchsinstitut *n* research and testing station
Versuchsmaterial *n* material under investigation, material being tested; material to be tested *(vor dem Versuch)*
Versuchsmischung *f* trial batch *(Beton)*
Versuchspfahl *m* preliminary pile
Versuchsreihe *f* series of tests
Versuchsstelle *f* research and testing station
Versuchsstraßenabschnitt *m* trial road section

vertäfeln to panel, to wainscot; to case
Vertäfelung *f* 1. panelling, wainscotting; 2. wainscot, panel
Vertäfelungs... *s. a.* Täfelungs...
Vertäfelungseiche *f* wainscot oak
Vertäfelungseichenholz *n* wainscot oak
Vertäfelungs[halte]klammer *f* sheeting clip
Vertäfelungsnagel *m* panel pin
Vertäfelungstafel *f* pane, panel
Vertäupfahl *m* mooring post *(Hafen)*
Verteidigungsmauer *f* battlement wall
verteilen to distribute; to spread *(Last)*
Verteilen *n* spreading
~ **mit Japanern** buggying *(Beton)*
Verteiler *mpl s.* Verteilereisen *npl*
Verteilerbolzen *m* **ohne Konus** she bolt *(für Betonelemente)*
Verteilerdose *f (El)* junction (conduit) box
Verteilereisen *n* bar joist
Verteilereisen *npl* distribution[-bar] reinforcement, distribution steel
Verteileretage *f* distributing storey
Verteilerhauptleitung *f* header
Verteilerkasten *m (El)* conduit (distribution) box
Verteilerlehre *f* repartition bar *(Abstandseinteilung)*
Verteilernetz *n s.* Verteilungsnetz
Verteilerschnecke *f* spreader (spreading) screw *(Straßenfertiger)*
Verteilerstab *m* secondary truss member; distribution rod *(Bewehrung)*
Verteilerstäbe *mpl* secondary reinforcement (steel) *(Stahlbeton)*
Verteilerstockwerk *n* distributing storey
Verteilertafel *f (El)* distribution board (panel), distributing board
verteilt/in gleichem Abstand equally spaced *(Bewehrungseisen)*
Verteilung *f* 1. distribution; 2. division *(Aufteilung)*; 3. arrangement; lacing *(z. B. von Bewehrung)*
~ **der Belastung** spreading of the load
~**/statistische** statistical distribution
Verteilungsausschalter *m (El)* distribution cutout
Verteilungskurve *f* distribution curve
Verteilungsleitung *f* 1. slick line *(Pumpbeton)*; 2. *(El)* distributing conduit, distribution line
Verteilungsnetz *n* distribution system *(Versorgungsanlagen)*; *(El)* power distribution network
Verteilungsplatte *f (El)* distributing plate
Verteilungspunkt *m (El)* node
Verteilungsrohr *n* manifold
Verteilungsschalttafel *f (El)* distribution switchboard
Verteilungsstab *m* repartition bar
vertiefen 1. to deepen; to dimple *(flach)*; 2. to recess *(aussparen)*
Vertiefung *f* deepening; dimple *(flach)*; recess, sinking *(Aussparung)*; hollow *(Aushöhlung)*; indentation *(Rille)*; frog *(Mulde)*; foss[e] *(Graben, Kanal)*
~ **im Holz** *oder* **Mauerwerk** channel
~**/rückschreitende** undercutting
~**/zapfenartige** mortised hole
Vertikalgatter *n* vertical-log frame saw *(Holz)*
Vertikalkraft *f* vertical force
Vertikalschiebefenster *n* box-head window
Vertikalschlitzverband *m* quetta bond *(Bewehrungsöffnungen)*
Vertikalschnitt *m* vertical section
Vertikalstab *m* vertical member *(Senkrechtstab)*; column *(Knickstab)*
Vertikalwinkel *m* vertical angle
Vertikalzug *m* vertical tension
Vertrag *m* agreement, contract; deal • **im ~ nicht enthalten** not [included] in the contract
verträglich compatible
~ **mit ZnO** compatible with zinc white
Verträglichkeit *f* compatibility
Verträglichkeitsbedingung *f* compatibility condition
Verträglichkeitsforderung *f* compatibility requirement
Verträglichkeitsgesetz *n* law of compatibility
Vertragsabbruch[s]kosten *pl* terminal expense
Vertragsabschlußtermin *m* date of agreement, contract date
Vertragsabsichtserklärung *f* letter of intent
Vertragsbedingungen *fpl***/spezielle** special conditions [of the contract]
Vertragsformular *n* agreement form
Vertragsgebühren *fpl* cost of contract
Vertragsgütebedingungen *fpl* specifications
Vertragspflichtenheft *n* [lists of] specifications
Vertragspreis *m* contract price
Vertragsstrafenbetrag *m* penalty sum *(bei Nichterfüllen des Bauvertrags)*
Vertragsstrafenparagraph *m* penalty clause *(Bauvertrag)*
Vertragsunterlagen *fpl* contract particulars
Vertragszeichnung *f* contract drawing
Vertragszeitraum *m* contractural period, time
verunreinigen to impurify *(Materialien)*; to pollution *(z. B. Wasser)*, to contaminate *(mit Schadstoffen)*
verunreinigt/nicht clean
Verunreinigung *f* 1. impurity, foreign matter *(in Materialien)*; pollutant; 2. pollution, contamination
Verunreinigungsherd *m* source of pollution
vervollständigen to complete
Verwaltungsgebäude *n* administration (office) building
Verwaltungszentrum *n* civic centre *(einer Stadt)*
verwandeln/sich to change *(Struktur)*
Verwendung *f* use, usage; application
Verwendungsdauer *f* working life
verwerfen/sich to distort, to warp *(z. B. Holz)*; to crook *(Gleis)*; to fault [down] *(Erdschichten)*
Verwerfung *f* distortion *(mechanisch)*; warpage *(z. B. von Holz)*; [normal] fault, throw *(geologischer Schichten)*

verwildert out of cultivation *(Land)*; wild, overgrown *(z. B. Park)*
verwinden to twist
Verwindung *f* twist, twisting, torsion
Verwindungsbruch *m* torsion[al] failure, twisting failure
verwindungsfrei torsion-free
Verwindungsgrad *m* degree of twist[ing], degree of torsion
Verwindungsspannung *f* twisting stress
verwindungssteif torsionally stiff (rigid)
Verwindungssteifigkeit *f* twisting rigidity
verwittern to weather; to decay, to disintegrate
Verwittern *n* bronzing *(Farbanstrich)*
verwittert weathered
~/nicht sound
Verwitterung *f* weathering, surface disintegration, degradation, rock decay
~/chemische chemical weathering
~/physikalische physical weathering
Verwitterungsendboden *m* residual soil
verwölben/sich to become warped, to warp *(gebrannte Bauelemente)*
Verwölbung *f* warpage
verworfen warped
verwunden twisted
Verwurfswinkel *m* angle of hade *(Geologie)*
verzahnen to joggle, to key; to tooth, to indent; to notch *(Holz)*
Verzahnen *n* toothing *(Mauer)*; bonding *(von altem und neuem Mauerwerk)*
Verzahnung *f* 1. keying, joggle, toothing, denticulation *(Mauerwerk)*; 2. *(Hb)* indented joint, joggle, scarfing
~/fortlaufende continuous tooth formation
~/verdeckte secret joggle *(Stein)*
Verzahnungsverbindung *f (Hb)* hook-and butt joint
verzapfen to tenon and mortise, to mortise, to mortice, to notch *(Holz)*
Verzapfung *f* tenon jointing, mortise and tenon joint
~/schräge oblique notching
~ mit Grat *(Hb)* halved scarf with saddle-back ends
Verzerrung *f* distortion
verziehen to decorate, to adorn; to ornament; to inlay
~/die Stufen to turn the steps *(Treppe)*
~/sich to warp; to crook
~/Stufen ausgleichend to balance [the] steps
Verziehen *n* warping, warpage
Verziehungsfuge *f* warping joint *(Straße, Weg)*
verzieren to decorate, to adorn; to ornament; to inlay
~/durch Schnitzen to fret
~/mit Relief to snarl
verziert decorated, adorned; ornamented, ornate; enriched
~/mit Schlangenlinien vermiculated
~/sehr reich florid
~/übermäßig postiche, postique
~/vierseitig square turned
Verzierung *f* 1. decoration, adornment; ornamentation; 2. decoration, adornment; ornament; moulding, batten, bato[o]n *(Zierleiste)*
~/aufgesetzte laid-on moulding
~/ausgearbeitete struck moulding
~/auslaufende stop moulding
~/blattförmige foliation
~/durchbrochene fret, fretwork *(auch farbig)*
~ eines Endstücks terminal
~/eingeschnittene struck moulding
~/eingravierte sunk moulding
~/flache rechteckige platband
~/gekrümmte sprung moulding
~/gewundene interlace
~ mit Schlangenlinien vermiculation
~/netzartige reticulated moulding
~/radförmige wheel tracery
~/runde tondino
~/spiralförmige scribbled ornament
~/verflochtene fret, fretwork *(auch farbig)*
Verzierungsformung *f* sticking
Verzierungsleiste *f***/schnabelförmige** beak moulding
Verzierungssteinlage *f***/horizontale** ledgement
verzimmern to frame, to timber; to crib; to plank *(verkleiden)*
verzinken 1. to zinc[ify], to galvanize; to sherardize *(Metall)*; 2. *(Hb)* to dovetail
verzinkt *(Hb)* end-matched
Verzinkung *f* 1. zinc-coating, galvanizing; 2. *(Hb)* dovetailing; 3. match[ed] joint
~/verdeckte *(Hb)* secret dovetail[ing]
verzinnen to tin[-plate]
Verzinnen *n* tinning, tin plating
verzogen warped; crooked
verzögern to retard *(Zementabbinden)*; to inhibit *(z. B. Reaktionen)*; to protract *(zeitlich)*
Verzögerung *f* retardation *(Zementabbinden)*; deceleration
Verzögerungsbecken *n (Wsb)* retaining basin
Verzögerungsmittel *n* retarder, retarding agent, retarding admix[ture]
Verzögerungsschmelzeinsatz *m (El)* time-delay fuse
Verzögerungssprengkapsel *f***/mechanische** non-electric-delay blasting cap
Verzug *m* 1. joining beam (balk) *(Bundbalken)*; 2. plate buckling *(geometrisch verzogen)*
~ durch Schwindung contraction distortion
Verzugsbrett *n* cover (breast) board
Verzugsplatte *f* cover board
verzweigen to branch
~/sich to branch
Verzweigung *f* 1. branching, ramification; 2. branch, ramification; fork; junction *(Rohrsysteme)*
Verzweigungsmuffe *f* trifurcating joint
Verezweigungspunkt *m* branching point
Verzweigungsrohr *n* branch (take-off) pipe

verzwicken to interlock
Verzwicken *n* interlocking *(Schüttmineraltragschichten)*
Vestibül *n* vestibule, antechamber; zaguan *(spanische Architektur)*
~/schallgedämpftes sound lock
V-Fuge *f* V-shaped joint, V-joint, V-tooled joint
Viadukt *m* viaduct
Vibrationsabklingrate *f* decay rate
Vibrationsbohle *f* screeding beam *(zum Glätten)*
Vibrationshängewalze *f* towed vibratory roller
Vibrationslast *f***/seismische** seismic load
Vibrationspfahlramme *f* vibrating (sonic) pile driver, vibration ram
Vibrationspfahltreiber *m*, **Vibrationsramme** *f s.* Vibrationspfahlramme
Vibrationsübertragung *f* oscillation transmission
Vibrationsverdichter *m* concrete vibrating machine
Vibrationsverdichtung *f* dynamic compaction, compaction by vibration
~/zu lange overvibration
Vibrationswalze *f (Erdb)* vibrating (vibratory) roller
Vibrator *m* vibrator
Vibrierbohlenfertiger *m* vibrating beam finisher
vibrieren to vibrate
Vibrieren *n***/zu starkes** overvibration
Vibriertisch *m* vibrating table
Vicat-Nadel *f* Vicat needle *(Zementprüfung)*
Vicat-Nadelgerät *n* Vicat apparatus *(Zementprüfung)*
Vicat-Nadelprüfung *f* needle test of Vicat
Vickershärte *f* Vickers (diamond pyramid) hardness
Viehauslauf *m* cattle exercise yard
Viehstall *m* byre, *(Am)* barn
vielblättrig multifoil, polyfoil
Vieleck *n***/regelmäßiges** regular polygon
Vieleckausbau *m (Tun)* cockering
Vieleckbinder *m* hammer-beam truss
Vieleckdach *n* Ardand-type polygon roof
Vieleckmauerwerk *n* random rubble masonry, random ashlar (bond)
Vieleckpfeiler *m* polygonal pier
Vielecksprengwerk *n* polygonal truss (scaffolding)
Vieleckverband *m* polygonal bond
Vieleckwalmdach *n* polygonal roof
vieletagig *s.* vielgeschossig
Vielfachbogenmauer *f* multiple arch dam *(Staudamm)*
Vielfachgerät *n* multipurpose equipment *(z. B. für Straßeninstandhaltung)*
Vielfarbendekoration *f* polychromy
vielgeschossig multi-storey, *(Am)* multistoried, multi-level, high-rise
vielgestaltig complex
vielgliedrig many-membered
Viellochziegel *m* multihole brick
vielsäulig *(Arch)* polystyle
Vierblattflügel *m* quadrivalve
Vierblattornamente *npl* quatrefoils *(gotisches Maßwerk)*
vierblättrig quatrefoil
Vierblattürflügel *m* quadrivalve
Viereck *n* quadrilateral, quadrangle, quad
Viereckdrahtgeflecht *n* four-mesh wire netting *(Bewehrung)*
Viereckhof *m* quadrangle, quad *(in englischen Colleges)*
viereckig quadrangular, quadrilateral, square; rectangular
Vierendeel-Fachwerk *n* Vierendeel girder (truss)
Vierendeel-Träger *m* Vierendeel girder (truss), open-frame girder
vierflügelig four-leaved *(Fenster)*
Viergelenk *n* articulated quadrangle (quadrilateral)
Viergespann *n***/ornamentales** *(Arch)* quadriga *(der Klassik)*
vierjochig four-bay
Vierkanteisen *n* square bar
Vierkantholzschraube *f* coach bolt
Vierkantkopfschraube *f* coach screw, square-head bolt
Vierkantmaterial *n* square bars
Vierkantrohr *n* square tube
Vierkantschraube *f* square bolt
Vierkantstahl *m* square bar
Vierkantstange *f* grief stem *(Bohrtechnik)*
Viermomentengleichung *f* four-moment equation *(für einen Balken)*
Viermomentensatz *m (Stat)* four-moment[s] theorem
Vierquadratmuster *n* diamond matching *(Furnierverarbeitung)*
viersäulig tetrastyle
vierseitig 1. four-sided; 2. *s.* viereckig
vierteilig quadripartite
Vierteldrehung *f* quarter-turn *(Treppe)*
Viertelholz *n* quarter timber
Viertelkehle *f* quarter hollow
Viertelkreis *m* quadrant
Viertelkreissims *m* ovolo [moulding]
Viertelkugelkehlplatte *f* hollow moulding
Viertelmorgen *m* rood *(altes Landmaß)*
Viertelpunkt *m* quarter point
Viertelschlag *m* quarter-turn *(Treppe)*
Viertelschließziegel *m* quarter closer
Viertelstab *m (Arch)* quarter round, astragal *(Fenster)*; coving *(zwischen Wand und Decke)*; angle stile *(in Wandecken)*
~/aufgesetzter surface[-mounted] astragal
Viertelstabprofil *n* quarter round
Viertelstabüberdeckung *f* **einer Fuge** overlapping (wraparound) astragal
Viertelstein *m* quarter closer (bat)
Viertelstück *n* quarter bat
Viertelung *f* quartering *(Baustoffprobe)*
Viertelziegel *m* one-quarter brick, quarter closer
Viertorgebäude *n* tetrapylon *(antike Baukunst)*

Vierzentrenbogen *m* Tudor arch
Villa *f* villa
Vinylasbest[boden]fliese *f* vinyl-asbestos tile
Vinylfliese *f* vinyl-plastic tile
Vinyl[harz]platte *f* vinyl[-plastic] tile
Visierbock *m* sight rail
Visiergerüst *n* sight rail
Visierlinie *f* line of sight (collimation)
Visierplatte *f* viewing plank
Visiertafel *f (Verm)* boning rod, sight rail
Viskosegarn *n* rayon
Viskosimeter *n* visco[si]meter *(z. B. für Frischbeton)*
Viskosität *f* viscosity
Vitrine *f* show box, show-case
Vlies *n* mat of fibres
V-Naht *f* single V butt weld *(Schweißen)*
V-Nut *f* V-groove
Vogelaugenzeichnung *f* peacock's-eye *(natürliche Holzmusterung)*
Vogelschutzsieb *n* bird screen *(auf Schornsteinen)*
Vollager *n* solid bearing
Vollast *f* head
Vollbalken[träger] *m* solid beam
Vollbausystem *n* solid system
Vollbauweise *f* solid construction
Vollbecherwerk *n* continuous-bucket elevator (conveyor)
Vollbetondecke *f* solid slab [intermediate] floor
Vollbinder *m* long header *(Mauerwerk)*
Vollblock *m* solid concrete block
Volldrehkran *m* whirley crane
Vollendung *f***/stilistische** stylistic perfection
vollflächig holohedral
Vollfuge *f* flush joint
vollfugig solidly filled
vollgekapselt totally enclosed
Vollglastür *f* [full] glass door, solid glass door *(ohne Rahmen)*
Vollholz *n* solid wood
Vollholztür *f* all-wood door
vollimprägnieren to saturate *(Holzschutz)*
Vollimprägnierung *f*, **Vollimprägnierverfahren** *n* full-cell process *(Holz)*
Vollinie *f* continuous (firm) line
Vollkehlnaht *f* full fillet weld *(Schweißen)*
Vollkonstruktion *f* solid system
Vollkonstruktionssystem *n* solid construction
vollkreisförmig *(Am)* full-centered
Vollmaß *n* full size
Vollmauer *f* solid masonry wall
Vollmauerstein *m* solid masonry unit
Vollplatte *f* solid slab
Vollplattendecke *f* solid slab [intermediate] floor
Vollrahmen *m* solid frame
Vollstabornament *n* roll
Vollstahlbetonkonstruktion *f* box frame
vollständig complete *(fertiggestellt)*
Vollsteg *m* solid web *(Träger)*
Vollstein *m* solid [walling] block, solid brick
Vollsteinmauer *f* solid masonry wall
vollstopfen to crowd
Volltafel *f* solid panel
volltränken to saturate *(Holzschutz)*
Volltrennwand *f* solid partition
Volltür *f* solid door
Vollwand *f* solid wall; solid web *(Träger)*
Vollwandbinder *m* solid-web truss
Vollwandbogen *m* plate arch
Vollwanddeckenträger *m* solid-web steel joist
vollwandig solid-webbed, massive
Vollwandstahlträger *m* solid-web steel joist
Vollwandsturz *m* through-lintel
Vollwandträger *m* solid-web girder (section), plate (plain, web) girder
Vollzapfen *m* through-tenon
Vollziegel *m* solid brick, whole brick
Volumen *n***/verdichtetes** compacted volume *(z. B. eines Erdstoffs)*
Volumenänderungsarbeit *f*, **Volumenänderungsenergie** *f* strain energy due to the change of volume
Volumenberechnung *f* cubage
Volumenprozent *n* volume percent[age], percentage by volume
Volumenveränderung *f* autogenous volume change *(durch Zementhydratation)*
Volumenzugabe *f* volume-batching
Volumenzunahme *f* increase in volume
Volute *f* volute, inclined haunch; helix *(ionisches Kapitell)*
~/erhabene (projektierte) hem *(ionisches Kapitell)*
Volutenbalken *m* inclined haunch
Volutenzirkel *m* volute compasses
Vorabsiebung *f* prescreening, scalping
Voranschlag *m* estimate, rough calculation; construction cost estimate
~/geschätzter bill of materials (quantities)
Voranstrich *m* precoat
Vorarbeiten *fpl* preliminary work[s]
Vorarbeiter *m* ganger
Vorausplanung *f* preplanning
Vorbau *m* forebuilding, forepart
vorbauen/frei to cantilever
vorbearbeiten to prefabricate; to rough *(Werkstück)*
Vorbedampf[ungs]zeit *f* delay period *(Betonhärtung)*
vorbehandeln to pretreat, to precondition; to precure *(eine Klebeverbindung vor dem Zusammendrücken)*
Vorbehandlung *f* pretreatment; preconditioning
Vorbehandlungsmittel *n* pretreatment agent *(Anstrich)*
vorbehauen to scabble, to scapple *(Stein)*
vorbelasten to preload
Vorbelastung *f***/größte effektive** *(Erdb)* preconsolidation pressure
Vorbelastungsdruck *m* preconsolidation pressure

Vorbemessung *f* preliminary computation
Vorberechnung *f* preliminary computation
vorbereiten/Bewehrung to pretie
~/eine Nut to dap
vorbereitet dressed *(Holz)*
Vorbessern *n* dubbing[-out]
Vorbeugungsmaßnahme *f* preventive remedy
Vorbewurf *m* pricking-up coat
Vorbrecher *m* primary crusher
vorbohren to predrill, to prebore; to hole *(Schiefer)*
Vorbohren *n* preboring *(Pfahlgründung)*; holing *(Schiefer)*
Vorbohrloch *n*, **Vorbohrung** *f* pilot hole
Vorbühne *f* proscenium, forestage, front stage *(Theater)*
~/verlängerte apron stage
Vordach *n* projecting roof, canopy; marquee *(über einer Tür)*
Vordamm *m* secondary dam
Vorderansicht *f* front view (elevation); façade
Vorderende *n* leading end
Vorderfront *f* frontage, frontispiece; façade
~/überzogene false (flying) front
Vorderhaus *n* front building, front face
Vorderhof *m* front yard
Vorderkante *f* front edge
Vorderkipper *m* shuttle dumper
Vorderlader *m* muzzle-loader *(Baumaschine)*
Vorderreihe *f* front row; stall *(Theater)*
Vorderseite *f* face [side], front face (side), frontispiece, leading end
Vorderseitenmarkierung *f* face mark, X-mark *(Holz)*
Vordersturz *m* front lintel
vordosieren to prebatch *(Mischanlage)*
Vordrall *m* preliminary twist, pretwist *(eines Seils)*
Vordruckdekoraufbringung *f* decal
Vorentwässerungsgraben *m* primary drainage ditch
Vorentwurf *m* preliminary design (project), [preliminary] schema
Vorentwurfsphase *f* schematic design phase
Vorentwurfszeichnung *f* schematic [design] drawing
Vorfahrtzeichen *n* priority sign
Vorfenster *n* storm window (sash), outside (winter) window, double window, auxiliary sash
vorfertigen to prefabricate; to precast *(Beton)*; to fabricate *(Stahlbau)*; to preform *(Bewehrung)*; to preconstruct; to prefinish
~/Bewehrungskörbe to pretie
Vorfertigung *f* prefabrication; precasting *(Beton)*; fabrication *(Stahlbau)*; factory casting *(von Bauelementen)*
~ im Betonwerk factory precasting
~ in Batterieform battery casting
Vorfertigungsplatz *m* precasting (casting) yard
Vorfilter *n* prefilter, coarse filter *(Klimaanlage)*
Vorfließgeschwindigkeit *f* strain rate before reloading
Vorflutdrän *m* main drain
Vorfluter *m (San)* outfall [ditch]; drainage ditch; discharge; feeder
Vorflut[er]leistung *f* outfall capacity
vorformen to preform
Vorführausrüstung *f* audio-visual aids
Vorführerraum *m* projection booth
Vorgabe *f* **in den Vertragsbedingungen** provision in the specifications
Vorgabetermin *m* predicated date
Vorgartenholzzaun *m***[/niedriger]** sleeve fence
vorgefertigt prefab[ricated], *(Am)* precast *(Beton)*; shop-erected, factory-finished *(im Betrieb)*
~/in Einzelteilen knocked-down
~ und nicht fertigmontiert knocked-down
vorgegeben gauged
vorgemischt premixed, ready-mixed *(Mörtel)*; mill-mixed *(Putz, Mörtel)*
vorgeschrumpft preshrunk *(vorgemischter Mörtel oder Beton)*
vorgesetzt preshrunk *(vorgemischter Mörtel oder Beton)*
vorgespannt prestressed, tensioned *(Spannbeton)*
~/doppelt double-biased *(Spannbeton)*
~/hochfest high-tensile
~/mit nachträglichem Verbund post-tensioned
~/stufenweise (teilweise) partially prestressed
Vorhalle *f* [entrance] hall, vestibule; lounge *(z. B. Theater, Foyer)*; lobby *(z. B. Parlament, Theater)*; porch *(bes. in einer Kirche)*; prodomos *(antikes Wohnhaus)*
~/kleine entry; *(Arch)* tresaunce, trisantia
vorhalten to dolly, to hold on *(beim Nieten)*
Vorhalter *m* holder-on, holder-up *(beim Nieten)*
vorhanden actual *(Baubestand)*
Vorhang *m* curtain
Vorhängeschloß *m* padlook
Vorhangwand *f* curtain wall
Vorhobeln *n* rough-planing
Vorhof *m* forecourt; front yard *(zur Straße)*
Vorkammer *f* antechamber
Vorkirchenraum *m* forechurch
Vorklärung *f* preliminary clarification
Vorklassiersieb *n* jig *(Zuschlagstoffaufbereitung)*
Vorklimatisierung *f* preconditioning
vorkomplettieren to prefinish
Vorkonsolidierung *f (Bod)* preconsolidation
Vorkopf *m* pier head
vorkragen to cantilever, to corbel; to jut
vorkragend cantilevered, bearing out
Vorkragung *f* cantilever, corbelling
Vorlack *m* pore filler; size
Vorladen *m* take-down shutter
Vorlage *f* 1. front layer; 2. model, art work *(Zeichnung)*; 3. projection, attachment
~ des Entwurfs submitting of the plan

Vorlagerung *f* delay *(Betondampfhärtung)*
Vorlagerungsdauer *f* delay (presteaming) period
Vorlagestein *m* pitcher, pitching
Vorlagestück *n* head block
Vorlast *f* preload
Vorlauf *m* flow *(Heizung)*
Vorlauf[heiz]rohr *n* flow pipe
Vorlesungssaal *m* lecture hall (theatre)
Vormann *m* boss
Vormauerklinker *m* frostproof engineering brick
Vormauerung *f* frost-resistant masonry [work]
Vormauervollziegel *m* frostproof solid brick
Vormauerziegel *m* facing brick, *(Am)* soap
vormischen to premix
Vormischsilo *n* prebatch bin (silo)
Vormontage *f* subassembly; fitting-up *(ohne endgültige Verbindung)*
vormontieren to subassemble, to preassemble
vormontiert subassembled; shop-erected
Vornutzungsrecht *n***/staatliches** eminent domain
Vorort *m* outskirts
Vor-Ort-Prüfung *f* in-situ test
Vorplanung *f* preplanning
Vorplatz *m* lobby; fore-court
Vorpolieren *n* prepolishing; glazing
Vorprojekt *n* preliminary scheme
Vorprüfung *f* **der in Frage kommenden Bauauftragnehmer** prequalification of prospective bidders
Vorputzen *n* dubbing [out], brown-out
vorragen to project
vorragend projecting
Vorrat *m***/tatsächlicher** actual stock *(Baustoffe)*
Vorratsbehälter *m* [storage] reservoir, storage (stock) bin, hold tank
Vorratshalde *f* stockpile, stock
Vorratskammer *f* pantry, storeroom
Vorratsraum *m* store, storeroom
Vorratssilo *n* storage bin (hopper), supply bin
Vorraum *m* anteroom, antecabinet; entry; vestibule
~/schalldämmender sound lock
Vorraumzierblendmauer *f* spere, speer *(England)*
Vorreiber *m* casement fastener
Vorsatz *m* attachment, overhang
Vorsatzbeton *m* face (facing) concrete
Vorsatzbetonmischung *f* face mix
Vorsatzstein *m* facing block
Vorschaltwiderstand *m (El)* resistor
Vorschlaghammer *m* sledge hammer
Vorschlagmeißel *m* slogging chisel
Vorschriftenliste *f* conditions of contract
Vorschriftenwerk *n* code
Vorschub *m* crowding
Vorschule *f* nursery school
vorsehen to plan, to provide
~ für to pitch *(z. B. für einen Standort)*
vorsetzen to attach
Vorsetzladen *m* take-down shutter
vorsieben to scalp
vorspannen to prestress, to pretension, to tension *(Spannbeton)*; to preload
~/mit nachträglichem Verbund to post-tension
~/mit sofortigem Verbund to pretension
Vorspannen *n***/elektrothermisches** electrothermic tensioning
~/höheres overstretching *(der Spannglieder)*
~/kombiniertes pre-posttensioning
~/mehrstufiges multistage stressing
~ mittels Spannpresse jack tensioning *(Spannbeton)*
~/teilweises partial [pre]stressing
~/thermisches heat tensioning
Vorspannkraft *f* prestressing force
Vorspannkrafteinbringung *f***/vollständige** final prestressing force
Vorspannlitze *f* stretching cable
Vorspannung *f* prestress[ing], tensioning *(Spannbeton)*; preloading; initial tension; preliminary stress *(s. a. unter* Vorspannen*)* • **~ geben** to preload; • **mit teilweiser ~** partially prestressed
~/axiale axial [pre]stressing
~/lineare linear prestressing
~ mit nachträglichem Verbund [bonded] posttensioning *(Spannbeton)*
~ mit sofortigem und nachträglichem Verbund pre-posttensioning
~ mit sofortigem Verbund pretensioning
~ ohne Spannungsverluste initial stress
~ ohne Verbund unbonded prestressing
~/provisorische temporary prestressing
~/tatsächliche effective prestress *(Stahlbeton)*
~/verbundlose no-bond tensioning
~/vollkommene perfect stressing
~/wirksame effective prestress *(Stahlbeton)*
Vorspannungsabfall *m* loss of prestress *(Spannbeton)*
Vorspannungskraftübertragung *f* transfer *(Spannbeton)*
Vorspannungsnachlaß *m* partial release (restrain)
Vorspannungsverlust *m* loss of prestress *(Spannbeton)*
~ durch elastische Verformung elastic loss
~ durch Schwinden shrinkage loss
vorspringen to project
vorspringend projecting, prominent; salient *(Ecke, Kante)*
Vorsprung *m* projection, jut[ty], overhang; ancon[e]; jump in a façade; tenon; shoulder *(Bauelement)*
Vorsprungkante *f* sunk draft *(eines eingelegten Steins)*
Vorstadt *f* suburb, outskirts
Vorstadtballung *f* megalopolis, megapolis
Vorstadtentwicklung *f***/strahlenförmige** ribbon (string) development *(entlang von Straßen)*
Vorstadtsiedlung *f (Am)* cottage suburb
Vorstadtstraße *f* suburban road
vorstehen to project
vorstehend projecting; beetle

Vorstoßschiene *f* protecting iron
vorstrecken *(Tun)* to advance
vorstreichen to precoat
Vorstreichen *n* **mit wenig Farbe** scumbling
Vorstudie *f* preliminary investigation
Vorstudienarbeit *f* preplanning
Vortrieb *m (Tun)* heading
~/hydraulischer hydraulic feed
Vortriebsschild *m (Tun)* shield
vortrocknen to precure *(eine Klebeverbindung vor dem Zusammendrücken)*
Vortür *f* anteport
Voruntersuchung *f* preliminary investigation
vorverdichten to precompress; to preconsolidate; to tablet
Vorverdichtung *f* preconsolidation
Vorwalzen *n* blooming
Vorwärmer *m* preheater
Vorwärmheizung *f* economizer *(durch Abgase)*
Vorwerfen *n* pricking up *(Mörtel)*
Vorwerfmörtel *m* rendering mortar
Vorwerk *n* outwork
Vorwurf *m* spatter dash *(Putz)*
Vorwurfputzschicht *f* pricking-up coat
vorzeichnen/Schnitt to mark out *(z. B. Fußbodenbelagverlegung)*
Vorzimmer *n* anteroom, antecabinet; vestibule
Vorzugsabmessung *f* preferred dimension
Vorzugsgröße *f* preferred size
Voute *f* [tapered] haunch
Voutenbalken *m* [inclined] haunched beam
V-Schnitt *m* V-cut
Vulkanasche *f* volcanic ash; cinders; expanded perlite
Vulkanfiber *f* vulcanized fibre (paper)
Vulkanisieren *n* vulcanization *(Gummi)*
Vulkantuff *m* scoria

W

Waage *f* 1. balance, [weighing] scales; 2. *s.* Gleichgewicht; 3. *s.* Wasserwaage • **in ~** level
waagerecht horizontal
Waagerechte *f* 1. horizontal [line]; 2. horizontal plane
Waagerechtschnitt *m* sectional plan
Waagerechtschweißen *n* horizontal welding
Wabe *f* honeycomb
Wabenbauweise *f* cellular construction
Wabenbildung *f* honeycombing
Wabenelement *n* honeycomb element
wabenförmig honeycomb
Wabenkern *m* honeycomb core
Wabenkonstruktion *f* honeycomb structure
Wabenpfeiler *m* alette, allette *(römische und klassizistische Baukunst)*
Wabenstruktur *f* honeycomb [structure]
Wabenziegel *m* honeycomb brick
Wache *f s.* 1. Wachhäuschen; 2. Pförtnerhaus
Wachhäuschen *n* guardhouse
Wachraum *m* guardroom
Wachs *n* wax
wachsartig waxlike
wachsen 1. to wax *(mit Wachs anreiben)*; 2. to grow, to expand *(z. B. eine Stadt)*; 3. to increase, to grow *(z. B. Werte)*
Wachsen *n* **des Marmors** waxing [of marble]
Wachsfarbe *f* wax dye *(Farbstoff)*; turpentine paint
Wachsnachbehandlungsmittel *n* wax agent *(auf Wachsbasis)*
Wachspapier *n* wax[ed] paper
Wachsschicht *f* wax coat
Wach[t]turm *m* watch turret, watch-tower; barbican *(mittelalterlicher, an einem Tor oder einer Brücke)*; bicoca
Wacke *f* wacke *(Sedimentgestein)*
wägen to weigh
Wagenablaufberg *m* gravity shunting incline, hump *(Rangierbetrieb)*
Wagenbauschraube *f* coach bolt
Wagenbeförderung *f* cartage *(Verkarrung von Erdstoff)*
Wageneinfahrt *f* carriage-entrance, carriage gate; porte cochere *(veraltet)*
Wageneinstellplatz *m* carport
Wagengerüst *n* jumbo
Wagenhalle *f* garage
Wagenladung *f* lorry-load, *(Am)* truck load; cart load
Wagenschuppen *m* carriage shed; wagon shed; coach house *(Remise)*
Wagner-Feinheitsgrad *m* Wagner fineness *(z. B. für Zement, bestimmt im Wagner-Trübheitsmesser)*
Wahl *f* **der Baustelle** selection of site
~ des Mischungsverhältnisses choice of mixture
Wahllinie *f (Verm)* random line
Wahnkante *f* wane, rough edge, bad bevel *(bei Nutzholz)*
wahnkantig waney, unedged, rough-edged, rough-hewn *(Nutzholz)*
Wahrnehmungstemperatur *f* effective temperature *(meist ungleich der gemessenen)*
Wald *m* wood, forest
Waldbestand *m* forest land (stand)
Waldgrundstück *n* wooded site
waldkantig *s.* wahnkantig
waldreich densely wooded, rich in woodlands
Waldweg *m* forest path (road)
Wall *m* 1. earth bank, embankment *(Erdaufschüttung)*; 2. rampart *(Befestigung)*; bastion
Wallfahrtskirche *f* pilgrimage church
Wallgang *m (Arch)* vamure *(vor der Hauptmauer)*
Wallgewölbe *n (Arch)* casemate
Wallgraben *m* moat
Walm *m* hip [of a roof], hip gable, slope
~/ganzer whole hip

~/halber half (partial) hip
Walmanfänger *m* hip starting tile
Walmdach *n* hip[ped] roof, Italian roof
~/eingeschnittenes hip-and-valley roof
~ mit polygonalem Grundriß polygonal (pavilion) roof
~/pyramidales pavilion roof
Walmfirstlage *f* hip capping
Walmgiebel *m* hip (clipped) gable
Walmkappe *f* hip cap, end ridge tile
Walmmansardendach *n* curb (knee) roof
Walmneigung *f* hip bevel
Walmschifter *m* hip jack [rafter]
Walmschräge *f* hip bevel
Walmstein *m* **/ gewölbter** cone tile
Walmverzierung *f* hip knob
Walmziegel *m* hip [roof] tile
Walnußbaum *m* walnut [tree]
Walnußholz *n* walnut [wood]
Walzasphalt *m* rolled asphalt
Walzbeton *m* rolled concrete
Walzbetonverfahren *n* concrete rolling technique
Walzblech *n* rolled sheat [iron] *(fein)*; rolled plate *(grob)*
Walzblei *n* lead sheet
Walzdraht *m* wire rod
Walze *f* 1. [compaction] roller, roll, compactor *(Untergrundverdichtung)*; 2. cylinder, drum *(Trommel)*
walzen to roll
Walzenbrecher *m* roll crusher
walzenförmig cylindrical
Walzenlager *n* roller bearing *(Rollenlager)*
Walzenlagerstuhl *m* roll bearing
Walzenschloß *n* roller latch
Walzenschloßrastplatte *f* roller strike
Walzenstein *m* drum
Walzentürschnapper *m* single-roller catch
Walzenwehr *n (Wsb)* cylinder weir, roller dam (weir)
Walzenzierkante *f* ressaut, ressault, *(Am)* ressant *(auf einer Wand)*
Wälzfeile *f* cabinet file
Walzglas *n* rolled glass
Walzmagerbeton *m* dry-rolled concrete
Walzpinsel *m* roller [brush] *(Rolle)*
Walzprofil *n* 1. rolled section; 2. *s.* Walzstahlprofil
Walzstahlprofil *n* rolled steel [structural] section
Walzstahlträger *m* rolled steel joist
Walzträger *m* 1. rolled girder (beam); 2. *s.* Walzstahlträger
Walzverdichtung *f* roller compaction *(Boden)*
Walzzunder *m* roll (mill) scale *(Baustahl)*
Wand *f* 1. wall *(s. a. unter* Mauer*)*; 2. partition [wall] *(Trennwand)*; 3. *s.* Seitenwand
~/anlaufende cant (battered) wall
~ aus mehreren Mauersteinbreiten multiunit wall
~/durchbrochene pierced wall, pigeon-holed wall
~/erdbebensichere earthquake-resistant wall, shear wall *(schubkraftübertragend)*
~/feuergeschützte fire partition *(zwei Stunden Feuerwiderstand)*
~/feuerhemmende fire-resistive (fire-retarding) wall
~/freitragende cantilevered wall
~/geflochtene wattle *(Holzflechtwerk)*
~/geneigte talus wall *(Anlaufwand)*
~/geschlossene blind (dead) wall
~/halbhohe dwarf wall
~/inhomogene compound wall
~/lasttragende load-bearing wall
~/massive solid masonry wall
~ mit Anlauf battered wall
~ mit fertigem Putzträger/ungeputzte naked wall
~ mit Makulaturtuch/geputzte canvas wall
~ mit regelmäßigen Öffnungen pigeon-holed wall
~ mit Strebepfeilern wall with buttress
~/nach oben verjüngte battered wall
~/nichttragende non-[load-]bearing wall
~/schallschluckende sound-absorbing wall; tormentor *(Theater, auch als Sichtblende im Bühnenbereich)*
~/schubkraftübertragende shear wall
~/tragende load-bearing wall, bearing (loaded) wall, structural wall
~/ununterbrochene blank wall *(durchgehendes Mauerwerk)*
~/verjüngte battered wall
~/versetzbare demountable partition
~/vorgehängte curtain wall
100mm-Wand *f* **mit Wandpfeiler** *(Am)* economy wall *(als Tragewand)*
Wand... *s. a.* Mauer...
Wandanker *m* 1. masonry (wall) anchor, wall tie, beam anchor *(Zuganker)*; 2. *s.* Wandhaken
~/schwerer 8-förmiger butterfly wall tie
~/vorgefertigter prefabricated [wall] tie
Wandanlauf *m* **/ gewölbter** coved base
Wandanschluß *m* [wall] stop end
Wandanschlußblech *n* flashing piece (sheet); soaker *(Dach)*
Wandanschlußprofil *n* fillet
Wandanstrahlbeleuchtung *f (Am)* wall-washing *(aus kürzestem Abstand)*
Wandanstrahlleuchte *f* **[/wandhängige]** wash light, *(Am)* wall-wash luminaire
Wandarmleuchte *f* sconce *(leuchterartig verziert)*
wandartig mural
Wandauflagebalken *m* spur beam
Wandauflageeisen *n* wall hanger *(Trägeröffnung)*
Wandauflagequerholz *n* spur beam
Wandauskleidung *f* wall lining
Wandauskragung *f* sail-over
Wandaußenecke *f* angle quoin
Wandaussteifung *f* wall bracing (bracket)
Wandbalken *m* wall beam, nogging piece
Wandbank *f* **/ gepolsterte** banquette

Wandbauplatte *f* wallboard; [precast] wall slab *(Beton)*
~ **aus Gips** gypsum wallboard
~ **mit Holzspandämmlage** wood-fibre slab *(Putzgrund)*
Wandbaustoffe *mpl* wall material, walling
Wandbautafel *f* [concrete] wall panel *(Beton)*
Wandbauweise *f* wall construction method
Wandbefestigung *f* wall fastening
Wandbehang *m* wall rug
Wandbehangstoff *m* tapestry
Wandbekleidung *f* wall lining
~**/untere** dado
Wandbelag *m* wall covering (facing, lining); wall tiling *(Fliesen)*
Wandbeleuchtung *f* wall lighting
Wandbeplankung *f* [wall] siding *(Außenwand)*
Wandbeschlag *m***/ gefalzter** rabbeted siding *(Außenwand)*
~ **mit Schutztafeln** panel siding
Wandbewurf *m s.* Putz
Wandbild *n* mural [painting]
Wandbohrmaschine *f* wall drilling machine
Wandbord *n***/ gefächertes** shelving
Wandbrett *n* wall shelf *(Regal)*; wall bracket *(Konsole)*
Wandbügel *m* wall hanger *(Trägeröffnung)*
Wanddampfsperre *f* wall vapour barrier
Wanddose *f s.* Wandsteckdose
Wanddurchbruch *m* wall breakthrough
Wanddurchführung *f* wall duct; *(El)* wall bushing
Wände *fpl* walling
Wandeinbauschrank *m* fitted (built-in) cupboard; built-in wardrobe *(Kleiderschrank)*
Wandeinsteckholz *n* needle
Wandelement *n* wall [building] component, wall unit; masonry panel *(Mauerwerkstafel)*
~**/vorgemauertes** prefabricated masonry panel
Wandelgang *m* 1. covered walk; couloir; 2. lobby, foyer *(Hotel, Theater)*; 3. ambulatory *(im Kloster)*; prodomos *(römische Baukunst)*
Wandelgarten *m* stroll garden
Wandern *n* migration *(z. B. einer Penetrationsmasse)*
Wanderschalung *f* travelling shuttering (formwork)
Wandfeuchtigkeit *f* wall moisture (humidity)
Wandfläche *f* wall surface
~ **einer Hohlwand** leaf
~**/flache** table
Wandflächen-Fensterflächen-Verhältnis *n* void-solid ratio
Wandfliese *f* wall tile
Wandfliesenbelag *m* wall tiling
Wandfliesung *f* wall (vertical) tiling
Wandfuge *f* wall joint
Wandgehege *n* wall enclosure
Wandgemälde *n* 1. mural, wall-painting; 2. cartoon *(Entwurf für ein Wandgemälde)*
Wandgitterrahmen *m* **für eine Wandverkleidung** wall furring
Wandglasbauelement *n* glass wall building unit
wandgroß wall sized
Wandhaken *m* wall iron (hook)
Wandhalterahmen *m* **für eine Tür** door [buck]
Wandhalterungseisen *n* wall iron (hook)
Wandhandlauf *m* wall [hand]rail *(Treppe)*
Wandheizkörper *m* wall-mounted radiator
Wandheizofen *m***/ eingebauter** wall furnace (stove)
Wandheizung *f* wall heating
Wandhöhe *f***/ freie** wall height
~**/in** flush with the wall
~**/lichte** wall height
Wandhohltafel *f* hollow wall panel
Wandisolierschicht *f* wall damp-proof course
Wandisolierung *f* wall insulation
Wandkachel *f* wall tile
Wandkante *f* wall corner
~**/scharfe** pigeon-hole corner
Wandkantenschutz *m* wall corner guard
Wandkies *m* pit[-run] gravel, as-raised gravel, bank[-run] gravel, run-of bank gravel, all-in gravel *(unklassifiziert)*; natural coarse aggregate
Wandklammer *f* wall tie (clamp), masonry tie
Wandklappbett *n* wall (recess) bed
Wandklappe *f* ventilation [wall] damper *(zur Lüftung)*
Wandkonsole *f* wall bracket
~**/kleine** wall iron (hook)
Wandkopfabdichtung *f* tile creasing
Wandlager *n* bracket pedestal; wall hanger *(Trägeröffnung)*
Wandlampe *f s.* Wandleuchte
Wandlampenarm *m (El)* wall bracket [for a light fixture]
Wandlängsbalken *m* plate
Wandleichtbauplatte *f* wallboard
Wandler *m* 1. *(El)* transformer; 2. transducer *(z. B. für Meßwerte)*
Wandleuchte *f* wall [lighting] fitting, wall lamp
Wandloch *n* eyelet, oy[e]let
Wandlüfter *m* wall vent (fan)
Wandmalerei *f* mural (wall) painting
Wandneigung *f* talus, tallus
Wandoberfläche *f* **mit eingedrückten Kieselsteinen** pebble wall
Wandofen *m***/ eingebauter** wall furnace (stove)
Wandpfeiler *m* [wall] pier, pilaster, wall pillar, attached (blind) pier
~**/anlaufender** pilaster strip
~**/[einfacher] eingebundener** pilaster mass
~ **nahe der Ecke** set-back buttress
Wandpfeilergruppe *f* grouped pilasters
Wandpfeilerseitenfläche *f* pilaster side
Wandpfeilersichtfläche *f* pilaster face
Wandplatte *f* 1. room-sized [wall] panel *(raumgroß)*; wall panel, pan; 2. wall (furring) tile *(Fliesenbelag)*
~ **zwischen Geschoßfenstern** spandrel

Wandplattenbelag *m* wall (hung) tiling
Wandplattenform *f* panel (pan) mould
Wandplattenverkleidung *f* tile hanging *(Verkleidungsarbeiten)*
Wandputzeinfärben *n* wash
Wandregal *n* wall shelf
~/schmales sunk shelf *(eingebaut)*
Wandrippe *f* wall rib *(Gewölberippenende)*
Wandriß *m* wall crack
Wandsäule *f* wall (half) column, semicolumn
Wandschale *f* layer, leaf, tier, wythe *(Hohlwand)*
Wandschalung *f* wall form (shuttering)
Wandschalungsabstandhalter *m* wall [formwork] spacer
Wandschalungsbretter *npl (Am)* sidings *(Außenwandverkleidung)*
Wandscheibe *f* shear (cross) wall
Wandschiefereindeckung *f* hung slating
Wandschieferverkleidung *f* weather slating, slate hanging, hanging shingling
Wandschindel *f* siding shingle
Wandschirm *m* **mit Tafelplatten** panel siding *(als Außenwandbelag)*
Wandschlitz *m* wall channel (slot)
Wandschrank *m* wall cupboard *(s. a.* Wandeinbauschrank*)*
Wandschubspannung *f (Bod)* wall shearing stress
Wandsockelleiste *f*/ **obere** surbase, dado moulding (capping)
Wandsteckdose *f (El)* wall socket, *(Am)* wall outlet [box]
Wandsteife *f* straight jacket *(Versteifungsstützen)*
Wandstein *m* wall building block (tile)
~/verzahnter tusk
Wandstoßleiste *f* chair rail *(in Stuhllehnenhöhe)*
Wandstrahlungsheizung *f* wall panel heating
Wandstrebe *f* [wall] strut
~/temporäre flying (horizontal) shore, flier
Wandstütze *f* wall column (support); wall bracket
Wandstützen *fpl* quartering *(Fachwerk)*
Wandtafel *f* wall panel, [prefabricated] concrete wall panel
Wandtafelbaumethode *f* wall-panel [construction] system
Wandtäfelung *f* 1. wainscot[t]ing, panelling; 2. wainscot, panel
Wandträger *m* wall bearer
Wandunterbrechung *f*/ **vertikale** pan
Wandverankerung *f* wall tying (anchorage)
Wandverbindung *f* blocking
Wandverblendung *f* veneer wall
Wandverfliesung *f* vertical tiling
Wandverformung *f* wall deformation
Wandverglasung *f* wall glazing
Wandverjüngung *f*/ **verzierte** allège *(z. B. unter einem Fenster)*
Wandverkleidung *f* 1. wall covering (lining, facing); 2. panelling, 3. veneer wall *(Täfelung)*; 4. mantle *(an einem Kamin)*
Wandverkleidungsrahmenwerk *n* wall furring
Wandverschalung *f* [wall] sheathing *(Außenwandverkleidung)*
~/gefalzte rebated siding *(Außenwandverkleidung)*
Wandversteifung *f* wall bracing
Wandversteifungspfosten *m* straight jacket
Wandvertiefung *f* wall recess
Wandverzierung *f* wall decoration (ornamentation)
Wandwange *f* wall string
Wange *f* 1. cheek *(z. B. einer Welle)*; 2. string [board], *(Am)* stringer *(Treppenwange)*
~ einer Dachgaupe dormer cheek
~ eines Wehres weir abutment, abutment side wall
~ mit eingestemmten Stufen close string, closed stair string, housed string
Wangenmauer *f* string (staircase) wall, side wall *(Schenkelmauer)*
~/abgetreppte stepped side wall
~/trapezförmige trapezoidal side wall
~/unterschnittene overhanging side wall
Wangenschmiege *f* bevelling cut
Wangentreppe *f* string staircase, *(Am)* stringer staircase
Wanne *f* 1. tank[ing] *(eines Bauwerks zur Wasserisolierung)*; 2. tub, bath[tub] *(Badewanne)*; 3. depression *(Vertiefung im Gelände)*; 4. trough *(Trog)*; 5. *s.* Wannenausrundung
Wannenausrundung *f (Verk)* sag curve *(Kurve)*
Wannendichtung *f*, **Wannengründung** *f* tanking
Wappenschild *n* escutcheon
Ware *f*/ **unsortierte** run
Warenaufzug *m* goods hoist
Wareneingangstür *f* service door
Warenhaus *n* department[al] store *(Kaufhaus)*
Warenlager *n* warehouse; magazine
Warmbad *n* thermal baths; thermae *(öffentliches Bad im antiken Griechenland und Rom)*
Warmbehandlung *f* heat treatment
Warmbiegeversuch *m* hot-bending test
Warmbrüchigkeit *f* hot shortness (brittleness)
Warmdach *n* non-ventilated flat roof
Wärme *f* 1. heat; 2. warmth, warmness *(z. B. von Räumen)*
~/fühlbare perceptible (sensible) heat
~/spezifische specific heat
Wärmeabgabe *f* heat output, heat (thermal) emission
~/maximale entworfene estimated maximum [heat] load *(eines Heizungssystems)*
Wärmeabgabevermögen *n* [thermal] emissivity
Wärmeableiter *m* heat conductor
Wärmeabsorption *f* heat absorption
Wärmeabstrahlfläche *f*/ **vergrößerte** extended [heat radiation] surface
Wärmeaufnahme *f* heat absorption
Wärmeausbreitung *f* thermal diffusion
Wärmeausbreitungsvermögen *n* thermal diffusivity

Wärmeausdehnung *f* heat expansion, thermal expansion (extension)
Wärmeausdehnungskoeffizient *m* coefficient of thermal expansion
Wärmeaustauscher *m* [heat] exchanger
Wärmebeanspruchung *f* thermal (temperature) stress
Wärmebedarf heat requirement
Wärmebedarfs[be]rechnung *f* heat requirement calculation
wärmebehandelt heat-treated
Wärmebehandlung *f* heat treatment; [low-pressure] steam curing *(Beton)*; baking *(z. B. von Holz)*; stoving *(z. B. von Farben)*
Wärmebelastung *f* thermal (heat) load
Wärmeberechnung *f* estimated design load *(eines Heizungssystems)*
wärmebeständig heat-proof, heat-resistant
Wärmebeständigkeit *f* resistance to heat, heat stability, thermal resistivity
Wärmebilanz *f* heat balance
Wärmebindung *f* heat absorption
Wärmebrücke *f* heat (thermal) bridge
Wärmedämmasse *f* heat insulation compound
Wärmedämmatte *f* heat insulation mat (blanket), *(Am)* [heat insulation] batt
Wärmedämmbeton *m* [heat-]insulating concrete
wärmedämmend heat-insulating
Wärmedämmforderung *f* heat insulation requirement
Wärmedämmlage *f* heat-insulating layer (course)
Wärmedämmplatte *f* thermal insulation board, heat-insulating board (sheet), *(Am)* block insulation
Wärmedämmschicht *f* heat insulating layer (course); frost layer
Wärmedämmstoff *m* thermal insulator (insulation material), heat-insulating material
Wärmedämmtapete *f* heat-insulating wallpaper (hanging)
Wärmedämmung *f* thermal (heat) insulation • **mit ~** thermally insulated
Wärmedehnung *f* thermal (heat) expansion, thermal extension (strain)
Wärmedehnungsfuge *f* thermal expansion joint; hiatus *(Ofen)*
Wärmedehnungsriß *m* [thermal] expansion crack
Wärmedehnungszahl *f* coefficient of thermal expansion
Wärmedurchgang *m* heat transmission (transfer), transition of heat; penetration of heat
Wärmedurchgangsdämmschicht *f* thermal barrier (break)
Wärmedurchgangswiderstand *m* thermal resistance
Wärmedurchgangszahl *f* overall heat-transfer coefficient, [air-to-air] heat-transmission coefficient, U-value, coefficient of thermal transmission, thermal transmittance, transmission coefficient; K-value *(Wärmeleitfähigkeit)*
Wärmedurchgangszeit *f* thermal conductance
wärmedurchlässig diathermal, diathermanous; transparent to heat
Wärmedurchlässigkeit *f* diatherma[n]cy; thermal (heat) transmissibility
Wärmeeinheit *f* thermal (heat) unit *(z. B. Kilowatt, Joule)*
Wärmeeinstrahlung *f* absorption of heat radiations
wärmeempfindlich heat-sensitive, sensitive to heat
Wärmeenergie *f* heat energy
Wärmeentwicklung *f* evolution of heat; generation of heat *(Zement)*
Wärmefestigkeit *s.* Wärmebeständigkeit
Wärmefluß *m* **/ spezifischer** thermal transmittance, transmission coefficient, U-value
Wärmegefälle *n* temperature drop
Wärmehaushalt *m* heat balance (economy)
Wärmeisolationselemente *npl* **/ rohrförmige** roll insulation
Wärmeisolationsmaterialhalterung *f* deck clip
Wärmeisolierschüttung *f* **/ lose** granular-fill insulation *(z. B. Schaumstoffflocken)*
Wärmeisolierstoff *m s.* Wärmedämmstoff
wärmeisoliert thermally insulated
Wärmeisoliertafel *f* thermal insulation board
Wärmeisolierung *f* 1. thermal (heat) insulation; 2. lagging [of pipes]
~/gefütterte quilt insulation
~ von Montagehohlräumen fill insulation, partition infilling
Wärmeisolierungsplatte *f s.* Wärmedämmplatte
Wärmekapazität *f* thermal capacity
Wärmekonvektion *f* thermal convection
Wärmekraftwerk *n* thermal power station
Wärmeleistung *f* heat output
Wärmeleiter *m* thermal conductor
Wärmeleitfähigkeit *f* thermal (heat) conductivity
Wärmeleitung *f* heat (thermal) conduction
Wärmeleitvermögen *n* heat (thermal) conductivity
Wärmeleitwert *m* [thermal] conductance
Wärmemenge *f* amount (quantity) of heat
Wärmepumpe *f* heat pump
Wärmequantum *n* quantity of heat
Wärmequelle *f* heat source
Wärmeregler *m* thermostat, temperature controller (sensing device)
Wärmerückgewinnung *f* heat recovery
Wärmeschutz *m* thermal (heat) insulation, heat protection
Wärmeschutzband *n* tape covering
Wärmeschutzglas *n* heat-absorbing glass
Wärmeschutzmittel *n* heat-insulating material
Wärmeschutzverkleidung *f* lagging *(für Rohrleitungen)*
Wärmespannung *f* heat (thermal) stress, temperature stress

Wärmespannungsbewehrung *f* temperature reinforcement (steel)
Wärmespannungsbewehrungsstab *m* temperature stress rod
Wärmespeicherung *f* heat storage (accumulation)
Wärmespeicherungsvermögen *n* heat storage capacity, capacity insulation *(eines Mauerwerks)*
Wärmestopp *m* thermal barrier (break)
Wärmestoßspannung *f* thermal shock
Wärmestrahlung *f* thermal radiation
Wärmestrom *m* flow of heat
Wärmeträger *m* heat carrier, heat-exchanging medium; coolant
Wärmeübergang *m* transmission of heat, thermal transfer
Wärmeübergangszahl *f* heat-transmission (heat-transfer) coefficient
Wärmeübertrager *m* heat exchanger
Wärmeübertragung *f* heat transmission (transfer), heat exchange; heat conduction, convection
~/konvektive thermal convection
Wärmeübertragungszahl *f* coefficient of thermal (heat) transmission
wärmeunbeständig thermolabile, athermanous
Wärmeundurchlässigkeit *f* air-to-air resistance *(einer Wand)*
Wärmeverlust *m* heat loss
~ in Leitungen piping loss *(Heizung)*
Wärmewiderstand *m* thermal resistance; air-to-air resistance *(einer Wand)*
Wärmewiderstandsfähigkeit *f* thermal resistivity
Wärmewirkung *f* heat (calorific) effect
Wärmezufuhr *f* heat input
Wärmezuwachs *m* heat gain *(eines Raums)*
Warmfestigkeit *f* hot strength, high-temperature strength
warmgenietet hot-riveted
warmgewalzt hot-rolled
Warmleim *m* hot glue
Warmluft *f* warm (hot) air
Warmluft... *s. a.* Heißluft...
Warmluftaustritt[s]öffnung *f* warm-air outlet
Warmlufterzeuger *m* air heater
Warmluftheizung *f* warm-air heating system; perimeter heating system
~ mit tiefliegendem (unterem) Luftaustritt *(Am)* Lo-boy, Hi-boy
Warmluftheizungsanlage *f* warm-air heating system
Warmluftkanal *m* warm-air duct
Warmluftofen *m* warm-air furnace
Warmluftschacht *m* warm-air rising duct
~/senkrechter warm-air stack
Warmluftsteigkanal *m* warm-air rising duct
Warmluftumlaufheizung *f* perimeter heating system
Warmluftzwangsumlauf *m* forced-air furnace, warm-air furnace
Warmmiete *f* rent inclusive of heating [charges]
Warmnieten *n* hot riveting
Warmversprödung *f* hot embrittlement
Warmversuch *m* hot test
Warmwalzen *n* hot rolling *(Asphalt)*
Warmwalzoberfläche *f* hot-rolled finish
Warmwalzoberflächenbelag *m* hot-rolled finish
Warmwasserhahn *m* hot-water tap; blending valve *(Mischhahn)*
Warmwasserheizgerät *n* hot-water heater
Warmwasserheizung *f* hot-water heating, low-temperature water heating, *(Am)* hydronics
Warmwasserheizungsanlage *f* hot-water heating system, low-temperature water heating system
Warmwasserleitung *f* hot-water pipeline (supply pipe)
Warmwasserrücklauf hot-water return
Warmwasserspeicher *m* hot-water cylinder (storage tank); thermal storage water heater
Warmwasserspender *m* instantaneous water heater
Warmwasserversorgung *f* hot-water supply (service)
Warmwasservorlauf *m* hot-water flow
Warngerät *n* warning device
Warnlampe *f* warning (alarm) light
Warnvorrichtung *f* warning system
Warnzeichen *n* danger sign
Warren-Fachwerk *n* Warren truss (girder)
Warrenträger *m* Warren (half-lattice) girder
Warte *f s.* Wach[t]turm
Wartebucht *f* waiting bay *(Krankenhaus)*
Wartehalle *f* 1. shelter *(an einer Haltestelle)*; 2. waiting hall (room); departure lounge *(Flughafen)*
warten to maintain, to service; to attend *(pflegen)*
Wartesaal *m* waiting hall
Wartung *f* 1. [routine] maintenance, servicing; 2. attendance, handling *(Bedienung)*
wartungsfrei maintenance-free
Waschbecken *n* wash-basin, washbowl, hand-basin, *(Am)* lavatory basin
~/stehendes pedestal wash-basin
Waschbeckenstützrahmen *m* [wash-basin] chair
Waschbeton *m* washed (scrubbed) concrete, exposed-aggregate concrete
~/abgebürsteter scrubbed concrete
Waschbetonoberfläche *f* washed (rustic) finish
Waschbetonvorsatz *m* scrubbed concrete facing
Wäscheabwurfanlage *f* clothes chute
Wäschekammer *f* linen room
waschen to wash *(z. B. Kies)*
Wäscherutsche *f* laundry (clothes) chute
Wäscheschacht *m* laundry chute *(Hotel)*
Wäschetrockenplatz *m* clothes ground
Wäschewaschbecken *n* laundry tray
Waschhaus *n* wash-house, laundry
Waschkies *m* washed gravel
Waschputz *m* scrubbed plaster, acid-treated plaster
Waschputzeffekt *m* washed (rustic) finish

Waschraum *m* 1. wash[ing]-room; 2. laundry room *(zum Wäschewaschen)*
Waschsand *m* washed sand
Waschterrazzofläche *f* washed (rustic) finish
Wasser *n*/ **adsorbiertes** adsorbed water
~/aggressives aggressive water; deleterious water
~/angelagertes hygroscopic water (moisture)
~/angreifendes *s.* ~/aggressives
~/artesisches artesian water
~/aufbereitetes treated (finished) water
~/chemisch gebundenes combined water, non-evaporable water
~/destilliertes distilled water
~/enthärtetes softened water
~/fließendes running (flowing) water
~/freies free moisture (water)
~/gebundenes bound moisture (water)
~/hartes hard water
~/hygroskopisches hygroscopic water (moisture)
~/kalkhaltiges hard water
~/kohlensäurehaltiges carbonated water
~/oberflächengebundenes adsorbed water
~/stehendes stagnant (dead) water
~/ungebundenes free moisture
~/ungereinigtes untreated (raw) water
~ zur Erdstoffverdichtung water of compaction
Wasserabdichtkitt *m* water putty
Wasserabdichtung *f* 1. waterproofing, waterseal-ing; 2. surface water proofer
Wasserabfluß *m* water drain (culvert), water outlet
Wasserablaß *m* water drain [pipe]
Wasserablauf *m* 1. gulley, water inlet, *(Am)* gully; 2. drip cap *(am Fenster)*
Wasserablaufrinne *f* 1. drip *(Fenster)*; 2. [storm-water] gutter *(Dach)*
Wasserableitlage *f* creasing *(für Sohlbänke)*
Wasserabscheider *m* water separator
Wasserabschlußstandrohr *n* water seal *(Geruch-verschluß)*
Wasserabsenkungsbrunnen *m* absorbing well; waste well *(Senkgrube)*
Wasserabsetzen *n* water gain *(Beton)*
wasserabstoßend water-repellent, hydrophobic
Wasserabtropfrinne *f* drip channel, throat
Wasserabtropfsteinnase *f* dripstone
wasserabweisend water-repellent, hydrophobic
Wasserabweisleiste *f* water bar *(Fenster, Tür)*
Wasseranalyse *f* water analysis
Wasseranlagerung *f* water addition, hydration
Wasseranschluß *m* 1. water supply; 2. tap, *(Am)* faucet *(Wasserhahn)* • **~ haben** to be on the wa-ter mains
Wasseranschlußleitung *f* water-service pipe *(vom Netz zur Wasseruhr)*
Wasseranspruch *m* required amount of water
Wasseranteil *m* proportion of water
wasseranziehend water-attracting, hygroscopic
Wasseraufbereitung *f* water treatment (purification), treatment of water
~ innerhalb des Boilers internal [water] treatment
Wasseraufbereitungsanlage *f* water treatment plant, [water] treatment works
Wasseraufheizungsanlage *f* water back *(hinter einem Kamin)*
Wasseraufnahme *f* water absorption, intake (uptake) of water *(z. B. von Baustoffen)*
~/spezifische *(Bod)* specific yield
Wasseraufnahmemenge *f* absorption rate, rate of absorption *(z. B. von Baustoffen)*
Wasseraufnahmeöffnung *f* scupper [drain] *(Dach)*
Wasseraufnahmeprüfung *f* absorption test
Wasseraufnahmeverlust *m* absorption loss
Wasseraufnahmevermögen *n* water-absorbing capacity; moisture suction *(Erdstoff)*
wasseraufnehmend water-absorbing, hydrophilic
Wasseraufsaugvermögen *n* suction rate *(Ziegel)*
Wasserausgleichbecken *n (Wsb)* equalizing reservoir
Wasserausschwitzen *n* water gain
Wasserband *n* throating fillet
Wasserbau *m* 1. hydraulic engineering, 2. *s.* Wasserbauwerk
Wasserbaubeton *m* marine concrete
Wasserbauingenieur *m* hydraulics (hydraulic) engineer
Wasserbaukunst *f* hydraulic architecture
Wasserbauprojekt *n* hydraulic construction[al] project
Wasserbauwesen *n s.* Wasserbau 1.
Wasserbauwerk *n* hydraulic structure
Wasserbecken *n* water basin; water pool (pond) *(in einem Garten)*
Wasserbeckengarten *m* water garden
Wasserbedarf *m* 1. water demand (requirements); 2. *s.* Wasserbedarfsmenge
Wasserbedarfsmenge *f* required amount of water; supply fixture unit *(infolge definierter Auslaßven-tile in einem Gebäude)*
Wasserbehälter *m* water tank; *(Wsb)* [water] reservoir
wasserbeständig water-resistant
Wasserbeständigkeit *f* water resistance, water-resisting property
Wasser-Bindemittel-Verhältnis *n* water-binder ratio
wasserbindend 1. water-binding; 2. hydraulic *(unter Wasser abbindend)*; 3. *s.* wasseraufneh-mend
Wasserbindevermögen *n* water-binding ability
~/spezifisches *(Bod)* specific [water] retention
Wasserblatt *n* water leaf *(Ornament)*
Wasserboiler *m* boiler; calorifier *(Heizung)*
Wasserbrunnen *m* water well
~/einfacher dug well
Wasserdach *n* spray-pond roof *(wassergekühltes Dach)*
Wasserdampf *m* water (aqueous) vapour, steam [of water], *(Am)* vapor

Wasserdampfaufnahme *f* vapour absorption
Wasserdampfbewegung *f* vapour migration *(Bauelemente, Baustoffe)*
Wasserdampfdiffusion *f* vapour (damp) diffusion
Wasserdampfdurchgang *m* vapour migration *(Bauelemente, Baustoffe)*
wasserdampfdurchlässig permeable to water vapour
Wasserdampfdurchlässigkeit *f* water vapour permeability (transmission)
Wasserdampfdurchlässigkeitskoeffizient *m* coefficient of water vapour permeabilty, perm
Wasserdampfsperre *f* vapour seal
wasserdampfundurchlässig impervious to [water] vapour, water vapour-proof, moisture-proof
Wasserdampfundurchlässigkeit *f* imperviousness to [water] vapour, moisture proofness
wasserdicht watertight, waterproof, impermeable (impervious) to water; shower-proof, rain-proof • ~ **machen** to waterproof • **wieder** ~ **machen** to reproof
wasserdichtend repellent, repelling
Wasserdichtung *f* 1. waterproofing; 2. surface water proofer
Wasserdichtungsflüssigkeit *f* **für Mauerwerk** petrifying liquid
Wasserdichtungslage *f* waterproofing [layer], surface water proofer
Wasserdruck *m* water pressure; hydraulic pressure
Wasserdruckausgleichbecken *n* equalizing reservoir
Wasserdruckhöhe *f* pressure head
Wasserdrucklast *f* water pressure load
Wasserdruckluftsystem *n* pneumatic water supply
Wasserdruckversuch *m* hydraulic test; hydrostatic test *(Rohrprüfung)*
wasserdurchlässig permeable (pervious) to water
Wasserdurchlässigkeit *f* [water] permeability, perviousness
Wasserdurchlässigkeitsprüfer *m* permeameter *(für Erdstoffe)*
Wasserdurchlaßkanal *m* culvert *(z. B. unter Straßen)*
wasserecht fast to water, water-resisting
Wassereinbruch *m* inrush of [underground] water *(z. B. in Baugruben)*; water inflow; blow *(in einen Fangdamm)*
Wassereinlauf *m* intake, water inlet; scupper [drain] *(Dach)*
Wassereinsickerung *f* water seepage, boil *(bei Erdarbeiten)*
Wassereinwirkung *f* water action
Wassereinzugsgebiet *n* water collecting area, drainage catchment
Wasserenthärtung *f* water softening
Wasserenthärtungsmittel *n* water softener, water-softening agent
Wasserentnahme *f* water intake (withdrawal)
Wasserentsalzung *f* water desalination
Wasserentzug *m* dehydration, removal of water
Wassererhitzer *m* [hot-]water heater
Wasserfall *m* 1. waterfall, falls; 2. cascade
Wasserfallrohr *n* [water] conductor
Wasserfassung *f* gathering of water
Wasserfarbe *f* water[-base] paint, *(Am)* watercolor
Wasserfarbenanstrich *m* **/ deckender** gouache
wasserfest water-resistant
Wasserfleck *m* water stain *(z. B. in Putz, Holz)*
Wasserfleckenbildung *f* water spotting; white spots *(in Anstrichen)*
Wasserfleckigkeit *f* water spotting (spots) *(von Anstrichen)*
Wasserflughafen *m* water aerodrome, seaplane airport, flying boat base
wasserfreundlich water-loving
wasserführend water-bearing
Wasserführung *f* regimen *(Fluß)*
Wassergefälle *n* [water] fall
Wassergehalt *m* water content, proportion of water, moisture content
~ **an der Fließgrenze** liquid limit
~**/größter** liquid limit
~ **ohne Volumenverringerung** *(Bod)* shrinkage limit
~**/optimaler** optimum moisture content *(Erdstoff)*
Wassergehaltsstabilisierung *f* **des Mörtels** water retentivity
wassergesättigt water-saturated, waterlogged
Wasserglas *n* water glass, soluble glass
Wasserglasanstrich *m* water-glass coat, glazement
Wasserglasfarbmalverfahren *n* stereochromy *(für Wände)*
Wasserglaskitt *m* water-glass cement (mastic)
Wassergraben *m* 1. [water] ditch; feeder, catch *(Bewässerung)*; gullet *(Baugrubenentwässerung)*; 2. moat *(Burggraben)*
Wassergrabenbefestigung *f* moat *(Burggraben)*
Wasserhahn *m* water tap, *(Am)* [compression] faucet, spigot; bibcock, bib[-tab], bib-valve *(mit horizontaler Wasserzuführung)*
wasserhaltig hydrous, water-containing
Wasserhaltung *f* unwatering, dewatering, draining, [water] drainage
~ **auf Beton** ponding *(zur Nachbehandlung)*
~ **mit Filterbrunnen** well-point pumping
Wasserhaltungsarbeiten *fpl* ground-water lowering work
Wasserhaltungsgraben *m* ditch, furrow; pumping trench; grip *(Dialektwort)*
Wasserhauptleitung *f* water main
Wasserhaushalt *m* 1. water balance; 2. water regime *(eines Flusses)*
Wasserhochbehälter *m* high-level water tank, elevated water tank
Wasserisolierungskonstruktion *f* waterproof construction

Wasserkalk *m* hydraulic lime, hydraulic hydrated lime; blue lias lime *(Liaskalk)*
Wasserkanal *m* 1. water conduit *(offen oder geschlossen)*; irrigation ditch *(Bewässerung)*; 2. *s.* Aquädukt
Wasserkanone *f* hydraulic gun (monitor)
Wasserkante *f* seaboard, bank
Wasserkasten *m* flushing tank, flush box, [toilet] cistern
Wasserklärung *f* water clarification (treatment)
Wasserklosett *n* water closet, W.C., flush toilet, lavatory
~ **mit Hochspülkasten** high-level flush toilet
~ **mit Tiefspülkasten** low-level flush toilet
Wasserklosettbecken *n* toilet pan (bowl), water-closet pan
~ **mit frostsicherer Wasserhaltung** frostproof closet
Wasserkraftwerk *n* hydroelectric power station (plant)
Wasserkunde *f* hydrology
Wasserkunst *f* 1. fountain design; architectural fountain; 2. water fountain, waterwork[s] *(Wasserspiel)*
Wasserlack *m* water varnish
Wasserlagerungsprüfung *f* immersion test *(von Baustoffen)*
Wasserlauf *m* watercourse
~**/offener** open channel
Wasserleitung *f* 1. water-line, water-supply line; water main (piping); 2. *s.* Wasserleitungsrohr; 3. *s.* Aquädukt
~**/öffentliche** public water main
Wasserleitungsrohr *n* water pipe
~**/römisches** fistula
wasserlöslich water-soluble
Wassermangel *m* water shortage, lack of water
Wassermangelsicherung *f* fusible plug *(Kessel)*
Wassermenge *f* **/ abgesetzte** bleeding capacity *(Frischbeton)*
~**/mittlere verfügbare** average available discharge of water
Wassermischbatterie *f* mixer tap, *(Am)* mixing (combination) faucet
Wassermörtel *m* hydraulic mortar
Wassernachbehandlung *f* wet curing *(Beton)*
Wassernase *f* water (weather) drip, throat, drip cap (channel), gorge *(z. B. am Fenster)*
Wassernasenrinne *f* check throat *(z. B. eines Fensterbretts)*
Wassernutzungsrecht *n* **für das ans Grundstück angrenzende Gewässer** riparian right
Wasseröffnung *f* scupper [drain] *(Wand, Brüstung)*
Wasserpfütze *f* water pool, puddle
~**/kleine** *(Am)* birdbath
Wasserpore *f* water void *(Beton)*
Wasserpumpe *f* **für ein Feuerlöschsystem** automatic fire pump
Wasserrad *n* water wheel
Wasserrinne *f* gutter, eaves trough, spouting *(Dach)*; water channel *(Sohlbank)*; draining (discharge) gutter *(Tiefbau)*
Wasserrohr *n* water pipe; main *(Hauptrohr)*
Wasserrohrbruch *m* water-mains burst, burst in a pipe, water-pipe burst
Wasserrohrbrunnen *m* dug well
Wassersack *m* water pocket
Wassersäule *f* water column (head), column of water
Wasserschacht *m* draining shaft; pump shaft *(Pumpe)*
Wasserscheide *f* watershed, water parting, drainage divide, interstream area
Wasserschenkel *m* weather (water) drip, weather (water) bar *(Fenster, Tür)*; throating, throat, drip channel *(Wasserrinne)*; dripstone *(aus Stein oder Ziegel über Tür oder Fenster)*; label *(rechtwinklig, aus Stein oder Ziegel)*
Wasserschicht *f* water layer (stratum); groundwater level *(Grundwasserspiegel)*
~**/gehobene** raised water table
Wasserschieber *m* water sluice valve, sliding valve
~**/entlasteter** balanced gate [valve]
Wasserschieber[straßen]kappe *f* service box, authority's stop cock box
Wasserschlag *m* 1. water hammer *(in Wasserleitungen)*; 2. hood mould, dripstone *(schräge Abdachung von Gesimsen, um Wasser abzuweisen)*
Wasserschlagen *n* water hammer
Wasserschlitzgraben *m* gullet *(Baugrubenentwässerung)*
Wasserschräge *f* sloped coping
Wasserseite *f* *(Wsb)* upstream face
wasserseitig upstream
Wassersimsplatte *f* water table, canting strip
Wasserspeicher *m* water storage tank; cistern
Wasserspeicherung *f* water storage, accumulation of water
Wasserspeier *m* water spout, gargoyle, gurgoyle
Wassersperrdichtung *f* water stop
Wassersperre *f* water barrier; water stop
Wasserspiegel *m* water surface (level, table), phreatic surface
~**/gestauter** banked-up water level
Wasserspiegelunterschied *m* fall step
Wasserspiel *n* architectural (water) fountain; water ramp *(Stufenbecken)*
Wasserspiele *npl* waterwork[s]
Wassersprenganlage *f* **/ automatische** fire-protection sprinkler system
Wassersprengsystem *n* **/ selbsttätiges** automatic sprinkler system, wet-pipe sprinkler system *(bei Feuerlöschanlagen)*
Wassersprüher *m* air washer *(zur Luftreinigung und -befeuchtung)*
Wassersprühsystem *n s.* Wassersprüher
Wasserspülsystem *n* **/ selbsttätiges periodisches** automatic flushing system

Wasserspülung *f (San)* flushing system; [water] flushing
~/selbsttätige flushing-out with water
Wasserstand *m* water-level; sea level
~/hoher high water
~/mittlerer mean water, mean sea level
~/niedrigster low water, lowest [water] level
~/ständiger dead level
Wasserstandsanzeiger *m* water-level indicator
Wasserstandslinie *f* water level (line)
~/höchste [highest] water line *(Zisterne)*
Wasserstandsmarke *f* stream gauge *(zum Messen des Wasserstandes)*
Wasserstandsregeleinrichtung *f* water-level control
Wasserstandsrohr *n* gauge glass
Wasserstau *m* pond *(Anstauen)*
Wasserstaubecken *n* reservoir
Wasserstauen *n* ponding
Wassersteigleitung *f* 1. rising main; 2. water supply stub
Wassersteigleitungsrohr *n* water supply stub
Wasserstoß *n* water hammer *(in einer Wasserleitung)*; impact of water
Wasserstraße *f* waterway
Wasserstufenbecken *n* water ramp
Wassertank *m* water reservoir (tank); cistern *(für WC)*
Wasserturm *m* water tower, overhead water tank
Wasseruhr *f* water meter (gauge)
Wasserumlauf *m* water circulation
Wasserumlaufmenge *f***/ maximale** maximum [water] demand *(in einem Gebäude oder Stadtteil)*
Wasserumwälzpumpe *f* circulating water pump
wasserundurchlässig watertight, waterproof, impermeable (impervious) to water
wasserunlöslich water-insoluble
Wasserverbrauch *m* water consumption
Wasserverdunstungsschale *f* **zur Luftbefeuchtung** pan-type humidifier
Wasserversorgung *f* water supply
~/öffentliche public water supply
~/zentrale central water supply
Wasserversorgungsanlage *f* water-supply system
~ mit Druckluftkessel pneumatic water supply
Wasserversorgungsleitung *f* water-supply line
Wasserversorgungsstelle *f* water-supply point
Wasserversorgungssystem *n* **mit natürlichem Druckgefälle** gravity [water] supply
Wasserversorgungstank *m* **auf dem Dach** attic water tank
Wasserversorgungs- und Abwassersystem *n***/ öffentliches** public system (services), utilities
Wasserversuch *m* hydraulic test *(Undurchlässigkeit von Leitungen)*
Wasserverteilung *f* water distribution
Wasserverteilungsbecken *n* water-distribution reservoir; *(Arch)* castellum *(am Ende eines Aquädukts)*
Wasserverteilungsleitung *f* water-distribution pipe
Wasserwaage *f* water level, spirit (air) level, builder's (carpenter's) level
Wasserwerk *n* waterworks
Wasserwirkung *f* water action
Wasserwirtschaft *f* water resources engineering
Wasserwirtschaftsingenieur *m* water supply engineer
Wasserzement *m* hydraulic cement (binder)
Wasser-Zement-Faktor *m* water/cement ratio, water-cement factor, w/c *(in Beton)*
Wasser-Zement-Paste *f* cement paste
Wasser-Zement-Verhältnis *n s.* Wasser-Zement-Faktor
Wasser-Zement-Verhältnis-Beziehung *f* Abrams' law
Wasserzisterne *f* storage cistern
Wasserzufluß *m* inflow of water
Wasserzufuhr *f* water admission; water supply
Wasserzuführung *f* 1. *s.* Wasserzufuhr; 2. water feed pipe
Wasserzuleitung *f* delivery of water
Wasserzusatz *m* water addition
wäßrig watery, aqueous
Watt *n* mud-flats, tide land
WC *s.* Wasserklosett
WC-Raum *m* **mit Waschbecken** lavatory
Wechsel *m* 1. trimming; 2. *s.* Wechselbalken
Wechselbalken *m* trimmer [joist], trimmer beam, trimmed (trimming) joist; stair trimmer
~/schwerer trimming joist
Wechselbeanspruchung *f* alternating load (stress); reversal
~/reine fully reversed loading
Wechselbelastung *f* alternate loading
Wechselbereich *m* range for alternating stress
Wechselholz *n* timber header
Wechsellage *f* alternate course *(Mauerwerksschicht)*
Wechsellast *f* alternating (changing) load; variable load; oscillator load *(periodisch)*
wechseln 1. to change; to alternate *(periodisch)*; to exchange *(austauschen)*; to replace *(ersetzen)*; 2. to trim *(Balken)*; 3. to move *(Wohnung)*
Wechselquerbalken *m* trimmed joist
Wechselschalter *m (El)* three-way switch, double-throw (double-pole) switch
Wechselsparren *m* valley jack [rafter]
Wechselsprechanlage *f* two-way telephone system, intercommunication [system]
Wechselstab *m* counter brace *(Fachwerk)*
Wechselstrom *m* alternating current, A.C., a.c.
Wechselstromgenerator *m* alternator, a.c. generator
Wechselstück *n* substitute
Wechselwirkung *f* interaction
Weg *m* 1. way; path; road; 2. course *(Verlauf)*; 3. route

~/befahrbarer carriage road; carriageway *(Fahrbahn)*
~/öffentlicher public way
~/privater private way
Wegebau *m* road construction (building), roadmaking
Wegebefestigung *f* pavement
Wegeinfassung *f* path surround
Wegerecht *n (Am)* right-of-way
Wegetor *n*/ **überdachtes** lych-gate, lich-gate *(an Friedhöfen)*
wegnehmen/Pressenkraft to detension *(Spannbeton)*
Wegplatte *f* path tile; pad
wegräumen to clear [away]; to remove *(entfernen)*
wegschneiden to cut away
Wegstrecke *f* 1. stretch [of road]; 2. distance
~/schlechte bad stretch; poor road surface
Wegüberführung *f* overpass, upperbridge, overbridge
Wegübergang *m* [line] crossing; level crossing *(in gleicher Höhe)*
Wegunterführung *f* underpass, undergrade crossing, underbridge
Wegweiser *m* sign, signpost *(für Straßen)*
Wehr *n (Wsb)* weir, [overflow] dam; overfall *(Überlauf)*
~/bewegliches movable weir (dam)
Wehrbreite *f* length of dam (weir)
Wehrgang *m (Arch)* walk along the battlements, wall walk; alure *(veraltet)*
Wehrhaus *n (Arch)* fortified house; bastel house
Wehrkanal *m* weir canal
Wehrkante *f* weir crest
Wehrkirche *f (Arch)* fortified church
Wehrklappe *f* stop-plank [of a weir]
Wehrkrone *f* weir crest
Wehrpfeiler *m* weir pier
Wehrrücken *m* weir crest, back of dam (weir)
Wehrschwelle *f* weir sill
Wehrturm *m (Arch)* fortified (round) tower, dungeon; peel tower *(an der schottisch-englischen Grenze)*
Wehrverschluß *m* weir shutter, [sluice] gate
weich 1. soft; 2. non-rigid, elastic *(z. B. Kunststoffe)* • ~ **machen** to soften • ~ **werden** to soften
Weichbeton *m* high-slump concrete, buttery concrete
Weichbitumen *n* soft bitumen (asphalt)
Weiche *f* switch, [rail] point *(Eisenbahn)*
Weichfaserplatte *f* soft board
weichgebrannt soft-burnt *(Ziegel, Kachel)*
Weichglas *n* soft glass
Weichgummi *m* [soft] rubber
Weichholz *n* softwood, conifer[ous] wood, deal
Weichholzklasse *f*/ **niedrigste** wrack wood
Weichkalkstein *m*/ **toniger** caliche
Weichlot *n* [soft] solder, tin[-lead] solder
weichlöten to soft-solder
Weichlötverbindung *f* soft-soldered joint, wiped joint
weichmachen to soften; to plasticize *(bes. Kunststoffe)*
Weichmacher *m* softener, softening agent; plasticizer, plasticizing (plastifying) agent *(bes. für Kunststoffe)*; larry *(für Beton)*
Weichmacherspaten *m* larry *(z. B. für Mörtel)*
Weichmetallklopfen *n* bossing
Weichziegel[stein] *m* soft brick; rubber *(porös)*; cutter; salmon brick *(lachsfarben)*; chuff (place) brick *(Ausschußstein)*
Weide *f* 1. willow *(Weidenholz)*; 2. pasture; meadow *(Wiese)*
Weiher *m* pool, pond
Weiler *m* hamlet, small village
Weinkeller *m* 1. wine cellar, vine vault; pitcher house *(veraltet)*; 2. wine bar, tavern *(Ausschank)*; 3. buttery *(Weinausschank in einem englischen College)*
Weinrankenverzierung *f*, **Weinrebenornament** *n* vignette, vinet, pampre, trayle
Weiß *n* white *(Farbe)*
~/getöntes broken white, off-white
Weißbeton *m* white concrete
Weißblech *n* tinplate *(Grobblech)*; tinned steel sheet *(Feinblech)*; terne plate *(Dachdeckung)*
Weißblechdach[ein]deckung *f* tin roofing
Weißbuche *f* hornbeam, common beech
Weißbuchenholz *n* hornbeam
Weißbürste *f* stock brush
weißen to whiten, to whitewash, to limewash, to limewhite *(tünchen)*
Weißfäule *f* white rot *(Holz)*
Weißfeinkalk *m* dry hydrate [lime]
Weißglas *n* flint glass, white flint
Weißkalk *m* white (high-calcium) lime, fat (rich) lime
Weißkalkanstrich *m* calcimine
Weißkalktünche *f* lime paint
Weißpappel *f* white poplar, silverleaf
Weißpigment *n* white pigment, silver white
Weißtünche *f* whitewash
Weißwerden *n* blushing *(von Lacken)*
Weißzement *m* white [Portland] cement, snowcrete; Keene's cement, tiling plaster
Weißzuschlagstoff *m* white aggregate
Weite *f* 1. width, breadth *(einer Öffnung)*; 2. *s.* Spannweite; 3. distance, range
~/lichte clear width (distance), clear span; inside width (diameter) *(Rohrinnendurchmesser)*; bearing distance *(Spannweite)*
weiten to widen; to expand *(ausdehnen)*
weitgespannt long-span, wide-span
weitmaschig wide-meshed, coarse-meshed
weiträumig spacious; roomy *(z. B. ein Haus)*
Weiträumigkeit *f* spaciousness; roominess
weitsäulig *(Arch)* diastyle *(dreisäuliger Abstand antiker Tempel)*

Weitspannbalken *m* large-span beam, wide-span beam
Weitspannbogen *m* long-span arch
Weitspanndeckenplatte *f* large-span floor slab
Weitspannkonstruktion *f* long-span construction
Weitspannrahmen *m* wide-span frame
Weitspannschale *f* wide-span shell
Weitung *f* 1. widening, stretching; 2. strech
Wellakustiktafel *f* corrugated acoustic panel
Wellaluminium *n* corrugated aluminium
Wellasbest *m* corrugated asbestos
Wellblech *n* corrugated sheet (metal); corrugated iron [sheet]
Wellblechspundwand *f* corrugated iron sheet-piling
Welleisenhalter *m* corrugated fastener
Wellenband *n* running dog *(Ornament)*
Wellenbogen *m (Arch)* ogee arch
Wellenbrecher *m* breakwater, jetty, groyne; wave breaker; mole
Wellendach *n* ogee roof
Wellenlinienzierkante *f* nebulé (nebuly) moulding *(Ornament)*
Wellenmuster *n* 1. wave pattern *(Ornament)*; 2. ripple finish *(Anstrich)*
Wellennagel *m* corrugated fastener, dog nail
Wellenornament *n* wave (undulating, undé, undy) moulding
Wellenschalendach *n* waved shell roof
Wellentafel *f* corrugated sheet (panel)
Wellenverzierung *f s.* Wellenornament
Wellerwand *f* half-timbered loam wall
wellig wavy, undulating *(z. B. Gelände)*; uneven *(uneben)*; corrugated, rippled; kinky
Welligkeit *f* waviness; unevenness *(Unebenheit)*; corrugation
Wellkrampe *f* corrugated fastener
Wellkunststoff *m* corrugated plastic
Wellpappe *f* corrugated board (paper)
Wellplatte *f* corrugated sheet
Wellplattenbedachung *f* corrugated roofing
Wellpoint-Grundwasserabsenkungsanlage *f* well-point system
Wellrohr *n* corrugated pipe
Welltafel *f s.* Wellentafel
Weltstadt *f* metropolis, cosmopolitan city
Wendeflügelfenster *n s.* Drehfenster mit Mitteldrehpunkt
Wendeflügeltür *f* vertically pivoted door
Wendel *f* spiral, helix
Wendelrampe *f* spiral ramp, helicline
Wendelstufe *f* [kite] winder, radial (turret) step
Wendeltreppe *f* spiral stair[s], spiral (winding) staircase, spindle (screw, newel) stairs; caracole, cockle stair, cochlea *(schneckenförmig)*
~/enge turnpike stair
~ mit offener Spindel helical (circular) stair, open-newel (open-well) staircase
~ mit tragendem Treppenpfosten solid-newel stair
Wendeltreppenstufe *f* circular stair
Wendeltreppenturm *m* stair turret (tower), cochlea
Wendeplatz *m* turning area (place), swinging area
Wendepunktmarkierungssäule *f* **einer Wettkampfbahn** meta *(römische Arena)*
Wendung *f* turn, turning *(Treppe)*
Wenko-Decke *f* Wenko reinforced block floor
werfen/sich to warp *(z. B. Holz)*; to buckle *(z. B. Straßenbelag)*
Werft *f* shipyard, shipbuilding yard
Werg *n* 1. oakum, tow *(Flachs- oder Hanfabfall)*; 2. *s.* Wergdichtung
Wergdichtung *f* rope [caulk], oakum thread
Werk... *s. a.* Werks...
Werkbahn *f* industrial (works) railway
Werkbank *f* work-bench, shop bench
Werkbankarbeit *f* benchwork
Werkgebäude *n* industrial (factory) building
Werkgelände *n* works (factory) premises, works area
Werkhalle *f* factory building, factory hall (shed); [work]shop, production shop
Werkkantine *f* works (factory) canteen
Werkküche *f* works kitchen (canteen)
Werkmontage *f* workshop erection
Werks... *s. a.* Werk...
Werksfertigung *f* production in a prefabrication plant, off-site casting *(z. B. von Betonfertigteilen)*
Werksprüfung *f* fabricator's (manufacturer's) test
Werkstatt *f* 1. [work]shop *(Handwerker)*; production (factory) shop; 2. *s.* Atelier
Werkstattanstrich *m* shop painting *(Stahlbau)*
Werkstattarbeit *f* benchwork
Werkstätte *f s.* Werkstatt 1.
Werkstattfertigung *f* shop work (production)
Werkstattmontage *f* workshop assembly
Werkstattnaht *f* shop weld *(Schweißnaht)*
Werkstattniet *m* shop rivet
Werkstattschweißnaht *f* shop weld
Werkstattverbindung *f* workshop connection
Werkstattzeichnung *f* [work]shop drawing; operation drawing
Werkstein *m* 1. quarry stone (block), ashlar *(Naturstein)*; 2. *s.* Betonwerkstein
~/geschnittener ashlar, hewn stone
Werksteinbogen *m* ashlar arch
Werksteine *mpl***/ behauene** hewn (shaped) stonework
~/zugerichtete shaped stonework
Werksteinklebeverbindung *f* epoxy weld
Werksteinmauerwerk *n* ashlar masonry (work), ashlaring
Werksteinpfeiler *m* ashlar pier
Werksteinreihe *f* [ashlar] cordon
Werksteinverkleidung *f* ashlar [stone] facing
Werksteinverkleidungsstützholz *n* oxter piece
Werkstoff *m* material *(s. a. unter* Material*)*
~/geschichteter laminate, laminated material
~/keramischer ceramic material
~/plattierter clad material

~/poröser porous material
Werkstoffehler *m* material defect (flaw)
Werkstoffeigenschaft *f* material property
Werkstoffestigkeit *f* strength of materials
Werkstoffprüfung *f* 1. materials testing, examination of materials; 2. specification test
Werkstofftechnik *f* materials engineering
Werkstoffuntersuchungslaboratorium *n* material[s] testing laboratory
Werkstoffverhalten *n* material behaviour
Werkstück *n* work[piece]
Werkswohnung *f* company[-owned] flat, *(Am)* company apartment; workman's dwelling *(Arbeiterwohnung)*
Werkverbindungsbrücke *f (Am)* interplant bridge
Werkverkehr *m* works traffic
Werkzeug *n* tool, instrument
~/hartmetallbestücktes cemented-carbide tipped tool
Werkzeugschaft *m* [tool] shank
Wertarbeit *f* high-quality (high-class) workmanship
Wertsteigerung *f* increase in value, increment of value
Wertung *f* evaluation, assessement
Westwerk *n (Arch)* westwork *(Vorbau einiger romanischer Basiliken)*
Wettbewerb *m* competition • **an einem ~ teilnehmen** to take part in a competition
Wettbewerbsarbeit *f* competition design
Wettbewerbsbedingungen *fpl* terms of a competition
Wettbewerbsbeitrag *m* competition entry
wetterbeständig weather-resistant; weatherproof, weathertight
Wetterbeständigkeit *f* weather resistance, resistance to weather[ing]; exterior (outdoor) durability; weatherproofness
Wetterdach *n* shelter; awning *(Vordach)*; hood *(Schutzdach)*
Wetterfahne *f* weather vane
wetterfest *s.* wetterbeständig
wettergeschützt weather-protected, weather-proof
Wetterhahn *m* weathercock, weather vane
Wetterhahnblatt *n* vane
Wetterrichtung *f* **[/vorherrschende]** prevailing weather
Wetterschacht *m* air-shaft, ventilation shaft, air well
Wetterschenkel *m* weather (water) bar
Wetterschutz *m* waterproofing [coating] *(Fassadenanstrich)*
Wetterschutzabdeckung *f* weathering [protection]
Wetterschutzdichtung *f***/ innere** weather back
Wetterschutzfugenleiste *f* weather strip
Wetterschutzhaube *f* radar-dome, radome *(für Radarantennen)*
Wetterschutzverkleidung *f* **mit Schiefer** weather slating; slate hanging
~/starke pressure weather stripping
Wetterseite *f* weather side (face); air-side face *(einer Talsperre)*
Wetterseitenfläche *f* weather side surface
Wetterseitenwandfläche *f***/ zurückgesetzte** sunk weathered surface
Wetterwarte *f* weather station, observatory
Wetterwiderstandsfähigkeit *f* weather resistance
wetzen to whet, to sharpen
Wetzstein *m* whetstone, hone; oilstone
Wichte *f* specific weight, weight density
Wickellötstelle *f* Britannia joint, winding joint, wrapped and soldered joint
Wickelmaschine *f* wire-winding machine, preloading machine *(Spannbeton)*
wickeln to wind, to coil; to twist
Widder *m* ram
~/hydraulischer hydraulic ram
Widerhaken *m* barb
Widerhakenbolzen *m*, **Widerhakennagel** *m* barb bolt
Widerhall *m* echo, reverberation
Widerlager *n* abutment, butment
~/abgetrenntes stepped abutment
~/aufgelöstes hollow abutment
~/blindes blind (secret) abutment
~/geschlossenes close abutment
~/rechteckiges rectangular abutment
~/trapezförmiges trapezoidal abutment
~/unterdrücktes dead abutment
~ von Tragkonstruktionen abutment of corbel *(aus Stein)*
~/vorspringendes projecting abutment
Widerlagerdruck *m* support pressure
Widerlagerflügel *m* [abutment] leaf
~/schräger splayed retaining wing
Widerlagerhinterfüllung *f* abutment fill
Widerlagerkachelstreifen *m***/ schräger** tile listing of abutment
Widerlagermauer *f* abutment (supporting) wall
Widerlagermauerwerk *n* abutment masonry
Widerlagerpfeiler *m* abutment pier
Widerlagerschicht *f* vaulting course
Widerlagerstein *m* abutment stone; bearing pad; shearing block *(Plattendecke)*
Widerstand *m* 1. resistance *(mechanisch, elektrisch)*; 2. obstacle *(Hindernis)*; 3. *(El)* resistor *(Bauteil)*
widerstandsfähig resistant, resisting, stable; strong *(fest)*; fast *(beständig)* • **~ sein gegen** to resist
~/wenig of poor resistance; brashy, short-grained *(Holz)*
Widerstandsfähigkeit *f* resistance, stability; fastness; sturdiness *(Robustheit)*
Widerstandsheizung *f* resistance heating
Widerstandskraft *f* resisting force
Widerstandslöten *n* resistance brazing
Widerstandsmoment *n* moment (modulus) of resistance, resisting moment, elastic modulus; section modulus (factor) *(des Querschnitts)*

~/polares section modulus of torsion
Widerstandsregler *m (El)* rheostat
Widerstandsreibung *f* resistance of friction *(Pfahlgründung)*
Widerstandsschweißen *n* resistance welding
widerstehen to resist, to withstand
Wiederaufbau *m* rebuilding, reconstruction; redevelopment *(Siedlungsbau)*
wiederaufbauen to rebuild, to reconstruct; to redevelop
Wiederaufbereitung *f* to remanufacture; retempering *(z. B. von Beton)*
Wiederausschreibung *f* renewed calling for tenders
Wiederbedachen *n* reroofing
Wiederbelastung *f* reloading
Wiedergeburtsarchitektur *f* Revival architecture *(19. Jahrhundert)*
wiedergewinnen to recover; to regenerate
wiederherstellen to restore, to rehabilitate; to renovate
Wiederherstellung *f* restoration; rehabilitation *(Sanierung)*
~ **von Asphaltbetonstraßendecken** asphalt pavement recycling *(spezielles in-situ-Verfahren)*
Wiederholstreubereich *m* repeatability range *(Baustoffprüfung)*
Wiederplastischmachen *n* remoulding *(Beton)*
wiederverwendbar reusable
Wiederverwendung *f* reuse; re-employment, recycling *(z. B. von Baustoffen)*
~ **von Asphaltaufbruch** asphalt pavement recycling *(Altasphalt)*
wiegen to weigh *(eine Masse haben)*; to weigh [out]
Wiese *f* meadow; grass, lawn
Wiesenkalk *m* bog lime
Wildbach *m* torrent, runnel
Wildbachverbauung *f* torrent damming
Wilddachschiefer *m* rustic slate
Wildtraß *m* mineral trass *(vulkanische Tuffart)*
Wimperg[e] *m (Arch)* Gothic gable, canopy *(gotischer Ziergiebel über Portalen und Fensteröffnungen)*
Windabfang *m* draught screen
Windangriffsfläche *f* wind area, surface exposed to the wind
Windauftrieb *m* wind uplift *(Dach)*
Windauslenkung *f* **eines Gebäudes** drift
Windauslenkungsindex *m* drift limitation (index) *(pro Geschoßhöhe)*
Windaussteifung *f* wind bracing
Windbeanspruchung *f* wind stress
Windbelastung *f* wind loading
Windblende *f* wind screen
Windbrett *n* weather (side) board, gable board *(am Giebel)*
Windbruchholz *n* rolled timber, wind-fallen wood
winddicht windtight, windproof
Winddichtstreifen *m* window bar (guard)
Winddruck *m* wind pressure
Winddruckkraft *f* wind pressure force
Winddruckprüfung *f* static test *(für Fenster, vorgehängte Wände)*
Winddruckträger *m* wind brace
Winddruckverteilung *f* wind pressure distribution
Winddruckwassertank *m* air-water storage tank
Winde *f* winch, windlass; hoist, jack *(Hebevorrichtung)*; reel *(Haspel)*
Windeisen *n* 1. tap wrench *(Werkzeug)*; 2. saddle bar *(bei bleiverglasten Fenstern)*
winden 1. to hoist *(hochziehen)*; to jack up *(aufbokken)*; 2. to wind *(aufwickeln)*
Windfahne *f* wind vane; cock
Windfang *m* 1. wind screen *(Wand)*; 2. draught preventer (excluder) *(eines Schornsteins)*
Windfangtür *f* porch (storm) door
Windfeder *f* gable (weather) board *(am Giebel)*
Windgeschwindigkeit *f* wind velocity (speed)
Windgeschwindigkeitsmesser *m* anemometer
Windhaube *f* chimney cowl *(Schornstein)*
Windkanal *m* wind tunnel
Windkappe *f* lid of stack *(Schornstein)*
Windkasten *m* wind box *(Heizung)*
Windkessel *m* air vessel (chamber, box)
Windkraft *f* 1. wind power; 2. *s.* Windlast
Windkraftwerk *n* wind[-driven] power station
Windlast *f* wind load[ing]; lateral load
Windlastmoment *n* wind load moment
Windrichtung *f* wind direction
Windrichtungsflügel *m* [wind] vane
Windrispe *f* sprocket, cocking piece *(Sturmlatte bei Dächern)*
Windriß *m* **im Holz** wind shake *(während des Wachsens)*
Windscheibe *f* shear wall *(Wand)*
Windschirm *m* wind (draught) screen
Windschubmoment *n* wind shear moment
Windschutz *m* wind screen
Windschutzkeller *m (Am)* cyclone cellar
Windschutzleiste *f* windbreak, wind stop *(Fenster, Tür)*; blind stop *(am Fensterrahmen)*
Windschutzvorrichtung *f* wind guard
Windschwankungsfaktor *m* drift limitation (index) *(pro Geschoßhöhe)*
Windstandfestigkeit *f* wind stability
Windstrebe *f* wind brace
Windstrebenflansch *m* wind braced boom
Windstrebengurtung *f* wind braced boom
Windung *f* 1. turn, winding *(z. B. einer Schraube)*; 2. bend, curve *(z. B. einer Straße)*; meander *(eines Flusses)*
Windverband *m* wind bracing, sway bracing, transverse (lateral) bracing
~/oberer top lateral bracing
Windverbandanschluß *m* wind brace connection
Windverhältnisse *npl* wind conditions
Windverspannung *f s.* Windversteifung
Windversteifung *f* wind bracing

Wind-Wasser-Druckprüfung *f* static test *(Fenster, Außenwände)*
Windwirkung *f* wind effect; suction effect
Winkel *m* 1. angle; 2. try (back) square *(Anschlagwinkel)*; triangle *(Zeichendreieck)*; 3. corner *(Ecke z. B. in der Wohnung)*; 4. *s.* Winkelstück
~ der Holzfaser zur Schnittkante grain slope *(Bauholz)*
~/einspringender reentrant angle
~/rechter right angle • **nicht im rechten ~** askew
~/schiefer oblique angle
~/spitzer acute angle
~/stumpfer obtuse angle
~/vorspringender projecting angle
Winkeländerung *f* angular deformation
Winkelankerbolzen *m (Hb)* angle bond
Winkelauflage *f* angle bracket
Winkelaussetzmesser *m* protractor *(Winkelmeßgerät)*
Winkelaussteifung *f* angle stiffening, knee brace
Winkelband *n* angle hinge (brace) *(Bandholz)*
Winkeldruckstab *m* angle strut
Winkeleckleiste *f* nosing
Winkeleisen *n s.* Winkelstahl
Winkelfenster *n* splayed window *(im Verhältnis zur Wandfläche)*
Winkelfitting *n* **mit Auflage** rest bend
Winkelfülleiste *f* angle fillet
Winkelhebel *m* bell crank, angle lever
Winkelholz *n* knee piece *(Dach)*
Winkelklammer *f* angle cleat (clip)
Winkellasche *f* knee brace; corner assembling *(Winkelverbindung)*
Winkellehre *f* angle gauge; *(Hb)* angle board
Winkelleiste *f* angle bead (fillet), angle stile *(Viertelstab)*
Winkelmaß *n* angular measure
Winkelmesser *m* protractor; *(Verm)* goniometer, angle gauge; quadrant *(für Höhenwinkel)*
Winkelmessung *f* measurement of angles; *(Verm)* goniometry
~/abschnittweise (repetitionsweise) repetition angular measurement
Winkeloberschwelle *f* angle lintel
Winkelpodest *n* quarter-space landing, quarterpace *(Treppe)*
Winkelprofil *n* angle [section]
~/gleichschenkliges equal angle [section]
Winkelpunkt *m* angular point
Winkelreibebrett *n* angle float
Winkelschiene *f* set square
Winkelrohrstück *n* elbow, [service] ell
Winkelschrauber *m* offset screwdriver
Winkelschweißen *n* angular welding
Winkelschutz *m* angle guard
Winkelsetzwaage *f* level square
Winkelspiegel *m* mirror (optical) square, goniometer
Winkelstahl *m* steel angle, angle section (iron, bar), L-iron, structural [steel] angle
Winkelstein *m* angle quoin (block) *(Eckblock)*
Winkelstoß *m (Hb)* angle joint; angular joint *(Schweißverbindung)*
Winkelstrebe *f* angle brace (tie)
Winkelstück *n* elbow, knee *(z. B. bei Rohren)*
Winkelsturz *m* angle lintel
Winkelstütze *f* angle bracket (buttress)
Winkelstützmauer *f s.* Winkelstützwand
Winkelstützwand *f* angular retaining wall, cantilevered [retaining] wall; wall with horizontal slab; counterfort wall *(bei Stützwänden oder Dämmen)*; buttress wall *(Strebewand)*
Winkelträger *m* L-beam
Winkeltreue *f* isogonality *(einer Darstellung)*
Winkelüberlappungsverbindung *f (Hb)* end lap joint
Winkelventil *n* corner (angle) valve
Winkelverbindung *f* angular fish, corner assembling *(Winkellasche)*; toggle joint *(Kniegelenk)*
Winkelverbindungsstück *n* connecting angle
Winkelverlaschung *f* angle butt strap
Winkelverstärkung *f* angle stiffening
Winkelversteifung *f* 1. angle stiffening; 2. angle cleat (clip) *(Winkelklammer)*
Winkelwulstprofil *n* bulb angle (iron)
Winkelziegel *m* angle quoin (brick)
winklig angular, angled
Winterbau *m* winter construction
Winterbetonieren *n* winter concreting
Winterdienststreugerät *n* winter gritting machine
Winterfenster *n* winter window, outside window
Winterfestmachung *f* winterizing
Wintergarten *m* winter garden
Winterschutzvorbau *m* storm porch
Wintertür *f* weather (storm) door
Wippdrehkran *m* level-luffing crane
Wippe *f* saucisse *(Faschinenwurst)*
Wippkran *m* luffing crane *(mit veränderlichem Radius)*
Wirbel *m* 1. eddy, whirlpool *(im Wasser)*; vortex *(Strömung)*; 2. *s.* Fensterwirbel
Wirbelmaserung *f* swirl *(Holz)*
wirbeln to whirl, to swirl, to eddy
Wirbelströmung *f* rotary (rotational) flow, eddy current (flow), turbulent flow
Wirbelsturm *m* cyclone
wirken 1. to act *(z. B. ein Mittel)*; 2. to effect *(Auswirkung haben)*
wirkend/chemisch chemically acting
Wirkstoff *m* [active] agent; additive *(Zusatz)*
Wirkung *f* action; effect *(Ergebnis)*
~/biochemische biochemical action
~/mechanische mechanical action
Wirkungsgrad *m* efficiency [of action]
~/thermischer thermal efficiency *(Heizung)*
Wirkungshöhe *f* effective depth *(Stahlbeton)*

Wirkungsquerschnitt *m*/ **gesamter** total cross-section
Wirtschaftsgebäude *n* service building; farm building *(Landwirtschaft)*
Wirtschaftshof *m* farmyard *(landwirtschaftlich)*
Wirtschaftsweg *m* rural road
Wirtshaus *n* inn; pub *(in England)*; *(Am)* saloon
Wischtuch *n*/ **getränktes** tack rag *(Anstrich)*
witterungsbeständig *s.* wetterbeständig
Wochenausweis *m* progress report *(Baufortschrittsmeldung)*
Wochenendhaus *n* weekend house (bungalow, cottage)
Wochenendhausgegend *f* weekend house area
Wöhler-Kurve *f* Wöhler curve, stress-number (S-N) curve, stress-cycle curve
Wohnbaracke *f* living hut
Wohnbau *m* residential building *(Gebäude)*
Wohnbauland *n* land for housing construction
Wohnbelegung *f* occupancy rate
Wohnblock *m* block of flats, *(Am)* apartment block (house)
Wohnblockbau *m* flat construction, *(Am)* apartment construction
Wohnblocktyp *m* housing block type
Wohndichte *f* housing (living) density
Wohneinheit *f* residential (housing) unit, living unit *(Am)* dwelling unit; rental unit *(Mietwohnung)*
~/alleinstehende detached dwelling *(im Zweifamilienhaus)*
Wohnfläche *f* floor area, living space
Wohngebäude *n* residential building, *(Am)* apartment building *(s. a.* Wohnhaus*)*
Wohngebäude *npl*/ **enggruppierte** cluster housing
Wohngebäudeart *f* type of residential building
Wohngebiet *n* residential (housing) area; living area
~/dichtes (dichtbesiedeltes) heavily developed (populated) area
Wohngeld *n* rent rebate
Wohngemeinschaft *f* people sharing a flat
Wohngeschoß *n* residential floor (storey), *(Am)* apartment story
Wohngroßblock *m* superblock
Wohnhaus *n* dwelling [house], residential (dwelling) building, house; home *(Eigenheim)*
~/fünf- bis siebenstöckiges *(Am)* dumbbell tenement *(in New York vor 1901)*
~/großes mansion *(Herrenhaus)*
~ mit versetzter Geschoßebene split-level house
Wohnhauseingang *m* [residential] building entrance
Wohnhauskellergeschoß *n (Am)* English basement
Wohnhausweg *m* local road
Wohnheim *n* hostel; hall of residence *(für Studenten in England)*; *(Am)* dormitory; home *(für Senioren)*
Wohnhochhaus *n* high-rise block, tower block; residence tower
Wohnkolonie *f* 1. housing estate *(Siedlung)*; 2. cottage community *(Eigenheim)*; *(Am)* nesting *(meist auf freiem Gelände)*
Wohnkomfort *m* modern conveniences, mod cons; amenities *(Folgeeinrichtungen)*
Wohnkomplex *m* housing estate; community unit, neighbourhood [unit], *(Am)* residential neighbourhood unit
~ mit guten Folgeeinrichtungen housing estate with high-standard public amenities, high amenity district
Wohnküche *f* kitchen-cum-livingroom, dining kitchen; multipurpose kitchen
Wohnlage *f* residential location
Wohnlager *n* residential camp
Wohnlandschaft *f* landscaped interior (area)
Wohnlaube *f* garden house
wohnlich homely; snug, cosy
Wohnnotunterkunft *f* emergency accommodation
Wohnort *m* plack of residence
Wohnraum *m* 1. living space, habitable room *(für Wohnzwecke)*; 2. *s.* Wohnzimmer
~/halboffener lanai *(verandaartiger Wohnraum auf Hawaii)*
Wohnrecht *n* easement
Wohnschlafzimmer *n* bed-sitting-room, bed-sitter
Wohnsiedlung *f* [housing] estate
Wohnsilo *n* concrete (residential) block, [anonymous] tower block
Wohnsitz *m* 1. domicile; 2. permanent (legal) address
~/alter spanischer cabaña
~ mit Nebengebäuden und Gartenland messuage *(juristischer Begriff)*
Wohnstraße *f* local (residential) street
Wohntrakt *m* residential unit (portion)
Wohnturm *m* tower (tall) block; residence tower, *(Am)* apartment tower
Wohnung *f* flat, *(Am)* apartment; dwelling [unit]; residential unit; rental unit *(Mietwohnung)* • **die ~ wechseln** to move home (to a new flat)
~ im alten Rom und Griechenland *(Arch)* procoeton
~ mit einer Nachbarwohnung semidetached dwelling *(im Doppelhaus)*
~/moslemische bayt *(für eine Familieneinheit, z. B. Beduinenzelt, Hütte oder auch Haus)*
Wohnungsamt *n* housing office
Wohnungsanschluß *m* residence telephone
Wohnungsbau *m* housing (domestic) construction, residential building; home building, housebuilding; housing work
~/industrieller industrialized housing (domestic) construction
~ in Großplattenbauweise large-panel housing construction, *(Am)* panellized housing

~/sozialer public housing [construction], social (publicly assisted) house building
Wohnungsbaubehörde *f* housing authority
Wohnungsbaugebiet *n* housing construction area, housing development area
Wohnungsbaugesellschaft *f* housing association
Wohnungsbauprogramm *n* housing programme
Wohnungsbauprojekt *n* housing project, housing scheme (development)
Wohnungsbausubstanz *f* housing stock *(Bestand)*
Wohnungsbauten *pl* housing
Wohnungsbauvorhaben *n* housing project (scheme)
Wohnungsbedarf *m* housing requirement (demand)
Wohnungsbesetzer *m* squatter
Wohnungsbestand *m* housing stock
Wohnungseigentümer *m* owner-occupier
Wohnungseinheit *f* housing unit, rental unit, *(Am)* dwelling unit
Wohnungseinrichtungsgegenstände *mpl* **/ fest ein- und angebaute** *s.* ~/nichtbewegliche
~/nichtbewegliche fixtures and fittings
Wohnungsgebäude *n* residential building, *(Am)* apartment building
Wohnungsinhaber *m* resident, user, occupant
wohnungslos homeless
Wohnungsmakler *m* [real] estate agent
Wohnungsmangel *m* housing shortage
Wohnungsmarkt *m* housing market
Wohnungsmiete *f* rent
Wohnungsmieter *m* tenant
Wohnungspolitik *f* housing policy
Wohnungstrennwand *f* party (parting) wall, common wall *(zweier angrenzender Häuser)*
Wohnungsuntersuchung *f* housing survey *(Erhebung)*
Wohnungsverwaltung *f* housing authority
Wohnungswesen *n* housing
Wohnungszubehör *n* internal fittings
Wohnunterkunft *f* living quarters, accommodation
Wohnverhältnisse *npl* 1. housing conditions *(Wohnungssituation)*; 2. living conditions *(einer Familie)*
Wohnviertel *n* residential quarter (area), residential neighbourhood unit; housing estate
Wohnwagen *m* caravan, *(Am)* [accommodation] trailer
Wohnweg *m* local road
Wohnzimmer *n* living room; sitting room *(Aufenthalt der Familie in größeren Wohnungen)*, *(Am, sl)* keeping room
Wölbdach *n* bent roof
wölbdeckenförmig, wölbedachförmig forniciform
wölben 1. to vault, to arch, to crown, to camber *(Bogen)*; 2. to curve; to bend *(Blech)*; 3. to camber *(Straße)*
~/sich to hump; to camber *(z. B. Straßen)*
Wölbfuge *f* voussoir joint
Wölbsteinverband *m* bond of the voussoirs
Wölbung *f (Arch)* vault *(Bogen)*; cove *(Gewölbe)*; barrel camber *(tonnenartig)*; doming *(Kuppel)*; curvature, bow *(Bogen einer Straße)*; camber *(Straßenoberfläche)*; swell *(Schwellung)*; outline of arch *(Bogenlinie)* • **mit ~** cambered
~/falsche false vaulting
~ mit Vieleckschicht vaulting with polygonal course
Wölbziegelbogen *m* gauge arch
Wolframlampe *f* tungsten-halogen lamp
Wolframstahl *m* tungsten steel
Wolkenkratzer *m* skyscraper
Wolkenverzierung *f* nebule (nebuly) moulding *(Ornament)*
Wollfilz[dach]pappe *f* wool felt, rag felt
Wrack *n* wreck
Wrasenabzug *m* vapour (air) flue
Wrasenrohr *n* vapour (flue) pipe; air chimney
Wuchsfehler *m* growth defect *(bei Holz)*
Wulst *m(f)* 1. bead *(Blech)*; enlargement, swelling, swell *(Verdickung)*; bulge *(Ausbeulung)*; web *(Aussteifung)*; collar *(Manschette)*; flange *(Steg)*; bulb *(Dichtungsband)*; 2. *s.* Wulstleiste; 3.*s.* Rundwulst
~/angesetzter attached welt
Wulstband *n (Arch)* taenia *(dorisches Gesimsband)*
Wulsteisen *n* bulb angle (iron)
Wulsteisen *npl* **mit Flanschen** bulb rail iron
Wulstfliese *f* bead tile
Wulstkantenstufe *f* rounded (round) step
Wulstleiste *f* roll moulding, astragal
~/überlappende overlapping (wraparound) astragal
Wulstnippel *m* shoulder nipple
Wulststreifen *m* roll
Wulstwinkel *m* bulb angle (iron)
Wünschelrute *f* dowsing (divining) rod
Wünschelrutengänger *m* dowser, water diviner
Würfel *m* 1. cube; 2. *(Arch)* dado *(eines Säulenfußes)*
Würfeldruckfestigkeit *f* [compressive] cube strength *(Beton)*
würfelförmig cubic
Würfelfries *m (Arch)* chequerwork *(Schachbrettfries der Romanik)*
Würfelgröße *f* cube size
Würfelhaus *n* cuboid house
Würfelkapitell *n (Arch)* pillow (block) capital
Würfelmischbehälter *m* cubical mixing tank
Würfelmosaik *n* tessellated pavement *(Pflaster)*
Würfelmuster *n* basket weave *(Ziegelmauerwerk)*
Würfelprüfkörper *m* cubic test block
Würfelprüfung *f* cube test
Wurfrauhputz *m***[/maschineller]** *(Am)* Tyrolean finish
Wurmfraß *m* 1. worm damage, damage done by worms; damage caused by powder-post beetles; 2. powder post *(im Holz)*

wurmstichig worm-eaten, wormy, pricked by worms *(Holz)*
Wurzelholz *n* root timber, butt wood
Wurzellage *f* first layer *(Schweißlage)*
Wurzelschößling *m* sucker
Wurzelstockfurnier *n* butt (stump) veneer
WZ-Faktor *m s.* Wasser-Zement-Faktor

X

X-Achse *f* x-axis
Xenolith *m* xenolith *(Einschluß von Fremdgestein)*
Xenon[entladungs]lampe *f* xenon discharge lamp
x-förmig X-shaped
X-Schneide *f* X-bit
Xylen *n* xylol, xylene
Xylenolharz *n* xylenol resin
Xylol *n s.* Xylen

Y

Y-Achse *f* y-axis
Y-Bau *m* Y-shaped building, star-shaped building
Yeseria *f (Arch)* yeseria, stalactite work *(stalaktitenartige Stuckdekoration islamischer Herkunft)*
Y-förmig Y-shaped, bifid, forked
Y-Förmigkeit *f* bifidity
Y-Grundrißgebäude *n* Y-shaped building, star-shaped building
Y-Stiel *m* forked strut, Y-strut, Y-shaped post *(gabelförmige Strebe)*

Z

Zacke *f s.* Zacken
zacken 1. to indent, to notch *(kerben)*; 2. to tooth, to serrate, to indent *(mit Zacken versehen)*
Zacken *m* prong; tine *(Zinke)*; tooth *(z. B. einer Säge)*; spike *(einer Eisenspitze)*; notch *(Holzkerbe)*; indent[ation] *(Auszackung)*
Zackenbogen *m (Arch)* multifoil arch
Zackenfries *m (Arch)* chevron, zigzag *(normannisch-romanisches Ornament)*
Zackenornament *n* indented ornament
zäh 1. tough, tenacious; 2. *s.* zähflüssig
Zähfestigkeit *f* toughness, tenaciousness, tenacity
zähflüssig viscous, viscid; ropy *(fadenziehend)*
Zähflüssigkeit *f* viscosity
Zähigkeit *f* 1. tenacity, toughness; 2. viscosity
Zähigkeitsmodul *m* modulus of toughness
Zahl *f* 1. number; 2. coefficient, factor *(Koeffizient)*
~/Poissonsche Poisson's ratio
Zähler *m* 1. meter *(Gas, Strom)*; 2. counting device *(Zählvorrichtung)*
Zählerkasten *m* meter box
Zählerraum *m* meter room
Zählertafel *f (El)* meter board
Zahltisch *m* cash desk, counter
Zahlungsaufforderung *f* request for pay[ment], application for payment
Zahlungsverpflichtung *f* liability to pay, engagement[s]
Zahnankerplatte *f (Hb)* toothed plate
Zahnbolzen *m* indented bolt
Zahneisen *n* [narrow] indented chisel
Zahnform *f* indented moulding *(gezahntes Muster)*
Zahnfries *m* indented frieze *(aus Backsteinen; Deutsches Band)*
Zahnplatte *f* 1. *(Hb)* toothed plate; 2. combplate *(an einer Rolltreppe)*
Zahnradbahn *f* rack railway, *(Am)* rack railroad
Zahnradflaschenzug *m* geared pulley block
Zahnreihe *f (Arch)* denticulation *(dorischer Sims)*
Zahnringankereisen *n (Hb)* toothed ring
Zahnschnitt *m s.* Zahnreihe
zahnschnittverziert pounced
Zahnschwelle *f* dentated sill
Zahnstange *f* [gear] rack; rack rail
Zahnstangenaufzug *m* rack-and-pinion elevator
Zahnstangentür *f* rack door
Zahnstangenwinde *f* rack jack
Zahnverzierung *f (Arch)* dentil, dentel *(im ionischen oder korinthischen Säulengesims)*
Zange *f* 1. *(Hb)* binding (tie) piece, tie (footing, lunding) beam, horizontal timber, binding beam, string piece; brace, batten; 2. pliers, pincers, tongs; pipe wrench *(Rohrzange)*
Zapfen *m (Hb)* [dowel] pin, cog, tenon, slit and tongue *(Holzverbindung)*; lug *(einer Sohlbank aus Holz)*; [male] pivot *(erhabener Teil einer Zapfenverbindung)*; pintle, spigot *(Drehzapfen)*; journal *(Lagerzapfen)*; fang *(Türangelzapfen)*; tang *(Keilzapfen z. B. für Werkzeuge)*
~ an einem Flacheisen lug bolt
~/dichtgeschnittener undercut tenon *(Holzverbindung)*
~/durchgehender through-tenon
~/gerader straight tenon
~/kugelförmiger ball pivot *(Drehzapfen)*
~/kurzer stub tenon, stump (spur, plug) tenon
~/kurzer unregelmäßiger stump tenon
~ mit gerader Brust tenon with square shoulder
~ mit schräger Brust tenon with bevelled shoulder
~ mit zwei eingearbeiteten Auflageenden tease (teaze) tenon
~/passend geschnittener undercut tenon
~/schräger taper[ed] tenon
~/zylindrischer cylindrical pin
Zapfen *mpl***/ doppelte** double tenons
Zapfenaussparung *f (Hb)* housing
Zapfenbohrer *m* pin drill
Zapfenfuge *f* open joint
Zapfengelenk *n* pivot joint *(Brücke)*
Zapfenholz *n* slip [of wood]

Zapfenkerbe *f* housing joint
Zapfenknauf *m* pendant
Zapfenloch *n (Hb)* slot (slip) mortise, [open] mortise; female pivot *(Zapfenaufnahmeteil einer Zapfenverbindung)*
~/kurzes strutted mortise
~/unsichtbares blind (stopped) mortise, stub mortise and tenon joint
~/verlängertes *(Am)* pulley mortise
Zapfenlochstemmaschine *f* mortiser
Zapfenmuffe *f* pivot sleeve *(Drehzapfen)*
Zapfenschlitzverbindung *f* tenon-and-slot mortise
Zapfenschulter *f* peg shoulder, relish *(Holz)*; abutment check *(Stütze)*
Zapfenspannglied *n* shouldered tenon
Zapfenverbindung *f (Hb)* tenon-and-mortise joint, mortise[-and-tenon] joint, cogged joint
Zapfgetriebe *n* power take-off
Zapfhahn *m* tap *(Wasserhahn)*, *(Am)* faucet
Zapf-Schlitz-Verbindung *f* mortise[-and-tenon] joint
Zapfverbindung *f s.* Zapfenverbindung
Zapfverbindungsbolzen *m* mortise pin
Zapfwelle *f* power take-off
Zarge *f* 1. case, frame, timber framing *(für Türen, Fenster)*; 2. closing edge *(Schließkante)*
Zargenanker *m* frame anchor
Zargentürrahmen *m* cabinet jamb
Zaun *m* fence
~ mit Busch- und Baumhinterpflanzung hedgerow *(Hecke)*
~/versenkter sunk fence, *(Am)* ha-ha, haw-haw
Zaunbohle *f* stake, stob *(Dialektwort)*
Zaunbrett *n* picket
Zaundraht *m* fencing wire
Zaunhecke *f* hedgerow, fencerow
Zaunlatte *f* pale, picket
Zaunmauer *f* fencing wall
Zaunpfahl *m*, **Zaunpfosten** *m* pale, [fence] post, stake; picket
Zaunriegel *m* ledger board, girt strip *(Riegelbrett)*
Zaunübergang *m* stile *(zum Übersteigen)*
Zedent *m* assignor, assigner, *(Am)* transferror *(Eigentum Abtretender)*
Zedernholz *n* cedar [wood]
Zehnsäuler *m (Arch)* decastyle *(Tempelbau)*
Zeichen *n* 1. *(Verm)* [bench] mark; 2. sign, symbol *(Markierzeichen)*
Zeichenbrett *n* drawing board, *(Am)* drafting board
Zeichenbüro *n* drawing office
Zeichendreieck *n* set square
Zeichenerklärung *f* legend *(zu einem Plan)*
Zeichenmaschine *f* 1. draughting machine, *(Am)* drafting machine; 2. plotter *(elektronisch)*
Zeichenmaßstab *m s.* Zeichnermaßstab
Zeichenpapier *n* drawing paper; tracing paper *(Transparentpapier)*
Zeichenraum *m* drawing room, *(Am)* drafting room
Zeichentisch *m* drawing table, *(Am)* drafting table
zeichnen 1. to draw; to draw up, to draught, *(Am)* to draft *(entwerfen)*; to trace *(pausen)*; to sketch *(skizzieren)*; 2. to mark
~/maßstäblich to protract, to draw on scale
Zeichner *m* draughtsman, *(Am)* draftsman, layout man
~/technischer engineering draughtsman
Zeichnerin *f* draughtswoman, *(Am)* draftswoman
zeichnerisch graphic[al]
Zeichnermaßstab *m (Verm)* chain scale, engineer's (draughtsman's) scale, ruler
Zeichnung *f* 1. drawing; sketch *(Skizze)*; 2. draft *(Entwurf)*; 3. plan *(Grundrißzeichnung)*; 4. pattern *(Muster)*; 5. figure, grain [of wood]
~/exakte mechanical drawing *(Reißbrettzeichnung)*
~/freihändige freehand sket[ching]
~ im natürlichen Maßstab full-size drawing *(im 1:1-Verhältnis)*
~/maßgerechte isometric drawing (projection)
~/maßstäbliche scale drawing
~/perspektivische perspective drawing
~/schematische skeleton sketch
~/technische technical (engineering) drawing
Zeichnungsangabe *f* [drawing] callout
Zeichnungsmaßstab *m* scale
Zeiger *m* finger, pointer, hand *(z. B. eines Meßgeräts)*
Zeigerdiagramm *n* vector diagram
Zeilenbebauung *f* terraced housing; ribbon development
Zeilenhaus *n* terrace house *(Reihenhaus)*
Zeilenhäuser *npl* terraced housing
Z-Eisen *n* Z-bar
Zeitdauer *f* **bis zum Abbindebeginn** initial setting time
~ bis zum Erstarrungsende final setting time
zeitgenössisch contemporary
Zeitkonstante *f* time constant
Zeitplan *m* time schedule
Zeitregler *m* timer
Zeitrelais *n* timing relay
Zeitschalter *m* timer, time-limit switch; delay release
Zeit-Setzungs-Linie *f (Bod)* time-consolidation (time-settlement) curve
Zeitsicherung *f (El)* time-delay fuse
Zeitwert *m* time (market) value; assessed valuation *(Taxwert)*
Zeitzugabe *f* extra time allowance
Zelle *f* 1. cell; 2. cubicle *(Kabine)*; box, booth *(Telefon)*; 3. compartment *(Hohlkastenträger)*; 4. compartment *(Silo)*
Zelleim *m* cellulose paste (glue)
Zellelementkonstruktion *f* cellular construction
Zellenbau *m* cellular structure
Zellenbauweise *f* cellular construction
Zellenbeton *m* cellular concrete, aerated (cellular expanded) concrete
Zellendamm *m* cellular dam

Zellendecke *f* cellular floor
Zellenfangdamm *m* cellular cofferdam
zellenförmig cellular
Zellenisolierkern *m* ladder core *(Tür)*
Zellenprofil *n* Q-floor unit *(Profiltafel)*; cellular section
Zellenschmelz *m* cloisonné [work]
Zellensilo *n* multicompartment (multicellular) bin
Zellensperre *f (Wsb)* cellular dam
Zellenstruktur *f* cellular structure
Zellenziegel *m* cellular brick
Zellglas *n* cellulose film, cellophane
Zellgummi *m* cellular (froth) rubber, expanded rubber
Zellhorn *n* celluloid
Zellkleister *m* cellulose paste (glue)
Zellkonstruktion *f* **mit tragenden Kreuzwänden** cellular framing, box frame
Zellstoffpappe *f* [wood-]pulp board, lap pulp
Zelluloid *n* celluloid
Zellulose *f s.* Cellulose
Zelt *n* tent
Zeltabdeckung *f* **eines Schwimmbeckens** *(Am)* cabaña
Zeltbaracke *f* tent hut (barrack)
Zeltbau *m* marquee *(Festzelt)*
Zeltdach *n* polygonal spire *(Helmdach)*; broach-post roof, tent roof
Zeltplane *f* tarpaulin
Zeltstoff *m* canvas
Zeltsystem *n* tent system
~ **zum Errichten von Hochpunkten** tent system for construction of high points
Zement *m* 1. cement, cement matrix; 2. cementing agent, cement, agglutinant
~/abgebundener hydrated cement
~/abgelagerter sticky cement
~/alkaliarmer low-alkali cement
~/bituminierter bituminous cement
~/eingestellter regulated-set cement
~/farbpigmentierter coloured cement
~/feuerbeständiger fire cement
~/frühhochfester rapid-hardening (rapid-setting) cement, high-early-strength cement
~/hitzebeständiger refractory cement
~/hochfester high-strength cement
~/hydraulischer hydraulic cement; neat cement *(unabgebunden)*
~/hydrophober hydrophobic cement
~/hydrophobierter water-repellent cement *(mit speziellen Additiven)*
~/krümeliger sticky cement
~/langsam abbindender slow-setting cement
~/loser bulk cement
~/luftporenbildender air-entraining hydraulic cement
~ **mit geringer Abbindewärme** low-heat cement
~ **mit kontrollierter Abbindezeit** regulated-set cement
~/schnellabbindender rapid-setting (quick-setting) cement, *(Am)* Martin's cement
~/sofort abbindender flash cement
~/sulfatbeständiger sulphate[-resistant] cement
~/superfrühhochfester jet cement
~/verstockter sticky cement
~/wasserabstoßender water-repellent cement
~/wasserabweisender waterproofed cement
~/wasserdichtender brick cement
~/weißer white cement
Zementabbinden *n* **durch Lagerung/teilweises** warehouse set
Zementanstrich *m* [Portland-]cement paint, coating of cement; concrete paint
zementartig cementitious
Zementauskleidung *f* cement lining
Zementaußenputz *m* cement rendering (facing)
Zementbazillus *m* cement bacillus
Zementbeton *m* [cement] concrete
Zementbetondecke *f* [cement] concrete ceiling, concrete floor
Zementbetondiele *f* [cement] concrete slab
Zementbrei *m* [cement] grout *(zum Vergießen)*; cement paste, slurry *(Schlempe)*
Zementbrennen *n* cement burning
Zementdachstein *m* cement roof[ing] tile, concrete roof tile
Zementdiele *f* concrete [floor] slab, sheet of cement
~/genutete rebated concrete slab, rebated cement [roofing] slab
Zementdosierapparat *m* cement weigh-batching unit
Zementdosierung *f* cement batching
Zementeinpressen *n* cement grouting
Zementestrich *m* cement floor (finish), cement layer
Zementestrichbelag *m* / **schwimmender** concrete-screed floating floor
Zementfaktor *m* cement content (factor)
Zementfalzplatte *f* rebated cement [roofing] slab, rebated concrete slab
Zementfarbstoff *m* cement pigment
Zementfeinheit *f* cement fineness
Zementfliese *f* cement tile (block)
Zementgehalt *m* cement content (factor)
Zementgel *n* cement gel
Zementgestein *n* cement rock
Zementhaut *f* crust of [cement] coating
Zementhohldiele *f* concrete [hollow-core] slab
Zementieraggregate *npl* cement unit
zementieren to cement
Zementierung *f* 1. cementing; cementation; 2. grouting, cementation *(Erdstoffverfestigung)*
Zementinjektion *f* cement injection (grouting)
~ **in horizontaler Richtung** advance slope grouting
Zementinjektionspumpe *f* [cement] injection pump
Zementkalk *m* lime cement, eminently hydraulic lime

Zementkalkmörtel *m* lime-and-cement mortar, cement-lime mortar, compo mortar
~ **nach festem Mischungsverhältnis** gauge mortar
Zementklinker *m* [cement] clinker
Zementkruste *f* crust of [cement] coating
Zementkuchen *m* cement pat, pat of cement-water paste
Zementlager *n* cement store
Zementleim *m* **/ erhärteter** hardened neat cement paste
~**/flüssiger** [wet] cement paste
Zementleimauswaschung *f* scour
Zementmilch *f* [cement] laitance, cement slurry
Zementmörtel *m* cement mortar; cement grout *(zum Vergießen)*
~**/reiner** neat cement *(ohne Zuschläge)*
Zementmörtelbewurf *m* cement rendering
Zementmörteldichtungsrand *m* cement (weather) fillet
Zementmörtelinjektion *f* **in horizontaler Richtung** advance slope grouting
Zementmörtelinjektionsrohr *n* cement injector
Zementmörtelputz *m* cement plaster finish
Zementmosaikplatte *f* mosaic cement slab
Zementofen *m* cement kiln
Zementpaste *f* cement paste, neat cement paste
Zementplattenheben *n* **durch Mörtelinjektion** mud-jacking
Zementprüfkuchen *m* cement pat (cake)
Zementputz *m* cement facing (finish), cement rendering; cement plaster
Zementrohr *n* concrete pipe (duct), cement duct
Zementrohschlamm *m* cement slurry
Zementsack *m* cement bag; valve bag *(Selbstverschließsack)*
Zement-Sand-Schlämme *f* sand grout
Zementschicht *f* **/ aufgezogene** float (topping) coat
Zementschlämme *f* [cement] laitance; cement slurry *(mit Feinzuschlag)*; cement [water] grout, neat cement grout
Zementschlämmeanstrich *m* cement slurry coat; dash-bond coat
Zementschlämmeinjektion *f* cement injection (grouting)
Zementschlämmengrundierung *f* dash-bond coat
Zementschlämmeschicht *f* laitance
Zementschlämmeverpressung *f* cement injection (grouting)
Zementschlämmörtel *m* cement water grout *(s.a.* Zementschlämme*)*
Zementschlempe *f s.* Zementschlämme
Zementschlempenaufstreichen *n* slush grouting
Zementschneckenspeiser *m* cement screw feeder *(Füllgerät)*
Zementschwebebahn *f* cement supply ropeway
Zementsilo *n* cement silo, bulk cement plant
Zementstabilisierung *f (Erdb)* soil cementation
Zementstabilisierungsgemisch *n* soil cement [mix]
Zementstahl *m* cemented steel *(gehärteter Stahl)*
Zementstegdiele *f* hollow plank
Zementstein *m* hardened neat cement paste, hydrated cement *(erhärteter Zementleim)*; cement brick *(Kunststein)*
Zementstein[grund]gefüge *n* matrix
Zementtankstelle *f* cement store *(für Fertigzement)*
Zementumhüllung *f* cement coating
Zementverpressung *f* cement injection (grouting)
Zementverputz *m* cement plaster (coating)
Zementverteiler *m* cement distributor
Zementwaage *f* cement scales
Zementwerk *n* cement works (mill)
Zementzusatz *m* addition of cement; cement temper *(zum Kalkputz)*
Zement-Zuschlagstoff-Gemisch *n* **/ feuerfestes** castable refractory
Zement-Zuschlagstoff-Verhältnis *n* cement-aggregate ratio
Zenotaph *m (Arch)* cenotaph *(leeres Ehrengrabmal)*
Zentralbahnhof *m* central railway station
Zentralbau *m* centrally planned building, centralized construction
zentralbeheizt centrally-heated
Zentralentleerung *f* central emptying
zentralgeheizt centrally-heated
Zentralhauptschlüssel *m* central master key
Zentralheizung *f* central heating, dwelling heating [plant]
Zentralheizungsanlage *f* central heating plant (system), dwelling heating plant
Zentralheizungsofen *m* central heating boiler; central heating plant *(Anlage)*
zentralisieren to centralize
Zentralisierung *f* centralization
Zentralkern *m* central core *(Säule, Gebäude)*
Zentralklimaanlage *f* **/ separate** central fan system
Zentrierbohrer *m* centre bit, centring drill
zentrieren 1. to centre *(bohren)*; 2. to centre, to locate centrally
Zentrierschalträgerlatte *f* self-centring lath
Zentrierstempel *m* **/ sandkastenregulierter** sand jack
Zentrierung *f* centring
Zentrifugalfang *m* centrifugal interceptor
Zentrifugalkraft *f* centrifugal force
Zentrifugallüfter *m* centrifugal fan
~ **mit höhengleichem Zu- und Abgang** in-line centrifugal fan
Zentrifugalmoment *n* centrifugal moment
zentrisch 1. centric, central; 2. concentric
Zentrode *f* centrode
Zentrum *n* centre, *(Am)* center
~ **kommunaler Einrichtungen** civic centre
Zeolith *m* zeolite *(Mineral)*
zerbrechen to break; to fracture, to rupture
zerbrechlich breakable, fragile, brittle
Zerbrechlichkeit *f* fragility, brittleness

zerbröckeln to crumble; to crumble [away], to slake
zerbröselt chalked, chalky *(glasierte Oberfläche)*
zerdrücken to crush; to mill
Zerfall *m* 1. decay, ruin *(eines Gebäudes)*; 2. decomposition *(Abbau)*; disintegration *(von Beton)*; decay *(von Holz)*
zerfallen 1. to decay, to fall into ruin, to ruin *(Gebäude)*; 2. to decay, to disintegrate; 3. to crumble [away]; to slack *(Gestein)*
zerfließen to deliquesce, to deliquate
zerfressen to corrode, to stain *(Metall)*; to erode *(Gestein)*
zerkleinern to comminute, to reduce; to crush, to break up *(Gestein)*; to mill, to grind *(zermahlen)*
Zerkleinern *n* **mit dem Fäustel** sledging
Zerkleinerung *f* comminution, size reduction; crushing, breaking-up *(von Gestein)*; milling, grinding
Zerkleinerungsanlage *f* comminution plant; mill
Zerkleinerungsmühle *f* crushing mill
zerklüftet fissured *(z. B. Gestein)*; rugged *(Gelände)*
Zerklüftung *f* breakdown *(Fläche)*
zerkratzen to scratch, to score
zerlegen 1. to disassemble, to dismantle, to demount; to take apart *(auseinandernehmen)*; 2. to resolve *(Kräfte)*
~/in Abschnitte to sectionalize
~/Kräfte to decompose forces, to resolve
Zerlegung *f* 1. disassembly; 2. resolution *(von Kräften)*
zermahlen to grind, to mill, to triturate
zerplatzen to blow up, to burst
zerquetschen to crush *(Feststoffe)*
zerreiben to triturate, to grind, to pulverize
Zerreißbruch *m* tensile break
Zerreißen *n* to tear; to break, to rupture
Zerreißfestigkeit *f* [ultimate] tensile strength, ultimate strength, modulus of rupture, rupture modulus (strength)
Zerreißprobenbruch *m* tensile break
Zerreißprobestab *m* tension specimen
Zerreißprüfung *f*, **Zerreißversuch** *m s.* Zugversuch
zerschmettern to smash, to shatter, to crush
Zersetzung *f* decomposition, breakdown *(chemisch)*; splitting up *(Stahlbeton)*
zersiedelt spoiled by development, overdeveloped
Zersiedelung *f* sprawl, dispersal; overdevelopment; suburban sprawl (dispersal) *(in Vorstädten)*
zersplittern to shatter *(z. B. Glas)*; to shiver *(z. B. Keramik)*; to splinter *(Holz)*
zerstäuben to atomize; to spray
Zerstäuber *m* atomizer
Zerstäubung *f* atomization; spraying
zerstören 1. to destroy, to demolish *(Gebäude)*; 2. to crack, to demulsify *(Emulsionen)*; 3. to eat, to bite *(durch Korrosion)*
~/oberflächlich to corrode, to eat
zerstörend destructive *(z. B. Betonprüfung)*
Zerstörung *f* destruction; blight *(eines Wohnviertels)*
zerstörungsfrei non-destructive *(z. B. Betonprüfung)*
zerstückeln to divide, to cut up; to dismember, to parcel out *(Landbesitz)*
zertrümmern 1. to shatter, to smash; to fragmentate *(in Einzelstücke)*; 2. to destroy, to demolish
zertrümmert detrital *(Gestein)*
Zertrümmerung *f* destruction
Zertrümmerungskugel *f* breaking ball, *(Am)* wrecking ball, ball breaker; skull cracker
Zession *f* cession *(Übertragung baulicher Rechte und Objekte)*
Zeughaus *n* armoury, *(Am)* armory, arsenal
Zickzackblechelement *n* V-beam sheeting
Zickzacknietung *f* 1. zigzag (staggered) riveting; 2. staggered row of rivets
Zickzackornament *n* zigzag [moulding], chevron
Zickzackpunktschweißnaht *f* staggered spot weld
Zickzackschweißnaht *f* staggered weld
Zickzackzierkante *f* reversed zigzag moulding
Zickzackzierleiste *f* zigzag [moulding]
Ziegel *m* 1. [building] brick, *(Am)* economy brick *(100 × 100 × 200 mm)*; calculon *(219 × 178 × 66 mm) (s. a. unter* Ziegelstein*)*; 2. *s.* Dachziegel
• **~ brennen** to burn (bake) bricks
~/abgeschrägter splay (cant) brick
~/abgezogener rubbed brick
~ aus einer sandausgestreuten Form sand-faced brick
~/ausgehöhlter frog
~/behauener *(Am)* ashlar brick
~/beputzbarer plaster-base finish tile
~/deformierter shipper
~/diagonal gelegter tooth, toother *(Mauerwerk)*
~/feldofengebrannter clamp brick
~/feuerfester refractory (fire-proof) brick
~/formgebrannter clamp brick
~/friesischer Frisian brick
~/gebrannter baked (fired) brick
~/genormter gauge brick; solid brick
~/geringwertiger *(Am)* cull, brack, wrack
~/geschliffener rubbed brick
~/geschnittener wire-cut brick
~/gestreifter brindled brick
~/glasierter glazed brick
~/halber bat; false header
~/handgeformter struck brick
~/hochfeuerfester highly refractory brick
~/hochgestellter brick-on-edge
~/längsgeteilter queen closer (closure)
~/minderwertiger grizzle *(grauer ungebrannter)*
~ mit Dübelaussparung pallet brick
~ mit einer abgeplatteten Ecke king closer, bevelled closer, three-quarter closer
~/mittelmäßig fester semiengineering brick
~/nagelbarer nailing block
~/normalformatiger normal format [brick]

~/poröser porous brick
~/säurefester acid-resisting brick
~/schiefwinkliger squint brick (quoin)
~/schwachgebrannter salmon brick
~/ungebrannter adobe brick, loam brick
~/vorstehender projecting brick
~/zu schwach gebrannter samel brick
~/zugehauener [rough-]axed brick
Ziegel *mpl* **/ paketierte** packed bricks
Ziegelabstreichklinge *f* lute
ziegelähnlich, ziegelartig bricky
Ziegelausfachung *f* brick nogging, brick-and-stud-work
Ziegelauskehlung *f* **/ leichte** kick *(als Mörtellager)*
Ziegelauskleidung *f* brick lining (facing)
Ziegelausmauerung *f* brick infill masonry • **mit ~** brick-lined
Ziegelaussparung *f* break-in *(für Holzbalken)*
Ziegelbalken *m* brick beam
~/vorgespannter Stahlton prestressed beam
Ziegelbalkenträger *m* **/ vorgespannter** Stahlton prestressed beam
Ziegelbauweise *f* brick construction
Ziegelbauwerk *n* brick structure
Ziegelbedachung *f* tile covering
Ziegelbeton *m* brick aggregate concrete
Ziegelblase *f* scum
Ziegelbogen *m* brick arch, brick trimmer *(über einem Kamin)*
~/hochkantiger soldier arch
~/mehrlagiger rowlock arch
Ziegelbrecher *m* brick-breaker
Ziegelbrennmuster *n* kiss mark
Ziegelbruch *m* spall
Ziegeldach *n* tile (tiled) roof; quarry-tile roof
Ziegeldecke *f* brick ceiling, floor (ceiling) made of bricks
Ziegel[ein]deckung *f* tile roofing (covering), [roof] tiling *(Dach)*
Ziegeleinteilung *f* classification of bricks
Ziegelerde *f* brick earth (clay)
Ziegelfertigteilbau *m* prefabricated brick[work] construction
Ziegelflachschicht *f* flat course of bricks
Ziegelform *f* brick shape
Ziegelformat *n* brick size (format)
Ziegelfundament *n* brick foundation (footing)
Ziegelfußboden *m* brick floor[ing]
Ziegelfutter *n* brick lining
ziegelgefertigt bricky, made of brick
ziegelgemauert bricky, brick-built
Ziegelgewölbe *n* brick vault
Ziegelgießen *n* slop-moulding, soft-mud process
Ziegelhackform *f* closer mould
Ziegelhälfte *f* **/ längsgeteilte** split [brick]
Ziegelhohlmauer *f* **mit Hochkantziegeln** rowlock cavity wall, all-rowlock wall
Ziegelhohlstein *m* hollow clay block, hollow brick
Ziegellage *f* brick course
~/ geneigte tumbling course
~/hochkantige edge course
Ziegellanglochelement *n* hollow partition tile *(für nichttragende Wände)*
Ziegellatte *f* roof lath *(Dachdeckung)*
Ziegelleder *n* cot *(Handschutz)*
Ziegellehm *m* pug
Ziegellochstein *m* perforated brick
Ziegelmauer *f* brick wall
Ziegelmauern *n* bricking
Ziegelmauerwerk *n* brickwork, brick masonry
~/bewehrtes reinforced[-grouted] brick masonry
~/mörtelabgezogenes brick and brick *(mörtelfreie Stoßfuge)*
~/verputztes plastered brickwork
~/wasserdicht verputztes rendered brickwork
~/wildes skintled (scintled) brickword *(unregelmäßig)*
Ziegelmauerwerkstütze *f* brickwork column
Ziegelmehl *n* brick dust
Ziegeloberfläche *f* brick surface
~/geflammte flash
Ziegelofen *m* brick kiln
Ziegelpflaster *n* brick pavement
Ziegelpflasterung *f* brick paving
Ziegelpolster *n* brick set
Ziegelpresse *f* 1. brick-pressing machine; 2. brick-mill *(Zerkleinerungsanlage)*
Ziegelreibestein *m* float stone
Ziegelrohbau *m* brick carcass; raw brick building
Ziegelrohling *m* green brick
ziegelrot brick-red
Ziegelschicht *f* course of bricks
~/aufrechtstehende soldier [course]
Ziegelschotter *m* brick rubble
Ziegelsplitt *m* brick chippings, crushed brick
Ziegelsplittbeton *m* crushed brick aggregate concrete, broken-brick concrete, clay aggregate concrete
Ziegelsplittzuschlag *m* crushed brick aggregate
Ziegelstein *m* [building] brick *(s. a. unter* Ziegel*)*
~/gestrichener struck brick
~ in 10 cm Intervalldimensionen metric modular unit
~/kleiner glut
~ mit ausgetieften Seitenflächen frog
~/poröser porous brick, rubber
~/spaltbarer cutter
Ziegelstein... *s. a.* Ziegel...
Ziegelsteinmauerblock *m* brickwork cube *(Festigkeitsprüfung)*
Ziegelsteinstück *n* **/ längsgeteiltes** clip
Ziegelstelle *f* **/ poröse** scum
Ziegelstreichmaschine *f* brick moulding machine
Ziegelsturz *m* **mit Armierung** brick beam
Ziegelton *m* brick[-making] clay, loam
Ziegeltrockengerüst *n* hack
Ziegeltrockenpreßverfahren *n* dry-press [method]
Ziegeltrümmer *pl* broken bricks

Ziegelverband *m* brick (masonry) bond; brickwork *(Ziegelmauerwerk)*
Ziegelverbindungsschicht *f* lacing [course]
Ziegelverblendimitation *f (Am)* brick slip *(Riemchen)*
Ziegelverblendung *f* brick facing (veneer)
Ziegelverlegen *n* **mit der Unterseite als Sichtfläche** hacking
Ziegelviertel *n* closer
Ziegelvollmauer *f* whole-brick wall *(mit einer Stärke gleich Ziegellänge)*
Ziegelwand *f* [clay] brick wall; brick partition [wall] *(Trennwand)*
~/unregelmäßige skintled (scintled) brickwork
Ziegelzierschicht *f*/ **horizontale** ledgement
Ziehbeschlag *m* pull hardware
Ziehdorn *m* mandrel
ziehen 1. to draw; to pull *(z. B. eine Tür)*; 2. to slide *(Gleitschalung)*; 3. to stretch *(dehnen)*; 4. to draw *(z. B. Linien, Kreise)*; 5. to draw *(der Schornstein der Ofen)*
~/ein Kabel to lay (run) a cable
~/eine Mauer to wall, to build, to erect
~/einen Graben to ditch, to cut a ditch
~/einen Pfahl to extract a pile
~/einen Schornstein to corbel
~/in die Stadt to move to the city
~/Nuten to keyway
Ziehen *n* **des Schornsteins** chimney draught *(Zug)*
Ziehfeder *f* drawing (ruling) pen, *(Am)* drafting pen
Ziehglas *n* drawn (rolled) glass
Ziehglätten *n* stretcher levelling *(Blech)*
Ziehharmonikatür *f* multifolding (accordion) door
Ziehklinge *f* [cabinet] scraper, scraper plane, spokeshave; drawknife
Ziehlatte *f* guiding rule
Ziehmesser *n* drawknife
Ziehschloß *n* pull lock
Ziehspachtelmasse *f* knifing filler
Ziehstange *f* jacking rod *(einer Gleitschalung)*
Zierband *f* moulding, ornamental band
Zierbesatz *m* **für Außenwände** *(Am)* exterior trim
Zierbeschläge *mpl* decorative hardware
Zierbeton *m* ornamental concrete
Zierblech *n* decorative sheet iron
Zierbogen *m* ornamental arch
~ mit Ornamentzwischenstück interrupted arch
Zierbogenform *f* **mit Zwischenornamenten/normannische** interrupted arch moulding
Zierbogengang *m* **mit Skulpturen** tabernacle work *(Kirchenbaukunst)*
Ziereisen *n* decorative iron
Zierelement *n* ornament, garnish
Zierfläche *f* decorative (ornamental) surface (area)
Zierfliese *f* decorative tile
Zierfüllung *f* ornamental panelling *(Wand)*
Zierfurnier *n* interior-type plywood
Ziergiebel *m* pediment; fronton *(über Tür oder Fenster)*
~/kleiner gablet *(über einer Nische oder einem Stützpfeiler)*
Ziergitter *n* [ornamental] grille
Zierglas *n* ornamental glass
~ mit Prismeneffekt prismatic glass
Ziergurt *m* fascia, facia *(z. B. bei ionischen Säulen)*
Zierhof *m* garden court
Zierkante *f* running ornament; rover *(einer Rundung oder Biegung folgend)*
~ an einem geneigten Element raking (raked) moulding
~/befestigte planted moulding
~/durchlaufende running ornament
~/gedrehte torsade
~ mit leicht hervorstehenden und unterbrochenen Elementen/konvex gerundete knurling, knulling
~ mit quadratischen Nagelköpfen nail head moulding
~ mit Vogelköpfen beak moulding
~/schmale orle *(am Säulenschaft)*
~/tiefe konkave scotia *(am Säulenfuß)*
~/verjüngende stop chamfer
Zierkantenabknickung *f* returned moulding
Zierkantenbogen *m* returned moulding
Zierkantenrolle *f* running mould, peg (horse) mould *(Putz)*
Zierkantenumlenkung *f* return [of a mould]
Zierkehle *f*/ **verengende** *s.* Zierkante/verjüngende
Zierkonsole *f* [uncut] modillion
Zierleiste *f* [band] moulding, *(Am)* molding; fillet, *(Am)* base trim *(Säule)*; Aaron's rod *(Ornament)*; banding, band fillet, batten; ornamental border
~/austauschbare loose moulding
~ des Karnieses/oberste supercilium *(im römischen Gesims)*
Zierleistenrückführung *f* return
Ziermauer *f*/ **durchbrochene (offene)** pierced wall
Ziermörtel *m*[/**wertvoller]** pila
Ziernagel *m* wrought nail *(geschmiedet)*
~/handgeschmiedeter rose nail
Ziernische *f* tabernacle *(Kirchenbaukunst)*
Zierprofil *n* moulding pattern
Zierrille *f* glyph
Ziersäule *f*/ **hängende** pendant
Zierschnittmaschine *f* sticker machine *(Drechselmaschine)*
Ziersockel *m* gaine *(Säule)*
Zierstahl *m* ornamental steel
Zierstahlarbeit *f* ornamental steel
Zierstirnziegel *m* antefix *(klassische Baukunst)*
Ziertischlerarbeit *f* quick sweep
Ziertürgiebel *m* pediment
Ziertürmchen *n* diminutive tower
Zierverband *m* decorative bond *(Mauerwerk)*
Zierziegel *m* moulded brick, ornamental brick
~/durchbrochener solar screen tile
Zierziegelstein *m s.* Zierziegel

zieselieren to chase *(Metalldekorationen an Außenflächen)*
Ziffernschloß *n* combination lock
Zikkurat *f* ziggurat *(babylonischer Tempelturm)*
Zimmer *n* room; chamber *(Gemach)*
~/eingeschobenes mezzanine room *(im Zwischengeschoß)*
Zimmerarbeit *f s.* Zimmererarbeit
Zimmeraxt *f* broad axe, carpenter's axe
Zimmerei *f* carpenter's yard; carpenter's shop
Zimmereiwesen *n* carpentering, carpentership
Zimmerer *m* carpenter
Zimmererarbeit *f* [piece of] carpentry, carpenter's work, woodwork, *(Am)* carpenter's finish
Zimmererformarbeit *f* shape work
Zimmererhandwerk *n* carpentership, carpenter's trade
Zimmererplatz *m* carpenter's (timber) yard
Zimmerflucht *f* suite [of rooms], apartment[s]
Zimmergeselle *m* journeyman carpenter
zimmergroß room-sized
Zimmerholzwerk *n* trim
Zimmerklimaanlage *f* room air conditioner, [unit] air conditioner, packaged air conditioner
Zimmermaler *m* decorator, painter
Zimmermann *m* carpenter
Zimmermannsarbeit *f s.* 1. Zimmererarbeit; 2. Zimmererhandwerk; 3. Zimmerung
Zimmermannsbeil *n* adz, adze
Zimmermannsbohrer *m* auger, screw auger
Zimmermannsgewerk *n* carpentry
Zimmermannshammer *m* carpenter's hammer, lath (claw) hammer, lathing hammer (hatchet)
Zimmermannsholz *n* building timber
Zimmermannsnagel *m***[/schwerer]** spike
Zimmermannssäge *f* bucksaw
Zimmermannsschraubstock *m* bar clamp
Zimmermannsstich *m* timber hitch
Zimmermannswerkstatt *f* carpenter's shop
Zimmermannswinkel *m* carpenter's (framing) square
~ mit Dreieckmaßangaben brace table
Zimmermeister *m* master carpenter
zimmern to carpenter, to do woodwork (carpentry), to timber
Zimmerofen *m* stove
Zimmerplatz *m* carpenter's yard, timber yard
Zimmerpolier *m* carpenter foreman
Zimmertemperatur *f* room temperature
Zimmertür *f* room door
Zimmertürschloß *n* room-door lock
Zimmerung *f* carpentry, timbering, timber set
~/verstrebte braced timbering
Zimmerwerk *n* framing timber
Zimmerwerkstatt *f* carpenter's shop
Zink *n* zinc; spelter *(Rohzink)*
Zinkblech *n* 1. zinc metal sheet, sheet zinc; 2. zinc-coated sheet, galvanized iron
Zinkdach *n* zinc roof (covering)
Zinke *f* 1. *(Hb)* dovetail, tenon; 2. prong, tine *(z. B. an einer Gabel)*
~/schräge oblique dovetail
~/gerade straight dovetail, corner locking
zinken *(Hb)* to dovetail
Zinken *fpl* **/ verdeckte** *(Hb)* secret dovetail[ing], mitre dovetail
zinkenförmig pronged, pectinated
Zinkenplatte *f* gang nail
Zinkensäge *f* dovetail saw
Zinkenteilung *f* pitch of dovetails
Zinkenverbindung *f (Hb)* dovetailing
Zinkgelb *n* zinc yellow (chromate)
Zinkoxidweiß *n s.* Zinkweiß
Zinkstaub *m* zinc dust *(Anstrich)*
Zinküberzug *m* zinc (galvanized) coating
Zinkung *f (Hb)* 1. dovetail, swallowtail; 2. dovetailing
Zinkweiß *n* zinc white (oxide), Chinese white
zinkweißverträglich compatible with zinc white
Zinn *n* **/ [fast] reines** pig tin *(99,80 %)*
Zinnblech *n* sheet tin
Zinnblechscheibe *f* tin cap *(für Dachnägel)*
Zinne *f* battlement, embattlement *(einer Burg)*; flèche *(Helmdach)*; spire, spirelet *(Turmspitze)*; pinnacle *(Fiale)*
Zinnenbesatz *m s.* Zinnenkranz 1.
Zinnenfenster *n* crenel
Zinnenkranz *m* 1. crenelated moulding, *(Am)* embattled molding *(Ornament)*; 2. battlement, embattlement *(einer Burg)*
Zinnenzahn *m* merlon
Zinnfolie *f* tin foil
Zinnlot *n* tin[-lead] solder
Zirkel *m* compass; divider[s] *(mit Spitzen)*
Zirkelschlag *m* lobe *(Verzierungswerk)*
Zirkelverlängerungsarm *m* radial bar *(Bauzirkel)*
Zirkulation *f* circulation
Zirkulationsleitung *f* circuit vent
Zirkulationsrohr *n* circulating pipe
zirkulieren to circulate
Zisterne *f* [storage] cistern, tank
Zisterzienserarchitektur *f* Cistercian architecture
Zitadelle *f* citadel
Zivilschutzraum *m* civil defence shelter
Zobelhaarbürste *f* sable [pencil]
Zobelhaar[fein]pinsel *m* sable [pencil]
Zobelhaarschreibpinsel *m* sable writer
Zoll *m* inch *(1 in = 25,4 mm)*
Zollhaus *n* customs house; toll house *(für Wegezoll)*
Zollmaß *n* inch rule *(Maßstab)*
Zollstock *m* 1. folding (inch), rule; yardstick
Zone *m* zone; area, region
~/gedrückte compression zone
~/kritische critical section
~/plastische zone of plastic equilibrium
Zonenbauordnung *f* use zoning
Zoneneinteilung *f s.* Zonierung

Zonengewölbe *n* vaulting with dentated springing lines
zonenweise zone by zone
Zonierung *f* zoning *(Raumplanung)*
Zoreseisen *n* trough plate *(Trogplatte)*
Z-Profil *n*, **Z-Profilträger** *m* Z-section, zed [section], *(Am)* zee
Z-Stahl *m* Z-bar, zed [steel] section
Zubehör *n* accessories; equipment
zubereiten to prepare, to make up; to condition *(aufbereiten)*
Zubringer *m* 1. conveyor, feeder *(Leitung)*; 2. *s.* Zubringerstraße
Zubringerstraße *f* access (feeder) road, collector road (street), approach
Zuckerrohrfaserdämmung *f* cane fibre insulation
zudecken to cover
~/mit Sand to sand
Zufahrt *f* 1. approach *(für Fahrzeuge)*; 2. entrance, drive[way] *(zu einem Haus)*; 3. *s.* Zufahrtsstraße
~/scharfgebogene bent approach *(Autorennstrekke)*
Zufahrtskanal *m* access canal
Zufahrtsschleppdach *n* carriage porch
Zufahrtsstraße *f* access (approach) road
Zufluß *m* 1. influx, inflow, delivery, supply; 2. tributary, affluent, subsidiary stream
Zufuhr *f* feeding; input *(von Wärme beim Schweißen)*
Zuführeinrichtung *f* feeder, feeding device; handling equipment *(Umschlags- und Fördereinrichtung)*
zuführen to feed *(z. B. Material)*; to supply *(versorgen mit)*; to convey *(befördern)*
Zuführung *f*/ **selbsttätige** automatic feeding
Zuführungskabel *n (El)* [power] supply cable, lead-in cable
~/metallabgeschirmtes shielded conductor
Zuführungsleitung *f* supply line; *(El)* lead wire, feed line
Zug *m* 1. tension, pull *(mechanisch)*; 2. draught *(Luftzug)*, *(Am)* draft; furnace draught; 3. flue *(Rauchabzugkanal)*; 4. train; 5. *s.* Zugkraft
~/absteigender flue with downward draught
~/aufsteigender flue with upward draught
~/ausgeglichener balanced flue
~/einfacher simple tension *(Zugspannung)*
~/künstlicher forced draught *(Luft)*
~/natürlicher natural draught *(Luft)*
~/reiner direct tension *(Zugspannung)*
Zugabe *f* addition, admixture
Zugang *m* entrance, entryway *(Eingang, Einfahrt)*; approach *(Zufahrt)*; access *(Zutritt, Einstieg)*; adit *(Stollenzugang)*
~/rückwärtiger rear access *(zu einem Gebäude)*
~/schmaler *(Arch)* tresaunce
~/überdeckter breezeway *(Verbindung zwischen zwei Gebäuden)*
zugänglich 1. accessible *(z. B. Bauteile, Gebäudeflächen)*; open; 2. available *(verfügbar, z. B. Unterlagen)*; 3. at hand *(nahe sein)*
~/schwer difficult to reach (get at) *(Gebäudeteile)*
Zugangsöffnung *f* access door *(für Unterhaltungsarbeiten an Ausrüstungen)*
Zugangspunkt *m* access point
Zugangsstollen *m* adit, access gallery
Zugangsstraße *f* access (approach) road
Zugangstür *f*/ **kleine** access door *(für Unterhaltungsarbeiten an Ausrüstungen)*
Zugangs- und Haupttreppe *f*/ **kombinierte** combination stair
Zuganker *m* tie bar (rod), tie; tension member (tie); beam tie *(Balkenanker)*; through bolt, stay *(Mast-, Abspannanker)*; stretching piece *(Strebe)*
Zugankerblock *m* snatch block *(mit zu öffnender Seitenwand)*
Zugankerbolzen *m* tirant
Zugaufsatz *m* tallboy *(Schornsteinaufsatz)*; *(Am)* ventilating jack *(Entlüftungsrohr)*
Zugbalken *m* main beam, foot (footing) beam; tie piece, tie (lunding) beam, strap
Zugband *n* tie member, tension member (tie), tie bar (rod); brace
zugbeansprucht subjected to tension, tensioned
Zugbeanspruchung *f* tensile stress (load), tensioning
zugbelastbar tensible
Zugbelastbarkeit *f* tensibility
Zugbelastung *f* tension load[ing]
Zugbewehrung *f* tension (tensile) reinforcement
Zugbrücke *f* drawbridge
Zugdehnung *f* tensile (stretching) strain
Zugdiagonale *f* tension diagonal
Zug-Druck-Wechselbeanspruchung *f* reversed direct stress
zugeben to add *(hinzufügen)*; to introduce *(einführen)*
~/Additive to dope *(bituminöse Bindemittel, Farben)*
~/Flußmittel to flux *(Keramik, Metall)*
zugehauen dressed, hewn *(Stein)*
~/grob coarsely (roughly) dressed
zugelassen registered, licensed *(beruflich)*; authorized *(staatlich anerkannt)*; approved *(genehmigt)*
~/bauaufsichtlich admitted for use by the supervising (supervision) authority
Zugelastizitätsgrenze *f* elastic limit for tension
zugerichtet *s.* zugehauen
zugespitzt pointed, tapered
Zugfestigkeit *f* tensile (tension) strength, ultimate strength (tensile stress), strength in tension, resistance to tensile stress
~ an der Streckgrenze yield strength
Zugfestigkeitsprüfkörper *m* tension test specimen, briquette *(Baustoffprüfung)*
Zugfläche *f* flue area *(Schornstein)*
Zugflansch *m* tension boom (chord)

zugfrei draughtless, draught-proof *(Zugluft)*
Zugfutter *n* flue lining *(Schornstein)*
Zugglied *n* tension member (tie), tension bar (rod), tie bar (rod)
Zuggriff *m* edge pull *(Schiebetür)*
~/eingelassener flush-cup pull
Zuggurt *m* tension boom (chord), tension flange
Zuggurtung *f* tension flange
Zugjalousie *f* Venetian blind
Zugkettenöffner *m* pull-chain operator *(Luftfenster)*
Zugklappe *f* damper *(z. B. am Schornstein)*
Zugkraft *f* 1. tensile force *(mechanisch)*; 2. traction *(eines Fahrzeugs)*
Zugkraftdose *f* tensile dynamometer
Zuglasche *f* fishplate
Zuglast *f* 1. tensile load *(Mechanik)*; 2. traction load *(Fahrzeuge)*
Zugluft *f* draught, *(Am)* draft
Zugpfahl *m* tie pile
Zugprobekörper *m*, **Zugprüfkörper** *m* tension test specimen, briquette *(Baustoffprüfung)*
Zugquerschnitt *m* 1. cross section under tension; 2. flue area *(Schornsteinkanal)*
Zugramme *f* bell-rope hand ram
Zugregler *m* draught regulator *(Luft)*
Zugrohr *n* 1. flue pipe *(Schornstein)*; 2. stay tube *(Abstandrohr)*
Zugschalter *m (El)* pull switch
Zugschaufel *f* dragline bucket *(eines Baggers)*
Zugschaufelbagger *m* dragline [excavator], boom dragline
Zugschräge *f* diagonal tie *(Zugdiagonale)*
Zugschwellbereich *m* range for pulsating tensile stresses
Zugseil *n* 1. stay [rope] *(zur Verankerung)*; 2. traction rope; travel cable *(Seilbahn)*; 3. drag (haulage) cable *(eines Förderers)*; inhaul cable *(Kabelbagger)*; pull cable (rope)
zugsicher draught-proof
Zugspannschraube *f* tightening screw
Zugspannung *f* tensile (tension) stress
~/berechnete computed tensile stress
~/innere *s.* Zugspannung
Zugstab *m* 1. tension member (rod, bar), tension tie; tie bar (rod), tensile (tensional) bar; 2. test bar, tensile test piece *(für eine Zugprüfung)*
Zugstange *f* 1. tension member (tie), tie rod, chord; 2. pull rod *(Hubdeckenmethode)*
~/senkrechte suspension rod *(Hängestange)*
Zugstrebe *f* diagonal tie, stretching piece
Zugverbindung *f* tension connection (joint) *(Verbindungselement)*
Zugversuch *m* tensile (tension) test, tensibility test
Zugwind *m s.* Zugluft
zuhaken to clasp, to hook
Zuhaltemechanismus *m*, **Zuhaltung** *f* tumbler, lever *(Türschloß)*
Zuhauaxt *f* chip ax
zuhauen to dress, to trim; to hew
~/grob to rough-hew; to flog *(Holz)*
Zulageblech *n* caul *(beim Furnierpressen)*
zulässig permissible, admissible, allowable; safe *(sicher)*
~/statisch statically admissible
Zulassung *f* approval *(Anerkennung)*; authorization *(amtlich)*; registration *(eines Berufsstandes)*
Zulassungsprüfung *f* acceptance test
Zulauf *m* 1. feed inlet; feed pipe, [pipe] branch; 2. *s.* Zufluß 1.
zulaufend/spitz tapering
Zulaufrinne *f* inlet channel
Zulaufrohr *n* feed pipe, [pipe] branch
zuleiten to feed, to supply
Zuleitung *f* 1. feed (supply) line; feed pipe; 2. *(El)* [conductor] lead, lead-in [wire]; 3. feeding
Zuleitungsverteilerplatte *f* **für Klimaanlagen** air-conditioning power panel
Zuluft *f* ingoing (inlet) air, supply air *(Klimaanlage)*
Zuluftanlage *f* air supply system
zumauern to wall [up], to brick up
~/eine Tür to wall up a door, to block up
zumessen to proportion, to dose, to meter *(z. B. Baustoffe)*; to batch, to gauge *(Baustoffaufbereitung)*
Zumeßkiste *f* gauging (gauge) box *(Betonherstellung)*
Zumessung *f* proportioning, dosing, dosage, metering, batching
Zunahme *f* increase, rise, growth; increment *(Maßsprung)*
zünden to ignite; to initiate, to prime, to fire *(Sprengstoff)*
Zunder *m* [oxide] scale[s]
Zündkapsel *f* primer, priming cap, detonator
Zündsatz *m* primer, priming composition
Zündschnur *f* [blasting] fuse, safety fuse, igniter cord, firing tape
~/detonierende primacord
Zunge *f (Hb)* tongue
~ der Kuppel *(Arch)* rib of dome
~ des Schornsteins thin partition wall of the chimney
Zungenband *n* 1. tee hinge, T-hinge *(Scharnier)*; 2. cross garnet *(Ornament)*
Zungenmauer *f* partition wall *(Schornstein)*
Zungenventil *n* clack valve
zuordnen 1. to assign; 2. to classify; 3. to allocate *(zuteilen)*
zurechtgeschnitten dressed, trimmed, cut to shape *(Material)*
Zurechthacken *n* back edging *(von Keramikrohren)*
zurechthauen to scabble, to scapple *(Stein)*
Zurichtehammer *m* paver's dressing hammer; maul
zurichten to dress, to hew, to trim, to finish, to cut *(z. B. Steine)*; to slab, *(Am)* to lumber *(Holz)*; to gauge, *(Am)* to gage *(Ziegel)*
~/auf Fertigmaß to size

Zurichthammer *m s.* Zurichtehammer
zurückgesetzt recessed
zurückhalten to retain
zurückschnellen to bounce, to rebounce; to snap (spring) back
zurücktretend checked back
Zusägen *n* siding *(Holz)*
zusammenbacken to agglomerate, to stick together; to cake *(unter Wärme)*
Zusammenbacken *n* agglomeration; caking *(unter Wärme)*
zusammenballen to agglomerate, to agglutinate, to ball
Zusammenbau *m* assembling, mounting, assembly, assemblage; *(Hb)* framing; fit[ting]-up *(ohne endgültige Verbindung)*; integration *(Einbau)*
zusammenbauen to assemble, to mount; to fit up
~/wieder to reassemble
Zusammenbiegen *n* back bending
zusammenbinden to bundle; to tie together
zusammenblatten *(Hb)* to scarf, to halve
zusammenbrechen to collapse, to break down *(z. B. eine Brücke)*; to cave in *(eine Decke)*; to fall down; 2. *(El)* to break down *(Leitung)*
Zusammenbruch *m* collapse, breakdown
zusammendrückbar compressible *(Baustoffe, Boden)*
Zusammendrückbarkeit *f* compressibility
zusammendrücken 1. to press together; 2. to compress *(verdichten)*; 3. to squeeze *(quetschen)*; to crush *(zerdrücken)*
Zusammendrückung *f* **/ bleibende** permanent compression
~/elastische elastic shortening *(Beton)*
zusammenfallen 1. to collapse, to cave *(z. B. Gebäude)*; 2. to coincide *(zeitlich)*
zusammenfügen to join, to fit (fix) together; *(Hb)* to joint *(s. a.* zusammenbauen*)*
zusammengebaut assembled, erected, mounted
zusammengefügt *(Hb)* jointed *(mit Fugen)*; planted *(mit Leim)*
zusammengeschlossen interlocked *(zusammengesteckt)*
zusammengesetzt 1. assembled, built-up *(montiert)*; complex; 2. composed, composite *(Stoffe)*
~/gleichartig homogeneous
~/verschiedenartig inhomogeneous
zusammenhängen to be connected, to be joined (linked)
zusammenkitten to cement [together]
zusammenklappbar collapsible, folding
zusammenkneifen to pinch *(Holz)*
Zusammenschneiden *n* conversion *(Holz)*
zusammenschrauben to screw together; to bolt together
zusammensetzen to assemble, to combine, to fix together; to build up *(s. a.* zusammenbauen*)*
Zusammensetzen *n* matching *(z. B. von Furnieren)*
Zusammensetzung *f* 1. composition *(z. B. von Kräften)*; composition, make-up *(Aufbau z. B. von Mischgut)*; structure *(Gefüge)*; 2. compound; 3. *s.* Zusammenbau
~/mineralogische mineralogic composition
zusammenstellen 1. to arrange; to group, to assort *(in Gruppen)*; 2. to compile, to arrange *(z. B. einen Bericht)*
Zusammenstellungszeichnung *f* general assembly drawing *(zur Montage)*
zusammenstürzen to collapse, to fall down, to break down, to cave in
zusammenwirken to interact, to act in combination *(z. B. Kräfte)*
zusammenwirkend concurrent *(Kräfte)*
zusammenziehen to tighten *(zwei Teile durch Schraubverbindung)*
~/sich 1. to contract; 2. to shrink
Zusatz *m* 1. addition, admixture *(Vorgang)*; 2. *s.* Zusatzmittel 1.; 3. appendix *(Anhang, Ergänzung zu einer Zeichnung)*; 4. adjunct *(Anhängsel, Nebenerscheinung)*
Zusatzarbeit *f* extra work
Zusatzauftrag *m* additional order, addition
Zusatzbelastung *f* 1. additional loading; 2. *(Erdb)* kentledge, cantledge *(Senkbrunnen)*
Zusatzbewehrung *f* secondary reinforcement (steel), additional reinforcement (bars)
Zusatzboiler *m* booster heater
Zusatzeinlage *f* auxiliary reinforcement *(Bewehrung)*
Zusatzeinrichtung *f* attachment
Zusatzeisen *npl* additional bars *(Bewehrung)*
Zusatzenergieerzeugungsanlage *f* auxiliary power station
Zusatzgebläse *n* booster [fan]
Zusatzgenerator *m* booster, supplementary generator
Zusatzkraft *f* supplementary force
Zusatzlackkomponente *f* mixing varnish
Zusatzlast *f* additional (complementary) load
Zusatzleistung *f* complementary work[s] *(Arbeitsleistung)*
Zusatzmittel *n* 1. additive [substance], admixture; conditioner *(zur Verbesserung von Eigenschaften)*; blending agent *(Verschnittmittel)*; 2. *s.* Zuschlagstoff
~/hydraulisches hydraulic additive
~/luftporenbildendes air-entraining additive
~/wasserbindendes hydraulic additive
Zusatzmoment *n* secondary moment
~/negatives redistributed moment
Zusatzpumpe *f* booster pump
Zusatzrohr *n* auxiliary pipe
Zusatzschloß *n* additional lock; secret gate latch *(oberflächenmontiert)*; check lock *(eines großen Hauptschlosses)*
Zusatzspannglied *n* auxiliary reinforcement, auxiliary tensioning tenon

Zusatzsparren *m* auxiliary (cushion) rafter
Zusatzspur *f* auxiliary lane *(Autostraße)*
Zusatzstab *m* 1. additional rod; 2. filler rod *(Schweißstab)*
Zusatzsturz *m* safety lintel *(zu einem Steinsturz)*
Zusatztürschloß *n s.* Zusatzschloß
Zusatzwerkstoff *m* filling-in material, joining metal *(Schweißen)*
Zuschauerraum *m* auditorium
Zuschauerraumbestuhlung *f* theatre (auditorium) seating
Zuschlag *m* 1. loading *(z. B. von Füllstoffen)*; 2. *s.* Zuschlagstoff; 3. *(Stat)* addition; 4. award (conferring) of the contract, acceptance of tender *(z. B. für Bauaufträge)*
Zuschlagfeder *f* tail door spring *(Tür)*
Zuschlagfrist *f* time of adjudication *(Bauauftragvergabe)*
Zuschlagkorn *n s.* Zuschlagstoffkorn
Zuschlagstoff *m* [construction] aggregate *(z. B. für Beton)*; load, loading material *(Füllmaterial)* • **ohne Zuschlagstoffe** neat *(Mörtel)*
~/**abgesiebter** screened aggregate
~/**abgestufter** graded (screened) aggregate
~/**farbiger** coloured aggregate
~/**feiner (feinkörniger)** fine aggregate
~/**feuerfester** refractory aggregate
~/**gebrochener** broken aggregate
~/**gesiebter** screened aggregate
~/**gesinterter** sintered aggregate
~/**gewaschener** clean aggregate
~/**grober (grobkörniger)** coarse aggregate
~/**größengetrennter** separated aggregate
~/**gut abgestufter** well-graded aggregate, dense-graded aggregate
~/**keramischer** ceramic aggregate
~/**klassierter** separated aggregate
~/**kubischer** cubical (angular) aggregate
~/**künstlicher** artificial aggregate *(z. B. Sinterstoffe, Keramik)*
~/**mineralischer** mineral aggregate
~/**natürlicher** natural aggregate
~/**oberflächenaktiver** surface-active agent
~/**reaktionsaktiver** reactive [concrete] aggregate
~/**sauberer** clean aggregate
~/**ungesiebter (unklassifizierter)** all-in aggregate
Zuschlagstoffausbrechen *n (Am)* raveling *(Schwarzdecke)*
Zuschlagstoffdosiervorrichtung *f* aggregate batching plant
Zuschlagstoffdruckfestigkeit *f* aggregate crushing value
Zuschlagstoffgattierung *f* aggregate blending
Zuschlagstoffgemenge *n* combined aggregate
~/**gut abgestuftes** close-graded aggregate
~/**injiziertes** grouted-aggregate concrete *(Injektionsbeton)*
Zuschlagstoffgrößenkörnung *f*/ **getrennte** separated aggregate
Zuschlagstoffkorn *n* [aggregate] grain, [aggregate] particle, grain of the aggregate
~/**plattiges** flat [aggregate] piece
~/**spießiges** elongated piece, elongated aggregate grain
~/**weiches [sprödes]** soft [aggregate] particle
Zuschlagstoffkorngestalt *f* aggregate particle shape
Zuschlagstoffkorngrößenverteilung *f* combined-aggregate grading
Zuschlagstoffkörnung *f* aggregate grade
~/**getrennte** separated aggregate
Zuschlagstoffrohdichte *f*/ **scheinbare** specific-gravity factor of aggregate
Zuschlagstoffrückgewinnung *f* reclamation of aggregates
Zuschlagstoffsilo *n* aggregate bin
Zuschlagstofftrockengewicht *n* dry-batch weight of aggregates
~/**eingerütteltes** dry-rodded weight of aggregates
Zuschlagstofftrockenvolumen *n*/ **eingerütteltes** dry-rodded volume of aggregates
Zuschlagstofftrockner *m* aggregate drier
Zuschlag[stoff]-Waschklassieranlage *f* aggregate grading and washing plant
Zuschneideliste *f* cutting list *(für Bauholz)*
zuschneiden to cut to size *(Material)*; to size, *(Am)* to lumber *(Holz)*
~/**rechtwinklig** to square *(z. B. Bleche)*
~/**vierkantig** to cut square, to dub *(Holz)*
zuschütten to fill up (in)
zusetzen to add, to admix
~/**Gips** to add gypsum
~/**sich** to clog; to stop up, to plug, to blind *(verstopfen, z. B. Siebe, Filter)*
Zustand *m* 1. state *(physikalisch)*; 2. state, condition *(z. B. eines Gebäudes)* • **in baufälligem** ~ in bad repair, in a state of disrepair *(Gebäude)* • **in gewalztem** ~ as-rolled *(Stahl)* • **in gutem** ~ in good condition • **in schlechtem** ~ in poor (bad) condition
~/**kritischer** critical condition
~/**neutraler** neutral state
~/**unbelasteter** unloaded condition
Zustandsänderung *f* change of state; change of condition
Zustandsgrenzen *fpl*/ **Atterbergsche** Atterberg limits *(von Erdstoffen)*
Zustandsgröße *f* state value; variable of state
zustimmen to agree; to approve *(genehmigen)*
Zustimmung *f* **zur Angebotsobligationsverlängerung/schriftliche** consent of surety
zustopfen to stop [up], to plug; to chink *(einen Riß)*
Zustrom *m* afflux *(s. a.* Zufluß*)*
zuteilen to proportion, to dose, to meter *(Baustoffe)*; to batch
Zuteileinrichtung *f s.* Dosiervorrichtung
Zutritt *m* 1. access, entry *(Zugang)*; 2. access *(z. B. von Luft)*

Zuverlässigkeitsprüfung *f* reliability test
Zuwasserleitungsstück *n (San)* fixture (fixing) supply *(Ventilanschluß)*
zuweisen to assign, to allot *(eine Arbeit)*; to allocate *(z. B. Geldmittel)*
zuwiegen to weigh, to gauge, *(Am)* to gage *(bei Dosierung)*
Zwalpen *pl* flitches *(Balken ohne Herzholz)*
Zwangsentlüftung *f* forced[-air] ventilation, exhaust ventilation
Zwangskonvektion *f* forced convection
Zwangskraft *f* reactive force, reaction of constraints
Zwangsmischer *m* pug mill mixer, paddle (pan, blade) mixer, compulsory (positive) mixer *(Beton)*
Zwangsöffnung *f* access door *(für Unterhaltungsarbeiten an Ausrüstungen)*
Zwangsschiene *f* check rail
Zwang[s]umlauf *m* forced circulation
Zweckbau *m* functional structure (building)
Zwecke *f* tack *(aus Draht)*; peg *(aus Holz)*
zweckentfremdet misused *(z. B. Verwendung von Wohnraum)*
zweiachsig biaxial
zweidimensional two-dimensional
Zweieck *n* lune *(Kugelzweieck)*
Zweietagenwohnung *f* **im Mehrgeschosser** maisonette, *(Am)* duplex apartment
zweietagig *s.* zweistöckig
zweifach twofold, double
Zweifachbrenner *m* duplex burner *(Heizung)*
Zweifadenlampe *f* twin-filament lamp
Zweifamilienhaus *n* two-family house, *(Am)* duplex house
Zweifeldbalken *m* beam of two spans
Zweifeldbrücke *f* two-span bridge
Zweifeldfenster *n* two-light window
Zweifeldrahmen *m* two-bay frame
zweifeldrig two-bay, two-span
zweiflügelig two-leaf *(Tür)*; double-sash *(Fenster)*
Zweiflügeltür *f* double-leaf door
Zweig *m* 1. branch *(s. a.* Abzweig*)*; 2. *s.* Abzweigung 2.
Zweigabwasserleitung *f* **zu einer Nebenleitung** lateral sewer
Zweigelenkbogen *m* two-hinged (two-pinned) arch, double-articulated arch, double articulation arch
Zweigelenkbogenrahmen *m* double-articulated arch frame, double-hinged arched frame
Zweigelenkrahmen *m* two-hinged (two-pinned) frame
zweigeschossig *s.* zweistöckig
Zweigespänner *m s.* Zweispänner
Zweigflechtwerk *n* wattlework
Zweiggleis *n* branch track
zweigleisig *(Verk)* double-track[ed], two-rail
Zweigleitung *f* branch line *(Rohrleitung)*
~ für Motorstrom *(El)* motor branch circuit
zweijochig two-bay
Zweikanalsystem *n* dual-duct system *(Klimaanlage)*
Zweikomponentenklebstoff *m* mixed adhesive, separate-application adhesive
Zweikomponentenklebstoffverleimung *f* separate application
zweikomponentig two-pack, two-part, two-component
zweilagig two-layer; two-coat *(z. B. Putz)*
Zweileiterkabel *n (El)* twin-core (two-conductor) cable, duplex cable
Zweipunktschloß *n* two-point latch *(am oberen und unteren Türende)*
Zweiraumwohnung *f* two-room dwelling (flat)
zweisäulig *(Arch)* distyle *(antiker Tempelbau)*
Zweischalengreifbagger *m* clamshell [bucket] grab
zweischichtig 1. two-layer, double-layer; two-coat; 2. two-shift *(Arbeitszeit)*
Zweischichtputz *m* two-coat work, *(Am)* lath laid-and-set *(mit aufgerauhtem Unterputz)*
zweischiffig two-span, double-span, two-bay *(Rahmenhalle)*
Zweischlitz *m* diglyph
zweischnittig double-shear *(Verbindung)*
Zweiseilbahn *f* bicable ropeway
zweiseitig two-side; double-faced *(Flächen)*
Zweispänner *m* semidetached dwelling
Zweispännerwohnung *f* semi-detached dwelling, *(Am)* double (duplex) dwelling
zweispurig dual-lane, two-lane[d] *(z. B. Straße)*
Zweistoffheizungssystem *n* dual-fuel system *(mit zwei verschiedenen Brennstoffen)*
zweistöckig two-storey, two-storeyed, *(Am)* two-story, two-storied, two-floored; two storeys high
Zweistufenautoklavbehandlung *f* two-stage curing *(Beton)*
Zweitanschluß *m* secondary connection *(Wasseranschluß)*
zweiteilig two-part, two-piece
Zweitwuchsholz *n* second-growth timber
zwerch *s.* quer
Zwerchdach *n* transverse roof *(Querdach zum Hauptfirst)*
Zwerchhaus *n* dormer *(Dachhäuschen)*
Zwerchgiebel *m* transverse gable *(Giebel des Zwerchhauses)*
Zwerchhobel *m* cross-grain plane
Zwerggiebel *m* gablet
Zwickel *m* 1. spandrel, triangular panel *(Fläche zwischen zwei Bogenlinien)*; 2. wedge *(keilförmige Aussparung, Keilstein)*
Zwickelstein *m* spall, intermediate stone
Zwickelsteine *mpl* spalls, rubble
Zwiebeldach *n (Arch)* imperial roof *(Kuppel)*
zwiebelförmig bulbiform
Zwiebelkuppel *f* imperial (bulbous) dome
Zwiebelturm *m* onion tower *(Kirchturm)*
Zwillingsbogen *m (Am)* gemel arch
Zwillingsdurchlaß *m* twin culvert *(eines überwölbten Abflußgrabens)*

Zwillingsfenster *n* coupled windows, two-light window, *(Am)* gemel window
zwillingsgleich *(Am)* gemel
Zwillingskabel *n* twin cable
Zwillingsträger *m* dual (double) girder, twin girder
Zwinge *f* clamp, holdfast; ferrule *(Endring)*
Zwinger *m* outer ward, zwinger *(Burg)*
Zwischenauflager *n* intermediate support
Zwischenausbau *m* interim expansion (development) *(Gebäude)*; interim pavement *(Straße)*
Zwischenaussteifung *f* intermediate stiffener
Zwischenbalken *m* mid-beam
Zwischenbau *m* intermediate building, infrastructure
Zwischenbehälter *m (Wsb)* surge tank
Zwischenboden *m* intermediate (false) bottom; sound boarding; diaphragm *(versteifender Rahmenboden)*
Zwischenbogen *m* intermediate arch
Zwischendecke *f* intermediate ceiling; inserted (suspended) ceiling; false floor *(Blindboden)*
Zwischendeckenaufhängung *f*/ **verdeckte** concealed suspension system
Zwischendeckenbalken *m* binder, binder joist
Zwischendeckenraum *m* ceiling plenum *(als Luftrückflußsammlung bei Klimaanlagen)*
Zwischendiagonalglied *n* subdiagonal
Zwischendose *f (El)* pull box
Zwischenfensterspiegel *m* pier glass *(Pfeilerspiegel)*
zwischengelagert 1. interstratified *(geologische Schichten)*; 2. interbedded *(eingebettet)*
Zwischengeschoß *n (Arch)* mezzanine, entresol; half (intermediate) storey
Zwischengeschoßdachkranz *m* skirt-roof
Zwischengeschoßdecke *f* mezzanine floor
Zwischengewölbe *n* interposed vault
Zwischenglied *n* intermediate member (link), interconnection
Zwischenhaupt *n (Wsb)* middle gate *(Schleuse)*
Zwischenlage *f* 1. intermediate layer, interlayer *(Schicht)*; sandwich course *(Mauerwerk)*; ply *(Schichtplatte)*; 2. spacer [block] *(Abstandhalter)*; washer *(Unterlegscheibe)*
~/isolierende insulating intermediate layer
Zwischenlagerschicht *f* interstratified bed *(Geologie)*
Zwischenpfeiler *m* intermediate pier (pillar)
Zwischenpfeilerschalung *f* interpier sheeting
Zwischenpfette *f* centre (central) purlin, middle purlin
Zwischenpfosten *m* intermediate post; mullion *(Fenster)*; puncheon *(kurzer Holzpfosten beim Fachwerk)*
Zwischenpodest *n* half-landing, halfpace, half-space landing *(Treppe)*
Zwischenputzlage *f* brown coat, browning, floating coat *(Dreilagenputz)*
Zwischenputzschicht *f* second coat
Zwischenraum *m* space, interspace; clearance, clearage *(Abstand, lichte Höhe)*; gap *(Lücke)*
• **mit Zwischenräumen** interstitial
~/geschlossener close, closed space (area)
~/unbelüfteter dead-air space
~ zwischen den Kuppelgewölben intercupola
Zwischenrippe *f*/ **schmale** lierne [rib]
Zwischensäule *f* intermediate post *(Stütze)*
Zwischensäulengitterwand *f* screen wall
Zwischenschalungswand *f* stop shutter
Zwischenschicht *f* intermediate layer, interlayer, sandwich (intermediate) course
~/leere air space
Zwischensparren *m* intermediate (common) rafter
Zwischensprosse *f* intertie; interduce *(Fenster)*
Zwischenstück *n* 1. intermediate [piece], intermediate member; 2. adapter *(zur Anpassung)*; 3. spacer [block] *(Abstandhalter)*
Zwischenstütze *f* intermediate support
Zwischentermin *m*/ **spätester** latest event occurrence time *(Netzplan)*
Zwischenträger *m* intermediate girder (beam, member), secondary beam
Zwischenträgerfüllung *f* beam fill, rafter fill, wind filling
Zwischentraverse *f* cross beam, brown post
Zwischenverankerung *f* intermediate anchoring
Zwischenverbindung *f* interconnection *(von Leitungssystemen)*
Zwischenwand *f* partition [wall], division wall *(Trennwand)*; internal (interior) wall *(Innenwand)*; baffle *(Prellwand)*; diaphragm *(zur Aussteifung)*
~/nichttragende non-[load-]bearing partition
~/tragende [load-]bearing partition; wall-bearing partition
~/versetzbare movable partition; prefabricated wall
Zwischenwandverglasung *f* internal glazing
Zwölfeck *n* duodecagon *(Geometrie)*
zwölfsäulig *(Arch)* dodecastyle
Zykloidbogen *m* cycloidal arch
Zykloide *f* cycloid, cycloidal curve
Zyklon *m* 1. cyclone [collector], centrifugal separator; 2. cyclone *(Tropensturm)*
Zyklonschutzraum *m (Am)* cyclone cellar (shelter)
Zyklopenbeton *m* cyclopean concrete *(Bruchsteinbeton)*
Zyklopenblöcke *mpl* cyclopean blocks
Zyklopenmauer *f*, **Zyklopenmauerwerk** *n* cyclopean masonry (wall), cyclopean rustication wall, spider-web rubble wall, polygonal masonry (rubble)
Zyklopenrandstein *m* rag work
Zylinderdach *n* semicircular [cylindrical] roof
Zylinderdachschale *f* saw-tooth cylindrical shell
Zylinderdruckfestigkeit *f* concrete cylinder compressive strength, cylinder strength
Zylinderdruckprobe *f* concrete cylinder compressive strength test
Zylindergewölbe *n* barrel (tunnel) vault

Zylinderkessel *m* Scotch boiler
Zylinderkipplager *n* pin rocker bearing
Zylinderpfahl *m* foundation cylinder
Zylinderschleifmaschine *f* cylinder sanding machine *(für Holz)*
Zylinderschloß *n* cylinder lock, bored lock, pin tumbler [lock]
Zylinderschloßsicherungsschraube *f* cyclinder screw
Zylindersegment *n* cylinder segment
Zylindersegmentzierkante *f* segmental billet
Zylindershedschale *f* saw-tooth cylindrical shell
Zylinderstegdecke *f* armoured tubular flooring
Zylinderstift *m* cylindrical pin
Zylinderverkleidung *f* cylinder lagging *(Wärmeisolierung)*
Zylinderverschalung *f* cylinder lagging
Zylinderwalm *m* cylindrical hip *(am Dach)*
Zypressenholz *n* cypress [wood]